中国西部大型盆地海相碳酸盐岩油气地质理论与勘探实践

马永生　陈洪德 等　著

科 学 出 版 社

北 京

内 容 简 介

本书系统凝练了中国西部大型盆地（四川盆地、鄂尔多斯盆地、塔里木盆地）碳酸盐岩油气地质理论与勘探实践，创新形成了“构造控盆、盆地控相、相控组合”的研究思路和方法体系，率先提出构造-沉积分异作用是形成大型油气聚集带主要控制因素的新认识，提出并实践了不同级次层序岩相古地理研究及编图的理论和方法，揭示了三大盆地海相碳酸盐岩空间分布规律及优质储层形成机理，建立了西部大型叠合盆地碳酸盐岩油气形成的四中心耦合成藏理论和四元联控分布理论及适合中国实际的碳酸盐岩成盆-成烃-成藏新理论，预测了多个大型油气聚集带。

本书可供从事海相碳酸盐岩研究的地质人员、油气勘探人员参考，也可作为高等院校相关专业师生参考用书。

审图号：GS(2022)2974 号

图书在版编目(CIP)数据

中国西部大型盆地海相碳酸盐岩油气地质理论与勘探实践/马永生等著. —北京：科学出版社，2022. 11

ISBN 978-7-03-070847-2

Ⅰ. ①中… Ⅱ. ①马… Ⅲ. ①碳酸盐岩-含油气盆地-石油天然气地质-研究-中国 Ⅳ. ①P618. 130. 2

中国版本图书馆 CIP 数据核字（2021）第 262077 号

责任编辑：焦 健 陈姣姣 / 责任校对：邹慧卿
责任印制：吴兆东 / 封面设计：北京美光

科 学 出 版 社 出版
北京东黄城根北街 16 号
邮政编码：100717
http://www.sciencep.com
北京建宏印刷有限公司 印刷
科学出版社发行 各地新华书店经销
*
2022 年 11 月第 一 版 开本：787×1092 1/16
2022 年 11 月第一次印刷 印张：31
字数：735 000

定价：418.00 元

（如有印装质量问题，我社负责调换）

主要作者名单

马永生　陈洪德　杨　华　郭彤楼　王招明

杨克明　何登发　田景春　周　文　侯明才

刘树根　刘　波　郝蜀民　漆立新　徐守礼

文华国　陈安清　钟怡江　赵培荣　潘文庆

包洪平　曾　萍　付斯一

前　言

全球碳酸盐岩地层中蕴藏着丰富的油气资源，一直是油气勘探开发重中之重的领域。我国海相油气资源的主要储量及预测区，主要分布在中国西部大型盆地（四川、鄂尔多斯、塔里木盆地）中，油气储集体主要是海相碳酸盐岩。中国几代油气工作者通过漫长艰苦的探索与实践，先后在塔里木、四川和鄂尔多斯盆地的古老海相碳酸盐岩层系中取得了举世瞩目的成果，显示我国古老海相碳酸盐岩具有良好的勘探前景，是我国油气资源战略接替的重要领域。当前加大科技力度，总结三大盆地油气勘探已有的成功经验，针对长期没有解决而又严重制约着海相碳酸盐岩油气勘探的重大理论与技术难题，通过扎实深入的石油地质基础工作，系统研究碳酸盐岩油气成藏条件，提出新思路、寻找新领域、评价新区带，促进我国海相碳酸盐岩油气勘探的更大突破，实现资源战略接替与储量的增长，扩大高效油气资源的开发利用，无疑将为国家“西部大开发”、“西气东输”工程和“清洁能源”战略的顺利实施，改善能源结构，保护生态，降低油气对外依存度等提供有力保障。

团队近二十年来立足中国西部大型盆地（四川、鄂尔多斯、塔里木盆地），以“深化认识、不断创新、突出重点、力求突破”为指导思想，以解决碳酸盐岩层系油气勘探面临的重大难题、服务国家油气重大战略需求为目标，依靠学校、研究院所和各油气田单位的“产-学-研”平台通力协作，密切跟踪国内外大型海相碳酸盐岩盆地油气资源研究前沿领域，结合我国海相碳酸盐岩油气勘探实践，围绕中国西部海相碳酸盐岩盆地的大地构造背景与原型盆地演化，对大型克拉通盆地碳酸盐岩沉积、层序、岩相古地理演化特征、储层形成机理和预测技术、成藏地质条件与油气富集规律等关键科学问题持续开展攻关研究。本专著系统凝练了团队研究成果，创新形成了“构造控盆、盆地控相、相控组合”的研究思路和方法体系，率先提出构造-沉积分异作用是形成大型油气聚集带主要控制因素的新认识，建立了台地-台间盆地相间模式和台缘斜列式台地-台内盆地沉积模式，揭示了西部大型叠合盆地碳酸盐岩分布规律；首次提出并实践了不同级次层序岩相古地理研究及编图的理论和方法，精细描述了西部大型叠合盆地碳酸盐岩层系生储盖组合及时空分布特征，丰富和发展了层序地层学和岩相古地理学；深入研究了三大盆地海相碳酸盐岩优质储层形成机理和划分方案、碳酸盐岩成藏地质条件和油气富集规律，建立了适合中国实际的碳酸盐岩成盆-成烃-成藏新理论，进而评价西部大型叠合盆地碳酸盐岩勘探新领域，预测了多个大型油气聚集带。取得的整体成果在中国西部三大盆地得到有效转化并取得了显著经济社会效益，例如先后指导了四川元坝地区 1000 亿 m^3 级大气田的勘探发现，成功指导了川西雷口坡组顶部 2000 亿 m^3 规模油气藏的勘探以及鄂尔多斯盆地碳酸盐岩勘探由西部台缘礁滩向东部陆表海内潮缘滩的战略转移，并取得马家沟组中组合油气勘探近 3000 亿 m^3 储量规模的重大突破等。团队通过系统研究优选出多个具有潜力的大型油气聚集带，有望成为未来 5 ~ 10 年深层–超深层海相碳酸盐岩油气勘探的战略方向。

本专著是在众多项目研究成果的基础上提炼、集成、深化而成，是百余位研究人员近二十年来研究成果的结晶。整个研究工作得到了自然资源部、中国地质调查局、中国地质调查局油气资源调查中心、成都理工大学、中国石油长庆油田分公司、中国石化西北油田分公司、中国石油塔里木油田分公司、中国石化勘探分公司、中国石化西南油气分公司、中国石化华北分公司、中国石油西南油气田分公司、中国地质大学（北京）、北京大学、西北大学等单位的领导和专家的大力支持和帮助，刘宝珺院士、丘东洲研究员、许效松研究员、刘文均教授、蔡勋育教授等对本专著的编写思路和内容都提出了许多宝贵的指导意见，特谨向上述单位和个人表示衷心感谢！

愿本专著的出版能为我国新时代油气资源战略的实现添砖加瓦，我们愿与同行一起为实现中国油气勘探“二次创业”做出更大努力！

目　录

第1章　中国西部海相碳酸盐岩盆地的大地构造背景与原型盆地演化

1.1　海相沉积盆地的大地构造背景

中国西部地区的沉积盆地大多经历了长期多阶段复杂构造演化，自下而上发育了早古生代海相、晚古生代（—中生代初）海陆过渡相和中、新生代陆相等沉积建造，盆地具有复杂的叠加地质结构，被称为叠合盆地（朱夏等，1983；赵重远和周立发，2000；何登发等，2005b；李德生，2007）或多旋回盆地（Kingston et al.，1983）。目前在这些叠合盆地的中、新生代陆相湖泊沉积中发现了一系列大中型油气田，近年来在晚古生代海陆过渡相沉积中发现了丰富的天然气资源，如鄂尔多斯盆地北部的苏里格大气田，储量超过$5\times 10^{12}m^3$，在海相沉积中发现了轮南-塔河、塔中Ⅰ号带、普光、龙岗等大型油气田。因此，了解沉积盆地形成背景和演化对未来的油气勘探具有重要的指导意义。

1.1.1　地球物理场与主要构造单元

1.1.1.1　地球物理场及深部地质结构特征

深部地质结构主要包括沉积盖层之下的基底结构、地壳结构和岩石圈结构，通过深部地球物理勘探的方法获取资料。结合西部地区区域重磁、全球地学断面（GGT）、深反射地震测深、大地电磁测深等资料，可以研究地球物理场特征及其在基底、地壳和岩石圈等结构上的差异。

1. 地球物理场特征

布格重力异常反映的是地壳内各种偏离正常地壳密度的地质体，既包括各种剩余质量的影响，也包含地壳下界面的起伏在横向上相对上地幔质量亏损（山区）或盈余（海洋）的影响。

我国的布格重力异常是以青藏高原为低值中心，布格重力异常达-500mGal左右，向北、向东方向逐渐升高，形成东高西低、北高南低的总趋势，并被纵、横贯于全国的两大梯级带分割成台阶状的三级区域场，在此基础上叠加了许多局部异常和小规模的梯级带。主要的重力梯级带包括大兴安岭-太行山-武陵山重力梯级带、青藏高原周边重力梯级带。在局部重力异常中，东西走向的布格重力异常带包括天山-阴山-燕山重力低异常带、秦岭-大巴-大别山重力低异常带等；也存在部分走向为北东向的布格重力异常带，而且以线状、串珠状为主，如郯庐–辽–吉重力高异常带等。而在准噶尔、塔里木、四川等盆地显示的为等轴状或团块状重力高或重力低异常。

2. 莫霍面和岩石圈结构特征

由中国1∶500万地壳厚度图（图1-1）可以看出，青藏高原地区处于地壳增厚区，地壳厚度为50～72km。而西北地区、中部地区（准噶尔盆地、塔里木盆地、鄂尔多斯盆地、四川盆地）处于正常型地壳区，平均厚度在43km左右。

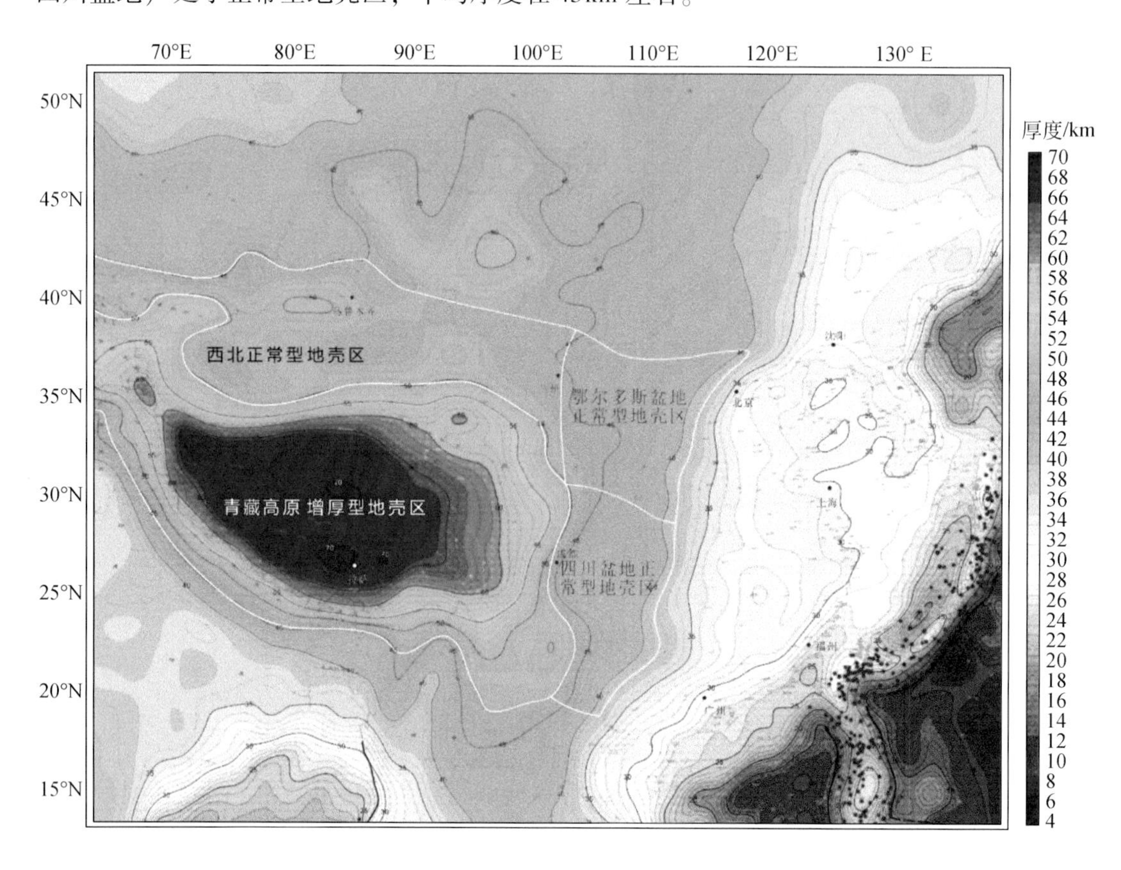

图1-1 中国1∶500万地壳厚度及分区图（据郝天珧等，2014，修改）

在中国西部地区存在明显的莫霍面深度梯级带。①贺兰山–龙门山梯级带：该梯级带长度约4000km，近SN向；莫霍面深度等值线梯度变化在龙门山段十分强烈，从西到东约260km宽度内莫霍面深度变化为58～44km，抬升14km；该梯级带在中国境外向北一直延伸与贝加尔–色楞格梯级带相接，但随着向北延伸梯级带的梯度呈变小趋势，向南因受到印度板块与欧亚板块碰撞构造效应的影响，而未能延伸很远，形成东亚地区一条大型SN向构造带。②天山–阿尔金山–祁连山梯级带：该梯级带近EW向，呈狭长状，构成我国西部南北不同地壳性质的界带；莫霍面深度等值线梯度变化强烈，地壳厚度比周围盆地区域增厚约10km；阿尔金山附近，从北到南约130km宽度内，莫霍面深度变化为49～59km，地壳厚度增加10km；该梯级带是青藏高原周边增厚亚区与北侧正常地壳亚区的分界，将塔里木盆地与柴达木盆地分隔，形成沉积盆地区莫霍面上隆、造山带区莫霍面深度下凹的特殊分布。③喜马拉雅梯级带：该梯级带宽度较大，梯级带走向由西段的NW向转为东段的EW向；莫霍面深度等值线梯度变化强烈，从印度到青藏在垂直于梯级带约500km距离内，莫霍面深度变化为38～66km，深度增加28km；该梯级带是恒河平原-印度次大陆正常地壳与青藏高原增厚地壳的分界，是印度与欧亚两大板块碰撞、挤压形成的过渡带。

中国大陆岩石圈结构复杂。青藏块体地壳成倍加厚；华北块体遭受强烈破坏，岩石圈大幅度减薄；华南块体发育强烈岩浆活动，岩石圈受到强烈改造。其中，大致以170km和85km岩石圈等厚线为界，可以把中国大陆划分为3个厚度不同的岩石圈区：①中亚-青藏岩石圈加厚区，在平面上呈向东尖灭的三角形，东北以阿尔泰山-祁连山-大巴山一线为界，东南缘以宜昌-昆明-达卡-东高止山一线为界，构成一个巨大岩石圈加厚区，岩石圈厚度为170～200km，部分地区达240km，是本区乃至全球岩石圈最厚的地区；②中蒙岩石圈减薄区，包括中国北部、蒙古国和西伯利亚南部，呈向西尖灭、向大兴安岭-太行山一线撒开的三角形，北界为斋桑湖-贝加尔湖-鄂霍次克海一线，岩石圈厚度为85～170km；③滨太平洋岩石圈减薄区，包括大兴安岭-太行山和郑州-南京-广州一线以东陆地及毗邻海域广大地区，岩石圈厚度为50～85km。

在西部地区存在岩石圈最厚地区，其厚度等值线均呈圆形圈闭，包括：①帕米尔地区，岩石圈厚度从中心部位的大于200km向外减薄到185km；②塔里木盆地地区，岩石圈厚度为200～190km；③昌都地区，以昌都为中心，岩石圈等厚线呈一大型圆形圈闭，岩石圈最厚大于200km。

1.1.1.2　中国西部地区主要构造单元

1. 构造单元划分

根据地球物理场划分出的深大构造、莫霍面和岩石圈等深部结构特征，结合中国板块构造特征，划分了中国主要的大地构造单元，其中Ⅰ级构造单元的边界线是以明显的深大构造带和前人划出的板块边界线得出的，把中国大陆主要分为西伯利亚板块、塔里木板块、哈萨克斯坦板块、柴达木-华北板块、羌塘-扬子-华南板块、冈瓦纳板块等。根据地球物理特征划出的深大构造带，结合深部结构特征，在这主要的6个Ⅰ级构造单元内又划分了Ⅱ级构造单元。后期形成的大型走滑断裂包括：东部的郯庐断裂体系、西部的龙门山断裂带、阿尔金断裂带等（刘训和游国庆，2015）。

中国大陆是全球最新的大陆，是由诸多小地块、微地块及其间的造山带拼合而成的（任纪舜等，1999）。中国西部地区包括以下构造单元：①准噶尔-内蒙古-松辽造山带，北以加里东期的阿尔曼太俯冲带和德尔布干俯冲带为界，南以加里东期中天山北缘俯冲带和海西期赤峰-开源俯冲带为界，其间为古亚洲洋所占位置，经过古生代多次洋壳俯冲消减形成多个俯冲带，到晚海西期完全拼合为中国东西向的海西期褶皱带。罗志立（1983）将该构造带称为准噶尔-松辽板块，肖序常和汤耀庆（1991）称为“古中亚复合区型缝合带”。在这个带内的盆地可能不存在完整的前寒武纪基底，仅保存有大陆碎块和残余洋壳，前者如佳木斯地块，后者如准噶尔盆地。晚海西期至燕山早期，准噶尔及松辽地区火山活动强烈，随后发生拉张（或塌陷），形成许多侏罗纪断陷，再逐步演变成大型陆相含油气盆地。②秦祁昆造山带，该造山带是中国南北大陆最为重要的镶嵌部位，表现为局部紧束和部分散开的特征。主要包括东段的秦岭造山带，中段的祁连、东昆仑、阿尔金造山带以及西段的西昆仑造山带。秦祁昆地区的板块运动具有多岛洋、软碰撞、多旋回造山的特点。该带主要经历了早古生代洋–陆转换、晚古生代海–陆转变以及印支期后的陆内演化三个演化阶段。③塔里木板块，在加里东期因南天山洋拉张而分离出中天山地块，与此同时南天山洋另一支可能从库鲁克塔格向西南延伸，形成满加尔拗拉槽。塔里木板块具有前震旦纪基底，沉积了巨厚的下古生界碳酸盐岩地层，晚二叠世后才逐步演化成大型陆相盆地，塔里木盆地是中国最大的上叠克拉通盆地。④华北板块，具有最古老的前震旦纪基底，古生代为统一的海相–过渡相沉积盆地，南缘早古生代以北祁连洋分支向北东延展成贺兰山裂陷槽。印支期开始受古太平洋板块的作用，华北古板块由西向东分解成阿拉善隆起、鄂尔多斯盆地、山西隆起和渤海湾盆地。⑤华南板块，其西北以扬子古板块为基础，东南缘从早古生代起逐步向古太平洋方向增生扩大，先后形成绍兴–宜春至茶陵–彬县和丽水–海丰加里东期俯冲带、长乐–南澳印支期俯冲带和台东喜马拉雅期碰撞带，陆缘增生是以沟–弧–盆地体拼贴方式进行。⑥青藏板块，属特提斯域，其间分布有羌塘地块和冈底斯地块；从北至南有东昆仑海西期俯冲带、可可西里–金沙江–哀牢山印支期俯冲带、丁青–怒江燕山期俯冲带和雅鲁藏布江喜马拉雅期碰撞带。显示从冈瓦纳大陆上分离出来不同时期的块体，逐次从南向北面的劳亚大陆拼结，形成地块与缝合带批次相间的特提斯构造域。

2. 主要构造单元间的构造关系

根据各构造单元不同性质的地球物理解释剖面，如深反射地震剖面、P 波速度结构剖面、全球地学断面等，研究各构造单元间的相互关系。

1）准噶尔地体和塔里木板块

沙雅–布尔津综合地球物理剖面（图 1-2）南起塔里木盆地北缘的沙雅，以 NNE 走向先后经过了库车、巴音布鲁克、克拉玛依等地区，北至阿尔泰山南麓的布尔津。天山两侧的塔里木盆地和准噶尔盆地是两个刚性块体，在双向挤压的应力环境下变形相对较小。而天山的地壳及地幔顶部密度较低，致使塔里木地块的地壳在库尔勒断裂附近向天山造山带的地壳与上地幔分层插入消减。地壳上部的沉积盖层发生拆离滑脱与逆掩冲断；上、中地壳分别插入天山造山带的中、下地壳；下地壳和岩石圈地幔向天山下面的上地幔俯冲消减。这种深部构造作用，使得盖层沿其下界面向着准噶尔盆地方向滑移，导致了地表所见的断裂和缝合线与相应的深部构造错位，形成不协调的深部和浅层关系。准噶尔盆地之下莫霍面的起伏以及软流圈的变形也是在此背景下形成的。

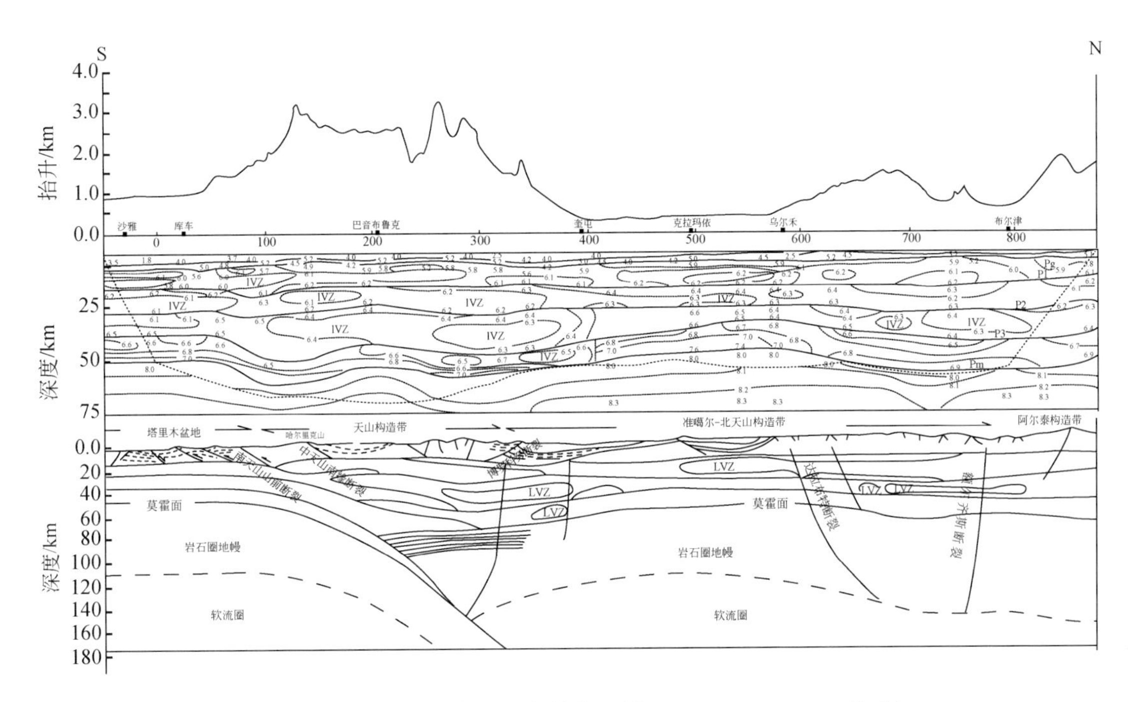

图1-2　沙雅-布尔津断面深部结构（据 Zhao et al.，2003，修改）

2）阿拉善地块和华北板块

由阿拉善左旗-临汾段的地学断面（图1-3）可以看出，岩石圈的深度从鄂尔多斯盆地的约120km迅速抬升至银川地区的80km左右，鄂尔多斯盆地之下存在厚的岩石圈根，向西有强烈的横向结构差异，并发生了明显的岩石圈局部减薄。在银川地堑之下的下地壳层存在明显的低速层，可能正是低速层的存在，使深浅部构造解耦，深部岩石圈地幔向上凸起，上地壳和沉积盖层凹陷。

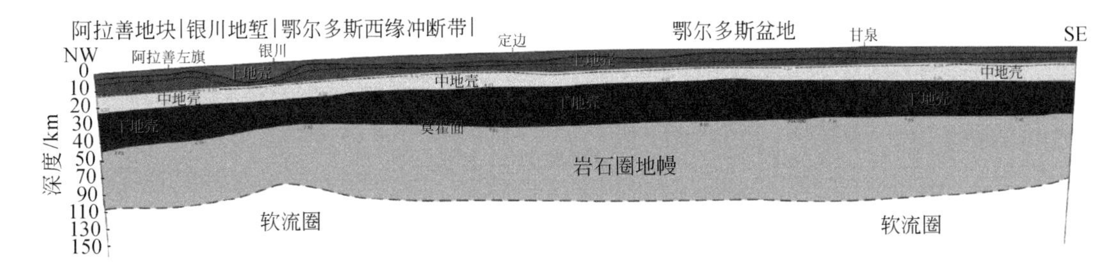

图1-3　阿拉善左旗-临汾段地学断面

由青藏高原东北缘六盘山-鄂尔多斯盆地深部地震测深剖面（图1-4）可以看出，六盘山作为秦祁构造带和鄂尔多斯盆地的中间地带，其两侧的深部结构有着明显差别，东侧鄂尔多斯盆地地壳厚度为41.7～48.2km，西侧秦祁地块地壳厚度为50.3～53km，在六盘山地区发生显著的加厚。整个莫霍面形态东浅西深，明显向西倾斜，在六盘山下方莫霍面深度最深为54km。从基底界面、上地壳底面的形态来看，六盘山与鄂尔多斯盆地之间可能存在“鳄鱼结构”式构造（李英康等，2014），使六盘山逆冲推覆到鄂尔多斯盆地之上。在下地壳呈现出明显楔形，表明青藏高原内部地壳厚度向鄂尔多斯地块、阿拉善地块方向变薄。这正是由于印度板块向欧亚板块俯冲、挤压，但遇到刚性的阿拉善地块、鄂尔多斯地块的阻挡，使鄂尔多斯盆地楔形插入秦祁地块之下。

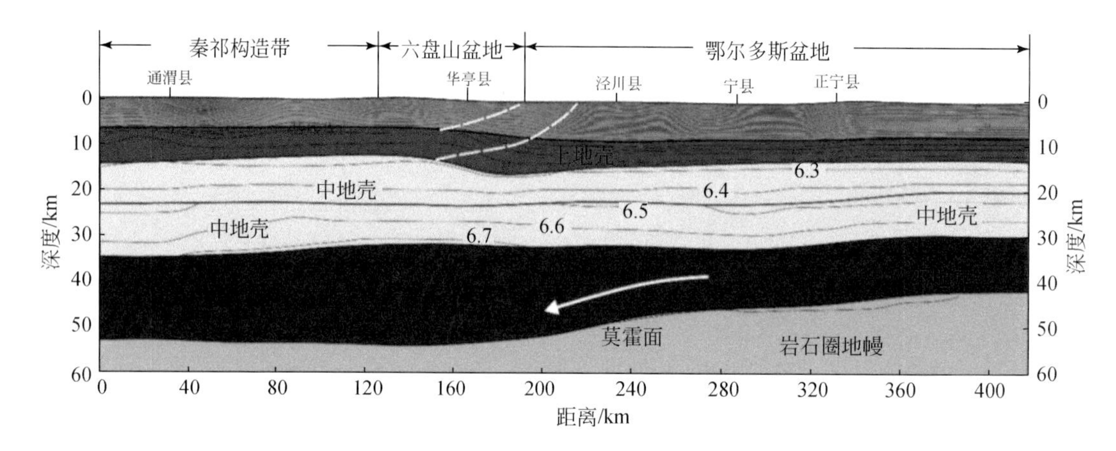

图 1-4 秦祁构造带-鄂尔多斯盆地深部地质结构及动力学模型（据李英康等，2014，修改）
剖面位置见图 1-8

3）扬子板块和青藏高原构造关系

松潘甘孜-华南地区 P 波接收函数偏移成像剖面（图 1-5）主要经过了松潘甘孜地块、四川盆地、扬子陆块、华夏陆块等，从剖面可以看出莫霍面的深度由华夏陆块和下扬子地区的 40km 左右平缓变化，至雪峰山地区莫霍面突然消失，至四川盆地之下略微下降，最后在龙门山地区发生突变，莫霍面突然加深到 43～52km。在四川盆地之下，深部的反射轴存在明显的分层性，并且在地壳尺度上发生了褶皱。四川盆地莫霍面具有“中间浅、两边深”的特点（川东 42km 左右，川中 40km 左右，川西 44km 左右）。并且从反射轴的形

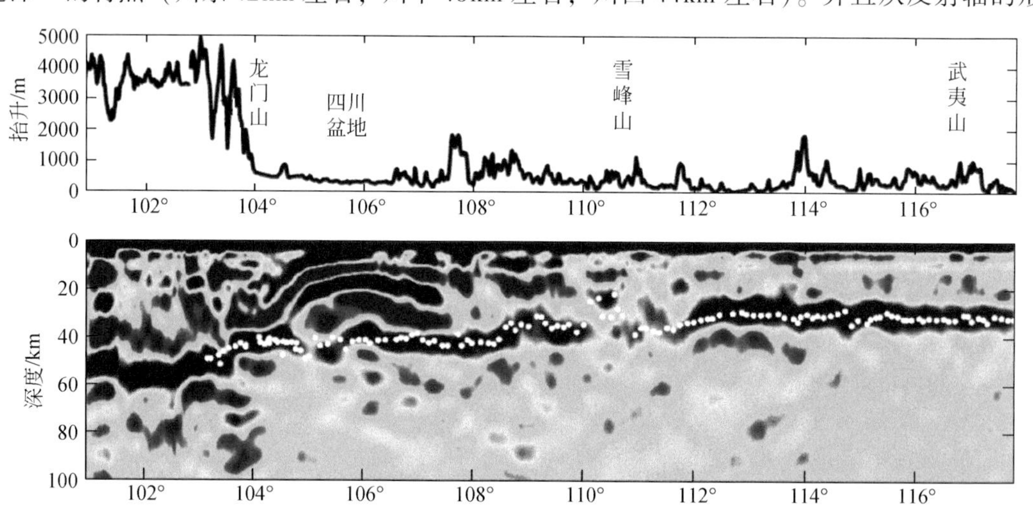

图 1-5 松潘甘孜-华南地区 P 波接收函数偏移成像剖面（据王旭等，2016）

态可以看出呈现出明显楔形结构，在松潘甘孜、龙门山之下存在明显的低速层，为四川盆地下楔入龙门山提供了可能。在龙门山地区莫霍面的深度发生突变，由川西43km突变至55km左右，然后在松潘甘孜地区为55～60km。

由图1-6可以看出，此剖面存在上下两个较为连续的反射层。上部反射层（2～8s）对应着结晶基底顶面，且不连续延伸。下部反射层（14～18s）对应着莫霍面，存在明显错断现象，且倾向沿剖面发生着变化：从南东段的北西倾向逐步变为北西段的南东倾向。

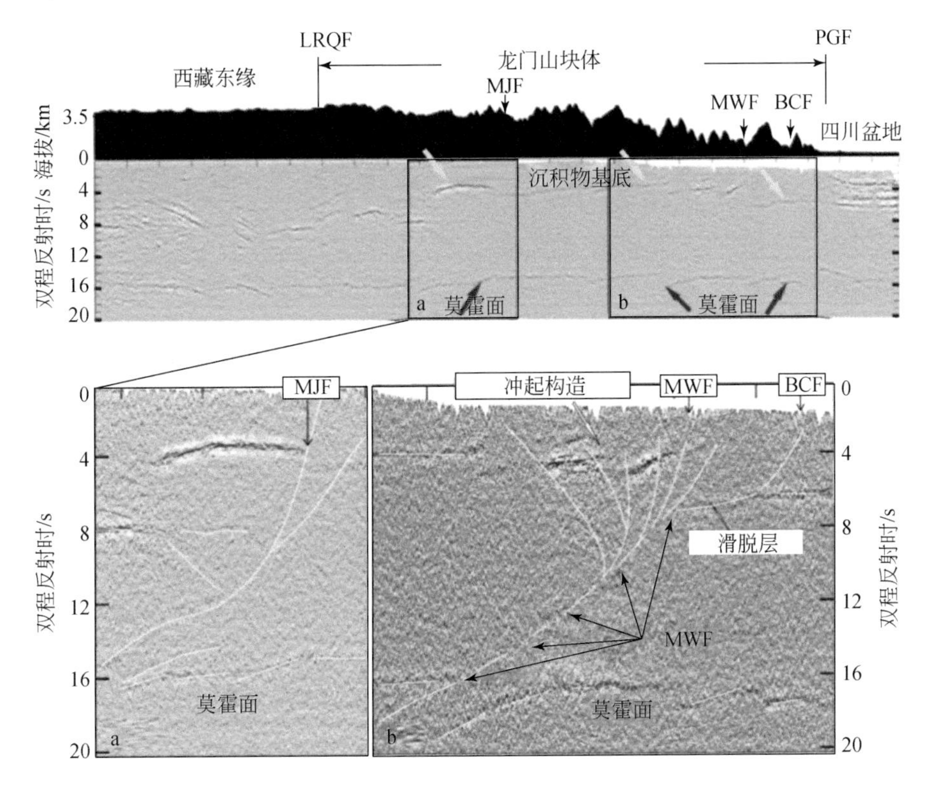

图1-6 过龙门山中段深反射地震剖面（据Guo，2013，修改）

LRQF. 龙日曲断裂；PGF. 彭灌断裂；MJF. 岷江断裂；MWF. 茂汶断裂；BCF. 北川断裂

在图1-6a中，龙门山块体具有清晰的地壳结构。在4～8s深度范围内存在的上凸高振幅反射界面代表了龙门山地块由于构造挤压而造成的地壳结晶基底隆起。其中，切穿了中地壳而至下地壳的较为薄弱反射组合为岷江断裂带。在这段地震剖面中，莫霍面反射层倾向北西，并出现截断。

在图1-6b中，基底埋深在龙门山断裂带内有明显的抬升。茂汶断裂在地震反射特征中表现为正花状构造，且主断裂向深部逐渐合并，其所对应的基底底部的莫霍面存在强烈错断，使莫霍面在茂汶断裂带之下出现最大的错断距离。壳幔边界在龙门山断裂带之下埋深为18s左右，但是在四川盆地内提升至16s左右。莫霍面错断方向在四川盆地内表现为双向结构，表明邻近龙门山断裂带处，地质构造活动强烈。由此可见，龙门山块体存在明显的地壳加厚现象，表现为“大肚”现象。

1.1.2　主要构造域与大地构造演化

1.1.2.1　主要构造域

中国西部地区在地质历史时期的构造演化主要与古亚洲洋构造域、古特提斯洋构造域和新特提斯洋构造域的形成与演化有关。

地质历史时期的洋盆以蛇绿岩带为代表。中国境内的蛇绿岩带可划分为元古宙蛇绿岩、古亚洲洋蛇绿岩、秦祁昆蛇绿岩、古特提斯蛇绿岩、新特提斯蛇绿岩等类型（张旗等，2001）。随着近年来研究的不断深入，可将中国的蛇绿岩带划分到古亚洲洋蛇绿岩、古特提斯蛇绿岩、新特提斯蛇绿岩三个构造域中。这些洋盆的闭合时限见图 1-7。

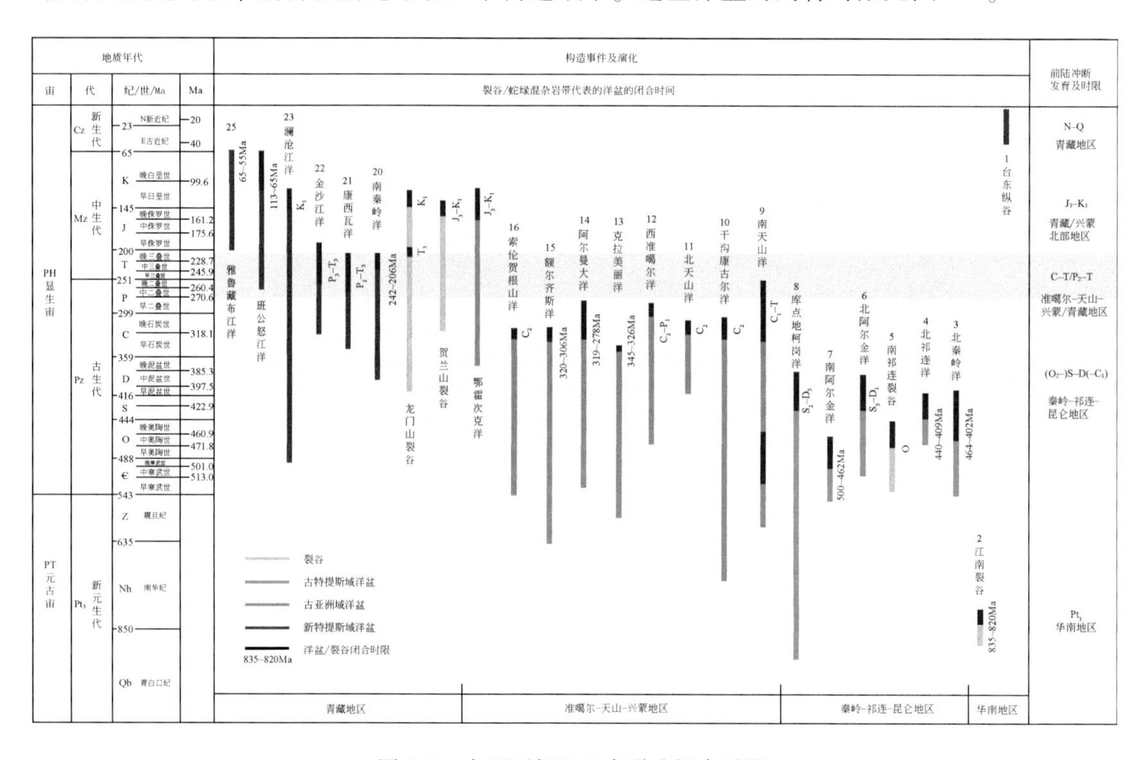

图 1-7　中国西部地区古洋盆闭合时限

1. 古亚洲洋构造域

古亚洲洋构造域位于塔里木地块-华北地块以北地区。域内主要包括额尔齐斯蛇绿岩带、扎河坝蛇绿岩带、西准蛇绿岩带、克拉美丽蛇绿岩带、北天山蛇绿岩带、中天山蛇绿岩带、北山蛇绿岩带、索伦山-温都尔庙蛇绿岩带、西拉木伦河蛇绿岩带等所代表的洋盆。中国境内的古亚洲洋蛇绿岩大多是早古生代的，少数为新元古代的，部分可持续到晚古生代早期。

2. 古特提斯构造域

古特提斯是晚古生代到早中生代欧亚大陆和冈瓦纳大陆之间的古洋盆，位于新特提斯洋遗迹以北，两者大致平行。古特提斯洋的发育时限较长。古特提斯构造域包括库提–柯岗蛇绿岩带、康西瓦蛇绿岩带、夏日哈木蛇绿岩带、北阿尔金蛇绿岩带、南阿尔金蛇绿岩带、北祁连蛇绿岩带、南祁连蛇绿岩带、南秦岭蛇绿岩带、北秦岭蛇绿岩带、铜厂街–孟连蛇绿岩带、金沙江蛇绿岩带、龙木错–双脊–澜沧江蛇绿岩带所代表的洋盆。

3. 新特提斯构造域

新特提斯是古特提斯消减后，在冈瓦纳大陆北侧与欧亚大陆南缘之间发育的洋盆。新特提斯洋盆的开裂主要从侏罗纪开始，并在侏罗纪晚期至白垩纪早期达到鼎盛时期，主要包括两条蛇绿岩带：班公湖–怒江蛇绿岩带、雅鲁藏布江蛇绿岩带。在中国境内，该主洋盆残迹见于雅鲁藏布缝合带。新生代时期的新特提斯的消亡，形成了另一条全球规模的阿尔卑斯–喜马拉雅造山带。

1.1.2.2　中国西部地区大地构造演化

1. 西昆仑–塔里木–天山–准噶尔–阿尔泰大地构造演化

这条构造剖面自南向北依次跨过西昆仑造山带、塔里木板块、天山造山带、准噶尔地体，一直延伸到新疆最北部的阿尔泰地区。该剖面的演化历史反映了古亚洲洋和古特提斯洋以及它们的分支洋盆在中国西部地区的形成、发展、消亡和闭合过程。在洋盆闭合后，随着天山地区新生代陆内造山运动的发生，整个地区遭受了强烈的改造作用。因此，中国西部地区的构造演化可划分为两个阶段（图1-8）：①古生代俯冲–增生–碰撞阶段；②新生代陆内造山阶段。

在古元古代原始古大陆壳的基础上，中元古代早期开始了一系列的拉张裂陷活动，在塔里木和西伯利亚克拉通之间形成了包括昆仑洋、中天山洋以及准噶尔洋在内的诸多洋盆。新元古代，中国西北地区继承了中元古代的洋陆相间的构造格局（图1-8a）。

中寒武世，中天山洋南向俯冲，导致中天山地块从塔里木板块北缘裂离出来，形成孤立的早古生代岛弧地体。同时在残留的塔里木板块和中天山岛弧地体之间形成南天山弧后洋盆。在此期间，塔里木板块南部的北昆仑洋开始向南部的中昆仑地块之下俯冲，在该地块北缘形成中晚寒武世岛弧火山岩（图1-8b）。在该时期，塔里木板块南缘始终处于被动大陆边缘环境。与此同时，准噶尔洋北部的分支洋盆（额尔齐斯洋）开始向北俯冲，形成阿尔泰地体早古生代岛弧火山岩。该洋盆在准噶尔北部地区的俯冲极性存在东西向差异。在东准噶尔地区，额尔齐斯洋以向北俯冲为特征，而在西准噶尔地区，该洋盆表现为双向俯冲，其南向俯冲导致成吉思早古生代岛弧的形成，该岛弧可向西一直延伸到哈萨克斯坦板块北缘。

晚奥陶世，北昆仑洋闭合，中昆仑地块与塔里木板块发生碰撞，产生一系列北向冲断构造，使塔里木板块南缘发生挠曲，形成早古生代周缘前陆盆地（图1-8c）。随后，碰撞

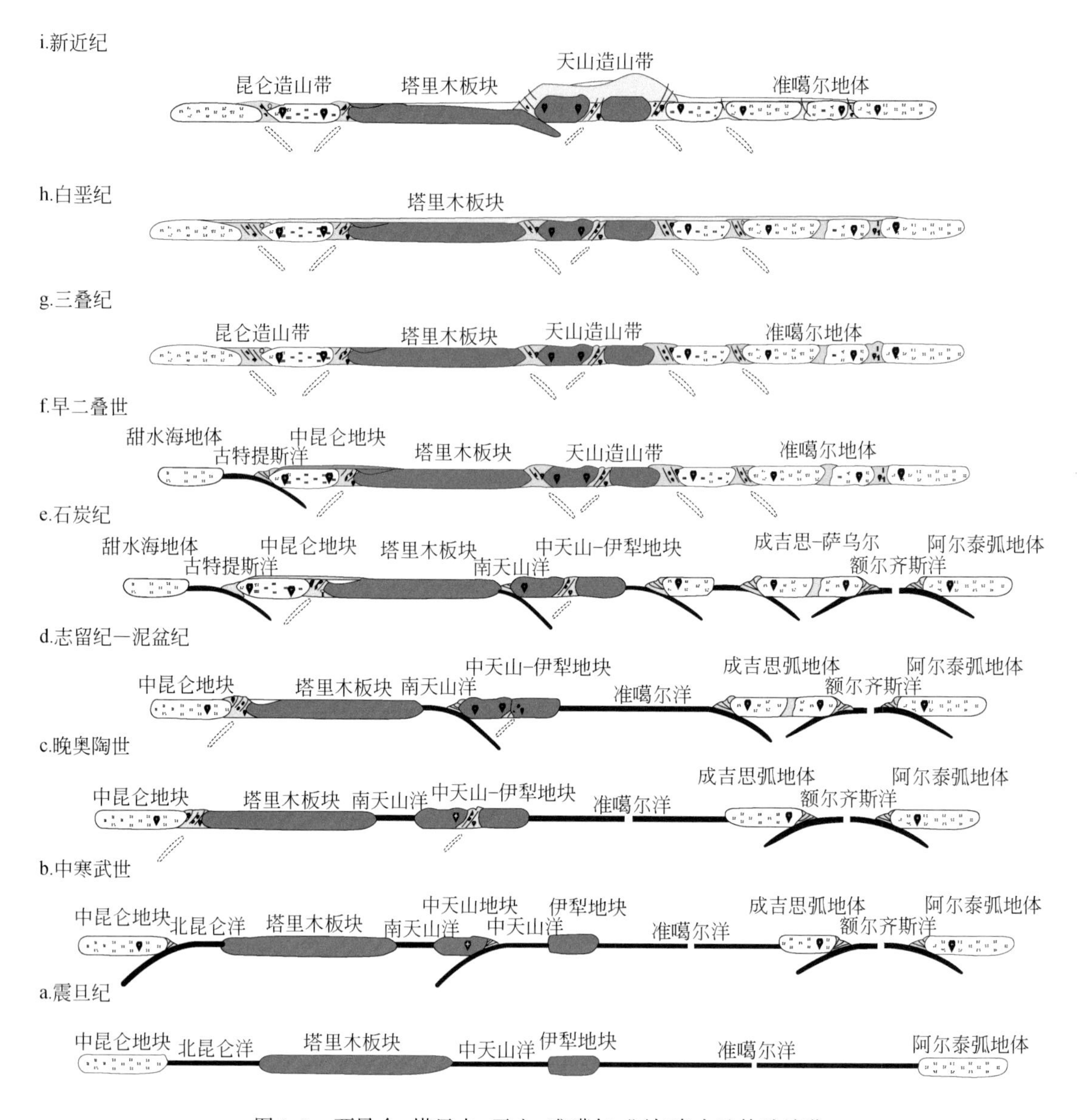

图 1-8　西昆仑-塔里木-天山-准噶尔-阿尔泰大地构造演化

造山期后的构造松弛导致伸展背景下约 455Ma 的后碰撞花岗岩的大规模侵位。在该时期，随着中天山洋的持续南向俯冲、消减，致使中天山岛弧地体与伊犁地块在晚奥陶世闭合，在中天山地块北缘形成了一套晚奥陶世—早志留世的前陆盆地沉积。

志留纪—泥盆纪（图 1-8d），南天山洋开始向拼合的中天山-伊犁地体之下俯冲，在中天山地块南缘形成大量志留纪岛弧火山岩和 I 型花岗岩侵入体。此时，准噶尔洋北向俯冲活动开始发育，在成吉思弧地体上形成了大量志留纪—泥盆纪的花岗岩侵入体。并且随着额尔齐斯洋双向俯冲的持续，成吉思弧逐渐向北增生，在其北部形成了萨乌尔岛弧地体。

石炭纪时期，南天山洋持续向中天山地块之下俯冲，形成了一系列活动大陆边缘火山岩和I型花岗岩侵入体。此时的准噶尔地区呈现多岛构造格局（图1-8e）。在额尔齐斯洋双向俯冲的同时，准噶尔洋的两个分支洋盆均向北俯冲，在准噶尔地区形成了3个北西向平行展布的弧盆带，自北向南分别为乌伦古-野马泉弧盆带、达尔布特-陆梁弧盆带和中拐-莫索湾-白家海弧盆带。需要指出的是，此时塔里木-中昆仑地体南部裂解出新生的古特提斯洋盆，并向中昆仑地体之下俯冲、消减，形成该地体之上与俯冲相关的岛弧火山岩建造。

早二叠世，除了古特提斯洋仍持续北向俯冲之外，准噶尔和天山地区的洋盆均在该时期关闭，导致塔里木板块、中天山地体和准噶尔多岛弧盆系统拼合在一起形成了统一的大陆。在这个时期，中国西部大部分地区进入了大陆地壳垂向生长阶段，伴随着大量碱性花岗岩的侵入（图1-8f）。此后，这些拼合的地体在中晚二叠世进入拗陷演化阶段，形成了多个陆相弧盆沉积体系。

直到三叠纪，古特提斯洋闭合，甜水海地体与中昆仑地块发生碰撞，标志着中国西部地区大陆生长的完成，整个地区进入陆内演化阶段（图1-8g）。在经历了三叠纪准平原化过程后，中国西部地区在侏罗纪处于区域伸展的构造演化阶段，形成了广泛的侏罗系湖相沉积，其间形成了中上侏罗统多套煤层。此后，鄂霍次克洋的关闭所引起的远程效应触发了先存断层在晚白垩世发生冲断复活并引起部分地区抬升遭受剥蚀（图1-8h）。

新近纪以来，受印度板块和欧亚板块碰撞的影响，研究区再次发生强烈的改造。新近纪（约14Ma）（图1-8i），塔里木板块向天山造山带下部发生陆内俯冲作用，导致天山地区地壳急剧加厚，发生挤压隆升、逆冲推覆，山体内部的侏罗系及含煤岩层也随之抬升，天山南北两侧的塔里木、准噶尔再度载荷下沉，形成了巨厚的新近纪—第四纪沉积。

2. 扬子-秦岭-华北-南蒙大地构造演化

中-新元古代，华北板块、浑善达克地体、南蒙微地体均属于Rodina（罗迪尼亚）超级大陆的一部分，相互之间并不存在大洋分隔。0.9Ga左右，扬子和华夏板块内部的拼合完成，形成各自的地块，形成赣浙闽地区0.9～1.0Ga前的蛇绿岩；0.9～0.85Ga前，华夏板块向扬子板块俯冲。1.2～1.0Ga前，扬子板块与华北板块间存在一古大洋，相对华北板块与扬子板块间更具亲缘性的北秦岭地块位于此古大洋中，北秦岭与华夏板块间的部分被称为宽坪洋；约在1.0Ga开始向北秦岭下俯冲（图1-9a），在北秦岭北缘形成南向倾斜增生楔和岛弧火山岩。

新元古代晚期，扬子与华夏板块拼合于华南中部皖南-雪峰东缘-苗岭一线，形成皖南锆石年龄为827～847Ma的基性-超基性岩和同位素年龄集中于820～850Ma的火山岩、岩浆岩，包括岛弧型花岗岩，并在区域上形成了以南华纪、震旦纪为代表的新元古代地层与上覆地层间广泛存在的角度不整合，至此华南板块形成。虽然对于其后期的演化中，其内部是否具有古生代大洋仍存在争议，但多数学者倾向认为新元古代晚期拼合后，扬子与华夏板块间的相互作用均属于华南板块内部的构造作用（图1-9b）。

新元古代末期，宽坪洋俯冲消亡，形成北秦岭与华北板块南缘间的宽坪缝合带和宽坪群蛇绿混杂岩以及后碰撞环境下形成的A型、I型岩浆岩。此时，扬子板块与北秦岭间的大洋区域被称为商丹洋，仍处于扩张阶段（图 1-9b），在其演化历史中形成了寒武纪至奥陶纪的丹凤群化石和基性岩锆石年龄为 534～470Ma 的蛇绿混杂岩体。

华北板块北侧，浑善达克地体、南蒙微地体间已经出现大洋，即为古亚洲洋，此时浑善达克地体四周被古亚洲洋包围，大洋处于扩张阶段。

早寒武世（图 1-9c），扬子板块与北秦岭地体间的商丹洋开始向北秦岭地体下俯冲，并在北秦岭南部形成增生楔和岛弧火山岩、岩浆岩，其年龄分布在 514～420Ma。由于南侧边界商丹洋的快速俯冲，在北秦岭内部出现裂谷，并扩张形成二郎坪弧后盆地。北秦岭从一个发生过高级变质作用和剧烈变形的独立地块变成了华北板块南缘一个活动陆缘的岛弧。华北板块北缘，浑善达克地体与华北板块间的洋壳开始向华北板块俯冲，在华北北缘形成增生楔和复理石沉积，形成了蛇绿岩和岛弧火山岩南侧俯冲系统，并形成弧后前陆盆地；浑善达克地体另一侧，古亚洲洋向南蒙微地体（–额尔古纳地体）下俯冲，在形成增生楔的同时，使得南蒙微地体（–额尔古纳地体）边部发育了火山岩浆活动，形成了主要由岛弧闪长岩、花岗岩组成的北侧俯冲系统。浑善达克地体两侧洋壳上的沉积物形成了现在被称为温都尔庙群的地层。

晚寒武世，扬子板块与北秦岭分离地体间的商丹洋继续向北秦岭下俯冲，由于其俯冲而形成的岩体在北秦岭分离地体的西部和中部以 I 型花岗岩为主，东部不但形成了 I 型花岗岩，还形成了少量的 S 型花岗岩，花岗岩最老的年龄为 488Ma。二郎坪洋也开始南向俯冲于北秦岭分离地体之下，形成了现今出露于关坡和双槐树一带具有 N-MORB 和 OIB 性质的二郎坪蛇绿混杂岩和与俯冲相关的高压、超高压变质岩，在它的北侧的北秦岭分离地体边部形成增生楔以及火山活动和岩浆侵入活动。浑善达克地体周围古亚洲洋洋壳向两侧的俯冲仍在持续（图 1-9d）。

早志留世，南秦岭开始从扬子板块北缘分离出来，在后期形成勉略洋的位置出现裂谷。勉略洋东、西两部分的演化过程差异较大，整体表现为勉略洋自西向东逐渐打开的过程。西部勉略洋形成的时间较早，形成了现今辉长岩锆石年龄分布在 516～333Ma 内的蛇绿岩带，位于东昆仑一线；东部勉略洋形成较晚，此时尚不能称为大洋。商丹洋向北秦岭分离地体的南部继续俯冲（图 1-9e）。二郎坪弧后盆地关闭，形成二郎坪蛇绿混杂岩带，其时限范围为 508～440Ma，二郎坪蛇绿岩带中与枕状熔岩互层的地层具有早奥陶世至中奥陶世的放射虫和寒武纪的微生物化石。二郎坪洋盆的彻底关闭标志着北秦岭地体内部的拼合。

由于浑善达克地体南部古亚洲洋不断向南俯冲，华北板块北缘与浑善达克地体在 450～440Ma 拼合，形成了位于现今索伦山–温都尔庙一线的蛇绿岩带，变质橄榄岩、辉长岩、斜长花岗岩和辉绿岩墙，形成于岛弧的弧前环境，年龄范围为 466～371Ma。华北板块北缘与浑善达克地体南缘及其两者间的俯冲增生物质共同形成了南部造山带，在其内部为南向倾斜的俯冲增生楔。

泥盆纪初期，勉略裂谷扩张为勉略洋，形成洋壳，开始海相沉积并形成化石。商丹洋的活动时限为 534～420Ma，420Ma 左右南北秦岭间的商丹洋闭合，形成商丹缝合带，其地层成为丹凤群蛇绿混杂岩，为 N-MORB 型蛇绿岩，蛇绿岩集合体中基性岩和与俯冲相关的岩石的锆石 U-Pb 年龄为 534～470Ma，同属具有寒武纪至奥陶纪的微生物化石。由于商

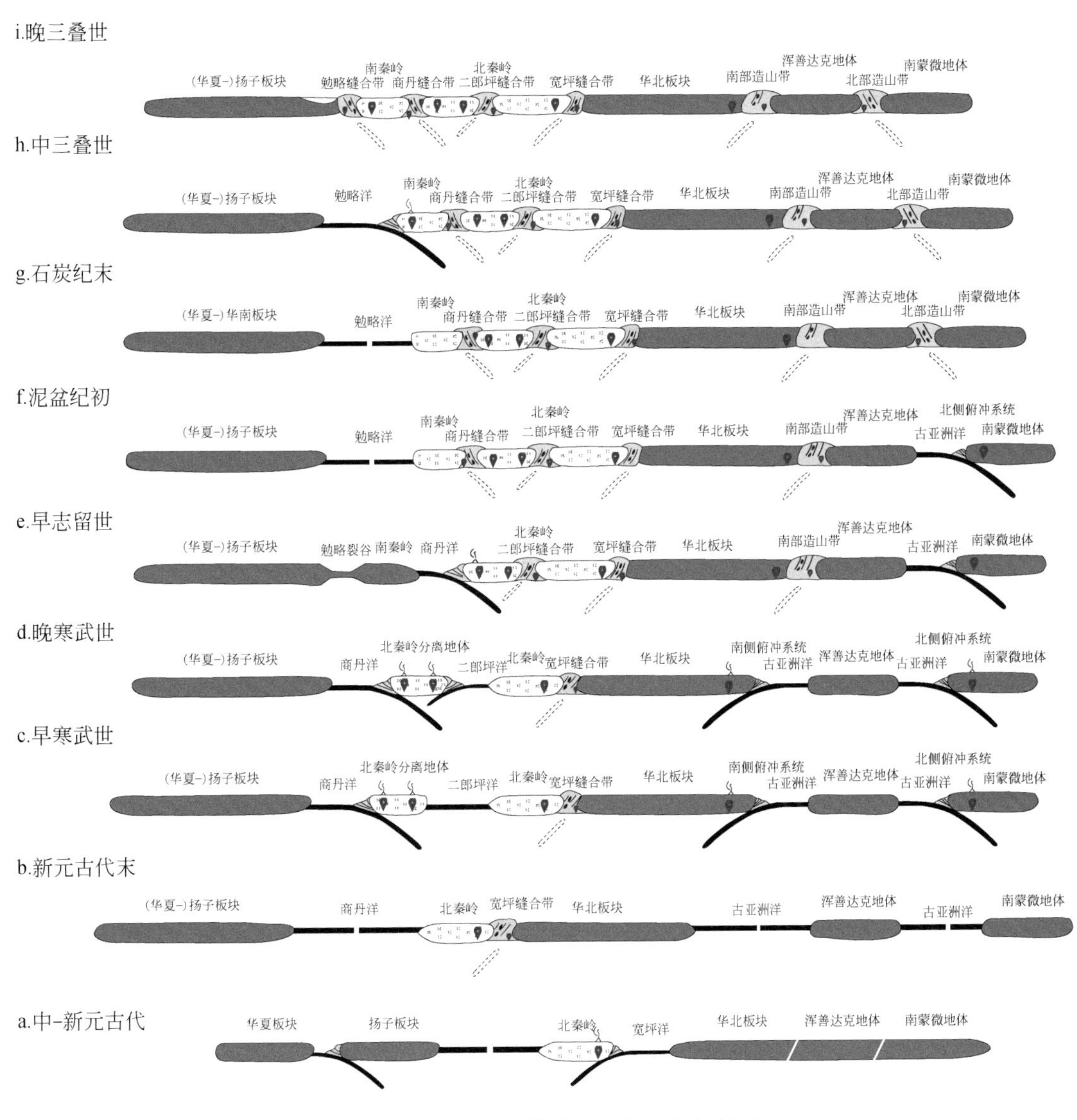

图 1-9　扬子-秦岭-华北-南蒙大地构造演化

丹洋的俯冲，在北秦岭内部出现了大量与岛弧环境相关的蛇绿岩和花岗岩侵入体，年龄主要分布在 514 ~ 420Ma（图 1-9f）。

从晚志留世至泥盆纪初，浑善达克地体北部的古亚洲洋壳继续向南蒙微地体下俯冲，在其南缘形成了岛弧岩浆岩，主要分布在现今苏尼特左旗南部和锡林浩特南部，年龄主要分布在 482 ~ 422Ma 的范围内，同时，还形成了具有 383Ma 左右钠角闪石 Ar/Ar 同位素高压变质年龄的蓝片岩。由于造山作用的不断持续，在南部造山带南侧的华北板块南缘上，发育了徐尼乌苏组复理石建造。

石炭纪末，勉略洋的扩张仍在持续，尚未进入俯冲阶段（图 1-9g）。相比之下，北部的浑善达克地体与南蒙微地体最终拼合于现今贺根山、西乌旗、西拉木伦河一带，形成北部造山带，在内部地层中形成无根褶皱，并发生广泛的页理化作用，蛇纹石化的超基性岩和蓝片岩表现出明显的向北西或北东方向倾斜的特征，碰撞形成了蛇绿岩带，最年轻的辉长岩锆石年龄为303Ma左右。此时南北两个造山带均隆升造山，在南部造山带南侧沉积形成了西别河组磨拉石建造，覆盖在先存徐尼乌苏组之上，在北部造山带北侧沉积形成了塞利巴音鄂博组磨拉石沉积。

关于古亚洲洋在何处关闭仍有争论，许多学者认为古亚洲洋闭合于索伦山一线，而徐备等认为古亚洲洋应闭合于贺根山、西拉木伦河一线。现今蛇绿岩的证据表明，至石炭纪末，虽然内蒙古区域古亚洲洋趋于消亡，但整体亚洲洋仍未最终闭合。同时，古亚洲洋碰撞后形成的伸展环境，在现今浑善达克地区留下了流纹岩、花岗闪长岩等证据。

石炭纪末至中三叠世（300～250Ma），勉略洋进入俯冲阶段，开始向南秦岭下俯冲，在现今略阳一线形成了与岛弧相关的火山岩，在三岔子地区形成了与俯冲相关的富Mg安山岩、埃达克岩，在南秦岭东部梁河–饶峰地区形成了岛弧岩浆带（图1-9h）。在300Ma勉略洋开始俯冲的时候，在三岔子岛弧斜长岩形成了U-Pb年龄约在300Ma的锆石，并随后在三岔子地区岛弧背景下形成了年龄在295～264Ma的蛇绿岩。此时古亚洲洋地区已经逐渐过渡到了陆内变形、造山阶段。

晚三叠世，扬子板块向南秦岭的俯冲进入最后阶段，洋壳逐渐消失，在南秦岭北缘形成了大规模的褶皱逆冲推覆带，同时使得扬子板块南缘发生挠曲，在原先被动大陆边缘盆地的基础上叠加了前陆盆地沉积（图1-9i）。扬子板块与南秦岭拼合于210Ma，在南秦岭形成了大规模的同碰撞、后碰撞花岗岩，年龄主要分布在245～200Ma。在勉略洋的俯冲过程中，年龄在245～218Ma范围内的花岗岩体表现出I型花岗岩的特征，具有高Mg和部分幔源来源的特点。在勉略洋消亡、扬子板块北缘与南秦岭南缘相碰撞的过程中，形成了年龄范围在220～210Ma内的同碰撞花岗岩体。在扬子板块与南秦岭南缘碰撞后，形成了年龄范围在210～200Ma内的后碰撞花岗岩体。

1.2 海相沉积盆地的形成与演化

1.2.1 盆地构造–地层层序

新元古代以来，中国大陆在先期演化的基础上，在全球罗迪尼亚与潘吉亚等超大陆裂解与拼合演化进程中，受依次发展的阿帕拉契亚–古亚洲洋、特提斯–古太平洋、大西洋–印度洋–太平洋三大全球动力学体系叠加与复合的控制，历经原、古、新特提斯洋三大构造演化阶段，在深部和区域构造动力学背景下，发育中国沉积盆地的5个构造层，形成了多旋回叠合沉积盆地（何登发等，2010）。

（1）震旦系—志留系构造层（图1-10）：距今1000～850Ma，罗迪尼亚超大陆汇聚拼合，在中国以晋宁期的结束为标志，中朝、塔里木、扬子、华夏、松潘等地块及其周缘的微地块聚合形成了统一的原中国板块（或大华夏超大陆），这是罗迪尼亚超大陆的一部分。距今850Ma以来，罗迪尼亚古陆裂解，形成原特提斯洋（包括西伯利亚板块和中朝板块、哈萨克斯坦板块之间的古亚洲洋），控制了中国早古生代的洋-陆格局。该构造层内发育了一系列克拉通内拗陷、断陷及被动大陆边缘等类型的盆地。

（2）泥盆系—二叠系构造层（图1-10）：晚古生代，古特提斯洋扩张，古亚洲洋闭合。西伯利亚大陆的向南增生以及小地块从冈瓦纳大陆的裂解并向北汇聚，导致了南北向的一系列叠加事件。该时期各大板块相互靠拢、拼合。在中国西北地区发育了陆内裂陷盆地、拗陷盆地、被动大陆边缘盆地与周缘前陆盆地等类型盆地。

（3）中、上三叠统构造层（图1-10）：中-晚三叠世（印支期，距今230～210Ma），古特提斯洋闭合，潘吉亚超大陆形成。在这个过程中，扬子与华北、羌塘、松潘等地块拼合，成为现代中国大陆的主要组成部分。在中国中南部发育了陆内裂陷盆地、拗陷盆地、被动大陆边缘盆地与周缘前陆盆地等类型盆地。印支运动结束后，中国的构造格架发生了从南北差异向东西差异的根本转变。

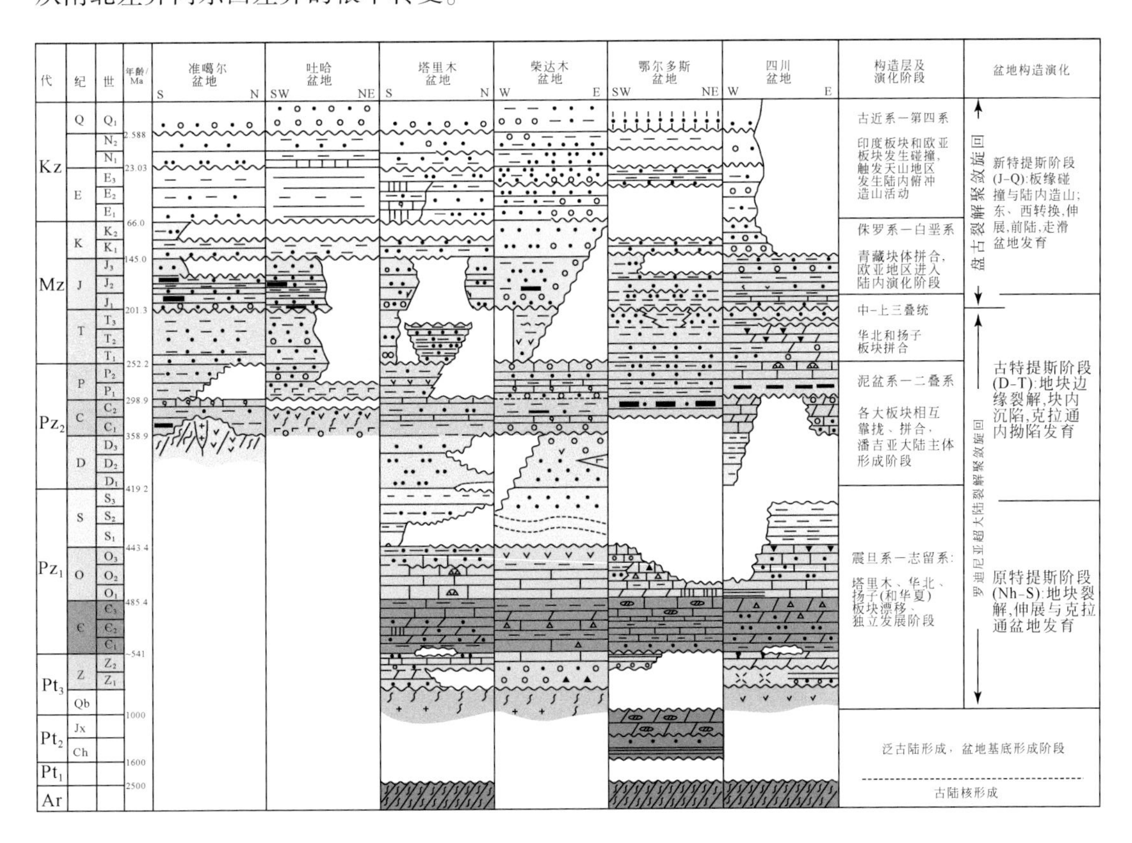

图1-10　中国中西部主要沉积盆地构造演化特征

（4）侏罗系—白垩系构造层（图1-10）：印支期后潘吉亚超大陆裂解，全球进入现代板块构造体制演化阶段。中国大陆西南受新特提斯洋扩张和关闭影响，东部受（古、今）太平洋扩张与消亡影响，北侧的西伯利亚板块随鄂霍次克洋的关闭有逐渐南移的趋势。中国大陆在上述全球现代三大构造动力学体系的汇聚背景下（任纪舜等，1999），遭受板块与陆内同期双重构造作用，中国大陆在白垩纪发生了近东西向的挤压改造，先存的构造大规模冲断复活，形成陆相沉积盆地，如断陷盆地、拗陷盆地、前陆盆地、走滑盆地等。

（5）古近系—第四系构造层（图 1-10）：新生代以来，印支板块和欧亚板块发生碰撞，触发天山地区发生陆内俯冲造山活动。中国大陆再次发生（E_3-Q）东西方向上的构造、物质大转换，导致在东西方向上非均一的强烈叠加和改造事件。

总之，不同方向、不同性质、不同强度的多旋回叠加作用，导致中国大陆的沉积盆地多旋回叠合发育（图 1-10）。

在盆地基底、构造环境与地球动力学演化差异等因素的控制下，中国中西部的沉积盆地主要表现为前陆/克拉通叠合地质结构，如塔里木、准噶尔、鄂尔多斯、四川等盆地，表现为古生界海相克拉通盆地和中新生界陆相前陆盆地组成的大型叠合复合盆地。塔里木、鄂尔多斯、四川等盆地发育在前寒武纪克拉通之上；准噶尔、吐鲁番-哈密等盆地发育在前石炭纪拼合基底之上。克拉通层序发育区域不整合界面，为原型盆地的主要叠合界面。

1.2.2　塔里木盆地的形成与演化

依据区域不整合面及相应的构造层、构造体制的转换、盆地构造沉降特点与板块运动阶段等，塔里木盆地的构造演化可划分为 7 个阶段（图 1-11）：①基底的形成与演化；②震旦纪—奥陶纪南缘伸展-聚敛阶段；③志留纪—中泥盆世南压北张对立发展阶段；④晚泥盆世—石炭纪西南缘被动大陆边缘与早-中二叠世弧后盆地阶段；⑤晚二叠世—三叠纪西南缘弧后前陆盆地阶段；⑥侏罗纪—古近纪多期伸展-聚敛阶段；⑦新近纪—第四纪转换挤压复合前陆盆地阶段。

1.2.2.1　震旦纪—中泥盆世伸展聚敛旋回阶段（原特提斯洋阶段）

1. 震旦纪

塔里木盆地具有统一的前震旦系古老陆壳基底，周边主要包括库鲁克塔格、柯坪-阿克苏、阿尔金和铁克里克等地层区，各露头地层区的前寒武纪变质基底地层分布如图 1-12 所示，太古宇和古元古界除柯坪-阿克苏地区以外，在库鲁克塔格地区、铁克里克地区和阿尔金东段的米兰地区也有出露，中元古界在各露头地层区大面积发育，新元古界青白口系—震旦系除库鲁克塔格地区出露较广以外，在其他地区都呈零星分布（杨鑫等，2014；周肖贝等，2015）。塔里木盆地是一个典型的长期演化的大型叠合复合盆地。它发育在太古宙—古中元古代的结晶基底与变质褶皱基底之上，震旦系构成了盆地的第一套沉积盖层。

进入震旦纪，包括塔里木、准噶尔、华北、扬子等小陆块在内的新元古代超级古陆——罗迪尼亚大陆开始裂解。塔里木地块的构造格局表现为边缘带北有南天山裂谷，西南有北昆仑裂谷，东北发育库鲁克塔格-满加尔边缘裂陷；盆地内部中西部发育克拉通内拗陷。总体地形西高东低，自中西部的浅海或潮坪沉积环境及台缘斜坡向东部的陆架及大陆斜坡过渡。震旦系厚度的变化也清楚地指示了克拉通边缘拗陷与克拉通内台地沉积。

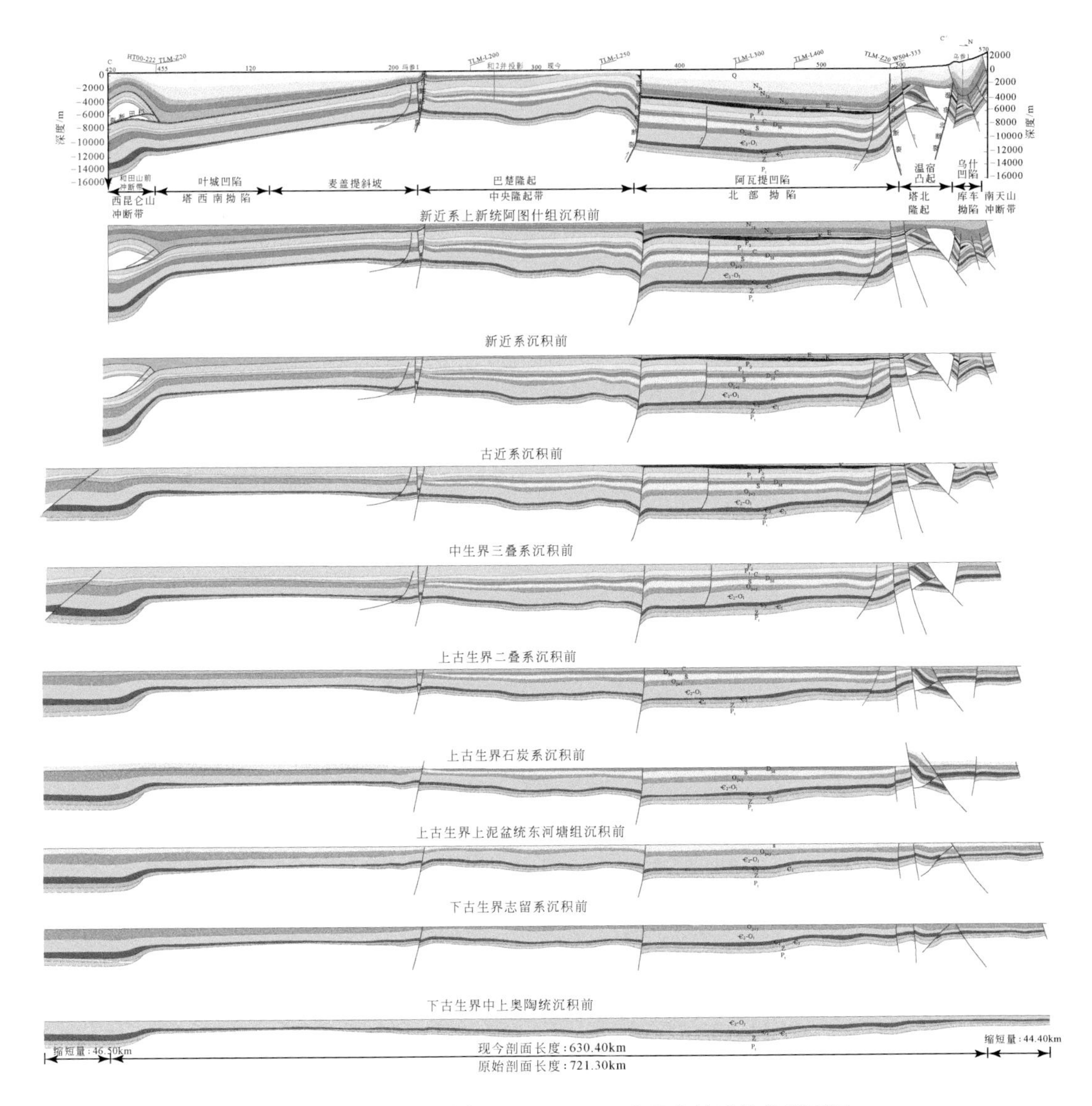

图1-11 塔西地区中部（TLM-Z20）南北向构造演化剖面图

2. 寒武纪—奥陶纪

震旦纪，塔里木地区出现南、北隆拗分异的格局，至寒武纪—奥陶纪，则表现出东、西向的分异演化（何登发等，2007）。从早寒武世到晚寒武世，塔里木地区是一个逐渐海进的过程，发育碳酸盐岩台地（冯增昭等，2006），奥陶纪为古亚洲洋演化的关键时期。寒武纪—奥陶纪塔里木周缘经历了洋盆的开启、扩张、消减、闭合及碰撞的演化，并在塔里木南、北缘形成了陆架斜坡、被动陆缘、周缘前陆（塔里木南缘）等盆地类型。

构造演化主要划分为三个时期，早奥陶世末的加里东中期运动为基底拆离断层、冲断层与褶皱发育期，也是台隆台拗与其边界断裂的发育期，但在西塔里木区位移并不强烈；海西末期—印支期的冲断、褶皱发育期，挤压作用驱使基岩内的拆离断裂、吐木休克、沙井子、温宿北等断裂活动并初具规模，该期在中北部导致36.8km的构造缩短量，而南部仅约2.10km；喜马拉雅中晚期冲断、褶皱作用强烈，和田南冲断带等山前逆冲带发育定型，该期构造缩短量在南部达44.5km，北部约7.60km。

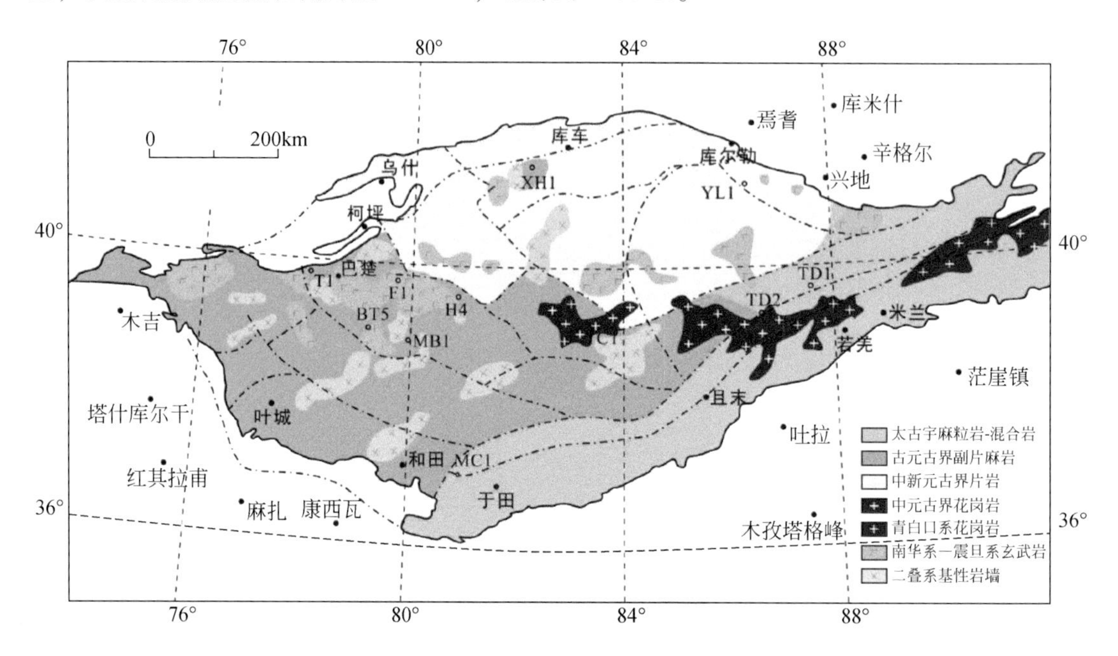

图1-12 塔里木盆地基底组成分布图（据杨鑫等，2014）

寒武纪—奥陶纪塔里木盆地周缘各块体的构造演化对板块内沉积盆地及其沉积体系的发育与演化具有十分明显的控制作用（赵宗举等，2009，2011）。受周缘大地构造环境的影响，塔里木地区寒武纪—奥陶纪经历了伸展-聚敛的构造演化旋回：寒武纪—早奥陶世塔里木地区为伸展构造环境，主要发育了克拉通内拗陷与克拉通边缘拗陷相复合的盆地类型，西部克拉通内拗陷为浅水台地相沉积，东部克拉通边缘拗陷为深水盆地相沉积，两者之间以斜坡相过渡，并表现出台地不断向盆地方向推进的特点；中-晚奥陶世塔里木地区构造环境变为南压北张，盆地整体依然具有克拉通内拗陷与克拉通边缘拗陷相复合的性质，但在盆地南缘表现出周缘前陆的性质，而西部克拉通内拗陷由广阔平坦的台地演变为南北隆拗相间的格局，东部克拉通边缘拗陷由欠补偿反转为补偿-超补偿性质。

1）早寒武世早期

新元古代罗迪尼亚超大陆的裂解使得中天山地体与塔里木地体分离，其间逐渐形成南天山裂谷。早寒武世早期，南天山裂谷处于生长阶段，在库鲁克塔格和南天山出露的下寒武统中广泛发育有大陆双峰式火山岩，是该区裂谷发育的有力证据。南天山裂谷南侧以较陡的大陆斜坡与塔里木地体过渡，裂谷内沉积水深较大。南天山东端卡瓦布拉克出露的下寒武统黄山群为半深水裂陷槽盆相的粗粒长石石英砂岩夹薄层的泥页岩和泥灰岩，是裂谷拉张裂解环境下一套充填产物（图1-13）。

中昆仑地体与塔里木地体分离，早寒武世早期其间已经形成北昆仑洋。塔里木地体西南缘发育被动大陆边缘，向南与北昆仑洋相连。塔西南叶城-皮山-和田一带发育的和田水

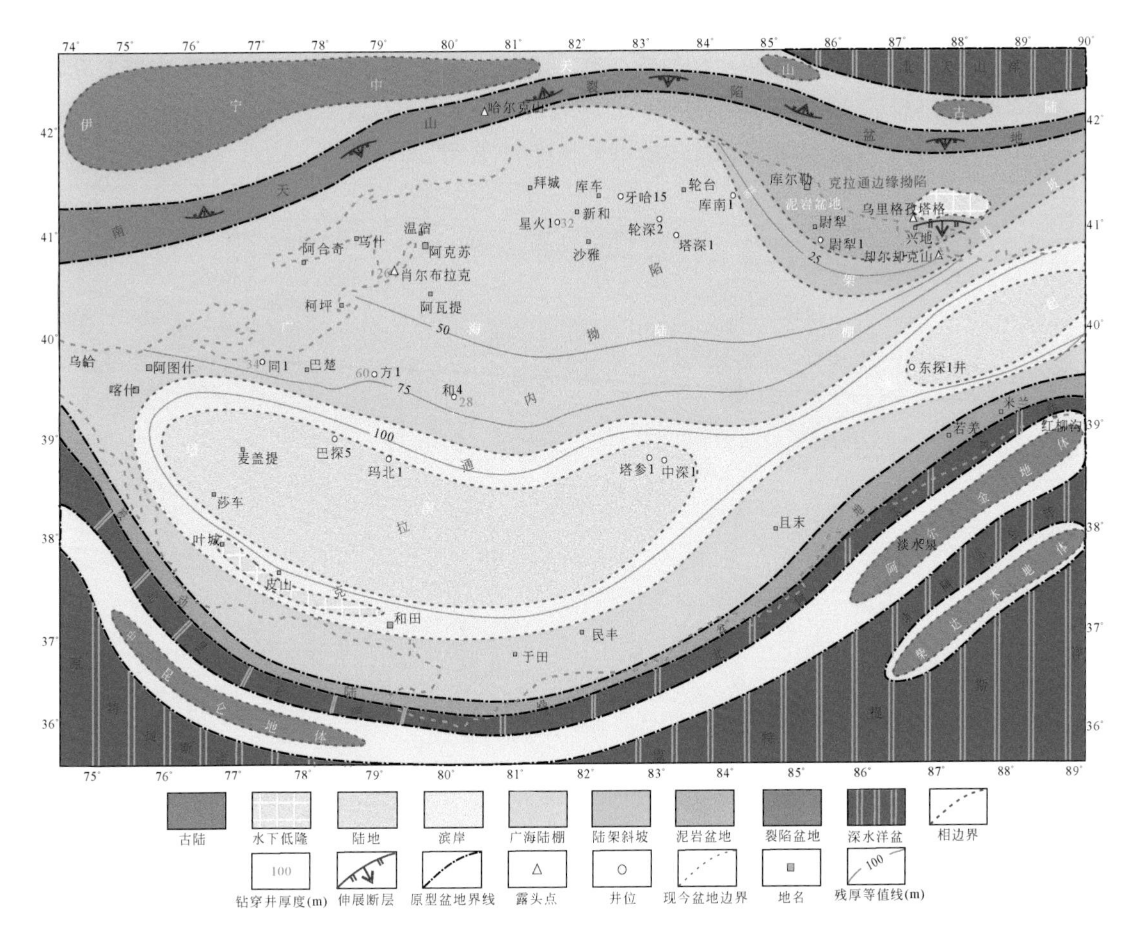

图1-13　塔里木地区早寒武世早期构造-沉积环境

下低隆起是受北昆仑洋形成过程中裂谷肩部的均衡翘升作用影响而形成的（图1-13）。中阿尔金地体与塔里木地体分离，早寒武世早期其间已经形成北阿尔金洋。塔里木地体西南缘发育被动大陆边缘，向南与北阿尔金洋相连（图1-13）。

随着塔里木地区周缘裂解作用的加剧，海水大量进入塔里木克拉通内，使得早寒武世早期发生了快速的海侵作用。震旦纪末柯坪运动形成的塔南古隆起的范围显著减小，整体呈东西向展布，其北部边界收缩到巴探5井–玛北1井–中深1井–东探1井一线，环古陆周围发育碎屑滨岸。海平面的快速上升和上升洋流的活动使得塔里木广大地区沉积水体保持缺氧富营养环境，形成了下寒武统底部广泛发育的深水陆棚相富有机质黑色页岩，是塔里木盆地寒武系乃至下古生界最重要的烃源岩（图1-13）。

与南天山裂谷同时发育的三叉谷向南的分支由盆地东北缘开始向塔里木克拉通扩展，形成了塔东克拉通边缘拗陷的雏形。由于受南天山裂谷盆地发育的影响，盆地东北缘构造沉降幅度巨大，是塔里木地区的沉降中心。夹于兴地断裂与南天山南缘断裂之间的库鲁克塔格北部断垒下寒武统地层自北向南减薄，表现出水下低隆起的特点（图1-13）。

2）早寒武世中-晚期

随着中天山地体与塔里木地体的持续分离，南天山裂谷进一步生长。南天山东端卡瓦布拉克出露的下寒武统上部出现较厚的硅质岩，表明早寒武世中-晚期南天山裂谷水体深度较早寒武世早期加深。南天山裂谷南侧以较陡的大陆斜坡与塔里木地体相过渡（图 1-14）。

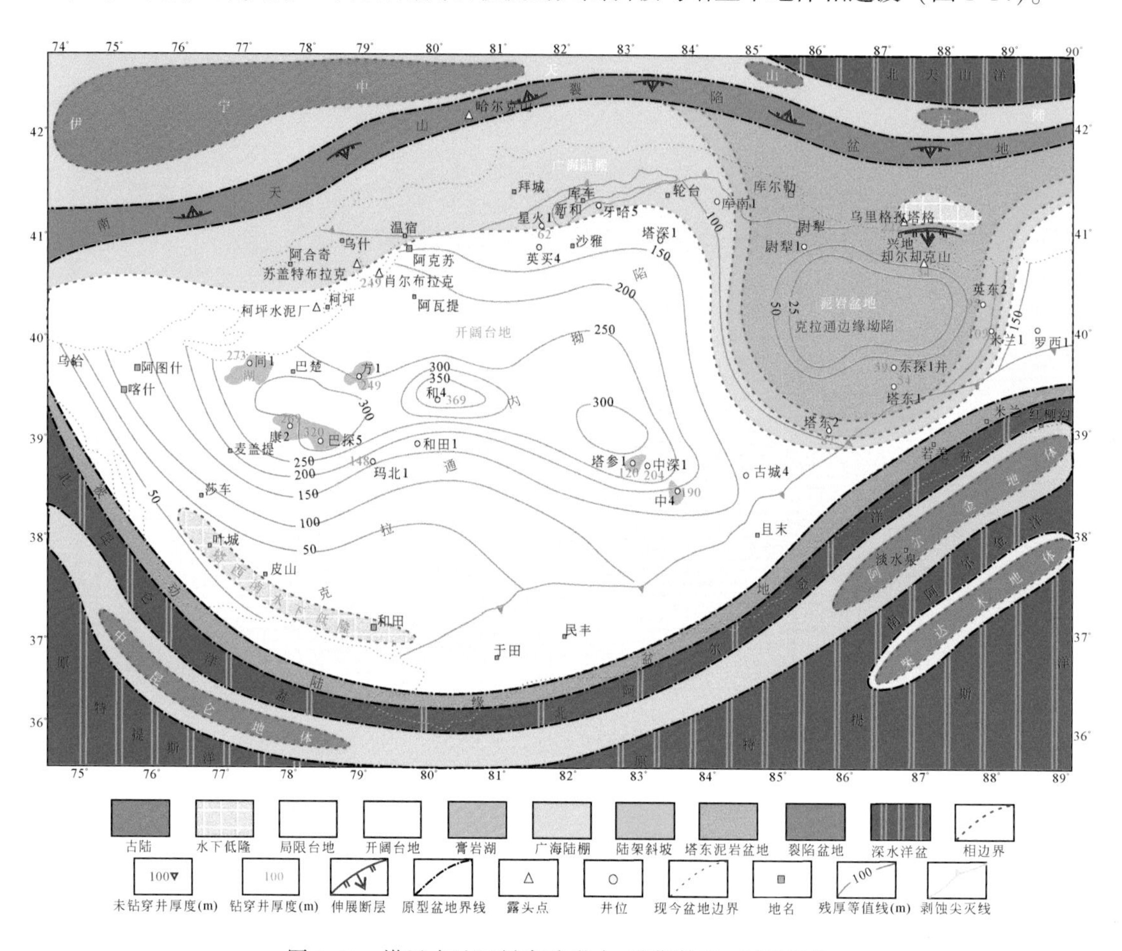

图 1-14　塔里木地区早寒武世中-晚期构造-沉积环境

中昆仑地体与塔里木地体的持续分离，使得北昆仑洋不断扩张。受此影响，塔西南和田古隆起范围显著扩大，其生长方向与北昆仑洋的展布方向基本平行，塔里木西南缘的被动大陆边缘进一步发育（图 1-14）。

中阿尔金地体与塔里木地体的持续分离，使得北阿尔金洋不断扩张，塔里木西南缘的被动大陆边缘进一步发育（图 1-14）。

在区域伸展构造环境和全球海平面上升的共同作用下，塔西克拉通内拗陷已全部被海水覆盖，碳酸盐岩开始在整个塔西克拉通内拗陷广泛发育，并逐渐成为盆地西部构造-沉积格局的主要建造者：早寒武世中-晚期，海侵速率的放缓和碳酸盐岩的沉积追补作用使得盆地西部水体深度变浅，同时盆地西部的一系列呈带状分布的半地堑被碳酸盐岩沉积作用填平补齐导致盆地西部地形趋于平坦，这些因素都使得盆地西部开始进入浅水碳酸盐岩台地建设阶段。早寒武世中–晚期随着碳酸盐岩台地建设作用的持续进行，塔西克拉通内坳陷广大地区为开阔台地环境，巴楚–塔中地区由于古地理的遮挡作用而为局限台地环境，局部地区甚至为膏盐岩潟湖环境。塔北地区为较深水的广海陆棚，但水体深度较早寒武世早期显著变小。此时塔西克拉通内坳陷为塔里木地区的沉积中心，而巴楚–塔中地区沉积厚度最大，并向周缘厚度逐渐减小，表明碳酸盐岩台地围绕巴楚–塔中地区生长并不断向四周扩展（图1-14）。

由于与南天山裂谷同时形成的三叉裂谷南分支持续向塔东克拉通内的深入，塔东克拉通边缘坳陷的范围显著扩大。早寒武世中–晚期塔里木克拉通东西差异性的伸展构造作用，最终导致了塔西克拉通内坳陷和塔东克拉通边缘坳陷两个东西分异的台盆构造格局的形成，罗西台地与塔西台地被塔东深水盆地所分隔。库鲁克塔格莫合尔山北坡出露的下寒武统西山布拉克组中夹有两层玄武岩（杨瑞东等，2006），表明该区早寒武世至少经历了两次拉张裂解作用。塔东地区西大山组自下而上灰质成分逐渐增多（库鲁克塔格），表明早寒武世晚期塔东地区伸展构造活动逐渐趋于稳定，沉积水深随着沉积充填作用而表现出向上变浅的特点。

3）中寒武世

中寒武世南天山裂谷依然处于伸展扩张阶段，南天山东端卡瓦布拉克出露的中–上寒武统南灰山群下部为一套长石砂岩，生物为底栖远岸类三叶虫和海绵骨针，代表了深水裂陷槽盆环境。南天山裂谷向南以大陆斜坡与塔里木地体相过渡（图1-15）。

北昆仑洋开始沿库地缝合线向南俯冲消减，北昆仑洋的南侧由被动大陆边缘转化为活动大陆边缘，并形成了中昆仑地体北部的早古生代岛弧。但新的洋壳至早奥陶世仍有生成，表明北昆仑洋具有边俯冲边扩张的消减特点。塔里木西南缘仍然为被动大陆边缘（图1-15）。北阿尔金洋开始向中阿尔金地体之下俯冲消减，北阿尔金洋的南侧由被动大陆边缘转化为活动大陆边缘，并形成了中阿尔金地体上的早古生代岛弧。但新的洋壳至早奥陶世仍有生成，表明北阿尔金洋也具有边俯冲边扩张的消减特点。塔里木东南缘仍然为被动大陆边缘（图1-15）。

塔西克拉通内坳陷为稳定的伸展构造环境。稳定的构造沉降和碳酸盐沉积速率的匹配使得塔西台地长期保持浅水环境，塔西克拉通内坳陷由此进入碳酸盐岩台地建设的高峰期，在炎热干燥的古气候条件下充填一套最厚可达1000m的局限台地–蒸发台地相膏质白云岩和膏盐岩，是塔里木地区的沉积中心。碳酸盐岩的快速堆积使得塔西东部、北部和西北缘台地边缘逐渐形成，在轮南–古城台缘带形成多期向盆地方向进积的台地边缘丘滩体，使得台地范围持续向盆地方向推进，塔南由于地形坡度较陡而并未发育台地边缘。塔西南北西–南东走向的和田古隆起范围进一步扩大（图1-15）。

塔东克拉通边缘坳陷已贯穿南北，其南侧为被动大陆边缘，北侧为裂谷边缘斜坡。中寒武世该区伸展构造活动趋于稳定，构造沉降幅度微弱，碳酸盐岩堆积速率增高，沉积厚度较下寒武统有所增厚，但整体依然为欠补偿盆地性质（图1-15）。

4）晚寒武世

晚寒武世南天山裂谷依然处于伸展扩张阶段，南天山东端卡瓦布拉克出露的中–上寒武统南灰山群上部为一套黑色硅质岩、泥页岩夹薄层泥晶灰岩，晚寒武世南天山裂谷活动

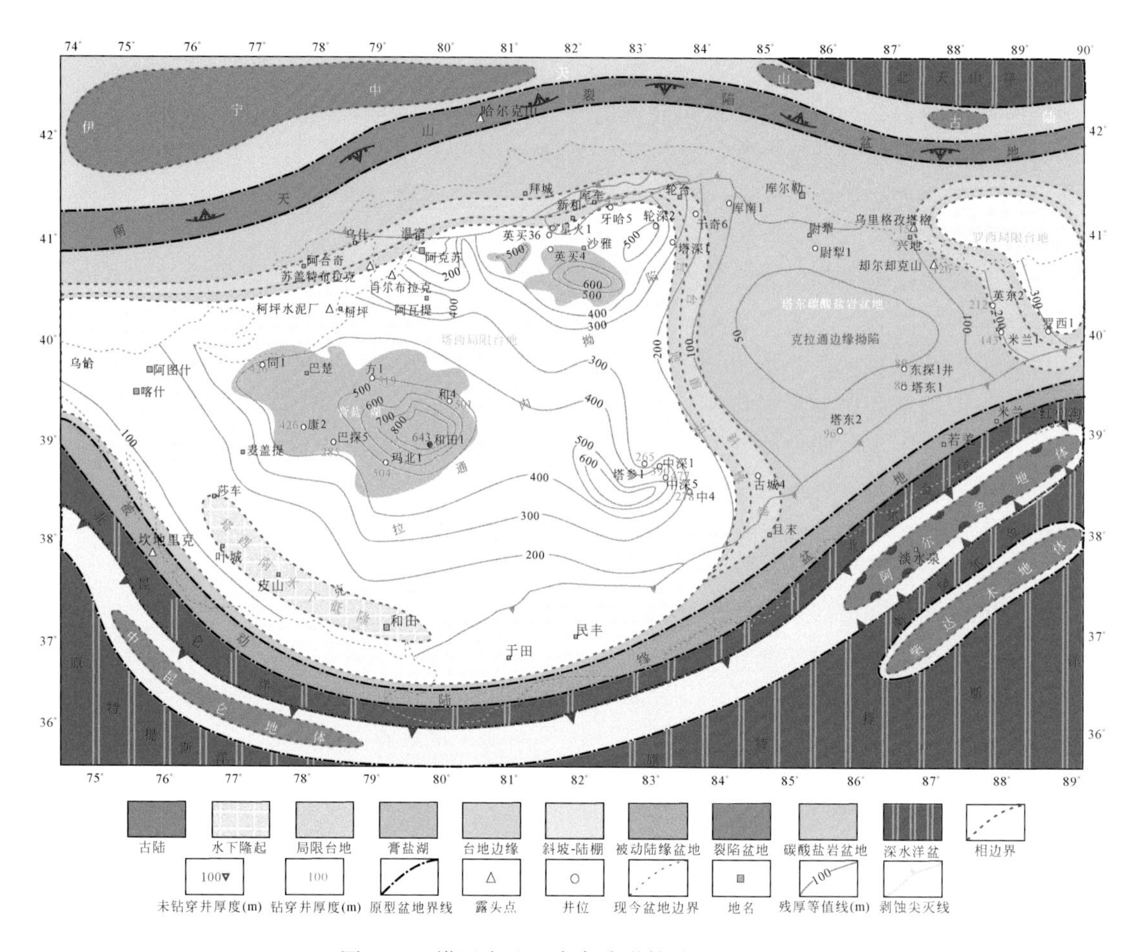

图 1-15　塔里木地区中寒武世构造-沉积环境

转弱。南天山裂谷向南仍以大陆斜坡与塔里木地体相过渡（图 1-16）。北昆仑洋持续向中昆仑地体之下俯冲消减，洋盆萎缩。北昆仑洋北侧为塔西南被动大陆边缘，南侧为活动大陆边缘（图 1-16）。北阿尔金洋持续向中阿尔金地体之下俯冲消减，洋盆萎缩。北阿尔金洋北侧为塔东南被动大陆边缘，南侧为活动大陆边缘（图 1-16）。

北阿尔金拉配泉出露的上寒武统塔什布拉克组为陆棚相泥质粉砂岩、钙质粉砂岩与泥岩互层沉积序列，代表了塔东南被动大陆边缘沉积环境。塔西克拉通内拗陷依然为稳定的伸展构造环境。由于相对海平面的升高和古气候由炎热干燥转为潮湿温暖，塔西克拉通内拗陷由局限台地-蒸发潟湖环境转变为局限台地环境。沉积环境的通畅使得该区生物繁盛，碳酸盐岩沉积速率变大（可达 0. 2mm/a），从而加速了塔西克拉通内拗陷碳酸盐岩台地的建设步伐，堆积了巨厚的白云岩，塔中地区最大堆积厚度超过 2000m，为整个地区的沉积中心。由于碳酸盐岩快速的加积-进积作用，塔西东部和北部台地边缘由缓坡演变为弱镶边台缘，台地与盆地之间的斜坡坡度变大，台前斜坡上垮塌角砾岩和碳酸盐岩重力流沉积发育。罗西台地也由中-下寒武统的碳酸盐岩缓坡演变为弱镶边台地（图 1-16）。

塔东克拉通边缘拗陷伸展构造活动稳定，碳酸盐岩沉积速率较早-中寒武世显著提高，

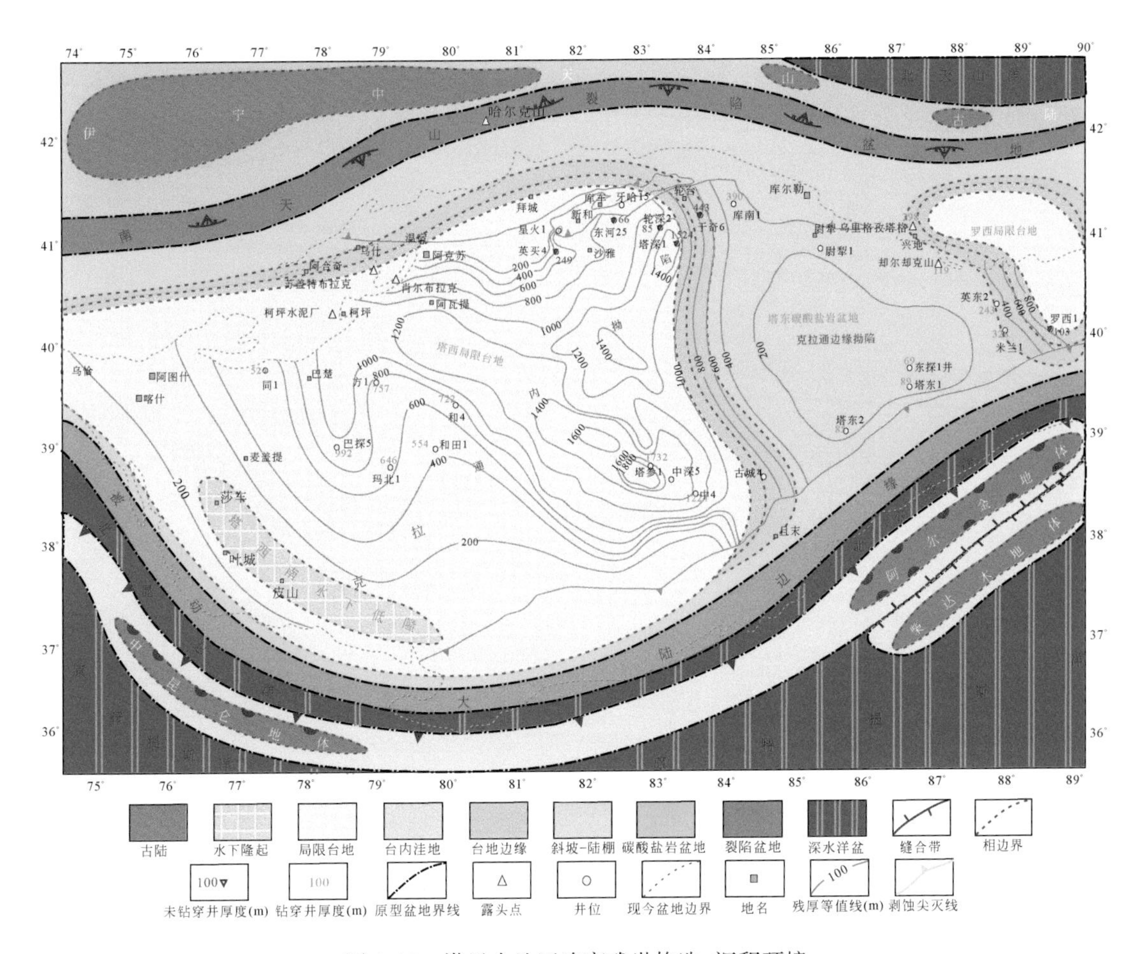

图1-16 塔里木地区晚寒武世构造-沉积环境

沉积序列具有向上变浅的特征，碳酸盐岩增多，泥质减少，堆积一套深水陆棚-盆地相泥质白云岩，沉积厚度明显较西部台地区薄（图1-16）。

5）早奥陶世蓬莱坝组沉积时期

早奥陶世蓬莱坝组沉积时期，南天山东端卡瓦布拉克出露的下奥陶统为深水裂陷槽盆相长石砂岩、页岩和硅质岩组合，库尔干道班附近奥陶系变质岩中具纹层和正粒序，表明早奥陶世南天山裂谷盆地在进一步发育，其向南由大陆斜坡与塔里木克拉通相连。受南天山裂谷拉张的影响，处于裂谷肩部的塔北水下低凸起开始发育（图1-17）。

北昆仑洋持续向中昆仑地体之下俯冲消减，洋盆显著缩小。北昆仑洋北侧的塔西南为被动大陆边缘，南侧为活动大陆边缘（图1-17）。西昆仑莎车县坎地里克的玛列兹肯山附近出露的下奥陶统下部为一套低水位域的深切谷、盆底扇及斜坡相碎屑岩，上部为一套海进域-高位域的深水陆棚-斜坡相碳酸盐岩韵律层，代表了塔西南被动大陆边缘沉积环境。北阿尔金洋持续向中阿尔金地体之下俯冲消减，洋盆显著萎缩。北阿尔金洋北侧为塔东南被动大陆边缘，南侧为活动大陆边缘（图1-17）。北阿尔金亚普恰萨依剖面出露的下奥陶统库木奇布拉克组为滨岸相含砾砂岩、砂岩、粉砂岩和泥岩，代表了塔东南被动大陆边缘

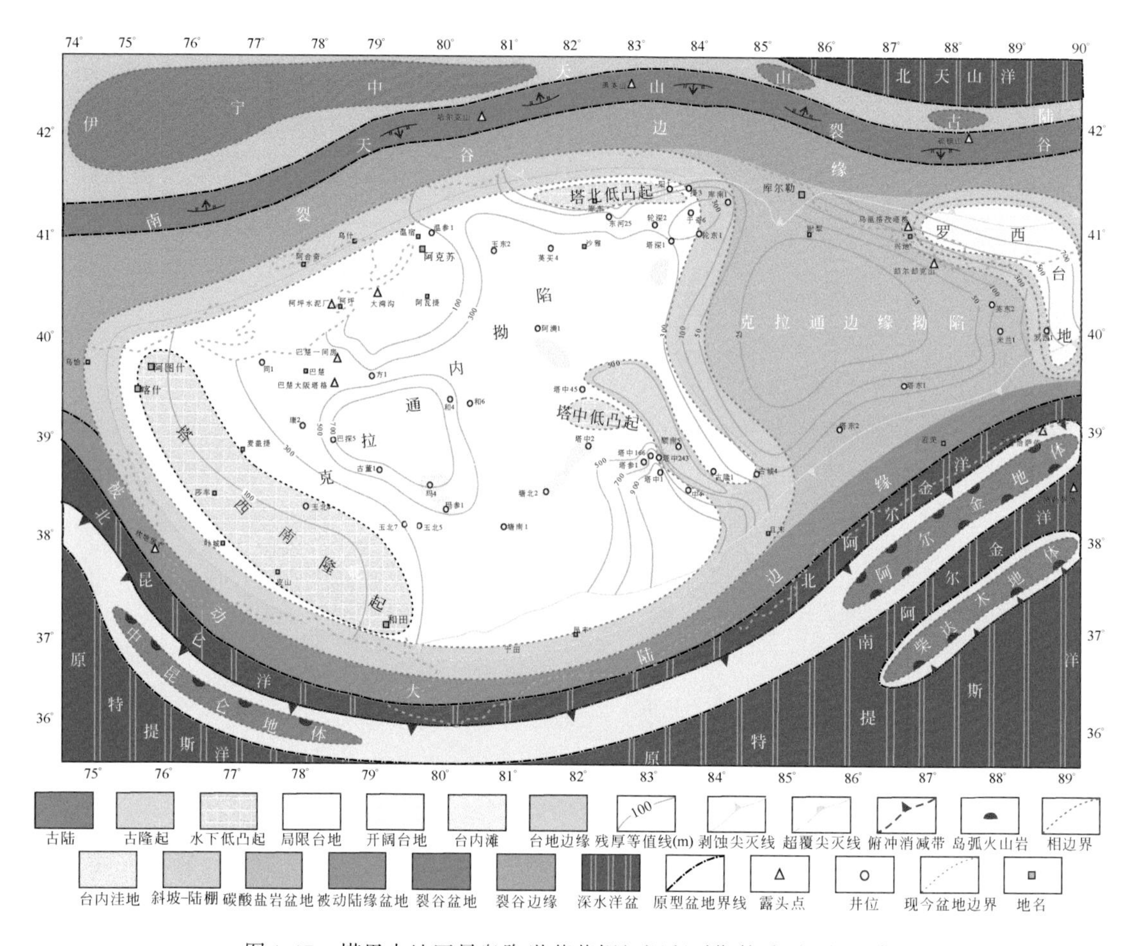

图 1-17　塔里木地区早奥陶世蓬莱坝组沉积时期构造-沉积环境

沉积环境。

寒武纪末期塔里木地区相对海平面的下降，使得塔西南地区发生广泛的暴露。在柯坪露头可见寒武系—奥陶系之间的平行不整合：界面之下的寒武系褐色白云岩中见蜂窝状溶蚀孔洞，界面之上的奥陶系为灰白色白云岩，二者之间为古风化壳，但由于暴露的时间较短并未发生明显的地层缺失。早奥陶世蓬莱坝组沉积时期伴随着新一轮的海侵，塔西克拉通内拗陷再次发育局限台地环境，充填一套最厚可达 1000m 的白云岩、灰质白云岩，厚度远大于塔东克拉通边缘拗陷，是塔里木地区的沉积中心。

塔东克拉通边缘拗陷发育与寒武系连续沉积的深水盆地相泥灰岩，表明该区构造活动稳定，塔东克拉通边缘拗陷沉积厚度不足百米，中心厚度小于 25m，表现出欠补偿的盆地性质。越过塔西克拉通内拗陷与塔东克拉通边缘拗陷之间的轮南-古城斜坡过渡带，地层沉积厚度急剧减薄。罗西台地此时亦演化为加积型镶边台地，由台地向西经斜坡过渡为盆地，其地层厚度变化显著（图 1-17）。

6）早-中奥陶世鹰山组沉积时期

早-中奥陶世鹰山组沉积时期，南天山裂谷依然处于持续扩张演化阶段。南天山东端卡瓦布拉克出露的中奥陶统为深水裂陷槽盆相长石砂岩、页岩和硅质岩组合，库尔干道班附近奥陶系变质岩中具纹层和正粒序，表明早-中奥陶世南天山裂谷盆地在进一步发育，其向南由大陆斜坡与塔里木克拉通相连（图1-18）。

北昆仑洋消减完毕，中昆仑地体与塔里木地体的弧陆碰撞作用使得塔里木西南缘发育周缘前陆盆地，西昆仑坎地里克剖面出露的中奥陶统丘久博依那克组为一套深水盆地相黑色笔石页岩，表明塔西南前陆盆地处于前渊快速挠曲沉降演化阶段（图1-18）。北阿尔金洋消减完毕，中阿尔金地体与塔里木地体的弧陆碰撞作用使得塔里木东南缘发育周缘前陆盆地，北阿尔金亚普恰萨依剖面出露的中-上奥陶统亚普恰萨依组为一套浊积岩相泥岩、泥质粉砂岩、粉砂岩和细砂岩，表明塔东南前陆盆地中海底扇沉积发育（图1-18）。

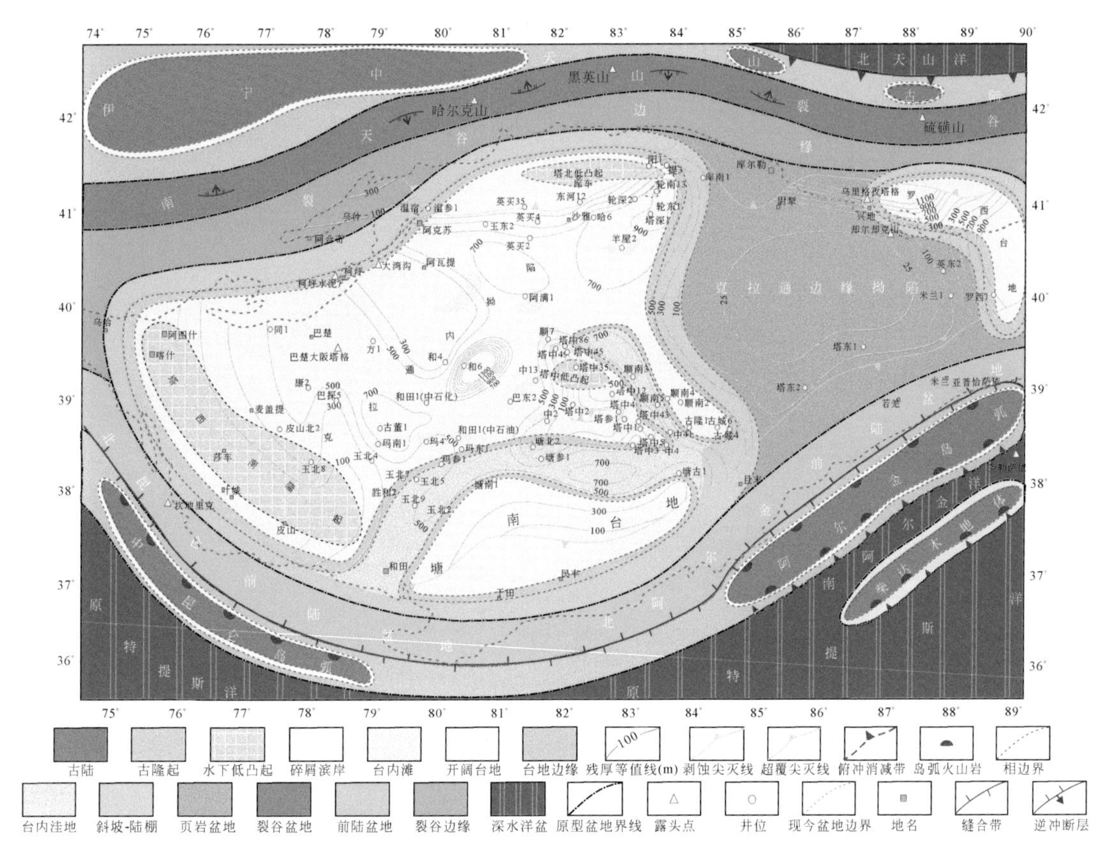

图1-18　塔里木地区早-中奥陶世鹰山组沉积时期构造-沉积环境

鹰山组沉积期是塔里木地区寒武纪—奥陶纪构造-沉积格局演化的分水岭。鹰山组沉积早期塔西克拉通内拗陷依然为伸展构造环境，该时期的原型盆地特征与蓬莱坝组时期基本相同。鹰山组沉积晚期（早奥陶世末）由于北昆仑洋和北阿尔金洋的关闭，塔里木地区构造环境由伸展转变为南压北张。构造体制的反转使得塔西克拉通内拗陷的构造-沉积格局开始发生变革，鹰山组沉积晚期这种变革已初见端倪（图1-18）。

该时期塔西克拉通内拗陷以大套的纯灰岩沉积为特征，表明鹰山组沉积时期塔西克拉通内拗陷沉积环境较蓬莱坝组沉积时期更为畅通，整体为开阔台地环境。塔西克拉通内拗陷依然为塔里木地区的沉积中心，沉积厚度明显大于东部地区。塔东克拉通边缘拗陷在鹰山组沉积时期再次发生强烈的伸展构造沉降作用，水体深度显著加深，发育了奥陶系最重要的一套烃源岩：黑土凹组黑色页岩。塔东克拉通边缘坳陷至此结束了寒武纪以来深水盆地相碳酸盐岩沉积的历史（图 1-18）。

7）中奥陶世—间房组沉积时期

中奥陶世—间房组沉积时期，南天山裂谷依然处于持续扩张演化阶段。其向南由大陆斜坡与塔里木克拉通相连（图 1-19）。

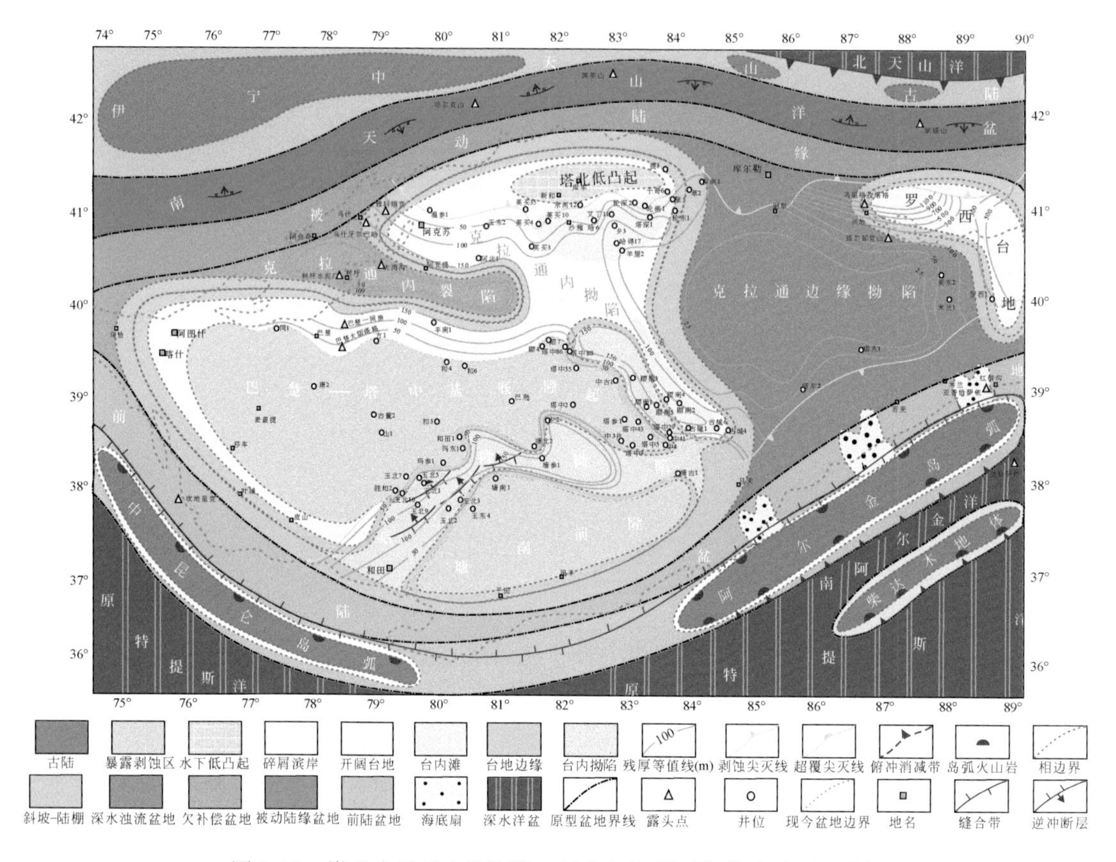

图 1-19　塔里木地区中奥陶世—间房组沉积时期构造-沉积环境

中昆仑地体与塔里木地体的弧陆碰撞作用的持续进行使得塔西南周缘前陆盆地进一步发育，昆仑坎地里克剖面出露的中奥陶统显示塔西南前陆盆地依然处于前渊快速挠曲沉降演化阶段（图 1-19）。中阿尔金地体与塔里木地体的弧陆碰撞作用使得中阿尔金地体发生强烈的隆升剥蚀作用，由此为塔东南前陆盆地提供了大量的陆源碎屑，使得塔东南前陆盆地中海底扇大规模发育，并最终导致塔东南前陆盆地的消亡（图 1-19）。

受塔里木地体南部弧陆碰撞引起的挤压作用影响，塔西克拉通坳陷的构造-沉积格局发生显著变化，表现为向晚奥陶世的隆坳分异格局过渡的特点。

一间房组沉积早期，塔东克拉通边缘坳陷依然发育深水欠补偿盆地相黑色硅质岩和硅质泥岩。一间房组沉积中晚期，北阿尔金前陆盆地的消亡使得来自南部阿尔金岛弧的陆源碎屑可以长驱直入到塔东地区，导致了塔东克拉通边缘坳陷由欠补偿转变为补偿沉积，开始发育海底扇浊积岩沉积（图 1-19）。

8）晚奥陶世吐木休克组沉积时期

南天山裂谷的持续扩张至晚奥陶世吐木休克组沉积时期已演化为洋盆。南天山卡瓦布拉克、黑英山和硫磺山等地出露的上奥陶统为一套浅变质的碎屑岩和碳酸盐岩，表明晚奥陶世南天山裂谷边缘已由较深的陆坡环境演变为浅海陆架，裂陷盆地特征已不存在，开始发育稳定宽阔的被动大陆边缘（图 1-20）。

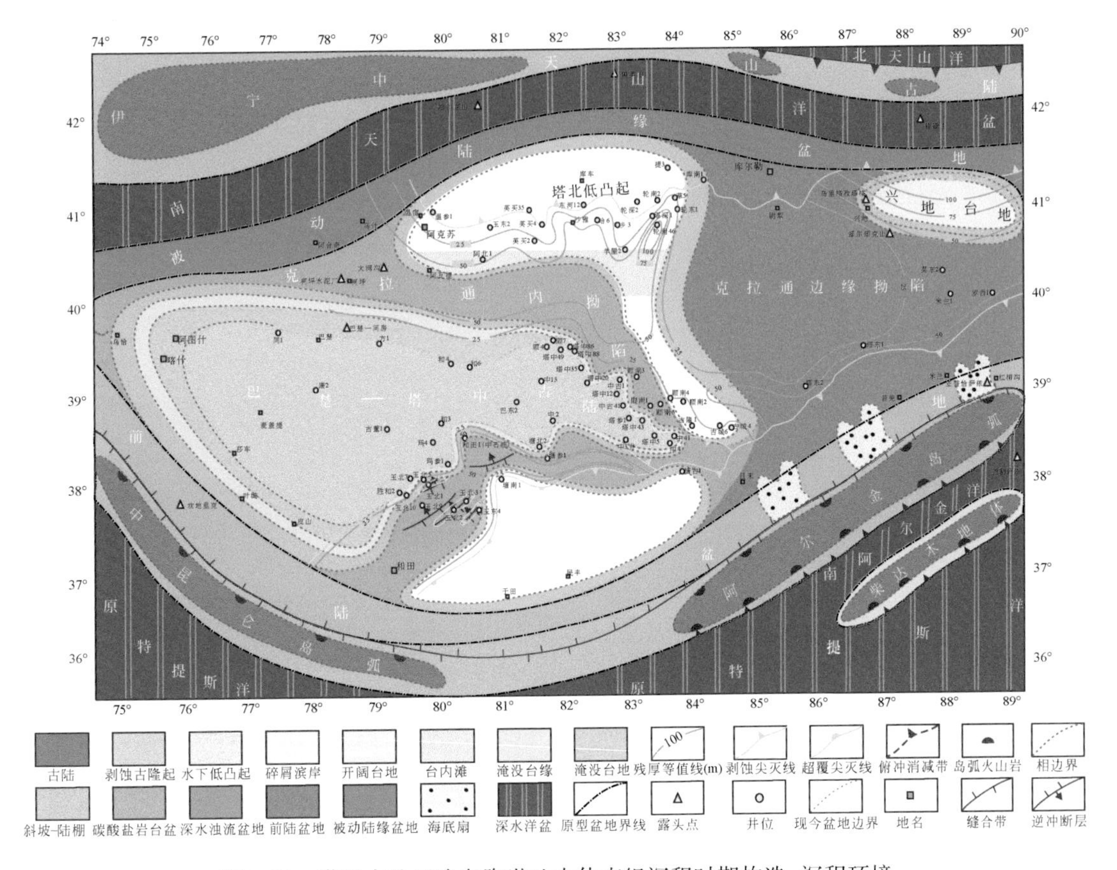

图 1-20　塔里木地区晚奥陶世吐木休克组沉积时期构造-沉积环境

晚奥陶世吐木休克组沉积时期中昆仑地体与塔里木地体的弧陆碰撞作用加剧，中昆仑地体发生隆升剥蚀作用，由此为塔西南前陆盆地提供了大量陆源碎屑，使得该区开始发育海底扇浊积岩，标志着塔西南前陆盆地进入充填消亡演化阶段（图 1-20）。塔东南前陆盆地已经消亡，北阿尔金亚普恰萨依地区出露的上奥陶统孔其布拉克组为浅水碎屑陆棚相粗碎屑岩、砾岩夹粉砂质泥岩，表明该区沉积水体深度显著变浅。中阿尔金地体与塔里木地体的弧陆碰撞作用产生的陆源碎屑经过该区源源不断地注入塔东克拉通边缘拗陷（图 1-20）。塔西克拉通内拗陷在南压北张构造体制持续作用下，形成了南北分异隆拗格局（图 1-20）。

在中奥陶世短暂的海退之后，晚奥陶世早期发生了快速的海侵作用。塔西台地区受此影响在塔北和古城地区发育了淹没台地相沉积，由于水深的突然加大，碳酸盐岩沉积速率显著减小，沉积物为薄且富泥质的瘤状灰岩。受塔中Ⅰ号断裂逆冲活动的影响，紧邻断裂下盘的顺南地区在经历了寒武纪—早奥陶世的弱伸展沉降、中奥陶世的快速挠曲沉降后，至吐木休克组沉积时期已演化为深水拗陷，其与柯坪海湾相连通，形成一贯通东西两侧水域的深水台盆。由于快速的海侵和缺失陆源碎屑注入而形成了滞留环境下的吐木休克组台盆泥灰岩相烃源岩。受自南向北挤压应力的影响，塔西南–塔中古陆持续隆升。巴楚–塔中南缘逆冲断裂的持续活动，使得玉东–塘古巴斯台洼快速沉降为深水台盆，并在玉北东部发育了一系列由北向南活动的叠瓦反冲断层，形成了多个小型背驼式盆地，其逆冲前锋带因暴露于水面之上而遭受剥蚀。塘南古陆继续发育，该区缺失了吐木休克组。至此可见，吐木休克组时期塔西地区南北分异的隆拗相间的格局已经形成，并取代寒武纪以来东西分异的台盆格局成为塔里木地区最重要的盆地格局特征。

塔里木克拉通与中阿尔金地体的弧陆碰撞作用加剧，阿尔金岛弧的强烈隆升剥蚀为塔东地区提供了大量陆源碎屑。这些陆源碎屑越过消亡的塔东南前陆盆地进入塔东克拉通边缘拗陷，使得塔东地区以发育深水远源浊积岩为特征。罗西台地由于来自南部岛弧的陆源碎屑的注入而消亡（图 1-20）。

9）晚奥陶世良里塔格组沉积时期

晚奥陶世良里塔格组沉积时期南天山洋处于伸展扩张演化阶段，其南部被动大陆边缘盆地进一步发育。

由于来自中昆仑地体的陆源碎屑的持续注入，晚奥陶世良里塔格组沉积时期塔西南前陆盆地已经消亡。由此陆源碎屑可长驱直入到塔西克拉通内拗陷中（图 1-21）。

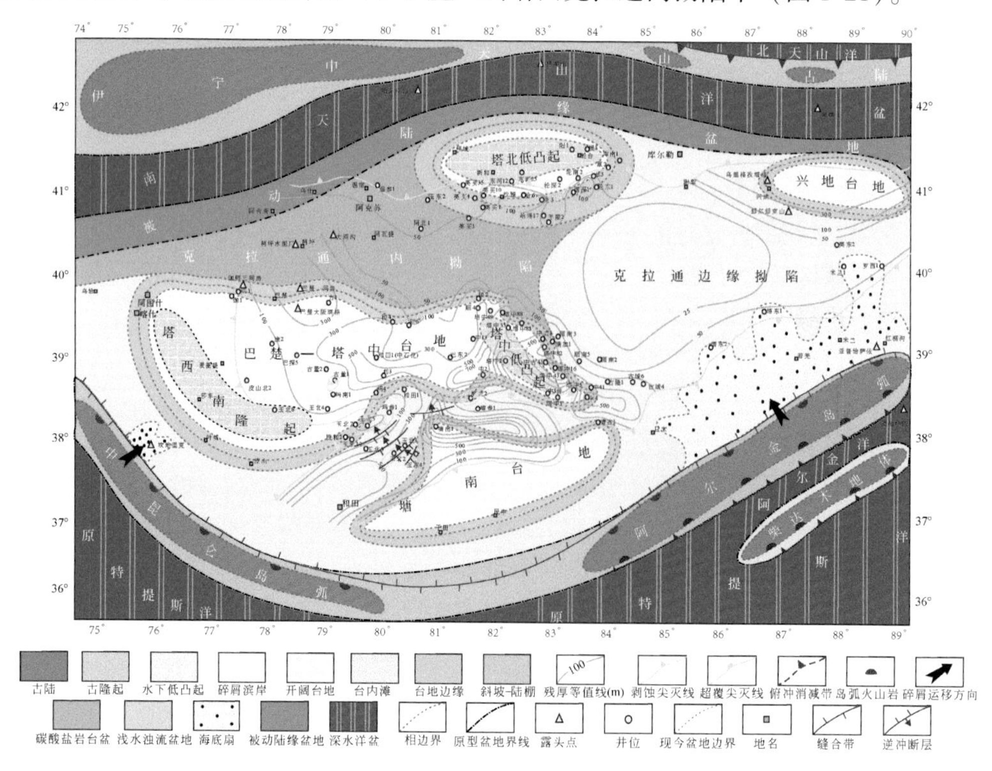

图 1-21　塔里木地区晚奥陶世良里塔格组沉积时期构造–沉积环境

晚奥陶世良里塔格组沉积时期中阿尔金地体与塔里木地体之间的碰撞作用加剧，来自中阿尔金地体的大量陆源碎屑经过该区到达塔里木克拉通（图1-21）。

晚奥陶世良里塔格组沉积时期塔西克拉通边缘拗陷发生挤压应力松弛作用，塔西地区在这种应力松弛沉降作用下再次接受沉积，但这种沉降作用表现出地区上的差异性，从而形成了塔北、巴楚–塔中和塘南三个孤立台地，其间为深水台盆相隔（图1-21）。塔西地区构造沉降在不同构造单元表现出差异性：古隆起区构造沉降作用较弱，其沉降速率与相对海平面上升速率和碳酸盐岩沉积速率相匹配，从而使得在古隆起的背景上发育了孤立台地；古拗陷区构造沉降作用强烈，沉降幅度巨大，根据其补偿情况的不同而发育了不同的深水盆地相沉积。这种隆拗相间的古构造格局控制了塔西地区沉积相带的展布及发育特征，由古隆起向拗陷方向分别为孤立开阔台地→断崖型台缘带（如塔中Ⅰ号带）或镶边型台缘带→台前斜坡→欠补偿或超补偿深水拗陷。由于北昆仑前陆盆地的消亡，来自中昆仑岛弧的大量陆源碎屑可以长驱直入到玉东–塘古巴斯拗陷，使其进入快速的充填演化阶段。

由于来自南部中阿尔金岛弧的陆源碎屑大量注入，塔东克拉通边缘拗陷进入了沉积充填的高峰期，海底扇大规模发育，堆积了大量的浊积岩（图1-21）。

10）晚奥陶世桑塔木组沉积时期

晚奥陶世桑塔木组沉积时期，南天山洋仍处于伸展扩张演化阶段，其南部被动大陆边缘盆地进一步发育（图1-22）。中昆仑地体与塔里木地体的弧陆碰撞作用进一步增强，中昆仑地体强烈的隆升剥蚀为塔里木克拉通提供了大量的陆源碎屑（图1-22）。中阿尔金地体与塔里木地体的弧陆碰撞作用进一步增强，中阿尔金地体强烈的隆升剥蚀为塔里木克拉通提供了大量的陆源碎屑（图1-22）。

塔里木地区南部弧陆碰撞作用加剧，塔西克拉通内拗陷构造–沉积格局在区域挤压构造环境下发生了快速变迁。受陆源碎屑大规模注入和相对海平面上升的影响，该时期塔里木地区最突出的特征为发生大规模的沉积充填作用（图1-22）。塔西克拉通内拗陷塔北、巴楚–塔中、塘南三个孤立台地由于陆源碎屑的注入而消亡，其间的深水拗陷也被陆源碎屑浊积岩所充填，填平补齐作用明显。柯坪台盆受南天山洋伸展扩张的影响，同时又远离陆源碎屑，使得该区发育了深水欠补偿黑色泥页岩。

塔东克拉通边缘拗陷因陆源碎屑的大量堆积而消亡，是塔里木地区的沉积中心（图1-22）。过塔东2井南北向地震剖面显示，上奥陶统厚度由南向北增大，且上奥陶统上部地震反射波组中可见丘状杂乱反射，显示出由南向北进积的浊流沉积的特征，表明物源主要来自南部阿尔金岛弧。东西向地震剖面可见桑塔木组由盆地向先前台地之上超覆沉积，地层厚度向盆地方向增厚的特点，表明陆源碎屑由塔东盆地区向台地区自东向西超覆沉积。这种充填特征使得塔里木地区的沉积格局由西厚东薄反转为东厚西薄。

11）晚奥陶世铁热克阿瓦提组沉积时期

晚奥陶世铁热克阿瓦提组沉积时期，南天山洋开始向中天山地体和塔里木北缘之下发生双向俯冲消减，形成了中天山地体南部的岛弧火山岩和塔里木北缘的中酸性侵入岩。塔里木北缘亦受此俯冲作用的影响而由被动大陆边缘转变为活动大陆边缘（图1-23）。中昆仑地体与塔里木地体之间的弧陆碰撞作用达到顶峰。强烈的挤压作用使得塔里木南部发生强烈的隆升剥蚀作用（图1-23）。

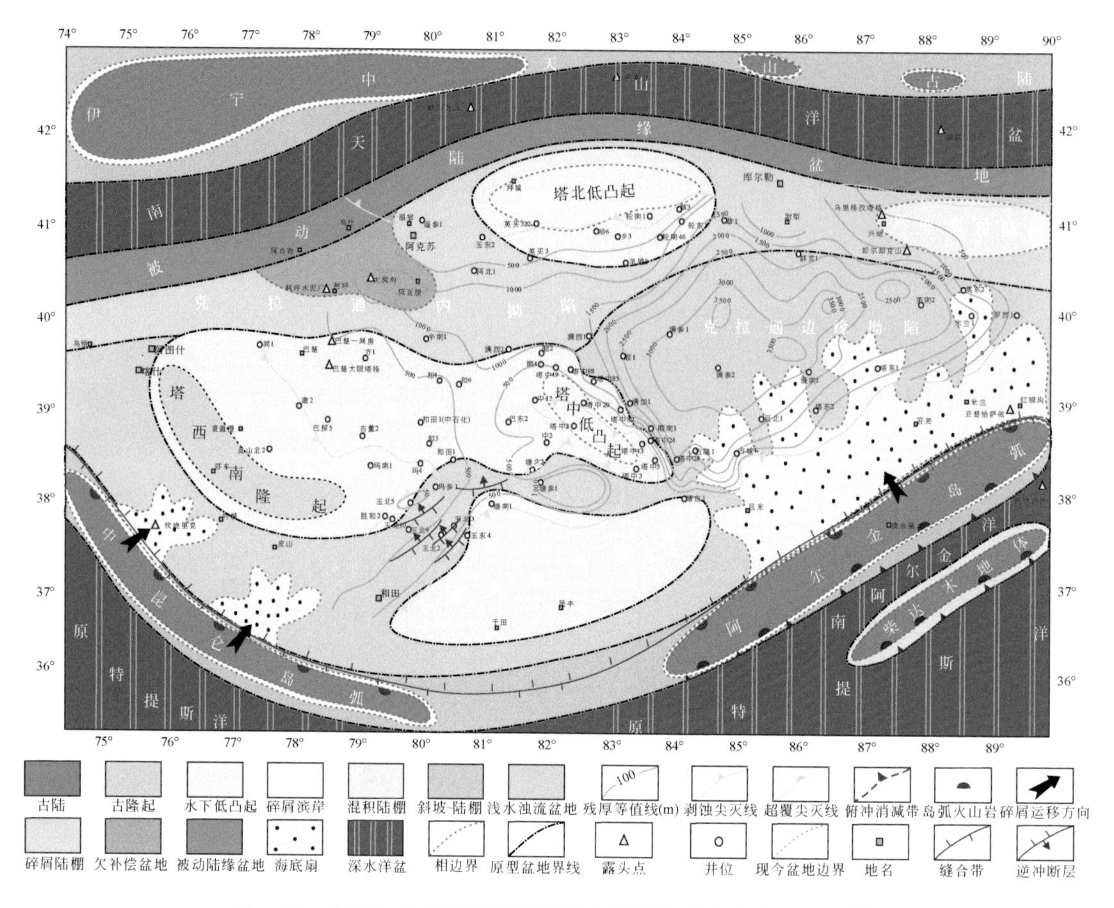

图 1-22　塔里木地区晚奥陶世桑塔木组沉积时期构造-沉积环境

中昆仑地体与塔里木地体之间的弧陆碰撞作用达到顶峰。强烈的挤压隆升和沉积充填作用使得塔东克拉通边缘拗陷消亡，沉积水体显著变浅。中阿尔金地体继续为塔里木克拉通提供陆源碎屑（图 1-23）。

奥陶纪末，塔里木克拉通与南部中昆仑和中阿尔金地体之间的弧陆碰撞作用的强烈程度达到中-晚奥陶世之最。受此影响塔里木克拉通结束了碳酸盐岩的沉积历史，其构造-沉积格局也发生了翻天覆地的变化（图 1-23）。强烈的南北向挤压作用使得塔里木地区中-南部和北部隆升暴露为广阔的古陆，并遭受了强烈的风化剥蚀作用，形成了奥陶系与志留系之间的一个大型的角度至微角度不整合面（林畅松等，2008，2011，2013），使得塔西克拉通内拗陷仅在柯坪、轮南南部、阿瓦提-满西低梁等地有沉积。塔北、塔中和塔西南三大古隆起也基本定型（许效松等，2005；马明侠等，2006；林畅松等，2008，2011，2013；邬光辉等，2009；李本亮等，2009；于炳松等，2011），受古隆起发育控制的断隆高地和古斜坡带暴露剥蚀程度大，岩溶储层发育。塔东克拉通边缘拗陷因巨厚的浊积岩堆积而消亡。此时塔里木克拉通的构造格局具南北陆、中间海的特征，南北分异格局基本定型（图 1-23）。

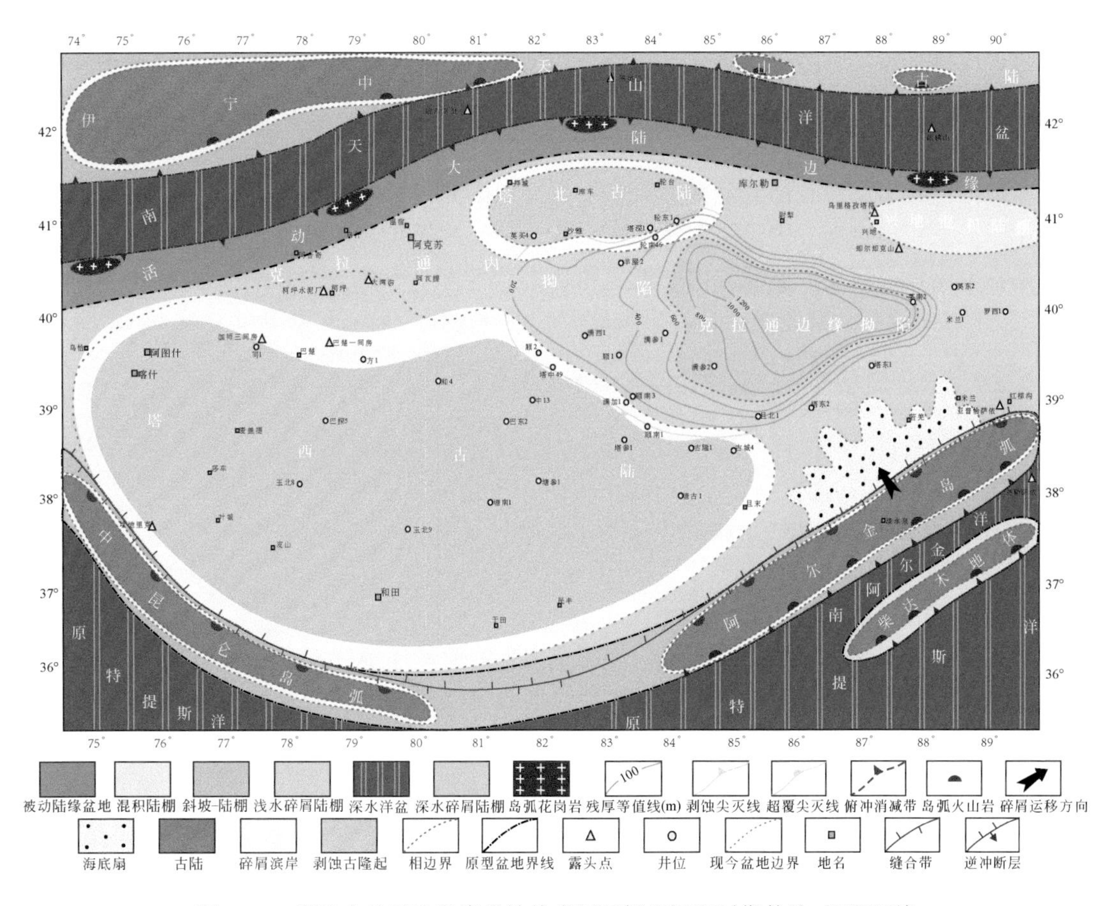

图1-23　塔里木地区晚奥陶世铁热克阿瓦提组沉积时期构造-沉积环境

3. 志留纪—中泥盆世沉积时期

该时期塔里木地区为南压北张对立发展阶段，北侧盆地强烈伸展，南侧盆地强烈挤压（何登发等，2005b）。早-中志留世，南、北盆地构造性质迥异，北侧盆地强烈伸展，热沉降占主导，南侧盆地强烈挤压，具挠曲沉降成因。塔北被动陆缘盆地为稳定型浅海-半深海沉积环境。由东向西，水体加深，碳酸盐岩逐渐增多。

在塔西南南部，中昆仑早古生代岛弧和中昆仑地体相继与塔里木板块发生碰撞，形成碰撞造山带，碰撞作用造成推覆构造带的形成，使塔南地区发展成为弧后前陆盆地体系，形成志留系在塔里木盆地南缘较深水碎屑岩沉积。塔西南（和田古隆起）地区的大部分区域因前陆挠曲抬升，并具有前缘隆起的性质（何登发和李德生，1996），这也是导致这一地区志留系缺失的主要原因。

在此期间，盆地经沉积层序充填，形成不同特征的层序地层体系（王毅，1999；贾进华等，2006）。志留系、下中泥盆统，是一套海退环境下滨海相碎屑岩沉积，主要分布于巴楚隆起区，塔西南拗陷的南部山前带及东、西部区带，中南部大范围内因剥蚀而缺失，厚度为0～1000m。邻区柯坪、阿瓦提、塘古孜巴斯凹陷则较发育，厚度可达600～

1800m。塔北隆起南缘及英买力凸起南西部也有分布。

晚志留世—中泥盆世，塔里木地块南侧仍为挤压体制，塔西南缘前陆盆地继续发育。北侧的南天山洋已有闭合趋势，向中天山地体下开始俯冲消减，盆地的水体变浅，主要发育一套巨厚浅海相沉积。

盆地内部晚志留世—中泥盆世出现了一次大规模的海退事件，使克孜尔塔格组分布范围缩小。其沉积层序为一套向上变浅的海退式沉积。古隆起剥蚀区分布范围更广，滨岸沉积体系占据更大的范围，早期的内陆棚沉积区为浅滩相所代替，外陆棚沉积区位于柯坪-伽师-莎车以西地区。其他地区均为滨岸前滨、近滨沉积，局部发育滨岸砂坝。

1.2.2.2 晚泥盆世—三叠纪伸展聚敛旋回阶段（古特提斯洋阶段）

晚泥盆世到三叠纪（古特提斯洋阶段），塔西南边缘经历了被动大陆边缘盆地-弧后伸展盆地-弧后前陆盆地发展旋回；塔北则受南天山洋关闭的影响经历了被动大陆边缘-残余洋-残余海湾-前陆盆地体系旋回（古亚洲洋彻底消亡）。

1. 晚泥盆世—石炭纪

晚泥盆世—石炭纪，塔里木盆地变为北压南张的构造环境，南天山洋消减，古特提斯洋出现雏形。东河塘组沉积时期塔里木盆地以塔西克拉通内拗陷的发育为特征，沉积了一套滨岸-浅海陆棚相的砂岩、泥质粉砂岩。由于塔东地区的隆升，盆地向西倾斜，水体西深东浅。东河砂岩为晚泥盆世晚期至早石炭世早期海平面上升背景下沉积的一套海侵底砂（砾）。东河砂岩以滨浅海相陆源碎屑沉积占优势，局部发育海陆过渡相陆源碎屑沉积，并形成多种沉积相类型（王招明等，2004）。晚泥盆世末期，由西南向东北的海侵，石炭纪海侵范围急剧扩大。由于北山裂陷活动加强，塔里木地块北缘被动大陆边缘因南天山洋的俯冲消减产生分异。塔西南边缘发育成为成熟的被动大陆边缘。

石炭纪塔里木盆地分为塔西南克拉通边缘拗陷和塔里木克拉通内拗陷，石炭系为一套浅海相碎屑岩和碳酸盐岩沉积（张光亚等，2007；肖朝晖等，2011）。早石炭世末南天山带构造运动强烈发生，南天山洋开始关闭，并导致塔北-塔东弧形隆起的形成，隔断了与北山裂陷之间的联系，使盆地成为向西倾斜、向西开口的海盆。晚石炭世晚期盆地再次海侵，随着海平面的上升，柯坪与和田隆起成为水下低隆起，塔里木地区成为向西南、南开口的海盆。在弧形隆起环绕部位发育半闭塞-闭塞台地相，其外侧发育开阔台地相。较快的沉降作用使其成为被海水覆盖的克拉通内拗陷与克拉通被动边缘盆地组成的大型盆地。克拉通被动边缘盆地的分布达最大规模。

2. 二叠纪—三叠纪

早-中二叠世是盆地格局变革的重要时期。西南缘的被动大陆边缘盆地演化成为弧后裂陷盆地，南天山海盆退缩，盆地内部陆相沉积完全取代了海相沉积，陆相沉积的范围向东逐渐扩大。

早二叠世，塔里木盆地发生大规模海退，盆地主体成为隆起剥蚀区。盆地西南部被动大陆边缘盆地发育了开阔的碳酸盐岩台地。南天山洋东段褶皱隆升成陆，只在黑英山以西保留海水，包孜东以北为开阔台地，乌恰以西为大陆斜坡，其间为台地边缘沉积体系。在塔里木北缘早二叠世早期为浅海陆棚-台地相的碳酸盐岩-碎屑岩沉积，后期逐渐海退，出现滨岸沼泽相的含煤碎屑岩系。早二叠世晚期以大规模由东向西的海退为特点，仅塔西南地区尚有局部海域。在北天山海水则是由西向东退出，北天山边缘拗陷内发育了冲积扇体系。从早二叠世末开始，海水从天山及其两侧的塔里木和准噶尔地区退出，开始了这些碰撞前陆盆地陆相沉积的历史。

中二叠世的塔里木盆地是一个向西倾斜的盆地，东部主要为隆起剥蚀区。康西瓦断裂以南的古特提斯洋板块开始向塔里木板块之下俯冲，沿西南缘形成了塔西南弧后盆地，发育了曲流河-滨湖相沉积体系。盆地内部为克拉通内拗陷，发育河流湖泊相沉积。东部近隆起区以辫状河沉积为主，西部靠海盆地区多为曲流河沉积体系。

晚二叠世—三叠纪，塔里木盆地及邻区整体处于挤压环境，盆地的沉积范围最小，晚二叠世的弧后前陆盆地偏于西南地区，三叠纪的盆地发育在库车前陆地区及盆地中部。晚二叠世塔里木地块南、北缘均处于挤压环境。强烈的区域挤压作用导致博格达山、天山、塔北-塔东-阿尔金带强烈隆升。塔里木盆地发生隆升、剥蚀，北部构造隆升、变形比南部强烈，地层剥蚀受到北西向构造控制（郑孟林等，2014）。三叠纪随着古特提斯洋向北俯冲作用的加剧，盆地表现出强烈的挤压和隆升，盆地中部范围缩小。库车前陆盆地由于挠曲沉降充分，沉降幅度大，形成了较为宽广的河流-湖盆沉积体系。至晚三叠世晚期，湖盆逐渐被充填，发育了塔里奇克组（T_3t）3个由粗至细的沉积旋回，顶部为灰黑色碳质泥岩夹煤线（层）的沉积，表明前陆盆地已演化至晚期。

1.2.2.3　侏罗纪—第四纪伸展-聚敛旋回阶段（新特提斯洋阶段）

侏罗纪—古近纪是新特提斯洋的发育与消亡阶段，新特提斯洋的构造事件对塔里木盆地的形成与演化产生了深刻的影响。新近纪—第四纪的塔里木盆地是由阿瓦提-库车前陆盆地、塔西南前陆盆地与塔东南前陆盆地3个盆地复合而成，具有挠曲沉降、走滑导致的沉降与热沉降等多种成因机制，阿合奇断裂、阿尔金断裂带的强烈走滑活动使盆地处于转换挤压环境。侏罗纪到第四纪，盆地经历了陆内裂谷-挤压调整作用-晚期前陆型盆地发展旋回，其中陆内裂谷-挤压调整作用出现了三个次级旋回。

1. 早、中侏罗世断陷阶段—晚白垩世挤压调整阶段

侏罗纪，受特提斯洋扩展的影响，在弱伸展状态下，在盆山结合处和克拉通内拗陷等汇水部位形成了库车、塔西南及满加尔等沉积区，以湖泊、沼泽相为主，侏罗纪沉积分布范围主要集中在库车拗陷、塔北、草湖以及塔东地区（刘辰生和郭建华，2011）。早、中侏罗世，构造运动相对平静，南天山褶皱隆起带开始遭受强烈剥蚀，在区域弱伸展背景下，盆地与造山带结合部分由于处于构造软弱带上，易拉张形成断陷湖盆。塔里木及邻区主要发育了一系列断陷盆地。晚白垩世，盆地受挤压作用，大范围隆升剥蚀，盆地面积减小，冲积体系发育。中、上侏罗统之间，或中侏罗统内部普遍见到角度不整合。

2. 早白垩世断陷阶段—晚白垩世挤压调整阶段

白垩纪基本继承了侏罗纪的沉积环境，早白垩世，分别在库车-满加尔地区和塔西南

地区形成河流、三角洲和湖泊相沉积，是优质储层发育的重要时期，主要发育了库车坳陷、塔东坳陷与塔西南裂陷盆地。前两者分别呈北东东、北西西向，且相连通，而与塔西南裂陷盆地相分隔。塔西南地区，白垩系沉积厚度的变化受张性断层的控制，盆地由于进一步凹陷和海平面上升而不断扩大。塔里木地区仅在西南缘发育一套海相沉积。由于侏罗纪的充填作用和抬升剥蚀作用，塔西南地区已演化为较宽阔而平坦的古地理背景，在这一古构造背景下发育一套早白垩世河湖相沉积、晚白垩世海相沉积。

下白垩统红色粗粒沉积物（冲积扇和辫状河流产物）代表了另一次断陷作用的开始，并伴随有玄武岩岩浆的活动，上、下白垩统之间的不整合面是白垩纪裂谷发育过程中的产物，而不是挤压作用的结果。相对于下白垩统而言，上白垩统是盆地基底在沉降过程中形成的。因此，上、下白垩统分别代表了当时裂谷型盆地发展的两个不同阶段，即早期裂谷断陷阶段和晚期裂谷热衰减沉降阶段。其间的不整合面代表两个阶段的转换界面。晚白垩世，盆地挤压隆升，遭受剥蚀，上白垩统在新疆地区普遍缺失，这与欧亚大陆南缘地体的碰撞有关。

3. 古新世—始新世早期坳陷阶段-始新世晚期—渐新世前陆盆地-中新世—第四纪压扭性前陆盆地阶段

古近纪，印度板块与欧亚板块的碰撞作用还没有影响到塔里木地区，塔里木盆地以巴楚隆起为界，形成了塔西南和库车两大坳陷区，地层向隆起超覆沉积。古新世盆地分布广，发育库车-阿瓦提坳陷、塔东坳陷与塔西南裂陷三个单元。塔西南裂陷持续发育，且逐步向坳陷转化。古新世的沉积出现大量膏盐，但自始新世开始整个塔西南地区广泛发育碳酸盐岩以及细粒硅质碎屑岩。始新世，塔西南地区开始出现明显的海侵，浅水碳酸盐岩几乎遍布全区，仅在周缘地区发育细粒硅质碎屑沉积物。整个始新统几乎皆由碳酸盐岩和细粒硅质碎屑岩组成，反映了周缘地带并不存在强烈的物源剥蚀区，盆地应以缓慢沉降为特征。海侵过程不断形成超覆沉积，在盆地边缘形成超覆不整合，层序底部以粒屑灰岩或石英质砂岩为特征。

始新世晚期—渐新世，盆地内部的构造格局仍然表现为三分，只是中部隆起范围扩大，塔东坳陷的面积减小。在塔西南地区，始新世末—渐新世岩相由碳酸盐岩演变为碎屑岩沉积。从岩相时空变化特征来看，粗粒沉积物主要发育在盆地南侧，向北方向沉积物逐渐变细，并出现膏盐沉积层。这种相变表明物源区位于盆地南侧，指示南侧造山带已开始抬升和遭受剥蚀。盆地构造负荷导致相邻盆地发生挠曲沉降，造成沉降中心向盆缘迁移。依据始新世晚期—渐新世的岩相时空变化，盆地沉积中心迁移，结合区域构造活动等现象，可以推断在始新世晚期盆地性质开始发生变化，即由早期裂谷型盆地向前陆型盆地转化。但前陆型盆地并未发育完全，盆地内仍以细粒沉积物为主，说明相邻造山带还没有经历明显的抬升和遭受强烈的剥蚀。

新近纪，塔里木盆地受周围造山带隆升的影响而全面沉降接受沉积，在盆地边缘山前地带形成一系列较深的沉降中心。中新世开始，南部远端强烈的碰撞挤压作用明显影响到塔里木周缘造山带。天山隆升并向盆地冲断，西昆仑发生强烈的褶皱和断裂，阿尔金断裂带和阿合奇断裂带构成塔里木盆地的东南与西北边界，都发生了冲断-走滑作用，从而使塔里木盆地处于强转换挤压环境。上新世的塔西南盆地转换为挤压前陆盆地，第四纪盆地发展基本继承上新世盆地格局，盆地边缘造山带的强度不断加强，前第四系被不断卷入褶皱带中，并被抬起成为相邻盆地的物源。

1.2.3　鄂尔多斯盆地的形成与演化

在太古宇—古元古界结晶基底基础上，鄂尔多斯盆地的形成与演化过程，经历了以下 7 个阶段（图 1-24）：中新元古代大陆裂解阶段（Pt_{1-2}）；广阔陆表海发育阶段；洋盆俯冲、消减、陆块增生、拼贴、造山过程（$O_{2-3}-C_2$）；古特提斯洋和广盆发育阶段（P_1-T_3）；以板内构造作用为主的内陆盆地演化阶段（J）；挤压期后伸展作用演化阶段（K）；新生代周缘断陷盆地演化阶段。

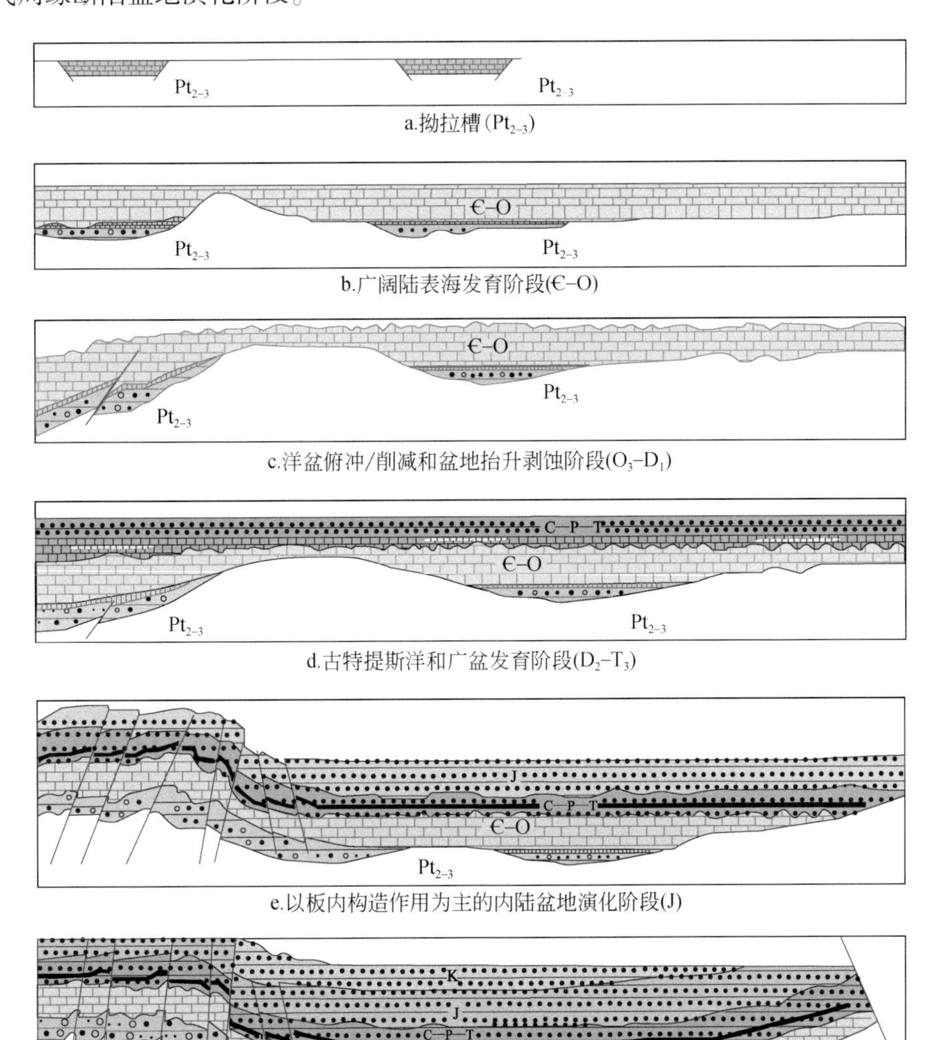

a.拗拉槽(Pt_{2-3})

b.广阔陆表海发育阶段(€–O)

c.洋盆俯冲/削减和盆地抬升剥蚀阶段(O_3–D_1)

d.古特提斯洋和广盆发育阶段(D_2–T_3)

e.以板内构造作用为主的内陆盆地演化阶段(J)

f.挤压后伸展作用演化阶段(K)

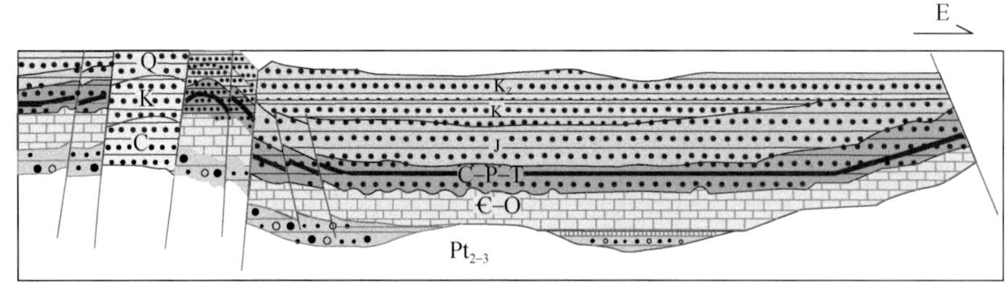

g.新生代周缘盆地演化阶段(N–Q)

图 1-24　鄂尔多斯盆地构造演化剖面图（据付金华等，2012）

1.2.3.1　中新元古代大陆裂解阶段（Pt_{1-2}）

1850～1600Ma 为华北克拉通伸展裂解阶段（李江海等，2001a，2001b；侯贵廷等，2005；阎国翰等，2007），中新元古代裂解减弱并停止。华北克拉通古陆块在分裂成若干地块的基础上，进入第一套以拗拉槽为特征的沉积盖层发育时期。鄂尔多斯地块拗拉槽中沉积了较厚的长城系、蓟县系的陆表浅海沉积建造。1000Ma 晋宁运动，结束了中新元古代的沉积过程。

中元古代早期至中期，盆地主要沿袭了华北板块的演化特征，发育大陆边缘裂谷和陆内拗拉槽。盆地南缘主要发育祁秦大洋裂谷及与之相伴生的三大拗拉槽，分别为海源–银川拗拉槽（贺兰拗拉槽）、延安–兴县拗拉槽（晋陕拗拉槽）和永济–祁家河拗拉槽（晋豫陕拗拉槽），沉积了长城系滨海相碎屑岩和蓟县系含燧石条带藻纹层白云岩，但三者沉积厚度差异较大。盆地北缘主要发育兴蒙大洋裂谷及与之相伴生的狼山拗拉槽和燕山–太行山拗拉槽，沉积厚度为 2000～4000m。该时期盆地沉积格局主要受延伸至盆地南部的三大拗拉槽所控制，盆地北部则因伊盟古隆起持续存在，构造环境相对稳定。

中元古代晚期，古亚洲洋向华北板块俯冲，盆地北缘转变为主动大陆边缘，发育岛弧型火山沉积建造，至 1Ga 左右，盆地北缘进入碰撞挤压造山阶段，构造变形强烈，褶皱断裂发育。同样，盆地南缘也经历了被动陆缘–主动陆缘–碰撞造山的发展演化，只是时间上与北缘稍有出入，表现为南部启动早而结束晚。在 1.0～1.1Ga，盆地周缘洋盆与裂谷相继关闭，使华北陆块（包括鄂尔多斯地块）成为罗迪尼亚超大陆的一部分，即著名的 Grenville 造山事件，并一直持续到新元古代早–中期（900～700Ma）。

新元古代中–晚期，随着泛大陆的解体，华北古陆与西伯利亚、劳仑大陆裂开，形成了独立的华北板块。盆地北缘兴蒙洋拉伸纪（900Ma）开始张裂，成冰纪（750～700Ma）、震旦纪（700～600Ma）达到扩张高峰期。盆地西南缘祁秦洋成冰纪（740Ma）开始张裂，震旦纪（550±17Ma）发育成典型大洋。众多零星的地层记录分析表明鄂尔多斯古陆南北两侧在前寒武纪末已经发育成为稳定的被动大陆边缘。

盆地西缘此时也因地幔上隆导致地壳破裂形成了秦祁贺三叉裂谷。其中，位于华北克拉通西南缘的祁连、秦岭两裂谷随后进一步扩张成为大洋裂谷，沉积了巨厚的优地槽沉积，并广泛出现基性岩。青铜峡–固原大断裂西南包括南贺兰山、牛首山和南华山一带，当时位于秦祁海槽的被动大陆边缘，三叉裂谷三联点交汇处。

盆地西缘北部的贺兰拗拉槽是此三叉裂谷的夭折臂。拗拉槽东界大致在南北向逆冲带的东缘，西界在巴彦浩特盆地中央隆起带东侧，南至青铜峡附近。其中的中元古界沉积岩相与华北克拉通相同，并由南向北超覆，岩性变粗，厚度变薄，一般厚度约1500m，较鄂尔多斯盆地内部厚，亦为一套滨浅海相碎屑岩和碳酸盐岩建造。秦祁大洋裂谷边缘地区中卫至陇县一带，中元古代时为一被动大陆边缘，地层厚度向西南迅速增加，沙井子、平凉地区的岩性属台地边缘相，而南、西华山地区则已变为地槽相沉积，厚度巨大。

1.2.3.2　广阔陆表海发育阶段

震旦纪—早古生代，鄂尔多斯盆地和其东侧的华北克拉通其他部分进入广阔陆表海发育阶段，其中鄂尔多斯地块进入克拉通碳酸盐岩台地演化阶段（冯增昭，1989；冯增昭和陈继新，1989；王玉新，1994）（图1-24b）。

古生代初，华北克拉通上其他许多中元古代的拗拉槽此时均已停止活动，与华北克拉通一起成为广覆性的陆表海（图1-25）。而中元古代已存在的秦祁贺三叉裂谷则重新开始活动，此早古生代裂谷称为晚期三叉裂谷。

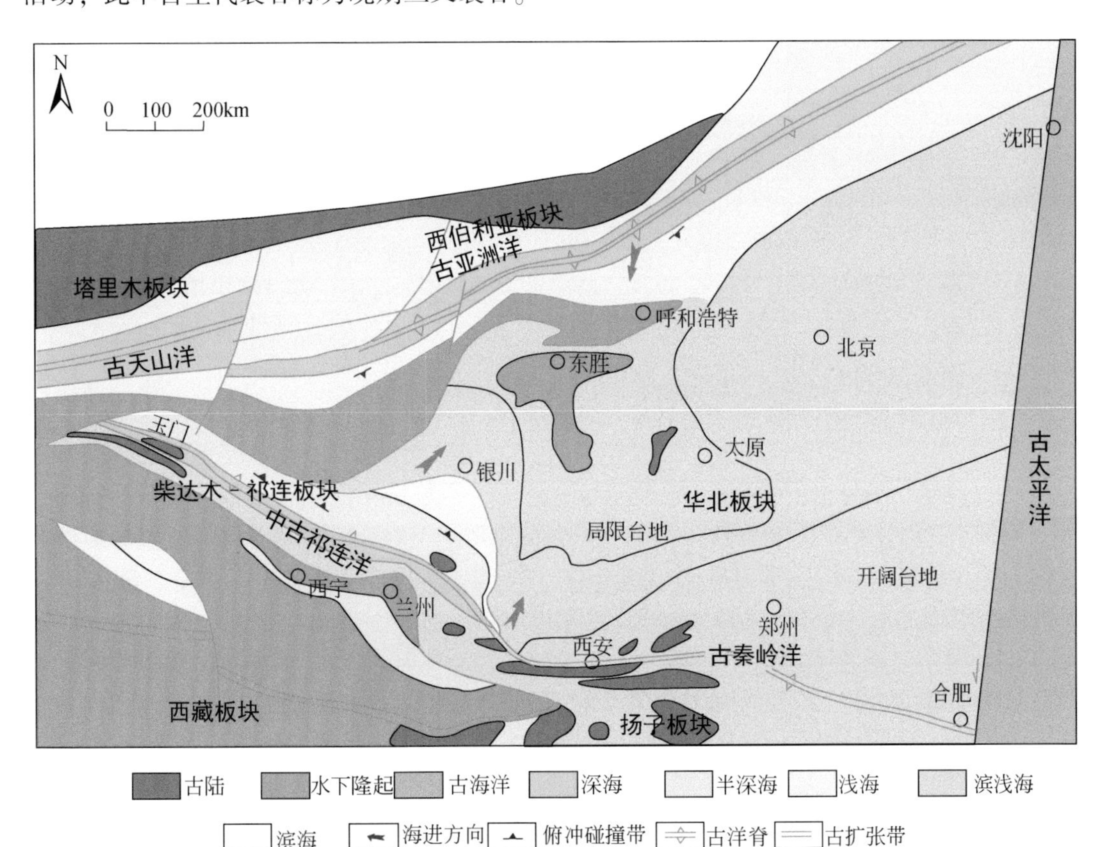

图1-25　寒武纪（570Ma）鄂尔多斯盆地古地理略图（据白云来等，2010）

晚期三叉裂谷从早寒武世晚期开始发育。因受秦祁海槽影响，该期海侵由南向北、自西向东发展。晚寒武世时，受秦祁海槽暂时封闭作用的影响，西部地区曾一度隆起上升，海水又由东向西、由北向南逐渐退出。崮山期海水已退出庆阳古隆起，至长山、凤山期本区仅在贺兰山一带的残留海中才有沉积。早奥陶世，北祁连为洋盆环境（图1-26），发育阴沟群沉积，形成洋脊-洋岛型和沟、弧、盆型两大系列。洋脊-洋岛型火山岩分布在北祁连南带，在发育较好的玉石沟一带，底部为超基性岩，向上为辉长岩，上部为枕状细碧岩及辉绿岩墙，顶部为硅质岩和少量凝灰岩。沟、弧、盆型沉积位于洋脊-洋岛型火山岩带的东北侧，东西延伸达400km，是海沟俯冲杂岩带，其中包括两条蓝片岩带、基性超基性岩块、火山岩岩片、混杂堆积岩、放射虫硅质岩岩片以及由滑塌、浊流沉积等组成的增生体。从北祁连向东北方向，河西走廊-贺兰山地区发育天景山组、鄂尔多斯盆地西缘发育桌子山组，盆地本部发育马家沟组，其岩性都为碳酸盐岩，反映了被动大陆边缘沉积特征。平凉-马家滩以东为鄂尔多斯地块，发育局限海、开阔海台地，向西至西南华山断裂为陆棚环境，西南华山断裂以西为北祁连裂谷洋环境。

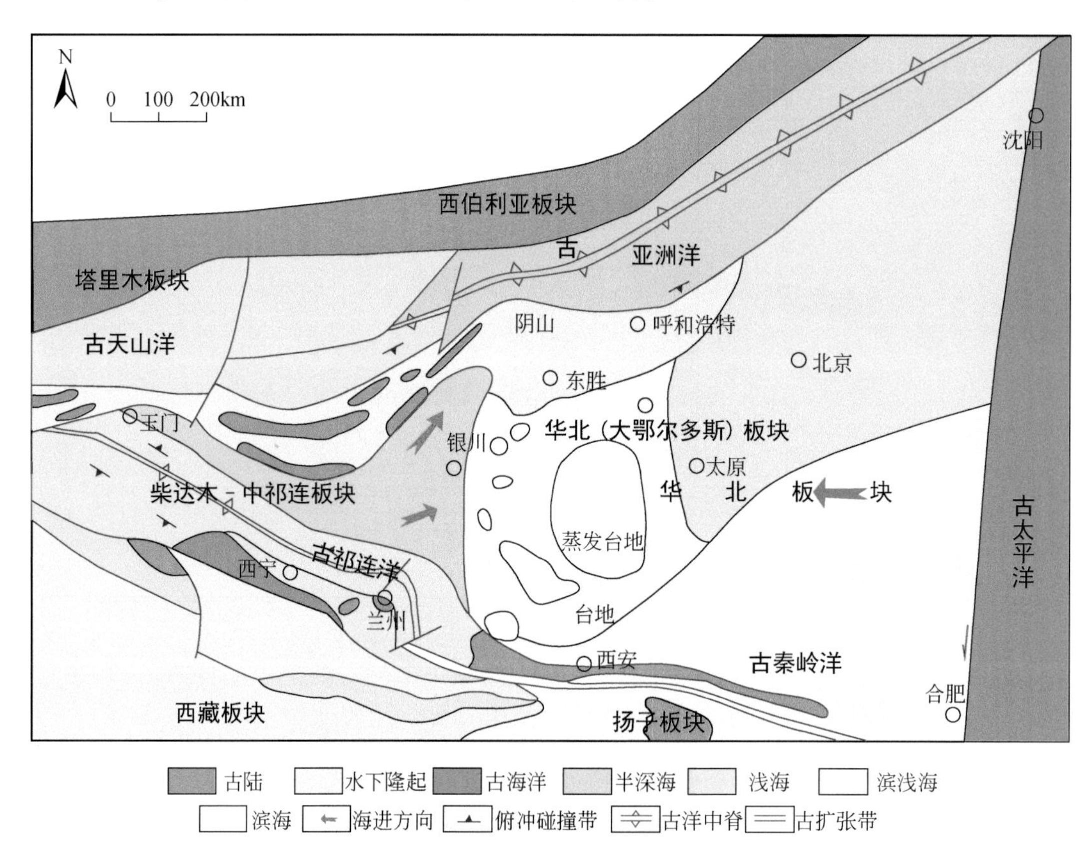

图1-26　早奥陶世（500Ma）鄂尔多斯盆地古地理略图（据白云来等，2010）

中奥陶世，北祁连已经发育完整的沟-弧-盆体系（Bian et al.，2001），该岛弧系的大陆内侧发育了弧后背景下鄂尔多斯盆地西缘裂陷盆地。在灵武-罗山-固原一线以东和大水坑一线以西的鄂尔多斯盆地西缘为其裂陷盆地的过渡带，其内堆积了以克里摩里组、乌拉里克组、拉什钟组、公乌素组、蛇山组为代表的深水重力流（克里摩里组）、碎屑浊流（拉什仲组、乌拉里克组和平凉组）等过渡类型沉积。其特点是浅水碳酸盐岩、深水泥质碎屑岩、重力流、浊流沉积等交互出现。西缘为贺兰-走廊弧后裂陷盆地，其内堆积了以米钵山组与银川组为代表的沉积，它们均为典型的深水浊流沉积。因此，中晚奥陶世，鄂尔多斯盆地西缘构造背景是在鄂尔多斯地块、阿拉善地块之间发育贺兰拗拉槽，西缘处于过渡带，南部为北祁连裂谷洋盆的被动大陆边缘。

1.2.3.3　洋盆俯冲、消减、陆块增生、拼贴、造山过程（O_{2-3}–C_2）

大致从中奥陶世开始，华北古板块北部的天山兴蒙洋盆开始向南俯冲，其南部的祁连秦岭大别古洋盆向北俯冲，在它们的共同作用下，鄂尔多斯地块整体抬升遭受剥蚀，缺失上奥陶统—下石炭统（图1-24c）。

海西运动早期，鄂尔多斯盆地继承了加里东期的碰撞抬升，并一直持续到晚石炭世，风化剥蚀长达150～180Ma，缺失志留系—下石炭统。中石炭世开始时，秦祁海槽段发生碰撞。盆地南部隆起遭受剥蚀，缺失石炭系，但在北祁连前渊地区中石炭统沉积较厚，向南迅速变薄而尖灭。北部由于北秦岭向华北板块俯冲碰撞，沿早期贺兰拗拉槽的古老断裂又重新拉开，发生裂陷形成碰撞裂谷。在盆地内，区域构造继承了早古生代NNE向的隆拗相间格局，沉积特征为东西分异、南北展布，古地貌北高南低。

1.2.3.4　古特提斯洋和广盆发育阶段（P_1–T_3）

晚古生代早期（400～360Ma），受古特提斯洋海侵的影响，鄂尔多斯盆地广大地区均表现为广覆型沉积，显示为整体稳定沉降特点，沉积环境具有从中、晚石炭世扇三角洲和滨、浅海潮坪相向二叠纪冲积平原及早、晚三叠世河湖相逐渐过渡的性质。中、晚三叠世的印支运动，促使华北地块隆升，全面结束了大华北盆地的历史（张成立等，2007）（图1-24d）。

二叠纪时，海水已逐渐退出，沉积陆相地层，构造活动明显变弱（图1-27）。海西运动的影响一般较弱，各地层间均表现为整合或较短的侵蚀间断。而在西南部海槽区内，中上泥盆统之间均表现为不整合接触关系。

早-中三叠世早期，今鄂尔多斯盆地及西缘属华北克拉通盆地的一部分，其沉积特征与二叠纪末差别不大，沉降缓慢，构造分异较小。沉积格局南薄北厚，晚期逐渐转变为南厚北薄。反映晚期秦岭造山带已经开始发生大规模的隆起。

晚三叠世时，沉积格局与早-中三叠世差别不大，沉积环境稳定、构造活动较弱、地层厚度变化不大（图1-28）。受南北向物源的影响，沉积等厚线在西部南北展布的方向性并不明显。盆地沉降中心位于南部的安塞-铜川一线，呈近东西向展布，是受秦岭洋关闭所产生的挤压作用影响所致。西部物源贡献甚小，除了西南缘崆峒山一带存在厚度较大的砾岩可能反映有较大的地貌高差外，在盆地西部及西邻，既无区域较大地貌高差存在的证据，也无挤压性质的较大造山带存在的迹象。贺兰山地区出现了代表拉张裂陷环境的玄武岩。这均表明，西部尚无明显较强挤压的直接证据。

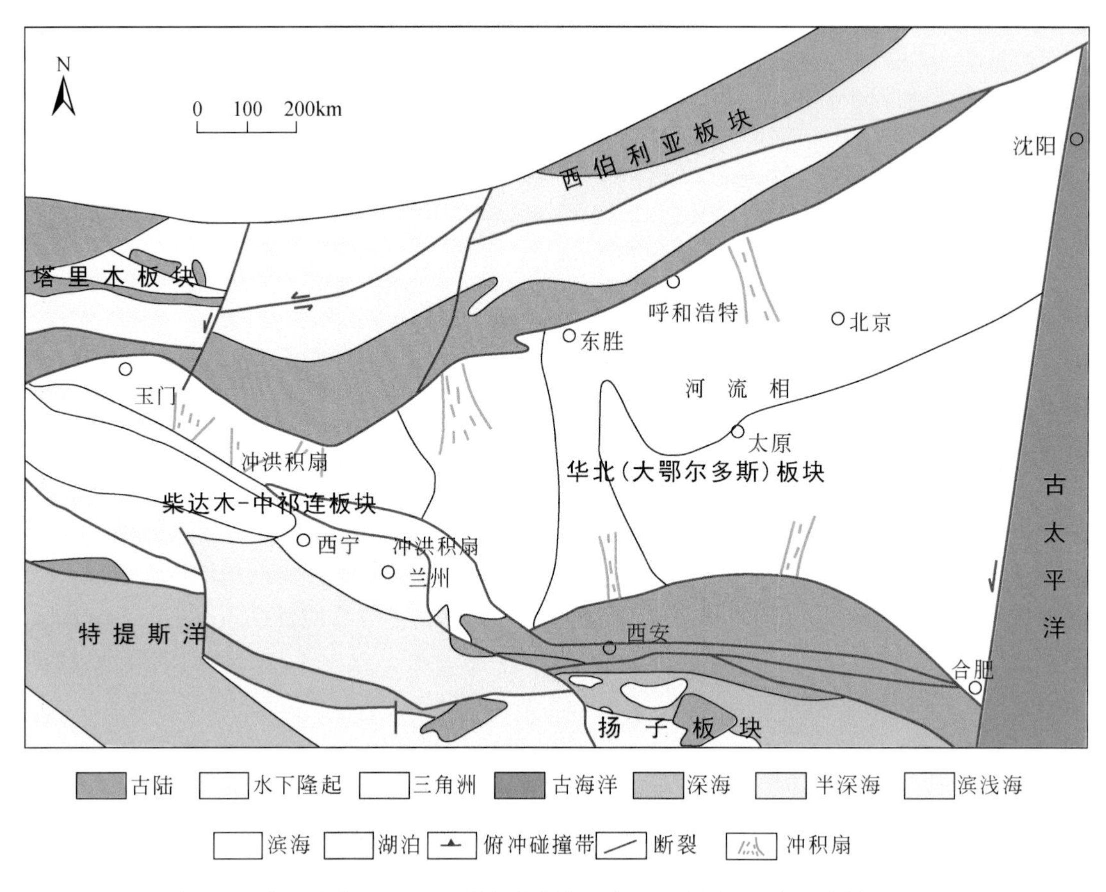

图 1-27　晚二叠世（255Ma）鄂尔多斯盆地古地理略图（据白云来等，2010）

1.2.3.5　以板内构造作用为主的内陆盆地演化阶段（J）

晚三叠世勉略有限洋盆关闭，鄂尔多斯地块全面进入板内内陆盆地演化阶段。早、中侏罗世为盆地发育的又一重要时期，沉积了下侏罗统富县组、中侏罗统延安组和上侏罗统芬芳河组（图 1-24e）。

下侏罗统富县组沉积时，盆地整体为在三叠纪末高低不平古地貌上的填平补齐式沉积，厚度为 0～156m 不等，岩性变化大。西部沉积分布有限，且厚度与盆地内部无明显的差异，表明西部构造活动较弱。沉积环境以河流相为主。延安期沉积的地层，厚度一般为 200～300m；古水流方向主要向南，物源来自西北部与东北部。地层等厚线呈椭圆形展布，方向性不明显，反映当时沉积作用受构造运动的影响相对不明显。盆地为在构造运动相对稳定背景下的沉积，主要为一套河流-湖泊相沉积。为盆地的主要成煤期，同样为构造活动较弱时期。直罗组和安定组沉积时，西缘的构造活动并不强烈，其地层厚度变化不大。西部地层厚度稍大于东部，这与东西部构造活动差异有关。盆地东部隆起逐渐扩大，沉积范围向西收缩，盆地东界西移。现今盆地东部地层缺失，是后期剥蚀的结果，致使现今地层分布范围局限在盆地中西部，呈南北向展布。该期沉积相以河流和湖泊体系为主。

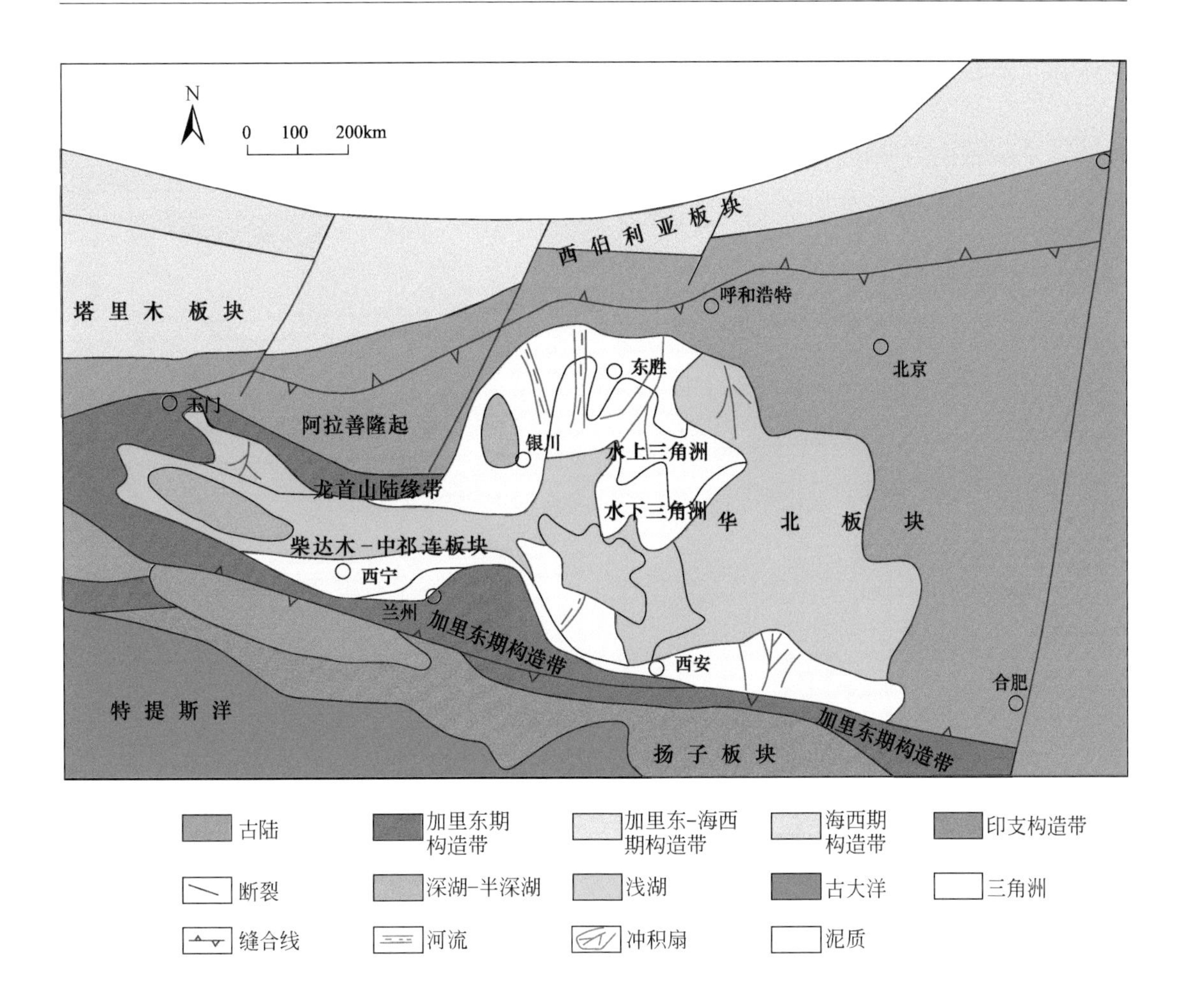

图1-28　中晚三叠世（228Ma）鄂尔多斯盆地古地理略图（据白云来等，2010）

晚侏罗世，鄂尔多斯盆地西缘处于多个大地构造单元的结合部位（图1-29）。该时期，鄂尔多斯盆地西部逆冲活动强烈，西缘构造活动较前期增强，造成大部分地区的侏罗系与白垩系之间的高角度不整合接触。其分布集中在西南部和中部，如见于石砚子、崆峒山、华亭、草碧河、马坊沟、肩膀闸子、大柳木高山和木独石梨等地区。除了崆峒山为白垩系与上三叠统以角度不整合接触外，其余均为白垩系与侏罗系接触。这表明在崆峒山地区，构造抬升作用较强烈，侏罗系缺失应为印支运动和燕山运动共同作用的结果。但在本区以东的鄂尔多斯盆地内部，地震和钻井均显示侏罗系和白垩系大都呈假整合接触，说明盆地内部构造运动较弱或其活动具有整体性。与之伴生的岩浆活动较弱，以灰绿色玢岩、正长斑岩及花岗岩为主，分布局限在华亭与陇县之间和查汉敖包南部。

上侏罗统芬芳河组主要为一套盆地边缘山麓沉积，主要分布于盆地西南隅及西部，即千阳草碧沟、芬芳河、环县甜水堡等地区，盆地中东部地区由于抬升隆起没有接受沉积。砾岩分布范围较为局限，厚度变化较大，在陇县芬芳河厚度可达1174m，在盐池厚度仅为127.3m，铁克苏庙现有地震剖面显示，厚度可达1500多米，但粒度较芬芳河细。这种岩性和厚度分布显示，盆地西缘已发生较强烈的隆升，逆冲构造活动强烈。在马家滩地区尤

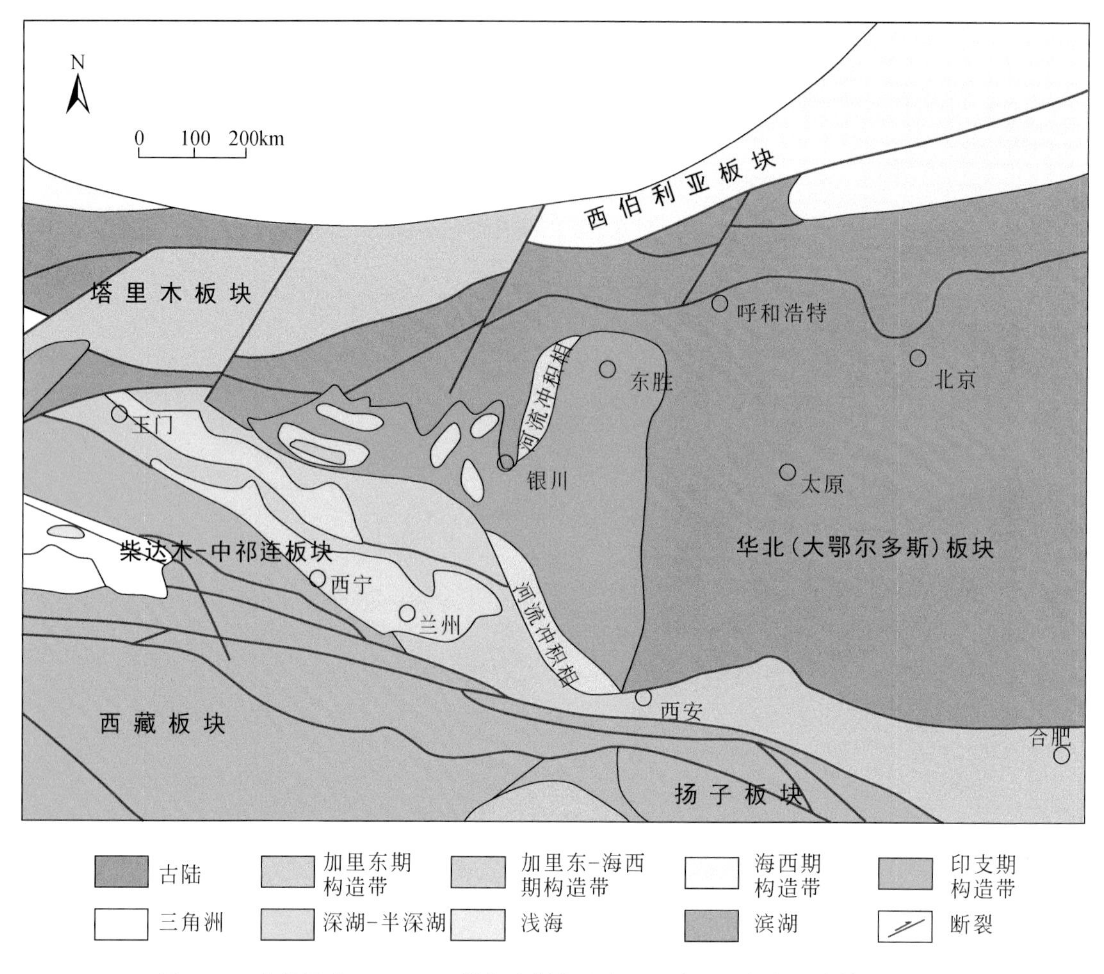

图 1-29 晚侏罗世(150Ma)鄂尔多斯盆地古地理略图(据白云来等,2010)

为明显,形成了一系列由西向东典型的逆冲构造,陆内前陆盆地结构的雏形出现。贺兰山地区也发生逆冲推覆作用,小松山断层逆冲推覆作用强烈,形成了一系列的飞来峰构造。横山堡地区剖面显示该时期也发生强烈的逆冲活动,但为由东向西的逆冲,由于构造分区作用和后期银川地堑的断陷,其特征不如马家滩的前陆盆地结构构造典型。故晚侏罗世,鄂尔多斯盆地西部部分地区具有前陆盆地的构造特征,在南北向上,仍具有一定的差异,没有成为一个统一的整体。

1.2.3.6 挤压期后伸展作用演化阶段(K)

在经历燕山中期构造运动后,整个华北地块再次进入挤压期后伸展作用阶段,并伴随相对应的岩浆活动,早白垩世盆地沉积了一套粗碎屑沉积建造;晚白垩世,受燕山晚期构造作用的影响,盆地内部与西缘整体缺失上白垩统(图 1-24f)。

早白垩世，前期逆冲带沉积较薄，前渊沉积较厚，盆地西低东高进一步发展，西南部沉积范围较广，范围包括六盘山地区，现今盆地西部天环向斜的总体结构及范围显现。早白垩世构造活动较晚侏罗世减弱，沉积广泛，盆地西缘和六盘山盆地均有巨厚的沉积。

但此时期西缘逆冲带活动并不强烈。在横山堡及其以北地区，前期形成的逆冲断裂此时活动微弱或停止活动。马家滩地区虽有一定活动，但较前期活动明显减弱。区内下白垩统仅发生轻微的褶皱和断裂。下白垩统与古近系的接触关系在盆地西缘为角度不整合，在桌子山至平凉间呈微角度不整合，再向东到天环向斜内变为假整合接触。早白垩世沉积西部厚度较大，为一套紫红色至杂色的陆相沉积。加上后期东强西弱的抬升和剥蚀，地层等厚线更具东西分异的特点，沉降中心呈南北向，与其沉积中心位置吻合，即位于天环向斜所在部位。

1.2.3.7　新生代周缘断陷盆地演化阶段（N–Q）

新生代，受新特提斯动力体系和太平洋动力体系联合作用的影响，包括鄂尔多斯盆地在内的中国中东部地区向东逃逸，盆地本部相对隆升，周边相对下降，形成一系列断陷盆地，包括河套盆地、巴彦浩特盆地、银川盆地、渭河盆地、山西地堑等。这一时期，盆地本部内部缺乏岩浆活动，以差异升降为主（图1-24g）。

晚燕山运动以后，中国东部大陆应力状况由挤压为主转变为以拉张为主。在鄂尔多斯盆地边部形成了银川、河套、汾渭等小型断陷盆地，而盆地本部主体以差异抬升为主。新生代构造运动及其影响在鄂尔多斯盆地内部研究较弱，以往重点集中在赋存油气的中生界和古生界。

事实上，新生代构造运动对鄂尔多斯盆地内部仍有较重要影响。特别是晚新生代来自西南方向的挤压，对盆地的抬升方向及接受沉积范围和古构造面貌有很大改观（图1-30），使得盆地南北部构造应力场差别很大，北部以拉张为主，而南部以南西向的挤压和右行走滑为主，中部北西、近东西向断层则具有左行走滑特征。在该构造应力场控制下，构造活动特征各异，主要表现在周缘断陷形成，盆地边部解体。新生代，在鄂尔多斯盆地西部和南、北部，分别形成了银川、渭河、河套断陷盆地。这些盆地的发育主要始于始新世，以拉张为主，兼有走滑特征。这些断陷盆地的形成，使大型鄂尔多斯盆地边部解体，分隔了鄂尔多斯盆地与外围周邻山系的直接联系，促进了大型盆地的不均匀隆升。

1.2.4　四川盆地的形成与演化

扬子地块及其上盆地的发育即主要与原特提斯洋（Z–S）、古特提斯洋（D–T_2）和新特提斯洋（T_3–Q）的扩展和关闭有关，形成与洋盆发展相关的三个阶段的盆地演化旋回，同时三阶段转折导致不同性质的旋回盆地发生横向复合与垂向叠加，形成了四川多旋回叠合盆地（图1-31）（何登发等，2011，2020）。

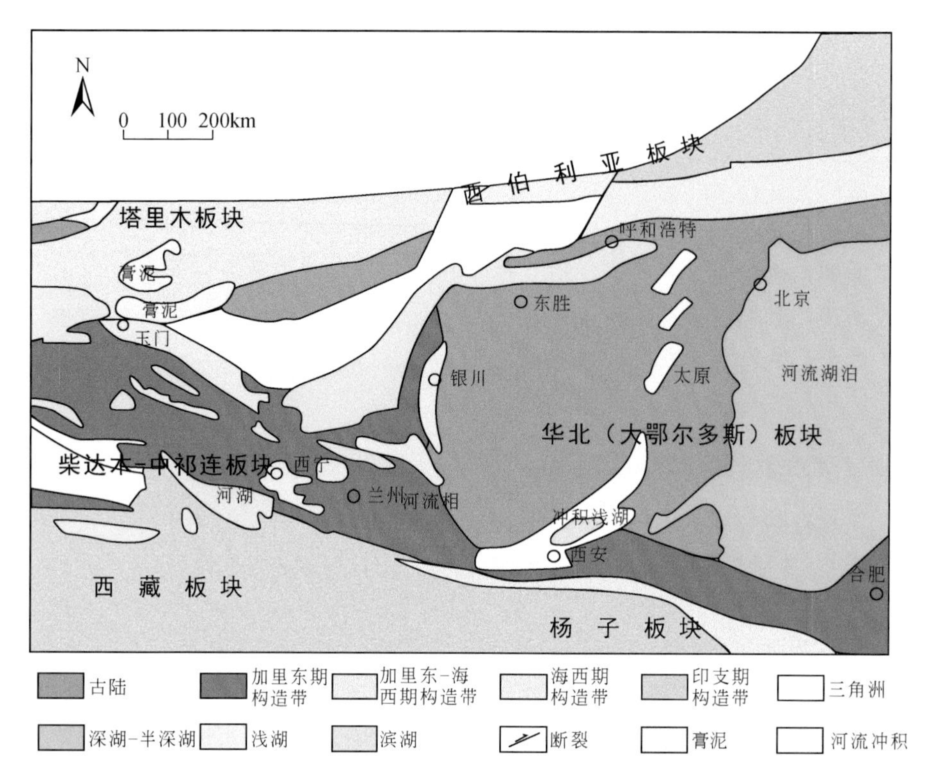

图 1-30　新生代鄂尔多斯盆地古地理略图（据白云来等，2010）

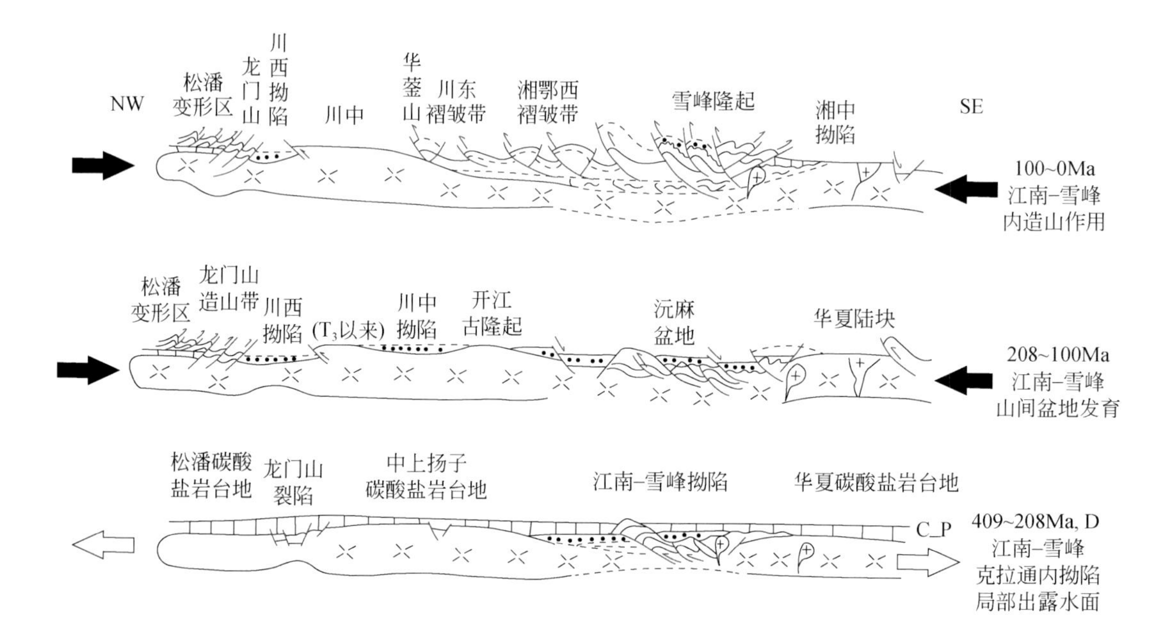

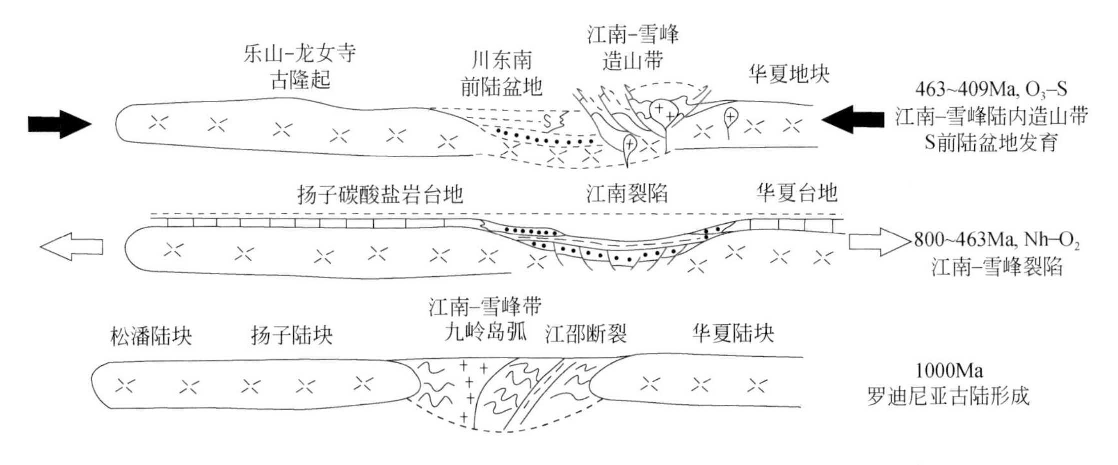

图1-31 中上扬子北西-南东向大地构造演化与原型盆地演化剖面（据何登发等，2011）

1.2.4.1 南华纪—早古生代伸展聚敛旋回

1. 南华纪—中奥陶世（850～460.9Ma）的伸展裂解

1）南华纪克拉通裂陷盆地

南华纪，在上扬子地块内部为西部陆地剥蚀区、东部浅海沉积的格局。西部山地为东部沉积区提供砾块和碎屑物，沿山地边缘形成山麓磨拉石堆积和陆冰川。东部沉积区主体形成NE向的裂陷盆地，向东止于中扬子和川北的城口一带，南华纪的裂陷盆地具地垒、地堑式结构。自西向东，垒、堑高低的幅度增大，西部在黔东-湘西一带沉积物厚度相差仅百余米，向东则为千余米。在地垒上南沱组冰积砾岩与上部的陡山沱组底部白云岩直接接触，向上为黑色页岩和硅泥质岩沉积。这在于大陆冰盖的刨蚀作用，使扬子克拉通上的高低地形被夷平，成为震旦纪碳酸盐岩的基座。南华系除底部的莲沱组陆相碎屑岩或磨拉石充填外，向上发育两次冰期、一次间冰期沉积。下部的古城组或江口组冰期相当于司图特冰期（720～710Ma），南沱组冰期相当于马林诺冰期（650～635Ma）（尹崇玉等，2004）；间冰期沉积的大塘坡组为含锰沉积物，在贵州的铜仁-湖南的松桃间为黑色页岩和锰矿沉积。

四川盆地威远地区钻入基底探井证明了其基底为花岗岩类，成因类型属于A_2型花岗岩（He et al.，2017），可能是混有少量地幔岩浆的地壳部分熔融岩浆经高度分离结晶作用形成，推断该花岗岩类发育于晋宁运动后澄江期由伸展到裂谷的构造环境（谷志东等，2013）。结合地球化学特征与岩浆成因类型分析，表明该花岗岩体形成于由挤压向伸展环境的转化阶段，属于罗迪尼亚超级大陆初始裂解阶段。

威远构造的威117井钻穿震旦系进入前震旦系，钻揭花岗岩获得830～814Ma的U-Pb年龄，揭示了830～814Ma为四川盆地乃至整个华南地区一次关键的地质变革期，主要与华南古大陆的聚敛-伸展旋回有关，同时也表明新元古代中期的地幔柱事件是四川盆地具有双层结构的基底（图1-32）形成演化过程中的一个重要的深部动力学背景。

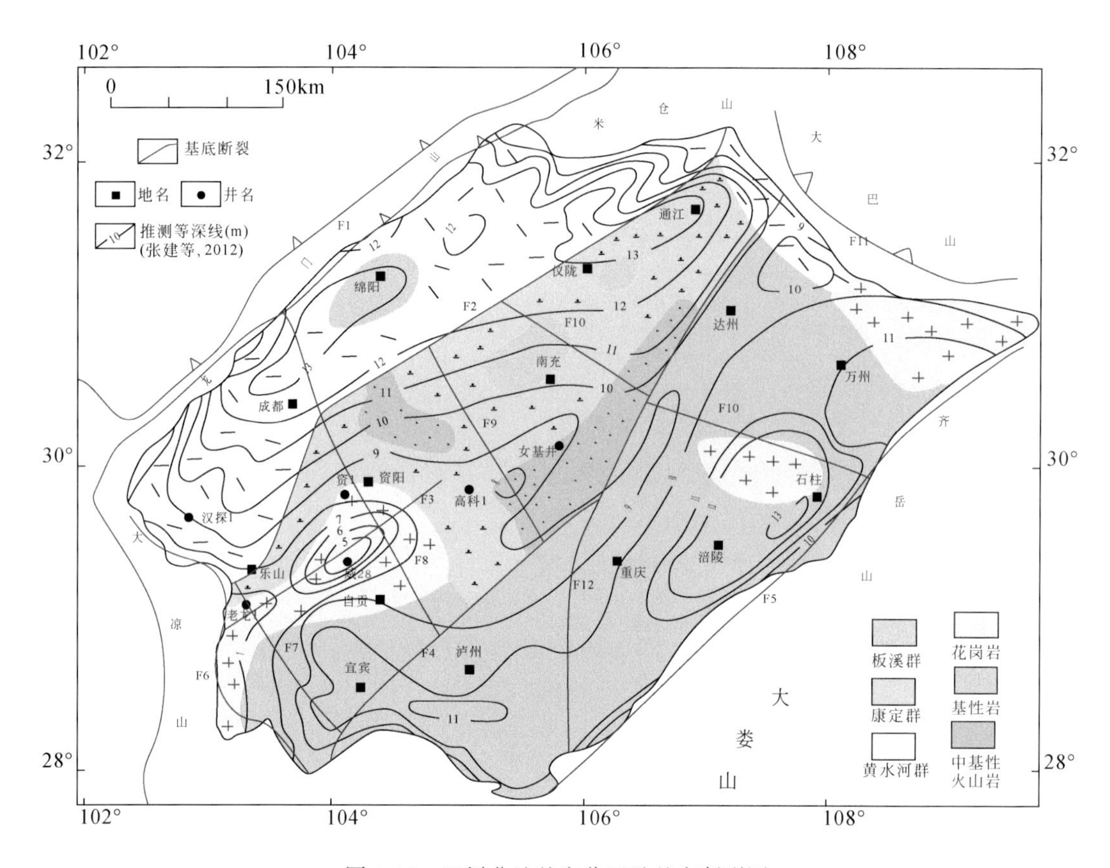

图 1-32　四川盆地基底分区及基底断裂图

边界断裂带：F1. 龙门山断裂带；F2. 城口断裂带；F3. 齐岳山断裂带。盆内基底断裂：F4. 眉山-三台-巴中断裂带；F5. 龙泉山断裂；F6. 犍为-安岳断裂；F7. 华蓥山断裂带；F8. 綦江断裂带；F9. 长寿-垫江断裂；F10. 梓潼-盐亭断裂；F11. 什邡-简阳-资阳断裂带；F12. 西充-蓬安断裂

2）震旦纪—中奥陶世克拉通内拗陷盆地

从早震旦世陡山沱期开始，古气候变暖，海水由周边各方向侵入扬子克拉通，形成广海型海侵碎屑岩沉积。古地理格架整体西高东低，西南部有泸定古陆，西部有康滇古陆，呈南北向的狭长条带，边缘有陆相碎屑岩，向东依次为滨海、浅海和深海区。陡山沱期发育了丰富的磷矿、富营养链的黑色页岩，与洋流的上升密切相关，在全球均具对比性（尹崇玉等，2009）。

灯影组是继陡山沱组之后发育的一套海侵退积式的沉积序列，由此四川盆地及邻区开始形成了大规模的碳酸盐岩台地沉积，并具有镶边的特征（Zou et al.，2014）。灯影期海侵方向来自盆地东南，即由黔北和鄂西方向侵入，使盆地形成向北西方向突出的海湾，沉积基准面西高东低，坡度极缓。当时海盆周边，西南有康滇古陆，西北有摩天岭古陆，北和东北为秦岭古陆，由于海平面的相对上升，上扬子克拉通西缘的古陆和岛屿大多遭受剥蚀，出露范围大大减小甚至被淹没。形成的古地理格局由西向东整体依次为古陆、基于阿坝裂陷盆地发育的开阔台地、局限台地、开阔台地、台地边缘、斜坡和深水盆地。古陆为前震旦系基底隆起，为震旦系碎屑物源区；局限台地相岩性组合主要为浅灰色–深灰色粉晶云岩夹藻云岩，局部含生物碎屑，局限台地内部发育萨布哈盐沼、潟湖、鲕滩和藻滩等；开阔台地相大致以开州–忠县–涪陵–南川为界，以西为白云岩、富藻白云岩，局部发育磷质白云岩，以东地区富含硅质结核、硅质条带白云岩，且泥质成分增多；台地边缘相主要发育各种颗粒（包括鲕粒、球粒和介壳等）的白云岩、白云质灰岩；斜坡相常见放射虫硅质岩，局部夹硅质板岩；深水盆地相以碎屑岩为主夹少量硅质泥岩。桐湾运动的两期抬升造成了灯影组第二段和第四段遭受不同程度的剥蚀，形成区域性的不整合面。

寒武纪上扬子地块北侧为被动大陆边缘，东南侧湘中一带发育裂陷盆地，西侧为阿坝裂陷盆地，盆地主体为伸展体制下的克拉通内拗陷。受西侧川、滇古陆影响，地势西高东低，由碎屑岩潮坪，发展成碳酸盐缓坡，最终成为镶边的碳酸盐岩台地。

早寒武世梅树村期（ϵ_1m），中上扬子地区基本延续了震旦纪末期的沉积格局，西部有康滇古陆、牛首山古陆、泸定古陆，中扬子有鄂中古陆，北部有汉南古陆，中、东部地区为海域；随着全球海平面的上升，台地的面积相对灯影期有所减小，碎屑沉积物有所增多，岩石组合为含磷白云岩和夹磷块岩的碳酸盐岩，这个时期也是我国南方磷矿的主要形成时期。同时，小壳化石的出现标志着寒武纪生物大爆发。由川西–滇中古陆向东，依次发育近岸碎屑岩潮坪–碳酸盐潮坪–陆架，前者为厚数百米的砂岩潮坪；在黔东–湘西为外陆架。扬子地区北部由川中至大巴山为碳酸盐开阔台地–碳酸盐局限台地沉积；由川中至扬子地块东南缘为碳酸盐开阔台地–陆架–陆架边缘斜坡。扬子陆块北部向南秦岭洋延伸的为被动大陆边缘，由浅海向半深海过渡。值得注意的是，资阳1井、高石17井、隆32井、宫深1井、芒1井、方深1井以及金页1井均揭示出麦地坪组为一套深水黑色碳质页岩夹硅质页岩系，结合地震剖面识别出其分布范围大致沿北川–绵阳–资阳–宜宾–毕节一线，认为这是由早寒武世的绵阳–长宁拉张槽（刘树根等，2013a，2015；钟勇等，2014）（本书称为威远–安岳裂陷槽）控制的斜坡相沉积环境（图1-33）。

早寒武世筇竹寺期（ϵ_1q），总体上西北高、东南低，海水域自西北向东南逐渐加深，由滨浅海向大陆架深水海域过渡。经历梅树村期后，扬子地台西缘有短暂的隆升，川中、黔北地区部分的麦地坪段及震旦系灯影组地层遭受不同程度的剥蚀，随着海平面的上升，局部造成缺氧环境，主要在中扬子地区沉积了黑色岩系。筇竹寺组深水页岩相直接覆盖在灯影组顶部，二者之间以快速海侵形成的淹没不整合面为特征。在上扬子地区西部，沉积物以碎屑岩为主，从碎屑物的成熟度来看古陆区均为低山–丘陵带。湘桂粤地区则为深水盆地环境。

早寒武世沧浪铺期（ϵ_1c）为一次海退过程，特别是在川西的广元、汉南等地有明显的构造抬升现象，沉积相较筇竹寺期出现较大变化。南秦岭区为深水陆架–盆地环境；湘桂和粤北为深水盆地环境。中上扬子区以波浪作用为主的广海型陆源碎屑陆架环境，以陆源碎屑沉积为主，碳酸盐沉积为辅，由西向东分别为三角洲相、潮坪相、浅海陆架相和盆地相等。三角洲相主要分布于米仓山地区，上扬子地区沧浪铺组主要表现为浅海混积陆架相，可分为内陆架、外陆架边缘相为主，在扬子北缘发育浅海缓坡相。

早寒武世龙王庙期（ϵ_1l）是中上扬子沉积相发生较大变化的时期。早期经过碎屑岩的铺垫，至龙王庙期已逐渐发展为巨大的扬子碳酸盐缓坡。近古陆的川西南-滇中地区为含陆源碎屑的碳酸盐岩，厚20～100m；向东碳酸盐岩增厚，至黔东-湘西在300m以上。常德-泸溪-三都一带，则主要为页岩和粉砂岩，平均厚度小于100m，形成一个由西向东加厚，至黔东、湘西后又逐渐减薄的碳酸盐沉积楔形体，为碳酸盐缓坡模式。台地边缘斜坡有多层重力流形成的再沉积砾屑灰岩，沿着扬子东南边缘地带分布。南秦岭地区的早寒武世主要为灰黑色薄层含放射虫碳质硅质岩、碳硅质板岩夹玻屑凝灰岩和白云岩透镜体，并含胶磷矿结核及重晶石等，局部硅质岩中可见数厘米至十余厘米板条状硅质角砾岩，见滑塌包卷层理，代表被动大陆边缘环境之下较为深水沉积环境。

中寒武世陡坡寺期（ϵ_2d），四川地区受“兴凯运动”的影响，开始发生海退，主要表现为陡坡寺组底部混积局限台地相泥质白云岩、白云质砂质泥页岩与龙王庙组顶部的云坪相之间的区域不整合面。另外，位于中上扬子西缘的汉南古陆、泸定古陆及康滇古陆的面积扩大，川中隆起处于萌芽状态。因海退水体变浅和古陆、隆起面积扩大造成的阻挡，以及向盆地内部提供大量陆源碎屑，整个四川克拉通内拗陷盆地形成大面积的混积局限台地沉积，以大套的粉晶白云岩沉积夹薄层泥岩、粉砂岩为主，自西向东，砂泥质含量逐渐减少。台地内部在华蓥山-建始-石柱-涪陵-丁山1井-筠连-东深1井一带的狭长洼陷地带，水体闭塞，形成以白云岩为主，夹有大量石膏和膏质白云岩沉积的蒸发岩系，相对龙王庙期，面积扩大并向东迁移，代表该区沉积环境总体变浅的特点。台地向东南，发育台地边缘滩、台缘斜坡相沉积。局限台地内侧发育潮坪相沉积。

晚寒武世洗象池期区内开始海侵，古陆面积略有缩小，但由于加里东早期构造运动，川北隆起、川中隆起、黔中隆起面积扩大，与古陆相连，呈“L”形展布于中上扬子的西、南缘。因隆起增加形成的阻挡程度大于海平面上升幅度，整个四川盆地形成大面积的局限台地沉积，以浅灰色、深灰色泥粉晶白云岩、泥质白云岩为主。在台地内部可见大量不连续分布的浅滩沉积。局限台地以西发育潮坪相沉积，向东发育台地边缘浅滩及台缘斜坡相沉积。潮坪相主要分布于川滇-汉南古陆的东、南侧，通江-仪陇-乐山-大关-威宁一线以西，多为紫红色、黄绿色粉-细砂岩与白云岩或白云质灰岩韵律互层。局限台地相分布范围广，以大套的白云岩为主，靠近西部潮坪相区的地带多夹有泥页岩与粉砂岩，向东则砂泥质含量减少，多为大套的厚层至块状的白云岩。蒸发台地相主要分布在乐山、筠连、遵义、开州、巫山围限的范围，以白云岩为主，夹有大量石膏和膏质白云岩，底部多发育有滩相的鲕粒白云岩。贵定-印江-石门一线以东，发育台地边缘浅滩相，主要发育向上变浅的层序，主要为颗粒灰（云）岩，发育大型冲洗层理、大型交错层理等。扬子克拉通北缘为被动大陆边缘环境，出现数百千米火山裂隙喷发带，产生大量火山沉积物，为一套含碳板岩、千枚岩、片岩、片麻岩夹凝灰质灰岩、英安质喷出岩、玄武质喷出岩、安山质喷出岩。

早奥陶世桐梓期，四川克拉通盆地主体发育碳酸盐岩镶边台地沉积，相对寒武纪，海平面上升，沉积中心位于涪陵-石柱一带，最大沉积厚度超过200m。台缘浅滩向斜坡的过渡地带为克拉通边缘盆地，即桐梓期四川原型盆地的东南缘和东北缘的边界分别在张家界-贵州黄平和湖北阳高桥-神农架一带；而西缘则以龙门山裂陷为界，为发育滨浅海相沉

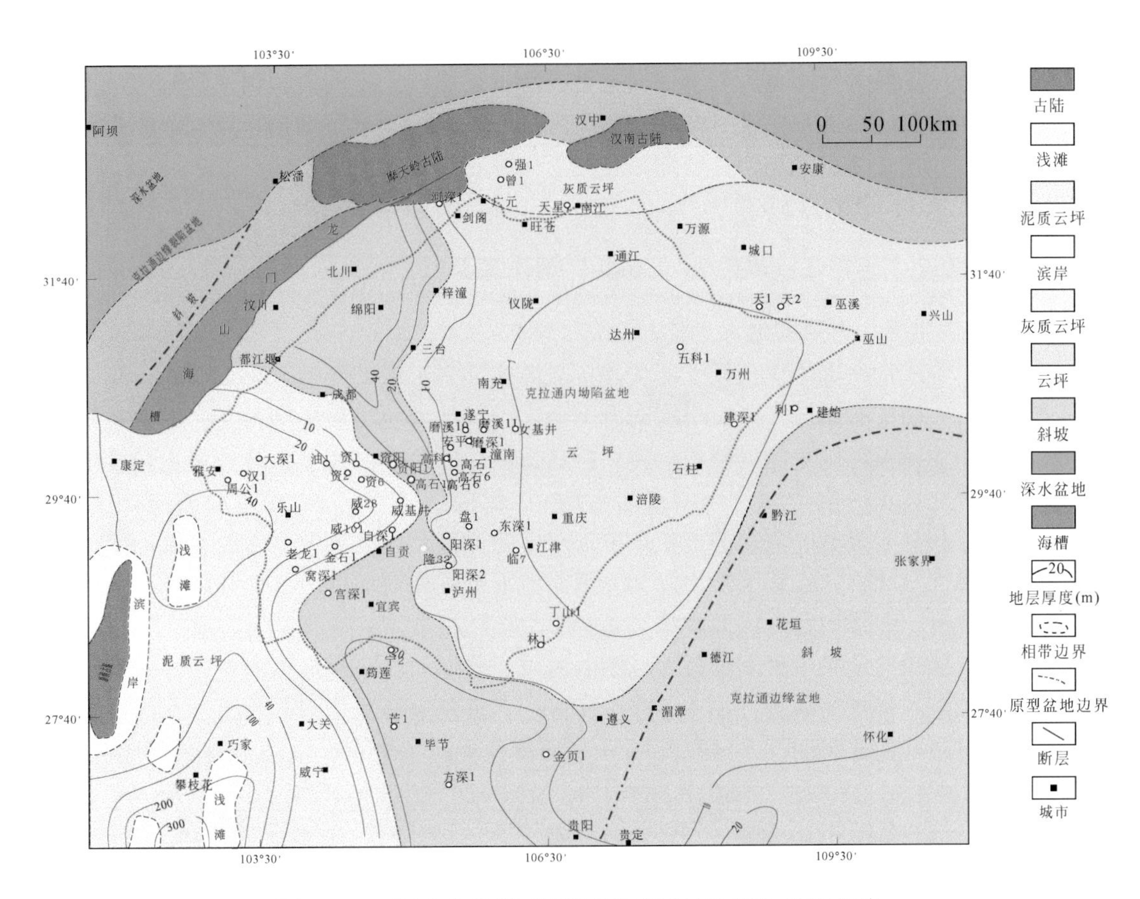

图1-33　四川盆地及邻区早寒武世梅树村期构造-沉积环境

积的克拉通裂陷盆地；南缘以黔中隆起北缘为界。

早奥陶世红花园期，古地理格局基本不变，海平面上升，开阔台地范围向西扩展至达州-威远一线，达到了开阔台地发育的极盛时期。地层西薄东厚，为20～80m，沉积中心向西南方向迁移，位于泸州-江津一带，厚度达80m。

中奥陶世湄潭期，是奥陶纪构造转换的重要时期，表现为基底的快速沉降以及海平面的多次振荡。但海平面变化总体表现为湄潭早期的大幅度下降以及中晚期的大幅度上升，其与中奥陶世“华南海盆”沿武夷-云开构造带的北西侧向南东俯冲（郁南运动）、四川盆地由拉张（Ts_1）向挤压过渡（Ts_2）的构造背景相一致。早湄潭期，盆内发生大规模的海侵，岩相转换特征明显，为泥、页岩覆盖在灰岩之上，全区基本发育以泥岩沉积为主的深水陆棚相沉积。中湄潭期（Ts_1向Ts_2过渡），海平面下降，岩性转换界面明显，纵向上发育为灰质砂岩、钙质粉砂岩、砂质泥岩、薄层灰岩、泥岩互层沉积，为混积陆棚相沉积环境，盆地东缘发育瘤状灰岩、瘤状泥质灰岩斜坡相沉积。晚湄潭期，海平面持续上升，全区以发育深水陆棚泥岩、缓坡相泥质灰岩为结束标志。受郁南运动的影响，川中隆起和黔中隆起快速隆升，而川北隆起、雷波芭蕉滩由于海侵淹没于水下。

中奥陶世十字铺期，盆地经历了一次完整的海平面升降旋回，发育镶边碳酸盐岩台地模式。受周缘挤压应力的影响，黔中隆起和川北隆起快速隆升并出露水面，向盆地内提供大量砂质、粉砂质岩屑，但由海侵作用导致的海平面上升幅度大于隆起隆升速度，使物源区收缩，隆起周围潮坪分布范围较窄。而盆地内部，挤压作用不明显，川中隆起范围基本不变，基底缓慢沉降，盆地为发育开阔台地为主的沉积环境。十字铺期，克拉通内拗陷盆地东北边界和东南边界向盆地内部收缩。盆地东南缘古盐度为124.31‰~127.42‰，平均为125.72‰，相对前期，盐度增大，海水加深，基本不受陆源的影响。

2. 晚奥陶世—志留纪（460.9~416Ma）的汇聚挤压

1）晚奥陶世隆后拗陷盆地

晚奥陶世临湘期—宝塔期受扬子陆块和华夏陆块陆内汇聚的影响，中上扬子边缘古隆起形成，雪峰、川中和黔中等隆起出露在海平面之上，从而使早中奥陶世具有广海特征的海域，转为边缘被隆起围限的局限浅海域，构造掀斜导致海平面相对上升，中上扬子地区的古地理格局完成了一次“镶边碳酸盐岩台地-淹没混积陆架-局限浅海”的演化序列，碳酸盐沉积序列具有低能、深水的沉积环境。东秦岭洋继续向北俯冲，东北缘裂陷作用加强，盆地边缘向东北方向迁移至安康以北，因而盆地范围相对前期大；而在南缘，由于黔中隆起快速隆升，南缘向盆地内部收缩。

五峰期，四川盆地发生奥陶纪最大范围的海侵，前期的浅水台地被大面积的欠补偿缺氧的深水陆棚沉积环境所取代（图1-34），发育一套黑色笔石页岩、碳质页岩、硅质页岩以及薄层放射虫硅质岩沉积，盆地东北部发育绿黄色泥质条带夹硅质条带滞留盆地沉积。

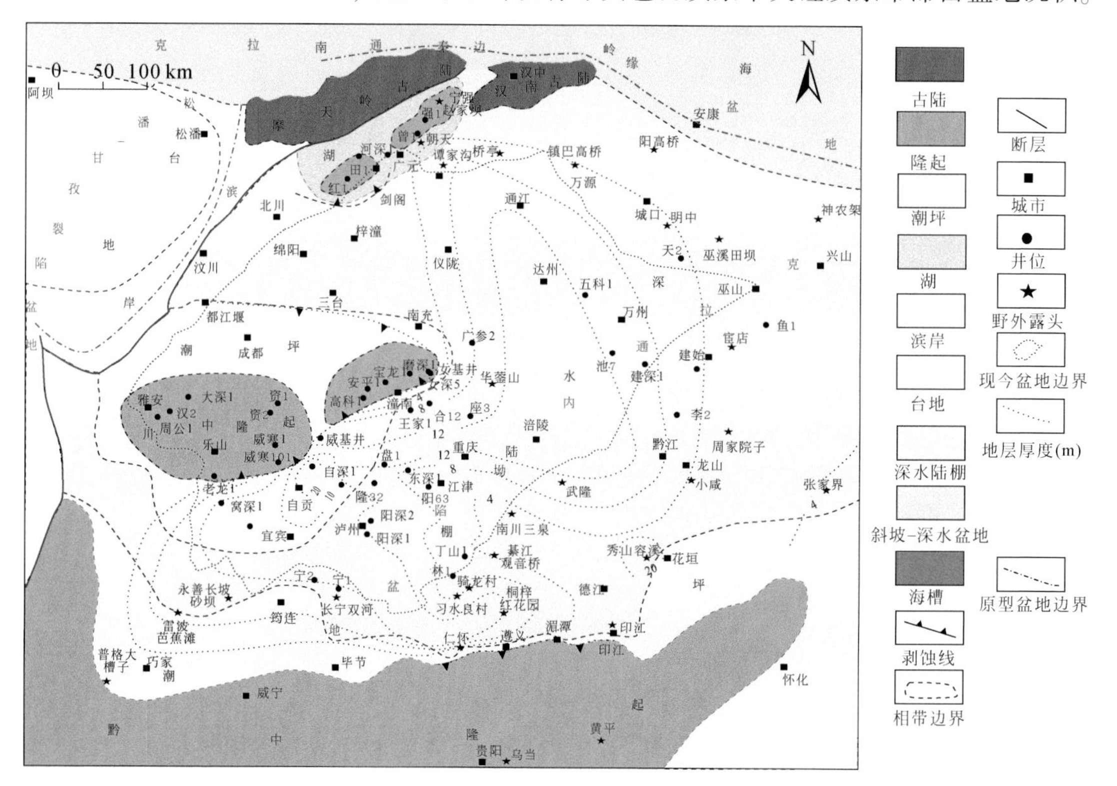

图1-34　四川盆地及邻区晚奥陶世五峰期构造-沉积环境图

而康滇古陆及黔中古隆起、川中古隆起等较前期扩大，中上扬子海域被古隆起围限，海域面积缩小，发育局限陆架浅海相，主要为五峰组（O_3w）黑色泥页岩类的细粒低能沉积，厚数米至数十米，分布稳定，生物以笔石占绝对优势，说明沉积区的地形高低起伏不大。受都匀运动的影响，整个中上扬子区具构造挤压背景，可能存在由南向北变浅的趋势，盆地属性为隆后盆地（back-bugle basin）。晚奥陶世后在汉南一带的隆升被称为“西乡上升”（陈旭等，1990），下志留统龙马溪组（S_1l）假整合于上奥陶统宝塔组（O_3b）或南郑组（O_3n）之上，二者之间有约18Ma的沉积间断。晚奥陶世的构造运动使东部掀斜，上扬子克拉通盆地反转。

2）志留纪克拉通内拗陷与隆后拗陷复合盆地

上扬子地区在志留纪时，总体上是以浅海陆架为背景的陆源碎屑岩盆地。其沉积格局是南、北缘为浅水，盆地中部为深水区；盆地东、西部为潮坪相沉积，中部为碳酸盐岩台地。中、上扬子地区东部湘桂、赣西和粤北一带在晚奥陶世—志留纪挤压造山，形成向西的逆冲推覆体，盆地反转为造山带和褶皱带，扬子克拉通边缘反转为古隆起，形成山地和物源区，从而使中上扬子盆地发生构造掀斜，成为东南高、西北低的格局。

早志留世龙马溪期（S_1l）是中上扬子构造体制的转换阶段，陆块边缘处于挤压、褶皱造山过程，在扬子克拉通上构造-古地理的巨大变化，表现为形成古隆起的高峰阶段。除边缘的川西-滇中古陆、汉南古陆扩大以外，川中隆起的范围不断扩大，扬子南缘的黔中隆起、武陵隆起、雪峰隆起和苗岭隆起，基本相连形成了滇、黔、桂大的隆起带（图1-35）。中上扬子克拉通上转为由古隆起带包围的一个局限浅海深水盆地，隆起边缘主要发育潮坪-潟湖相，向中部为局限浅海陆架。雪峰隆起以东为陆架相和深水盆地相。中上扬子地区局限陆架环境下主要沉积一套黑色页岩和灰绿色粉砂岩。

早志留世晚期（特列奇期，相当于紫阳期），中上扬子沉积分异明显，为碎屑岩与点状分布的碳酸盐岩呈相变关系，相应的地层分别为以灰岩和页岩沉积为主的石牛栏组（S_1s），以粉砂岩与页岩沉积为主的小河坝组（S_1x），以及以粉砂质页岩、粉砂岩夹少量生物灰岩为主的罗惹坪组，它们为同时异相地层单元。川东地区小河坝组下部主要发育前滨-临滨亚相，岩性主要由石英砂岩、粉砂岩、泥质粉砂岩组成；上部主要发育浅水陆架沉积，以沉积黄绿色页岩、泥质粉砂岩为主。黔北和川南地区的石牛栏组为浅海陆架基础上发育起来的碳酸盐小台地沉积。

早志留世后，中上扬子东南缘遭受构造挤压，克拉通上基本无沉积，海水由东向西退出，其上与中二叠世的沼泽沉积物——砂泥岩和煤系地层呈假整合接触，上覆由栖霞组（P_2q）海相灰岩超覆，其间有117Ma的沉积间断。这是与广西运动相当的构造活动在克拉通上的强烈反应，但无褶皱变质，为整体隆升。扬子北缘至南秦岭带早志留世以浊流沉积为主，为被动大陆边缘裂解盆地，有火山活动，在平利-紫阳-岚皋一带，还发育有硅质页岩和火山凝灰岩层，并有海底热水沉积。中晚志留世的沉积物，与泥盆系间也为假整合接触。晚志留世，海域退至扬子西缘的松潘-甘孜海。

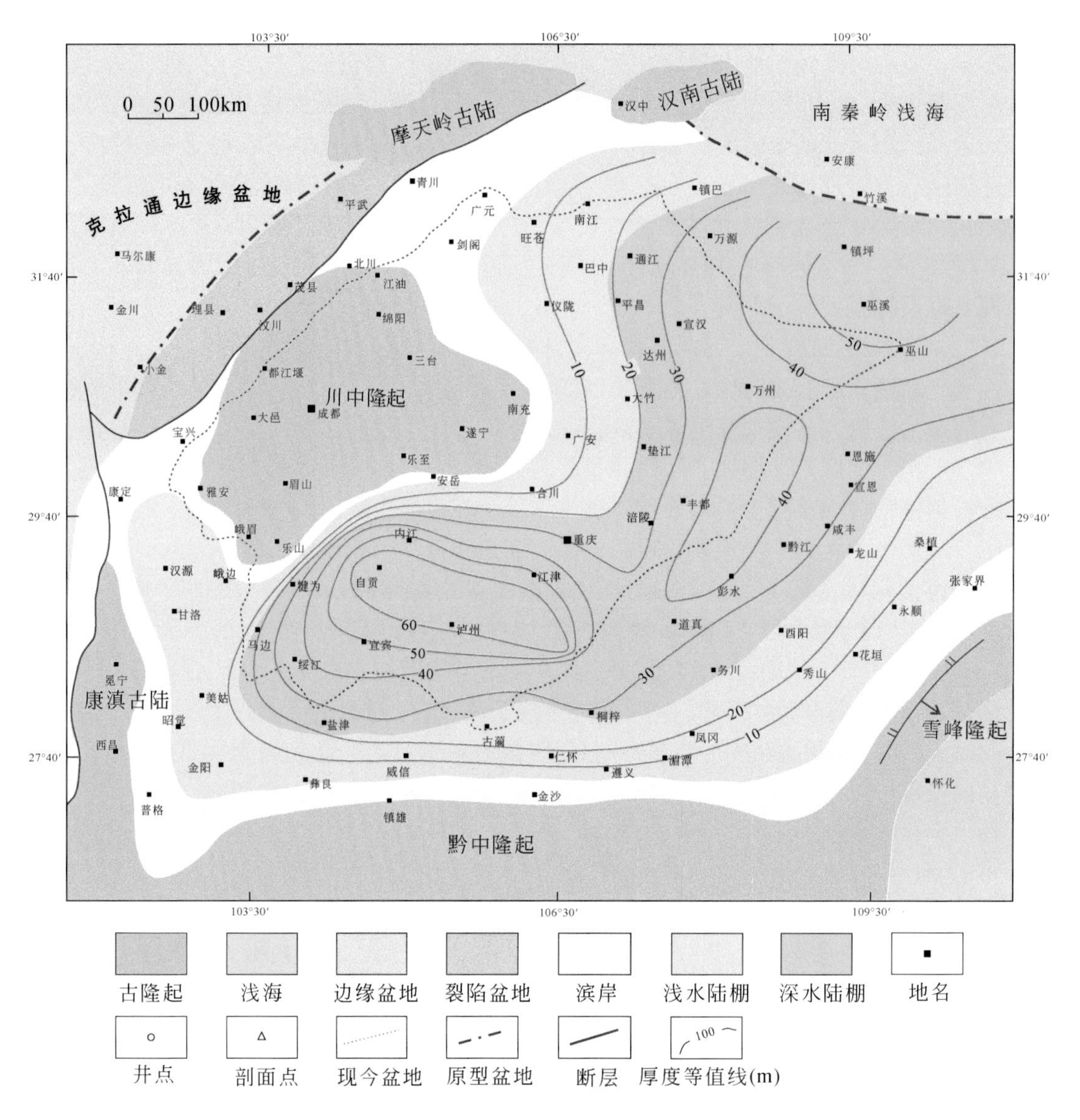

图 1-35　四川盆地及邻区龙马溪组黑色页岩沉积期构造-沉积图

1.2.4.2　晚古生代—三叠纪伸展聚敛旋回

1. 泥盆纪—二叠纪（416～251Ma）的伸展裂解

1）泥盆纪—早石炭世周缘裂解，盆地区域隆升

加里东运动之后，中国南方扬子地块与华夏地块已形成一个统一的华南板块。泥盆纪—早石炭世，上扬子范围发生区域隆升。在中上扬子地块北缘，华南地块与华北地块的裂解发生在泥盆纪；勉略洋（古特提斯洋的北支）的扩展时间大致在早石炭世（张国伟等，2003）。

泥盆纪，盆地内部大面积隆升，只有在西部有少量的沉积，为滨海-陆棚沉积环境，岩相下部由浅灰色、深灰色中厚层石英砂岩及粉砂岩、泥岩组成，含植物及腕足类化石，为滨岸沉积环境；上部为灰色、深灰色粉砂质页岩、石英粉砂岩、细砂岩，夹生物碎屑灰岩、泥灰岩，含丰富的腕足类、珊瑚、层孔虫、双壳类化石，为浅海陆棚沉积环境。这种沉积环境主要与四川盆地东侧的甘孜-理塘一带的拉张裂陷及龙门山裂陷活动有关。研究区的北缘及东缘为南秦岭海盆及松潘海盆，为陆棚相沉积。

早石炭世，古特提斯金沙江洋及孟连洋形成，昌都-思茅地块裂离华南大陆，上扬子西缘发育甘孜-理塘和龙门山裂陷海槽。在龙门山裂陷东侧，岩相发育比较齐全，岩性主要为厚层白云岩、块状灰岩、鲕粒灰岩，含燧石团块，为开阔台地相沉积，海面处于上升最大幅度处。四川盆地大部分处于隆升状态，只有在四川盆地的东北部有残存的黄龙组分布。沉积相主要为台地相及浅滩相。

2）晚石炭世咸化潟湖-陆表海盆地

石炭纪，华南地区主体进入板内活动阶段，但由于区域上的古特提斯洋的伸展与扩张，中上扬子主要处于伸展构造环境之中，其活动方式以大陆边缘裂陷、陆内伸展拗陷与裂陷作用为主，形成以扬子克拉通、松潘地块为核心，其周缘以裂陷盆地、裂陷槽、有限洋盆为主体的沉积盆地格架（图1-36）（马永生等，2009）。

经过长期的风化剥蚀，晚石炭世沉积以平行不整合超覆在志留系之上，沉积面积逐步扩大，中扬子几乎全部被淹没，上扬子古陆的周缘遭受海侵，主要为黄龙组（C_2h）浅灰色-灰色浅海台地相碳酸盐岩，生物群主要为浅海相的有孔虫、棘皮动物、海百合、珊瑚、腕足动物以及各种钙质藻类；厚度稳定，为10～80m。黄龙组沉积早期（C_2h^1），受剥蚀古高地的阻隔，且因气候炎热干旱，沉积了大面积的白云岩和石膏；中期（C_2h^2）以咸化潟湖相白云岩沉积为主，在纵向上表现为多个自下而上由粒屑云岩-粉微晶云岩-干裂角砾云岩组成的向上变浅序列的叠合，具明显的旋回性，反映了浅水、高能与间歇性暴露频繁交替的沉积特征，成为川东地区的主要储层；晚期（C_2h^3）随海平面上升形成陆表海环境，下部发育开阔台地相灰岩，中部发育局限台地相的粉-微晶云岩、粒屑云岩及反映暴露与蒸发条件的干裂角砾云岩及膏溶塌陷角砾云岩，上部再次沉积了一套石灰岩类。受云南运动抬升的影响，黄龙组上段（C_2h^3）大部分地区遭受剥蚀，上部普遍见岩溶角砾灰岩。

3）中-晚二叠世碳酸盐岩台地与台地内凹陷

299～270.6Ma，上扬子地区受云南运动影响发生区域隆升，区内无沉积。

中二叠世开始，再次接受沉积。梁山期（P_2l）主要为含煤碎屑岩沉积，厚度较小，一般几米，少数达几十米，大部分地区缺失。

中二叠世栖霞期（P_2q）的广泛海侵将自加里东运动以来一直剥露的中上扬子全部淹没，由同沉积断裂控制的台地、斜坡、盆地发育，相变剧烈；碳酸盐斜坡（缓坡）广泛分布，主要沉积了深灰色-灰黑色的生物碎屑粒泥灰岩、眼球状灰岩、砾状灰岩、粉屑灰岩和硅质岩、硅质泥岩等，取代了前期的浅灰色生物碎屑灰岩和核形石灰岩。上扬子地区台地相发育。

中二叠世茅口期（P_2m）：上扬子北缘汉中-安康一带形成开阔台地，与上扬子台地之

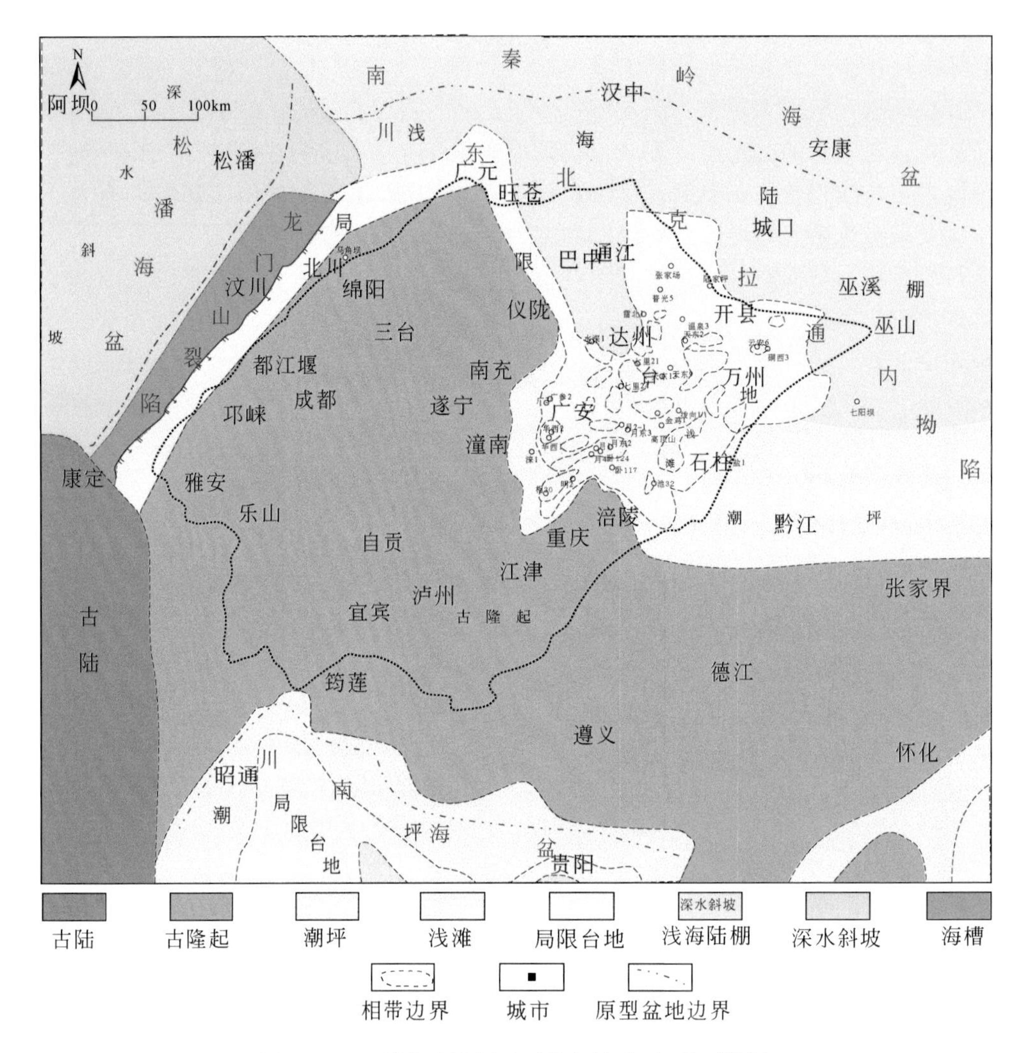

图 1-36　四川盆地及邻区石炭纪构造-沉积环境图

间形成台间盆地，以盆地相的硅质沉积为主，而向南以碳酸盐缓坡和开阔台地沉积为主。茅口期晚期，南秦岭一带为连续沉积，而上扬子局部地区则为剥蚀区。

中二叠世构造古地理特征可能揭示了古特提斯洋在该阶段加速向东和向南的扩展，它显示的盆地伸展特征与古特提斯洋的拉张以及向东扩展具有统一的构造背景。

中、晚二叠世之交，受东吴构造运动的影响，区域隆升导致上二叠统与下伏中二叠统之间为平行不整合接触。259 ~ 257Ma，峨眉山玄武岩喷发，这与古特提斯洋壳俯冲诱发的大陆后侧伸展作用有关，也导致了康滇古陆隆升，在周缘沉积滨岸-三角洲含煤碎屑岩沉积。以龙潭组（P_3l）为代表的滨岸-三角洲含煤碎屑岩沉积代替了前期的碳酸盐岩台地、斜坡和盆地沉积。吴家坪组（P_3w）（与龙潭组同期）沉积晚期，碳酸盐岩台地在中扬子地区广泛发育。在西至盐亭、东至开州、北至旺苍、南至忠县的环状区域内发育了碳酸盐岩浅缓坡沉积，其间的巴中-开江-梁平一带处于缓坡滞留海环境（黄大瑞等，2007），沉积了大套的黑色泥岩夹暗色灰岩，该套地层黑色页岩有机质丰度高，TOC 含量变化在

0.5%～27.1%之间，平均为2.91%，多分布在3%～5%，类型好，为川东北地区非常重要的烃源岩之一。

晚二叠世晚期长兴期（P_3ch），主要发育碳酸盐岩台地、斜坡和盆地沉积（图1-37）。上扬子北部为被动大陆边缘，勉略洋盆向北俯冲消减，在其北侧形成火山岛弧带。在镇安西口和陕西汉中梁山发育孤立台地。在巴中-安康一线以北发育深水陆棚-盆地相沉积，以硅质岩为特征的大隆组（P_3d）沉积，几乎是茅口期（P_2m）的继续，表明中上扬子板块中二叠世的伸展作用在晚二叠世仍在延续。在广元-旺苍海槽、城口-鄂西海槽和开江-梁平台地内凹陷的大隆组（P_3d）是由含放射虫、骨针、有孔虫和腕足动物等二叠纪生物化石的硅质岩、硅质灰岩和硅质泥岩等组成（王一刚等，2000）。开江-梁平台地内凹陷区大隆组厚12.5～33.5m，平均有机碳含量达3.88%。

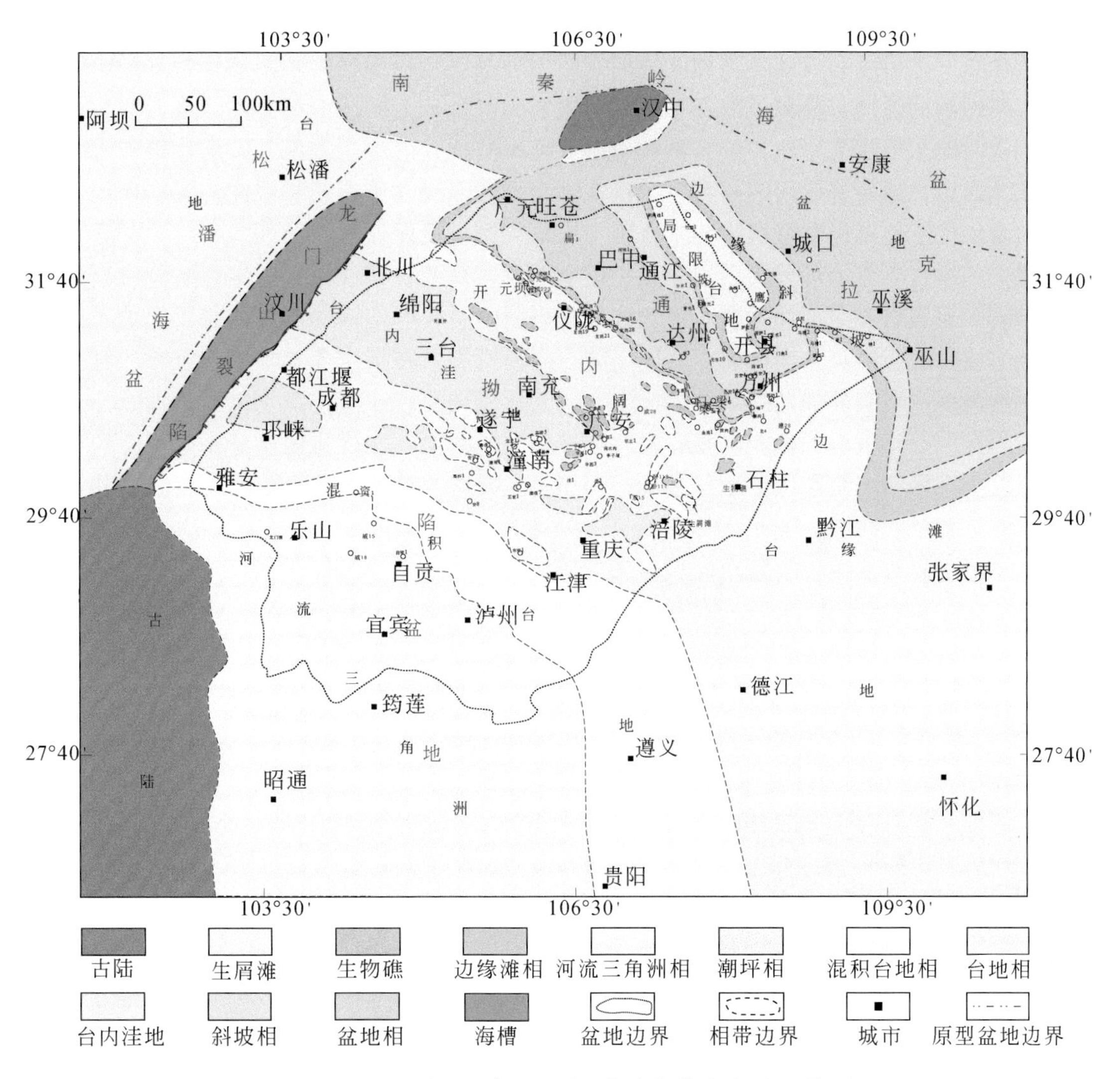

图1-37　四川盆地及邻区二叠纪长兴期构造-沉积环境图

由康滇古陆向东、东北方向，依次发育冲积平原、潟湖-潮坪相、局限台地和开阔台地沉积，四川盆地主体具克拉通内裂陷性质。

由上所述，中上扬子地块的周缘地带在晚古生代始终为被动大陆边缘环境，内部表现为克拉通盆地性质。晚古生代的伸展作用造成华南地块的西南部发生断陷，并伴随石炭纪—二叠纪的基性岩浆活动，因此晚古生代时期华南地块西南缘属于火山型被动大陆边缘。而中上扬子地块北缘虽然也发育伸展断陷，但是缺乏岩浆活动，为非火山型被动大陆边缘。两类被动陆缘的形成可能与华南地块在古生代时期的顺时针旋转漂移有关。

2. 三叠纪（416～251Ma）的汇聚挤压

1）早三叠世碳酸盐岩台地内裂陷

在早三叠世飞仙关期（T_1f），上扬子地区处于缓慢抬升的背景之下，西侧的康滇古陆继玄武岩喷发之后隆起成陆，与西北侧的龙门山岛链（宝兴岛、九顶山岛等）一起，限制了海水与外部的连通，控制了陆相和海相碎屑岩的沉积。上扬子地区整体呈现西高东低的地势，自西向东依次为康滇古陆、冲积平原、滨岸潮坪、潟湖、浅滩、碳酸盐缓坡等古地理单元。四川盆地西部以碎屑岩为主，仅在部分地区夹有少量石灰岩或泥灰岩；四川盆地中东部及中扬子地区以碳酸盐岩为主，仅在底部存在少量泥页岩。

飞仙关组自下而上可分为四段。飞一段主要为灰紫色、紫红色、灰绿色砂泥质石灰岩夹粉砂岩、泥页岩，顶部为生屑石灰岩和鲕粒石灰岩。在盆地西缘和西南缘，变为粗碎屑岩或凝灰质砂岩，常夹含铜砂岩，厚度变薄，产瓣鳃类。在川东北有深水相沉积，其西南缘为斜坡沉积，在斜坡的向陆一侧广泛发育碳酸盐缓坡沉积，海水深度向西逐渐减小，至江油、邻水一线出现台缘鲕粒滩坝，发育大量的浅滩。潟湖在浅滩内侧分布广泛，西起峨眉山、北至绵阳、东至重庆、南抵贞丰，沉积物主要为一套含广盐度生物的紫红色陆源黏土岩。

飞二段主要为灰紫色、紫色泥页岩夹少量泥质石灰岩及生屑石灰岩。飞三期主要沉积紫红色、紫灰色泥页岩，夹生屑石灰岩。潮坪分布范围继续扩大，在盆地西部为泥页岩及粉砂岩，向南变为粗碎屑岩及凝灰质砂岩；南充、正安一带的潟湖环境转变为潮坪环境，在南充-重庆以东，以碳酸盐岩为主夹泥页岩。由于海水的持续变浅，川东北广元、梁平一带的深水盆地转化为潟湖。潮坪外侧为浅滩沉积，随着海水的退却，浅滩向东部迁移了约100km。

飞四期，随着海平面的持续下降，大部分转变成区域性潮坪-潟湖环境，以紫灰色、紫红色泥页岩沉积为主，夹少量泥岩和生屑石灰岩，产瓣鳃类。台缘鲕粒滩向东迁移至巫溪、恩施一带。整个四川盆地演变为蒸发台地环境，川东地区为萨布哈，沉积物主要为白云岩和泥质白云岩。

从飞一期至飞四期，海平面的持续下降使区内的海水不断向北、向东退却，碳酸盐缓坡面积减少，碳酸盐岩台地面积随之增加且向东扩张，台缘鲕粒滩的分布也具有自西向东迁移的特点，其分布面积不断扩大。

飞仙关期的川东北深水盆地位于广元、旺苍、开江、梁平一带，也被称为广梁海槽（王一刚等，2002a，2006，2009），主体由广（元）-旺（苍）海槽和开（江）-梁（平）

台地内凹陷组成。后者的西侧边界平缓，大致为青林1井–白龙1井–思1井–龙会1井一线，由斜坡形成；东侧边界较陡，沿天东10井–川岳83井–川涪82井一线，可能由断裂形成（魏国齐等，2006）。在飞仙关期的沉积继承了长兴期的特点：①沉积水体深度为200~300m，位于氧化界面之下，碳酸盐岩补偿深度之上；②沉积物以碳酸盐为主，不含硅质岩，岩性主要为深色、灰黑色薄层–页状泥灰岩、泥灰岩夹褐色薄层钙质泥岩，局部夹末梢浊积岩；③岩石颜色暗、发育水平层理，化石稀少。广元–旺苍海槽位于川东北碳酸盐盆地的西北侧，其中的岩性主要为硅质岩和富有机质泥质岩。常见表层水浮游生物化石如微体有孔虫、薄壳菊石、硅质放射虫、骨针等以及异地埋葬的腕足动物、厚壁有孔虫、钙藻等浅水生物碎屑。化石中的钙质生屑有时强烈硅化。

嘉陵江期（T_1j）构造活动频繁，康滇古陆持续上升，经历了三次海进–海退旋回。岩性主要为灰色、深灰色薄层灰泥石灰岩，其次为泥晶白云岩、亮晶鲕粒砂屑石灰岩以及膏盐和膏溶角砾岩，总厚度为134~930m。第一段、第三段发育灰泥石灰岩及生屑石灰岩；第二段、第四段、第五段发育白云岩、膏盐和膏溶角砾岩，在四川盆地中部还夹厚度较大的石盐层，本组下部常发育颗粒石灰岩。频繁的海平面升降，使得沉积分异明显，尤其是海退期局限的蒸发环境。嘉陵江期末，海水从台地全部撤退，在宣汉、垫江、万州形成岩盐湖。

2）中三叠世克拉通内拗陷

雷口坡期（T_2l），西部的康滇古陆趋于稳定，东部的江南台地及华南海域开始上升成陆。盆地内呈现东高西低的格局，东部为碎屑滨浅海，西部为碳酸盐岩台地（图1-38）。同时泸州和开江地区开始出现隆起雏形，使得台地更为局限。雷口坡组厚度变化大，在西乡堰口仅厚6m，而在南充一带厚达1000m；主要分布于城口–万州–南川一线以西，主要由石灰岩、白云岩夹膏盐岩、盐岩、盐溶角砾岩及砂岩和泥岩组成。一般可分为四段，横向变化不大，普遍含硬石膏，川中等地产石盐，尤其以第三段中最厚。本组底部的“绿豆岩”（即火山灰）分布较广，一般厚0.5~3m，在有水覆盖的盐湖区及广海区，绿豆岩至今尚保存有较好的凝灰结构；而在盐湖、广海等以外的陆地，则由于地表水淋漓及土壤化等作用而成为脱硅化水云母黏土岩，硅质向下渗滤淀积成为小的硅质豆粒或薄的硅质层分布在黏土岩下部或底部。

雷口坡组沉积期四川盆地处于古特提斯东缘的干旱带和暖流带。通过恢复四川地区中三叠统雷口坡组第一段至第四段沉积期构造–沉积环境，共识别出蒸发–局限台地、台地边缘和陆棚–斜坡沉积环境背景下的滨岸、灰泥–混积潮坪、潟湖、云坪、泥质云坪、膏云坪、膏灰坪、泥灰坪、含膏盐湖、膏盐湖、台缘滩、滩间、台内滩13种微相。

雷口坡组沉积期处于印支运动构造拉张向挤压转换时期，表现为东西分异的构造格局和盆地性质，西缘继承了早期活动裂陷性质的被动大陆边缘环境，台盆主体为克拉通内拗陷性质，地表过程响应了区域构造挤压强度的间歇变化，表现为从早期“低隆低凹”到晚期“大隆大凹”的格局。

3）晚三叠世前陆盆地

晚三叠世在扬子地块北缘发育了呈东西向的前陆盆地。由于扬子地块与华北地块的碰撞具东早西晚的穿时特点，中扬子北缘的周缘前陆盆地在中三叠世已开始发育，而大巴

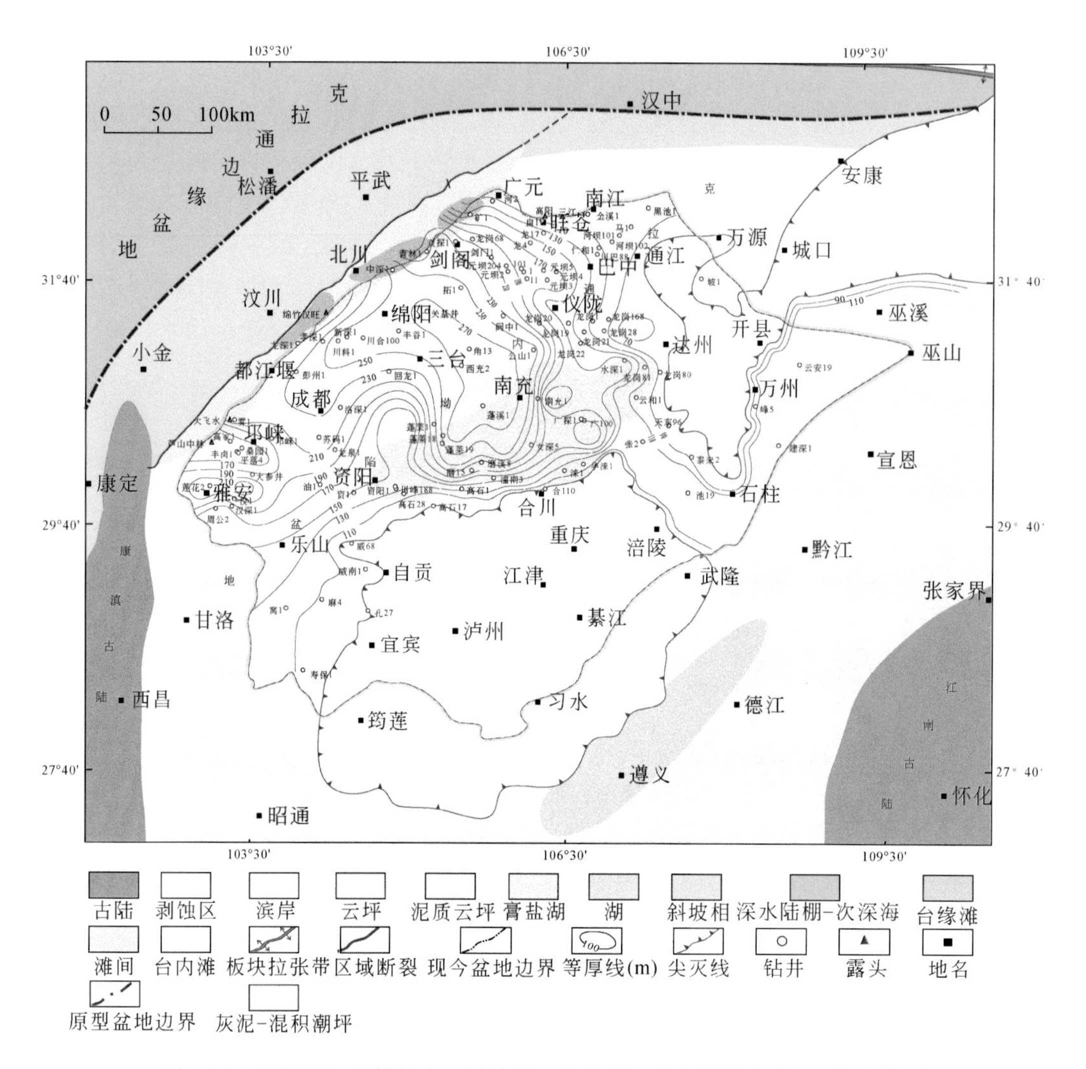

图 1-38　四川盆地及邻区中三叠统雷口坡组第三段沉积期构造-沉积环境图

山、米仓山前缘在晚三叠世才开始发育。表现出中上扬子北缘晚三叠世前陆盆地的沉降和沉积中心具有从早至晚、自东向西迁移的趋势。龙门山在左旋压扭构造作用下也开始隆升，并在其前缘形成挠曲盆地，沉积了上三叠统须家河组。

上扬子地区上三叠统下部发育晚三叠世早期（卡尼期至诺利早期）残留海相盆地环境之下的碳酸盐岩台地（川西的马鞍塘组）和陆架浅海沉积体系（川西的小塘子组），构成了前陆盆地充填序列的早期沉积。马鞍塘组为一套浅海陆棚相及缓坡型台地相灰岩为主的地层；小塘子组为一套海相或海陆交互相地层组合。之后，经历了诺利早期的三角洲沉积体系，以须家河组第二段为代表，属于残留海盆消亡期的产物。诺利晚期至瑞替期演变的河流沉积体系，以须家河组第三段至第六段为代表，为一套黄灰色含砾砂岩、砂岩、粉砂岩和泥岩夹煤层组合，垂向剖面上，砂岩与泥岩常组成以砂岩为主的不等厚韵律层，上部夹块状砾岩，构成由川西向川东减薄的沉积楔形体，厚 300 ~ 4000m，富含植物及双壳类化石。这是一套陆相磨拉石沉积，代表了前陆盆地真正开始发育和充填，第三段、第五段以薄层砂岩夹煤线或煤层的曲流河沉积为特征；第四段和第六段为辫状河和网状河环境下沉积的大套砂岩；总体上构成向上变粗的沉积序列，代表了一个持续快速抬升与潮湿气候背景下的沉积。曲流河发育时期，煤层和煤线发育，为陆相烃源岩的发育时期；高能网状河和辫状河砂岩的发育时期，为优质储层的发育时期。因此，须家河组本身构成四川盆地一个具有较大勘探潜力的含油气层系。

须三段与须四段之间的角度不整合面，是发生在瑞替期之前的构造运动的反映，在川西地区前人称为“安县运动”（王金琪，1990），它使得上扬子地区几乎完全结束海相沉积的历史。而三叠纪末期的构造运动，使广元一带须家河组第五段缺失，也反映了秦岭造山带在这一时期的再次强烈抬升和对扬子地块的强烈挤压。

扬子地块西缘在晚三叠世由被动大陆边缘转换为陆内俯冲。晚三叠世末，随着金沙江-哀牢山洋壳的完全消减，东古特提斯洋壳完全消失，整个扬子地块西南部发生隆升。在北东-南西向挤压应力环境下形成了一系列逆冲断裂系，并造成了古生界—三叠系中的不对称褶皱、箱状褶皱等滑脱构造变形。由于扬子地块在三叠纪以后的顺时针旋转，逆冲断裂系快速转换为北西-南东走向的左行压剪性断裂。

1.2.4.3　侏罗纪—第四纪伸展聚敛旋回

1. 早侏罗世—中侏罗世早期（199.6～167.7Ma）的短暂伸展（克拉通内拗陷盆地）

早侏罗世，中上扬子地区进入了伸展构造体制，形成上扬子区中、新生代陆相沉积面积最大的克拉通拗陷盆地，盆地面积达$58\times10^4km^2$，四川盆地只是上扬子沉积盆地的一部分。东与鄂中荆（门）当（阳）盆地相连，南达黔中、滇中，北抵陕南西乡。

中侏罗世早期，以新田沟组（J_2x）或千佛岩组（J_2q）河湖相沉积为代表，在四川盆地区广泛分布。

2. 中侏罗世晚期—第四纪（167.7～0Ma）的挤压改造

中侏罗世晚期（沙溪庙组沉积期），随着藏滇和印支地块的北推、华北陆块的南冲以及来自东南方向古太平洋的北西向强烈挤压的进一步加剧，周边山系活动加剧和区域抬升，盆地进入山前拗陷盆地沉积期。

晚侏罗世早期沉积以遂宁组（J_3sn）为代表。

晚侏罗世晚期沉积一套厚度巨大的河流相及冲积扇相为特征的莲花口组（J_3l）和蓬莱镇组（J_3p）。莲花口组（蓬莱镇组）底部巨厚砾岩层的存在，说明从晚侏罗世晚期开始盆地周边山系上升逆冲作用加剧，大幅度的快速抬升使山系与盆地间出现较大的地形高差，在山前沉积了厚度上百米至数百米的近源冲积扇相砾岩、扇三角洲砂砾岩和间歇性的洪泛湖相棕红色泥岩。反映出构造运动自晚侏罗世晚期又趋于活跃。而冲积扇相主要分布在龙门山山前一带，反映该期的构造活动可能主要集中在龙门山一带。

早白垩世基本继承了晚侏罗世的变形格局，周缘山系的隆升体现出幕式活动特点。

从白垩纪开始，盆地气候炎热多雨，沉积范围已大为缩小，主要分布在龙门山东侧、北大巴山南麓及四川盆地的南及西南缘。早白垩世的构造运动仍主要集中在盆地西侧的龙门山一带，下白垩统剑门关组（K_1j）底部发育一套厚约160m的巨厚砾岩层。此外，受到NW-SE方向挤压作用的影响，在华蓥山以东形成高陡构造带，与来自大巴山NE-SW方向挤压交汇，使早白垩世沉积范围进一步萎缩至大巴山弧前。

晚白垩世，龙门山北部地区开始快速隆升，且由后山带向前山带扩展。川西拗陷也开始快速掀斜过程，川西盆地北部快速隆升并以剥蚀作用为主，没有形成沉积盆地，面向西南逐步掀斜形成拗陷，该拗陷盆地有可能向东发展，并与川中隆起南缘的拗陷盆地相连通。因此，上白垩统主要分布于四川盆地西南部，发育夹关组和灌口组的河湖相碎屑岩沉积。

古近纪以来，龙门山地区快速隆升，茂汶断层、北川-映秀断层和灌县-安县断层自西北向南东不断递进推进，同时，南段隆升速率远远大于北段。龙门山南段的逆冲作用控制了盆地发育，川西盆地在晚白垩世基础上不断萎缩，集中发育于川西的南端，并表现出逐步向东迁移的特点。川西龙泉山定型于新生代，并对新生代盆地发育范围具有一定的限制和控制作用。盆地内部古近纪地层仅限于西部昭通地区，以河流相组合为特征，在中部为滨浅湖相，并在中心部位出现盐湖沉积，表现为盆地萎缩和干旱气候的综合作用结果。古近纪末期前陆拗陷的沉积更加萎缩，呈向川西南部迁移特点。

新近纪—第四纪，川中、川东地区的隆升在这一时期更加强烈。受青藏高原隆升及向东南的挤压与挤出的影响，川中地区除区域抬升外，还形成了一系列褶皱，如威远构造。因此，该期的沉积范围更小，主要分布在昭通一带，称为凉水井组（N_2l），与下伏地层呈微角度不整合。

更新世砾岩层主要发育在川西南部地区，北至都江堰北部，南达名山庙坡等地，主要位于彭灌断裂以东地区，由西向东快速减薄。通过古生物特征（郑勇和孔屏，2013）、地质特征（辜学达和刘啸虎，1997；王凤林等，2003）和石英电子自旋共振法等研究发现（王金琪，2004）：大邑砾岩组沉积时期为新近纪上新世—第四纪更新世，大邑砾岩磨圆度好，为次圆-圆状，分选性较差，局部地区见大漂砾（何银武，1992）。而通过古流向恢复和砾石成分对比等发现（黎兵等，2007）：大邑砾岩物源区主要来自西部山地的剥蚀产物，为短距离搬运的山前快速堆积砾岩。

1.3 海相碳酸盐岩盆地的地质结构差异性

西部地区主要海相沉积盆地均是在罗迪尼亚裂解聚敛旋回和潘吉亚裂解聚敛旋回控制下，经历多阶段运动体制（包括构造体制和热体制）的变革，不同阶段的原型盆地发生叠合而形成的具有叠加地质结构的盆地，如塔里木盆地、鄂尔多斯盆地和四川盆地。在复杂构造环境下，长期、多阶段的演化形成了海相多旋回叠合盆地，具有多旋回叠加层块结构。在垂向上体现为区域不整合面限定的构造-地层层序的叠加结构，区域不整合面向隆起顶部逐渐复合或聚合，呈现垂向分层结构。在平面上，断裂带（包括基底断裂、多期活动断裂）限定了地质构造的基本单元，约束了构造-地层保存单元的基本面貌，呈现为隆-凹相间或断隆-凹陷相间结构，表现出平面上的分块性。受多期盆-山作用演化，山前带（包括山前掩伏带）发育多期冲断背景下的复杂断层相关褶皱背斜带，而盆地内部发育克拉通内的叠加隆起带（或称为叠隆起带）（宋文海，1996；何登发和李德生，1996；何登发等，2005b；李晓清等，2001；He et al.，2009），呈现平面上或空间上的分带或斜向叠加结构。

1.3.1　垂向分层结构差异性

四川盆地是在 800Ma 前晋宁运动形成的基底之上开始沉积盖层的。受周缘构造活动带的影响，盆地内部沉积与盆地边缘沉积分异明显。前述主要地质时期盆地沉积充填与盆地类型的变化清楚地表明随着构造体制（及热体制）的转变，原型盆地发生了叠加，形成了伸展性盆地与挤压性盆地在空间上相互叠加的地质结构（图 1-39）。这种叠加地质结构实际上主要是由 3 个伸展-聚敛旋回的构造-地层层序叠加而成。表现为基底顶面-二叠系底部不整合面之间的隆、拗构造层，二叠系底部不整合面-上三叠统底部不整合面之间的平缓碳酸盐岩台地构造层，上三叠统底部不整合面-侏罗系底部不整合面之间的楔状构造层，与侏罗系底部不整合面之上的剥蚀残存构造层相叠加，呈现出垂向分层结构。

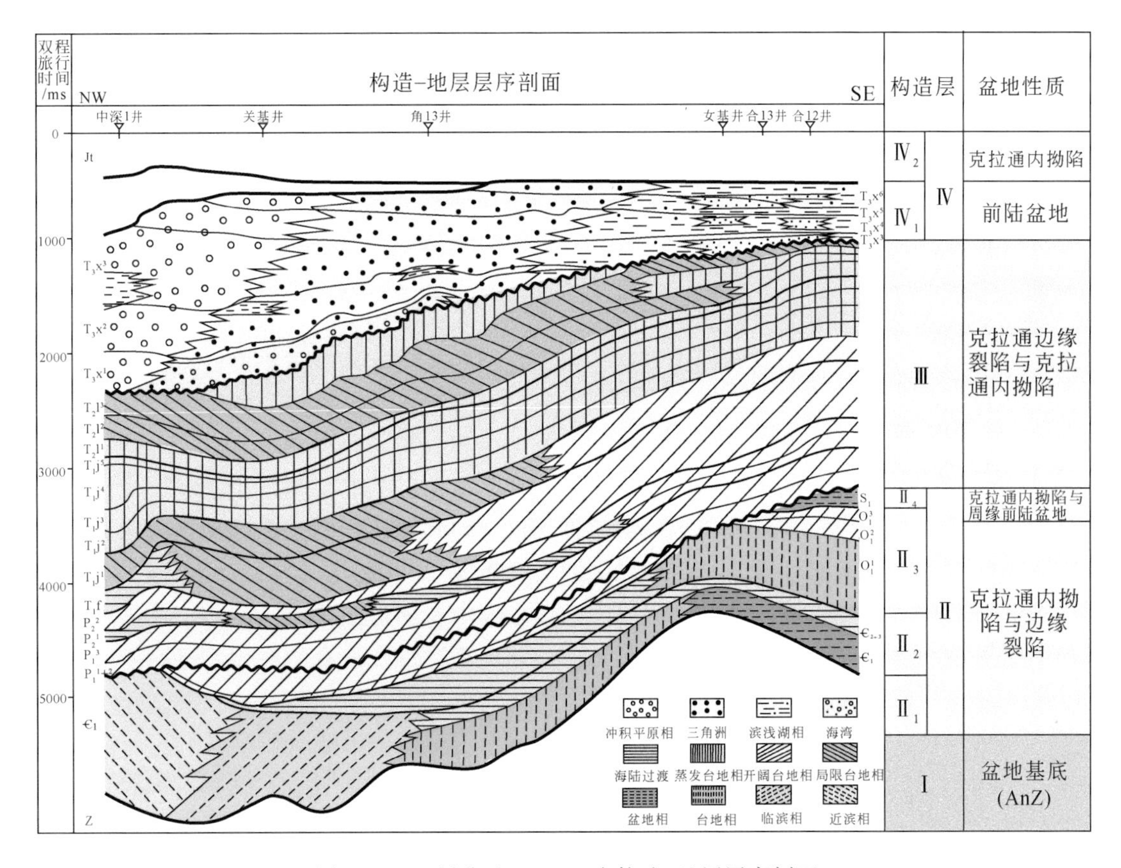

图 1-39　四川盆地 NW-SE 向构造-地层层序剖面

塔里木盆地历经多期成盆和多期构造运动的改造，形成构造层间多期次的不同规模、不同强度的不整合面。塔里木盆地由下至上存在 9 个区域性不整合面：Z/AnZ、Є/An Є、O_{2+3}/AnO_{2+3}、S/AnS、D_3/AnD_3、C/AnC、J/AnJ、K/AnK、E/AnE。局部不整合面：S_3－D_{1-2}/An、S_3－D_{1-2}、P_{2-3}/AnP_{2-3}、T/AnT、T_{2+3}/AnT_{2+3}、N_1/AnN_1、N_2/AnN_2。据此将盆地地层划分为六大构造层（何登发等，2005b）：基底变质系构造层、古生界下构造层、古生界中构造层、古生界上构造层、中生界构造层、新生界构造层（图 1-40）。

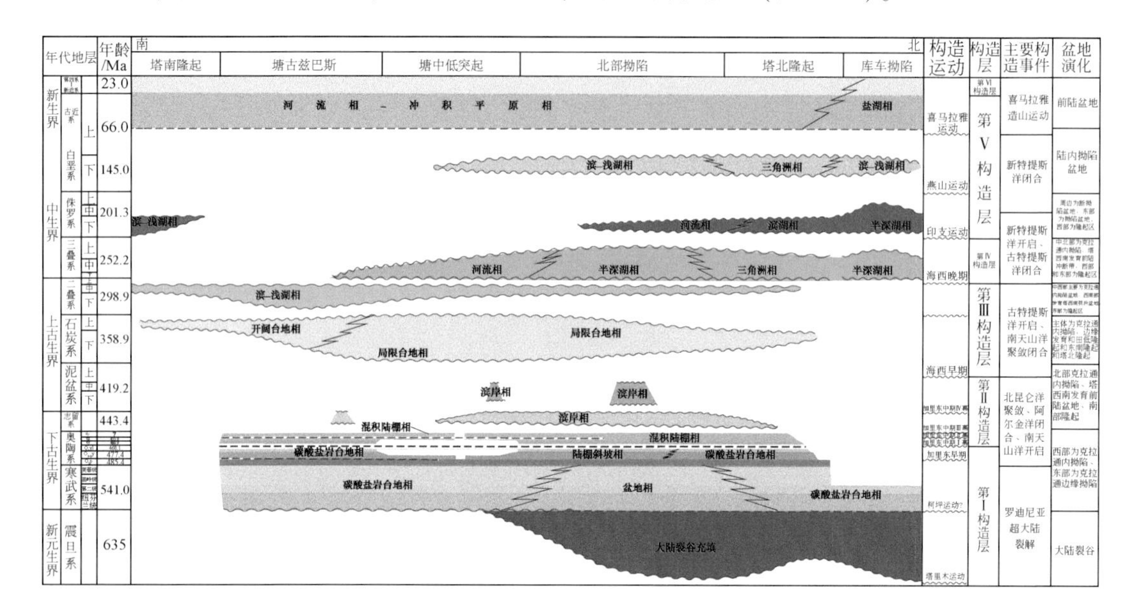

图 1-40　塔里木盆地的构造–地层层序与构造演化

依据岩石组合特征、沉积充填序列、不整合、磨拉石建造和构造变形特征几个主要方面，将鄂尔多斯盆地划分为吕梁旋回构造层、晋宁旋回构造层、扬子旋回、加里东旋回构造层、海西旋回构造层、印支旋回构造层、燕山旋回构造层和喜马拉雅旋回构造层 7 个构造层(图 1-41)。

鄂尔多斯、塔里木与四川盆地的构造演化有共性也有差异性（图 1-42）。共性在于三大盆地构造层上具有一定的相似性，都是古生代至中生代早期的海相沉积和中生代后期至今的陆相沉积；都经历了多期构造运动的叠加，地层缺失；都受周围造山运动的影响形成现今盆地的形态等。差异性在于构造运动的期次有较大的区别，如塔里木盆地多次沉积间断，而四川盆地和鄂尔多斯盆地的沉积时间都比较集中和稳定，晚期（N–Q）塔里木盆地表现为急剧下沉而另两个盆地则是处于隆升阶段。

1.3.2　横向分块结构差异性

三大盆地的形成及演化过程中，盆地底部和周边，都同步伴有裂谷作用发生，导致克拉通盆地的形成。在不同时期和不同的构造背景下，这些盆缘裂谷的发育历史各不相同，通常与盆地同步地以拉张–闭合（或反转）交替进行的方式，多次出现盆–山转换或山–盆转换，形成所谓“台缘隆起”或“台缘拗陷”。这一特点，不仅直接构成盆地的构造边

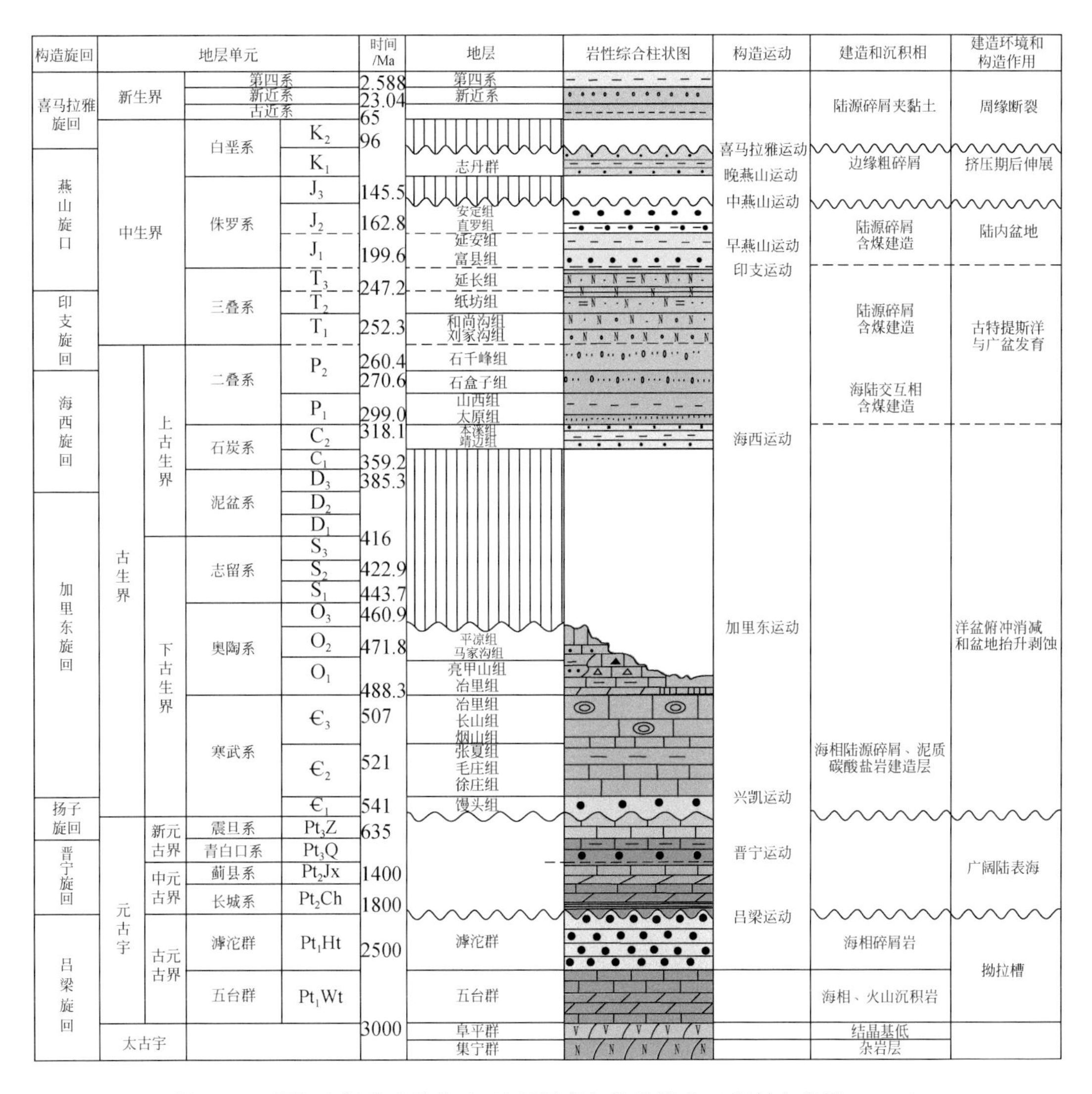

图 1-41　鄂尔多斯盆地的构造-地层层序与构造演化（据付金华等，2012）

界，影响盆地的物源供给和沉积模式，更重要的是造成不同性质盆地的叠合和后期的形变，形成盆地的分块结构。

塔里木盆地是从塔里木运动开始进入相对稳定的发展阶段，相应地从南华纪开始南北边缘都有裂谷出现，北缘的库鲁克塔格裂谷和柯坪裂谷，随后发展为裂陷槽和大陆被动边缘，奥陶纪末出现反转隆起，志留纪再次拉开成为南天山洋盆，直到晚石炭世—早二叠世的晚海西运动中才最终拼合，形成海西褶皱带。三叠纪末进入陆内发展阶段后，在新的构造条件下，又出现前陆拗陷和成带的冲断褶皱。南缘的西昆仑地区，南华纪开始也可能有裂谷出现，随后关闭，奥陶纪再次出现裂陷，中奥陶世关闭后，早石炭世又一次分裂、扩张，形成有限洋盆，其中发育的蛇绿岩，断续延长近 600km（姜春发，1992），石炭纪末关闭，形成海西褶皱带，新生代又再次活动。在盆地底部，塔中地区可能存在一条东西向

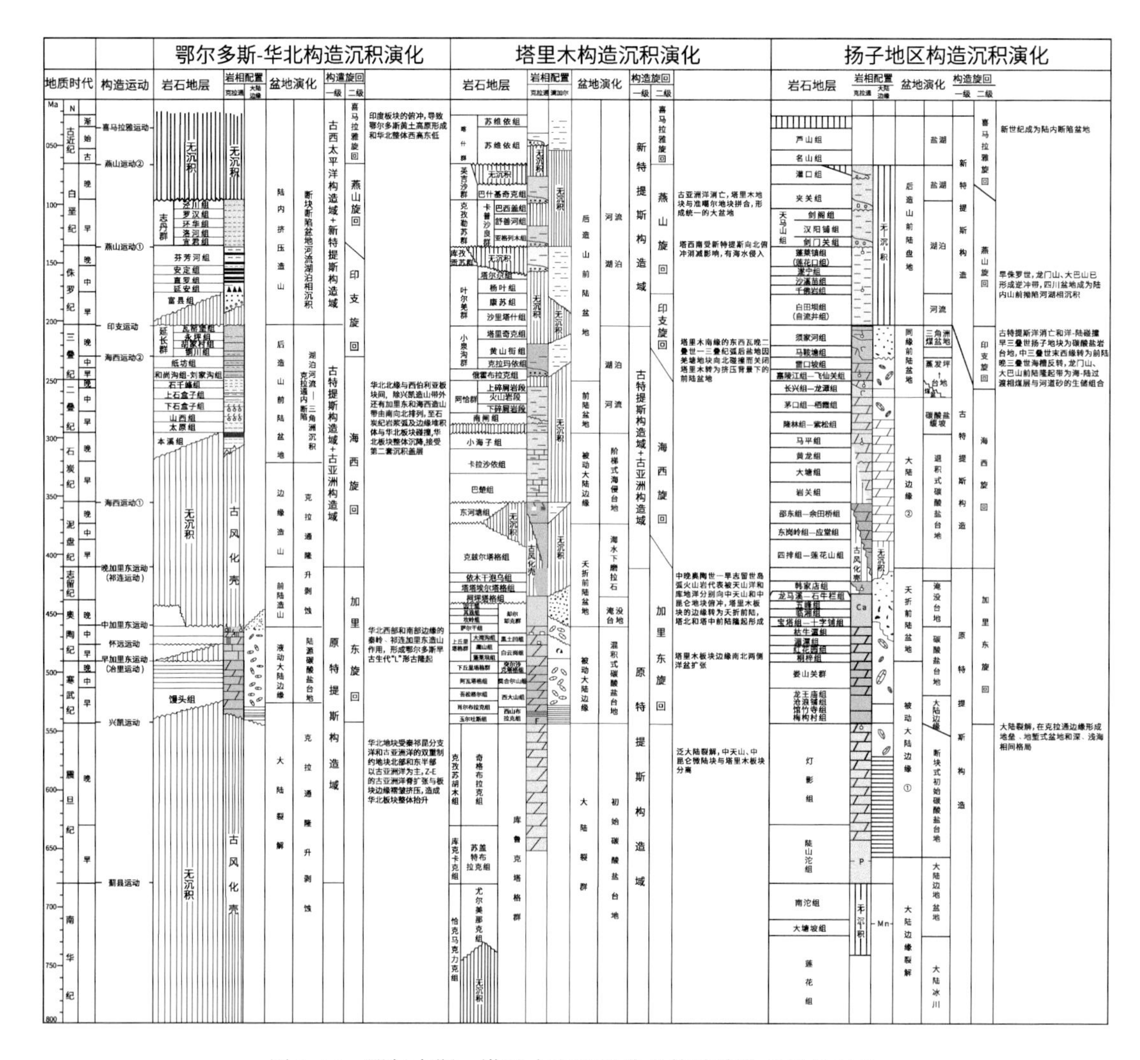

图 1-42　鄂尔多斯、塔里木和四川盆地构造演化差异性对比

的新元古代拉开，而后在南华纪前闭合的构造结合带。满加尔地区也有人认为存在与库鲁克塔格裂陷相连的三叉裂谷分支——满加尔裂陷槽（杨克明，1992）。它们在奥陶纪时期再次打开，形成近东西向的与张裂作用有关的混积陆棚，明显改变了盆地的沉积格局，塔中隆起的出现也与之有关。塔里木盆地内部结构主要为三隆四拗，分别为塔北隆起、中央隆起、塔南隆起、库车拗陷、北部拗陷、西南拗陷和东南拗陷。塔里木盆地现今的隆拗格局是经历漫长复杂的发展演化的结果。早奥陶世末、晚奥陶世末和喜马拉雅运动中晚期是塔里木盆地隆拗格局的主要构造变革期，其中断裂系统的活动，特别是中央隆起带三次大规模的断裂系统的活动，对隆拗格局的演化有着十分重要的意义（图 1-43）。

四川盆地发育在上扬子克拉通之上，其基底被北东向断裂分成 3 块（图 1-31）（罗志立，1998）。①川西区块：介于龙门山断裂带与龙泉山-三台-巴中-镇巴断裂带之间，基底主要由中元古界黄水群变质岩构成，其南、北段在中、新生代发生挠曲沉降与差异沉降。②川中区块：介于龙泉山-三台-巴中-镇巴断裂带与华蓥山断裂之间，基底主要由太古宙混合片麻岩和古元古代康定群深变质岩构成，相对较稳定，其南、北段在新生代遭受构造改造。③川东区块：介于华蓥山断裂与齐岳山断裂之间，基底主要由新元古代板溪群浅变质岩构成，相对较活动，其北段在中、新生代遭受大巴山构造带与江南-雪峰构造带的双重影响，形成复合联合构造；中段受江南-雪峰构造带的挤压影响，形成一系列隔挡式褶皱带；其南段受挤压改造相对较弱，形成平缓背斜带（贾承造等，2006）。四川盆地隆拗格局形成的主要时间是在早古生代至二叠纪沉积前，表现为大隆大拗的构造格局，加里东古隆起控制了当时的古构造和沉积特征，古隆起长期隆升使得隆起顶部地层长期缺失，而古隆起的斜坡带和拗陷区沉积地层（图1-43）。

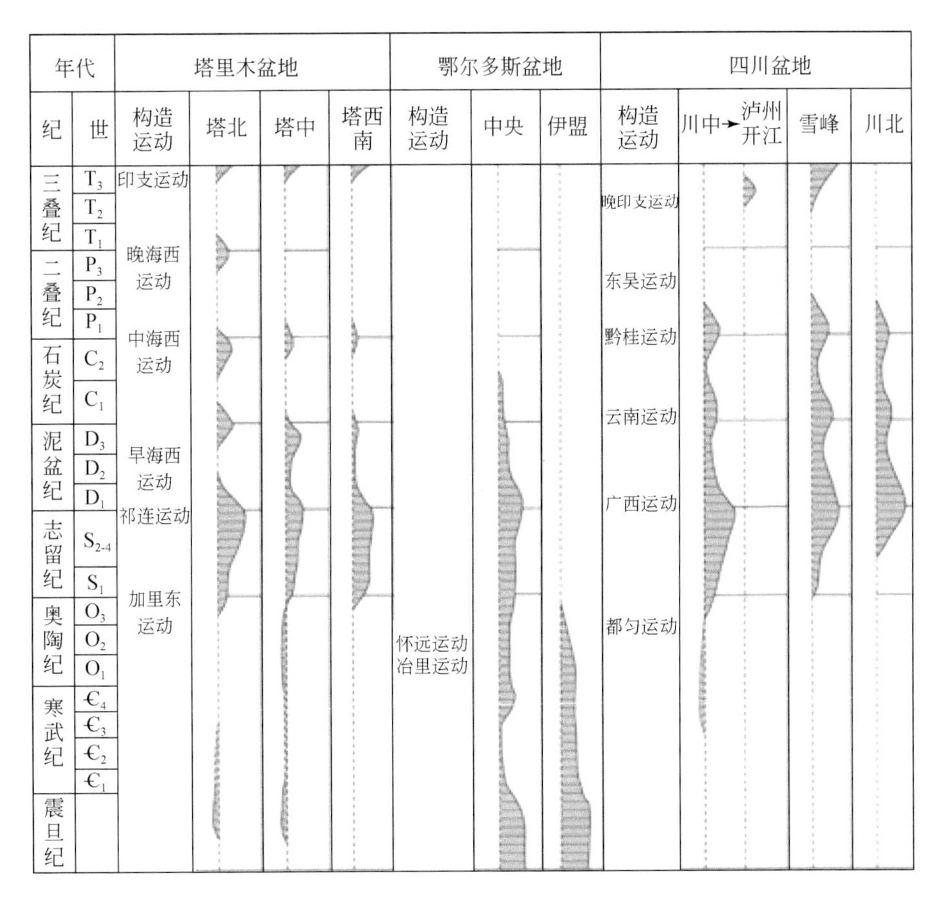

图1-43　不同盆地中古隆起的发育特点对比

在鄂尔多斯盆地，中元古代开始出现相对稳定沉积时，中朝陆块的中部和边缘都有裂谷作用发生，中部北东向的燕辽裂陷-晋豫陕裂陷，还有着更古老的背景（马杏垣，1985）。北缘在大青山-白云鄂博的渣尔泰-白云鄂博边缘裂陷，由一套厚度较大的粗碎屑岩、碎屑岩、板岩、碳质板岩和碳酸盐岩的变质岩系组成，碳质板岩中含洋底喷流型铅锌矿床，底部锆石U-Pb法同位素年龄为1675Ma。白云鄂博群的沉积特征相似，厚逾万米，夹火山岩较多，有关时代争论较大，也有认为是华北北缘中元古代—早古生代裂谷-大陆被动边缘的沉积。至奥陶纪发展为岛弧和弧后盆地，加里东期末关闭，泥盆纪和石炭纪都有边缘裂陷槽出现。西缘地区，中新元古代也出现同期的贺兰裂陷槽，晚期有短暂隆起，早古生代继续拉张至奥陶纪末，加里东运动末期形成隆起褶皱带，早石炭世再次拉开形成边缘裂陷，白垩纪再次复活成为向盆地方向逆长的南北向冲断带。鄂尔多斯盆地受中央古隆起的控制明显（图 1-43），其开始发育于早奥陶世马家沟期，大体至晚二叠世消失。在此期间各地质时代的地层由西、东、北三个方向向古隆起超覆或尖灭。在三叠纪至侏罗纪时期，盆地西部形成与贺兰山逆冲造山带有关的前陆盆地，盆地中央仍为一相对隆起。早白垩世，在盆地转变为统一的拗陷盆地时，古隆起才完全消失。

三大盆地的基底断裂系统对各自盆地的沉积格架和盆地演化产生影响。一方面古老基底断裂的存在，对盆地后期的沉积发展和构造运动产生深远影响，影响盆地的盖层发育和地貌特征；另一方面基底断裂的重新活动可能影响到其上覆的沉积盖层，进而在沉积盖层中也对应产生了新的断层或构造裂缝，形成断层相关褶皱等构造变形样式。此外三大盆地的断裂系统存在显著差异，这些差异对三大叠合盆地的演化产生了截然不同的影响。

1.3.3　陆内变形的时–空差异性

塔里木的陆内变形主要是指侏罗纪—古近纪新特提斯洋的发育与消亡阶段，新特提斯洋的构造事件对塔里木盆地的形成与演化产生了深刻的影响。新近纪—第四纪的塔里木盆地是由阿瓦提–库车前陆盆地、塔西南前陆盆地与塔东南前陆盆地 3 个盆地复合而成，具有挠曲沉降、走滑导致的沉降与热沉降等多种成因机制，阿合奇断裂、阿尔金断裂带的强烈走滑活动使盆地处于转换挤压环境。侏罗纪到第四纪，盆地经历了陆内裂谷–挤压调整作用–晚期前陆型盆地发展旋回，其中陆内裂谷–挤压调整作用出现了三个次级旋回。

鄂尔多斯陆内变形阶段主要是指侏罗纪及之后的构造发育时期。晚三叠世勉略有限洋盆关闭，鄂尔多斯地块全面进入板内内陆盆地演化阶段。早、中侏罗世为盆地发育的又一重要时期，沉积了下侏罗统富县组、中侏罗统延安组和上侏罗统芬芳河组。晚侏罗世，鄂尔多斯盆地西缘处于多个大地构造单元的结合部位，逆冲活动强烈，造成大部分地区的侏罗系与白垩系之间的高角度不整合接触。至白垩纪，盆地发展为挤压期后伸展作用演化阶段，在经历燕山中期构造运动后，整个华北地块再次进入挤压期后伸展作用阶段，并伴随相对应的岩浆活动，早白垩世盆地沉积了一套粗碎屑沉积建造；晚白垩世，受燕山晚期构造作用的影响，盆地内部与西缘整体缺失上白垩统。新生代进入周缘断陷盆地演化阶段（N–Q）。

四川盆地自中侏罗世时主体进入陆内造山的过程。经历了：①中侏罗世晚期—古近纪前陆拗陷阶段，中侏罗世晚期（沙溪庙组沉积期），随着藏滇和印支地块的北推、华北陆块的南冲以及来自东南方向古太平洋的北西向强烈挤压的进一步加剧，周边山系活动加剧和区域抬升，盆地进入山前拗陷盆地沉积期；②新近纪—第四纪区域隆升阶段，川中、川东地区的隆升在这一时期更加强烈。受青藏高原隆升及向东南的挤压与挤出的影响，川中地区除区域抬升外，还形成了一系列褶皱，如威远构造。因此，该期的沉积范围更小，主要分布在昭通一带。

1.3.4 构造控油机制的差异性

在漫长的地质历史时期三大盆地经历了各自不同的演化过程（图1-10，图1-42），其构造演化差异性见表1-1。

表1-1 三大海相沉积盆地构造演化差异性对比

属性	塔里木盆地	鄂尔多斯盆地	四川盆地
伸展-聚敛旋回	Z-D_1；D_3-T；J-Q	Pt-O_1；C_2-T；J-K_1	Z-S；C_2-T；J-Q
区域挤压事件	南缘：O_2-S；北缘：P_2-T；整体：N-Q	南缘：O_2-S；西缘：T_3，J_{2-3}-K；西南缘：N-Q	东南缘：O_2-S；东南缘：T_{2-3}；北缘：T_3，J_{2-3}-K；西北缘：J-K；整体：N-Q
区域调整事件	J_2^2-J_3	J_3-K_1	J_2^2-K_1
晚期（N-Q）影响范围	全盆	西南缘	全盆
盆地转化	台-盆格局；隆-拗转化	台地隆-凹；前陆叠加	台地-斜坡格局；前陆盆地变迁

三大盆地的源储组合存在差异，源储组合差异控制了油气成藏要素的不同。鄂尔多斯盆地主要储层包含奥陶系风化壳古岩溶储层，二叠系砂岩储层等；塔里木盆地储层类型多样，既有奥陶系碳酸盐礁滩储层、古岩溶储层，又有志留系、泥盆系、石炭系砂岩等碎屑岩储层；四川盆地优质碳酸盐岩储层有震旦系灯影组、寒武系龙王庙组白云岩储层、二叠系茅口组岩溶储层、二叠系长兴组礁滩储层等多种类型，此外还有上三叠统须家河组、侏罗系等砂岩储层。

塔里木盆地的油气富集区带是靠近两大生烃中心的叠加古构造（/隆起），不整合面和断裂为其奥陶系古岩溶储层或者志留系碎屑岩储层提供良好的输导系统。沙雅隆起奥陶系原生油藏规模大、分布范围广，受多期构造运动改造，油藏保存范围仍较大。

四川盆地主要受拉张槽、古隆起和盆山结构联合-复合作用，从而控制了四川盆地海相油气分布的有利区带。其中，拉张槽为主要的烃供给区，古隆起（古构造高点）为油气运移的指向地区；盆山结构区决定了现今油气保存条件的优劣。裂陷区边缘陡坎带（叠合构造）灯影组成藏最有利，其次槽内被烃源岩所包裹的灯影组“残丘”和台阶也应是油气聚集的有利场所。加里东期乐山-龙女寺古隆起面积达6.25万km^2，产层为震旦系、下古生界寒武系—奥陶系、二叠系茅口组—栖霞组、长兴组、三叠系嘉陵江组、雷口坡组等。东吴期—印支期泸州古隆起面积达2.8万km^2，主要产层为二叠系茅口组—栖霞组、三叠系嘉陵江组、雷口坡组、飞仙关组。东吴期—印支期开江古隆起面积达1.2万km^2，主要产层为石炭系、二叠系、三叠系飞仙关组。

鄂尔多斯盆地海相油气分布主要受保存条件——“源-储”组合控制。L形台缘古隆起东西两侧的生烃中心，提供了重要烃源岩物质基础。

第2章　中国西部大型克拉通盆地碳酸盐岩发育分布规律与层序岩相古地理研究

2.1　三大盆地地层层序发育特征

2.1.1　震旦系—三叠系地层对比简况与层序格架

在四川盆地、鄂尔多斯盆地和塔里木盆地的盖层组成中，新元古界震旦系—三叠系的地层比较齐全，特别是古生代的海相地层，各岩石地层单元均有层型剖面和辅助层型剖面。三大海相碳酸盐岩盆地各时代的地层序列和对比，均以中国地层委员会建立的地层序列为依据，并以标准的层型剖面为准则，分析对比了各时代地层。除各盆地间的地层对比外，同一盆地内的地层受构造-沉积分异的影响，岩石地层单元发育较为复杂，也需要进行对比，除以生物地层、年代地层为依据外，以多重地层划分原则为主，同时考虑了构造运动和地质事件所形成的不整合面等地质记录，分系建立了系统的地层划分对比简表（图2-1～图2-8）。

三大盆地分属于中国大陆上多次分合的三大陆块，它们的构造、沉积演化历史差异较大。在系统的油气地质调查的基础上，以层序地层学理论为指导，开展了层序界面识别和层序结构分析，结果表明它们的二级层序基本是可对比的，并以二级层序作为主要对比单元建立了三大盆地震旦系—三叠系的层序地层格架及海平面变化曲线（图2-9）。

震旦系—三叠系可以划分出1～13个超层序（MS），以塔里木盆地的层序发育较完整，鄂尔多斯层序确实较多。其中加里东阶段4～7个，海西期—印支期包括3～6个，塔里木及鄂尔多斯盆地的二叠纪—三叠纪多为陆相层序。各二级层序的界面基本都以区域性升降运动所造成的平行不整合面为界。由于各盆地所在构造背景的差别，层序界面的时间不尽相同，界面的构造性质也有差别。根据四川及塔里木盆地的层序地层特点恢复所得的相对海平面升降曲线，加里东阶段的最高海平面出现在早寒武世，最低海平面出现在中晚寒武世—早奥陶世，海西期—印支期的最高海平面出现在中-晚二叠世，最低时期在晚石炭世。此外，在这些盆地中，具有生、储、盖特点的岩石组合或类型，在层序地层格架中的位置基本是一致的。烃源岩大都出现在超层序或层序的海侵体系域中，具有储层意义的生物碎屑灰岩、鲕粒岩、白云岩等多与晚期高位体系域有关，部分也出现在海侵体系域的早期。

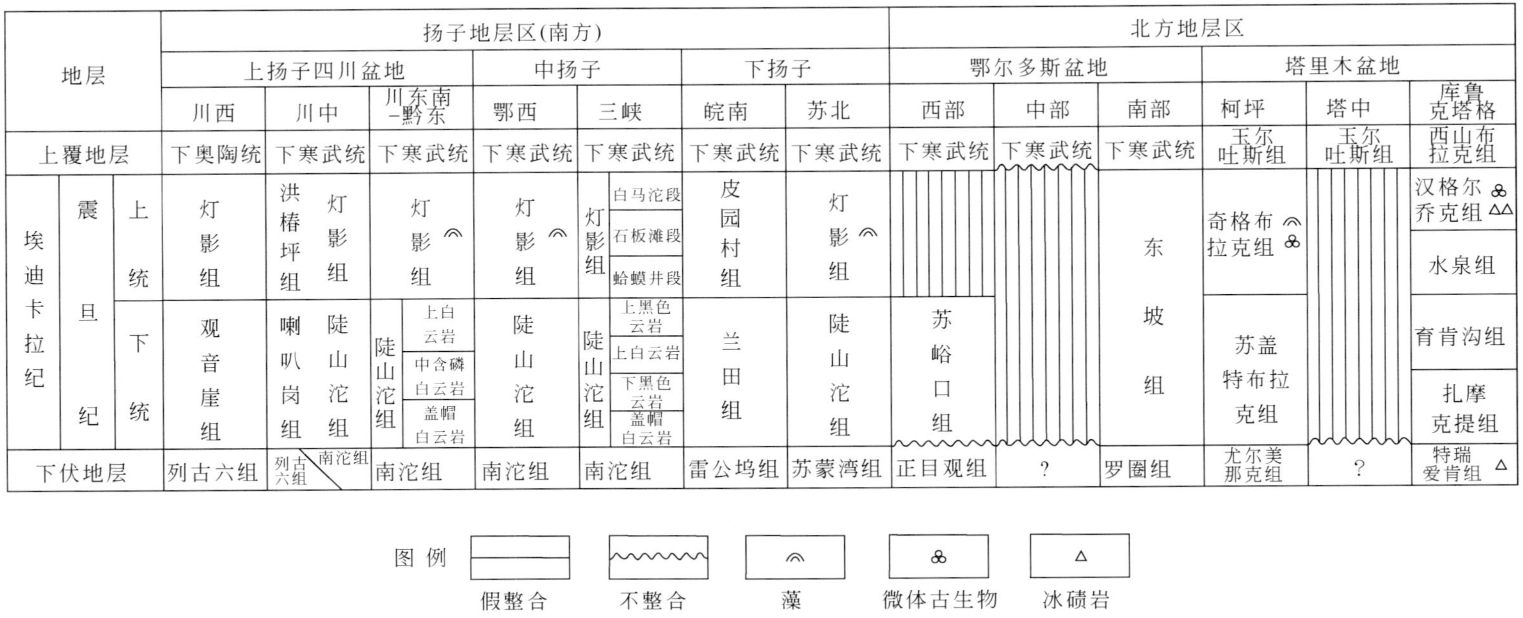

地层			扬子地层区(南方)							北方地层区					
			上扬子四川盆地			中扬子		下扬子		鄂尔多斯盆地			塔里木盆地		
			川西	川中	川东南-黔东	鄂西	三峡	皖南	苏北	西部	中部	南部	柯坪	塔中	库鲁克塔格
上覆地层			下奥陶统	下寒武统	下寒武统	下寒武统	下寒武统	下寒武统	下寒武统	下寒武统	下寒武统	下寒武统	玉尔吐斯组	玉尔吐斯组	西山布拉克组
埃迪卡拉纪	震旦纪	上统	灯影组	洪椿坪组；灯影组	灯影组 ⌒	灯影组 ⌒	灯影组：白马沱段、石板滩段、蛤蟆井段	皮园村组	灯影组 ⌒			东坡组	奇格布拉克组 ⌒ ∞		汉格尔乔克组 ∞ △△；水泉组
埃迪卡拉纪	震旦纪	下统	观音崖组	喇叭岗组；陡山沱组	陡山沱组：上白云岩、中含磷白云岩、盖帽白云岩	陡山沱组	陡山沱组：上黑色云岩、上白云岩、下黑色云岩、盖帽白云岩	兰田组	陡山沱组	苏峪口组		东坡组	苏盖特布拉克组		育肯沟组；扎摩克提组
下伏地层			列古六组	列古六组／南沱组	南沱组	南沱组	南沱组	雷公坞组	苏蒙湾组	正目观组	?	罗圈组	尤尔美那克组	?	特瑞爱肯组 △

图例：假整合　不整合　⌒ 藻　∞ 微体古生物　△ 冰碛岩

图2-1 中国西部三大盆地震旦系（埃迪卡拉纪）地层划分对比

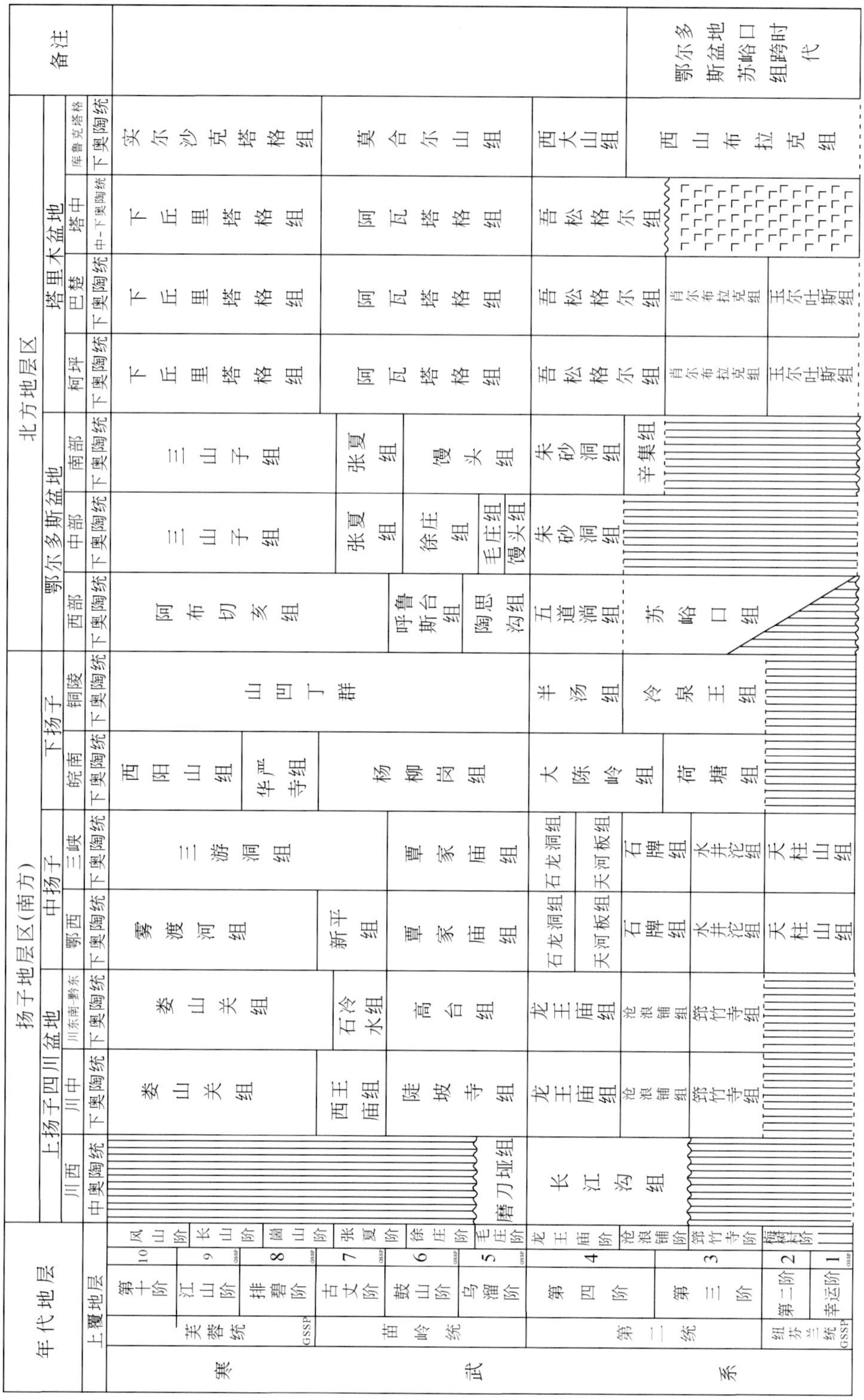

年代地层				扬子地层区(南方)：上扬子四川盆地 川西	川中	川东南-黔东	中扬子 鄂西	三峡	下扬子 皖南	铜陵	北方地层区：鄂尔多斯盆地 西部	中部	南部	塔里木盆地 柯坪	巴楚	塔中	库鲁克塔格	备注
上覆地层				中奥陶统	下奥陶统	下奥陶统	下奥陶统	下奥陶统	下奥陶统	下奥陶统	下奥陶统	下奥陶统	下奥陶统	下奥陶统	下奥陶统	中-下奥陶统	下奥陶统	
寒武系	芙蓉统	第十阶 10	风山阶		娄山关组	娄山关组	雾渡河组	三游洞组	西阳山组	山凹丁群	阿布切亥组	三山子组	三山子组	下丘里塔格组	下丘里塔格组	下丘里塔格组	突尔沙克塔格组	
		江山阶 9	长山阶															
	GSSP	排碧阶 8	崮山阶						华严寺组									
	苗岭统	古丈阶 7	张夏阶		西王庙组	石冷水组	新平组		杨柳岗组			张夏组	张夏组	阿瓦塔格组	阿瓦塔格组	阿瓦塔格组	莫合尔山组	
		鼓山阶 6	徐庄阶		陡坡寺组	高台组	覃家庙组	覃家庙组			呼鲁斯台组	徐庄组	馒头组					
		乌溜阶 5	毛庄阶	磨刀垭组							陶思沟组	毛庄组 馒头组						
	第二统	第四阶 4	龙王庙阶	长江沟组	龙王庙组	龙王庙组	石龙洞组 天河板组	石龙洞组 天河板组	大陈岭组	半汤组	五道淌组	朱砂洞组	朱砂洞组	吾松格尔组	吾松格尔组	吾松格尔组	西大山组	
			沧浪铺阶		沧浪铺组	沧浪铺组	石牌组	石牌组					辛集组					
		第三阶 3	筇竹寺阶		筇竹寺组	筇竹寺组	水井沱组	水井沱组	荷塘组	冷泉王组	苏峪口组			肖尔布拉克组	肖尔布拉克组		西山布拉克组	鄂尔多斯盆地苏峪口组跨时代
	纽芬兰统 GSSP	第二阶 2	梅树村阶				天柱山组	天柱山组						玉尔吐斯组	玉尔吐斯组			
		幸运阶 1																

图2-2　中国西部三大盆地寒武系地层划分对比

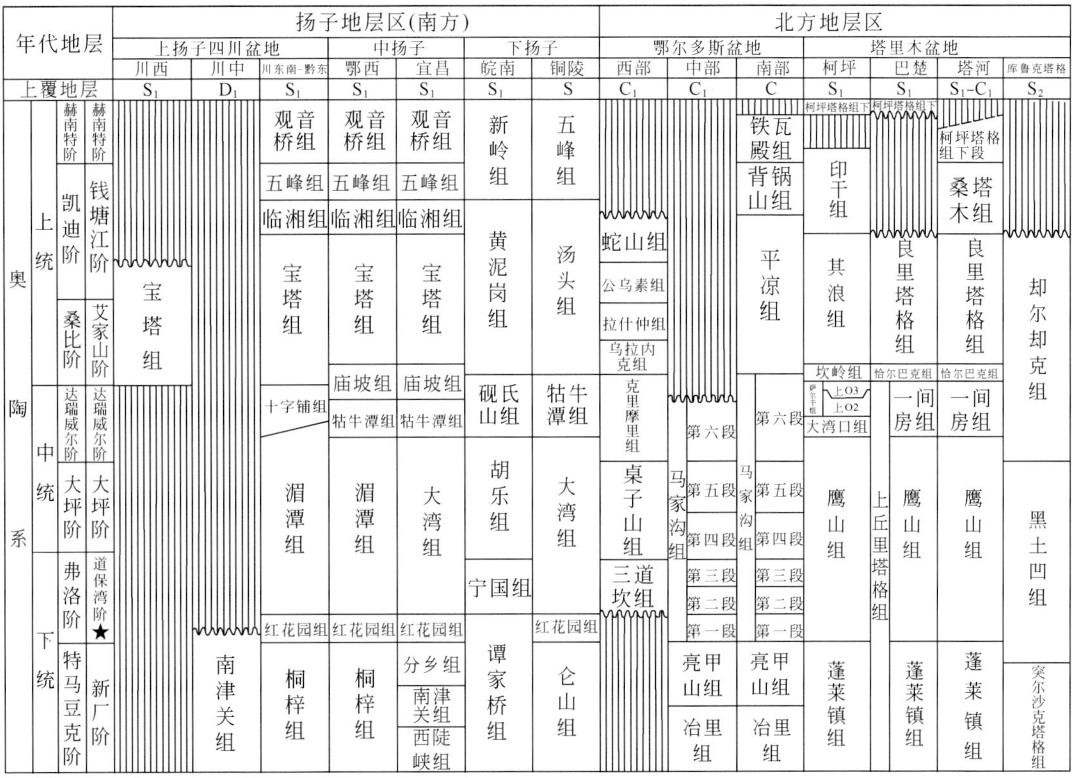

年代地层			
系	统	阶（国际）	阶（中国）
奥陶系	上统	赫南特阶	赫南特阶
		凯迪阶	钱塘江阶
		桑比阶	艾家山阶
	中统	达瑞威尔阶	达瑞威尔阶
		大坪阶	大坪阶
	下统	弗洛阶	道保湾阶★
		特马豆克阶	新厂阶

地层区	分区	剖面	上覆地层	地层单元（自上而下）
扬子地层区(南方)	上扬子四川盆地	川西	S_1	宝塔组
		川中	D_1	南津关组
		川东南-黔东	S_1	观音桥组、五峰组、临湘组、宝塔组、十字铺组、湄潭组、红花园组、桐梓组
	中扬子	鄂西	S_1	观音桥组、五峰组、临湘组、宝塔组、庙坡组、牯牛潭组、湄潭组、红花园组、桐梓组
		宜昌	S_1	观音桥组、五峰组、临湘组、宝塔组、庙坡组、牯牛潭组、大湾组、红花园组、分乡组、南津关组、西陵峡组
	下扬子	皖南	S_1	新岭组、黄泥岗组、砚瓦山组、胡乐组、宁国组、谭家桥组
		铜陵	S	五峰组、汤头组、牯牛潭组、大湾组、红花园组、仑山组
北方地层区	鄂尔多斯盆地	西部	C_1	蛇山组、公乌素组、拉什仲组、乌拉内克组、克里摩里组、桌子山组、三道坎组
		中部	C_1	马家沟组（第六段、第五段、第四段、第三段、第二段、第一段）、亮甲山组、冶里组
		南部	C	铁瓦殿组、背锅山组、平凉组、马家沟组（第六段、第五段、第四段、第三段、第二段、第一段）、亮甲山组、冶里组
	塔里木盆地	柯坪	S_1	柯坪塔格组下、印干组、其浪组、坎岭组、萨尔干组（上O3、上O2）、大湾口组、鹰山组、蓬莱镇组
		巴楚	S_1	柯坪塔格组下、良里塔格组、恰尔巴克组、一间房组、鹰山组、上丘里塔格组、蓬莱镇组
		塔河	S_1-C_1	柯坪塔格组下段、桑塔木组、良里塔格组、恰尔巴克组、一间房组、鹰山组、蓬莱镇组
		库鲁克塔格	S_2	却尔却克组、黑土凹组、突尔沙克塔格组

图 2-3　中国西部三大盆地奥陶系地层划分对比

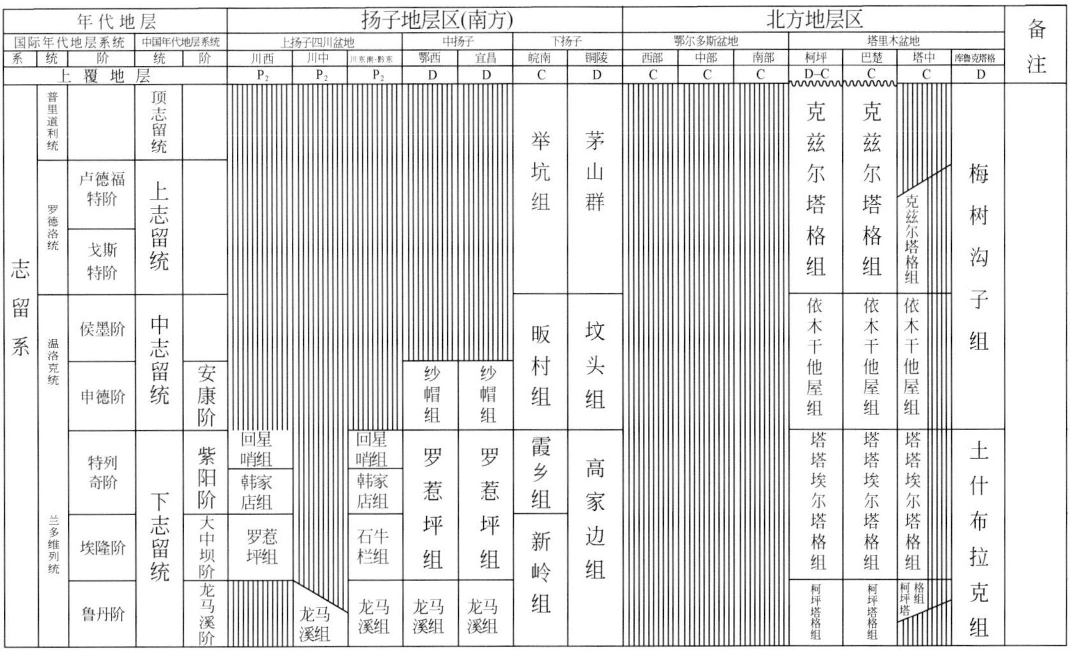

国际年代地层系统			中国年代地层系统	
系	统	阶	统	阶
志留系	普里道利统		顶志留统	
	罗德洛统	卢德福特阶	上志留统	
		戈斯特阶		
	温洛克统	侯墨阶	中志留统	
		申德阶		安康阶
	兰多维列统	特列奇阶	下志留统	紫阳阶
		埃隆阶		大中坝阶
		鲁丹阶		龙马溪阶

地层区	分区	剖面	上覆地层	地层单元（自上而下）
扬子地层区(南方)	上扬子四川盆地	川西	P_2	回星哨组、韩家店组、罗惹坪组
		川中	P_2	龙马溪组
		川东南-黔东	P_2	回星哨组、韩家店组、石牛栏组、龙马溪组
	中扬子	鄂西	D	纱帽组、罗惹坪组、龙马溪组
		宜昌	D	纱帽组、罗惹坪组、龙马溪组
	下扬子	皖南	C	举坑组、畈村组、霞乡组、新岭组
		铜陵	D	茅山群、坟头组、高家边组
北方地层区	鄂尔多斯盆地	西部	C	
		中部	C	
		南部	C	
	塔里木盆地	柯坪	D-C	克兹尔塔格组、依木干他屋组、塔塔埃尔塔格组、柯坪塔格组
		巴楚	C	克兹尔塔格组、依木干他屋组、塔塔埃尔塔格组、柯坪塔格组
		塔中	C	克兹尔塔格组、依木干他屋组、塔塔埃尔塔格组、柯坪塔格组
		库鲁克塔格	D	梅树沟子组、土什布拉克组

备注

图 2-4　中国西部三大盆地志留系地层划分对比

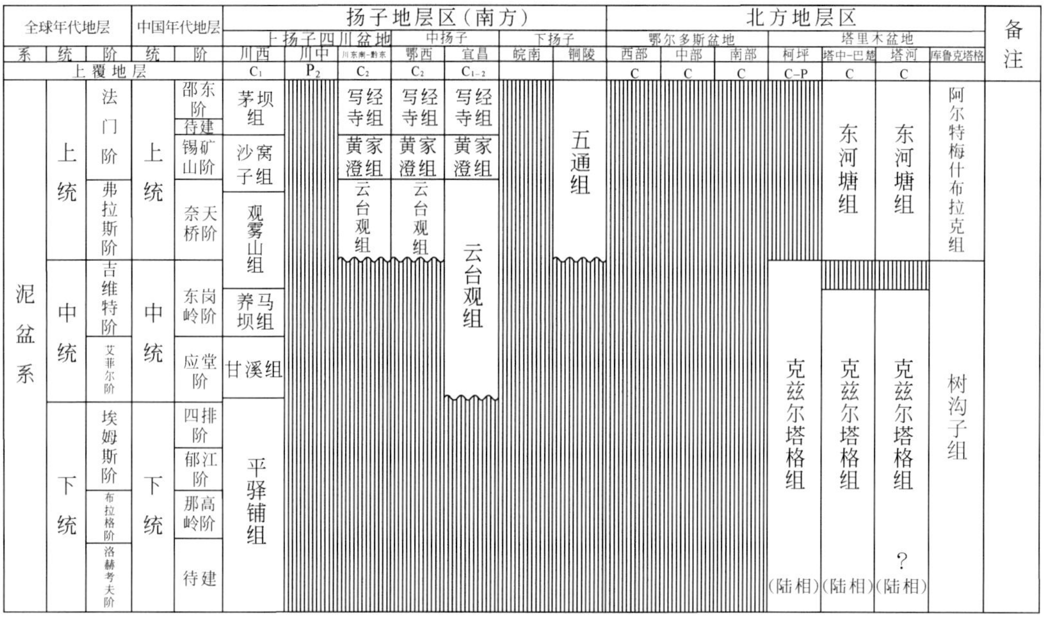

全球年代地层			中国年代地层		扬子地层区（南方）							北方地层区							备注
					上扬子四川盆地			中扬子		下扬子		鄂尔多斯盆地			塔里木盆地				
系	统	阶	统	阶	川西	川中	川东南-黔东	鄂西	宜昌	皖南	铜陵	西部	中部	南部	柯坪	塔中-巴楚	塔河	库鲁克塔格	
上覆地层					C_1	P_2	C_2	C_2	C_{1-2}			C	C	C	C–P	C	C		
泥盆系	上统	法门阶	上统	邵东阶	茅坝组		写经寺组	写经寺组	写经寺组							东河塘组	东河塘组	阿尔特梅什布拉克组	
				待建															
				锡矿山阶	沙窝子组		黄家澄组	黄家澄组	黄家澄组		五通组								
		弗拉斯阶		奈天桥阶	观雾山组		云台观组	云台观组	云台观组										
	中统	吉维特阶	中统	东岗岭阶	养马坝组										克兹尔塔格组（陆相）	克兹尔塔格组（陆相）	克兹尔塔格组 ?（陆相）	树沟子组	
		艾菲尔阶		应堂阶	甘溪组														
	下统	埃姆斯阶	下统	四排阶	平驿铺组														
				郁江阶															
		布拉格阶		那高岭阶															
		洛赫考夫阶		待建															

图 2-5 中国西部三大盆地泥盆系地层划分对比

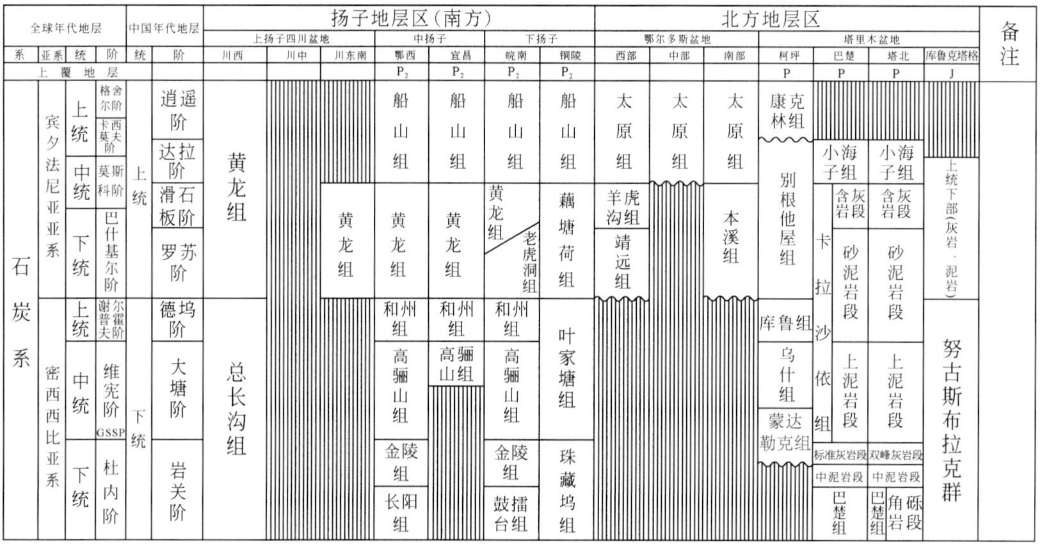

全球年代地层				中国年代地层		扬子地层区（南方）							北方地层区							备注
						上扬子四川盆地			中扬子		下扬子		鄂尔多斯盆地			塔里木盆地				
系	亚系	统	阶	统	阶	川西	川中	川东南	鄂西	宜昌	皖南	铜陵	西部	中部	南部	柯坪	巴楚	塔北	库鲁克塔格	
上覆地层									P_2	P_2	P_2	P_2				P	P	P	J	
石炭系	宾夕法尼亚亚系	上统	格舍尔阶	上统	逍遥阶	黄龙组			船山组	船山组	船山组	船山组	太原组	太原组	太原组	康克林组				
			卡西莫夫阶		达拉阶											别根他屋组	小海子组	小海子组	上统下部（灰岩、泥岩）	
		中统	莫斯科阶		滑石板阶			黄龙组	黄龙组	黄龙组	黄龙组 / 老虎洞组	藕塘荷组	羊虎沟组		本溪组		卡拉沙依组：含灰岩段	含灰岩段		
		下统	巴什基尔阶		罗苏阶								靖远组				砂泥岩段	砂泥岩段		
	密西西比亚系	上统	谢尔普霍夫阶	下统	德坞阶	总长沟组			和州组	和州组	和州组	叶家塘组				库鲁组			努古斯布拉克群	
		中统	维宪阶 GSSP		大塘阶				高骊山组	高骊山组	高骊山组					乌什组	上泥岩段	上泥岩段		
																蒙达勒克组	标准灰岩段	双峰灰岩段		
		下统	杜内阶		岩关阶				金陵组		金陵组	珠藏坞组					中泥岩段	中泥岩段		
									长阳组		鼓擂台组						巴楚组	巴楚组 / 角砾岩段		

图 2-6 中国西部三大盆地石炭系地层划分对比

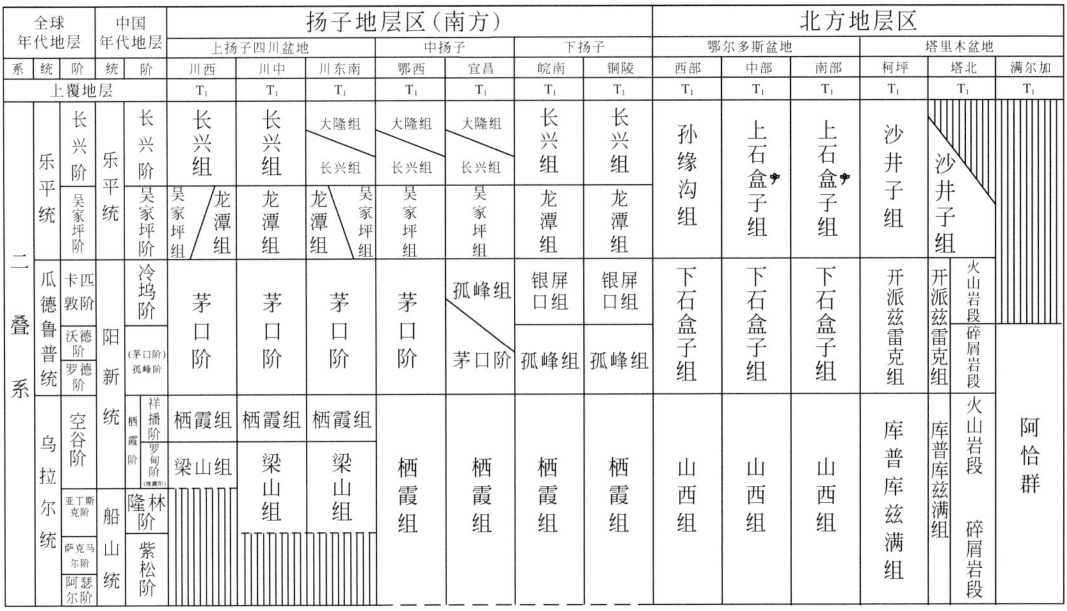

全球年代地层 系	全球年代地层 统	全球年代地层 阶	中国年代地层 统	中国年代地层 阶	扬子地层区（南方） 上扬子四川盆地 川西	川中	川东南	中扬子 鄂西	宜昌	下扬子 皖南	铜陵	北方地层区 鄂尔多斯盆地 西部	中部	南部	塔里木盆地 柯坪	塔北	满尔加
上覆地层					T_1	T_1	T_1	T_1	T_1	T_1	T_1	T_1	T_1	T_1	T_1	T_1	T_1
二叠系	乐平统	长兴阶	乐平统	长兴阶	长兴组	长兴组	大隆组 / 长兴组	大隆组 / 长兴组	大隆组 / 长兴组	长兴组	长兴组	孙缘沟组	上石盒子组	上石盒子组	沙井子组	沙井子组	
二叠系	乐平统	吴家坪阶	乐平统	吴家坪阶	吴家坪组 / 龙潭组	龙潭组	龙潭组 / 吴家坪组	吴家坪组	吴家坪组	龙潭组	龙潭组	孙缘沟组	上石盒子组	上石盒子组	沙井子组	沙井子组	
二叠系	瓜德鲁普统	卡匹敦阶	阳新统	冷坞阶	茅口阶	茅口阶	茅口阶	茅口阶	孤峰组	银屏口组	银屏口组	下石盒子组	下石盒子组	下石盒子组	开派兹雷克组	开派兹雷克组 / 火山岩段	
二叠系	瓜德鲁普统	沃德阶	阳新统	（茅口阶）孤峰阶	茅口阶	茅口阶	茅口阶	茅口阶	孤峰组 / 茅口阶	孤峰组	孤峰组	下石盒子组	下石盒子组	下石盒子组	开派兹雷克组	开派兹雷克组 / 碎屑岩段	阿恰群
二叠系	瓜德鲁普统	罗德阶	阳新统	（茅口阶）孤峰阶	茅口阶	茅口阶	茅口阶	茅口阶	茅口阶	孤峰组	孤峰组	下石盒子组	下石盒子组	下石盒子组	开派兹雷克组	开派兹雷克组 / 碎屑岩段	阿恰群
二叠系	乌拉尔统	空谷阶	阳新统	栖霞阶 祥播阶	栖霞组	栖霞组	栖霞组	栖霞组	栖霞组	栖霞组	栖霞组	山西组	山西组	山西组	库普库兹满组	库普库兹满组 / 火山岩段	阿恰群
二叠系	乌拉尔统	空谷阶	阳新统	栖霞阶 罗甸阶（栖霞阶）	梁山组	梁山组	梁山组	栖霞组	栖霞组	栖霞组	栖霞组	山西组	山西组	山西组	库普库兹满组	库普库兹满组 / 碎屑岩段	阿恰群
二叠系	乌拉尔统	亚丁斯克阶	船山统	隆林阶		梁山组	梁山组	栖霞组	栖霞组	栖霞组	栖霞组	山西组	山西组	山西组	库普库兹满组	库普库兹满组 / 碎屑岩段	阿恰群
二叠系	乌拉尔统	萨克马尔阶	船山统	紫松阶				栖霞组	栖霞组	栖霞组	栖霞组	山西组	山西组	山西组	库普库兹满组	库普库兹满组 / 碎屑岩段	阿恰群
二叠系	乌拉尔统	阿瑟尔阶	船山统	紫松阶				栖霞组	栖霞组	栖霞组	栖霞组	山西组	山西组	山西组	库普库兹满组	库普库兹满组 / 碎屑岩段	阿恰群

图 2-7　中国西部三大盆地二叠系地层划分对比

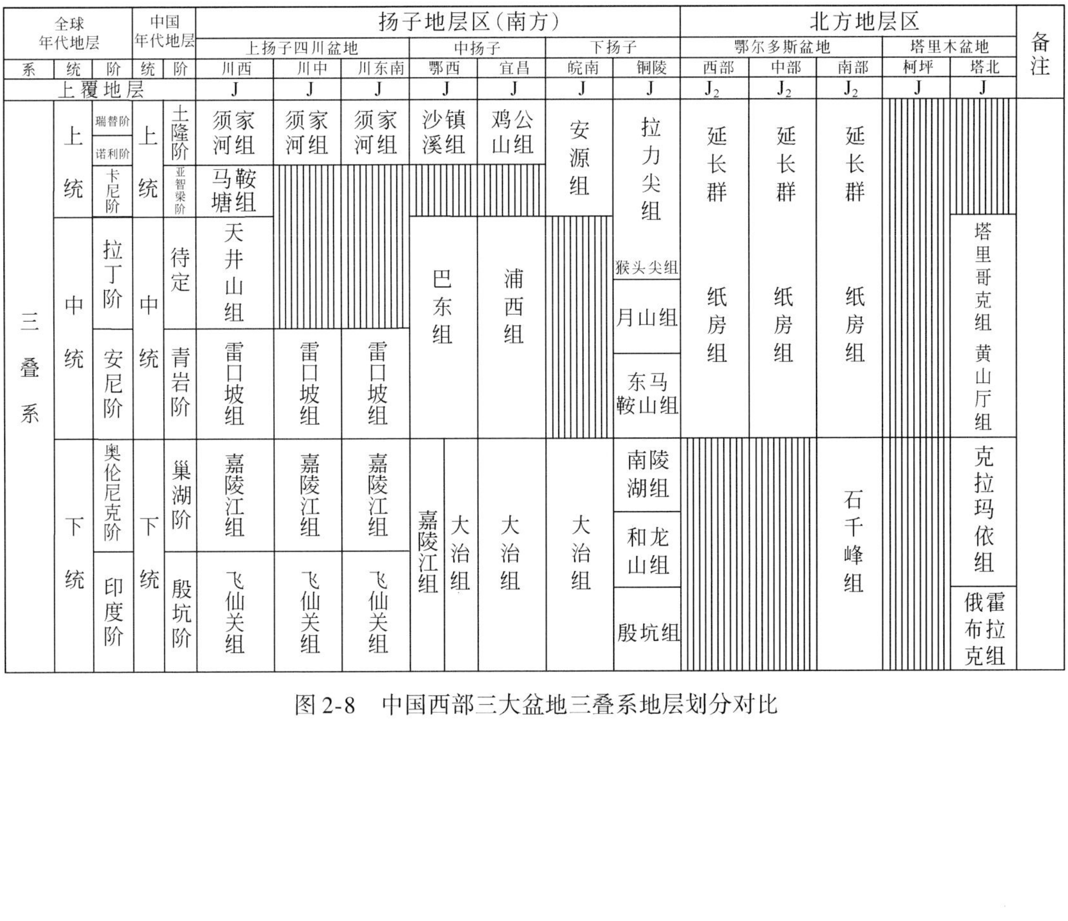

全球年代地层 系	全球年代地层 统	全球年代地层 阶	中国年代地层 统	中国年代地层 阶	扬子地层区（南方） 上扬子四川盆地 川西	川中	川东南	中扬子 鄂西	宜昌	下扬子 皖南	铜陵	北方地层区 鄂尔多斯盆地 西部	中部	南部	塔里木盆地 柯坪	塔北	备注
上覆地层					J	J	J	J	J	J	J	J_2	J_2	J_2	J	J	
三叠系	上统	瑞替阶	上统	土隆阶	须家河组	须家河组	须家河组	沙镇溪组	鸡公山组	安源组	拉力尖组	延长群	延长群	延长群			
三叠系	上统	诺利阶	上统	土隆阶	须家河组	须家河组	须家河组	沙镇溪组	鸡公山组	安源组	拉力尖组	延长群	延长群	延长群			
三叠系	上统	卡尼阶	上统	亚智梁阶	马鞍塘组					安源组	拉力尖组	延长群	延长群	延长群			
三叠系	中统	拉丁阶	中统	待定	天井山组			巴东组	浦西组		拉力尖组 / 猴头尖组	纸房组	纸房组	纸房组		塔里哥克组	
三叠系	中统	安尼阶	中统	青岩阶	雷口坡组	雷口坡组	雷口坡组	巴东组	浦西组		月山组 / 东马鞍山组	纸房组	纸房组	纸房组		黄山厅组	
三叠系	下统	奥伦尼克阶	下统	巢湖阶	嘉陵江组	嘉陵江组	嘉陵江组	嘉陵江组 / 大治组	大治组	大治组	南陵湖组 / 和龙山组			石千峰组		克拉玛依组	
三叠系	下统	印度阶	下统	殷坑阶	飞仙关组	飞仙关组	飞仙关组	嘉陵江组 / 大治组	大治组	大治组	殷坑组			石千峰组		俄霍布拉克组	

图 2-8　中国西部三大盆地三叠系地层划分对比

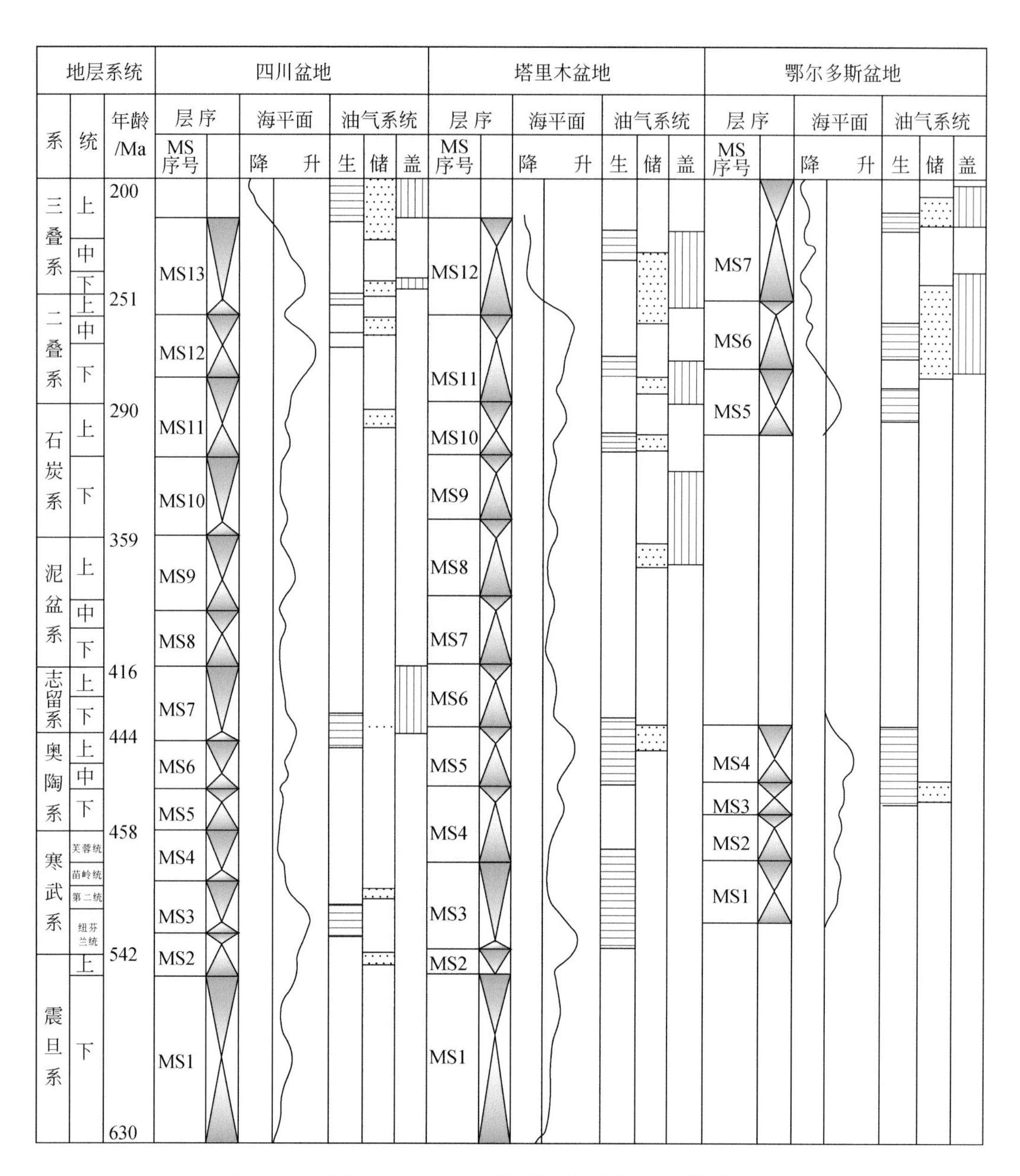

图 2-9　三大盆地震旦系—三叠系层序地层和相对海平面升降

2.1.2　三大盆地碳酸盐岩层序充填特征

2.1.2.1　鄂尔多斯盆地寒武系—奥陶系层序充填特征

1. 寒武系

寒武纪地层可识别出两个二级海平面升降周期。其底部为下寒武统与前寒武系之间的界线不整合，系Ⅰ型层序界面。该不整合面上，下寒武统辛集组砂砾岩、含磷质砂岩沉积的底界面为一海侵面，之后形成海侵体系域。其后经过多次（至少3～4次）累进式海平面上升，至中寒武统徐庄组中下部，相当于 *Zhongtiaoshanaspis* 和 *Pcuichengella* 化石带之上，*Pagetia* 带之下（甚至包括 *Pagetia* 带），达最大海泛期。其间的泥质岩层面上广泛发育痕迹化石，并夹有薄层海绿石砂岩，为典型的凝缩段沉积。随后为高水位体系域——砂屑鲕粒滩沉积所代替，海平面开始下降，在经历短暂的下降后，至晚寒武世崮山阶海平面又开始上升，海侵体系域以发育竹叶状灰岩、鲕粒灰岩为特征。之后海平面逐渐下降，至晚寒武世凤山阶下降达最低点，广泛发育白云岩，最后导致陆上暴露，形成喀斯特岩溶沉积。顶部不整合面的性质为Ⅱ型不整合面。

寒武系在盆地南缘及中部与华北地区基本一致，只是华东地区的凤山组、长山组和崮山组在南缘不易区分，沿用习惯上的三山子组；盆地西缘地层与盆地腹部存在一些差异，依据“宁夏回族自治区岩石地层”的意见（顾其昌，1996），对西缘地区的地层采用建立时的岩石地层，以示与盆地本部的区别。对于馒头组，仍然使用“小馒头”概念，基本上保存原有寒武系地层划分的一致性；弃用“大馒头”组（即有人建议的原来的“馒头组+徐庄组+毛庄组”）。总体上来看，寒武纪地层的清理对比相对简单，对比难度不高，为了编图的统一，在此将地层名称自下而上采用“辛集组、朱砂洞组、馒头组、毛庄组、徐庄组、张夏组、三山子组”。各层序岩性变化较小，在全区对比性较好，较容易建立各地层小区的层序格架（图2-10）。

寒武系从下到上由陆源碎屑岩演变为碳酸盐岩沉积序列，可识别划分出两个超层序（€SS1 和€SS2）和12个层序。每个层序均包括海侵体系域（TST）和高位体系域（HST），低位体系域（LST）及陆棚边缘体系域（SMST）不发育。

€SS1 超层序：€SS1 超层序由下寒武统和中寒武统沧浪铺阶—徐庄阶构成，该超层序在研究区可识别出6个层序（€SQ1－€SQ6），每个层序延续的时限平均为2.7Ma（图2-10）。TST由层序€SQ1－€SQ5 和€SQ6 的TST构成。早寒武世辛集期的底界面为一海侵面。层序底界面为Ⅰ型界面，以地表长期暴露、侵蚀形成的角度不整合为特征，界面起伏不平，在低洼处有底砾岩沉积。初期海侵后，海侵范围继续扩大，华北古陆范围逐渐缩小，至中寒武世徐庄组沉积中期，海水达到寒武纪的第一个超层序的最大海泛期，形成凝缩段，其间的泥质岩层面上广泛发育痕迹化石，并夹有薄层海绿石砂岩，为典型的凝缩段沉积。该海侵之后海平面开始下降，局部出现砂屑鲕粒滩，为高水位体系域沉积。沉积物由单一的碎屑岩沉积逐渐转变为碎屑岩-碳酸盐混合沉积。HST由层序€SQ6 的HST构

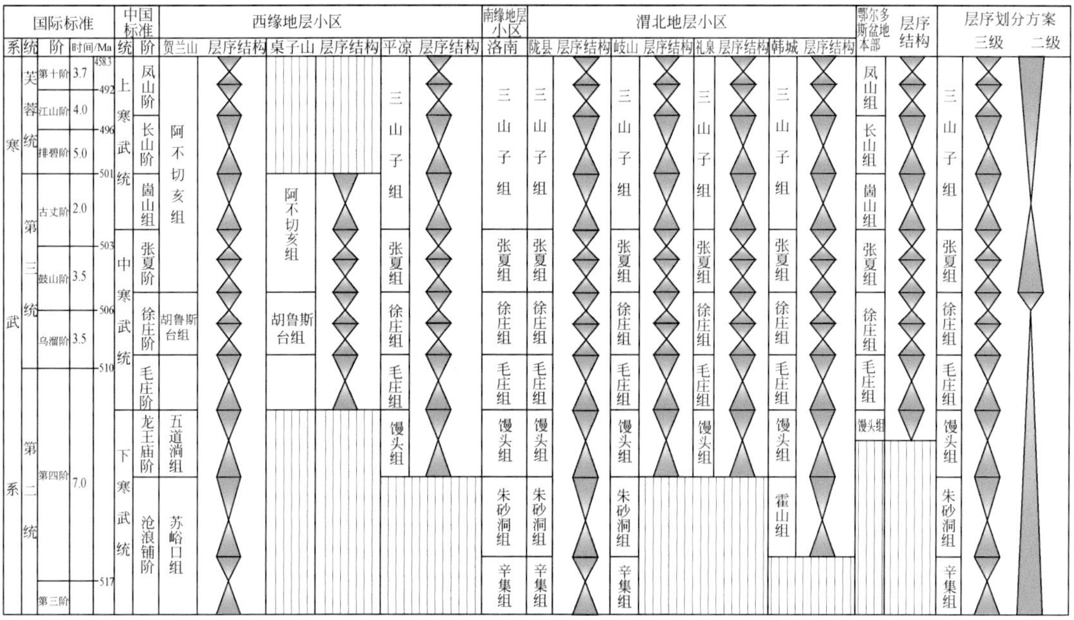

图 2-10　鄂尔多斯盆地寒武系地层对比及层序地层格架

成，即相当于早寒武世沧浪铺阶至中寒武世徐庄阶中晚期。沉积物中碎屑岩含量较徐庄早期明显减少，碳酸盐含量增多。以发育鲕粒灰岩（如庆深 1 井、富探 1 井）、泥质白云岩、泥质灰岩为特征，夹薄层状含海绿石质页岩，代表了最大海泛面的沉积。顶部发育灰岩、白云岩、鲕粒灰岩夹薄层页岩。总体上看，由下向上页岩夹层变薄，碳酸盐岩变厚，水体开始变浅，中央古隆起在庆阳古隆起的基础上雏形开始显现。该超层序中，沧浪铺阶、龙王庙阶层序分布局限，ЄSQ1-ЄSQ3 在不同地区不同剖面上发育的完整程度不一，沉积主要分布在盆地西缘、南缘；龙王庙阶以后，层序（ЄSQ4-ЄSQ6）发育程度较为完整，在盆地不同地区剖面上均可对比。

ЄSS2 超层序：ЄSS2 超层序相当于中寒武统张夏阶至上寒武统凤山阶，该超层序包含了ЄSQ7-ЄSQ12 六个层序，平均每个层序延续的时限为 3.4Ma。TST 由层序ЄSQ7-ЄSQ8 和ЄSQ9 的 TST 构成。该时期华北克拉通海侵范围逐渐达到高潮，并于晚寒武世崮山阶海平面达到寒武纪最大海泛面，海水淹没了整个克拉通，盆地主体为开阔海，周缘为深海盆地，陆源碎屑物源区不发育。这种构造背景下，张夏组以发育清水环境沉积的碳酸盐岩区别于之前的陆源碎屑岩-碳酸盐岩混合沉积。主要为一套鲕粒灰岩、鲕粒白云岩、竹叶状灰岩和白云岩等夹钙质页岩沉积。中央古隆起的轮廓已清晰可见，包括了北部的伊盟隆起和南部的庆阳隆起，对西缘祁连海和南缘秦岭海起到重要的分隔作用。HST 由ЄSQ9 的 HST 和ЄSQ10-ЄSQ12 构成，时限相当于崮山阶中晚期、长山阶和凤山阶。该时期，受中央古隆起的控制，海平面开始缓慢下降，鄂尔多斯盆地开始了晚寒武世的海退，至晚寒武世凤山阶下降达最低点，并广泛形成白云岩化，最后导致陆上暴露，形成喀斯特岩溶沉积。该时期，沉积物主要由灰白色厚层粉细晶白云岩、薄-中层含藻泥质白云岩组成。北部的伊盟隆起和南部的庆阳隆起已连接成完整的中央古隆起，对盆地沉积格局起到重要的控制作用。在以上层序划分的基础上，通过对研究区的钻井及剖面进行层序对比，显示整个寒武系共有两个二级海平面升降旋回。从沉积旋回上看，寒武系大体以张夏组的底界为界，明显经历了两次规模不等的海平面升降旋回：从辛集组底到馒头组中上段（徐庄组）顶为一海平面上升旋回，从徐庄组的顶到张夏组的底为海平面下降旋回，构成了一次较完整的海平面上升与下降旋回；从张夏组的底到上寒武统的顶又经历了一次明显的海平面升降旋回；张夏组为两次较大的海平面升降旋回之间的过渡沉积产物。从沉积序列和层序结构上看，寒武系从下到上由初期的陆源碎屑岩沉积演变为陆源碎屑岩-碳酸盐岩混合沉积，再演变为碳酸盐岩沉积。陆表海内以碳酸盐岩为主，层序厚度较小，特别是在台地边缘的古隆起上，沉积厚度很薄或缺失。由台地向西向南，陆缘碎屑物质含量增多，层序厚度明显增大，代表了沉积环境逐渐过渡为陆棚或深水盆地。

2. 奥陶系

奥陶纪鄂尔多斯盆地处于加里东构造运动转折期，为继寒武纪之后稳定碳酸盐岩台地发展阶段，寒武系、奥陶系之间呈不整合接触，为Ⅰ型层序界面。整个奥陶系划分为三个二级海平面升降旋回。奥陶纪最早沉积的地层为冶里组，至亮甲山组中下部达最大海泛，随后海平面下降，造成陆上暴露，形成亮甲山组之上的平行不整合。马家沟期开始，海平面又开始上升，至马四段海平面达到最大，之后相对海平面开始下降，海水逐渐退出了华北地台的大部分地区，造成上奥陶统至下石炭统地层的大面积缺失，其不整合面的性质为Ⅰ型不整合面。只在鄂尔多斯盆地西南缘，由于受全球海侵事件及秦祁海域的影响，接受平凉组和背锅山组沉积，沉积了大套的深色泥页岩。从沉积序列上看，从下到上由初期的富含硅质碳酸盐岩沉积演变为较纯的碳酸盐岩沉积，至中晚奥陶世发育较多的生物（碎屑）碳酸盐沉积。层序结构上，陆表海内以碳酸盐岩为主，层序厚度较小，特别是在台地边缘的古隆起上，沉积厚度很薄或缺失，台内拗陷以厚度较大的潮坪沉积和盐湖沉积为特点。由台地向西向南，陆源碎屑物质含量增多，层序厚度明显增大，代表了沉积环境逐渐过渡为陆棚或深水盆地。

奥陶系马家沟组的马六段相当于华北地区的峰峰组，划归马家沟组内作为一个整体；将原上马家沟组与下马家沟组合并，与油田划分一致，统一使用马家沟组概念，以区域不整合面控制统界限，便于科研和生产现场应用；桌子山地区的克里摩里组、桌子山组及三道坎组，平凉地区的三道沟组、水泉岭组及麻川组时限相当于盆地内部的马家沟组，此认识较为一致，只是具体对比存在差异。本书根据长庆油田生产习惯，采用何自新和杨奕华(2004)的对比意见，以麻川组、三道坎组对马一段—马三段，桌子山组、水泉岭组对马四段、马五段，克里摩里组、三道沟组对马六段；桌子山地区的乌拉力克组、拉什仲组、公乌素组及蛇山组相当于盆地南部平凉组；其中乌拉力克组、拉什仲组相当于平凉组下段、公乌素组及蛇山组相当于平凉组上段；贺兰山地区的中梁子组与马家沟组对比，天景山组时限相当于亮甲山组与马五段沉积时限，米钵山组横跨中下统，相当于马六段与乌拉力克组的沉积时限。总体上，奥陶系的地层层序岩性变化大，各小区的岩性很难对比，但都反映了大致相同的海平面变化特征，因此通过层序界面能够将各地层小区的层序进行对比，建立统一的格架（图 2-11）。

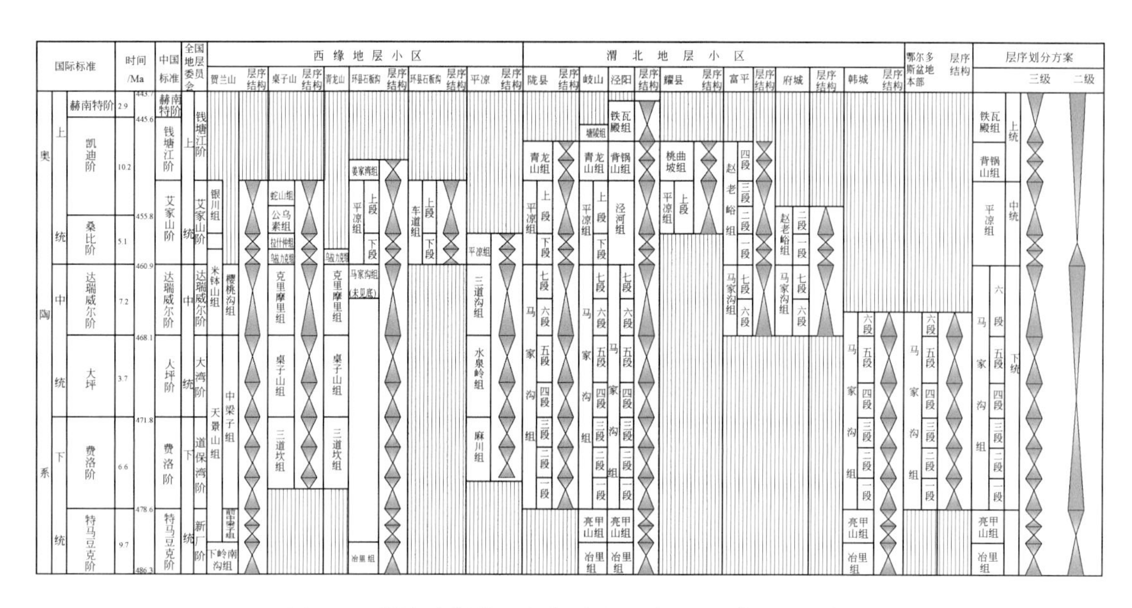

图 2-11　鄂尔多斯盆地奥陶系地层对比及层序地层格架

奥陶系可识别划分出三个超层序（OSS3、OSS4、OSS5）和 15 个层序。每个层序均包括海侵体系域（TST）和高位体系域（HST），低位体系域（LST）不发育。

OSS3 超层序：OSS3 超层序时限相当于下奥陶统新厂阶，包括冶里组和亮甲山组，由 OSQ1－OSQ3 三个层序构成，每个层序延续的时限平均为 3.2Ma。受加里东构造运动影响，该超层序在华北大部分地区缺失，在盆地西南地区发育程度较好。层序底界面为沉积间断剥蚀形成的不整合面。TST 由层序 OSQ1 和 OSQ2 的 TST 组成。其中，冶里组平行不整合于上寒武统凤山组之上，分布范围局限，主要分布在盆地西南缘，为奥陶纪海侵的开始，主要由一套灰色厚层状泥质灰岩、泥质白云岩、中厚层状白云岩、竹叶状白云岩构成，属于碳酸盐缓坡的潮坪及陆棚沉积。HST 由 OSQ2 的 HST 和 OSQ3 组成，主要为浅灰色白云岩，或含燧石结核粉细晶白云岩、泥质白云岩、白云质灰岩，受怀远运动的影响，研究区海平面下降，陆地大面积暴露，仅仅盆地南缘和西缘一部分接受沉积，总体为碳酸盐缓坡的潮坪及陆棚沉积。如岐山剖面为中厚层白云岩、含燧石结核白云岩，属于潮下陆棚环境。

OSS4 超层序：OSS4 超层序时限相当于下奥陶统道堡湾阶—达瑞威尔阶，主要为马家沟组沉积，由 OSQ4－OSQ9 六个层序构成，每个层序延续的时限平均为 2.5Ma。受怀远运动影响，下马家沟组不整合于亮甲山组和冶里组以及寒武系不同层位之上，以发育底砾岩和风化壳残积渣状层为标志，故层序界面为Ⅰ型。该时期，盆地频繁地经历海进和海退，海进和海退规模一次比一次大，最终构成了鄂尔多斯地区早奥陶世马家沟期一套完整的海进－海退旋回。中央古隆起在该阶段反应最为明显，古隆起及其周缘层序发育不全，盆地广大地区层序发育较完整。马家沟期末，海水几乎全部退出了鄂尔多斯地区和整个华北陆块。TST 由 OSQ3、OSQ4、OSQ5、OSQ6、OSQ7 的 TST 组成，时限相当于早奥陶世道堡湾阶、大湾阶早期，包括马一段—马四段海侵体系域。该时期华北海从东、东北两个方向向东南部三门峡-伏牛边缘隆起带超覆，秦岭海自南向北海侵，祁连海自西向东海侵。在多次海进、海退过程中，于马四段海侵体系域达到最大海泛面。盆地中形成陆表海内部的潮坪-局限台地环境和边缘的陆棚斜坡。其中，环古隆起外侧形成潮坪沉积，主要发育含泥白云岩、白云质灰岩；米脂-榆林一带，水体流通不畅，为局限台地沉积，发育含膏及膏质云岩；盆地西、南缘还发育台缘斜坡-陆棚沉积，形成一套以泥灰岩为主的较深水沉积。HST由OSQ7的HST和OSQ8、OSQ9、OSQ10组成，时限相当于早奥陶世大湾阶晚期—达瑞威尔阶，包括马四段海侵体系域—马六段。该时期，海水有所加深，典型的碳酸盐岩台地大面积发育，台地内水体清洁、安静，水循环不甚畅通，沉积物为很纯的碳酸盐岩，如西缘桌子山期—克里摩里期主要发育碳酸盐岩台地和碳酸盐岩斜坡沉积。平凉-天深1井一线以西，西南华山断裂以东为开阔海台地，较晚寒武世发生了很大变化；在庆阳古隆起-三门峡古隆起的外侧为岐山-富平开阔台地，其内侧则主体为局限海或盐湖环境。至马六期，鄂尔多斯地区的主体部分已经转变为隆起，沉积主要发生在鄂尔多斯西缘和南缘的鄂托克旗-定边-环县-平凉-陇县-宜君-澄城-永济一线以西和以南的西缘海和南缘海以及柳林-韩城一线以东地区的华北克拉通盆地的局部地区。

OSS5超层序：OSS5超层序时限相当于中奥陶统艾家山阶—上奥陶统钱塘江阶，主要为平凉组、背锅山组、铁瓦店组沉积，由OSQ10-OSQ15六个层序构成，每个层序延续的时限平均为2.8Ma。该层序底界面为Ⅱ型，顶界面为奥陶系与石炭系不整合界面。由于鄂尔多斯盆地隆升作用，研究区大部分区域缺失该超层序。TST由OSQ10、OSQ11、OSQ12的TST组成，时限相当于艾家山阶早中期，主要为平凉组早中期及晚期海侵体系域。由于受马家沟末期秦祁海域的影响，即寒武纪—早奥陶世于祁连和秦岭洋盆岩石圈伸展构造体制转换为祁连-秦岭洋壳的向背俯冲，这种转换导致鄂尔多斯主体海水大规模退却转变成为古陆，因此，平凉组沉积期间，沉积范围较为局限，仅在盆地西南缘发育，南缘发育开阔台地及台缘礁滩，西缘主要为陆棚斜坡，沉积了大套的深色泥页岩，并在多处发育盆地扇，如黑鹰寺沟剖面、石板沟剖面。HST由OSQ12的TST、OSQ13、OSQ14、OSQ15组成，时限相当于艾家山阶早晚期及钱塘江阶，对应于平凉组晚期高位体系域及背锅山组。由于海退作用，沉积范围进一步缩小，只在南缘陇县、富平一带出露。主要由中厚层灰岩、生物碎屑灰岩、生物灰岩组成，为碳酸盐岩台地环境。

2.1.2.2　塔里木盆地震旦系—奥陶系层序充填特征

1. 震旦系

从塔里木盆地周缘震旦系层序对比及层序地层格架图中可以看出，震旦系划分的3个超层序，在盆地周缘可以很好地对比（图2-12）。在塔西北及塔西南地区震旦系层序界面为不整合面，在塔东北地区震旦系内部以岩性转换界面为主，在盆地周缘具有很好的对比性。

超层序ZSSQ1：由海侵体系域与高位体系域组成，在塔西北地区相当于苏盖特布拉克组下段，海侵体系域主要由紫红色长石砂岩、灰色石英砂岩组成，发育大型槽状交错层理、羽状交错层理，向上层厚减薄；高位体系域由粉砂岩与粉砂质泥岩薄互层组成。在库

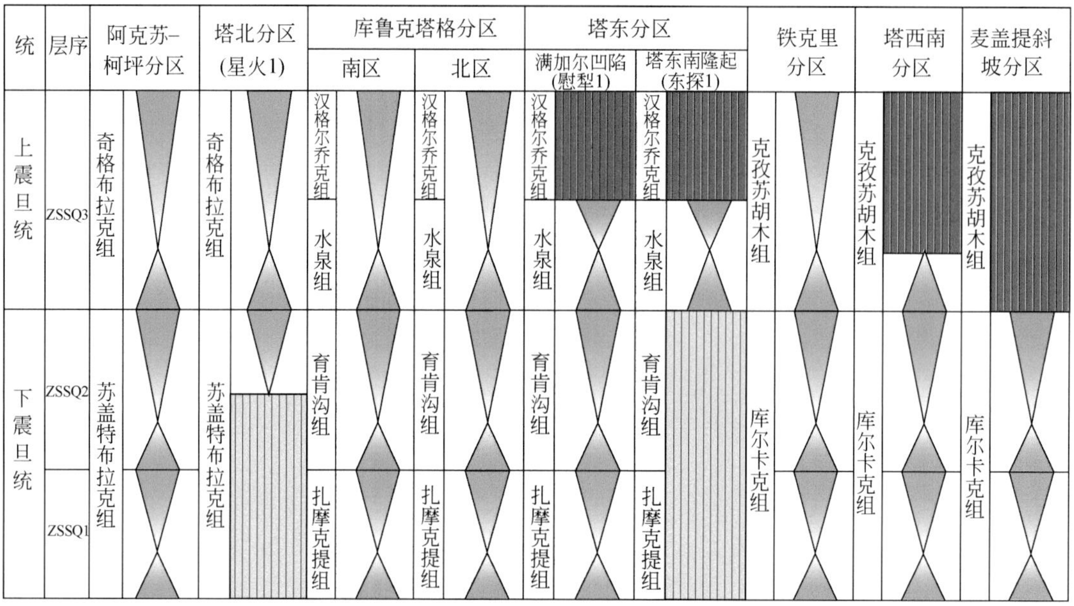

统	层序	阿克苏–柯坪分区	塔北分区(星火1)	库鲁克塔格分区		塔东分区		铁克里分区	塔西南分区	麦盖提斜坡分区
				南区	北区	满加尔凹陷(尉犁1)	塔东南隆起(东探1)			
上震旦统	ZSSQ3	奇格布拉克组	奇格布拉克组	汉格尔乔克组 水泉组	汉格尔乔克组 水泉组	汉格尔乔克组 水泉组	汉格尔乔克组 水泉组	克孜苏胡木组	克孜苏胡木组	克孜苏胡木组
下震旦统	ZSSQ2	苏盖特布拉克组	苏盖特布拉克组	育肯沟组	育肯沟组	育肯沟组	育肯沟组	库尔卡克组	库尔卡克组	库尔卡克组
	ZSSQ1			扎摩克提组	扎摩克提组	扎摩克提组	扎摩克提组			

图 2-12　塔里木盆地震旦系二级层序格架图

勒西剖面高位体系域中发育多层竹叶状灰岩及少量鲕粒灰岩。在塔西南地区相当于库尔卡克组下部，海侵体系域位于底部，岩性明显突变，主要为薄层状泥晶白云岩，向上岩层变薄，水平纹层发育，表现出明显的退积结构特点；高位体系域位于库尔卡克组下部，总体显示进积结构特征，以泥岩夹少量粉砂岩为主，内部沉积纹层发育，往上陆源粗碎屑增加，表明近岸物源充足，顶部铁质较高，为暴露特征。在库鲁克塔格地区相当于扎摩克提组，海侵体系域位于下段，底部与下伏南华系特瑞艾肯组之间为平行不整合接触，岩性界面明显，在北区有底部泥粉晶白云岩或灰岩与下部灰色薄–中层粗–细砾岩屑砂岩、粉砂质泥岩、粉砂岩互层组成，发育纹层状结构，显示为进积结构特征。高位体系域相当于上段，由灰色薄–中层细砾岩屑砂岩、薄–中层粉砂岩互层组成，顶部常常发育火山岩；在南区，海侵体系域由下部深灰色薄–中层细粒岩屑砂岩、粉砂岩夹薄层状灰岩与深灰色泥岩组成，具有明显的进积结构特征，高位体系域由中部深灰色泥岩、粉砂质泥岩与上部灰色、黄绿色中层细粒长石石英砂岩、细粒岩屑长石砂岩、粉砂岩互层组成，发育小型交错层理，整体显示为退积结构特征。

超层序 ZSSQ2：由海侵体系域与高位体系域组成，在塔西北地区相当于苏盖特布拉克组上段，底界与下段之间为一平行不整合界面，具有明显的风化暴露面。海侵体系域主要为一套钙质砂岩，发育平行层理、低角度交错层理；高位体系域由一套灰色、灰绿色钙质粉砂岩、粉砂质泥岩及泥灰岩组成。在塔西南地区相当于库尔卡克组上段，底界面为无明显剥蚀现象的假整合面。海侵体系域：见于库尔卡克组中部，主要为陆架边缘沉积，沉积相序为海滩–潮坪沉积，体系域下部以中–细石英杂砂岩为主，夹灰黑色粉砂质泥岩，其底部含石英细砾石及泥砾，发育平行层理及低角度交错层理砂岩，向上粒度变细，层厚变薄，泥质物含量增加，为薄层状粉砂质泥岩，其中发育条带状层理，条带由细粒石英砂岩组成，发育小型交错层理，为明显退积型沉积结构。饥饿段：呈加积型结构，出现于库尔卡克组中上部，为典型海绿石质凝缩段，属海绿石质石英砂岩相，海绿石含量在15%左右，其中见有黄铁矿晶粒，反映其处于强还原环境，形成黄铁矿化细粒石英砂岩与薄层状海绿石石英砂岩韵律性互层，韵律层厚5～30cm不等，该海绿石质饥饿段区域上分布广泛且厚度稳定。高位体系域：进积结构特征明显，系浅海陆架沉积，下部砂岩层薄，往上部岩层厚度增大，达中厚层状，说明物源补偿由弱到强的变化，总体由一系列向上变厚变粗和不均匀基本层序叠置而成，高水位末期受障壁海岸阻隔，形成厚度不大的玫瑰色薄层状含硅质白云岩，具潟湖相沉积特征。在高水位体系域顶面发育厚约0.5cm的红色铁质风化膜，表明经历过长期的风化暴露。在库鲁克塔格地区，该层序相当于育肯沟组，南北相区层序充填具有一定差异。在北区海侵体系域相当于下部，由灰绿色、黄绿色粉砂岩与粉砂质泥岩组成，底界与下伏扎摩克提组之间为平行不整合接触，高位体系域由上部深灰色泥岩、粉砂岩及顶部细粒砂岩组成，具有明显的退积结构。在北区局部地区高位体系域中发育碳酸盐岩夹层。南区海侵体系域主要为灰绿色石英砂岩与灰绿色粉砂质泥岩互层，高位体系域为上部深灰色石英砂岩夹深灰色、灰黑色薄–中层粉砂质泥岩、粉砂岩，发育平行层理。

超层序ZSSQ3：该层序在盆地不同相区其结构特征具有较大的差异。在塔西北地区由海侵体系域与高位体系域组成，相当于奇格布拉克组，海侵体系域主要为底部发育的泥晶白云岩、灰岩与灰绿色粉砂岩、粉砂质泥岩互层，为一套混积潮坪相沉积，底界与下伏苏盖特布拉克组之间为平行不整合接触；高位体系域主要由灰色、灰白色细–中晶白云岩、藻白云岩、砂屑白云岩组成，主要发育于云坪、台内滩环境，顶部发育大型风化壳，之上被寒武系覆盖，表明在奇格布拉克组沉积之后，经历了构造抬升，长期遭受风化剥蚀。在塔西南地区由海侵体系域与高位体系域组成，该层序见于克孜苏胡木组，海侵体系域为下部粉砂岩、泥质粉砂岩、粉砂质白云岩不均匀互层，发育水平层理，底界与下伏库尔卡克组之间为平行不整合接触，高位体系域由紫红色白云岩组成，具有垂向加积特征。由于顶界为一长期剥蚀面，与上覆泥盆系或石炭系呈角度不整合接触。该层序在区内保存不完全，局部地区只发育海侵体系域。在库鲁克塔格地区该层序由海侵体系域–高位体系域–海退体系域组成，相当于水泉组与汉格尔乔克组沉积。在北区海侵体系域为水泉组下部黑色薄–中层泥岩与灰黄色薄层粉晶云岩互层，灰色薄层状泥晶灰岩，发育纹层构造，并含泥质，高位体系域以水泉组上部灰色、灰黑色泥岩为主，夹黄灰色、灰黑色薄–中层泥晶灰岩、白云岩，整体为混积陆棚环境沉积；海退体系域相当于汉格尔乔克组冰川沉积。在南区海侵体系域相当于水泉组下部灰黄色薄–中层泥粉晶砾屑云岩夹泥晶云岩；高位体系域对应上部灰绿色泥岩夹紫红色粉砂岩、灰黄色薄层泥晶云岩；海退体系域相当于汉格尔乔克组冰川沉积。

2. 寒武系

综合露头、钻测井及地震层序解释资料，建立了塔里木盆地寒武系层序地层格架（图2-13），所划分的6个三级层序在全盆地范围内可追踪与对比。从塔里木盆地寒武系三级层序地层格架可以发现，整个寒武系在除阿尔金地区盆地内部不同相区具有较好的对比性。在巴楚塔中地区可能缺失了€ SQ1 期沉积，导致在这些地区缺失玉尔吐司组地层。在塔中地区甚至可能缺失了部分€ SQ2 期沉积，导致肖尔布拉克组发育不完整。钻井资料显示，在塔北部分地区寒武系地层不同程度的缺失，但这种缺失是后期构造抬升导致的地层剥蚀，而并非早期未发生沉积。

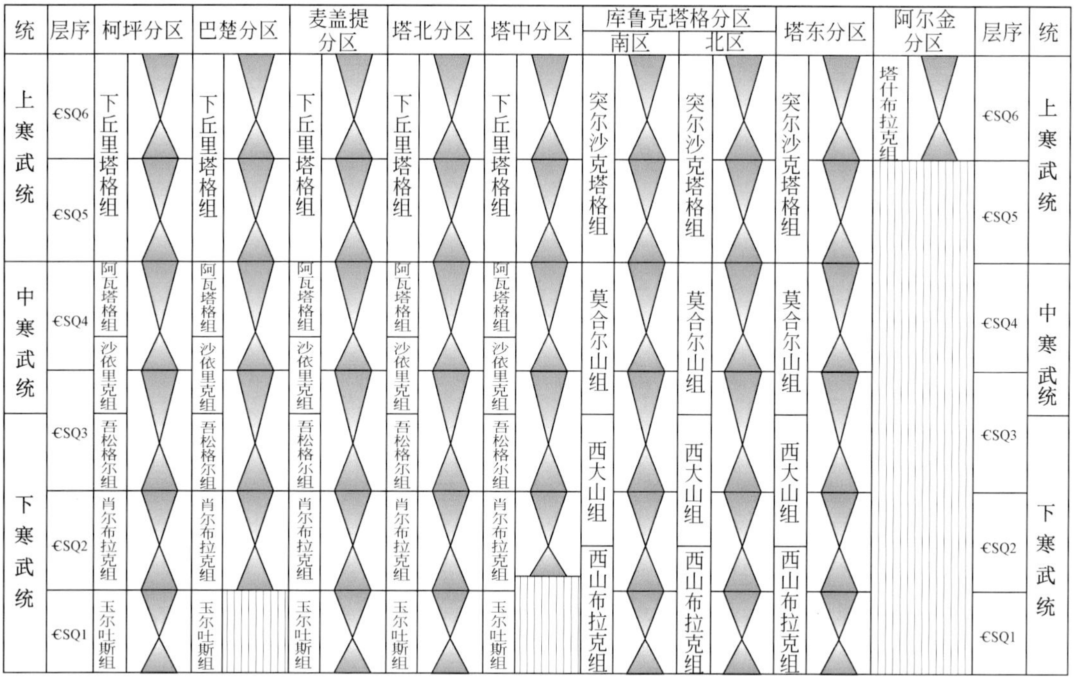

统	层序	柯坪分区	巴楚分区	麦盖提分区	塔北分区	塔中分区	库鲁克塔格分区 南区	库鲁克塔格分区 北区	塔东分区	阿尔金分区	层序	统
上寒武统	€SQ6	下丘里塔格组	下丘里塔格组	下丘里塔格组	下丘里塔格组	下丘里塔格组	突尔沙克塔格组	突尔沙克塔格组	突尔沙克塔格组	塔什布拉克组	€SQ6	上寒武统
	€SQ5										€SQ5	
中寒武统	€SQ4	阿瓦塔格组 沙依里克组	阿瓦塔格组 沙依里克组	阿瓦塔格组 沙依里克组	阿瓦塔格组 沙依里克组	阿瓦塔格组 沙依里克组	莫合尔山组	莫合尔山组	莫合尔山组		€SQ4	中寒武统
下寒武统	€SQ3	吾松格尔组	吾松格尔组	吾松格尔组	吾松格尔组	吾松格尔组	西大山组	西大山组	西大山组		€SQ3	下寒武统
	€SQ2	肖尔布拉克组	肖尔布拉克组	肖尔布拉克组	肖尔布拉克组	肖尔布拉克组	西山布拉克组	西山布拉克组	西山布拉克组		€SQ2	
	€SQ1	玉尔吐斯组	玉尔吐斯组	玉尔吐斯组	玉尔吐斯组	玉尔吐斯组					€SQ1	

图 2-13　塔里木盆地寒武系层序格架图

层序€ SQ1 相当于玉尔吐斯组，其下为上震旦统奇格布拉克组局限台地相白云岩，其间属于典型的暴露层序界面，界面之下为奇格布拉克组顶部的岩溶角砾岩，反映了层序界面暴露产生的强烈岩溶成因，可见凹凸不平的层序界面之上形成的填平补齐式潮间–潮上带沉积。下部海侵体系域厚约 6m，主要由一套白云岩夹燧石组成，其间见到潮间带–潮下带上部常见的波状及透镜状层理、平行层理、板状交错层理，推测原岩为砂屑灰岩，燧石条带中还发育藻纹层构造，反映其与潮坪环境藻类成因有关，总体表现为由下向上由潮间带向潮下带的演变，说明沉积水体逐渐加深，是海侵体系域的典型沉积响应。中部为厚 22m 的灰绿色页岩夹黑灰色薄板状磷矿、硅质岩，相当于凝缩段，磷矿代表沉积速率极其缓慢的静水沉积，大致相当于外缓坡下部环境。上部高位体系域厚约 17m，由一套白云岩、灰绿色页岩夹少量磷矿条带、泥晶粉屑砂屑灰岩构成，其中见到多个透镜状风暴成因白云质砂屑、生屑灰岩，并发育波状层理。

层序€ SQ2 相当于肖尔布拉克组，下部海侵体系域厚约 29m，为一套深灰色白云岩，发育波状层理、弱变形层理、丘状交错层理，推测原岩为风暴成因泥晶粉屑砂屑灰岩，形成于外缓坡上部潮下风暴作用带。其下即为层序界面，界面之下发育暗紫红色白云质泥岩，反映沉积水体变浅之后的氧化环境，该界面上、下的宏观岩性特征也截然不同，其下为外缓坡相泥岩及白云岩，其上为外缓坡相白云岩，属于岩相转换面。中部为厚23m的深灰色–黑灰色不规则薄层状粉细晶白云岩，相当于凝缩段。中–上部高位体系域厚约135m，由一大套白云岩构成，向上颜色变浅，原岩可能以亮晶砂屑灰岩为主，见藻纹层构造、平行层理，推测属于台地边缘灰泥丘（张宝民等，2004）滩相沉积；顶部为黄灰色、局部暗紫红色白云质泥岩，并见帐篷构造，反映为顶部层序界面潮上带暴露成因。

层序Є SQ3相当于吾松格尔组及沙依里克组下部，其底部层序界面上、下表现出明显不同的岩性及其宏观风化特征，其下为肖尔布拉克组局限台地相潮间–潮上带白云岩及泥质白云岩，其上为吾松格尔组外缓坡相泥质白云岩，属于岩相突变面。吾松格尔组中–下部厚约93m，相当于海侵体系域，主要由一套风暴成因具丘状层理、弱变形层理、竹叶状构造的白云岩夹纹层状构造白云岩、泥质白云岩构成。吾松格尔组顶部44.5m及沙依里克组底部21.5m为泥质白云岩与白云质泥岩、白云岩，发育纹层状构造及波状构造，属于局限台地边缘潮间–潮上带沉积，为高位体系域；而其上的沙依里克组下部厚32m白云质岩溶角砾岩及厚3m黄灰色–紫灰色风化壳白云质泥岩，均反映为受其顶部层序界面暴露氧化–风化改造特征。

层序Є SQ4相当于沙依里克组顶部及阿瓦塔格组，其海侵体系域下部发育厚约34m的斜坡相深灰色不规则薄板状泥晶灰岩夹钙质泥岩条带及崩塌角砾岩，角砾成分为亮晶砂屑灰岩，见平行层理、低角度交错层理，反映为层序界面暴露之后沉积水体突然加深所形成的海侵沉积。海侵体系域中–上部厚19m，主要为一套潮间–潮上带泥质灰岩及钙质泥岩、泥质白云岩、白云岩（原岩可能为砂屑灰岩）夹斜坡相白云质角砾岩。高位体系域厚约140m，为一大套蒸发台地潮间–潮上带褐黄色、紫红色钙质泥岩夹泥质灰岩、风暴成因丘状层理、弱变形层理白云岩、藻纹层白云岩、波状叠层石白云岩，见浪成波痕、脉状层理；顶部16.6m为2个典型的向上变浅准层序，每个准层序均分别由4个向上变浅的潮间带白云岩–潮上带泥岩韵律层组成，是高位体系域的典型准层序叠置特征。

层序Є SQ5相当于下丘里塔格组下部，其底部为深灰色薄层状粉细晶白云岩，原岩为泥晶灰岩，代表了海侵体系域初期的潮下带静水沉积；其海侵体系域厚约106m，主要由一大套白云岩构成，发育平行层理（原岩可能为亮晶砂屑灰岩）、藻纹层构造（原岩为藻纹层灰岩）、生物扰动构造、风暴成因弱变形层理及丘状层理、半球状、柱状叠层石构造、夹透镜状白云岩，局部含燧石团块，属于典型局限台地潮间带–潮下带上部沉积。高位体系域厚约115m，主要岩性为白云岩，发育生物扰动构造、藻纹层构造、平行层理，也属于局限台地潮间带–潮下带上部沉积。层序Є SQ5顶面为岩相转换面，该界面之下为浅灰色中厚–厚层状粉细晶白云岩，原岩为亮晶砂屑灰岩夹藻纹层灰岩，属潮间带–潮下带上部沉积；界面之上为深灰色–黑灰色中厚层状粉细晶白云岩，见生物扰动，原岩为藻黏结灰岩，属潮下低能带藻席沉积，界面呈凹凸不平状。

层序Є SQ6相当于下丘里塔格组上部—下奥陶统蓬莱坝组下部，其底部为深灰色–黑灰色白云岩，见生物扰动，原岩为藻黏结灰岩，与下伏层呈凹凸不平接触。海侵体系域厚约34m，为深灰色–黑灰色白云岩，原岩为泥晶灰岩、藻黏结灰岩、藻纹层灰岩夹泥亮晶砂屑灰岩、叠层石灰岩，主要形成于局限台地潮下带。高位体系域厚约120m，主要岩性为浅灰色–灰色白云岩，原岩为泥亮晶砂屑灰岩、藻纹层灰岩、藻黏结灰岩，形成于局限台地潮间带-潮下带上部。

3. 奥陶系

通过对塔里木盆地奥陶系剖面层序地层对比，塔里木盆地奥陶系发育两个超层序（OSSQ1 超层序和 OSSQ2 超层序）（图 2-14），其中 OSSQ1 超层序由中下奥陶统组成，可识别出 7 个层序（OSQ1－OSQ7）；OSSQ2 超层序由上奥陶统组成，可识别出 7 个层序（OSQ8–OSQ14）。

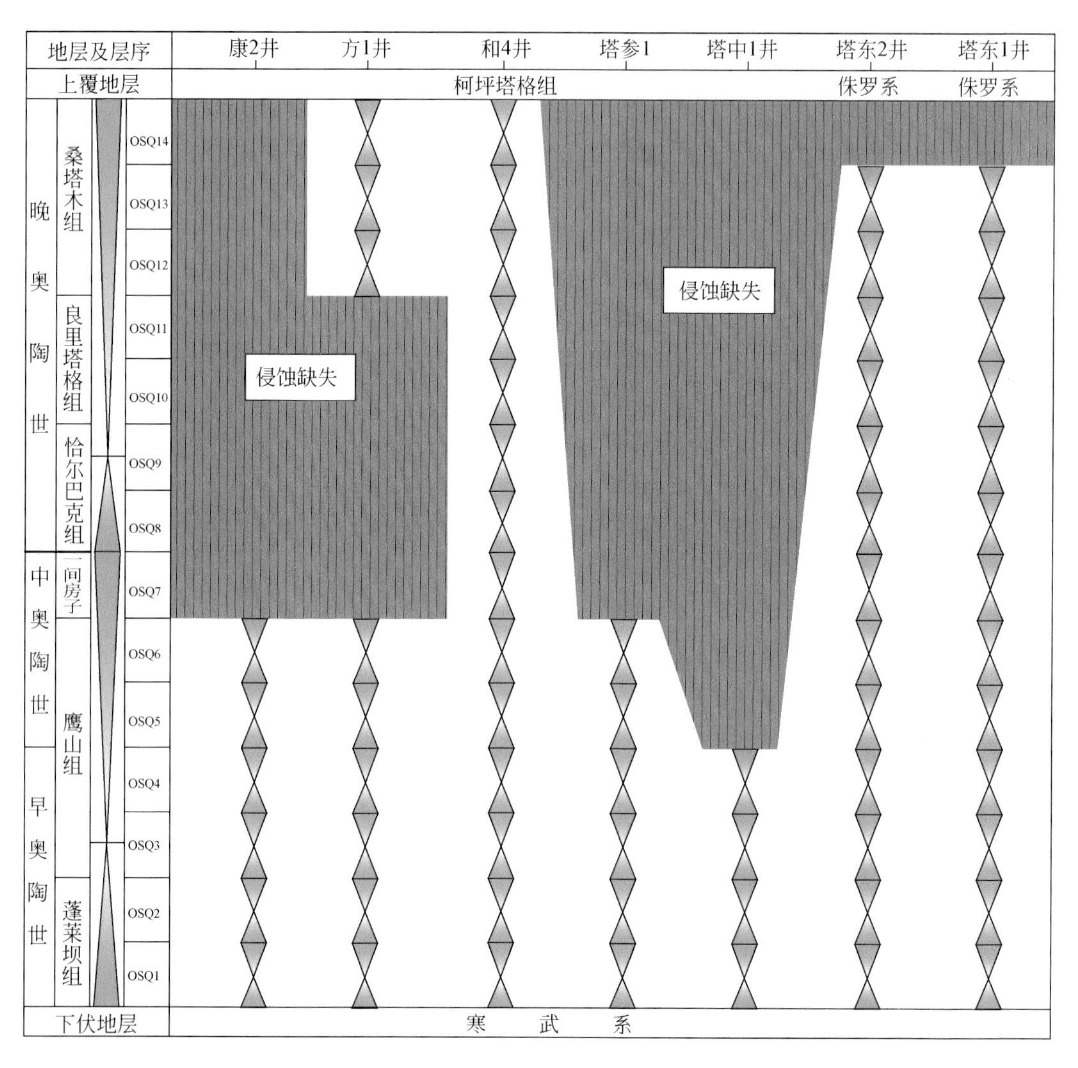

图 2-14　塔里木盆地康 2 井—塔东 1 井奥陶系层序地层时空格架模型

OSSQ1 二级层序大致相当于传统地层系统的中、下奥陶统。底界 SSB6 为 T_8^0，顶界为 T_7^4，是奥陶系下统、中统与上统之间的不整合。在盆地中西部地区表现明显，在塔北、巴麦-塔中均存在程度不同的地层缺失，时间间断最多在 10Ma 以上，界面之下发育加里东中期岩溶。由于岩性岩相变化大，测井极易识别。地震界面为连续的强反射，区域上极易对比追踪。其沉积格局大致继承了整个寒武纪的沉积格局，总体表现为中西部地区为碳酸盐岩台地相区，东部地区为陆棚-盆地相区。

在台地相区，OSSQ1 二级层序包括蓬莱坝组、鹰山组及一间房组。在巴楚、塔中地区钻至寒武系的井（方1井、和4井等）中，下奥陶统与上寒武统均为巨厚层的浅灰色、褐灰色白云岩。但相对而言，下奥陶统白云岩中含有更多的泥质和灰质成分，而下寒武统白云岩则较纯，两者之间存在沉积旋回的转换面。在古隆1井测井中，总体上表现为自然伽马整体为锯齿状低值，电阻率变化较大，偶尔出现锯齿状，电阻率曲线为高值的特征。在地震剖面上，OSSQ1 为 T_8^0-T_7^4 之间的同相轴，由3～5个强振幅、强连续、中高频的同相轴组成。

OSSQ2 二级层序大致相当于传统地层系统的上奥陶统。底界为 T_7^4，顶界为 T_7^0，在塔北-巴麦-塔中均存在程度不同的地层缺失，在柯坪见褐铁矿化风化壳，为连续的强反射，区域上易对比追踪。在沉积格局上，由于受早加里东运动Ⅲ幕的影响，在 OSSQ2 中晚期，塔里木盆地逐渐演变为塔中、塔北两个碳酸盐岩台地，盆地中北部、塔东地区为陆棚-盆地的沉积格局。

在塔中台地相区，OSSQ2 包括恰尔巴克组、良里塔格组及桑塔木组。在中11井测井中，OSSQ2 自然伽马呈高—低—高变化，电阻率曲线起伏较小，局部呈箱型的特征。SSQ7 为 T_7^4-T_7^0 之间的同相轴，主要反映厚度较大的桑塔木组，在巴麦-塔中由4～6个强振幅、强连续同相轴组成，为亚平行-平行、中频反射。

在塔北台地相区，OSSQ2 底部恰尔巴克组主要发育深水的瘤状灰岩、含薄壳介形虫的微晶灰岩，厚度较稳定，为8～25m。其底界 SB5（SSB6、T_7^4）为暴露不整合基础上海侵上超不整合，迅速的海侵导致极低的沉积速率，表现为底部出现含丰富的海绿石、黄铁矿散布在含薄壳介形虫的微晶灰岩中，生物类型主要为小型薄壳介形虫，呈毫米级的单壳且多杂乱无方向性。在地震剖面上，OSSQ2 在塔北地区由3～4个强振幅、强连续的同相轴组成，层序内部反射为亚平行。

在盆地相区 OSSQ2 为却尔却克组中-上段，主要为-套陆棚-盆地的陆源碎屑沉积，相对于 OSSQ1 来说，OSSQ2 在砂质含量上要明显地高于前者，岩性以粉砂岩、泥岩为主，其沉积水体相对 OSSQ1 较浅。这可能是由于受早期加里东运动Ⅲ幕的影响，导致整个盆地相对被抬升，尤其在盆地周缘地区大面积地区被抬升遭受风化剥蚀，提供了大量的陆源碎屑物质，使得在 OSSQ2 末期塔里木盆地绝大多数区域表现为以陆源碎屑沉积为主。值得一提的是，在 OSSQ2 中晚期，随着陆源碎屑的注入，在原有的碳酸盐岩沉积的基础上，盆地内部广泛发育了碳酸盐与陆源碎屑的混合沉积，混合沉积在碳酸盐岩台地、台地边缘以及陆棚都有发育。

2.1.2.3　四川盆地震旦系—三叠系层序充填特征

1. *震旦系*

震旦系是四川盆地最老的沉积地层。川中分区、川东-黔北分区其下伏地层为普遍发育于扬子区的新元古代冰期沉积南沱组冰碛岩，在龙门山分区表现为中元古代盐井群浅变质岩，皆为不整合接触关系。陡山沱组为四川盆地震旦系首套沉积地层，其岩石类型主要为白云岩、黑色页岩、泥云岩及磷质岩，在盆地的西部龙门山地区则相变为碎屑岩沉积为主体的观音崖组；上覆地层震旦系灯影组，区域普遍发育，主要为一套沉积厚度差异巨大的白云岩沉积。总体上，四川盆地震旦系地层发育较为完整，各个地区地层单元相对较为简单，区域上可以较好地对比（图2-15）。

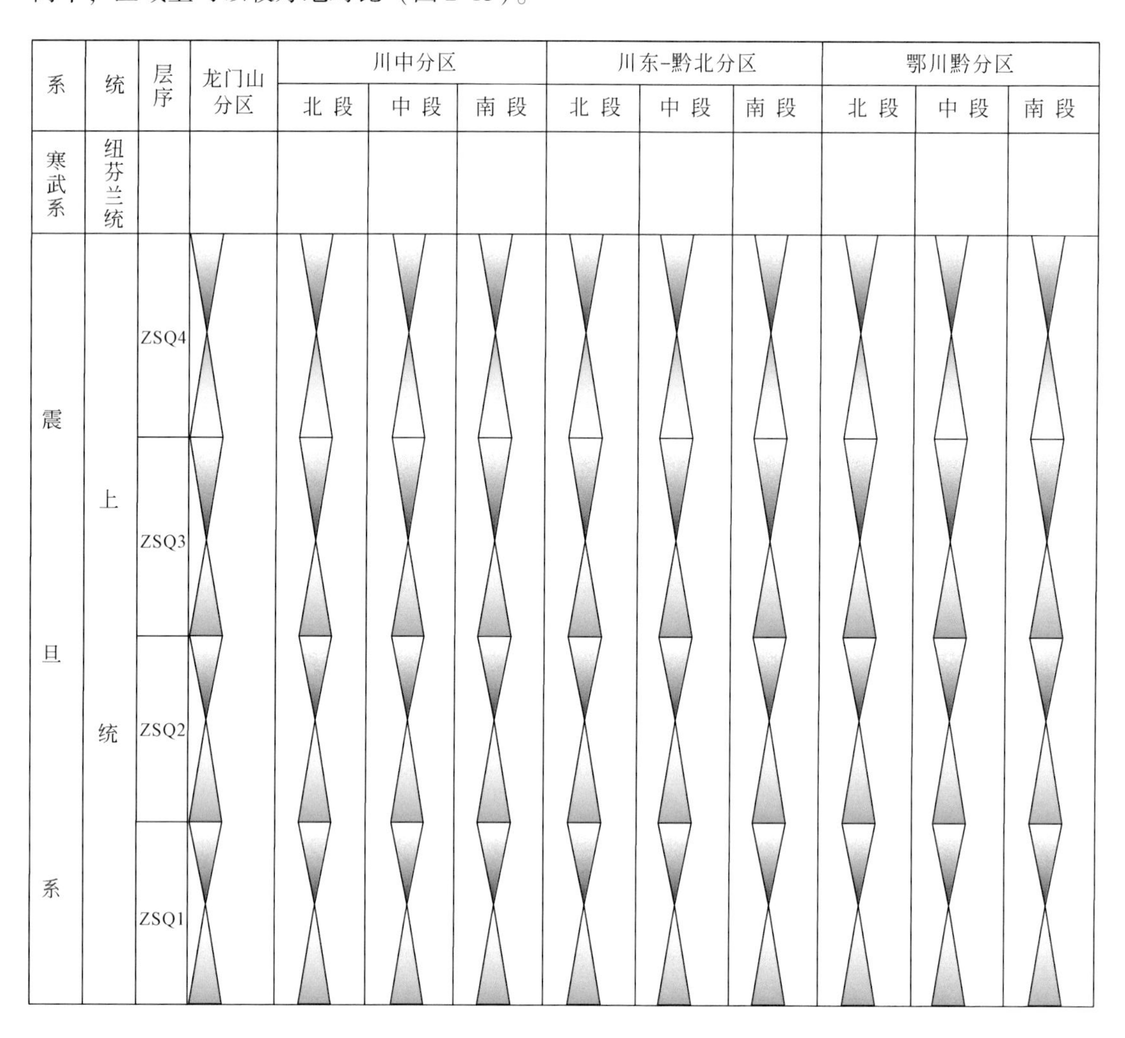

图2-15　四川盆地及周缘震旦系层序格架图

野外露头剖面及盆内钻井的层序地层学研究表明，四川盆地震旦系可识别出两个超层序（ZSS1和ZSS2），每个层序均包括海侵体系域（TST）和高位体系域（HST），低位体系域（LST）及陆棚边缘体系域（SMST）不发育，盆地范围内地层发育较为完整。

ZSS1超层序：ZSS1超层序由下震旦统陡山沱组地层构成，层序底界面为Ⅱ型界面，界面表现形式为在盆地周缘地区呈现与下伏南沱组冰碛岩平行不整合接触，在盆地腹地演变为整合接触。TST期，盆地西部边缘普遍发育与陡山沱组等时异相的观音崖组滨岸相石英砂岩，盆地东部则以发育暗色泥岩和泥质粉砂岩为特征，且随着海平面的上升，呈现出滨岸砂岩发育范围向西部退却，暗色泥岩和泥质粉砂岩发育区域相对扩大的特征，此消彼长。HST 期相对 TST 期，岩石类型发生了较大的变化，碳酸盐岩开始大区域发育，碎屑岩仅仅在龙门山地区小范围发育。

ZSS2 超层序：ZSS2 超层序由上震旦统灯影组构成，层序底界面为Ⅱ型界面，界面表现形式在不同地区有所差异，在盆地西南部古陆附近区域呈现出上震旦统灯影组碳酸盐岩超覆于下震旦统陡山沱组碎屑岩之上，在盆地腹地则表现灯影组底部白云岩与陡山沱组顶部白云岩之间的整合接触。TST 期，海平面进一步相对上升，海域面积持续性扩大，主体表现为碳酸盐岩沉积为特征，受同期南北向展布裂陷槽发育的影响，德阳至安岳与长宁地区皆发育较深水沉积的暗色薄层状泥晶白云岩、泥质白云岩沉积。HST 期，受海平面下降和震旦纪末桐湾运动的双重影响，盆地不同地区沉积特征有所差异，在古隆起发育区域，颗粒白云岩、藻白云岩发育，在古隆起影响相对较小的区域转而以潮坪–潟湖环境的泥晶白云岩发育，古隆起核心区，灯影组上部地层发育不齐全。

2. 寒武系

相对于震旦系，四川盆地寒武系地层岩石单元复杂（图 2-16）。寒武系第一统底部则呈现为龙门山地区的清平组，川中地区的麦地坪组，川东–黔北地区的戈仲伍组等，主要表现为发育含小壳类化石的白云岩及磷块岩沉积，其上部则演变为龙门山地区长江沟组的黄绿色、灰绿色岩屑、石英砂岩、粉砂岩为主，夹页岩及泥灰岩，川中地区九老洞组的灰黑色–深灰色富有机质的黏土质石英粉砂岩及粉砂质泥岩和川东及以东地区牛蹄塘组的黑色碳质页岩。寒武系第二统地层单元复杂性远胜于第一统以及苗岭统和芙蓉统，该统由筇竹寺阶、沧浪铺阶和龙王庙阶构成，筇竹寺阶以灰黑色泥岩、粉砂岩及碳质页岩沉积为主，沧浪铺阶则演变为中粗粒砂岩、含砾砂岩，紫红色、灰绿色泥岩、粉砂岩、砂岩到泥岩、泥灰岩，至龙王庙阶则进一步演变为白云岩、鲕粒灰岩、灰岩，夹膏盐岩、泥岩沉积，整体表征着水体波动性变浅的特征。寒武系苗岭统和芙蓉统，盆地主体部分沉积特征具有一致性，地层单元相对较为简单，在龙门山地区，由于构造的抬升，该地区此两个时期的地层缺失，占盆地主体的川中地区表现为龙王庙组紫红色泥岩、粉砂岩、砂岩夹碳酸盐岩和洗象池组白云岩、灰质白云岩夹膏盐岩沉积，川东以南地区非台地区域受海平面升降变化，则表现为多套岩层叠合发育。寒武系可识别划分出两个超层序（€SS3 和 €SS4），每个超层序均包括海侵体系域（TST）和高位体系域（HST），低位体系域（LST）及陆棚边缘体系域（SMST）不发育，全区超层序可以较好地进行区域对比。

€SS3 超层序：€SS3 超层序相当于寒武系第一统和第二统地层，囊括了国际地层标准的好运阶到第四阶。层序底界面为Ⅱ型界面，界面表现形式为上覆寒武系第一统地层与下伏上震旦统地层之间平行不整合至整合接触关系。TST 期即梅树村期至筇竹寺期，受海平面上升和上升洋流的双重作用，形成了扬子地区较广泛分布的磷沉积，盆地东南部则发育牛蹄塘组暗色页岩。HST 期即沧浪铺阶至龙王庙阶，随着海平面由上升进入下降半旋回，盆地岩石类型由较深水环境的明心寺组粉砂质泥岩、泥质粉砂岩过渡为金顶山组碎屑岩与灰岩沉积，至龙王庙阶则演变为碳酸盐岩沉积，且在东南部地区广泛沉积巨厚层的蒸发岩（石膏、盐岩）。

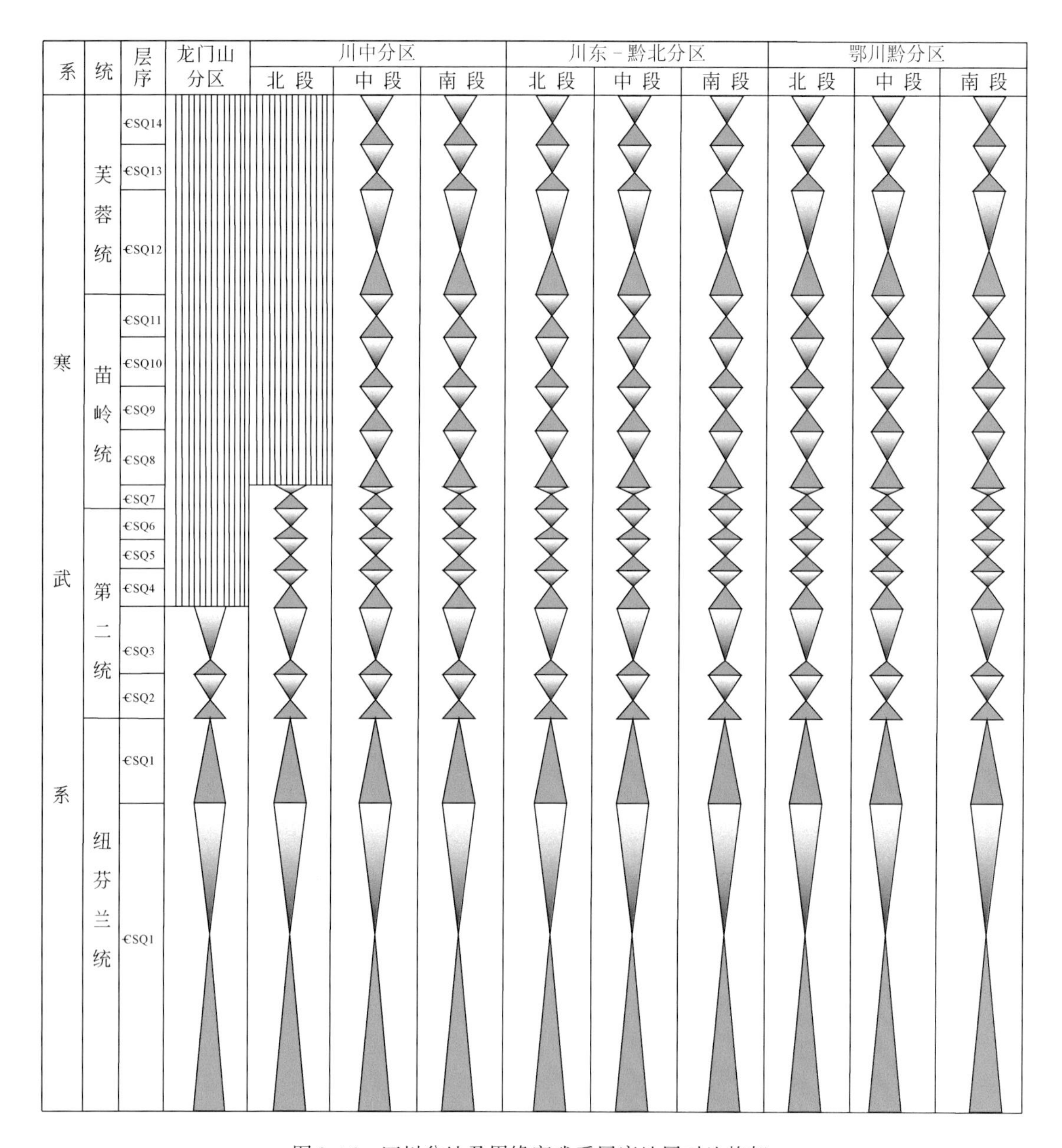

图 2-16　四川盆地及周缘寒武系层序地层对比格架

€SS4 超层序：€SS4 超层序相当于寒武系苗岭统和芙蓉统地层，囊括了国际地层标准的第五阶到第十阶。层序底界面同样为Ⅱ型界面，该界面盆内整体上表现为整合接触关系。TST 为海平面上升阶段海侵体系域的沉积，盆地腹部表现为较深水环境的页岩、灰岩沉积，靠近北部汉南古陆则演变为陡坡寺组，其下部为紫红色钙质粉砂岩，向上则转变为较深水的白云质灰岩、白云岩、灰岩沉积。HST 对应岩石地层在盆地内部为洗象池组，在黔北地区为娄山关组，黔江等地则转变为茅坪组、平井组、后坝组和毛田组，在盆地西部地区受川中古隆起的影响，该高位体系域地层在磨溪等区域出露不齐全，在峨眉等区域则表现为石英质云岩沉积，盆地大部分区域为白云岩沉积，向东华蓥山以东区域则部分发育灰岩沉积。

3. 奥陶系

奥陶纪，盆地周缘始于寒武纪芙蓉阶发育的古陆继承性发育，古地理格局延续了三隆围一凹的特点，层序发育主要受相对海平面升降变化（图2-17）。下奥陶统在西缘的龙门山分区全部由陆源碎屑岩组成（陈家坝组下部），川西分区北段缺失，中段及南段的罗汉坡组、大乘寺组下部及汤池组，主要由碎屑岩及泥质岩夹碳酸盐岩组成，向东碎屑减少，桐梓组为灰岩夹泥质岩，红花园组为厚层灰岩及鲕粒灰岩，鄂川黔小区北段的南津关组、分乡组及红花园组，全部由浅滩相生物碎屑灰岩、鲕粒灰岩组成。中统下部地层则主要由浅水陆棚相的灰黑色泥岩、粉砂岩夹薄层生物碎屑灰岩组成，向上灰岩增多，相当的地层如牯牛潭组、十字铺组等，一般由泥灰岩、瘤状灰岩、灰质泥岩、粉砂岩等组成。西部的龙门山分区陈家坝组仍为砂泥质岩夹硅质灰岩。川中分区南、北段地层中碎屑岩相对较多，巧家组中有滨岸相的鲕状赤铁矿出现，中段的大乘寺组中上部发育泥质粉砂岩沉积。上统宝塔组的龟裂纹灰岩，临湘组或涧草沟组的瘤状泥质灰岩，五峰组富含笔石的黑色页岩，在全区大部分地区稳定存在，与赫南特阶对应的观音桥组也仅部分地区缺失。整体而言，奥陶纪地层全区分布稳定，岩性特征变化不大，龙门山、川中分区具近源特点，川东-黔北、鄂川黔分区大体相似，具有以下几点特征：①自古陆向盆地腹地，岩石类型由碎屑岩逐渐过渡为碳酸盐岩；②距离古陆越近，碎屑岩越发育；反之，距离古陆越远，碳酸盐岩越发育；③古陆附近，岩性组合序列表现为底部地层为碎屑岩，上部岩层为碳酸盐岩，单一的沉积组合样式，远离古陆区域，岩性组合样式多变，呈现出顶底皆是碳酸盐岩发育的特征。

奥陶系可识别划分出两个超层序（OSS5 和 OSS6），超层序 OSS7 的低位体系域。超层序 OSS5 和 OSS6 均由海侵体系域（TST）和高位体系域（HST）构成，低位体系域（LST）及陆棚边缘体系域（SMST）不发育，盆地区域内超层序对比性良好，三级层序同样表现为地层发育不完整局部地区缺失（图2-17）。

OSS5 超层序：OSS5 超层序相当于下奥陶统特马豆克阶、弗洛阶地层，层序底界面同样为Ⅱ型界面，该界面盆内整体上表现为整合接触关系，在盆地西部边缘则表现为沉积间断。TST，受寒武纪末古地理格局的影响，自西向东沉积依次由浑水向清水变化，广元等地沉积陈家坝组碎屑岩，至盆地腹地演变为南津关组/桐梓组白云岩沉积。HST，沉积格局上与 TST 期具有类似性，但受相对海平面下降的影响，盆地西部发育的古陆进一步向盆地腹地推进，台地内部发育大量的台内滩沉积，以发育红花园组中厚-块状生物碎屑灰岩为特征。

OSS6 超层序：OSS6 超层序相当于中上奥陶统地层，层序底界面为Ⅱ型界面，界面之上的 SMST 不发育，主要由 TST 和 HST 所构成。TST 期，受加里东构造运动的影响，盆地古地理格局发生了较大变化，盆缘及盆内隆起开始出现，周边的大陆边缘盆地转变为前陆盆地，受此影响，本期盆地内部转变为以碎屑岩沉积为主，早期盆地广泛沉积湄潭组的灰绿色-黄绿色页岩、砂质页岩，中晚期牛潭组灰岩，晚期发育庙坡组暗色页岩。HST 期，海平面进入下降半旋回，盆地整体上沉积特征较为一致，以发育宝塔组—临湘组厚层灰白色及灰褐色龟裂纹石灰岩、瘤状灰岩夹薄层泥质灰岩为典型特征。

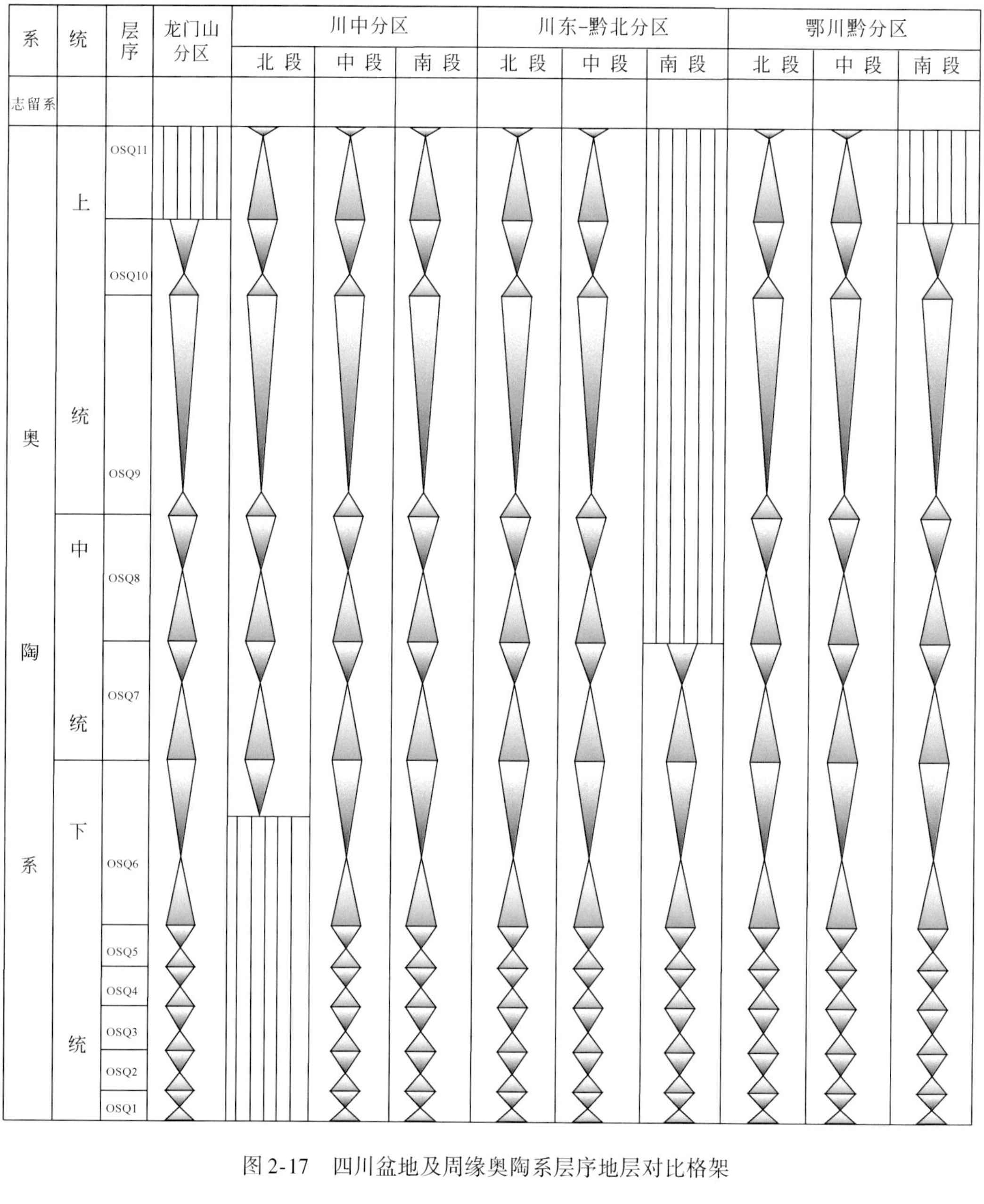

图 2-17　四川盆地及周缘奥陶系层序地层对比格架

4. 志留系

志留系，四川盆地主体上以发育兰多维列统地层为主，其上部地层受区域构造运动的影响而缺失。岩性组成以浅水陆棚相的灰黑色、灰绿色、紫红色泥岩、粉砂岩、细砂岩夹薄层灰岩为特点，东西方向及南北段地层均有差异。全区首套岩层龙马溪组为黑色及灰绿色页岩，区域发育一致。川中分区北段部分地区缺失埃隆早期地层，形成短期小范围隆起。川中及川东–黔北分区中、南段与埃隆阶相应的石牛栏组、黄噶溪组以碳酸盐岩为主，以东的有关地层灰岩减少，砂、泥岩增多，特列奇阶早期以砂岩为主的小河坝组，主要发育于鄂川黔分区的中段。川东–黔中及鄂川黔分区的南段，由于都匀运动的影响，前者缺失下志留统，后者发育一套碎屑岩超覆于奥陶系之上（图 2-18）。

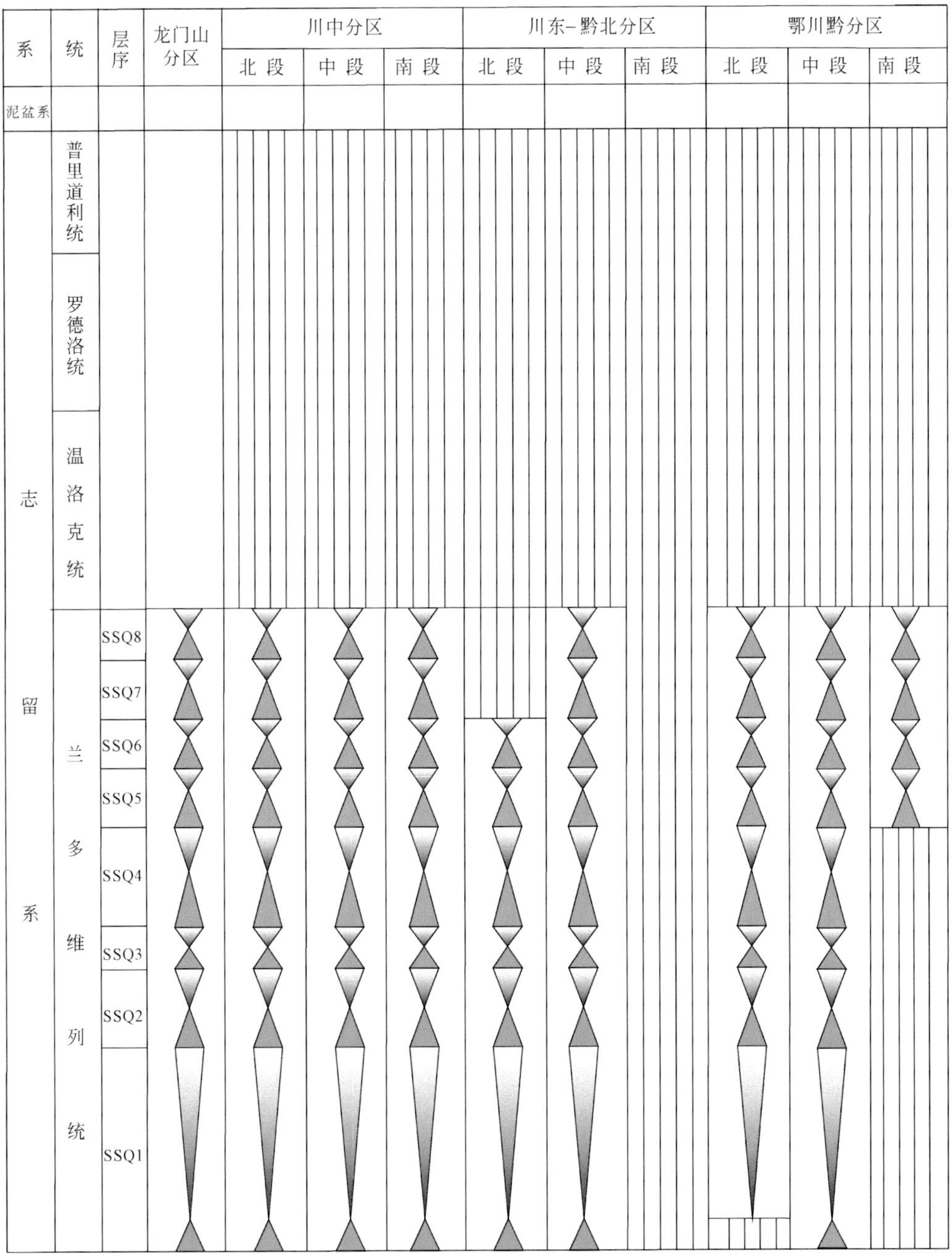

系	统	层序	龙门山分区	川中分区			川东–黔北分区			鄂川黔分区		
				北 段	中 段	南 段	北 段	中 段	南 段	北 段	中 段	南 段
泥盆系												
志留系	普里道利统											
	罗德洛统											
	温洛克统											
	兰多维列统	SSQ8										
		SSQ7										
		SSQ6										
		SSQ5										
		SSQ4										
		SSQ3										
		SSQ2										
		SSQ1										

图 2-18　四川盆地及周缘志留系层序地层对比格架

志留系可识别划分出一个超层序（SSS7），该超层序由低位体系域（LST）、海侵体系域（TST）和高位体系域（HST）构成，各分区二级层序可以开展对比，但三级层序受岩层发育完整度影响，具有差异性。

SSS7 超层序：SSS7 超层序时限上对应于奥陶纪赫南特阶至志留纪，在盆地内部主要对应于上奥陶统五峰组、下志留统龙马溪组、石牛栏组/小河坝组和韩家店组。层序底界面为Ⅰ型界面，界面上下岩层分别为五峰组和临湘组，二者之间在沉积环境和古生物组合类型方面具有截然不同的特征。LST，对应的岩石地层为上奥陶统五峰组，以沉积暗色页岩为特征。TST，对应的岩石地层为下志留统龙马溪组底部，受相对海平面快速上升与周缘古陆隆升的双重影响，古陆附近区域以沉积富含粉砂的泥页岩沉积为特征，在远离古陆区，则演变为深水环境的富笔石页岩沉积，主要位于川东南万州至长宁地区。HST，随着相对海平面由 TST 的快速上升转为 HST 期的逐渐变浅，陆源供给较为充裕的川东南地区表现为以小河坝组灰色粉砂岩、粉砂质泥岩、极细粒石英砂岩沉积为特征，而在陆源供给不足的川南–黔北地区演变为石牛栏组碳酸盐岩沉积，该套地层底部通常表现为眼球眼皮状灰岩，向上则过渡为生屑灰岩、珊瑚礁灰岩等，在两个区域之间则表现为以碳酸盐岩和碎屑岩皆发育的罗惹坪组沉积为特征；HST 晚期，随着海平面的持续下降，转变为特里奇阶韩家店组的一套杂色粉砂岩、粉砂质页岩与泥岩沉积。

5. 泥盆系

受海西期—印支期构造运动的影响，四川盆地泥盆系仅仅发育在龙门山地区，另外在川东万州、石柱一带为零星分布的水车坪组碎屑岩沉积。龙门山地区泥盆系整合覆于志留系茂县群之上，自下而上分为平驿铺组、甘溪组、养马坝组、金宝石组、观雾山组、土桥子组、小岭坡组、沙窝子组、茅坝组、长滩子组和黑岩窝组。泥盆系可以识别出两个二级层序，DSS8 和 DSS9，其中超层序 DSS8 由低位体系域（LST）、海侵体系域（TST）和高位体系域（HST）构成，超层序 DSS9 由海侵体系域（TST）和高位体系域（HST）构成，与周缘地层层序对比如图 2-19 所示。

DSS8 超层序：DSS8 超层序时限上对应于奥陶纪洛霍考夫阶至艾菲尔阶，对应于龙门山泥盆系岩石地层单元的下泥盆统平驿铺组至中泥盆统金宝石组中下部。层序底界面为Ⅰ型界面，为区域性角度不整合，泥盆系不整合于加里东构造运动界面之上。LST 期，相当于龙门山地区平驿铺组下段，主要表现为 3 套砂岩、泥岩互层的岩性组合，盆地内部表现为缺失。TST 期，相当于龙门山地区平驿铺组下段至甘溪组底部岩层，其与下伏的 LST 之间表现为海侵上超面，随着海平面的快速上升，粗粒碎屑岩沉积厚度快速变薄，转而以泥岩、灰岩发育为特征。HST 期，海平面震荡下降，岩石类型由早期的甘溪组上部泥岩、灰岩组合演变为养马坝组灰岩、泥岩和礁滩灰岩，并最终再次见有砂岩，灰岩发育（金宝石组中下部），整体上呈现出海平面相对上升的特征。

DSS9 超层序：DSS9 超层序为泥盆纪吉维特阶至法门阶，对应地层为金宝石组顶部至黑岩窝组。相对于 DSS8 期，本期海平面继续上升，海侵范围较 DSS8 超层序时期往北大大扩展。TST 期，龙门山地区金宝石组至小岭坡组中上部，海侵早期，金宝石组顶部仍然表现为砂岩与碳酸盐岩沉积旋回，随着海侵体系域的持续发展，演变为观雾山组块状厚层白

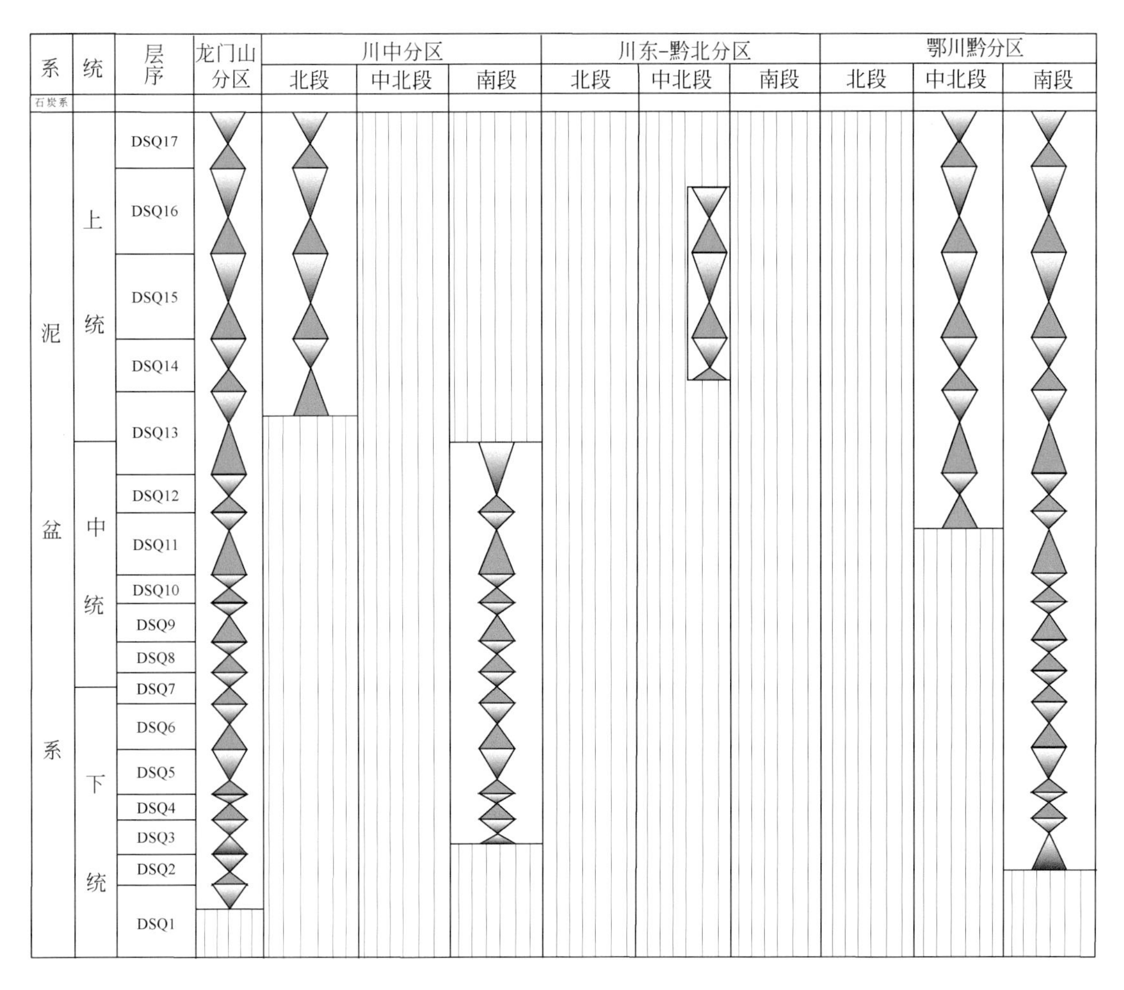

图 2-19　四川盆地及周缘泥盆系层序地层对比格架

云岩，砂岩在露头剖面不再出现，至小岭坡组中上部，演变为深水沉积的泥灰岩与黑色页岩发育。HST 期，龙门山地区水体清澈，主要以清水碳酸盐岩沉积为特征，代表岩层为茅坝组，其主要为颗粒灰岩、生物碎屑灰岩，且不同程度地被白云石化，代表了该沉积序列的结束。

6. *石炭系*

石炭系在四川盆地分布范围较泥盆系有明显的扩大，但仍然以龙门山地区为主，同时自广元到大庸发育上石炭统黄龙组沉积。下统常由多层开阔台地相碳酸盐岩及滨岸-潮坪相碎屑岩、泥岩夹煤层组成，相互成层，与泥盆系多为整合或假整合关系；上统以局限台地相碳酸盐岩为主，主要为白云岩。

石炭系可以识别出两个超层序，CSS10 和 CSS11，其中超层序 CSS10 由低位体系域（LST）、海侵体系域（TST）和高位体系域（HST）构成，超层序 CSS11 由海侵体系域（TST）和高位体系域（HST）构成，与周缘地层层序对比如图 2-20 所示。

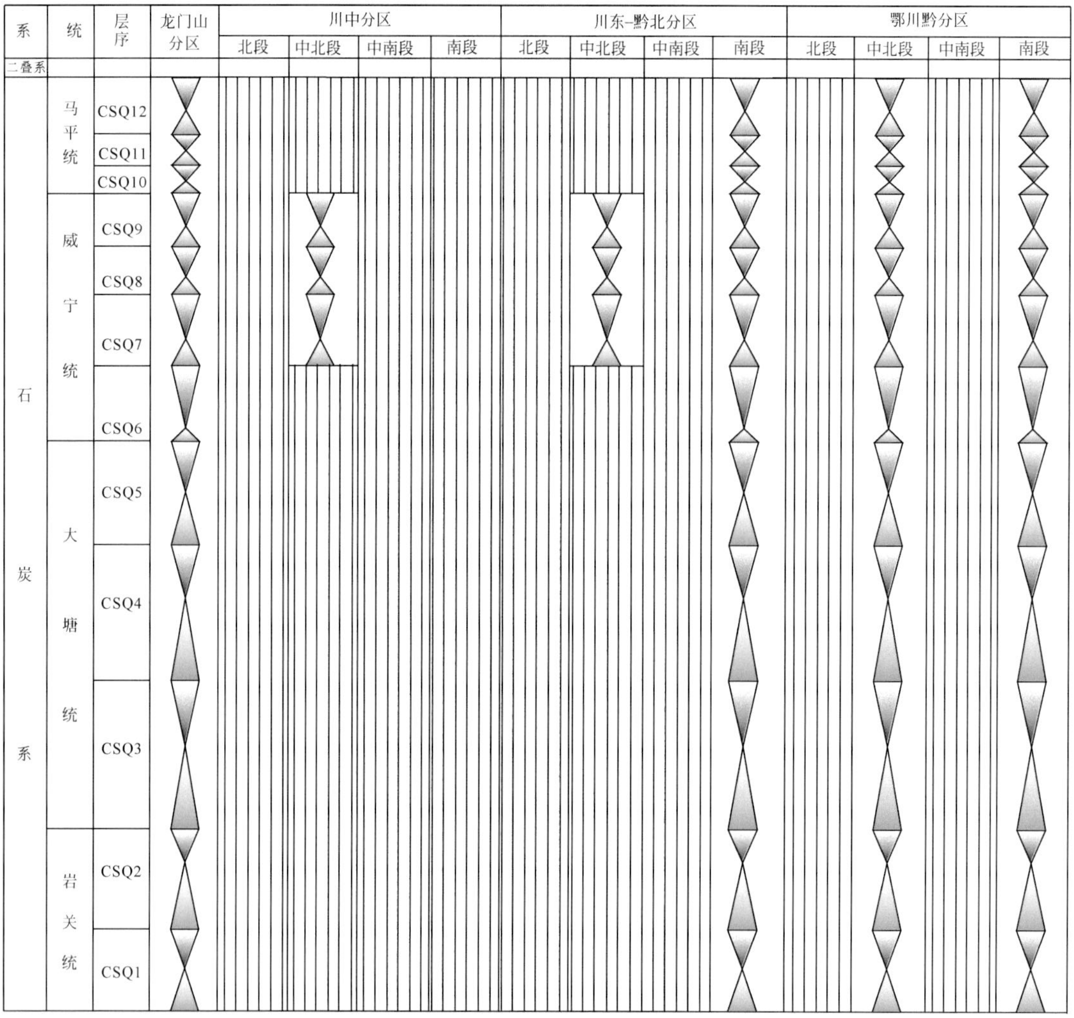

图 2-20　四川盆地及周缘石炭系层序地层对比格架

CSS10 超层序：该超层序由岩关统和大塘统所代表的时间范围内的地层所构成，层序底界面为Ⅰ型界面，区域上为广泛的古风化壳和古喀斯特，属于升隆侵蚀不整合面。LST 期，盆地大部分地区皆表现为古陆区，未接受沉积，仅在龙门山地区见有地层发育，对应岩石地层为马角坝组底部，表现为黄绿色页岩沉积。TST 期，盆地大部分区域仍然为古陆发育区，与龙门山地区继承性发育马角坝组沉积，随着海平面的逐渐上升，马角坝组岩石类型逐渐由 LST 的紫红色页岩转变为本时期的泥质灰岩夹黄色中厚层瘤状灰岩。HST 期，海平面振荡下降，但相对 LST 期，相对海平面仍然较高，盆地主体仍然表现为古陆，龙门山地区发育总长沟组沉积，总长沟组主要以浅色碳酸盐岩沉积为特征，局部夹有紫红色等钙质页岩及泥质灰岩。

CSS11 超层序：该超层序对应于石炭纪威宁阶、马平阶及早二叠世紫松阶沉积。层序底界面为Ⅰ型界面，受淮南运动作用，表现为区域上的平行不整合界面。TST 期，主要表现为黄龙组早期碳酸盐岩沉积。HST 期，相当于滑石板阶中晚期、达拉阶、马平阶、紫松阶所沉积的地层，在龙门山地区以黄龙组和马平组碳酸盐岩发育为特征，广元至大庸等地区普遍发育黄龙组碳酸盐岩沉积，之上受云南运动的影响，黄龙组发育不完整。

7. 二叠系—中三叠统

四川盆地及周缘的二叠系仅发育阳新统和乐平统，船山统普遍缺失，岩性及岩石地层单位变化不大。阳新统底部的梁山组，以平行不整合关系，超覆于广西运动以来长期形成的具有准平原特点的侵蚀面上，岩性、岩相稳定，厚度变化较小，分布广泛，遍及全区，甚至包括雪峰隆起在内，是晚古生代的最大海侵时期。阳新统包括梁山组、栖霞组、茅口组。梁山组由铝土岩、碎屑岩夹煤层组成，为夷平面上的风化残积相，一般厚度很薄。向上过渡为碳酸盐缓坡–局限或开阔碳酸盐岩台地相的栖霞组、茅口组，主要由灰黑色泥质灰岩、灰岩、灰白色灰岩、生物碎屑灰岩等组成，常含燧石条带或结核，栖霞组尤多，一般厚 300 ~ 500m，雪峰隆起中段小于 300m。茅口组上部，于川鄂北部的万源、巫山、巴东一带，出现含菊石 *Altudoceras*、*Paragastrioceras* 的硅质岩、硅质页岩层（孤峰组）。中二叠世末的东吴上升运动，在本区普遍存在，影响广泛，与之同时喷发的峨眉山玄武岩，主要分布于龙门山分区及川中、川东分区南段，并影响到上统的地层特征。乐平统包括吴家坪组和长兴组，由多种环境、多种类型的岩石地层单元组成。包括陆相碎屑含煤岩系（宣威组）、海陆交互相碎屑含煤岩系（龙潭组）、碳酸盐岩台地相的吴家坪组、合山组、长兴组，以及由陆棚相硅质岩组成的大隆组。其中长兴组与大隆组常呈横向变化关系。大隆组为一套含菊石 *Pseudotirolites* 和硅质放射虫的暗色硅质岩、硅质页岩、页岩、泥灰岩组成的陆棚相，主要出现在川中分区及鄂川黔分区的南、北边缘。中段地层相对变化较小，较简单，由龙潭组、吴家坪组及长兴组组成。南段变化较大，由于玄武岩的出现，川中分区南段主要由玄武岩层及陆相的滨岸碎屑岩夹煤层（宣威组）组成，碎屑组分均为玄武质。以东的黔北–川东分区南段变为峨眉山玄武岩、龙潭组、长兴组组合，鄂川黔分区南段由吴家坪组、合山组、大隆组组成。北缘较复杂，不同类型地层形成多种组合，交互出现。在盆地北缘，广元朝天–旺苍–万源一带，上统主要由厚度不大的大隆组组成，仅在陕南的宁强、汉中、西乡一带有吴家坪组呈孤立台地分布，而在宣汉–梁平等地，由厚度很小的硅质–泥质岩组成的大隆组，在空间上呈北西向的狭窄槽状，深入台地内部，已达川东的开江、梁平附近（图 2-21）。

四川盆地及周缘的三叠纪地层发育完整，以台地相海相碳酸盐岩为主，滨岸–潮坪相碎屑岩为次。由于印支运动的影响，地层分布和特征均有明显差异，而在南北边缘变化较大，南缘的鄂川黔分区南段，整个中、下三叠统由右江型的盆地相地层所代替，北缘川中、川东–黔北分区北段的印度阶地层中，也有大陆边缘斜坡相或浊积相的地层出现。从地层分布看，印度阶、奥伦尼克阶的分布几乎遍及全区，中三叠世江南–雪峰再次隆起，拉丁阶分布范围缩小，仅见于龙门山、川中等部分分区，其后发生了对于本区具有重要意义的晚印支运动，造成不同程度的剥蚀和上覆地层普遍的平行不整合关系。本区三叠系与下伏二叠系为整合关系。下统与印度阶相当的地层，自西向东为滨岸–潮坪、潟湖相的由紫红色、黄绿色页岩及灰岩、鲕粒灰岩组成的飞仙关组、夜郎组，开阔台地相或碳酸盐缓

系	统	层序	龙门山分区	川中分区				川东-黔北分区				鄂川黔分区			
				北段	中北段	中南段	南段	北段	中北段	中南段	南段	北段	中北段	中南段	南段
三叠系															
二叠系	乐平统	PSQ12													
		PSQ11													
		PSQ10													
		PSQ9													
		PSQ8													
	阳新统	PSQ7													
		PSQ6													
		PSQ5													
		PSQ4													
		PSQ3													
		PSQ2													
	船山统	PSQ1													

图 2-21　四川盆地及周缘二叠系层序地层对比格架

坡相的灰色薄层灰岩为主的大冶组，川中分区中南段的乐山一带的飞仙关组夹砂岩层。飞仙关组一般按岩性分为 2～4 段，其中普遍发育浅滩相的鲕粒灰岩，它们主要分布于巫山-宣恩以西的川、黔地区，主体部分集中在川东-黔北地层分区，发育部位由川南、黔北的中下部，上升到川东北的中上部，具有穿时发展的台缘浅滩相特点。奥伦尼克阶为开阔-局限-蒸发台地相的由白云岩、白云质灰岩及灰岩组成的嘉陵江组、安顺组，岩性单一稳定，常分为五段，普遍夹膏盐层，多集中于第二段、第四段、第五段的蒸发台地中，地表剖面多形成角砾状白云岩。中三叠统安尼阶的变异较大，而且与下统相反，西部以碳酸盐岩为主，向东砂、泥质增多。龙门山及川中分区安尼阶称雷口坡组，由台地相的白云岩、泥质白云岩、角砾白云岩、灰岩及膏盐层组成，底部常夹杂色泥岩，以东的黔北-川中分区、鄂川黔分区北、中北段称巴东群，上下部均由紫红色、灰绿色页岩、粉砂岩、泥灰岩组成，中部以灰岩、泥灰岩为主。拉丁阶的天井山组，仅见于龙门山分区及川中分区西缘，分布范围很小，主要由台地相的块状灰岩组成。川东-黔北分区南段中三叠统坡段组、垄头组及改茶组的地层特征是十分特殊的，它是由台缘礁滩相的碳酸盐岩组合，断续分布于黔南的安龙、册亨、镇宁、贵阳南、福泉一线的狭窄地带，坡段组由藻屑、生物屑、砾屑灰岩组成，垄头组为纹层白云岩和藻屑灰岩、核形石互层，改茶组亦由台地相的黄绿色、紫红色页岩、鲕粒灰岩、介壳灰岩及白云岩组成，它们的出现，是台地边缘内迁的结果。鄂川黔分区南段下、中三叠统由盆地相的右江分区地层系统组成，与其他地区岩石地层差异较大，自下而上为罗楼组、紫云组、新苑组及边阳组，一般由灰色中、薄层灰岩、泥灰岩、砾屑灰岩、页岩夹硅质页岩等组成，韵律层发育时具鲍马序列，属陆棚-深水盆地相（图 2-22）。

二叠系—中三叠统可识别出两个完整的超层序 T-PSS12 和 T-PSS13，两个超层序都由

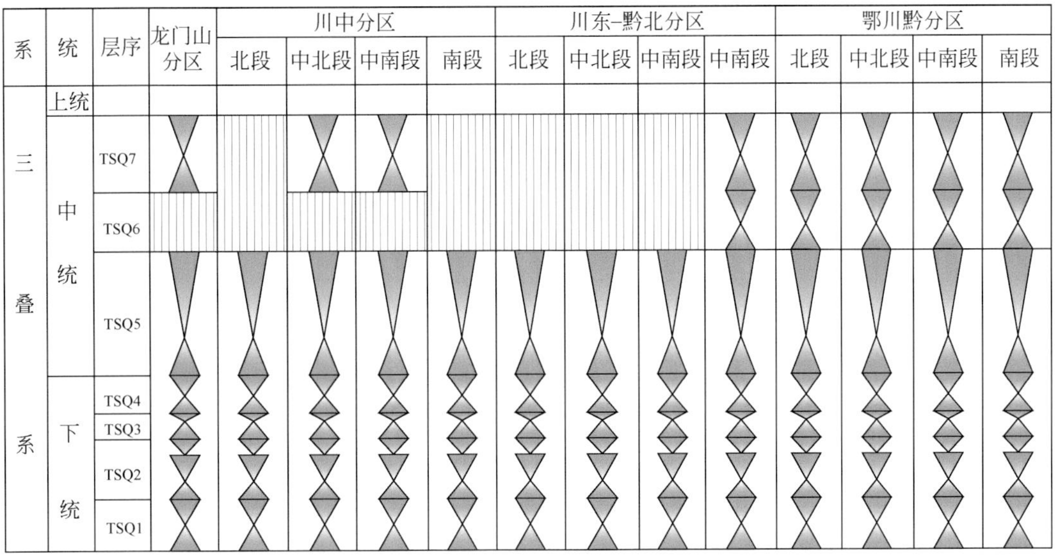

系	统	层序	龙门山分区	川中分区				川东-黔北分区				鄂川黔分区			
				北段	中北段	中南段	南段	北段	中北段	中南段	中南段	北段	中北段	中南段	南段
三叠系	上统														
	中统	TSQ7													
		TSQ6													
		TSQ5													
	下统	TSQ4													
		TSQ3													
		TSQ2													
		TSQ1													

图2-22 四川盆地及周缘下-中三叠统层序地层对比格架

低位体系域（LST）、海侵体系域（TST）和高位体系域（HST）构成，二级层序之间对比性良好。二叠系在盆地区发育情况具有一致性，可以较好地对比；下三叠统三级层序对比性良好；中三叠统雷口坡组顶部受印支运动的影响，不同分区三级层序发育情况略有差异。

T-PSS12超层序：T-PSS12超层序时限上对应于乌拉尔统阿瑟尔阶至瓜德鲁普统卡匹敦阶，对应于四川盆地的岩石地层单元就是下二叠统梁山组到中二叠统茅口组。层序底界面为Ⅰ型界面，该界面在区域上表现为区域性的不整合面，与下伏石炭系地层不整合接触。LST，对应的岩石地层为下二叠统梁山组，海西构造运动导致了泥盆系和石炭系地层在盆地内部绝大多数地区的缺失，盆地大部分区域在该时间段内以遭受风化剥蚀作用为主，因此梁山组在区域上表现为一套风化层，以铝土质泥岩、泥岩沉积为典型特征。TST，盆地内部表现为碳酸盐岩沉积为特征，至最大海泛面附近，演变为眼球眼皮状灰岩沉积。HST，受HST末东吴运动的影响，茅口组在盆地中部地区被构造抬升，中上部岩石呈现不同程度的剥蚀，峨眉等地区表现为不同类型白云岩沉积，盆地大部分区域则为泥晶灰岩、生屑灰岩等沉积，在现今开江-梁平等区域则受同期同沉积断裂的影响，发育较深水沉积的孤峰组硅质岩、钙质泥岩沉积。

T-PSS13超层序：T-PSS13超层序由晚二叠世—中二叠世地层构成，囊括了二叠系乐平统吴家坪阶和长兴阶，下三叠统印度阶和奥伦尼克阶，中三叠统安尼阶和拉丁阶6个时期的地层。层序底界面为Ⅰ型界面，界面表现为受东吴运动的影响，盆地大部分区域茅口组顶部地层遭受剥蚀，上覆地层上二叠统吴家坪组/龙潭组发育风化残积层。LST，为吴家坪阶早期地层，受东吴运动影响，区域上表现为残积相沉积，以碎屑岩、古黏土层沉积为典型特征。TST，相当于吴家坪阶上部与长兴阶地层，早期受东吴运动影响，盆地水体呈现自南向北逐渐加深，沉积物在南部地区表现为海陆交互相龙潭组的含煤碎屑岩沉积，至北部逐渐过渡为吴家坪组泥灰岩、灰岩沉积；晚期随着海侵的深入，盆地大部分地区转变为以长兴组碳酸盐岩沉积为主，峨眉地区则仍然为河流相的碎屑岩沉积，开江-梁平地区受同沉积断裂的影响发育较深水环境的硅质岩。HST 在研究区内可分为两部分，即早期 HST 沉积（EHST）和晚期 HST 沉积（LHST），其中 EHST 主体相当于飞仙关组（大冶组）和嘉陵江组的地层，在盆地内部主要表现为碳酸盐岩沉积，LHST 相当于中三叠统，该时期盆地内部仍然表现为碳酸盐岩沉积，但受海平面持续下降的影响，地层中盐岩发育。

2.2　三大盆地碳酸盐岩发育特征

根据全球最新的 HIS 数据库、C&C 数据库以及有关文献资料，全球共发现储量大于 0.86×10^{8}t 的巨型油气田 936 个，可采储量 0.43×10^{12}t 油当量，其中出现在碳酸盐岩中的油气田共 320 个，它们分别位于 48 个盆地中（图 2-23）。在这些盆地中，根据碳酸盐岩建造与巨型油气田的分布（图 2-24），可以划分为 4 个阶段。

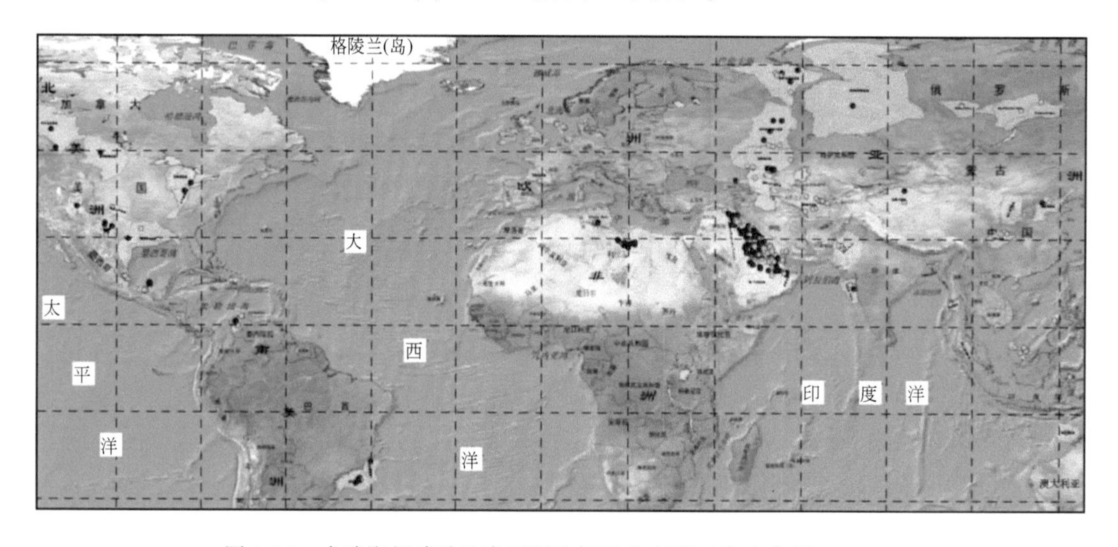

图 2-23　全球海相碳酸盐岩巨型油气田分布图（谷志东等，2012）

（1）中新元古代：以西伯利亚的里菲系为代表，地质年龄为 6.5 亿 ~ 16.5 亿年，大部分由碳酸盐岩建造组成，其中已发现巨型油气田（尤鲁布欣-托霍姆），也有烃源岩出现，我国中朝陆块的长城系—青白口系可以和它对比。非洲中部的陶丹尼盆地，中元古界主要由白云岩组成，中夹烃源岩，顶部岩溶带中有油气显示。

（2）震旦纪—早古生代：全球范围内分布较广，我国三大盆地的震旦系—奥陶系都是以碳酸盐岩为主的。西伯利亚的寒武系—奥陶系也主要由碳酸盐岩组成，其中有巨型油气田发现。中东地区的中阿拉伯、鲁卜哈利和阿曼盆地中，侯格夫群（相当于震旦系）和寒武系主要也由碳酸盐岩组成，阿曼盆地中还有巨型油气田发现。北美的伊利诺伊、阿尔伯塔、密歇根，欧洲的波罗的海等盆地中，碳酸盐岩也占有重要地位，其中大多有油气发现。

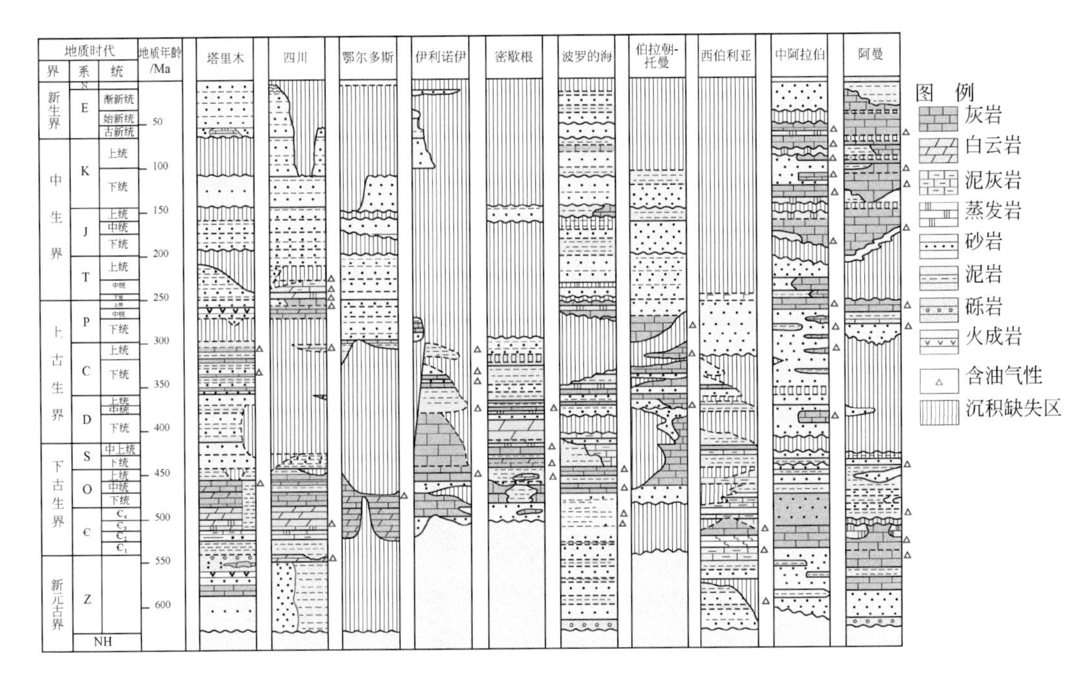

图 2-24　全球典型海相碳酸盐岩盆地沉积建造与油气赋存

（3）晚古生代：全球分布也较普遍，我国的四川盆地，俄罗斯的伏尔加-乌拉尔、伯拉朝盆地，欧洲的滨里海盆地，北美的二叠盆地。中阿拉伯和阿曼的二叠纪，碳酸盐岩也占有重要地位，其中也都有巨型油气田发现。

（4）中、新生代：全球范围内分布较广，主要分布在阿拉伯盆地（中生代，新生代），欧洲的北海（K_2）、英荷（K_2）、阿基坦（J、K）、潘诺（J、K、E）和滨里海（K、E、N）等盆地中，大多数有巨型油气田发现，中国仅四川盆地的三叠系碳酸盐岩占有重要地位，有大型气田发现。

碳酸盐沉积受控于沉积盆地性质与沉积环境演变，而根源为沉积盆地形成演化的地球动力学机制。中国大陆具有小陆块拼合、多旋回叠合的特点。塔里木、四川和鄂尔多斯三个盆地都是在这种构造体制下形成的典型叠合盆地，都是发育在前震旦纪结晶和变质基底上，在伸展作用影响下，叠合多阶段发育的克拉通盆地，而后于印支期通过强烈的挤压作用，上叠以陆相沉积为主的前陆盆地和陆内拗陷盆地。但三大盆地中，克拉通盆地发育的时间起点和后期各类型盆地叠合的时间序次存在较大差异，从而造成三大盆地稳定性的明显差异：鄂尔多斯盆地为准稳定盆地、四川盆地为次稳定盆地、塔里木盆地为活动性盆地。这些盆地形成演化的差异性造就了三大盆地碳酸盐岩发育分布的不同。

2.2.1　塔里木盆地形成演化与碳酸盐岩发育特征

塔里木盆地建筑在前南华纪结晶变质基底之上，因罗迪尼亚的裂解而成。盆地始于南华纪，震旦纪为盆地充填早期的填平补齐阶段，寒武纪—奥陶纪为克拉通盆地。志留纪形成以陆相沉积为主的内克拉通盆地。海西期，随着南北边缘的重新裂开，晚泥盆世再次上叠克拉通盆地，二叠纪有陆内裂谷作用发生，伴有强烈的玄武岩喷发。海西期末天山洋最终关闭，结束了盆地的克拉通演化历史。印支期后进入陆内演化阶段（图2-25）。期间，受柯坪运动的影响，形成了震旦系和寒武系之间的平行不整合。从南华纪开始，南北边缘出现裂谷，北缘的库鲁克塔格裂谷和柯坪裂谷，随后发展为裂陷槽和大陆被动边缘，奥陶纪末出现反转隆起，志留纪再次拉开成为南天山洋盆，直到晚石炭世—早二叠世的晚海西运动中才最终拼合，形成海西褶皱带。南缘的西昆仑地区，南华纪开始也有裂谷出现，随后关闭，奥陶纪再次出现裂陷，中奥陶世关闭后，早石炭世又一次分裂、扩张，形成有限洋盆，其中发育的蛇绿岩，断续延长近600km（姜春发，1992），石炭纪末关闭，形成海西褶皱带。在盆地腹部可能存在一条东西向的新元古代拉开，而后在南华纪前闭合的构造结合带。满加尔地区存在与库鲁克塔格裂陷相连的三叉裂谷分支——满加尔裂陷槽（杨克明，1992），它们在奥陶纪时期再次打开，形成近东西向的与张裂作用有关的混积陆棚，明显改变了盆地的沉积格局，塔中隆起的出现也与之有关。

塔里木盆地碳酸盐岩主要发育于寒武系、奥陶系、石炭系（巴楚组、小海子组）和二叠系南闸组，以寒武系—上奥陶统良里塔格组连续沉积的碳酸盐岩规模最大。塔里木盆地寒武系—奥陶系碳酸盐岩主要分布于盆地西部地区，达$30\times10^4km^2$，累计厚度大于3000m。垂向上，碳酸盐岩主要发育于下寒武统肖尔布拉克组—上奥陶统良里塔格组；岩性上，寒武系—下奥陶统蓬莱坝组为白云岩，中奥陶统鹰山组—上奥陶统良里塔格组为灰岩。

（1）寒武纪—中奥陶世盆地西部大碳酸盐岩台地发育，碳酸盐岩厚度大、分布范围广。

塔里木盆地寒武纪至中奥陶世处于拉张背景之下的被动大陆边缘沉积演化阶段。该时期受东高西低古地貌和东浅西深的古水深共同控制，展现了塔里木盆地西部台地、东部盆地的沉积格局，碳酸盐岩主要分布于盆地西部地区。在寒武纪—中奥陶世沉积演化过程中，碳酸盐岩分布差异主要体现于台地边缘相带的横向迁移，以及台地内部蒸发台地、局限台地和开阔台地相带的垂向演化。垂向上，台地内部经历了早寒武世局限台地、开阔台地→中寒武世蒸发台地、局限台地、开阔台地→晚寒武世—中奥陶世局限台地、开阔台地的沉积演化，造成了垂向上白云岩、膏盐岩和灰岩的相互叠置。

（2）晚奥陶世早中期大碳酸盐岩台地沉积分异，多个孤立台地发育。

晚奥陶世受北昆仑洋向北俯冲作用影响，塔里木盆地由前期的拉张构造背景演化为挤压构造背景，进入周缘前陆盆地-陆内拗陷盆地演化阶段。晚奥陶世早中期西部浅水区发育南北向分异、东西向延伸的隆拗格局，塔北、塔中、塔南出现3个相对孤立的东西向延伸的浅水区。在前期碳酸盐岩台地发育区出现深水沉积，碳酸盐岩分布较以往相对孤立。塔北孤立台地、塔中孤立台地和塔南孤立台地即为碳酸盐岩的分布区。每一孤立台地均具有局限台地-开阔台地和台地边缘的相带展布特征。

（3）晚奥陶世晚期碳酸盐岩台地消亡，清水沉积演化为浑水沉积。

晚奥陶世晚期受持续海侵及北昆仑洋的持续俯冲构造作用控制，海水进一步加深，同时大量碎屑物质注入，由前期的清水环境变为浑水环境，由碳酸盐岩沉积演化为碎屑岩沉积。至此碳酸盐岩沉积结束，进而以混积陆棚的碎屑岩沉积为特征。

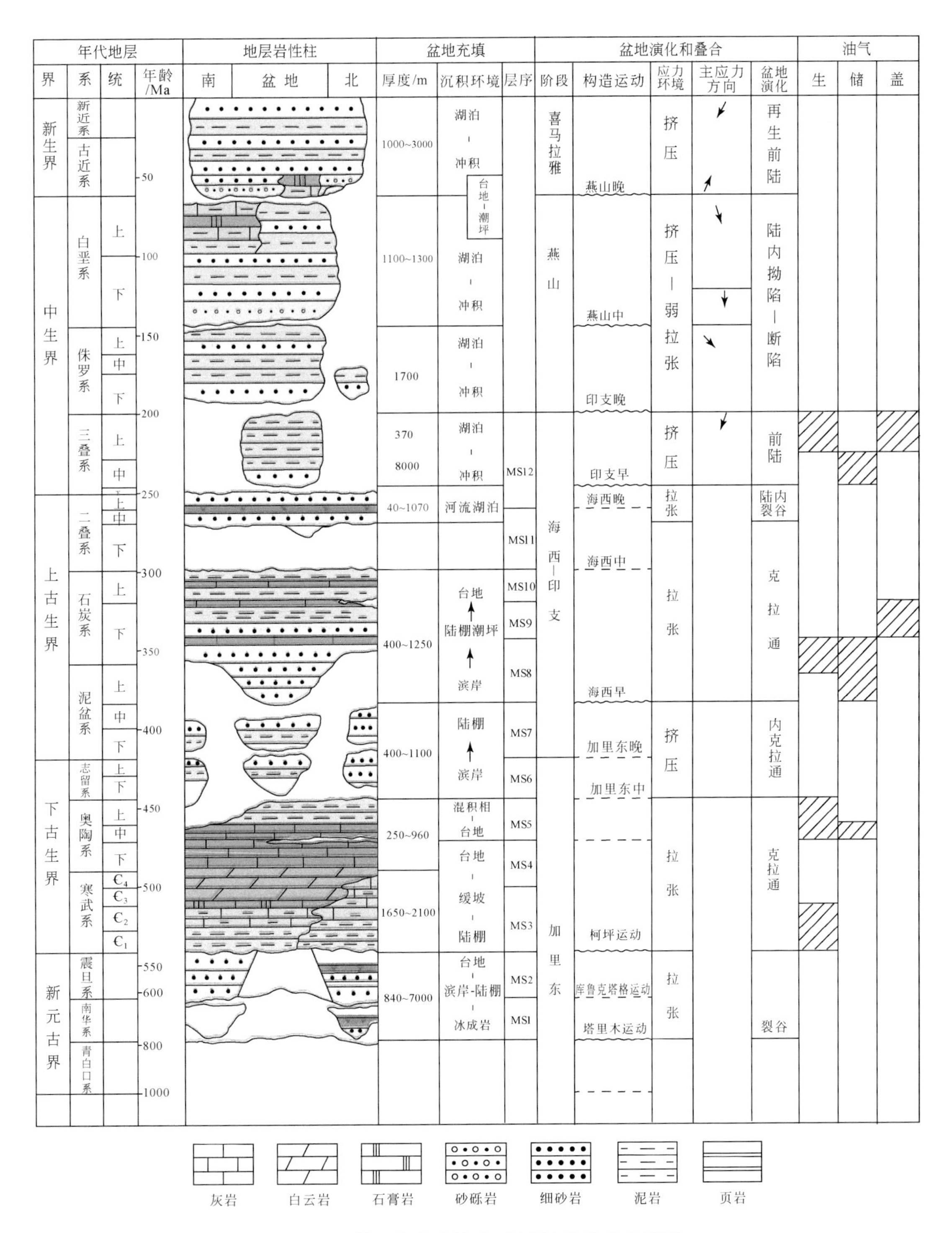

图 2-25　塔里木盆地构造-沉积演化综合柱状图

2.2.2 鄂尔多斯盆地形成演化与碳酸盐岩发育特征

鄂尔多斯叠合盆地是从古元古代结晶基底上开始的。吕梁运动后整个中朝陆块进入相对稳定的演化阶段，中元古代长城纪为碎屑岩为主夹火山岩的陆内裂谷盆地，蓟县纪为裂谷后期的以碳酸盐为主的稳定沉积，青白口纪可视为裂谷期后的克拉通盆地。蓟县运动后，中朝陆块长期隆起，直到寒武纪第二世沧浪铺晚期才开始大面积接受沉积，叠合形成克拉通盆地。早奥陶世后再次长期隆起，至晚石炭世才逐渐接受沉积，形成由碳酸盐岩-碎屑岩组成的克拉通盆地。海西期末，北缘的天山-蒙古洋盆最终闭合，南缘也出现边缘隆起，从而结束了中朝陆块上的克拉通盆地叠合历史（图 2-26）。

鄂尔多斯盆地在寒武纪、奥陶纪主要沉积碳酸盐岩，晚奥陶世—晚石炭世，受加里东运动的影响，盆地整体抬升，进入碎屑岩沉积阶段。早古生代碳酸盐岩遍布盆地，但分布区域随构造格局与海平面变化而不同，沉积相带也存在差异。盆地碳酸盐岩沉积过程可以划分为三个阶段：①早-中寒武世拉张背景碳酸盐岩发育阶段；②晚寒武世—早奥陶世挤压背景碳酸盐岩生长阶段；③中-晚奥陶世周缘裂陷碳酸盐岩沉积阶段。

1. 早-中寒武世碳酸盐岩发育特征

早-中寒武世，鄂尔多斯克拉通盆地北邻古亚洲洋，西、南缘毗邻古秦-祁洋，周缘为被动大陆边缘，随海平面上升，盆地边缘开始逐渐接受沉积。早寒武世辛集期、朱砂洞期盆地周缘主要发育滨岸-陆棚沉积，发育一套海相砂岩，辛集期滨岸砂岩普遍含磷。馒头期海域面积增大，沿西、南缘持续向盆地内部侵进，在镇原古陆北部庆城-合川一带汇通，此时，海水亦沿盆地东北角侵入，主要沉积一套红色泥岩、泥质粉砂岩间夹泥质云岩。中寒武世毛庄期沉积格局与馒头期相似，但海水持续侵入，海域面积进一步扩大，早期沉积物以红色泥岩、泥质粉砂岩、砂岩为主，晚期主要发育薄-中层泥质白云岩、含泥白云岩或泥质灰岩、含泥灰岩夹泥岩沉积。徐庄期海平面持续上升，西、南缘与东北角海水相互汇通，盆地内伊盟古陆南端已退至乌审旗一带，盆地西南角与东部仅镇原古陆、吕梁古陆出露，早期沉积物以灰绿色泥岩为主，中晚期为泥岩、泥质白云岩或泥质灰岩互层沉积，剖面上可见竹叶状灰岩、鲕粒灰岩。张夏期海域面积进一步扩大，海水几乎侵没整个盆地，仅存伊盟古陆、乌审旗古陆、吕梁古陆与镇原古陆出露水上，此时盆地内碳酸盐岩遍布，以发育鲕粒灰岩或鲕粒云岩为特征，近古陆处偶夹含泥云岩或泥质云岩。早-中寒武世盆地沉积是早期碎屑岩沉积—中期混合沉积—晚期碳酸盐岩沉积的演化过程，完成了拉张背景下碎屑岩-碳酸盐岩沉积充填史。

2. 晚寒武世—早奥陶世碳酸盐岩发育特征

晚寒武世—早奥陶世是鄂尔多斯盆地碳酸盐岩发育最具特色的时期，盆地构造背景由拉张转换为挤压，沉积期间经历了寒武纪末兴凯运动短暂抬升和早奥陶世亮甲山期末怀远运动短暂抬升，分别形成平行不整合接触关系。该时期盆地内发育横亘南北的中央古隆起，将西南部镇原古陆与北部伊盟古陆连接，使得盆地内沉积出现明显分异：盆地中东部

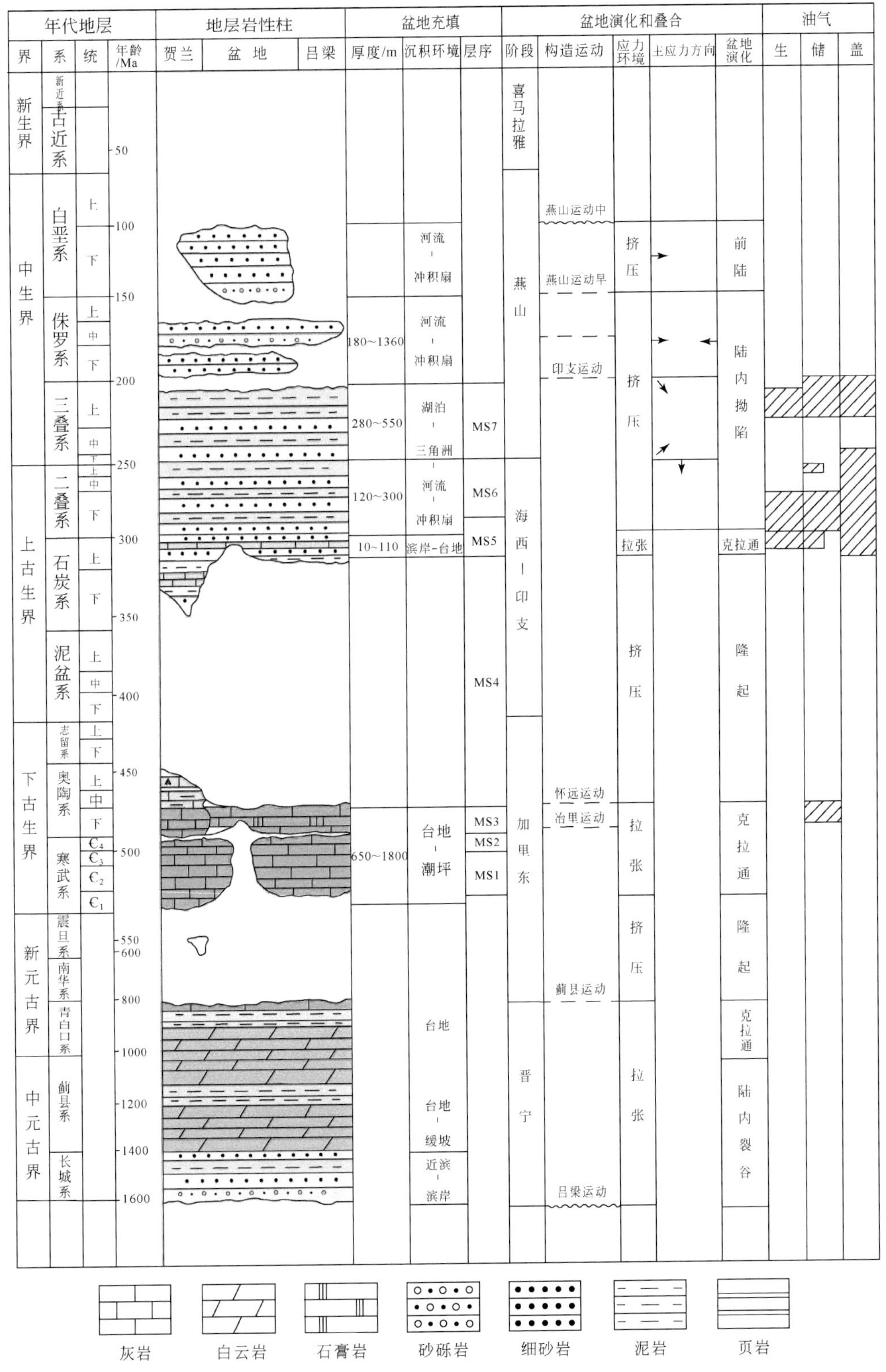

图2-26　鄂尔多斯盆地构造-沉积演化综合柱状图

发育陆表海碳酸盐岩沉积，盆地西、南边缘形成陆缘海沉积格局。

晚寒武世三山子期盆地沉积格局与中寒武世迥然不同，此时中央古隆起开始形成，将盆地海域分为东部华北陆表海沉积和西、南缘秦祁陆缘海沉积。三山子期盆地沿古隆起、古陆发育潮坪相沉积，在早期主要发育泥质白云岩、白云岩与泥岩互层；中期则以中厚层粉细晶白云岩为主，不同剖面上可见竹叶状云岩；晚期沉积在盆地内普遍缺失，残存泥质白云岩、薄-中层粉晶白云岩夹泥岩。晚寒武世后受兴凯运动影响，盆地整体抬升，海水退出鄂尔多斯盆地，结束了寒武纪沉积。早奥陶世，伴随又一次海侵进程，鄂尔多斯盆地周缘再次发生碳酸盐岩沉积。冶里期，在盆地东、南、西边缘形成泥质白云岩、白云岩沉积。早奥陶世亮甲山期海侵加剧，较冶里期海水向盆地淹没，使亮甲山期沉积范围广于冶里期，该时期主要发育中厚层含硅质结核、条带的粉-细晶白云岩。亮甲山组沉积结束后，受怀远运动影响，盆地再次抬升，形成与上覆马家沟组的平行不整合接触。

早奥陶世中晚期，盆地进入新一期海侵过程，盆地内发育马家沟组沉积地层。马家沟组沉积具有明显旋回特征，通常根据岩性组合分为六段，其中第一段、第三段、第五段以发育白云岩为特征，第二段、第四段、第六段以发育灰岩为特征，但马六段残缺不全。马家沟期沉积从西部中央隆起向东呈现围绕隆起向拗陷内环带状分布的沉积物组合，通常第一段、第三段、第五段为泥质云岩、白云岩、膏质云岩、膏盐岩组合特征；第二段、第四段呈现云岩、云质灰岩、灰岩组合特色。盆地西、南缘则以白云岩、云质灰岩、灰岩为特征。马六段沉积结束后，受加里东运动影响，盆地整体抬升，长期遭受侵蚀，形成岩溶风化壳。

3. 中-晚奥陶世碳酸盐岩发育特征

中-晚奥陶世，鄂尔多斯盆地仅盆地西、南缘发生碳酸盐岩沉积。中奥陶世平凉早期西缘以发育薄-中层灰岩、泥质灰岩为特征，晚期则发育泥质灰岩、泥岩；南缘在平凉早期发育泥岩、页岩、泥质灰岩及瘤状灰岩沉积，晚期以中-厚层灰岩及含生物灰岩、礁灰岩为特征。晚奥陶世背锅山期，海水逐渐从西缘向南退出，仅盆地西南及南缘发生碳酸盐岩沉积，形成中-厚层灰岩及礁灰岩沉积。背锅山期沉积结束后，海水整体退出鄂尔多斯盆地，盆地结束了海相碳酸盐岩沉积阶段。

综上所述，鄂尔多斯盆地早古生代碳酸盐岩受构造背景与海平面变化在不同阶段呈现出不同特征，在盆地内受古陆、古隆起影响呈环带状分布，形成了有规律的岩石组合分布样式。

2.2.3 四川盆地形成演化与碳酸盐岩发育特征

四川盆地是建筑在新太古代—早中元古代结晶基底和褶皱基底上的克拉通盆地，其上有稳定的南华纪、震旦纪—古生代—中生代的沉积盖层，海相沉积大致结束于中三叠世末期至晚三叠世早期（图2-27）。西部和北部边缘为古陆（古隆起）所围限，北部的汉南古陆是四川盆地北缘向北突出的岬岛与南秦岭造山带交界（刘鸿允，1955）。汉南结晶基底统称汉南杂岩，为古元古代的后河杂岩和子午杂岩，中元古代和新元古代分别与之不整

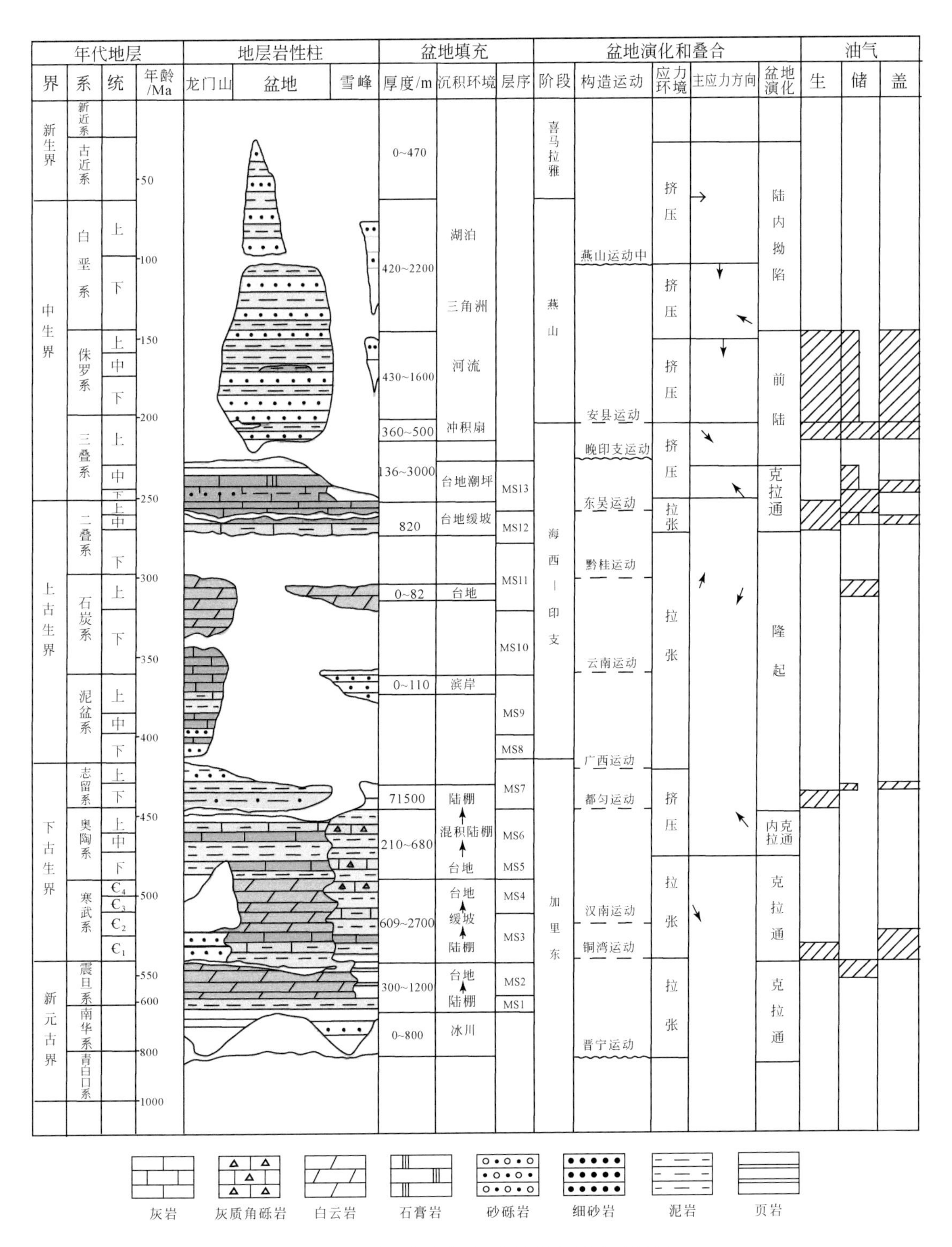

图 2-27　四川盆地构造–沉积演化综合柱状图

合接触。沿边缘有南华纪至早古生代的沉积，并间有海平面下降和构造幕次事件，形成边缘隆起带（陈旭等，1990），向西扩大至四川的广元一带，并提供少量的陆源碎屑。根据产自汉南一带840～820Ma的火山岩和764±2Ma的花岗岩的岩石地球化学数据，认为这是与罗迪尼亚大陆裂解有关的火山岩浆事件（赖绍聪等，2003；赵凤清等，2006）。西部的康滇古陆以古元古代大红山群为基底，东部以绿汁江断裂为界，西为哀牢山断裂限定，是个长期隆起的物源区。早古生代裸露在海平面以上，古地貌表现为东高、西低，向西与扬子西部大陆边缘海相通，向北与川西-滇中古陆间有海道分隔。西部和北部边缘的古陆制约了碎屑岩的展布，构造沉降和全球海平面的变化导致沉积相在时间序列演化上具有从碎屑岩陆架-混积陆架-碳酸盐陆架-碳酸盐岩台地的演化序列。

来自四川盆地西北缘扬子西缘865～765Ma的岩浆岩的岩石地球化学数据指示，伴随罗迪尼亚大陆的裂解，中元古代晚期—新元古代时期，上扬子的西部、北部和东南部边缘发育了多条裂谷，裂谷的中心或三联点的位置大致在荥经、宝兴一带，向北东方向的一支大致沿现今龙门山的后山断裂带，也就是松潘-甘孜地块与扬子地块的边界裂开，裂开的深度已经达到了上地幔，龙门山西侧的甘孜-理塘洋盆可能最早出现在此时期。向北西方向，可能沿丹巴、小金-金川伸入古祁连海域。在绵阳-广元、安康-平利、乐山-内江-女基井一线，有伸进上扬子台地内部的次级裂谷发育，在盆地的东南边缘发育彭水老厂坪和毕节等南华纪裂谷（侯明才等，2017）。

绵阳-广元-长宁裂陷槽发育于震旦纪陡山沱期，至早寒武世筇竹寺阶末最后消亡，大致经历了110Ma。整体呈近南北向展布，呈喇叭状向边缘的开阔海开口，长约200km，最宽处大于100km，最窄处30km，面积约$5.4\times10^4km^2$。深水陆棚相区内发育麦地坪组+筇竹寺组+沧浪铺组黑色含磷硅质岩、硅质白云岩，夹有胶磷矿条带（资4井），环陆棚的外缘发育碳酸盐岩的颗粒滩，其余为台地相的碳酸盐岩。裂陷槽的东侧发育龙王庙组白云岩颗粒滩储层。

川西-滇中裂谷盆地是格林威尔造山后的撞击裂谷（陈智梁，1987），在新元古代早期为造陆运动，因而在拉伸纪1000～900Ma时期无沉积记录。900～800Ma为陆内的裂谷盆地，具有高山深盆的特点，隆起区为地垒，构成上扬子地块最大的物源供给区，裂谷-地堑区充填了陆相碎屑岩和火山岩。川西-滇中裂谷盆地由于为陆相堆积，是格林威尔造山的地质记录。四川盆地内的裂陷盆地分布于黔东-湘西的铜仁、松桃、花垣等，呈北东向延展，止于中扬子和川北的城口一带。在南华纪时，为一继承性的裂陷盆地和热水活动带，具地垒、地堑式结构，由西向东，垒、堑高低的幅度增大。西部在黔东-湘西一带沉积物厚度相差仅百余米，向东则为千余米，并在贵州的铜仁-湖南的松桃间，有南华纪间冰期大塘坡组黑色页岩和锰矿沉积，呈结核状-枕状，反馈深部热水活动。在地垒上陡山沱组底部白云岩直接与南沱组冰积砾岩接触，向上为黑色页岩和硅泥质岩沉积，灯影组也为厚10～20m的硅质岩，向东增厚至百余米，可能代表深部岩石圈的隐伏断裂，具明显的控相作用。克拉通内裂陷带在寒武纪时，早期的地垒-地堑已填平，不具垒堑特征，但为控制碳酸盐岩台地的边缘。

震旦纪—中三叠世，四川盆地主体表现为海相沉积环境，碳酸盐岩普遍发育，首套广泛发育的碳酸盐岩地层为上震旦统灯影组，主要为各类白云岩沉积；寒武系碳酸盐岩主要发育于第二统龙王庙阶龙王庙组和苗岭统与芙蓉统，后两者对应的岩石地层在盆地内部统称为洗象池群（组），在盆地内部同样表现为以多种类型的白云岩沉积。奥陶系碳酸盐岩主要分布于下统的南津关组/桐梓组与上统的宝塔组，前者主要表现为各类白云岩沉积，后者则主要表现为泥晶灰岩或生屑泥晶灰岩，也就是宝塔灰岩。志留系在四川盆地主要表现以泥页岩沉积为特征，碳酸盐岩局部发育，主要为中志留统石牛栏组，其发育区域在川南-黔北地区，主要为眼球眼皮状灰岩、珊瑚礁灰岩等。受加里东构造运动的影响，泥盆系在四川盆地大部分区域缺失大部分层系，现今残留地层主要位于川西北龙门山造山带前缘，呈条带状展布，尤其是四川江油桂溪地区发育较好；其中碳酸盐岩主要发育于中泥盆统及其以上层系。石炭纪地层在四川盆地的分布范围较泥盆纪有明显的扩大，但主要仍集中出现在盆地的南、中北部，及龙门山分区，整个区域北段及川中分区完全缺失石炭纪地层。在盆地内部大范围出露的碳酸盐岩层系主要为上石炭统黄龙组，主要为各种白云岩沉积，在区域上呈现东西向展布，盆地南北地区缺失。二叠系划分为三个统，碳酸盐岩主要发育于中统栖霞组和茅口组，上统吴家坪组和长兴组。栖霞组整体表现为碳酸盐岩发育，主要为各类灰岩，局部发育白云岩沉积，在重庆石柱等地区以及现今开江-梁平等区域开始发育深水的硅质岩；至中二叠统茅口组，盆地继承性发育碳酸盐岩沉积，栖霞组发育的深水沉积环境受海平面升降的影响，其发育区域出现有规律的变化，盆地西南部地区发育碳酸盐岩与陆源碎屑岩混合沉积。吴家坪组沉积期，碳酸盐岩主要发育于川中至川北地区，峨眉山地区演变为宣威组碎屑岩沉积，古蔺等区域则发育龙潭组煤层，其他地区则以发育吴家坪组碳酸盐岩沉积为特征。长兴组沉积期，四川盆地整体表现为碳酸盐岩沉积，但在开江-梁平地区和德阳-武胜地区发育两个较深水陆棚沉积，见有硅质岩发育。早中三叠世，四川盆地为连续性沉积，与晚二叠世地层间无明显沉积间断，下三叠统飞仙关组与嘉陵江组整体仍然表现为海相沉积。飞仙关组沉积期，峨眉山地区表现为东川组沉积，以紫红色泥岩和灰白色鲕粒灰岩、泥晶灰岩沉积为特征，盆地其他地区则表现为飞仙关组碳酸盐岩沉积，至飞仙关组沉积晚期开江-梁平陆棚被填平补齐。嘉陵江组沉积期，四川盆地整体上表现为碳酸盐岩沉积，同时发育有巨厚的盐层。中三叠统安尼阶碳酸盐岩主要分布于龙门山及川中分区，组名雷口坡组，由台地相的白云岩、泥质白云岩、角砾白云岩、灰岩及膏盐层组成，底部常夹杂色泥岩，黔北-川中分区及鄂川黔分区北、中北段则相变为紫红色、灰绿色页岩、粉砂岩、泥灰岩的巴东组沉积。拉丁阶的天井山组，仅见于龙门山分区及川中分区西缘，分布范围很小，主要由台地相的块状灰岩组成。

2.3　三大盆地构造-沉积演化规律

2.3.1　三大盆地构造-沉积演化的共同性

2.3.1.1　塔里木与四川盆地的共同性

塔里木盆地与四川盆地因其基底形成时代与上覆沉积建造的相似性而被认为二者具有

亲缘关系（罗志立，2000）（表2-1）。它们的基底都在8亿年前的构造运动（塔里木运动或晋宁运动）中固结，形成相对稳定的克拉通。这些规模较小的克拉通，都具有基底组成的非均一性，塔里木地块基底南、北（现今方位，下同）岩相带不同，中间以北纬40°近EW向展布的高磁异常带为界（何登发等，1996），指示南、北地块可能最终沿该带拼合。四川地块则以NE、NNE向断裂为界，西、中、东三分，西部以中元古界黄水河群中等程度变质岩为基底，东部以新元古界浅变质的板溪群为基底（图2-28），中部以新太古界康定群的高级变质岩为基底（罗志立，1998；何登发等，2011）。这种分块结构直接制约了后期盆地的构造-沉积演化。

表2-1　塔里木盆地与四川盆地构造演化对比表

类别	塔里木盆地	四川盆地
新生代环境	青藏高原北缘	青藏高原东南缘
基底非均一性	南、北分块	东、西（NE向）分块
伸展-聚敛旋回	Z-S（$-D_2$）；D_3d-T；J-Q	Nh-Z-S；D-T；J-Q
地质结构与深部背景	盆地基底、莫霍面等同步起伏；5～3Ma；岩石圈尺度褶皱	地壳各界面同步起伏；地壳尺度褶皱
	多重滑脱构造变形系统；古亚洲洋、古特提斯体系对接；南天山/西昆仑山体系、孔雀河/塔东南体系相接	陆内体系对接；龙门山/川东-雪峰山东体系
	古隆起：发育、演化、变迁；塔北、塔中、和田、塔南、塔东	川中、泸州、开江、剑阁、绵阳、新场、大兴
陆内变形机制	陆内俯冲制约库车：前方前陆；塔里木南部：后方前陆	大巴山：J_3以来； 米仓山：J_3-K_1； 龙门山：J_3以来陆内变形带
二叠纪火山活动	33万km^2	50万km^2
地块顺时针旋转	D以来旋转42°	T_3以来旋转38°

两个盆地经历了时限相近的三个伸展-聚敛旋回，塔里木盆地为Z-S（$-D_2$）、D_3-T、J-Q（何登发等，1998，2005b），四川盆地为Nh-Z-S、D-T、J-Q（何登发等，2011），为原特提斯（古亚洲洋）、古特提斯、新特提斯三个阶段的产物（许志琴等，2011；张国伟等，2013）；在原特提斯演化阶段，可能发育Nh-Z、Z-S两个次级伸展-聚敛旋回，寒武系底部不整合面为其分界面，这一阶段形成的沉积建造构成了二者重要的生、储、盖组合（图2-29）。演化至新生代晚期，二者处于强烈的挤压构造背景，分别位于青藏高原的北缘与东南缘。5～3Ma以来的强烈挤压作用，使塔里木盆地的基底、康氏面、莫霍面同步起伏（张家茹等，1998），即表现为岩石圈尺度的褶皱（何登发等，2016），使隆起带与拗陷带相间分布。

四川盆地的地壳各界面也具有同步起伏的特点（Wei et al.，2008），莫霍面也被褶皱，地壳与岩石圈地幔之间可能被拆离。不同时期的挤压事件形成了多重滑脱构造变形系统，

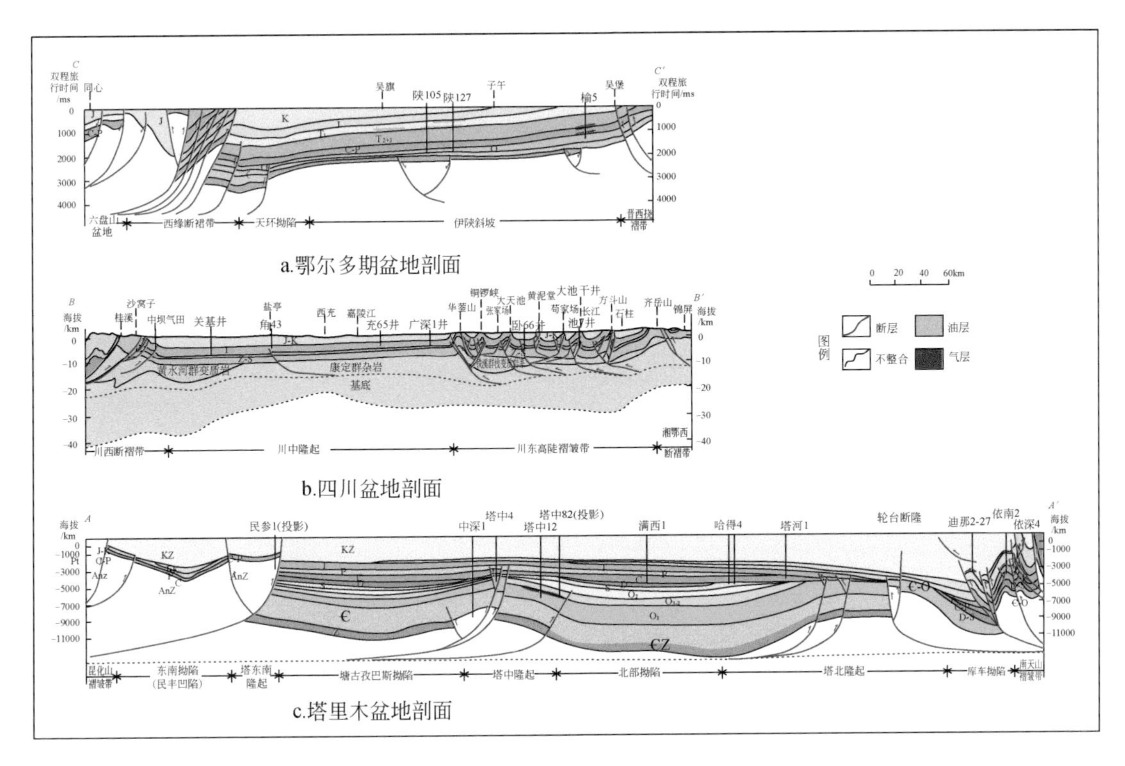

图2-28　中国西部三大海相沉积盆地的构造地质横剖面图

这是二者在地质结构上的鲜明特色。在塔里木盆地中部，北侧古亚洲逆冲构造体系与南侧的特提斯逆冲构造体系及它们在新生代的复活冲断体系发生对接（许志琴等，2011），形成盆地尺度的拆离滑脱系统，如南天山冲断体系与西昆仑冲断体系沿喀什-巴楚一线相连，孔雀河逆冲体系与阿尔金冲断体系在塔东低凸起-英吉苏凹陷一带相接。在四川盆地，来自龙门山的逆冲推覆系统与来自江南-雪峰的陆内冲断系统在华蓥山构造带相接（何登发等，2012）。

塔里木盆地与四川盆地的古隆起的形成演化、迁移、旋转等都很复杂（何登发等，2008b；He et al.，2009）。塔北、塔中、塔南、巴楚、和田、塔东等古隆起性质各异（贾承造，1997），受控于周缘边界条件的不断更替，古隆起此涨彼伏。而在四川盆地区，有桐湾期（威远、磨溪）、加里东期（乐山-龙女寺、天景山）、东吴期（通江-泸州）、印支期（泸州、开江、剑阁、汉南）、燕山期（大兴、都江堰-新场）等不同走向、不同形态、分布变化多端的古隆起（宋文海，1985，1989；孙衍鹏和何登发，2013；徐春春等，2014；魏国齐等，2015），就喜马拉雅期而言，盆地内部的一系列NEE、NE、NNE向背斜带（如九龙山、通南巴、龙泉山、华蓥山、齐岳山等）即是隆起构造带。

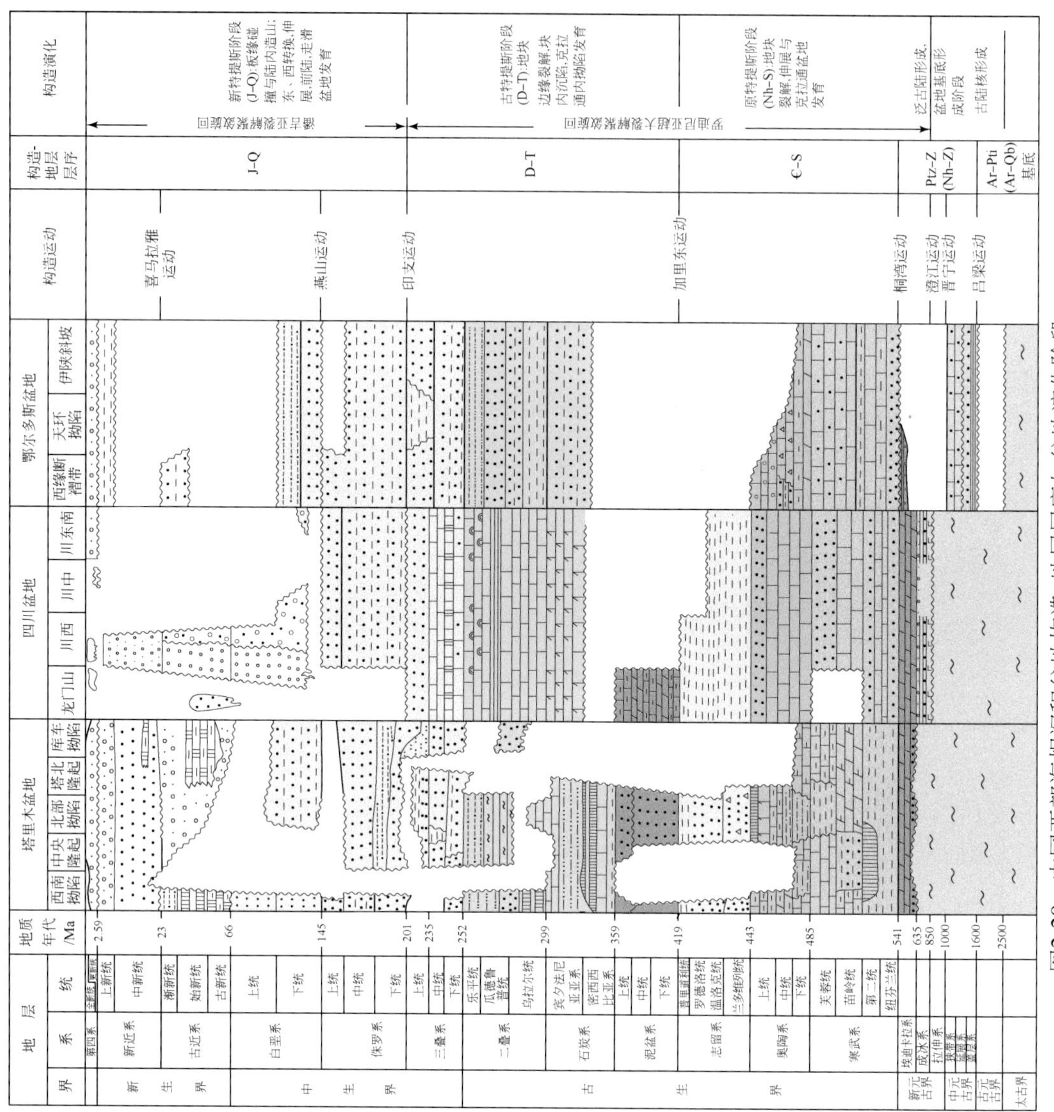

图2-29　中国西部海相沉积盆地构造-地层层序与盆地演化阶段

上述构造特征在很大程度上与陆内构造变形相关，表现为克拉通地块向周缘造山带下的俯冲与挤入。四川地块表现为板块构造围限下的陆内构造过程（张国伟等，2013），在晚侏罗世—早白垩世，四川地块北缘向南秦岭之下俯冲、楔入，大巴山带则自北而南逐渐卷入变形，形成多重滑脱的前展逆冲推覆构造系统；米仓山也是这一事件的产物，只不过隆起的时间发生在早白垩世末期以来；龙门山则明显是陆内造山的产物，30Ma 以来发生多期隆升及向盆地的冲断（Wang et al.，2012；Deng et al.，2013），四川盆地向其下俯冲，西界达龙日坝断层一带（Guo and Zeng，2015），龙门山前构造楔相叠加，导致山脉的阶段性隆升（Lu et al.，2014，2019）。塔里木地块向北的陆内俯冲为宽频带地震反射揭示出来（Li et al.，2016），塔里木克拉通向天山之下的陆内俯冲，导致天山向南、向北冲断，分别形成库车前方-前陆（pro-foreland）与准南后方-前陆（retro-foreland），这种双指向的前陆冲断系统（Naylor and Sinclair，2008），变形自山前向盆地内部传递。塔里木地块向南的陆内俯冲为深反射地震与宽频带反射地震等揭示出来（Kao et al.，2001；李秋生等，2004；刘因等，2011；Gao et al.，2013），在该部位，印度大陆岩石圈为俯冲的主动盘，塔南处于后方-前陆部位，但仍有 80～100km 以上的地壳缩短。

二者的相似性还表现在地块均发生了顺时针旋转。塔里木地块在晚泥盆世以来旋转了42°（方大钧和金国海，1996），四川地块在晚三叠世以来旋转了 38°。均是响应周缘洋盆闭合与陆内俯冲。塔里木盆地与四川盆地在二叠纪都发生了巨量玄武岩的喷发。塔里木盆地发生在中西部，面积达 $33\times10^4\,km^2$ 以上，时间在早二叠世（287Ma±）（杨树锋等，1996；Jing and Tian，2013）。四川盆地发生在西南部及其外围，面积达 $50\times10^4\,km^2$ 以上，时间在晚二叠世（259Ma±）；对川西北广元、川东北开江-梁平一带也有重要影响。这一构造热事件是两个盆地在该期大规模生烃、成藏的主要动因。

2.3.1.2 鄂尔多斯与四川盆地的共同性

华北地块与华南地块在晚三叠世完成主体碰撞以来（张国伟，2001），分别在其南缘与北缘形成了前陆盆地系统（Liu et al.，2015；何登发等，2016）（表 2-2）。由于二者的拼合呈东早、西晚的剪刀状闭合，因此前陆盆地的发育也具有东早、西晚的趋势。进入中侏罗世晚期—晚侏罗世，华南地块向南秦岭之下发生陆内俯冲（袁学诚等，2008；Dong et al.，2013），原前陆盆地系统之上叠加了这一陆内俯冲作用引起的变形，分别形成米仓山-大巴山前方-前陆盆地系统（pro-foreland basin system）与北秦岭（-渭河）后方-前陆盆地系统（retro-foreland basin system），二者呈扇状分布于秦岭造山带的两侧。

贺兰山-六盘山、龙门山带在 J_2^2-J_3 发生的陆内构造变形（刘池洋等，2000；何登发等，2016），形成了自西向东的陆内冲断系统及其前陆盆地带，这一过程延续至早白垩世。自晚白垩世以来，鄂尔多斯盆地与四川盆地都表现为隆升剥蚀，均经历了晚白垩世、古近纪、新近纪—第四纪三个隆升阶段。这一事件对二者的影响是非常重要的，它们均于早白垩世末期达到最大埋深，储层致密化、生烃高峰均与此相关。其后的隆升事件导致煤层气解吸、水溶气脱气、油气藏调整与重新分布等发生。

二者的西南缘均在中新世晚期以来遭受了压扭改造。鄂尔多斯盆地的西南缘发育海原、中卫-同心、青铜峡-固原等走滑-逆冲断裂带，它们分别活动于 10Ma、5Ma、1～2Ma

以来，呈前展式变形。四川盆地的西南缘受鲜水河–小江断裂、大渡河断裂等控制（Wang et al., 2015），发生强烈的压扭构造变形。

表 2-2　鄂尔多斯盆地与四川盆地构造演化对比表

类别	鄂尔多斯盆地	四川盆地
晚期隆升	K_2 以来隆升：K_2；E；N–Q	K_2 以来隆升：K_2；E；N–Q
陆内变形	J_2 晚期/J_3 以来周缘挤压	J_2 晚期/J_3 以来周缘挤压
块体拼合	T_3 主体拼合：盆地南缘前陆系统	T_3 上扬子北缘前陆盆地带
早期伸展	盆内 NNE 向、贺兰山–六盘山带 Pt_3 –（O_1）裂陷	Nh；Z–$€$ am. 1 盆内及周缘裂陷
陆内裂陷–陆内造山	贺兰山、六盘山	龙门山；江南—雪峰山
盆地西南缘压扭性断裂改造	海原断裂、青铜峡–固原断裂	鲜水河–小江断裂
不整合面结构	C_2t/O_1；J_{1-2}/T_3y	C_2hl/S；J_1b/T_3x
油气共性	气层：O、C、PC_2–P 区域性生–储–盖组合 T_3y 生–储–盖组合	气层：Z_2dn、$€_1$、S、P、TC_2–P 区域性生–储–盖组合 T_3x 生–储–盖组合
地貌	黄河绕行（油闻名）	长江绕行（气闻名）

二者地质结构的相似性表现在盆地底层的伸展构造及沉积盖层中不整合面的发育上。在新元古代—震旦纪—寒武纪，都发育一系列裂陷带（刘树根等，2013a；杜金虎等，2016），其中黑色页岩是优质的烃源岩，这已为高石 17 井、资阳 1 井所钻遇。在沉积盖层中，上石炭统（太原组或黄龙组）底部不整合、侏罗系底部不整合均是区域性不整合，为大型构造转换面；在其上、下往往有区域性油气聚集（何登发等，2012），如川东上石炭统白云岩气田、下侏罗统珍珠冲组油藏，鄂尔多斯上石炭统砂岩气田、下奥陶统白云岩风化壳气田、侏罗系底部古河道砂体油田等。

2.3.1.3　塔里木与鄂尔多斯盆地的共同性

塔里木盆地与鄂尔多斯盆地均位于中央造山系以北，古亚洲造山系以南；在新生代处于青藏高原北缘或东北缘。相似的大地构造部位，决定了构造层发育的相近特征，塔里木盆地发育 AnZ、Z–D_2、D_3–T、J–Q 构造层，鄂尔多斯盆地因缺失 O_3–C_1 地层，发育 AnZ、Z–$O_{1(-2)}$、C_2–T、J–Q 构造层，从而决定了构造层叠加的相似性。

二者在 Z、（D_3–）C、J 等底部发育区域不整合面（何登发和谢晓安，1997）。塔里木盆地还发育新生界底部不整合面（何登发，1994；贾承造，1997），鄂尔多斯盆地在西南缘见到该不整合面（E_2h 底部不整合面）。这反映出二者经历了相似的区域构造事件。例如：①在 O_2–S（–D），塔里木地块南缘经历了强烈的挤压构造作用，在玉北–塘北、塘南、塔南隆起带形成了 5 ~6 排冲断或反冲断裂系统，其发育与北昆仑洋、阿尔金洋在这一时期的闭合以及中昆仑、阿尔金等地体与塔里木地块的碰撞拼合有关（刘良等，2009，2013；许志琴等，2011）；鄂尔多斯地块南缘也经历了相似的挤压过程，其成因与北秦岭洋盆（丹凤蛇绿岩带为代表）的闭合有关（张国伟，2001；Dong et al., 2012），其前陆挤压构造系统发育在秦岭北缘–渭北一带；②其上发育了海陆过渡相石炭–二叠系，含多层煤或煤线；③二者的南、北缘都经历了伸展–聚敛旋回，它们北侧的聚敛时期也较为接近，塔里木盆地的北缘发育在 C_1末–P（–T?），为南天山洋闭合的时期（何国琦等，1994；高俊和张立飞，2000）；鄂尔多斯盆地的北缘发生在 P_2（–T）（李锦轶，2007；Xu et al.，2013），与西拉木伦河或索伦洋盆的闭合有关；④K_2期间，两个盆地都发生隆升。

长期的构造叠加在盆地内部发育大型古隆起，尤其是中央古隆起。塔里木盆地发育巴楚、塔中、塔东等雁列状凸起带，在鄂尔多斯盆地为“L”形古隆起，其西南部隆起最高，出露寒武系。环绕这些古隆起，往往发育台缘高能礁、滩相带，如在巴楚–塔中凸起带两翼、一间房组（O_2yj）、吐木休克组（O_3t）、良里塔格组（O_3l）发育长链状礁滩相带（高华华等，2016）；在鄂尔多斯盆地西缘、渭北一带，发育奥陶纪台地边缘相带，它们构成有利的储集体。

二者的主力产层为奥陶系。在塔里木盆地为 $O_{1-2}ys$、O_2yj、O_3l，在鄂尔多斯盆地为 O_1m；前者主要产油，如塔河–轮南油田，后者主要产气，如靖边气田，具体见表2-3。

表2-3　塔里木盆地与鄂尔多斯盆地的共同点

类别	塔里木盆地	鄂尔多斯盆地
大地构造位置	中央造山系以北、古亚洲造山系以南；青藏高原北缘	中央造山系以北、古亚洲造山系以南；青藏高原东北缘
区域不整合面	Z、(D_3–) C、J、K_2 底部	Z、C_2t、J 底部
多旋回叠加	AnZ；Z–D_2；D_3–T；J–Q	AnZ；Z–$O_{1(-2)}$；C_2–T；J–Q
构造事件	Pt_3–Z–Є am.：伸展、断陷	Pt_3–Є am.：NE 向裂谷带
	O_{2-3}南缘强烈挤压，北昆仑–阿尔金洋闭合；挤压延续至 S–D_2	O_{2-3}–（S–D）南侧强烈挤压，北秦岭洋（商–丹带）闭合
	C–P_{1-2}：海陆过渡相，塔西南地区含煤线	C_2–P_1：海陆过渡相、含煤层
	南、北缘经历伸展–聚敛旋回；北缘 C_1 末–P/T 挤压	南、北缘经历伸展–聚敛旋回；北缘 C_1 末–P/T 挤压
	K_2 隆升；东邻阿拉善地块	K_2 隆升；西接邻阿拉善地块
地质结构	发育巴楚、塔中、塔东雁列状中央古隆起	发育“L”形中央古隆起
沉积建造	Є am.，O 盆地内部发育台缘带礁、滩体	Є am.，O 西、南缘发育台缘带礁、滩体
海相主要产层	主要产层：$O_{1-2}ys$、O_2yj、O_3l	主要产层：O_1m
地貌	沙漠、戈壁	黄土高原

综上所述，三者均是以前寒武纪克拉通为基础发展起来的多旋回叠合盆地（图2-29），且大部分为前陆盆地与克拉通边缘拗陷或克拉通内拗陷的叠合盆地（孙肇才和谢秋元，1980；童晓光和梁狄刚，1992；何登发等，1996，2005b，2011；贾承造，1997）（表2-4）。在大地构造位置上，处于古亚洲体系与特提斯体系的复合作用区（许志琴等，2011），或者说在古生代处于结构复杂的冈瓦纳大陆的北部边缘，在中新生代处于作用强烈的劳亚大陆的南部边缘（任纪舜，1990）。因此，地块周缘的构造事件对其内部产生了

深刻的影响，表现为盆地内部区域不整合面众多，如南华系或震旦系、石炭系、侏罗系、新生界等的底部不整合面。由于构造事件相近，这些不整合面的时间间隔与性质也较为接近。导致盆地的构造–地层层序具有纵向上三分特点，如 Z–D_2、（D_3–） C_2–T、J–Q，且都缺失 K_2地层。震旦系、下古生界全为海相层系，上古生界主体为海陆过渡相或海相沉积，仅在四川盆地海相层系上延至中三叠统或上三叠统下部马鞍塘组。

表 2-4　塔里木盆地、四川盆地与鄂尔多斯盆地构造演化对比表

类别	塔里木盆地	四川盆地	鄂尔多斯盆地
盆地类型	（前陆/克拉通）叠合盆地	（前陆/克拉通）叠合盆地	（前陆/克拉通）叠合盆地
大地构造背景	古亚洲/特提斯体系复合区	古亚洲/特提斯体系复合区	古亚洲/特提斯体系复合区
基底构造	前寒武纪（8 亿年前）克拉通	前寒武纪（8 亿年前）克拉通	前寒武纪（18 亿年前）克拉通
区域不整合面	Nh、（D_3–）C、J 底部不整合	Nh、C_2h、J 底部不整合	Nh、C_2t、J 底部不整合
海相层系	Z_1s–P_2	Z_1ds–T_2	Z–O_2（C_2–P_1 海陆过渡相）
构造–地层层序	AnZ；Z–D_2；D_3–T；J–Q 大部分缺 K_2 地层	AnNh；Nh–S；C_2–T；J–Q 缺 K_2 地层	AnZ；Z–$O_{1(-2)}$；C_2–T；J–Q 缺 K_2 地层
初期伸展事件	Nh–Z：库鲁克塔格–塔东；塔西南缘	Nh–Z–€am.：龙门山、江南–雪峰；绵阳–长宁裂陷槽	Pt_3–Z–€am.：贺兰山–六盘山；盆地内部 NNE 向裂陷带
深部盐层及盐下生–储–盖组合	€am. 2 盐层及 €am. 1y – Cam. 1x – Cam. 2 生–储–盖组合	€ am. 2 盐层及 € am. 1q – € am. 1l–€ am. 2 生–储–盖组合	$O_1m_5^6$ 膏盐岩；$O_1m_5^{7-10}$ 盐下组合
古生界油气产出	下古生界占主导：O；上古生界也赋存：C	下古生界占主导：Z_2dn、€ am. 1l；上古生界占主导：C_2h、P	下古生界占主导：O_1m；上古生界占主导：C_2t、P
油气分布特征	古隆起、台缘带、断裂带	古隆起、台缘带、断裂带	古隆起、台缘带、岩相带

三者的海相地层中均发育膏盐岩地层，其下的生–储–盖组合基本一致，且是重要的含油气层系。如塔里木、四川盆地的下寒武统玉尔吐斯组（或筇竹寺组）生–下寒武统肖尔布拉克组（或龙王庙组）储–中寒武统膏盐岩盖，鄂尔多斯盆地在下奥陶统马家沟组第六段（$O_1m_5^6$）发育 50 ~ 130m 的膏盐层，其下地层（O_1m、€ am.）发育了重要的储集体。这一组合主要与新元古代—早古生代初的克拉通地块边缘（如库鲁克塔格–满加尔、北昆仑、江南–雪峰、龙门山、贺兰–六盘山、北秦岭等地区）或克拉通内部（如塔东、绵阳–长宁、鄂尔多斯地块中央三个 NNE 向带等）的伸展过程有关，这一事件也具有全球可对比性。

古生界为三大盆地的主要油气产层，其中奥陶系、石炭系为区域性储集层。塔里木盆地（O_{1-2}ys、O_2yj、O_3l）、鄂尔多斯盆地（O_1m）的奥陶系油气丰富；四川盆地目前含气层系相对靠下，为下寒武统、上震旦统。上石炭统（如川东地区黄龙组白云岩，鄂尔多斯盆地太原组砂岩，塔里木盆地卡拉沙依组砂岩、小海子组灰岩）为三者的区域性油气产层。

三者的油气分布受古隆起、台缘带与断裂带的控制。古隆起控油非常清楚（何登发等，1998；He et al.，2009）。台缘带如奥陶系台地边缘高能相带（礁、滩等）、二叠系与三叠系的台地边缘相带常含丰富油气，如塔中Ⅰ号带油气田，普光、龙岗、元坝等气田（Ma et al.，2006；郭旭升等，2010）。断裂带为油气富集带（何登发等，2008b，2009），这与断裂可能成为油气运移通道、改造岩石成为储集体等有关；若在前陆区，它们常是断层相关褶皱背斜带及其叠加，为有利的圈闭组合，如库车博孜-大北-克拉苏天然气聚集带，目前已是万亿立方米储量分布区（王招明等，2014）。在鄂尔多斯盆地，岩相带对油气分布也有明显的控制作用。

2.3.2 三大盆地构造-沉积演化的差异性

2.3.2.1 塔里木与四川盆地的差异性

二者的最大差异是新生代以来塔里木盆地发生急剧挠曲沉降，充填了厚达3000～10000m的沉积物（何登发等，2013），而四川盆地发生快速隆升、剥蚀，仅在盆地西南缘有200～800m厚的沉积（图2-28、图2-29，表2-5）。这一差异是盆地地质结构与油气分布不同的关键因素。

表2-5 塔里木盆地与四川盆地构造-沉积充填的差异性对比表

类别	塔里木盆地	四川盆地
新生代以来	挠曲：巨厚沉积充填	隆升；仅西南缘沉积
海相碳酸盐岩发育层位	Z-O；C_1b；K_2y-E_2k	Z-T_2l
台盆分异	Є：东、西分异；O：台地分异	早（Z-$Є_1$）、晚（P_3ch-T_1f）分异，总体不高，台地发育
不整合结构	角度不整合发育（差异升降）	平行不整合发育（整体隆升）
盆-山边界	冲断占主导；压扭次之四周封口	冲断为主；西南缘压扭南未封口
构造演化	洋—陆—陆内	板块围限下陆内过程
油气聚集	有油：有气O占主导P无、少K_1前陆区占主导南、北分带聚集C_1k膏泥（盐）大部分封盖S砂岩发育Z油气田少J盆边生油生气	气多；油（J）少O少P占主导K_1少2～3个台缘礁滩带富集T_1j/T_2l膏盐封盖S_1l黑色泥岩发育Z_2dn大气田，含油气丰度高J盆地中央生油
勘探地表条件	沙漠、戈壁；横向河流发育	丘陵、山地

二者的海相沉积层位也有差异。塔里木盆地的海相地层发育在震旦系—中二叠统，在西南拗陷还发育上白垩统—始新统卡拉塔尔组灰岩；四川盆地的海相地层发育在震旦系—中三叠统雷口坡组，盆地西部在上三叠统底部的马鞍塘组、小塘子组还有海相地层发育。二者最上部的海相地层目前都已发现了油气田，如柯克亚油田、川科1井-彭州1井气田。

受控于周缘强烈的构造作用，克拉通台地内部分异较强。塔里木盆地在寒武纪—奥陶纪产生东、西分异，西部台地内沉积厚度大，东部拗陷内沉积厚度较小，其间为台地边缘及斜坡带沉积，迁移性明显；在晚奥陶世桑塔木组沉积期，东部拗陷快速充填，实现由东、西分异再次向南、北分异的转变（何登发等，2005b）。四川盆地不同时期台地极其发育，类型多样，仅在震旦纪—早寒武世、晚二叠世—早三叠世发生分异，形成绵阳-长宁裂陷槽、开江-梁平台棚，其内有深水陆棚相沉积，成为优质的烃源岩。这些快速沉陷带的发育与两个时期的“地裂”运动密切相关（罗志立，1985；刘树根等，2016）。

二者的构造演化过程及环境有所差异。塔里木盆地经历了震旦纪—三叠纪周缘洋盆体制→侏罗纪—白垩纪大陆体制→新生代以来陆内俯冲及其变形的演化过程；四川盆地则以板块构造围限下的陆内过程为主，如江南-雪峰、龙门山造山带为典型的陆内造山带，南、北两侧的洋盆距其相对较远，侏罗纪晚期以来也进入陆内俯冲与造山时期，逆冲变形强烈。有意思的是，塔里木盆地的区域不整合面多为角度不整合面，体现出周缘构造事件对盆地的强烈影响；四川盆地的区域不整合面多为平行不整合面，反映出距板块边界的距离较远、构造作用相对和缓，这一特征仅在晚新生代以来被打破。

二者的盆-山边界与盆-山耦合方式也有差异。塔里木盆地的西南、北缘以冲断为主、压扭略弱；东南、西北则走滑较强，逆冲次之；盆地四周封口。四川盆地的西、北、东北边界受陆内俯冲控制，边界带地貌变化明显，山前发育单斜带，其下构造楔叠加发育；东南则发育多重滑脱构造变形系统，在较大范围内出现隔槽式、隔挡式褶皱带；刘树根等（2011）形象地将这两种方式称为突变型与渐变型盆-山边界。

2.3.2.2　鄂尔多斯与四川盆地的差异性

两个盆地在若干方面都表现出较大的差异性（表 2-6）。

表 2-6　鄂尔多斯盆地与四川盆地构造-沉积演化差异性对比表

类别	鄂尔多斯盆地	四川盆地
基底构造	18 亿年前吕梁运动；固结程度高、较为整体；岩石圈厚	8 亿年前晋宁运动；固结程度低；分异强；三分、莫霍面褶皱
旋回性	Pt_3-O_2；C_2-T；J-K_1；(E-Q)	Nh-S；C_2-T；J-Q
新生代演化	E_2 以来周缘裂陷	E_2 以来周缘挤压
古隆起	L 形中央古隆起；伊盟隆起；迁移不明显、现今呈单斜形态；断裂不发育；小挠曲	隆-拗分异大；迁移快；起伏状态（龙门山-齐岳山）；断裂、背斜发育
地块旋转	逆时针旋转	顺时针旋转
盆地边界	北边未收口	南边未收口
油气聚集	O 占主导 T_3y 生油 O_1 顶风化壳（加里东运动）$O_1m_5^6$ 含盐南油、北气	O 少 T_3x 生气；J_1z 生油 Z_2dn 风化壳（桐湾运动）$Є_{1-2}$、T_1j 含盐中油、全盆气
地貌	黄土高原	山地、丘陵

基底的固结时间不同。鄂尔多斯盆地的基底形成于 18 亿年前的吕梁运动，四川盆地的基底形成于 8 亿年前的晋宁运动。前者比后者要稳定得多，构造分异弱，岩石圈厚度较大，鄂尔多斯盆地北部岩石圈的厚度达 200km。

上覆沉积盖层的构造层略有差异。鄂尔多斯盆地的构造隆升发生在 O_2–C_1，四川盆地的构造隆升发生在 S_2–C_1，前者经历的时限长达120Ma。虽然在 K_2 以来均发生隆升，但在 E_2 以来，鄂尔多斯盆地的周缘断陷，形成渭河、银川与河套等地堑，内部逐渐形成黄土高原；四川盆地的周缘强烈挤压，内部形成构造盆地，河流强烈下切，但盆地南侧与贵州境内构造带相连，盆地向南未收口。

长期的构造发展使盆地隆、拗格局出现变化。四川盆地如前所述不同时期的隆起分布位置不一样，表现为迁移性强，继承性差，改造程度高。鄂尔多斯盆地的古隆起如伊盟隆起、中央古隆起（"L"形）的继承性强，断裂不发育，仅发育一些小的褶曲；现今处于伊陕大单斜之下，西沉东翘，但隆起位置基本保持不变。

由于华南地块与华北地块在 T_3 碰撞拼合，自东向西呈剪刀状发生，鄂尔多斯地块呈逆时针旋转，华南地块呈顺时针旋转。在新生代晚期受周缘断裂带或地块活动的影响（Wang et al., 2015），这种地块旋转进一步发生，使二者的西缘、西南缘发生压扭改造，油气重新定位。

2.3.2.3 塔里木与鄂尔多斯盆地的差异性

塔里木盆地与鄂尔多斯盆地的差异在新生代最为鲜明（图2-28、图2-29，表2-7）。前者处于挤压构造环境，有巨厚沉积充填，盆地面积的缩小是周缘的逆冲、掩伏造成的；后者主体处于伸展构造环境，大部分没有沉积，盆地范围的减小是周缘的断陷、分割导致的。

表2-7　塔里木盆地与鄂尔多斯盆地的构造–沉积演化差异性对比表

类别	塔里木盆地	鄂尔多斯盆地
新生代过程	K_2：挤压	K_2：伸展；西南角压扭
岩浆活动	P_{2-3}：>30万 km^2 玄武岩	J_{2-3} 西缘玄武岩
地块旋转	D_3 以后顺时针旋转42°	T_3 以来逆时针旋转60°
盆地面积减小方式	周缘推覆、掩盖	周缘伸展、肢解
沉积建造	O_3–S–C_1 发育；K_2 巨厚	O_3–S–C_1 未沉积；K_2 未沉积（西南角除外）
地质结构	隆、拗分异强；变换快；基底活动性强	Є am.–O 及以上单斜（伊陕斜坡），分异弱；基底后期活动弱
热体制	P_{2-3} 最高古地温；降温体制	K_1 末最高古地温
盐层发育	Є am. 2 西部局限台地内膏盐岩；Є am. 1y–Є am. 1x–Є am. 2 生–储–盖组合	$O_1m_5^6$，东部盐洼、膏盐岩；$O_1m_5^{7-10}$ 盐下组合
油气分布	油在台盆区（O、C），塔北–满西–塔中呈新月形富集；气以山前带（K_1）为主，台盆区（O_1）也赋存；下生上储（Є am. 1y，J_{1-2}，P_2p 烃源）晚期快速深埋，勘探目的层深	油在西南部（T_3–J）富集；满盆含气（O_1m/C_2–P）；油：下生上储、自生自储；气：自生自储、上生下储早期深埋、成岩强，低孔低渗为主
地貌、水系	边缘横向河流：库车河、和田河；中央纵向河流：克孜勒苏河、塔里木河	边缘：黄河、渭河；中央：短流程河流

塔里木盆地与鄂尔多斯盆地在沉积建造方面存在差异。前者有 O_3-S-C_1沉积；后者则缺失；前者中西部的二叠系玄武岩分布面积超过 $30\times10^4km^2$；后者在该期稳定，仅在中晚侏罗世于盆地西缘局部发育玄武岩（杨华等，2011b）。区域性岩浆活动使前者在二叠纪晚期达到最高古地温状态，其后处于降温体制；后者则在早白垩世末期达到最高古地温，其后处于隆升、降温过程；这一事件的直接结果是前者的主成藏期在二叠纪，后者的主成藏期在早白垩世末期。

塔里木地块在 D_3以来顺时针旋转 42°；鄂尔多斯地块在 T_3以来逆时针旋转 60°。这种作用对盆地内部沉积物的供给与分散产生了重要影响。

上述构造事件使塔里木盆地与鄂尔多斯盆地的地质结构明显不同。前者隆-拗分异明显，古隆起改造强烈，变化快，基底构造对其影响较强（何登发等，2009）；后者寒武系—奥陶系具有隆-拗分异，但继承性强，上部地层结构平缓，现今呈单斜形态，基底断裂对上覆盆地的控制不强（图 2-28c），仅在中东部 NE 向基底断裂对油气运移可能有一定程度的影响（赵文智等，2003）。

二者的盐层分布层位有高、低之分。塔里木盆地在中寒武世于西部局限台地中发育了厚度达 200 ~ 300m 的膏盐岩沉积，与下部的下寒武统构成区域性的生-储-盖组合；鄂尔多斯盆地则是在早奥陶世于中央古隆起东侧发生沉降，于局限环境中沉积了面积超过 $5\times10^4km^2$的膏盐岩沉积（$O_1m_5^6$），与盐下 $O_1m_5^{7-10}$ 及 O_1m_4 等构成有利的储盖组合。

综上所述，三大盆地在构造位置、盆地性质、稳定性、基底性质、内部结构等方面均存在明显的差异性（表 2-8）。塔里木盆地与鄂尔多斯盆地的差异在新生代最为鲜明。前者处于挤压构造环境，有巨厚沉积充填，盆地面积的缩小是周缘的逆冲、掩伏造成的；后者主体处于伸展构造环境，大部分没有沉积，盆地范围的减小是周缘的断陷、分割导致的。

表 2-8　塔里木盆地、四川盆地与鄂尔多斯盆地的差异性

类别	塔里木盆地	四川盆地	鄂尔多斯盆地
盆地性质	活动性强	活动性强	活动性相对较弱
大地构造背景	古亚洲/特提斯体系对接；青藏高原北缘	特提斯体系复合区；青藏高原东南缘	古亚洲/特提斯体系复合区；青藏高原东北缘
基底构造	8 亿年前克拉通；固结程度低	8 亿年前克拉通；固结程度低	18 亿年前克拉通；固结程度高
区域不整合面	多个角度不整合面	多个平行或低角度不整合	多个平行或低角度不整合
海相层系	层位较高：延至 P_2	层位高：延至 T_2l、T_3m	偏下：Z-O_2
新生代构造事件	K_2 巨厚充填；3Ma 以来岩石圈挤压褶皱	大部分无 K_2 沉积；5Ma 以来地壳挤压褶皱	大部分无 K_2 沉积；55Ma 以来伸展、分割
隆-拗结构	分异明显；迁移、转换快	迁移明显；变换快	有分异；迁移不明显

续表

类别	塔里木盆地	四川盆地	鄂尔多斯盆地
周缘构造事件	南、北缘伸展、挤压交替作用	东、西缘伸展、挤压交替作用；南、北缘伸展、挤压	南、北缘伸展、挤压；西缘伸展、挤压
岩浆活动	Nh；Z_1；P_1（287Ma）；K_2	Nh；P_3（259Ma）	Z；J
源-储组合油气成藏模式油气成藏期	€am.1y-O远源组合；长距离运移成藏；S；P；N-Q	€am.1q-€am.1l；S_1l€P；近源；短距离运移成藏；P；K_1；N-Q	C_2t-O；近源组合；短距离运移成藏；K_1
古生界油气产出	O多；€am.1刚发现；P未发现	O少；Z_2dn、€am.1l多；P_2q、P_2m、P_3w、P_3ch多	O_1m多；Z、€am.未发现P多
油气分布特征	塔北-满西-塔中新月形	满盆含气、中央半盆油	满盆气、西南半盆油

盆地的活动性上，塔里木与四川盆地活动性强，鄂尔多斯的活动性相对较弱。这与以下因素有关：①大地构造位置，塔里木盆地处于古亚洲体系与特提斯体系的对接区（许志琴等，2011），新生代以来处于强烈活动的青藏高原的北缘；四川盆地处于特提斯体系的复合区，新生代以来处于青藏高原的东南缘；鄂尔多斯盆地处于古亚洲体系与特提斯体系的复合区，新生代以来处于青藏高原的东北缘，但相比于前两者，所受挤压仅局限于盆地西南缘。②基底构造，塔里木与四川盆地的基底为8亿年前固结，基底构造分异强；鄂尔多斯盆地的基底固结于18亿年前，后期稳定（可能沿38°N线南、北略有差异）。③区域不整合面，在塔里木盆地多为角度不整合面，后两者多为平行不整合或低角度不整合面。④岩浆活动，塔里木盆地在南华纪、震旦纪、二叠纪（±287Ma）、晚白垩世有四期岩浆活动，活动强烈、分布范围大；四川盆地在南华纪、晚二叠世（±259Ma）岩浆活动频繁；鄂尔多斯盆地在震旦纪、侏罗纪局部发生岩浆活动，作用强度大大降低。⑤新生代构造事件，塔里木盆地有巨厚沉积充填，鄂尔多斯与四川盆地则隆升剥蚀；5～3Ma以来，塔里木与四川盆地遭受强烈挤压，形成地壳或岩石圈尺度的褶皱，鄂尔多斯盆地则原位保存。

塔里木盆地的南、北缘经历了伸展-聚敛的完整过程，西南缘还经历了Z-D_2、D_3-T两个伸展-聚敛旋回，这些事件交替发生，此起彼伏。四川盆地的东、西缘经历长期伸展-挤压作用（陆内过程），南、北缘也经历了伸展-聚敛旋回。鄂尔多斯盆地的南、北缘经历了伸展、聚敛过程，西缘也经历了伸展-挤压的旋回（陆内过程）。周缘构造事件对盆地内部的影响明显不同，这表现在沉积建造与不整合面的发育上。

三者海相层系的分布存在差异，在塔里木盆地为Z-P_2；在鄂尔多斯盆地为Z-C_2；在四川盆地为Z-T_2（-T_3底部）。

盆地地质结构的差异还表现在隆-拗结构上。塔里木盆地分异强，古隆起迁移性强，转换快；四川盆地的古隆起因“时”、因“地”而异，迁移快、变换快，改造程度强烈；鄂尔多斯盆地分异弱，隆、拗迁移不大。

2.4　三大盆地构造-沉积分异特色与碳酸盐岩沉积充填模式

2.4.1　三大盆地构造-沉积分异类型与特征

回顾中国碳酸盐岩油气勘探领域的拓展历程，经历了三个阶段：第一阶段是20世纪中后期以靖边气田为代表的找构造高部位的岩溶型油气藏阶段，第二阶段是2000年左右以普光气田为代表的向台地边缘礁滩油气藏拓展阶段，第三阶段是2010年以来向克拉通内幕白云岩油气藏新拓展阶段。沉积学的三种基本的水动力储层宏观成因模式是三大碳酸盐岩勘探领域拓展的基本驱动因素：早期勘探阶段的构造高部位岩溶储层宏观分布受控于隆起暴露期的大气水岩溶作用，台缘礁滩储层的宏观分布受控于镶边台地边缘持续的波浪作用，内幕白云岩储层的宏观分布则受控于潮汐作用。

碳酸盐构造-沉积分异作用是制约这三大类储层宏观分布的初始成因机制。碳酸盐沉积的构造-沉积分异指沉积盆地受构造作用形成地貌差异而引起的沉积作用分异。从前面各类沉积模式的主控因素分析可知，基底裂陷、同沉积构造活动和古隆起等造成的碳酸盐岩台地的构造-沉积分异作用非常明显。在此，将碳酸盐沉积的构造-沉积分异划分为三类(图2-30)。

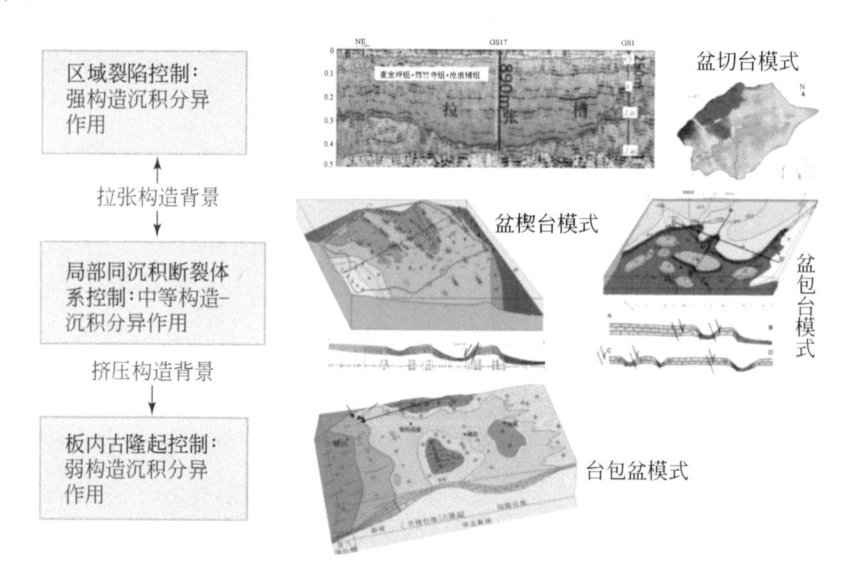

图2-30　碳酸盐沉积作用的三种构造-沉积分异作用模型

(1) 区域裂陷作用控制的强构造-沉积分异作用：在板块的构造活跃期，伸展导致板内发育裂谷或裂陷，造成整个碳酸盐岩台地被深水沉积分隔，出现深水盆切穿整个碳酸盐岩台地的格局，形成复杂多样的板块构造-地貌格局，造成不同形式的沉积分异，如奥陶纪塔里木盆地和寒武纪四川盆地。在伸展背景下同沉积断裂活动切穿整个克拉通台地，断层规模大，特征明显，断层在边缘活动性强，在克拉通内部活动性较弱。出现大台大盆，台台相望，台盆切穿整个台地形成大型低能深水环境；环台发育边缘礁滩相。

（2）局部同沉积断裂控制的中等构造-沉积分异作用：在板块的次活跃期，板块周缘的构造活动造成板块边缘发育同沉积断裂，造成局部的深水裂陷楔入板块边缘，形成复杂多样的板块边缘构造-地貌格局，造成不同形式的沉积分异，如晚古生代的上扬子南缘右江地区，在伸展背景下受 NE 向与 NW 向两组近垂直方向的同沉积断裂的制约，形成地垒-地堑相间的破碎型克拉通边缘，深水地堑相连，分隔形成一个个小型的孤立碳酸盐岩台地。孤立的碳酸盐岩台地上生物礁等边缘高能带发育，台间盆地为深水硅泥质沉积物；晚古生代川东北和奥陶纪鄂尔多斯盆地南缘，克拉通边缘在伸展背景下深水槽近垂向或斜向切割碳酸盐岩台地边缘，或是规模较小的断层形成的裂陷，或是基底隐伏断裂活动形成的拗陷，台地边缘的高能相带沿着边缘深水槽呈环形分布。

（3）板内古隆起形成的弱构造-沉积分异作用：在板块的相对稳定期，克拉通内发育古隆起是普遍的，通常是在挤压构造背景下，顶部伴随不整合面的发育。古隆起与台内拗陷往往相伴而生，形成隆-拗格局，共同控制着海相地层的沉积充填。如奥陶纪鄂尔多斯盆地，发育大型中央古隆起，古隆起内侧伴生大型克拉通内拗陷，古隆起时而暴露时而淹没，环古隆起发育台内席状云滩和碳酸盐岩岩溶，台内拗陷为低能蒸发环境，发育大型盐湖。

上述三种主要构造-沉积分异类型的形成发育主要受特定的构造和古地理背景控制。它们在空间上是可以共存的，即沉积盆地不同的构造位置，可以发育不同的类型，如鄂尔多斯盆地奥陶纪马家沟期，盆地南缘为中等构造-沉积分异，而克拉通内部则为弱构造-沉积分异；在地质时间上，不同类型间能够相互转换，如四川盆地早寒武世筇竹寺组沉积期的强构造-沉积分异逐渐转换为龙王庙组沉积期的弱构造-沉积分异。

2.4.2 三大盆地碳酸盐岩沉积充填模式与主控因素

碳酸盐沉积是内外地质作用所主导的各圈层（岩石圈-大气圈-水圈-生物圈）相互耦合的产物，碳酸盐岩的发育受温度、水文地质条件、造钙生物种类和生态环境、构造沉降、海平面升降以及陆源物质输入等因素的制约。基底活动性较强的塔里木盆地和四川盆地碳酸盐沉积前具碎屑岩垫板，稳定性好的鄂尔多斯盆地碎屑岩垫板不发育。碎屑岩垫板是发育陆架型混积陆棚的基础，碳酸盐岩单斜缓坡和远端变陡缓坡构建的碳酸盐垫板是碳酸盐岩台地发育的基础和重要前置阶段。克拉通盆地内具有受带状或线状断裂控制隆拗格局。克拉通边缘受拉张或挤压构造影响，同沉积断裂发育，导致台地边缘发育向台地内伸入的“盆”、“坡”、“阶梯式坡”或是“深水沟槽”，造成台地边缘独特的“台-盆”沉积分异格局。构造-沉积旋回演化的中晚期，被动大陆边缘转为前陆盆地演化阶段，内克拉通的碳酸盐沉积，由淹没台地转为隆后盆地，再次发育陆架型混积陆棚，或早期前陆隆起及隆后区导致碳酸盐岩暴露，而台缘区的清水环境可发育点式礁滩，台缘斜坡以下则为台缘型的混积陆棚。

根据中国西部三大海相盆地碳酸盐岩发育的实际，吸取可适用的经典碳酸盐岩模式，以构造控盆、盆地控相的思想为指导，划分了中国西部三大盆地碳酸盐岩台地及其边缘类型，并分门别类建立了它们的沉积模式（表 2-9）。

表 2-9　中国西部海相碳酸盐岩台地边缘类型及沉积充填模式

相模式	亚类		典型实例
1. 混积陆棚模式	陆架型混积陆棚-1		三大盆地早古生代
	台缘型混积陆棚-2		四川盆地西缘上三叠统马鞍塘组
2. 碳酸盐岩缓坡模式	等斜缓坡-3		三大盆地早古生代初
	远端变陡缓坡-4		
3. 碳酸盐岩台地模式	局限台地	局限台地-浅水陆棚-斜坡-5	鄂尔多斯东缘早奥陶世晚期
		镶边局限台地-斜坡-6	四川、塔里木盆地中、晚寒武世
	开阔台地	局限台地-开阔台地-斜坡-7	鄂尔多斯西缘中晚奥陶世
		局限台地-镶边台地-斜坡-8	塔河和塔中中晚奥陶世
4. 孤立台地-台盆模式	台地-9		右江盆地晚古生代
	台间盆地-10		
5. 台缘斜列式台地-台盆模式	川东北开江-梁平台缘斜列式台盆-11		川东北 P-T 盆地
	鄂尔多斯盆地南缘台缘斜列式台盆-12		鄂尔多斯南缘晚奥陶世

2.4.2.1　混积陆棚模式

按照沉积物质组成，通常把陆棚分为碎屑岩陆棚、碳酸盐岩陆棚和混积陆棚。混积陆棚沉积充填物表现为碎屑组分和碳酸盐岩组分在结构和成分上的混合，按照其建筑的底座陆架类型可以划分为陆架型混积陆棚模式和台缘型混积陆棚模式。

1. 陆架型混积陆棚模式

通常发育在稳定克拉通盆地碎屑岩垫板形成后的第一个沉积阶段，是由碎屑岩沉积向碳酸盐岩沉积过渡的一种常见类型，在纵向剖面上表现为随着时间的变新，碳酸盐岩含量增加，碎屑组分减少。空间上表现为：由陆向海，碎屑粒度由粗变细，岩性上由砂级的碎屑岩→含砂质的碳酸盐岩→砂屑或泥微晶碳酸盐岩过渡，由于次级海平面的波动，三者可组成互层沉积，向上和向海方向碳酸盐岩增多、碎屑岩减少（图 2-31）。在早寒武世的早中期，四川盆地和塔里木盆地均发育碎屑岩与碳酸盐岩形成的混积陆棚，由筇竹寺组黑色页岩、砂质页岩和沧浪铺组的砂泥岩夹灰岩组成，其中筇竹寺组黑色页岩和砂质页岩是良好的油气生烃层系和页岩气储集体（何金先等，2011；刘家洪等，2012；张水昌等，2012）。在贵州遵义一带，以潮坪相的明心寺组—金顶山组的砂泥岩和钙质泥岩夹灰岩为主。

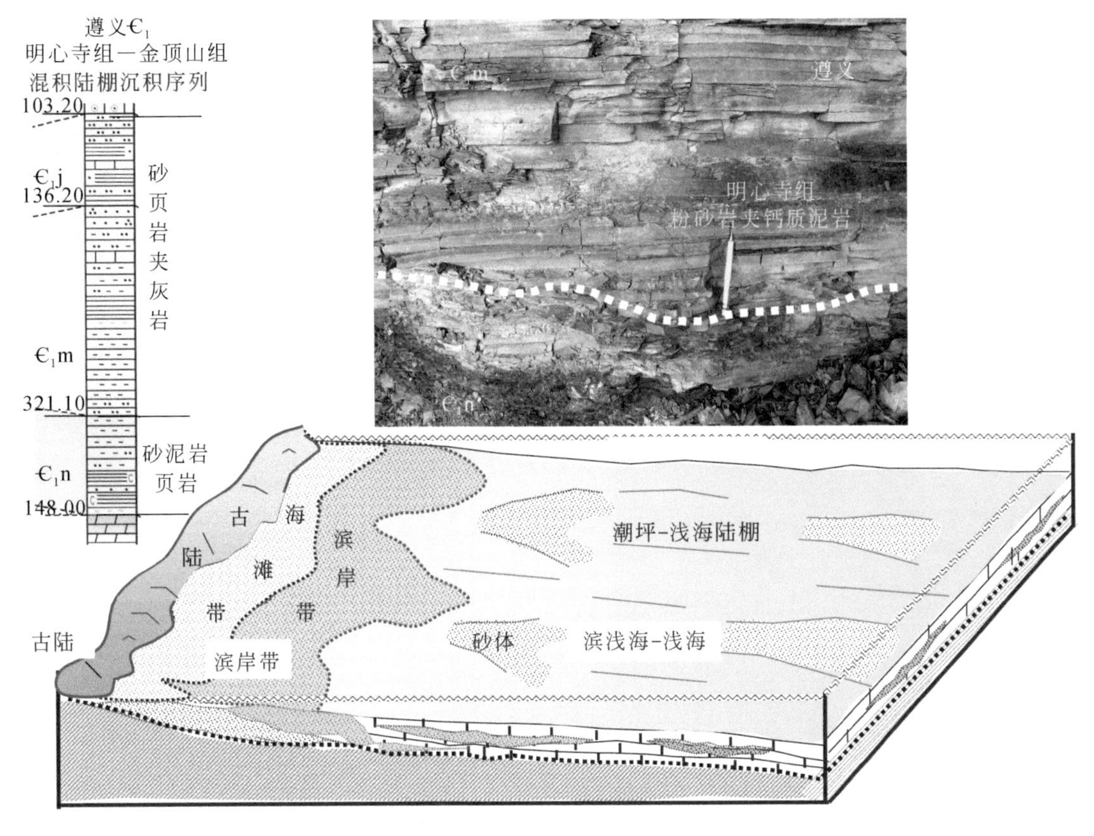

图 2-31　陆架型混积陆棚模式

2. 台缘型混积陆棚模式

台缘型混积陆棚主要发育在盆地构造-沉积演化的末期，是伴随着碳酸盐岩台地的消亡、陆源碎屑的逐渐输入而形成的。表现为随着时间序列的变新，碳酸盐岩减少，碎屑岩组分增加。碳酸盐岩台地沉积结束后，原克拉通盆地的碳酸盐岩台地隆升、暴露，但在台缘区仍保持清水环境，发育点式生物礁滩相带，沿着台缘带展布，台缘斜坡以下则演变为混积陆棚（图 2-32）。譬如，四川盆地晚奥陶世后，盆地性质转化，碳酸盐岩台地被淹没，至早志留世，沉积物转为以碎屑岩为主，但混夹有砂质生屑碳酸盐岩，小型生物丘、礁等，在局限环境的陆架上呈有规律的展布，形成早志留世的混积陆棚。又如，四川盆地中三叠统雷口坡组沉积后，台地主体抬升，碳酸盐岩大范围暴露溶蚀，不再接受沉积，在峨眉以西仅有厚 10 ~ 20cm 不稳定的含砾砂岩，江油以南至绵竹等，沿台缘区沉积了中三叠世拉丁期天井山组灰岩，厚仅数米，其上发育了晚三叠世卡尼期的碳酸盐岩，厚 100 ~ 200m，为生屑灰岩、鲕粒灰岩、黏结岩和海绵礁，礁体厚度小于 20m，其中生物礁体具有重要的油气勘探意义（杨荣军等，2009；孙玮等，2011）。

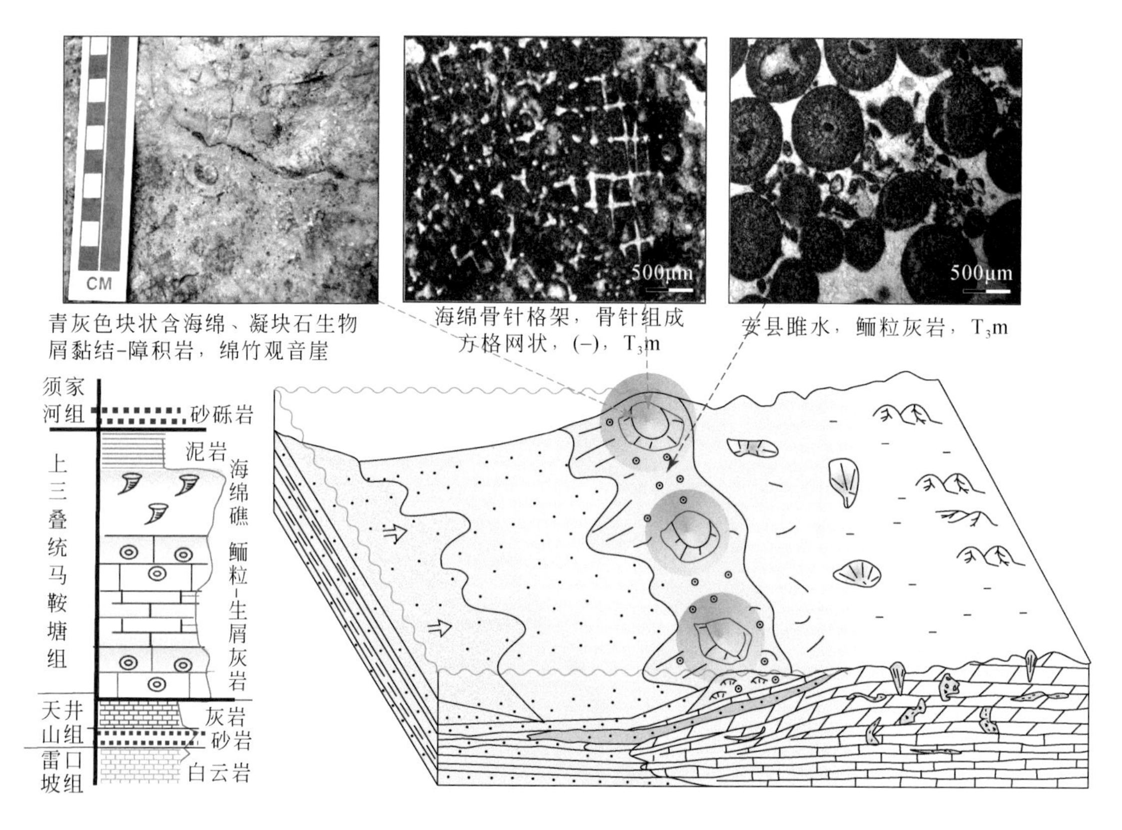

图 2-32　四川盆地西缘晚三叠世卡尼期马鞍塘组台缘型混积陆棚模式

2.4.2.2　碳酸盐岩缓坡模式

碳酸盐缓坡是指从岸线向盆内具有缓慢倾斜坡度的碳酸盐岩陆棚（通常坡度不足1°），与深水的盆地环境之间无或仅有不明显的坡折，波浪搅动带（或最高能量带）位于相当肖-欧文模式 Y 相带的近岸处（Read，1982）。碳酸盐岩缓坡是形成碳酸盐岩台地前的一个重要阶段，在碳酸盐大陆架的基座上，提供了稳定碳酸盐岩沉积的发育空间，形成碳酸盐岩席状体。中国西部三大盆地在早寒武世晚期—中寒武世早期均发育了碳酸盐缓坡。按照缓坡末端形态的变化，可以分为等斜缓坡和末端变陡的缓坡。

1. 等斜缓坡模式

等斜缓坡模式是碳酸盐盆地演化中的初始阶段，起到组建碳酸盐垫板，为碳酸盐岩台地构建基础的作用。等斜碳酸盐缓坡环境水动力条件相对弱，碳酸盐岩体呈面状展布，坡度<1°（图 2-33）。塔里木盆地早寒武世—早奥陶世和四川盆地的早寒武世均发育碳酸盐同斜缓坡。塔里木盆地早奥陶世的岩石地层为蓬莱坝组和鹰山组灰岩，蓬莱坝组的下部为白云岩、泥微晶灰岩、砂屑灰岩和颗粒灰岩，偶夹有细砂岩。鹰山组由下向上为藻砾屑灰岩、藻屑至藻鲕灰岩，能量较下部增高，主要为潮坪环境。

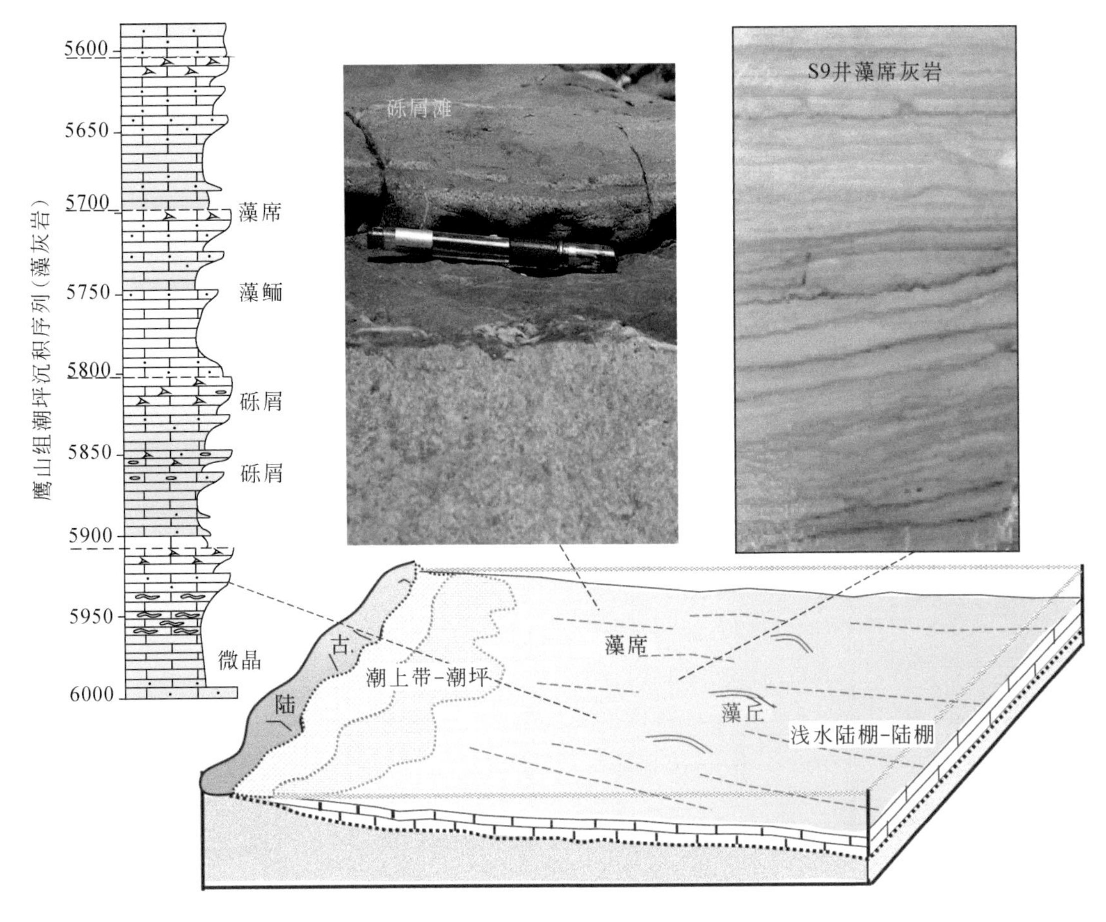

图 2-33　碳酸盐岩等斜缓坡模式

2. 远端变陡缓坡模式

中国西部三大盆地，在早奥陶世中晚期至中奥陶世早期（四川盆地红花园组上部、鄂尔多斯盆地马家沟组第二段—第三段、塔里木盆地鹰山组上部），均由等斜缓坡演化为远端变陡的碳酸盐岩缓坡，坡折带（缓坡由缓变陡处）往往是高能带，此处的碳酸盐沉积速率高、颗粒含量高。远端变陡缓坡（图 2-34）实际上可以理解为碳酸盐岩台地的雏形，主要由灰岩或夹有白云岩、生屑灰岩和低能量的颗粒灰岩组成沉积序列，多为潮坪、局限台地和低能滩相组合。在时空上，碳酸盐岩缓坡远端变陡的环境，可发育滩相和礁相以及局限水域环境的潮坪相沉积，而且早奥陶世的末期开始是海绵生物的发展阶段，有时发育有不稳定的海绵礁。在贵州和湖北的红花园组，在多处均可发现点式的海绵礁，因此有时远端变陡缓坡与局限台地两者不易确定其岩相的归属，也有认为是局限台地，或两者兼有之，并交错展布。

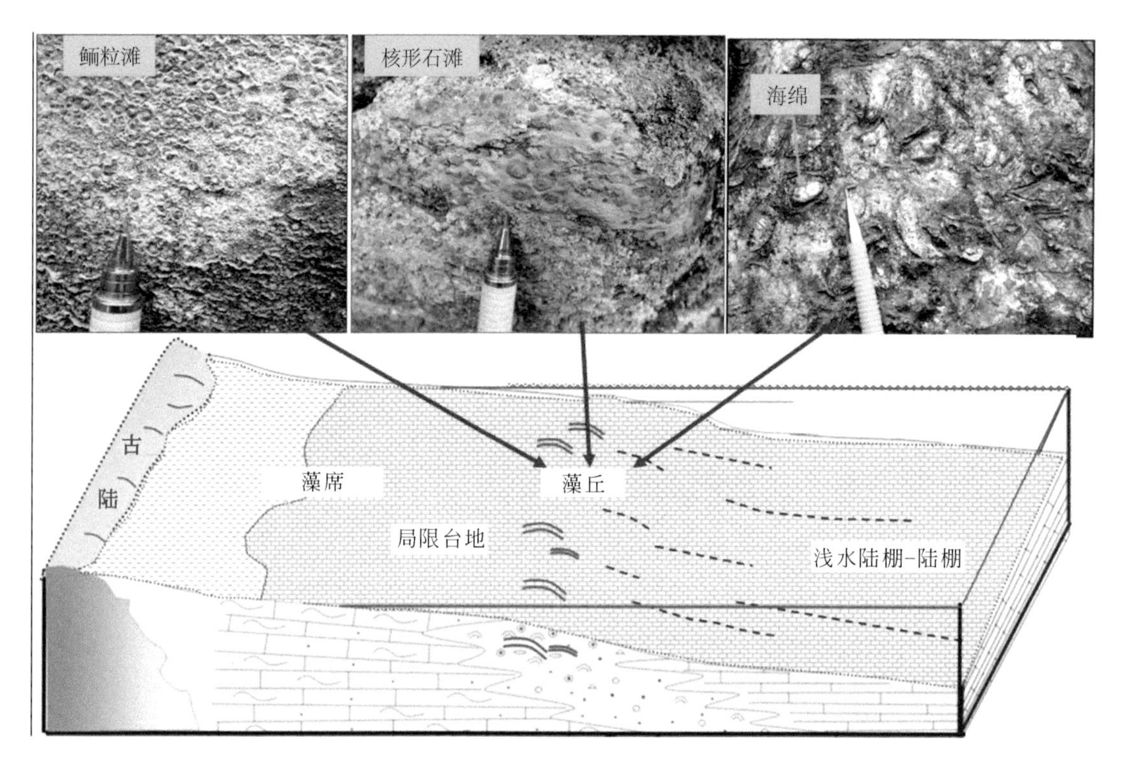

图 2-34　碳酸盐岩远端变陡缓坡模式

2.4.2.3　碳酸盐岩台地模式

碳酸盐岩台地是最为常见和最常用的模式，厚度大、分布广的碳酸盐岩主要沉积在台地环境中，以高能镶边碳酸盐岩台地或开阔台地为主，低能或有略封闭性的条件则归属为局限台地和蒸发台地。

地质实践说明，中国西部三大盆地的海相碳酸盐岩，以碳酸盐岩台地沉积为主，且多为开阔台地或局限台地-台缘-斜坡模式。台缘区带分为有镶边和无镶边两类，实际上两者在空间上可同时并存和转换，在时间上则更是相互转换。台缘至斜坡带或台地至斜坡带，在西部三大盆地中则更为复杂、多样，不是单一的、规则的斜坡带。斜坡的形态和结构取决于盆地的构造属性和在演化阶段中的变化，沉积体是复合、多变化的各种因素作用的结果，因而很难用统一、严格的一种模式概全。

中国西部三大盆地碳酸盐岩油气的产出层系和储集体，与碳酸盐的岩、性、相的关系，均与台地类型相关，主要表现在四个方面：一是礁滩相带，包括高能和低能条件的台地边缘和台内浅滩、生物礁，甚至各类建隆、灰泥丘和藻丘等；二是各类白云岩，包括礁滩相带的白云岩、礁顶白云岩和与高能相关的白云岩；三是各种有效孔隙发育的岩相区带，包括沉积期和成岩期的孔隙；四是同生期的碳酸盐岩的古岩溶带、古暴露区带以及准同生期间叠加的岩溶区带。

1. 镶边局限台地-斜坡模式

该模式的典型特点是由于台地边缘高能镶边带的障壁作用，台地内主要发育局限台地，局限台地内以发育潮坪和膏盐湖为主要特征。中上扬子中晚寒武世主要发育碳酸盐岩局限台地相的白云岩、灰质白云岩，局部夹膏盐岩，形成中上扬子下部组合重要的膏盐发育层系，膏盐厚度最大达到600余米，成为重要的油气封盖层系（徐美娥等，2013）。台地边缘主要发育鲕粒灰岩、鲕粒白云岩等颗粒灰岩/白云岩（图2-35）。中上扬子东南缘主要发育斜坡相的灰岩、白云岩、泥灰岩、泥岩以及大量滑塌角砾岩和碎屑流沉积。斜坡带逐渐向南东方向推进，厚度大，在三都、铜仁、保靖、张家界和通城的边缘带，形成巨大的楔形体。

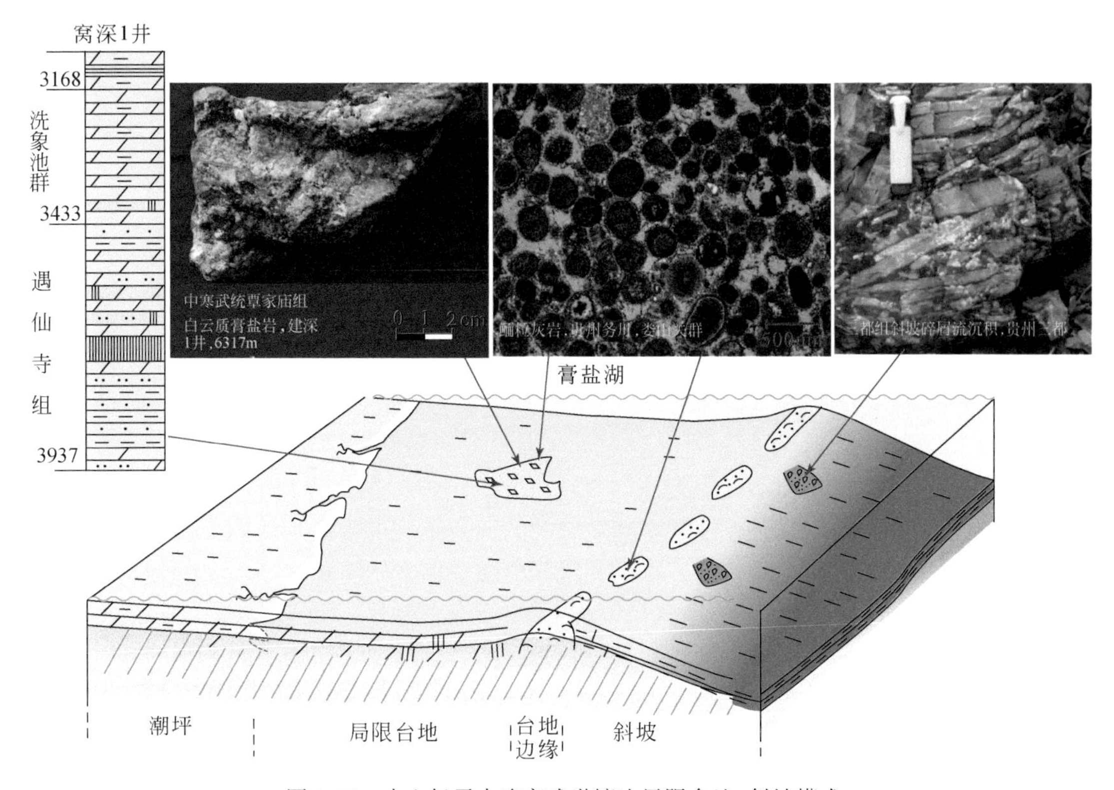

图2-35　中上扬子中晚寒武世镶边局限台地-斜坡模式

2. 局限台地-浅水陆棚-斜坡模式

该模式的典型特点是由于宽缓浅水陆棚对波浪能量的消减作用，靠陆的碳酸盐沉积区以发育低能局限台地相的白云岩、含膏白云岩和膏盐湖内膏盐沉积为主。鄂尔多斯盆地东缘早奥陶世晚期马家沟组沉积时期，受东部华北海和西南部秦祁海的影响，中央隆起东边主要发育陆表海低能的潮坪相和局限台地相的马家沟组白云岩夹岩盐沉积，潮坪发育局部高能潮缘滩和低能膏盐湖，并且潮缘滩成为该地区重要的油气勘探沉积相带（陈洪德等，2013）。浅水陆棚沉积主要占据华北板块鄂尔多斯盆地以西的大部分地区（图2-36）。

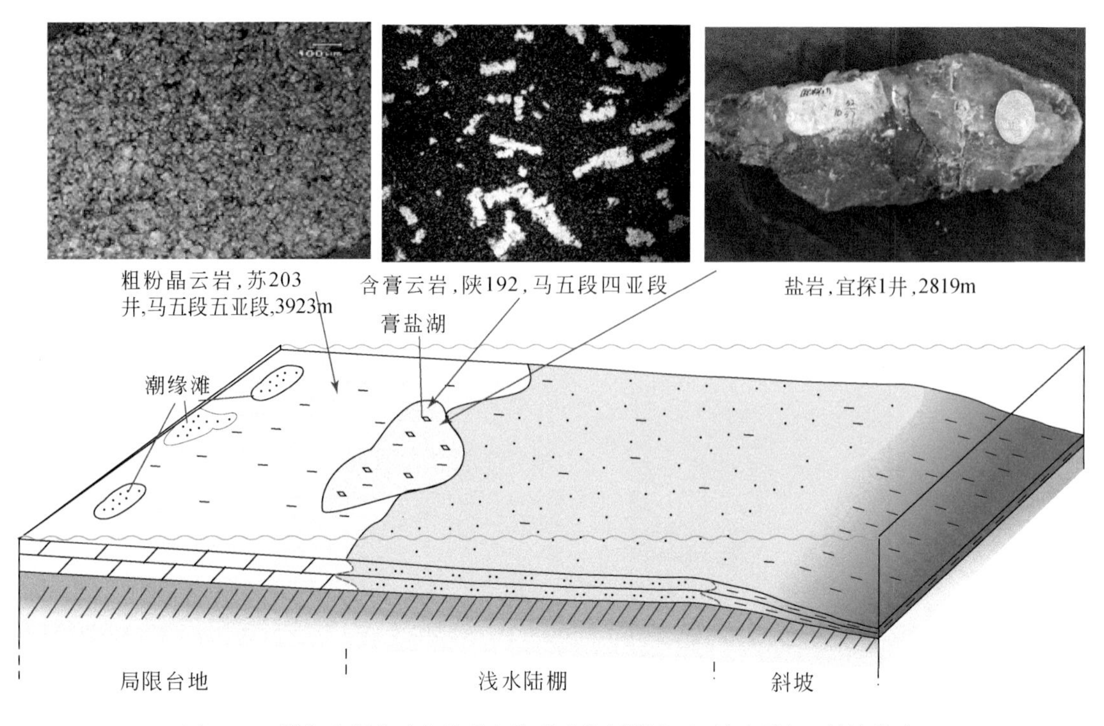

图 2-36　鄂尔多斯盆地东缘早奥陶世晚期局限台地-浅水陆棚-斜坡模式

3. 局限台地-镶边台地-斜坡模式

该模式的典型特点是向陆一侧为开阔台地沉积，向海一侧发育连续-半连续的碳酸盐岩礁滩，该礁滩相带可以发育在陆架和陆坡之间的转折带，也可以是陆棚上碳酸盐沉积体地貌上的坡折带，且陆棚上的坡折带常由同沉积断层控制，礁滩相带是重要的油气储集体（杨海军等，2011）。

塔里木盆地的塔中地区在中晚奥陶世时，为一大的碳酸盐岩台地，无陆地相连，具有孤立台地的特征。在图 2-37 中可见，塔中台缘礁滩相带后为开阔台地，由 F1 断层控制良里塔格组生物礁的加积（TZ30 井、TZ44 井、TZ30 井等），向北的顺 2 井的相当层位有鲕粒滩。F1 断层以北为阿满台间盆地，与塔河碳酸盐岩台地遥相对应。塔中台地南北两侧的斜坡常发育有台缘砾屑灰岩的相带。

4. 局限台地-开阔台地-斜坡模式

该模式的典型特点是边缘不发育高能的礁滩相带或发育点状分布的低能礁滩相带，台前斜坡发育碎屑流、浊流等重力流沉积。鄂尔多斯盆地西缘，在早中奥陶世仍为碳酸盐岩台地和台缘区，桌子山组发育生物礁，其上有两次台地被淹没：一是克里摩里组底部暗色泥质灰岩超覆于生物礁上，继之向上变浅，发育藻灰岩和藻黏结岩；二是乌拉力克组的黑色页岩的上超，向上泥质岩夹碳酸盐岩及碎屑岩的浊流沉积，结束了碳酸盐岩台地发育。随着海侵上超，西缘生物礁有向南迁移的趋势。台地边缘发育的滩或生物礁沉积，多为灰

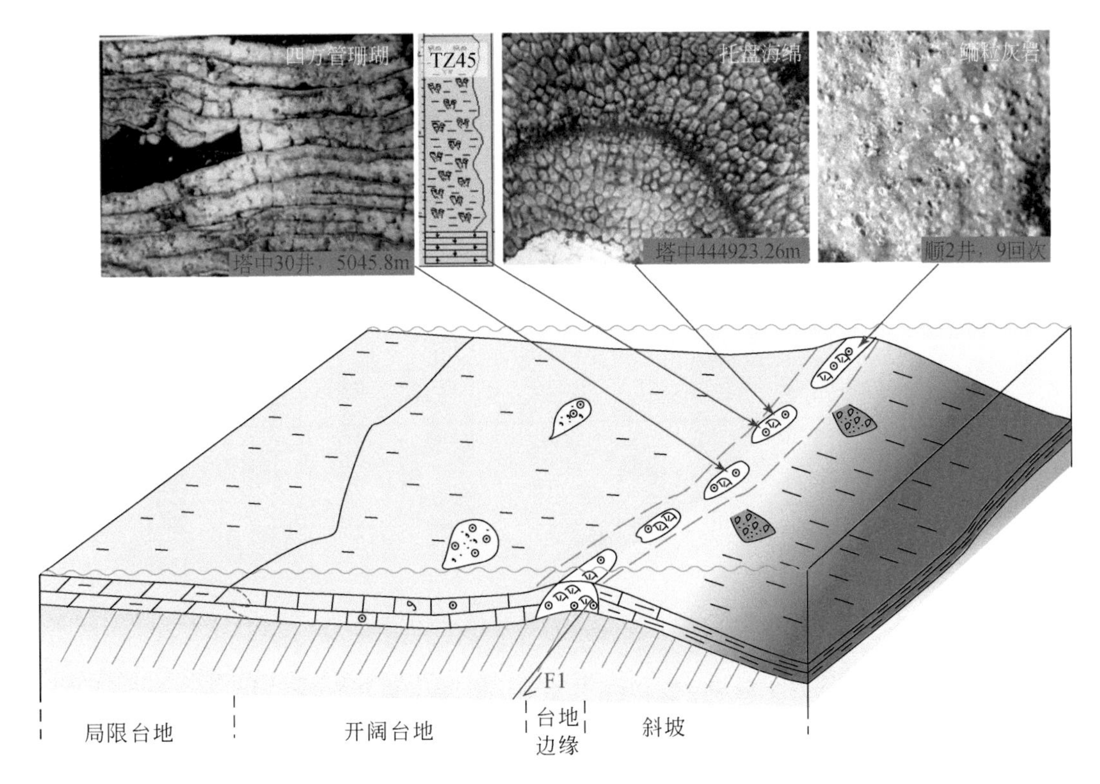

图 2-37 塔里木盆地塔中中晚奥陶世碳酸盐岩镶边台地-斜坡模式

泥基质充填的低能沉积，且生物礁多为零星点状分布，礁体不能明显区分出礁核、礁坪和礁前塌积等亚相，礁前至台缘斜坡区以发育碎屑流沉积为特征，显示出台地边缘未发育高能的镶边相带，为开阔台地至斜坡的沉积模式。

2.4.2.4 孤立台地-台盆模式

在碳酸盐岩台地模式中，孤立台地与台间盆地模式是上扬子台地南缘的一大特点，主要是晚古生代的右江盆地，以泥盆纪—石炭纪为主（图 2-38），至早中三叠世仍具有台盆相间的特征。台地内发育厚大的碳酸盐岩和礁滩相，以泥盆纪的层孔虫礁最发育，台盆为深水的硅质灰泥和细屑浊积岩沉积。孤立台地与台间盆地相间分布的格架主要受基底两组不同方向的断裂带控制，北西向断裂为六盘水（垭都-紫云-罗甸）至河池-南丹断裂、右江断裂、兴义-那坡断裂；北东向断裂为师宗-弥勒断裂、桑植-罗甸-独山断裂和桂林-柳州断裂（曾允孚等，1993），断裂控制台地的边界，形成陡斜坡的台缘带，发育滑塌堆积和斜坡重力流以及浊流，并夹有火山碎屑。

2.4.2.5 台缘斜列式台地-台盆模式

台缘斜列式台地-台盆模式，主要针对四川盆地东北缘、鄂尔多斯盆地南缘广泛发育的伸向台地内规模不等的深水盆地特征提出的，该模式中深水盆地是碳酸盐岩台地基础上，由于同沉积构造活动，在台缘及台内区发育的较狭窄的斜列式深水沉积区，故以台缘

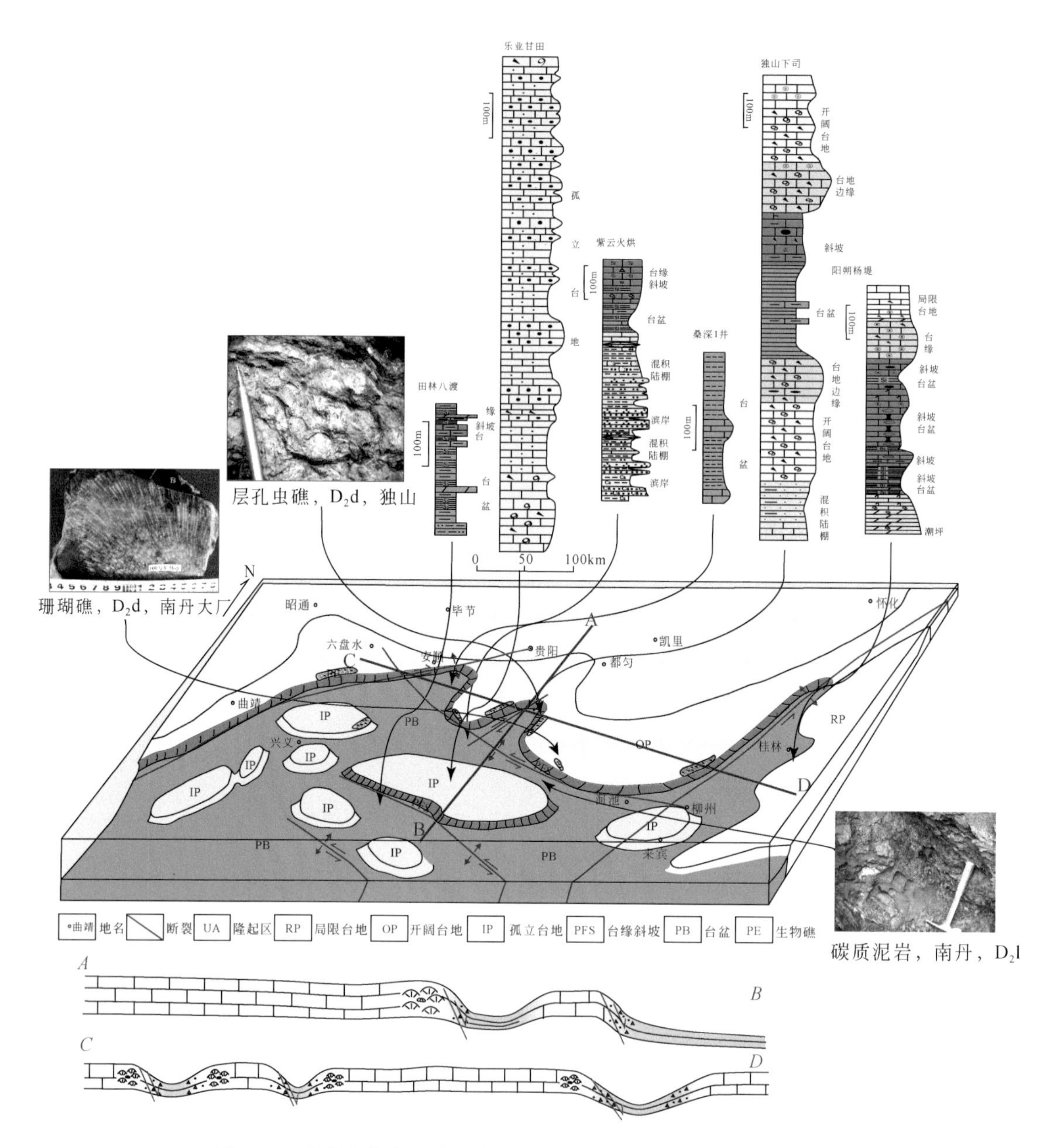

图 2-38　晚古生代右江盆地碳酸盐岩沉积模式孤立台地-台盆模式

剖面 A-B 为北西向的六盘水和兴义-那坡断裂控制台缘带；剖面 C-D 为北东向断裂控制台缘带

斜列式台盆命名，以示与孤立台地和台间盆地的区别。

1. 川东北开江-梁平台缘斜列式台盆模式

晚二叠世—早三叠世，上扬子发育了晚古生代构造旋回的第二次碳酸盐岩大台地，川东北的碳酸盐岩台地仍属上扬子的被动大陆边缘。受拉张背景下伸入台地内部的同沉积断裂活动影响，晚二叠世—早三叠世的上扬子碳酸盐岩台地北缘至少发育两个深入台地内部呈北西-南东方向展布的次级深水台盆（图2-39）。通过综合其构造古地理背景，称为台缘斜列式台盆，西部为城口-鄂西台盆、东部为开江-梁平台盆。台地边缘发育晚二叠世的海绵生物礁、早三叠世的鲕粒滩等组成礁滩组合，成为油气勘探的重要目标，且明显受深水台盆相带制约，形成环台盆展布特征。台缘斜坡带发育礁前塌积及浊积岩等，台盆内沉积了大隆组硅质岩、硅质灰岩等欠补偿沉积。

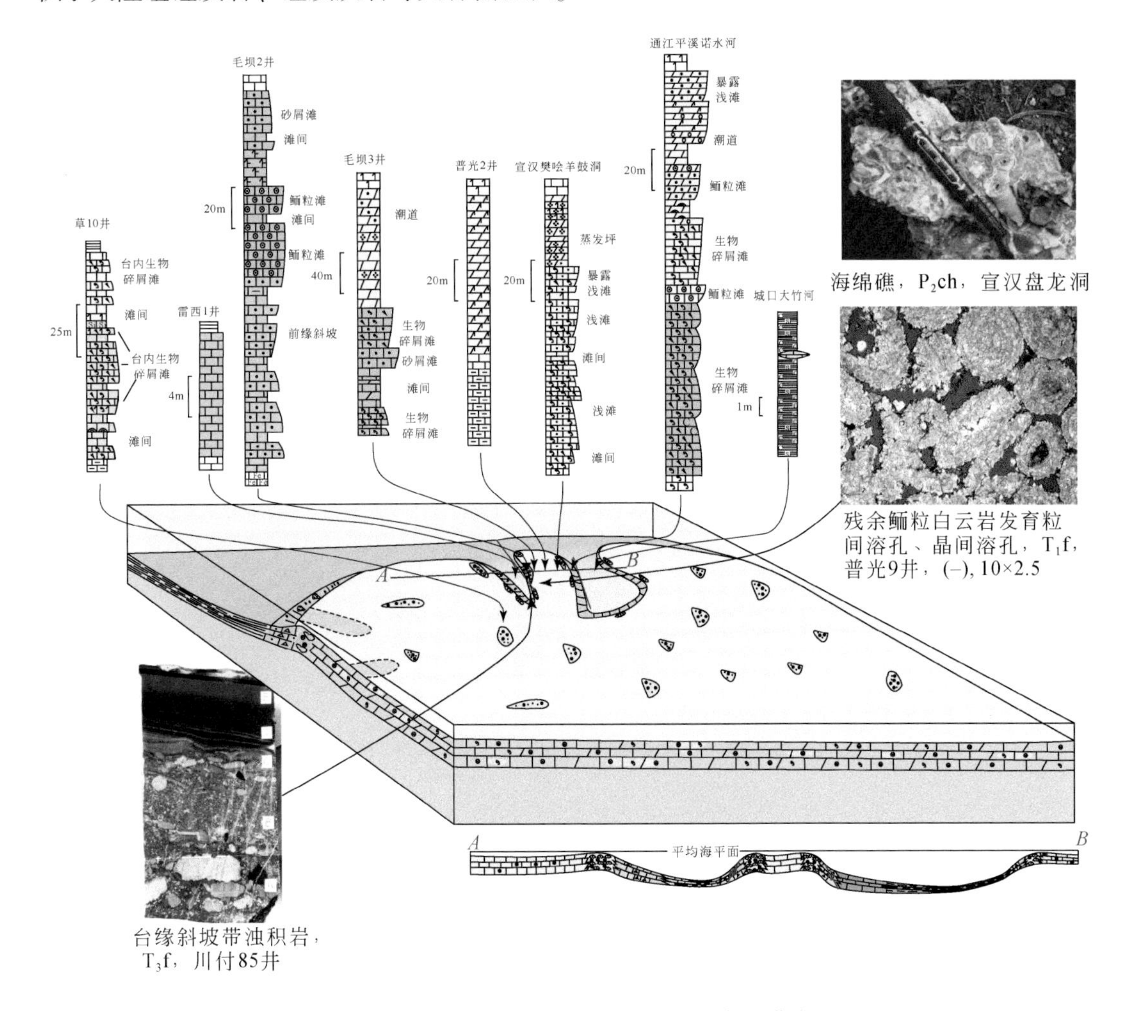

图2-39 晚古生代川东北台缘斜列式台盆模式

2. 鄂尔多斯盆地南缘台缘斜列式台盆模式

鄂尔多斯盆地的南缘与西缘差异性明显。前述的早中奥陶世鄂尔多斯盆地西缘为被动大陆边缘，并为裂解-拉张的构造环境。而鄂尔多斯盆地的南缘在中晚奥陶世则为活动边缘（陆松年等，2006），北秦岭洋于中晚奥陶世向鄂尔多斯陆块俯冲，形成二郎坪岛弧、宽坪弧后盆地，再向北与鄂尔多斯被动大陆边缘为邻，与现今的日本海和中国大陆的格局相似。挤压构造背景派生出引张的裂解带，与川东北不同的是具相反的走向，沿着鄂尔多斯盆地晚奥陶世南缘台缘礁滩相带，分布着至少三个北东向的台盆（图2-40）。鄂尔多斯盆地自早奥陶世末至中奥陶世已全部抬升，转为剥蚀区。由西缘至南缘，海水由北向南退出，所以生物礁的发育自北向南层位升高，南缘以晚奥陶世的珊瑚礁为主，如赵老峪生物礁和石节子生物礁等；台缘带发育边缘滑塌堆积和浊积岩等，如铁瓦殿浊积岩；向南部有碎屑流，硅泥质岩，并夹多层厚薄不一的凝灰岩，是弧后盆地的重要依据。

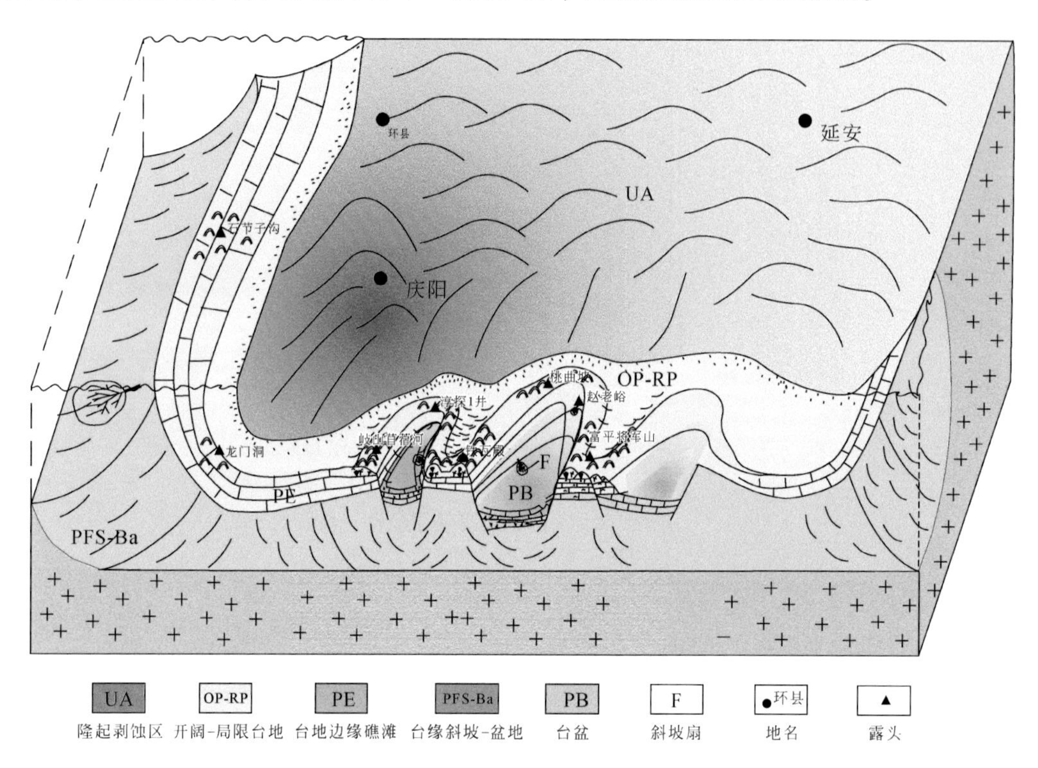

图 2-40　鄂尔多斯盆地南缘台缘斜列式台盆模式

2.5　不同级次的层序岩相古地理研究与编图意义

层序岩相古地理编图是以沉积层序作为研究对象。选择编图单元的方法有两种：一是以体系域为成图单元，采用体系域压缩法编制图；二是以相关界面如层序界面、最大海泛面或体系域顶或底界面作为编图单元进行编图，即瞬时编图法。沉积层序作为全球或区域性海平面变化或构造运动所形成的成因地质体，它的体系域和界面在全球或区域范围内具有可对比性，能为岩相古地理编图提供可靠的地层时间格架。在不同级次的层序地层格架内，以构造控盆、盆地控相、相控组合为指导思想，开展了中国西部三大盆地海相层系不同级次的层序岩相古地理编图研究（系列图件见《中国西部大型盆地海相碳酸盐岩油气地质图集》），从不同规模和时间尺度上揭示了三大盆地的沉积体系和成烃、储烃、盖烃物质的聚集与分布规律，并具有等时性、成因连续性和实用性。

2.5.1 小比例尺构造-层序岩相古地理编图

构造层序即Ⅱ级层序，也称为超层序或超旋回，相当于成因地层学中构造阶段的沉积记录。以构造运动为主控因素形成的构造层序，是地块范围或盆地级别对区域构造不同阶段和不同构造沉积幕作用的沉积充填序列响应。大区域、小比例尺构造-层序岩相古地理研究及编图主要用于揭示板块级范围内的洋陆格局、不同性质沉积盆地的发育演化特征、盆-盆叠合与盆-山转换过程、海（湖）平面变化和岩相古地理格局展布特征及演化，描述沉积盆地内物质聚集与分布规律，为大区域资源评价提供依据。以四川盆地及周缘地区震旦系—新近系构造-层序岩相古地理研究为代表，在海相盆地和陆相盆地分别以超层序体系域和构造层序的湖盆扩张体系域和湖盆收缩体系域为等时编图单元，系统编制了四川盆地及周缘地区震旦系—新近系的构造-层序岩相古地理图。探讨了不同时代盆地内层序发育特征及其与盆地演化的关系，研究了不同时代盆地内的沉积充填、层序发育特征、烃源岩特征、储集体特征及生-储-盖组合关系，揭示了盆地演化不同阶段所形成的不同类型的烃源岩与储集体特征及其在时代演化上和在空间分布上的有序性。

如以第13超层序体系域低位期、海侵期、高位早期和高位晚期为编图单元编制的构造-层序岩相古地理图（图2-41～图2-44），反映了四川盆地及周缘地区海西运动晚期区

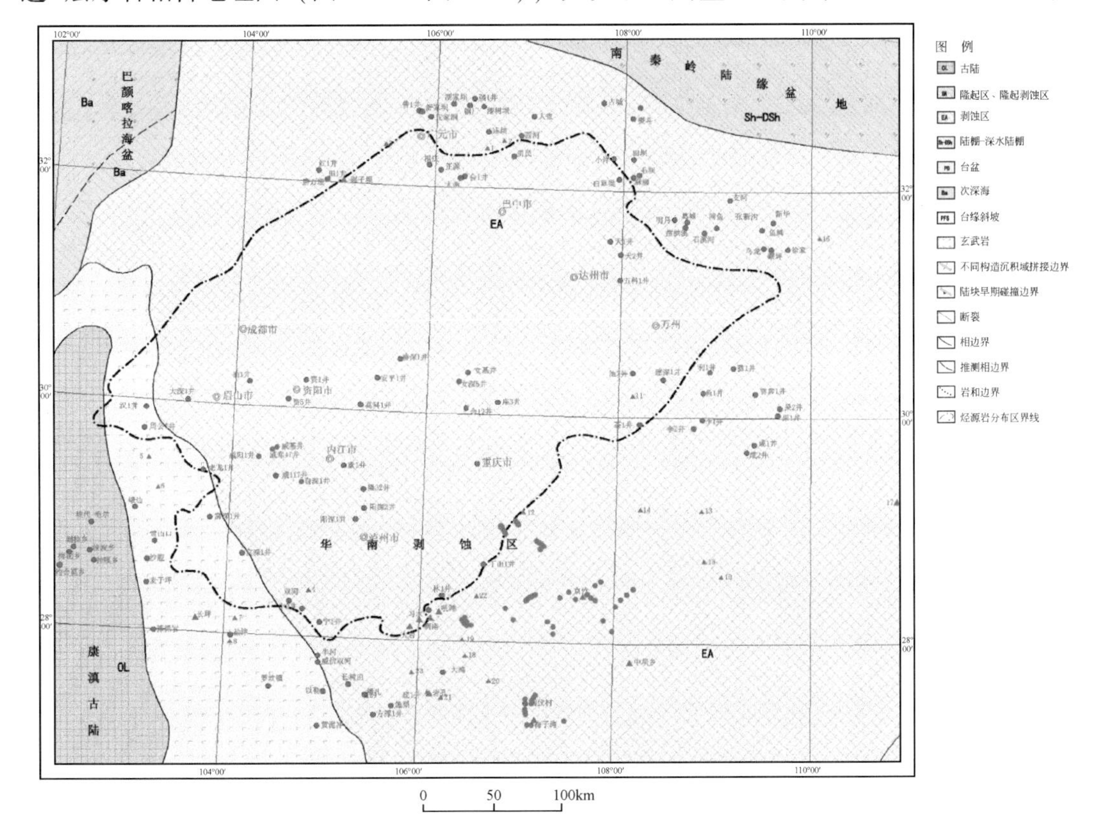

图2-41　四川盆地及周缘地区第13超层序低位体系域（晚二叠世早期）构造-层序岩相古地理

域构造与洋陆分布格局、二级海平面升降旋回中沉积盆地和岩相古地理的发育在同一分布特征与连续演化特征，以及因不同地区构造运动的差异造成海平面升降过程中岩相古地理演化的差异性，揭示了不同超层序体系域沉积时期的物质聚集分布规律。同时，低位期构造-层序岩相古地理图还揭示了该层序界面发育期暴露剥蚀区范围（即碳酸盐岩发生古岩溶作用的区域）、各盆地不断收缩的演化过程（图 2-41）；海侵期构造-层序岩相古地理图展示了晚二叠世中晚期海侵过程中的构造-层序岩相古地理格局，揭示了四川盆地及周缘地区北部边缘受同生断裂活动影响，出现若干北西方向由暗色泥灰岩、硅泥质岩组成的台盆，由南秦岭深入台地内部，形成复杂的台-盆相间格局，沿台地边缘发育的生物礁、滩成为该时期重要的油气储集体（图 2-42）。高位期构造-层序岩相古地理图则主要揭示海退过程中的构造-层序岩相古地理格局（图 2-43、图 2-44），揭示了高位早期（飞仙关期—嘉陵江期）以碳酸盐岩开阔台地沉积为主，川南地区发育局限台地内的萨布哈沉积，高位晚期（雷口坡期）以潮间和潮上带的局限-蒸发台地内的白云岩和蒸发岩夹泥岩为主，川中地区发育萨布哈的石盐层。

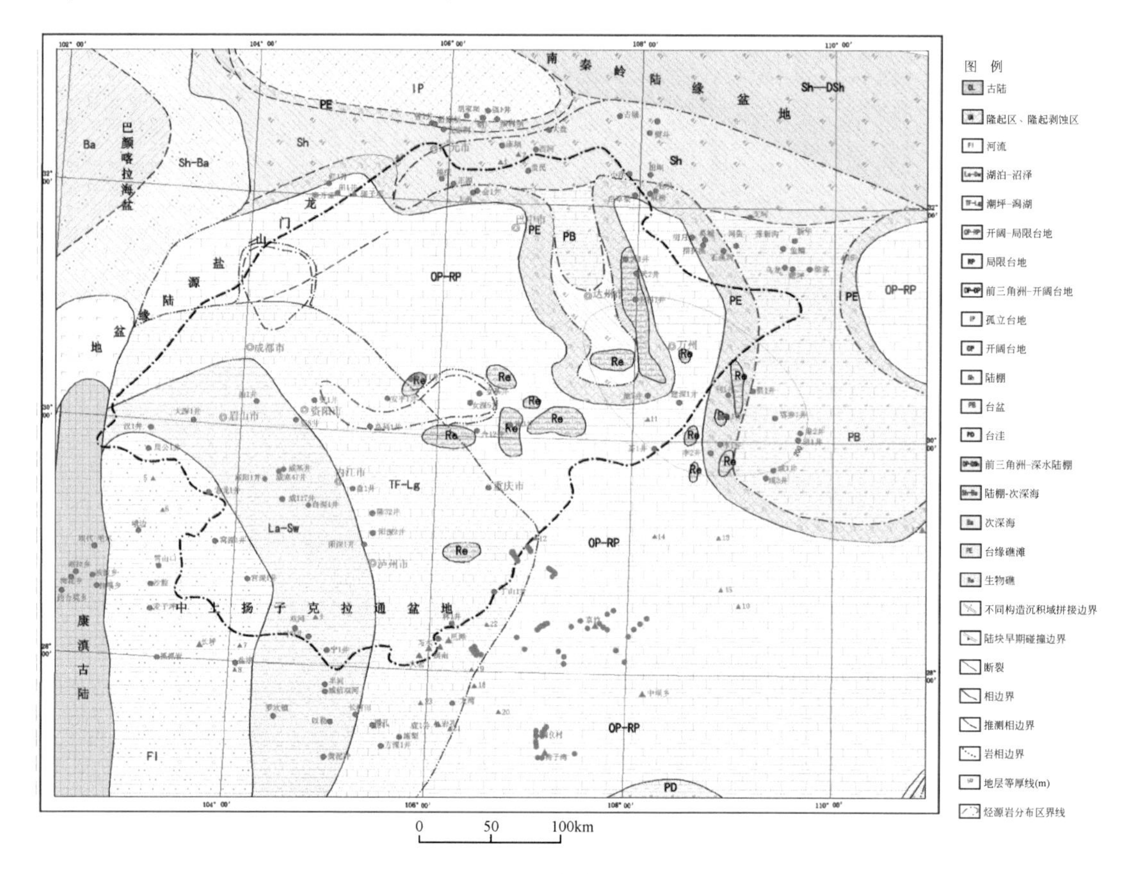

图 2-42　四川盆地及周缘第 13 超层序海侵体系域（晚二叠世中晚期）构造-层序岩相古地理

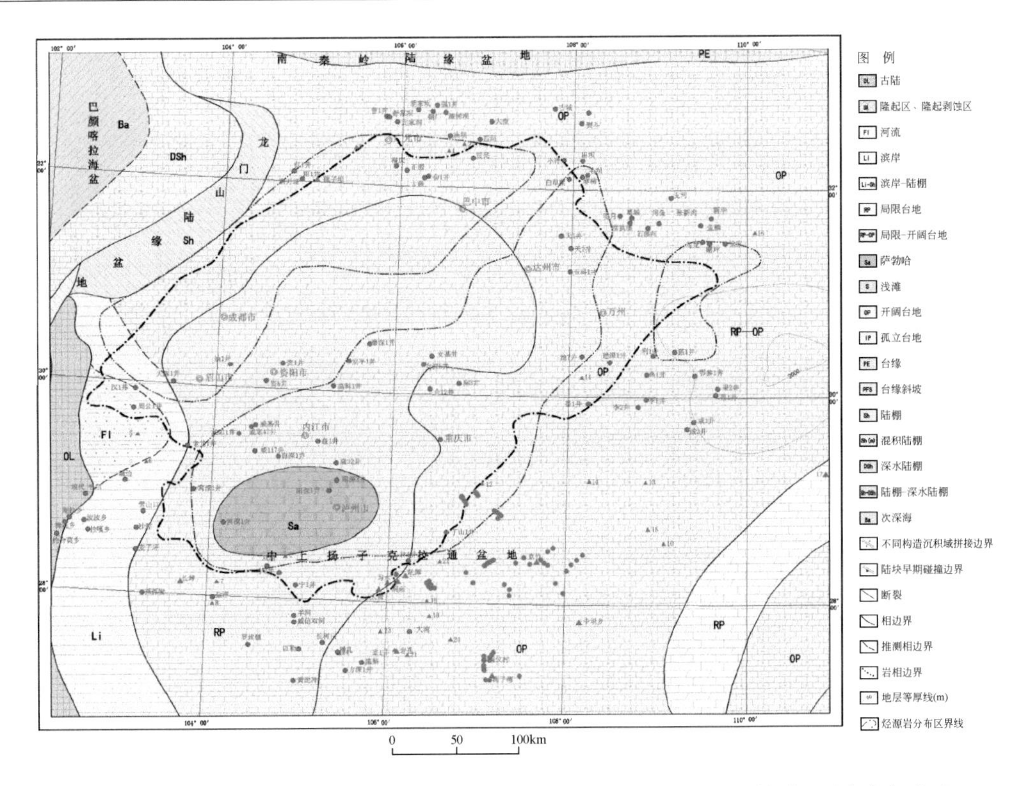

图2-43　四川盆地及周缘第13超层序高位体系域早期（早三叠世）构造-层序岩相古地理

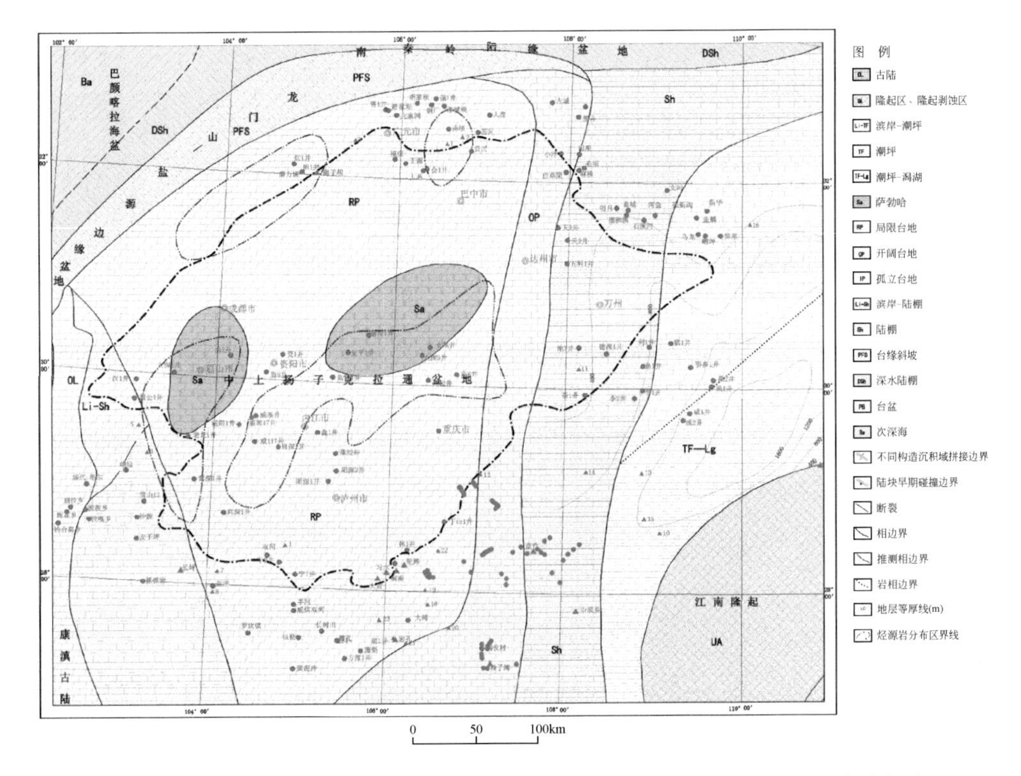

图2-44　四川盆地及周缘第13超层序高位体系域晚期（中三叠世）构造-层序岩相古地理

2.5.2　中比例尺层序岩相古地理编图

在单个盆地或较大区块，我们认为岩相古地理研究应以认识和描述沉积体系的发育分布特征和区域岩相古地理格局为主。因此，在海相盆地中我们以Ⅲ级层序内的体系域为单元，研究和编制中比例尺层序-岩相古地理图，以反映和描述单盆地或盆地内大区域的沉积体系或沉积相的时空展布及演化特征，揭示等时层序地层格架中成烃、成藏物质的时空发育分布规律。

塔里木盆地良里塔格组 OSQ10 发育形成期，塔中Ⅰ号断裂带和塔中南部断裂带均已成为塔中地区的控相断层。在海侵期（图 2-45），塔中低凸起区主要为碳酸盐岩台地相沉积，台地内以发育台内缓坡相、台内滩和台内洼地沉积为主，如中 4、塔中 35、塔中 50、塔中 12、塔中 15、塔中 43、塔中 103、塔中 25、塔中 52 和塔中 23、中 16、中 17、中 13 等井区，沉积物主要为灰色-深灰色泥质条带泥晶灰岩、生物屑灰岩、砂屑灰岩。沿塔中Ⅰ号断裂带两侧较小范围内，如塔中 452-塔中 451 井区，沿塔中 42-塔中 44-塔中 24-塔中 59 井-塔中 29 井一线南侧发育较大规模的台地边缘礁滩相，其北侧则发育较大的台缘滩沉积，由于受两侧逆冲断裂带的控制，低凸起区的沉积相带呈北西-南东向展布，成为

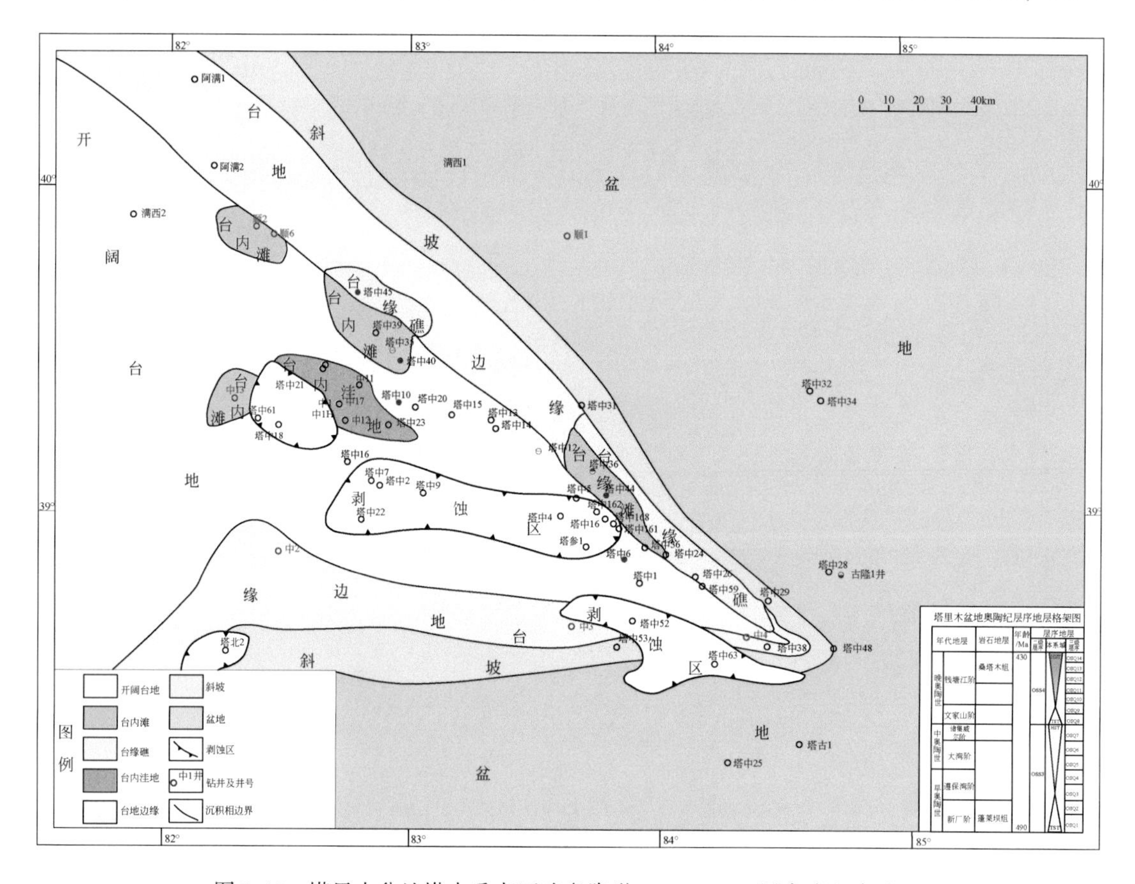

图 2-45　塔里木盆地塔中重点区晚奥陶世 OSQ10-TST 层序岩相古地理

良好的油气储集体；而在塔中Ⅰ号断裂带北部的满加尔凹陷地区及塔中南部断裂带以南的塘古孜巴斯拗陷地区，主要发育盆地相远源浊流沉积，如塔中29井、塔中60井及塘参1井都有较厚的浊积岩沉积。

高位体系域（HST）沉积期（图2-46），主要继承了海侵体系域沉积期沉积格局，但是受海平面下降的影响，剥蚀区面积扩大，如塔参1、塔中401井区均被剥蚀。沿塔中44-塔中24-塔中59井区发育较大规模台地边缘礁沉积，沉积面积较OSQ10海侵体系域减小。在塔中45、塔中451井区则出现了有利于礁体发育的水深条件，台地边缘礁面积扩大，与OSQ10海侵体系域发育的台地边缘滩形成了礁滩旋回，发育形成良好的油气储集体。在塔中低凸起区发育较大面积的台内滩相，如中1、中11、中12、中16井区，沉积物以颗粒灰岩及泥粉晶灰岩为主。而在塔中Ⅰ号断裂带南侧沿塔中49-塔中452-塔中451-塔中45-塔中54-塔中44-塔中24-塔中26-塔中27井区一线发育台地边缘滩相，同时受两侧逆冲断裂带的控制，低凸起区沉积相带仍然呈北西-南东向展布；而在塔中Ⅰ号断裂带北部的满加尔凹陷地区以及塔中南部断裂带南部的塘古孜巴斯拗陷地区仍然发育浊流盆地相沉积，如塔中29、塔中60及塘参1等井区。

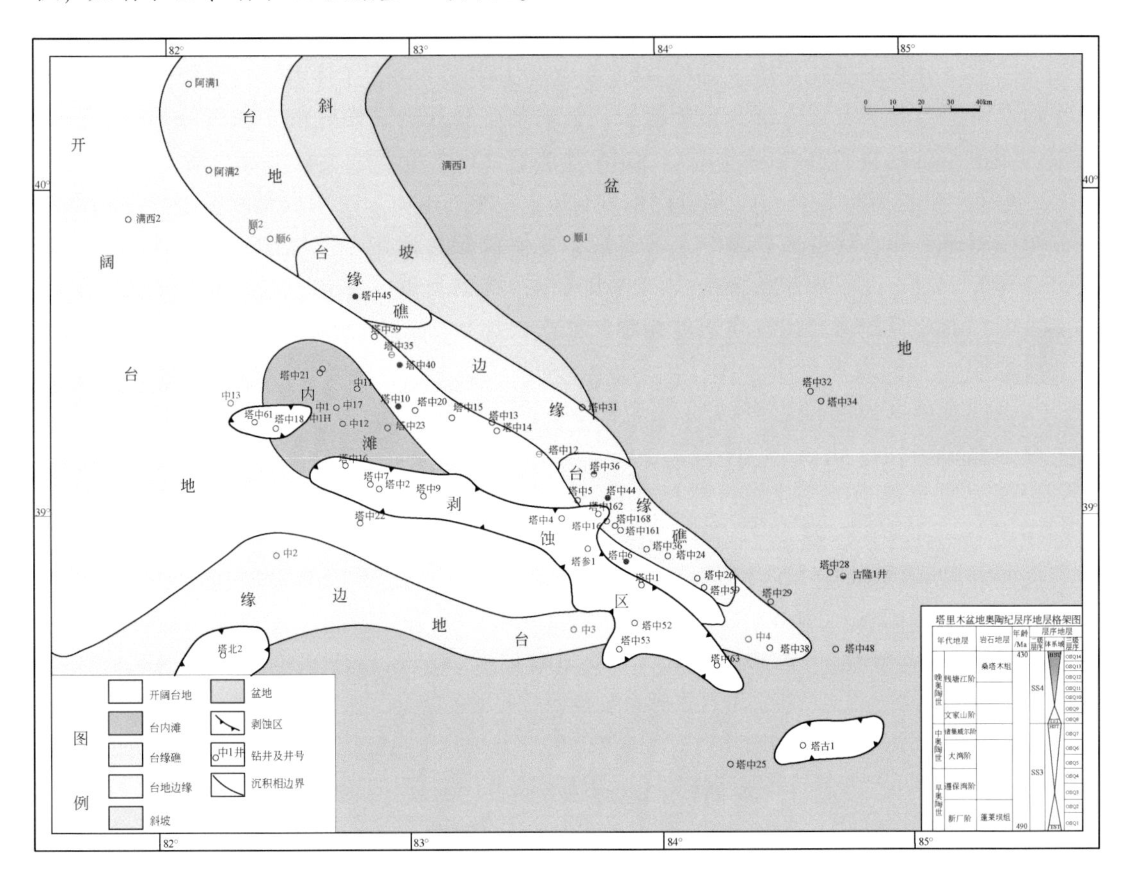

图2-46　塔里木盆地塔中重点区晚奥陶世OSQ10-HST层序岩相古地理

2.5.3 大比例尺层序岩相古地理编图

随着盆地油气勘探与开发向更复杂和更深入的方向发展，石油地质学家需要更精细和更准确的技术，以提高层序地层分析的时间–地层分辨率和储层预测评价的准确性。大比例尺层序岩相古地理编图一般以四级或四级以上层序为编图单元，主要用于刻画勘探目标区的有利储集相带的分布规律，为储层精细描述与评价提供支撑。该类大比例尺的层序–岩相古地理研究与编图不仅更加充分地保证了所编图件的等时性，而且充分强调了单一基准面上升或下降的地层旋回过程中所具有的沉积环境变迁的相似性、连续性和沉积学响应特征的继承性等发展演化特点。

以鄂尔多斯盆地奥陶系马家沟组马五段为例，按四级层序编制的大比例尺图精细刻画了沉积微相的发育规律。海侵期（马五段5亚段，图2-47），经历了华北地台发生的最后时间短暂的海侵，自西向东依次发育剥蚀区、近陆潮坪相带，主要发育潮坪相带。潮坪相带又分为潮上、潮间以及潮下带。沉积厚度自西向东逐渐增厚，为5～40m，主要沉积泥微晶灰岩、生屑灰岩、粒屑灰岩以及灰云岩。潮坪内滩微相为主要的储集体发育相带。①剥蚀区主要分布于鄂托克旗、鄂托克前旗、定边至庆城一带部分地区；②潮上带主要分布在乌审旗、吴起至宜川一带，主要沉积灰云岩与生屑灰岩，发育潮上灰云坪相带，在此相带内滩相相对发育，在相带北部以统46井、召22井处广泛发育滩相，相带中部城川1井、吴起一带也有滩相发育，相带南部紫探1井–莲1井一带也发育有滩相；③潮间带主要分布在龙探1井、陕参1井至红3井一带，主要沉积灰云岩，发育潮间灰云坪相带，在相带北部统26井、桃36井发育规模较小的滩相；④潮下带主要分布在研究区东侧榆林至延安一带，主要沉积灰岩，发育灰坪相带。

海退期（马五段6亚段，图2-48），中央古隆起这时处在水面之上，没有接受沉积，自西向东依次发育隆起剥蚀区、潮上云坪、潮间灰云坪和潟湖四个相带，滩相微相为主要的储集体发育微相。沉积厚度为5～60m，主要沉积云岩、灰云岩以及含膏云岩。①剥蚀区主要分布于鄂托克旗、鄂托克前旗、定边至庆城一带部分地区；②潮上云坪沉积区主要分布在神木、吴起至宜川一带，主要沉积岩岩性为白云岩，发育潮上云坪相带，同时在统46井、召30井、城川1井、莲15井、陕15井发育有滩相；③潮间灰云坪沉积区分布在榆林、靖边至延安一带，主要沉积岩性为灰云岩，发育灰云坪相带，在桃36井、桃3井发育范围较小的滩相；④潟湖相主要分布在研究区东侧中部一带，主要沉积膏盐岩。

2.5.4 不同尺度层序岩相古地理编图的意义

以不同级次海平面升降旋回控制的地层记录为研究对象的层序地层学理论为指导所编制的层序岩相古地理图，与传统的岩相古地理图相比较，更具等时性、成因连续性和实用性。大块体内，以Ⅱ级层序体系域为编图单元编制的小比例尺构造–层序岩相古地理图，反映了区域构造不同阶段的盆山耦合关系和沉积盆地各演化阶段的沉积充填序列，为评价

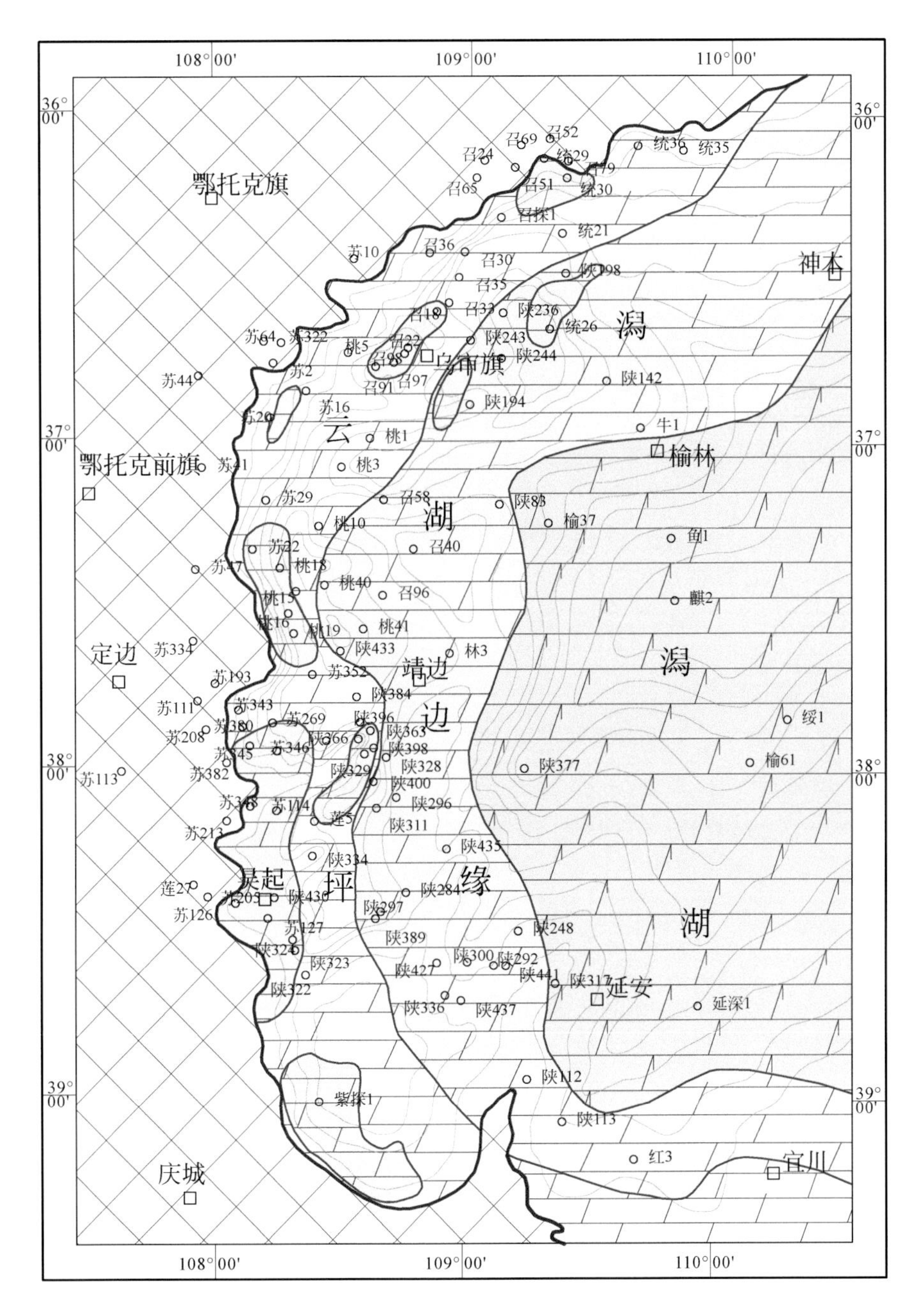

图 2-47　鄂尔多斯盆地 OSQ8-EHST 沉积微相分布

沉积盆地油气勘探潜力和预测区域范围内的生、储、盖发育特征及其时空展布规律提供了有力的依据。单一盆地或盆地内大范围区域，以Ⅲ级层序体系域或长期基准面旋回层序相域为单元而编制的中比例尺层序岩相古地理图，能够反映盆地充填韵律周期内沉积体系或沉积相的时空展布及变化特征，从而指导沉积盆地内勘探区块的优选，预测区块内的有利勘探区带。盆地中重点勘探区块内，以层序的体系域、准层序组或中周期基准面旋回层序

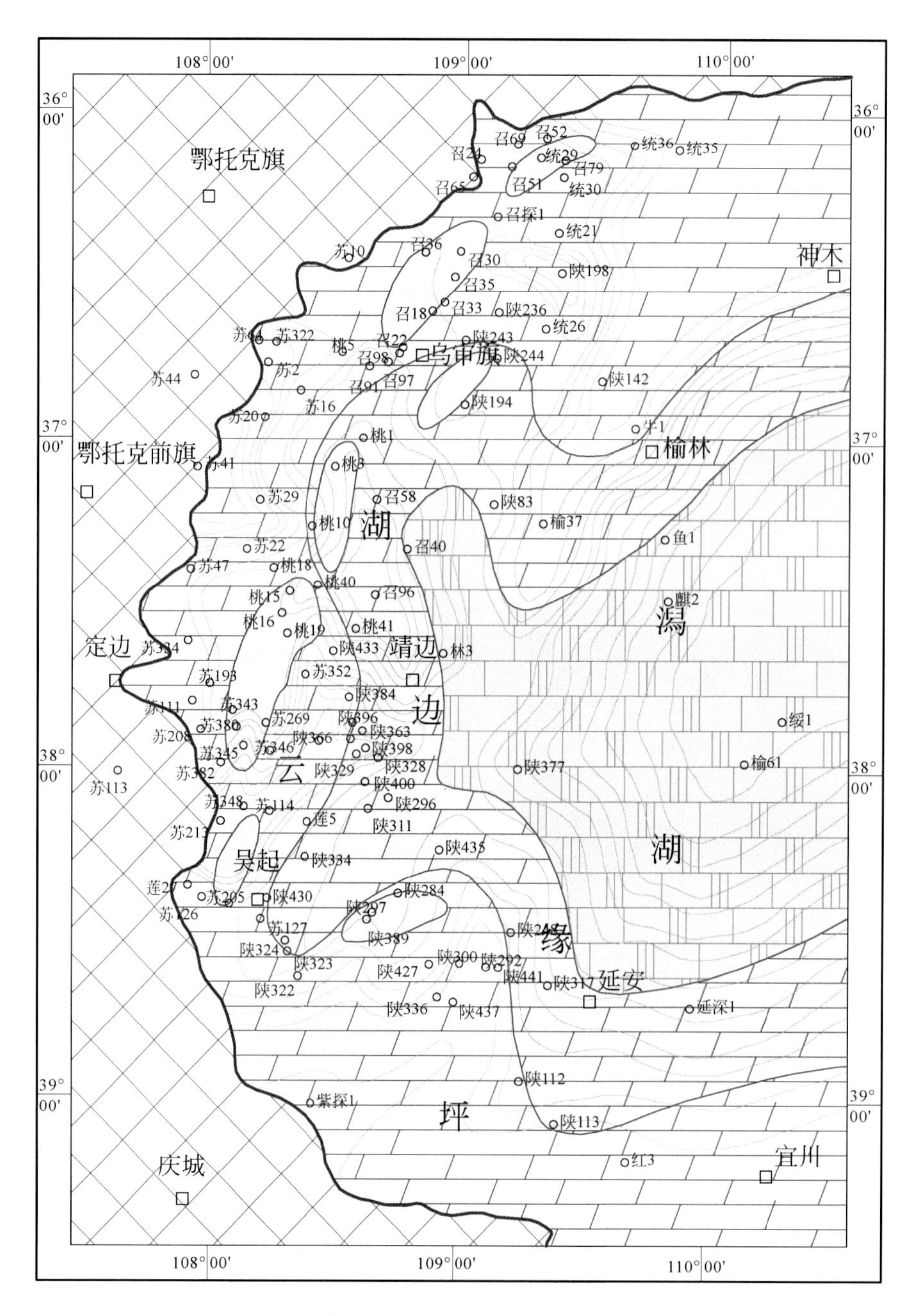

图 2-48　鄂尔多斯盆地 OSQ8-LHST 沉积微相分布

的相域为编图单元，所编制的大比例尺层序岩相古地理图，反映了中周期基准面变化控制下的研究区沉积相或沉积微相的时空展布及变化特征，可更为准确地描述等时地层格架中的有利储集体的时空展布和演化规律，提高储层描述的准确性及油气藏预测评价的可靠性。因此，大、中、小尺度层序-岩相古地理研究与编图已经成为油气勘探开发中的一项重要的并日趋成熟的技术，对指导油气勘探发挥着越来越重要的作用。

第3章 中国西部大型克拉通盆地碳酸盐岩储层形成机理及预测技术

3.1 碳酸盐岩储层类型与发育特征

3.1.1 三大盆地碳酸盐岩储层类型划分方案

3.1.1.1 碳酸盐岩储层类型划分现状

碳酸盐岩储层油气产量约占世界油气总产量的60%，可见碳酸盐岩储层的重要性，世界石油与天然气的剩余储量之比大约是1∶1，然而在中国却高达9∶1，对于碳酸盐岩储层来说，这个比值甚至更低，说明我国碳酸盐岩勘探开发程度比较低，具有非常大的潜力。我国海相碳酸盐岩层系具有时代老、埋深大、成岩作用强、原生孔隙不发育、受后期改造控制、非均质性强的特点，给碳酸盐岩油气勘探带来巨大挑战。与国外比较而言，我国碳酸盐岩储层的物性总体上要比国外几大含油气盆地的物性要差一些。这些客观存在的地质事实给我国古老层系碳酸盐岩油气勘探带来了巨大的挑战，对石油地质工作者带来了机遇。近些年来四川盆地、塔里木盆地及鄂尔多斯盆地碳酸盐岩油气勘探实践表明，古老碳酸盐岩地层成藏的关键是储层要素，因此，储层表征成为我国碳酸盐岩油气勘探的关键。储层是指由岩石格架和相互连通的孔隙网构成的三维地质体。世界上常见的碳酸盐岩储层可归纳为6类：①古岩溶储层；②白云岩储层；③滩相储层；④礁相储层；⑤白垩；⑥裂缝型储层（范嘉松，2005）。一些学者从储集空间角度出发，认为碳酸盐岩储层是一种多孔介质，孔隙、孔洞和裂缝为三种不同的孔隙空间，因此将碳酸盐岩储层划分为孔隙型储层、孔洞型储层及裂缝型储层三种，然后进一步划分出若干类不同孔隙组合而成的复合型储层类型（强子同，2007）。这种以孔隙类型进行储层分类的方法易于使用，能解释岩石、孔隙和岩石物性特征之间的成因关系，还有助于预测储层流动单元的空间分布。其实在长期的地质作用过程中，岩石属性与孔隙特征往往密不可分，具有某种联系，因此，现在更多的学者倾向于将岩石信息和孔隙成因结合起来采用成因分类对储层进行划分，通常划分为三种主要的储层类型：①沉积成因的储层；②成岩成因的储层；③裂缝型储层。从我国碳酸盐岩油气勘探实践来看，我国古老碳酸盐岩储层形成过程极其复杂，按照任何一种划分方法都不能准确涵盖储层的特征，因此通常综合考虑岩石成因和储集空间特征对储层进行划分，根据目前在中国西部三大碳酸盐岩盆地中发现的大型油气田储层特征，通常分为礁滩型、白云岩型和古岩溶型三大类，再按照储层成因类型进一步划分为若干亚类。

3.1.1.2　西部三大盆地海相碳酸盐岩储层类型划分方案

在中国西部三大盆地（塔里木盆地、鄂尔多斯盆地、四川盆地）碳酸盐岩储层发育类型多样（表3-1），优质储层主要有礁滩型、白云岩型、古岩溶型3类；除此之外还可识别出裂缝型储层、埋藏热液岩溶型储层等特殊类型的储层。实际上，以上多种类型储层具有明显的叠置特点，如白云岩型储层与其他几类储层具有交互。

表3-1　中国西部三大盆地碳酸盐岩储层类型划分表

类型划分		发育层位	分布地区	代表性油气田
礁滩型	台地边缘礁储层	O、P、C、T	四川盆地东北地区塔里木盆地塔中地区	普光气田、龙岗气田塔中油气田
	台地边缘滩储层		四川盆地	
	台内礁储层		塔北地区	
	台内滩储层		塔里木盆地塔中地区四川盆地	塔中油气田
白云岩型	萨布哈白云岩储层	Є、O、P、T	四川盆地、塔里木盆地、鄂尔多斯盆地	四川盆地威远气田塔里木盆地鄂尔多斯盆地靖边东部气田
	渗透回流白云岩储层			
	埋藏白云岩储层			
	热液白云岩储层			
古岩溶型	风化壳岩溶储层	Є、O、C	四川盆地东北部、鄂尔多斯盆地中部、塔里木盆地北部	鄂尔多斯盆地靖边气田塔里木盆地塔河油田四川盆地
	层间岩溶储层	Є、O	塔里木盆地塔北地区、塔中地区	塔里木盆地塔中南坡、塔河南、于奇东
	顺层岩溶储层	O	鄂尔多斯盆地西缘塔北哈拉哈塘地区	哈拉哈塘油田
	埋藏岩溶储层	Є、O、T	川东北地区塔里木盆地英买力地区	
其他特殊类型	裂缝型储层、埋藏热液岩溶储层等			

其中，礁滩型储层根据礁滩分布的不同位置进一步划分为台地边缘礁储层、台地边缘滩储层、台内礁储层和台内滩储层4类；白云岩型储层根据白云岩成因机理的差异划分为萨布哈白云岩储层、渗透回流白云岩储层、埋藏白云岩储层和热液白云岩储层4类；古岩溶型储层按照岩溶作用方式不同细分为层间岩溶储层、顺层岩溶储层、风化壳岩溶储层和埋藏岩溶储层4个类型。

3.1.2　不同类型储层特征

3.1.2.1　礁滩储层特征

1. 三大盆地礁滩储层发育的层位

在中国西部三大盆地（塔里木盆地、鄂尔多斯盆地、四川盆地）形成演化、沉积充填过程中生物礁滩储层广泛发育（表3-2，图3-1）。其中，在塔里木盆地奥陶系、四川盆地二叠系和三叠系均获得了显著的油气勘探成果，但在不同盆地中的油气地位也有差别。

表3-2　中国西部三大盆地礁、滩储层发育层位

地层系统		三大盆地		
系	统	塔里木	四川	鄂尔多斯
三叠系	上统	—	—	—
	中统	—	雷口坡组、嘉陵江组	—
	下统	—	飞仙关组	—
二叠系	乐平统	—	长兴组	—
	瓜德鲁普统	—	—	—
	乌拉尔统	—	—	—
石炭系	上统	—	—	—
	下统	康克林组	—	—
泥盆系	上统	—	—	—
	中统	—	—	—
	下统	—	—	—
志留系	普里道利统	—	—	—
	罗德洛统	—	—	—
	温洛克统	—	—	—
	兰多维列统	—	石牛栏组	—
奥陶系	上统	良里塔格组	—	—
	中统	一间房组	—	—
	下统	鹰山组/蓬莱坝组	南津关组	马家沟组
寒武系	芙蓉统	下丘里塔格群	娄山关群	三山子组
	苗岭统	—	—	张夏组
	第二统	—	龙王庙组	—
	纽芬兰统	—	—	—
震旦系	上统	—	—	—
	下统	—	—	—

2. 礁滩储层划分及特征

礁滩储层是西部三大盆地内重要的储层类型，不同盆地内发育层位和类型受盆地构造演化影响。

四川盆地海相碳酸盐岩礁滩储层以川东北二叠系、三叠系最为发育，特征最为明显；塔里木盆地礁滩储层以塔中地区中奥陶统一间房组和上奥陶统良里塔格组最为典型；鄂尔多斯盆地生物礁主要发育在奥陶系克里摩里组、平凉组及背锅山组（图3-1～图3-3，

表 3-3)。根据生物礁、滩发育的古地理位置的不同，将礁滩储层划分为台地边缘生物礁储层、台地边缘滩储层、台内礁储层、台内滩储层共 4 类。下面重点描述台地边缘礁和台地边缘滩的储层特征。

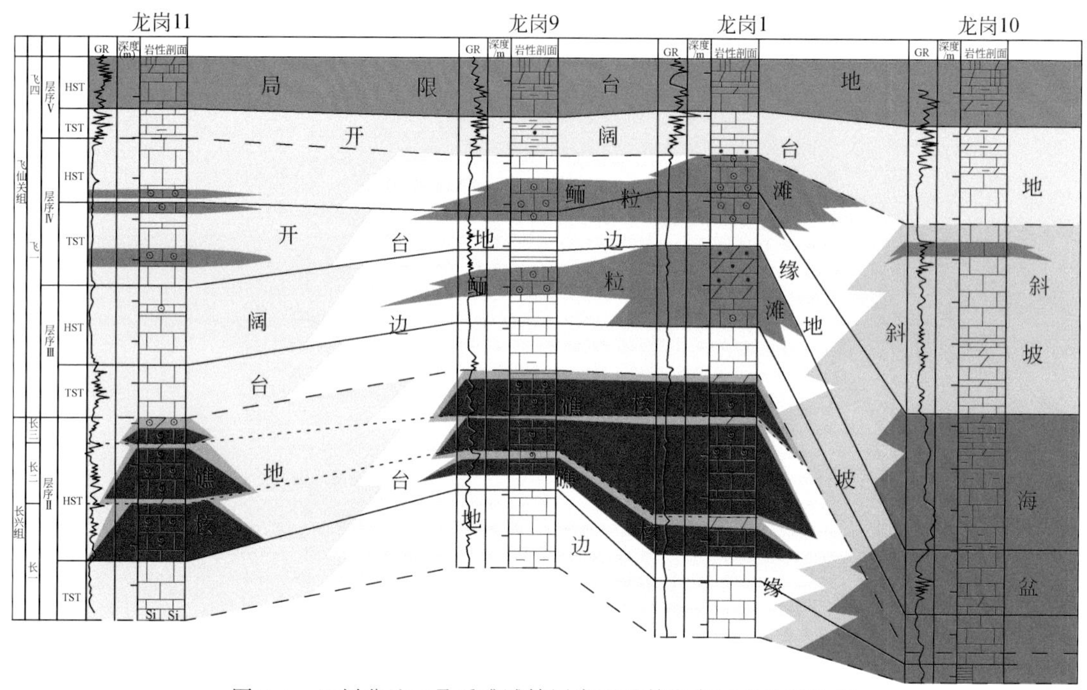

图 3-1　四川盆地二叠系礁滩储层类型及其发育的古地理位置

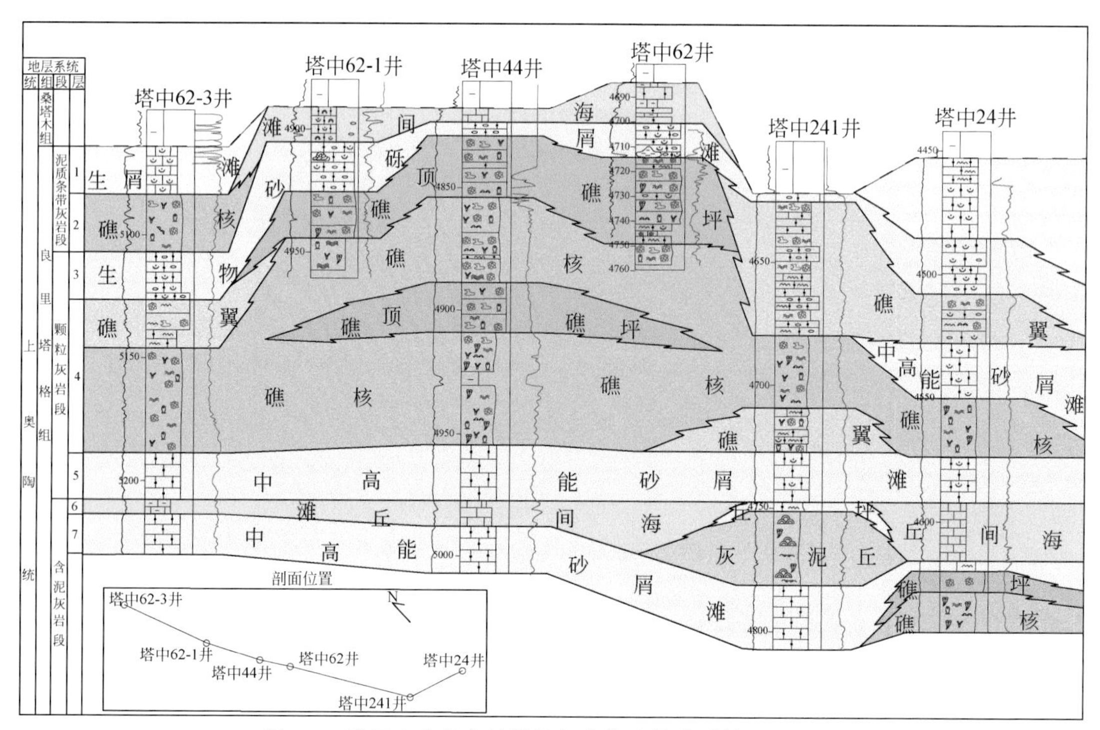

图 3-2　塔里木盆地良里塔格组台缘生物礁滩储层对比图

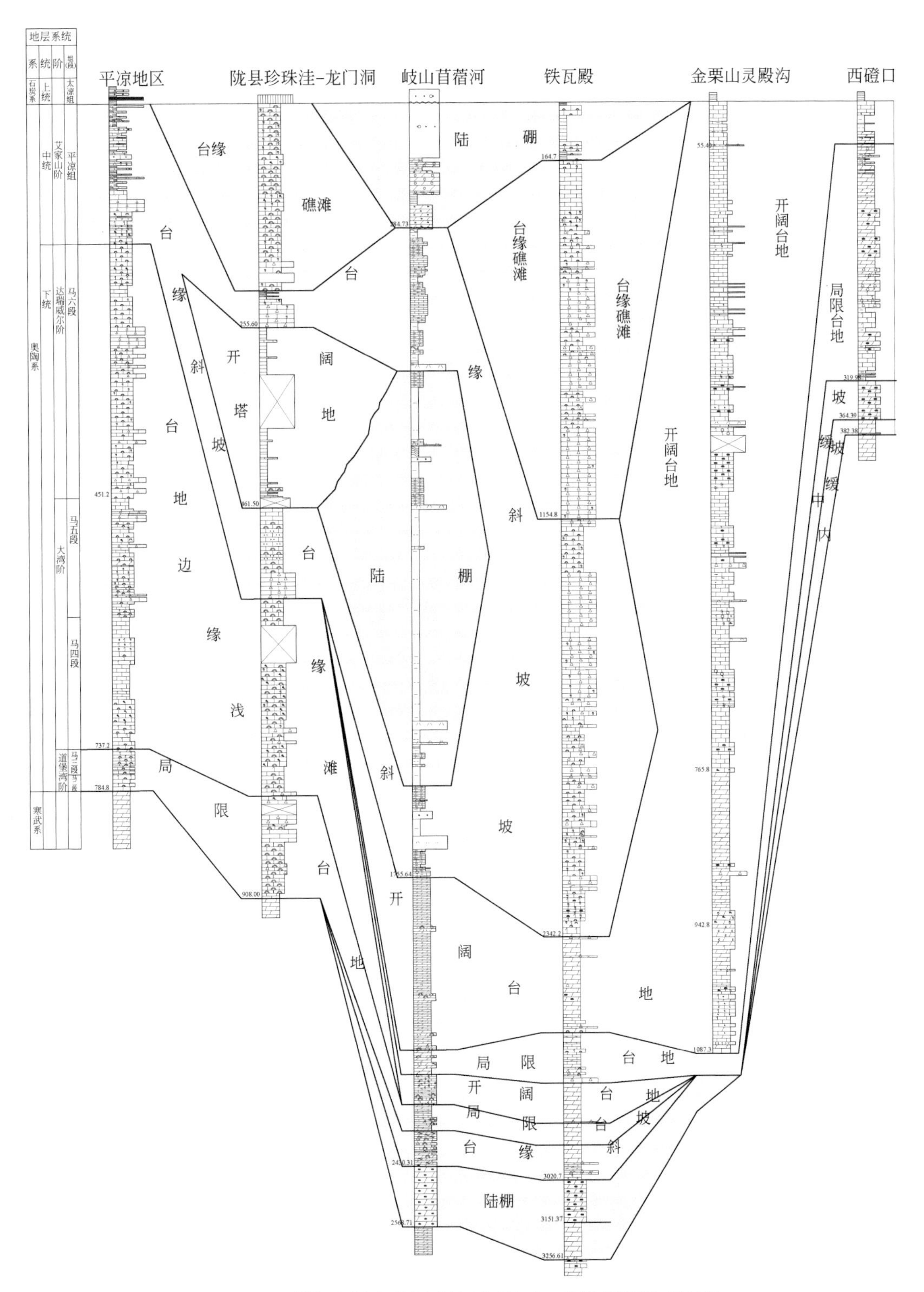

图3-3　鄂尔多斯盆地平凉地区-西磴口礁滩相储层对比图

表 3-3　塔里木盆地、四川盆地、鄂尔多斯盆地礁滩储层类型特征比较

<table>
<tr><th colspan="3">储层类型</th><th rowspan="3">共性特征</th><th colspan="9">个性特征</th></tr>
<tr><th colspan="3">塔里木盆地</th><th colspan="3">四川盆地</th><th colspan="3">鄂尔多斯盆地</th></tr>
<tr><th>类</th><th>亚类</th><th>细类</th><th>特征</th><th>典型地区</th><th>代表钻井</th><th>特征</th><th>典型地区</th><th>代表钻井</th><th>特征</th><th>典型地区</th><th>代表钻井</th></tr>
<tr><td rowspan="4">礁滩储层</td><td rowspan="2">台地边缘礁滩储层</td><td>台地边缘礁储层</td><td rowspan="2">(1) 沿台缘带呈条带状断续分布，生物礁及滩并存；
(2) 厚度大，有效储层垂向上多套叠置；
(3) 礁滩体规模大，礁间相距近，邻近烃源</td><td rowspan="2">(1) 格架岩不发育，以滩相生屑灰岩为主，尤为棘屑灰岩；
(2) 陡的台地边缘，3～4 期生屑滩呈加积式叠置；
(3) 未发生白云石化</td><td rowspan="2">塔中地区奥陶系</td><td rowspan="2">塔中44</td><td rowspan="2">(1) 格架岩发育，伴生的滩相沉积有生屑灰岩和鲕粒灰岩；
(2) 陡的台地边缘，3 期生物礁和 3 期鲕滩呈进积型叠置；
(3) 受断层控制的埋藏白云石化</td><td rowspan="2">川东北二叠系、三叠系</td><td rowspan="2"></td><td rowspan="2">(1) 格架岩不发育，滩相生屑灰岩为主；
(2) 多期断阶带控制多排礁滩的发育；
(3) 受断层控制的埋藏白云石化</td><td rowspan="2">鄂尔多斯盆地西缘</td><td rowspan="2">棋探1井</td></tr>
<tr><td>台地边缘滩储层</td></tr>
<tr><td rowspan="2">台地内礁滩储层</td><td>台内礁储层</td><td rowspan="2">(1) 沿台洼周缘及台内呈点/面状分布，以滩为主；
(2) 厚度小，分布面积广，垂向上有效储层单套为主；
(3) 滩体规模可大可小，相距可近可远</td><td rowspan="2">(1) 台地分异强烈；
(2) 上寒武统—奥陶系各层位广泛发育，呈点状/斑状分布；
(3) 生屑灰岩为主，未见白云石化</td><td>塔北一间房组</td><td></td><td rowspan="2">(1) 台地分异不强烈；
(2) 二叠系和三叠系各层位广泛发育，层状大面积分布；
(3) 生屑灰岩及鲕粒灰岩，弱白云石化</td><td>川中长兴组</td><td>广3井</td><td rowspan="2">未发现或不落实</td><td rowspan="2"></td><td rowspan="2"></td></tr>
<tr><td>台内滩储层</td><td>塔中良里塔格组</td><td>塔中621井</td><td>蜀南二叠系、三叠系</td><td></td></tr>
</table>

1）台地边缘生物礁储层

台地边缘生物礁储层平面上分布于台地边缘，成群或带状产出，单个礁体为圆顶状点礁。造礁生物为海绵、苔藓、水螅，多数具骨架结构，部分生物杂乱排列。中国西部三大盆地台地边缘生物礁储层均广泛发育，四川盆地二叠系、三叠系与塔里木盆地上奥陶统最为典型，鄂尔多斯盆地以奥陶系克里摩里组、平凉组及背锅山组最为发育。

（1）岩石类型。

四川盆地台地边缘礁滩储层以川东北二叠系长兴期的生物礁滩储层特征最为明显，平面上分布于台地边缘，成群或带状产出。造礁生物为海绵、苔藓、水螅，多数具骨架结构，部分生物杂乱排列。骨架间充填灰泥及颗粒。由礁基、礁核、礁顶及礁盖等单元组成。礁基及礁间为生屑灰岩，礁盖为白云岩。有骨架礁、障积礁、黏结礁及灰泥丘四种类型。礁厚度变化大，数米至上百米，如盘龙洞生物礁厚约 100m，铁厂河生物礁厚仅几米。生物礁具有向上变浅沉积序列，顶部往往白云石化（图 3-4）。

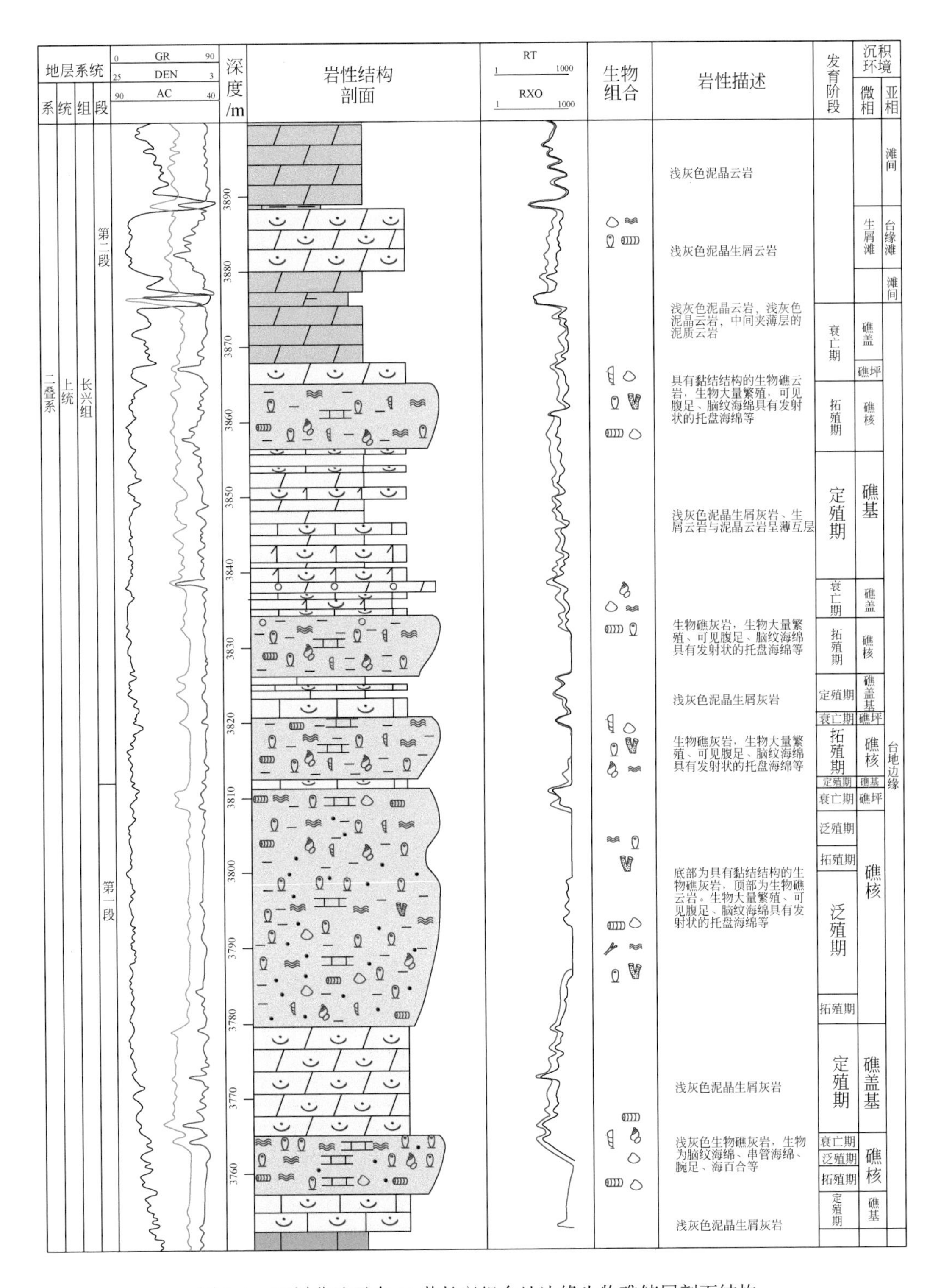

图 3-4　四川盆地天东 10 井长兴组台地边缘生物礁储层剖面结构

塔里木盆地台地边缘礁滩储层以塔中良里塔格组的生物礁滩储层特征最为明显，平面上沿Ⅰ号断裂带呈带状产出。台地边缘生物礁主要为骨架礁和障积礁。骨架礁在垂向剖面上一般可分为礁基、礁核、礁坪-礁顶、礁盖4种微相（图3-5）。单个礁体厚度大，一般为20～70m，塔中44井礁体厚度可达120m。礁核主要由厚层-块状托盘海绵骨架岩、珊瑚骨架岩、层孔虫骨架岩、藻黏结生物礁灰岩及礁体中的生物砂砾屑灰岩沟道沉积组成。礁翼中黏结岩及隐藻黏结的碎屑夹层增多。礁坪-礁顶主要由厚层藻黏结礁砾屑灰岩、含藻灰结核的藻黏结生屑砂屑灰岩夹藻黏结生物礁灰岩、生物砂砾屑灰岩组成。

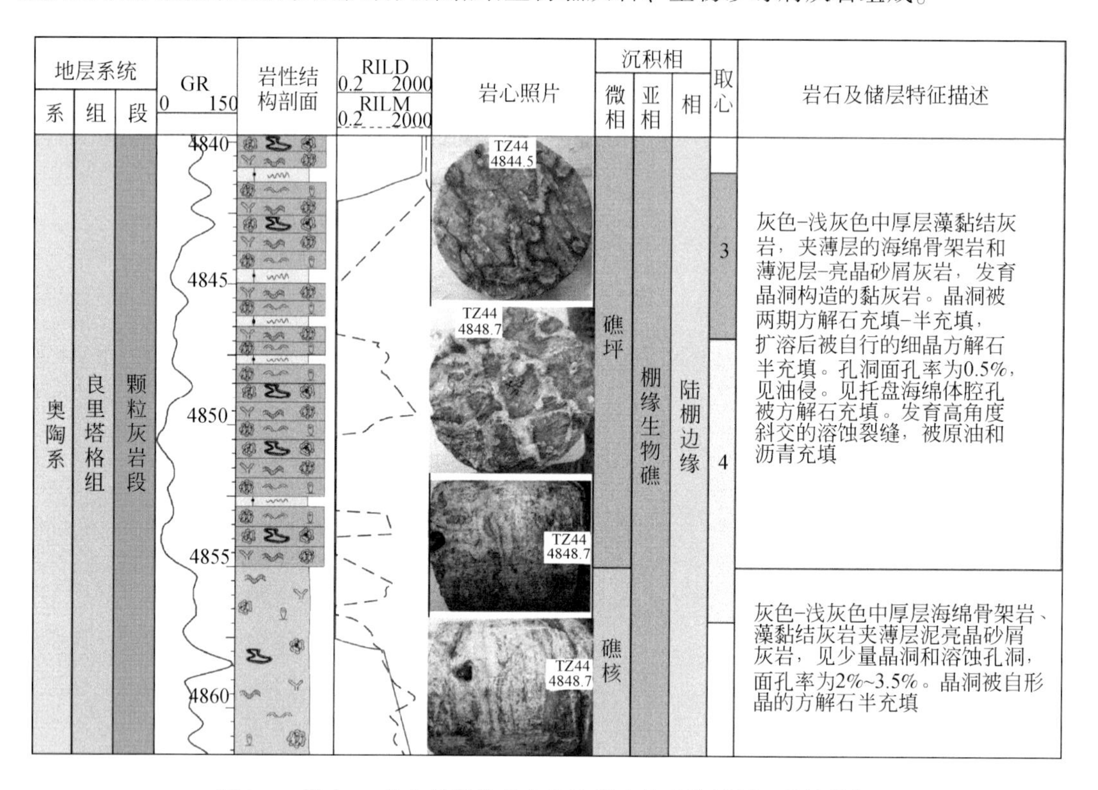

图3-5　塔中44井良里塔格组台地边缘生物礁储层剖面结构特征

鄂尔多斯盆地生物礁尤其是南缘生物礁属台地边缘礁。典型的生物礁为耀县桃曲坡生物礁。该生物礁发育多个礁体，包括礁前、礁顶、礁翼、礁核多个微相（图3-6）。组成该生物层的造礁生物主要是钙藻，包括绒毛藻（*Trichophyton*）、表附藻（*Epiphyton*）、奥特藻（*Ortonella*）、肾形藻（*Renalcis*）、葛万藻（*Girvanella*）和叠层石。障积灰泥，或绕砾屑、生物遗体碎屑形成黏结岩。其中绒毛藻、表附藻、肾形藻、奥特藻均可障积灰泥形成障积岩；葛万藻一般绕砾屑和生物遗体生长，形成黏结岩。附礁生物主要为头足类、腕足类和三叶虫，其中，头足类：*Kotoceras cylindricum*、*K. frechi*、*Liulinoceras taoqupoense*，三叶虫：*Pliomerina*、*Illaenus*，腕足类：*Didymelasama*、*Orthambonites*。

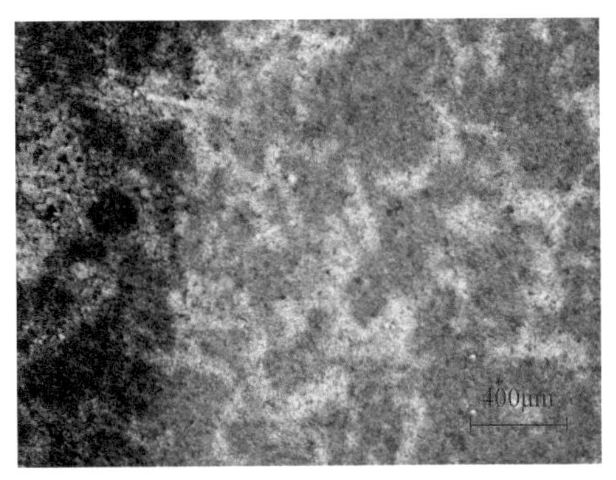

a. 亮晶胶结海绵礁灰岩，10×10，(–)，
平凉组，鄂尔多斯盆地，铜川陈庐

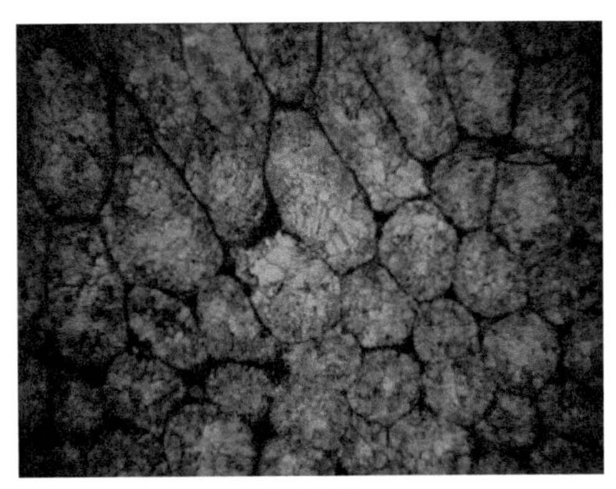
b. 具溶孔的珊瑚礁灰岩，10×10，(–)，
背锅山组，鄂尔多斯盆地，礼泉东庄

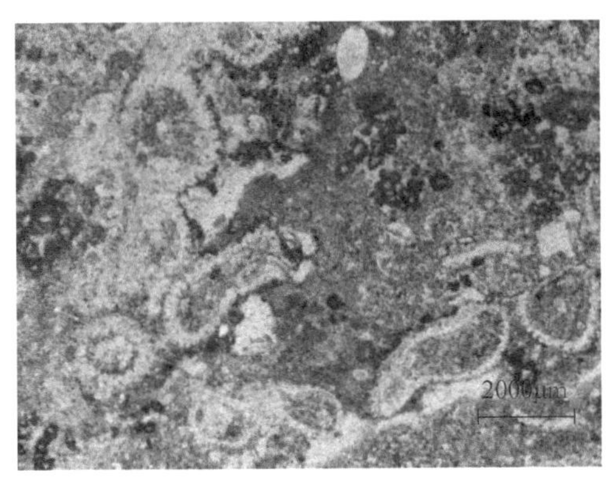

c. 指状层孔虫，2×10，(–)，
背锅山组，鄂尔多斯盆地，陇县龙门洞

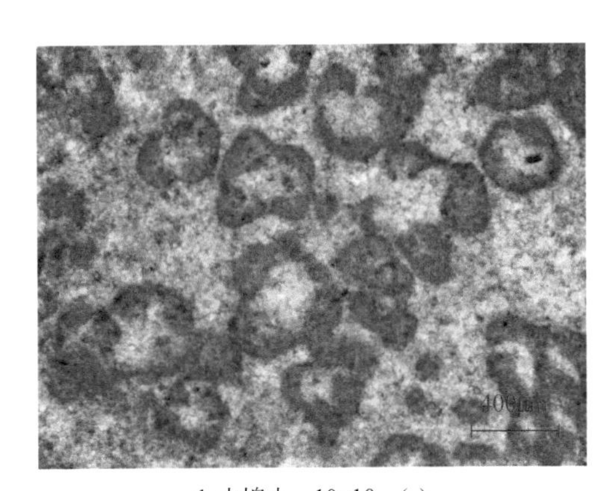
d. 水螅虫，10×10，(–)，
背锅山组，鄂尔多斯盆地，陇县龙门洞

图3-6　鄂尔多斯盆地台缘生物礁储层微观岩石学特征

（2）储集空间特征。

台缘生物礁储层宏观上以溶蚀孔洞和裂缝发育为特征；微观上以发育生物体腔孔、粒间溶孔、晶间溶孔和微裂缝为特征（图3-7）。其中各盆地台地边缘礁储层孔洞均较丰富，部分被方解石晶体充填，孔洞间连通性好。沥青极为丰富，新鲜面上随处可见，主要充填于孔洞，次为裂隙中，少数充填于腕足动物、海绵体腔内，岩性以礁云岩和颗粒云岩及结晶白云岩为主，为优质储层。

（3）储层物性特征。

孔隙度和渗透率是表征储层质量的两个重要参数，但孔隙度和渗透率之间的关系通常不是线性关系，往往受控于复杂的孔隙结构，因此，分析孔渗关系可以帮助推测储层的相关特征。统计显示，台地边缘礁孔渗呈指数相关，相关性较差，以低孔低渗为特征（图3-8），孔隙结构相对复杂，控制其渗透性能的主要因素是孔隙与喉道间的配置关系。

但不同沉积微相物性具有显著差异（图3-9）。以塔里木盆地良里塔格组生物礁储层为例，孔隙度和渗透率以礁翼微相最好，平均孔隙度为2.45%。礁核相对较高，平均孔隙度大于2%。不同类型的礁滩体中，骨架礁、障积礁和台缘滩储层物性最好。

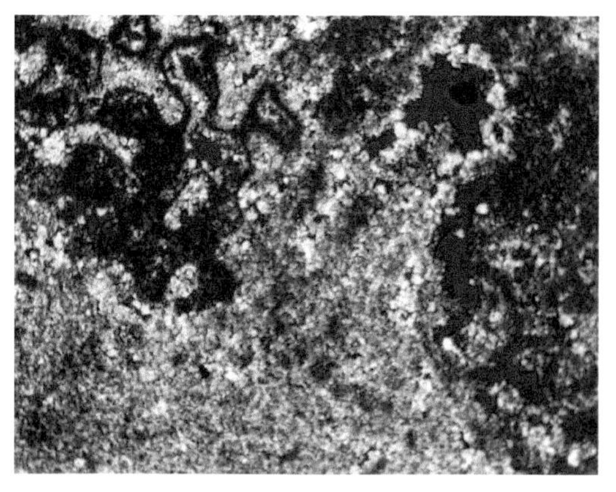

a. 礁白云岩储层，发育生物体腔孔，长兴组，四川盆地，普光6，(−)，10×2.5

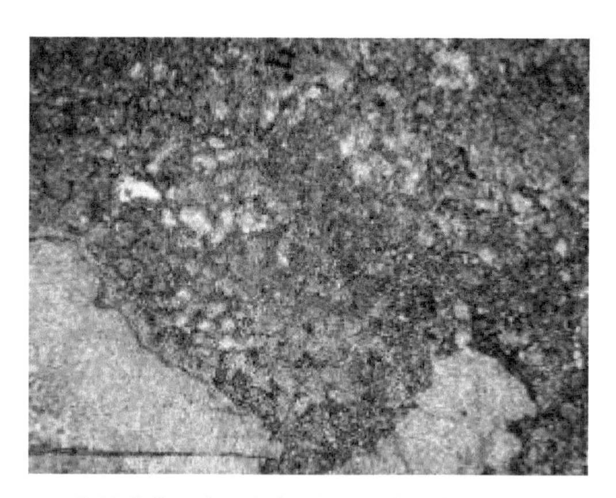

b. 海绵礁白云岩，发育晶间孔和海绵体腔内溶蚀孔，四川盆地，宣汉盘龙洞，(−)，4×2.5

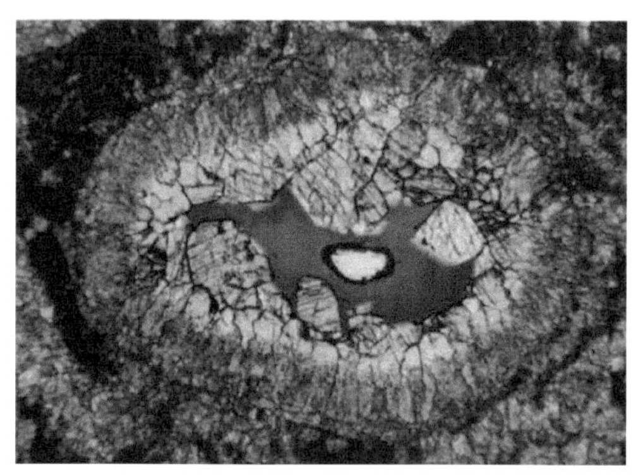

c. 藻黏结生物灰岩，生物体腔孔，生物体腔被三期方解石胶结物充填未满。TZ42井，5484.8m

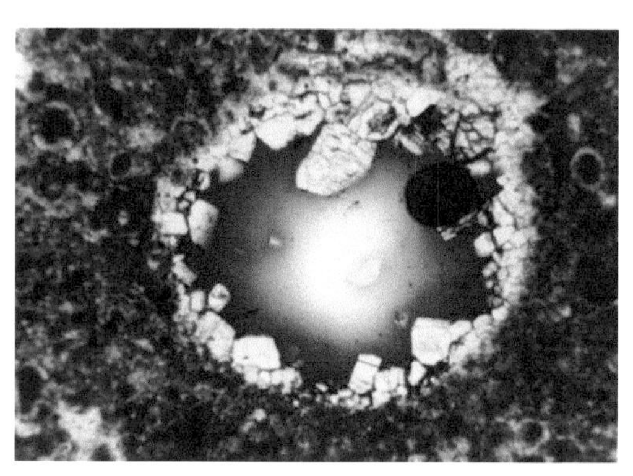

d. 泥亮晶生屑砂屑灰岩，生物体腔中方解石充填物被溶蚀形成的孔洞。TZ44井，4881.52m

e. 生物灰岩，晶间孔和溶孔，10×4，(−)，泾阳徐家山

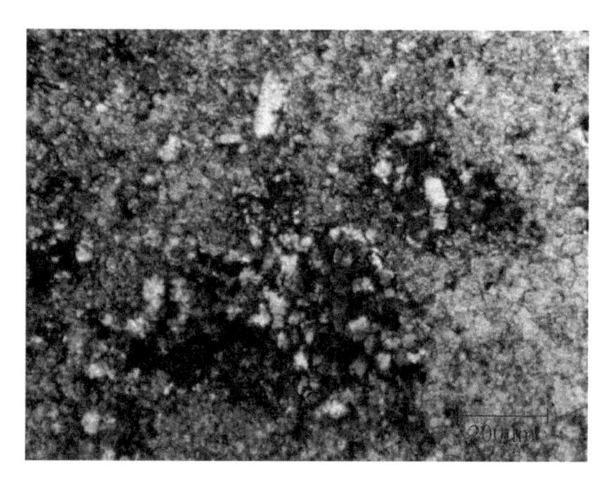

f. 云石化斑块中的晶间孔，(+)，×20，孔隙率1%，陕西耀县桃曲坡

图 3-7　台地边缘生物礁储层储集空间特征

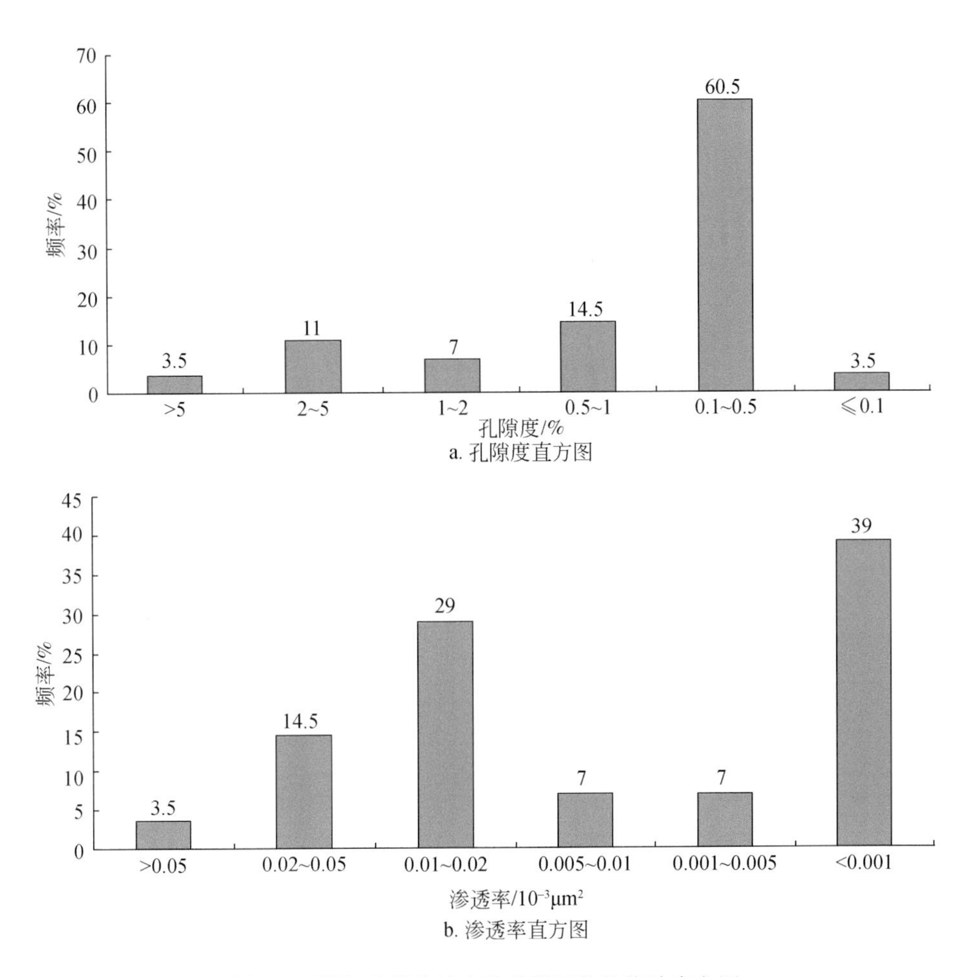

a. 孔隙度直方图

b. 渗透率直方图

图 3-8　鄂尔多斯盆地生物礁储层物性统计直方图

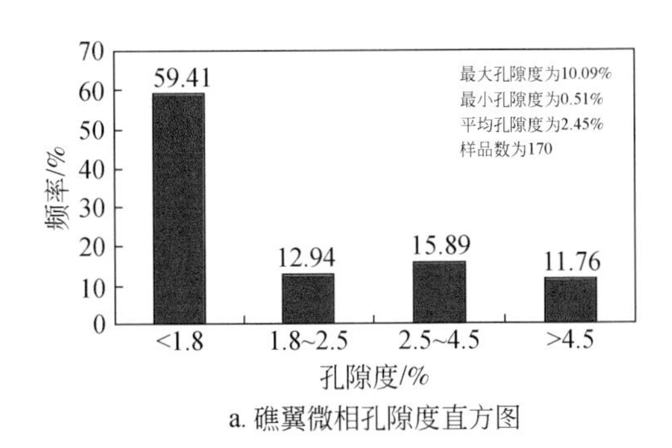

a. 礁翼微相孔隙度直方图

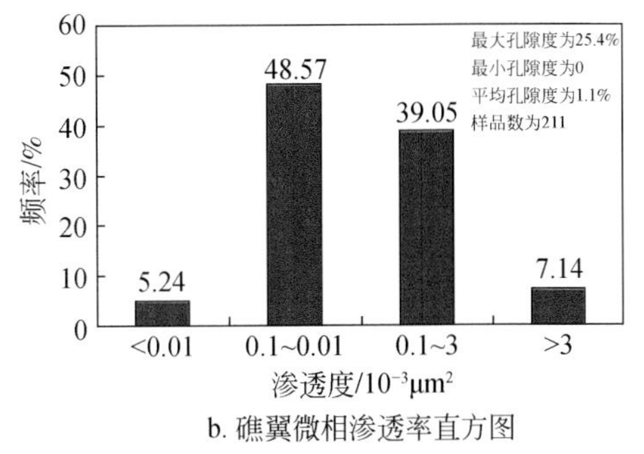

b. 礁翼微相渗透率直方图

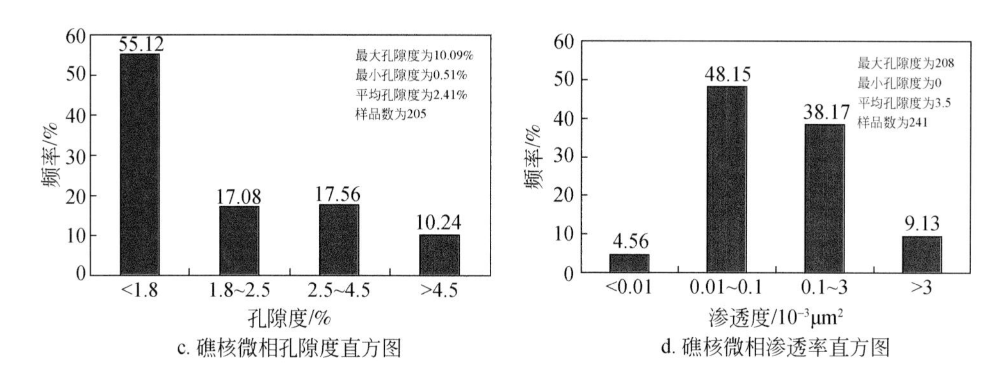

c. 礁核微相孔隙度直方图　　d. 礁核微相渗透率直方图

图 3-9　塔里木盆地台缘生物礁储层孔隙度与渗透率直方图

2）台地边缘滩储层

台地边缘浅滩位于浪基面之上到平均低潮线左右，台地边缘礁后的浅水中–高能环境，此处水浅，波能较大，盐度正常，海水循环良好，氧气充足，因此，造礁生物生长快，也由于水浅，礁体不能向上增生，只能侧向生长而形成一定厚度，一定规模，常与生物礁伴生。

（1）岩石类型。

常见的台缘滩包括鲕粒滩和砂屑滩。其中鲕粒滩在四川盆地二叠系长兴组及三叠系飞仙关组第一段中广泛发育，以亮晶鲕粒白云岩、亮晶砂屑白云岩为主，具大中型斜层理、楔状交错层理和搅动构造等，常与生物礁伴生。由于沉积后海平面下降，浅滩容易发生暴露，因此，岩石普遍发生了白云石化。发育有鲕粒颗粒白云岩、砂屑颗粒白云岩及生屑颗粒白云岩等微相。

塔里木盆地台缘滩的岩性与四川盆地有所差异，粒屑滩包括生物砂砾屑滩、生屑滩、砂屑滩、鲕粒滩等类型。主要由中–厚层泥–亮晶砂砾屑灰岩、生屑灰岩、砂屑灰岩、鲕粒灰岩组成（图 3-10）。自然伽马值偏低，曲线呈箱形微齿状（图 3-11）。塔中地区中 2 井上奥陶统良里塔格组发育台地边缘浅滩，岩性主要为鲕粒灰岩、砂屑灰岩及生屑灰岩等（图 3-11）。

a. 鲕粒白云岩，鲕粒由微细晶白云石组成，发育粒间溶孔，部分被方解石充填，长兴组，宣汉盘龙洞，(−)，4×6.3

b. 鲕粒滩白云岩储层，具鲕粒残余结构，重结晶强烈，发育溶蚀孔，长兴组，盘龙洞，(−)，4×6.3

图 3-10　四川盆地台缘滩岩性特征

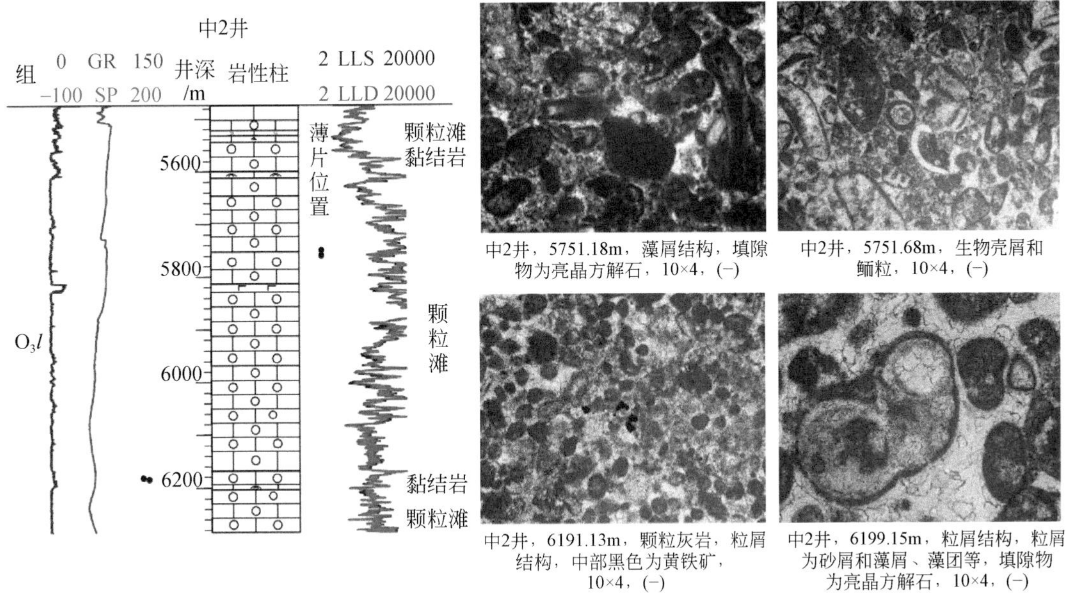

中2井，5751.18m，藻屑结构，填隙物为亮晶方解石，10×4，(−)

中2井，5751.68m，生物壳屑和鲕粒，10×4，(−)

中2井，6191.13m，颗粒灰岩，粒屑结构，中部黑色为黄铁矿，10×4，(−)

中2井，6199.15m，粒屑结构，粒屑为砂屑和藻屑、藻团等，填隙物为亮晶方解石，10×4，(−)

图3-11　塔里木盆地台地边缘滩岩性特征

（2）储集空间特征。

台内滩储集空间主要为溶蚀作用所形成的孔隙，包括溶蚀粒间孔、溶蚀粒内孔及少量的溶蚀缝（图3-12）。

a. 溶孔残余鲕粒白云岩，粒间溶孔、晶间溶孔溶孔残余鲕粒白云岩，粒内溶孔、粒间溶孔及

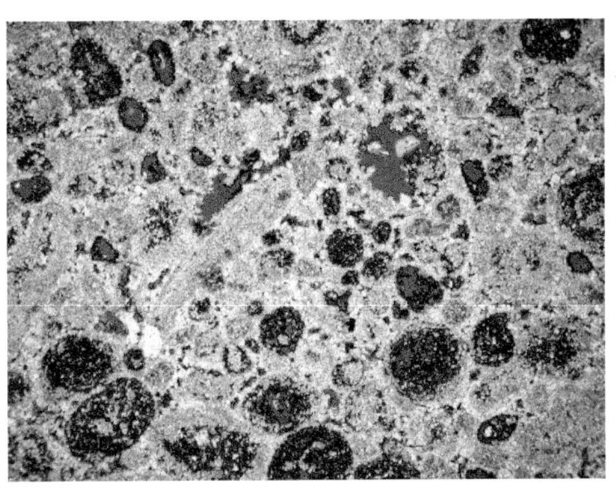

b. 溶孔残余鲕粒白云岩，粒内溶孔、粒间溶孔及晶间溶孔发育，四川盆地，飞仙关组，大湾2井，10×2.5，(−)

c. 褐灰色含生屑砂屑灰岩，溶蚀孔洞发育，塔里木盆地，TZ62井，4750.33m

d. 灰色生物砾屑灰岩，溶蚀孔洞发育，塔里木盆地，TZ621井，4871.84m

图3-12　台地边缘滩储层储集空间特征

（3）储层物性特征。

从沉积微相与常规物性的关系来看（图 3-13），中低能生屑滩相储层的物性相对较好，平均孔隙度大于 2%；中高能砂砾屑滩、丘核中低能砂屑滩，物性相对较差。

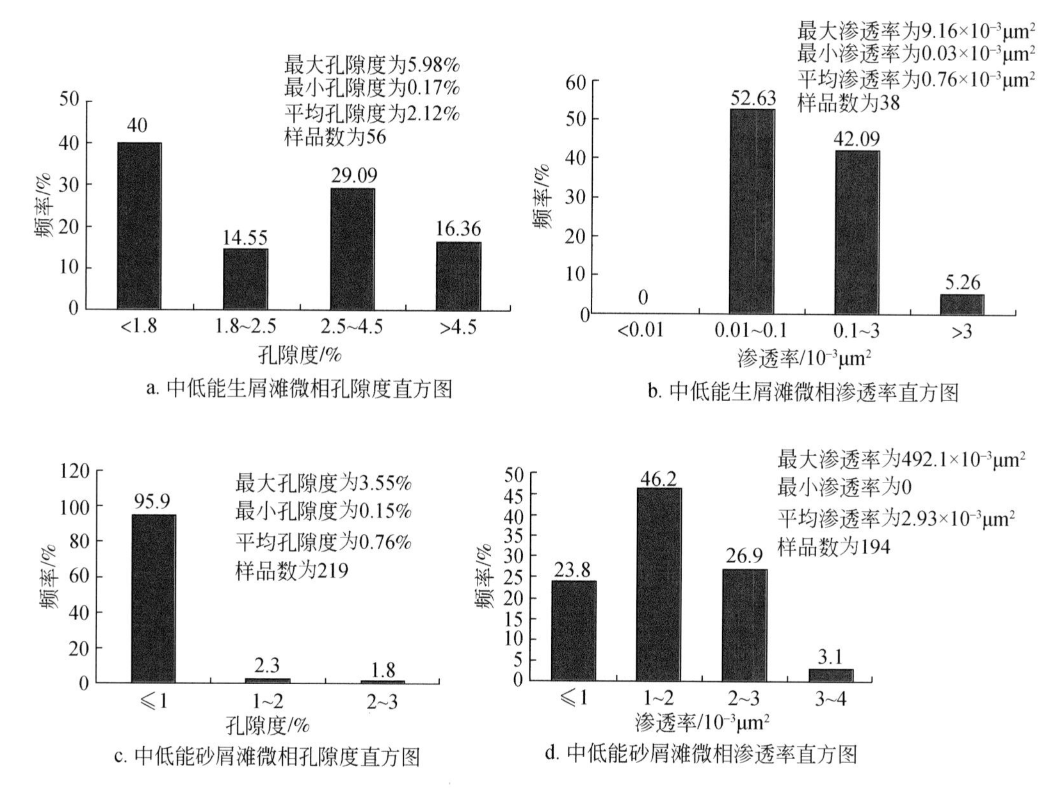

图 3-13　塔里木盆地台缘滩储层孔隙度与渗透率直方图

3.1.2.2　古岩溶储层特征

1. 西部三大盆地古岩溶储层发育层位

古岩溶储层是西部三大盆地内重要的储层类型，不同盆地内发育层位和类型受盆地构造演化影响，在不同盆地中的地位也有差别。西部三大盆地中古岩溶储层最早发现地点为鄂尔多斯盆地靖边气田，规模最大者则为塔河油田，在盆地碳酸盐岩油气所占比重也不尽相同：鄂尔多斯盆地古岩溶储层气田最为重要，其他类型的储层近年来虽有突破，但尚处于发现阶段；塔里木盆地中古岩溶储层与其他类型储层各占“半壁江山”；而在四川盆地中古岩溶型储层仅占较小分量，其他类型的储层占重要位置。古岩溶在三大盆地中发育的层位也不同，在塔里木盆地中发育在多个层系，形成不同类型的古岩溶储层，古岩溶类型多样，主要见于一间房组和鹰山组；四川盆地内最早发现于震旦系灯影组和石炭系黄龙组，近些年在雷口坡组也有发现，而古岩溶类型也有所差别；在鄂尔多斯盆地中主要发育在马家沟组马五段 1 ~4 亚段内，形成大规模的风化壳型岩溶，2011 年在盆地西缘克里摩里组（马六段）内发现顺层溶蚀灰岩型古岩溶类型。三大盆地内古岩溶储层发育层位见表 3-4，图 3-14 ~ 图 3-16。

表 3-4　三大盆地古岩溶储层发育层位一览表

<table>
<tr><th colspan="2">地层系统</th><th colspan="4">三大盆地</th></tr>
<tr><th>系</th><th>统</th><th>塔里木</th><th>四川</th><th colspan="2">鄂尔多斯</th></tr>
<tr><td rowspan="3">三叠系</td><td>上统</td><td rowspan="6">陆相地层</td><td>陆相地层</td><td colspan="2" rowspan="7">陆相地层</td></tr>
<tr><td>中统</td><td>雷口坡组</td></tr>
<tr><td>下统</td><td>—</td></tr>
<tr><td rowspan="3">二叠系</td><td>乐平统</td><td>—</td></tr>
<tr><td>瓜德鲁普统</td><td>—</td></tr>
<tr><td>乌拉尔统</td><td>茅口组</td></tr>
<tr><td rowspan="2">石炭系</td><td>上统</td><td>—</td><td>黄龙组</td></tr>
<tr><td>下统</td><td>—</td><td rowspan="5">—</td><td colspan="2" rowspan="8">—</td></tr>
<tr><td rowspan="3">泥盆系</td><td>上统</td><td>—</td></tr>
<tr><td>中统</td><td>—</td></tr>
<tr><td>下统</td><td>—</td></tr>
<tr><td rowspan="4">志留系</td><td>普里道利统</td><td>—</td></tr>
<tr><td>罗德洛统</td><td>—</td><td>—</td></tr>
<tr><td>温洛克统</td><td>—</td><td>—</td></tr>
<tr><td>兰多维列统</td><td>—</td><td>—</td></tr>
<tr><td rowspan="5">奥陶系</td><td>上统</td><td>—</td><td>—</td><td rowspan="3">—</td><td rowspan="3">盆缘存在</td></tr>
<tr><td rowspan="2">中统</td><td>一间房组</td><td rowspan="2">—</td></tr>
<tr><td rowspan="2">鹰山组</td></tr>
<tr><td rowspan="2">下统</td><td rowspan="2">—</td><td colspan="2" rowspan="2">马五段 1 ~ 4 亚段</td></tr>
<tr><td>—</td></tr>
<tr><td rowspan="4">寒武系</td><td>芙蓉统</td><td>—</td><td>—</td><td colspan="2" rowspan="6">海相地层
未发育
古岩溶</td></tr>
<tr><td>第三统</td><td>—</td><td>—</td></tr>
<tr><td>第二统</td><td>—</td><td>—</td></tr>
<tr><td>纽芬兰统</td><td>—</td><td>—</td></tr>
<tr><td rowspan="2">震旦系</td><td>上统</td><td>—</td><td>灯影组</td></tr>
<tr><td>下统</td><td>—</td><td>—</td></tr>
</table>

2. 三大盆地古岩溶类型

古岩溶储层是我国西部三大碳酸盐岩盆地重要的储层类型之一，是水流与可溶岩相互作用的复杂体系的产物，地下水起源和活动特征不同，必然会形成不同体系的岩溶特征。这种水-岩相互作用形成的岩溶储层受构造控制，特别是加里东期、海西期两期构造运动

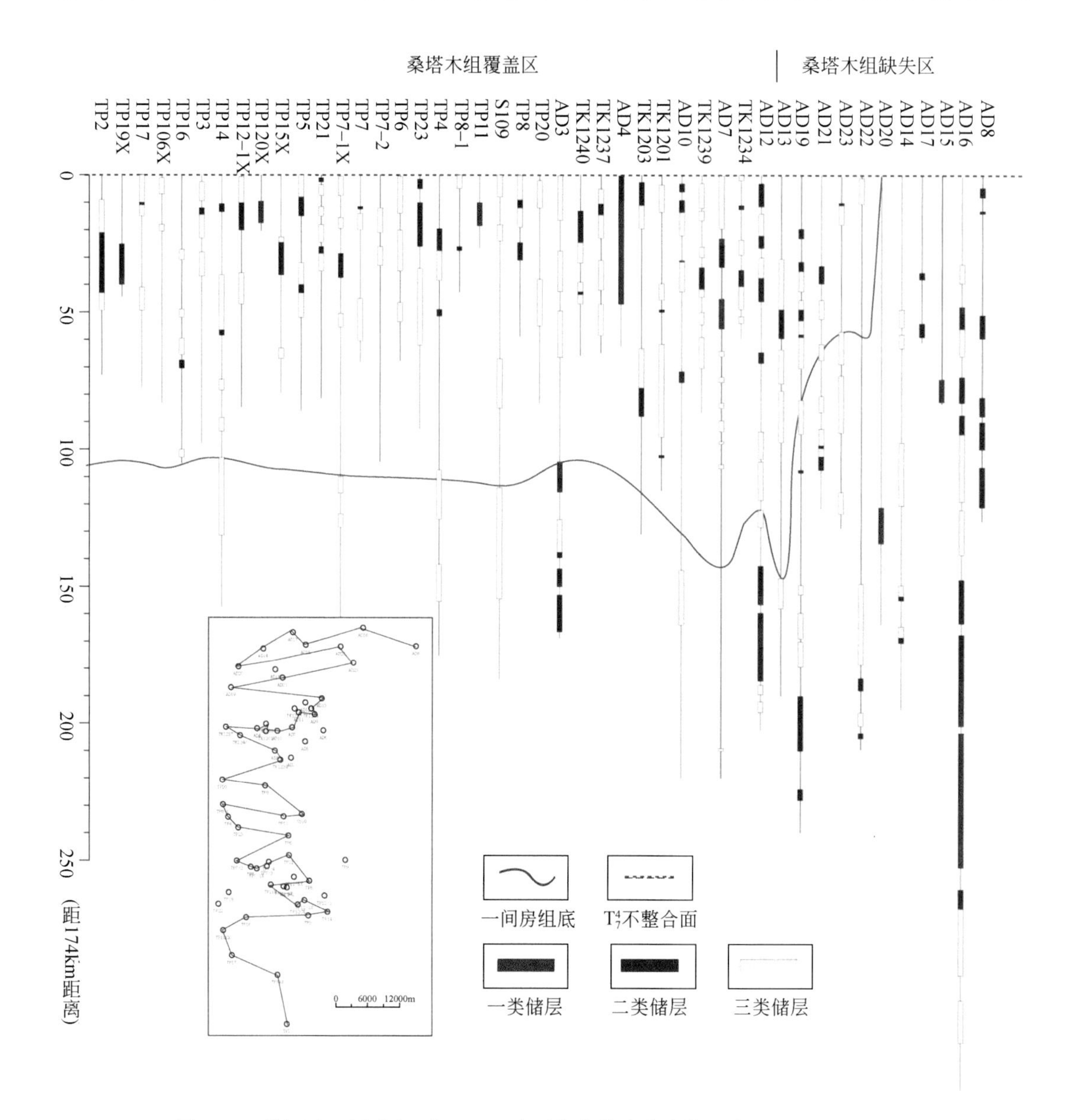

图 3-14 塔河油田托甫台-艾丁地区中下奥陶统古岩溶储层类型纵向分布特征

最为重要，三个大型盆地均有这两期构造运动，在时空上为古岩溶的发育提供基础条件。同时古岩溶发育，也受古地貌和古水文控制，在岩溶斜坡、岩溶洼地中的残丘和坡地储层最发育。

三大盆地中均有岩溶型储层为主的油气田发育，塔里木盆地的塔河-轮南油田、鄂尔多斯盆地的靖边气田及四川盆地的威远气田都是著名的岩溶型气田或者岩溶起关键作用的油气田。经长期对三大盆地古岩溶型储层研究认为，虽同为古岩溶储层，但其溶蚀特征实质上存在差异，岩溶作用方式也不尽相同，从而使得古岩溶储层的特征及规模存在差异。

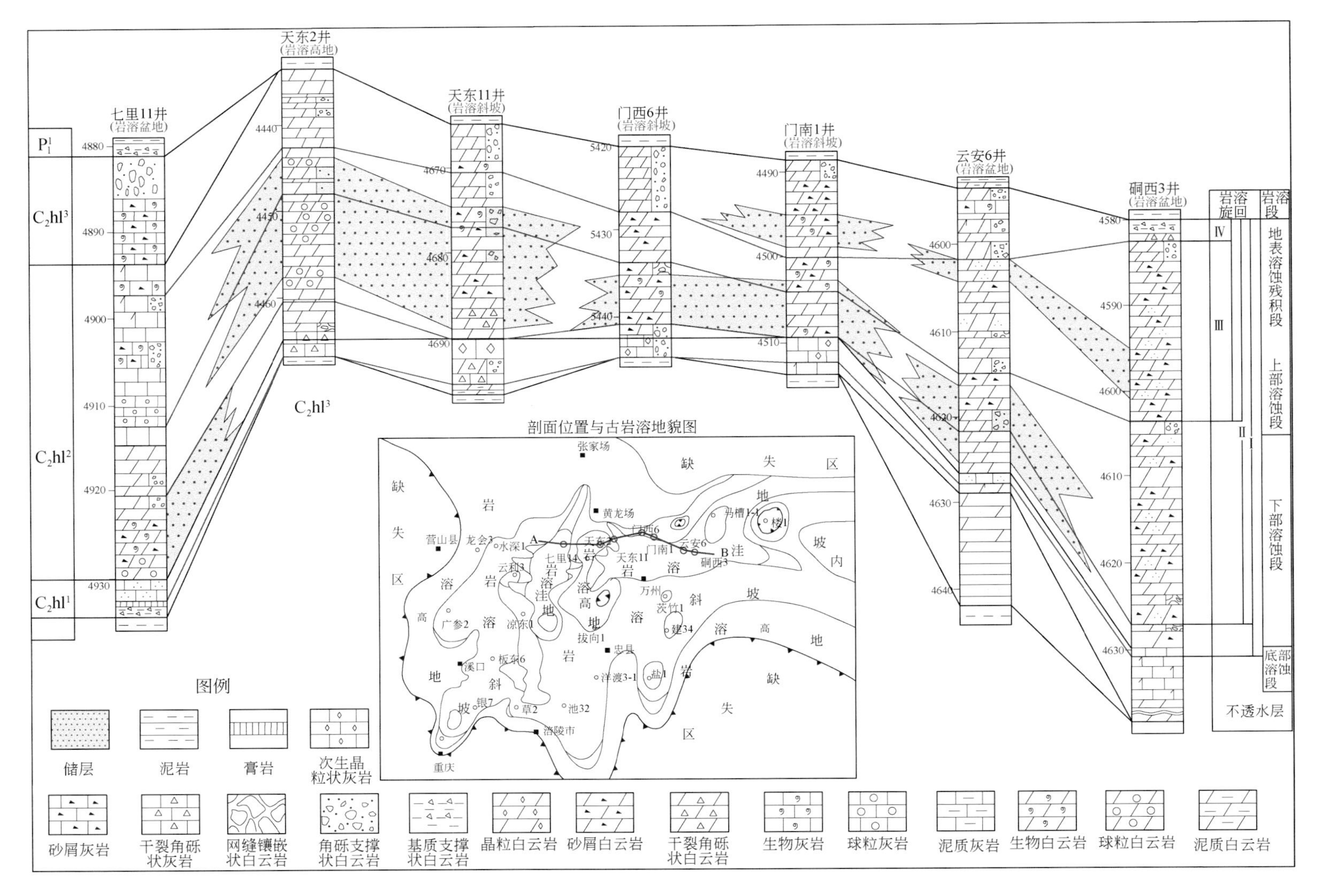

图3-15　川东地区黄龙组古岩溶体系溶蚀段格架和储层分布与对比图(据张兵等，2011)

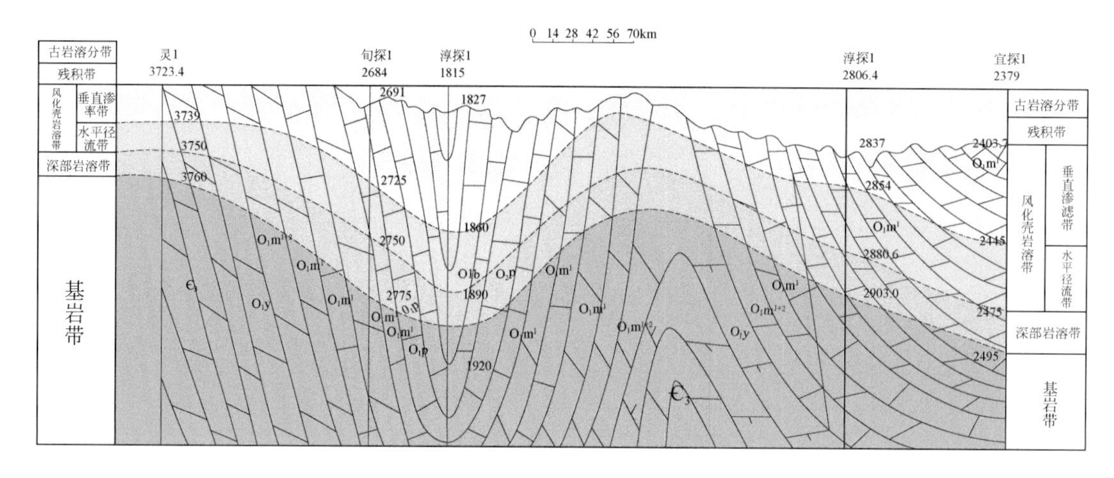

图 3-16　鄂尔多斯盆地灵 1 井–宜探 1 井奥陶系古岩溶发育剖面图

在总结 10 余年研究成果的基础上，我们按照岩溶作用方式不同将古岩溶型储层细分为层间岩溶、顺层岩溶、风化壳岩溶和埋藏岩溶 4 个亚类，其中风化壳岩溶根据溶蚀岩体不同又分为灰岩潜山和白云岩风化壳 2 种类型（表 3-5）。

层间岩溶是指未经褶皱的半固结–固结状态的碳酸盐岩由于局部性大地构造作用或海平面相对下降而暴露于大气中，在大气淡水作用下形成的岩溶。这种溶蚀具有很明显的组构选择性，形成的岩溶地貌高差小，岩溶作用形成的孔缝系统似层状分布，最典型的层间岩溶为塔中北斜坡发育的古岩溶，典型代表为中古 16 井。

顺层岩溶是指同一层位、相似岩性的碳酸盐岩由于同期地貌或者后期构造要素使某一处在某一构造作用过程中暴露地表，水顺着同一套地层选择性溶蚀发生的岩溶作用。这种溶蚀亦具有明显的组构选择性，溶蚀作用从高到低强度逐渐减弱，具有明显的似顺层特征。发育在塔北南缘及鄂尔多斯盆地西缘克里摩里组内的古岩溶即为这种岩溶形式，典型代表为哈 8 井和余探 1 井。

风化壳岩溶是最普遍的一种岩溶作用，这种岩溶不具组构选择性，往往与区域构造运动有关，是可溶性的碳酸盐岩被构造作用抬升地表后经长期的风华淋滤而发生的一种岩溶作用。这种岩溶往往可以划分出多期岩溶旋回，且早期岩溶被后期岩溶叠加改造，形成大规模的岩溶地貌，地貌差异较大，且具有明显分区，不同地貌单元岩溶作用、形成的孔–洞–缝系统及形成的岩溶结构均有差异。这种岩溶在三大盆地内均有发育，塔里木盆地英买力地区、四川盆地川东地区及鄂尔多斯盆地靖边地区所发育的岩溶作用均属风化壳岩溶。按照可溶岩石的性质进一步细分为灰岩潜山和白云岩风化壳，前者仅在塔里木盆地轮南地区发育，形成高差较大的古地貌和大的洞缝系统，典型代表为轮南 1 井；三大盆地内其余地区所发育的风化壳岩溶均属白云岩风化壳，典型代表为靖边气田陕 15 井。

埋藏岩溶顾名思义为可溶性岩石在埋藏期发生的岩溶作用，这种岩溶作用往往表现为沿断裂发育的溶蚀孔洞或者是原有孔洞系统继承性的扩容，通常不易判断岩溶作用形成的时间以及形成的规模，尤其是后者，因此研究难度最大。但这种岩溶类型客观存在，典型代表为英买力地区英买 204 井及川东北地区。

表 3-5 中国西部三大盆地古岩溶储层类型、特征对比

储层类型			共性特征	个性特征								
				塔里木盆地			四川盆地			鄂尔多斯盆地		
大类	亚类	细类		特征	典型地区	代表钻井	特征	典型地区	代表钻井	特征	典型地区	代表钻井
古岩溶储层	层间岩溶		多岩性，多种流体，多旋回，不同类型古岩溶多次叠加，形成了复杂的孔-洞-缝孔隙系统，非均值性强，预测难度较大	地貌高差小，选择性溶蚀灰岩，层状分布，形成孔缝系统	塔中北斜坡	中古16	—	—	—	—	—	—
	顺层岩溶			灰岩选择性溶蚀，形成洞穴系统，从高到低强度降低，似顺层	塔北南缘	哈8井	—	—	—	灰岩选择性溶蚀，形成大洞、缝系统，预测难	天环地区	余探1
	风化壳岩溶	灰岩潜山		岩溶地貌起伏大，缝洞系统发育	轮南地区	轮南1	—	—	—	—	—	—
		白云岩风化壳		岩溶地貌平缓，均匀溶蚀，孔缝系统发育	英买力地区	英买321	岩溶地貌分区明显，岩溶多旋回，孔缝系统发育	川东地区 乐山-龙女寺地区	黄龙5 威基1	多旋回，地貌分异，差异明显，孔洞系统发育	靖边地区	陕15
	埋藏岩溶	同源埋藏岩溶		—	—	—	扩溶厚生孔隙系统，具有继承性	川东北	元坝204	—	—	—
		异源埋藏岩溶		形成裂缝或沿裂缝发育的溶蚀孔洞	英买力地区	英买204	—	—	—	—	—	—

依据不同岩溶方式对古岩溶型储层的划分可以帮助我们深入研究古岩溶作用的特征，特别是可以提高岩溶储层预测的准确性，从而提高我们对古岩溶储层的认识，对该类碳酸盐岩储层的油气勘探也具有较强的指导性。

3. 三大盆地古岩溶储层特征

1）层间岩溶型储层

塔里木盆地寒武系—奥陶系碳酸盐岩内幕发育多期不整合与沉积间断，形成多套层间风化壳岩溶储层，最典型的是鹰山组层间风化壳岩溶储层，在塔北南缘鹰山组顶、一间房组顶也有层间风化壳岩溶储层发育（图3-17）。

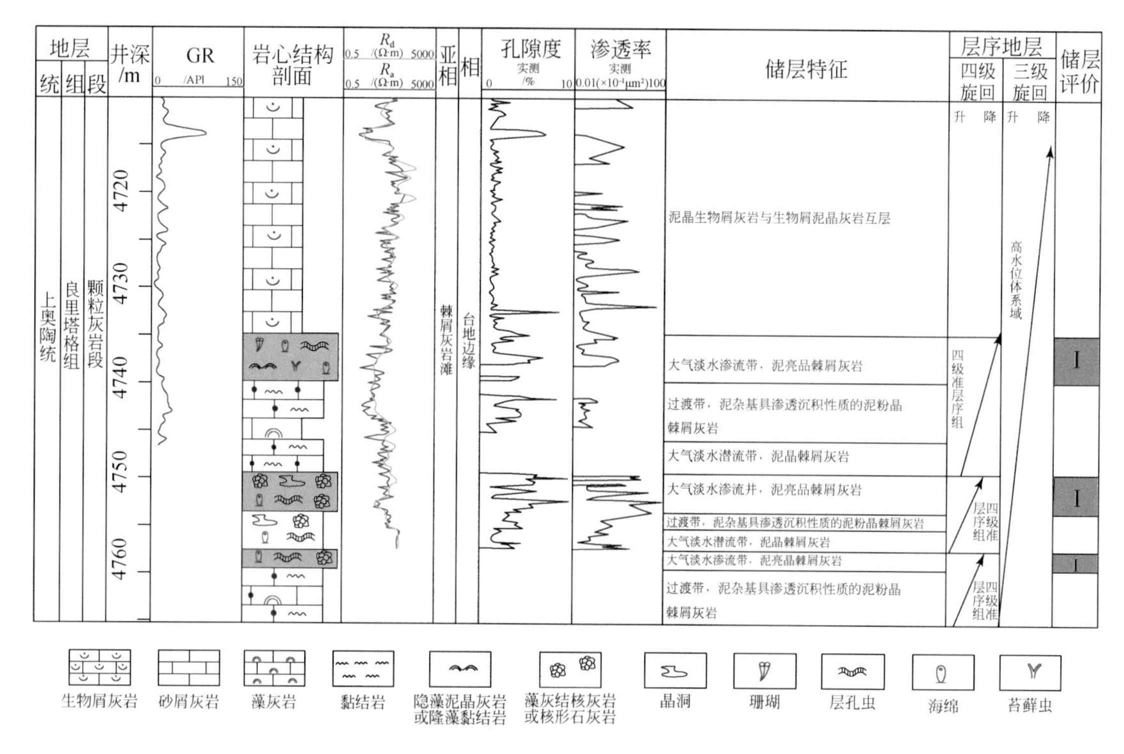

图 3-17　塔中地区（塔中 62 井）层间岩溶剖面（据沈安江等，2010）

层间岩溶储层主要岩石类型为亮晶砂屑灰岩、砂砾屑灰岩、白云质砂屑灰岩。储集空间类型包括风化壳洞穴，也有孔洞与裂缝发育（图 3-18）。大型洞穴较多见，主要表现为

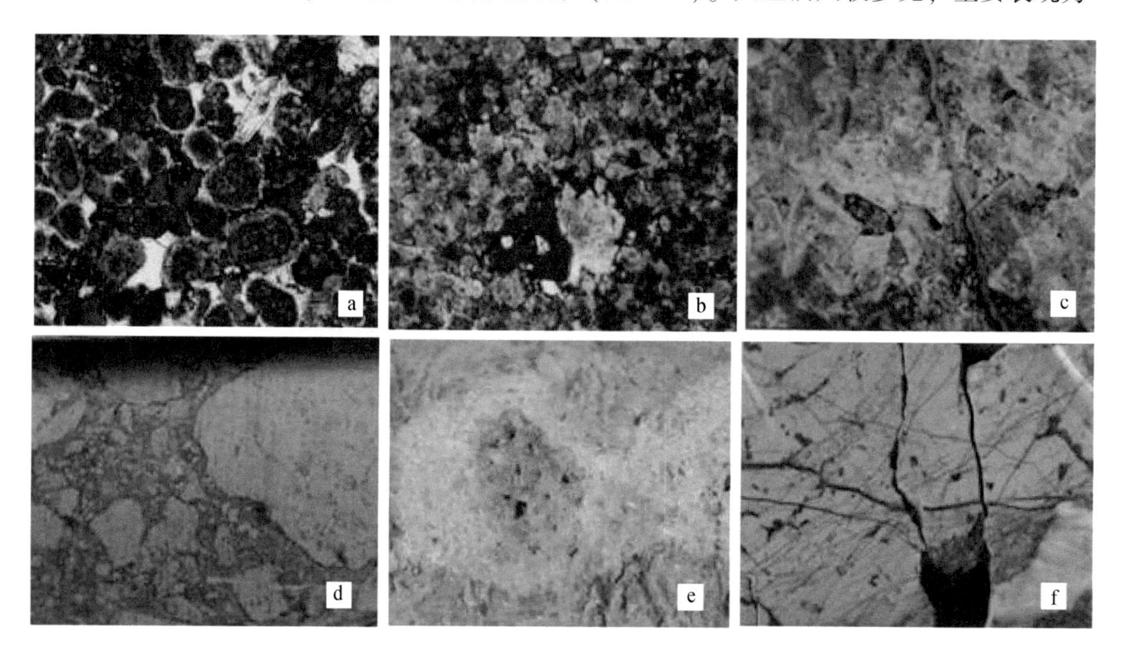

图 3-18　塔中地区鹰山组层间岩溶储集空间类型

a～c. 岩石铸体薄片；d～f. 岩心抛光面

钻井过程中钻井液漏失、放空、岩心收获率低、岩心破碎、岩心中可见洞穴充填物等。孔洞部分被灰绿色泥质充填，孔洞呈圆形及不规则状，孔洞发育段岩石呈蜂窝状，面孔率一般为1%～32%，孔洞发育段与不发育段呈层状间互分布。裂缝主要有构造缝、溶蚀缝和成岩缝三种类型，分别与断裂活动、古岩溶作用和压溶作用等因素有关。

通过对制约层间岩溶发育的岩溶古地貌、海平面变化、构造运动、断裂发育、地震储层预测等资料的综合分析，层间岩溶的岩心基质表现为低孔低渗特征，微观以粒间溶孔、粒内溶孔为主（图3-19～图3-22）。受控于相对短期暴露的不整合面，层间岩溶储集体准层状展布，顺粒间孔、顺层理面选择性溶蚀。

层间岩溶整体上发育为准层状溶洞，具一定的成层性，与上覆地层间呈平行或低角度的不整合接触，地震剖面上有明显的角度或平行不整合特征及沿层分布的“串珠”状反射现象。

岩溶斜坡上层间岩溶储集体最为发育，储层分布明显受不整合面控制，不整合面之下120m范围内储层最发育。三期埋藏“顺层、顺断”叠加改造，进一步优化储集物性，形成“整体成层、局部穿层”复杂的缝洞型储层。

2）顺层岩溶型储层

该种类型的岩溶储层以鄂尔多斯盆地西缘为例进行阐述。天环地区克里摩里组发育溶蚀孔洞，岩石学方面主要表现为：①溶蚀孔洞，岩心中可观察到大小不一的溶蚀孔洞，直径为0.1～3cm，孔洞边缘极不规则（图3-23a），充填率在55%左右，充填物既有黏土也有白色方解石；②岩溶角砾：这种角砾大小、形状极不规则，磨圆度为差-中等，砾屑间多被黏土充填（图3-23b），黏土与角砾含量比值为1∶15～1∶5，少数被白色方解石胶结；③洞穴泥质充填物，多口钻井中可见碳酸盐地层中充填有泥质，泥质与灰岩之间接触界线往往凹凸不平，泥质中常含有漂浮状的灰岩角砾（图3-23c）。

岩溶洞穴在测井曲线上往往表现出“三高两低”的特征，即高伽马、高时差、高声波时差、低电阻、低密度，天环地区的岩溶洞穴测井响应基本都具有这些特征，但洞穴特征及其充填物不同，井径曲线和深浅双侧向电阻率曲线略有差异，井径曲线表现为严重扩径或扩径，双电阻率曲线降低，多数出现正幅差，在碳酸盐岩背景曲线中极易识别。

碳酸盐岩由于成因特殊性而内幕发射差，加上非均质性强，使得古岩溶预测难度极大，往往在地质概念指导下采用正演方式获得敏感性参数，再开展多属性综合分析来对其预测。鄂尔多斯盆地的地震勘探同样面临着这些难题，使得下古生界天然气勘探一直处于久攻未克的状态，通过综合静校正、多域去噪和叠前偏移等处理技术，在天环地区台缘相带取得新发现：地震剖面显示短轴状强反射，叠前“甜点”属性剖面为黄色高值，即地震剖面表现为低频、强振幅特征，风险井钻探证实为岩溶洞穴（图3-24、图3-25）。

岩溶作用对鄂尔多斯盆地克里摩里组储集灰岩和白云岩进行改造，形成溶洞、溶孔及溶缝，构成洞穴型储层重要的储集空间类型（图3-26）。

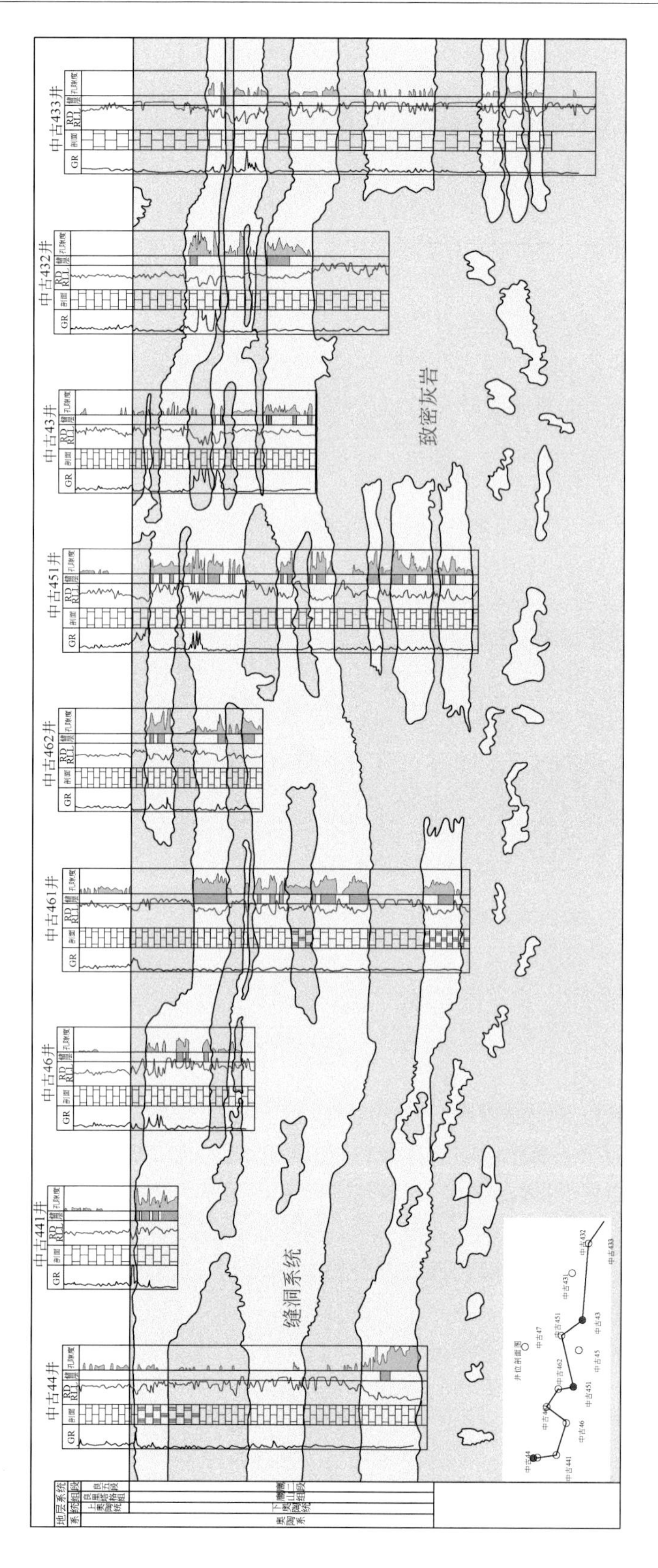

图3-19　塔中北斜坡鹰山组储层对比剖面图

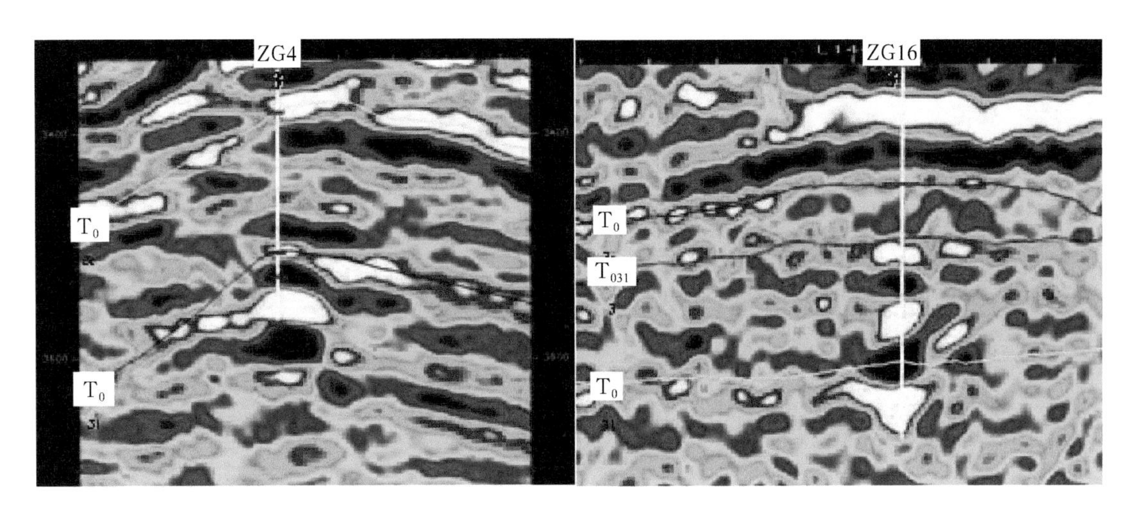

图 3-20　塔中北斜坡鹰山组大型缝洞的串珠状反射特征

图 3-21　塔中鹰山组古地貌与岩溶储集体叠合平面图

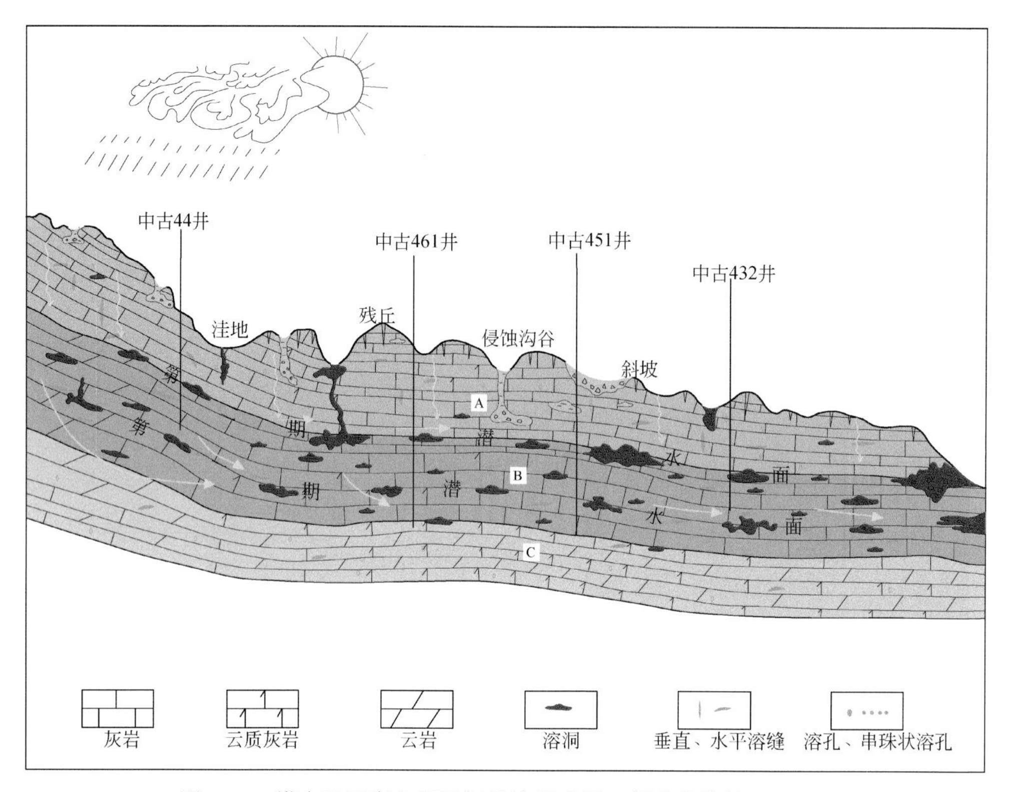

图 3-22　塔中地区鹰山组层间岩溶模式图（据孙龙德等，2013）

A. 表层+垂直渗流岩溶带；B. 水平潜流岩溶带；C. 深部缓流岩溶带

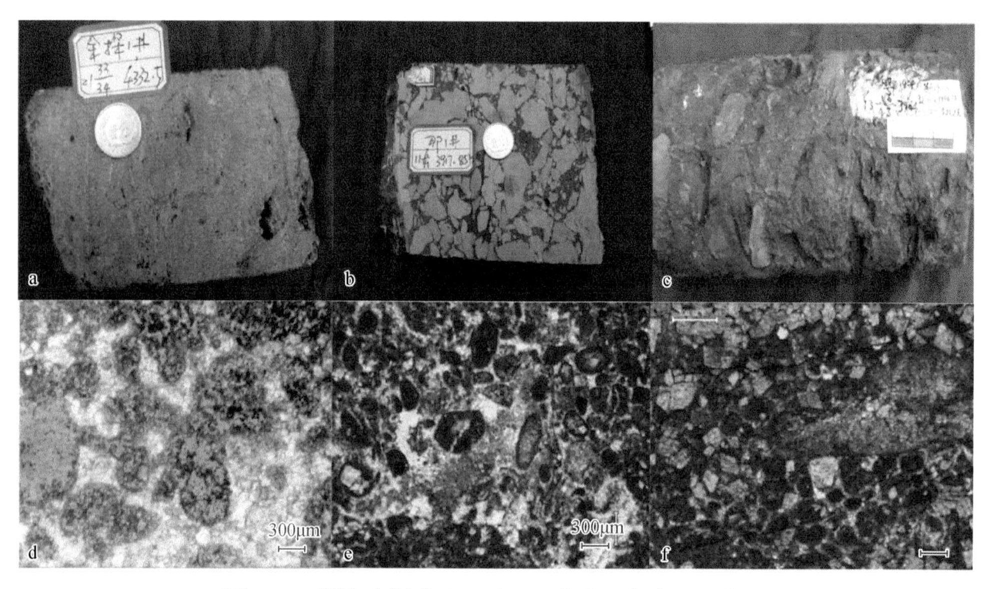

图 3-23　鄂尔多斯盆地天环地区岩溶洞穴岩石学特征

a～c. 岩心照片，克里摩里组：a. 岩溶洞穴，4332.5m，余探 1 井；b. 洞穴角砾充填，3917.85m，那 1 井；c. 洞穴泥质充填，3944.38m，鄂 19 井。d～f. 岩石显微照片，克里摩里组：d. 藻屑灰岩 3936m，天 1 井；e. 颗粒灰岩 3908.97m，1 井；f. 颗粒灰岩 3796.5m，苏 367 井

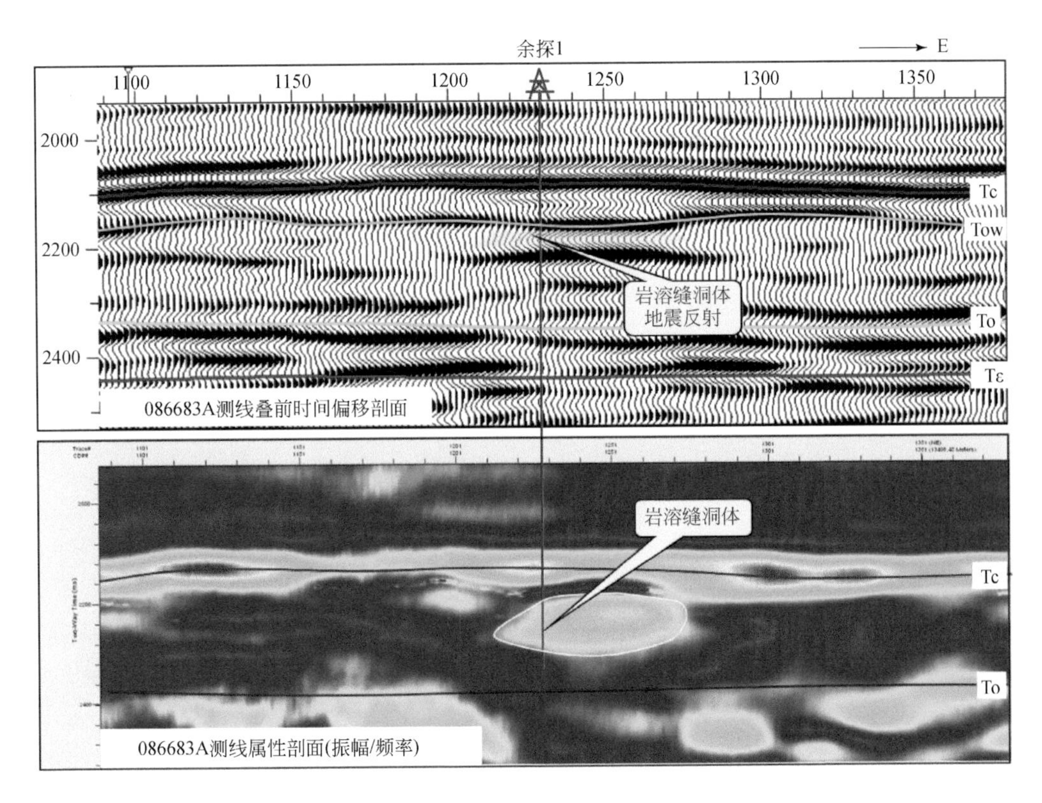

图 3-24 鄂尔多斯盆地西缘古岩溶作用地震响应特征

洞穴类型		测井响应特征	地震响应特征	钻井、录井特征	岩性特征	模式示意图	代表井
垮塌半充填型		低中自然伽马，低电阻，低密度，高声波时差，扩径严重	中强振幅反射，对应为波峰	钻时加快、放空、泥浆漏失	以洞穴塌积岩、洞穴冲积岩、洞穴淀积岩为主		天1
充填型	角砾充填	高自然伽马、高声波时差、电阻率差异明显、扩径不明显	地震响应明显，为短轴状强反射，对应为波谷	钻时跳跃	以垮塌角砾岩为主		余探1 余探2
	泥质充填	高自然伽马、高声波时差、电阻率差异明显、扩径	地震响应不明显，对应为波谷	钻时加快	以暗河充填泥岩为主		鄂19

图 3-25 鄂尔多斯盆地天环地区洞穴类型及特征

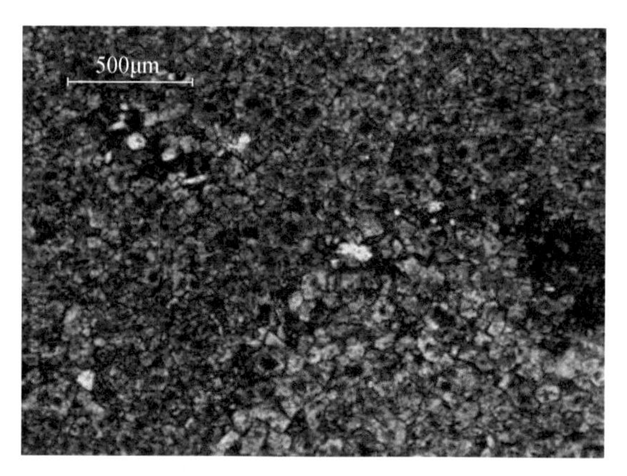

a. 砂屑含灰云岩中的晶间溶孔，3993.7m，余探2井

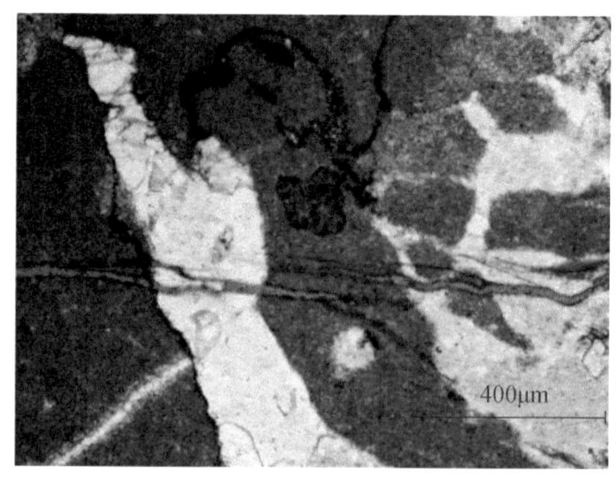

b. 溶缝，岩溶角砾，(–)，×10，4661.42m，惠探1井

图 3-26　鄂尔多斯盆地克里摩里组岩溶作用形成的储集空间类型

根据前面述及的岩溶洞穴发育特征及形成机理分析认为，天环地区岩溶洞穴主要发育在克里摩里组的颗粒灰岩内，表生期的大气淡水先溶蚀裸露灰岩形成溶蚀孔洞系统，而后沿同期微断裂顺同一地层内相近部位灰岩不断溶蚀形成岩溶洞穴，溶蚀作用具有顺层溶蚀特征，洞穴发育空间较为稳定，溶蚀后期上覆沉积及溶洞上覆地层垮塌充填溶洞，在覆盖区和裸露区形成了不同的充填特征。据此建立了如图 3-27 所示的岩溶发育模式，用以指导和理解天环地区古岩溶发育特征。

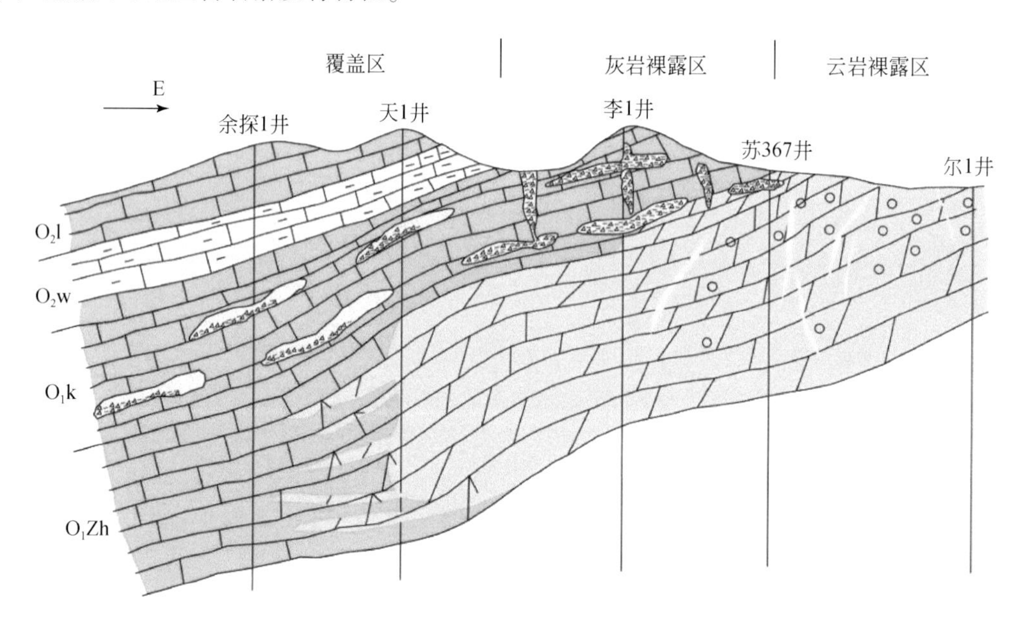

图 3-27　鄂尔多斯盆地天环地区顺层岩溶发育模式图

3）风化壳岩溶型储层

风化壳岩溶是三大盆地普遍存在的一种岩溶作用类型，往往与区域构造运动抬升暴露

有关，按照被溶基岩的特征可分为灰岩潜山型和白云岩风化壳两类。事实上，两类岩溶所形成的孔–洞–缝系统非常相似，只是灰岩的溶蚀特性决定了灰岩潜山与白云岩风化壳相比能形成更多的溶洞，从而以洞–缝系统为主，而后者则以发育孔–缝系统为特征；另外一个区别在于灰岩潜山所形成的岩溶地貌起伏高差明显大于白云岩风化壳。因此，从所形成的储层特征及其对应的研究方法而言，两者具有一致性，本书以普遍存在的白云岩风化壳为例阐述三大盆地该类储层的特征。

（1）储集空间类型。

风化壳岩溶系统往往经历了漫长、复杂的地史演化过程，经过反复的成岩改造作用，形成了复杂的孔隙系统。根据产气井储层统计资料，白云岩风化壳孔隙类型有溶洞、晶间孔、晶间溶孔、粒内溶孔、粒间溶孔、铸模孔和裂缝等，其中有效储集空间主要是晶间孔、晶间溶孔，其次为粒间溶孔和粒内溶孔，而未充填的裂溶缝为最有效的运移通道（图3-28）。

（2）储层类型的测井响应模型。

碳酸盐岩受到长期的大气水风化、剥蚀和溶蚀作用改造，由孔隙、溶洞和裂缝组成的储集空间很发育但也非常复杂，按孔、洞、缝的组合方式及其所占比例的差异性可将储层划分为不同孔、渗特征的3种类型，各类型储层的常规测井响应特征有明显差异，具有不同的测井响应模型（图3-29）。从而帮助我们对非取心段进行储层特征的分析，以川东北石炭系黄龙组风化壳岩溶为例来探讨不同类型储层的测井响应模型。

（3）岩溶阶段的划分。

现在所看到的岩溶旋回可以是在一个岩溶阶段内形成，也可能是多个岩溶阶段的叠合，因此对于风化壳岩溶而言，仅仅了解岩溶旋回性还不够，还需要分析岩溶作用的阶段性。事实上岩溶作用往往具有多阶段性，这种阶段性在塔里木盆地塔河地区体现得非常明显，塔河油田奥陶系岩溶作用划分为加里东中期Ⅰ幕、Ⅱ幕、Ⅲ幕，海西早期Ⅰ幕、Ⅱ幕，海西晚期6幕（图3-30）。

加里东早幕（第一幕）发生于中、晚奥陶世间，在沙西凸起与阿克库勒凸起表现为一间房组（O_2yj）与上覆恰尔巴克组（O_3q）间的假整合、间断，以及2～3个牙形刺带的缺失；在塔中卡塔克凸起表现更为突出，上奥陶统良里塔格组（O_3l）低角度不整合超覆在中下奥陶统鹰山组（$O_{1-2}y$）下部之上，其间缺失整个中奥陶统（$O_{1-2}y$上部–O_2yj）。

加里东中幕（第二、第三幕）表现为晚奥陶世晚期以来频繁的构造升降。其中，中幕（第二幕）表现在良里塔格组（O_3l）沉积之后、桑塔木组（O_3s）沉积之前，O_3s假整合超覆在O_3l不同层位之上。中幕（第三幕）在桑塔木组沉积后、下志留统沉积之前，与T_{70}不整合面相当。塔北下志留统柯坪塔格组（S_1k）中段超复在O_3s之上，S_1k覆盖区O_3s残厚349.5～693.5m。

加里东中期Ⅰ幕（O_3q/O_2yj）具有发育范围广但建设性作用不强的特点。

加里东中期Ⅱ幕（O_3s/O_3鄂尔多斯盆地克里摩里组）对良里塔格组而言，仍是具有发育范围广但建设性作用不强的特点；而对中下奥陶统，则可能具备了一定的影响，但范围依旧有限。

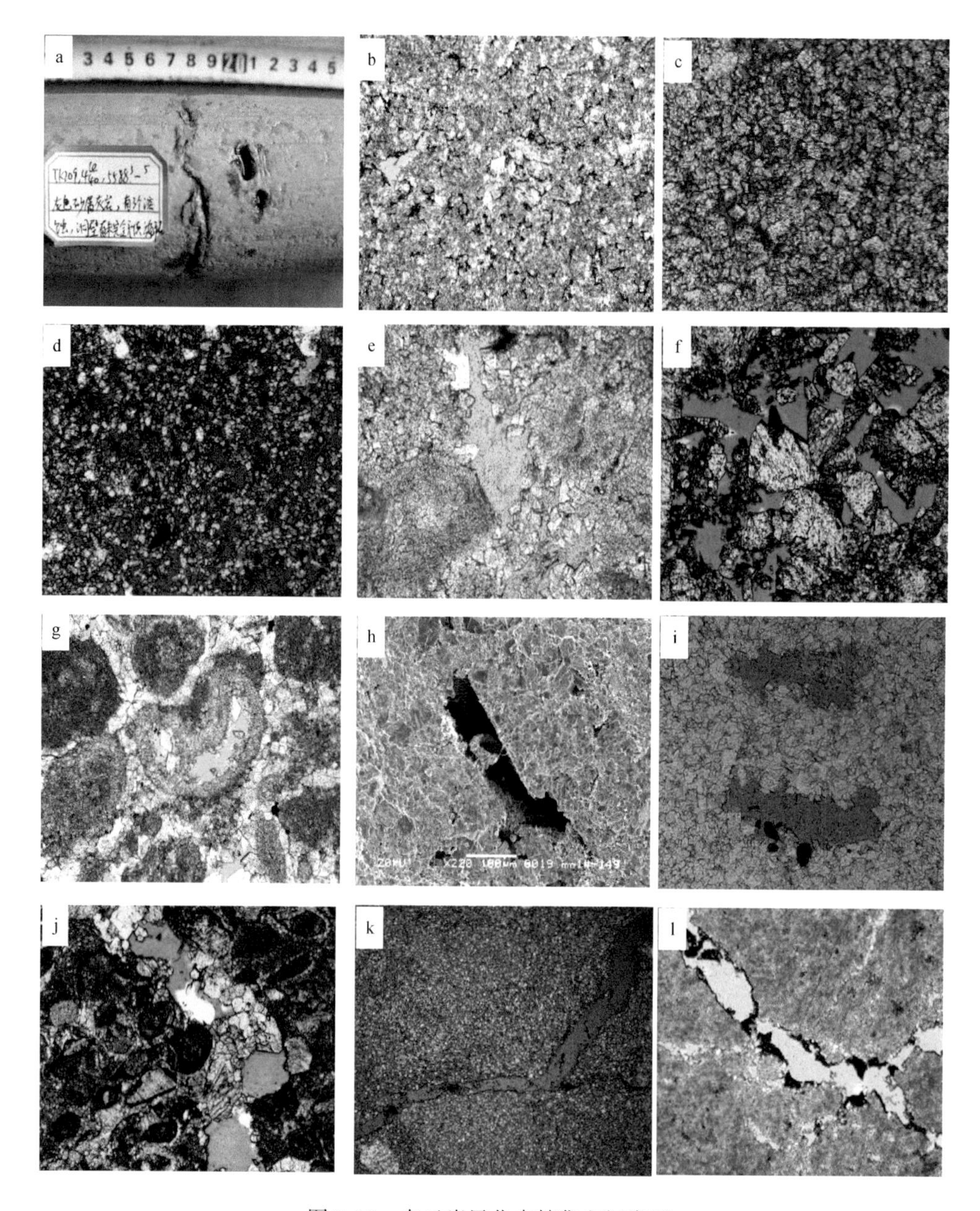

图 3-28　白云岩风化壳储集空间类型

a. TK209，O_2yj，4-10/40，海西早期岩溶孔洞，塔里木盆地；b. 粉晶白云岩，晶间孔非常发育，部分充填有机质，孔隙型储层，马槽1井，C_2hl^2，照片对角线长1.6mm，四川盆地；c. 晶间孔、晶间溶孔，(-)，10-14/74，对角线长4.2mm，S148，鄂尔多斯盆地；d. 溶孔，(-)，对角线长4.2mm，3462.25m，S233，鄂尔多斯盆地；e. 粉晶白云岩，发育大量溶蚀孔、缝、孔、洞缝复合型储层，门南1井，C_2hl^2，照片对角线长1.6mm，四川盆地；f. T904，O_2yj，12-28/33，海西早期洞穴充填物剩余孔洞，(-)，4×10，塔里木盆地；g. 砂屑的粒间溶孔，孔隙型储层，门南1井，C_2hl^2，铸体薄片，(-)，照片对角线长1.6mm，四川盆地；h. 微晶白云岩，发育长条形石膏铸模孔，孔隙型储层，门南1井，C_2hl^2，扫描电镜，四川盆地；i. 膏模孔，(-)，对角线长1.68mm，3-18/43，S234，鄂尔多斯盆地；j. S101，O_2yj，13-2/11，海西早期岩溶缝，(-)，4×10，塔里木盆地；k. 溶缝，(-)，对角线长6.25mm，6-32/40，B8，鄂尔多斯盆地；l. 微晶白云岩，发育溶裂缝，缝壁残留有炭化沥青，裂缝型储层，茨竹1井，C_2hl^2，照片对角线长1.6mm，四川盆地

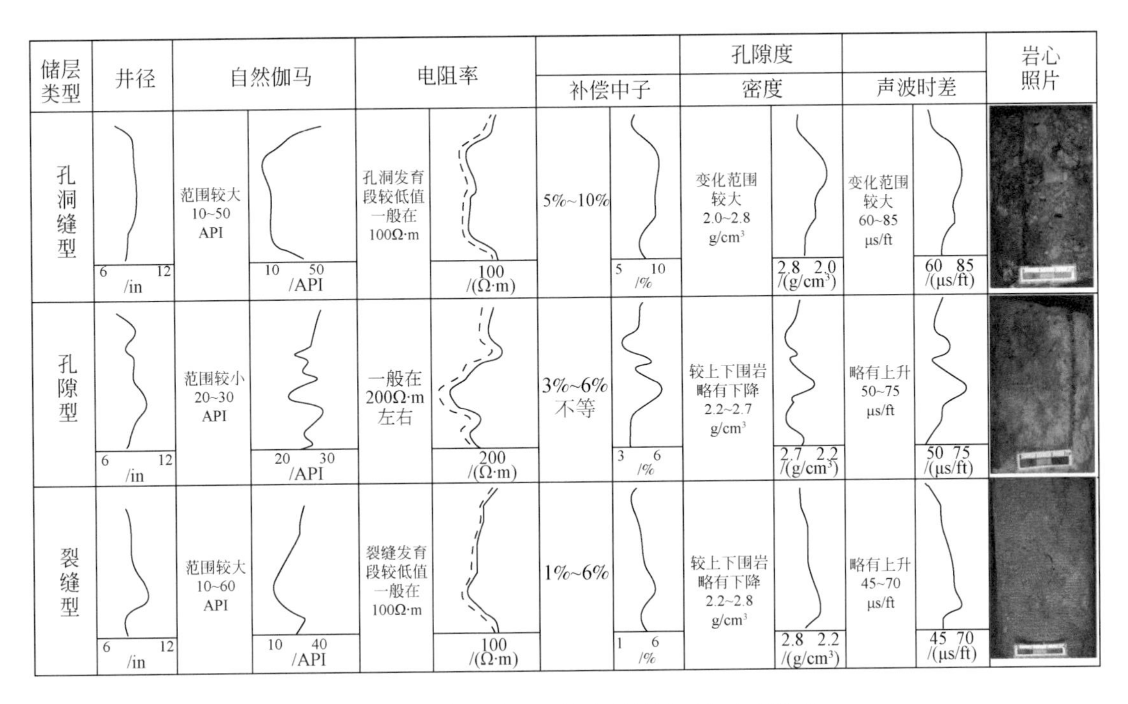

图 3-29　川东北黄龙组风化壳储层测井响应模型

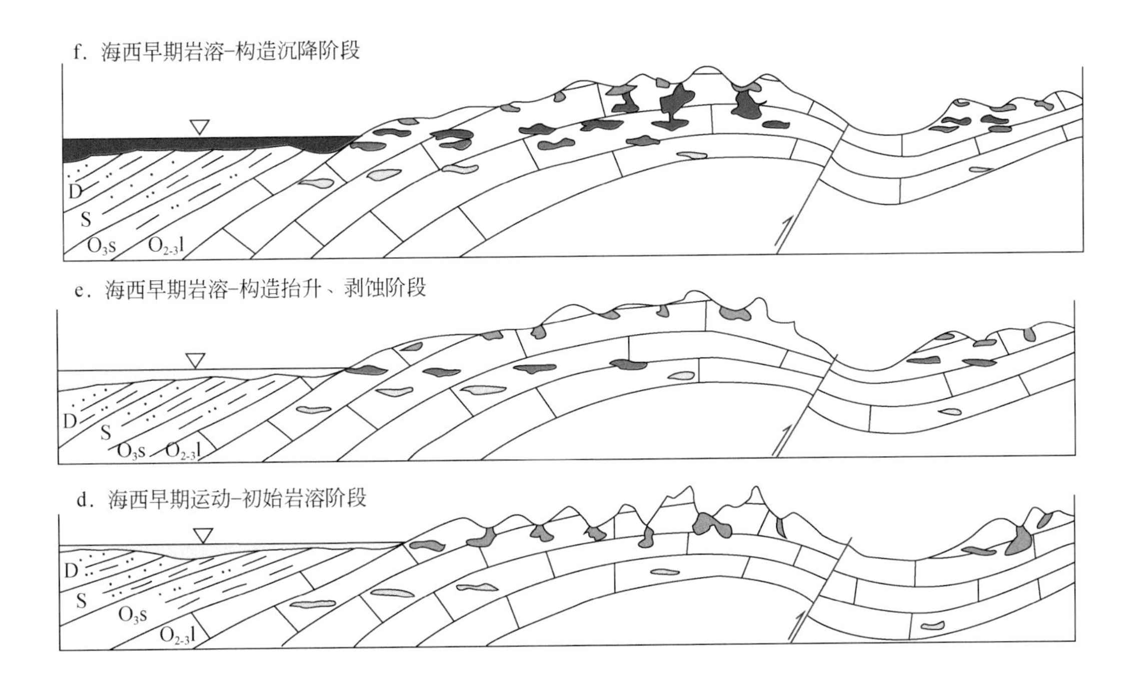

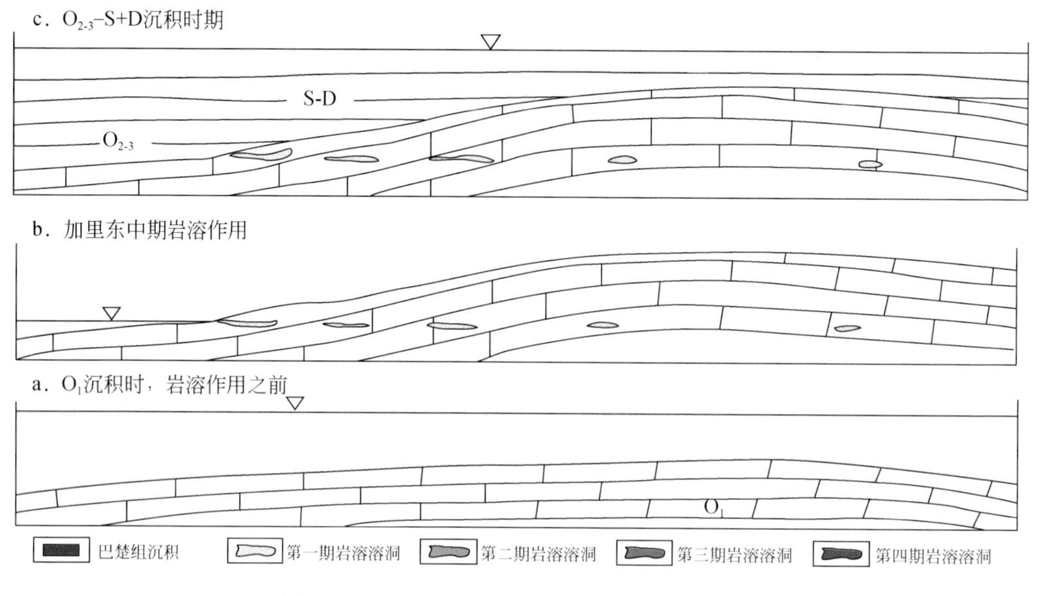

图 3-30　塔河油田奥陶系岩溶发育阶段模式图

加里东中期Ⅲ幕（S_1/O_3s）在古尖灭线以北（相当于艾丁北–于奇地区西部及以北），岩溶相对发育；而在古尖灭线南部，发育可能较弱。

海西早期运动是对塔河最为重要、影响最为强烈的构造运动，表现为强烈的构造抬升、褶皱和断裂活动，造成志留系—泥盆系、上奥陶统的普遍剥蚀、缺失，中下奥陶统顶部也受到部分剥蚀，形成区域性不整合面。因而该期岩溶作用异常强烈，是本区最主要的岩溶发育期。

海西早期Ⅰ幕（D_3d/S_1）岩溶作用是最强的，是控制阿克库勒凸起岩溶型储层发育与展布的主要岩溶作用。

海西早期Ⅱ幕（C_1b/O_{1+2}）与Ⅰ幕岩溶发育模式类似，但延续时间较短。从东河塘组尖灭线来看，该幕岩溶作用的影响范围更加限定在阿克库勒凸起轴部。与Ⅰ幕一起，构成控制阿克库勒凸起岩溶型储层发育与展布的主要岩溶作用。

海西晚期（T/O_1）岩溶作用主要发育在于奇地区，对阿克库木断垒带、于奇东、于奇西地区储层发育具有一定的影响。

风化壳岩溶表现出的多阶段、多旋回性体现了风化壳岩溶的复杂性，从一个侧面解释了风化壳岩溶储层非均质性强的原因。

（4）岩溶地貌恢复。

古地貌恢复是盆地分析研究的内容之一，很多学者尝试运用不同的方法对不同地区的古地貌进行恢复，但比较成熟和公认的方法是“印模法”，也有通过地震手段进行三维岩溶地貌单元刻画的典型实例——塔里木盆地塔河地区古岩溶地貌（图 3-31）。

以鄂尔多斯盆地古岩溶地貌恢复为例，说明古地貌恢复的方法及不同地貌单元古地貌的特征。考虑到鄂尔多斯盆地沉积地层特点、前石炭系古地质图以及目前古地貌恢复技术的优缺点，本次研究同样采用印模法，依据太原组 8 号煤层分布趋势，恢复前石炭系古岩溶地貌。

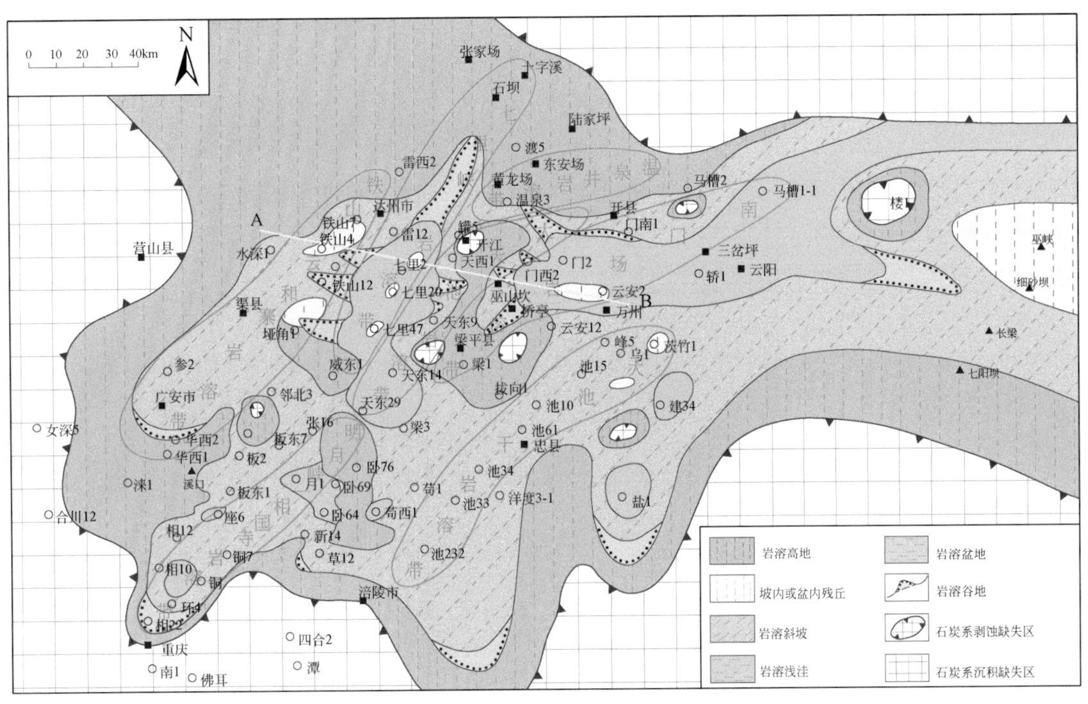

a. 川东石碳系黄龙组古岩溶地貌分区

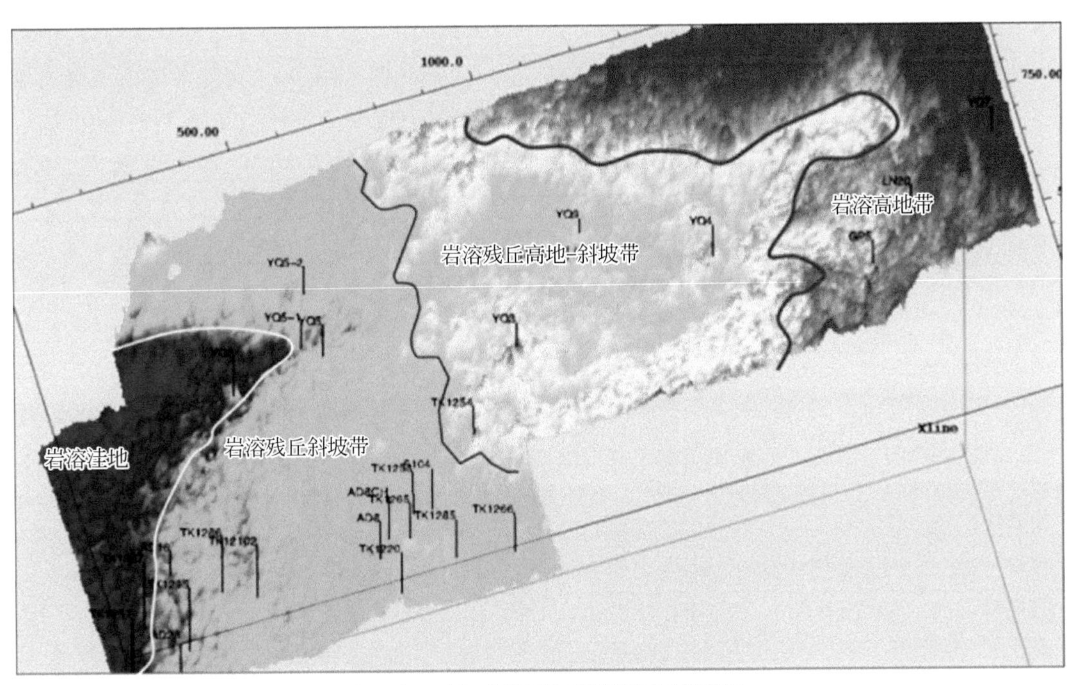

b. 塔河油田于奇西地区海西早期岩溶古地貌图

图3-31　不同盆地岩溶古地貌图

古岩溶地貌类型划分的依据：①奥陶系风化壳上覆地层石炭系标志层（8 号煤层）的厚度及分布趋势；②前石炭系地层展布趋势；③古水动力场特征；④风化壳表面侵蚀、溶蚀特征及沉积物性质。

盆地在经历了中奥陶世至早石炭世沉积间断后，于中石炭世又再度接受沉积。依据印模法和残厚法，通过对古风化壳上下地层对应关系的分析，可进行古地貌识别。中晚石炭世沉积的初期首先是对基底填平补齐，形成了 3 ~ 15m 厚的残积铝土岩系；本溪组主要沉积于盆地东部和西部的汇水区及侵蚀区，盆地中部则缺乏该组沉积。该组的特点表现为厚度相对变化大，分布具有一定不连续性。上石炭统沉积分布广泛，厚度小而稳定。中晚石炭世沉积总厚度小于 150m，整体与风化壳古侵蚀面呈镜像关系。虽然由于其厚度不同在成岩过程中会产生一定差异性压实，但由于整体厚度小，差异误差在数米以内，故利用石炭系标志层在区域上的展布特征及其厚度变化来分析区域性的古地貌形态是可行的。当奥陶系残余厚度较大而上覆石炭系充填沉积厚度较薄时，为相对岩溶高地形；当奥陶系残余厚度较小而上覆石炭系充填沉积厚度较大时，说明古地表侵蚀作用较强，为相对岩溶负地形；当下奥陶统马五段地层保存较全，残余厚度较大，而上覆石炭系充填沉积厚度比周围有明显增厚时，表明该区处于古构造低部位；当下奥陶统马五段地层不全，残余厚度较小，而上覆石炭系充填沉积厚度也较小时，表明该区处于古构造高部位；侵蚀沟槽发育部位，上覆石炭系底部铝土岩因沟槽中的水流侵蚀而缺失，以砂、泥岩充填沉积为特征，一般垂直岩溶带不发育，水平岩溶带厚度减薄。

根据石炭系标志层厚度这一定量指标（表 3-6），结合古地理环境、古水动力分析，将工作区划分为 3 类二级地貌类型：①岩溶台地，石炭系标志层厚度小于 20m；②岩溶坡地，石炭系标志层厚度为 20 ~ 40m；③岩溶盆地，石炭系标志层厚度大于 40m。

表 3-6　风化壳古岩溶地貌类型划分

二级地貌类型		三级地貌类型	
类别	主要指标	类别	主要指标
Ⅰ 岩溶台地	$H_c<20$m	I_1高地	$H_c<10$m
		I_2台地	台地主体 H_c 为 10 ~ 20m
		I_3残丘	局部 $\Delta H_c \geq +10$m
		I_4洼地	局部 $\Delta H_c \geq -10$m.，$H_c \geq 20$m
Ⅱ岩溶坡地	20m$\leq H_c<40$m	II_1阶地	坡地主体
		II_2溶丘	局部 $\Delta H_c \geq +10$m
		II_3浅洼	局部 $\Delta H_c \geq -10$m，$H_c \geq 40$m
Ⅲ岩溶盆地	$H_c \geq 40$m	III_1盆地	盆地主体
		III_2缓丘	局部 $\Delta H_c \geq +10$m
		III_3沟槽	带状侵蚀，长度大于 20km

注：H_c 为标志层总厚度，ΔH_c 为与周围标志层厚度差

结合石炭纪沉积前古地质图，沿中央古隆起一线基本上为老地层出露区，也是加里东期强烈剥蚀区，这正好是奥陶系顶面剥蚀最强烈地区，也是岩溶台地发育的主体地带。在

上述二级地貌类型划分的基础上，结合马家沟组的残余厚度、残积岩的性质、局部地形对比特征等因素进行次一级（三级）地貌类型划分，综合将区内三级地貌分为10种类型（表3-6）：岩溶台地（Ⅰ）包括高地（$Ⅰ_1$）、台地（$Ⅰ_2$）、缓丘和浅洼4种类型；岩溶坡地（Ⅱ）包括阶地（$Ⅱ_1$）、溶丘（$Ⅱ_2$）和浅洼（$Ⅱ_3$）3种类型；岩溶盆地（Ⅲ）内分为盆地（$Ⅲ_1$）、残丘（$Ⅲ_2$）和沟槽（$Ⅲ_3$）3种类型。

鄂尔多斯盆地岩溶古地貌西南高东北低，而且岩溶台地占大部分面积，二级地貌单元异常发育，岩溶盆地分布于研究区东部及东北角，二者之间为两种地貌逐渐过渡的岩溶阶地狭长地带，该带也是下古生界油气勘探特别关注的区域，著名的靖边气田就是在该岩溶地貌单元中发现的。

（5）风化壳岩溶模式。

通过对盆地古岩溶地貌及岩溶特征研究分析，白云岩风化壳岩溶地貌从高到低，岩溶发育从保存差到岩溶发育保存适当再到岩溶不发育，分别为古水文体系供给区-径流区-汇水区，形成完整的岩溶地貌组合形态，其模式如图3-32所示。

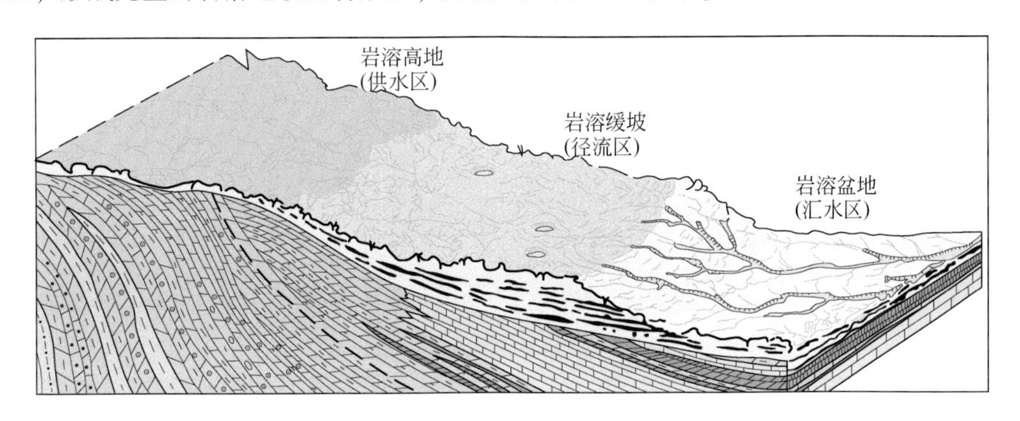

图3-32　白云岩风化壳发育模式图

4）埋藏岩溶型储层

（1）原源埋藏岩溶。

该种类型的岩溶是指埋藏成岩环境下原地成岩介质（包括有机酸、盆地热卤水、硫化氢等具有较强侵蚀性介质）对碳酸盐矿物及岩石的溶蚀和成孔作用（沈安江等，2010）。原源埋藏岩溶作用研究的一个实例是川东北地区雷口坡组埋藏溶蚀作用。

埋藏溶蚀作用能形成各种各样的孔隙，但由于其对前期孔洞的继承性使得它很难与前期孔洞区分或识别出来。川东北雷口坡组埋藏岩溶作用的主要证据有：①穿切压溶缝合线的溶缝（图3-33a）；②沿缝合线发生溶解形成溶孔、溶洞和溶缝；③对脉体和基岩的非组构选择性溶蚀（图3-33b）；④热液溶蚀后的充填产物萤石脉、天青石脉、重晶石脉、巨晶方解石脉和天青石-萤石-鞍形白云石脉的产出，并见部分的溶蚀现象（图3-33c～e）；⑤富含SiO_2的酸性水溶液溶蚀缝、裂缝并充填形成各种石英脉（图3-33f）和黑色黏土高岭石化（图3-33g）；⑥碱性水溶蚀石英脉形成晶面呈星点状溶蚀孔（图3-33h）；⑦丰富多样的黄铁矿产出，是含H_2S流体的有力证据。

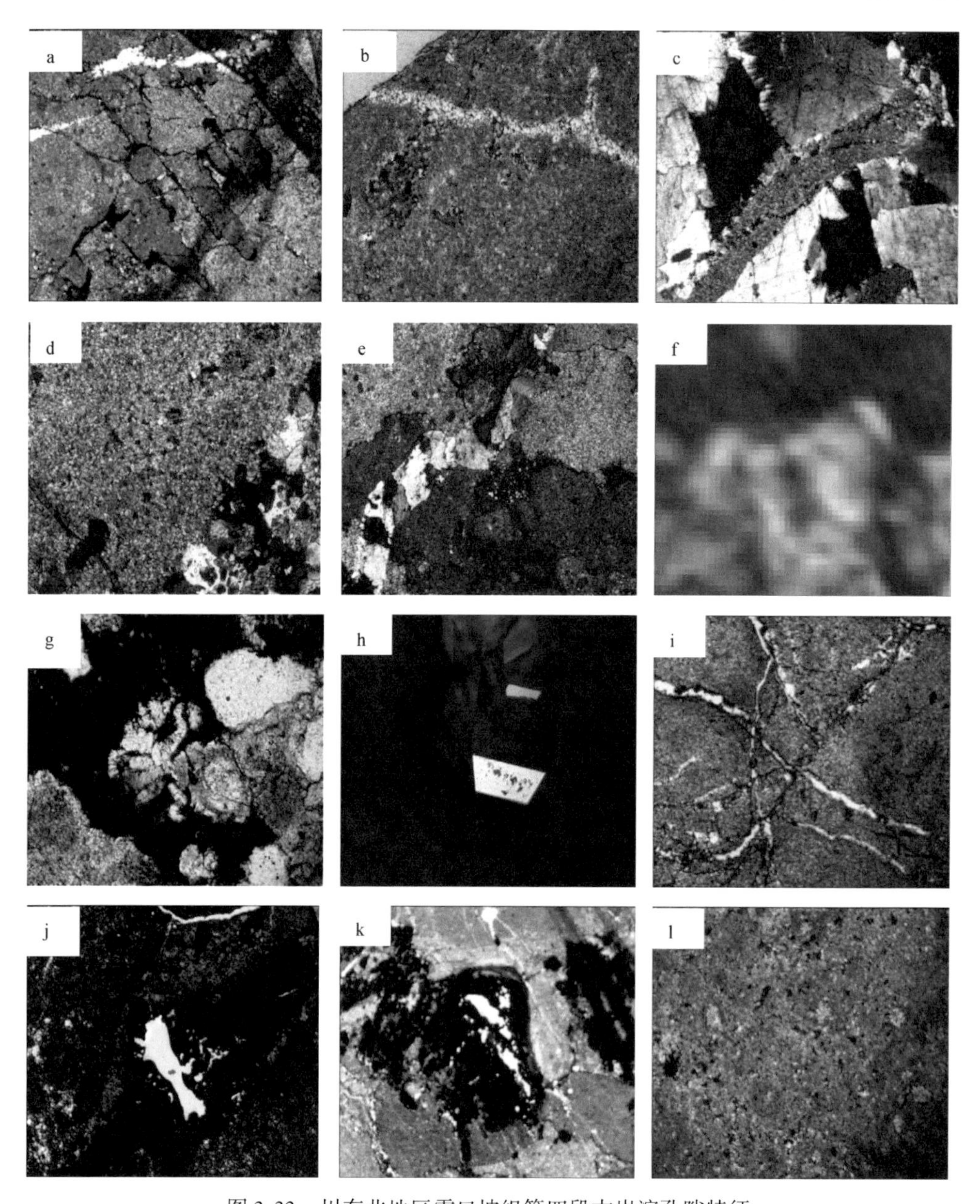

图 3-33　川东北地区雷口坡组第四段古岩溶孔隙特征

a. 元坝 12 井，4658.79m，微晶砂屑云岩中缝合线构造发育，见溶缝、溶孔，对角线长 4mm，(-)；b. 元坝 12 井，4660.91m，砂屑微晶云岩内溶孔及脉内溶孔，对角线长 4mm，(-)；c. 元坝 12 井，4657.99m，具弯曲晶面和波状消光的鞍状白云石发育晶间孔和晶间溶孔，对角线长 4mm，(+)；d. 仁和 1 井，3891m，泥微晶云岩中重晶石脉，对角线长 1.6mm，(+)；e. 仁和 1 井，3914m，泥微晶云岩中鞍形白云石-天青石脉，对角线长 4mm，(+)；f. 元坝 204 井，4874m，砂屑微晶云岩中石英脉，对角线长 1.66mm，(+)；g. 元坝 204 井，4857.03m，溶洞充填的黑色杂基及石英，黏土高岭石化，对角线长为 0.8mm，(-)；h. 元坝 12 井，1 (21/47)，石英晶体晶面呈星点状溶蚀；i. 元坝 12 井，4657.14m，角砾化细-粉晶云岩中见网状溶缝，对角线长 4mm，(-)；j. 元坝 12 井，4664.17m，溶蚀孔洞，对角线长 4mm，(-)；k. 元坝 12 井，4663m，砾间孔洞溶蚀扩大洞，对角线长 4mm，(-)；l. 元坝 12 井，4657.59m，砂砾屑微晶云岩中见粒间溶孔，对角线长 4mm，(-)

（2）异源埋藏岩溶。

该类型的岩溶是指热液通过断层、不整合面及渗透性好的岩石等介质通道，从地壳深部的热源区运移到浅部而发生的地质作用过程中发生的岩溶，典型代表为英买力地区（图3-34）。

这种沿断裂的热液作用可使原有洞穴扩大，也可能对可溶岩石溶蚀形成新的孔隙，而其自身通常难以形成单一成因规模的储层，往往是对原有储层的溶蚀改造。这种异源岩溶作用往往形成大小不等的洞穴，洞穴内常被热液矿物、高温巨晶方解石及马鞍状白云石充填或半充填，主要沿断层和不整合面分布，也可叠加改造表生期形成的喀斯特溶洞及洞穴充填物（图3-34）。

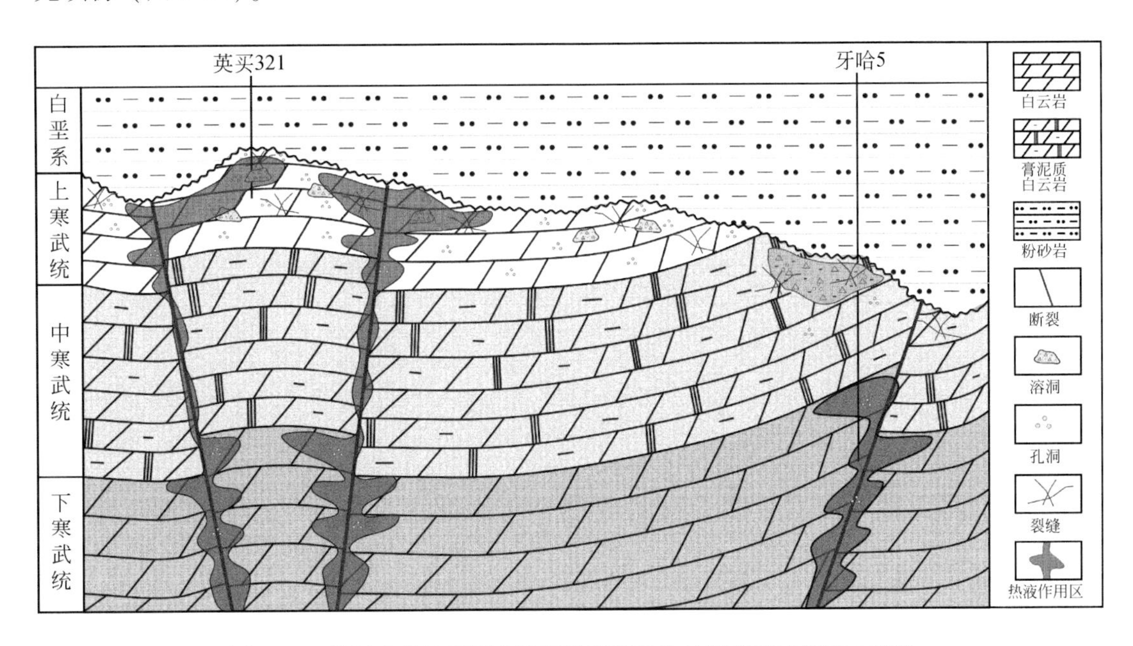

图3-34　塔里木盆地英买力地区沿断裂发生的埋藏溶蚀作用示意图

埋藏岩溶作用是塔里木盆地碳酸盐岩重要的溶蚀作用，这种溶蚀往往受断层、裂缝、不整合面及热液通道的影响，具有多期次性，所以难以形成单一成因的储层，从而分布局限，往往表现为对原有储层的叠加改造。正是这种岩溶作用的叠加，才使早期形成的储层在深埋条件下得以保存，显示出埋藏岩溶作用对碳酸盐岩储层形成的重要意义。

综上所述，在三大盆地古岩溶储层类型中，层间岩溶、顺层岩溶和风化壳岩溶是最主要的储层类型，均可形成单独的储层分布区，尤其是风化壳岩溶成为碳酸盐岩油气勘探最重要、研究最成熟和最深入的储层类型。埋藏岩溶由于其特殊性，不能形成独立的分布区；但它对先期形成的溶蚀系统有重要的改造作用，对最终孔隙系统的形成起关键作用。

3.1.2.3　白云岩储层特征

1. 西部三大盆地白云岩储层发育的层位

在中国西部三大盆地（塔里木盆地、鄂尔多斯盆地、四川盆地）形成演化、沉积充填过程中白云岩储层广泛发育，主要表现为发育层系多（Z_2dy、$Є_{2+3}$、O_3、C_2、P_1、P_2、T_1、T_2等）（表3-7）、分布面积广（图3-35～图3-39）、类型多样、成因复杂的特点。如四川盆地灯影组台地藻白云岩储层、中上寒武统开阔-局限海台地相白云岩储层、上二叠统长兴组礁相白云岩储层、下三叠统飞仙关组滩相鲕粒白云岩储层以及中三叠统台内浅滩相白云岩储层等。但不同盆地白云岩储层具体发育的层位、成因、特征、分布具有很大的差异。

表3-7　中国西部三大盆地白云岩储层发育层位

地层系统		三大盆地		
系	统	塔里木	四川	鄂尔多斯
三叠系	上统	—	—	—
	中统	—	雷口坡组	—
	下统	—	飞仙关组	—
二叠系	乐平统	—	长兴组	—
	瓜德鲁普统	—	栖霞组	—
	乌拉尔统	—	—	—
石炭系	上统	—	黄龙组	—
	下统	巴楚组	—	—
泥盆系	上统	—	—	—
	中统	—	—	—
	下统	—	—	—
志留系	普里道利统	—	—	—
	罗德洛统	—	—	—
	温洛克统	—	—	—
	兰多维列统	—	—	—
奥陶系	上统	良里塔格组	—	—
	中统	一间房组	—	—
	下统	蓬莱坝组/鹰山组	南津关组	马家沟组
寒武系	芙蓉统	肖尔布拉克组	洗象池群	三山子组
	苗岭统	—	—	张夏组
	第二统	沙依里克组—阿瓦塔格组	—	—
	纽芬兰统	玉尔吐斯组	龙王庙组	—
震旦系	上统	—	灯影组	—
	下统	—	—	—

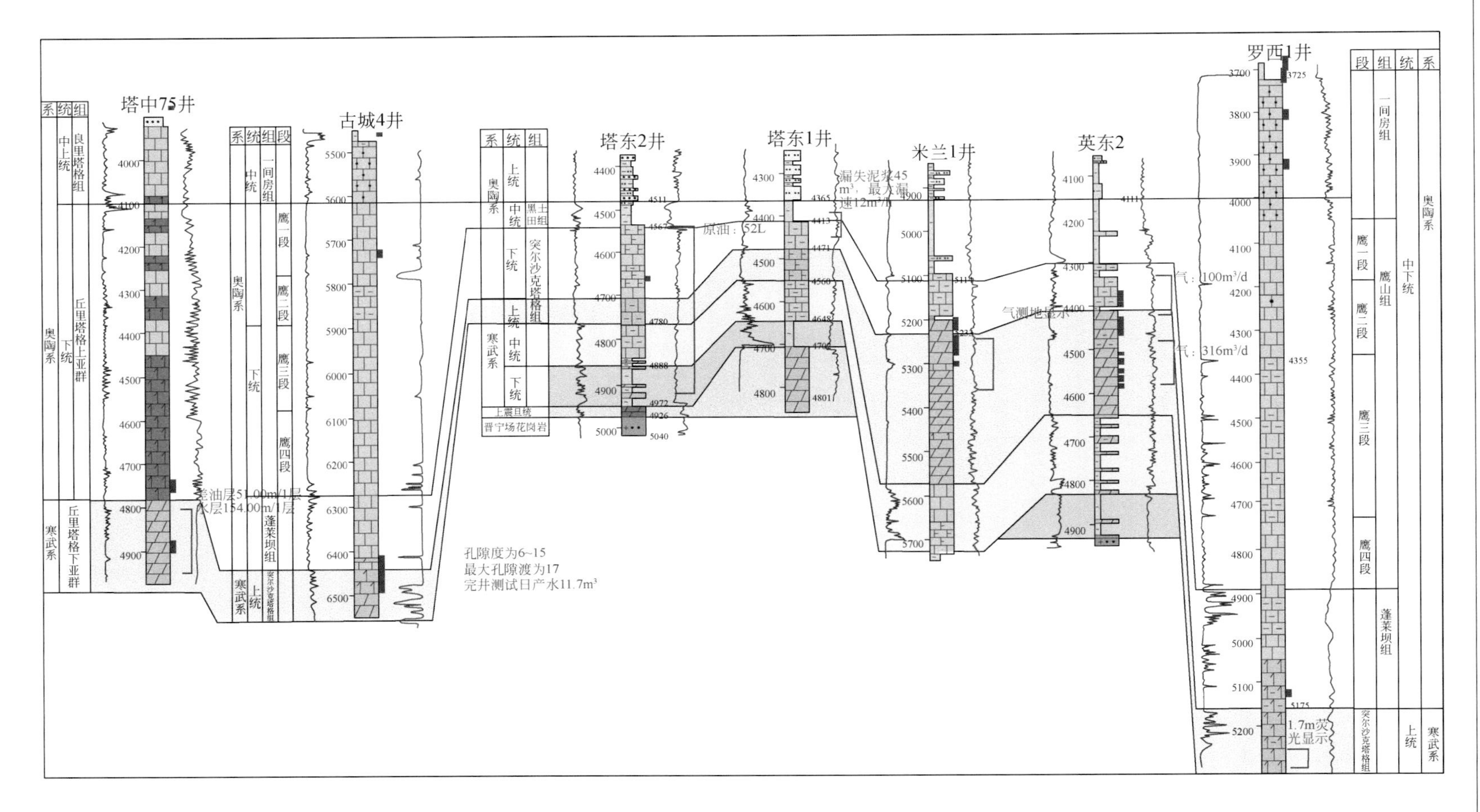

图3-35　塔里木盆地塔东地区寒武系白云岩储层发育层段联井对比

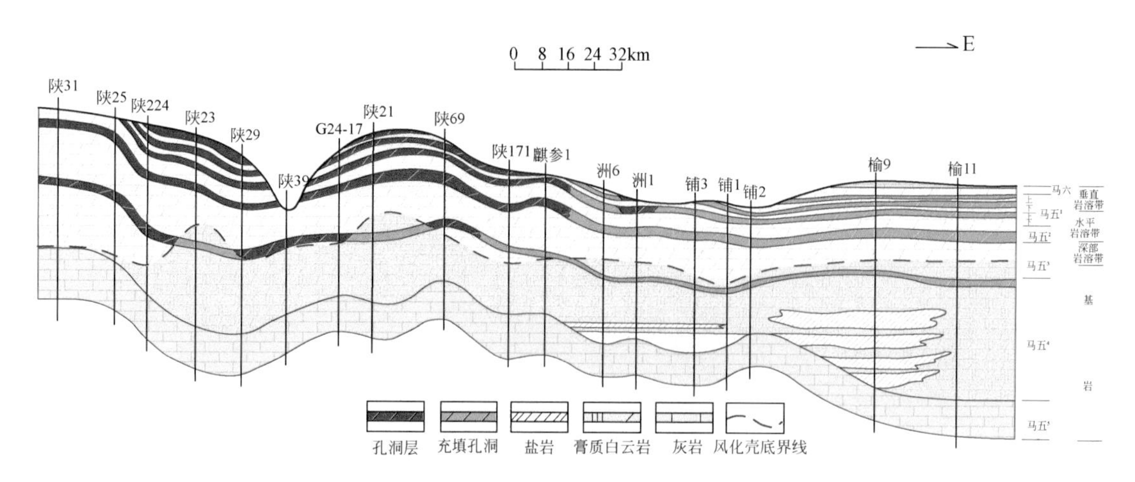

图 3-36　鄂尔多斯盆地奥陶系马家沟组白云岩储层发育层段联井对比

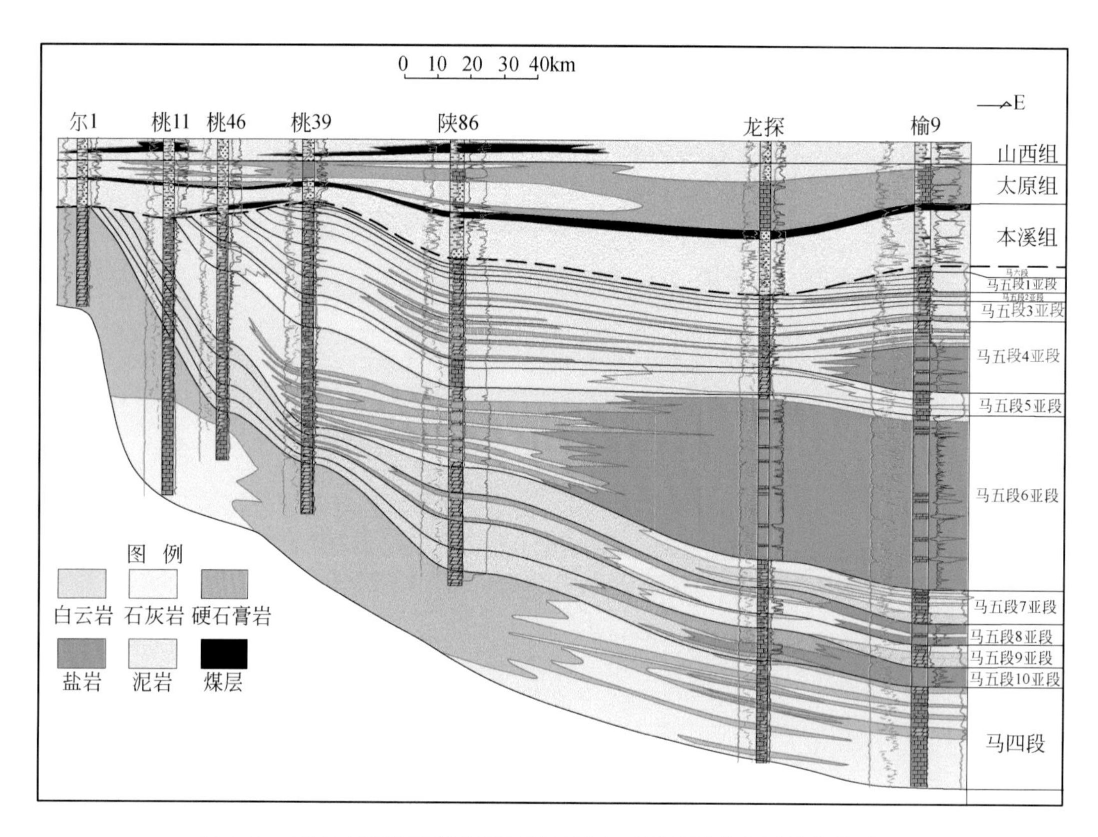

图 3-37　鄂尔多斯盆地奥陶系马家沟组白云岩储层发育层段联井对比

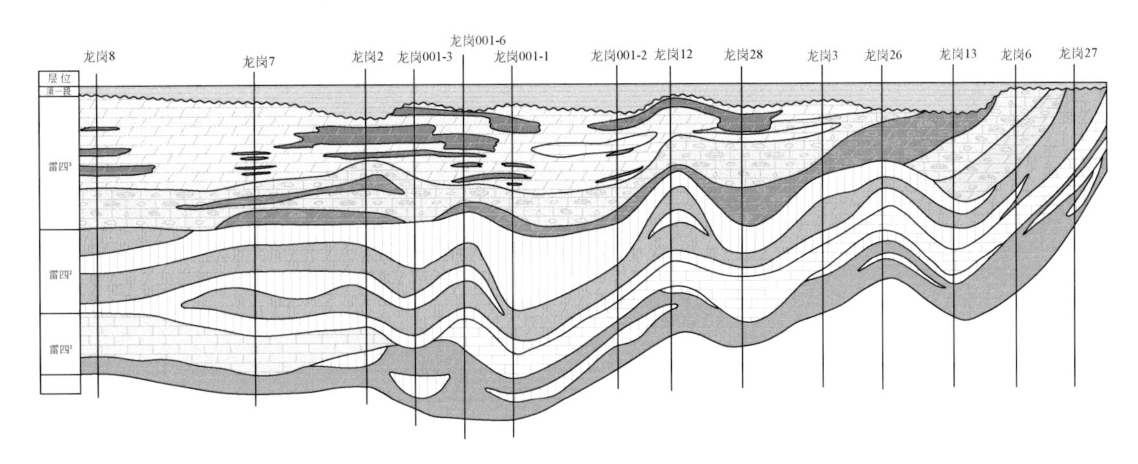

图3-38 四川盆地三叠系雷口坡组白云岩储层发育层段联井对比

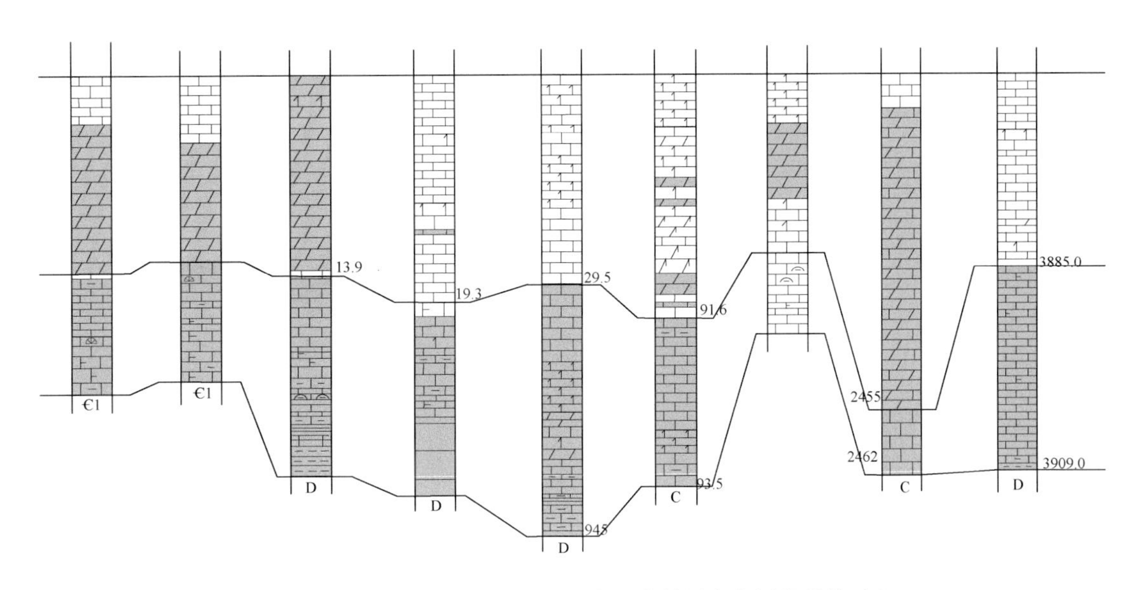

图3-39 四川盆地二叠系栖霞组白云岩储层发育层段联井对比

2. 白云岩类型划分

对于白云岩储层特征研究首先涉及白云岩的分类问题，而分类又涉及白云岩的成因问题。因此，本书首先依据岩石的原始结构类型和保存情况、白云石的晶体大小，在提出白云岩结构-成因分类方案（表3-8）的基础上（晶体大小根据1967年Bissell和Chilingar提出的划分方案），描述不同类型白云岩储层特征（表3-9）。

表 3-8　用于研究的白云岩结构—成因分类方案*

原始结构保存情况	具很好的原始结构				不具原始结构或原始结构保存较差	热液白云岩
结构	泥晶-微晶结构	粒屑结构	生物礁结构	粉晶结构	晶粒结构（可以有残余结构）	马鞍状结构
白云石晶体大小	泥晶-微晶	泥晶-微晶-粉晶			粉晶-细晶-中晶-粗晶	极粗晶
岩石名称	微晶白云岩	粒屑白云岩	生物礁白云岩	粉晶白云岩	结晶白云岩	热液白云岩
储集性	非储层	非储层多于储层			储层多于非储层	储层

* 同时存在一定数量的具原始结构的粒屑（生物礁）白云岩与结晶白云岩之间的过渡类型，以及碎屑白云岩［其成因与准同生破碎、原地或异地沉积有关，据刘宝珺（1980）］。

表 3-9　用于研究的白云石晶体大小划分方案（据 Bissell and Chilingar，1967）

晶粒大小	>4mm	1～4mm	0.5～1mm	0.25～0.5mm
晶粒名称	巨晶	极粗晶	粗晶	中晶
晶粒大小	0.05～0.25mm	0.01～0.05mm	0.001～0.01mm	<0.001mm
晶粒名称	细晶	粉晶	微晶	泥晶

3. 各类白云岩特征

1）微晶白云岩

微晶白云岩储层包括具有泥晶结构和微晶结构的白云岩（图 3-40），岩石强烈白云岩化，除偶见双壳、腹足、介形虫等广盐度生物以外，很少有颗粒伴生。岩石白云石含量通常在 95% 以上，白云石晶体大小主要在微晶以下，局部有重结晶为粉晶大小，形态以他形粒状为主。岩石致密，几乎没有可利用的孔隙空间或者只有一些孤立的、沿裂缝发育的溶孔。纹层状层理或水平层理是最常见的原生沉积构造。

2）粒屑白云岩

粒屑白云岩主要由残余粒屑结构组成，粒屑类型主要包括鲕粒、团粒、凝块石、内碎屑、生物碎屑等；填隙物可以是微晶基质，也可以是亮晶。岩石几乎完全白云化，白云石含量在 90% 以上，粒屑或基质可以由粉晶-微晶（甚至泥晶大小）的白云石构成（在这一点上不同于结晶白云岩），亮晶（如果能识别出亮晶）则由他形的不等粒白云石构成。根据该类白云岩中主要的粒屑类型，可以将其细分为以下 4 个亚类（表 3-10）：鲕粒白云岩（包括生物鲕粒白云岩、砂屑鲕粒白云岩等）、有孔虫白云岩、藻团粒和凝块石白云岩和生物白云岩。

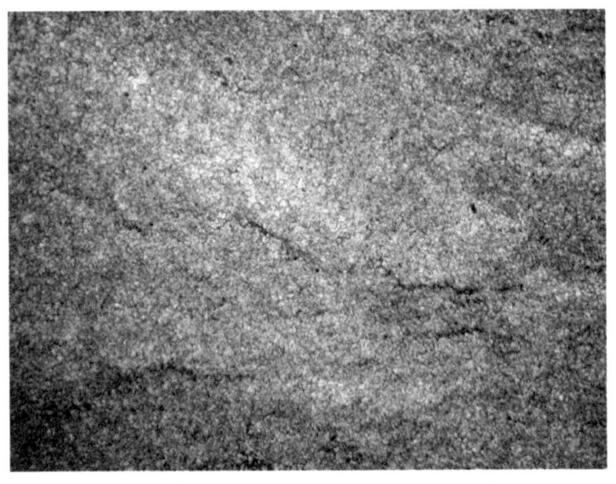

a. 微晶白云岩，四川盆地罗家2井，3196.22m，
飞仙关组第二段。普通薄片，单偏光，
照片对角线长3.75mm

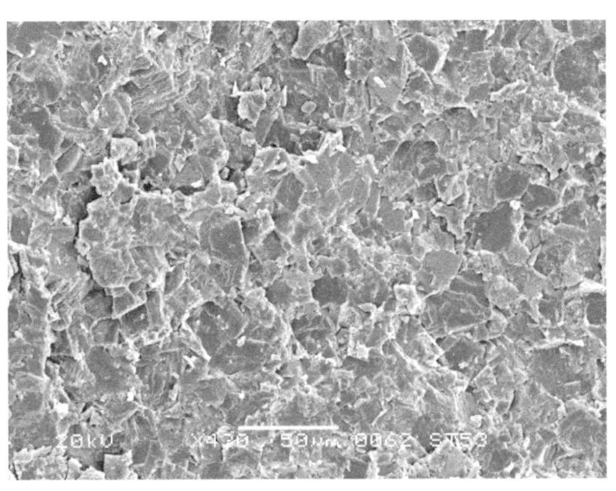

b. 微晶白云岩，四川盆地罗家2井，3196.22m，
飞仙关组第二段。扫描电镜照片

c. 具晶间孔的微晶白云岩，鄂尔多斯盆地，
苏345井，马五段5亚段，4029.3m，(-)

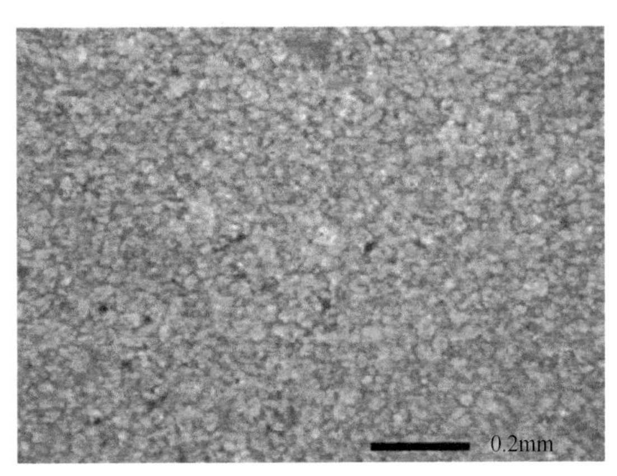

d. 泥微晶白云岩，塔里木盆地，
中12井，5614.25m

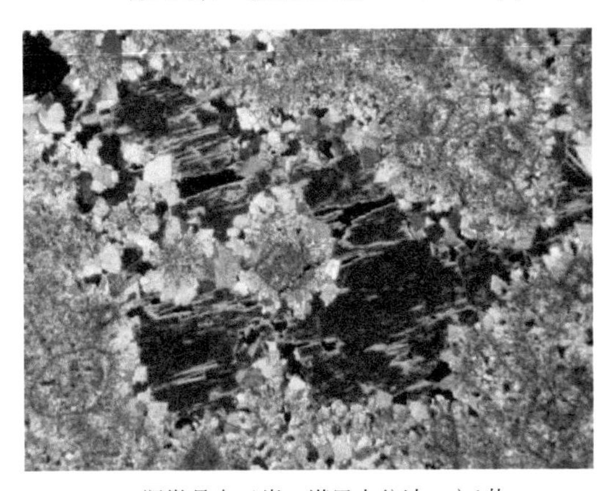

e. 泥微晶白云岩，塔里木盆地，方1井，
4606.8m，×60，(+)

f. 泥微晶白云岩，塔里木盆地，方1井，
4513.4m，×40，(-)

图3-40　中国西部三大盆地微晶白云岩特征

表 3-10 粒屑白云岩亚类的进一步划分

粒屑类型	鲕粒为主（含生物和内碎屑）	生物屑、砂屑	单一蓝绿藻成因碎屑（藻团粒、凝块石等）	多门类生物（包括窄盐度生物）
岩石名称	鲕粒白云岩 生物鲕粒白云岩 砂屑鲕粒白云岩	生屑白云岩 砂屑白云岩	藻团粒白云岩 凝块石白云岩	生物白云岩

（1）鲕粒白云岩。

鲕粒白云岩（包括生物鲕粒白云岩、砂屑鲕粒白云岩）基本上保留了原始粒屑结构，粒屑以鲕粒为主，多呈球形-椭球形，大小主要集中在0.2～0.5mm，主要集中在中砂级大小范围内，鲕粒大小均一（图3-41）。粒屑（鲕粒、内碎屑、生物碎屑等）通常由微晶-泥晶大小的白云石构成，这些白云石以他形粒状为主，局部粒内孔隙中充填相对较粗的粉晶（甚至细晶）白云石晶体，形态以他形-半自形粒状为主，而粒屑结构之间可以充填有粉晶-细晶的白云石，以半自形-自形粒状为主；部分地方保留了残余的世代胶结现象。这些鲕粒白云岩主要集中分布在川东北地区三叠系飞仙关组第一段和第二段。该类岩石孔隙空间相对发育，以粒内溶孔、残余粒间孔为主，同时局部有自形白云石晶体占据上述孔隙空间而形成晶间孔隙，孔隙内偶见自生石英。

鲕粒白云岩以中等（含中等）以下阴极发光强度为主，但也有具有极强发光强度的样品，这些样品的阴极发光强度相对均一，但在鲕粒残余结构边缘或粒内孔隙内部衬里的少量白云石胶结物阴极发光相对较弱，呈现暗红色发光，数量较少。

（2）生屑、砂屑白云岩。

白云岩基本上保留了原始粒屑结构，粒屑以生物屑或砂屑为主（图3-42），其次也有内部结构不清楚的砂屑；粒屑大小主要集中在细-中砂级范围内。粒屑由微晶-泥晶的白云石构成，这些白云石以他形-半自形粒状为主；少数粒屑（主要为砂屑）或粒间充填物则由相对较粗的粉晶（甚至细晶）白云石构成，以半自形粒状为主。

（3）团粒和凝块石白云岩。

团粒和凝块石白云岩较多地保留了原始粒屑结构，粒屑主要包括团粒、凝块石，同时可见叶状藻碎屑。大多数粒屑结构都由微（泥）晶-粉晶白云石构成，以他形粒状为主（图3-43）。团粒多呈椭球形-不规则球状，粒径相对较小，颜色较深，加上岩石中广泛发育藻成因组构，说明这些团粒可能主要为藻团粒，团粒径大小主要集中在粉-细砂级范围内，分选中等；凝块石粒径相对较大，主要集中在中砂级范围内，分选较差，颜色较深，呈血凝块状，同时这类岩石中出现了叶状藻等生物碎屑，但生物门类非常单调（缺乏多样性），以藻成因生物碎屑为主，尤其缺乏窄盐度生物，在旺苍五权剖面、重庆中梁山剖面的该类岩石中还出现了石膏假晶，反映了非正常的海水盐度，甚至是高盐度的蒸发环境。

团粒和凝块石白云岩的阴极发光强度变化较大，但也以中等（含中等）以下阴极发光强度为主，只有个别样品具有中-强、极强的相对均一阴极发光，但作为石膏假晶的亮晶方解石则具有稍弱的阴极发光。

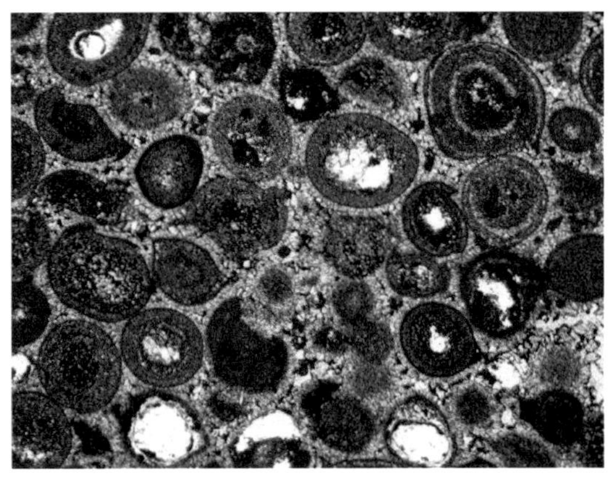

a. 粒屑白云岩，四川盆地，渡5井，4761.63m，
飞仙关组第一段。普通薄片，单偏光，
照片对角线长3.75mm

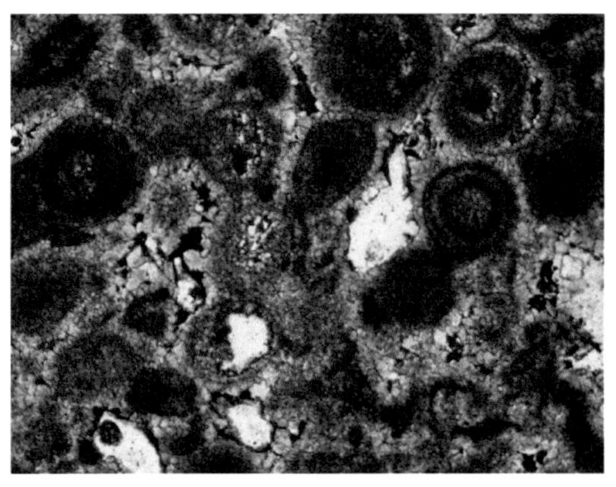

b. 粒屑白云岩，四川盆地，罗家2井，3213.52m，
飞仙关组第二段。普通薄片，单偏光，
照片对角线长3.8mm

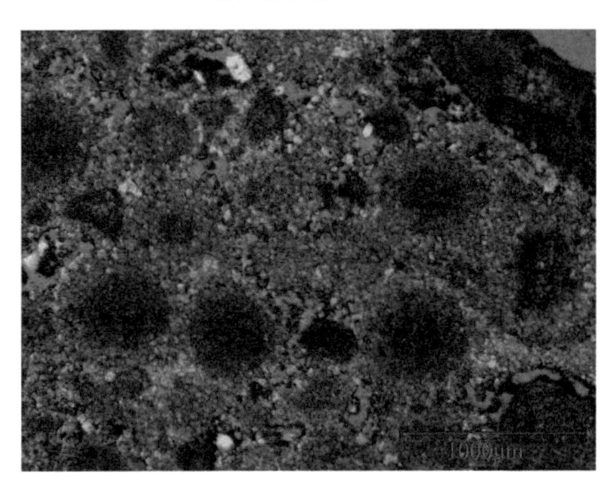

c. 粉晶鲕粒白云岩，鄂尔多斯盆地，桃38井，
马五段9亚段，3612m，(–)

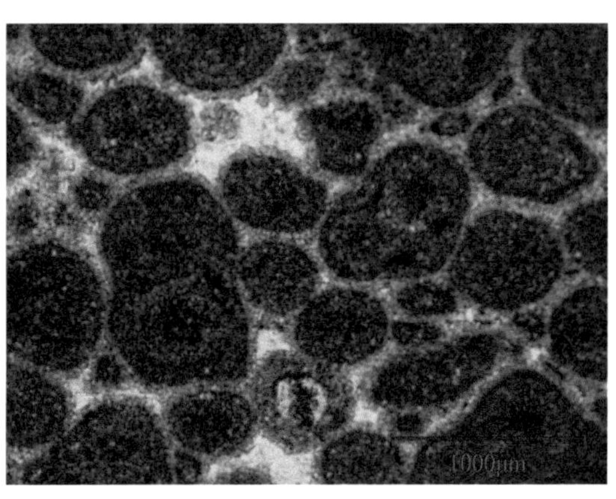

d. 泥晶-亮晶鲕粒白云岩，鄂尔多斯盆地，
桃17，3643.3m，马五段4~3亚段，(–)

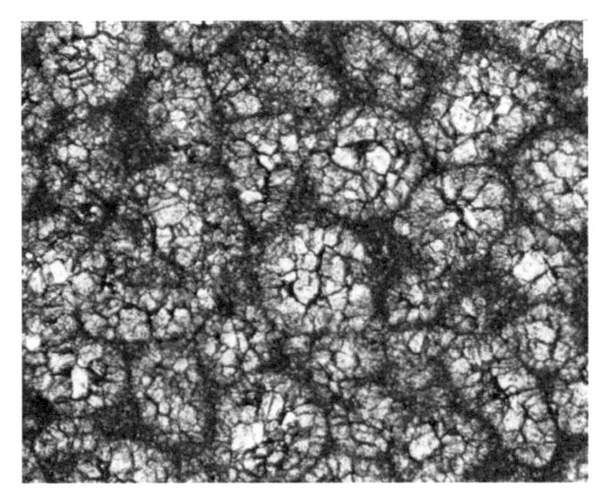

e. 鲕粒白云岩，颗粒内部白云石结晶程度较好，
塔里木盆地，肖尔布拉克组顶部

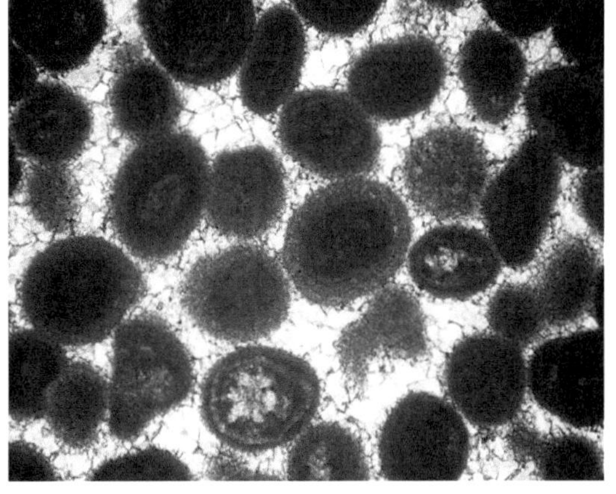

f. 鲕粒白云岩，塔里木盆地，塔深1井，
单偏光，×35，5759.43m

图 3-41　中国西部三大盆地鲕粒白云岩特征

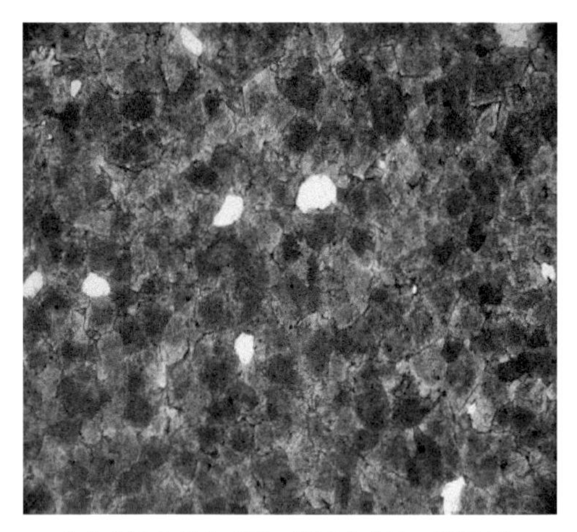

a. 残余砂屑中晶白云岩，塔里木盆地，塔深1井，7061.60m，单偏光，×2.5

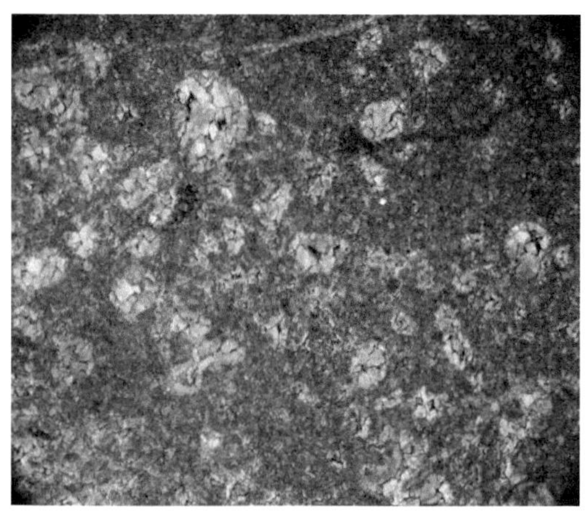

b. 残余砂屑中-细晶白云岩，塔里木盆地，塔深1井，7315.08m，单偏光，×2.5

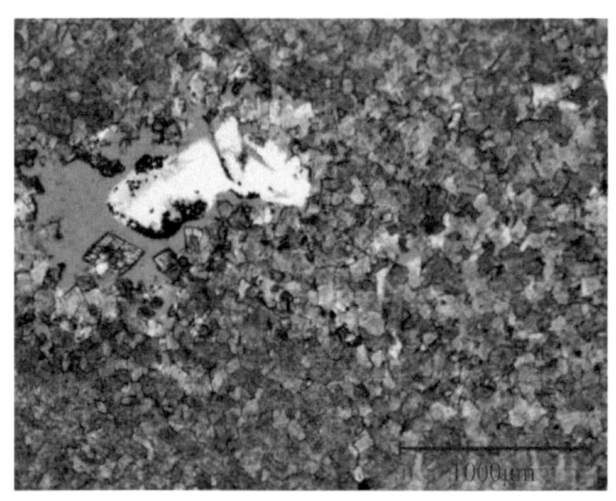

c. 细晶残余砂屑云岩，鄂尔多斯盆地，桃38井，马五段10亚段，3631.2m，(–)

d. 微晶亮晶砂屑云岩，鄂尔多斯盆地，陕431井，4122.31m，马五段2~4亚段，(–)

图 3-42　中国西部三大盆地生屑、砂屑白云岩特征

3）生物礁白云岩

生物礁白云岩的原始结构保存尚好，主要由黏结岩（主要为蓝绿藻黏结结构）白云岩化形成的生物黏结白云岩和生物礁岩（造礁海绵构成骨架）白云岩化形成的生物礁白云岩（图 3-44）。岩石白云岩化较强，白云石的晶体大小可以是微晶–粉晶，早期白云石晶体自形程度较差，而沿孔洞边缘发育的后期白云石晶体则自形程度较好，白云石化的海绵骨架的体腔中可以被亮晶方解石所充填，这可能与后期亮晶方解石充填海绵体腔孔隙有关。值得注意的是，由于部分长兴组样品中只出现了明显的喜礁生物（主要包括腕足动物、棘皮动物、软体动物、介形虫等动物种类）或次要造礁生物（如珊瑚动物等）的残余结构，但少见明显的主要造礁生物（如海绵、水螅等动物种类）残余结构，因而将该类岩石笼统地归属为生物白云岩（粒屑白云岩）。

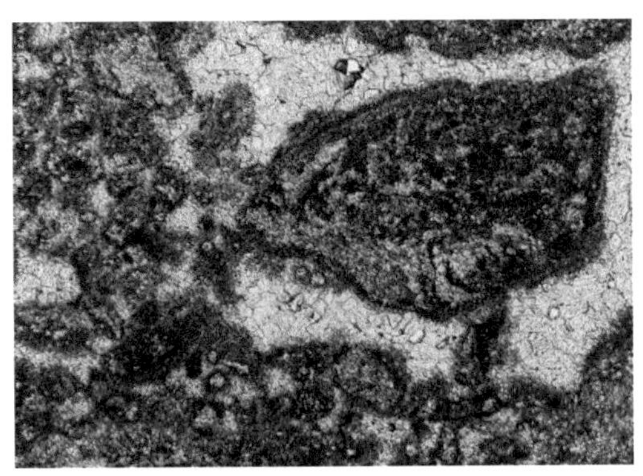

a. 亮晶藻团块白云岩，塔里木盆地，塔深1井

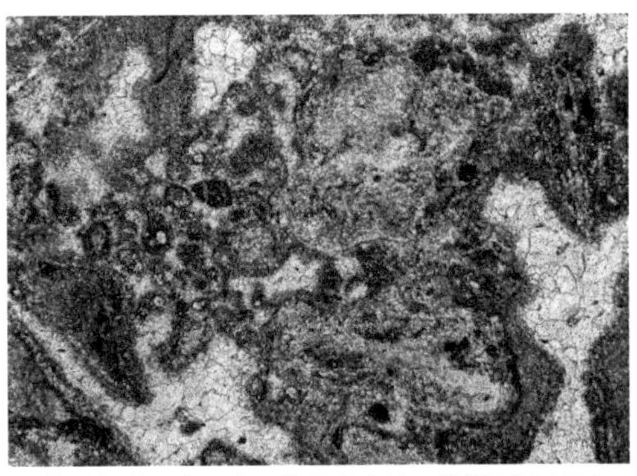

b. 亮晶凝块石白云岩，塔里木盆地，塔深1井7461.2m

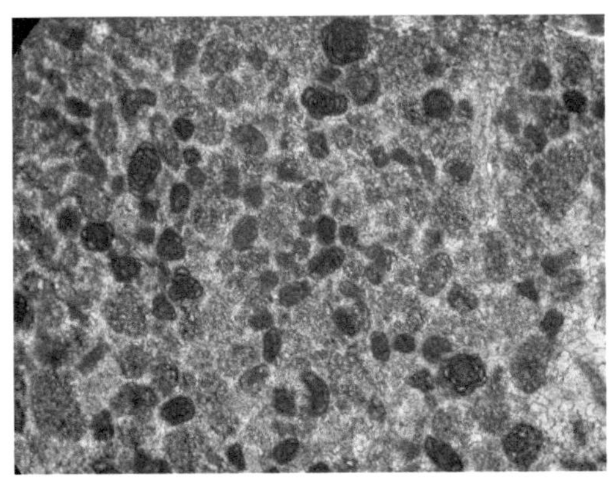

c. 有孔虫生物屑白云岩，四川盆地重庆北碚剖面，644.78m，嘉陵江组第三段。普通薄片，单偏光，照片对角线长5mm

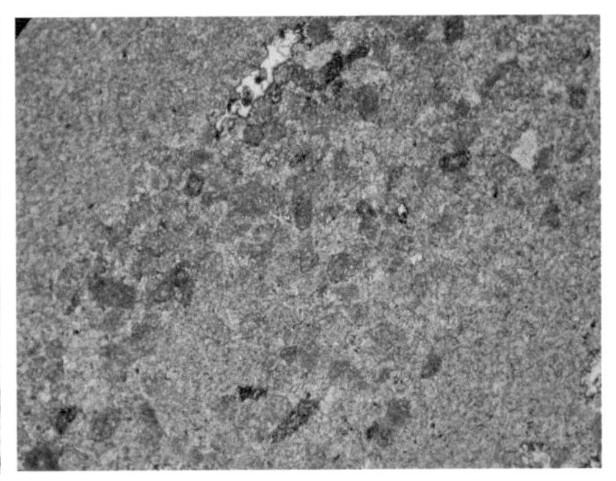

d. 有孔虫生物屑白云岩，四川盆地，邻水仰天窝剖面，827.98m，嘉陵江组第四段。普通薄片，单偏光，照片对角线长5mm

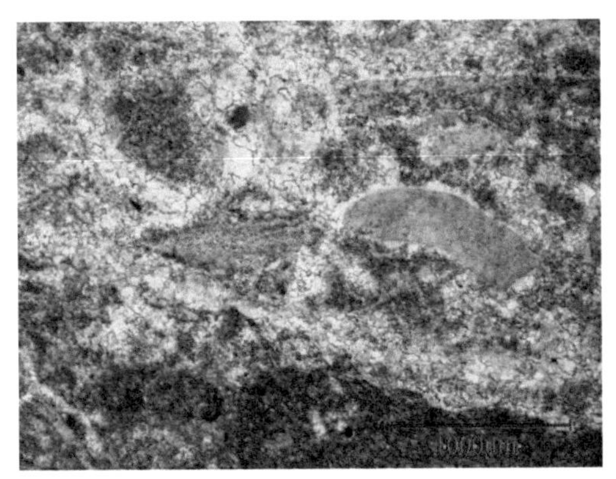

e. 亮晶生物屑砂屑白云岩，生物屑为海百合茎和腕足，鄂尔多斯盆地，紫探1井，3957.88m，马四段，(–)

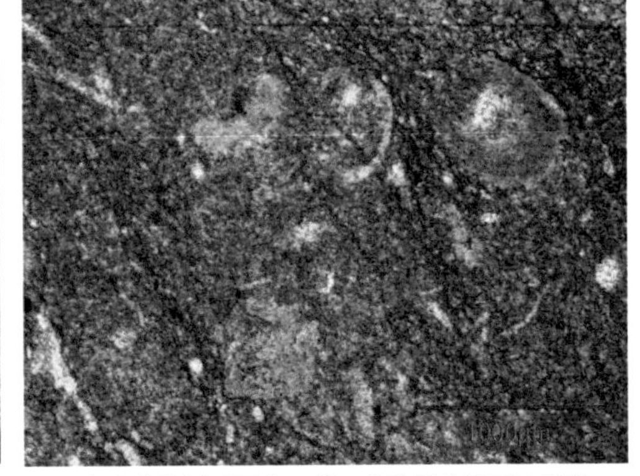

f. 亮晶生物屑砂屑白云岩，生物屑为海百合茎及介形虫，鄂尔多斯盆地，紫探1井，3957.88m，马四段，(–)

图3-43　中国西部三大盆地团粒和凝块石白云岩特征

生物礁白云岩具有中等的阴极发光强度，但因只有1个样品，其很难具有普遍的代表性，但其阴极发光现象有一定的特殊性。从整体而言，不论是否具有残余结构（如藻纹层、钙藻、海绵骨架等），它们的阴极发光强度相对均一，残余结构在阴极发光下基本消

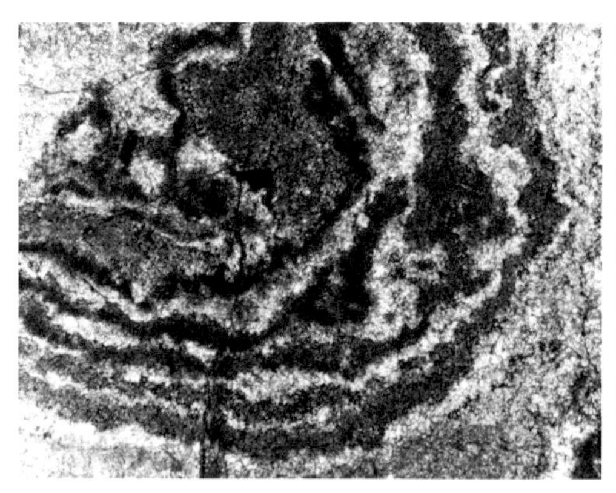

a. 生物礁白云岩，藻黏结结构，四川盆地普光5井，5294.50m，长兴组。普通薄片，单偏光，照片的对角线长3.8mm

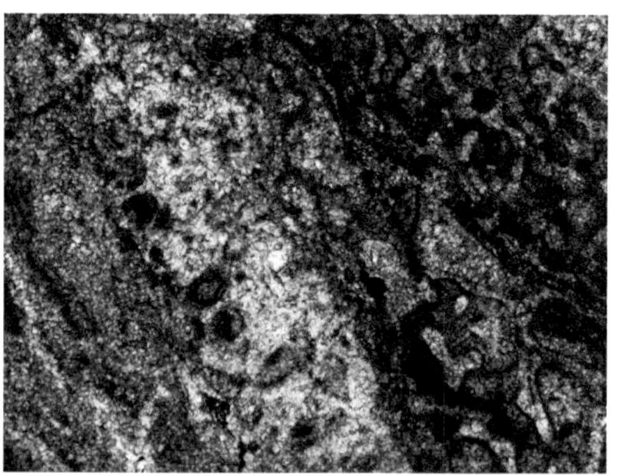

b. 生物礁白云岩，四川盆地普光5井，5294.50m，长兴组。普通薄片，单偏光，照片的对角线长3.8mm

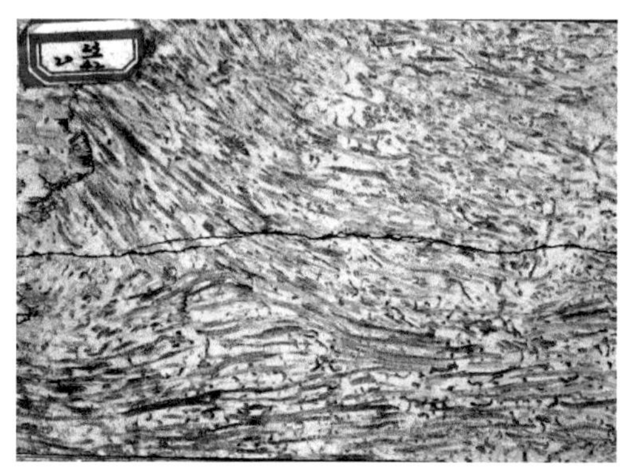

c. 生物礁白云岩中的珊瑚，塔里木盆地塔中30井，5060.50m，良里塔格组

d. 藻礁白云岩，鄂尔多斯盆地，淳2井，马六段

图 3-44　中国西部三大盆地生物礁白云岩特征

失，而局部充填在海绵体腔孔、钙藻粒内孔等孔隙空间的亮晶方解石胶结物则具有极弱（或基本没有）阴极发光，说明白云石和后期方解石在成因上有较大的差别。

4）粉晶白云岩

尽管就岩石结构、晶体大小而言，粉晶白云岩可能更类似于后面的结晶白云岩，但粉晶白云岩中完全缺乏生物或粒屑（图 3-45），显示均一的粉晶结构是一种原始结构，因而我们将其作为原始结构保存的白云岩。其形成机制可能与准同生阶段局限环境（如潟湖）中高度咸化浓缩海水原生沉淀或对先驱碳酸盐矿物的交代作用有关。粉晶白云岩以粉晶结构为主，白云石晶体大小一般为 0.02～0.04mm，以半自形-自形晶为主。该类岩石中晶间孔隙较发育，局部可见亮晶方解石充填孔隙。

粉晶白云岩具有极弱的均一阴极发光强度，但少数白云石晶体边缘发光；而后期充填孔隙中的亮晶方解石则基本不具有阴极发光，显示主要构成岩石的白云石（包括晶间亮晶方解石）具有强烈的原始海水地球化学信息。

a. 粉晶白云岩，四川盆地河坝1井，4487.36m，嘉陵江组第二段。普通薄片，单偏光，照片对角线长5mm

b. 粉晶白云岩，四川盆地河坝1井，4485.76m，嘉陵江组第二段。蓝色铸体薄片，单偏光，照片对角线长5mm

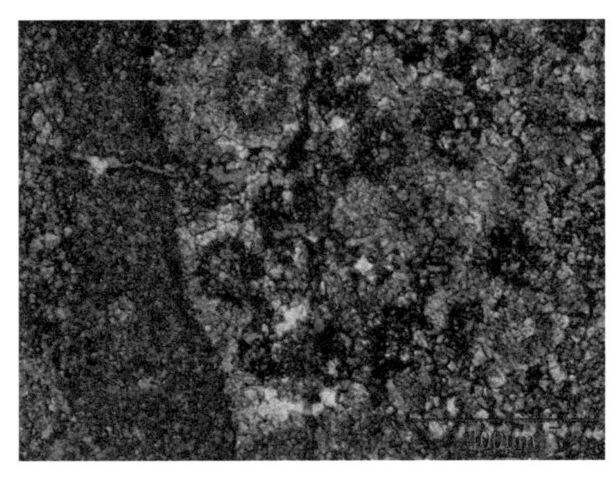

c. 具溶孔去膏化硅化细–粉晶灰云岩，鄂尔多斯盆地召30井，3238.54m，马五段6亚段

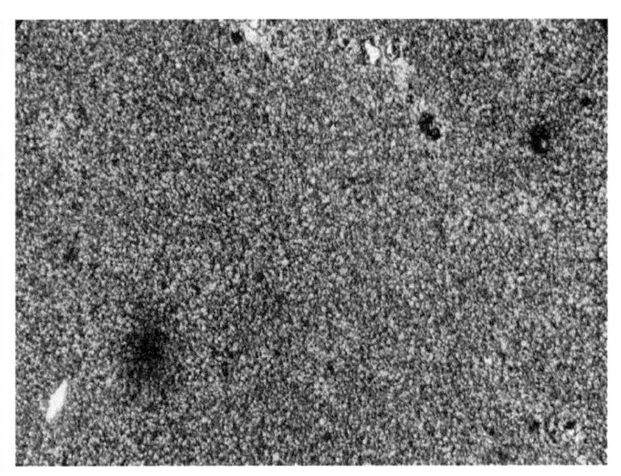

d. 粉晶白云石，塔里木盆地塔深1井，8405.25m，单偏光，×40

图3-45　中国西部三大盆地粉晶白云岩特征

5）结晶白云岩

结晶白云岩以晶粒结构为主，白云石晶体相对较粗，可按白云石晶体大小进一步划分为粉晶白云岩、细晶白云岩、中晶白云岩等亚类。大多数结晶白云岩或多或少地具有残余结构（残余鲕粒结构、残余生物结构、残余生物礁结构等），而在前面出现的具有原始结构保存的粉晶白云岩中缺乏上述残余结构。总的说来，结晶白云岩中白云石晶体大小差别较大（或多或少混入了部分微晶、细晶白云石），部分甚至只能定义为不等晶白云岩。

（1）粉晶白云岩。

粉晶白云石在白云岩中是较为常见的一种白云石，往往呈他形晶体，而且大多数情况下粉晶白云石晶体间发育晶间孔隙。在低倍镜下其晶体特征不易看出，但在高倍镜下可以看出白云石具有自形和半自形的晶体结构，并在白云石之间可见晶间孔隙较为发育（图3-46），表明此类白云石形成于埋藏成岩过程中，白云石有序度不断提高，因而具有自形的晶体。

a. 粉晶白云岩，塔里木盆地，塔深1井，
8405.25m，×200

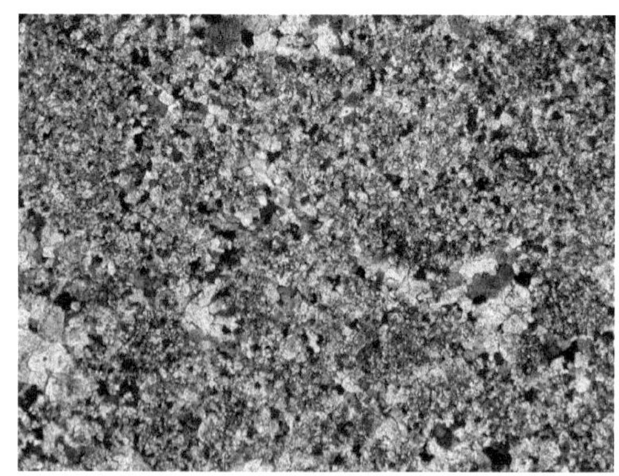

b. 粉晶白云岩，塔里木盆地，塔深1井，
7268.68m，单偏光，×40

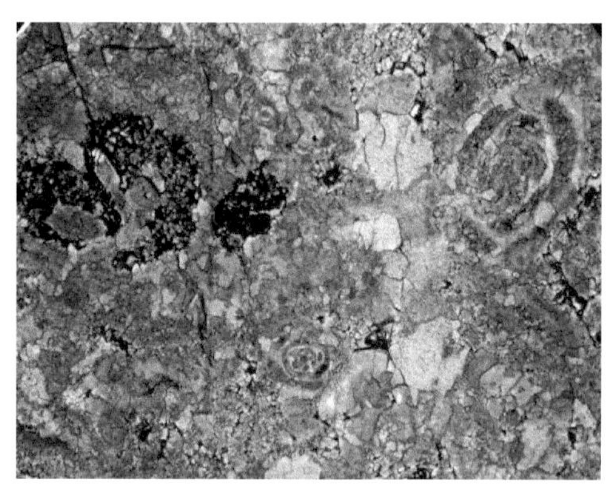

c. 结晶白云岩，白云石晶体之间的晶间孔充填
有沥青。四川盆地普光8井，5504.50m，
长兴组，标尺长为1cm

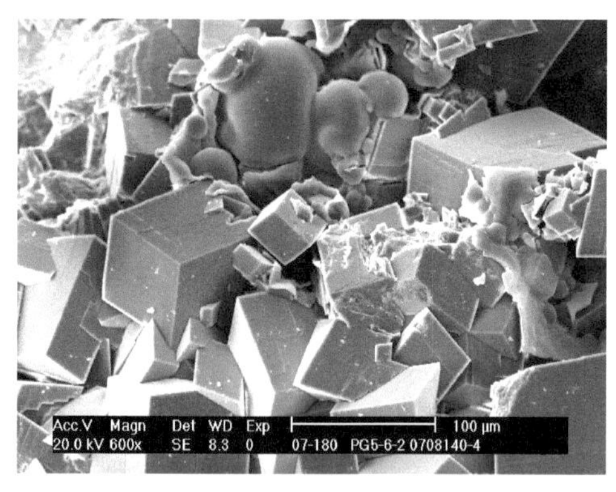

d. 结晶白云岩，发育晶间孔，局部孔隙中充填有油滴
状及薄膜状沥青，四川盆地普光5井，5164.27m，
长兴组，扫描电镜照片

e. 结晶白云岩，晶体间孔隙发育，四川盆地普光8井，
5568.70m，长兴组，扫描电镜照片

f. 细晶白云石和中晶白云石的混合产出特征，
在细晶白云石中可见碎屑石英颗粒，
塔里木盆地

g. 中晶白云岩，晶间孔隙发育，四川盆地普光5井，4893.30m，飞仙关组第二段，扫描电镜照片

h. 中晶白云岩，晶间孔隙发育，四川盆地罗家2井，3254.46m，飞仙关组第二段，扫描电镜照片

i. 细晶白云岩，鄂尔多斯盆地，李1井，4055.0m，O_1zh

j. 细晶白云岩，鄂尔多斯盆地，旬探1，2986m，平凉组

图3-46　中国西部三大盆地粉晶-中晶白云岩特征

（2）细-中晶白云岩。

细晶和中晶白云岩由自形白云石晶体组成，少数可见他形晶体的特征。尽管这两种类型的白云石晶体比较粗大，可是在薄片下很少见到晶间孔隙的发育，其原因可能是晶体之间相互嵌入，晶体紧密接触所造成的。同时在这些白云岩中没有见到明显的溶蚀现象，而是见到有环边状的、颜色明显发白、干净的白云石“次生加大”现象（图3-46），这也是造成这些岩石中孔隙不发育的原因之一。

（3）粗晶白云岩。

粗晶白云岩是塔河地区寒武系岩石中最为常见的一种白云石类型，根据晶形特征可以将其分为两种类型，一种是他形晶体的粗晶白云石，另一种是自形晶体的粗晶白云石（图3-47）。

6）热液白云岩

热液白云岩是一种特殊、常见而且非常容易识别出的白云石类型。在岩心中，热液白云石呈巨晶状，颜色为白色，充填于溶蚀孔洞中（图3-48）。溶蚀孔洞充填的热液白云岩一般都比较粗大，而在溶蚀孔洞的边部热液白云岩的晶体稍小，而且多为一角呈尖棱状、向孔隙中心方向生长，这种类型的白云石是直接从热液中沉淀出来的。因此，热液白云石

a. 粗晶白云岩，塔里木盆地塔深1井，7102.06m，单偏光，×40

b. 粗晶白云岩中白云石具有完好的晶形，塔里木盆地，塔深1井，扫描电镜照片

c. 粗晶白云岩，具有雾心亮边特征，四川盆地，矿3井，栖霞组，×40，(-)

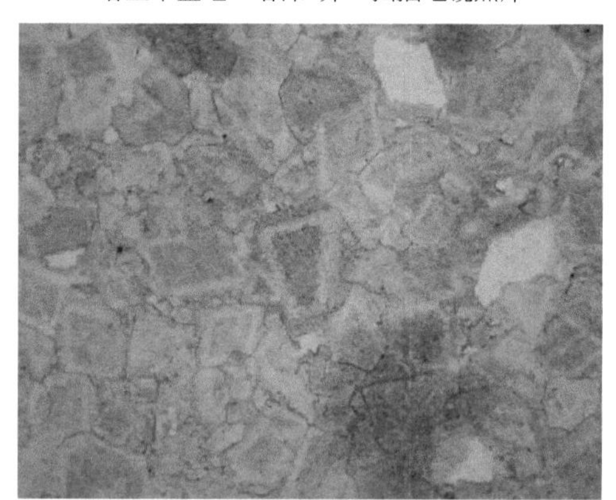

d. 粗晶白云岩，具有雾心亮边特征，四川盆地，矿2井，栖霞组，×40，(-)

图 3-47　中国西部三大盆地粗晶白云岩特征

自形晶体特别发育，晶体干净。热液的作用导致岩石中原来的白云石发生重结晶或者新的白云石围绕原来的白云石晶体生长。在显微镜下可以见到热液白云石晶体比较粗大，为半自形晶体，晶体之间为细小的白云石充填，因而岩石比较致密。

4. 白云岩储层特征

如上所述，中国西部三大盆地白云岩类型多样，作为储层特征研究则涉及其原岩特征、原岩形成的环境条件、白云岩化的模式和机理。为此，本书结合三大盆地白云岩化模式来分析白云岩储层特征。

a. 马鞍状白云岩，四川盆地汉深1井，栖霞组，4979.20m，×100，(+)

b. 马鞍状白云岩，四川盆地矿2井，栖霞组第二段，2431.99m

c. 马鞍状白云岩，塔里木盆地塔深1井,寒武系，7105m，薄片，×100，(+)

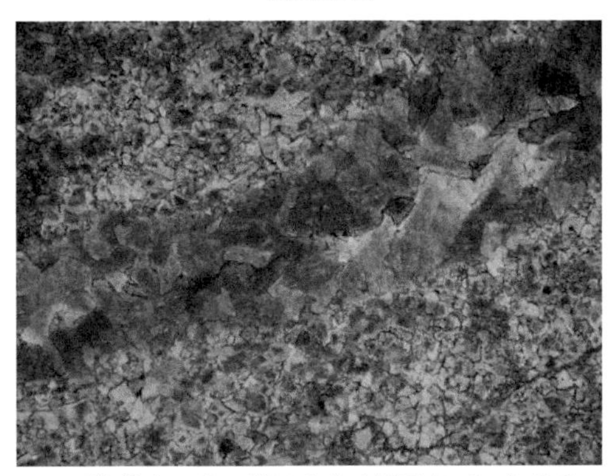

d. 马鞍状白云岩，塔里木盆地塔于奇6井,寒武系，7315m，薄片，×100，(-)

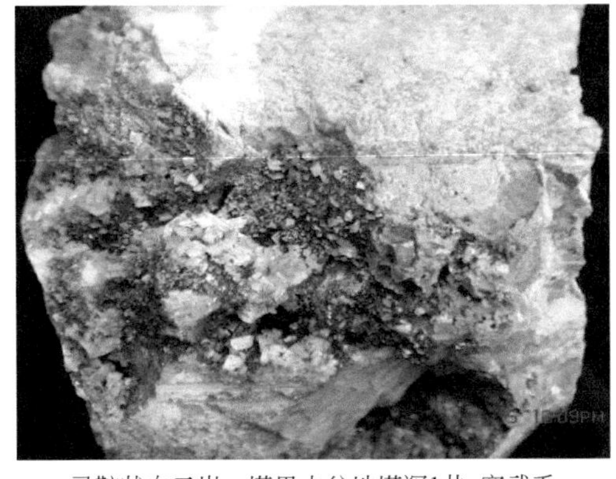

e. 马鞍状白云岩，塔里木盆地塔深1井,寒武系，岩心照片

f. 马鞍状白云岩，塔里木盆地塔于奇6井,寒武系，7314m，薄片，×100，(-)

图3-48　中国西部三大盆地热液白云岩特征

1）萨布哈白云岩储层特征

此种类型的白云岩储层是在同生、准同生期位于海岸萨勃哈环境因蒸发回流白云岩化模式所形成的。这类储层在塔里木盆地塔北/巴楚隆起中下寒武统、四川盆地雷一段、震旦系灯影组和鄂尔多斯盆地东部盐间马家沟组均有发育。

（1）塔里木盆地寒武系萨布哈白云岩储层特征。

现以广泛发育此类储层的塔里木盆地中寒武统白云岩储层为例（图 3-49），描述其特征。此类白云岩常呈纹层状，多与膏盐岩层相邻或互层产出；在野外露头，可见干裂、石膏假晶与结核等暴露及咸化标志；镜下可见岩石中具保存较好的显微沉积层理；白云石晶体以泥晶为主，少量为细粉晶级，晶形多为他形晶。这些特征表明此类白云岩可能形成于成岩作用的早期阶段（准同生阶段），形成时结晶速度较快，受后期成岩作用影响较小。

地层系统				井深/m	岩性剖面（颗粒含量）（晶粒含量）	岩性、成岩作用及孔隙特征描述	岩心照片	微观照片	沉积相	沉积亚相	成岩柱	成岩段	成岩作用类型						物性		储集空间类型及特征				储层评价
系	统	组	段		泥晶 粉晶 细晶 中晶 0 25 50 75								萨布哈白云石化	石膏沉淀	淡水潜溶	压实压溶	埋藏白云石化	埋藏岩溶	孔隙度/% 0 10	渗透率/$10^{-3}\mu m^2$ 0.01 100	类型	大小/mm	面孔率/%	组构选择性	
寒武系	中寒武统	沙依里克组		6210 6211 6212 6213		细晶白云岩，白云石半自形-自形晶，裂缝及角砾岩化，裂缝及沿裂缝发育的砾间溶孔，面孔率2-3% 泥粉晶白云岩，膏模孔，面孔率2-3% 泥粉晶白云岩 泥粉晶白云岩，石膏斑块，少量石膏斑块溶解形成膏模孔，面孔率1-2% 泥晶白云岩，含斑点状零星分布的石膏 泥晶白云岩，石膏条带 泥晶白云岩，细自形晶白云石散布于泥晶白云岩			局限海台地	潮间—潮上坪		萨布哈白云石化-石膏沉淀-石膏溶解成岩段									膏溶孔	0.1~0.8	2~3	是	Ⅱ类

图 3-49　塔里木盆地牙哈 10 井第 4 筒心萨布哈白云岩储层综合柱状图

通过铸体薄片观察分析，其发育的大多数晶间孔、石膏结核溶孔、砾间孔，晶间溶孔的连通性较差，多以孤立的孔隙出现，仅见少部分具有连通性（图 3-50）。

通过岩心分析，其孔隙度、渗透率参数变化较大。其中，孔隙度为 0. 23% ~9. 96%，平均为 8. 26%；渗透率为 $0.01\times10^{-3}\sim96.32\times10^{-3}\mu m^2$，平均为 $12.25\times10^{-3}\mu m^2$。

a. 细晶白云岩，多面体状晶间孔发育，内充有机质，古隆1井，6455.00m

b. 粗晶白云岩，多面体状晶间孔发育，内充有机质，中4井，5972.32m

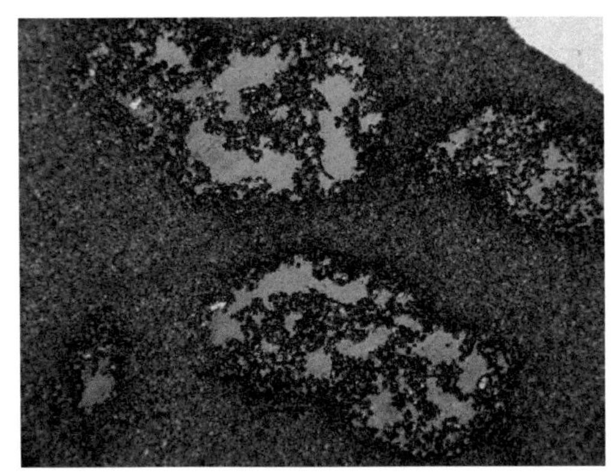

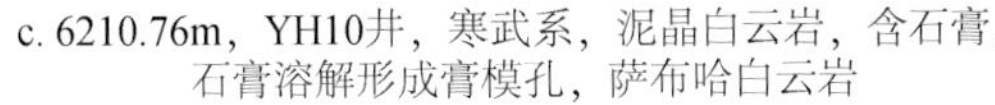

c. 6210.76m，YH10井，寒武系，泥晶白云岩，含石膏，石膏溶解形成膏模孔，萨布哈白云岩

d. 5079.80m，和4井，寒武系，泥晶白云岩，含石膏，萨布哈环境使潮坪相灰岩发生白云化的同时沉淀出石膏

图3-50　塔里木盆地寒武系萨布哈白云岩储层白云石晶体特征

（2）四川盆地雷口坡组萨布哈白云岩储层特征。

在四川盆地雷口坡组沉积演化过程中也发育此类白云岩储层（图3-51）。白云岩储层在垂向上与膏盐岩层互层。储集空间同样为晶间孔、石膏结核溶孔等（图3-52）；从物性特征上看物性参数变化大。

图3-51　四川盆地磨溪地区磨29井雷一段岩心柱状图和萨布哈白云岩储层综合柱状图

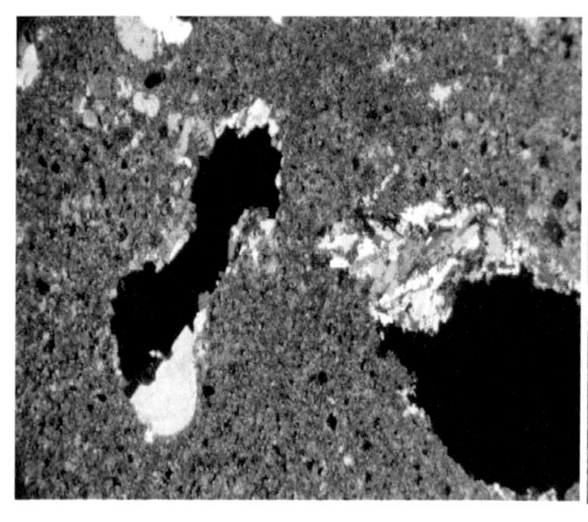

a. 萨布哈白云岩储层中的石膏结核溶孔，
四川盆地，磨28井，2804.89m，雷口坡组第一段

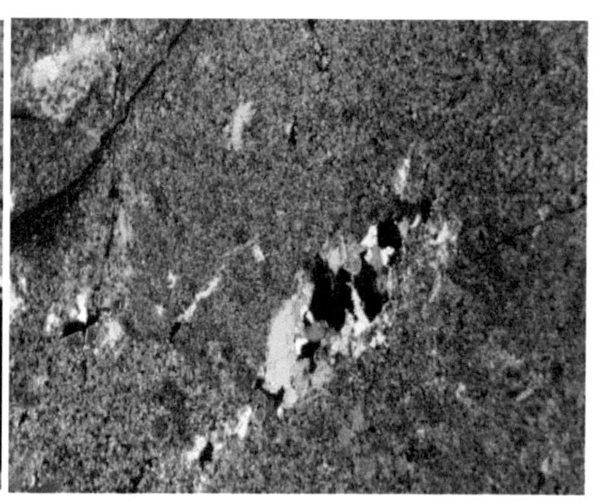

b. 萨布哈白云岩储层中的石膏结核溶孔，
四川盆地，磨34井，2717.61m，雷口坡组第一段

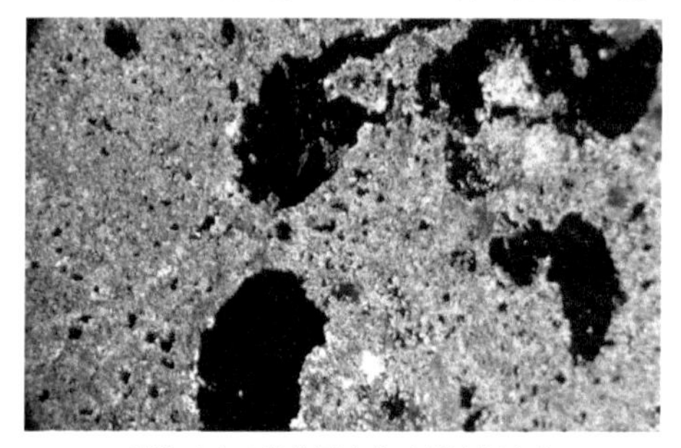

c. 萨布哈白云岩储层中的石膏结核溶孔，
四川盆地，磨28井，2802.17m，雷口坡组第一段

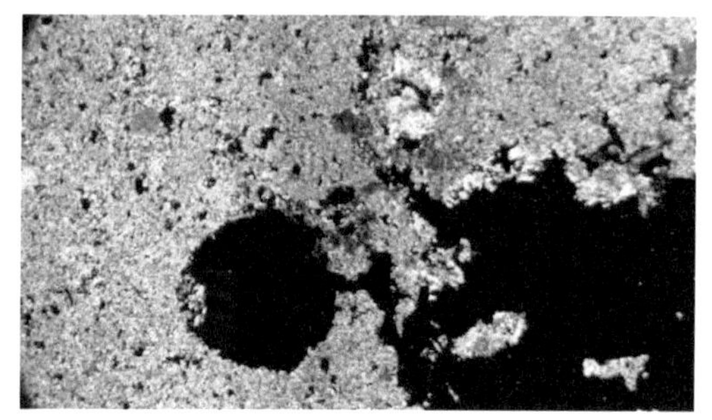

d. 萨布哈白云岩储层中的石膏结核溶孔，
四川盆地，磨28井，2803.8m，雷口坡组第一段

图 3-52　四川盆地三叠系雷口坡组萨布哈白云岩储层中的储集空间

（3）萨布哈白云岩储层特征成因模式。

从沉积环境上看，此类白云岩储层沉积期处于潮上-潮间环境（图 3-53、图 3-54）。在潮上带，蒸发作用强烈，导致沉积物孔隙水中 Mg/Ca 值增大（如 Trucial 海岸现代萨布哈，孔隙流体的 Mg/Ca 值从 5 : 1 增加到 35 : 1），高 Mg/Ca 值导致原始灰泥形成白云岩；或在孔隙中直接沉淀形成白云岩。

2）渗透回流白云岩储层特征

此类型的白云石化储层在塔里木盆地塔北地区寒武系、四川盆地寒武系龙王庙组、二叠系长兴组、三叠系飞仙关组、雷口坡组等广泛发育。

（1）四川盆地渗透回流白云岩储层特征。

四川盆地寒武系、三叠系飞仙关组、雷口坡组第二段和第三段沉积演化过程中均发育此类白云岩储层（图 3-55）。细晶白云岩储层与粒屑白云岩在垂向上互层。

储集空间同样为晶间孔、石膏结核溶孔等（图 3-56）；从物性特征上看物性参数变化大，孔隙度为 0.50% ~20.96%，平均为 11.80%；渗透率为 0.01×10^{-3} ~ $1000.82\times10^{-3}\mu m^2$，平均为 $21.28\times10^{-3}\mu m^2$。

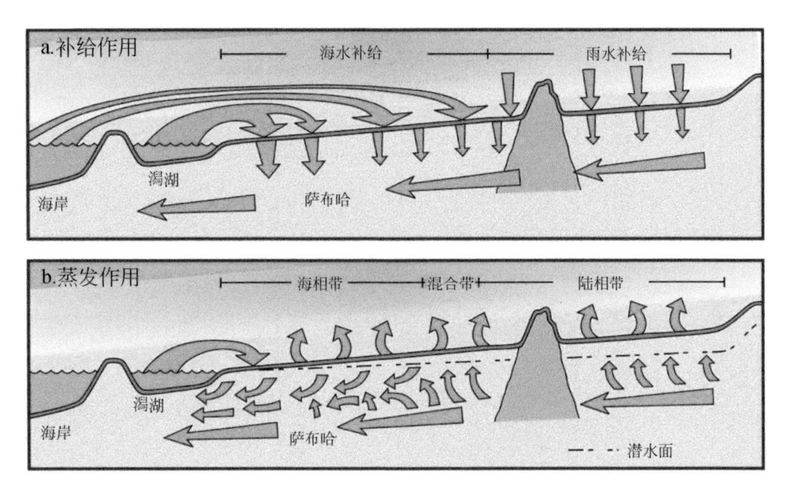

图3-53　潮上带水补给及蒸发循环示意图

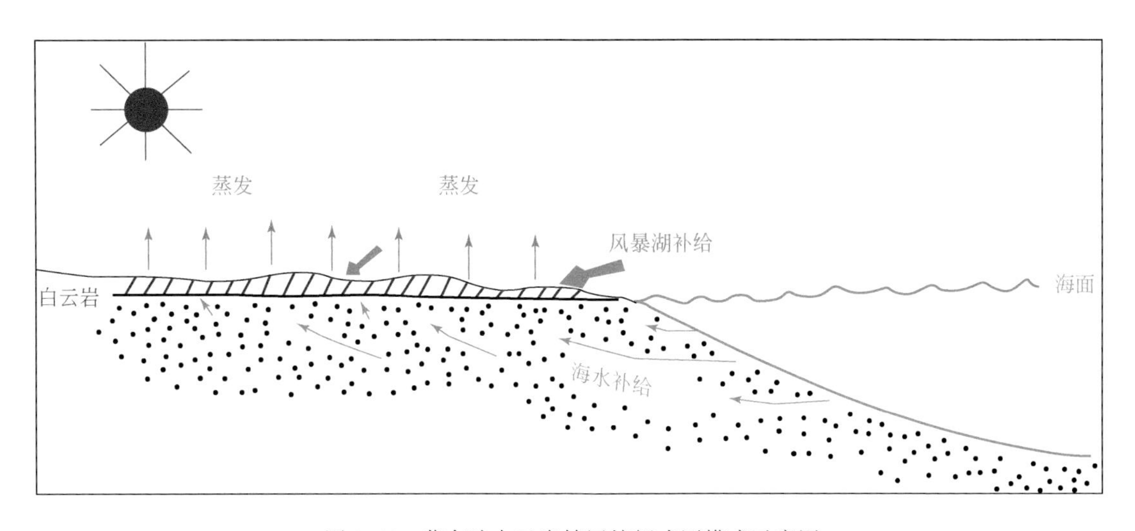

图3-54　萨布哈白云岩储层特征成因模式示意图

（2）塔里木盆地渗透回流白云岩储层特征。

此类型白云岩储层在塔里木盆地寒武系、奥陶系均有发育，形成于开阔台地-台地边缘环境，其沉积环境蒸发作用较弱，岩石类型主要为微晶白云岩和鲕粒白云岩、藻球粒、藻团粒以及凝块石等藻类组合（图3-57）。储集空间为铸模孔、粒间溶孔、藻礁格架孔（图3-58）。孔隙度为10%～13%。

（3）渗透回流白云岩储层成因模式。

发育在潮下带潟湖中，由于蒸发作用强烈，大量水分被蒸发，形成超咸卤水，超咸卤水比重大，沿斜坡向下流动，使潟湖底部沉积物发生白云石化（图3-59）。渗透回流模式主要发生在潟湖环境中，形成的白云岩具有单层薄、粒度细及层面平直等特点，以泥微晶白云岩为主。

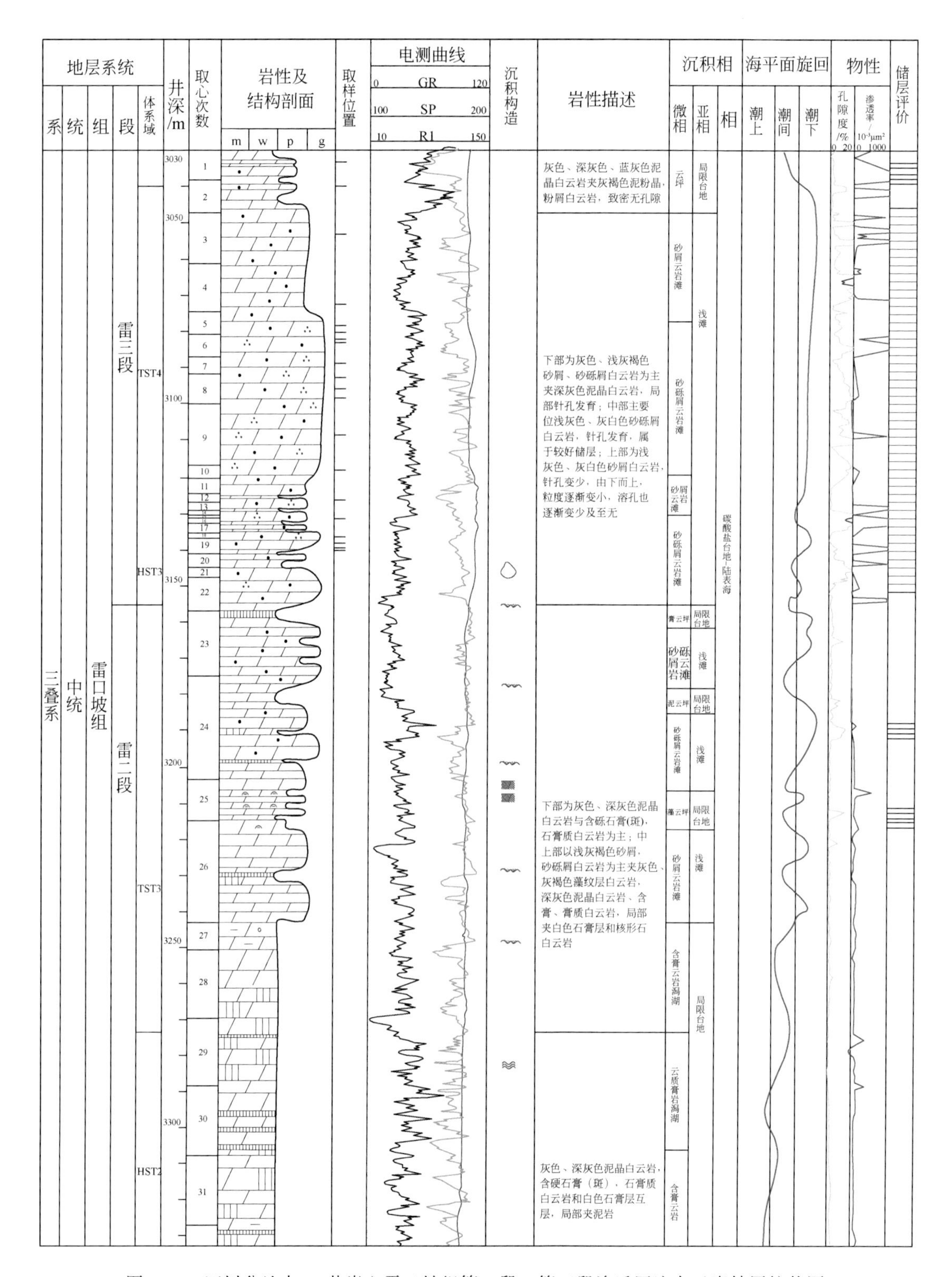

图 3-55　四川盆地中 46 井岩心雷口坡组第二段、第三段渗透回流白云岩储层柱状图

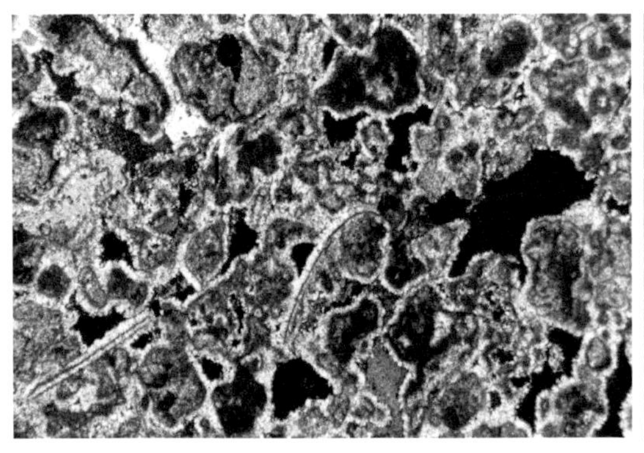

a. 渗透回流白云岩储层中的溶孔，四川盆地，中坝80井，3133.62m，雷三段

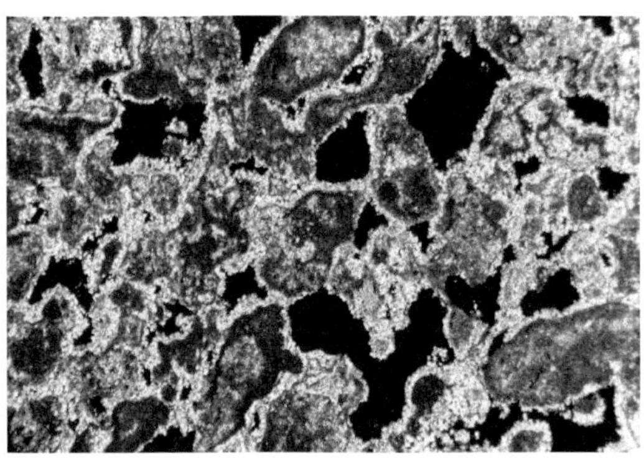

b. 渗透回流白云岩储层中的溶孔，四川盆地，中坝80井，3134.02m，雷三段

c. 渗透回流白云岩储层中的溶孔，四川盆地，威寒105井，龙王庙组，颗粒云岩

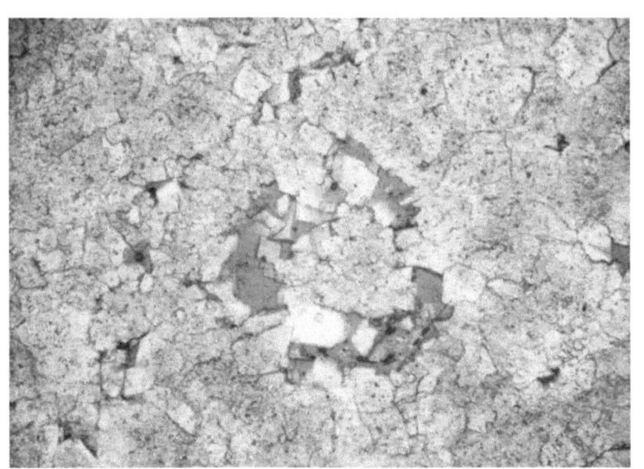

d. 渗透回流白云岩储层中的溶孔，四川盆地，威寒105井，龙王庙组，颗粒云岩

图 3-56　四川盆地渗透回流白云岩储层中的储集空间

系	统	组	段	井深/m	岩性、成岩作用及孔隙特征描述	沉积相	沉积亚相	成岩段	储集空间类型	大小/mm	面孔率/%	组构选择性	储层评价
寒武系	中寒武统	阿瓦塔格组		5627～5630	棕红色夹灰绿色泥质泥晶白云岩，泥质分布不均，呈条带，斑点状，局部高角度缝宽0.5~1mm，充填泥质和流青质，整体致密无孔，红绿相间反映氧化-还原环境交替出现，红色氧化物被绿色有机质还原	局限海台地	潟湖	渗透率回流白云石化-同生溶蚀	孔洞不发育				非储层
				5630	浅褐灰色含泥泥晶云岩								
				5630～5632	棕红色夹灰绿色泥质泥晶白云岩，泥质布分不均，呈条带，斑点状，局部高角度缝宽0.5~1mm，充填泥质和流青质，整体致密无孔，红绿相间反映氧化-还原环境交替出现，红色氧化物被绿色有机质还原				微裂缝	0.2	<0.3	非	非储层
				5632～5633	颗粒白云岩，裂缝发育，多充填流青，部分溶孔顺垂向裂缝发育，原岩为亮晶颗粒灰岩，颗粒铸模孔和粒间溶孔，面孔率8~10%		台内滩		铸模孔	0.2-0.5	8-10	是	Ⅰ类
					棕红色夹灰绿色泥质泥晶白云岩				粒间孔 微粒缝	0.2	<0.3	非	非储层
				5633	颗粒白云岩				铸模孔	0.2~0.5	8~10	是	Ⅰ类
				5633～5634	棕红色夹灰绿色泥质泥晶白云岩				粒间孔 微粒缝	0.2	<0.3	非	非储层

成岩作用类型：海水胶结、渗透的回流白云石化、同生溶蚀、构造裂缝、压实压溶、硅化；物性：孔隙度（0 /% 10）、渗透率（0.01/mp100）

图 3-57　塔里木盆地牙哈 7X-1 井渗透回流白云岩储层综合柱状图

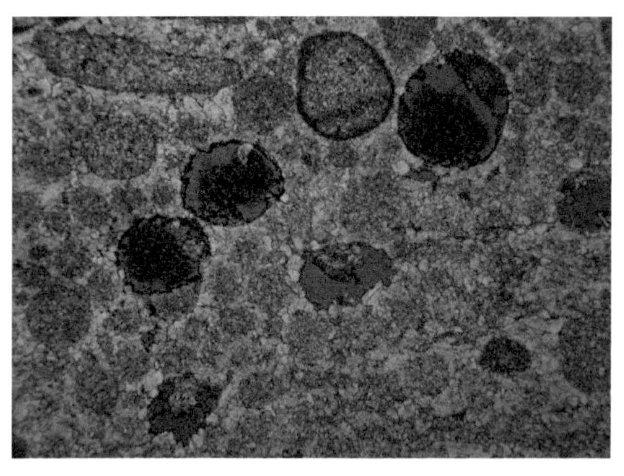

a. 渗透回流白云岩储层中铸模孔，塔里木盆地，YH7X-1井，阿瓦塔格组，5833.00m

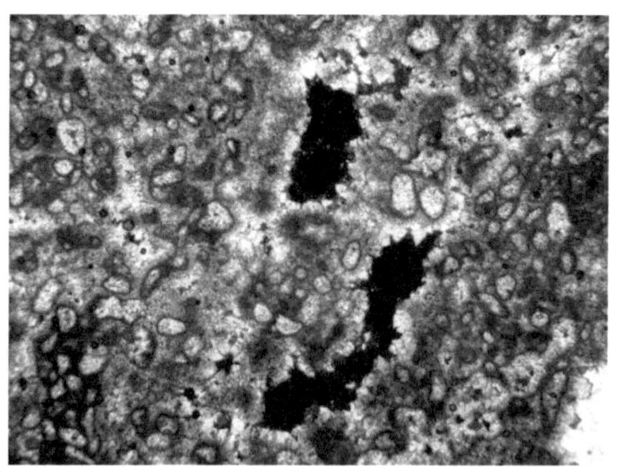

b. 渗透回流白云岩储层中藻礁格架孔，塔里木盆地，F1井，下寒武统，4604.65m

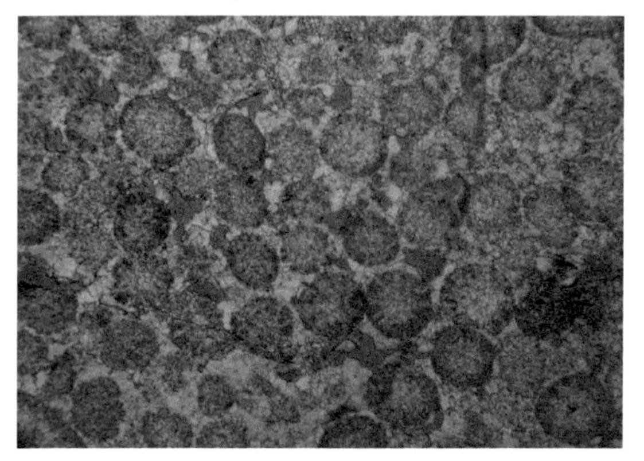

c. 渗透回流白云岩储层中的粒间孔，塔里木盆地，YH7X-1井，5833.20m，阿瓦塔格组

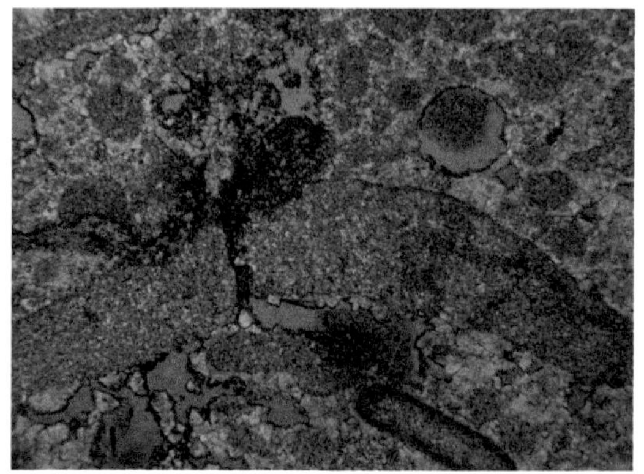

d. 渗透回流白云岩储层中的粒间孔，塔里木盆地，YH7X-1井，5833.20m，阿瓦塔格组

图 3-58　塔里木盆地透回流白云岩储层中的储集空间

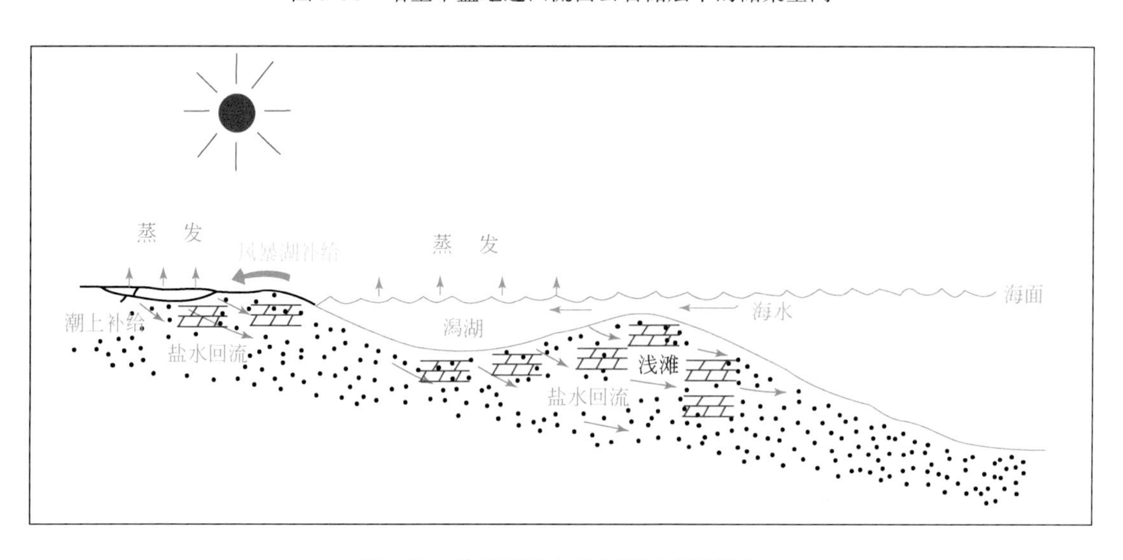

图 3-59　渗透回流白云岩储层成因模式

3）埋藏白云岩储层特征

埋藏白云石化是富含镁离子的地下岩石中的流体在较高温度下使石灰岩发生白云石化的作用。埋藏过程中，随着埋藏深度的增加，成岩温度逐渐增高，从而有利于白云石化作用的进行。埋藏白云石化作用的机理，其孔隙流体一般认为是深部流体的对流作用、压实作用挤压出的流体，以及孔隙水中保留的残余海水等。

此类白云岩储层广泛发育于塔里木盆地上寒武统下丘里塔格组、中寒武统阿瓦塔格组以及下奥陶统蓬莱坝组（图3-60），四川盆地下奥陶统南津关组、栖霞组、川东石炭系黄龙组及中上寒武统洗象池群，鄂尔多斯盆地东部盐下三山子组、盆地中部马四段（图3-61）。

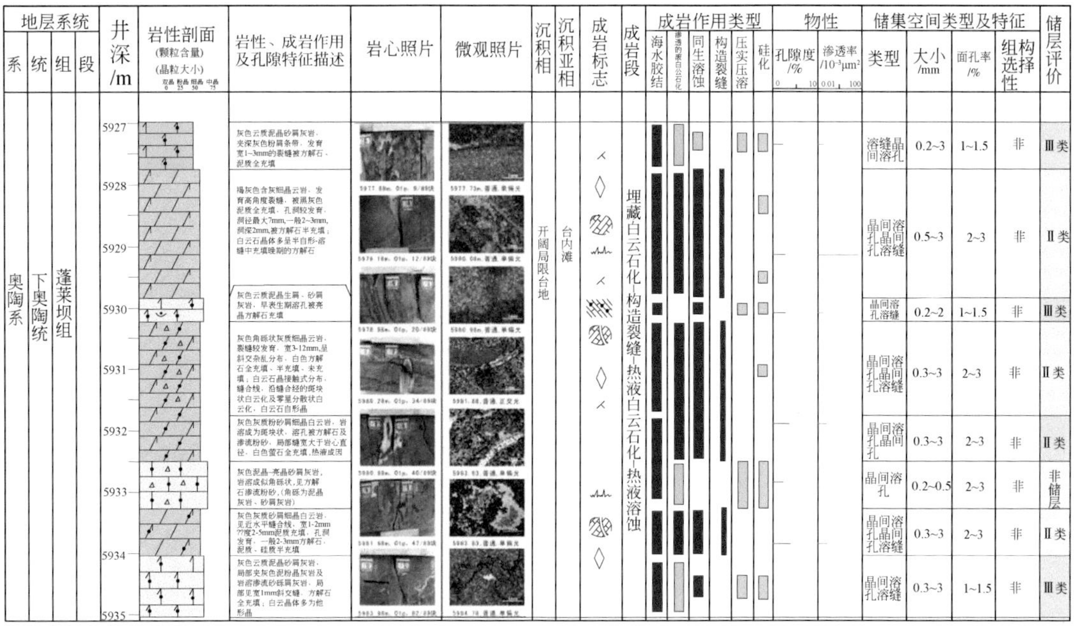

地层系统：系 奥陶系；统 下奥陶统；组 蓬莱坝组；段
井深/m：5927 5928 5929 5930 5931 5932 5933 5934 5935
岩性剖面（颗粒含量）（晶粒大小）：泥晶 粉晶 细晶 中晶 0 25 50 75
岩性、成岩作用及孔隙特征描述：
灰色云质泥晶砂屑灰岩，夹深灰色粉屑条带，发育宽1~3mm的裂缝被方解石、泥质全充填
褐灰色含灰细晶云岩，发育高角度裂缝，被黑灰色泥质全充填，孔洞较发育，洞径最大7mm,一般2~3mm,洞深2mm,被方解石半充填；白云石晶体多呈半自形-溶缝中充填晚期的方解石
灰色云质泥晶生屑、砂屑灰岩，早表生期溶孔被亮晶方解石充填
灰色角砾状灰质细晶云岩，裂缝较发育，宽3-12mm,呈斜交杂乱分布，白色方解石全充填、半充填、未充填；白云石晶接触式分布，缝合线，沿缝合经的斑块状白云化及零星分散状白云化，白云石自形晶
灰色灰质粉砂屑细晶白云岩，岩溶成为斑块状，溶孔被方解石及渗流粉砂，局部缝宽大于岩心直径，白色萤石全充填，热液成因
灰色泥晶-亮晶砂屑灰岩，岩溶成似角砾状，见方解石渗流粉砂，(角砾为泥晶灰岩、砂屑灰岩)
灰色灰质砂屑细晶白云岩，见近水平缝合线，宽1-2mm ??度2-5mm泥质充填，孔洞发育，一般2-3mm方解石，泥质、硅质半充填
灰色云质泥晶砂屑灰岩，局部夹灰色泥粉晶灰岩及岩溶渗流砂砾屑灰岩，局部见宽1mm斜交缝，方解石全充填；白云晶体多为他形晶
岩心照片　微观照片
沉积相：开阔局限台地
沉积亚相：台内滩
成岩标志
成岩段：埋藏白云石化-构造裂缝-热液白云石化-热液溶蚀
成岩作用类型：海水胶结　渗透的回流白云石化　同生溶蚀　构造裂缝　压实压溶　硅化
物性：孔隙度/% 0 10；渗透率/$10^{-3}\mu m^2$ 0.01 100

储集空间类型	大小/mm	面孔率/%	组构选择性	储层评价
溶缝晶间溶孔	0.2~3	1~1.5	非	Ⅲ类
晶间溶孔晶间孔溶缝	0.5~3	2~3	非	Ⅱ类
晶间溶孔溶缝	0.2~2	1~1.5	非	Ⅲ类
晶间溶孔晶间孔溶缝	0.3~3	2~3	非	Ⅱ类
晶间溶孔晶间孔	0.3~3	2~3	非	Ⅱ类
晶间溶孔	0.2~0.5	2~3	非	非储层
晶间溶孔晶间孔溶缝	0.3~3	2~3	非	Ⅱ类
晶间溶孔溶缝	0.3~3	1~1.5	非	Ⅲ类

图3-60　塔里木盆地东河12井蓬莱坝组埋藏白云岩储层综合柱状图

（1）鄂尔多斯盆地埋藏白云岩储层特征。

此类白云岩储层以细、中、粗晶白云岩为特征，岩石中白云石晶体普遍具雾心亮边结构，雾心见少量固态包裹体及灰质残余，亮边则少见或无。白云石晶体大小为0.22～0.48mm，细晶到中晶级，以自形-半自形为主。储集空间为晶间（溶）孔，少量溶蚀孔洞（图3-62）。

现以鄂尔多斯盆地中组合（指马家沟组马五段5～10亚段）白云岩储层为例阐述此类白云岩储层特征。

根据铸体薄片的镜下鉴定、阴极发光、电镜扫描分析及岩心观察，发现研究区储集空间原生孔隙极少，见少量的粒间孔，主要为次生孔隙，包括白云岩晶间孔、溶蚀作用改造的各种溶孔、溶缝、构造作用形成的构造缝及成岩过程形成的收缩缝。各种孔隙分布频率如图3-63所示，从图中可以看出中组合以晶间孔和溶缝为主，二者分布频率分别为31.07%和20%，其次为溶孔、张开缝及膏溶孔。具体分类方案如表3-11所示。

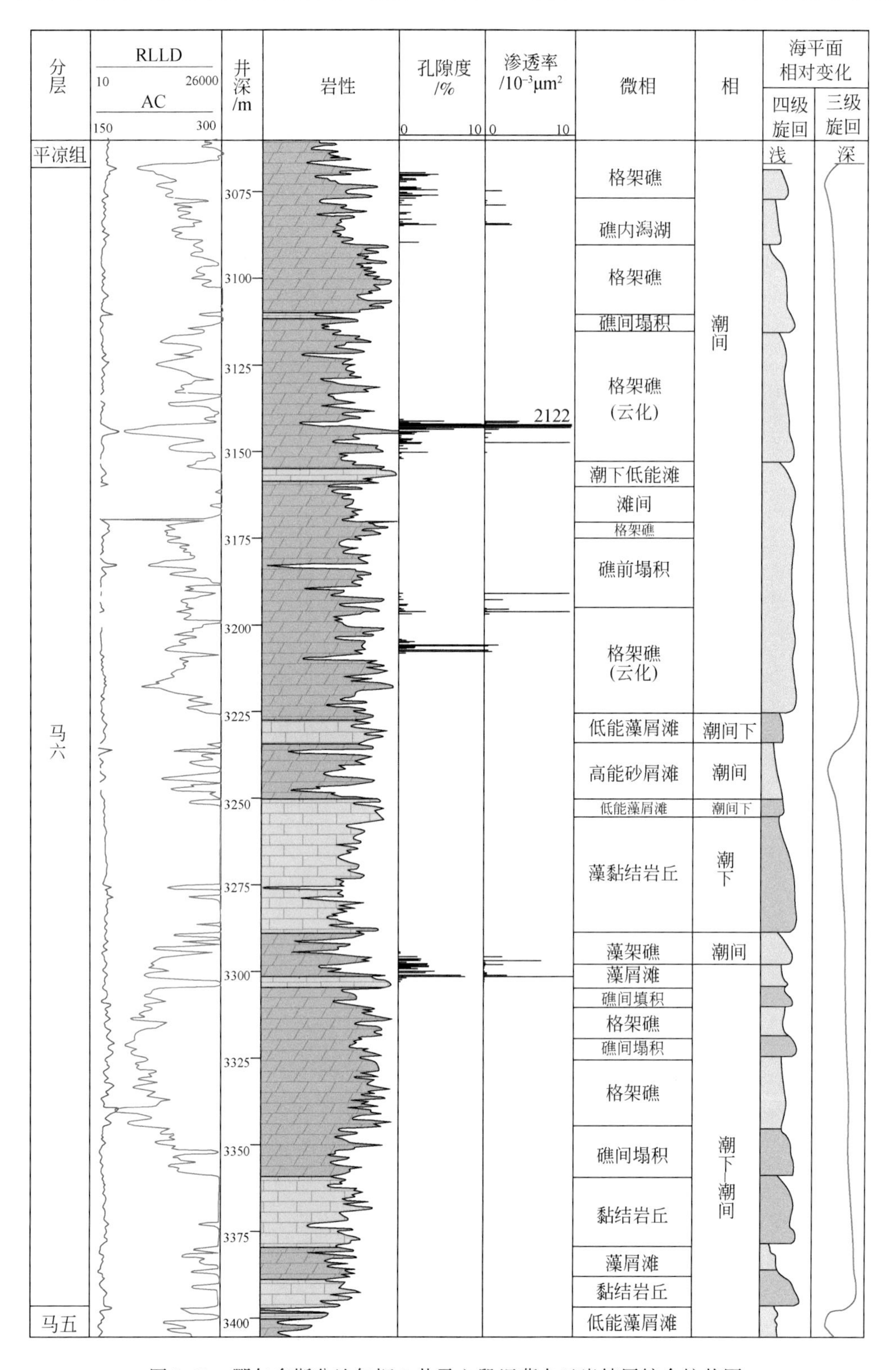

图 3-61 鄂尔多斯盆地旬探 1 井马六段埋藏白云岩储层综合柱状图

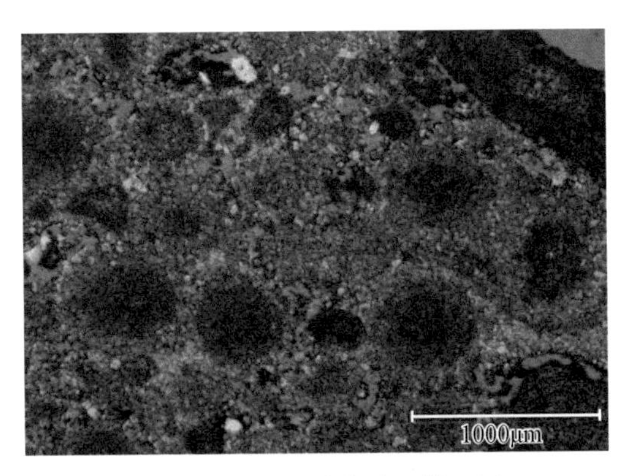

a. 具粒间溶孔的粉晶鲕粒白云岩，(–)，
3612m，马五段9亚段、桃38井

b. 具晶间孔泥—粉晶残余砂屑云岩，面孔率为6%，(–)，
3977m，马五段5亚段、莲30井

c. 具晶间孔、晶间溶孔细晶残余砂屑云岩，面孔率为
8%，(–)，3631.2m，马五段10亚段、桃38井

d. 具晶间溶孔细-粉晶含灰云岩，面孔率为14%，(–)，
3238.54m，马五段6亚段、召30井

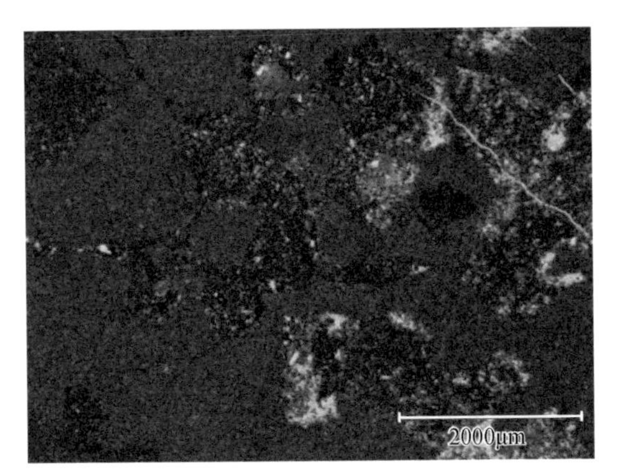

e. 具膏溶孔粉晶云岩，面孔率为7%，(–)，
3387.8m，马五段5亚段、召94井

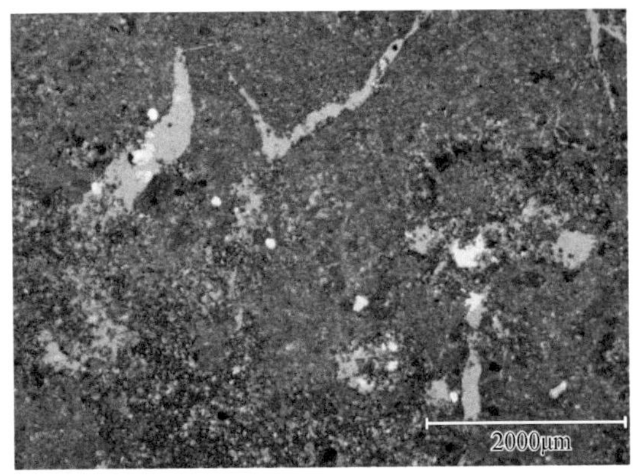

f. 富溶孔溶缝，残余砂屑粉晶含灰云岩，面孔率为
18%，(–)，4031.3m，马五段7亚段、莲30井

g. 溶蚀缝，水云母化晶屑岩屑凝灰岩，面孔率为5%，(-)，3881m，马五段5亚段、紫探1井

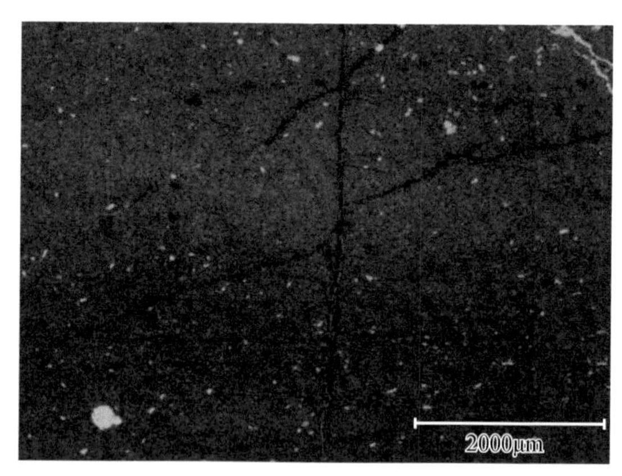

h. 具构造溶缝灰质云岩，(-)，4168.64m，马五段6亚段、陕431井

图 3-62　鄂尔多斯盆地马家沟组中组合储集空间微观照片

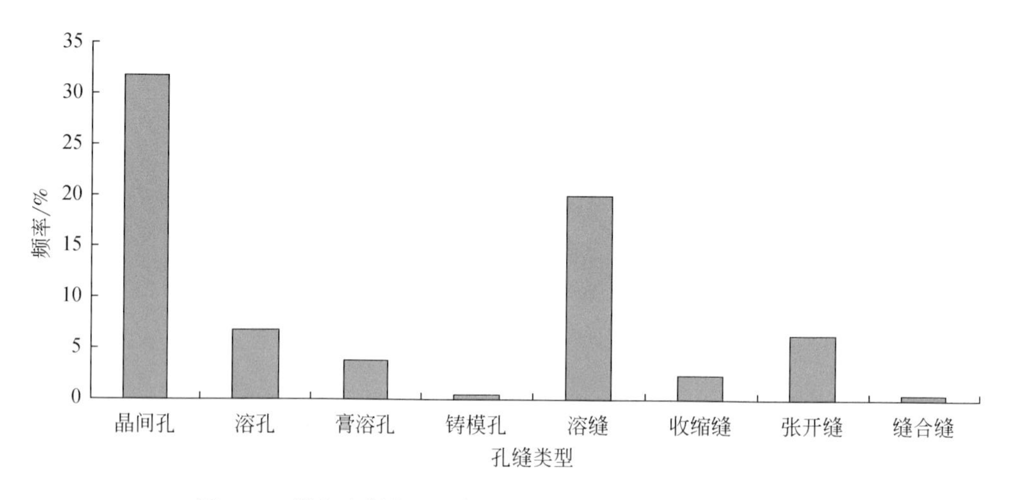

图 3-63　鄂尔多斯盆地马家沟组中组合孔隙类型分布频率图

在研究区内收集马家沟组中组合岩石孔隙度测试数据 2287 个，从孔隙度频率统计直方图可知，该层位岩石孔隙度主要集中于 1% ~5%。其中孔隙度平均值为 0.5% ~1% 的有 2 口井，数据 27 个，在孔隙度分布频率图中为 1%；孔隙度平均值为 1% ~2% 的有 9 口井，数据 1177 个，在孔隙度分布频率图中为 51%；孔隙度平均值为 2% ~5% 的有 23 口井，数据 997 个，在孔隙度分布频率图中为 44%；孔隙度平均值<0.5% 及>8% 的数据数为 0（图 3-64）。

表3-11　鄂尔多斯盆地马家沟组中组合储集空间类型

成因		孔隙类型	特征	面孔率/%	分布层位
原生孔隙		粒间孔	分布在鲕粒云岩、砂屑云岩中，伴有少许溶蚀现象	5～7	马五段9亚段
次生孔隙	孔	晶间孔	粉–粗晶白云岩中，多呈三角形或规则多边形	5～8	中、下组合
		晶间溶孔	边缘不规则，晶间孔溶蚀后形成晶间溶孔，分布不太均匀，多未被充填	6～10	中、下组合
		铸模孔	呈圆形或长短轴相近的椭圆形，主要发育于细–粉晶白云岩中	4～7	中组合
	缝	溶缝	纵横交错网状分布，宽窄不一，形态弯曲，缝壁明显有溶蚀痕	5～11	中、下组合
		构造缝	边缘比较平直，沿一定方向有规律地分布，延伸较远	1～5	中、下组合
		收缩缝	多平行于层面分布，缝面弯曲，形状不规则	1～3	中、下组合

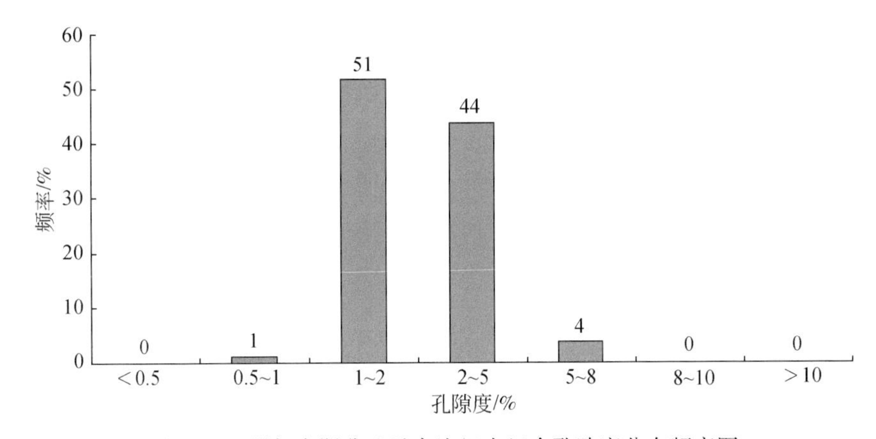

图3-64　鄂尔多斯盆地马家沟组中组合孔隙度分布频率图

在研究区内收集马家沟组中组合岩石渗透率测试数据2235个，从渗透率频率统计直方图可知，该层位岩石渗透率主要集中分布于$0.01\times10^{-3}\sim0.5\times10^{-3}\mu m^2$及$1\times10^{-3}\sim5\times10^{-3}\mu m^2$，其中渗透率平均值小于$0.01\times10^{-3}\mu m^2$的有2口井，数据33个，在渗透率频率分布图中为1%；渗透率平均值为$0.01\times10^{-3}\sim0.05\times10^{-3}\mu m^2$的有8口井，数据330个，在渗透率频率分布图中为15%；渗透率平均值为$0.05\times10^{-3}\sim0.1\times10^{-3}\mu m^2$的有14口井，数据697个，在渗透率频率分布图中为31%；渗透率平均值为$0.1\times10^{-3}\sim0.5\times10^{-3}\mu m^2$的有19口井，数据585个，在渗透率频率分布图中为26%；渗透率平均值为$0.5\times10^{-3}\sim1\times10^{-3}\mu m^2$的有3口井，数据40个，在渗透率频率分布图中为2%；渗透率平均值为$1\times10^{-3}\sim5\times10^{-3}\mu m^2$

的有 7 口井，数据 550 个，在渗透率频率分布图中为 25%；渗透率平均值>$5\times10^{-3}\mu m^2$的数据为 0（图 3-65）。

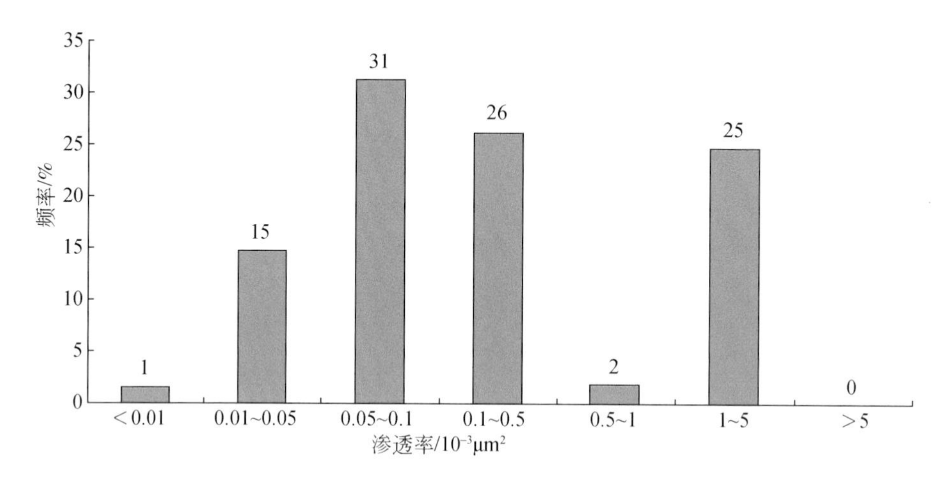

图 3-65　鄂尔多斯盆地马家沟组中组合渗透率分布频率图

对中组合 28 口钻井的孔隙度和渗透率值取平均值投点绘出它们的平面分布图（图 3-66），从图中可以看出，两者在平面上具有明显的非均质性，高孔分布区与高渗展布区有较大面积的重合，但并不完全一致，反映出两者具有一定的相关性。对比而言，孔隙度和渗透率在靖边–榆林以西的环形区带相对较好，且相对高孔高渗的区域主要分布在乌审旗西北一带、靖边西北与乌审旗以南和靖边南部、西南部三个区域，在榆 9 井一带也有一个相对高孔高渗的区域。这种分布实际上与中组合沉积相带展布以及成岩相的分布有一定的关系，即中组合这种平面非均质性受控于沉积相和成岩相。孔隙度和渗透率是表征储层质量的两个重要参数，但孔隙度和渗透率之间的关系通常不是线性关系，往往受控于复杂的孔隙结构，因此，分析孔渗关系可以帮助推测储层的相关特征。统计鄂尔多斯盆地马家沟组中组合 1395 对孔隙度–渗透率数据，绘出孔渗关系图（图 3-67），显示两者呈指数关系，但相关性较差，相关度仅 0. 1713，且投点主要集中在左下角，随着孔隙度增大，数据更加离散，这表明中组合储层以低孔低渗为特征，孔隙结构相对复杂，控制其渗透性能的主要因素是孔隙与喉道间的配置关系。

孔隙结构反映岩石所具有的孔隙和喉道间的各种关系，研究孔隙结构可以了解岩石微观物理性质，帮助分析储层质量。笔者采用压汞法获得中组合孔隙结构数据 19 个，各种主要参数见表 3-12，排驱压力最大为 45MPa，最小为 0. 01MPa，平均为 4. 417MPa，但排驱压力<1MPa 的数据有 13 个，占 68. 42%，表明孔隙喉道集中程度较差，储层渗透性相对较差。以 R_{c10} 作为最大孔喉半径，其分布范围为 0. 01 ~22. 64μm，平均为 3. 225μm，<1μm的数据有 12 个，占 63. 12%，表明储层孔喉以微喉、细喉为主。最小非饱和孔隙体积（S_{min}）变化范围为 2. 22% ~90. 66%，平均为 36. 74%，其中<20% 的数据占 47. 37%，说明小孔隙所占面积相对较多。

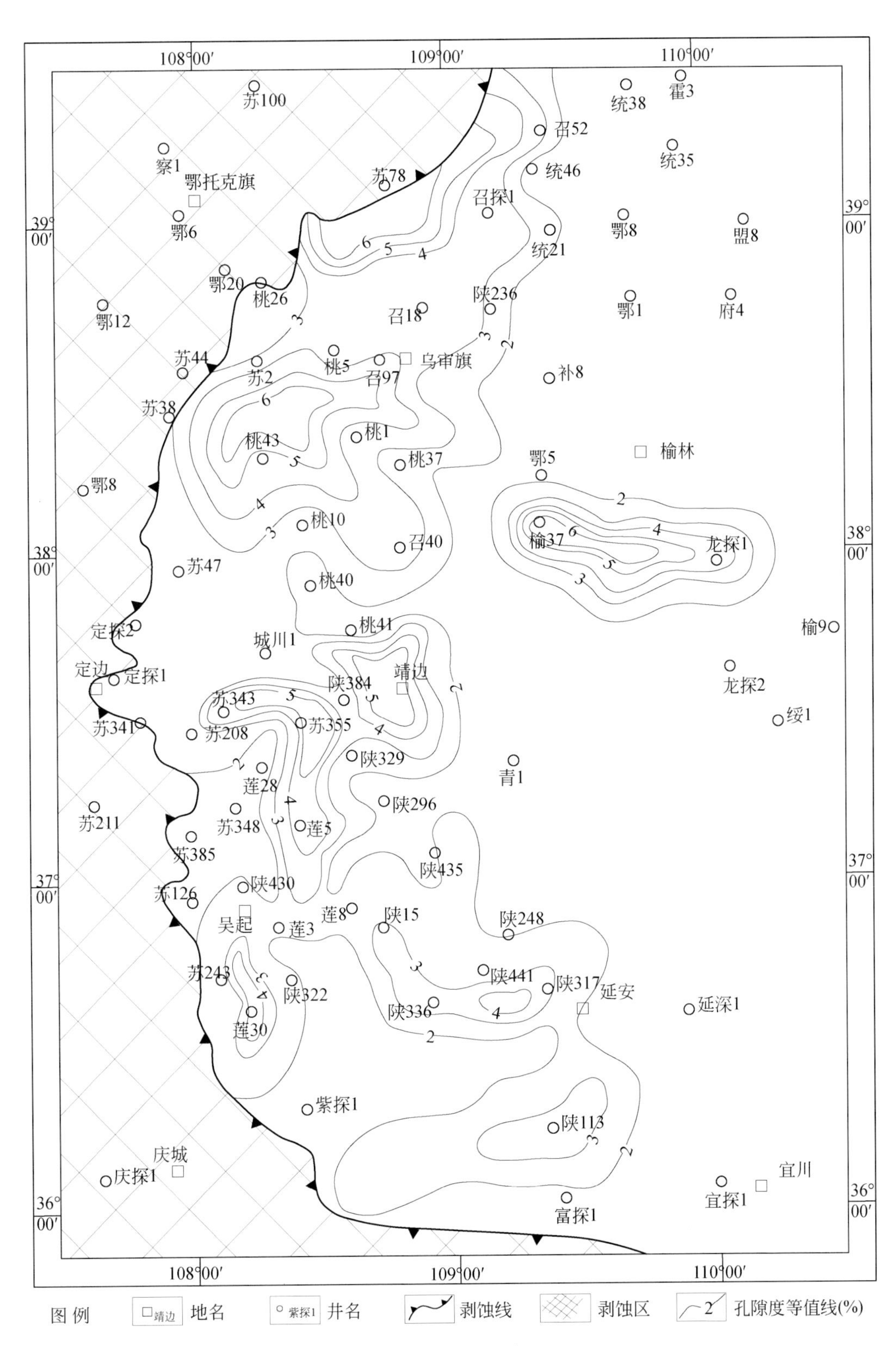

a.孔隙度等值线平面展布图

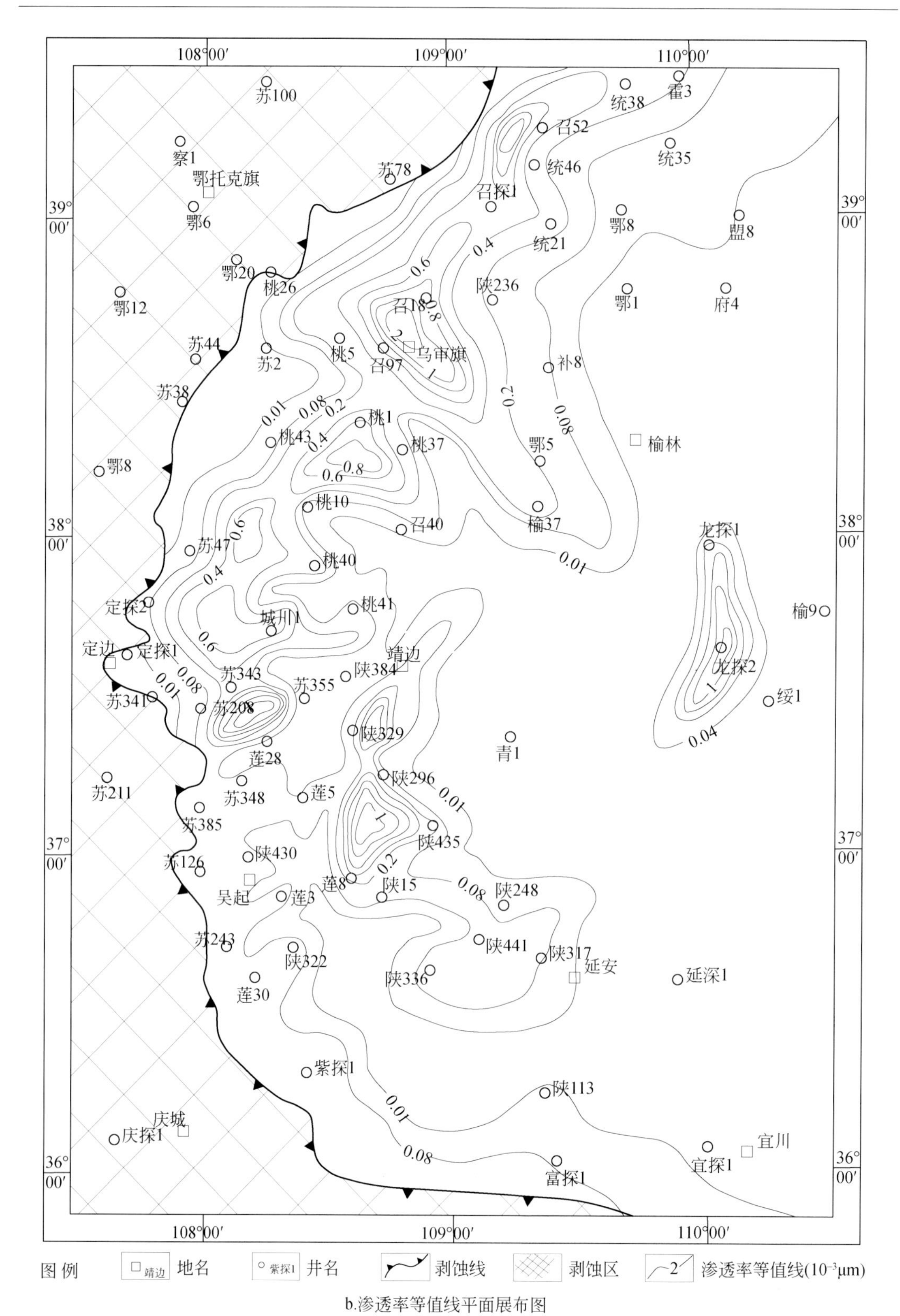

b.渗透率等值线平面展布图

图 3-66 鄂尔多斯盆地马家沟组中组合孔隙度、渗透率平面展布图

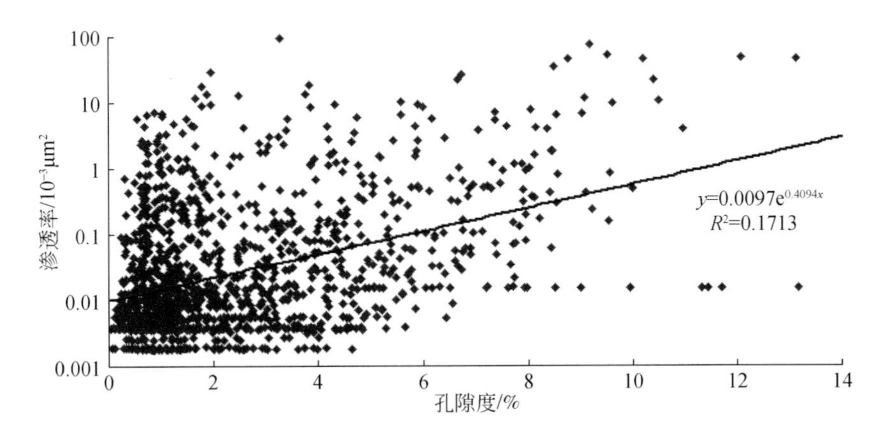

图3-67　鄂尔多斯盆地马家沟组中组合孔渗关系图

表3-12　鄂尔多斯盆地马家沟组中组合孔隙结构参数统计表

钻井	深度/m	层位	排驱压力（P_d）/MPa	最大孔喉半径（R_{c10}）/μm	最小非饱和孔隙体积（S_{min}）/%
召30	3238. 54	马五段6亚段	0. 200	2. 003	2. 22
	3236. 96	马五段6亚段	0. 800	0. 566	2. 89
莲19	4091. 39	马五段5亚段	0. 200	1. 562	11. 79
	4089. 07	马五段5亚段	0. 200	0. 099	73. 09
	4146. 92	马五段7亚段	0. 300	0. 610	45. 23
	4147. 54	马五段7亚段	0. 500	0. 460	23. 88
	4149. 24	马五段7亚段	0. 070	3. 780	16. 19
	4150. 17	马五段7亚段	0. 010	22. 640	5. 83
	4152. 01	马五段7亚段	0. 040	9. 290	13. 36
	4152. 93	马五段7亚段	0. 400	0. 390	31. 60
陕441	3575. 88	马五段5亚段	45. 000	0. 010	90. 66
苏127	4081. 86	马五段5亚段	3. 000	0. 080	48. 11
	4113. 30	马五段5亚段	12. 000	0. 010	68. 54
	4116. 37	马五段5亚段	3. 000	0. 060	10. 99
桃17	3679. 06	马五段5亚段	8. 000	0. 020	59. 59
	3689. 19	马五段6亚段	0. 030	0. 010	87. 65
	3692. 79	马五段6亚段	5. 000	0. 010	75. 10
	3780. 30	马五段10亚段	0. 030	7. 300	18. 66
	3782. 74	马五段10亚段	0. 020	12. 370	12. 68

（2）埋藏白云岩储层成因模式。

所谓埋藏白云岩化是指埋藏过程中富含Mg离子的流体使先期沉积的灰岩发生白云岩

化而形成白云岩的过程。在埋藏条件下，由于地温梯度的影响，孔隙流体温度升高，大大降低了白云岩化的动力学障碍。因此，Hardie 认为在埋深数千米情况下，大多数自然水体都可能成为白云岩化流体。所以，随着埋深的增大，白云岩化的加强和调整是必然的。总之，埋藏白云岩化模式对解释大量发育的古生界白云岩的形成过程具有很大的优势。考虑到地质作用的时间累积效应和白云岩深埋的温度累积效应有利于理解埋藏白云岩化模式（图 3-68）。

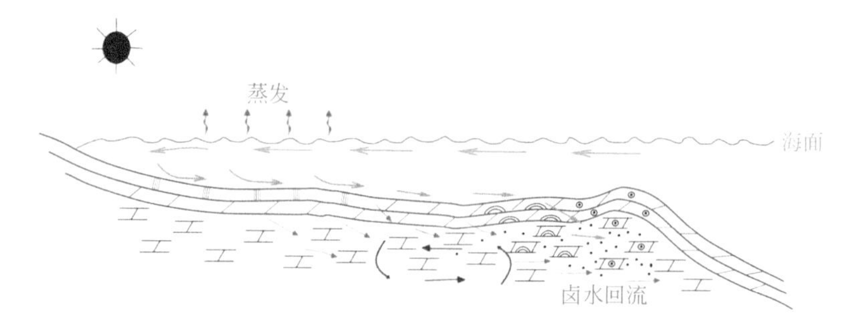

图 3-68　埋藏白云岩储层成因模式

4）热液白云岩储层

如上所述，由热液作用所形成的白云岩由于其晶体巨大、晶形好，因此其储层中晶间孔非常发育。此外，深部流体向上运移，在岩石中发生溶蚀作用，形成大小不等的溶蚀孔洞，同时热液流体对原有的白云石进行改造，发生白云石的重结晶作用。由热液白云岩化作用所形成的白云岩储层在塔里木盆地寒武系、奥陶系、四川盆地西南部二叠系栖霞组广泛发育。

（1）四川盆地西南部二叠系栖霞组热液白云岩储层特征。

此类白云岩储层的储集空间包括晶间孔、溶蚀孔（洞）、裂缝（图 3-69）。

通过对研究区相关钻井热液白云岩储层物性参数统计（表 3-13），可以看出：此类白云岩储层的孔隙度为 2% ~14%，渗透率变化大。从孔隙度、渗透率相关性上看两者呈正相关关系（图 3-70）。

a. 热液白云岩中的晶间孔，四川盆地汉深1井，4965.8m，栖霞组，×100，(–)

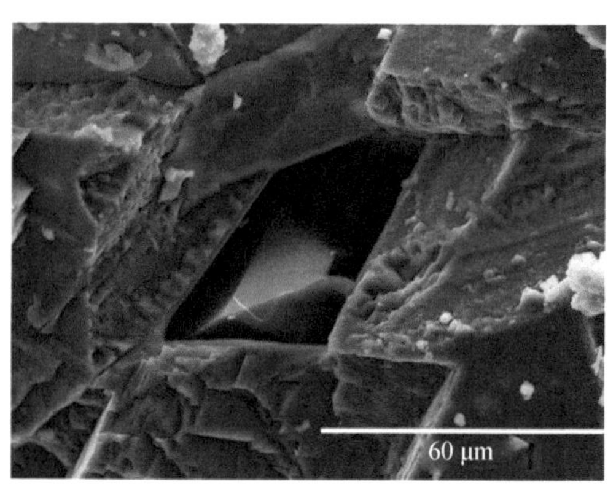

b. 热液白云岩中的晶间孔，孔中充填的自生石英，四川盆地长江沟剖面，栖霞组第二段

c. 热液白云岩储层中的溶洞，四川盆地汉深1井，栖霞组

d. 热液白云岩储层中的溶洞，四川盆地长江沟剖面栖霞组第二段，扫描电镜照片

图 3-69　四川盆地栖霞组热液白云岩储层储集空间特征

表 3-13　四川盆地栖霞组热液白云岩储层物性参数统计

层位	岩性	地区	样品数/个	孔隙度/%	平均值/%	渗透率/$10^{-3}\mu m^2$	平均值/$10^{-3}\mu m^2$
栖二段（P_1q^2）	热液白云岩	吴家 1 井	6		2.09		1.7
		周公 1 井	9	0.33 ~ 12.74	10.96	0.0032 ~ 3.78	0.35
		汉深 1 井	66	0.39 ~ 0.99（1.82 ~ 10.06）	2.38（7.49）	0.0027 ~ 4.25	0.68
		矿 2 井	18	1.29 ~ 16.51	13.36	0.000253 ~ -3.65	0.57

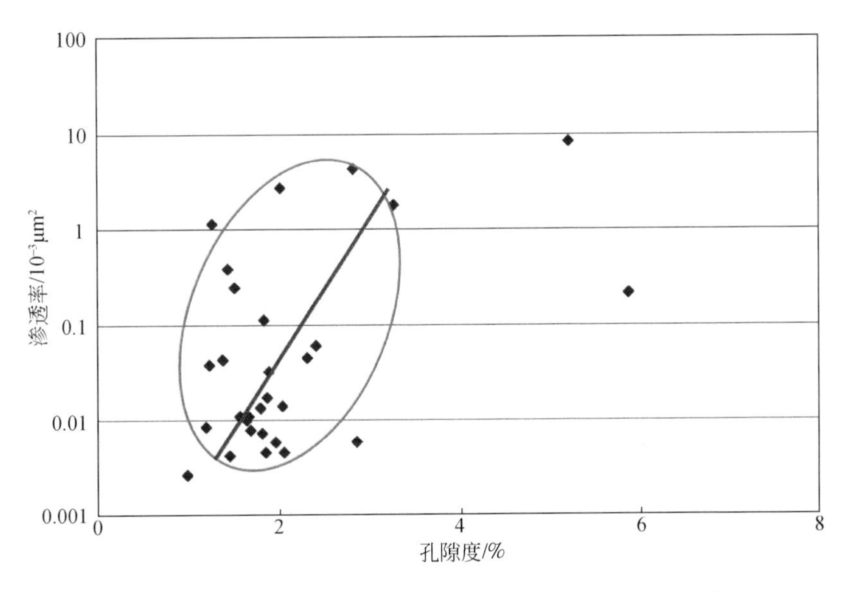

图 3-70　四川盆地汉深 1 井栖霞组热液白云岩储层孔渗关系图

（2）塔里木盆地热液白云岩储层特征。

塔里木盆地寒武系、奥陶系热液白云岩储层广泛发育。储集空间包括晶间孔、溶蚀孔等（图 3-71、图 3-72）。

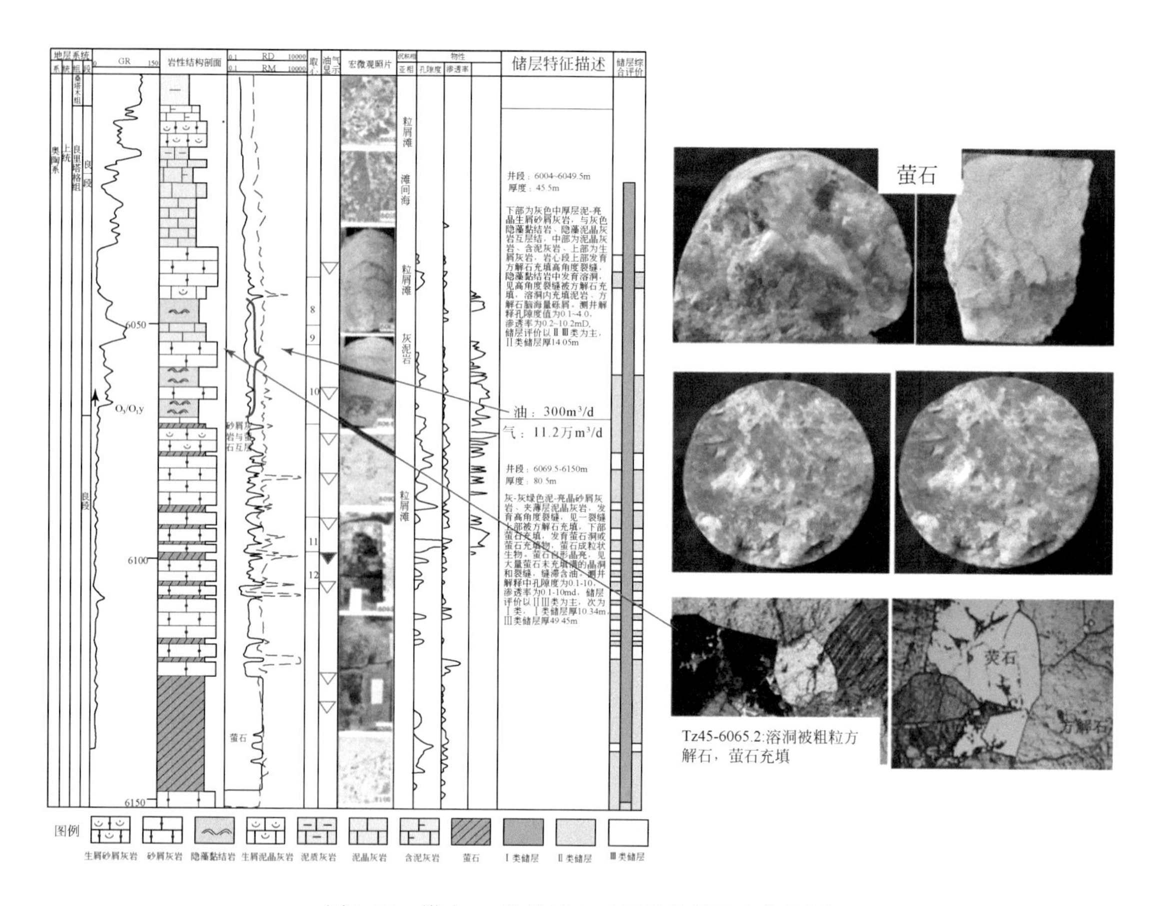

图 3-71　塔中 45 井热液白云石化储层综合柱状图

热液作用导致斑块状白云岩化，渗流通道（缝合线及早期渗流缝）是白云岩化介质的通道，斑块状白云岩是非常优质的储层（图 3-72）。黄灰色泥晶砂屑灰岩中见较多不规则暗色白云岩斑块，其中有针孔状小溶孔，孔隙度>10%，白云岩化率可达到 30%，全岩平均孔隙度为 3% ~4%。

（3）热液白云岩储层成因模式。

热液白云岩化模式，国内外已有了较为详尽的阐述。其一般受断层控制，溶蚀一般发生在断裂破碎强烈处或流体运移遇到堵塞的区域（图 3-73）。除了热液白云岩化外，断裂和封盖层是其形成的另外两个条件。热液作用所形成的白云岩构成有效储层；热液作用导致的热液溶蚀洞穴的形成，构成有效的储集空间。

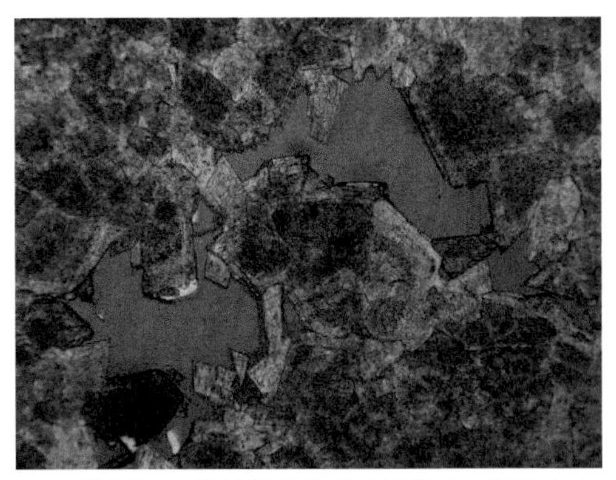

a. 热液白云岩储层晶间孔和晶间溶孔，塔里木盆地YH3井，下奥陶统，5967.60m

b. 热液白云岩储层晶间孔和晶间溶孔，塔里木盆地TZ408井，寒武系，4584.76m

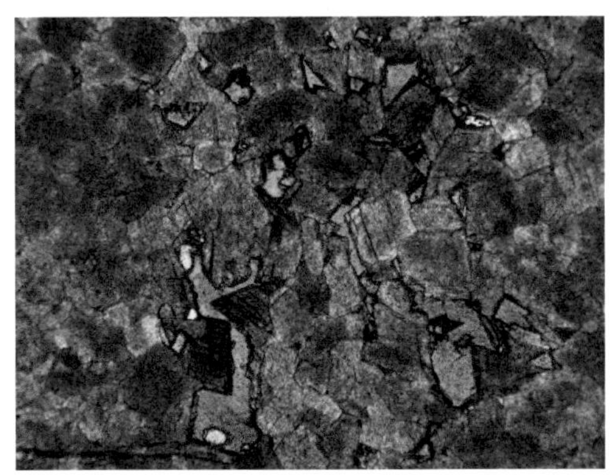

c. 热液白云岩储层晶间孔和晶间溶孔，塔里木盆地K2井，下奥陶统，3821.51m

d. 热液白云岩储层溶孔，塔里木盆地青松石料厂剖面，下奥陶统

图 3-72　塔里木盆地栖霞组热液白云岩储层储集空间特征

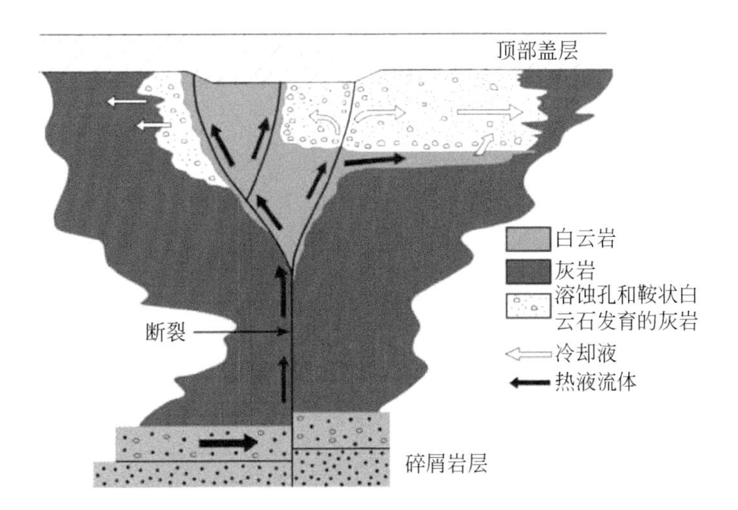

图 3-73　热液白云岩储层成因模式示意图

总之，在中国西部三大盆地沉积演化过程中，多层位、大面积发育白云岩储层，不同层位、不同地区白云岩储层岩石学特征不同、储层物性特征不同（表3-14）、成因机制不同（图3-74）。

表3-14　塔里木、四川、鄂尔多斯盆地白云岩储层类型特征对比

<table>
<tr><th rowspan="2">白云岩储层成因类型</th><th rowspan="2">成因模式</th><th rowspan="2">形成阶段</th><th rowspan="2">白云岩特征</th><th colspan="2">塔里木盆地</th><th colspan="2">四川盆地</th><th colspan="2">鄂尔多斯盆地</th></tr>
<tr><th>层位</th><th>特征</th><th>层位</th><th>特征</th><th>层位</th><th>特征</th></tr>
<tr><td rowspan="2">萨布哈白云岩储层</td><td rowspan="2">萨布哈白云岩化作用</td><td rowspan="2">同生－准同生期</td><td rowspan="2">保留原岩结构</td><td rowspan="6">塔北/巴楚隆起中下寒武统</td><td rowspan="6">泥粉晶白云岩储层</td><td>雷口坡组第一段</td><td>泥粉晶白云岩储层</td><td rowspan="2">盆地东部盐间马家沟组</td><td rowspan="2">泥晶白云岩储层</td></tr>
<tr><td>震旦系灯影组</td><td>藻泥晶白云岩</td></tr>
<tr><td rowspan="4">渗透回流白云岩储层</td><td rowspan="4">渗透回流白云岩化作用</td><td rowspan="4">同生－准同生期</td><td rowspan="4">保留原岩结构</td><td>雷口坡组第三段</td><td>颗粒白云岩储层</td><td rowspan="4">—</td><td rowspan="4">—</td></tr>
<tr><td>川东北飞仙关组</td><td>颗粒白云岩储层</td></tr>
<tr><td>环开江－梁平海槽东缘长兴组—飞仙关组</td><td>礁滩体储层</td></tr>
<tr><td>下寒武统龙王庙组</td><td>颗粒白云岩储层</td></tr>
<tr><td rowspan="2">埋藏白云岩储层</td><td rowspan="2">埋藏白云岩化作用</td><td>浅－中埋藏环境</td><td>原岩结构难以判别</td><td rowspan="2">寒武系—奥陶系蓬莱坝组</td><td rowspan="2">白云岩储层</td><td>川东石炭系黄龙组及中上寒武统洗象池群</td><td>白云岩储层</td><td>盆地东部盐下三山子组</td><td>细晶白云岩储层</td></tr>
<tr><td>中－深埋藏环境</td><td>原岩结构难以判别</td><td>下奥陶统南津关组；栖霞组</td><td>豹斑灰质云岩储层</td><td>盆地中部马四段</td><td>白云岩储层</td></tr>
<tr><td>热液白云岩储层</td><td>热液白云岩化作用</td><td>埋藏成岩环境</td><td>原岩结构难以判别</td><td colspan="6">以形成不同大小的热液熔蚀洞穴或斑块状白云岩储层为主，难以形成独立成因的有规模效益储量的储层，而往往表现为对先存储层的叠加改造进一步改善储层</td></tr>
</table>

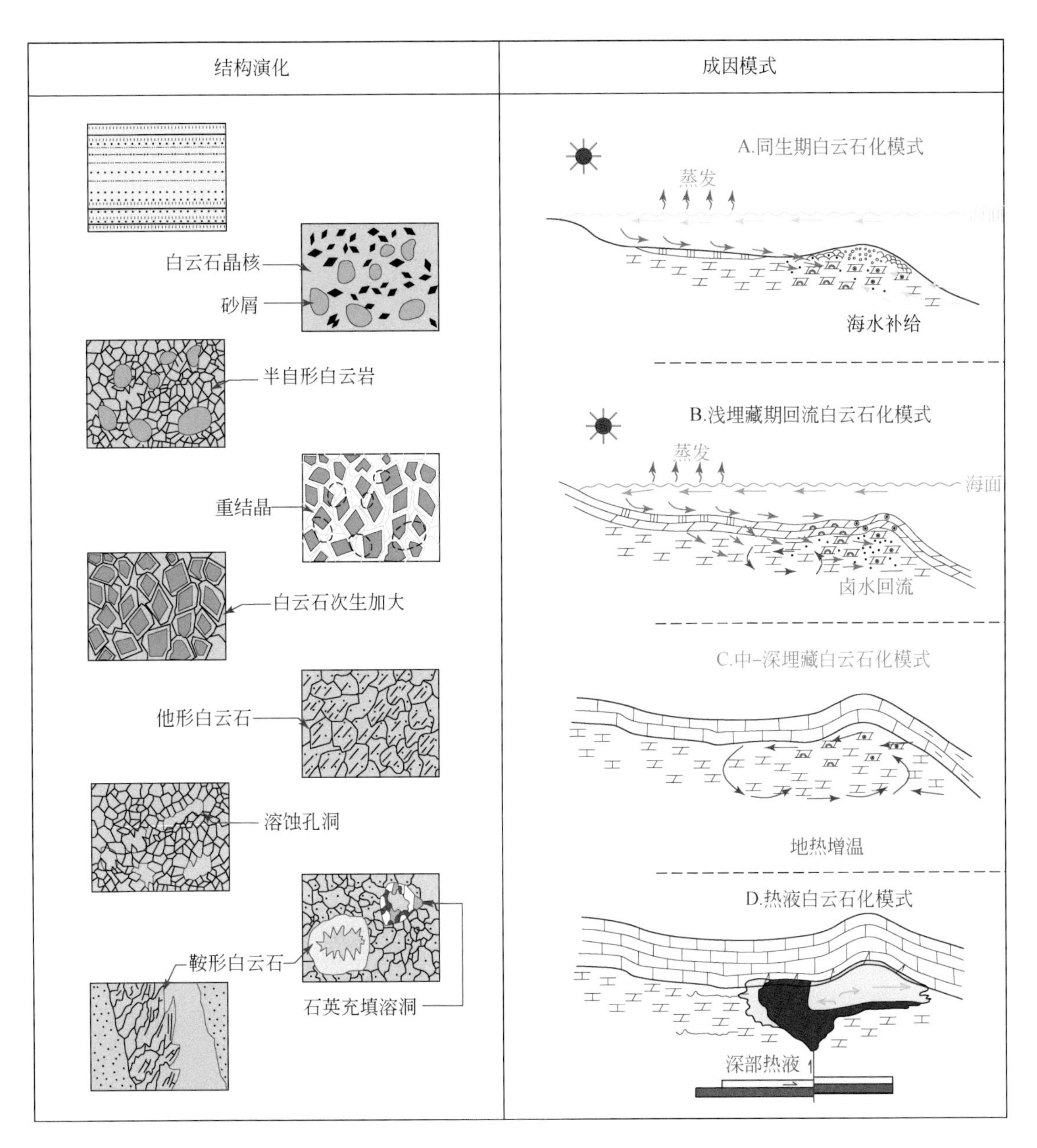

图3-74 中国西部三大盆地白云岩储层成因模式与白云岩孔隙结构示意图

3.2 碳酸盐岩储层形成机理

3.2.1 礁滩储层形成机理

礁滩型储层从相带上可识别出台缘礁滩、台内礁滩和台洼礁滩等多种沉积类型，而从对储层有实质性影响的岩性来进行区分，可划分出白云石化礁滩储层和云化较弱的灰岩为主的礁滩类储层。

3.2.1.1 白云石化礁滩储层形成机理

白云石化礁滩储层普遍经历了准同生暴露、多期白云石化及溶蚀过程。

1. 大气淡水溶蚀改造

白云岩大气淡水溶蚀作用主要出现在两个阶段，即准同生期暴露大气淡水溶蚀阶段和表生岩溶暴露大气淡水溶蚀阶段。

1）准同生期暴露大气淡水溶蚀阶段

国内外的研究成果均表明，同生-准同生期成岩阶段，碳酸盐建隆迅速而间歇性地增生，可能大多伴随着大气淡水渗透成岩作用。当海平面下降时，碳酸盐沉积作用可以使广阔的大陆架或建隆迅速地上升到海平面，处于相对高部位的浅滩沉积体伴随海平面的暂时性下降而出露水面，半固结的岩石处于暴露或接近暴露状态，遭受大气淡水或大气淡水-海水混合水的溶蚀作用，发生选择性溶蚀，形成较好的溶孔和粒间孔（图3-75、图3-76），部分溶孔呈层状分布，由此可形成具层位性、旋回性和准（似）层状的孔隙型储层，并为后期白云石化作用和溶蚀作用提供流体运移通道，成为优质储层发育的先决条件。

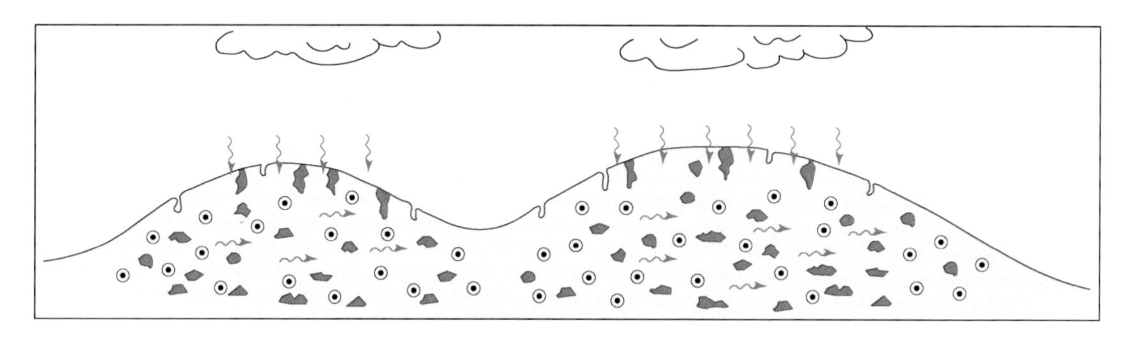

图3-75　四川盆地龙王庙组同生-准同生期大气淡水溶蚀作用模式

2）表生岩溶暴露大气淡水溶蚀阶段

白云岩礁滩储层表生暴露大气淡水溶蚀作用可在寒武系龙王庙组和娄山关群中见及，以川中古隆起的周缘最为典型。图3-77展示了寒武纪大气淡水活动的证据，同时，研究揭示岩溶段碳酸盐岩的$\delta^{13}C$、$\delta^{18}O$呈显著偏负现象。细粉晶白云岩的Sr含量大部分很低，

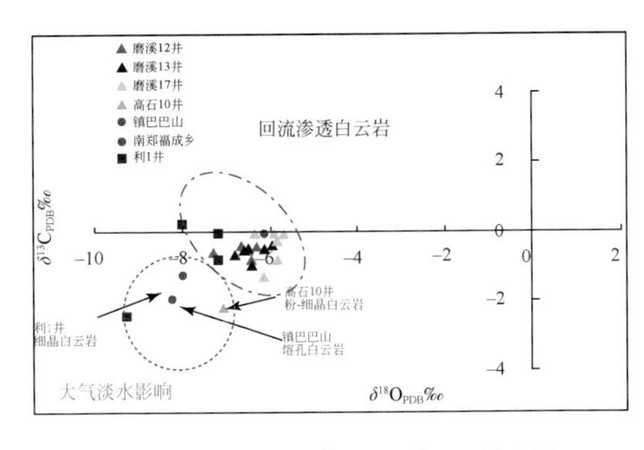

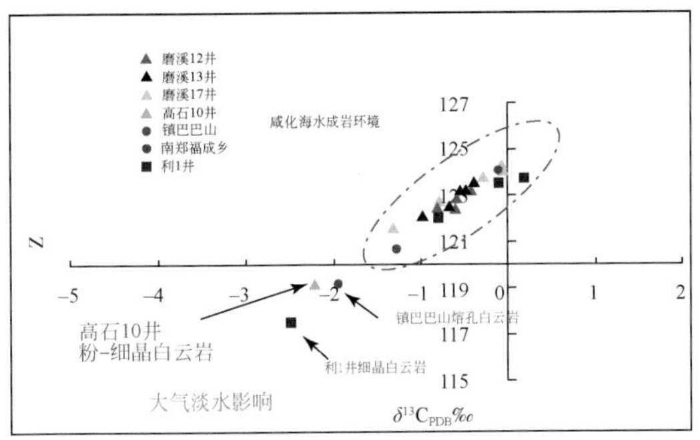

a. $\delta^{13}C_{PDB}$-$\delta^{18}O_{PDB}$ 关系图　　b. $\delta^{13}C_{PDB}$-Z 关系图

图 3-76　川中–川北局部地区龙王庙组早期大气淡水暴露溶蚀、近地表表生岩溶作用的同位素证据

资料来源：中国石油化工股份有限公司勘探分公司，2015 年项目内部交流资料

在所测的 20 个样品中有 13 个样品的 Sr 含量在 250×10^{-6} 以下，说明在白云石化过程中，有淡水的加入；细粉晶白云岩的 Na 含量大都小于 600×10^{-6}，也说明在成岩过程中可能受到大气淡水稀释作用。

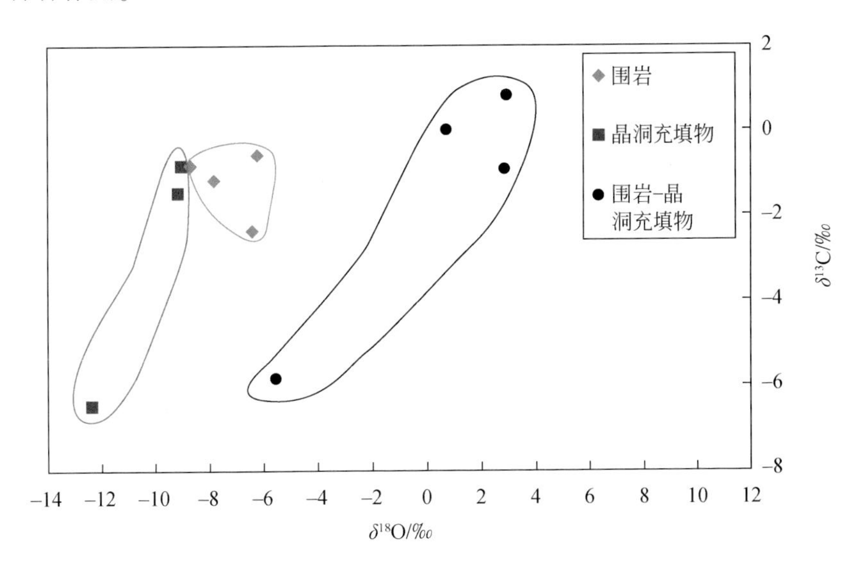

井号	样号	围岩	充填物	地层时代	围岩		晶洞充填物		围岩–晶洞充填物同位素	
					$\delta^{13}C$	$\delta^{18}O$	$\delta^{13}C$	$\delta^{18}O$	$\Delta^{13}C$	$\Delta^{18}O$
安平1井	A35	白云岩	白云石	寒武系	−0.587	−6.24	−1.434	−9.181	0.85	2.94
	A40	白云岩	白云石	寒武系	−2.335	−6.379	−1.434	−9.181	−0.9	2.8
合12井	HC38	白云岩	白云石	寒武系	−1.172	−7.792	−6.457	−12.337	−5.825	−5.545
	HC8	白云岩	白云石	寒武系	−0.794	−8.644	−0.811	−9.044	−0.017	0.725

图 3-77　四川盆地寒武系大气淡水活动的同位素证据

同时，露头与岩心观察表明，龙王庙组顶界面在整个四川盆地及其周缘均属不整合面。兴凯运动和加里东运动—中海西运动等多期构造运动，使得磨溪-高石梯地区西侧龙王庙组长期抬升遭受暴露剥蚀，这在地震剖面上具有明显的显示。川中高石梯-磨溪地区处于岩溶斜坡区，可能在岩溶斜坡上发育沟槽和潜台，有利于规模有效储层的形成与保持（图 3-78）。因此，四川盆地寒武系滩相储层受到过大气淡水的改造作用。

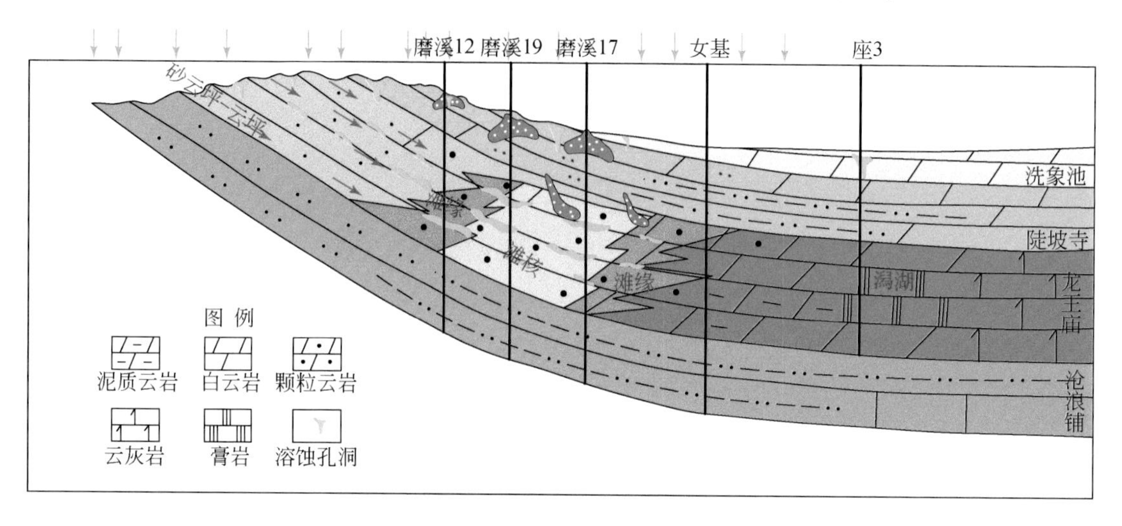

图 3-78　四川盆地龙王庙组顺层溶蚀模式图

2. 多期白云石化作用

白云岩礁滩储层形成的一个主要过程就是白云石化，目前研究揭示礁滩相物性较好的储层普遍发生了明显的白云石化作用。按照白云石化及流体的特征等，可识别出准同生（图 3-79）、回流渗透、埋藏（郑荣才等，2008）和热液白云石化作用等多种类型。颗粒灰岩的浅埋藏白云石化作用可使得储层的孔隙提高 10% 甚至 12%。因此，白云石化作用对储层的形成具有重要的建设性作用。

3. 埋藏溶蚀及保存

由于经历了较长地质历史时期的埋藏，准同生期-浅埋藏期表生岩溶形成的储层经受了流体胶结破坏的风险，而使得储层得以保存至今。除了持续白云石化以外，储层的后期流体溶蚀和储层孔隙的保护作用至关重要。埋藏期，溶蚀性流体主要包含了油注入形成的大量有机酸、热流体注入形成的溶蚀性流体（图 3-80）、TSR 形成的 H_2S 流体等。需要指出的是，油气注入形成了大量的有机酸，而有机酸的溶蚀特征在四川盆地礁滩型储层内普遍存在（详见 4.2 节相关储层特征章节），在溶蚀作用的基础上，油气的充注及长时间的存留，抑制了白云石和方解石的胶结，进而成为现今储层发育的核心保障之一。

TSR 反应和热流体活动在不同层位影响有所差异，总体上，在川中和川西地区，热流体活动对礁滩储层改造明显（图 3-80），而 TSR 则受到了油气充注及含膏层段的综合影响，目前，TSR 在川东北长兴组—飞仙关组较为普遍，尤其是普光大气田飞仙关组白云石

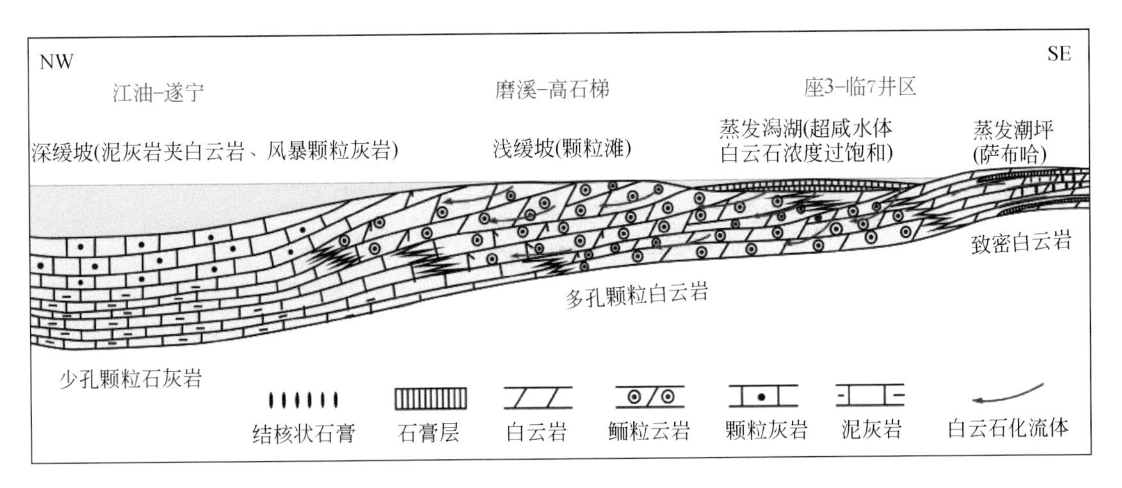

图3-79 四川盆地龙王庙组同生-准同生期蒸发泵-渗透白云石化作用模式图（据中石油，2013）

a. 残余鲕粒细晶白云岩，沥青充填，龙王庙组，金石1井，3158.4m，(-)

b. 细晶残余砂屑白云岩，溶孔充填天青石，洗象池组，安平1井，4490.99m，10×10，(+)

图3-80 四川盆地白云岩储层中流体存在证据及有机酸溶蚀典型照片

化台缘鲕滩带TSR反应较为明显。TSR是指高温条件下（一般大于120℃），烃类和硫酸盐反应，硫酸根离子被还原，烃类被氧化，生成H_2S和CO_2，并常见金属硫化物（黄铁矿、闪锌矿等）伴生。普光气田天然气具有H_2S含量高（>14%）的特点，研究证明该区的H_2S主要是硫酸盐热化学还原反应（TSR）造成的（马永生等，2007a）。普光长兴组—飞仙关组多层薄的膏盐岩夹层提供了充足的硫酸根来源，古油藏的早期充注提供了充分的烃类物质，再加上从侏罗纪开始储层温度就一直在120℃以上（图3-81），为TSR提供了充足的反应时间，这些条件表明普光气田具备发生TSR反应的条件。TSR反应可能从两方面来改善储层的性质：一方面是白云岩化，认为可能是其埋藏白云岩化的动力因素之一（马永生等，2007a）；另一方面是溶蚀作用，H_2S和CO_2被认为是深埋藏条件下碳酸盐最为重要的溶解介质（黄思静等，2009）。

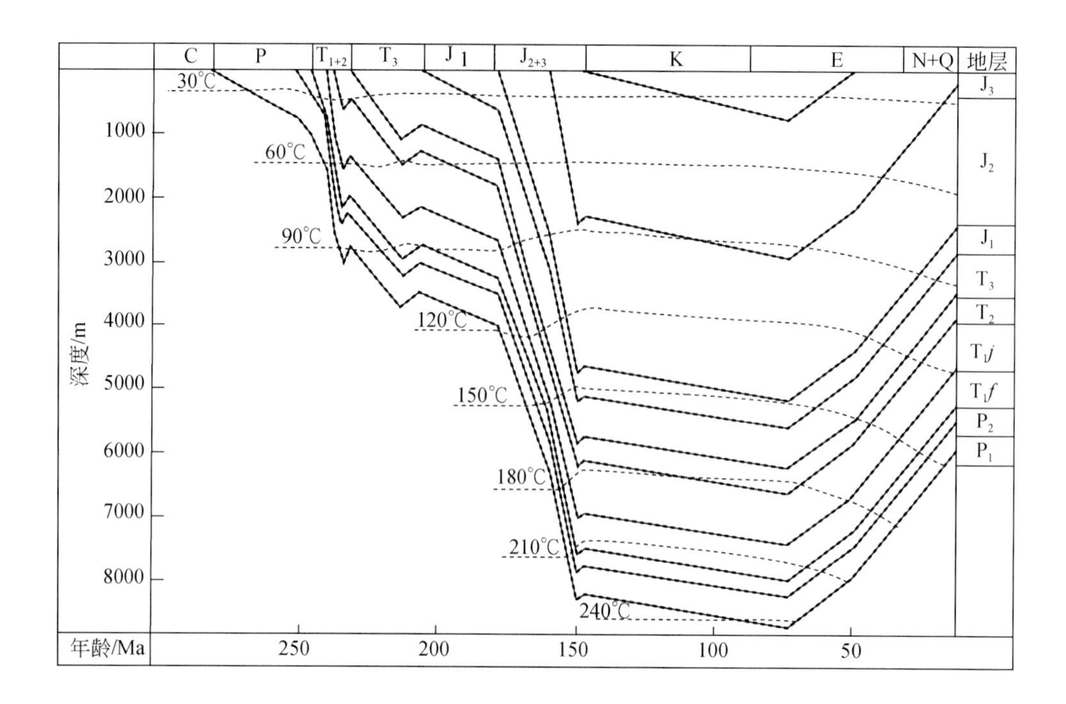

图 3-81　普光 2 井埋藏史曲线

4. 白云石化礁滩储层综合形成与保存机理

综合以上分析，存在两种白云石化礁滩储层综合形成与保存机理过程，第一种是在非表生岩溶改造影响下的储层形成过程，其主要具有在原始粒间孔隙基础上的早期准同生暴露孔隙扩溶改造、准同生–埋藏期多期白云石化后的孔隙重新分配，以及埋藏期油气有机酸溶蚀和孔隙保护、H_2S 和热流体的综合溶蚀扩容等过程，该类储层形成与保存过程在白云石化的礁、滩的层位普遍存在（图 3-82）；第二种是经历了表生岩溶改造的白云石化礁滩储层综合形成与保存机理，除了以上储层的形成和保存过程外，中间还存在表生岩溶的孔隙形成和调整过程（此部分与古岩溶储层存在一定的交互性），该类储层的形成与保存过程主要在川中古隆起寒武系龙王庙组（图 3-83）和娄山关群发育，在川西地区雷口坡组也可见及。

需要指出的是，在两种储层形成和保存过程中，构造活动产生的破裂作用及表生岩溶形成的微裂缝进一步改善了储层的渗透性，并为埋藏期溶蚀性流体的注入和改造提供了良好的运移通道。

3. 2. 1. 2　灰岩类为主的礁滩储层形成机理

灰岩类为主的礁滩储层在四川盆地及周缘的长兴组及下奥陶统台内和台缘生屑滩、台缘生物礁（如长兴组礁核和礁基等部位）及飞仙关组台内和台缘鲕粒滩（如元坝地区）存在。但由于胶结致密，往往储层物性比白云石化的礁、滩储层差。该类型的礁滩储层部分经历了准同生期的暴露溶蚀作用，而储层存在的核心作用是存在后期较早的油气充注，

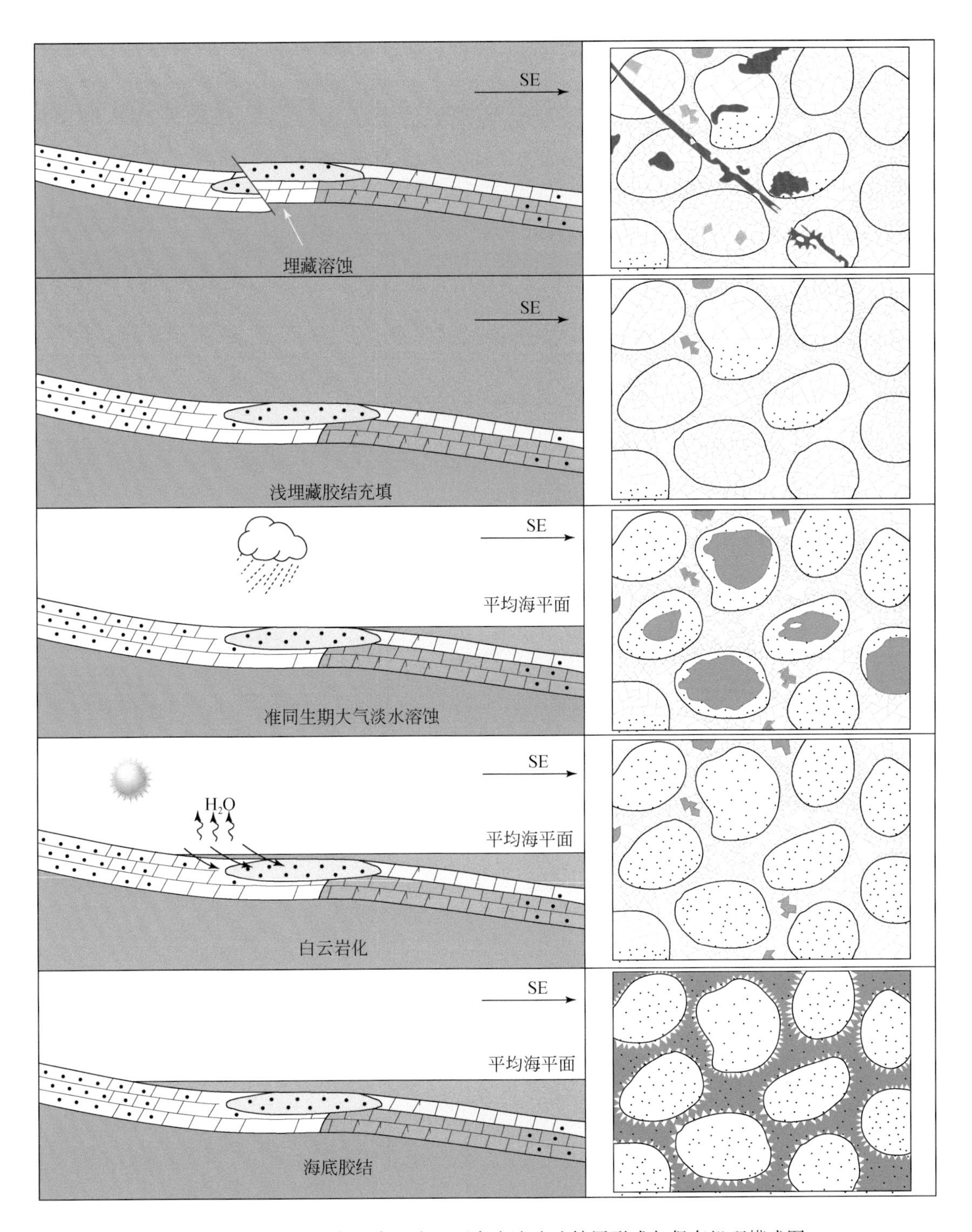

图3-82　四川盆地龙王庙组未经历古岩溶改造储层形成与保存机理模式图

油气的充注可使有机酸溶蚀和形成的孔隙得到保存，而后期的油气裂解可适当释放一定程度的孔隙空间。该类储层在后期的构造导致的破裂作用可以一定程度改善储层的连通性，

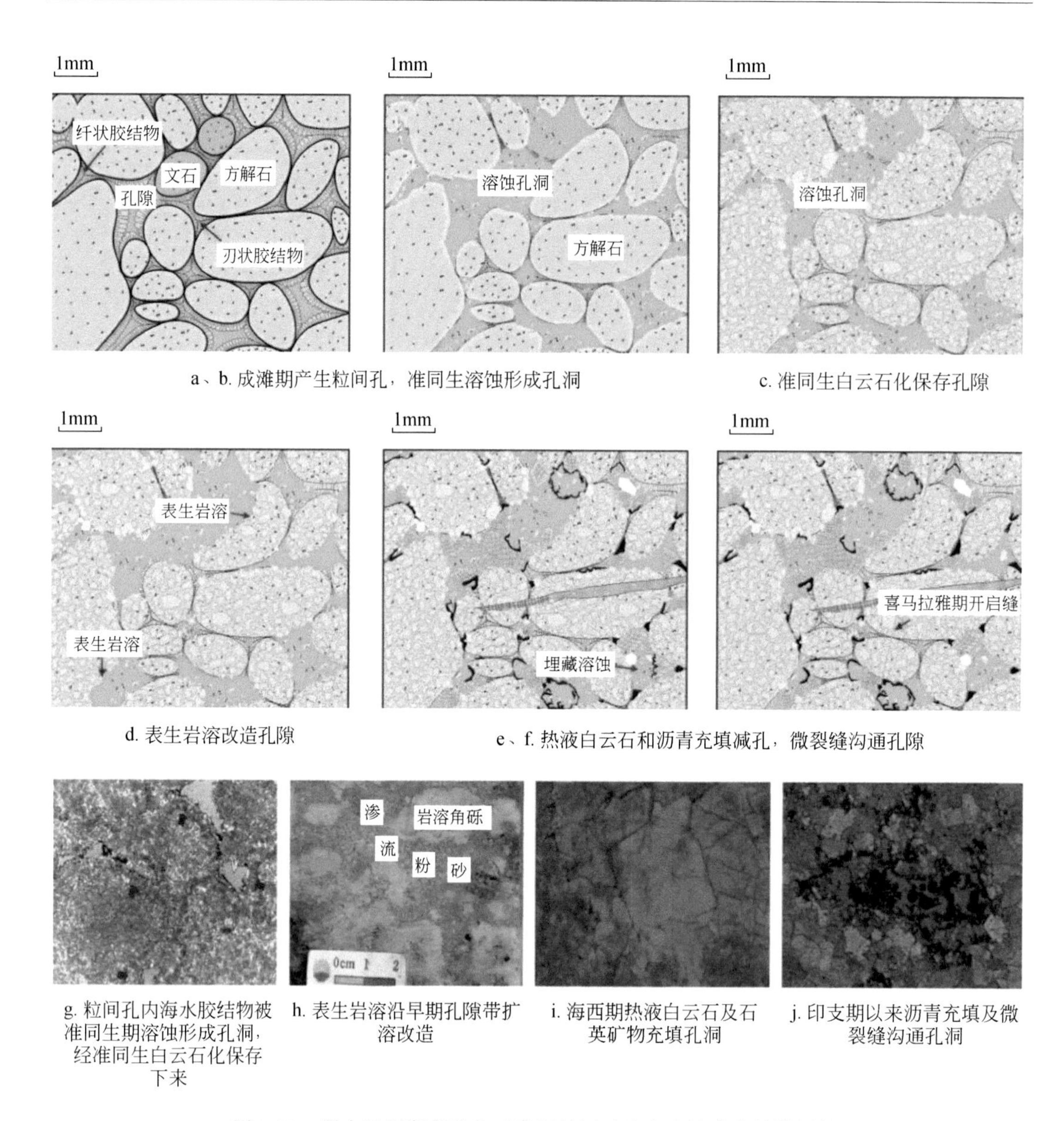

图 3-83　川中地区寒武系龙王庙组经历过表生岩溶改在的储层的形成与保存机理示意图

但后期热流体的溶蚀改造程度较弱。

3.2.2　古岩溶储层形成机理

岩溶作用是一种水-岩相互作用的体系，实质上是侵蚀性的水与矿物晶体之间的相互作用，其本质是在水的极性分子电荷和热力学、动力学条件影响下，矿物晶格中的离子脱离原来位置向水中转移，并导致其晶格破坏的过程（韩宝平，1993），因此，矿物与水分子之间形成的电位差越大，越容易遭到破坏，其形成的矿物越容易被溶解。

灰岩和白云岩化学溶解效应机理相同，都是侵蚀水离解提供的 H^+ 同碳酸盐离解的 CO_3^{2-} 相结合形成弱电解质 H_2CO_3，导致灰岩离解［Ca^{2+}］·［CO_3^{2-}］和白云岩离解［Ca^{2+} Mg^{2+}］·［CO_3^{2-}］的浓度积减小，化学平衡不断向离解方向移动的过程。但是由于方解石的晶格能比白云石的晶格能低，与水分子之间形成的电位差大，所以灰岩较白云岩容易遭受溶解。同时，由于灰岩坚硬具脆性，弹性模量和抗剪强度指标较低，遭受机械荷载时容易破碎，易发育裂隙，形成比白云岩优异的渗流侵蚀条件（宋焕荣和黄尚瑜，1988），从而增大了灰岩的机械破坏量，这样灰岩相对白云岩而言，更容易发生溶蚀作用。

白云岩虽然不容易发生溶蚀作用，但是随着白云岩晶体结构变粗，白云岩遭受的侵蚀作用明显增强。这是因为随着晶体结构变粗，粒间孔隙度增大，白云岩的渗透性增强，侵蚀水流沿晶间孔隙和结构不规则处扩散-渗透，使得白云石表面结构变得更加疏松，导致大量白云石晶粒随溶解作用而脱落，从而增加了白云石的物理侵蚀作用，这一过程被称为白云岩的“脱砂”作用。正是这一物理作用增加了白云石的机械破坏量，从而使得白云岩的侵蚀作用增强。因此从灰岩到白云岩的岩石序列里，由于矿物成分、岩石成分及微观结构不同，岩石的比溶解度、物理破坏量等各不相同（表3-15），从而溶蚀程度也不同，通常表现为从灰岩→云灰岩→灰云岩→白岩，岩石的溶蚀性逐渐降低。

表3-15 不同成分、结构碳酸盐岩比溶解度（据桂辉和许进鹏，2010）

（单位：g/cm^2）

岩石结构	灰岩	云灰岩	灰云岩	白云岩
骨粒碳酸盐岩	1.03	0.98		
粒屑亮晶碳酸盐岩	0.99			
细-粗晶亮晶碳酸盐岩	0.99	0.98	0.78	
细亮晶碳酸盐岩	0.99	0.96	0.88	0.52
微亮晶粒屑碳酸盐岩	0.97			
泥晶粒屑碳酸盐岩	0.90		0.76	
微亮晶碳酸盐岩	0.89			
泥晶碳酸盐岩	0.83		0.55	0.61

另外，同一岩类不同结构的灰岩或白云岩其微观溶蚀特征也不一样：含有泥质成分的碳酸盐岩，岩溶很不发育，这是由于泥质岩层塑性较大，易产生揉皱而不易形成连通性较好的裂隙，只能发生孔隙溶蚀，结果泥质成分不断聚集并逐渐堵塞水流通道，使溶蚀作用大大减弱；泥晶结构的碳酸盐岩由于晶粒细小，不具有孔隙扩溶作用，差异溶蚀弱，主要沿泥晶方解石晶间均匀溶蚀，属面溶蚀，溶蚀作用相对较弱；各种颗粒灰岩均属可塑性较大的岩石，其裂隙的张开性、穿切性较弱，但岩石具有粒屑结构，碎屑之间黏结力弱，且原生孔隙发育，而使岩溶作用常沿碎屑间的孔隙进行溶蚀，岩溶形态表现为蜂窝状溶孔。因此，原始孔隙性好的颗粒灰岩其溶蚀能力强于泥晶灰岩，相对更容易发生溶蚀作用。

不同岩性碳酸盐岩层形成的组合类型是岩溶作用类型划分的基础，根据石灰岩、白云岩和不纯碳酸盐岩的厚度比例及其组合形式，层组结构类型可以划分为连续型、夹层型、互层型、层间型等。①在裸露岩溶作用环境条件下，石灰岩连续型岩层由于岩性单一，结构均匀，构造裂隙的切层性强，延伸远，有利于岩溶发育；②均匀状单一白云岩型，虽然在裸露岩溶环境条件下白云石的溶蚀能力比方解石弱，但白云岩容易脆裂，且机械破坏量比灰岩大，所以在白云岩连续型层组中，岩溶发育相对均一，岩溶形态以溶孔、小孔洞和溶隙为主；③石灰岩与白云岩间互层型，当灰岩与白云岩间互存在，每个岩性段厚度大于5m时，岩溶洞穴一般发育在灰岩层中，白云岩层多构成洞穴的顶底板；④石灰岩与白云岩薄互层型，单层厚1～2m的灰岩与白云岩互层，此时不易形成大的洞穴，灰岩层中形成选择性的顺层溶蚀，白云岩中则以发育溶蚀孔洞为主。

岩溶储层可以分为三种类型：表生成岩作用期，以大规模构造运动形成的区域不整合为特征的岩溶风化壳储层，沉积期海平面升降引起的短暂小幅度大气暴露的层间（沉积）岩溶以及埋藏后由地下流体活动引起的局部溶蚀的深部岩溶。后两种岩溶形成的油气田规模小，在中国发现实例不多。以构造抬升暴露形成的大规模风化壳古岩溶储层在中国西部大型盆地已获得重大发现。下面以鄂尔多斯盆地奥陶系马家沟组上组合风化壳古岩溶储层为主要对象，应用岩相学资料、地球化学资料，探讨古岩溶储层的形成机理。

3.2.2.1 白云岩的溶蚀特征

鄂尔多斯盆地奥陶系马家沟组上组合地层中白云岩分布广、厚度大。白云岩主要沿晶间孔隙或晶体接合面渗透溶蚀，由于颗粒之间的镶嵌结构逐渐破坏，沿劈理裂缝形成破碎。许多结晶学家认为镶嵌结构和晶体内劈理裂隙的出现是晶格生长不完善所引起的，在两个晶体的镶嵌接触面上，晶体的塑性和抗剪强度减小，扩散系数变大。斯麦柯尔把这一性质称为“结构灵敏性”。该接触面为扩散溶蚀的主要途径，结果使白云石晶体间的黏结力减弱，结构变得越来越疏松，从而产生整体岩溶化作用。初期以渗透-溶蚀为主，后期以分解-淋滤为主。野外新鲜露头附近主要是白云岩碎块，风化剧烈时逐渐形成白云岩砂，甚至白云岩粉。上述作用过程在岩体中比较均匀地进行，一般不会导致岩溶分异作用，很难形成大型管道和溶洞，也不易形成悬崖峭壁，而是使整个岩体均匀地溶蚀分解和机械崩解，最后形成缓丘状馒头山。如果在白云岩之上有石灰岩地层覆盖，则会在缓丘状馒头山的山顶上耸立着陡壁，形成冠状戴帽山。溶蚀试验结果表明，白云岩的物理破坏量大于灰岩。野外观察也说明，在白云岩整体岩溶化的后期，物理破坏作用大于化学溶解作用。

在多孔的白云岩中，岩溶水的运动以沿孔隙的散流、漫流为主（Mussman et al.，1988）（图3-84），白云岩地下岩溶形态以蜂窝状溶孔、小溶洞为主，没有大中型地下溶洞。所形成的溶孔形状比较匀称，以圆形、椭圆形为主。溶蚀孔洞的形成，一类是由于白云岩中的方解石脉被优先溶解，岩石局部破坏成岩石碎块，角砾与角砾之间经溶蚀形成了孔洞；另一类是由于白云岩溶蚀分解，脱落的白云岩颗粒（白云岩粉）被冲刷带走而形成。白云岩地区形成的少数溶洞则以形状单一的裂隙状洞穴为主。

白云石化作用是区内碳酸盐岩中普遍发育的一种交代作用，能使碳酸盐岩的孔隙度增大及岩石孔隙类型增多，从而增强其可溶性。白云石化过程中，当白云石含量大于50%时，孔隙度增加很快；当白云石含量达到80%时，岩石的平均孔隙度为19%；当白云石

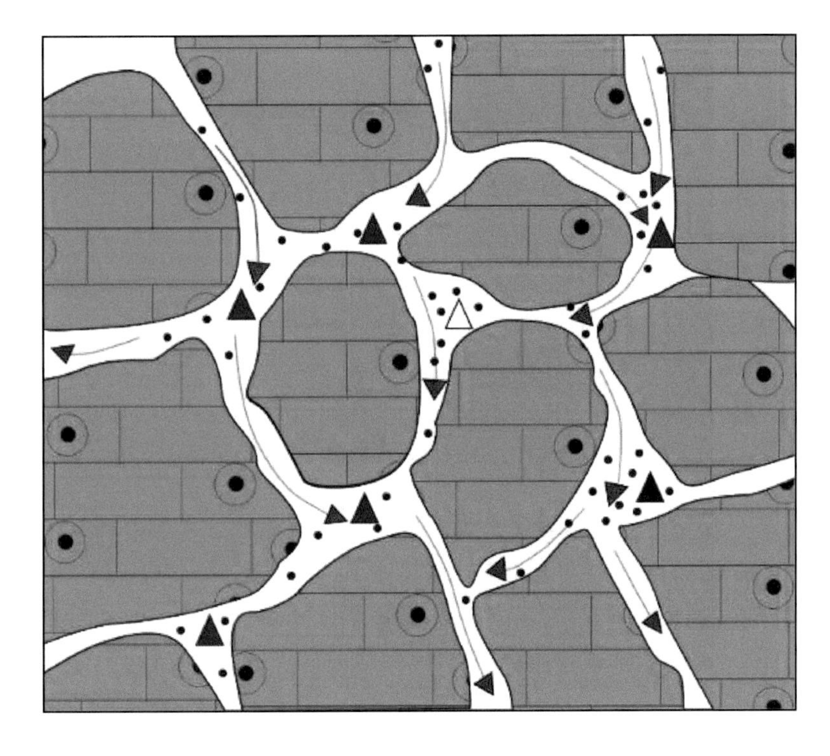

图3-84　岩溶水流状态示意图（据 Mussman et al.，1988）

含量超过80%时，孔隙度及渗透率均降低。白云石化对溶蚀作用有一定的促进作用，但能否使岩溶强烈发育，还与其他因素有关。

重结晶作用改变原岩结构、孔隙度和孔隙类型。如泥晶灰岩经重结晶作用后，原泥晶结构遭到破坏而消失，变为晶粒结构，孔隙类型也由泥晶孔隙变为晶间孔隙。由于岩石单一孔隙的增大，岩溶水易于集中渗透，有利于岩溶发育。

去白云石化作用常见于含石膏的白云岩中，常形成微晶灰岩，微晶方解石常呈半自形-他形晶结构，等粒状镶嵌分布，白云石残余在方解石晶粒中心而形成雾心亮边结构。去白云石化改变了原岩的溶解性，有利于岩溶发育。

3.2.2.2　含膏岩层的溶蚀特征

鄂尔多斯盆地中东部奥陶系马家沟组第一段、第三段、第五段地层中含有膏盐岩，按产状可分为结核状膏盐岩和层状膏盐岩。结核状膏盐岩呈结核状分布于泥粉晶白云岩中，是准同生期石膏在松软沉积物中生长形成的，常与泥粉晶白云岩伴生；层状膏盐岩呈层状，水平纹理发育，常与潮坪白云岩伴生。石膏夹层的存在及其膏溶作用对区内岩溶发育有很大影响，膏溶特征为边溶蚀边垮塌，横向上延伸范围较广，垂向上可形成较深的垮塌，加剧了岩溶发育程度，并产生了形态丰富的岩溶现象。

膏溶作用包括水化、溶解、垮塌三个阶段。

（1）水化阶段。硬石膏水化变为石膏，体积增加67%，产生极大的膨胀力，石膏脱水排出的结晶水也会造成流体压力，从而在含膏层本身和上覆岩层中造成强烈的挤压变形和破碎，上覆岩层胀裂。这种水化作用首先沿节理裂隙和层面进行，常形成马尾状、树枝状、条带状、网状水化作用带。随着水化作用的扩展，几个水化带相沟通，硬石膏大部分变为石膏，局部残留孤岛状硬石膏带或硬石膏团块。

（2）溶解阶段。石膏层首先被溶蚀，因为在常温常压下石膏的溶解度比方解石和白云石高5～10倍。石膏层的溶蚀具有由上而下的特点，沿着溶滤锋面一层层向含膏岩体内部推进，膏溶角砾岩分布于未溶解的含膏岩石之上。

随着石膏岩层的溶解，对其上覆岩层而言，起了卸荷失托作用，因而沿层面或平行层面发育了一系列卸荷裂隙，在岩溶地下水进一步作用下，常在裂隙发育地段形成岩溶崩塌堆积。一些地段或因卸荷裂隙未受岩溶水溶蚀增大，或因裂隙被岩溶水带入的物质充填胶结愈合而成为卸荷裂隙岩。

由于石膏的溶解，水中 Ca^{2+} 和 SO_4^{2-} 含量增加，含 SO_4^{2-} 的碳酸水，大大提高对碳酸盐岩石的溶蚀、溶解能力，特别是对含镁岩石的溶解和迁移能力。其反应式为

$$Ca^{2+}+SO_4^{2-}+CaMg(CO_3)_2 \longrightarrow Mg^{2+}+SO_4^{2-}+2CaCO_3$$

从式中可以看出，石膏溶解驱动去白云石化。其结果，交代彻底的形成次生灰岩，交代不彻底的形成蜂窝状白云岩，蜂窝即是早期溶解的石膏结核中白云石的方解石化。

（3）垮塌阶段。进一步溶解，形成膏溶垮塌角砾岩、陷落柱。

首先形成似层状膏溶破碎带，包括上、下两部分（图3-85），下部为膏溶角砾岩和强烈揉皱破碎的泥晶白云岩，硬石膏水化膨胀产生的挤压力使未溶解的具高度塑性的石膏产生变形，与之共生的白云岩夹层中产生张裂破碎，石膏随即被压入角砾间；上部为发育在云灰岩段中的挤压破碎带和裂隙密集带，剖面上常显示为一系列倒锥状破碎岩体，厚度为10～30m，多见密集的破碎裂隙，由0.1～0.5m厚的杂乱块石组成，常有溶洞发育。裂隙带中发育大量张裂隙，由下向上呈放射状延伸。该破碎带一般为后期岩溶的强烈发育带，其后形成膏溶角砾岩。其特点为：具有相对固定层位；角砾和胶结物的成分与上覆地层岩性相同；角砾大小混杂，未磨圆，没有搬运迹象；角砾岩层本身及顶板岩层都非常杂乱破碎，底板岩层完整，层面平整清晰；形成陷落柱。当膏溶部位经过长时间溶蚀而形成地下溶洞后，破碎的顶板岩体不断崩塌陷落，形成陷落柱。

3.2.3 白云岩储层形成机理

3.2.3.1 概况

中国是世界上少有的几乎每个地质时代都有白云岩分布的国家。从华北地区的元古宇到第四系的盐湖沉积物，都能见到各种类型的白云岩，但白云岩在层位和区域上分布不均，类型上也有明显差异。其中，下古生界白云岩分布最为普遍，而上古生界、中生界和新生界仅有局部地区发育白云岩。

白云岩储层是海相含油气盆地的主要储层之一，是碳酸盐岩地区的主要勘探目标，世界上的许多大型油气藏都产于白云岩储层中。中国三大海相气田（靖边气田、普光气田和安岳气田）储层均为白云岩。鄂尔多斯盆地的靖边气田，储层为下奥陶统马家沟组白云

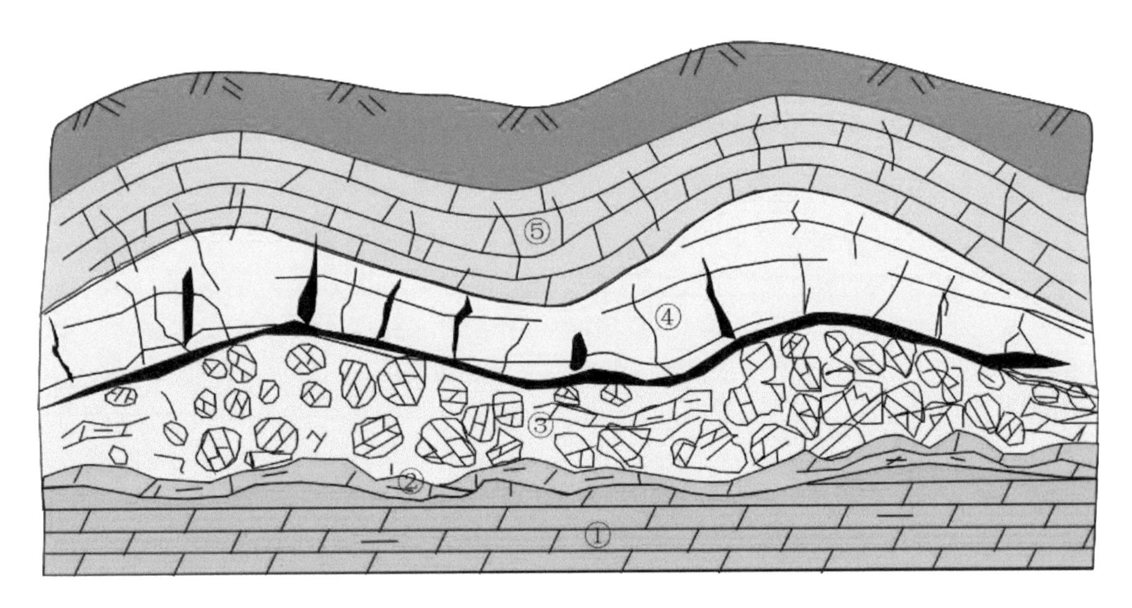

图 3-85　膏溶特征模式图（据席胜利等，2005）

①下伏完整灰质云岩层；②强烈揉皱泥质白云岩层；③膏溶角砾岩带；④碎裂岩带；⑤裂缝密集带

岩；四川盆地的普光气田以及同处开江-梁平陆棚边缘的元坝、龙岗和罗家寨气田，储层为上二叠统长兴组生物礁白云岩和下三叠统飞仙关组鲕粒白云岩；四川盆地的安岳特大气田，储层为震旦系灯影组和寒武系龙王庙组白云岩。

在深层和古老海相层系之中，白云岩比灰岩更易于形成优质的油气储层，由此其重要性显得更为突出。华北油田的潜山油藏，储层为中元古界雾迷山组白云岩；四川盆地的威远气田，储层为震旦系灯影组白云岩。最近，相继在大于 6000m 的超深层领域白云岩储层取得了重要油气发现，四川盆地元坝气田白云岩储层埋深达到 6200～7300m，川西气田雷口坡组白云岩储层埋深总体大于 6000m，川北马深 1 井和川深 1 井在埋深大于 8000m 的灯影组也见到了优质的白云岩储层。塔里木盆地塔中地区中深 1 井也在深度大于 6400m 的寒武系发现优质白云岩储层，塔北地区的塔深 1 井在埋深 8000 多米仍发育有优质白云岩储层。

关于白云石化作用与储渗空间形成的关系一直处在探索之中，从最早“白云石交代方解石，分子体积将缩小 13%，白云石化即有利于储渗空间及储层的形成”，到“白云石化程度与孔隙度有着密切的关系，白云石化程度低，不利于储层形成，白云石化程度太高，过度白云石化，导致已形成的晶间孔被占据，也不利于储层形成”，再到“增体积白云石化、等体积白云石化不产生储渗空间，减体积白云石化要产生储渗空间，有利于储层形成”。可问题是什么条件下发生减体积白云石化？仍不十分清楚。

构造对白云岩储层形成展布的控制，一方面体现在构造对原始沉积格局的控制，影响了有利相带和白云岩的分布；另一方面体现在构造对后期变形的影响，为后期改善白云岩储集性能的流体活动提供了构造背景和通道。层序为白云岩及储层分布提供了宏观沉积-成岩环境，不同级次的层序界面分别控制了溶蚀作用的发生。岩相及其组合是白云岩储层形成的基础，普光和安岳气田白云岩储层离不开原始的礁滩沉积环境，靖边气田马家沟组储层得益于含膏云坪有关沉积环境。流体包括白云岩化流体和溶蚀流体等，流体性质包括海水、大气降水和热液等，所有白云岩储层的形成和保持都存在特殊的岩石与流体相互作用。

3.2.3.2　白云岩储层类型划分

在中国西部三大盆地（塔里木盆地、鄂尔多斯盆地、四川盆地）形成演化、沉积充填过程中白云岩储层广泛发育，主要表现为发育层系多（Z_2dy、$Є_{2+3}$、O_3、C_2、P_1、P_2、T_1、T_2等）、分布面积广、类型多样、成因复杂的特点。白云岩储层类型包括结构分类、成因分类和结构-成因分类等。根据前人研究成果，中国的白云岩储层按照主控因素可以分为相控准同生溶蚀型、面控表生岩溶型、断控深埋改造型（图 3-86）（何治亮等，2020）。

（1）相控准同生溶蚀型。原始沉积环境是这类储层最重要的控制因素。相控准同生溶蚀型储层多分布于高能沉积相之中，如台地边缘或中缓坡，川东北普光-元坝-龙岗气田的长兴组—飞仙关组、安岳气田的龙王庙组和川西的雷口坡组是典型代表。储层岩石多为礁白云岩、颗粒白云岩和晶粒白云岩，储集空间类型有粒间孔、粒内孔、晶间孔和溶蚀孔洞。关键的成岩作用有浅埋藏期的回流渗透白云岩化作用和准同生期的大气淡水溶蚀作用，白云岩化在这类储层的形成和保持中起着重要的作用，能够改善储层的储集性能。

（2）面控表生岩溶型。大型不整合面控制的表生期大气淡水溶蚀作用是这类储层最关键的成岩作用。典型的面控表生岩溶型白云岩储层包括四川盆地威远气田的灯影组第四段，鄂尔多斯盆地靖边气田的马家沟组，塔里木盆地雅克拉、牙哈、英买力的上寒武统—下奥陶统，以及任丘油田的雾迷山组等。储层岩石和白云岩化作用类型多样，有晶粒白云岩、含膏白云岩和藻白云岩等。储集空间类型也具有多样性，有溶蚀孔洞、晶间孔和膏溶铸模孔等。随着岩溶时间的持续，后期的机械充填作用和化学胶结作用影响着这类储层的优劣。断裂的发育展布影响了白云岩岩溶作用的规模与深度，也为后期的热液改造提供了良好通道。

（3）断控深埋改造型。以断裂特别是走滑断层为运移通道的热液活动是这类储层形成的关键因素。典型的断控深埋改造型储层有四川盆地中二叠统茅口组—栖霞组及塔里木盆地奇格布拉克组、鹰山组等。储层岩石主要有晶粒白云岩、颗粒白云岩和斑状云灰岩等。储集空间有裂缝、溶蚀孔洞、晶间孔和粒间孔。除热液白云岩化和溶蚀作用外，原始的储集性能影响着这类储层的发育程度。热液流体类型与变化影响了断裂带的溶蚀与胶结作用方式，决定了这类储层的形成与保持。

1. 四川盆地白云岩储层形成机理

1）寒武系白云岩储层

寒武系洗象池群和龙王庙组储层的岩石类型主要为高能环境中形成的颗粒云岩，包括砂砾屑云岩、砂屑生屑云岩、鲕粒云岩，呈透镜状展布；颗粒呈点-线接触，甚至有凹凸接触，初期压实使颗粒格架支撑，具抗压实效应，颗粒接触处胶结物不发育（图 3-87），而粒间多被埋藏期粉-细晶白云石、中晶白云石 2～3 期胶结，白云石胶结物为半自形-自

储层类型	形成模式	储层特征	形成机制	分布地区
面控表生岩溶型	a.青壮年期 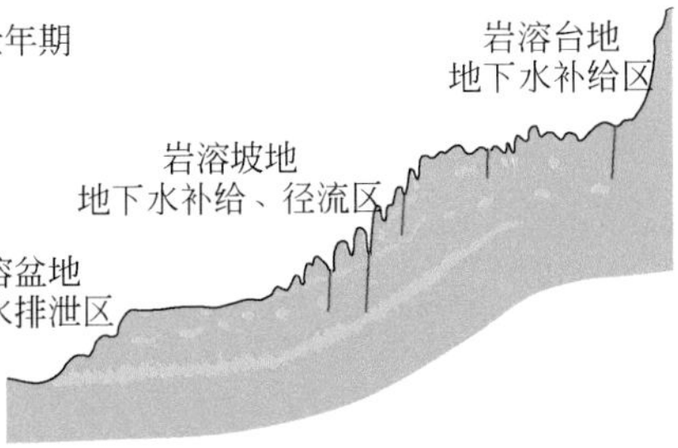 岩溶台地 地下水补给区 岩溶坡地 地下水补给、径流区 岩溶盆地 地下水排泄区	晶粒白云岩、藻白云岩，孔-洞-缝体系	岩溶作用、回流渗透白云岩化作用	塔里木盆地牙哈气田寒武系-奥陶系、任丘油田蓟县系
	b.中老年期 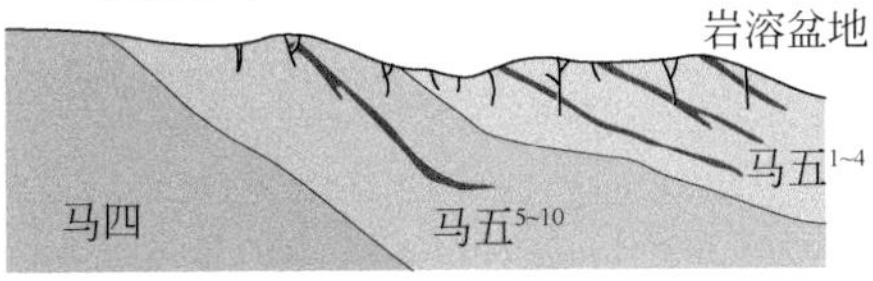 岩溶台地 岩溶盆地 马五$^{1\sim4}$ 马四 马五$^{5\sim10}$	晶粒白云岩，铸模孔-裂缝	岩溶作用、萨布哈白云岩化作用、回流渗透白云岩化作用	鄂尔多斯盆地马家沟组
相控准同生溶蚀型	c.台缘礁(丘)滩 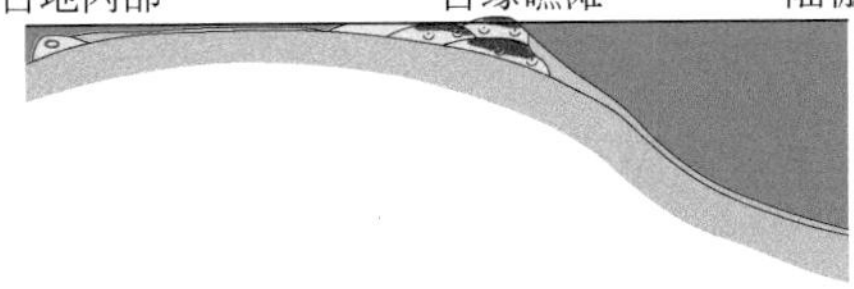 台地内部 台缘礁滩 陆棚	颗粒、礁白云岩，粒间(溶)孔、粒内(溶)孔、晶间孔	回流渗透白云岩化作用、准同生期溶蚀作用	川东北地区二叠系
	d.缓坡滩 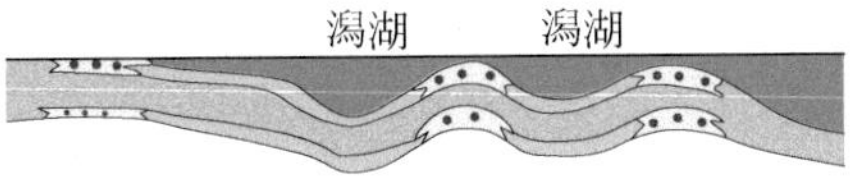 台地内部 台内滩 台内滩 潟湖 潟湖	颗粒白云岩，粒间(溶)孔、粒内(溶)孔	回流渗透白云岩化作用、准同生期溶蚀作用	四川盆地安岳地区龙王庙组
断控深埋改造型	e.埋藏期断控热液白云岩化 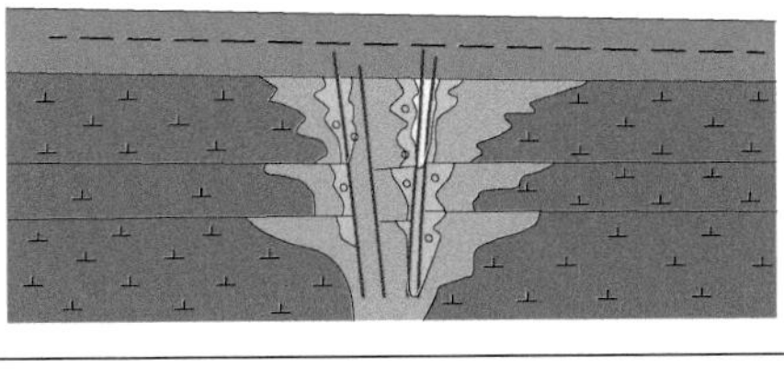	晶粒/颗粒白云岩，晶间孔、溶孔	热液白云岩化作用、溶蚀作用	塔里木盆地顺南地区奥陶系、四川盆地中二叠统

图3-86　中国主要白云岩储层形成模式与分布（据何治亮等，2020）

形晶，晶面平直，晶形较好，受埋藏期岩溶影响较小（图3-87），1期胶结不发育，仅在局部可见。

四川盆地范围内，寒武系洗象池群和龙王庙组滩相储层主要储集空间为砂、砾屑间粉-细晶白云石胶结充填后的残余粒间孔隙和扩溶的残余粒间孔（图3-87），具有明显的组构选择性。由于缺乏早期胶结，颗粒互相接触，在压实、胶结作用下颗粒间的喉道缩小，甚至堵塞，造成原生粒间孔与外界流体交换不畅，阻止了孔隙的进一步胶结，部分残余粒间孔得以保存。尽管酸性流体或大气淡水淋滤的影响，粒间胶结物可被部分溶蚀形成扩溶残余粒间孔（图 3-87），但埋藏溶蚀增孔率所占比率很小，仅为 1% ~3% 。本区龙王庙组及洗象池群受早期构造影响较小，水平缝不发育，以高角度缝常见。缝间多被白云石、石英及泥质半充填（图 3-87），局部裂缝集中发育区可见溶孔洞。

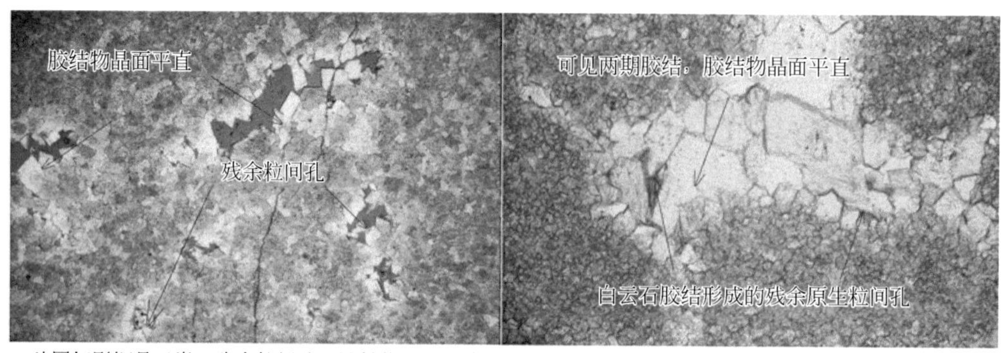

a. 砂屑幻影细晶云岩，残余粒间孔，胶结物晶面平直，威寒105井，龙王庙组2454.31m

b. 砂屑白云岩，粒间两期白云石胶结，可见由此形成的残余粒间孔，洗象池群，威寒1井，2217.74m

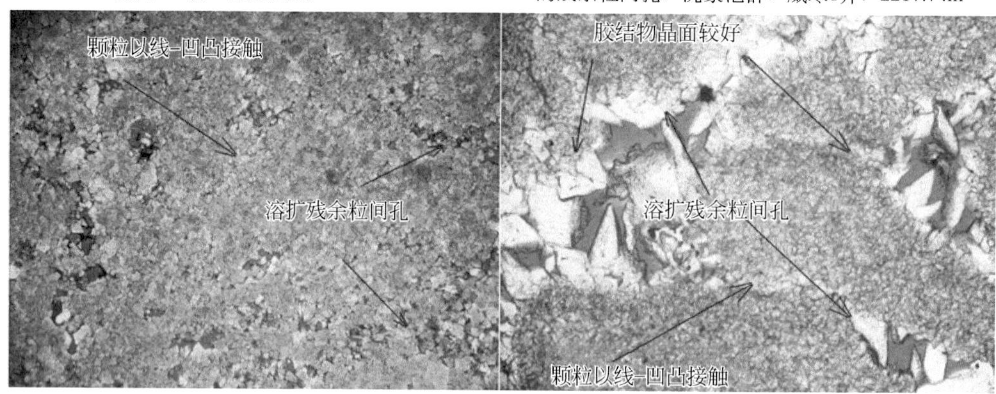

c. 砂屑幻影细晶云岩，溶扩残余粒间孔，威寒105井，2454.31m

d. 亮晶砂屑云岩，溶孔残余粒间孔，铸体，威寒1井，2217.74m

e. 粗粉晶云岩，具砂屑幻影，裂缝中井白云石、石英半充填，胶结物晶面平直，威寒101井

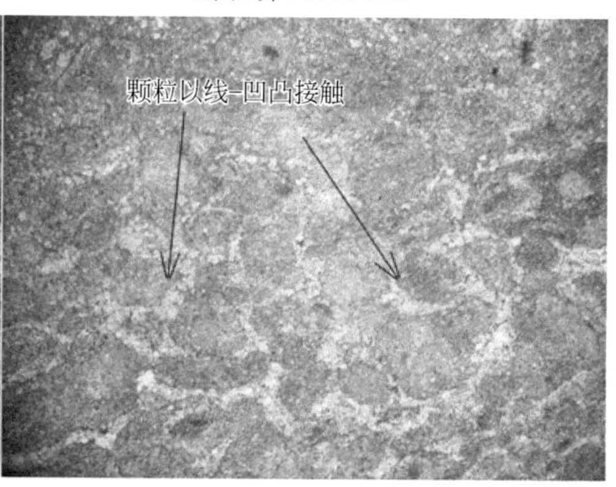

f. 砂屑云岩，无孔隙发育，铸体。威寒103井，2289.21，洗象池群

图 3-87　四川盆地龙王庙组白云岩储层特征

碳酸盐岩具有易溶性和易变性，一般都有复杂的成岩历史。滩相碳酸盐岩储层原生孔隙如何能在复杂的成岩过程中保存下来呢？很多学者从不同角度、不同地区进行了阐述和探讨，如 Ehrenberg 等通过分析认为埋藏浅、水体循环条件良好、颗粒结构粗大且仅有少量的化学沉淀物等因素的有机结合是原生粒间孔保存的主要原因，而 Coogan 和 Manus 则对碳酸盐岩原生孔隙保存的动力因素、继承因素和阻止因素进行了较全面的分析。本书通过岩心和薄片资料分析，在前述储层基本特征分析的基础上，认为四川盆地洗象池群和龙王庙组滩相储层原生孔隙的保存受多种因素影响与控制。

（1）沉积环境是造成早期原生孔隙度分异的基础。

沉积环境不仅决定原生孔隙发育程度，其形成的沉积物更是后期成岩作用的承载者。低能量环境中形成的灰泥虽然原始粒间孔极高，但在成岩过程中，孔隙很难保存而形成致密的细结构岩；而高能量环境形成的颗粒滩，由于处于浪基面之上，海水动荡，表面冲刷比较干净，基质含量低，在压实过程中比细粒岩更难被压实，有利于原始孔隙的发育，原生孔隙度可达40%。

即使同处在有利储集相带中，由于海水能量的差异，其沉积物的粒度、厚度和分选性也不同，导致孔隙度有较大的差异。四川盆地龙王庙组滩核微相沉积时能量最高，沉积速度最快，沉积厚度明显大于周缘其他沉积环境，为厚层状滩体，加上沉积物的粒度较粗、分选性较好、抗压实压溶能力强，原生孔隙度可达30%～40%，如要完全胶结，需要大量的强胶结流体；而滩缘部位水深较大，能量相对较低，沉积速率较小，不论单滩体还是累计厚度均小于滩核，以指状发育为主，且颗粒细小，分选性较差，其抗压实能力远低于滩核微相的粗颗粒，形成的原始粒间孔也较小，为10%～20%；洗象池群沉积时处于海侵期，水体能量较小，海平面振荡严重，往往滩体未形成暴露水体就进一步加深，造成薄层颗粒滩与细粒沉积物互层，颗粒细小，抗压实能力远小于厚度较大的滩体，滩核处原生孔隙度与龙王庙组滩缘相似，为10%～20%，而滩缘原生孔隙度则更小。滩体这种受海水能量影响产生的沉积分异导致了后期成岩分异，进而导致了滩体内部储集物性出现较大的差异。

（2）海底胶结不发育是原生孔隙保存的先决条件。

早期胶结物发育程度对原生粒间孔保存有着非常重要的意义，原生孔保存型滩相储层中早期化学沉淀物非常少，据 Power 对加瓦尔油田侏罗系阿拉伯组 D 段颗粒岩储层镜下观察表明胶结物含量一般小于5%，这是由于滩体沉积之后，发育的粒间孔隙使滩体具有良好的水体循环条件，孔隙成岩流体未达到过饱和，化学沉淀物不发育，加上颗粒滩沉积速率较快，初期压实进行较早，从而使颗粒沉积物难以因化学沉淀物发育而固结。

四川盆地洗象池群和龙王庙期滩体发育于海侵–海退初期，在海底成岩环境中，波浪作用强烈，海水循环畅通，沉积水体盐度较低，$CaSO_4$尚不能沉淀，地层水胶结，交代作用弱，颗粒间孔隙水的胶结不活跃，原生粒间孔损失不大；同时，由于水体能量较高，沉积速率较快，不利于早期胶结的发育。镜下观察表明，对于本区水体较深、未暴露的滩体，海底胶结物充填总孔隙度仅为5%～10%，滩核残余孔隙度高达28%～36%，厚度较小的滩体及滩缘残余孔隙度也有9%～18%。

（3）初期压实与浅埋藏胶结的相互作用是原生孔隙保存的关键。

随着上覆沉积物的增加，初期压实开始进行，在缺乏早期胶结物的情况下，颗粒的岩性及大小成为控制早期压实压溶的主要因素。由于粗颗粒抗压实能力远高于细粒沉积物，造成不同微相地层静压具有一定差异，滩间低地的细粒碳酸盐沉积物的过饱和压实流体从滩周缘进入滩核，这种成岩流体具有极强的胶结能力。但是，因初期压实的影响，滩体不同部位的孔喉结构出现差异，导致压实流体进入难度和活动特点不同。

洗象池群颗粒岩厚度较小，初期压实较弱，颗粒仅能在滩核的中下部形成格架支撑，顶部及周缘大部分区域颗粒具有大孔大喉的特征，强胶结流体较易进入其中，影响滩体的主要部分；只有在颗粒岩中下部由于周缘及顶底部被致密化，流体难以进入而保留薄储层。

龙王庙组颗粒岩厚度较大，不同微相由于水体能量不同，沉积厚度差异较大，造成储层发育明显不同。滩缘与洗象池群颗粒滩相似，沉积时能量较弱，沉积厚度较小，初期压实弱，喉道较大，且与细粒沉积物呈指状直接接触，导致强胶结的流体进入畅通，胶结作用强烈，形成致密的岩石；滩主体部位能量较高，颗粒粗大，沉积速率快，厚度较大，压实作用下可形成格架支撑，孔隙虽有一定的减小，喉道缩小更加严重，加上滩缘的阻隔作用，使外界流体很难进入滩核内，另外，随着流体进入滩体，含盐度逐渐下降，胶结能力逐渐丧失，有限的化学沉淀物使喉道堵塞，成岩流体达到平衡后使胶结作用终止，早期形成的孔隙处于溶蚀-胶结平衡状态，仅在粒间、粒内溶孔形成了结晶速度缓慢、自形程度较高的粒状方解石或白云石，较多残余粒间孔得以保存。因此经过早期压实和浅埋藏胶结作用后，滩相不同部位的储层物性差异很大。

（4）中深埋藏构造进一步优化储层，但对孔隙影响较小。

如上所述，滩缘由于胶结压实作用孔喉被堵死，滩核部位虽保存了残余粒间孔，但与外界流体交换不畅；沉积后至印支初期，四川盆地寒武系储层沉积期间，总体处于拉张环境（虽经过几次抬升运动，均未对龙王庙组产生大的影响），不利于大规模裂缝产生，洗象池组和龙王庙组滩相储层中水平缝不发育；印支期，下寒武统筇竹寺组烃源岩开始成熟，形成液烃，含 H_2S 等酸性液体不能大量进入滩核的残余粒间孔内，只能沿着少量发育的裂缝进入残余原生粒间孔内，对滩核部位的孔隙优化程度较低，孔隙度回升不超过 1% ~3%；喜马拉雅期，该区地质应力发生转变，以挤压力为主，构造运动使盆地内地层褶皱抬升，对储层改造较大，产生大量的高角度缝，极大地提高了储层的渗透能力，进一步优化了储层，具溶蚀能力流体可以介入，裂缝沟通的残余原生粒间孔内的胶结物可部分被溶蚀，形成溶扩残余粒间孔；但由于系统较为封闭，溶蚀的物质在滩体内部重新胶结，储集空间总量变化不大，由前期残余粒间孔为主变为以残余粒间孔及溶扩残余粒间孔为主。可见，中-深埋藏构造对龙王庙组储层的优化改造主要表现在对渗透能力的提高上，孔隙度并未明显增大（图 3-88）。

2）中二叠统热液白云岩储层

近年来，受构造作用控制的热液白云岩受到广泛关注，越来越多的地区和油气田发现与热液白云岩有关的油气藏，如西加拿大盆地中泥盆统和密西西比系、美国东北部奥陶系、密执安和阿帕拉契盆地奥陶系、西班牙滨线和远滨白垩系、阿拉伯湾地区的二叠系—三叠系及侏罗系—白垩系等许多油田的白云岩储层都取得了较好的勘探成果，被重新识别为构造控制的热液白云岩，而这些白云岩储层以前都被解释为其他成因（Paganoni et al.，

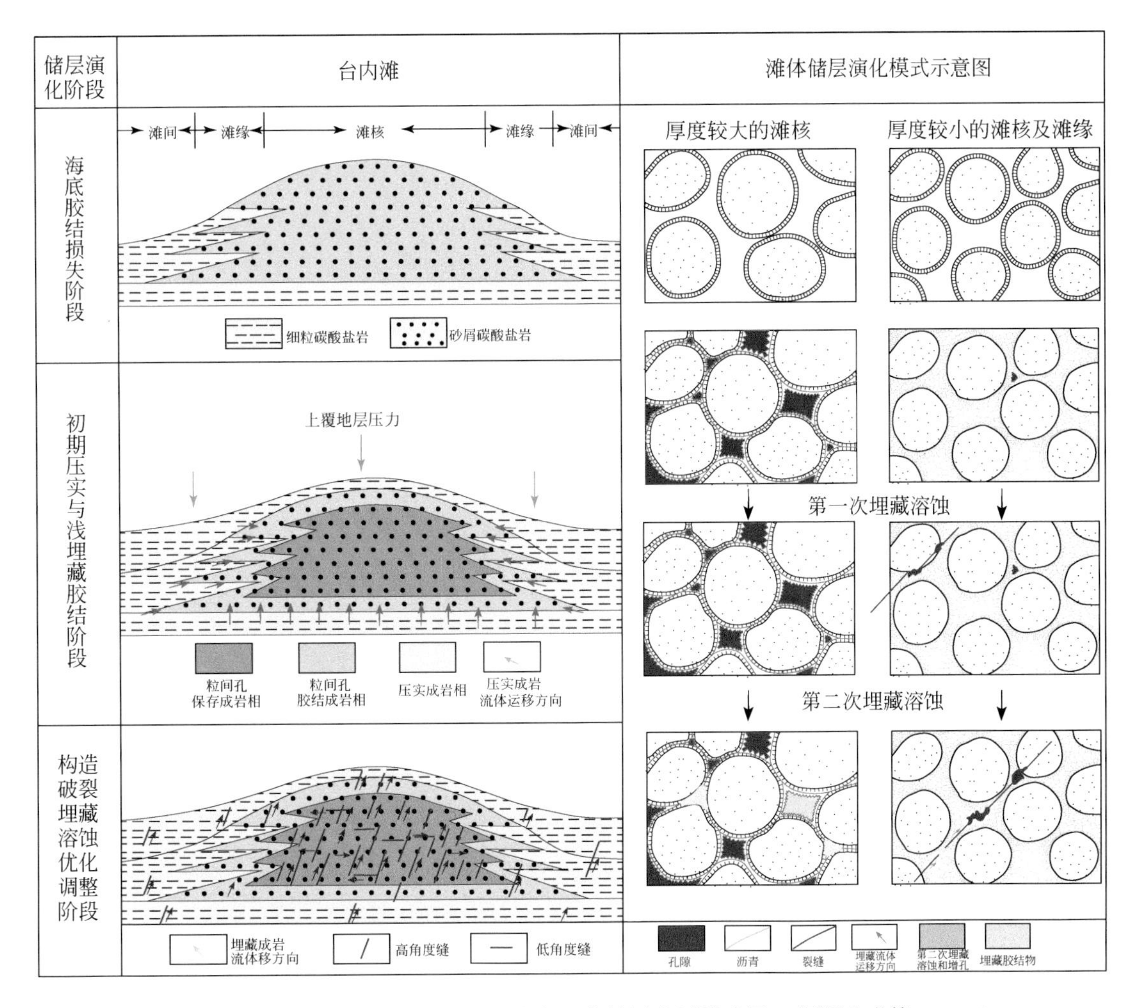

图3-88　四川盆地龙王庙组滩相颗粒白云岩储层成因模式图（据谭秀成等，2011）

2016）。热液白云岩储层通常具有较高的工业价值。随着四川盆地中二叠统白云岩地层中天然气勘探开采的接连突破，对其白云岩成因机理的探究越来越迫切。四川盆地在晚二叠世经历了区域性的火山活动，即峨眉山大火成岩省（He et al.，2009；Deng et al.，2020）。峨眉山大火成岩省喷发前和喷发时带来的区域性的热效应和异常高的地温梯度，这对于彼时处于准同生-浅埋藏阶段，具有较高原始孔隙度的中二叠统栖霞组—茅口组地层中热液白云岩的形成有着显著的影响。四川盆地中二叠统热液白云岩储层具有巨大的勘探潜力，是四川盆地天然气勘探的重点突破层位（图3-89）。

四川盆地中二叠统热液白云岩储层在平面上有着沿基底断裂分布的特点（图3-89），垂向上主要集中在栖霞组第一段上部和第二段以及茅口组第二段上部和第三段。整体上具有白云石类型多样、成岩期次较多、时空分布差异性较大等特点。热液白云岩储层岩石类型以热液改造白云岩为主，即中晶、粗晶白云岩，其次为白云石胶结物（图3-90）。他形中-细晶白云岩晶体镶嵌接触较为致密，主要的储集空间为裂缝、未被完全充填的晶间孔、溶蚀缝及晶间溶孔（图3-90）。

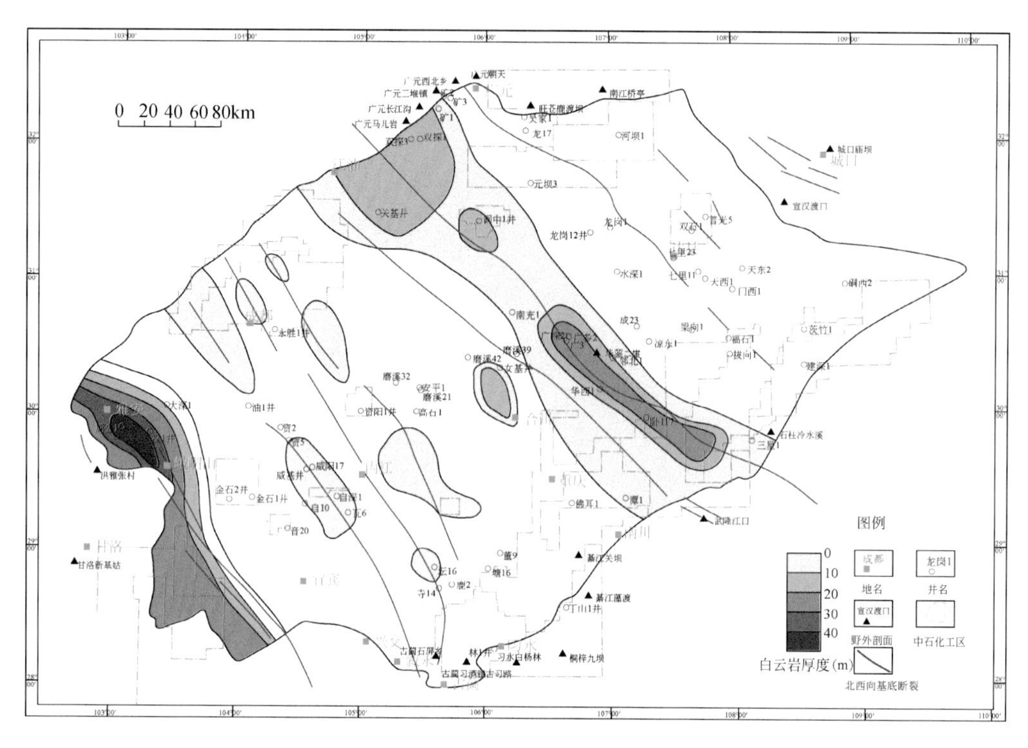

图 3-89　四川盆地栖霞组—茅口组热液白云岩分布图（据郑浩夫等，2020）

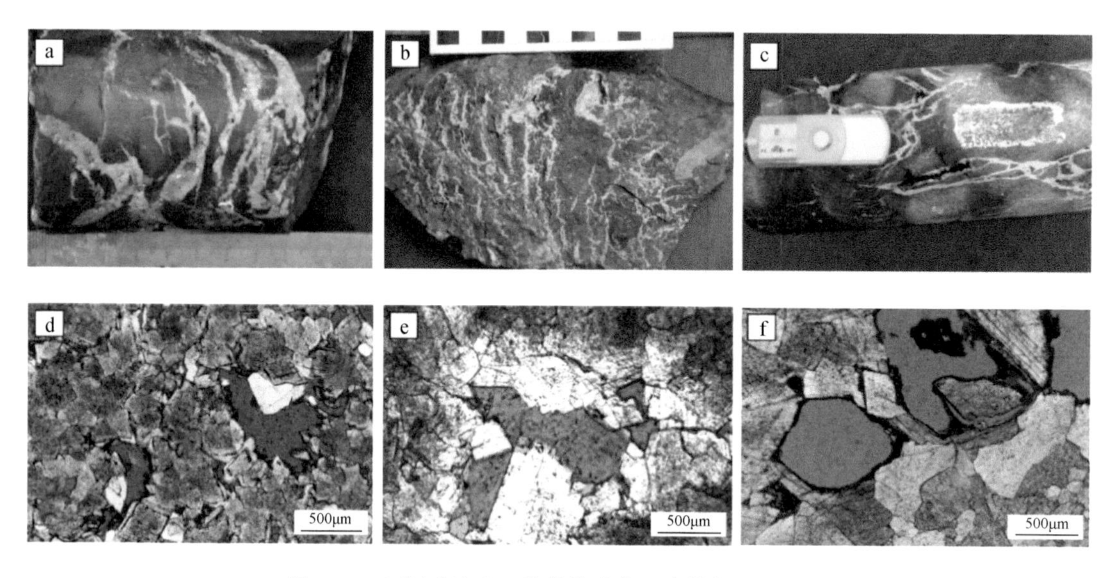

图 3-90　四川盆地中二叠统热液白云岩储集空间类型

a. 泰来 6 井，茅口组，未被完全充填的溶蚀缝；b. 张村，栖霞组，未被完全充填的水力压裂缝；c. 广参 2 井，茅口组，白云岩的溶蚀孔洞中充填有方解石、鞍形白云石和石英，4591. 42 ~ 4591. 98m；d. XJG-17-3 井，中粗晶白云岩，溶孔发育，可见少量石英充填；e. 汉深 1 井，栖霞组，4965. 4m，未被完全充填的溶蚀孔隙；f. CJG-9 井，栖霞组，中-粗晶白云岩，白云石见溶蚀，溶孔中沥青贴边四川盆地中二叠统白云岩以构造-热液白云岩为主，成岩流体为海水和与 ELIP（峨眉山大火成岩省）有关的岩浆热液的混合流体，白云岩具有形成时间早、高温高盐度、显示热液流体的地球化学性质、分布受断裂控制等特征（韩晓涛等，2016；刘建强等，2017；蒋裕强等，2018；胡东风等，2019；张涛等，2020；郑浩夫等，2020）。

在 ELIP 活跃期，构造活动进一步加强，大量同生断层、构造破裂伴生，在川西南和川中地区大量岩浆热液上涌，川西北地区地热增温进一步加强。在此阶段，岩浆热液可以为地层提供更多的 Mg^{2+} 和热量，同时由于地层导热和断层的传热作用，上述第二阶段热对流循环进一步加强，白云石化流体在滩体及前期形成的白云岩孔隙内进行进一步作用，交代灰岩或使早期白云石重结晶，形成热对流驱动流体运移的热液改造为主的中粗晶白云岩。白云石化流体为二叠纪海水与岩浆热液的混合物，在靠近断层处形成更具典型热液白云岩特征的白云岩体，如中粗晶白云岩具有外来流体性质的地球化学特征、非层控分布、Cd 鞍形白云石胶结物、斑马纹、水力膨胀角砾化、高温高盐度包裹体特征、热液矿物充填等；在远离断层处白云石化流体中热液流体含量较低，则形成类似于海水成因的细晶白云岩，如显示海水流体的地球化学特征、较低温低盐度的包裹体特征、层控分布、不具备典型热液特征等。在川西南地区，更靠近 ELIP 中心，构造-岩浆热液活动频繁，热液改造中粗晶白云岩十分发育；在川中地区，构造-岩浆热液活动相对较弱，热液改造中粗晶白云岩沿最为活跃的川中基底大断裂分布，且厚度相对较小；在川西北地区，远离 ELIP 中心，且茅口组上部未见玄武岩覆盖，推测为构造-岩浆热液，仅存在少量中粗晶白云岩，可能因靠近断层受到更高温度的影响，为较高温热液对流白云石化作用形成（图 3-91）。

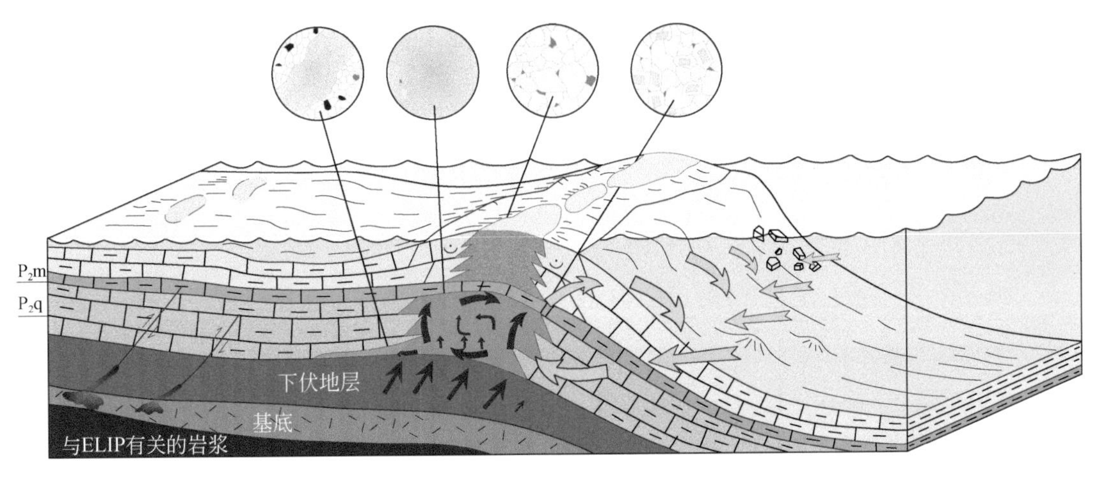

图 3-91　四川盆地中二叠统热液白云岩成因模式（据 Dong et al.，2020，修改）

3）三叠系飞仙关组白云岩储层

川东北长兴组—飞仙关组储集层一般埋深大于 5000m，但仍然有较高的孔隙度（最高近 30%）。区域性连片分布的白云岩体是重要的储层，岩性以鲕粒白云岩、残余鲕粒白云岩为主，部分滩间结晶白云岩。白云岩按原始结构的保存程度分为残余粒屑结构、残余颗粒结构和残余影像结构。主要孔隙类型包括残余粒间孔、铸模孔、粒内溶孔及晶间孔（图 3-92）。

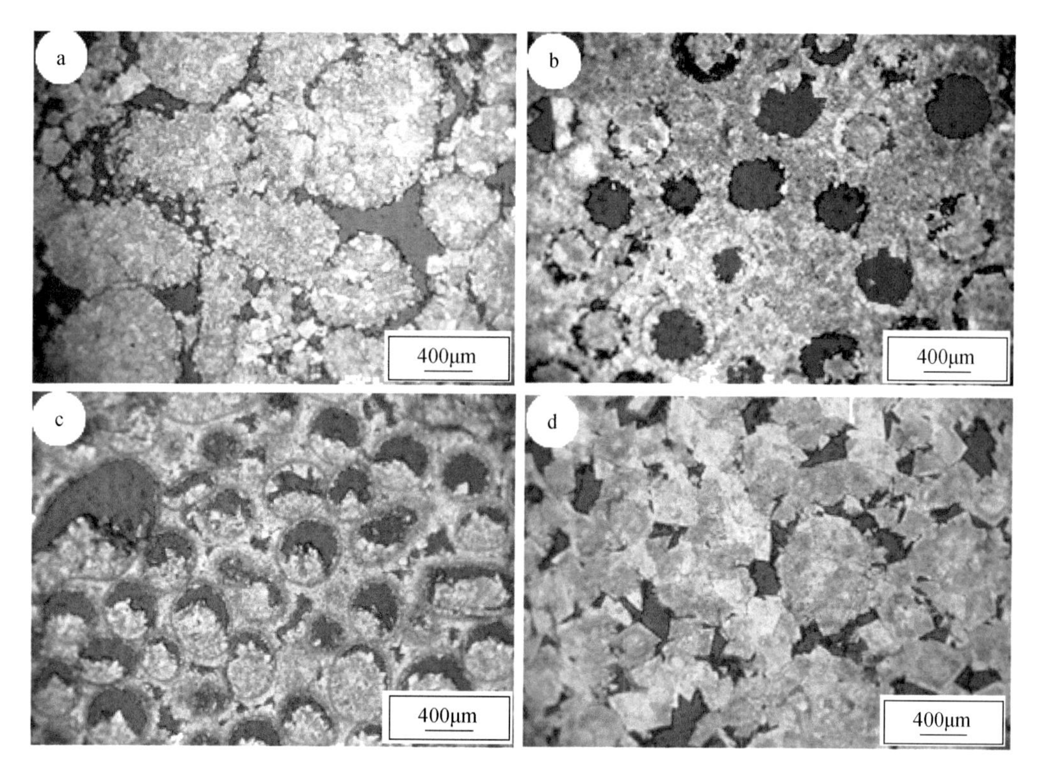

图 3-92　普光气田长兴组颗粒白云岩储层孔隙特征

a. MB4 井，残余颗粒结构白云岩，粒间孔发育；b. PG2 井，鲕粒白云岩，鲕粒完全被溶，形成鲕模孔；c. PG2 井，鲕粒白云岩，发育大量粒内孔，其内壁见白云石晶体；d. MB4 井，残余影像结构白云岩中的晶间孔，原始可能为粒间孔

目前的研究表明，这种鲕滩白云岩储层发育的好坏无非受控于两大方面的因素，即沉积和成岩，具体来说就是主要受控于高能沉积相带、早期暴露或经受较强的大气淡水或混合水溶蚀改造和较强的白云岩化作用；而大量烃类较早充注及区域性盖层的发育则有效地保护和保存了储层孔隙；在烃类随着埋藏而发生蚀变的同时，TSR（硫酸盐热还原效应）作用通过对储层流体的改造，也对储层本身有微弱的影响。

（1）高能鲕滩沉积相决定了飞仙关组储层发育的位置。

飞仙关组鲕滩白云岩是川东北地区所发现的包括普光大气田在内的一系列三叠系气田的主要储渗体。鲕滩白云岩主要集中发育于飞仙关组第一段、第二段（T_1f^{1-2}）的台地边缘相带。包括普光、元坝、河坝在内的高能台地边缘相带基本环开江–梁平“海槽”或“陆棚”分布，且随着“海槽”的发育、填平作用而迁移展布。

但元坝和河坝地区的勘探实践表明，并非整个高能鲕滩相带均具有良好的储渗性能。溶蚀和白云岩化等有利的成岩作用决定了储层最终发育的优劣。

（2）鲕滩白云岩孔隙在Ⅲ级层序高位体系域中或高频旋回的中上部较发育。

飞仙关组一般可划分为两个Ⅲ级层序，分别由飞一段、飞二段和飞三段、飞四段构成。储层一般在Ⅱ级或Ⅲ级层序高位体系域中发育。同时，这些鲕滩一般可划分为多个高频旋回，在每个高频旋回的中上部，孔隙均较好。这与海平面的升降、水动力条件变化有关。

（3）鲕滩白云岩孔隙发育受控于早期成岩作用。

以烃类在储层中的充注（侵位）和演化为划分标志，把成岩作用划分为近地表、烃类充注之前、油气充注期、原油裂解气四个阶段，后者又可细分为湿气期和干气期。我们建立了本区飞仙关组储层中的矿物生长顺序，即文石-方解石-白云石-沥青-单质硫、黄铁矿-晚期亮晶方解石-石英，并以此建立了典型鲕滩储层的成岩演化序列。

孔隙定量分析结果表明，PG2井早期大气淡水溶蚀形成了大量粒内孔，之后白云岩化和可能的有机酸溶蚀造成孔隙加强；而在沥青之后形成的非选择性孔隙较少；且晚期沥青、方解石、单质硫和少量石英的沉淀破坏了部分孔隙；但总体来说，早期形成的孔隙越多，则现今孔隙越好。MB4井大气淡水作用并未形成较多粒内孔，而是原始粒间孔得到较好保存；在之后的白云岩化和重结晶过程中，对原始孔隙类型造成了一定程度的改造，使得现今晶间孔较发育；沥青充注之后的孔隙演化情况与PG2井类似，单质硫、亮晶方解石和少量石英的发育，使孔隙遭到一定破坏。而YB2井则代表了典型的未白云岩化的鲕粒灰岩的孔隙演化情况，仅局部形成少量铸模孔，又多被亮晶方解石充填，因此大气淡水较弱；由于没有白云岩化，缝合线极其发育，说明压实、压溶及其相关的胶结作用是破坏孔隙的主要因素，现今总体为非储层。

由上可知，鲕滩白云岩孔隙形成较早，在古油藏形成之前就已发育，而沥青之后局部可能有部分非选择性溶孔产生，但总孔隙微弱减少。若早期没有或少有大气淡水溶蚀和白云岩化作用，则孔隙不发育，现今难以成为有效储层。因此，大气淡水溶蚀和白云岩化可能是控制本区储层发育的最为关键的两个因素。

（4）早期暴露或经受较强大气淡水或混合水溶蚀改造。

由于海平面的升降，滩相易于出露水体，并受大气淡水淋滤，或大气淡水与海水混合水的溶蚀作用。各种地质和地球化学证据表明，本区大量粒内孔和这些粒内孔的示顶底构造的发育是大气淡水溶蚀作用的结果。

区域上，飞二期可能存在可对比的大气淡水作用阶段。不过在各个地区强度不同。最强在PG2井一带的台地边缘相带的中部，发育“宏观溶蚀”；向东靠近蒸发台地和向西靠近陆棚均以“微观溶蚀”和发育粒间孔为主。而在元坝地区较弱，仅发育30～50cm的铸模孔。表明这期大气淡水溶蚀虽然覆盖范围较广，但持续时间较短。

（5）浅埋藏条件下通江-开县蒸发台地的卤水回流是造成川东北鲕滩输导体白云岩化的主要模式。

研究表明，飞四段、嘉陵江组和雷口坡组发育区域分布的、与蒸发盐岩相关的准同生白云岩化，飞三段和飞二段局部也发育准同生白云岩。但飞四期—雷口坡期形成的准同生白云岩化流体，并未大规模向下或侧向渗透、回流或淋滤。也即大部分飞一段、飞二段发育的鲕粒白云岩，应该与全盆分布的飞四期—雷口坡期的蒸发浓缩卤水无关。鲕粒白云岩的区域分布表明，白云岩化流体与通江-开县蒸发台地的卤水有关，大部分是卤水回流白云岩化的结果。局部发育的糖粒状白云岩，与断裂带活动所引起的热液或热水白云岩化或重结晶作用有关。

白云岩化作用一般通过白云岩化流体的溶蚀，Ca^{2+}、Mg^{2+}等摩尔交换，过白云岩化或白云石胶结物的形成和白云石等体积交代方解石这几种方式对储层孔隙产生重要影响。另外白云岩化之后由于孔渗性变好而易发生选择性溶蚀作用，且白云岩比灰岩抗压实、压溶，因此易于保存孔隙和易发育断裂、裂缝，因此渗透率可获得极大提高，并与孔隙发育的白云岩体组合，构成良好的输导体系。

本区鲕滩的白云岩化是介于“等摩尔交换”和“等体积交代”之间，但更接近于“等体积交代”的过程。白云岩化和白云岩重结晶作用主要影响了白云石含量、晶体大小、晶体结构以及晶间孔的发育。而区域上的白云岩孔隙分布和白云岩化卤水来源（即通江-开县蒸发台地卤水）的关系表明，在台地边缘高能相带内但远离卤水源的白云岩储层物性变好，表明在靠近卤水源的一侧，白云岩化流体供应充分，发生了过白云岩化，使得孔隙降低了。

（6）多期裂缝的发育促进了储层的发育。

裂缝的发育在局部地区对储层物性有较强的贡献或改造作用，如川东北部分裂缝性灰岩储层的发育。但更大意义上，是裂缝沟通了油源和储层，使得早期有机酸进入储层并发生溶蚀，为后期原油的充注打开通道，原油之后沿着裂缝及其附近的孔隙活动，进入储层并形成古油藏。局部裂缝的发育形成了糖粒状白云岩，产生了储层物性最好的储集空间。晚期干缝的发育，使得原油裂解气藏得以在储层中大规模沟通，并发生调整。当然，这对气藏也有一定的破坏作用。

对川东北部飞仙关组鲕滩储层的裂缝研究认为，裂缝发育程度受岩性、构造因素控制。裂缝对储层总孔隙度贡献不大，但当储层总孔隙度较低时，裂缝发育程度与储层总渗透率有明显的正相关关系；当储层总孔隙度较高时，裂缝对储层总渗透率贡献不大，储层总孔隙度与裂缝发育程度呈负相关关系，即孔隙越发育，其裂缝越少。裂缝对金珠坪、铁山南气藏产能贡献较大，而对渡口河、罗家寨、铁山坡气藏产能影响不大。

（7）晚期封闭性成岩环境和烃类充注决定了鲕滩白云岩孔隙的保存。

飞四期及之后，川东北地区的沉积地貌已基本被填平。由于海平面下降和水循环受限，气候干旱炎热，包括川东北地区在内的整个四川盆地演变为台地蒸发岩与局限台地相间展布的沉积格局，区域上以沉积紫红色泥岩、泥灰岩、石膏及白云岩为主，虽然不利于储层发育，但广泛的泥、灰、云、膏沉积为油气藏的形成和保存，提供了极其重要的区域性盖层。这种区域性盖层的发育，使得储层处于相对封闭环境，外来流体难以进入储层段，因而后期流体活动较弱，从而难以发生大规模的沉淀胶结作用。

大量的研究表明，白云岩储层中的孔隙一旦形成，就难以被破坏。白云岩化之后，残留的灰岩组分易在后期被选择性溶蚀；白云岩抑制了压实、压溶作用，从而埋藏胶结作用较弱；白云岩脆性比灰岩强，从而易产生裂缝。另外，白云岩化流体所带来的卤水条件可能对储层有保护作用。在古油藏之下的储层段（古水层，如 PG2 井飞一段底部），储层孔隙也得以保存，这可能与地层孔隙水和储层围岩达到平衡，在封闭条件下成岩作用较弱有关。

烃类早期注入储层后，储层被分为含油层和含水层。在含油层，烃类排驱出孔隙中的流体或改变原流体的性质。由于烃类携带有伴生的有机酸和 CO_2，使孔隙水呈弱酸性，抑制成岩胶结作用，从而有效地保存了孔隙，保护了储层。原油充注较早（埋深大于2000m，白云岩重结晶后不久），使得大部分孔隙处于原油的保护下；晚期原油裂解，造成储层压力大为增高，天然气驱走孔隙中的流体，抑制了水-岩相互作用，从而保护了储层。

2. 塔里木盆地寒武系盐下白云岩储层形成机理

塔深1井在8408m深度的岩心上见优质白云岩储层，揭示了中下寒武统台缘礁滩相白云岩储层。中深1井寒武系盐下白云岩中获得工业油气流，是塔里木盆地寒武系盐下白云岩原生油气藏首次获得战略性突破，展示了寒武系盐下广阔的勘探领域与巨大的勘探潜力（王招明等，2014）。2020年1月，轮探1井在8200m之下的下寒武统吾松格尔组试油获得高产工业油气流，实现了塔里木台盆区碳酸盐岩新的勘探层系的突破，同时刷新了世界克拉通盆地油气发现深度新纪录（杨海军等，2020）。

塔里木盆地寒武系盐下发育微生物白云岩储层及颗粒白云岩储层两大类型。微生物白云岩储层可进一步划分为凝块石白云石储层、泡沫绵层白云岩储层及叠层石白云岩储层，主要的孔隙类型为微生物格架孔及溶孔。颗粒白云岩储层以粒间溶孔为主，少量粒内溶孔、铸模孔（图3-93）。从储层物性对比上看，颗粒白云岩比微生物白云岩储层质量更优。寒武系盐下白云岩储层的形成受沉积、成岩作用共同控制。

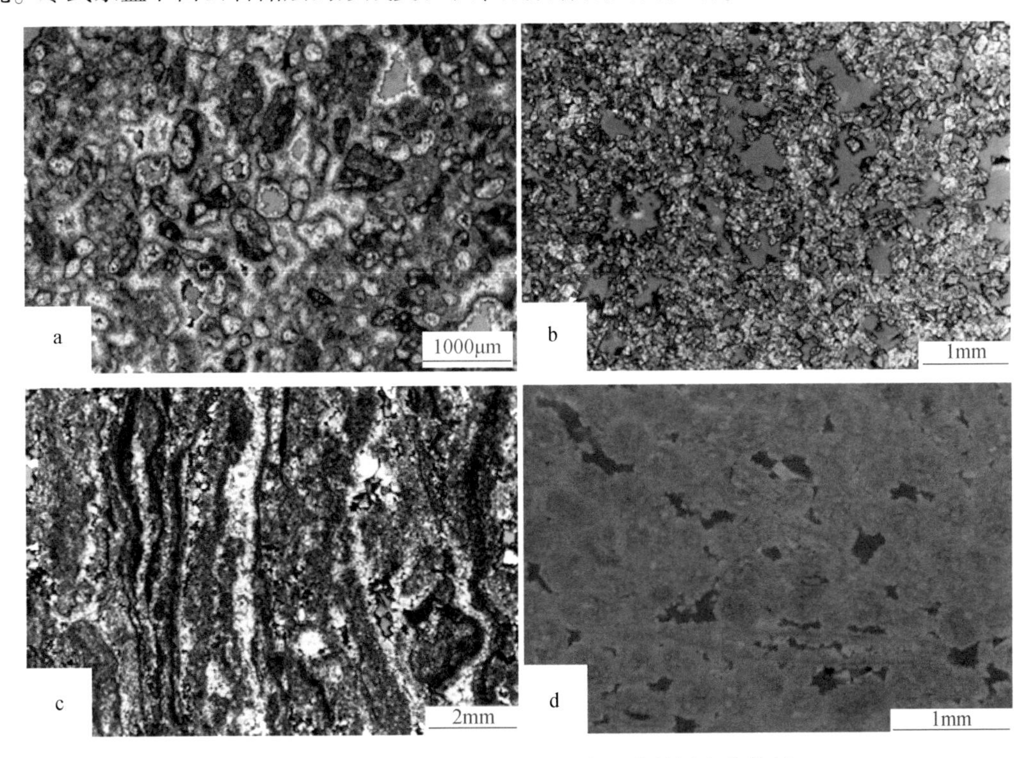

图3-93　塔里木盆地寒武系盐下白云岩储层发育特征

a. 微生物白云岩，泡沫绵层结构，微生物格架孔、体腔孔，方1井，4598.5m；b. 残余颗粒细晶白云岩，粒间（溶）孔，舒探1井，1916.8m；c. 叠层石白云岩，微生物格架孔，1885.6m；d. 鲕粒白云岩，楚探1井，7767.7m

1）沉积作用控制盐下白云岩储层发育位置和规模

其主要表现为：①微生物丘、浅滩相沉积是寒武系盐下优质白云岩储层发育的物质基础，盆内钻井资料岩石结构分析证实井下微生物丘/浅滩相累计厚度为30～115m，厚度受沉积期古地貌控制，储层发育厚度与丘/滩体厚度成正比。②海平面变化及沉积古地貌控制微生物丘、浅滩的空间展布特征，海侵体系域沉积期，海平面上升速度较快，微生物生长速度低于海平面上升速度，沉积相带横向迁移快，微生物丘/浅滩规模较小，横向不连续；高位体系域沉积期，海平面相对稳定，沉积相带横向迁移较慢，微生物丘/浅滩纵向上叠置，规模、厚度较大，横向上连续发育（图3-94）。

2）成岩改造控制盐下白云岩储层的质量

其主要表现为：①高频层序界面控制的准同生期暴露溶蚀是中-下寒武统优质白云岩储层形成的关键，野外露头建模表明优质储层发育于高频层序界面附近，相对海平面的周期性下降，使得沉积物遭受周期性暴露，更易接受大气淡水溶蚀，形成优质储层。②高能滩环境有利于发生准同生期溶蚀，是储层发育的最有利相带，高能滩相沉积水体较浅，海平面下降更易暴露，接受大气淡水溶蚀。③早期白云岩化可以有效改善孔隙结构，抑制压实-压溶作用，有利于储集空间的保存，寒武系盐下白云石化作用以准同生期萨布哈白云岩化及渗透回流白云石化作用为主，而在中深埋藏环境下以早期白云石（有序度较低）逐渐向理想白云石转变为主；对于泥晶沉积物而言，早期白云石化作用能明显改善孔隙结构，同时早期白云石化作用可以增强岩石抗压实能力，从而抑制埋藏期压实-压溶作用，使得早期的储集空间得以保存。④构造-流体活动主体表现为重结晶及充填（硅质/白云石），局部发生溶蚀，整体表现为对储层的破坏作用，野外露头建模表明沿断裂-裂缝溶蚀-充填作用发育，规模有限，构造-流体活动主体表现为充填（方解石/白云石/硅质）及重结晶作用，破坏早期孔隙。

3）膏盐岩-碳酸盐岩共生组合体和封闭的成岩体系控制着盐下白云岩储层孔隙保存

其主要表现为：①膏盐岩-碳酸盐岩共生组合有利于盐下储层早期孔隙的保存，中寒武统发育厚层的膏盐岩，由于膏盐岩具有较高的热导率，可以有效减缓下伏碳酸盐岩的成岩演化，同时还可阻隔上覆流体，封闭晚期成岩流体运移形成流体超压，较好地保留原岩结构和早期孔隙。②稳定构造背景下形成的相对封闭成岩体系有利于早期孔隙的保存。

3. 鄂尔多斯盆地马家沟组白云岩储层形成机理

1）白云岩储层类型及特征

鄂尔多斯盆地奥陶系马家沟组白云岩按岩石类型将储层分为三类：泥晶-微晶白云岩储层、晶粒白云岩储层和颗粒白云岩储层。其中晶粒白云岩型又可按孔隙类型分为晶间孔型和溶孔型两类。泥晶-微晶白云岩储层储集空间以膏模孔为主，颗粒白云岩储层储集空间以残余粒间孔为主。

（1）泥晶-微晶白云岩储层。

该类储层主要岩性为泥晶-微晶白云岩，膏模孔发育，呈圆形或椭圆形，直径普遍为1～3mm；孔隙往往呈半充填状态，即孔隙下部为泥晶-微晶白云石，上部为孔隙

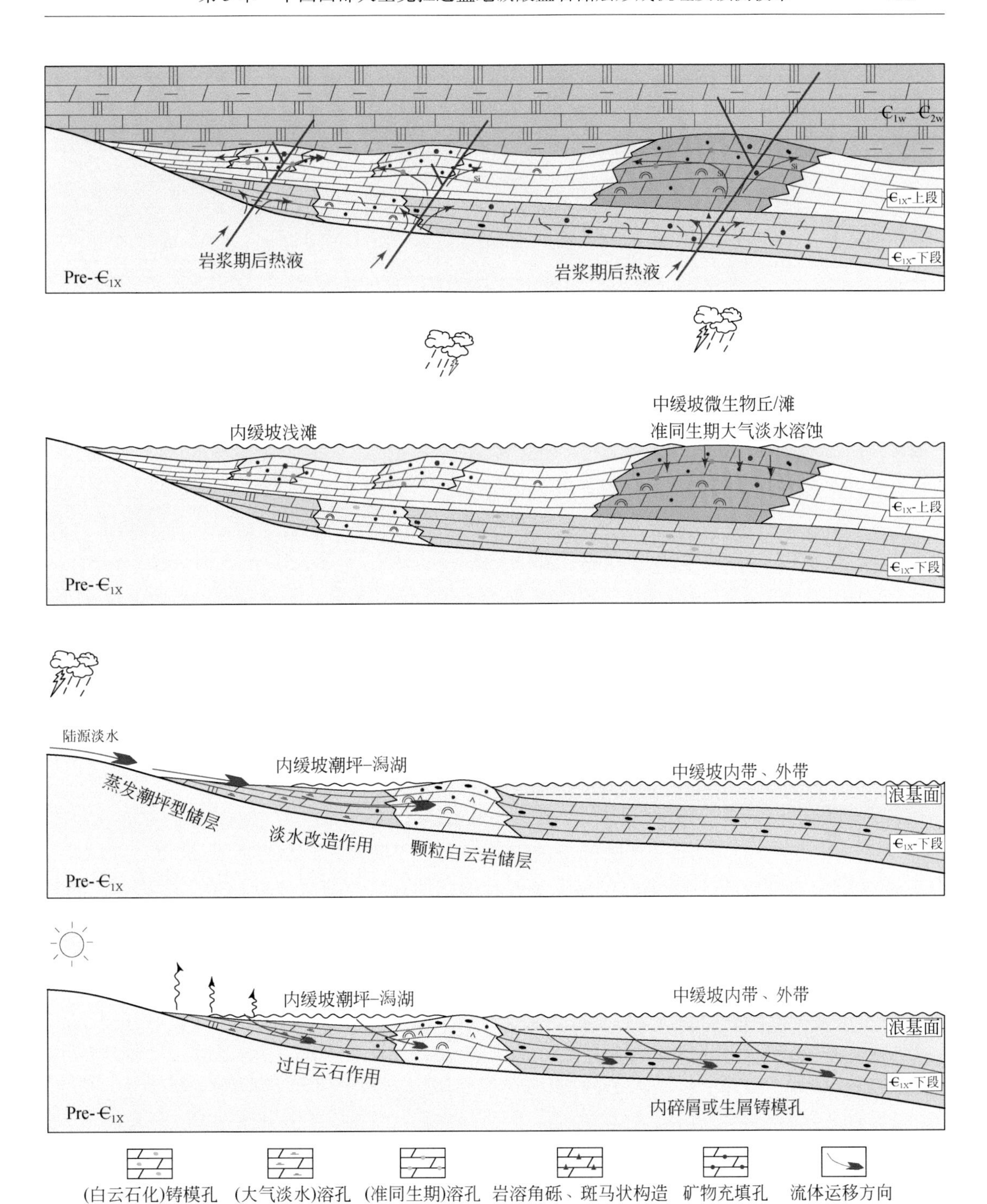

图3-94　塔里木盆地寒武系盐下白云岩储层发育模式

(图3-95)；也可见全充填孔隙，孔隙下部为泥晶–微晶白云石，上部为块状方解石或白云石，呈示顶底构造。

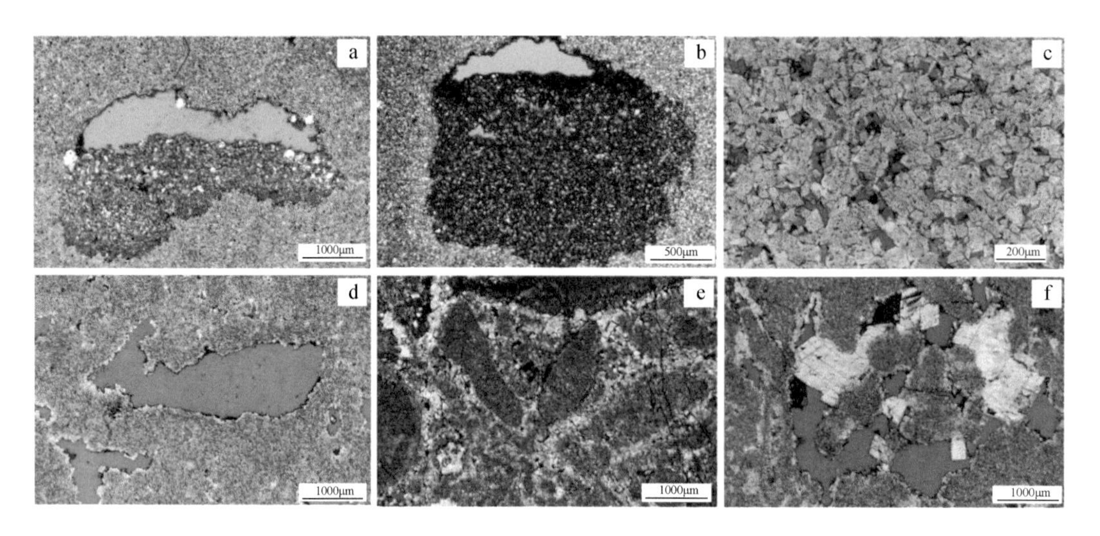

图 3-95 鄂尔多斯盆地中部马家沟组白云岩储层岩石学特征

a. 微晶白云岩，膏模孔发育，莲 108 井，埋深 3816.2m，马五段 2 亚段；b. 泥晶白云岩，膏模孔发育，统 75 井，埋深 3505.1m，马五段 3 亚段；c. 细晶白云岩，晶间孔发育，桃 38 井，埋深 3631.06m，马五段 10 亚段；d. 粉晶白云岩，溶孔发育，统 99 井，埋深 3160.03m，马五段 9 亚段；e. 粉晶白云岩，残余粒间孔发育，陕 367 井，埋深3947.6m，马五段 8 亚段；f. 粉晶白云岩，残余粒间孔发育，统 99 井，埋深 3159.07m，马五段 9 亚段

（2）晶粒白云岩储层。

马家沟组广泛发育晶粒白云岩，颜色主要为浅灰色和浅褐灰色，该类白云岩重结晶程度高，经历的白云岩化作用彻底，按照白云石晶粒的大小可分为细晶白云岩、粉晶白云岩。晶粒白云岩储层的主要孔隙类型为晶间孔和不规则膏溶孔。晶间孔发育的白云岩储层岩性主要为细晶白云岩、粉晶白云岩，晶间孔分布不均，局部富集（图 3-95c）。不规则膏溶孔型发育的晶粒白云岩储层岩性主要为粉晶白云岩，溶孔呈团块状、条状和不规则状，孔隙周缘较为光滑（图 3-95d），可见少量的自形白云石沿孔隙壁分布。

（3）颗粒白云岩储层。

马家沟组颗粒白云岩储层具有颗粒结构或残余颗粒结构，颜色多为灰褐色。具有颗粒结构的储层岩性主要为砂屑白云岩，砂屑大小为 0.3 ~ 2.0mm，储集空间主要为残余粒间孔，可见少量的晶间孔（图 3-95e、f）。具有残余颗粒结构的白云岩主要由粉晶到细晶的白云石组成，镜下可见较清楚的颗粒外形或颗粒幻影。马五段颗粒白云岩储层主要为残余颗粒结构和残余粒间孔发育的白云岩。

2）白云岩储层形成机理

（1）颗粒滩和含膏白云岩沉积是马家沟组白云岩储层发育的物质基础。

潮坪沉积环境潮间带以及障壁岛等局部高部位，水体能量高，是颗粒滩沉积发育的有利位置，利于沉积粒间孔发育的颗粒灰岩（图 3-96）。潮上带蒸发强烈，利于形成含膏质结核和团块的碳酸盐岩沉积物（图 3-96）。

（2）准同生期大气淡水溶蚀是膏溶白云岩储层形成的关键因素。

准同生溶蚀在研究区主要表现为潮坪环境沉积的石膏，在海平面下降期间，大气淡水的加入使得环境中的水体对石膏/硬石膏不饱和，石膏/硬石膏结核溶解，形成膏溶孔。

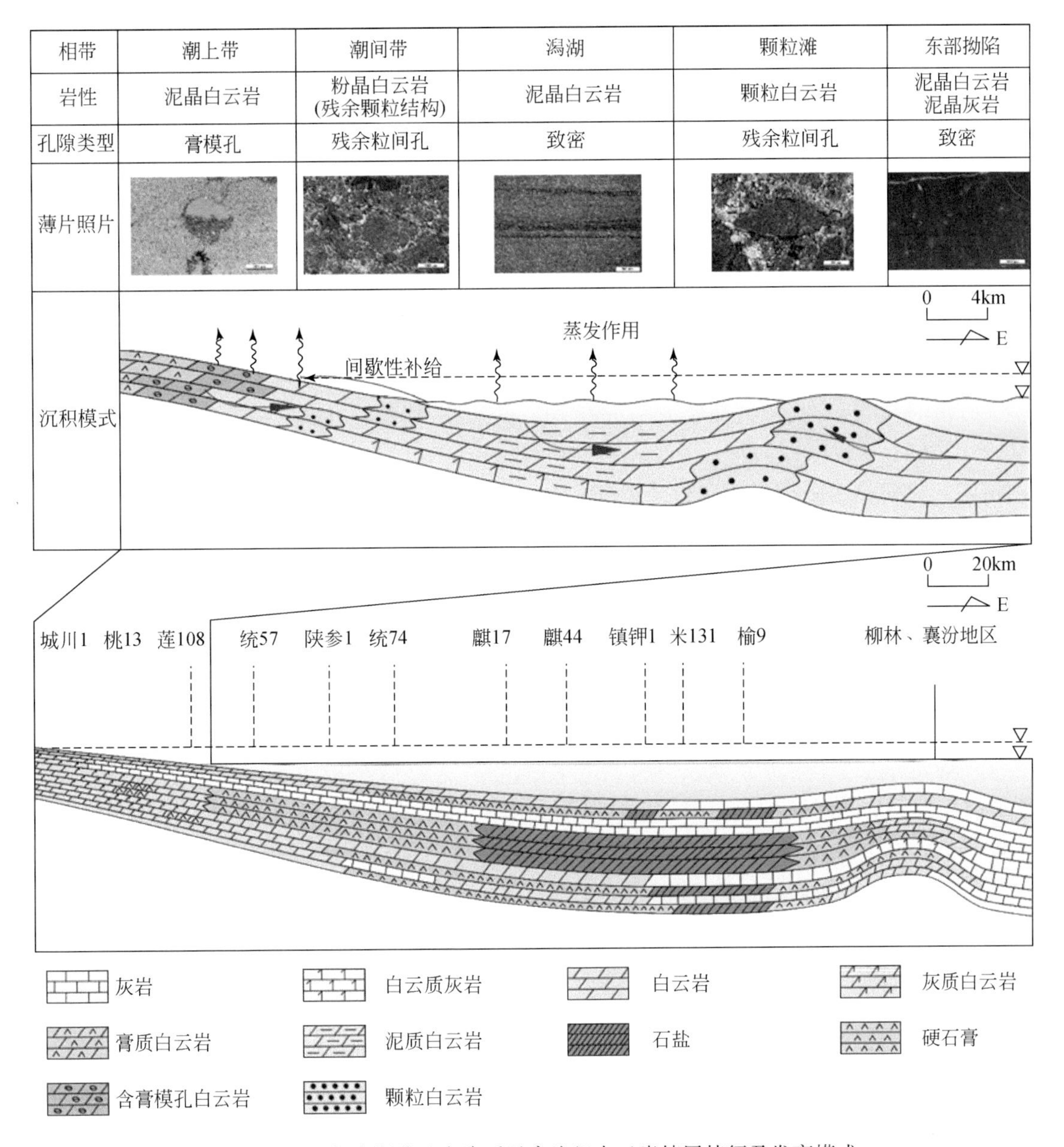

图3-96　鄂尔多斯盆地奥陶系马家沟组白云岩储层特征及发育模式

（3）早期白云石化可以有效改善岩石孔隙结构，抑制压实-压溶作用，有利于储层孔隙的改善和保存。

对浅滩颗粒灰岩沉积物而言，白云石化后，白云石晶粒较大，抗压实能力更强，有利于原生孔隙的保存。对于原始组构为泥晶-微晶的晶粒白云岩储层，早成岩期白云石化作用调整和改造了初始孔隙，使得微孔聚集为晶间孔并得以保存。

（4）中-深埋藏期油气充注，形成酸性孔隙流体，抑制胶结，利于早期孔隙的保存。

鄂尔多斯盆地马家沟组白云岩储层孔隙中可见残余沥青，表明该地层中发生过油气充注。油气中携带有 CO_2、有机酸、H_2S 等酸性物质，这些酸性组分会与孔隙周围白云石反应，产生溶蚀扩大孔。同时，油气充注形成一个酸性环境，抑制白云石沉淀，利于孔隙保存。

总的来说，马家沟组沉积时期，古地貌高地与海平面升降变化控制了颗粒滩相的沉积和白云石化作用的发生场所，继而影响了白云岩储层的时空分布。准同生期和浅埋藏期大气淡水溶蚀作用和白云石化作用是储集空间形成和调整的关键因素。中-深埋藏期油气充注，形成酸性孔隙流体，抑制胶结，利于早期孔隙的保存。

3.2.4 “三元控储”理论

20 世纪 60 年代以来国外学者对碳酸盐岩的压实作用开展了大量研究（Atwater and Miller，1965；Scholle，1977；Schmoker and Halley，1982；Halley and Schmoker，1983；Schmoker，1984），并得出深度与孔隙度的压实曲线：$\varphi=43.2e^{-0.000575Z}$（$\varphi$ 为孔隙度，Z 为深度）（Halley and Schmoker，1983）。研究认为，随埋深增加，由于压实、高温等作用，岩石超致密化。Scholle（1977）研究了白垩随着埋藏深度的加大，孔隙度变化情况。他认为白垩孔隙变化取决于岩石的最大埋藏深度和孔隙-水的化学作用。80 年代，Schmoker、Halley 对南佛罗里达盆地灰岩孔隙度与深度关系进行了研究，认为浅海沉积的灰岩孔隙度随着埋藏深度的增加不断减小，并得出了与碎屑岩极其类似的孔隙度与深度关系的数学模型。Ehrenberg 等（2005）从岩性、地质年代等角度对全球碎屑岩与碳酸盐岩储层的孔隙度与深度关系进行了统计研究，得出如下结论：不论碎屑岩和碳酸盐岩，埋藏深度越深，孔隙度越小。岩石深度每增加 1km，孔隙度（P_{50}）值减少 1%～3%；在同一深度下，岩石地质年代每增加 100Ma，孔隙度（P_{50}）值减少 1%～2%。Ehrenberg 认为随着深度的增加，岩石孔隙被充填的现象明显要多于溶蚀作用，埋藏溶蚀作用在深部储层中对孔隙度的作用并不明显。2012 年 Ehrenberg 再次在 AAPG 发表文章质疑碳酸盐岩埋藏溶蚀作用，并在国际学术界引发争议。针对 Ehrenberg 的观点，以 Wright 为首的一批在国际石油公司工作的地质学家以安哥拉、委内瑞拉、印度、哈萨克斯坦等地区的研究成果为例，提出了针锋相对的观点，主要有以下三个方面：①孔隙发育段与岩石组构、裂缝、断裂等发育相关，埋藏溶蚀作用是存在的；②碳酸盐岩埋藏溶蚀作用在一定条件下可能不增加孔隙度，但可以改善渗透率；③在有良好盖层条件下，可使热液在岩层顺层流动，并发生埋藏溶蚀作用，形成规模性储集体，储集体规模可能会超出人们早期的预期。我国学者张博全等（1995）对鄂尔多斯盆地碳酸盐岩研究也得出了现深度的压实曲线 $\varphi=35.786856e^{-0.000723Z}$，根据该曲线公式，认为现今 3500m 深度左右岩石孔隙度达 3% 以下，基本不具备勘探价值。2003 年，普光 1 井于 5600m 的井深获得高产工业气流，突破了传统的深度控制储层发育的认识，成为新一轮深层碳酸盐岩勘探高潮的起点。普光气藏飞仙关组、长兴组埋藏深度为 4800～6100m，孔隙度可高达 28.86%，优质储层厚度大，Ⅰ类储层在有的井中可达近百米，有效储层连续厚度大于 300m。根据埋藏史分析（朱光有等，2006），飞仙关组在白垩纪末期埋深可到 8000m，经历过如此大的埋深还可以保存发育较高的孔隙，其形成机制不是简单的埋藏压实与压溶作用所能解释的。如何合理解释中国西部主要大型盆地深层-超深层碳酸盐岩优质储层发育机理，是深化勘探的关键，本书结合近5年的研究工作，进一步丰富和完善“三元控储”储层形成理论，将进一步推动深层碳酸盐岩优质储层发育与保存机理研究的深入。

3.2.4.1　沉积-成岩环境控制早期孔隙发育

1. 储层物性严格受沉积环境控制

有利的沉积-成岩环境是优质储层发育的基础，碳酸盐岩原始孔隙发育首先受控于沉积环境，这一点无论是现代的碳酸盐岩沉积，还是经过多期成岩改造作用的5000m埋深的普光气田的长兴组、飞仙关组均得到了证实。水动力条件强，并且使碳酸盐颗粒能够反复淘洗的鲕滩、生物礁是高孔隙碳酸盐岩形成的最有利沉积环境。高孔隙碳酸盐岩是白云岩储层形成的必要条件，原生孔隙的存在是白云石化流体与岩石相互作用形成白云岩的重要条件，可以说没有原生孔隙，就没有白云石化作用，也就没有白云岩储层。同时高能鲕滩、生物礁环境也是一种易于暴露溶蚀，淡水、混合水发育，易于发生白云岩化的成岩环境。白云岩化作用在一定条件下，可以改善岩石孔隙与渗透性，更重要的是在深埋藏条件下，白云岩比灰岩更容易保存孔隙，具有更好的抗压实性，为深层优质储层的形成奠定了基础。早期形成高孔隙岩石的沉积相与后期可形成白云岩化的成岩环境是深层优质储层发育的先决条件。

实例：对普光气田碳酸盐岩沉积相、亚相与孔隙度、渗透率关系（表3-16、表3-17）进行统计，结果表明沉积相与储层发育的关系极为密切。其中，台地边缘浅滩相最好，台地边缘生物礁及台地蒸发岩相次之，斜坡相最差。暴露浅滩、潮道、障积岩及浅滩亚相是最好的储集层段。最好储层主要发育在水动力强并被水流反复冲刷，且易于暴露的沉积环境。梁平-开江陆棚两侧普光、元坝地区沉积环境的差异，导致长兴组、飞仙关组储层规模与分布存在明显差异。元坝台地边缘缓坡：斜坡宽、坡度缓，为1°~5°；普光台地边缘陡坡：斜坡窄、坡度陡，15°以上（图3-97）。

表3-16　普光地区长兴组—飞仙关组沉积相储层物性统计表

沉积相	孔隙度/%			渗透率/$10^{-3}\mu m^2$		
	样品数	范围	平均	样品数	范围	平均
斜坡	21	0.93~1.76	1.41	21	0.0103~0.432	0.0565
局限台地	84	1.26~20.94	3.13	57	0.004~41.5414	1.4876
开阔台地	17	1.32~1.95	1.62	17	0.0143~1.075	0.0846
台地边缘浅滩	744	1.11~28.86	9.24	664	0.0163~7973.7685	174.811
台地边缘生物礁	275	1.12~14.51	4.48	274	0.0116~1391.2082	16.6226
台地蒸发岩	591	0.45~17.24	4.54	526	0.0001~9664.887	81.9397

表 3-17　普光地区长兴组—飞仙关组沉积亚相储层物性统计表

沉积相	孔隙度/%			渗透率/$10^{-3}\mu m^2$		
	样品数	范围	平均	样品数	范围	平均
暴露浅滩	925	1. 11 ~ 28. 68	8. 38	842	0. 0163 ~ 7973. 7685	157. 8231
骨架岩	70	1. 12 ~ 8. 38	2. 19	70	0. 0116 ~ 129. 1227	2. 1079
障积岩	09	1. 27 ~ 14. 51	6. 50	108	0. 0148 ~ 223. 2907	7. 1924
潮道	65	3. 12 ~ 23. 05	8. 47	63	0. 0599 ~ 9664. 887	265. 8044
蒸发坪	465	0. 45 ~ 17. 24	3. 76	402	0. 0001 ~ 5418. 85	46. 1705
浅滩	277	1. 11 ~ 23. 05	5. 83	260	0. 0191 ~ 7973. 76850. 0	177. 902
浅水缓坡	44	0. 47 ~ 1. 83	1. 02	44	101 ~ 0. 3777	0. 0492
潟湖	46	0. 26 ~ 8. 91	2. 11	28	0. 0108 ~ 0. 7155	0. 095

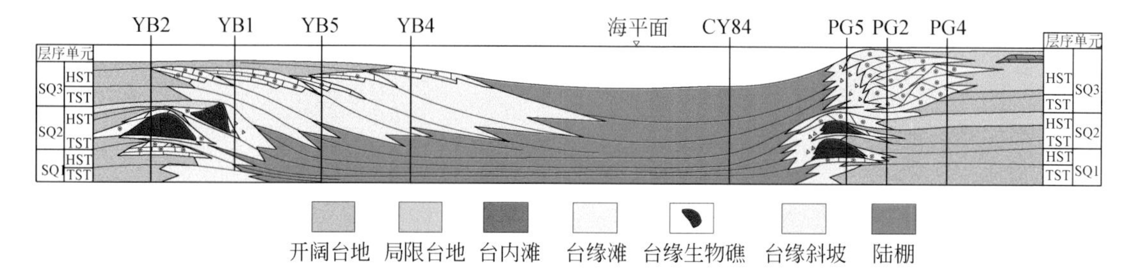

图 3-97　川东北地区台地边缘缓坡侧向迁移模式（左）和台地边缘陡坡加积模式（右）

沉积时期水动力能量的高低及古地貌决定了储层早期孔隙的发育程度，在台地边缘浅滩，水动力能量决定了碳酸盐岩颗粒与泥质的发育程度，岩石中的颗粒含量对储层物性具有明显的控制作用。早期高能沉积并非都是优质储层，需要后期成岩改造。通过对普光、元坝地区孔隙的定量统计表明（图 3-98），原生孔隙比例很小，现今孔隙大多数由成岩期的白云岩化、后期溶蚀等作用改造后形成。

2. *深层优质储层岩性均为白云岩*

普光气田储层岩性与其孔渗关系的统计表明，深层优质的储层均以白云岩为主。白云岩的储集性远远优于灰岩。图 3-99 是普光 6 井 4864 ~ 5393. 15m 深度的 349 个灰岩、白云岩孔隙度统计图，可看出灰岩孔隙度为 1% ~ 4%，白云岩孔隙度以 6% ~ 12% 为主，远高于灰岩。对普光 1 井取心井段白云石含量与岩石孔隙度的关系进行统计，当白云石含量低于 95% 时，样品的孔隙度都在 2% 以下，低于有效储层下限标准。储层主要发育在白云石含量大于 95% 的岩石类型中。

白云岩化作用对储集物性的影响，理论上认为在封闭系统中，白云石交代方解石或文石会引起矿物体积的收缩，因为白云石的摩尔体积小于方解石，摩尔体积减小幅度可达 12. 5%（Lucia，2007），有的学者认为体积缩小幅度可达 14. 8%（黄思静等，2007），这

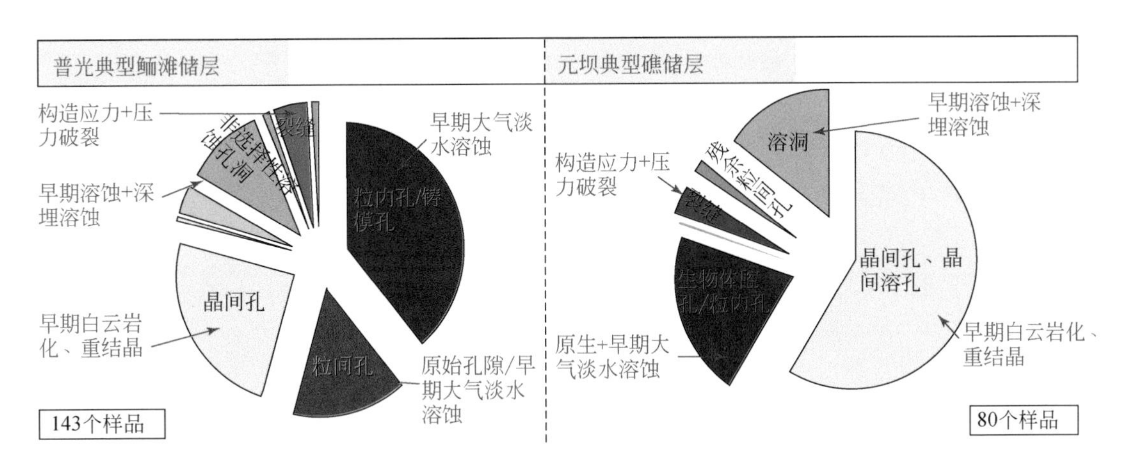

图 3-98　普光、元坝地区礁、滩储层孔隙的定量统计图

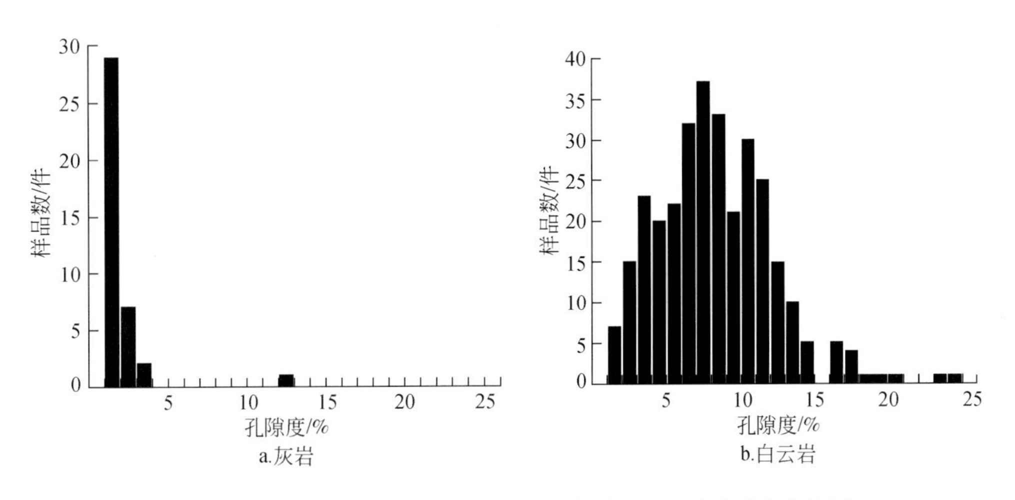

图 3-99　普光 6 井（4864～5393. 15m）灰岩、白云岩孔隙度统计图

是白云石化可改善岩石储集性的基础。但是白云石化需要大量的流体经过岩石内部，这就需要一个开放的环境，由此造成问题的复杂性，前人为此进行了大量的讨论，目前取得了一定的共识，但仍存在争论。Lucia（2007）认为白云岩化主要从以下几个方面影响了碳酸盐岩储层的物性：①白云石化作用可使矿物颗粒增大，相应加大孔隙体积，从而改善岩石的流动特性和毛细管性质；②通过白云岩化作用可形成溶模孔隙（铸模孔）；③白云岩化也可以使白云石晶体净增加，使孔隙体积减少，最终发生过白云岩化导致碳酸盐岩更加致密；④白云岩化可以使碳酸盐岩提高抗压实压溶作用的能力。正是白云石化前 3 个因素对岩石储集性的共同影响，导致在现实情况中存在白云岩的储集性既可能比灰岩好，也可能比灰岩差。而白云岩化对碳酸盐岩压实作用、压溶作用的抑制，是影响深层碳酸盐岩孔隙保存十分重要的因素之一。Ehrenberg 等（2006）对来自不同沉积背景、不同年代且不同埋藏深度的 5 个碳酸盐岩台地白云岩、灰岩互层进行孔隙度-渗透率研究。由于是白云岩、灰岩互层，可以近似认为它们都经历了相同温度、压力等物理、化学环境。通过统

计，Ehrenberg 等（2006）、Lucia（2007）均认为随着时间和埋藏深度的增加，白云岩的孔隙度均比灰岩要高，白云岩与灰岩更具有抗压实压溶性。在普光气田对灰岩、白云岩孔隙度统计也证实了这一点。

对钻井岩心和岩石铸体薄片观察和定量统计，认为普光气田白云岩是成岩早期形成的。理由如下：①根据岩心观察，鲕粒灰岩缝合线十分发育，而鲕粒白云岩不发育且鲕粒无压扁变形现象，说明白云岩化作用形成于大规模压实、压溶作用以前，正是白云岩的抗压实压溶性抑制了压实、压溶作用对储层的破坏；②白云岩化作用形成的晶间孔中均可见沥青发育，表明白云岩化和白云岩重结晶作用均发生于古油藏之前；③C、O 同位素分析表明，$\delta^{13}C$ 值为 2‰～5‰，$\delta^{13}O$ 值为 -3‰～-5.8‰，属于低温白云岩范畴（Allan and Wiggins，1993），与国外其他盆地相比，应形成于浅埋藏成岩环境（Warren，2000）；④对51 个 Sr 同位素分析，白云岩化流体与同期海水性质接近。高能鲕滩、生物礁环境在成岩早期属于易于暴露溶蚀、水体较浅的成岩环境，在这种环境中淡水、混合水或卤水发育，十分有利于发生白云岩化。

根据普光 2 井白云岩的残余结构与储集性规律的统计，Ⅰ类优质储层（孔隙度≥12%，渗透率≥$20\times10^{-3}\mu m^2$）以残余颗粒结构和残余影像结构为主，仅少量残余粒屑结构，其中最优质储层（孔隙度>15%）仅发生在残余颗粒结构和残余影像结构白云岩中，如飞一段下部残余影像结构的糖粒状白云岩实测孔隙度可高达 28.86%。而原始结构保存较好的残余粒屑结构白云岩，则由于岩石遭受的溶蚀和重结晶改造较弱，从而总体储集物性不佳。晶粒结构白云岩则一般只能形成Ⅲ类甚至Ⅳ类储层。可以看出，白云岩化作用是深层碳酸盐岩储层发育的先决条件之一，但白云岩必须经过一定强度的成岩改造，变为残余颗粒结构或残余影像结构之后，其储集物性才会有明显改善，这类成岩作用就是后期裂缝改造，以及流体的多期溶蚀。

3.2.4.2　构造-压力耦合控制裂缝与溶蚀

普光、元坝生物礁滩储层均属于裂缝-孔隙型储层，构造作用对改善储层质量具有重要作用（图 3-100），大部分储层孔渗相关性较好，呈正线性相关，属于裂缝-孔隙（溶孔）型储层。

该地区主要发育两种类型裂缝，即压性微裂隙和张性裂隙。不同地区、不同层段发育不平衡，有的以水平缝为主；有的平缝、斜缝和立缝都发育，相互交叉呈网状。压性裂缝由构造挤压而成，包括两期，缝宽小于 0.5mm，外观呈线状，充填少量碳质沥青和碳酸盐岩胶结物。张性裂隙由拉张作用形成，宽 2～10mm，有 3 期张性裂缝，早两期充填方解石，晚期未被充填。

通过对长兴组、飞仙关组岩心的裂缝描述与统计，具有以下规律：①从层位上来讲，飞三段的裂缝密度最大，而飞四段的裂缝密度最小；②从岩性上来讲，白云岩比灰岩的裂缝密度大，符合白云岩比灰岩更脆、容易产生裂缝的规律。在该地区裂缝主要受控于 3 个主要因素：①岩性组合；②构造变形；③构造应力叠加。

裂缝对改善储层局部乃至整体的孔渗性至关重要，显微镜下观察表明川东北长兴组和飞仙关组白云岩储层中发育有一定数量的小裂缝和微裂缝，对改善储层的孔渗性有重要作

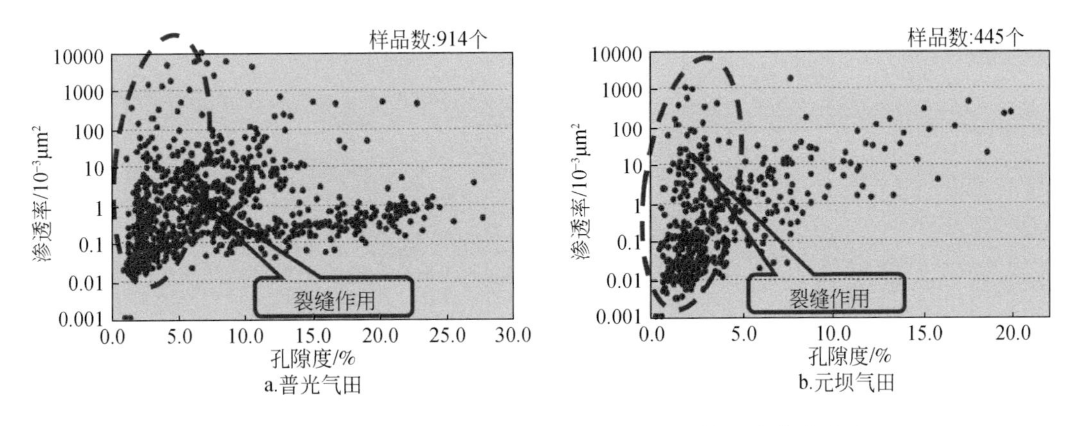

图3-100　普光气田和元坝气田长兴组生物礁滩储层孔渗关系图

用。微裂缝在储层中主要呈不规则的网状分布，如亮晶溶孔鲕粒白云岩和粉–细晶碎屑状白云岩中的微裂缝，在普通显微镜下呈网状和带状分布，沿裂缝有先溶蚀、后充填沥青的现象，并将裂缝两侧的孔隙连通形成统一的系统，说明此类裂缝对储层物性改善有重要贡献。此外在普光气田中的糖粒状白云岩是储层物性最好的白云岩，这类白云岩发育层位比较局限，且与断裂带的发育有一定关系。岩心观察发现，这些糖粒状白云岩的上下均发育大量的裂缝和角砾，显示它们的形成与断裂带及其相关的流体有关。

裂缝对储层形成有两大贡献。一是直接贡献，在成岩环境下形成裂缝，裂缝相关的溶蚀，沿裂缝发育溶孔、洞，形成岩石储集空间、改善岩石渗透率、提供流体通道，为溶蚀作用提供空间；二是间接贡献，也是十分重要的，裂缝沟通了储层的内部空间，有利于地下成岩流体，特别是不饱和流体的循环，使得地层中流体（如早期有机酸）能够进入储层中发生白云岩化、溶蚀等成岩作用，有利于进一步扩大储集空间。燕山期、喜马拉雅期发生的构造抬升作用是普光气田深层TSR作用下形成次生孔隙并保存的重要控制因素。

普光地区在TSR作用后期，构造发生抬升，导致温度、压力下降，热流体由饱和转为欠饱和状态，深层溶蚀作用发生，并形成次生孔隙；元坝地区处于向斜区，较普光地区深1000m，后期抬升幅度低，导致深层溶蚀作用不明显。

在构造抬升作用下，使碳酸盐岩处于地表、近地表环境，在大气淡水溶蚀作用下，形成岩溶型储层（图3-101、图3-102）。

3.2.4.3　流体–岩石相互作用控制溶蚀与孔隙的保存

长兴组—飞仙关组储集空间类型极其发育，类型丰富，以晶间孔、晶间溶孔、粒间溶孔和粒内溶孔以及溶蚀扩大孔为主，裂缝和压溶缝合线次之，还可见铸模孔、晶内溶孔以及晶模孔等孔隙类型。由于多期成岩改造作用的影响，原始的岩石孔隙结构受到破坏，有的甚至已被彻底破坏殆尽，导致碳酸盐岩的孔隙类型更加复杂。

根据孔隙与沉积物的组分、结构和构造的关系，将普光气田碳酸盐岩孔隙划分成3大类：①组构选择性孔隙，常见的包括粒内孔、粒间孔和晶间孔；②部分组构选择性孔隙，

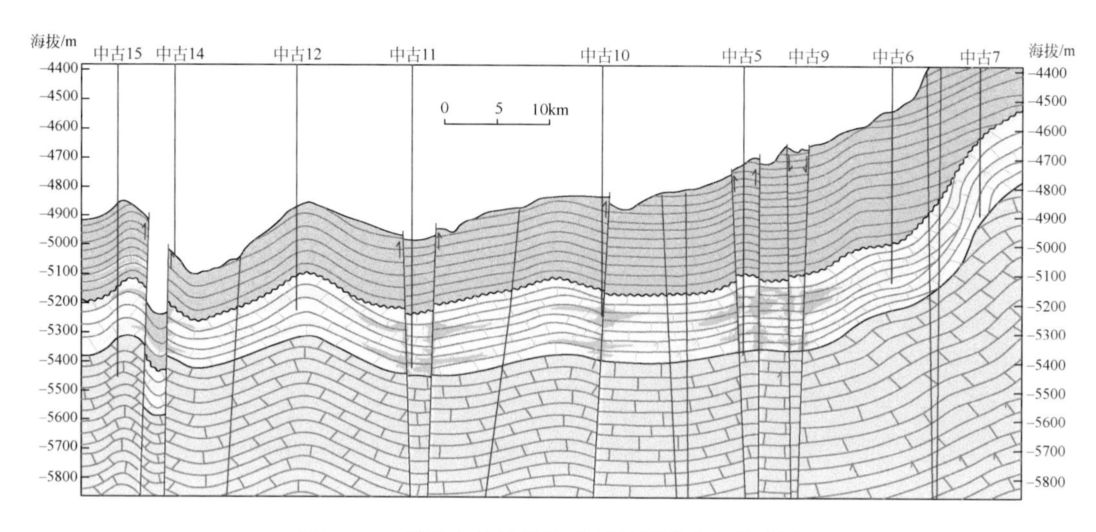

图 3-101　塔里木盆地奥陶系层间岩溶发育模式图

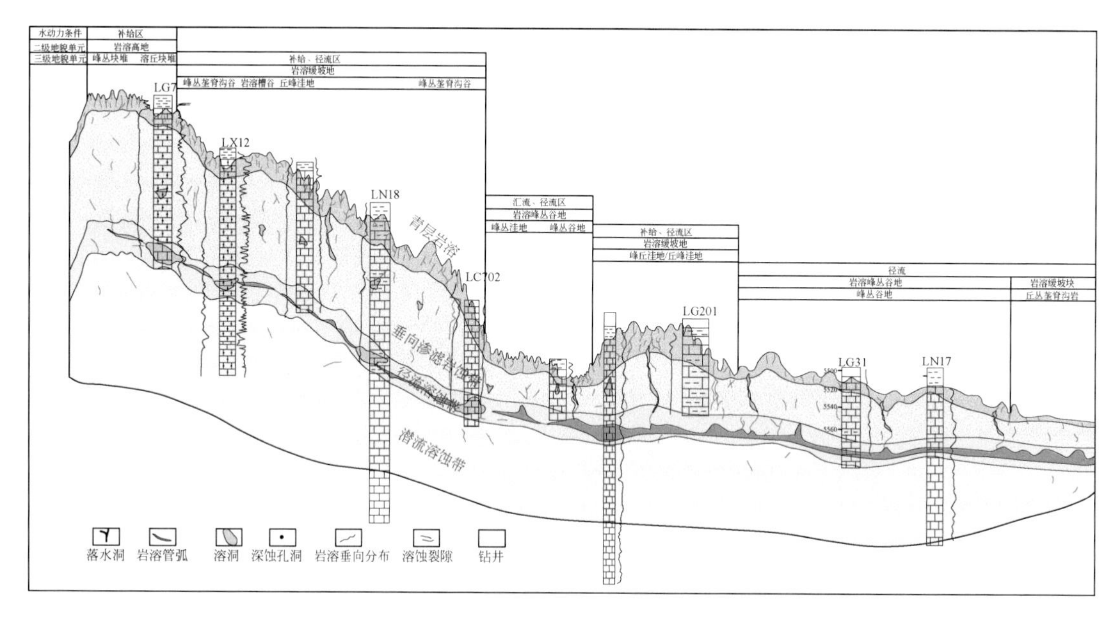

图 3-102　塔里木盆地奥陶系潜山岩溶发育模式图

常见的有溶蚀扩大孔，是晶间孔、粒间孔或粒内孔经溶蚀扩大而形成；③非组构选择性孔隙，按照孔隙本身的大小和形态细分为非选择性溶孔、溶沟、溶洞、裂缝和角砾孔（表 3-18）。

组构选择性孔隙主要包括原生孔隙和经过改造但仍以原生孔隙形态为主的孔隙；部分组构选择性孔隙是经过改造，但仍可保留原生孔隙一些特征的孔隙；非组构选择性孔隙则是后期改造形成的，不具有原生孔隙特征的孔隙。通过上述分类，在一定意义上包含了对孔隙成因以及孔隙演化等问题的认识。

表3-18 普光气田白云岩常见孔隙分类表

组构选择性孔隙			部分组构选择性孔隙	非组构选择性孔隙				
粒内孔	粒间孔	晶间孔	溶蚀扩大孔	非选择性溶孔	溶沟	溶洞	裂缝	角砾孔
原生粒内孔、粒内溶孔、铸模孔和粒内晶间孔	原生粒间孔、粒间溶孔、粒间晶间孔	—	溶蚀扩大粒内孔、溶蚀扩大粒间孔和溶蚀扩大晶间孔	—	—	—	—	—

通过对普光地区普光2井和毛坝4井孔隙类型的定量统计表明，普光2井以粒内孔和晶间孔为主，部分粒间孔和其他孔隙。毛坝4井以晶间孔、粒间孔和非选择性溶孔为主，与普光2井有较大的区别。基于储层岩石结构、孔隙结构和胶结物（填隙物）、同位素、流体包裹体资料，可以认为主要经历了大气水溶蚀作用、有机酸溶蚀作用、TSR溶蚀作用和深部热液溶蚀作用，这也同样适用于中国西部主要大型盆地深层碳酸盐岩的流体-岩石作用和孔隙演化过程，随着岩石由浅向深埋藏，岩石先后与大气水中所含的二氧化碳、岩石中有机质分解产生的有机酸、烃类与岩石中硫酸盐作用形成的硫化氢等流体发生溶蚀作用，最终形成深层碳酸盐岩优质储层（图3-103）。

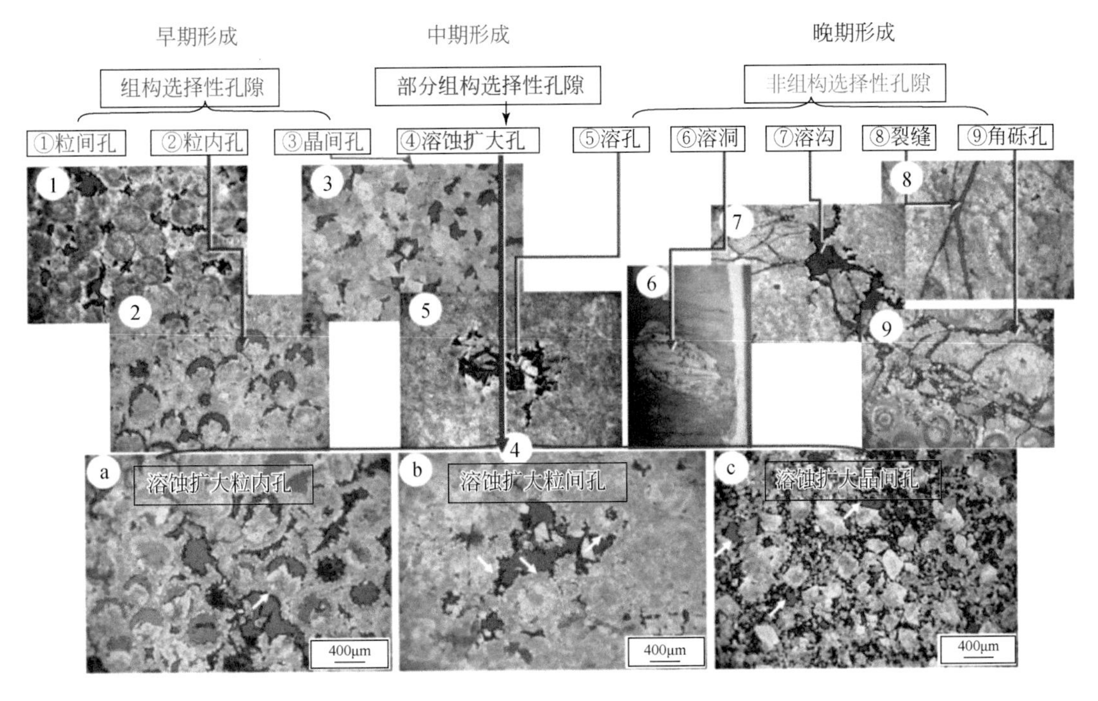

图3-103 中国西部大型盆地海相碳酸盐岩孔隙演化图

综上，中国西部主要大型盆地深层、超深层优质碳酸盐岩储层发育与保存，主要受以下因素控制：沉积-成岩环境控制早期孔隙发育、构造-压力耦合控制裂缝与溶蚀、流体-岩石相互作用控制溶蚀与孔隙的保存，简称为“三元控储”储层发育模式（图3-104）。

“三元控储”机理实质上是一个分级耦合作用过程，就深部优质储层而言，沉积-成岩环境是基础，构造应力-地层流体压力耦合断裂体系是前提，有机-无机反应与烃类-岩石-流体相互作用是关键。

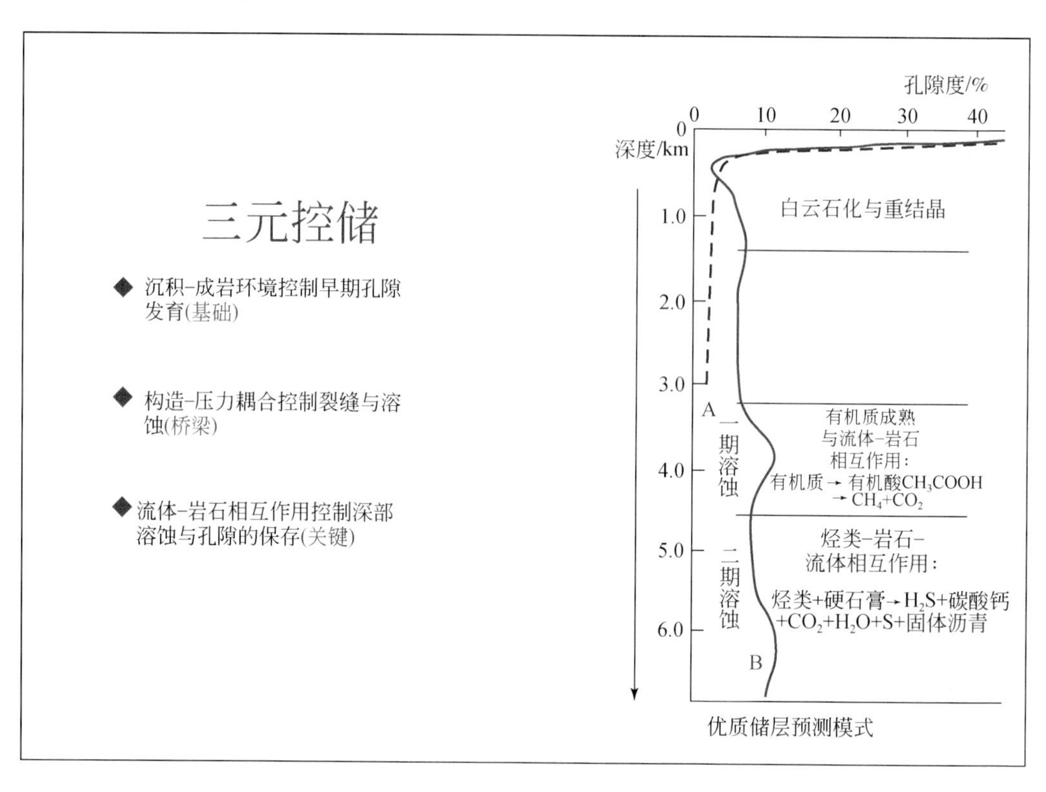

图 3-104　中国西部主要大型盆地海相碳酸盐岩优质储层“三元控储”模式

3.3　不同类型储层发育主控因素及分布规律

3.3.1　不同类型储层发育的主控因素

众所周知，碳酸盐岩储层的形成受沉积演化、成岩演化、构造演化控制。其中，沉积演化是基础、成岩演化是关键、构造演化是补充（图 3-105）。但不同类型碳酸盐岩储层发育的主控因素不同。

3.3.1.1　礁滩储层发育的主控因素

礁滩储层发育的主控因素包括沉积相演化、海平面变化、成岩作用等，各种因素综合决定了礁滩储层发育的质量。

已有观察及研究表明，不同盆地礁滩相储层，颗粒灰岩中海底胶结作用强烈，礁滩相储层的储集空间主要为粒内溶孔、颗粒铸模孔，少量发育粒间溶蚀孔隙和粒间溶蚀孔洞，

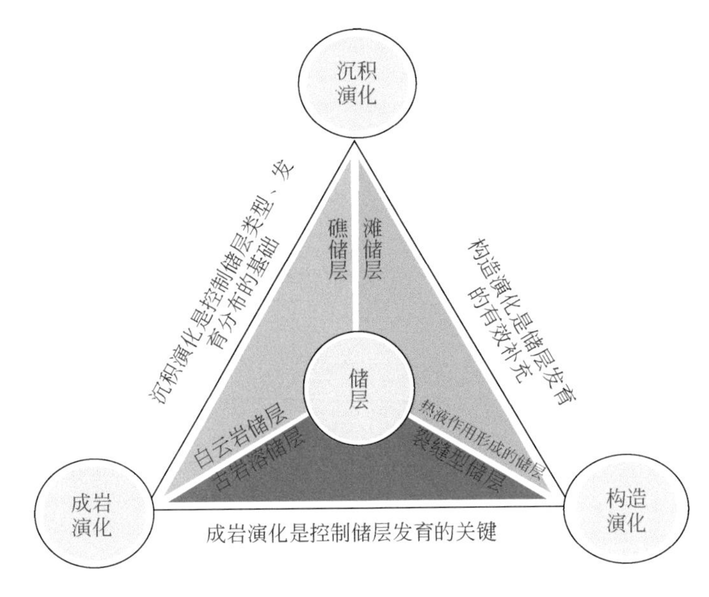

图 3-105　碳酸盐岩储层发育的主控因素示意图

很显然，这些储渗空间的形成与溶蚀作用有关，与早期受成分不稳定性控制的溶蚀作用有关。如塔里木盆地寒武系–奥陶系碳酸盐岩沉积过程中，多级次海平面旋回性下降，造就了礁滩体的旋回性发育，礁滩体暴露出海水面接受大气水的溶蚀改造，层序海平面变化必然要控制礁滩体储层的形成和发育分布。

白云岩储层受白云岩发育及其类型的影响，而后者又与层序海平面变化及气候因素有着密切的关系，层间岩溶储层的形成往往与层序不整合面或暴露剥蚀时间较短的平行不整合面有关的岩溶作用有关，很显然，其具体发生也与海平面的旋回性、周期性下降密切相关。

图 3-106 是塔北地区 T709 井一间房组滩相溶蚀孔隙型储层在层序、高频层序格架中的分布，可见其主要在三级层序高位体系域中上部发育，与三级海平面旋回下降阶段相联系，具体发育三套，与三个高频层序相联系，随着三级海平面的下降，储层在高频层序格架中的位置不断下移，可能是三级海平面变化与高频海平面变化的联动效应。图 3-107 是塔中地区塔中 161 井良里塔格组滩相储层在层序及高频层格架中的分布，仍可见礁滩相储层的发育与三级层序高水位体系域及其高频层序关系密切，三级海平面变化与高频海平面变化的联动效应控制此类储层的形成和发育分布。

3.3.1.2　古岩溶储层发育的主要控制因素

岩溶储层的发育，通常与构造运动密切相关。构造运动形成的古断裂活动导致多种类型储层的形成，断控岩溶储层、断控热液溶蚀储层的发育往往在平面上沿断裂分布，纵向上发育深度变化大，但大的岩性分段可对其纵向分布层位有一定制约作用，可致储层在宏观上显示出似层状或准层状分布，微观上，储层发育分布不受层位控制的特征。以塔里木盆地寒武系—奥陶系碳酸盐岩储层为例，说明古断裂活动对岩溶储层发育的控

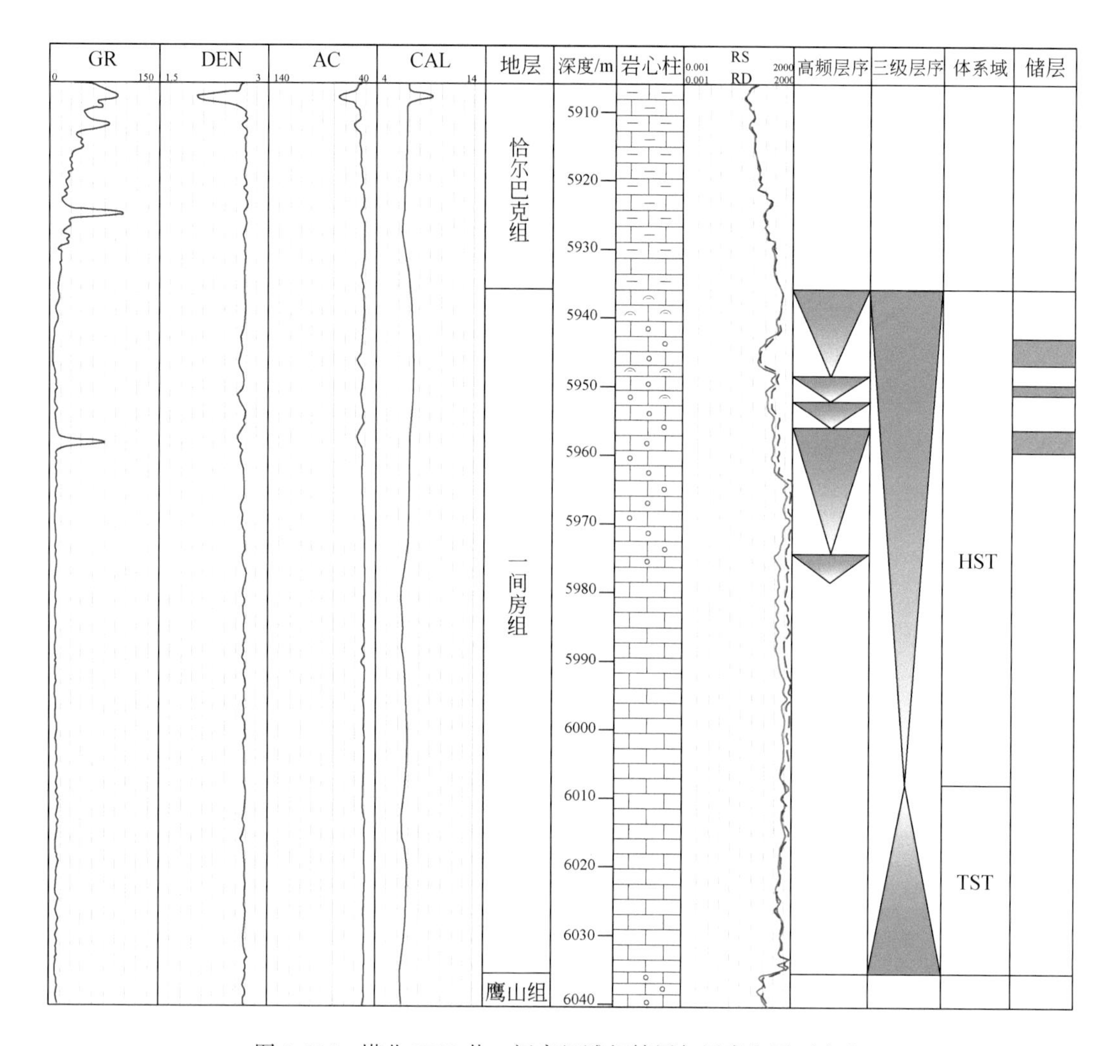

图 3-106　塔北 T709 井一间房组滩相储层与层序海平面变化

制作用。

古断裂活动对塔里木盆地寒武系—奥陶系碳酸盐岩储层的发育有重要控制作用，具体表现在以下几个方面。

（1）加里东中期第Ⅰ幕时期的古断裂活动导致塔中地区有较大幅度的整体抬升，隆起区一间房组完全缺失，甚至鹰山组部分缺失，良里塔格组与鹰山组直接接触，中下奥陶统碳酸盐岩遭受到较为强烈的加里东中期第Ⅰ幕不整合面大气水岩溶作用改造。

（2）加里东中期第Ⅲ幕时期的古断裂活动在塔中隆起断垒区、塔西南巴楚隆起中带表现强烈，表现为大幅度逆冲推覆，造就了断裂潜山的形成，塔中断垒带、塔西南巴楚隆起带这一时期有强烈的岩溶改造，潜山岩溶储层发育；塔北地区，这一时期也因轮台断裂活动，轮台断裂南侧发育岩溶作用，形成岩溶储层。

（3）加里东晚期—海西早期，塔河油田南部斜坡区、西侧哈拉哈塘区域的断裂活动，导致大气水沿断裂向下渗透岩溶，形成断控岩溶储层。

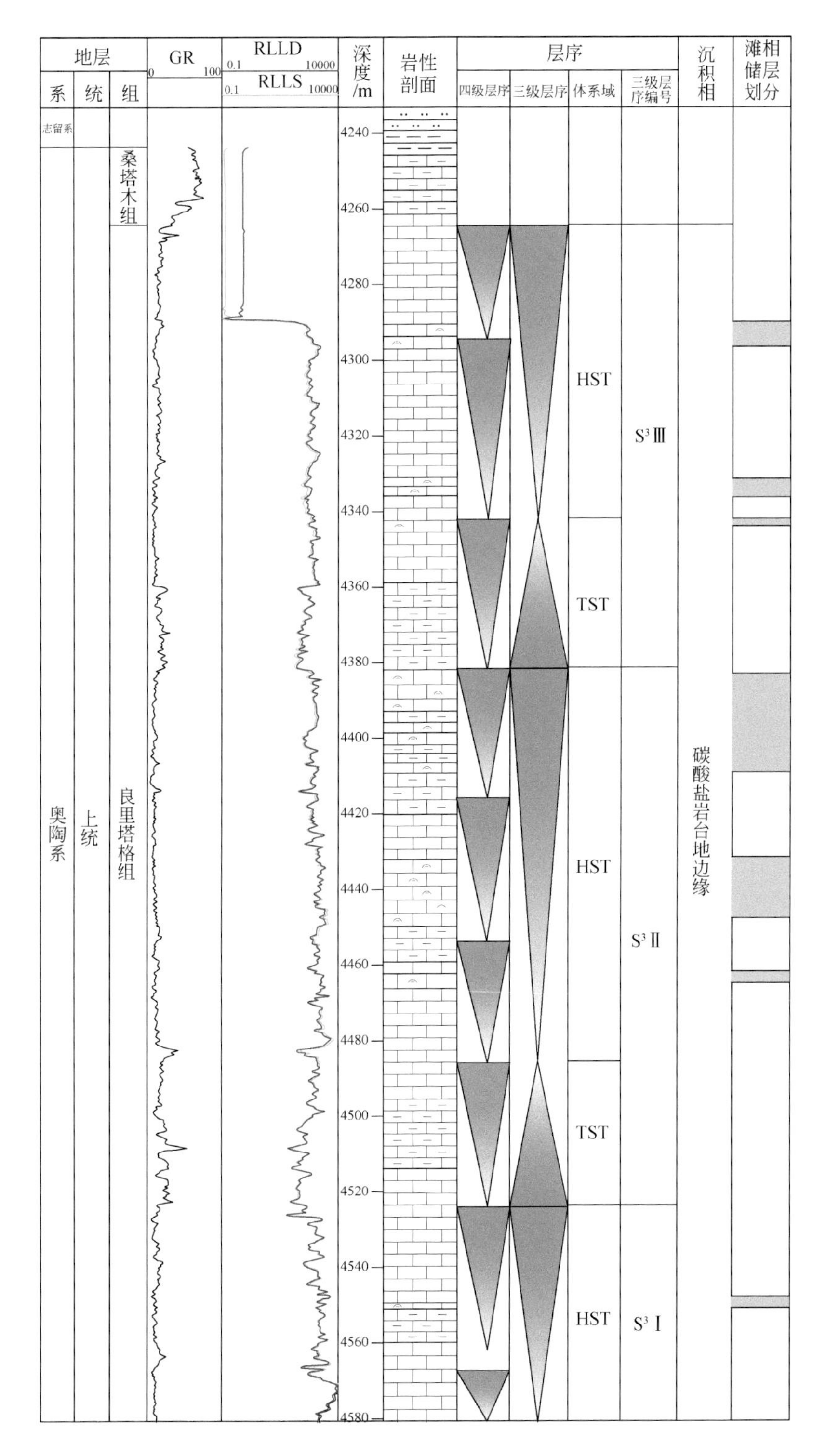

图3-107 塔中地区塔中161井良里塔格组礁滩相储层与层序海平面变化

（4）海西晚期的古断裂活动，导致二叠纪火山喷发岩的普遍发育，引起广泛强烈的岩浆期后热液地质作用，形成热液溶蚀储层。

3.3.1.3 白云岩储层发育的控制因素

根据前面的分析，可以总结三大盆地白云岩储层发育的主要控制因素包括以下几个方面。

（1）沉积环境：沉积时期水动力能量的高低及古地貌决定了储层早期孔隙的发育程度，如在台地边缘浅滩，水动力能量决定了碳酸盐岩颗粒与泥质的发育程度，岩性中的颗粒含量对储层物性具有明显的控制作用。

（2）白云石化作用：白云石化作用是深层碳酸盐岩储层发育的先决条件之一，但白云岩必须经过一定强度的成岩改造，变为残余颗粒结构或残余影像结构之后，其储集物性才会有明显改善，这类成岩作用就是后期裂缝改造，以及流体的多期溶蚀。

（3）裂缝的控制作用：在成岩环境下形成裂缝，形成岩石储集空间、改善岩石渗透率、提供流体通道，为溶蚀作用提供空间；同时，裂缝沟通了储层的内部空间，有利于地下成岩流体，特别是不饱和流体的循环，使得地层中流体（如早期有机酸）能够进入储层中发生白云岩化、溶蚀等成岩作用，有利于进一步扩大储集空间。

3.3.2 不同类型储层发育的规律及差异性

3.3.2.1 礁滩相储层发育的规律及差异性

1. 礁滩相储层发育的规律

纵观中国西部三大盆地礁滩相储层可以看出其分布规律主要是：在垂向上主体分布于地层格架内高位体系域内；在平面上主要沿着台地边缘相带分布，或沿着碳酸盐岩台地上古地貌高地分布。表明礁滩相储层发育、分布明显受沉积演化过程和沉积相带的控制。

2. 礁滩相储层发育的差异性

中国西部三大盆地礁滩相储层发育的差异性主要表现在以下几个方面。

1）发育的层位不同

四川盆地台地边缘礁滩带除在上二叠统长兴组—下三叠统飞仙关组川东北地区分布外，二叠系的川西台地边缘带和震旦系—奥陶系的川东南地区均有分布。垂向上，台缘礁滩储层主要发育在上震旦统灯影组、下奥陶统桐梓组和红花园组、中二叠统栖霞组和茅口组、上二叠统长兴组和下三叠统飞仙关组，台缘礁滩相储层往往在三级层序的高位体系域更为发育。台内滩在上述层位中的局限台地储层略为发育，其中以下寒武统龙王庙组、中上寒武统娄山关群、下奥陶统桐梓组、中二叠统栖霞组和茅口组、下三叠统飞仙关组、嘉陵江组以及中三叠统雷口坡组较为发育，但平面上的分布规律尚待进一步揭示。台洼两侧的礁滩储层分布层位和地区局限，其主要分布在上二叠统长兴组德阳-武胜台洼两侧。鄂尔多斯盆地生物礁滩储层主要发育在奥陶系克里摩里组、平凉组及背锅山组，主要发育台地边缘生物礁储层。塔里木盆地生物礁滩储层主要发育层位包括中奥陶统一间房组和上奥陶统良里塔格组，主要发育台地边缘生物礁。

2）岩性构成不同

四川盆地二叠系生物礁多数具骨架结构，骨架间充填灰泥及颗粒。礁基及礁间为生屑灰岩，礁盖、礁核为白云岩。

鄂尔多斯盆地礁核以障积灰泥，或绕砾屑、生物遗体碎屑形成黏结岩，或以绒毛藻、表附藻、肾形藻、奥特藻为主的障积灰泥形成障积岩。

塔里木盆地礁核主要由厚层-块状托盘海绵骨架岩、珊瑚骨架岩、层孔虫骨架岩、藻黏结生物礁灰岩及礁体中的生物砂砾屑灰岩沟道沉积组成。

3）古生物组合不同

不同盆地主要成礁期不同，主要造礁生物和古生物组合存在差异。

四川盆地二叠系生物礁造礁生物组合为海绵-苔藓-水螅，多数具骨架结构，部分生物杂乱排列。鄂尔多斯盆地奥陶系生物礁造礁生物组合主要表现为绒毛藻（*Trichophyton*）-表附藻（*Epiphyton*）-奥特藻（*Ortonella*）-肾形藻（*Renalcis*）-葛万藻（*Girvanella*）的组合。塔里木盆地奥陶系生物礁造礁生物主要为托盘海绵-珊瑚-层孔虫-苔藓虫。

4）垂向叠置样式不同

塔里木盆地陡的台地边缘生物礁滩储层，3～4 期生屑滩呈加积式叠置；四川盆地陡的台地边缘，主要表现为 3 期生物礁和 3 期鲕滩呈进积型叠置；鄂尔多斯盆地多期断阶带控制多排礁滩的发育。

3.3.2.2　古岩溶储层发育的规律及差异性

1. 古岩溶储层发育的规律

岩溶储层的发育分布规律主要表现为：在垂向上，其发育与古构造运动相关，常与不整合面密切共生，如在四川盆地，在桐湾运动各幕、加里东运动等大的构造运动界面下广泛发育古岩溶储层；在平面上，岩溶储层主要分布在古隆起、古隆起区的斜坡区，并随着古隆起的迁移而迁移。

2. 古岩溶储层发育的差异性

1）层位的差异

古岩溶在三大盆地中发育的层位差异明显。总体而言，四川盆地内最早发现于震旦系灯影组、石炭系黄龙组、二叠系茅口组；鄂尔多斯盆地主要发育在马家沟组马五段1～4亚段内，形成大规模的风化壳型岩溶，最近在克里摩里组（马六段）内发现顺层溶蚀灰岩型古岩溶类型；塔里木盆地古岩溶类型多样，主要见于一间房组和鹰山组。

2）岩性及岩溶组合的差异

古岩溶储层按照可溶岩石的性质进一步细分为灰岩潜山和白云岩风化壳。灰岩岩溶储层在塔里木盆地轮南地区、四川盆地二叠系茅口组、石炭系黄龙组均较为典型。三大盆地内其余地区和层位所发育的风化壳岩溶多属白云岩风化壳。

不同盆地岩溶组合存在差异，如四川盆地茅口组、黄龙组岩溶储层主要为风化壳岩溶-层内岩溶组合；塔北南缘及鄂尔多斯盆地西缘克里摩里组内的古岩溶即为顺层岩溶组合；塔中北斜坡发育的古岩溶以层间岩溶为主；塔里木盆地英买力地区为风化壳岩溶-埋藏岩溶的组合。

3.3.2.3 白云岩储层发育的规律及差异性

白云岩储层分布具有时空差异性，四川盆地与白云岩相关的储层主要分布在上震旦统灯影组、下寒武统龙王庙组、中上寒武统娄山关群、下奥陶统桐梓组、中二叠统栖霞组和茅口组、上二叠统长兴组、下三叠统飞仙关组和嘉陵江组、中二叠统雷口坡组。往往在三级层序高位体系域白云岩储层更为发育。平面上，白云岩储层分布具有差异性，其中下寒武统龙王庙组、中上寒武统娄山关群和下奥陶统桐梓组白云岩储层主要分布在局限台地内膏盐湖的周缘；栖霞组和茅口组的白云岩储层主要分布在川西地区以及川中断裂带附近；上二叠统长兴组和飞仙关组白云岩储层则主要分布在台缘礁、滩带；下三叠统嘉陵江组主要分布在四川盆地的北部和东北部等地区；而雷口坡组白云岩储层以川西及川西北地区较为发育。

白云岩储层发育分布规律与白云岩化过程关系密切。热液白云岩主要是沿构造断裂带分布；准同生白云岩主要受沉积相带控制，沿潮坪或局限台地分布。

3.4 碳酸盐岩储层地质-地球物理预测评价技术

3.4.1 碳酸盐岩储层的地震预测评价面临的主要技术问题

3.4.1.1 碳酸盐岩储层地震预测评价的目标

地震储层预测技术，顾名思义就是以地震信息为主要依据，综合利用其他相关资料——地质、测井、岩石物理等作为约束，对油气储层的几何特征、地质特性、油层物理性质进行预测的一项综合性的地球物理勘探技术。它能够充分利用地震资料在空间上密集采样的优势，能够在少井或无井控制的条件之下，对勘探目的层系储集层的沉积相带、岩性、分布、形态、物性（孔、渗）甚至是含油气性做出识别、预测和描述，具有较强的综合性和相对的独立性。

利用地震资料对海相碳酸盐岩储层进行预测评价的目标主要包括以下两个方面：第一，对储层外部进行描述，主要包括储层发育的外部形态、储层厚度、储层在三维空间上的分布、储层的圈闭特征等（图 3-108、图 3-109）。第二，储层内部刻画，主要包括岩性变化、各向异性、孔隙结构、流体性质等。

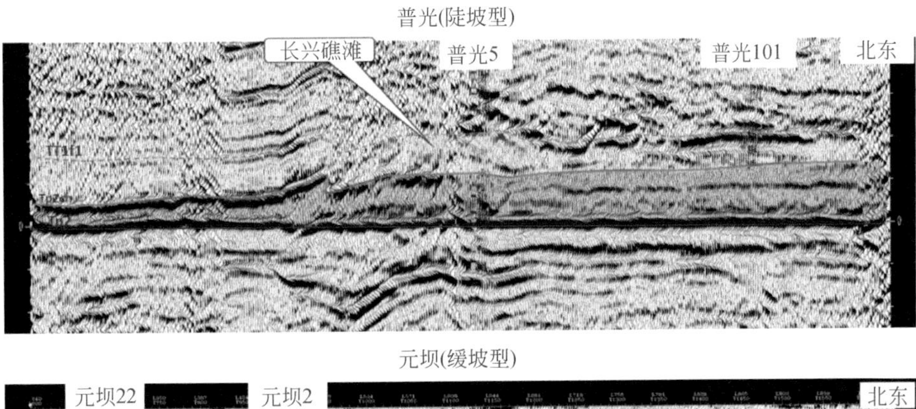

图3-108　四川盆地二叠系礁滩储集体地震反射特征

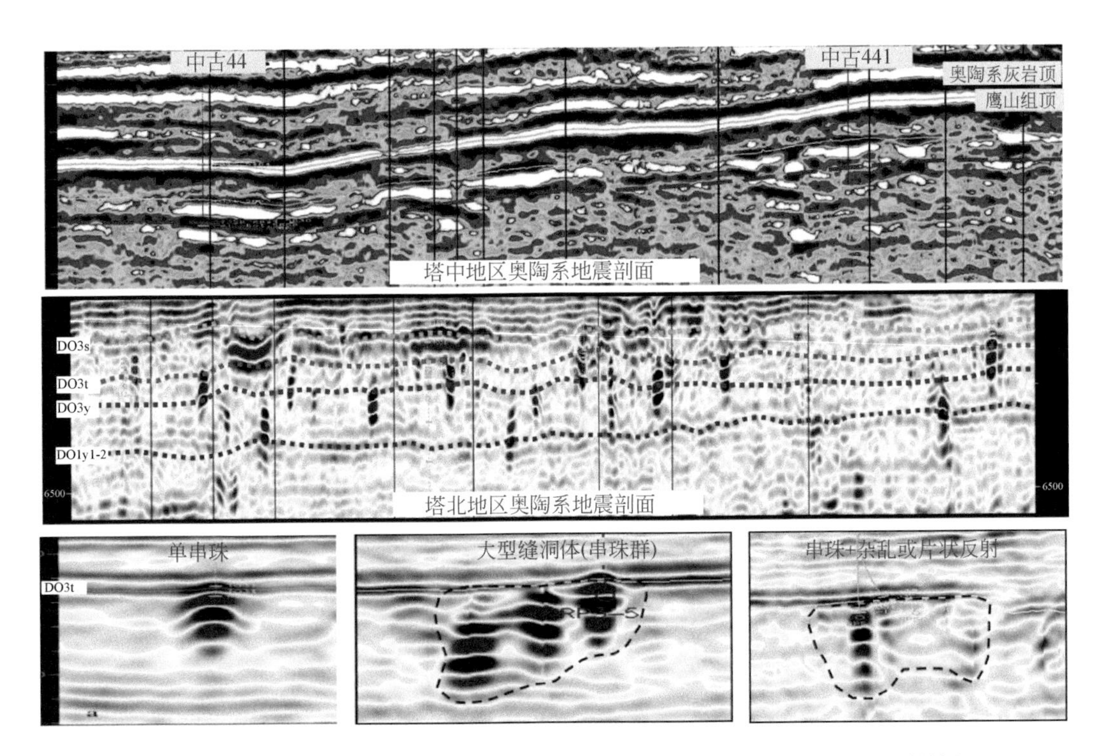

图3-109　塔里木盆地塔中地区奥陶系古岩溶储层储集空间在地震剖面上反射特征

3.4.1.2 地震预测评价面临的主要技术问题

碳酸盐岩储层由于强烈的横向非均质性以及多样的裂缝孔隙发育情况，其地球物理响应特征复杂多变，极大地增加了预测碳酸盐岩储层的难度。近年来，随着计算机技术的发展和地震采集、处理、解释技术的进步，各国地球物理学家在碳酸盐岩储层预测方面做出了不懈的努力并取得了丰富的研究成果。目前适用于碳酸盐岩储层预测的比较常用的地球物理方法及技术包括地震波数值模拟、地震属性分析、相干体、体曲率、频谱分解、波形分类、波阻抗反演、含油气性检测、三维可视化等技术。通过这些技术方法的实践和应用，大幅度提高了碳酸盐岩储层预测的精度，降低了钻探风险，在油气勘探中发挥了重要的实践作用。

由于我国碳酸盐岩与世界上其他盆地的碳酸盐岩油气藏有所不同，不仅地表地质条件极其复杂（包括塔里木盆地戈壁沙漠、鄂尔多斯盆地黄土高原、四川盆地山地丘陵）（图3-110），而且地质年代老（从震旦纪—三叠纪）、埋藏深度大（深度普遍大于5500m）、储层类型多样、非均质性强、成藏规律复杂，导致对储层特征、成因、分布规律等方面还存在不同的认识。这也导致在运用地震资料进行碳酸盐岩储层预测评价时面临如下六个方面的问题。

塔里木盆地戈壁沙漠

鄂尔多斯盆地黄土高原

四川盆地山地丘陵

图3-110 中国西部三大盆地地表地质条件

1. 地表地质条件复杂，信噪比提高较难

如上所述，中国西部三大盆地地表地质条件极其复杂（包括塔里木盆地戈壁沙漠、鄂尔多斯盆地黄土高原、四川盆地山地丘陵），复杂的地表地质条件会造成吸收衰减和散射等干扰，导致资料信噪比、分辨率降低（图 3-110）。如塔里木盆地的塔克拉玛干沙漠，沙丘厚度一般为 30 ~ 80m，最厚可达 160m，速度为 350 ~ 800m/s；四川盆地高大山区，形成的低信噪比空白反射或杂乱反射带，地表复杂都是地震勘探必须首先要研究和解决的问题。

2. 储层埋藏深度很大，提高分辨率困难

国内碳酸盐岩目的层的埋深一般都超过 5000m，一些地区，如塔里木轮东地区、四川龙岗西部地区更是达到了 7500m。由于大地本身的滤波作用和表层衰减，高频能量吸收衰减严重，制约了分辨率的提高，也降低了储层识别的精度。

3. 储层内幕反射较弱，成像清晰度不高

由于勘探目的层埋藏深，地层的压实程度都很高，碳酸盐岩储层与非储层之间速度差异小，且灰岩顶面往往与上覆泥岩形成具有一定屏蔽作用的强反射界面，这对碳酸盐岩地层内部相对微弱的波阻抗差界面来说有着非常不利的影响。

无论是塔里木盆地塔中、塔北潜山内幕反射（如塔中奥陶系碳酸盐岩内幕反射等），还是四川盆地的礁滩储层反射，增强弱信号、提高信噪比，得到真实可靠的储层反射响应，在目前技术条件下，都具有很大的挑战性。

4. 储层非均质性很强，预测准确性降低

国内碳酸盐岩基质孔隙度普遍很低，一般小于 5%，次生的溶蚀缝洞为主要的储集空间，造成了储层非均质性极强。以塔里木盆地轮古 15-5 井为例，该井的原靶点 A 在经过酸压改造后依然未能获得油气产量，但在重选靶点 B 进行侧钻后，A 点与 B 点的水平位移仅差 16.5m 就获得高产油气流。即使是四川盆地礁滩体，由于沉积相带变化快、成岩作用及其变化过程更为复杂，非均质问题也是碳酸盐岩勘探开发中面临的主要问题。如何利用高精度的三维地震资料，有效开展碳酸盐岩非均质储层的预测和发育分布规律的描述是碳酸盐岩地震勘探技术研究的关键。

5. 古岩溶作用历史长，准确偏移成像难

碳酸盐岩储层在形成过程中经历了多期次、不同类型的古岩溶作用，结果就形成了潜山特有的喀斯特地貌，潜山顶面往往沟壑纵横、峰峦叠嶂，落水洞星罗棋布，内部发育大量的溶蚀孔洞和裂缝，所有这些岩溶现象都会在地震勘探中产生复杂的绕射或散射波，准确地偏移成像成为碳酸盐岩资料处理必须攻克的技术难点之一。

6. 油气水关系很复杂，烃类检测难度大

碳酸盐岩油气藏不仅存在储层发育的非均质性问题，而且都属于盆地的中下组合，在

长期的地质历史演化过程中，构造变形、翘倾、风化等活动极其复杂，造成了现今碳酸盐岩油气藏的运聚、成藏规律复杂、油气水关系错综复杂，难以寻找明确的规律来描述。常常相邻的缝洞系统储集体可能充填稠油、正常油、凝析油、气、水等不同相态的流体。以TZ83井区凝析气藏为例，呈现出油在气上，水在油上的异常现象，油气水的分异关系不明显。

上述问题均为我国碳酸盐岩储层地震预测研究中普遍存在的问题。

3.4.2　碳酸盐岩储层测井预测评价面临的主要技术问题

储层的测井预测评价技术，就是以测井信息为主要依据，综合利用地质、相关测试分析资料，对油气储层的发育层位、储集空间特征、油层物理性质进行预测的一项综合性的地球物理勘探技术（图3-111）。

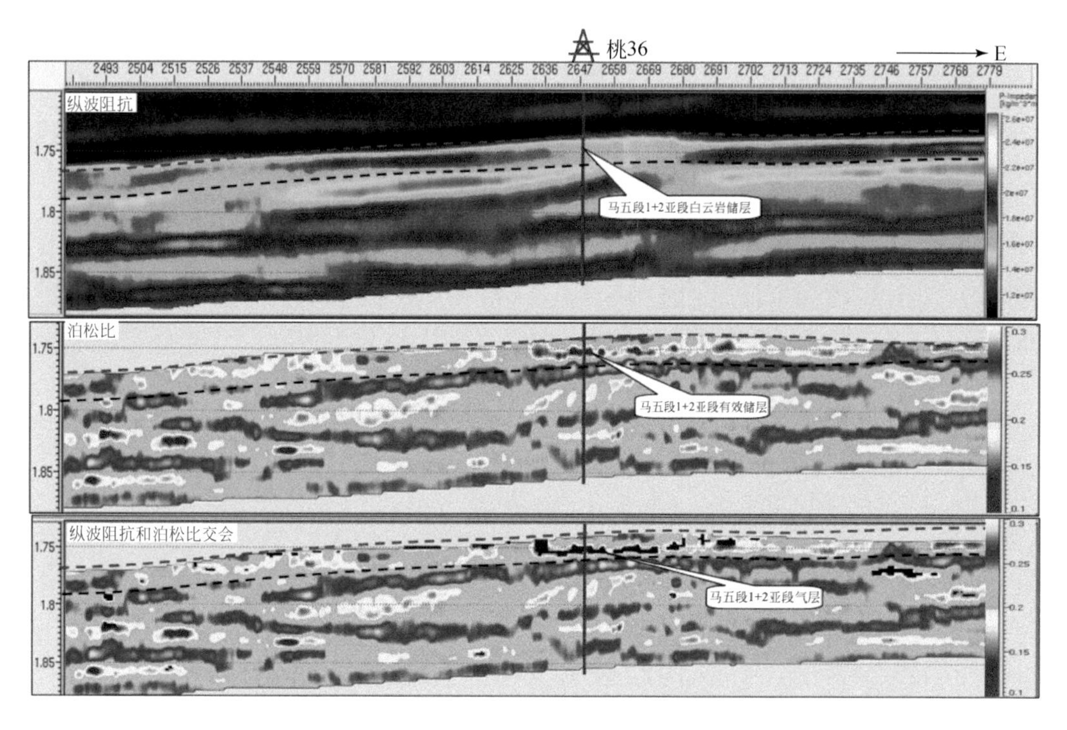

图3-111　鄂尔多斯盆地07KF6865测线地震剖面上储层叠前弹性反演及交会成果

利用测井资料进行储层预测评价就是要充分利用测井资料在垂向上连续的优势，能够对少取心井或无取心井目的层系储层的岩性、分布、形态、物性（孔、渗）甚至是含油气性做出识别、预测和描述（图3-112～图3-114）。

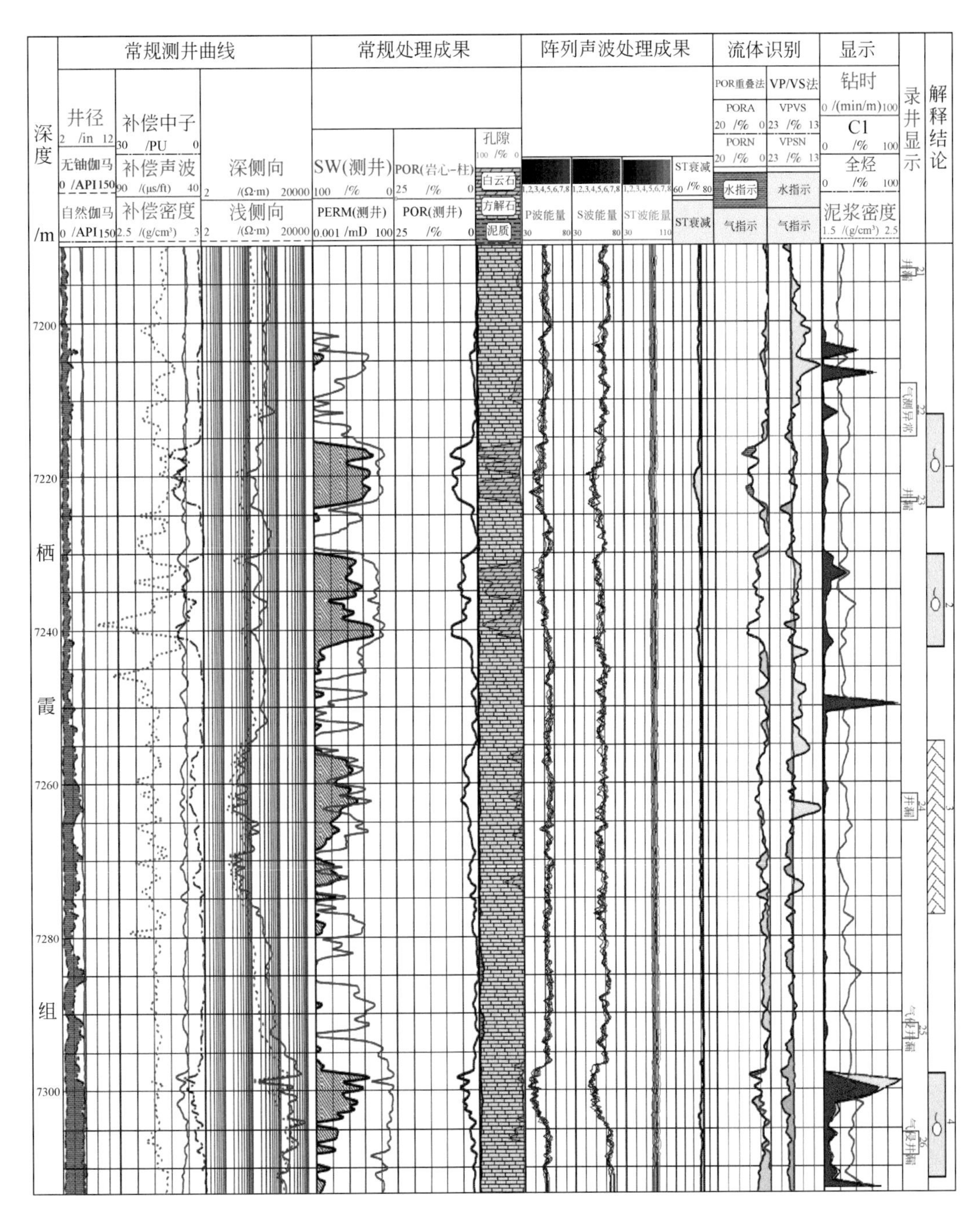

图3-112　四川盆地双探1井下二叠统栖霞组测井解释成果图

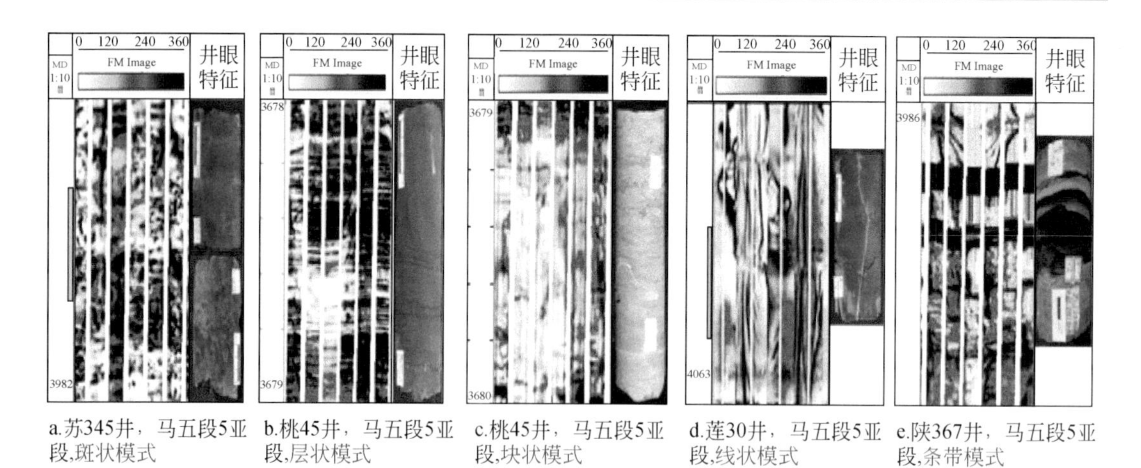

图 3-113　鄂尔多斯盆地奥陶系马家沟组白云岩储层成像测井模式（相）划分

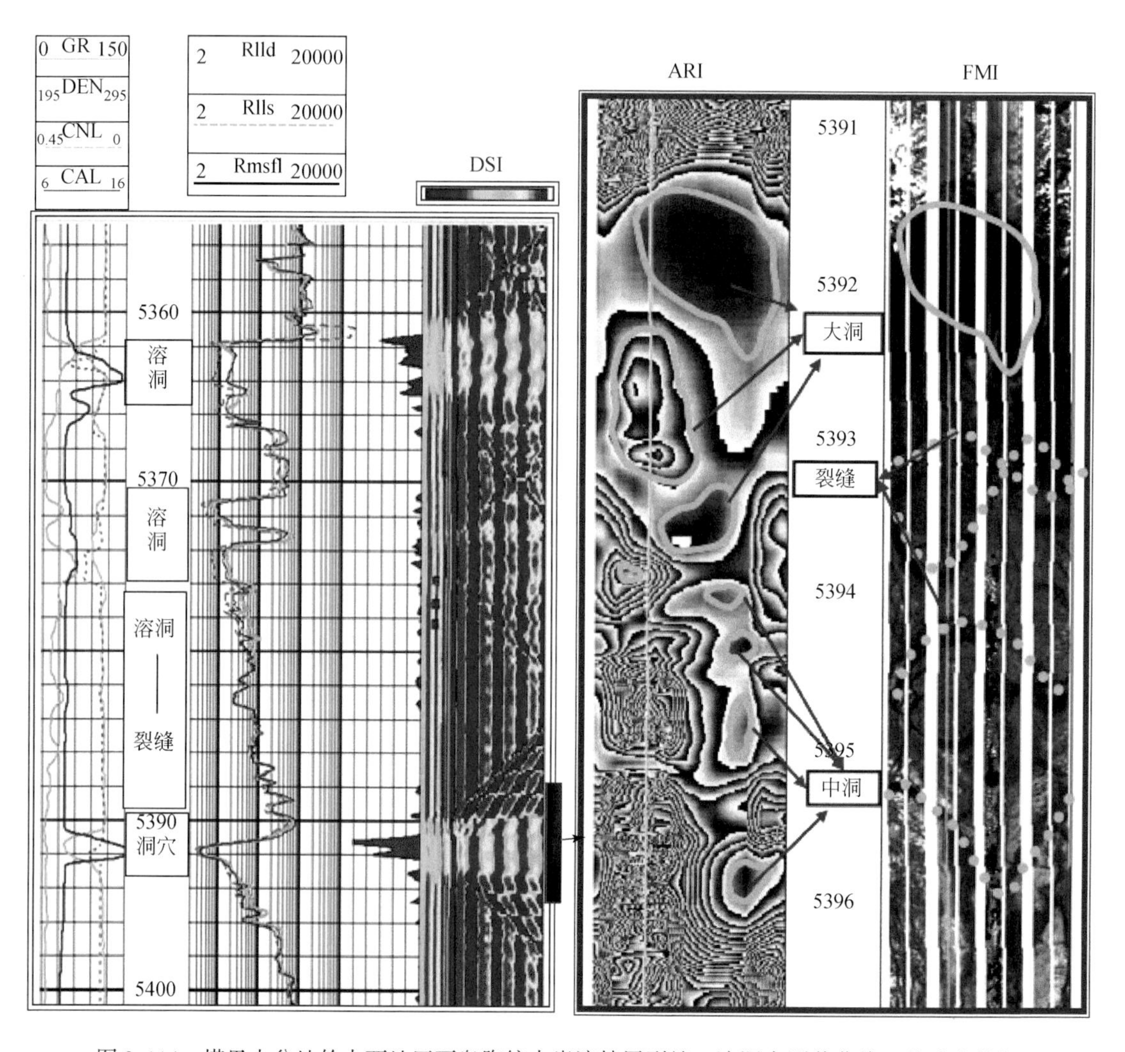

图 3-114　塔里木盆地轮古西地区下奥陶统古岩溶储层裂缝、溶洞在测井曲线上的响应特征

目前适用于碳酸盐岩储层测井预测的方法及技术包括井径、自然伽马、中子、密度、声波、电阻率、核磁共振、成像等，通过这些技术方法的实践和应用，大幅度提高了碳酸盐岩储层预测的精度，降低了钻探风险，在油气勘探中发挥了重要的实践作用。

正是测井系列的多样性、碳酸盐岩储层的非均质性，导致在利用测井资料进行储层预测评价时面临如下问题。

（1）碳酸盐岩储层的非均质性强，导致储层的测井响应非线性突出。

（2）碳酸盐岩储层的储集空间类型多样（孔、洞、缝），常共生并存。如何利用测井资料准确判断储集空间类型。

（3）如何利用测井资料评价这些储集空间的有效性，即储层的有效性问题。

（4）测井系列具有多样性（井径、自然伽马、中子、密度、声波、电阻率、核磁共振、成像等），如何选择符合研究区目的层段的测井系列也是制约利用测井资料准确判断储层类型、特征的关键。

3.4.3　中国西部大型盆地海相碳酸盐岩储层预测评价技术

如上所述，中国西部三大盆地海相碳酸盐岩储层涉及的最为典型的储层包括三大类。

（1）礁滩相储层：以四川盆地长兴组、塔里木盆地奥陶系良里塔格组为代表；

（2）古岩溶储层：以塔里木盆地寒武系和奥陶系、四川盆地茅口组等为代表；

（3）白云岩储层：以塔里木盆地寒武系、鄂尔多斯盆地奥陶系为代表。

针对上述三大类典型海相碳酸盐岩储层（图3-104～图3-106），“中国西部主要大型盆地海相碳酸盐岩油气资源调查”计划项目组织高等院校、中石油、中石化相关企业共同研究，通过四年（2012～2015年）的攻关，形成了适合中国西部实际的地质-测井-地震相紧密结合的碳酸盐岩储层地质-地球物理预测评价技术（图3-107）。

3.4.3.1　礁滩储层精细定量预测技术

1. 技术思路

由于礁滩相储层非均质性强，埋藏深度大，因此，针对礁滩相储层地质-地球物理预测评价时以地质研究为指导，建立礁滩识别模式，结合地震反射特征开展模型正演，建立了重点以地震反射外形、反射结构及同相轴接触关系变化来建立地震相识别模式和采用相面法、地震属性分析来确定相带平面展布的方法，并结合层拉平、三维可视化技术开展异常体识别，圈定储层发育的有利相带及宏观展布规律；利用工区内钻井资料，开展储层敏感参数统计分析，完成相控井约束地震反演（图3-115）。运用相控地震反演描述有效储层的空间分布情况，并进行储层参数的预测，综合预测评价技术的运用大幅度提高了储层预测的精度和岩性圈闭目标的识别及评价准确率（图3-116）。

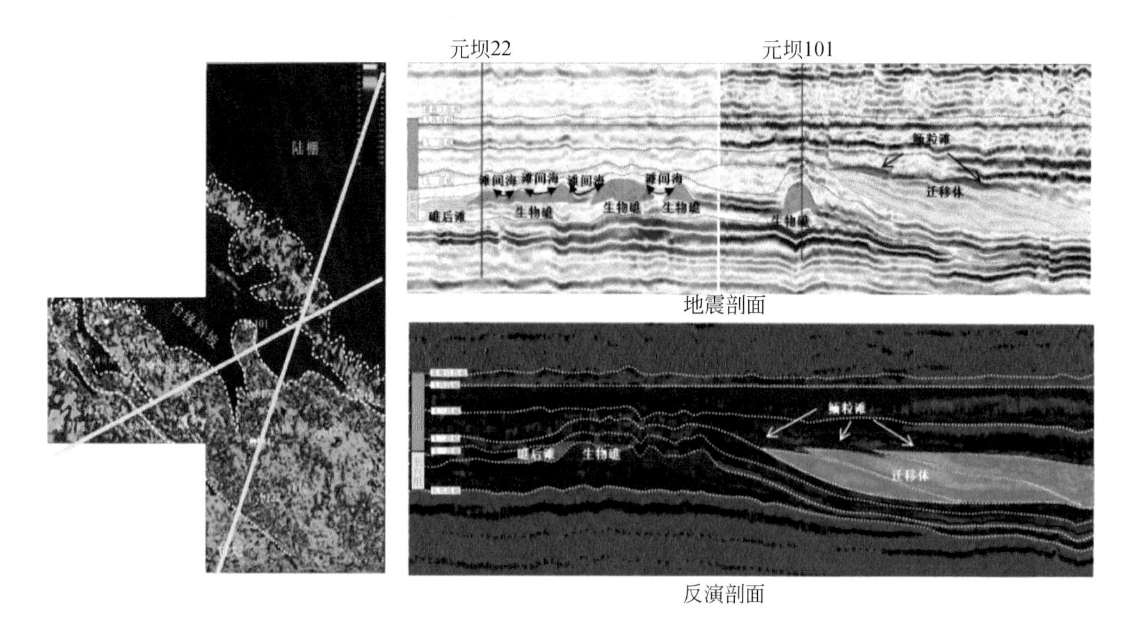

图 3-115　四川盆地川东北元坝地区二叠系长兴组生物礁储层的地震反射特征

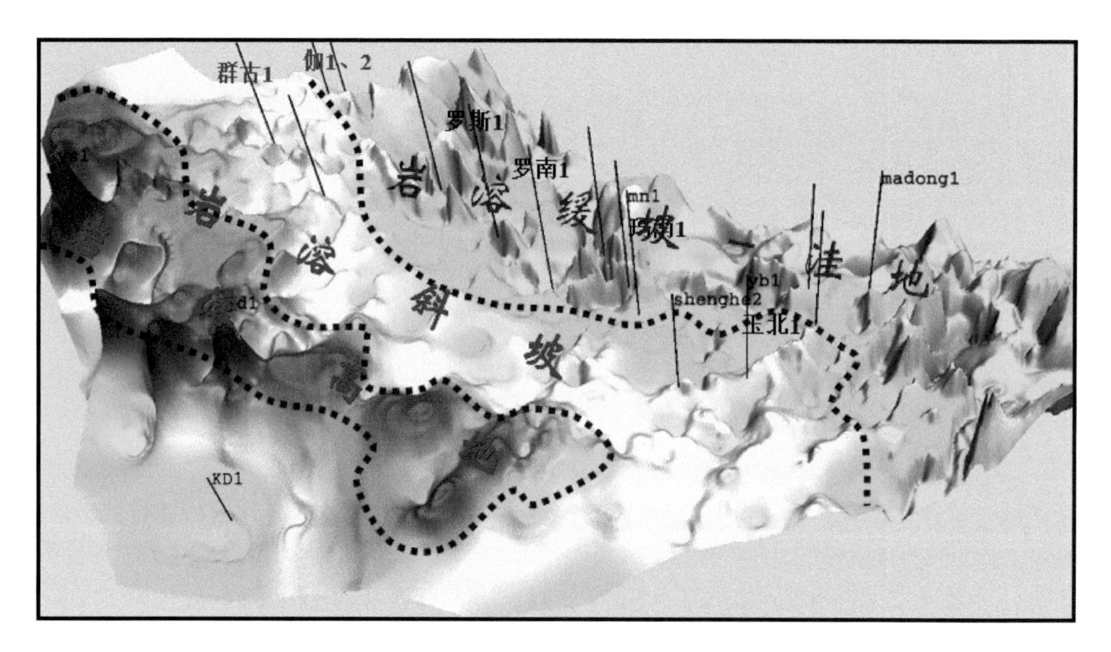

图 3-116　塔里木盆地巴楚地区风化壳岩溶古地貌立体显示图

在研究过程中，开发和改进了适合本区特点的伽马去泥质反演技术，形成以沉积相为指导，以沉积模式、精细沉积微相刻画为基础，以精细地震微相分析及微古地貌分析技术为手段，应用模型层析法约束层速度建模开展精细相控地质建模的地震波阻抗反演技术（图 3-117、图 3-118）。

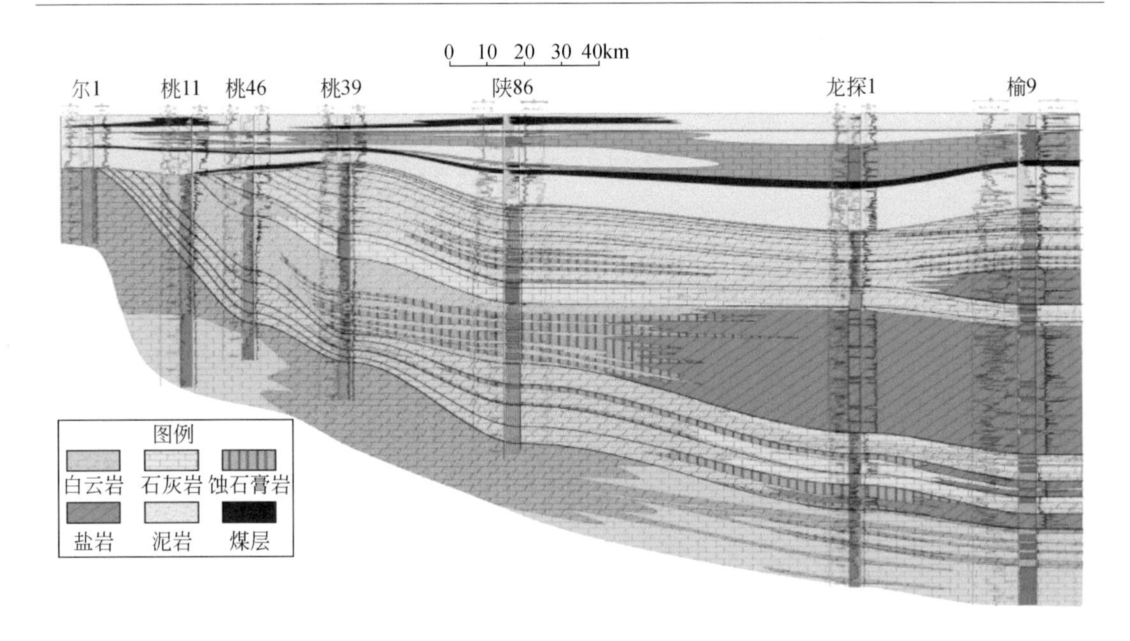

图3-117　鄂尔多斯盆地奥陶系马家沟组白云岩储层发育层段联井追踪与对比

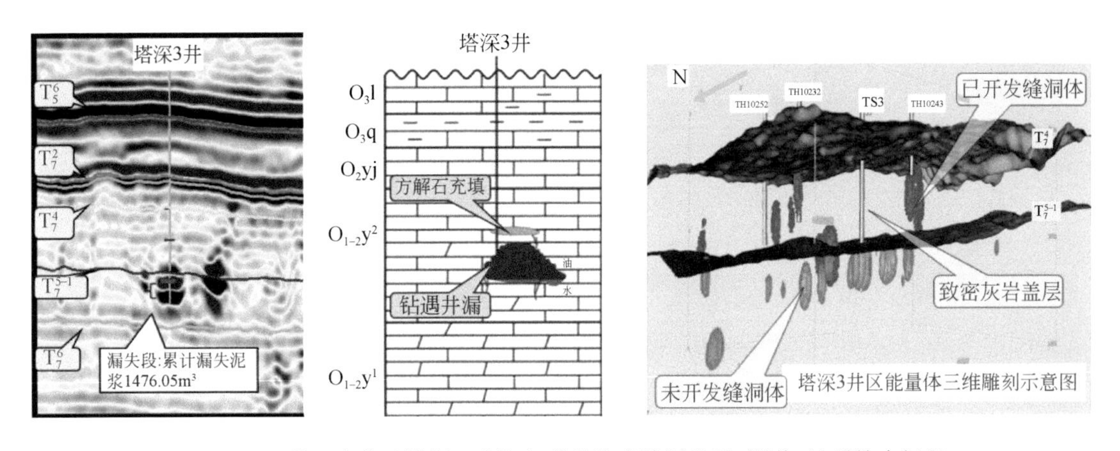

图3-118　塔里木盆地塔深3井海相碳酸盐岩储层地质-测井-地震综合解释

2. 应用成效

运用发展完善的礁滩储层识别描述技术，对涪陵工区台洼边缘区开展了圈闭识别评价工作，以飞仙关组底界（长兴组顶界）连续强反射轴出现变弱、上超特征点为界，再结合反演剖面特征，储层具有高波阻抗背景下的低阻抗响应特征，落实涪陵地区泰来台洼边缘浅滩、永兴场北、永兴场及义和台洼边缘礁（图3-119、图3-120）。

泰来长兴组台洼边缘浅滩圈闭，矿权内总面积为398.1km^2，资源量为767.4亿m^3（图3-121）。晚期滩矿权内面积为189.2km^2，其中滩核面积为40.77km^2，滩缘面积为127.99km^2；早期滩矿权内面积为186.4km^2，其中滩核面积为85.66km^2，滩缘面积为100.74km^2；生物礁面积为22.5km^2（图3-121）。

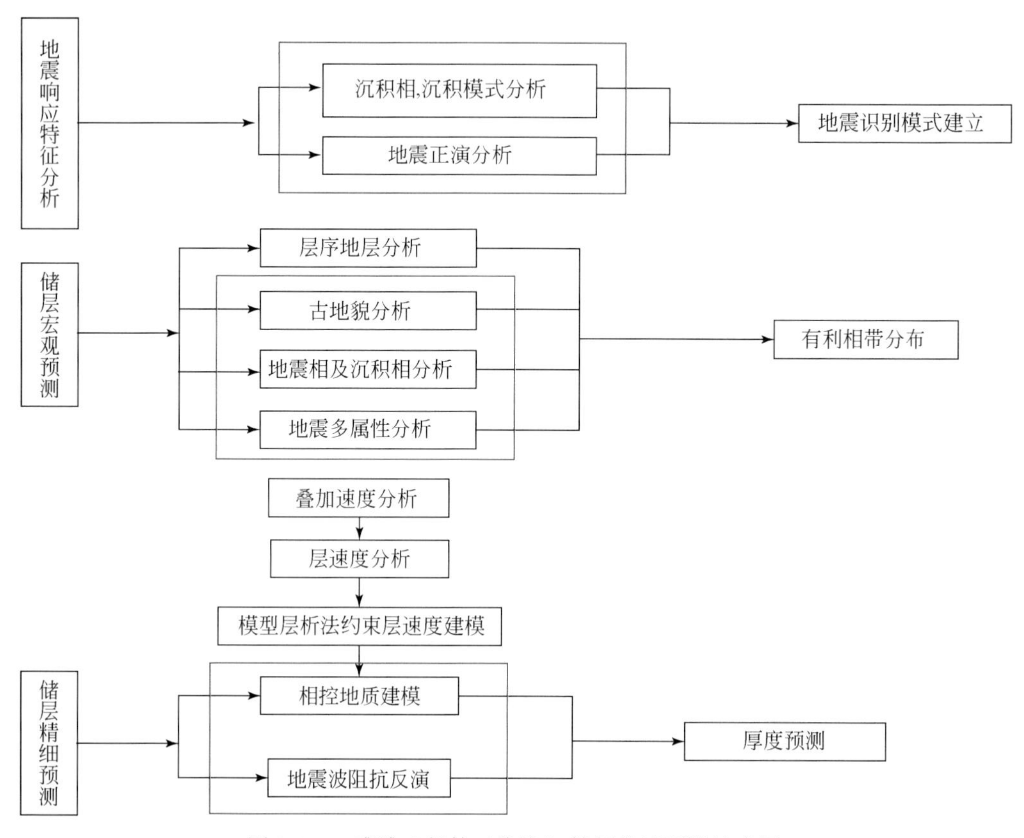

图 3-119　礁滩“相控三步法”储层描述预测技术图

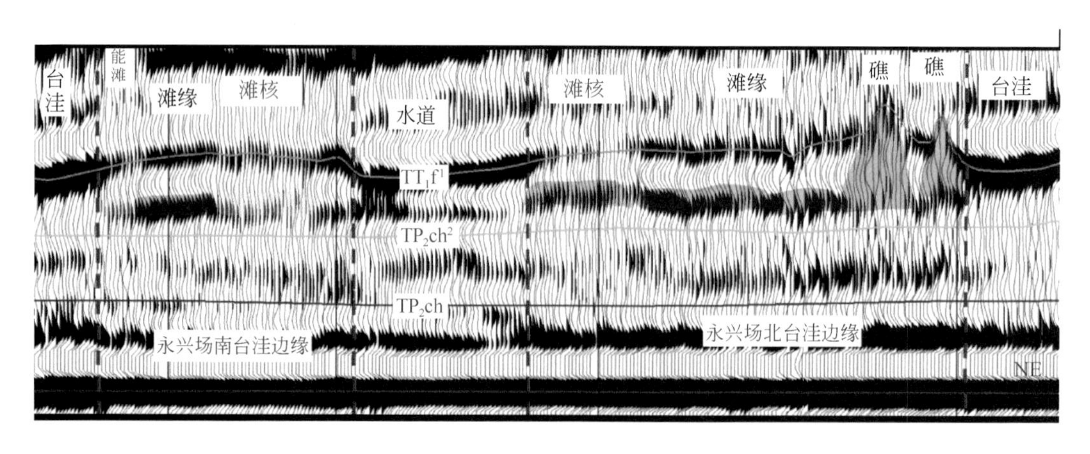

图 3-120　四川盆地泰来-永兴场地区长兴组生物礁储层地震剖面追踪

永兴场台洼边缘礁滩圈闭，圈闭面积为 126.87km²，圈闭资源量为 221.7 亿 m³（图 3-121）；永兴场北长兴组生屑滩圈闭，矿权内圈闭面积为 108.84km²，圈闭资源量为 147.3 亿 m³（图 3-121）；义和台洼边缘生物礁圈闭，圈闭面积为 37.18km²，圈闭资源量为 260 亿 m³（图 3-121）。

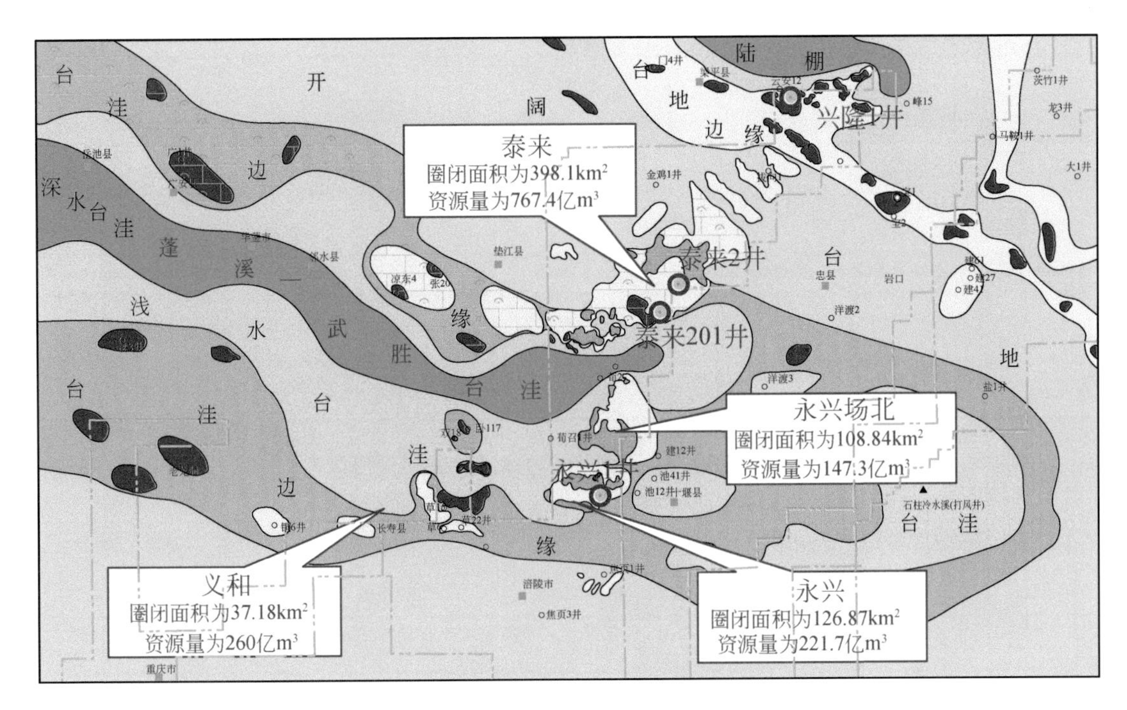

图 3-121　四川盆地台洼边缘礁滩分布图

该方法在塔里木盆地生物礁滩储层预测评价中也取得了明显的成效。如位于巴麦地区的鸟山三维区，通过在地震剖面上精细追踪，可以看出台内礁外形反射特征清楚，呈“丘型”反射，且内部表现为叠瓦状多期特征（图 3-122），在地质上应该是向台内侧积和加积的结果，在“丘型”反射外侧，后期沉积明显超覆在礁体上，反射特征为平行连续反射，与礁体反射特征明显不同。与地质结合分析认为图 3-122 中①所示反射可能为礁定殖期和拓殖期沉积，②、③所示反射可能为泛殖期沉积，④、⑤和⑥可能为统殖期或消亡期沉积。

通过地震相刻画，认识到台内礁滩至少有两期礁滩沉积。如图 3-122 所示，第一期生长在蓬莱坝底部，第二期为蓬莱坝组晚期沉积。

通过刻画，明确了蓬莱坝组内幕礁滩主要分布于鸟山构造带南斜坡，分为两期，由 3 个礁体或礁滩复合体组成。Ⅰ号主要由礁滩体组成（图 3-123），面积为 17.3km²；Ⅱ号由礁体组成（图 3-123），面积为 40km²；Ⅲ号由礁滩体组成，面积为 25.5km²，三个共计 82.8km²（图 3-124），勘探规模相对较大。

同样，在鄂尔多斯盆地南部奥陶系发现强振幅丘形反射特征（图 3-125），通过地震、地质综合预测评价可靠礁滩体发育带宽 10～18km，延伸 80km 以上，面积约 1200km²，其中麟游北圈闭面积为 850km²、旬邑圈闭面积为 350km²（图 3-126）。

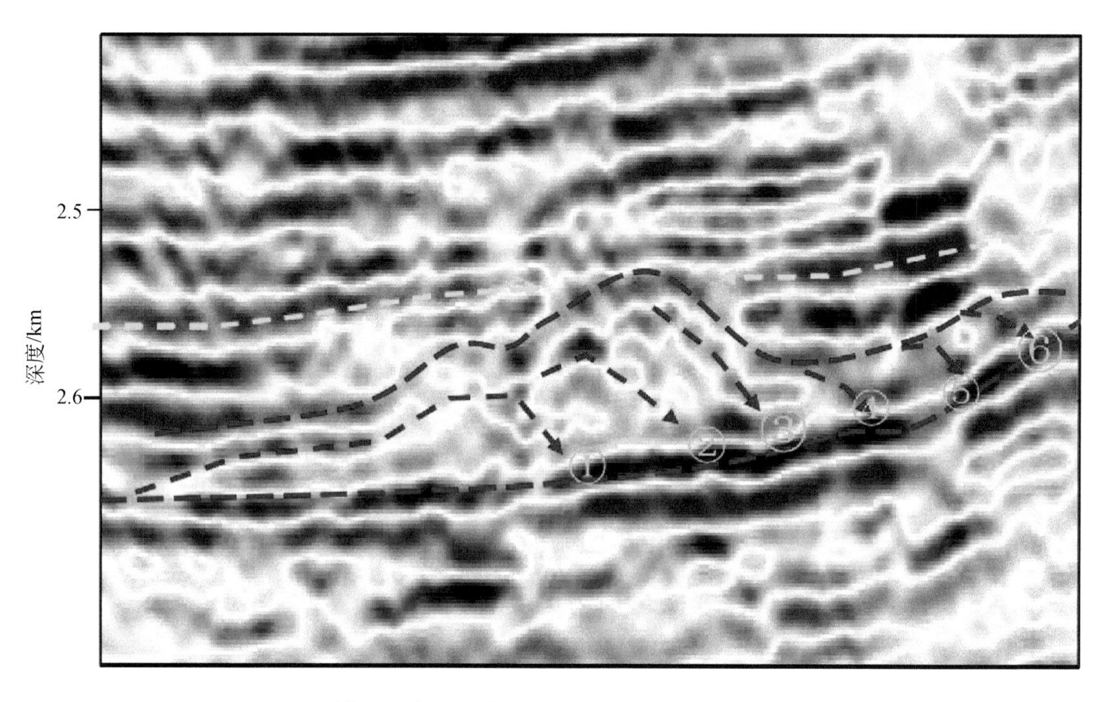

图 3-122　塔里木盆地巴楚地区鸟山三维区台内礁反射特征剖面

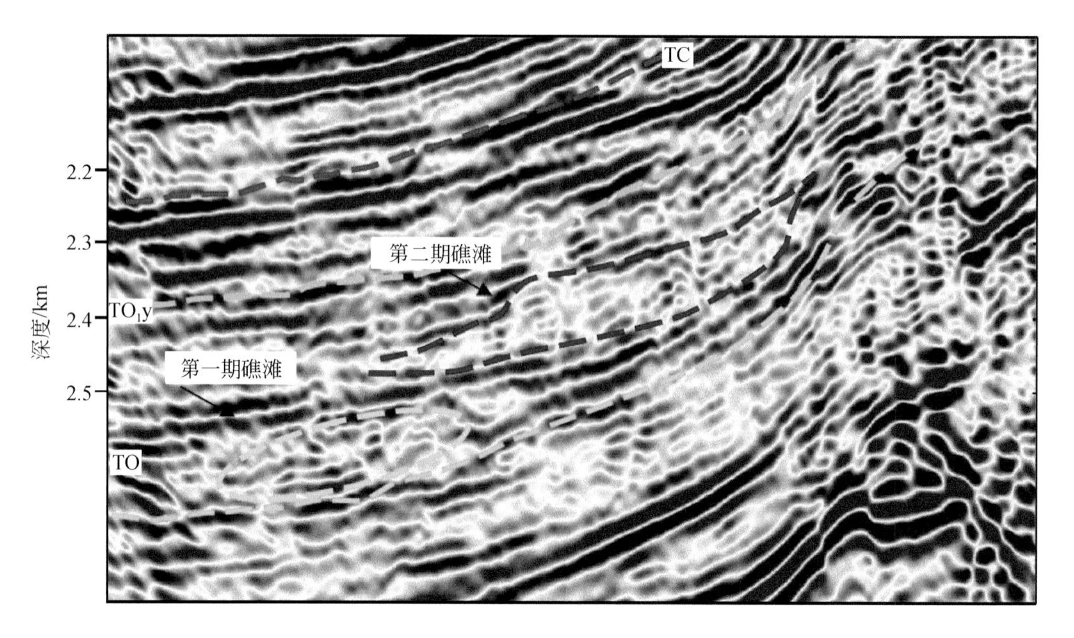

图 3-123　鸟山三维区台内礁反射特征剖面

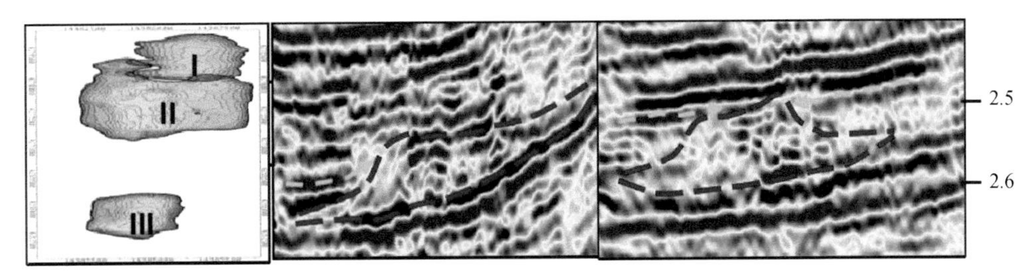

图 3-124　乌山构造带台内礁滩体分布及面积

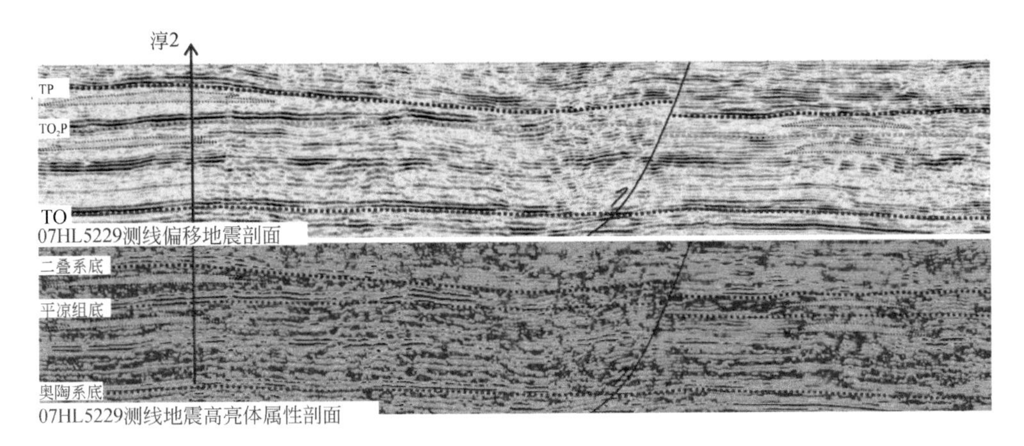

图 3-125　07HL5229 地震剖面上礁滩体的反射特征

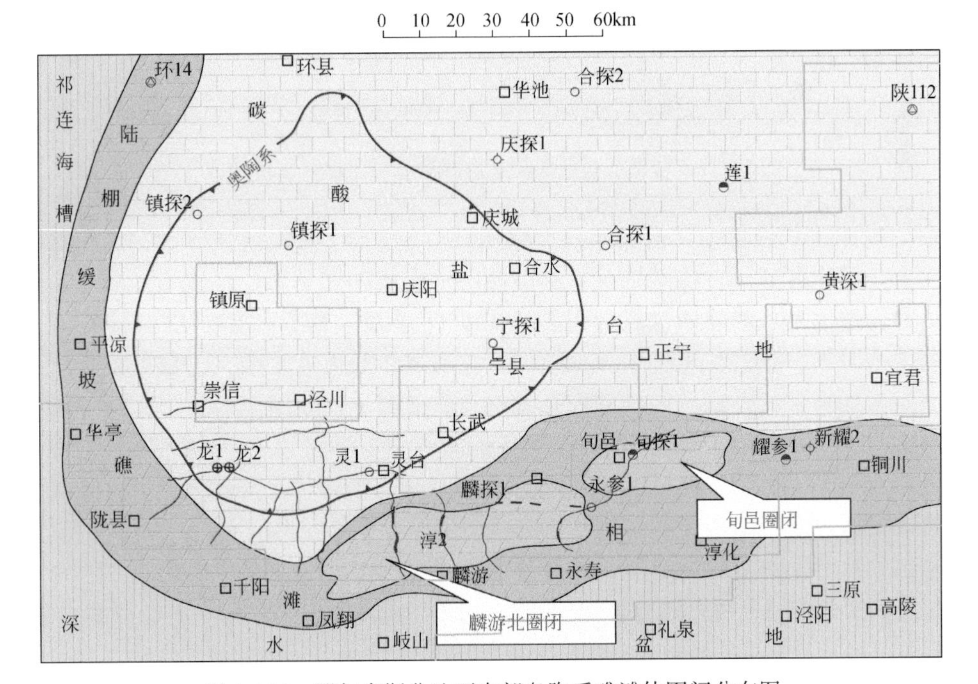

图 3-126　鄂尔多斯盆地西南部奥陶系礁滩体圈闭分布图

3.4.3.2　古岩溶储层缝洞定量、精细描述评价技术

1. 技术内涵

缝洞型碳酸盐岩储层主要是由岩溶洞穴、孔洞和裂缝通道组成，在叠后偏移地震数据体上对应“串珠”状、片状、杂乱状三种地震响应特征（图3-127）。

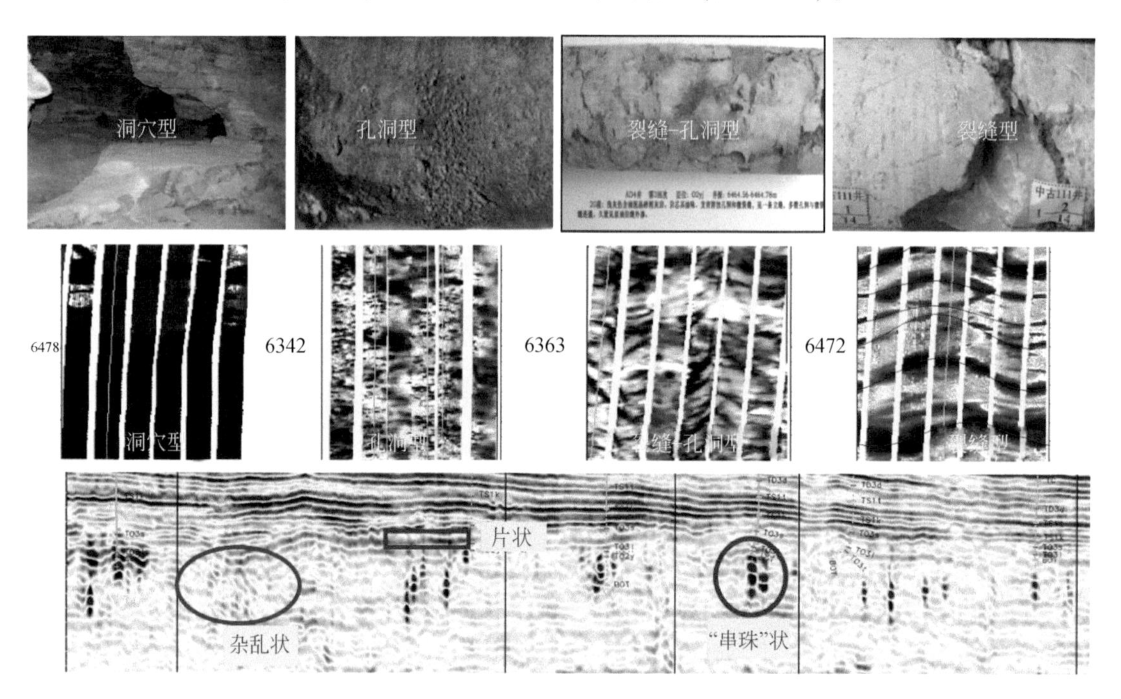

图3-127　塔里木盆地碳酸盐岩缝洞型储层地震响应特征

其中“串珠”状反射主要代表洞穴型储层，片状、杂乱状反射以孔洞型、裂缝-孔洞型储层为主。量化雕刻评价技术是在缝洞型储层地震敏感几何属性优选与地震相分析的基础上，结合构造信息、测井信息、地震测井联合储层反演信息，刻画缝洞体空间几何形态、缝洞体内洞穴、孔洞与裂缝三种有效储层空间展布与连通关系，分储层类型计算出有效储集空间，估算油气资源，评价勘探开发潜力。雕刻流程如图3-128、图3-129所示。

2. 解决的难题

塔里木盆地奥陶系碳酸盐岩储层具有埋深大、单个缝洞体规模较小、非均质性强的特点。经过多年攻关，自主研发的缝洞量化雕刻评价技术，实现了碳酸盐岩缝洞体空间位置精准标定、空间几何形态与内部有效储层立体刻画、缝洞连通性分析、有效储集空间计算，储层雕刻充分展示了缝洞体的空间形态、分布特征、体积大小、相对高低（图3-130），实现了缝洞型碳酸盐岩储层刻画从单一“相面法”到多信息融合识别、从定性认识到定量刻画、从轮廓识别到内部有效储集空间结构刻画与连通性预测，解决了缝洞体储层类型识别、空间定位与有效储集空间的几何描述问题。有利于选准效益目标缝洞体、定准目标缝

洞体、打准目标缝洞体，以及为提高缝洞体累计产量提供支撑（图3-131），从而助力实现缝洞型碳酸盐岩规模效益开发。

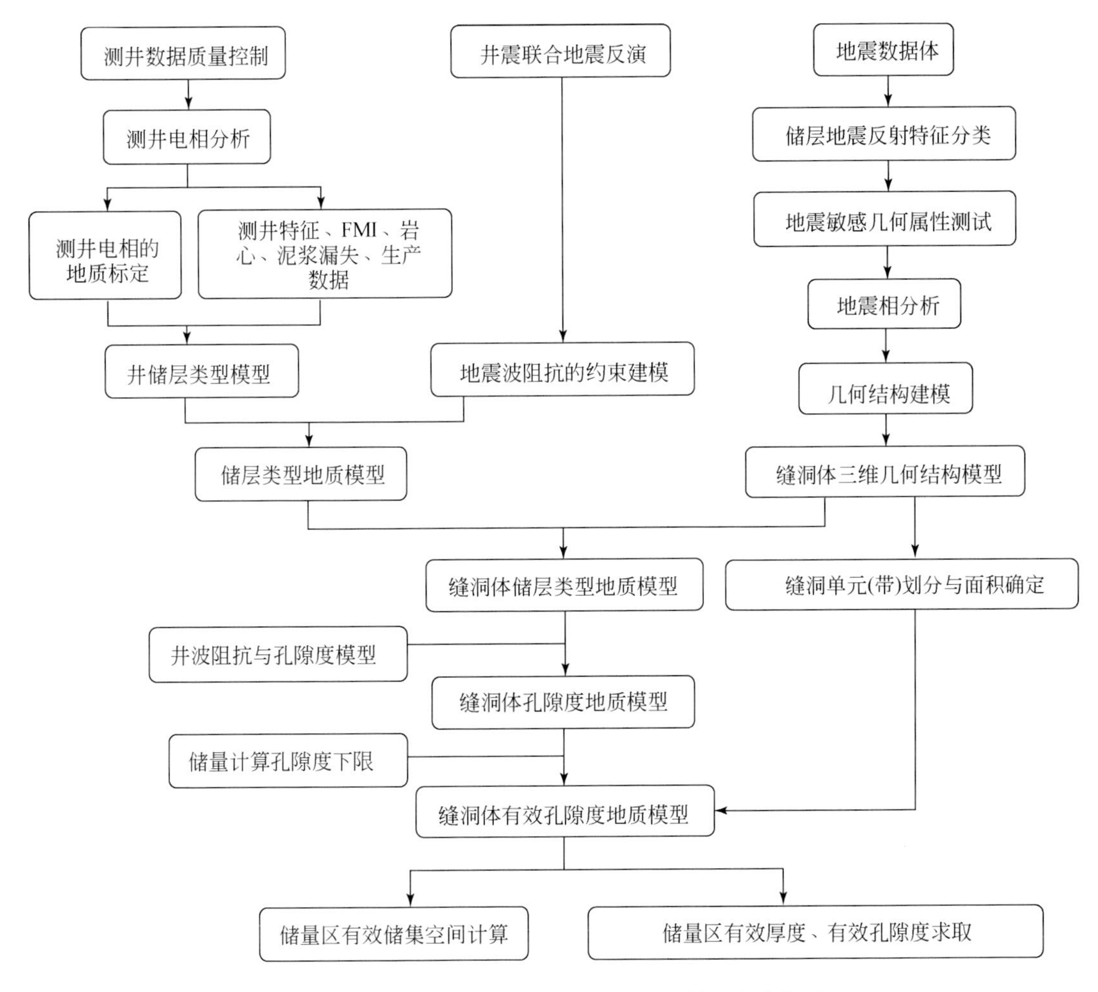

图3-128 缝洞型碳酸盐岩储层量化雕刻技术路线图

3. 应用成效

缝洞量化雕刻技术助推了塔北哈拉哈塘碳酸盐岩复杂油气藏的规模上产。通过近5年的持续攻关，对缝洞体的识别经历了串珠轮廓识别、缝洞定性预测、缝洞量化雕刻三个阶段。形成了缝洞体雕刻技术，分缝洞带、缝洞系统、缝洞单元进行评价，并以缝洞量化雕刻技术为核心创新形成了碳酸盐岩油气藏“缝洞雕刻容积法”储量计算方法，实现分储层类型计算储量，解决了非均质、缝洞型、复杂碳酸盐岩油气藏储量计算精度问题，刻画出有利含油面积1500km^2，上交探明石油地质储量2.5亿t（图3-132）。

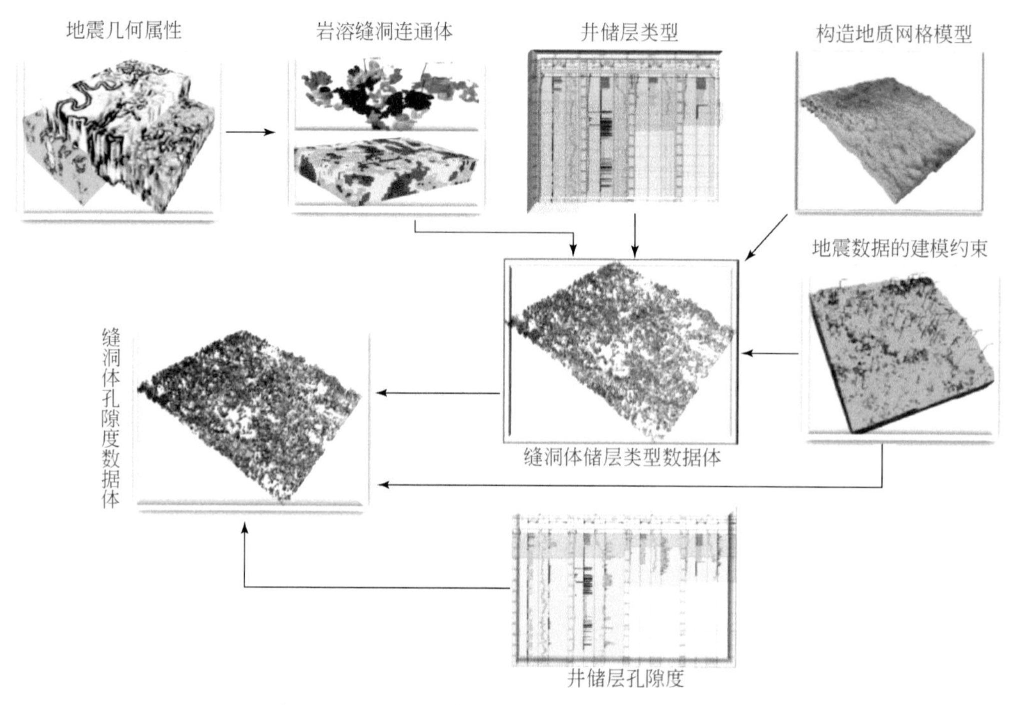

图 3-129　缝洞型碳酸盐岩储层量化雕刻流程图

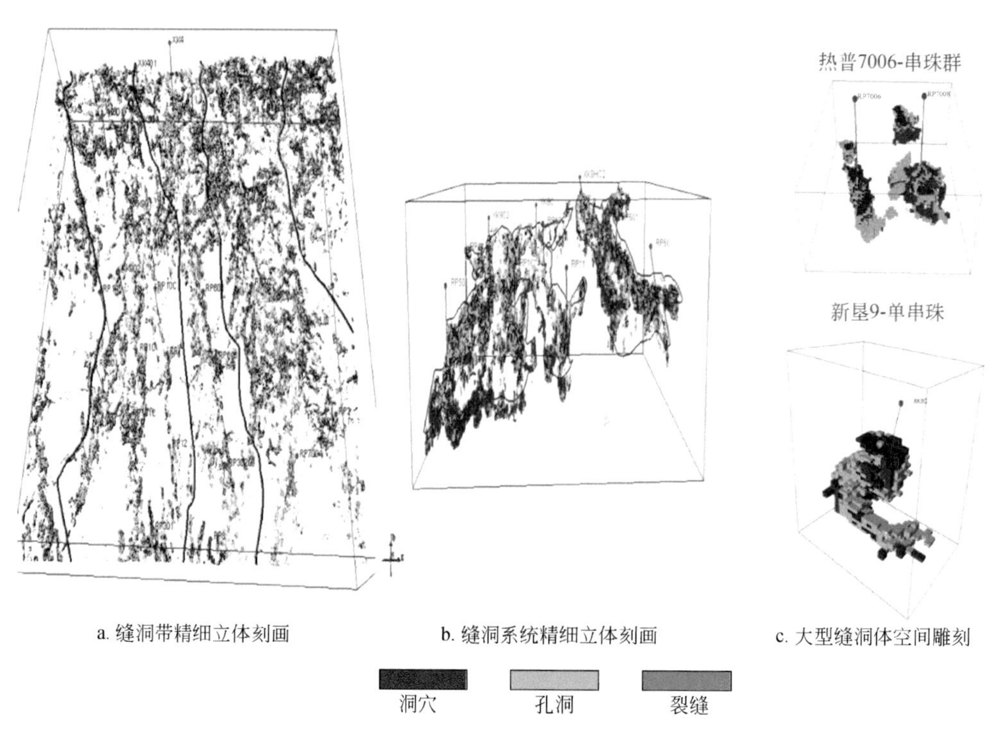

图 3-130　碳酸盐岩缝洞体有效储层立体雕刻图

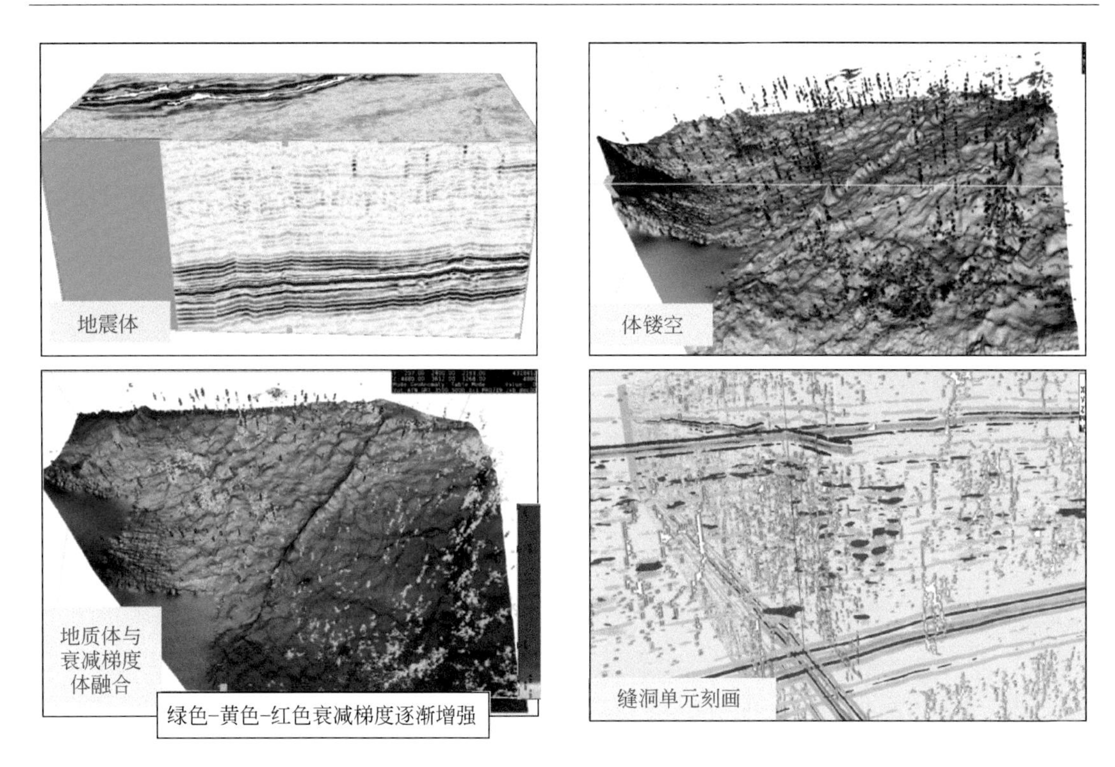

图3-131　鹰山组下段三维缝洞单元刻画，空间三维对比

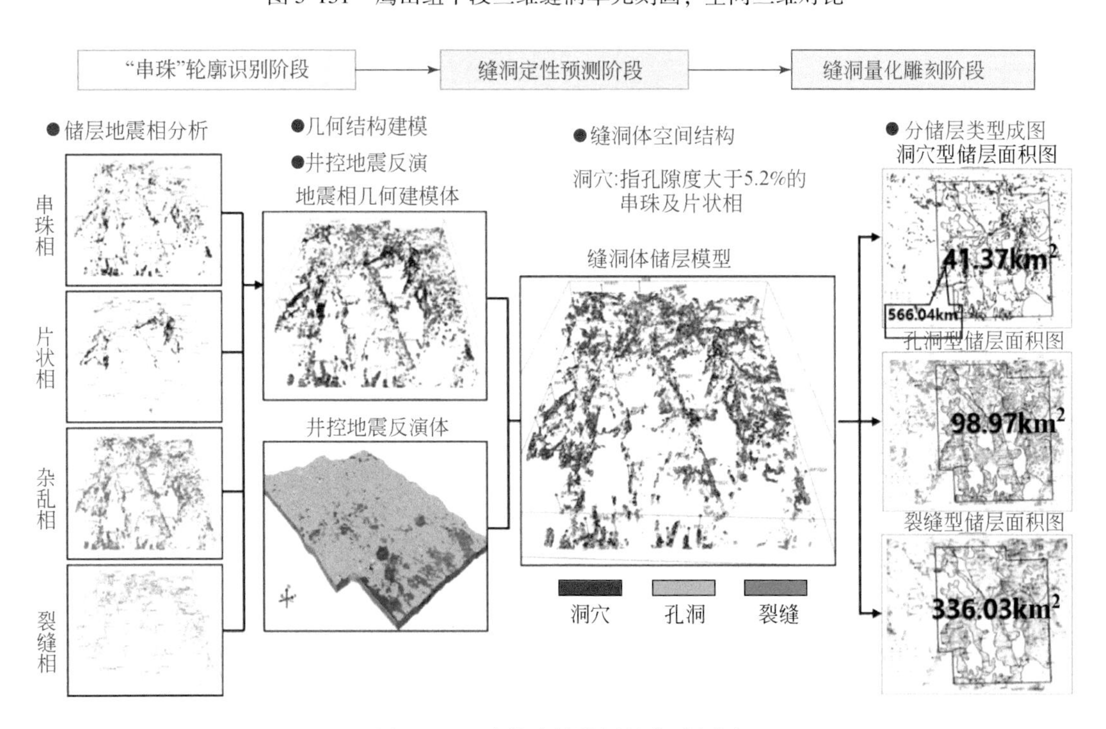

图3-132　哈拉哈塘缝洞量化雕刻图

在此基础上根据缝洞带、系统、单元划分评价确定井位，采用井接替、区块接替、不规则井网的思路布井，分阶段开发，确保了钻井的成功率和高效井的比例，快速上产百万吨，建成了年产 128 万 t 的缝洞型碳酸盐岩大油田，有效地支撑了碳酸盐岩复杂油气藏的规模上产。

将该方法运用到四川盆地川东南綦江地区，共落实了 7 个岩溶缝洞群，矿权内面积为 1619.00km²，计算资源量为 2309.49 亿 m³（图 3-133）。其中栗子岩溶缝洞圈闭群面积为 218.1km²，异常面积为 131.8km²/30 个；天堂坝岩溶缝洞圈闭群面积为 497.6km²，异常面积为 135.2km²/61 个；四面山岩溶缝洞圈闭群面积为 169.0km²，异常面积为 45.3km²/17 个；丁山北岩溶缝洞圈闭群面积为 332.0km²，异常面积为 112.1km²/36 个；新场西岩溶缝洞圈闭群面积为 252.4km²，异常面积为 67.9km²/23 个；新场东岩溶缝洞圈闭群面积为 100.3km²，异常面积为 24.0km²/9 个；桃子荡东岩溶缝洞圈闭群面积为 49.6km²，异常面积为 20.3km²/5 个。

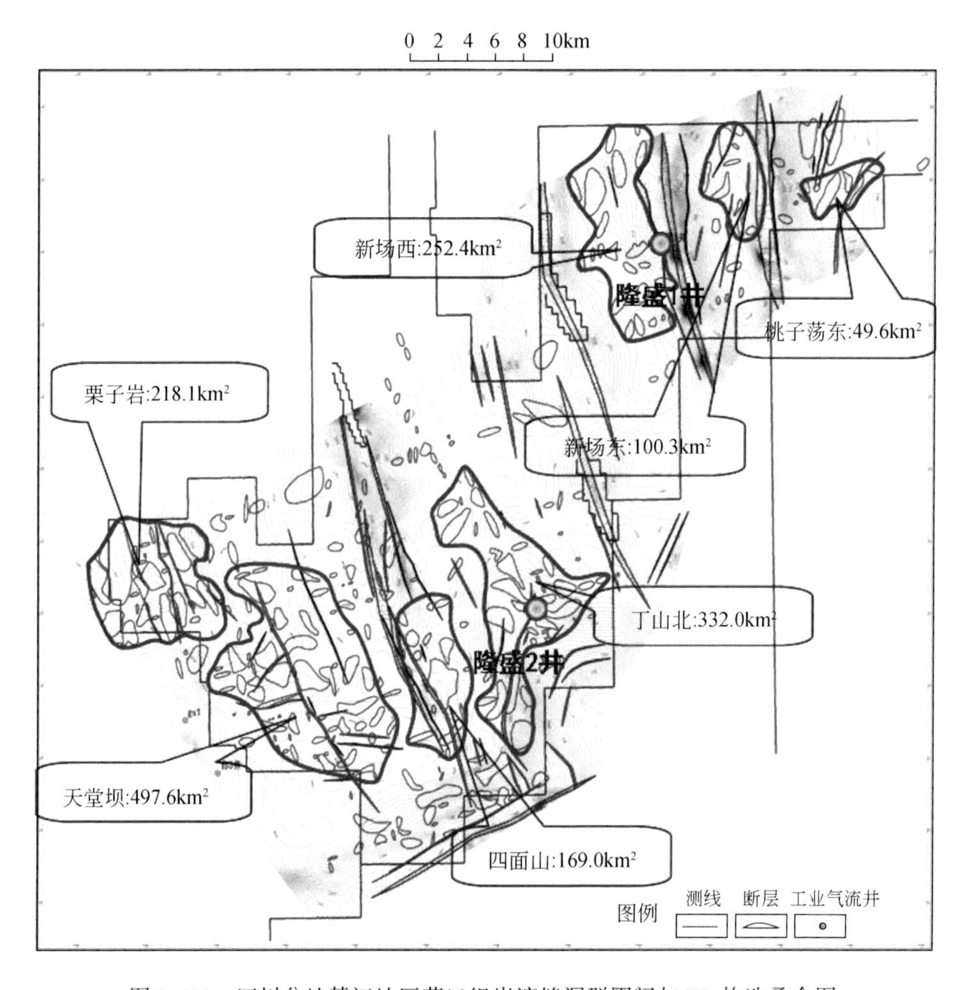

图 3-133　四川盆地綦江地区茅口组岩溶缝洞群圈闭与 TP_2 构造叠合图

3.4.3.3　白云岩储层预测评价技术

通过对西部三大盆地白云岩储层的系统研究，形成了以地震高分辨率处理技术、波阻抗反演技术方法为核心，其他地震属性分析、裂缝分析等技术为辅的储层预测技术方法系列。通过技术方法的运用，在纵向和平面上很好地把白云岩储层识别出来，为白云岩储层评价、勘探部署奠定了坚实的基础。

1. 地震高分辨处理技术与方法

在对白云岩储层开展地震预测中，分辨率问题一直是地震数据处理中获得高质量资料的关键，而分辨率与信噪比的相互制约关系是高分辨率处理的根本问题，为了适应多层叠置相对较薄储层预测的要求，地震资料必须具有高保真度、高信噪比和高分辨率的特征。

1）地震高分辨处理技术原理

提高地震分辨率的处理方法有很多种，针对白云岩储层特点，选用 HFE（High Frequency Expanding）叠后高分辨处理，避开了常规反褶积方法直接消除子波影响的方法难题，采取压缩子波的途径，达到提高分辨率的目的。除了能大幅度提高分辨率，HFE 高频拓展方法还有 3 个特点：①基本保持地震数据原有的信噪比；②可以保持地震数据相对振幅关系和时频特性；③可以保持且能一定程度补偿地震数据的低频成分。

HFE 原理认为：地震记录是反射系数序列在频率空间低频端的投影，将频率空间低频端的地震记录反投影到更宽更高的频带，可以达到拓宽频带提高分辨率的目的。HFE 高频拓展等效于：将一个由低频子波形成的地震数据转换为由高频子波形成的地震数据，从而提高分辨率。所以，HFE 高频拓展方法可以归结为求解如下问题：

$$\text{已知 } y(t)=r(t)*w(t)\text{，且 } r(t)\text{、}w(t)\text{ 未知}$$

$$\text{求解：} h(t)=r(t)*w(at)\text{，已知 } a>1$$

求解以上方程时，不需要已知子波，这样就避免了求取子波方法上存在的问题。由于不需要子波，HFE 就可以保持地震子波时变、空变的相对关系，保持地震数据的时频特性和波组特征。根据地震数据的品质，选定合适的 a 值，求解以上方程，可得到高分辨率地震数据，且该数据可以基本保持数据的原有信噪比，有效拓宽有效信号的频带宽度，抗噪能力强，同时很好保持了原始数据的时频特性，有很高的保真度。

2）地震高分辨处理技术方法应用效果

该方法在四川盆地雷口坡组白云岩储层预测评价中取得了良好的效果。通过对常规地震开展叠后拓频处理，处理后地震分辨率明显提高（图 3-134），雷口坡组顶界面反射特征明显，雷四段上、下储层亦能区分开。总体上，在高分辨率地震剖面上，上储层段位于雷顶之下上半个负相位，储层孔隙发育或含气后其顶部（即雷顶）具有振幅变弱特征；下储层段位于雷顶之下第二正相位与第三正相位之间，储层底具有强正相位特征。

2. 波阻抗反演识别技术与方法

1）波阻抗反演技术原理

地震反射波法勘探原理是：地下不同地层存在波阻抗差异，当地震波传播有波阻抗差

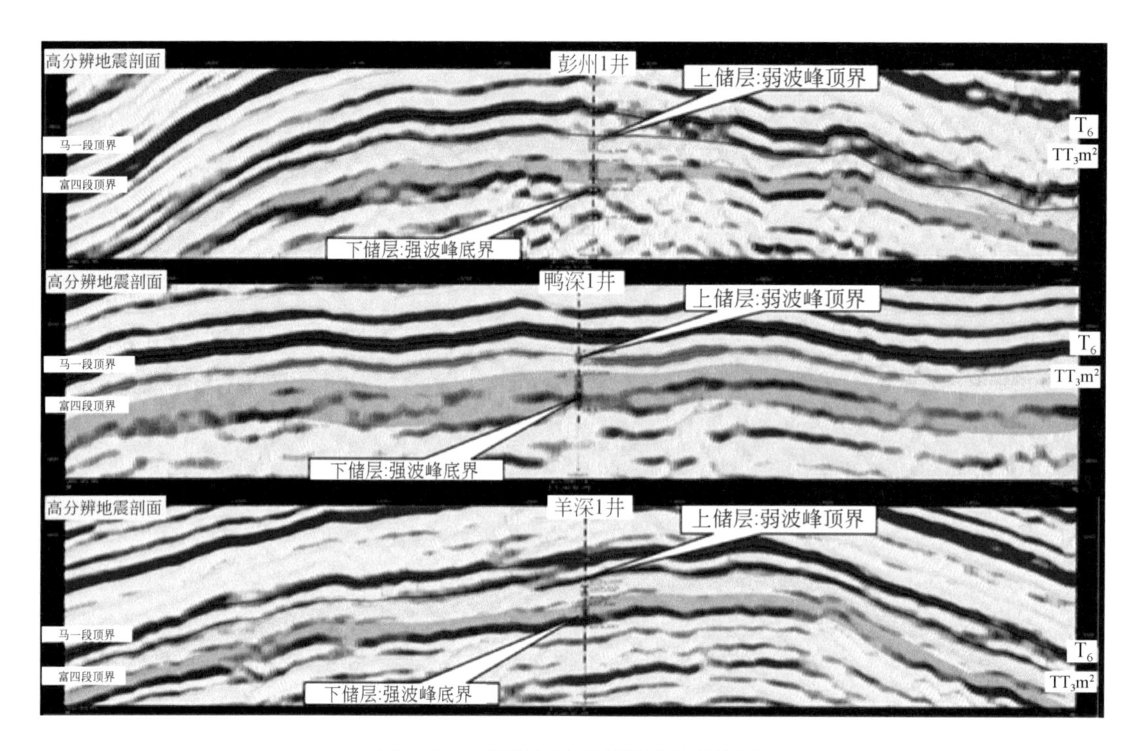

图 3-134　彭州气田高分辨率地震剖面

异的地层分界面时，会发生反射从而形成地震反射波。地震反射波等于反射系数与地震子波的褶积，而某界面的法向入射发射系数就等于该界面上下介质的波阻抗差与波阻抗和之比。也就是说，如果已知地下地层的波阻抗分布，我们可以得到地震反射波的分布，即地震反射剖面。即由地层波阻抗剖面得到地震反射波剖面的过程称为地震波阻抗正演，反之，由地震反射剖面得到地层波阻抗剖面的过程称为地震波阻抗反演。

波阻抗反演的技术方法及软件有很多种，根据不同的勘探需要，可以选用相应的技术方法及应用软件来做。目前，我们主要采用的是基于模型反演法。

它的基本思路：先建立一个初始地层波阻抗模型，然后由此模型进行正演，求得地震合成记录，将合成地震记录与实际地震记录相比较，根据比较结果修改地下波阻抗模型的速度、密度、深度值及子波，再正演求取合成地震记录，与实际地震记录进行比较，继续修改波阻抗模型，如此多次反复，从而不断地通过迭代修改，直至合成地震记录与实际地震记录最接近，最终得到地下的波阻抗模型。

基于模型反演方法主要有以下几种：①测井约束反演；②地震岩性模拟；③广义线性反演；④多道反演法；⑤地质统计学反演；⑥波阻抗多尺度反演；⑦遗传算法反演。

我们主要使用的是测井约束反演，它也是目前生产中广泛采用的基于模型的地震反演方法。将地震与测井有机结合，突破传统意义上地震分辨率的限制，理论上可以得到与测井资料相同的分辨率。

2）波阻抗反演在鄂尔多斯盆地的应用效果

该方法在鄂尔多斯盆地中组合白云岩储层取得了明显成效。奥陶系中组合的白云岩储层主要分布在马五段5亚段、马五段7亚段及马五段9亚段等小层中，而马五段5亚段、马五段7亚段及马五段9亚段都是夹在蒸发岩旋回中的短期海侵沉积形成的碳酸盐岩，其本身在地震剖面中的响应特征与其上、下的蒸发岩围岩的岩性有直接关系，而蒸发岩的岩性差异较大、容易在地震剖面上产生可识别的响应特征。因而按照先易后难的原则，可以先将容易区分的马五段6亚段等蒸发岩层段在面上的岩性分区先区别开来，然后再分区建立目的层段白云岩储层的预测模式。

（1）马五段6亚段蒸发岩层段岩性识别与分布预测。

通过综合应用叠前反演及现代体属性分析等方法，可较为准确地确定马五段6亚段白云岩-硬石膏岩分界线，以及硬石膏岩-石盐岩的分界线，进而在宏观上明确马五段6亚段地层的岩性分区，为后期盐下白云岩储层及相带预测奠定基础。利用地震属性预测马五段6亚段硬石膏岩分布范围约7680km^2，结合地质综合分析认为是膏盐岩下马五段7亚段、马五段9亚段天然气成藏最有利的目标区带。

在马五段6亚段白云岩-硬石膏岩分界的确认过程中，常规地震剖面中硬石膏岩与白云岩实际上由于其波阻抗差异很小而很难准确确认，但在密度反演剖面、振幅属性剖面及高亮体属性剖面中却可以较好地反映其岩性分区特征。

（2）马五段5亚段岩性相变识别。

马五段5亚段位于马五段中部，地层厚度一般为25～30m，是夹在蒸发岩地层中的一段短期海侵沉积的碳酸盐岩。其地层岩性存在区域性的岩性相变，在鄂尔多斯盆地东部主要为石灰岩分布区，向中部靠近古隆起区逐渐相变为以白云岩为主。对其岩性变化区域的准确刻画，是寻找马五段5亚段岩性圈闭气藏有利目标的关键。

在常规地震资料分析中，由于石灰岩与白云岩地震波速度及密度差异均较小，因而波阻抗差异也必然较小，导致在常规地震反射剖面上很难识别马五段6亚段岩性在横向上的变化特征。

针对这一情况，通过岩石物理参数分析，发现在波阻抗与光电截面指数（P_e）交会图上，石灰岩与白云岩有较显著的分区性。尤其当区分了横波阻抗与纵波阻抗时，石灰岩与白云岩在横波阻抗上空间重叠区域相对更小，也就更有利于应用波阻抗剖面来识别其岩性变化。由此，通过参数优选，创新研制出了叠前纵波和拟横波阻抗联合预测技术，显著提高了利用地震资料进行马五段5亚段石灰岩与白云岩分布预测的精度。为结合地质分析开展马五段5亚段相带展布研究和白云岩岩性圈闭成藏目标预测奠定了较为可靠的基础。

（3）内幕白云岩储层预测及含气性检测。

①井震结合建立不同相区目的层段附近的地震响应模式。

通过不同相区典型代表井段的地层岩性结构及其地球物理参数的变化分析，结合过井地震剖面的地质层位精细标定，建立了目的层段附近各自不同的地震响应模式。

在马五段6亚段盐岩分布区，马五段7亚段白云岩与盐岩围岩波阻抗差异较大，反射系数达0.128～0.243，表现为中-强能量反射；而在马五段6亚段硬石膏岩分布区，由于马五段7亚段白云岩与硬石膏岩围岩波阻抗差异较小，硬石膏岩与白云岩反射系数仅为0.015～0.061，表现为中-弱能量反射特征；在马五段6亚段白云岩分布区，马五段7亚段白云岩与上覆围岩波阻抗差异极小，白云岩与灰质云岩间的反射系数基本为0，因而多表现为空白或弱反射特征（图 3-134）。

针对奥陶系内幕白云岩储层与致密白云岩围岩之间的波阻抗差异小的难点，通过岩石物理分析优选参数，创新应用叠前纵波和拟横波阻抗联合预测技术，提高了白云岩储层的预测精度。对膏盐岩下勘探的新领域，则尝试开展了应用高亮体属性分析来预测膏盐岩下白云岩储层的新技术（图 3-135）。

②集成应用分频能量对比、泊松比反演等解决含气性检测难题。

通过综合分析岩电试验参数及已有试气探井在目的层段的测井响应特征，并对比各类属性参数变化在过井地震剖面上的响应特征后发现，泊松比与分频能量对比对内幕白云岩的含气性有较敏感的反映。

根据上述对比资料的分析，在岩性及储层预测的基础上，集成应用叠后分频能量对比、吸收衰减、振幅频率比和泊松比反演技术，以试图解决奥陶系内幕白云岩含气性检测的难题。对于盐下白云岩储层，还尝试应用了叠前波阻抗反演及纵横波速度比等技术来预测其含气性（图 3-135）。

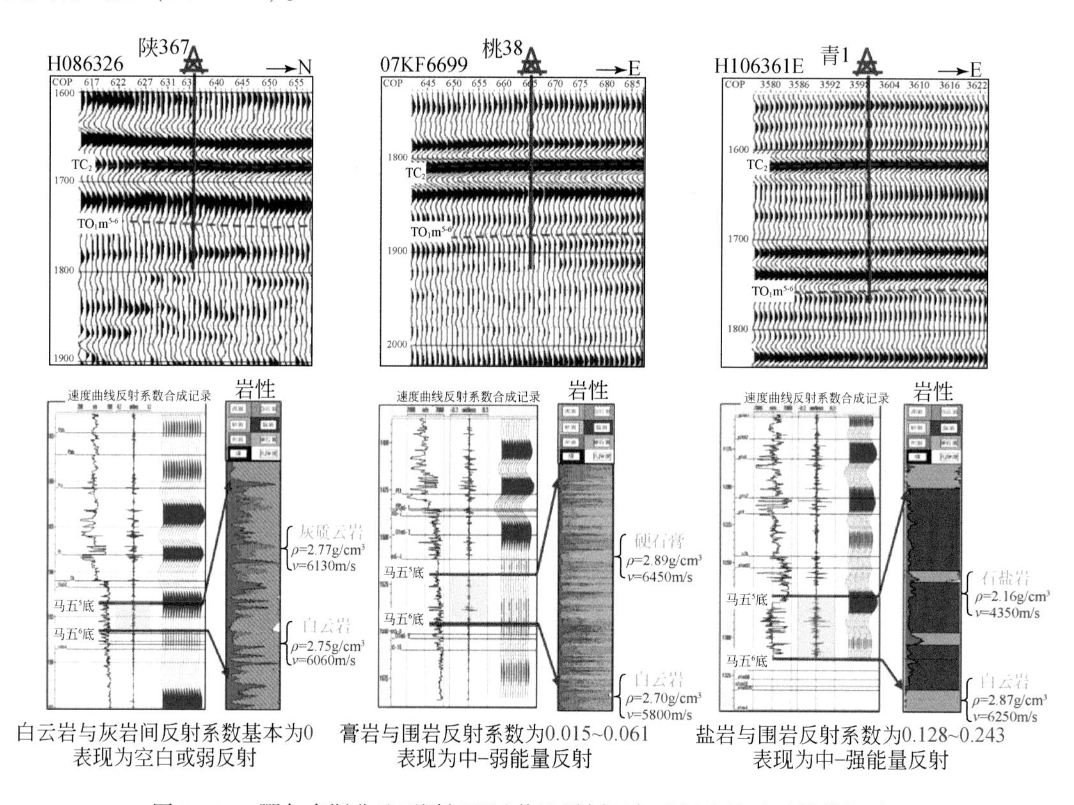

图 3-135　鄂尔多斯盆地不同相区过井地震剖面与地层岩性及反射特征对比

应用该技术有效推动了鄂尔多斯盆地下古生界碳酸盐岩油气勘探进程，以沉积微相、储层形成机理与成藏富集规律研究成果为指导，应用振幅频率比、AVO 属性交会、弹性阻抗及交会等技术，已有十余口井获日产百万立方米以上高产工业气流，落实了苏 203、桃 15、苏 127 三个含气富集区，地震预测成功率为 70%，其中根据地震预测结果部署的莲 28 等井均获得高产气流，为确定规模储量目标区提供了依据；同时，积极拓展中组合勘探范围，在中东部地区评价出神木北马五段5亚段、靖边南马五段5亚段薄夹层等后备勘探目标（图3-136）。目前，以中组合为代表的白云岩储层已提交探明、控制储量合计898.16×10^8 m^3，预计最终可形成千亿立方米储量规模，将成为鄂尔多斯盆地天然气增产上储最可靠的后备区域之一。

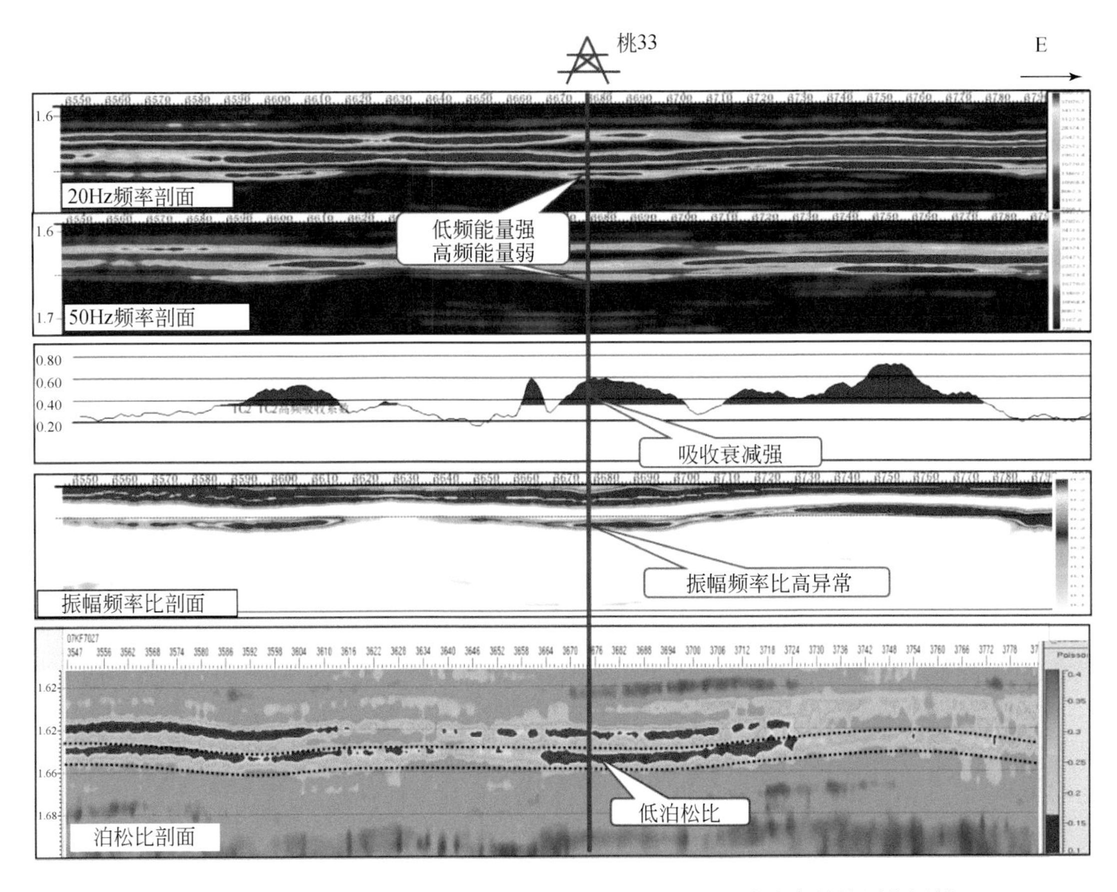

图3-136　鄂尔多斯盆地07KF7027测线马五段5亚段白云岩含气性检测分析剖面

3）波阻抗反演在四川盆地的应用效果

储层地震响应特征分析表明，龙门山前带雷四段3亚段上、下储层均具有相对低阻抗特征，上储层以中低阻抗为主，下储层以低阻抗为主。通过对彭州气田连片三维的高分辨处理，以高分辨处理成果数据为基础，使用彭州1井、鸭深1井、羊深1井资料约束，进行井约束波阻抗反演。从反演结果剖面上看，可以有效识别出雷四段3亚段的上、下储层（图3-137～图3-139）。

3.4.3.4　缝洞流体识别技术

塔里木碳酸盐岩缝洞型储集体是油田的主体油藏储层，随着油田开发的深入，钻井遇水的概率在升高，区分油、水在碳酸盐岩缝洞型储集体中的赋存特征，对于碳酸盐岩缝洞型储层的勘探、开发就更加重要。研究、探索适合于碳酸盐岩缝洞型储集体中油水辨识的

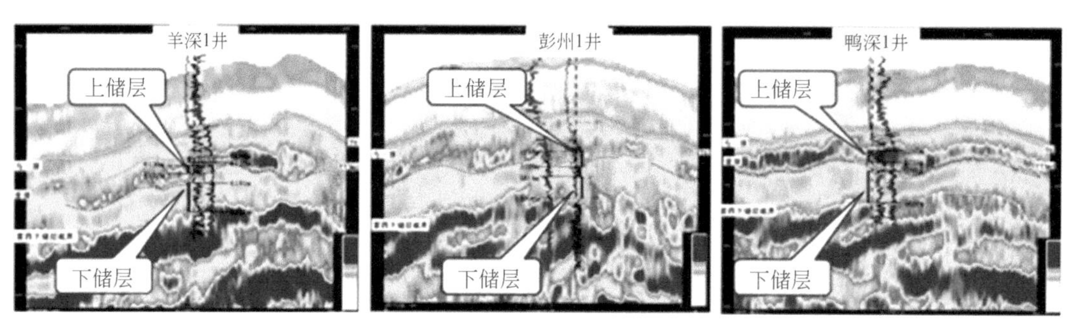

图 3-137　四川盆地过羊深 1 井–彭州 1 井–鸭深 1 井波阻抗反演剖面

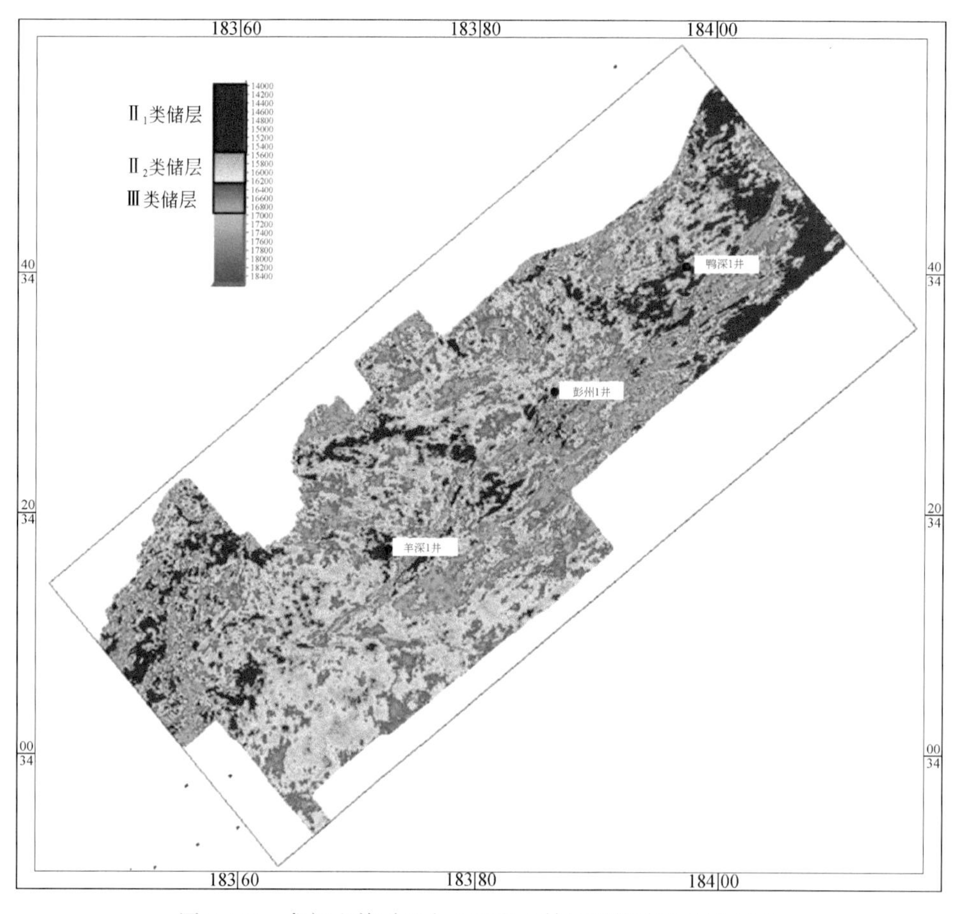

图 3-138　龙门山前雷四段 3 亚段下储层平均波阻抗平面图

新的地震属性及其相应的实用技术方法，以及相应的实用软件，对塔里木盆地碳酸盐岩领域勘探开发部署是十分有意义的工作。

1. 技术内涵

在借鉴砂岩油气藏流体检测经验和技术方法的基础上逐渐形成了叠前反演和瞬时谐频特征等技术方法，在碳酸盐岩缝洞型储集体中，油藏的主体是规模较大的充填流体的溶

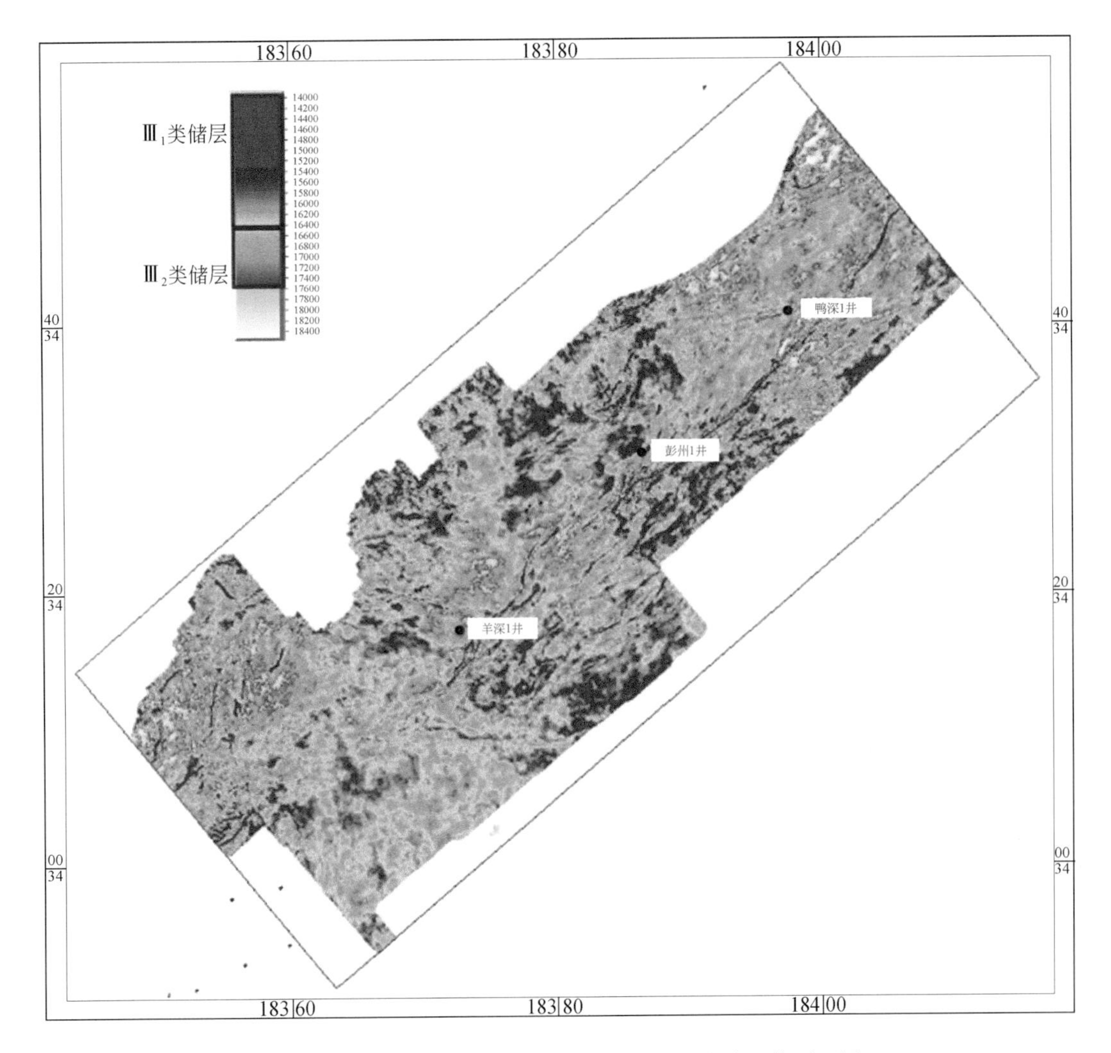

图 3-139　龙门山前雷四段 3 亚段上储层平均波阻抗平面图

洞。由于大型洞穴中的流体不传播横波，因而无法提取像砂岩储层中辨识油气水的有效弹性参数，如横波速度，弹性模量 λ、μ 和 ρ 等。因此，叠前弹性反演技术的应用受到限制。研究过程中主要应用叠后瞬时谐频特征分析技术开展流体检测方法研究。

瞬时谐频特征分析技术是通过井旁产层特征分析，开展溶洞型储集体油水识别正演模拟（图 3-140、图 3-141），依据储集体的吸收衰减特性和调谐效应的变化，采用多种瞬时频谱分析算法，提取能够反映这种变化的单频、多频乃至宽频带的多种地震属性，选择适应于研究区储集体油气水识别特点的敏感属性，利用交会分析算法对反映流体的多个敏感属性进行交会分析，减少单一属性可能出现的多解性，用以对储层中油气水的识别。

2. 解决的难题

塔里木盆地碳酸盐岩以奥陶系和寒武系灰岩和白云岩为主，地层时代早、埋深大，基质孔隙不发育，储层以加里东中期至海西早期古岩溶、热液溶蚀和构造断裂等作用形成的

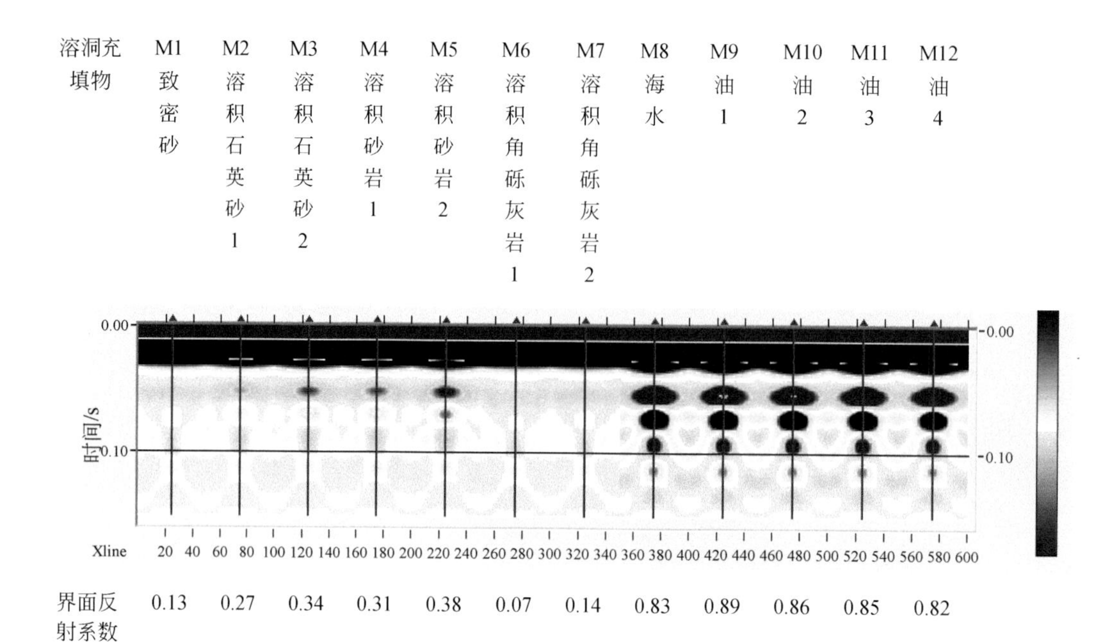

图 3-140　不同充填物溶洞正演合成地震记录偏移剖面

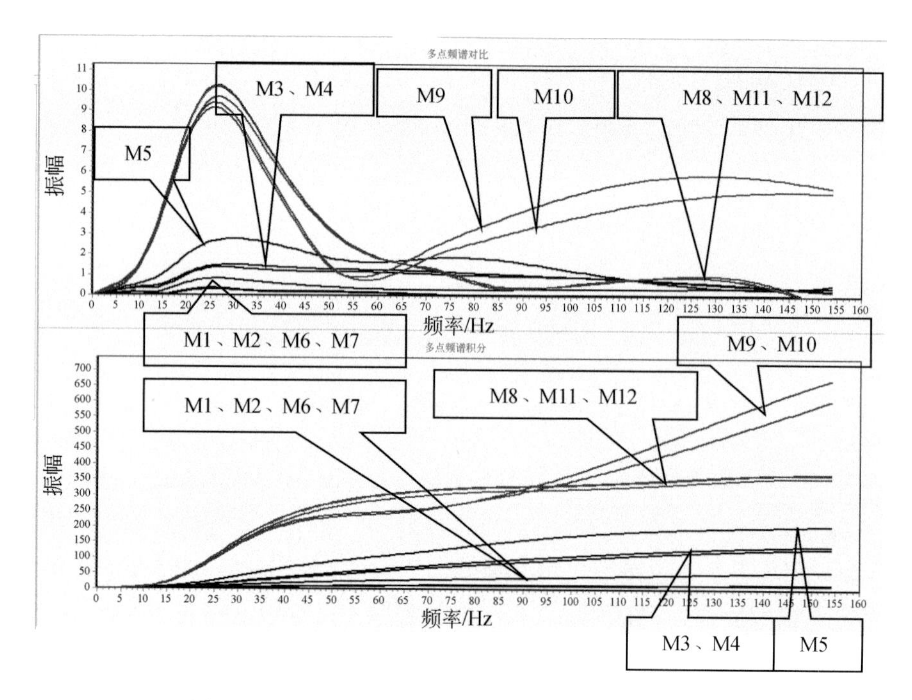

图 3-141　不同充填物溶洞模型正演短反射的振幅谱

溶蚀洞穴、孔洞和裂缝为主，储集体非均质性强、连通性差、发育规律难以预测，储层预测难度大。随着塔里木盆地碳酸盐岩勘探不断向外围区扩展，塔北托甫台地区、盐下地区和哈拉哈塘地区均遇到油、气、水复杂区（钻井见油气但部分井快速水淹，油层较薄），油气富集规律复杂。

瞬时谐频特征分析技术基于正演模型中不同流体在时频域各种属性的响应特征差异，开展流体性质判断，并通过多属性交会方法，形成流体识别的综合判别技术。该技术的应用在储层预测的基础上，进一步增强对目标流体判别，提高勘探目标落实程度，减少勘探风险。

3. 应用效果

本书通过瞬时谐频特征分析得到油水识别敏感属性，再通过交会分析得到碳酸盐岩溶洞型储集体油水识别参数，指示可能含油的部位。用已知钻井产层加以验证（图3-142、图3-143）。

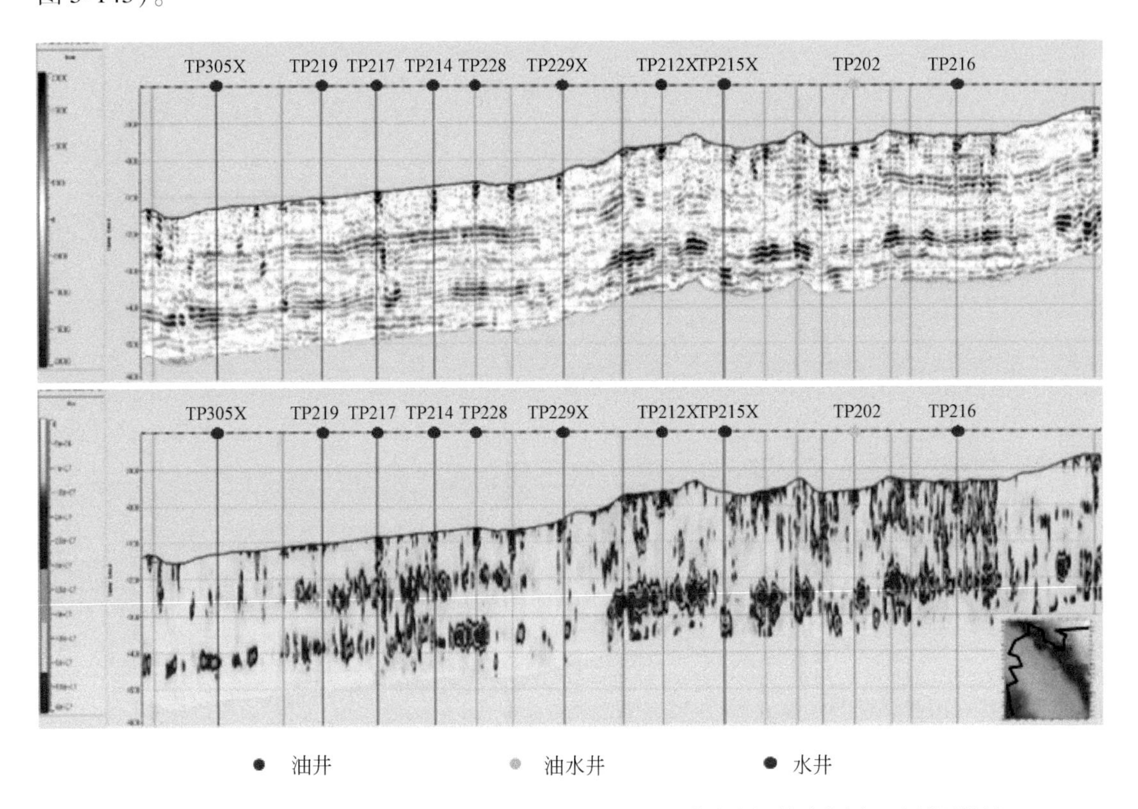

图3-142　托普台中部验证井过井1-1′线地震剖面和瞬时谐频谱异常剖面及预测结果

以托普台为实验区，对全部43口井做出油、水识别预测，将预测结果与实钻结果对比统计其吻合率。

油井27口，油水井2口，水井或干井14口。预测判断为油井的27口中，实际钻遇油井21口，水井和干井7口。预测判断为油水井的2口中，实际钻遇水井1口，油井1口。预测判断为水井或干井的14口中，实际钻遇全部为水井或干井。预测总体吻合率为81.3%，较原钻井成功率（油井/总井数）明显提高，能够作为一个重要的地球物理预测

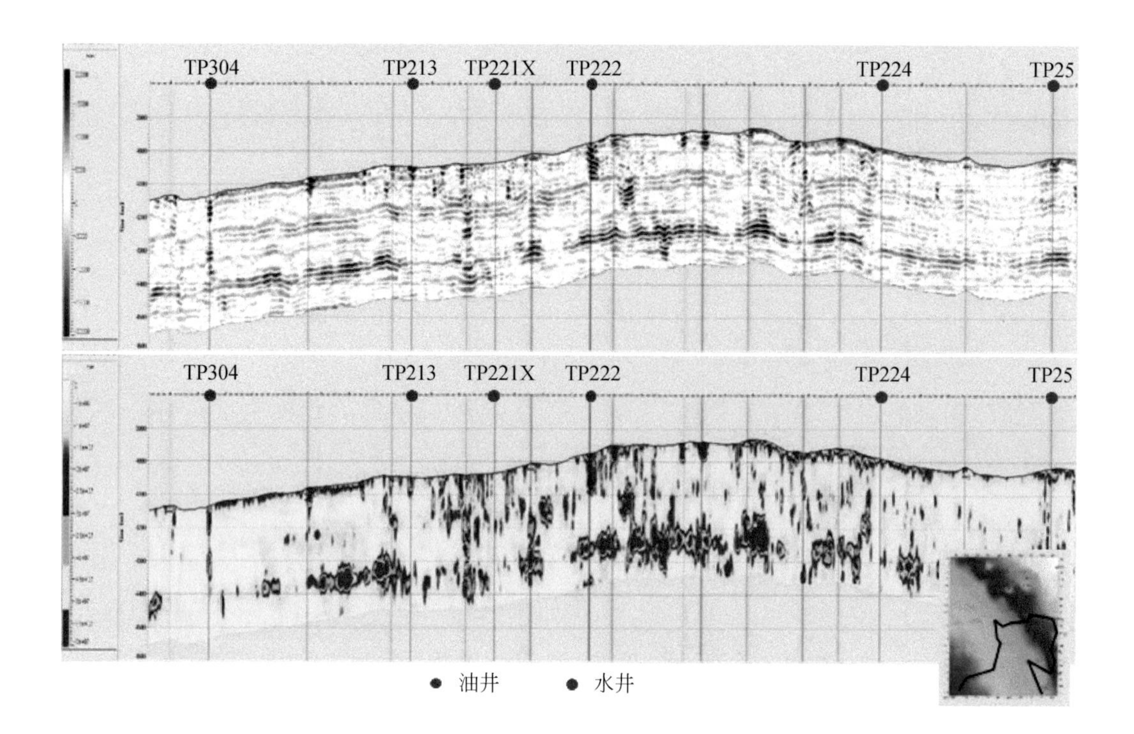

图 3-143　托普台中部验证井过井 2-2′线地震剖面和瞬时谐频谱异常剖面及预测结果

手段，指导塔里木盆地碳酸盐岩低勘探程度区目标优选（图 3-144、图 3-145）。

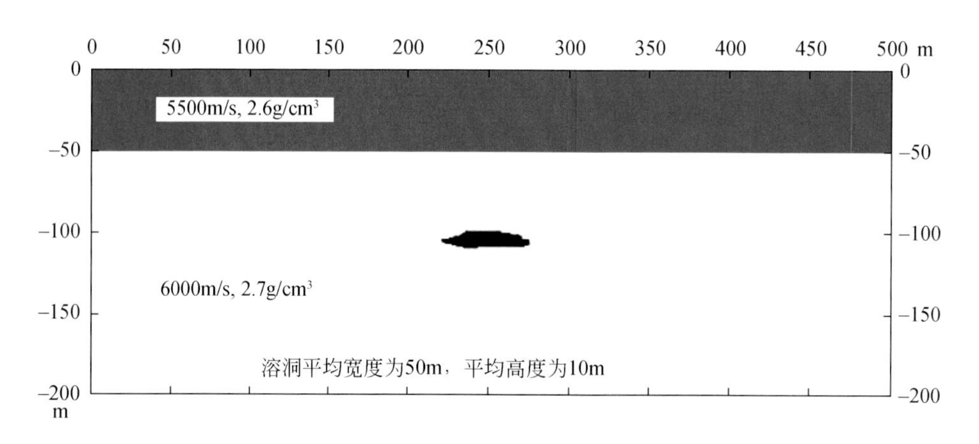

图 3-144　溶洞模型示意图

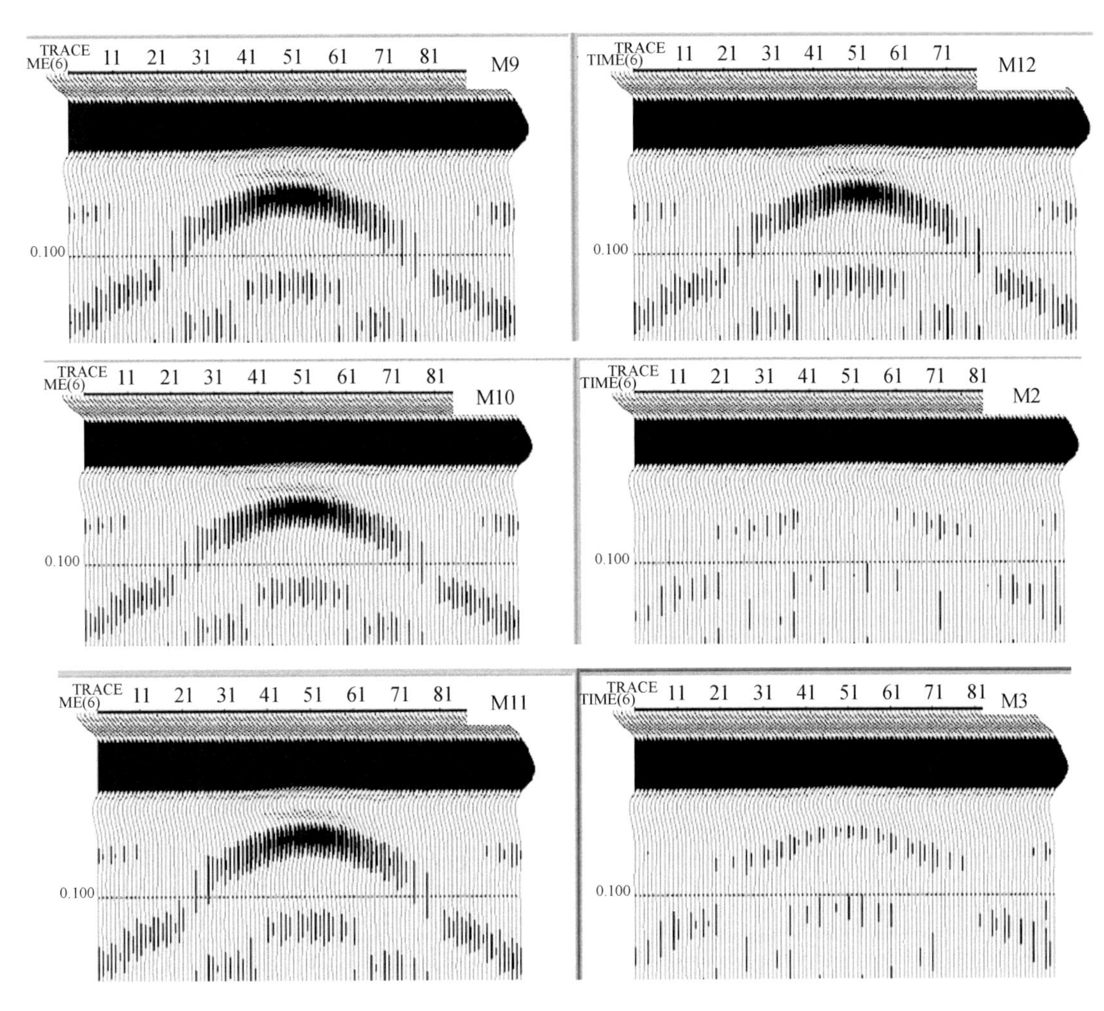

图 3-145　充填流体和充填固态物质溶洞的自激自收正演合成地震记录

M9. 轻质油；M12. 重质油；M10. 中质油；M2. 致密砂岩；M11. 中质油；M3. 溶积石英砂岩

第4章　西部大型克拉通盆地碳酸盐岩成藏地质条件与油气富集规律

4.1　海相烃源岩特征

西部三大盆地海相烃源岩按岩性可分为碎屑岩和碳酸盐岩，烃源岩发育地层包括从二叠系到寒武系，烃源岩展布的时空范围广泛。经过多期构造的埋藏演化，海相烃源岩绝大部分进入高-过成熟阶段，烃源岩在生油阶段的油相产物除在部分构造隆起聚集成油藏外，大部分生烃产物已经转化为天然气，为大-中型气田的形成提供了充足的物质基础。

4.1.1　海相烃源岩的地球化学特征

4.1.1.1　鄂尔多斯盆地烃源岩地球化学特征

气源对比研究认为，鄂尔多斯盆地海相碳酸盐岩的天然气来自上古生界石炭系—二叠系煤系烃源岩，同时也有下古生界奥陶系烃源岩的天然气贡献。鄂尔多斯盆地海相烃源岩主要发育于奥陶系平凉组与马家沟组，其次为寒武系及古元古界长城系。

1. 上古生界烃源岩

鄂尔多斯盆地上古生界为海陆过渡相沉积，烃源岩在纵向上主要分布于上石炭统本溪组—下二叠统山西组，二叠系中统和上统的暗色泥岩TOC相对较低，一般不作为有效烃源岩。根据对盆地内部40余口井350个样品地球化学测试结果统计，暗色泥岩TOC较高，主要分布在1.5%~3.0%，灰岩的TOC变化范围较小，一般为0.35%~1.51%，平均为0.78%，可溶有机质含量较高，其氯仿沥青“A”平均为0.0439%。本溪组和太原组煤层形成于滨海沼泽或潟湖环境，煤岩TOC平均为63.13%，氯仿沥青“A”为0.8519%。山西组煤层主要形成于浅水三角洲沉积环境，煤岩TOC为53.48%，氯仿沥青“A”为0.6469%。

鄂尔多斯盆地晚古生代是陆生植物鼎盛期，因而决定了石炭系—二叠系海陆过渡相的煤系烃源岩有机质来源以陆生植物有机质为主，水生生物为辅。烃源岩干酪根镜检结果显示，煤岩和煤系泥岩的镜质组和惰质组含量占绝对优势，平均含量多数为85%~95%，壳质组和腐泥组含量一般低于10%，少数为10%~15%（图4-1）。煤岩与煤系泥岩干酪根的类型指数（TI）为-85~-10，均属于Ⅲ型干酪根，但是显微组成存在一定的差异。煤岩干酪根惰质组含量相对较高，一般为25%~35%，而煤系泥岩干酪根惰质组含量相对较低，多数为15%~25%。

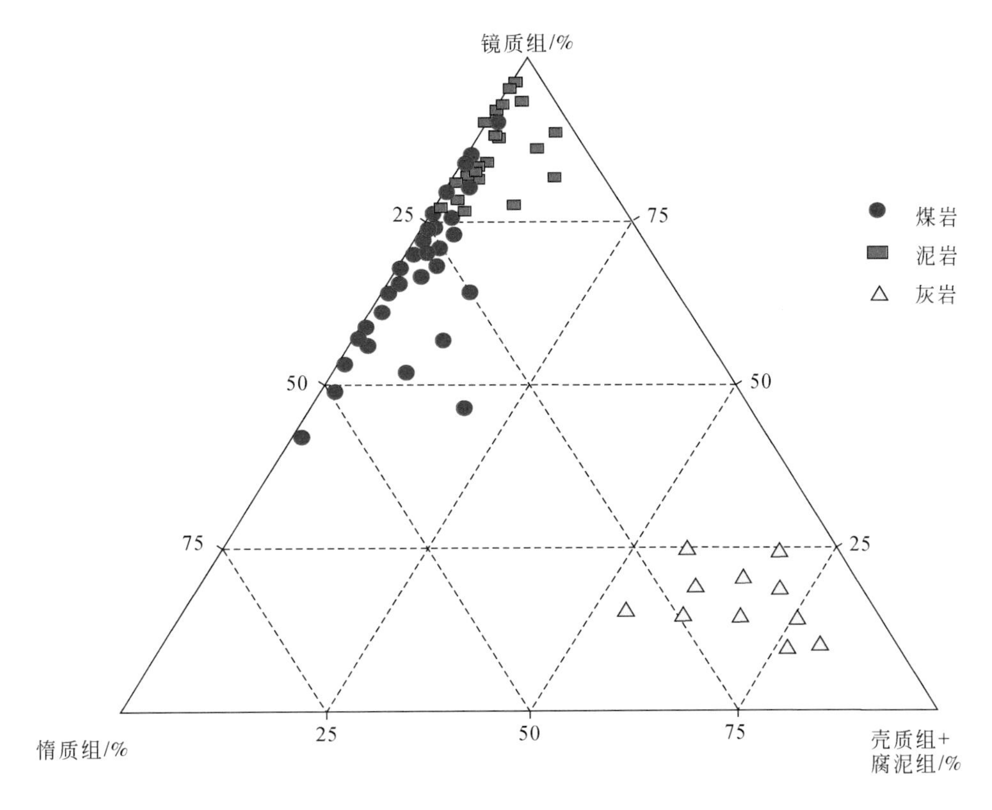

图 4-1　鄂尔多斯盆地上古生界烃源岩干酪根显微组成三角图

石炭系—二叠系灰岩干酪根的壳质组和腐泥组含量相对较高。根据绥 1 井、洲 3 井及榆 3 井等太原组 11 个灰岩干酪根镜检结果，壳质组和腐泥组含量为55%~80%，镜质组与惰质组含量分别为5%~30%，类型指数（TI）为 10~60，属于Ⅱ型干酪根。

根据鄂尔多斯盆地上古生界 59 口井 182 个烃源岩干酪根样品的镜质组反射率（R_o）数据统计，R_o为 0.96%~2.96%，平均为 1.78%，总体上处于高成熟晚期阶段，R_o大于 1.3%的高成熟及过成熟区分布面积约占盆地总面积的 72%。在平面上，盆地西部任 3 井区以西上古生界烃源岩成熟度相对较低，R_o为 0.6%~1.0%；盆地南部庆阳-富县-宜川地区上古生界石炭系—二叠系烃源岩成熟度最高，R_o达到 2.4%~2.8%，处于过成熟干气阶段；盆地北部杭锦旗-东胜-准格尔旗一带处于低-成熟阶段；盆地中东部地区 R_o为 2.0%~2.4%，主要处于过成熟阶段。

2. 奥陶系烃源岩

鄂尔多斯盆地的上奥陶统背锅山组和下奥陶统亮甲山组与冶里组分布范围局限，烃源岩主要发育于中奥陶统平凉组和下奥陶统马家沟组。平凉组在盆地内大部分缺失，主要分布在盆地的西缘和南缘。西缘乌拉力克组以发育含笔石页岩为主要特征，黑色页岩在垂向上自下而上逐渐减薄，并在中上部逐渐被砾屑灰岩、砂屑灰岩取代。岩心和地表露头样品化验分析数据表明，平凉组发育有泥质烃源岩和灰岩类烃源岩，有机质丰度较高。平凉组泥质烃源岩 TOC 多数为 1.0%~1.5%，碳酸盐岩烃源岩 TOC 为 0.25%~0.45%。盆地西缘泥质烃源岩和碳酸盐岩烃源岩 TOC 平面分布特征表现为由中央古隆起向西逐渐升高（图4-2、图4-3）。盆地南缘在淳化－渭南一带泥质烃源岩TOC 相对较高，往四周方向逐渐降低，碳酸盐岩烃源岩 TOC 在乾县－耀县一带相对较高，往北逐渐降低。

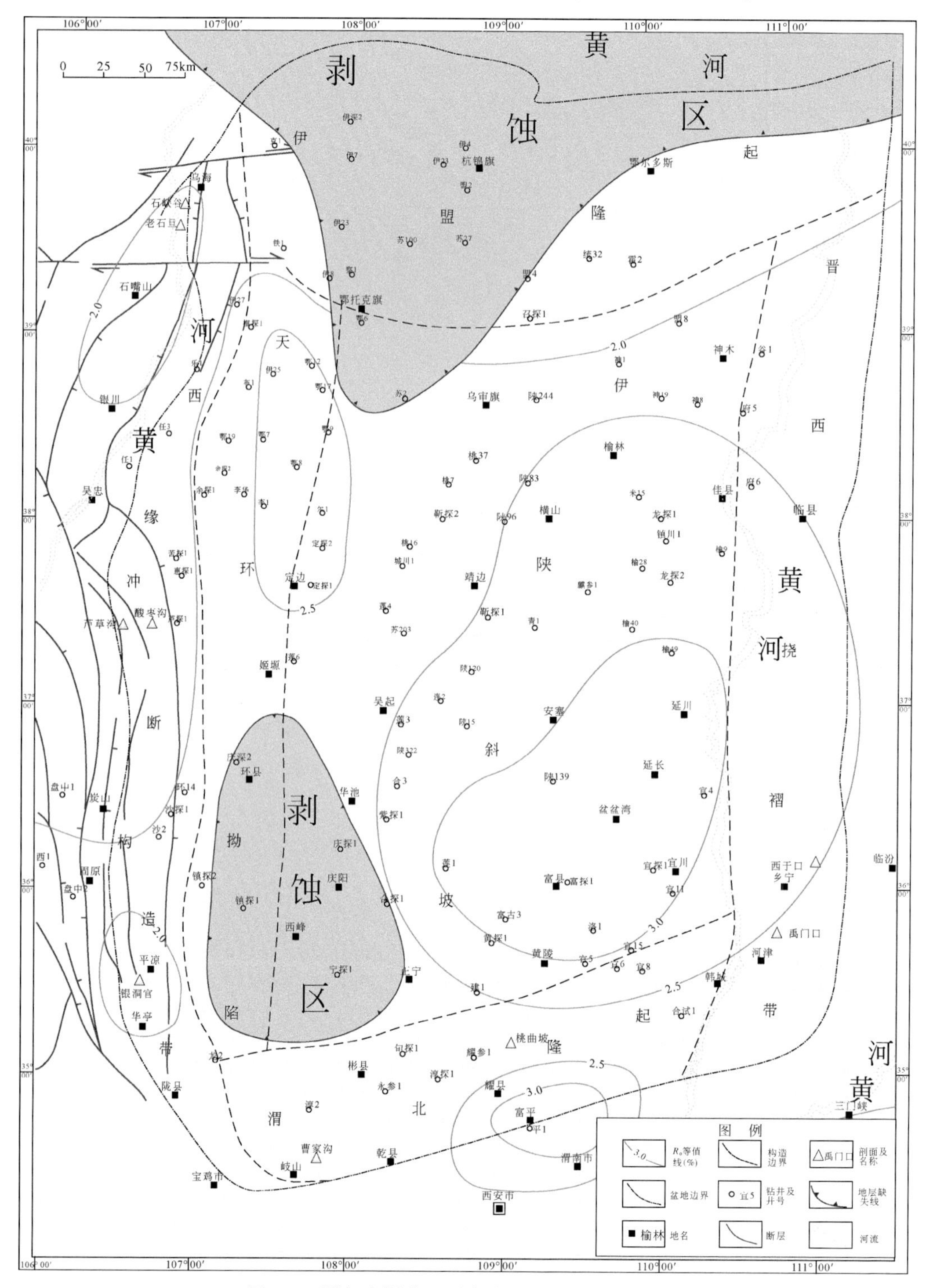

图4-2 鄂尔多斯盆地马家沟组烃源岩 R_o 分布图

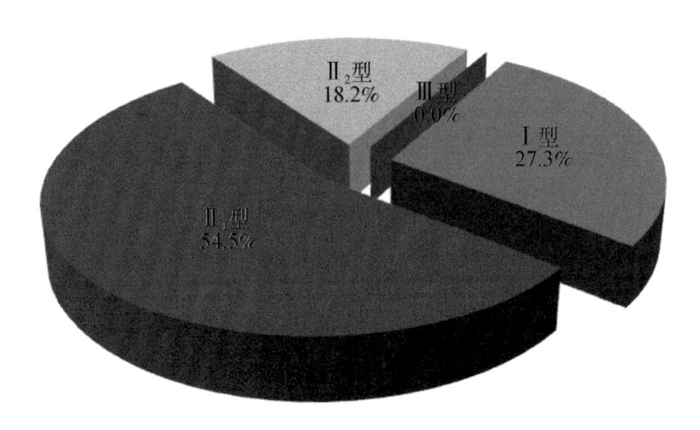

图4-3　鄂尔多斯盆地寒武干酪根类型镜检结果统计图

平凉组26个泥灰岩干酪根样品镜检统计显示，无定型藻质-腐泥组含量一般在70%以上，壳质组含量在15%以下，干酪根类型主要为Ⅱ$_1$-Ⅰ型，其次为Ⅱ$_2$型。此外，平凉组烃源岩干酪根碳同位素总体上较轻，据20个样品的分析结果统计，平均为-30.78‰（PDB)，但是有机质类型中Ⅱ$_2$型所占比例相对较高，达到15%。由于偏氧化环境影响，部分干酪根类型变差。平凉组Ⅱ$_2$型干酪根样品主要集中在桌子山、石板沟露头剖面。从盆地西缘和南缘来看，平凉组的Ⅱ$_1$-Ⅰ型烃源岩主要分布在陆棚相，Ⅱ$_2$型烃源岩分布在斜坡环境。

根据平凉组28个烃源岩干酪根镜质组反射率分析数据统计，大约40%的样品处于高成熟晚期（R_o=1.7%~2.2%），过成熟早期（R_o=2.2%~3.0%）的样品约占30%，成熟（R_o=0.5%~1.2%）和高成熟早期（R_o=1.2%~1.7%）的样品分别为20%与10%。

在盆地西缘，沿鄂7井-天深1井-庆深2井一带由北向南往东，平凉组烃源岩的R_o相对较高，为1.5%~2.0%；往西沿棋探1井-任3井-环14井一带，成熟度相对较低，R_o为1.0%~1.2%。盆地南缘的耀县-渭南地区，平凉组烃源岩已达过成熟阶段，R_o为2.5%~3.0%；陇县-平凉地区成熟度相对较低，R_o为1.5%~2.0%。

马家沟组16口井327个深灰色泥晶灰岩烃源岩TOC统计结果表明，平均值为0.185%，其中TOC大于0.25%的样品占到45%。马家沟组258个深灰色泥晶白云岩烃源岩TOC统计结果与灰岩基本相似，平均值为0.196%，其中分布于0.1%~0.25%的样品占到60%左右，TOC大于0.25%的样品占40%左右。

在平面上，马家沟组泥质烃源岩分布范围较小，主要局限在盆地西缘和盆地南缘，TOC一般为0.4%~0.7%；碳酸盐岩烃源岩分布范围虽然较大，但是TOC降低，一般为0.2%~0.4%。

马家沟组灰岩和灰质云岩干酪根以Ⅰ型为主，Ⅱ$_1$型、Ⅱ$_2$型次之。根据125个样品分析结果统计，马家沟组烃源岩Ⅰ型干酪根占48.8%，Ⅱ$_1$型与Ⅱ$_2$型的比例分别为34.4%和12.8%，Ⅲ型为4%。干酪根显微镜检结果表明，鄂尔多斯盆地奥陶系碳酸盐岩烃源岩有机质类型主要为Ⅰ-Ⅱ$_1$型干酪根，含有少量Ⅱ$_2$型干酪根。此外，马家沟组烃源岩35个干酪根样品的碳同位素平均值为-28.98‰（PDB)，个别靠近古风化壳的样品相对较重，表现为Ⅱ$_2$型和Ⅲ型，其余约95%的样品均为Ⅰ型和Ⅱ$_1$型。

马家沟组 49 个干酪根样品反射率统计显示，约 85% 的样品属于过成熟阶段，其中过成熟晚期（R_o大于 3.0%）的样品约占 45%。从平面分布来看，盆地东部和南部的成熟度较高，R_o一般为 2. 5%～3. 0%；盆地西部和北部的成熟度相对较低，R_o多数为 2. 0%～2. 5%（图 4-2）。

盆地西缘，铁 1–棋探 1–伊 25 井以及鄂 9–李 7–定探 2 井区，马家沟组烃源岩有机质达到过成熟阶段，R_o为 2. 5%～3. 0%，其余大部分地区处于高成熟晚期—过成熟早期阶段。

盆地南缘，马家沟组烃源岩有机质在陕 113–宜 11 井区和平 1 井区达到过成熟阶段，R_o为 2. 5%～3. 0%，其余地区均进入高成熟晚期—过成熟早期阶段。盆地东部在榆林–佳县–府谷–横山一带，马家沟组烃源岩 R_o为 2. 5%～3. 0%，东北部 R_o为 2. 0%～2. 5%。

3. 寒武系烃源岩

寒武系主要发育碳酸盐岩烃源岩，泥质烃源岩只分布在盆地南缘与西缘的部分地区。根据盆地南部富探 1 井和永参 1 井岩心样品分析结果，寒武系中统暗色泥晶灰岩和白云岩的 TOC 为 0. 1%～0. 2%，平均为 0. 165%，氯仿沥青“A”和总烃含量分别为 30×10^{-6}～60×10^{-6}和 15×10^{-6}～35×10^{-6}。此外，根据中央古隆起东部龙探 1 井以及盆地西部天深 1 井和布 1 井寒武系中统张夏组、徐庄组暗色碳酸盐岩 TOC 的分析结果，暗色泥晶灰岩和白云岩的 TOC 多数为 0. 15%～0. 25%。这表明鄂尔多斯盆地内部中央古隆起西缘和南缘寒武系在盆地相区和台地斜坡的烃源岩仍然具有一定的生烃条件。

寒武系在鄂尔多斯盆地西南缘出露区分布较广，但是烃源岩不太发育。根据鄂尔多斯盆地西缘的香山、青龙山、乌海苏必沟和南缘的河津等地地表剖面寒武系零星分布的烃源岩采样分析，TOC 平均值为 0. 06%，仅少数样品 TOC 达到 0. 1% 以上（表 4-1）。这些地表烃源岩样品受到长期风化淋滤作用也可能对 TOC 有一定影响。总体而言，寒武系烃源岩有机质丰度受沉积环境控制，在盆地内部台地相碳酸盐岩的 TOC 较低，多数在 0. 25% 以下，盆地西缘和南缘烃源岩的 TOC 一般为 0. 20%～0. 40%。

表 4-1　鄂尔多斯盆地西南缘寒武系露头样品有机碳分析数据表

采样地点	层位	岩性	TOC/%	采样地点	层位	岩性	TOC/%
乌海苏必沟	三山组	灰色泥晶灰岩	0. 03	中卫香山	寒武系	灰绿色泥岩	0. 06
		深灰色泥晶灰岩	0. 03			灰绿色粉砂质泥岩	0. 05
		灰色泥晶灰岩	0. 08			灰色泥岩	0. 15
	张夏组	灰色泥晶灰岩	0. 03			灰色泥板岩	0. 17
		灰色泥晶灰岩	0. 13	同心青龙山	张夏组	灰白色鲕粒灰岩	0. 07
		灰色泥晶灰岩	0. 16			灰白色竹叶状灰岩	0. 06
		灰色泥晶灰岩	0. 07			灰白色鲕粒灰岩	0. 11
		灰色泥晶灰岩	0. 06	苏峪口	徐庄组	灰色页岩	0. 12
	馒头组	粉砂质泥岩	0. 05				

寒武系 17 个烃源岩干酪根样品的碳同位素平均值为–30. 38‰，总体分布与马家沟组基本相似，反映原始生烃母质以水生浮游生物为主，为典型的海相有机质。寒武系以 I 型

干酪根为主，II_1型干酪根次之，II_2型干酪根较少（图 4-3）。鄂尔多斯盆地寒武系烃源岩有机质演化均进入过成熟阶段，定边以南越向东成熟度增加越明显，渭北隆起局部井区已进入过成熟晚期阶段。

4.1.1.2　四川盆地烃源岩地球化学特征

1. 上二叠统烃源岩

上二叠统主要发育泥质烃源岩，碳酸盐岩烃源岩和煤层其次。泥质烃源岩和煤层分布于龙潭组（吴家坪组），烃源岩 TOC 均大于 1.0%，大多数分布于 2.0%~7.0%；河坝 1 井吴家坪组—大隆组 4 个泥岩样品测试，TOC 为 2.75%~4.62%，平均为 3.82%，烃源岩厚度约 55m；丁山 1 井龙潭组 6 个泥质岩样品测试，TOC 为 0.68%~4.23%，平均为 2.32%。上二叠统泥质烃源岩 TOC 为 2.0%~6.0%，高值区主要分布在川东和川南地区，往重庆、泸州方向逐渐降低到 1.0%~2.0%。

四川盆地上二叠统碳酸盐岩主要分布于长兴组（大隆组），烃源岩的 TOC 一般为 0.4%~0.6%，较高的 TOC（0.6%~1.0%）主要分布于川东北一带和少量分布于川西北附近（图 4-4）。

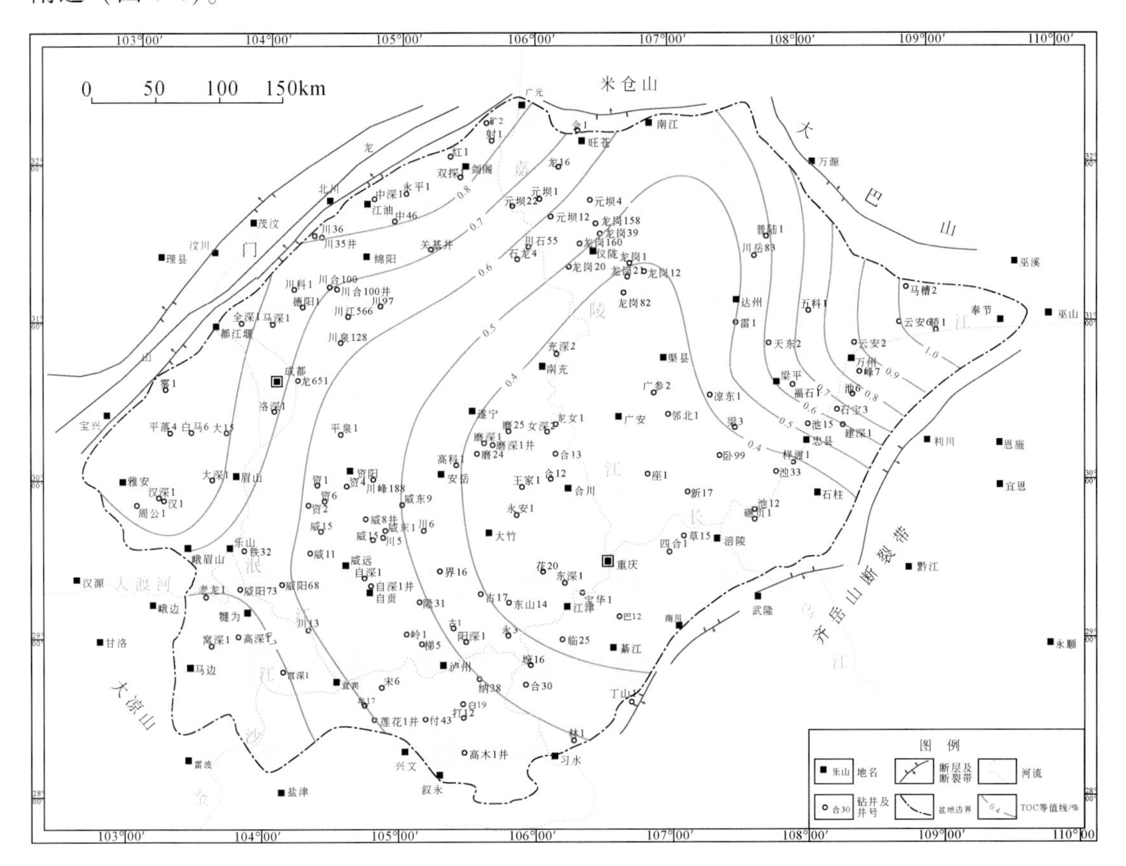

图 4-4　四川盆地上二叠统长兴组碳酸盐岩烃源岩 TOC 分布图

干酪根镜检结果显示，上二叠统龙潭组泥质烃源岩的有机质类型以Ⅲ型为主，$Ⅱ_2$型为辅，大隆组主要为$Ⅱ_1$型和Ⅰ型。碳酸盐岩烃源岩的有机质类型以$Ⅰ-Ⅱ_1$型为主，局部有少量的$Ⅱ_2$型。平面上，$Ⅰ-Ⅱ_1$型烃源岩主要分布在川东北和川中地区的台内盆地及潮坪-潟湖环境，$Ⅱ_2$型与Ⅲ型烃源岩分布于川中及川南地区的滨岸沼泽环境。

上二叠统烃源岩的演化程度总体上在高成熟-过成熟阶段，其中川东和川西地区较高（图4-5）。川西南地区，在泸州-重庆-安岳一带，上二叠统烃源岩成熟度相对较低，R_o一般为1.8%~2.0%；往自贡-威远一带成熟度升高，R_o一般为1.8%~2.0%。川东北地区，在通江-宣汉-万州-开州一带烃源岩的R_o为2.2%~2.8%，局部地区可达3%以上。

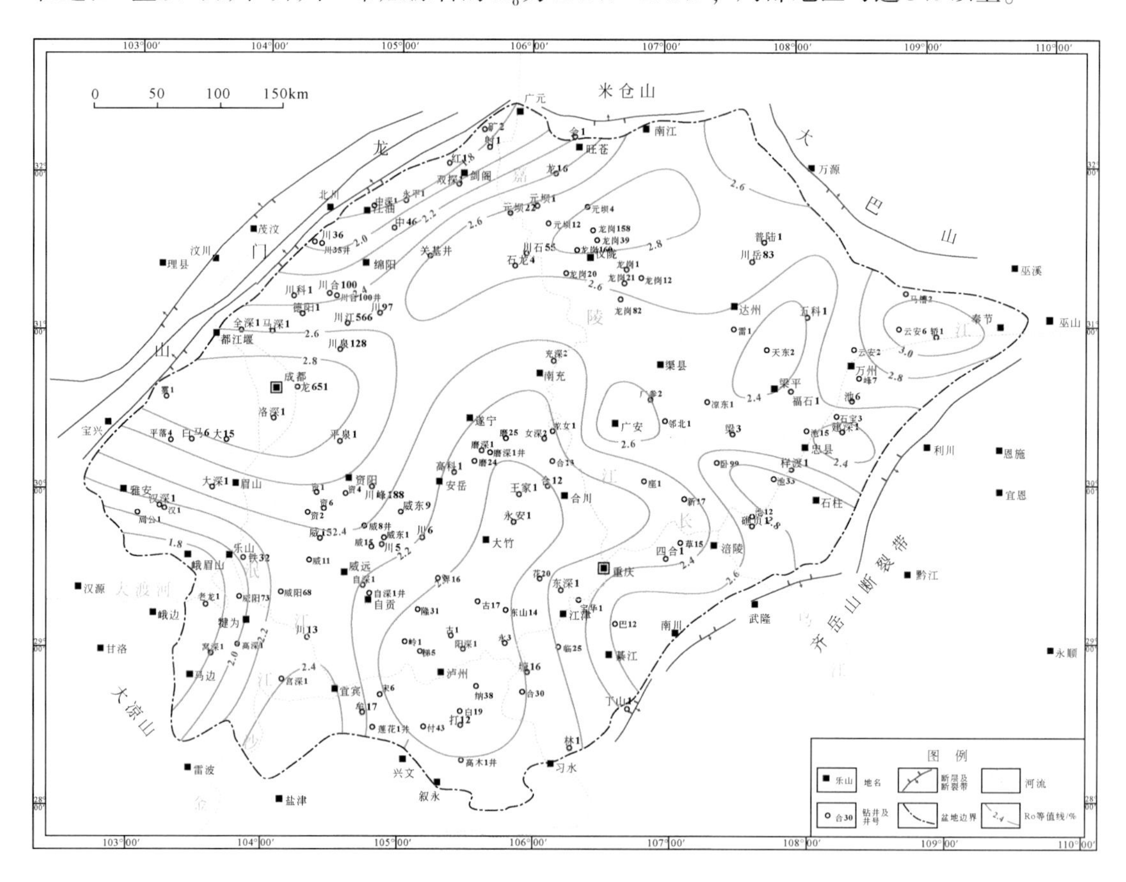

图4-5　四川盆地上二叠统烃源岩R_o分布图

2. 中二叠统烃源岩

中二叠统烃源岩发育泥质岩和碳酸盐岩两类，并且以碳酸盐岩烃源岩为主。碳酸盐岩烃源岩分布在栖霞组、茅口组。栖霞组中上部至茅口组底部的碳酸盐岩，在盆地内及周缘地区广泛发育，尤其是茅口组二段和三段本身是低能环境的沉积物，水体平静，泥质含量高，生物门类多，藻类发育，碳酸盐岩中富含生物遗骸，其岩性以黑色、深灰色生物碎屑灰岩为主，夹富含燧石结核和条带泥灰岩、泥岩及硅质岩，有利于有机质的富集和保存。

中二叠统碳酸盐岩烃源岩 TOC 一般为0.4%~1.2%，盆地西缘及川东达州-涪陵一带

TOC 较低，多数为0.4%~0.6%（图4-6）。中二叠统泥质烃源岩主要分布在梁山组，烃源岩厚度虽然较薄，但是有机质丰富。川东南地区，梁山组泥质烃源岩 TOC 一般为2.5%~3.5%，其中泸州-宜宾一带的TOC为3.0%~4.5%；川东北地区，梁山组泥质烃源岩在旺苍-巴中-南部以及开江-开州一带的 TOC 一般在3.0%以上，局部地区最高可达6.0%以上。

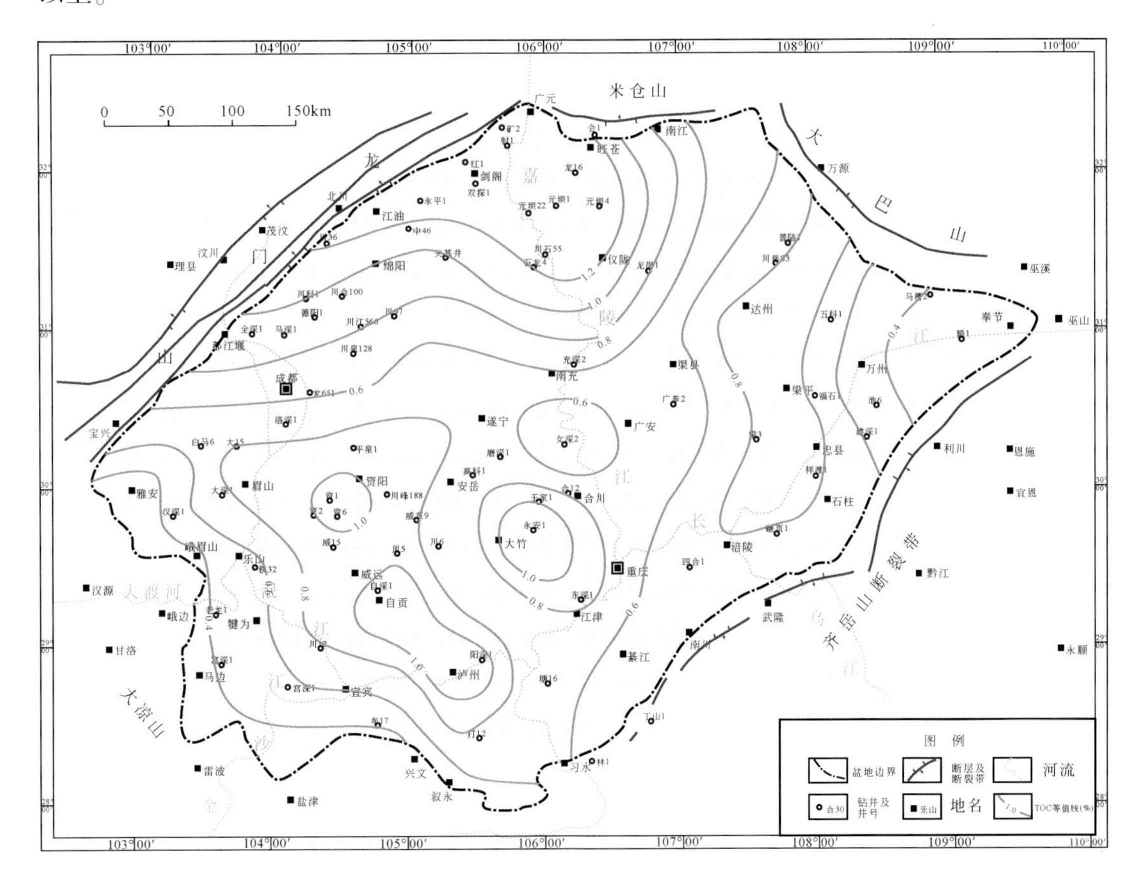

图4-6　四川盆地中二叠统碳酸盐岩烃源岩 TOC 分布图

中二叠统碳酸盐岩烃源岩有机质类型为Ⅰ-$Ⅱ_1$型，其中Ⅰ型烃源岩主要分布于盆地东部的较深水开阔台地相区。泥质烃源岩有机质类型以Ⅲ型为主，少数为$Ⅱ_2$型。中二叠统烃源岩的R_o主要分布于2.0%~2.5%，部分地区为1.6%~1.8%，总体上已达到高成熟晚期-过成熟期的湿气-干气阶段。

3. 上奥陶统—下志留统烃源岩

四川盆地下志留统发育外陆棚泥质烃源岩，含有丰富的笔石以及海洋菌藻类为主的生源组合，有机质丰度高。根据盆地东部礁石坝构造 JF1 井下志留统下部（五峰组—龙马溪组）80余米连续取心的分析结果统计，烃源岩 TOC 为0.42%~5.2%，其中位于底部的30多米黑色页岩 TOC 多数在3.5%以上，不仅是页岩气的目的层段，也是常规气藏形成的重要烃源岩。根据钻井与野外露头样品分析结果，四川盆地下志留统龙马溪组泥质烃源岩

TOC 主要分布于 1.0%~4.0%，总体呈现东高西低的特征（图 4-7）。

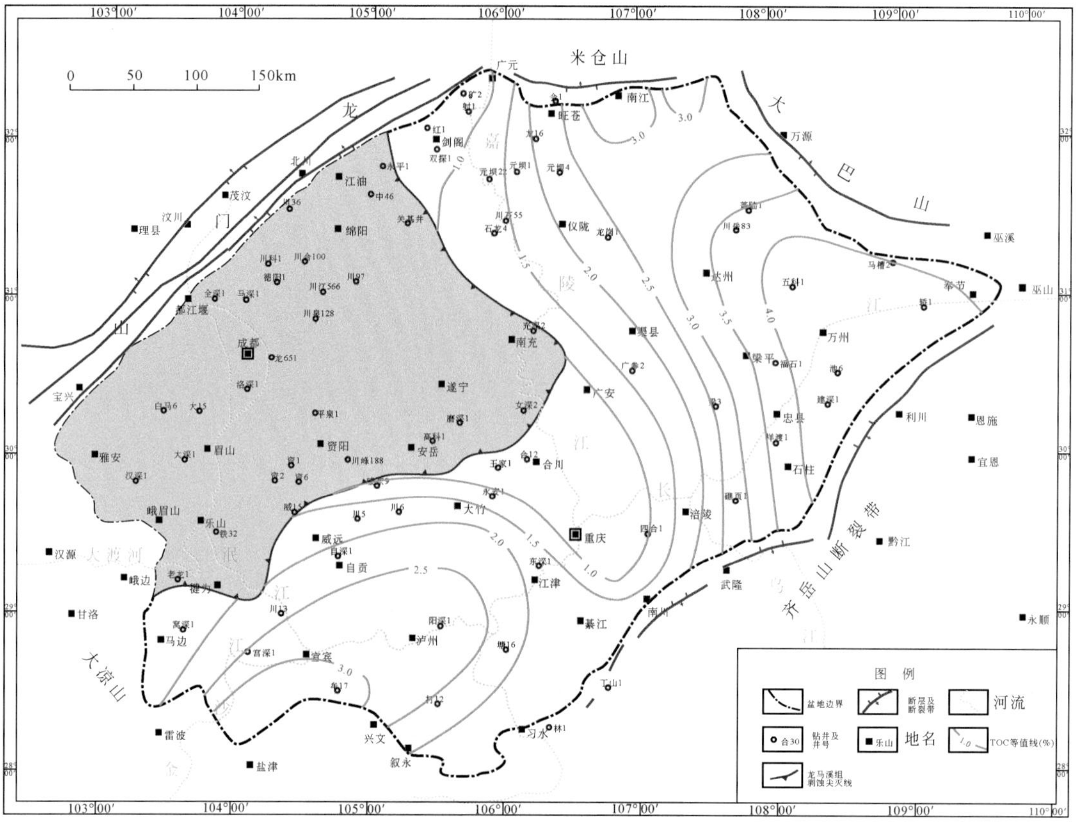

图 4-7　四川盆地奥陶系五峰组—志留系龙马溪组烃源岩 TOC 分布图

四川盆地下志留统龙马溪组泥质烃源岩的有机母质来源缺乏高等植物，干酪根镜检分析以藻类体和棉絮状腐泥无定形体为主，无壳质组和镜质组；干酪根的碳同位素 $\delta^{13}C$ 值为 -29.61‰~-30.50‰，反映原始有机组分属富氢、富脂质，干酪根主要类型为Ⅰ型，少数为 $Ⅱ_1$ 型。Ⅰ型烃源岩分布在盆地东部及东南部的泥质深水陆棚相区，$Ⅱ_1$ 型分布在川东北等泥质浅水陆棚相区。

四川盆地下志留统烃源岩的演化程度整体较高，R_o 基本分布于 2.0%~4.0%，均达到过成熟阶段。在川东南地区重庆-泸州及其以东一带的 R_o 为 2.2%~3.2%，往西的成熟度略有降低。川东北大部分地区的 R_o 一般在 2.4% 以上，其中宣汉-万州一带较高，R_o 为 3.0%~4.0%。川西北地区，在江油一带下志留统烃源岩的 R_o 为 2.8%~3.2%，往北到广元一带烃源岩成熟度有所降低，R_o 为 2.0%~2.4%。

4. 下寒武统烃源岩

早寒武世时，上扬子台地正处于最大海平面上升和最大海侵的饥饿状态，富含大量有机质的黑色页岩主要沿上扬子台地被动大陆边缘的南、北两缘分布，构成我国南方很重要的一套烃源岩。寒武系下部筇竹寺组为黑色含碳质页岩、砂质页岩夹粉砂岩，由下向上颜色变浅，并逐渐为灰色、深灰色粉砂岩所代替。该组在川东北大巴山一带为灰色及深灰色页岩、砂质页岩与石灰岩层。

四川盆地下寒武统筇竹寺组/牛蹄塘组泥岩烃源岩 TOC 分布受到早寒武世早期拉张形成的绵阳–长宁拉张槽的控制，在绵阳–长宁拉张槽一带烃源岩 TOC 最大，预测最大可达 3%~4%。安岳至渠县一带以及川西南眉山以西因烃源岩发育变薄，TOC 减少到 1% 以下。仪陇–剑阁一带烃源岩 TOC 主要分布在 2%~3%（图 4-8）。

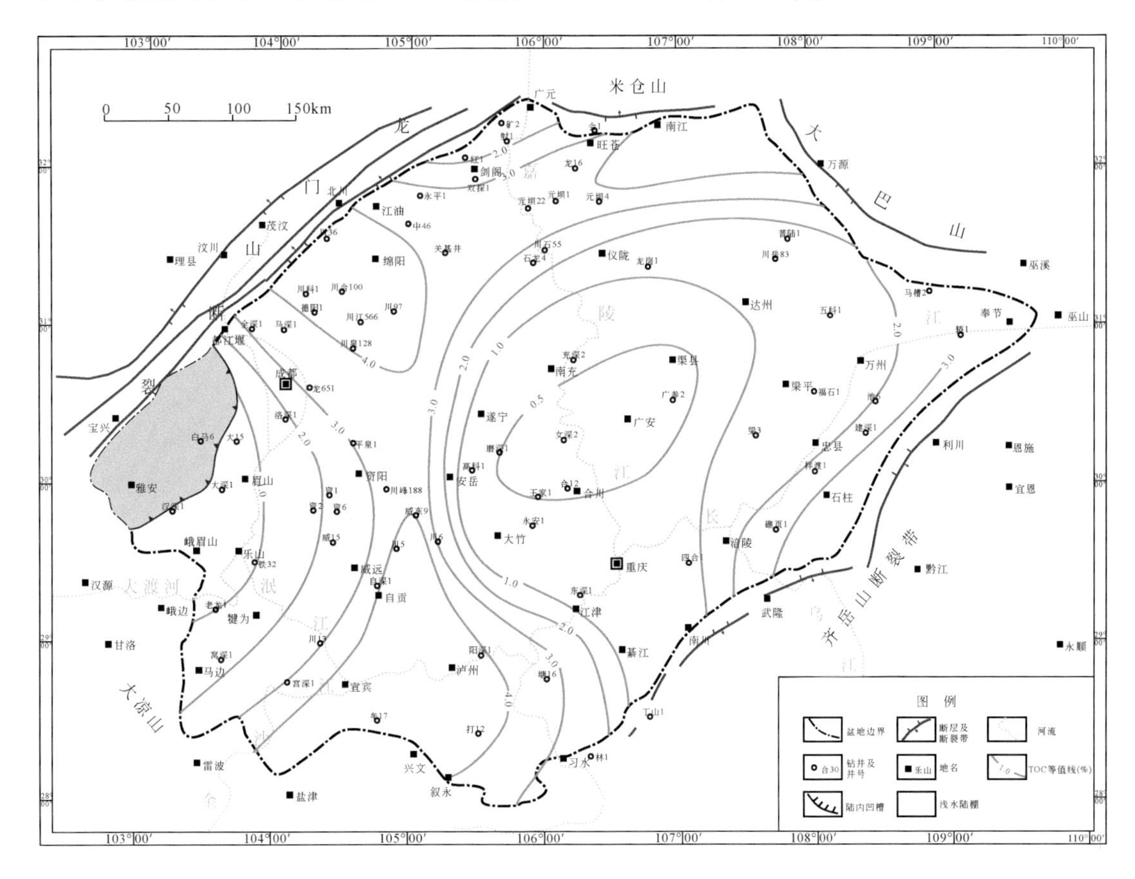

图 4-8　四川盆地下寒武统泥质烃源岩 TOC 分布图

四川盆地下寒武统烃源岩中的原始有机质主要为盆地相中的低等水生生物，干酪根 $\delta^{13}C$ 值为–30.46‰~–34.38‰，属腐泥型为主的Ⅰ型有机质，原始组分富氢、富脂质，具高生烃潜力，主要分布在盆地内陆棚相区。

四川盆地下寒武统筇竹寺组/牛蹄塘组泥岩烃源岩有机质现今成熟度高，R_o 一般为 3.0%~4.0%，进入以产干气为主的演化阶段（图 4-9）。在川西成都–绵阳一带 R_o 可达 3.5% 以上，预测最大可达 4.5%~4.8%。川东仪陇–忠县一带和川南宜宾以南 R_o 可达 3.5%~4.0%。川中遂宁–川南泸州一带和川北广元一带 R_o 主要分布在 3.5% 以下，最低可达 2.6%。

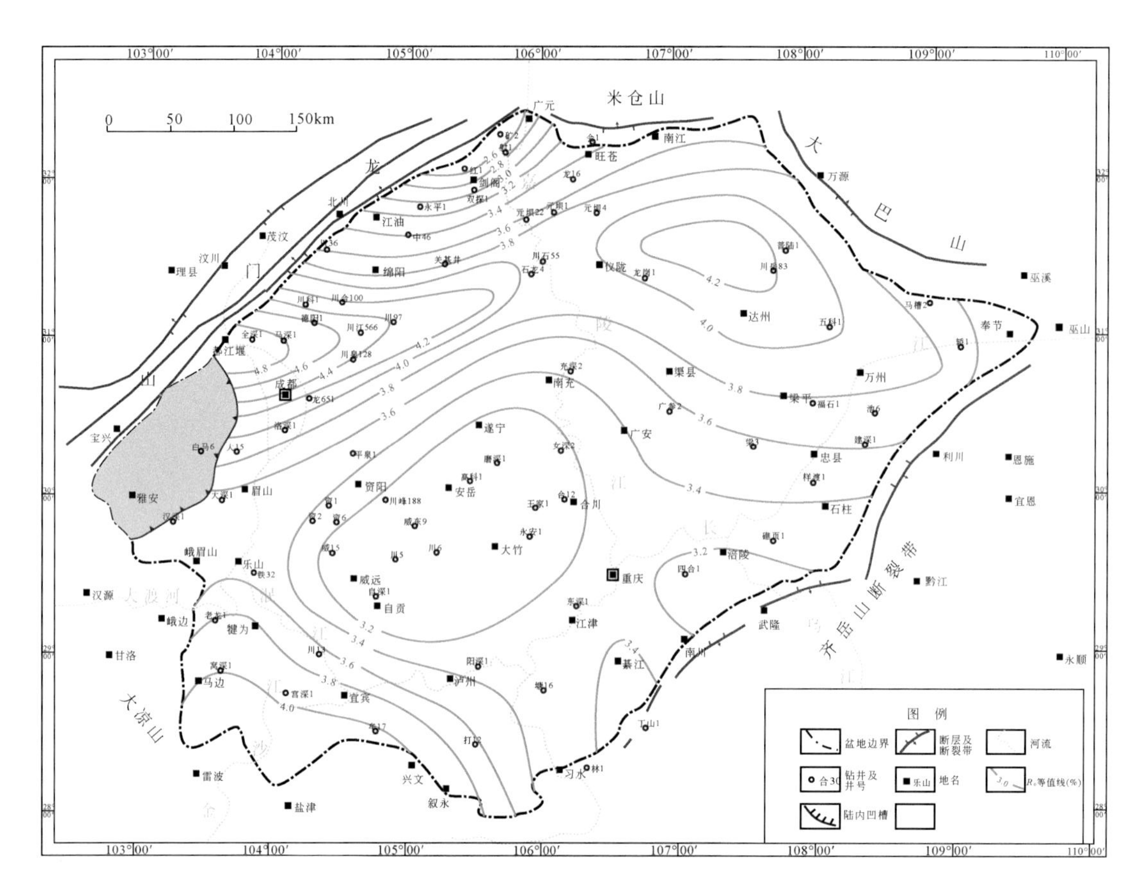

图 4-9 四川盆地下寒武统筇竹寺组烃源岩 R_o 分布图

5. 震旦系烃源岩

震旦系烃源岩包括泥质岩和碳酸盐岩两类。泥质岩分布于下震旦统陡山沱组，岩性为黑色页岩，分布在川东和黔东北，厚 40 ~ 60m，呈北东向狭长带状展布，延伸至鄂西，是四川盆地主要的烃源岩，为川东含油气系统的气源。

碳酸盐岩分布于上震旦统灯影组，岩性为一套深灰色泥晶-粉晶云岩、藻白云岩，以藻白云岩生烃条件最好，源岩在盆内均有分布，厚 200 ~ 1200m，平均厚度为 411m，厚度最大的地区在雅安-乐山-宜宾一带地区，窝深 1 井最厚，为 1248m；富藻白云岩 TOC 为 0.1%~0.6%，以盆地中部和北部丰度值较高，高科 1 井灯影组 TOC 最高可达 0.62%，其变化趋势大致由盆地中-北部高值带向东、南、西三个方向逐渐降低，至盆地边缘，一般降至 0.1% 以下。

4.1.1.3 塔里木盆地烃源岩地球化学特征

1. 上奥陶统烃源岩

晚奥陶世是全球海平面上升时期，阿瓦提拗陷上奥陶统分布稳定，属台内拗陷沉积环境，有利于烃源岩发育。上奥陶统烃源岩主要赋存在良里塔格组和印干组，局部发育于其浪组和桑塔木组。

塔中卡塔克隆起上奥陶统良里塔格组灰泥丘相烃源岩有机质丰度高、厚度较大。从目前主要集中在卡塔克隆起北斜坡及少部分南斜坡（塔中52井、塔中60井）已有的20余口井钻遇统计，TOC分布范围为0.20%~5.44%，平均达0.50%~1.02%，总体上，有机质丰度平均为0.8%~1.0%。塔中北坡的塔中12井首先发现中上奥陶统灰泥丘相的烃源岩，其岩性为深灰色泥质条带状灰岩和褐灰色生物灰岩。根据岩心分析和测井曲线计算，塔中12井灰泥丘相TOC大于0.5%的烃源岩厚80m左右，由两个有机质富集区组成，大部分井段TOC小于0.4%（图4-10）。

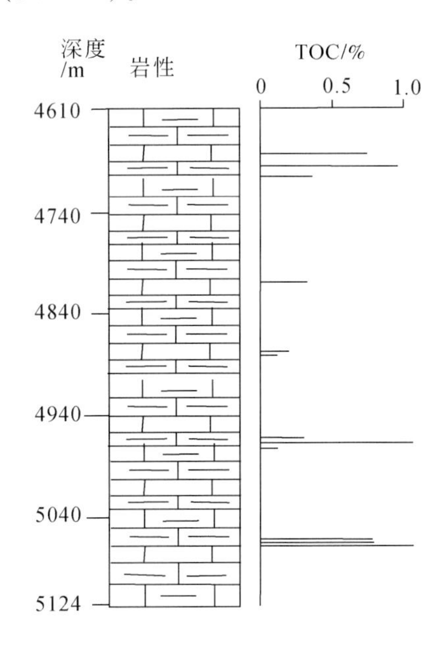

图4-10 塔中12井良里塔格组TOC含量分布图

大湾沟剖面的印干组实测地层厚39.70m，岩性为半闭塞欠补偿海湾相的灰黑色泥岩夹泥灰岩，生烃母质生物以浮游藻和疑源类为主，有机质类型为Ⅱ_1–Ⅰ型，有机质丰度比萨尔干组黑色泥页岩低得多，TOC分布于0.42~1.06%，平均为0.61%。另外，上奥陶统吐木休克组烃源岩只在巴楚断隆及古城墟隆起被揭示。在巴楚断隆仅在方1井发现，主要为台缘斜坡灰泥丘相的泥晶灰岩，有机质丰度为0.5%~1.22%，TOC≥0.5%的源岩厚度只有33m。

从平面分布来看，塔里木盆地上奥陶统烃源岩的TOC一般为0.3%~0.6%（图4-11）。塔中–塔北地区的上奥陶统烃源岩在哈拉哈塘拗陷南部的TOC一般为0.4%~0.7%，卡塔克隆起区烃源岩TOC为0.4%~0.8%。

上奥陶统灰泥丘相碳酸盐岩烃源岩的生烃母质主要有塔斯玛尼亚藻、黏球型藻、宏观藻及一部分无定型类，有机质类型为Ⅱ_1–Ⅱ_2型。

上奥陶统烃源岩成熟度在不同地区变化较大，在卡塔克隆起东部地区的成熟度R_o为0.81%~1.09%，平均为0.94%；卡塔克隆起西部地区R_o为0.95%~1.30%，平均为

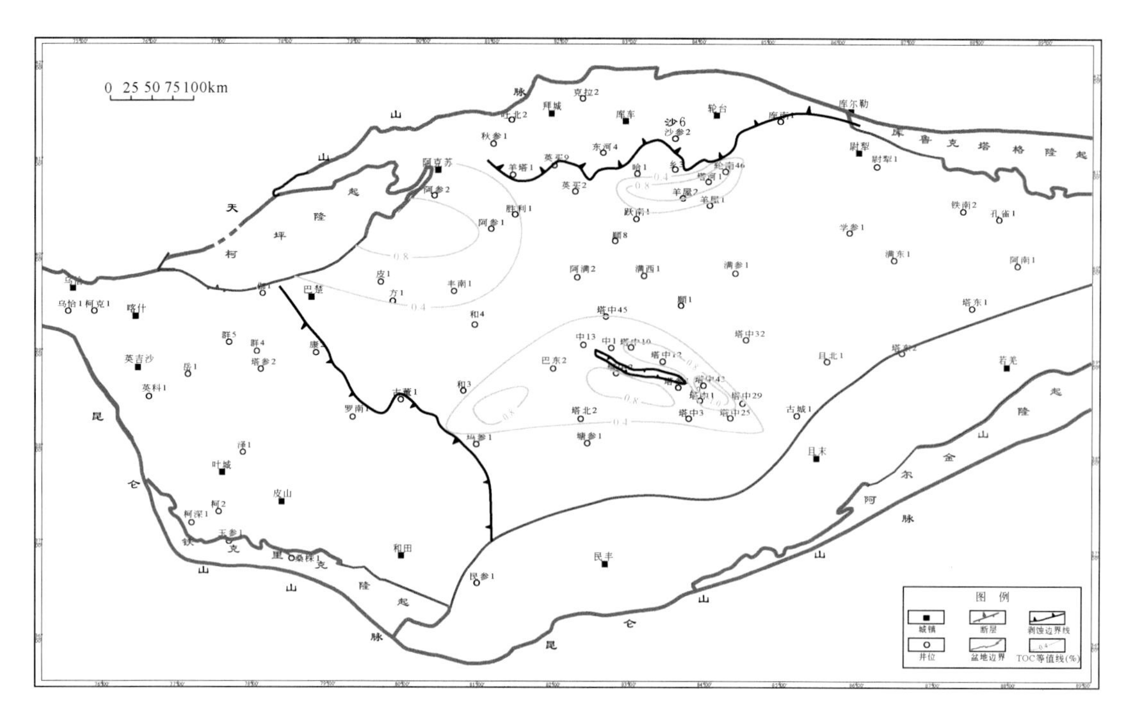

图 4-11　塔里木盆地上奥陶统灰泥丘相烃源岩 TOC 分布图

1.16%。在沙雅隆起地区，根据 LN14、LN17、LN46 等井分析结果，R_o 为 1.15%～1.53%；英买 2 井 R_o 为 1.4%～1.6%。在满加尔和阿瓦提断陷区，主体 R_o 为 1.5%～3.0%，处于成熟-高成熟阶段；部分地区特别是拗陷中心 R_o 为 3.0%～5.0%，即已经进入高过成熟阶段。

2. 中下奥陶统烃源岩

中下奥陶统烃源岩岩性为深灰色泥晶灰岩和暗色泥岩。碳酸盐岩烃源岩发育在斜坡-盆地相，分布较广；泥质烃源岩主要分布于满加尔拗陷东部，为欠补偿深水盆地相，主要发育在黑土凹组；岩性为含笔石放射虫页岩、泥质灰岩和泥页岩。该套烃源岩在库鲁克塔格的却尔却克剖面发育，TOC 为 0.5%～3.0%，厚度在 18m 左右（表 4-2）。

表 4-2　塔里木盆地中下奥陶统烃源岩有机质丰度统计表

层位	剖面位置	沉积相	岩性	厚度/m	TOC/%
黑土凹组	塔东 1 井	次深海盆地相	硅质泥岩、页岩	48	0.84～2.67（4）
	塔东 2 井		黑色硅质泥岩、页岩	56	>2.56
	库鲁克塔格南		硅质岩、碳质页岩	27～87	0.8
	却尔却克剖面		硅质岩、碳质页岩	18	0.49～2.12（3）

续表

层位	剖面位置	沉积相	岩性	厚度/m	TOC/%
一间房组	一间房	台缘相	泥灰岩	7	
	中11井	台缘相	泥晶灰岩	4.5	2.29
	轮南48井	斜坡相	泥灰岩	5	
	塔中29井	斜坡相	深灰色泥灰岩	>10	0.5～1.3
萨尔干组	大湾沟	陆棚边缘盆地相	泥页岩夹泥灰岩	11～12	1.41～4.65（5）

塔东1井TOC为0.86%～2.67%，平均为1.80%。塔东2井钻遇黑土凹组烃源岩56m，岩性为饥饿盆地相黑色碳质泥岩及硅质泥岩，据32块岩心样品分析结果统计，中、下奥陶统黑土凹组TOC分布在0.35%～7.62%，平均为2.84%，TOC大于2%的样品占65.6%。

盆地西部萨尔干组黑色页岩是中奥陶世庙坡期缺氧事件形成的黑色页岩，柯坪剖面中上奥陶统萨尔干组（$O_{2-3}s$）为一套厚13.4m的夹灰色薄层状或透镜状灰岩的黑色页岩沉积，厚度横向变化不大，有机质丰度较高（图4-12）。贾存善等（2009）实测大湾沟剖面萨尔干组烃源岩TOC分布于0.74%～4.03%，平均为2.15%；四石厂剖面萨尔干组烃源岩

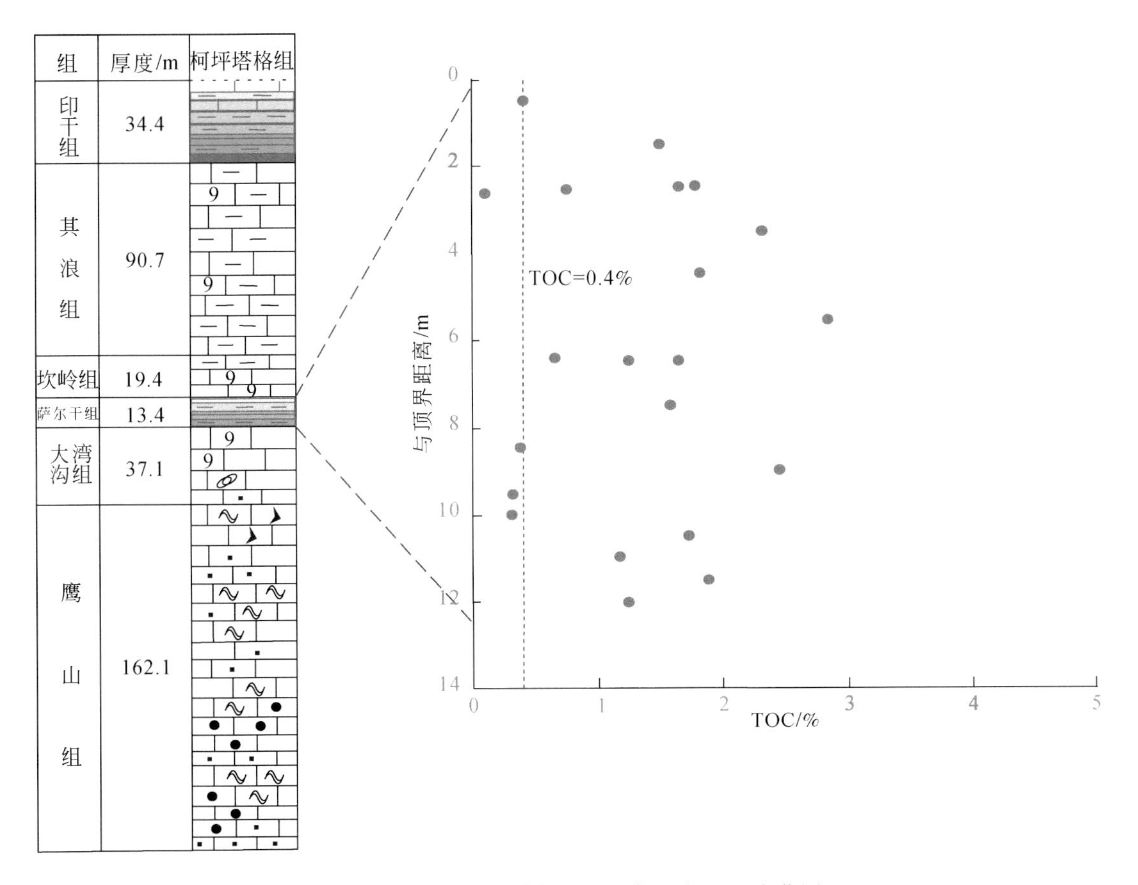

图4-12　柯坪地区萨尔干组黑色页岩TOC变化图

TOC 分布于 0.70%～1.25%，平均为 0.94%。王飞宇等（2008）也对萨尔干组烃源岩 21 个样品开展了测试，黑色页岩 TOC 分布于 0.65%～2.83%，平均为 1.63%，21 个样品中 14 个样品的 TOC 大于 1.0%。塔里木盆地内部中下奥陶统泥质岩烃源岩主要分布于满加尔拗陷的盆地相区，TOC 达到 0.8%～1.5%。

中奥陶统一间房组主要分布在沙雅隆起南斜坡–卡塔克隆起北坡的台内拗陷区，台缘相和斜坡相带是碳酸盐岩烃源岩有利发育区。目前揭示该套烃源岩的有塔中 29 井、中 11 井和轮南 48 井。塔中 29 井的 6269～6300m 井段（未穿）一间房组泥灰岩属典型的台缘斜坡灰泥丘相，源岩厚度在 10m 以上，TOC 为 0.5%～1.3%，TOC 均值为 0.66%，烃源岩品质一般；中 11 井钻遇一间房组台缘相的泥晶灰岩，厚度只有 4.5m，TOC 可达 2.29%；斜坡相的轮南 48 井，一间房组为泥灰岩，厚度仅 5m。总体而言，中下奥陶统碳酸盐岩烃源岩 TOC 在巴楚隆起、阿瓦提断陷一般为 0.5%～1.0%，满加尔拗陷可达 1.0%～2.0%（图 4-13）。

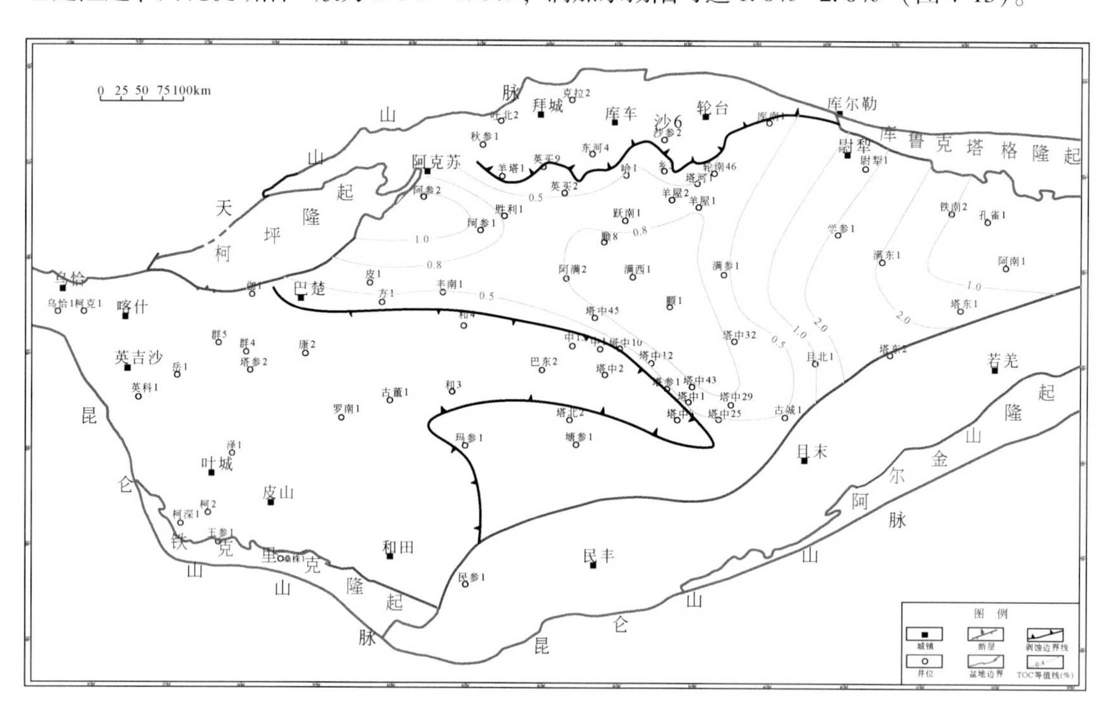

图 4-13　塔里木盆地中下奥陶统碳酸盐岩烃源岩 TOC 分布图

塔里木盆地中下奥陶统烃源岩 R_o 在塔西南的一间房组露头区相对较低，R_o 为 1.02%～1.52%，平均为 1.32%，而在西南缘坎地里克剖面中下奥陶统 R_o 达到 1.8%～1.9%。在巴楚隆起地区，根据和 3 井、和 4 井地球化学分析结果，R_o 为 1.39%～1.51%，平均为 1.46%。在沙雅隆起，沙 9 井中下奥陶统 R_o 为 0.71%～0.82%，LN5、LN10 井的 R_o 较高，为 1.2%～1.50%。在塔中隆起的塔参 1 井下奥陶统 R_o 为 1.3%～1.5%，往北和向东方向，逐渐进入高–过成熟阶段。在古城墟隆起，塔东 1 井中下奥陶统 R_o 为 2.14%～2.35%。在满加尔拗陷，中下奥陶统埋深达 9000～10000m，现今 R_o 值已达 3.0%～5.0%。

3. 中下寒武统烃源岩

寒武系烃源岩主要发育于中下寒武统，是塔里木盆地分布面积最广、有机质丰度较高的烃源岩。目前，塔里木盆地已有 19 口探井（包括中石油和中石化）钻揭寒武系地层，其中只有方 1、同 1、康 2、塔东 1、塔东 2、尉犁 1、和 4、塔参 1、库南 1、和 1、星火 1 共 11 口探井钻揭下中寒武统烃源岩。另外，在盆地边缘的柯坪、库鲁克塔格存在多个寒武系露头区。

巴楚地区碳酸盐岩型的烃源岩有机碳含量高达 2.14%，以和 4 井和方 1 井最为典型（图 4-14）。和 4 井 5600～5772m 井段绝大多数样品 TOC 超过 0.5%，最高达 2.14%，平均为 1.24%，TOC 大于 0.5% 的烃源岩厚度为 173m，TOC>1.0% 的烃源岩厚度达 108.5m。方 1 井下寒武统 TOC 分布范围为 0.49%～2.43%，平均为 0.91%。

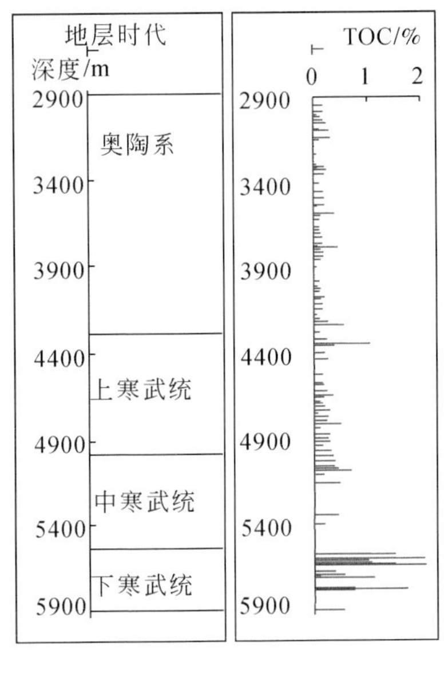

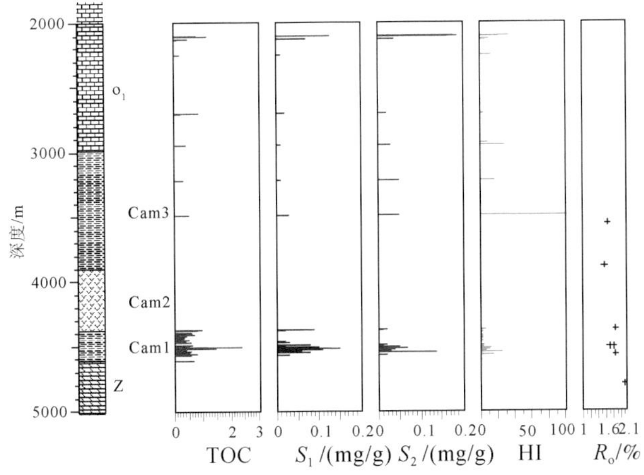

图 4-14　塔里木盆地典型井寒武系—奥陶系有机质丰度分布图

柯坪地区肖尔布拉克剖面在下寒武统玉尔吐斯组发现黑色碳质泥岩，上部的黑色碳质页岩普遍含粉砂，其 TOC 分布于 1.87%～3.12%，TOC 平均为 2.42%，其中高丰度烃源岩主要分布于下部层段，厚度为 6～8m，碳质页岩 TOC 最高达 9.80%，多数在 2.0% 以上。

塔东 1 井中下寒武统泥质烃源岩 TOC 分布于 0.70%～5.52%，平均为 3.47%，以其下部的硅质泥岩 TOC 最高，最高达 5.52%，为一套优质烃源岩，厚达 150m（图 4-15）。满加尔拗陷的库南 1 井，在寒武系钻遇高丰度泥岩烃源岩，其 TOC 分布于 0.87%～5.25%，平均达 1.98%。

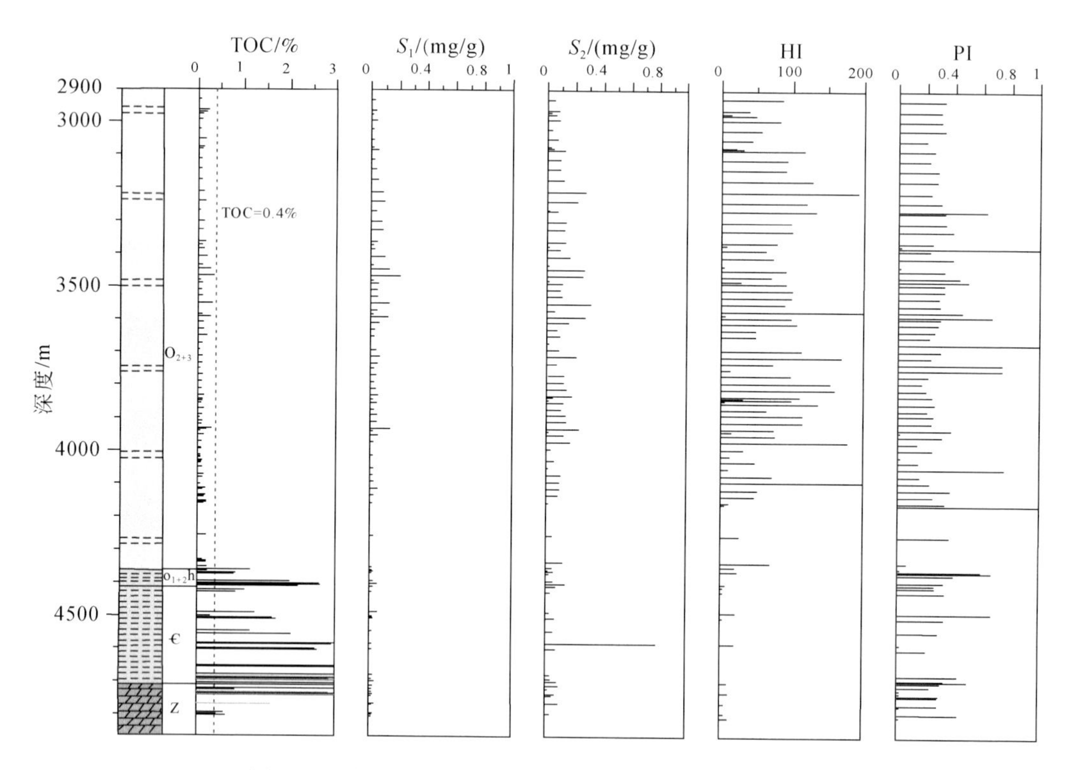

图 4-15　塔东 1 井寒武系—奥陶系综合地球化学剖面图

另外，沙雅隆起沙西凸起上的星火 1 井实钻玉尔吐斯组黑色碳质页岩 31m，TOC 分布于 1.00%～9.43%，平均为 5.5%。

从纵向 TOC 分布看（表 4-3），星火 1 井下寒武统玉尔吐斯组有机质丰度高，有机碳具有下高上低的特征，与肖尔布拉克地表剖面玉尔吐斯组烃源岩类似。

表 4-3　星火 1 井寒武系烃源岩样品 TOC 及氯仿沥青“A”含量

深度/m	层位	岩性	TOC/%	氯仿沥青“A”/%	“A”/TOC/%
5828～5829	$Є_1y$	灰黑色碳质页岩	1.00	0.003	0.30
5830～5831	$Є_1y$	灰黑色碳质页岩	1.72	0.0032	0.19
5832～5834	$Є_1y$	灰黑色碳质页岩	4.88	0.0077	0.16

续表

深度/m	层位	岩性	TOC/%	氯仿沥青“A”/%	“A”/TOC/%
5833 ~ 5843	$€_1y$	灰黑色碳质页岩	6.05	0.0307	0.51
5839 ~ 5840	$€_1y$	灰黑色碳质页岩	8.31	0.0086	0.10
5841 ~ 5842	$€_1y$	灰黑色碳质页岩	7.14	0.018	0.25
5843 ~ 5844	$€_1y$	灰黑色碳质页岩	9.43	0.011	0.12

塔里木盆地中下寒武统碳酸盐岩烃源岩 TOC 较高，一般为 0.5%~1.0%。平面上，在柯坪和库鲁克塔格露头剖面，中下寒武统碳酸盐岩烃源岩 TOC 为 0.11%~1.69% 和 0.22%~1.72%，平均为 0.57%~0.58%。在盆地东部寒武系灰岩烃源岩 TOC 平均为 1.24% 和 2.28%，在西部 TOC 平均为 0.91% 和 0.81%。在满加尔拗陷的斜坡相、盆地相区，TOC 一般为 1.0%~1.4%（图 4-16）。

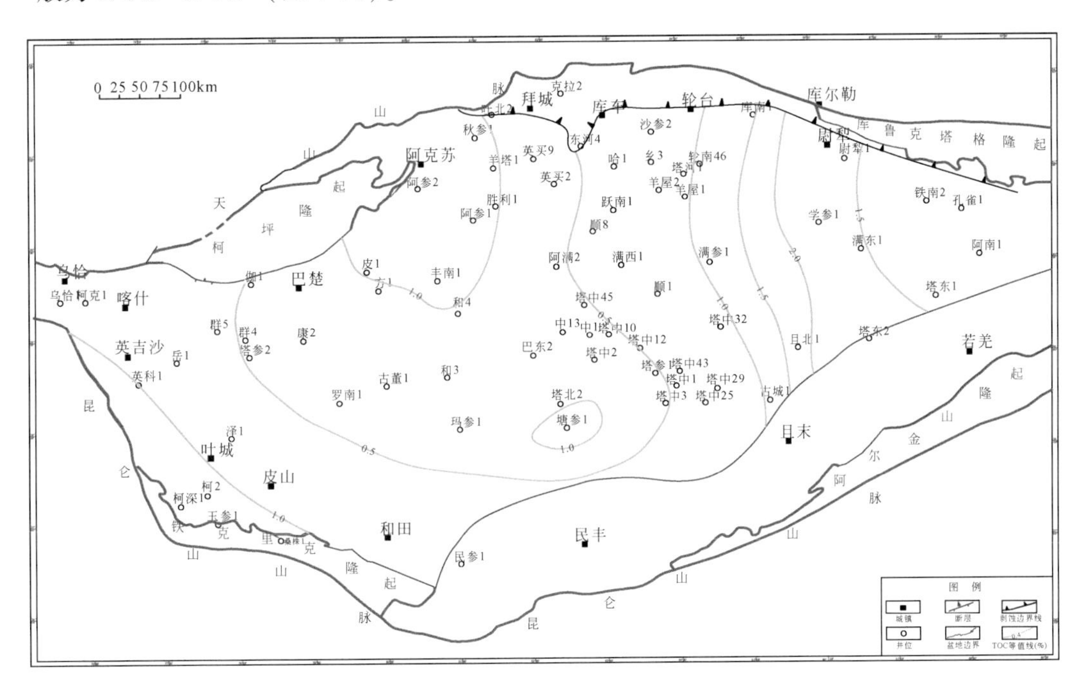

图 4-16　塔里木盆地中下寒武统碳酸盐岩烃源岩 TOC 分布图

从生物进化角度分析，寒武系烃源岩的生烃母质比较单一，主要为低等水生生物（藻类及浮游生物）。巴楚-麦盖提地区，玉尔吐斯组发育欠补偿盆地沉积相的烃源岩，有机质类型主要为Ⅰ型；下寒武统Ⅰ型烃源岩分布在北部和南部的斜坡-陆棚相，$Ⅱ_1$型烃源岩分布于中部的台内洼陷及局限台地相区。

塔里木盆地寒武系由于埋藏深度大、时间长，热演化程度普遍较高。东部台盆区的塔东 1 井和塔东 2 井寒武系成熟度最高，均处于过成熟阶段，其 R_o 值分别为 2.45%~2.75% 和 2.65%~2.95%；在满加尔拗陷中心一带，寒武系埋藏深度超过 9000 ~ 10000m，据盆地模拟计算结果，R_o 已达 4.0%~5.0%。

4.1.2　不同相带海相烃源岩特征

烃源岩的形成及分布与沉积环境具有密切关系。大量研究和实际勘探表明，在海相沉积环境中，烃源岩主要分布于欠补偿的浅水与深水盆地、蒸发潟湖和台缘内缓坡、浅缓坡、深缓坡，以及半闭塞-闭塞欠补偿海湾，而被动大陆边缘背景下的广阔陆表海型台地及活动大陆边缘背景下超补偿的前渊拗陷环境均不利于烃源岩发育。我国西部三大碳酸盐岩盆地，由于经历的构造演化背景的差异，海相烃源岩发育的沉积相带有所不同。鄂尔多斯盆地海相烃源岩主要发育于近海湖盆-沼泽相、碳酸盐岩台地的蒸发潟湖和台缘内斜坡-盆地相；四川盆地海相烃源岩主要发育在深水泥质陆棚相、近海湖盆-沼泽相、深水碳酸盐岩陆棚相；塔里木盆地碳酸盐岩烃源岩主要发育于广海陆棚半深海盆及潟湖-蒸发台地。

4.1.2.1　近海湖盆-沼泽环境烃源岩

高水位时发育障壁近海湖盆，低水位时发育沼泽，两种环境频繁交替，煤、碳质泥岩与泥岩交替。这种环境基本脱离海的影响，只在个别海泛层中见海相生物化石，而陆源生物的输入明显增多。近海湖盆以线叶植物微相为主。沼泽是由湖盆内部水体循环、大量生物残屑层堆积成为正地形演变而成，有机质类型多数为腐殖型，含有一定数量的混合型，TOC 一般在 1.5% 以上。

1. 鄂尔多斯盆地上古生界陆表海烃源岩

晚石炭世本溪期和早二叠世太原期，华北地台整体沉降而形成陆表海盆地，鄂尔多斯地区海侵分别来自东西两侧的华北海和祁连海，以陆表海沉积为主，发育潟湖泥炭坪、障壁岛障后泥炭坪、泥灰坪等多种稳定沉积相带，形成广覆式煤系烃源岩。早二叠世晚期的山西期，华北克拉通受秦岭、兴蒙海槽逐渐关闭的影响，鄂尔多斯盆地结束了陆表海盆地沉积充填，盆地性质由陆表海盆地演化为大型近海湖盆。

鄂尔多斯盆地上古生界煤层累计厚度一般为 10～30m，煤层 TOC 为 55%～70%；煤系泥岩厚度为 120～250m，TOC 为 1.5%～3.0%。煤系烃源岩在盆地范围内稳定分布，广覆式生烃不仅为上古生界致密砂岩气藏的形成提供了充足的物质基础，同时对下伏奥陶系海相储层，尤其是奥陶系上部碳酸盐岩风化壳储层提供了重要气源。

2. 四川盆地二叠系近海湖盆-沼泽环境烃源岩

四川盆地中二叠世末受到海西运动影响，大部分地区整体抬升，康滇古陆进一步隆升、扩大，成为四川盆地上二叠统的主要物源区。古地势为南西高、北东低。晚二叠世之初，海平面大幅度上升，从康滇古陆边缘往北东至成都-遂宁-重庆一带，广泛发育含煤碎屑沉积，形成陆相含煤岩系、海相或海陆交互相含煤系烃源岩。

盆地内上二叠统靠近古陆边缘的天全-乐山-美姑一带，为宣威组陆相含煤层系，主要为河流漫滩沼泽相，煤系泥岩的 TOC 较低，一般为 0.5%～1.0%。天全-乐山-美姑一带至成都-遂宁-重庆一带为龙潭组海陆交互相含煤建造区，包括滨岸沼泽与潮坪-潟湖两个相带，前者主要沉积泥岩、碳质页岩、岩屑砂岩，夹多层煤层（线），煤系泥岩 TOC 为 1.5%~3.5%；后者沉积以泥、页岩夹砂岩、灰岩及煤线为主要特征，如女基井龙潭组下部主要为以页岩、泥岩夹煤层为特征的泥炭沼泽亚相沉积，上部为以灰岩、页岩及含燧石结核灰岩为特征的硅质灰泥坪亚相沉积，总体反映水体相对闭塞的潟湖沉积环境，泥质烃源岩 TOC 多数为 2.5%~4.5%，煤和碳质泥岩的 TOC 可达 20%~60%。

4.1.2.2　潟湖–蒸发环境烃源岩

烃源岩有机质丰度取决于原始生物产率和有机质保存条件。在下古生代，全球范围的浅海环境生物产率基本一致（腾格尔，2004），潟湖–蒸发台地相沉积水体较浅，保存条件就成为决定烃源岩 TOC 高低的重要因素。在潟湖–蒸发台地相中发育的碳酸盐岩烃源岩，其发育与海平面变化和特殊的保存条件有关。海平面上升时期及高水位早期，潟湖水体相对较深，使水体淡化，有利于生物的生长，生物死亡堆积到湖底后，水体的强烈蒸发，使水体盐度增高，沉积了膏盐层堆积，这些膏盐层覆盖在下伏相对富含有机质的碳酸盐岩上，使下伏碳酸盐岩中的有机质不易氧化而较好地得以保存。这种烃源岩发育机理类似于黑海型的“保存模式”。

1. 鄂尔多斯盆地东部蒸发台地相马家沟组烃源岩

鄂尔多斯盆地中东部马家沟组由马一段、马二段、马三段、马四段、马五段五个海侵海退旋回组成（杨华等，2011a）。盆地中东部马二段和马四段海侵期总体为开阔浅海环境随着海平面上升表层水体向下运动，缺氧环境仅限于洼地中心形成范围小厚度薄的较低丰度烃源岩，总厚度小于 10m（图 4-17a）。

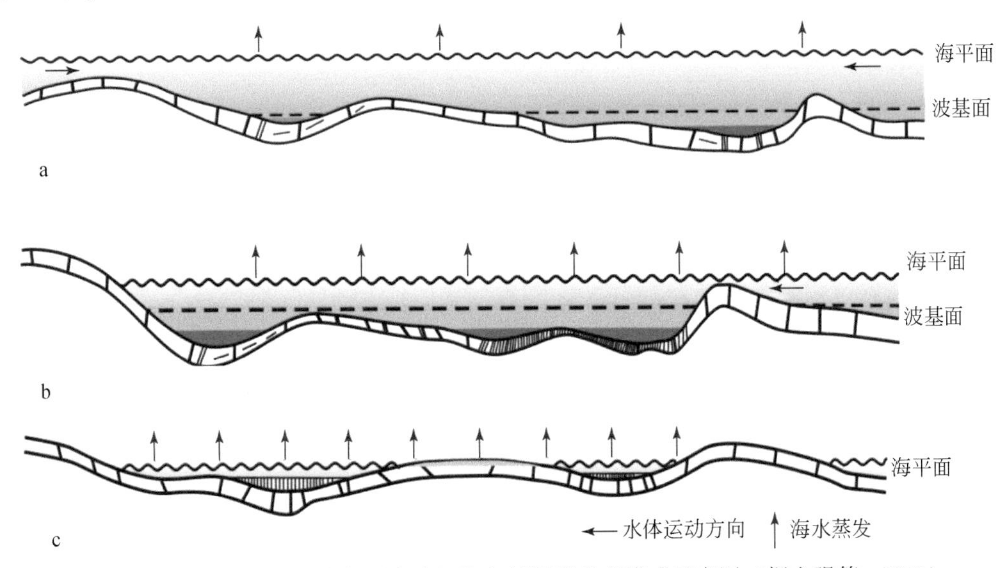

图 4-17　鄂尔多斯盆地东部马家沟组海相烃源岩发育模式示意图（据金强等，2013）

a. 海侵分层洼地；b. 海退咸化洼地；c. 低位氧化盐坪

鄂尔多斯盆地东部马一段、马三段和马五段海退期蒸发作用加强，台内洼地海水盐度增大，出现水体分层，成为有利于有机质堆积的咸化洼地环境，海退咸化洼地中碳酸盐岩沉积水体深度一般超过浪基面，有利于烃源岩沉积有机质的保存（图4-17b）。海退末期，海水过度蒸发而使大部分地区成为萨布哈环境，沉积环境的氧化作用强烈，沉积物主要为褐色碳酸盐岩、灰白色石膏和岩盐等，局部洼地也成为超咸水氧化环境，不利于烃源岩发育（图4-17c）。

鄂尔多斯盆地东部马家沟组蒸发潟湖相85个碳酸盐岩烃源岩样品的TOC为0.30%~0.45%，平均为0.38%。从碳酸盐岩烃源岩的TOC来看，蒸发潟湖相的烃源岩虽然低于盆地西南缘斜坡相的烃源岩，但明显高于开阔台地、台地边缘以及局限台内浅洼烃源岩（图4-18）。

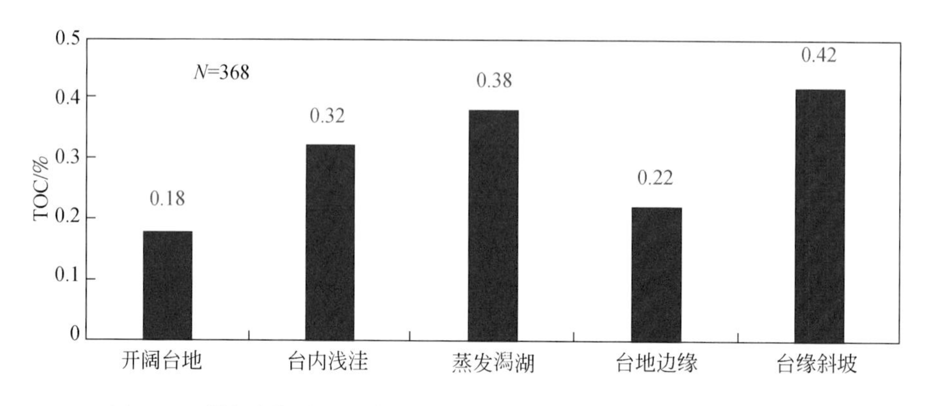

图4-18　鄂尔多斯盆地马家沟组不同相带碳酸盐岩烃源岩TOC对比图

2. 塔里木盆地中西部蒸发潟湖相烃源岩

塔里木盆地中西部蒸发潟湖相烃源岩主要分布在中-下寒武统台地相碳酸盐岩。下寒武统为全球性高海平面背景下的蒸发台地、局限台地相沉积，中寒武统为蒸发潟湖相沉积。塔里木盆地中西部蒸发潟湖相烃源岩与膏盐岩密切共生，以赋存于大套膏盐岩之下为特征。

塔里木盆地中下寒武统蒸发潟湖相烃源岩主要分布于英买力、巴楚、塔中等广大地区。最具代表性的钻井是巴楚地区和4井和方1井等，主要发育蒸发潟湖相的含泥云岩、泥质泥晶云岩、泥质泥晶灰岩，生油母质主要为盐藻和球状甲藻。巴楚地区方1井蒸发潟湖相烃源岩主要发育在下寒武统，烃源岩TOC一般为0.45%~0.85%，其中TOC大于0.50%的烃源岩厚度为195m。和4井烃源岩主要集中在寒武系的中下部，TOC一般为0.45%~1.25%，其中TOC大于0.50%的烃源岩累计厚度为173m（图4-19）。

4.1.2.3　陆棚环境烃源岩

陆棚是指正常浪基面与坡折带之间的沉积范围，属于浅海相的主要亚相之一。按照水动力环境可进一步划分为内陆棚亚相和外陆棚亚相。内陆棚亚相的砂泥质沉积的变化较大，主要由灰绿色、黄绿色泥岩组成，局部夹薄层的粉砂岩，水平层理发育，见少量笔石化石及三叶虫、腕足动物、珊瑚等底栖动物组合，一般不利于发育烃源岩。外陆棚亚相的

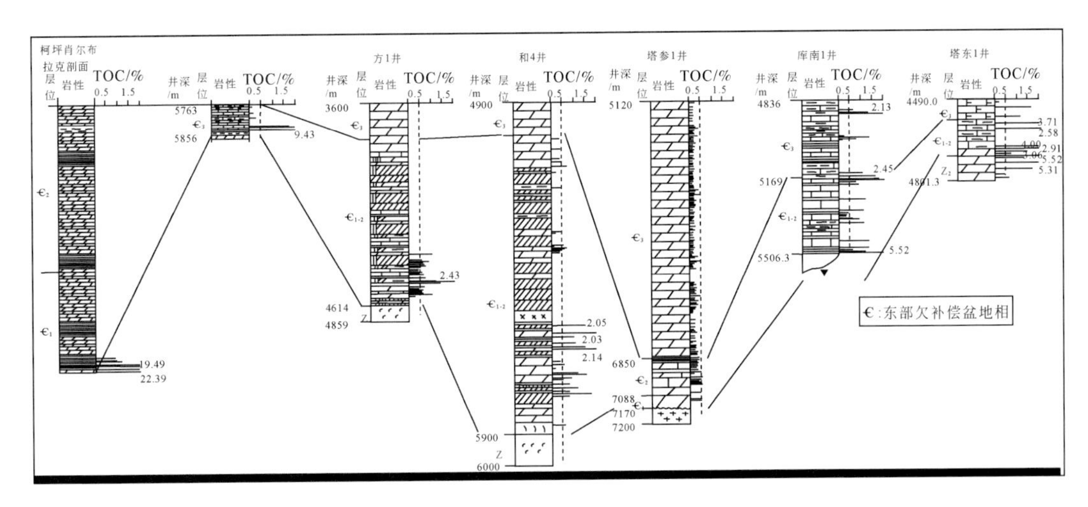

图4-19　塔里木盆地中-下寒武统烃源岩与沉积相带对比剖面图

水介质含氧较低，往往受上升洋流影响，形成的泥质烃源岩中有机质含量较高，是烃源岩最发育的一种沉积相带，如四川盆地€_1和O_3–S_1下部黑色页岩、塔里木盆地的下寒武统下部黑色页岩。

1. 四川盆地陆棚环境烃源岩

四川盆地主要发育外陆棚泥质烃源岩，分布在下震旦统陡山沱组、下寒武统筇竹寺组（牛蹄塘组）和下志留统龙马溪组以及上二叠统龙潭组（吴家坪组）。下寒武统筇竹寺组（牛蹄塘组）在四川盆地主体为陆棚沉积，烃源岩分布广泛，层位相当稳定，岩性以黑色碳质页岩为主。如在川东北的城口、南江地区，其底部为一套厚约100m的黑色页岩，TOC最高达11.54%~16.45%，明显有别于上部层位，这可能归因于由上升流引起的高古生产力、缺氧的深水陆棚沉积环境。

四川盆地下志留统龙马溪组下部主要由黑色碳质泥岩、灰黑色泥页岩、灰黑色钙质页岩及含粉砂、粉砂质页岩组成，偶夹纹层状粉砂岩透镜体，发育水平层理及断续的水平层理，碳质泥岩中见条带状的黄铁矿颗粒，富含笔石化石组合，可见放射虫、硅质海绵骨针等。根据焦页1井岩心观察，龙马溪组下段发育外陆棚亚相的泥坪微相，岩性主要为黑色泥页岩、粉砂质泥岩、笔石泥（页）岩、钙质泥岩、碳质泥（页）岩，页岩TOC一般为3.5%~4.5%；龙马溪组上段为内陆棚亚相，岩性为深灰色、灰色页岩夹泥质粉砂岩，页岩有机碳相对较低，一般为0.5%~1.0%（郭旭升等，2014）。

四川盆地上二叠统龙潭组（吴家坪组）在成都-遂宁-重庆一带以东广大区域为浅海陆棚相区，以碎屑岩与灰岩及砂质灰岩混合沉积为主，因此又称作混积陆棚。碎屑岩系以泥质岩、页岩为主，具有水体较深、能量较弱等特点，以细粒沉积物为主，对有机质的赋存较有利，泥岩TOC一般为1.5%~3.5%，有机质类型主要为混合型。上二叠统在广元-巴东-达州一带为外陆棚区，沉积以碳酸盐岩为主，碎屑岩较少，灰岩及页岩多含硅质成分，反映出远源、深水沉积特征，烃源岩有机质丰度高，TOC一般为3.5%~4.5%，硅质灰岩 TOC 为 0.5%~1.5%，有机质类型为腐泥型和偏腐泥的混合型。

根据四川盆地寒武系筇竹寺组和志留系龙马溪组陆棚相泥质烃源岩的 TOC 分析结果统计，外陆棚相 482 个烃源岩样品的 TOC 为 1.45%~5.54%，平均值分别为 2.43% 和 3.17%，内陆棚 205 个烃源岩样品的 TOC 为 0.29%~1.58%，平均值分别为 0.46% 和 0.62%。

筇竹寺组和龙马溪组外陆棚烃源岩与川东北上二叠统海槽相的 TOC 虽然低于陆棚相泥质烃源岩的平均 TOC，但是高于开阔台地，台地边缘以及滨岸沼泽煤系烃源岩的 TOC 大致相似（图 4-20）。

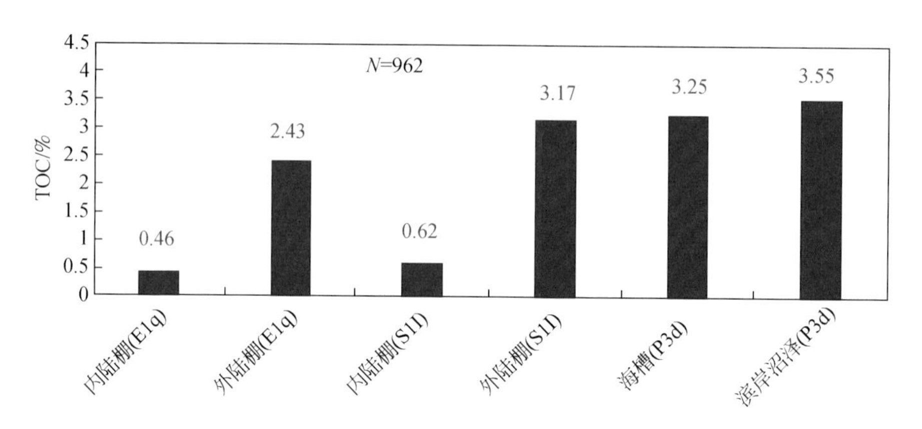

图 4-20　四川盆地不同相带泥质烃源岩 TOC 对比图

2. 塔里木盆地陆棚环境烃源岩

塔东 1 井和库南 1 井的寒武系为广海陆棚相沉积。塔东 1 井揭示了寒武系地层 297m，其中深灰色、灰黑色泥灰岩和泥晶灰岩厚约 150m，黑色、灰黑色泥岩和硅质泥岩厚约 90m，合计厚约 240m，占寒武系地层的 81%，TOC 含量为 0.5%~0.82%，其中 TOC 大于 0.50% 的源岩厚度在 200m 左右。下奥陶统钻厚 48m，为黑色硅质页岩、笔石页岩、放射虫硅质岩，TOC 为 0.50%~2.67%。库南 1 井钻遇的寒武系地层厚 670m，其中深灰色、灰黑色泥页岩厚约 210m，深灰色、灰黑色含泥质灰岩、泥灰岩、泥晶灰岩厚约 400m。TOC 为 0.50%~5.52%，TOC 大于 0.5% 的烃源岩厚度为 448m，占地层厚度的 73%。

在柯坪–阿克苏一带的南天山洋南侧被动大陆边缘具上升洋流的陆棚环境，以阿克苏水泥厂肖尔布拉克剖面寒武系底部玉尔吐斯组为代表。该剖面中这套黑色岩系平行不整合于震旦系灰褐色厚层白云岩、藻叠层白云岩之上，其底部为一层厚 10 ~ 15cm 的结核状磷块岩，下部为黑色页岩夹薄层硅质岩，上部主要由黑色页岩组成。在黑色岩系之上，为一套灰色中–厚层状瘤状泥晶白云岩，说明其形成于陆棚环境中。黑色页岩和硅质岩的矿物学和岩石学特征、微量元素、稀土元素、Re-Os 和 Sr-Nd 同位素地球化学特征显示其明显受上升洋流和海底热水活动影响的特点（Yu et al.，2003，2004；于炳松等，2004）。据阿克苏肖尔布拉克寒武系露头剖面中黑色泥（页）岩 12 个样品的分析可知，TOC 为 3.93%~9.80%，平均为 6.45%，有机质类型属Ⅰ型。

4.1.2.4　台地前缘斜坡环境烃源岩

台地前缘斜坡是指从碳酸盐岩台地至深水盆地间无明显的坡折带，此相带为深水陆棚和浅水碳酸盐岩台地的过渡带，从浪基面之上一直延续到浪基面以下，但一般位于含氧海水下限之上，斜坡的角度可达30°，主要由各种碎屑岩组成，堆积在向海的斜坡上（赵澄林和朱筱敏，2001）。台地前缘斜坡沉积物不稳定，烃源岩主要分布在水体较深缺氧的洼槽地区。

1. 鄂尔多斯盆地西缘和南缘斜坡相烃源岩

鄂尔多斯盆地西缘和南缘奥陶系没有明显的海侵-海退旋回，但有高低水位的差别，在下奥陶统发育台地边缘斜坡相，中上奥陶统发育斜坡海槽相（吴胜和和张吉森，1994；倪春华等，2011）。金强等（2013）通过盆地西缘烃源岩的岩性组合及沉积环境等资料分析，认为斜坡的洼槽缺氧，发育高丰度烃源岩。

鄂尔多斯盆地西缘乌拉力克组沉积期，海平面下降，水体较克里摩里组进一步加深，海槽底部缺氧水体向上运动，斜坡上的洼槽缺氧规模变大，烃源岩有机质保存条件变好，从台地边缘到斜坡，泥质烃源岩厚度逐渐增加，烃源岩有机质丰度也相应升高（图4-21）。

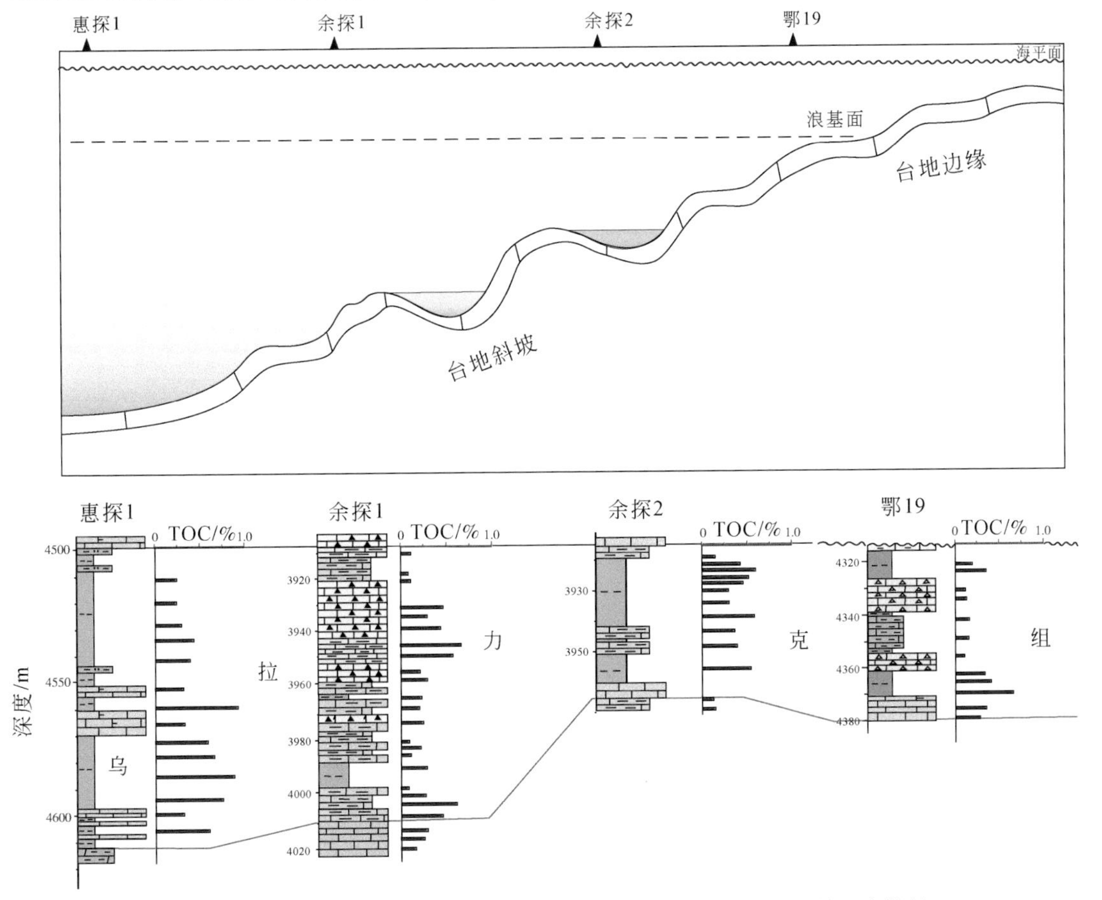

图4-21　鄂尔多斯盆地西缘乌拉力克组斜坡相烃源岩发育模式（据赵澄林和朱筱敏，2001）

根据盆地西南缘平凉组泥质烃源岩的 TOC 分析结果统计，斜坡相 73 个烃源岩样品的 TOC 为 0.45%~1.17%，平均为 0.74%；43 个陆棚相烃源岩的 TOC 为 0.59%~2.51%，平均为 1.27%。斜坡相烃源岩的 TOC 虽然低于陆棚相泥质烃源岩的平均 TOC，但是高于局限台地、台地边缘以及台内浅洼泥质烃源岩的 TOC（图 4-22）。

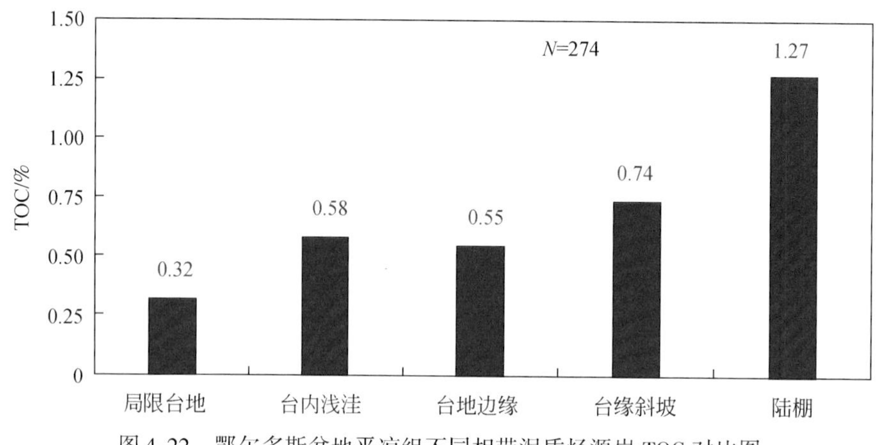

图 4-22　鄂尔多斯盆地平凉组不同相带泥质烃源岩 TOC 对比图

2. 塔里木盆地塔中地区台缘斜坡相烃源岩

塔中地区在中奥陶统和上奥陶统下部，碳酸盐岩烃源岩主要形成于孤立台地的台缘斜坡相区，烃源岩岩性为含泥灰岩、泥灰岩以及薄-中厚层状的生物泥晶灰岩、生物泥晶泥灰岩。塔中地区多口井的岩样分析表明，TOC 一般为 0.6%~2.5%，其中大于 0.5% 的源岩厚度为 80 ~ 100m。

根据塔中地区中上奥陶统台缘斜坡相区烃源岩的 TOC 分析结果统计，257 个含泥灰岩的 TOC 为 0.35%~4.65%，平均为 0.82%，与巴楚地区蒸发潟湖相烃源岩的 TOC 相近，明显高于开阔台地、局限台地以及台内浅洼碳酸盐岩烃源岩的 TOC（图 4-23）。

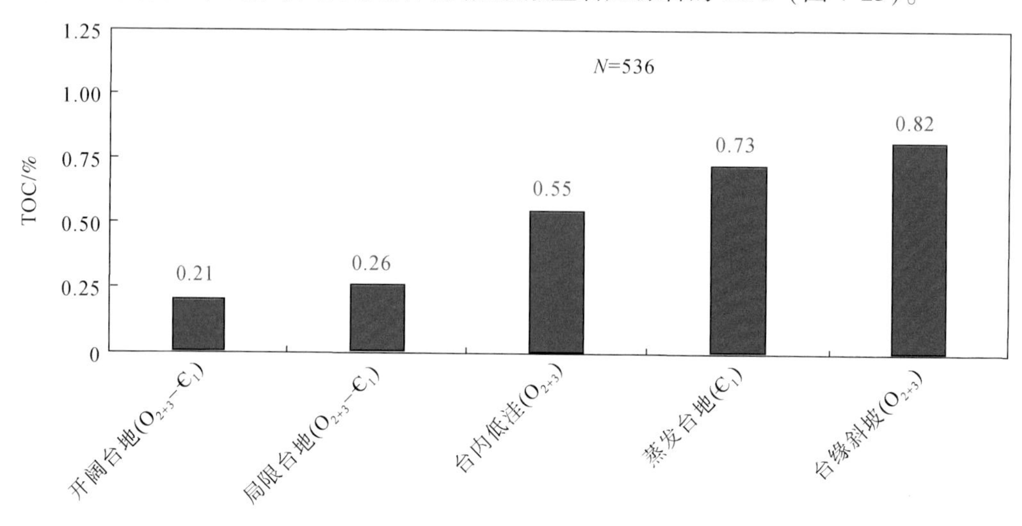

图 4-23　塔里木盆地不同相带碳酸盐岩烃源岩 TOC 对比图

4.1.2.5 欠补偿深水盆地环境烃源岩

欠补偿深水盆地环境不仅在水体安静、缺氧条件下有利于沉积有机质的保存，而且由于沉积物的堆积速率较低，沉积物中有机质丰度较高，沉积有机质主要来源于水生浮游植物，有机质类型为腐泥型。欠补偿深水盆地环境烃源岩主要分布在塔里木盆地满加尔拗陷内，时代为寒武纪—早中奥陶世。

据塔东1井、塔东2井和库鲁克塔格露头剖面揭示，其岩相组成为薄层放射虫硅质岩、硅质泥岩和含笔石页岩，代表典型的欠补偿深水盆地环境的沉积。塔东1井（4557～4710m井段）泥质烃源岩TOC为0.46%～4.42%，生烃母质主要为浮游藻类，有机质类型属Ⅰ型。塔东1井中下奥陶统黑土凹组（4366～4413m）泥质岩TOC为0.86%～2.67%，平均为1.94%，有机质类型为Ⅰ型。

通过塔东1井、塔东2井和库鲁克塔格露头剖面寒武系—下中奥陶统68个欠补偿深水盆地环境泥质烃源岩样品分析结果统计，TOC为0.46%～4.73%，平均为1.58%。欠补偿深水盆地环境烃源岩的TOC低于滞流海湾环境泥质烃源岩（柯坪大湾沟剖面下中奥陶统），但是高于淹没台地（塔中台地区上奥陶统）及正常陆棚环境（环满加尔地区寒武系—下中奥陶统）烃源岩的TOC（图4-24）。

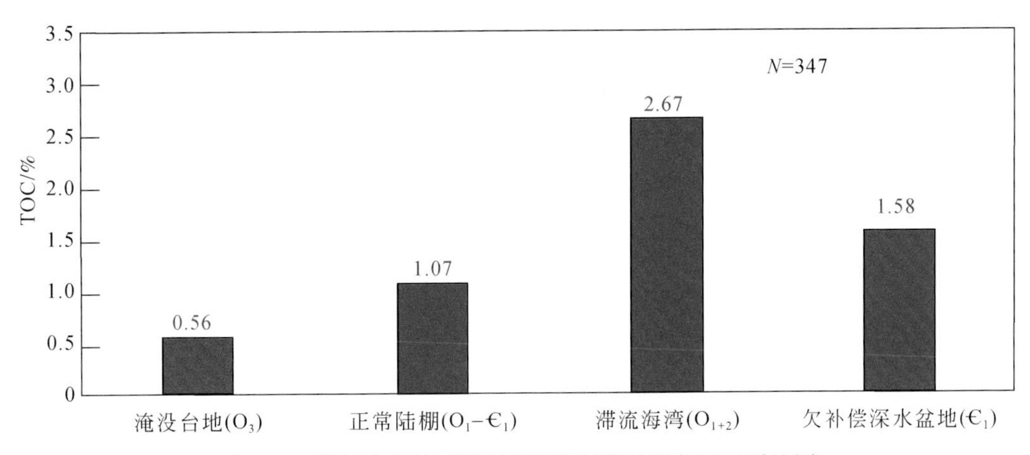

图4-24 塔里木盆地不同海相环境泥质烃源岩TOC对比图

4.1.3 海相碳酸盐岩烃源岩生烃潜力评价

4.1.3.1 碳酸盐岩有效烃源岩

1. 海相碳酸盐岩有效生烃的证据

碳酸盐岩有效烃源岩是指不仅能够生烃，而且其排烃产物在储层中能够聚集成藏的烃源岩。世界上已经发现的常规油气资源有50%以上是分布在碳酸盐岩地层中。在国外，有机质热演化处于成熟阶段的地区，已经证实了海相碳酸盐岩烃源岩能够形成大型油田

(Palacas et al.，1990)。国内海相碳酸盐岩地层的热演化程度较高，有机质丰度较低的烃源岩所生成的天然气能否形成工业性气藏尚存在争论。通过本书研究，在鄂尔多斯盆地马家沟组和四川盆地中二叠统发现了来自碳酸盐岩烃源岩的工业性气藏。

1）鄂尔多斯盆地东部龙探1井马五段7亚段盐下气层

龙探1井位于鄂尔多斯盆地东部米脂地区，是中国石油长庆油田分公司2009年完钻的风险探井。该井在奥陶系盐下马五段7亚段白云岩储层（2832～2837m）中试气获得了低产天然气。龙探1井马五段7亚段气层距奥陶系风化壳顶部约有250m，气层上覆马五段6亚段膏盐岩，直接封盖层厚达140m（图4-25）。

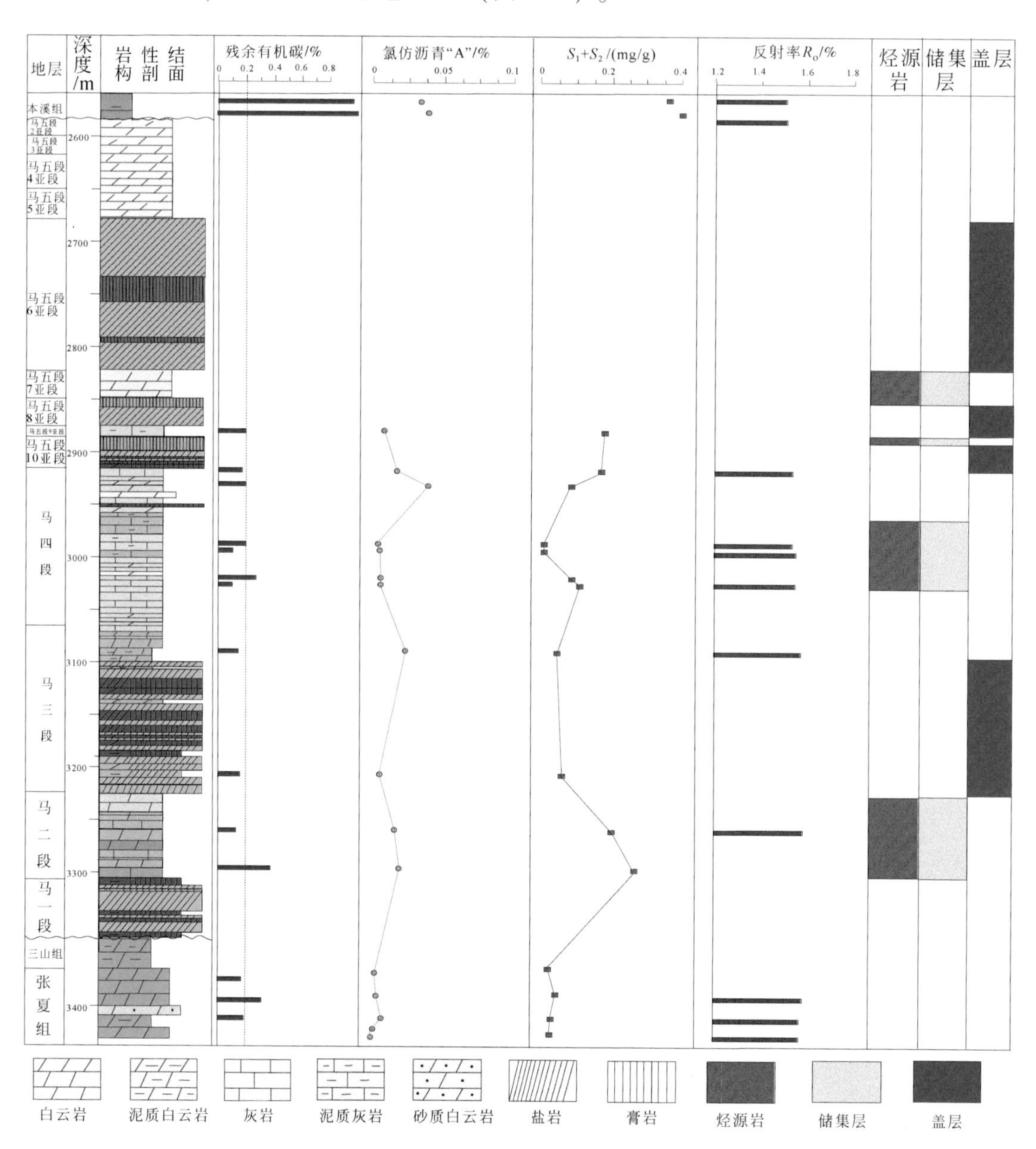

图4-25　鄂尔多斯盆地龙探1井马家沟组综合柱状图

龙探1井在横向上距离马家沟组靖西风化剥蚀的上古生界气源近200km，垂向上龙探1井马五段7亚段储层距离风化壳约250m，并且在马五段6亚段发育100余米的厚层膏盐岩。鄂尔多斯盆地东部区域构造平缓，天然气二次运移的浮力较低，加上马家沟组盐下储层厚度较薄，横向分布的连续性较差，上古生界的煤系天然气难以运移到东部盐下储层。因此，根据气源与储集层的空间配置关系，推测龙探1井马五段7亚段盐下储层中的天然气应属马家沟组碳酸盐岩烃源岩自生的天然气。

龙探1井奥陶系盐下马五段7亚段气层钢瓶气样的气体组分以烃类组分占绝对优势，总烃组分为99.267%，烃类组分中甲烷含量达96.871%，C_{2+}组分含量低，干燥系数大，属典型的过成熟干气。龙探1井马五段7亚段气层$\delta^{13}C_1$为-39.26‰，$\delta^{13}C_2$为-23.78‰。杨华等（2009）研究认为，龙探1井马五段7亚段气层碳同位素与奥陶系生烃岩热解气的甲烷碳同位素组成相似，甲烷碳同位素与源岩热成熟度的对应关系同油型气的规律相吻合，乙烷碳同位素偏重可能与TSR反应等次生作用有关。米敬奎等（2012）分析龙探1井包裹体中的气体中重烃含量为25.49%，甲烷和乙烷的碳同位素都非常轻（$\delta^{13}C_1$ = -39.5‰、$\delta^{13}C_2$ = -35.5‰），为典型的原油裂解气。

刘文汇等于2020年系统地研究了鄂尔多斯盆地古生界天然气甲烷的氢同位素组成和乙烷的碳同位素组成，认为烃源的母质类型与沉积环境有着密不可分的联系（图4-26），从古生界天然气甲烷氢和乙烷碳同位素组成来看，下古生界天然气包括马家沟组碳酸盐岩的酸解气体现了典型海相油型气的特征。说明下古生界马家沟组地层烃源岩对气藏形成具有一定的贡献，在东部盐下地区，这种贡献比例在增加。

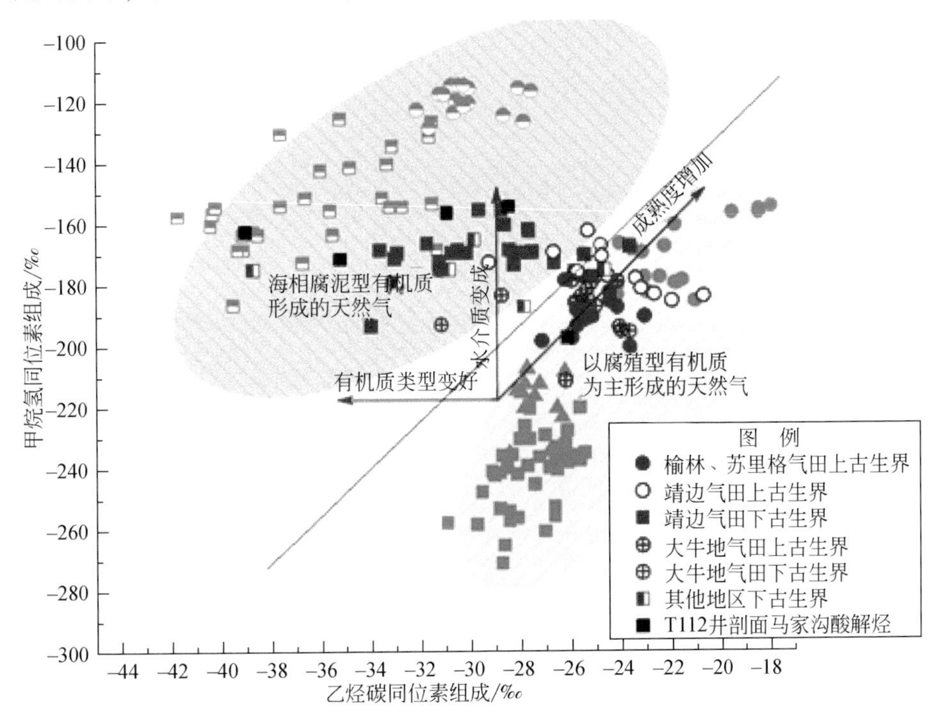

图4-26　鄂尔多斯盆地甲烷氢同位素与乙烷碳同位素关系图

2）鄂尔多斯盆地北部大牛地马家沟组盐下气层

塔巴庙地区位于盆地北部东段，奥陶系风化壳气藏储层主要为马家沟组马五段的1～5亚段，在风化壳之下发育厚层膏盐层。目前，在盐下的马三段和马四段地层虽然尚未获得工业气流，但是见异常活跃的天然气显示，如鄂5井和鄂1井，其中鄂5井在3301～3306m深度随钻气测全烃含量高达36.13%，脱气全烃含量达44.82%，且气测后效果十分明显（未试气）；鄂1井钻遇该层时曾发生井涌，槽面点火高达30cm。

塔巴庙地区奥陶系天然气的赋存分布以风化壳最具工业价值，另一类尚待进一步勘探研究的天然气则分布于奥陶系内部或盐下。这两种分布形式的天然气具有共同特征，表现为甲烷相对含量高达97.9%，重烃组分仅含2.1%，属于典型干气特征，非烃气平均含量为4.38%，以N_2和CO_2为主，其次为H_2，He及H_2S含量很低。塔巴庙地区奥陶系风化壳工业性天然气$\delta^{13}C_1$分布范围为-30.96‰～-36.14‰，盐下地层中天然气$\delta^{13}C_1$为-39.66‰～-43.18‰，均具热解油型成因气的特征（表4-4）。

表4-4　鄂尔多斯盆地北部奥陶系天然气同位素特征表（据惠宽洋和贾会冲，2001）

地区	产层	气井类型	$\delta^{13}C_1$/‰	$\delta^{13}C_2$/‰	$\delta^{13}C_{CO_2}$/‰	$\delta^{13}D$/‰	成因类型
塔巴庙	O_1风化壳	工业气流	-35.17～-36.14 -35.63	-27.81～-28.54 -28.18	-12.67～-16.68 -14.67	—	混合气
	O_1盐下	气显示	-41.74～-43.18 -42.46	-28.84～-38.32 -33.65	-17.74～-17.98 -17.86	—	油型气
	O_1盐下	气显示	-39.66～-40.50 -40.08	-32.69	—	—	油型气
	O_1风化壳	气显示	-38.39～-41.31 -39.88	-28.2～-30.0 -29.12	-23.0～-26.71 -24.85	-171	油型气
牛家梁	O_1风化壳	气显示	-36.71～-40.76 -38.74	-28.8～-29.3 -29.05	-15.8	-131	油型气
红石桥	O_1风化壳	气显示	-31.93～-33.74 -32.83	-28.21～-35.63 -31.92	-6.39～-24.36 -15.37	-161	油型气
中部气田	O_1风化壳	工业气流	-30.96～-36.01 -34.70	-24.48～-31.30 -26.62	-10.05～-16.72 -13.79	-169	混合气

注：分子为指标值的分布范围，分母为平均值。

综上所述，鄂尔多斯盆地奥陶系风化壳在中部气田表现混合来源特征，即上古生界煤成气和下古生界油型气混合成因。盆地东部米脂地区，风化壳之下发育厚层盐岩层，该区潜在烃源岩为马家沟组碳酸盐烃源岩。目前，在盐岩层之下的奥陶系储层发现的低产天然气为油型气，表明马家沟组碳酸盐烃源岩为有效烃源岩。

3）四川盆地西南纳溪茅口组高压缝洞型气藏

四川盆地中二叠统（又称为阳新统）包括茅口组和栖霞组，在全盆地发育有数百米厚的灰色-深灰色或黑色碳酸盐岩，历来都被认为是四川盆地巨厚的碳酸盐岩中最好的烃源层（陈宗清，2009）。川西南纳溪中二叠统茅口组气藏发现 15 个缝洞体气藏（图 4-27）。气藏压力系数高达 1.5～1.9，缝洞体彼此孤立，互不连通，储层中没发现大量沥青，显示自生自储异常高压成藏系统。气源对比结果表明，各缝洞体天然气为油型热裂解成因干气（图 4-28）。综合分析认为，缝洞体气藏的天然气主要来自茅口组及栖霞组自身的泥（晶）灰岩。

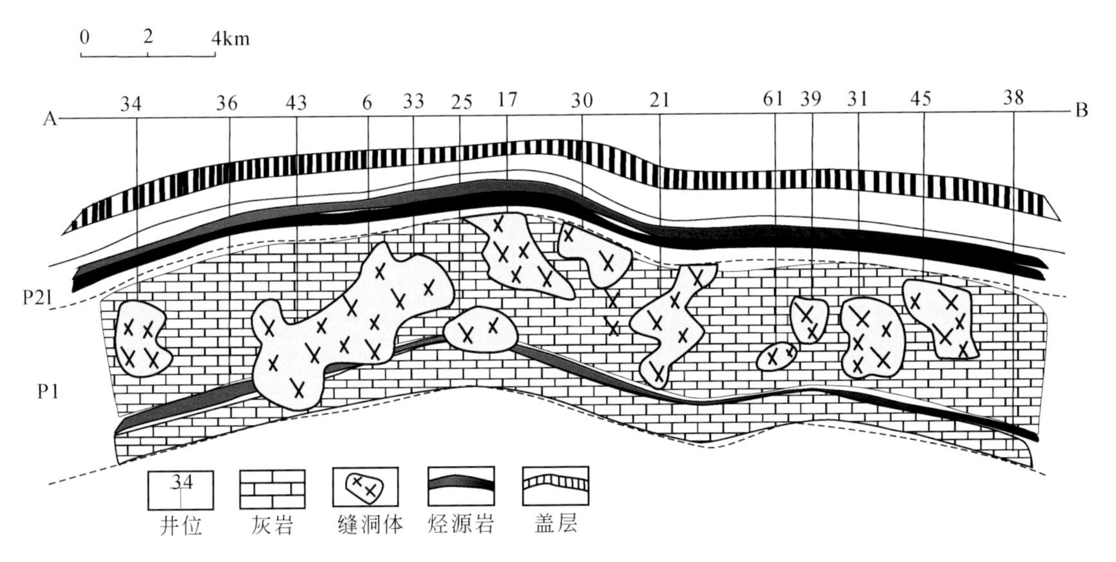

图 4-27　川西南纳溪茅口组气藏形成模式

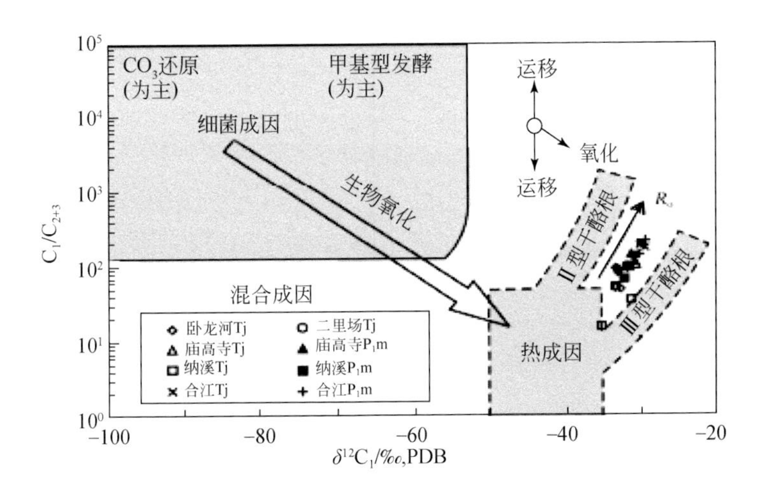

图 4-28　川南地区二叠系气源对比图

2. 碳酸盐岩有效烃源岩TOC下限

TOC下限值是划分有效烃源岩的关键指标。碳酸盐岩烃源岩有机碳含量下限标准一直是学术界争论的热点。陈丕济（1985）、傅家谟等（1989）根据我国南方高-过成熟碳酸盐岩烃源岩的生烃演化特征，将碳酸盐岩烃源岩有机质含量下限值确定为0.08%~0.12%。刘宝泉（1985）根据热模拟实验和华北中新元古界及下古生界碳酸盐岩的研究认为，碳酸盐岩生油岩有机质含量下限为0.05%。梁狄刚等（2000）强调烃源岩对油气成藏的控制作用并从油气勘探实际出发，提出高-过成熟阶段碳酸盐岩有效烃源岩TOC下限值不能低于0.4%。我国西部三大海相盆地碳酸盐岩烃源岩有机质类型主要为腐泥型，处于高成熟-过成熟阶段，TOC下限值取0.25%较为合适，主要依据如下。

1）烃源岩有机质类型以腐泥型为主，生烃潜力较高

众所周知，碳酸盐沉积物的胶结成岩作用强烈，在生烃门限的碳酸盐岩烃源岩一般受压实、胶结作用形成致密碳酸盐岩。烃源岩从生烃门限演化到高-过成熟阶段时，有机质裂解生成的气态烃与凝析油气由于排烃或取样及实验过程中损失殆尽，实验分析的可溶有机质含量很低，一般只有几个ppm①。因此，从单位体积现今烃源岩的总有机质数量来看，实验分析的TOC，不能代表烃源岩在生烃门限（R_o≈0.5%）的原始TOC。烃源岩有机质类型越好、热演化程度越高，烃源岩有机碳损失就越多。

鄂尔多斯盆地西缘奥陶系低成熟样品热模拟结果表明，腐泥型烃源岩有机质的原始产烃率为350~450m^3/t TOC（图4-29）。按照有机碳质量平衡原理，对烃源岩有机碳进行恢复的系数为1.5~1.8，将TOC下限值0.25%恢复到成熟初期的TOC为0.4%~0.5%，这与泥质烃源岩的TOC下限值基本一致。

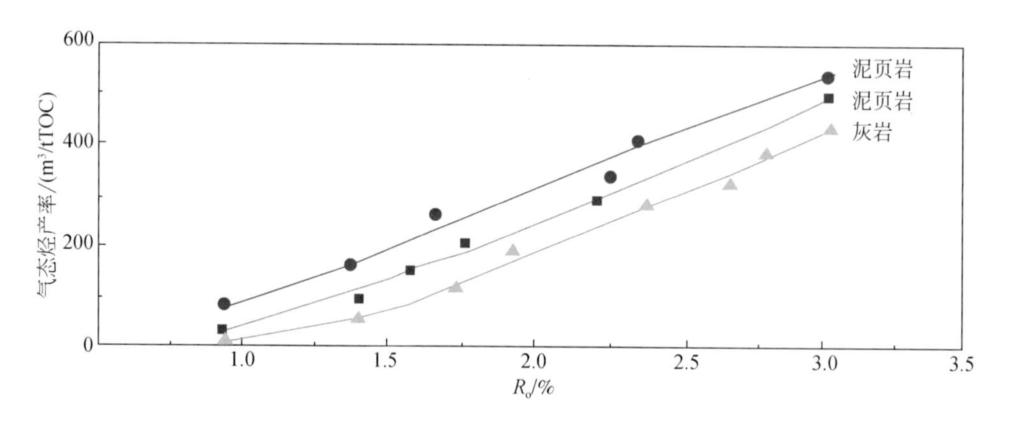

图4-29　鄂尔多斯盆地西缘地区低成熟样品热模拟实验（据孔庆芬等，2007）

① 1ppm=10^{-6}。

2）碳酸盐烃源岩吸附天然气的能力相对较弱

烃源岩有机质生成的烃类产物必须满足烃源岩本身的矿物吸附和微小孔隙的束缚，多余的烃类产物才能排烃。因此，当烃源岩生气量一定时，烃源岩的吸附气量越大，排烃量就越少。从烃源岩排烃角度来看，碳酸盐烃源岩吸附烃（包括胶结作用的化学吸附、矿物表面的物理吸附和毛细管束缚），在高-过成熟阶段，其组成主要为气态烃以及沥青“A”和沥青“C”中的少量液态烃。烃源岩吸附气量与烃源岩的矿物组成、TOC以及地层温度、压力等因素有关。通过罐装岩屑-酸解烃法、残余气饱和度法和全烃地球化学分析法对鄂尔多斯盆地典型井马家沟组分析，每吨烃源岩的吸附烃总量为0.33～0.52kg（表4-5）。

表4-5　奥陶系马家沟组碳酸盐烃源岩的吸附烃量

样品位置	岩性	TOC/%	R_o/%	气态烃/（kg/t岩）	岩石轻烃/（kg/t岩）	沥青“A”/（kg/t岩）	沥青“C”/（kg/t岩）	总吸附烃/（kg/t岩）
水湾沟剖面	灰质云岩	0.18	1.61	0.095	0.044	0.113	0.100	0.452
城川1井	灰色泥晶灰岩	0.32	1.90	0.172	0.040	0.036	0.044	0.336
宜探1井		0.16	3.40	0.267	0.041	0.020		0.328
旬探1井	灰色泥晶云岩	0.27	3.00	0.412	0.064	0.041		0.517
鄂6井		0.31	2.50	0.273	0.051	0.072		0.396

从碳酸盐岩烃源岩的吸附气量来看，虽然不同方法估算结果存在较大差异，但是在一般地层条件下，每吨烃源岩的吸附气量（包括孔隙毛细管束缚的游离气）变化范围为0.3～0.9m^3。近年来，国内海相页岩气的研究显示，页岩作为气源岩排烃后的残余气量（即页岩气的总含量）一般为2.5～4.5m^3（王世谦等，2013）。因此，海相碳酸盐岩烃源岩的吸附气量明显低于泥质烃源岩。对于腐泥型海相碳酸盐岩烃源岩而言，在高-过成熟阶段TOC为0.08%～0.16%的生气量就可以满足自身吸附。

3）鄂尔多斯盆地东部马家沟组储层发现油型气

鄂尔多斯盆地区域构造平缓，在盆地东部除了上古生界发育煤系烃源岩外，下古生界奥陶系和寒武系地层均缺乏泥质烃源岩。目前，鄂尔多斯盆地东部钻穿马五段6亚段盐层以下的探井近30口，钻入马三段盐层以下的探井22口，其中龙探1井在奥陶系盐下马五段7亚段白云岩储层中试气获得了低产天然气，盟5井马四段日产天然气4.8m^3，莲1井马三段日产气442m^3，镇川1井、榆9井、地鄂1井、地鄂4井、地鄂5井、地鄂6井、地鄂8井等在马二段、马三段、马四段均见气测异常，气可点燃。杨华等（2012）对龙探1井马家沟组盐下天然气的地球化学特征进行系统分析，天然气地球化学组成和碳同位素组成具有混源气和油型气的特征（图4-30）。鄂尔多斯盆地东部盐下马家沟组碳酸盐岩烃源岩的TOC主要分布在0.15%～0.45%，平均值在0.25%左右。

4）高成熟碳酸盐岩烃源岩TOC低于0.25%的难以形成工业气层

中国西部三大盆地海相碳酸盐岩烃源岩的生烃高峰较早，天然气在储层聚集成藏后在漫长的时间内必然需要浓度盖层的封闭。在碳酸盐岩内幕的生-储-盖组合中，烃源岩作为浓度盖层的基本条件是其天然气浓度大于邻近储层中的天然气浓度。以鄂尔多斯盆地马家

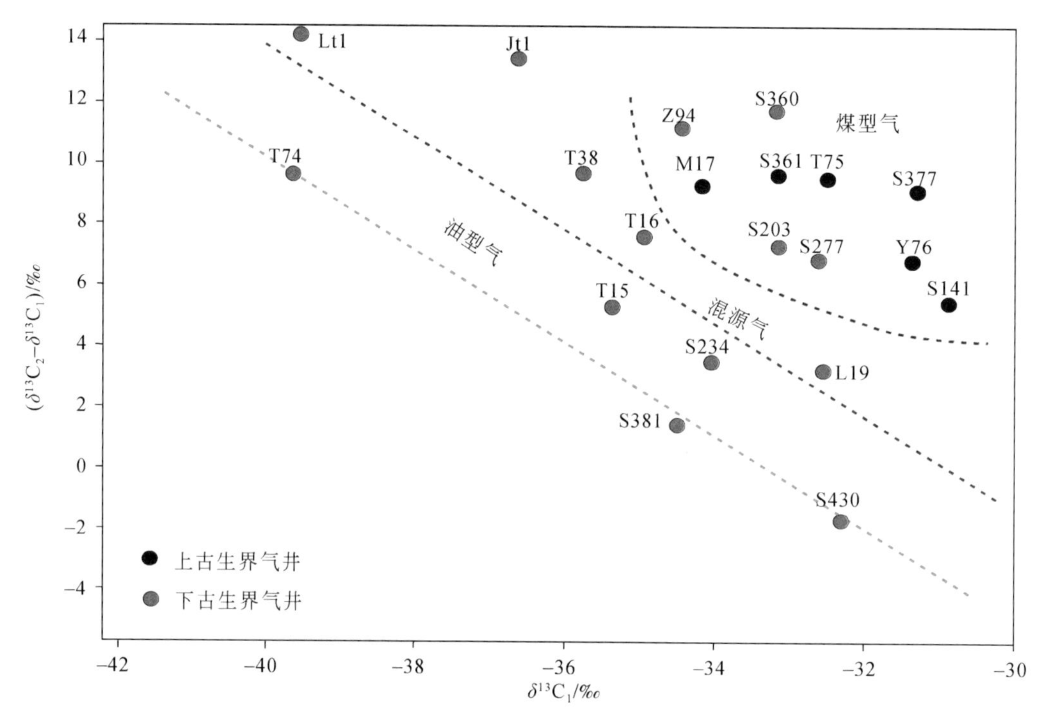

图 4-30　鄂尔多斯盆地东部天然气成因类型判别图（据杨华等，2015）

沟组为例，长庆气田有效储层孔隙度的下限为 4%（李浮萍等，2012）。根据地层温度与地层压力可以估算出储层孔隙度为 4%、含气饱和度为 45%（纯气层的含气饱和度为 60%～75%，气水同产层的含气饱和度为 35%～55%）的天然气浓度大约为 4.8m^3/m^3，相当于 1m^3碳酸盐岩烃源岩中 TOC 为 0.2% 的总生气量（图 4-31）。

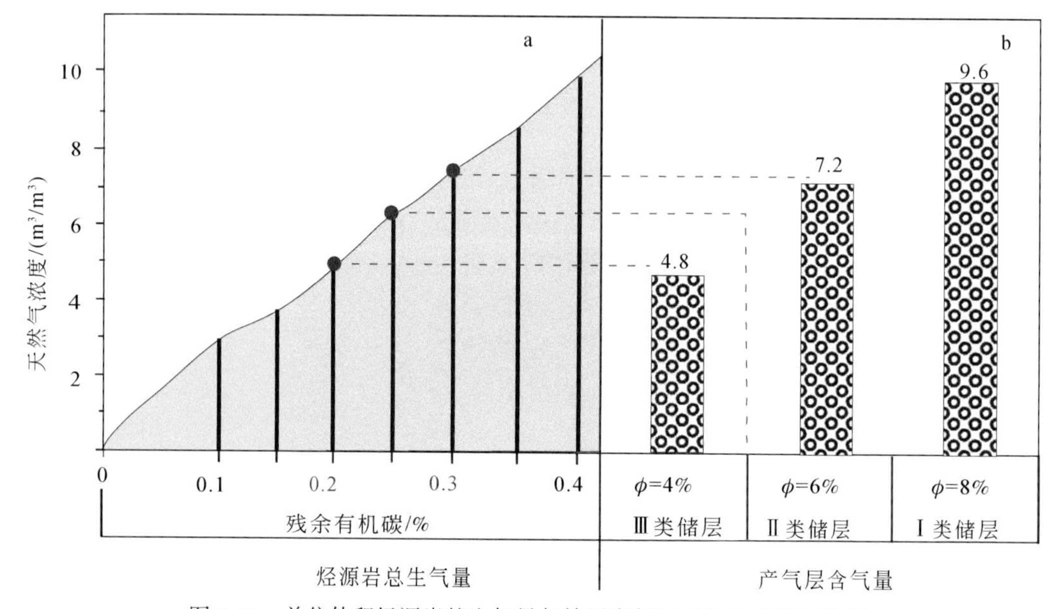

图 4-31　单位体积烃源岩的生气量与储层产气层天然气浓度对比图

a. 高-过成熟碳酸盐烃源岩在地层条件下生成的天然气浓度；b. 碳酸盐储层在地层条件下含气饱和度为 45% 的天然气浓度

以上初步估算说明，在高演化阶段的碳酸盐岩烃源岩中，烃源岩 TOC 偏低，虽然可以通过分子扩散方式或水溶方式排烃，但是难以在储层中形成有效聚集（扩散排烃后的含气饱和度不能达到产气层的标准）。另外，烃源岩 TOC 偏低也不能形成有效的浓度盖层。因此，从烃源岩的分子方式进行有效扩排烃与碳酸盐岩储层中聚集天然气的保存两个方面来看，TOC 下限不能低于 0.25%。综合分析，我们认为高-过成熟海相碳酸盐烃源岩的 TOC 下限值取 0.25% 较为合理。

4.1.3.2　烃源岩划分方案及盆地油气存在的界线

1. 烃源岩划分方案

烃源岩的生烃能力是油气成藏的关键因素之一。划分烃源岩类型的指标主要是有机地球化学指标，如烃源岩有机质类型、有机质丰度、热演化程度。这些指标只能反映烃源岩的生烃品质，即单位体积内的生烃潜力。要合理评价烃源岩的生烃能力，还必须在生烃品质的基础上，结合烃源岩厚度和分布面积来评价。Demaison 提出了单位面积（$1m^2$）的生烃潜力指数（SPI）来反映一个含油气系统内烃源岩提供油气的充载能力，并且按照 SPI 的大小将油气充载能力划分为低、中、高三个等级。戴金星等（1999）通过国内大中型气田形成条件与控制因素研究，提出生气强度超过 $20\times10^8 m^3/km^2$ 是形成大中型气田的基本气源条件。SPI 与生气强度的内涵基本相同，只是计算生烃量时采用的单位不同。从生烃强度来看，烃源岩厚度与有机碳含量具有互补性，而实际上，烃源岩有机质丰度较低，厚度越大可能排烃条件越差。张水昌等（2002）指出，作为有效烃源岩，要有一定分布范围，有机碳含量要足够高，但厚度不必很大，十几米至上百米的厚度足以形成大中型油气田。

从勘探目标区油气资源潜力规模出发，我们将有效烃源岩划分为四类：差烃源岩、中等烃源岩、较好烃源岩、好烃源岩。在一般地质背景下，有效烃源岩厚度越大，烃源岩生烃能力就越强，而有效烃源岩的生烃能力越强，形成油气藏的规模就越大。当圈闭、储层以及保存等条件良好时，好烃源岩和较好烃源岩是指烃源岩的供烃能够形成大型和中型油气田，中等烃源岩和差烃源岩主要形成中小型油气田。中国西部三大盆地海相烃源岩一般发育于陆棚、台盆、台地斜坡及海陆过渡沼泽环境等低能环境，平面上分布范围较大，并且基本上均处于高-过成熟阶段，经历了生烃高峰阶段。针对三大盆地海相烃源岩地球化学特征和碳酸盐岩目标区具有生-储-盖三位一体的成藏特征，我们以烃源岩厚度和 TOC 为评价指标，建立了泥页岩、煤层和碳酸盐岩烃源岩的分类评价标准（表 4-6）。

表 4-6　西部三大盆地烃源岩类型划分及评价标准

类型		差烃源岩	中等烃源岩	较好烃源岩	好烃源岩
泥页岩	TOC/%	0.5～1.0	1.0～1.5	1.5～2.0	>2.0
	厚度/m	10～50	50～100	100～150	>150
煤层	TOC/%	40～50	50～60	60～70	>70
	厚度/m	1～5	5～10	10～15	>15

续表

类型		差烃源岩	中等烃源岩	较好烃源岩	好烃源岩
碳酸盐岩	TOC/%	0.25～0.50	0.50～1.0	1.0～1.5	>1.5
	厚度/m	50～100	100～150	150～200	>200

2. 盆地油气存在的界线

目前国内对“死亡线”这一概念的认识较为混乱，许多学者在文章中都提到过“死亡线”，但是对“死亡线”具体指的是什么，却没有一个明确的定义。有学者认为油气“死亡线”是指“生烃死亡线”，即生烃极限或生气的成熟度上限，指的是干酪根的生烃潜力随着埋深增加，到一定的深度后进而不断降低并逐渐趋向于一个极小值；而有的学者则认为油气“死亡线”是指石油和天然气的消亡界线。众多学者在文章中都指出“死亡线”一词来源于国外专家 Tissot 等在 20 世纪 70 年代建立的“干酪根晚期热降解生烃”理论，这个理论认为在约 4500m 以下深度的地温环境下，即所谓“经济死亡线”以下，石油和天然气将不能形成有商业价值的油气藏，所以这里的“经济死亡线”是油气的消亡界线。由于现今达到高–过成熟（R_o>2.0%）烃源岩占盆地面积超过 80%，按照传统的生油理论，海相烃源岩大多进入了“死亡线”。而 Tissot 等在 20 世纪 80 年代又指出当时的天然气田的最大埋深为 7000～8000m，在沉积盆地中，超过这一深度其地温可达 160～350℃，在这一深度上大部分气源层已经达到了成岩后期阶段，因此，除了某些年轻沉积物在低的地温梯度下快速埋藏之外，几乎没有机会再进一步生成甲烷了，所以“经济死亡线”在当时就已经被突破了。众所周知，现今的许多勘探实例和理论成果也都表明在超深部地层（埋深大于 6000m）中存在着石油和天然气，如在我国塔河油田、普光气田、元坝气田等都发现了超深层油气，塔深 1 井在埋深 8404～8406m 还发现了液态烃，渤海湾盆地发现的牛东 1 井在震旦系迷雾山组的潜山凝析油层的温度已达 201.1℃，深度达到了 6027m；俄罗斯滨里海盆地布拉海油藏在 7550m 深度、温度 295℃条件下仍有液态烃聚集。这些勘探实例都说明了我们对原油的热稳定性和油气“死亡线”的认识随着勘探程度的加深也在不断地进步和深化，而传统的观念和理论已经受到了挑战。

1）生烃极限与烃类存在的“死亡线”

由于“经济死亡线”与国内一些学者所说的“死亡线”概念存在着差异，而且国内对“死亡线”没有明确的区分和定义，所以笔者认为应该对“死亡线”进行重新定义，并认为盆地的烃类“死亡线”应指的是石油和天然气在地层中能够保存的最大深度界线，即油气的消亡界线。这与许多文献中所提的“生烃死亡线”是两个完全不同的概念，“生烃死亡线”指的就是干酪根的生烃极限。

对于盆地中生烃极限所对应的有机质成熟度（用镜质组反射率 R_o 表示）的确定问题，国内许多学者通过不同实验提出了不同观点。王云鹏等（2005）利用生烃动力学方法，计算了产率、产气速率和成熟度，认为模拟系统开放度对主生气期的动力学参数计算有一定影响，开放系统计算的Ⅱ型干酪根主生气期 R_o 值为 1.4%～3.1%，开放系统天然气主生气期比封闭系统要早。从计算结果看，海相有机质天然气生成“死亡线”（主生气期的上限）初步确定为：Ⅰ型干酪根的 R_o 值为3.5%左右；Ⅱ型干酪根的 R_o 值为4.4%~4.5%；而海相原油的 R_o 值为4.6%左右。并认为这一界线在勘探与评价中十分重要，它受有机质类型与温度的影响。这里由于 R_o 的演化也是一个动力学过程，因此，对于热演化史不同的地区，与天然气生烃极限相对应的古地温与埋深并不相同。

张水昌等（2013）对不同成熟度煤样做了黄金管热模拟和核磁共振分析，发现随着成熟度增加，煤质炭含量降低，在成熟度达到5.32%时，煤质炭含量接近于0，因此认为这个值是煤系烃源岩生气的极限值。

霍志鹏等（2014）把生烃底限定义为沉积盆地生烃死亡线对应的深度（H）或有机质成熟度（R_o），并用烃源岩进一步生烃量不足生烃总量1%的点对应的 H 值和 R_o 值来表示生烃极限。对塔里木盆地碳酸盐岩烃源岩生烃极限进行研究，用6类8种方法确定的碳酸盐岩烃源岩生烃死亡线的 R_o 值为4.2%~4.9%。

从发表的文献来看，Ⅰ、Ⅱ型干酪根生烃极限的 R_o 值为3.0%~5.0%，而对以煤为代表的Ⅲ型干酪根在高演化阶段的生烃潜力问题上还存在一些争议。陈建平等（2007）认为由于腐殖煤在热演化过程中释放 H 的速率比海相Ⅰ型和Ⅱ型有机质慢，而生烃延续的成熟阶段很长。孙龙德等（2013）通过模拟实验发现煤系烃源岩在 R_o 大于2.5%的阶段仍具有约20%的生气潜力。总之，煤成气的生成是全天候的连续过程，煤系烃源岩在过成熟阶段仍可生成一定量的天然气。

国外专家Price（1993）从5口深井取得的岩心和模拟实验中发现，在 R_o 为7.0%~8.0%时，C_{15+} 烃类有微量的浓度能被检测到，并认为这个 R_o 值为液态烃（C_{15+} 烃类）的消亡界线。通过对塔里木盆地原油的热稳定性分析，认为液态石油大量消亡（油裂解成气）的深度下限在9000~10000m或者更深，对应的储层温度大于210℃，在此深度之上液态石油可以大量存在。而对深层来说，只要储层的物性比周边围岩的物性好到一定程度就能成藏，即便本身低孔低渗也能有油气聚集。通俗地说，油气成藏没有“死亡线”（如果不考虑油藏经济价值）。

张光亚等（2015）在对近年来全球深层油气的勘探开发实践和实验结果中发现油气生烃特征突破了传统的油气消亡线，扩大了“油气窗”的赋存范围（表4-7），天然气消亡的深度和温度范围远比液态烃的范围大且目前尚未有明确的界线值。大量的勘探案例和实验模拟证明，烃源岩品质、超深层 H_2 的供给、异常高压与生烃系统的封闭条件等因素，都会对烃源岩的生烃演化进程、产出物的性质和数量产生影响。所以油气的存在界限受到多重因素的控制，已经不能局限于传统的观念与认知。

表4-7　传统理论与深层勘探实践的“油（气）窗”与储层“死亡线”对比（张光亚等，2015）

对比	液态窗		气态窗		石油消亡界线		天然气消亡界线		有效储层“死亡线”/m
	R_o/%	温度/℃	R_o/%	温度/℃	深度/m	温度/℃	深度/m	温度/℃	
传统理论	0.5~1.35	60~150	1.35~3.6	180~250	<5000	150~170	<10000	250~375	<4500
深层勘探实践	上限>1.35，最高达7~8	150~295	上限>4	>300 实验为800	>5000	>170 实验<400	>10000	>375（含碳地层甲烷无温度界限）	>4500

2）热解模拟试验结果分析

对四川盆地上二叠统吴家坪组低成熟黑色泥（晶）灰岩做热解模拟实验，生烃模拟结果表明：油窗特别显著，高峰期较前，凸显在 R_o 为 0.7%～0.8%；在 R_o≈2.0% 时，液态烃含量开始明显减少，为干酪根生油极限；气态烃峰期不明显，并有随热演化增加而继续增高的趋势，即 R_o 延至 4.5%～5% 时，烃气无减弱之势，石油产率达 500kg/t TOC 以上，而在 R_o≈5.0% 时为液态烃生成的极限；在 R_o>5.0% 时气态烃峰期不明显，R_o 在 6% 时烃气无减弱之势，未见极限情况（图 4-32）。

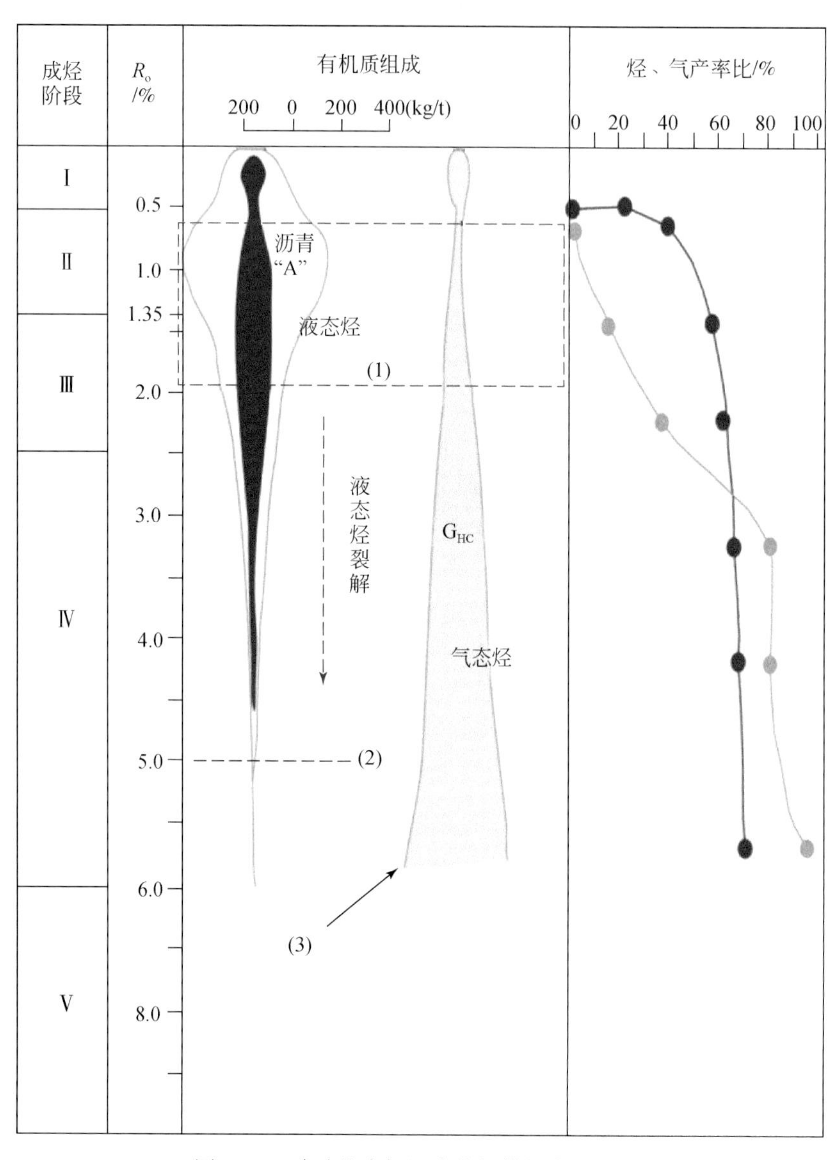

图 4-32　碳酸盐岩烃源岩热解模拟实验结果

Li 等（2007）通过对海相碳酸盐岩烃源岩样品做模拟实验发现，随着温度的升高，不论是连续生烃还是再次生烃，液态烃的产量总在开始时增加而后随温度升高而逐渐降低，而气态烃的产量却是随着温度升高逐渐增多，且在温度大于 500℃时也并未有减弱的趋势。

3）甲烷的热稳定性分析

Tissot 等于 20 世纪 70 年代提出一级反应方程，有机质热演化主要影响因素是：

TTI = f(T(时间), T(温度))，

扩展后，将压力引入：

TTI = f(T(时间), T(温度), 1/P(压力))。

当温度不够时，时间可以补偿，但是增压可以消耗这种作用。烷烃的热解是 C—C 键的断裂，石墨化作用是甲烷的 C—H 键断裂，后者所需能量高，实验室常压模拟结果一般温度约 870℃（图 4-33），如果考虑地层压力条件下，所需温度应该更高。按甲烷的实验结果估算，存在深度大，至少可保存在 12000m（相当于地温 235℃）的深度；甲烷在温度达 800℃、压力大于 1×10^9 Pa（1000MPa）时（相当于在地壳深部 35 ~ 40km 的条件下）仍处于稳定状态。按 Burruss（1993）的甲烷存在的稳定温度 800℃计算，一般盆地（地温梯度为 3 ~ 5℃/100m），甲烷存在深度可达 16000 ~ 26000m，显然一般盆地沉积厚度是达不到这个深度的。Tissot 在 20 世纪 80 年代预测未来的钻井深度都不会达到由于温度升高而使甲烷分解破坏的那个带，并指出甲烷的热稳定性使得其下限（气底）无法用高的温度来确定。

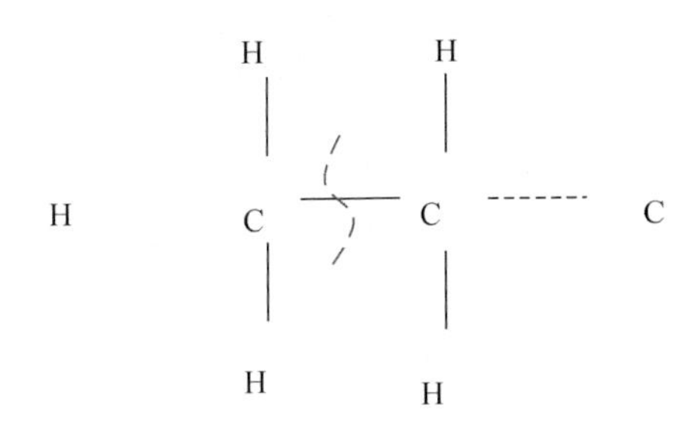

热解作用C—C键断裂(结合力小)

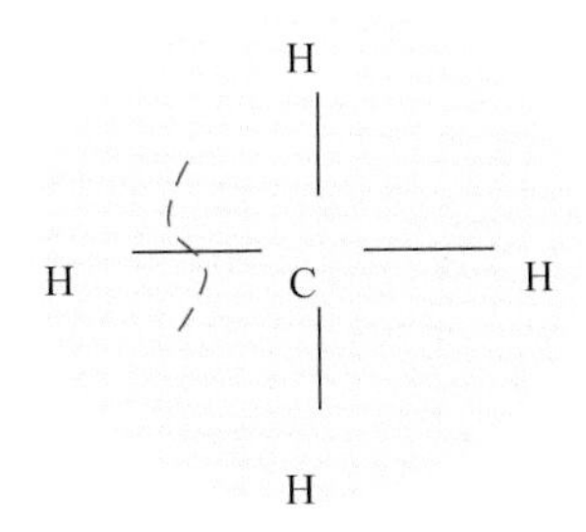

石墨化作用C—H键断裂(结合力大)

图 4-33　烷烃的热解作用与石墨化作用区别

4）初步确定的烃类存在界线

综合上述分析，认为在一般含油气盆地沉积地层中存在液态烃的“死亡线”，但是不存在天然气“死亡线”，这表明对超深层天然气的勘探仍有广阔的前景。在中西部三大盆地中，塔里木盆地超深层碳酸盐岩主要分布在台盆内的寒武系—奥陶系；四川盆地大于6000m埋深的海相碳酸盐岩层系多，海相下组合大多为超深层，海相上组合超深层主要分布在川西、川东北前陆区；鄂尔多斯盆地超深层碳酸盐岩勘探层系主要包括盆地西部的奥陶系和中东部的寒武系等。由于深层油层温度可高达295℃，深层碎屑岩在早期浅埋、晚期快速深埋背景下利于孔隙保持，溶蚀与裂缝作用改善了储集层物性；受断裂作用、岩溶热液作用、白云石化作用及早期油气充注影响，碳酸盐岩在8000m以深仍有良好的储集性能，这些超深层层位分布面积大、资源占比高，随着勘探程度的不断深入，都显示出了巨大的勘探潜力。且近年来深层古生界碳酸盐岩层系内发现的大油气田数量和储量均呈增长趋势，也说明了深层古生界碳酸盐岩具有良好的勘探前景。

归纳烃类存在的界线如下：

（1）干酪根演化成烃的界线：Ⅰ、Ⅱ型海相有机质干酪根生成油（气）的界线；

（2）液态烃存在的界线：“油窗”的下限，油裂解成气后下限，初步考虑为R_o=5.0%；

（3）天然气存在的界线：盆地沉积盖层中一般不存在。

上述认识，丰富了超深层的天然气形成理论，为盆地超深层的天然气勘探提供了理论依据。

4.1.4　海相烃源岩分布特征及综合评价

4.1.4.1　塔里木盆地海相烃源岩分布评价

1. 上奥陶统烃源岩

塔里木盆地上奥陶统良里塔格组烃源岩的发育与台缘斜坡的灰泥丘相密切相关。台缘斜坡灰泥丘相的暗色泥质泥晶灰岩和宏观藻灰质泥岩主要发育于卡塔克隆起北斜坡、顺托果勒低隆、沙雅隆起南斜坡区、阿瓦提断陷区及巴楚东南部。

良里塔格组和其浪组为台缘斜坡灰泥丘相，印干组为海湾相，烃源岩包括泥质岩及泥灰岩，主要分布在柯坪露头区。上奥陶统灰泥丘相烃源岩单层厚度较薄，横向分布不稳定，烃源岩总厚度一般为50～100m（图4-34）。

上奥陶统烃源岩在塔中地区的厚度一般为60～100m，往西到巴楚地区减薄为20～30m，往北到顺托果勒南部，烃源岩厚度为50～60m，在塔北地区一般为30～50m。

塔里木盆地上奥陶统泥灰质烃源岩，有机质丰度和热演化程度高，但是厚度较小，除了在满加尔拗陷和塔中北斜坡发育中等烃源岩外，塔中、顺托果勒及阿瓦提等大部分地区为中等偏差烃源岩。

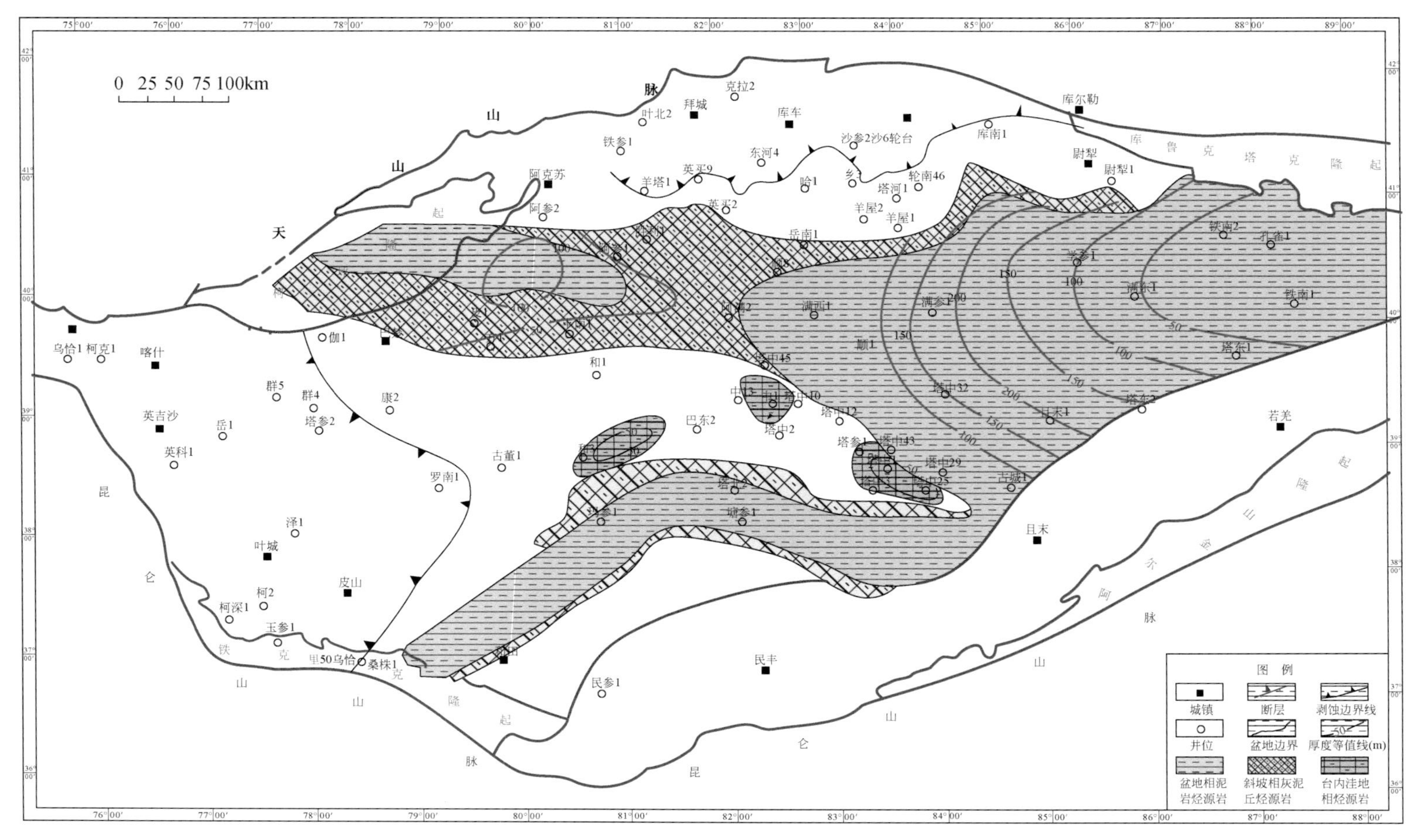

图4-34　塔里木盆地上奥陶统烃源岩厚度分布图

2. 中下奥陶统烃源岩

在柯坪露头剖面，下奥陶统暗色泥质烃源岩厚度为161m；在盆地西南缘坎里克地区，下奥陶统碳酸盐岩烃源岩厚度可达175m；在库鲁克塔格地区，下奥陶统碳酸盐岩烃源岩厚度可达150～200m。

盆地内部下奥陶统泥质烃源岩的厚度不大，主要分布在满参1井以东至满东1井的盆地相区，厚度一般为50～100m。西部阿瓦提断陷碳酸盐岩烃源岩厚度为50～200m；相当于黑土凹组上部的外陆棚-深水盆地相泥质岩烃源岩，在整个满加尔拗陷中西部均有分布，其厚度为50～200m（图4-35）。

下奥陶统烃源岩在塔中地区的厚度一般为40～50m，分布范围相对较小，主要在塔中北斜坡及顺托果勒南部；塔北地区分布也较薄，一般为20～30m。

塔里木盆地中下奥陶统泥质烃源岩和碳酸盐岩烃源岩有机质丰度和热演化程度高，在满加尔拗陷黑土凹组发育好烃源岩，阿瓦提和塔西南部分地区发育中等烃源岩，塔中及其余地区为中等偏差烃源岩。

3. 中下寒武统烃源岩

塔里木盆地的中下寒武统烃源岩主要分布于“两盆一台”。“两盆”一是指塔东台缘斜坡-盆地相区烃源岩，主要分布于满加尔拗陷及周缘地区；二是指柯坪隆起区下寒武统陆棚边缘盆地相玉尔吐斯组烃源岩。“一台”是指分布于盆地中西部蒸发台地内拗陷的中下寒武统碳酸盐岩烃源岩。塔里木盆地中下寒武统肖尔布拉克组—吾松格尔组碳酸盐岩烃源岩为蒸发台地、局限台地相沉积，主要为深灰色、灰黑色含盐、含膏的泥质泥晶白云岩、泥质泥晶灰岩。在满加尔拗陷的分布厚度为50～200m，向西到阿瓦提拗陷、巴楚隆起分布厚度主要为50～100m，在塔西南拗陷一带烃源岩厚度分布在100～200m（图4-36）。中下寒武统碳酸盐岩在总体上发育中等烃源岩，局部地区为差烃源岩。

塔里木盆地中下寒武统玉尔吐斯组/西大山组暗色泥岩烃源岩在盆地周边有露头，盆内揭示的完钻井不多，分布评价中除少量钻井资料外、参考了露头资料和盆地内的地震资料预测结果。目前将该套烃源层作为塔里木盆地主力烃源岩层。“两盆”之间泥岩烃源岩厚度薄，预测为5～25m。（图4-37）。

满加尔拗陷东部地区，中下寒武统泥质烃源岩厚度大，有机质丰度高，是较好-好烃源岩发育地区；在巴楚-麦盖提地区和阿瓦提拗陷地区发育中等-较好烃源岩，塔中-塔北为中等偏差烃源岩。

4.1.4.2 鄂尔多斯盆地海相烃源岩分布评价

1. 上古生界烃源岩

鄂尔多斯盆地煤系地层泥岩受晚石炭世和早二叠世盆地沉降和沉积体系的影响，盆地中部厚度稳定，一般为60～100m，盆地南北两侧厚度较小。煤层分布广泛，煤层总厚度

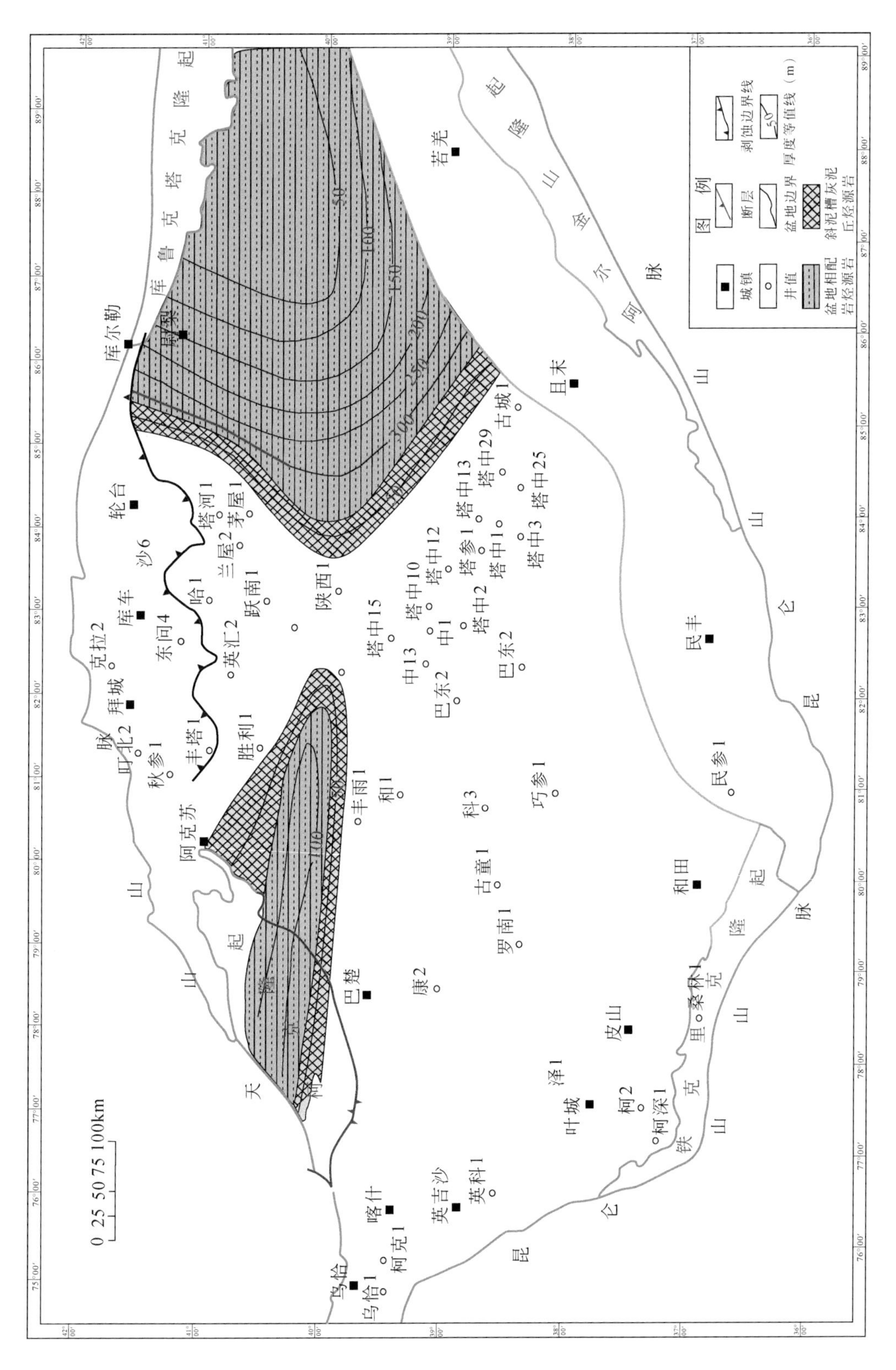

图4-35　塔里木盆地中下奥陶统烃源岩厚度分布图

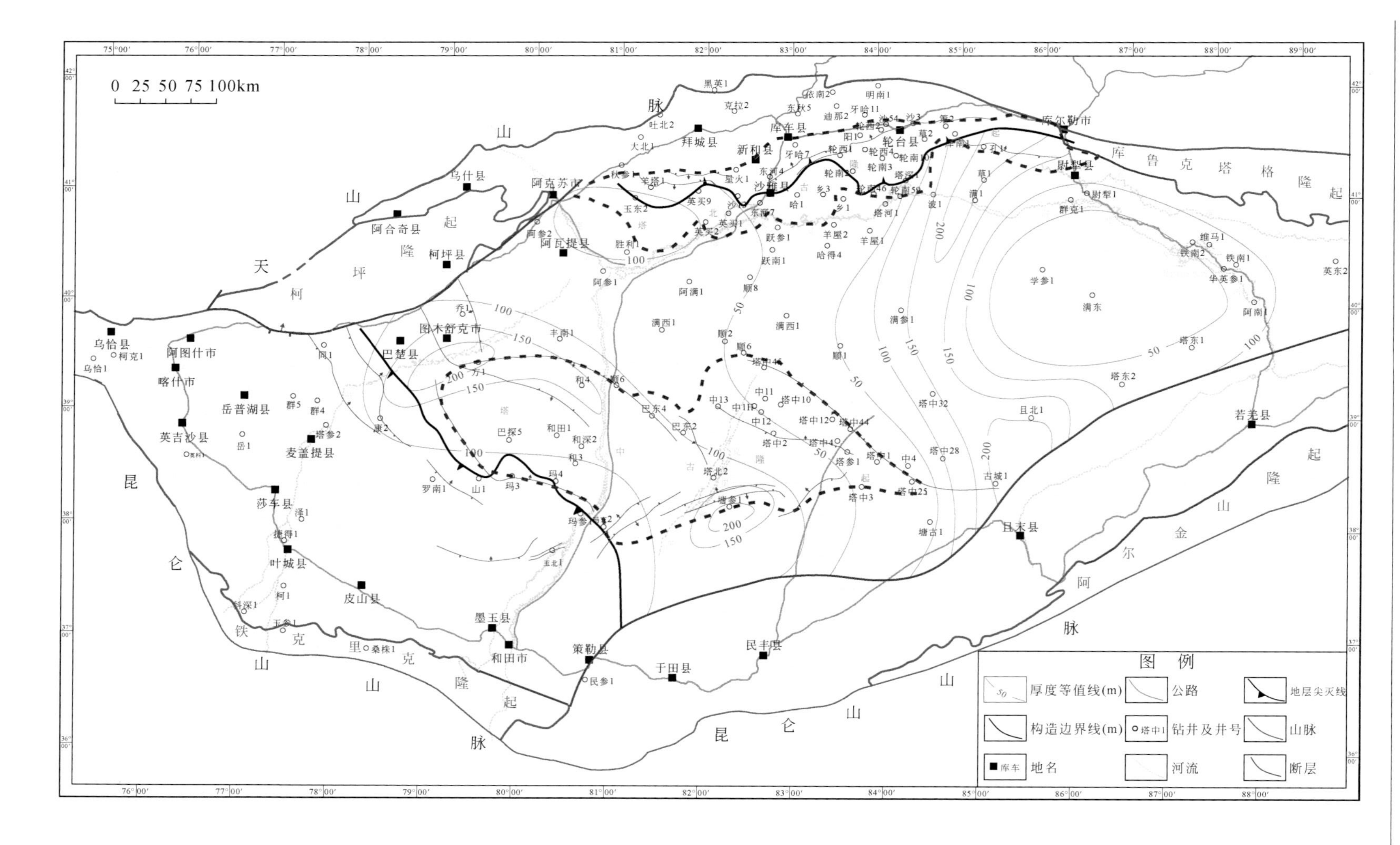

图4-36　塔里木盆地中下寒武统碳酸盐岩烃源岩厚度分布图

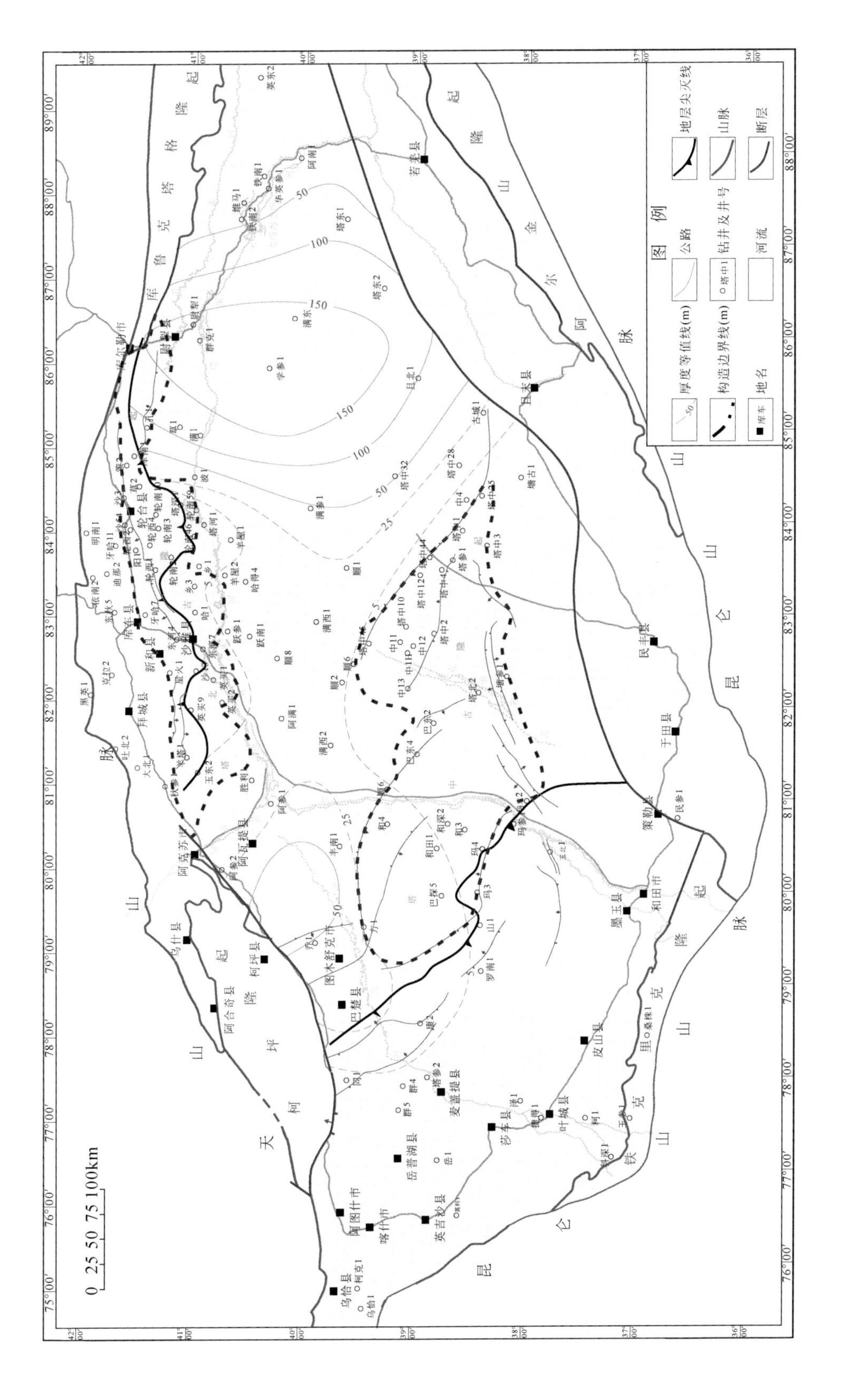

图4-37 塔里木盆地中下寒武统泥质烃源岩厚度分布图

为10～25m，局部可达40m以上。上古生界碳酸盐岩烃源岩主要分布在中央古隆起及其以东地区，在神木-靖边-吴起-富县一线以东厚度为10～25m，吴堡地区厚度最大可达30余米。上古生界烃源岩平面上分布广泛，在盆地中部属于好烃源岩，盆地北部为中等-较好烃源岩，盆地南缘为中等-差烃源岩。

2. 平凉组烃源岩

平凉组在盆地西部包括拉什仲组和乌拉力克组。平凉组泥质烃源岩主要分布在上部，烃源岩单层厚度一般为5～10m，总厚度一般为30～70m。

在盆地西缘，由南往北，从惠探1井到石峡谷，平凉组烃源岩厚度具有减薄的趋势。在盆地南缘，由西往东，从平凉银洞官庄到淳化地区，平凉组泥质烃源岩厚度显著减薄，碳酸盐岩烃源岩厚度相对增加。

平凉组在中央古隆起部位及其以东广大地区缺失，烃源岩主要分布于盆地西南缘“L”形区域，烃源岩厚度变化趋势是自盆地内向外逐渐增厚（图4-38、图4-39）。盆地西南缘平凉组泥质烃源岩厚度一般为30～60m，局部地区可达80～90m。平凉组碳酸盐岩烃源岩厚度相对较大，在银川-吴忠等部分地区总厚度可达150m。按照表4-6综合评价标准，平凉组在盆地西南缘发育中等偏差烃源岩。

3. 马家沟组烃源岩

鄂尔多斯盆地奥陶系马家沟组主要为开阔台地、膏云洼地以及盆缘斜坡沉积，烃源岩主要为灰岩、泥灰岩以及白云岩，泥质烃源岩较少。在纵向上，烃源岩主要分布于马五段和马三段，马四段、马二段和马一段烃源岩分布较少。

从烃源岩岩性来看，马家沟组烃源岩以碳酸盐岩为主，泥质烃源岩为辅。泥质烃源岩厚度较薄，一般在5m以下，部分地区可达20～30m（图4-40），碳酸盐岩烃源岩厚度一般为50～100m，局部可达100～200m（图4-41）。

盆地西缘北部，马家沟组泥质烃源岩厚度可达30～40m，碳酸盐岩烃源岩厚度为120～150m。盆地南缘马家沟组泥质烃源岩呈薄层状，单层厚度一般为1～2m，少数可达5m左右。在富县-彬县地区，泥质烃源岩总厚度可达15～20m，碳酸盐岩烃源岩厚度在淳化-合阳一带为120～180m，往北方向变薄。盆地东部马家沟组几乎不发育泥质烃源岩，碳酸盐岩烃源岩厚度可达50～100m。除盆地的中央古隆起和伊盟隆起使马家沟组上部地层遭受风化剥蚀影响外，总体上看，有效烃源岩主要分布在膏云洼地以及盆缘斜坡相区，开阔台地有机质丰度较低。马家沟组碳酸盐岩烃源岩有机质丰度虽然相对较低，但是厚度较大，其生烃能力大于泥质烃源岩生烃能力。马家沟组烃源岩生烃能力总体上为差烃源岩，局部发育中等烃源岩。

4. 寒武系烃源岩

鄂尔多斯盆地寒武纪早期以浑水与清水交替出现的碳酸盐岩缓坡环境为主，中、晚期以台地相和局限台地相为特征，总体上是从高能碎屑滨岸、具环陆砂滩的局限内缓坡-浑水和清水交替出现的缓坡向开阔台地演化，然后再演变为局限台地的过程。

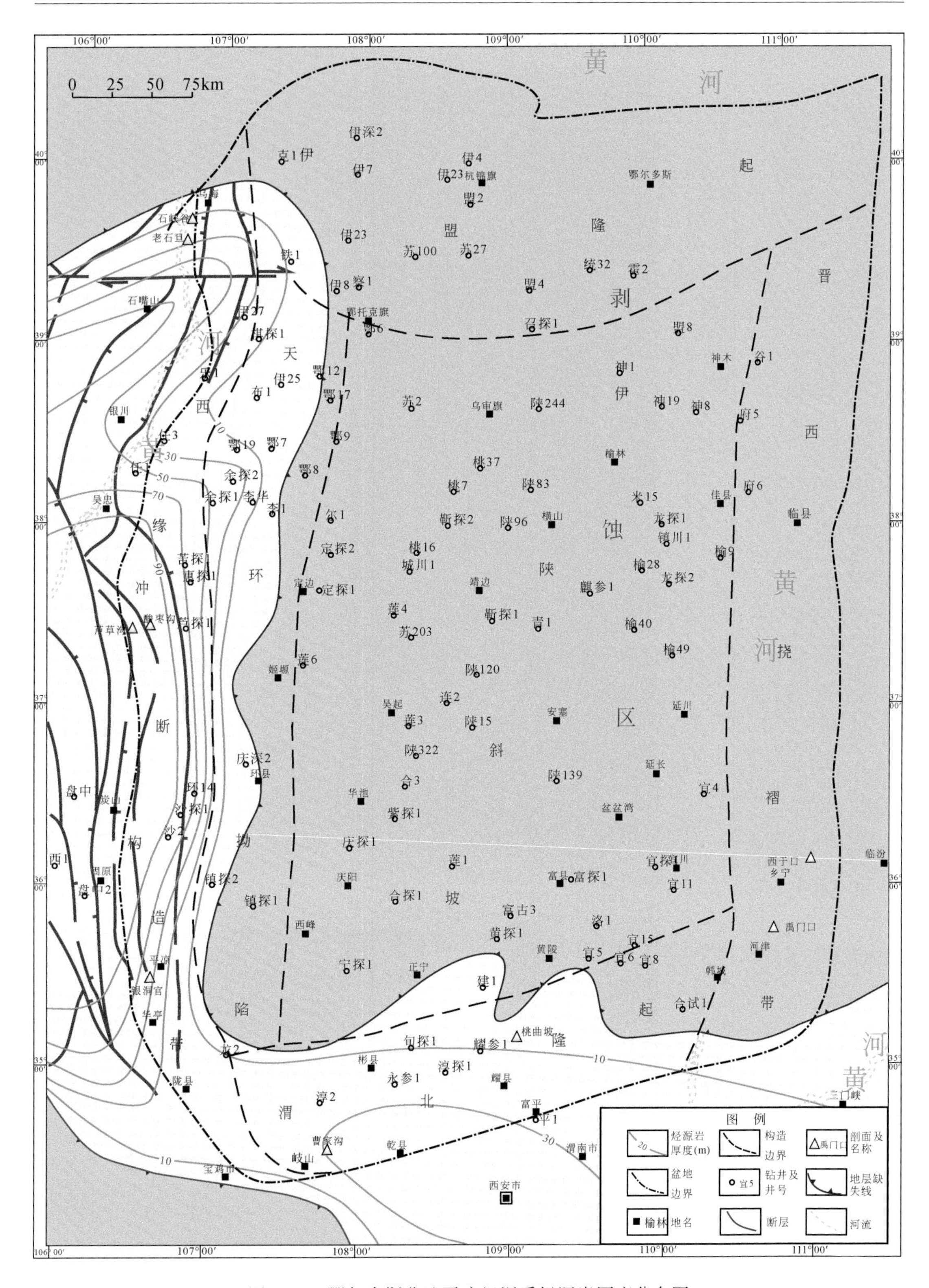

图4-38　鄂尔多斯盆地平凉组泥质烃源岩厚度分布图

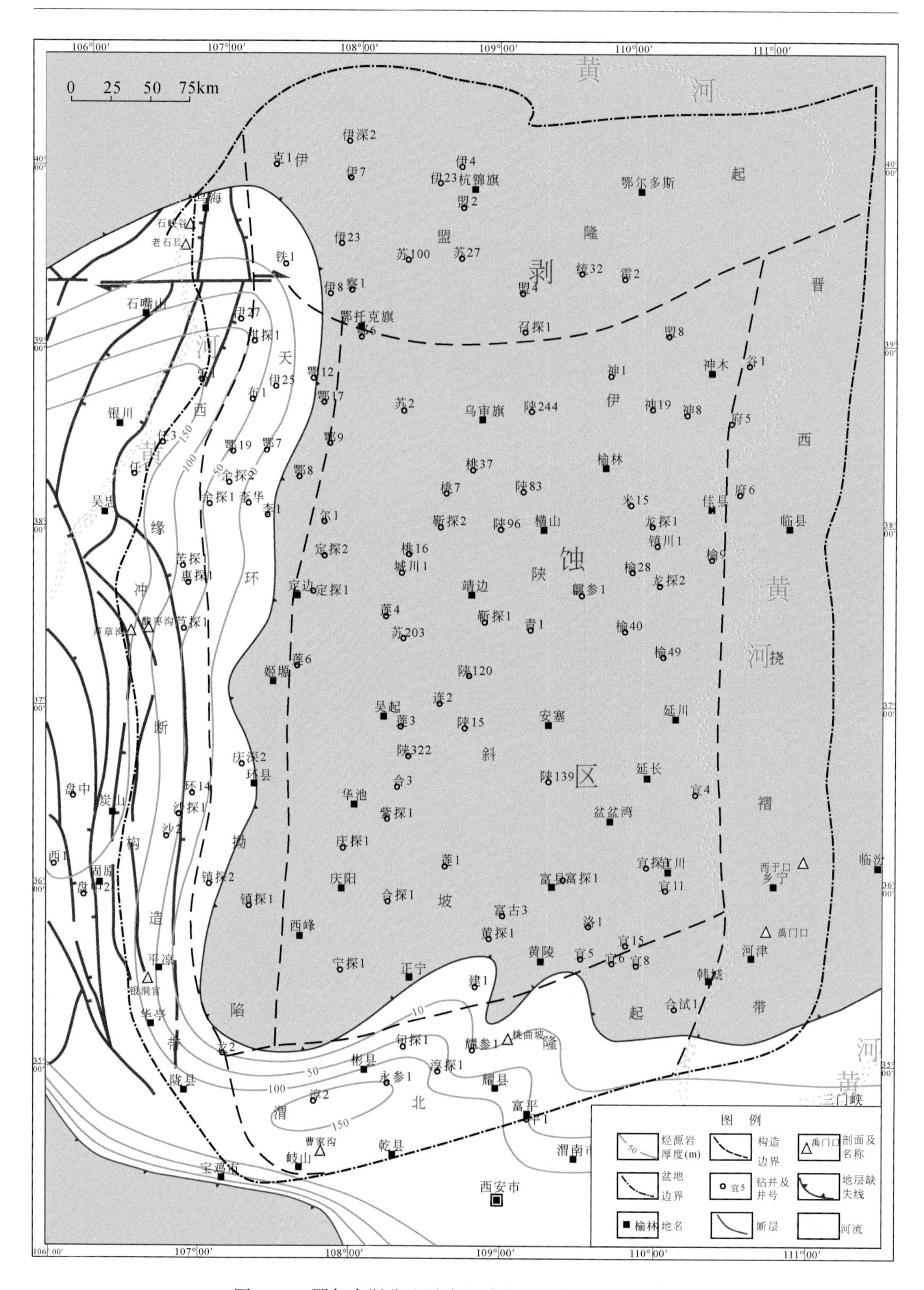

图 4-39　鄂尔多斯盆地平凉组碳酸盐岩烃源岩厚度分布图

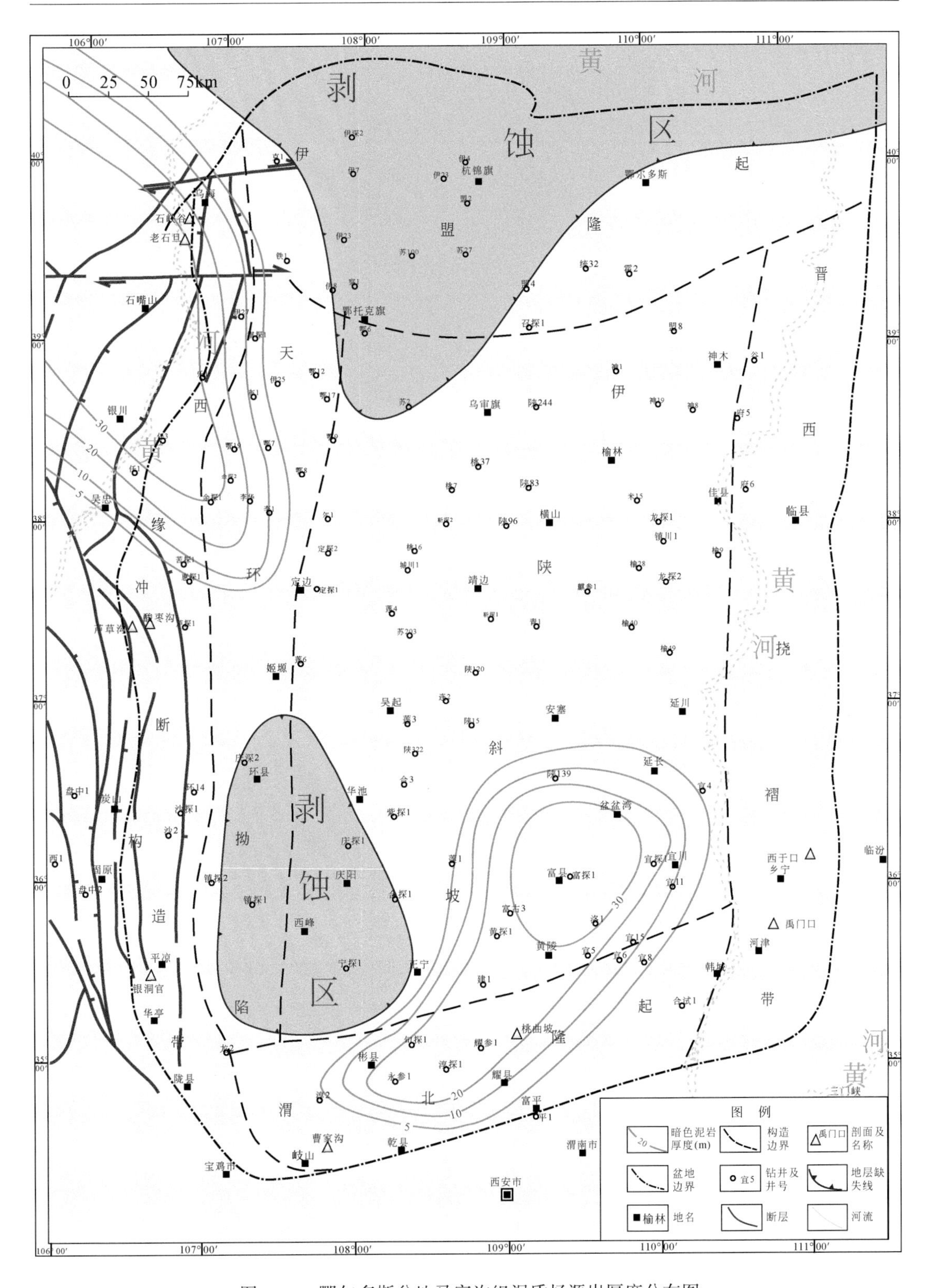

图4-40　鄂尔多斯盆地马家沟组泥质烃源岩厚度分布图

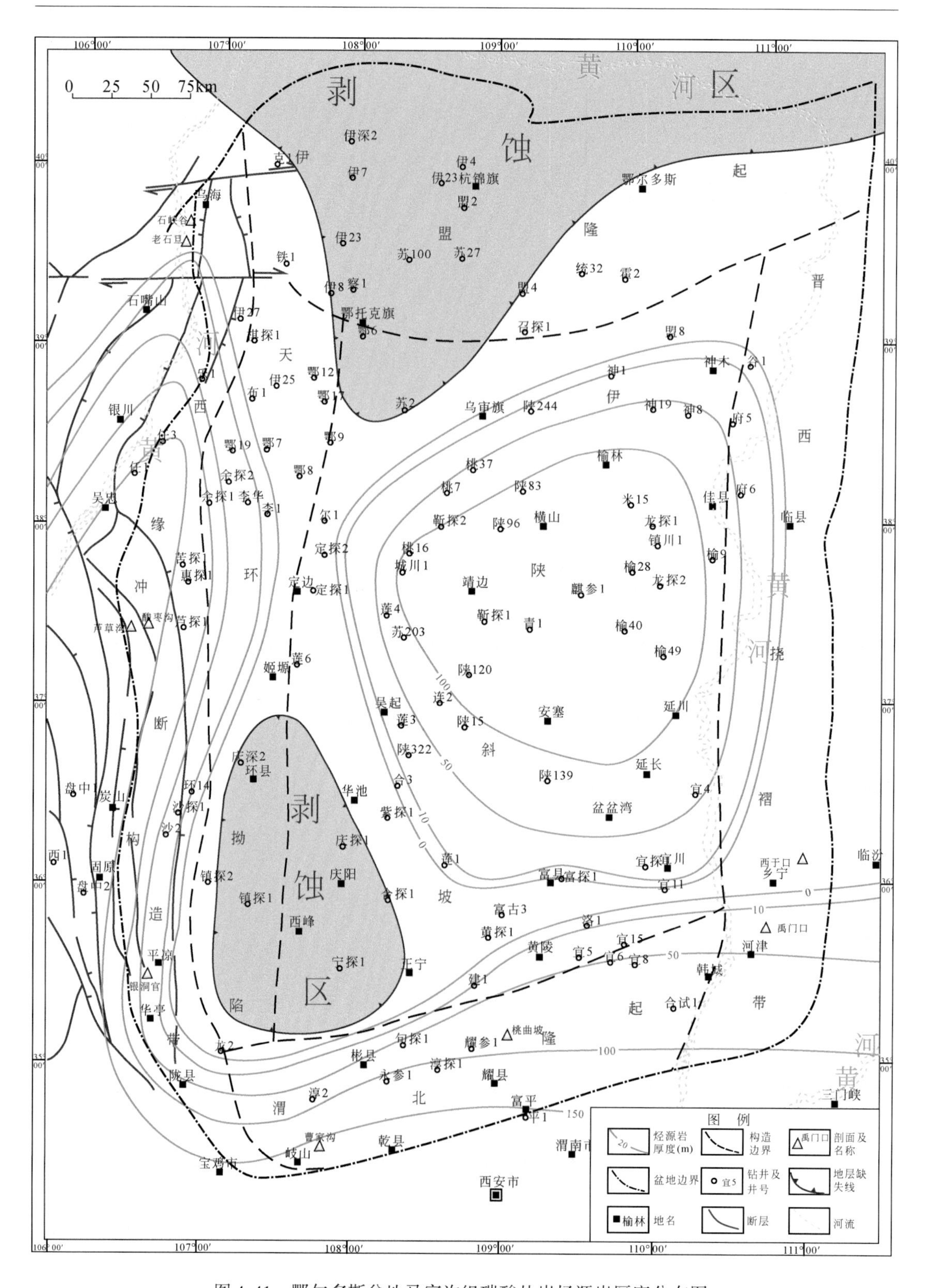

图 4-41　鄂尔多斯盆地马家沟组碳酸盐岩烃源岩厚度分布图

寒武系烃源岩发育于张夏组、徐庄组，岩性主要为泥灰（云）岩、泥晶灰（云）岩，其次为泥质烃源岩，平面上主要分布于西部银川-华亭一线以西及南部千阳-淳化一线以南的斜坡-深水盆地相，岩性主要为深灰色泥晶灰岩、泥质灰岩夹薄层泥灰岩，烃源岩总厚度多数为50～200m，属于中等偏差的烃源岩。

4.1.4.3　四川盆地海相烃源岩分布评价

1. 上二叠统烃源岩

四川盆地上二叠统龙潭组为一套海陆过渡的沼泽含煤系地层，泥质烃源岩是盆地内一套很重要的烃源岩，暗色泥岩厚度多大于40m，最大厚度可达120m。暗色泥岩主要分布在成都-资阳-江津一带，达80～120m，往眉山、绵阳、涪陵及乐山方向一带逐渐减薄为20～40m。川东北的旺苍-万州一带暗色泥岩发育较厚，可达60～80m。南江-大巴山山前带暗色泥岩发育较薄，为40m以下（图4-42）。

上二叠统下部海陆过渡的沼泽煤系地层，也是较重要的烃源岩，陆源有机质丰富，煤层发育，川中龙女寺附近煤层厚度达13m；在米仓山、大巴山南缘煤层及碳质页岩厚度减薄，煤层最厚为3.2m，在双河、汶水一带煤层厚0.22～1.71m，一般为0.4～0.7m，且横向分布不稳定，局部地区呈透镜状、串珠状产出。盆地内最厚的煤层主要分布于川中的潼南-南充地区，煤层总厚度可达12m以上。

四川盆地上二叠统长兴组碳酸盐岩烃源岩比较发育，烃源岩厚度差异大。以盆地西南地区最薄，多小于60m。川东地区厚度较大，多大于150m，往大巴山山前带逐渐增厚，在万州地区可达380m以上（图4-43）。

综合烃源岩地球化学特征和厚度变化特征，上二叠统泥质烃源岩在川南及川东南地区为中等烃源岩，其余大部分地区为差烃源岩；碳酸盐岩烃源岩在川东北为中等偏较好烃源岩，川中及川西地区为差偏中等烃源岩；煤层在川中及川南为中等烃源岩，其余地区主要为差烃源岩。

2. 中二叠统烃源岩

中二叠统发育有泥质烃源岩和碳酸盐岩烃源岩。泥质烃源岩主要分布在梁山组，厚度较薄，在川中地区厚度一般为10～15m，局部地区可达20余米，盆地内其余地区厚度一般为5～10m。泥质烃源岩的有机质丰度虽然较高，但是烃源岩厚度较薄，并且有机质类型以Ⅲ型为主，大部分地区的生烃能力很低，仅在川中等局部地区可达到差烃源岩的级别。

中二叠统碳酸盐岩烃源岩厚度较大，分布较稳定（图4-44）。在川东南地区，中二叠统碳酸盐岩烃源岩厚度一般为200～280m；自贡、威远及盆地南部边缘一带相对较薄，为150～180m；荣县-合江-重庆一带碳酸盐岩烃源岩厚度最大，达到300～360m。

川西北地区，中二叠统碳酸盐岩烃源岩厚度总体上较薄，大部分地区分布在180～210m，在德阳-绵阳一带厚度减薄为120～180m，成都往南方向逐渐增厚到240～330m。

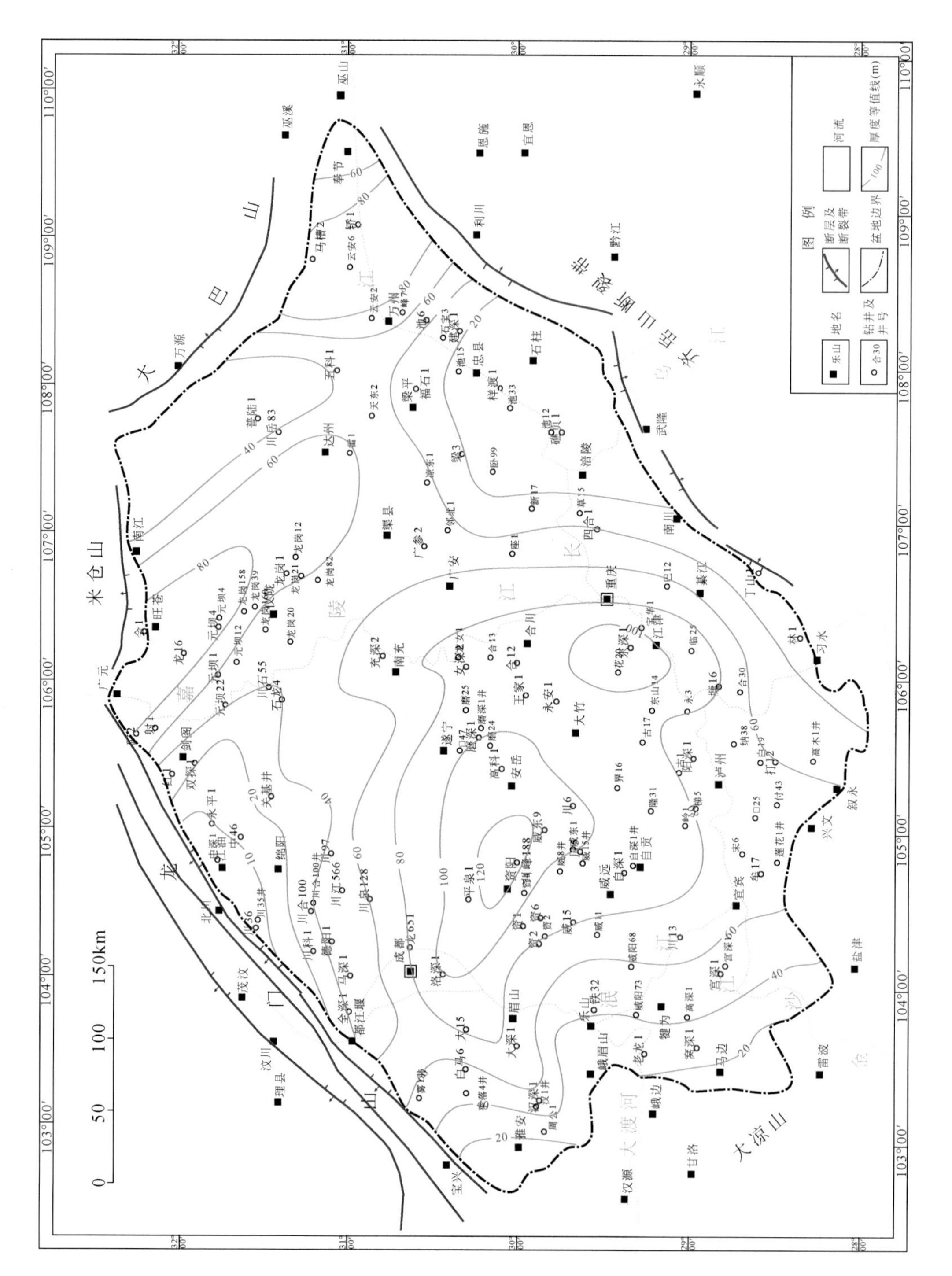

图4-42　四川盆地上二叠统龙潭组泥质烃源岩厚度分布图

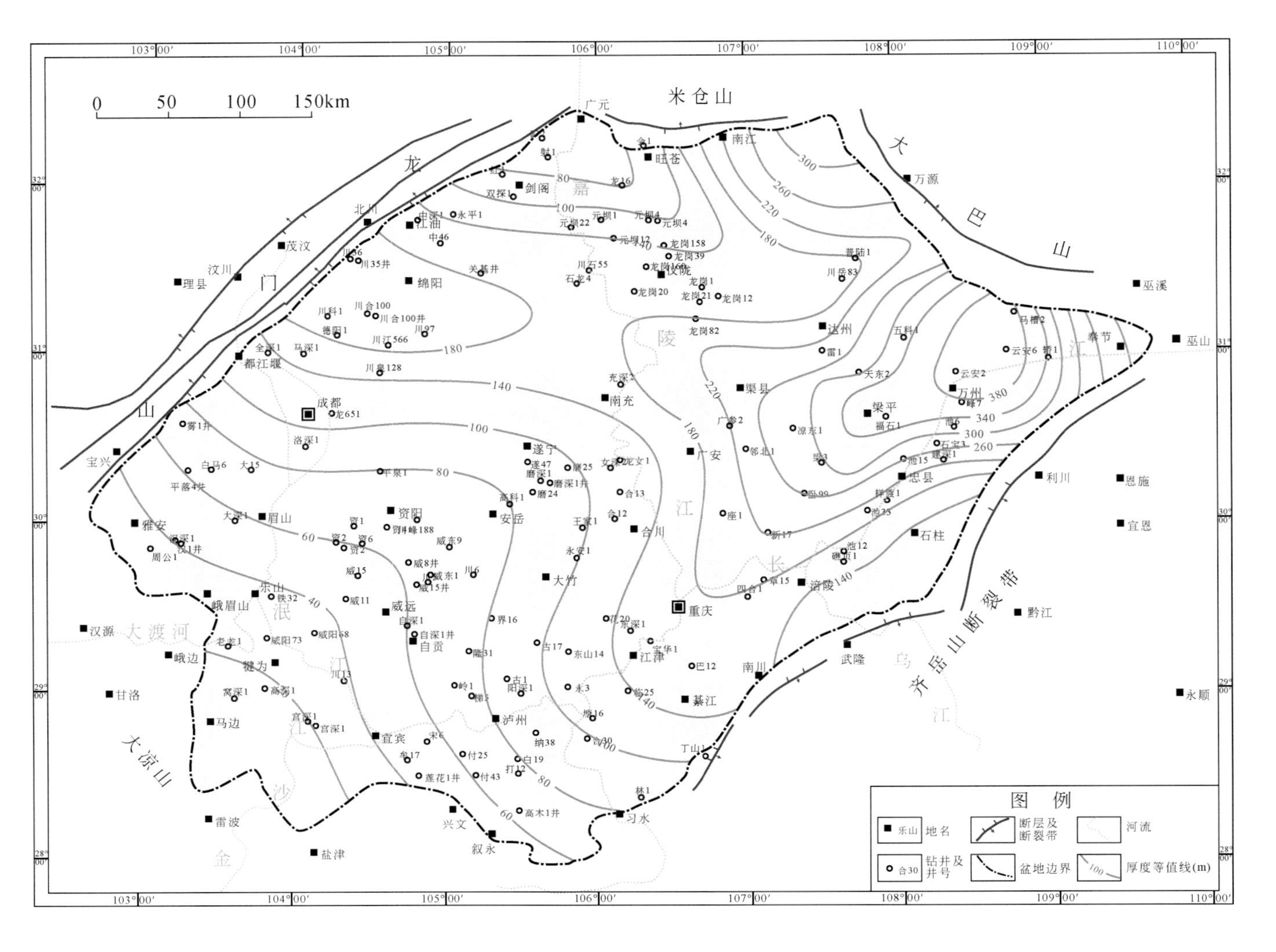

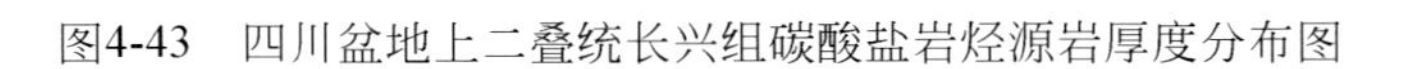
图4-43　四川盆地上二叠统长兴组碳酸盐岩烃源岩厚度分布图

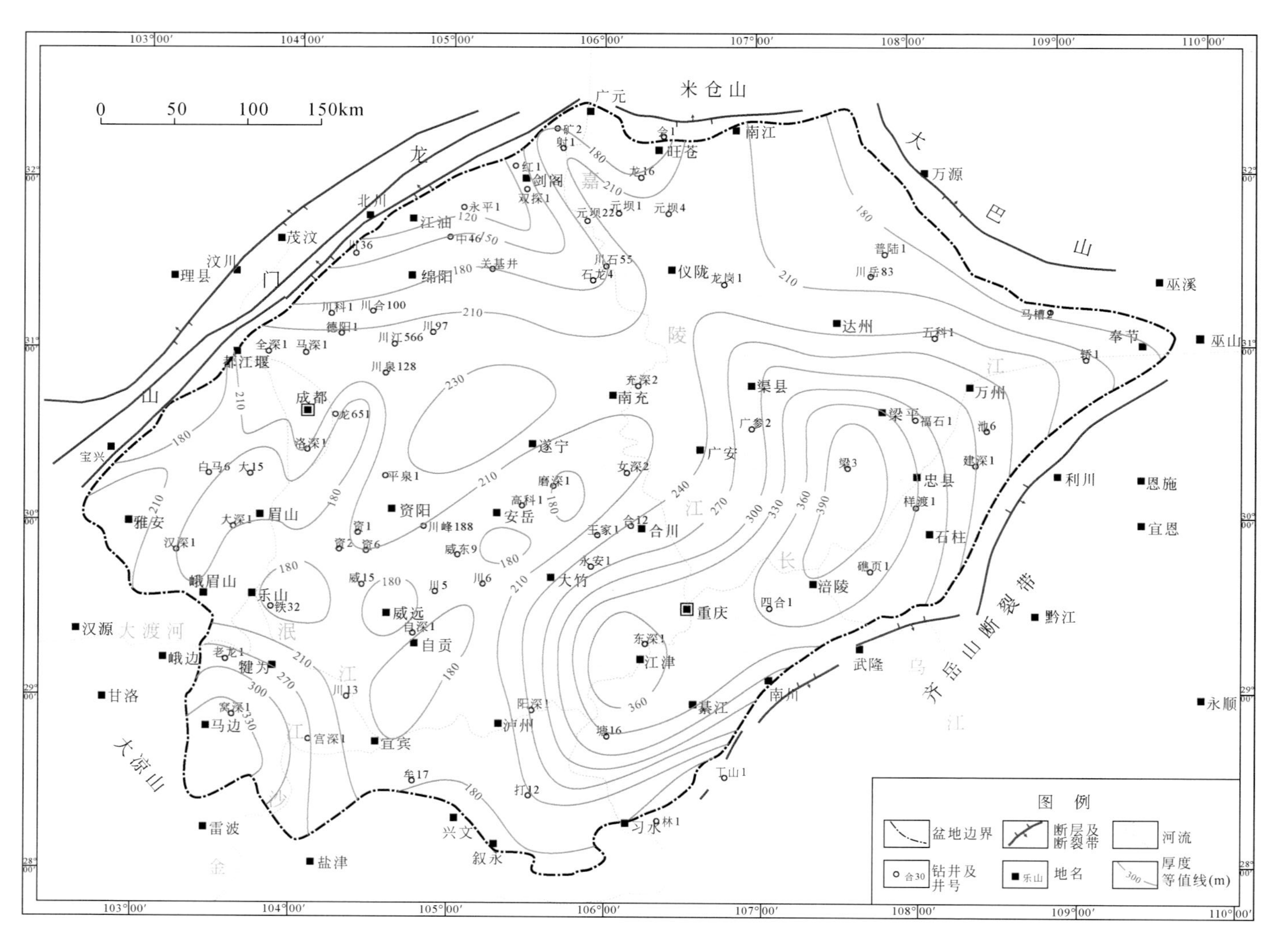

图4-44　四川盆地中二叠统碳酸盐岩烃源岩厚度分布图

四川盆地中二叠统碳酸盐岩烃源岩的有机质丰度为中等偏高，有机质类型较好，有机质热演化普遍达到高-过成熟阶段，并且烃源岩较厚，具有广覆式分布特征，按照表4-6综合评价标准，中二叠统碳酸盐岩烃源岩总体上为较好烃源岩，局部为中等烃源岩。

3. 上奥陶统—下志留统烃源岩

四川盆地奥陶系五峰组—志留系龙马溪组黑色页岩是盆地主力烃源岩，主要为陆棚相沉积，分布受乐山-龙女寺古隆起控制，在乐山-龙女寺古隆起核部已基本被剥蚀。烃源岩主要分布于犍为-南充一线以东，烃源岩厚度一般为80～200m。川东南地区，烃源岩的分布以泸州周围地区为中心，烃源岩厚度为160～200m，往自贡、重庆及盆地南部边缘方向一带逐渐减薄为80～140m，威远以西逐渐被剥蚀而尖灭。川东北地区，旺苍-忠县一带烃源岩最发育，烃源岩厚度为140～200m，往盆地东部边缘方向一带逐渐减薄为100～120m，到大巴山前缘带，烃源岩厚度在100m以下，往合川、广安、剑阁方向一带逐渐减薄为80～120m，广安以西逐渐被剥蚀而尖灭（图4-45）。

四川盆地奥陶系五峰组—志留系龙马溪组黑色页岩有机质丰度高，有机质类型主要为腐泥型，烃源岩热演化程度处于过成熟阶段。按照表4-6综合评价标准，下志留统烃源岩在川东和川南地区为好烃源岩，川西北部为中等偏差烃源岩。

4. 下寒武统烃源岩

四川盆地下寒武统烃源岩主要为泥质烃源岩。早寒武世筇竹寺期沉积环境较为安定，黑色泥质岩发育。以米仓山前缘南江县沙滩剖面为例，下寒武统筇竹寺组（郭家坝组）可分为两段：下段厚233.1m，以黑色页岩、粉砂质页岩、粉砂岩为主，含黄铁矿、菱铁矿结核，与下伏灯影组为假整合接触；上段厚263.3m，下部为深灰色条纹状砂质泥岩，上部为灰色细至中粒泥质砂岩、石英砂岩。自剖面位置向西北方向，厚度逐渐增加，旺苍干河及郭家坝一带厚达600m左右。

在四川盆地的南部露头剖面，寒武系底部为牛蹄塘组，以灰色、黑色碳质页岩、粉砂质页岩为主，与下伏灯影组为假整合接触，厚100～664m，下寒武统下部为50～100m的黑色页岩。盆地内部下寒武统高丰度黑色泥质烃源岩主要分布在下寒武统筇竹寺组的下部。

四川盆地下寒武统泥质烃源岩在盆地西缘局部地区缺失，盆地内部的厚度一般为100～250m，在川南地区最厚，主要分布于宜宾-自贡-泸州一带，厚度可达200m以上（图4-46）。川东北地区，下寒武统泥质烃源岩厚度一般为100～150m；万州-云阳-开州一带略有增厚，为150～175m；垫江地区相对较薄，泥质烃源岩厚度在100m左右。川西北地区，下寒武统泥质烃源岩厚度在盐亭-仪陇及元坝地区可达200～300m，广元-绵阳-成都一带下寒武统泥质烃源岩减薄为10～20m。

四川盆地下寒武统黑色页岩厚度大、分布范围广，有机质丰度和热演化程度高，有机质类型为腐泥型。在川东北地区总体上为中等-较好烃源岩，川南地区发育好烃源岩，川西地区属于中等-偏差烃源岩。

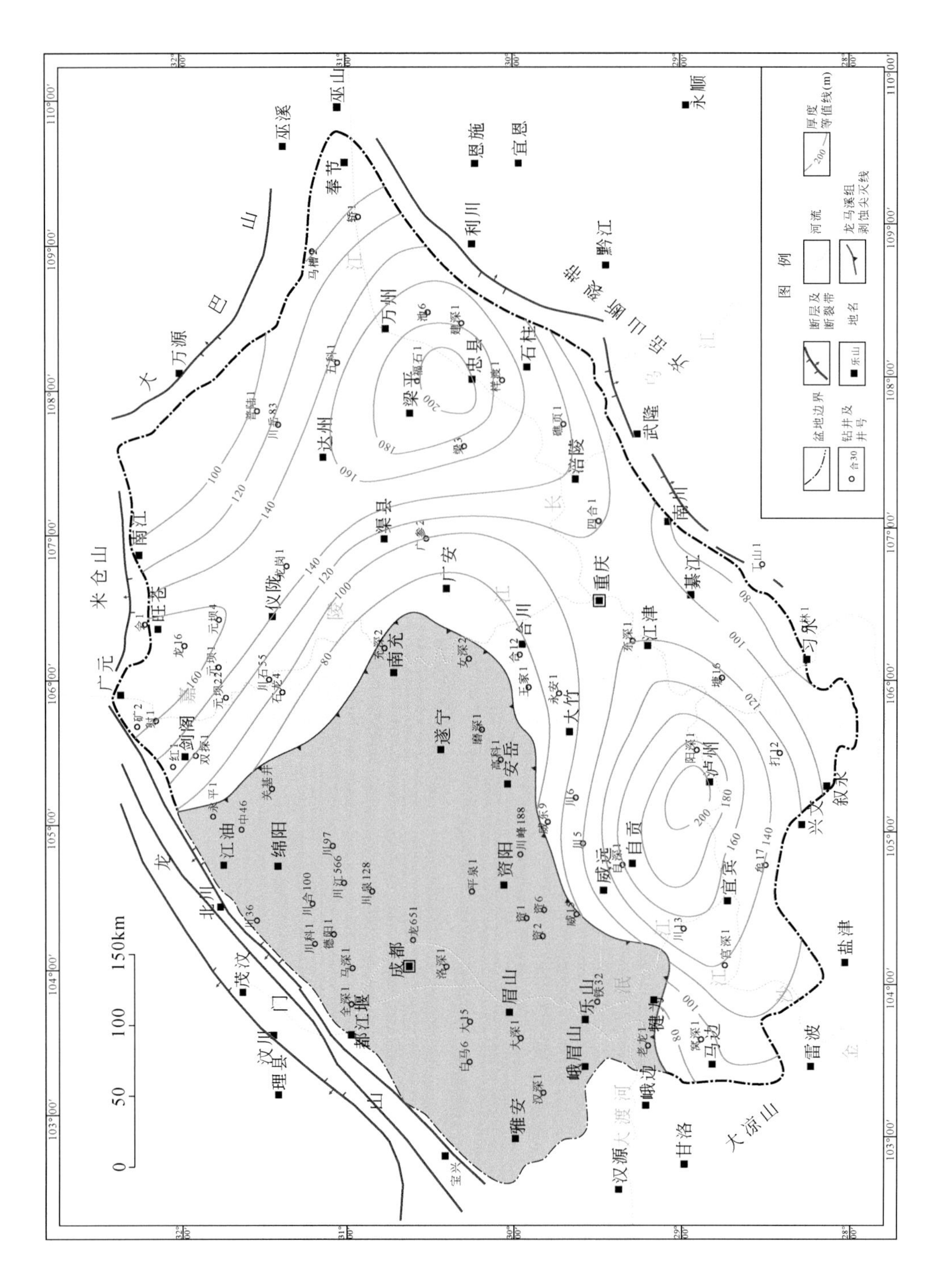

图4-45　四川盆地奥陶系五峰组—志留系龙马溪组泥质烃源岩厚度分布图

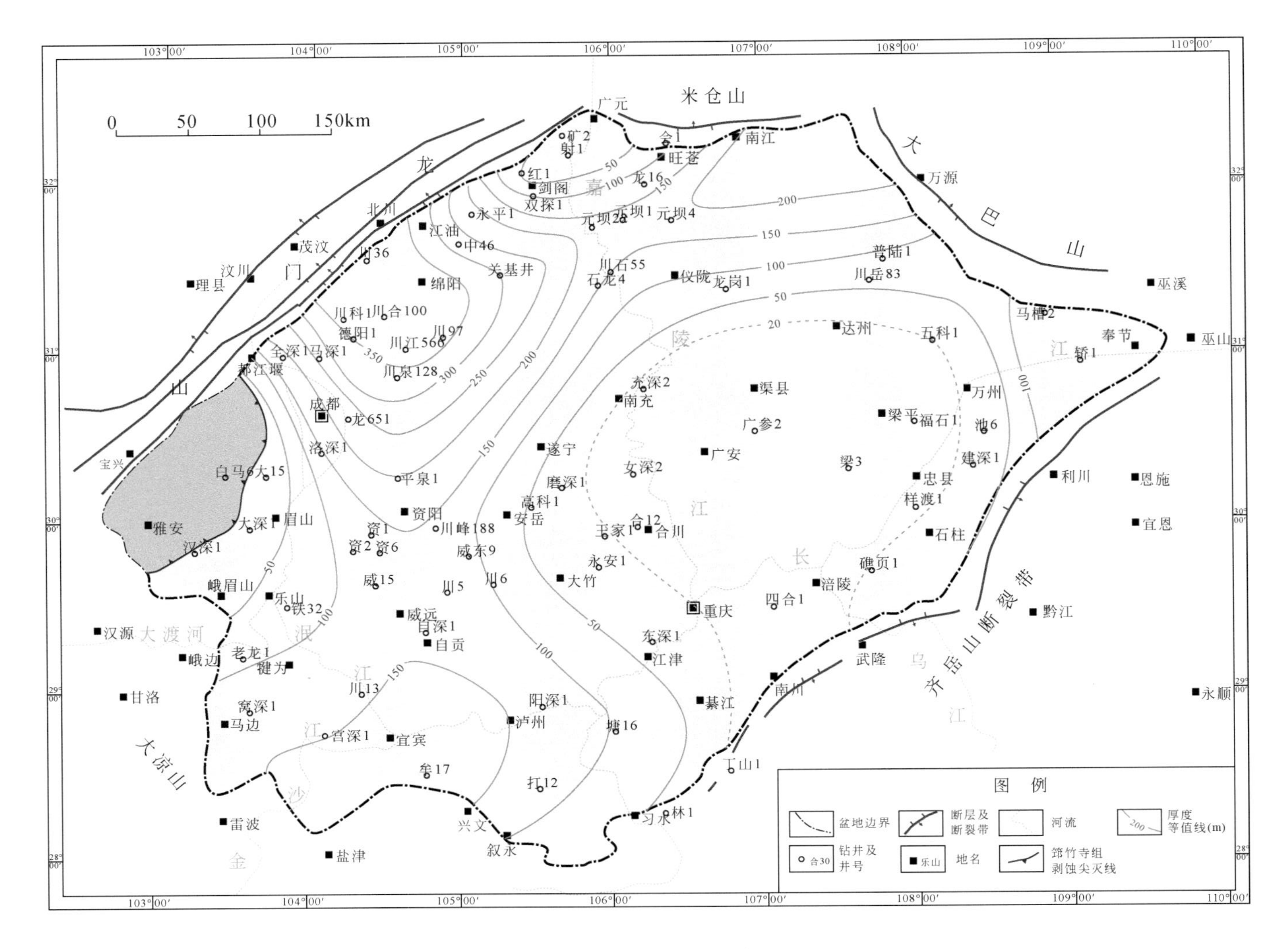

图4-46　四川盆地筇竹寺组烃源岩厚度分布图

4.2 大型油气聚集带成藏特征解剖

4.2.1 四川盆地环开江-梁平陆棚天然气聚集带

目前，四川盆地长兴组已发现生物礁气藏30余个，飞仙关组鲕滩气藏40余个。礁滩相气藏主要分布于川东北地区（图4-47），储量超万亿立方米，巨型油气聚集带浮出水面。

拗拉槽背景形成三隆三拗格局，控制了开江-梁平巨型油气聚集带烃源岩及礁滩相储层分布和成藏条件与富气程度的差异性；川东北地区长兴组—飞仙关组礁滩型白云岩储层具有广阔的勘探前景，资源潜力大。

（1）峨眉地裂运动控制了川东北地区长兴组—飞仙关组巨型油气聚集带沉积相展布和烃源岩与礁滩相白云岩储层的发育空间。

峨眉地裂运动开始于中泥盆世，结束于早三叠世末。表现在华南板块南缘的黔、桂、湘海盆，裂谷和火山作用强烈，台盆分异明显，生物礁块发育。峨眉地幔柱是峨眉地裂运动中一次重大构造热事件，发生在中二叠世广泛海侵的阳新统沉积之后，形成大火成岩省，并形成广旺-开江-梁平、绵竹-蓬溪-武胜等多个拗拉槽群（罗志立等，2012）。如图4-47所示，峨眉地幔柱为扬子板块西北缘拗拉槽形成提供了区域的构造背景，并控制了四川盆地晚二叠世—早三叠世岩相古地理格局，进而在川东北地区发育广泛台地边缘高能礁滩带及台内点礁带。

（2）开江-梁平油气聚集带成藏物质条件优越，资源潜力巨大。

受礁滩相白云岩储集空间及关键期的源储衔接关系控制，整体呈现“下源供烃、垂向输导、多点式充注、礁滩储层差异性富集”成藏模式；聚集带东西两侧成藏条件、成藏规模有别。

通过典型气藏特征剖析与对比，发现开江-梁平油气聚集带长兴组—飞仙关组礁滩相气藏类型较为多样、气水界面不统一、气水分布关系复杂，气藏流体性质存在共性也存在差异性。

具体而言，川东北地区长兴组—飞仙关组礁滩气藏主要存在构造气藏、构造-岩性复合气藏、岩性气藏三种类型。气藏类型与构造背景之间存在一定的关系，构造发育区以构造圈闭和岩性-构造复合圈闭为主；平缓构造区（如龙岗地区）以岩性气藏、构造-岩性气藏为主。就层系而言，长兴组生物礁气藏以岩性型为主，飞仙关组鲕滩气藏既有构造气藏，又有构造-岩性复合气藏。总体而言，长兴组—飞仙关组礁滩气藏受礁、滩储集体控制，储集体强烈的非均质性，导致气藏横向分割性强，“一礁一藏”“一滩一藏”的集群式分布特征明显。其中，长兴组以岩性气藏为主，且主要发育在顶部；飞仙关组以岩性-构造复合型气藏为主，气体主要富集于飞仙关组的中下部（图4-48）。整体以孔隙-裂缝型白云岩储层为主，埋深为6000～3000m，地层温度为110～140℃，压力系数为0.9～1.9，水型主要为$CaCl_2$或$NaHCO_3$型。其中构造型气藏受构造圈闭控制，具有统一的气水

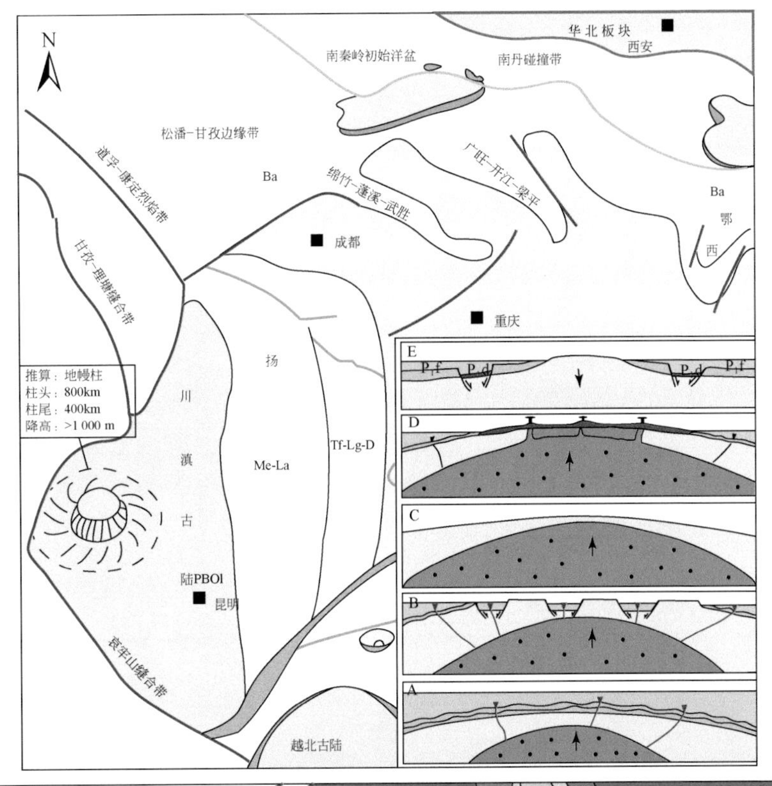

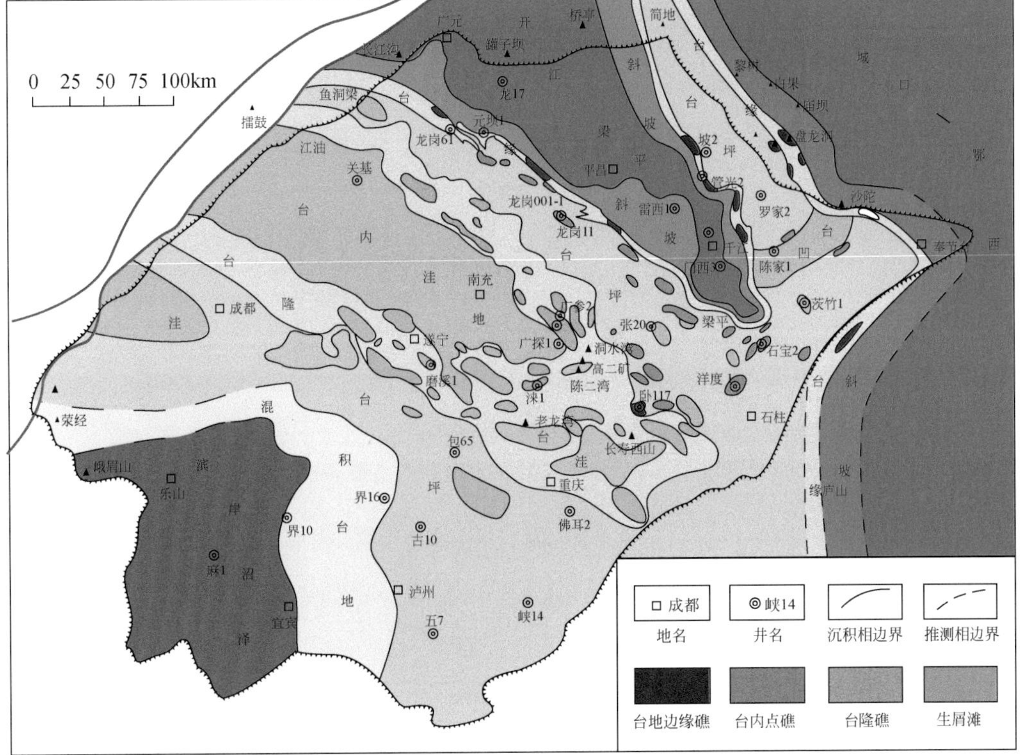

图 4-47　峨眉地幔柱及其控制的沉积微相（据罗志立等，2012；杜金虎等，2010）

界面和压力系统。目前勘探证实礁滩构造型气藏主要为飞仙关组鲕滩气藏。这主要与鲕滩储层规模大、横向连续性好有关。该类气藏主要分布在鲕滩大面积发育与构造圈闭叠合区，如川东高陡构造带、大巴山山前构造带等。渡口河鲕滩气藏是一个典型的背斜型气藏，气水分布完全受背斜圈闭控制，气藏流体分布在圈闭闭合范围之内，气水边界线平行于背斜构造等深线。岩性气藏主要受储集体岩性圈闭控制，气水分布及气藏边界与构造无关。这类气藏分布受沉积相带与有效储集体控制，在构造平缓区广泛发育，在构造带的斜坡或向斜部位也可能发育，是礁滩气藏中最主要的气藏类型。目前勘探证实，长兴组生物礁气藏以岩性气藏为主。根据礁体类型可进一步分为台缘礁滩气藏（如龙岗1、龙岗62气藏）和台内点礁气藏（如龙岗11气藏及高峰场气藏）。前者礁体规模大、储集体以礁白云岩为主，气藏规模较大、产量较高，成群成带沿台缘带分布；后者往往呈点状发育，气藏规模取决于礁体规模及储层发育程度，平面上呈分散状分布。礁滩复合型气藏主要受构造和岩性双重因素控制。这类气藏主要分布在飞仙关组，同时亦是鲕滩气藏的主要类型。如七里北、普光、黄龙场、铁山北、龙岗等飞仙关组鲕滩气藏。

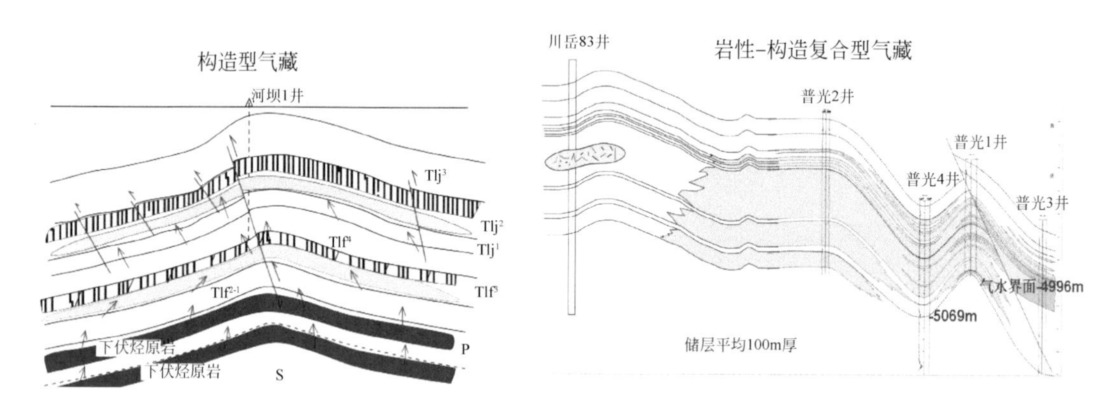

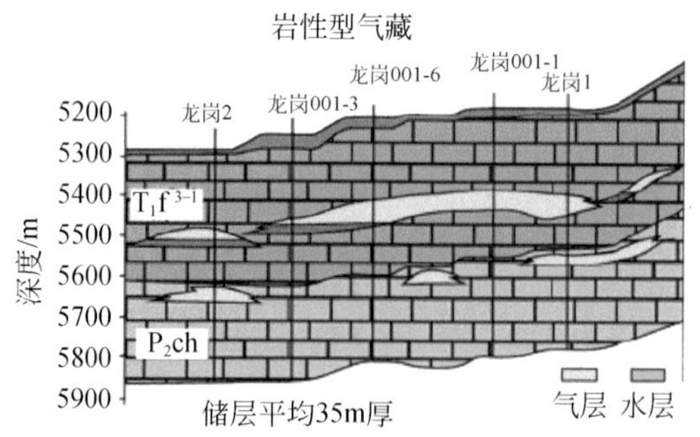

图 4-48　开江-梁平油气富集带礁滩相气藏类型对比图

相比而言，开江-梁平油气聚集带东侧气藏更偏构造型或复合型，断层/断裂较发育，储层厚度大；聚集带西侧气藏偏岩性型，断层发育少，储层厚度薄。

综合气组分、稳定碳同位素及甲烷/乙烷碳同位素分析可知，川东北地区长兴组—飞仙关组气藏为同源气，具有统一的流体系统。气体主要源于上二叠统的原油裂解气，局部存在煤型气贡献。并可认定研究区古油藏原油主要来源于上二叠统龙潭组的煤系和泥质岩有机质，长兴组有机质可能有一定贡献，而下二叠统和下志留统生烃有机质贡献极少。且聚集带东侧主要为原油裂解气，西侧呈现一定煤型气特征（图4-49）。东侧气藏中普遍见大量沥青（普光、黄龙场、五百梯、渡口河、罗家寨、毛坝等气藏），西侧极少或未见（龙岗、元坝等气藏），也进一步说明了上述问题。

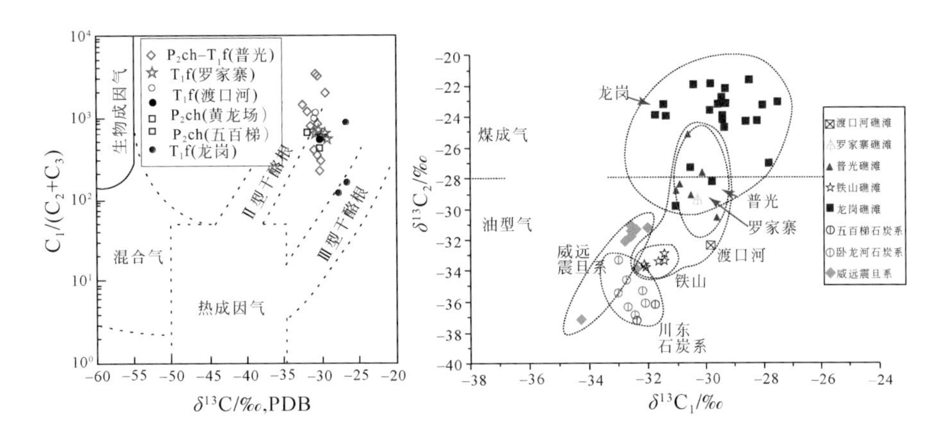

图4-49　川东北地区长兴组—飞仙关组气藏气体性质综合判别图

前已述及，开江-梁平油气聚集带龙潭组主要烃源岩在工作区分布广泛，而长兴组—飞仙关组礁滩相储层发育广泛，同时飞仙关组顶部及其上覆地层发育多套膏盐岩层及泥页岩层。综合分析认为解剖区具备匹配较好的生-储-盖组合（图4-50）。

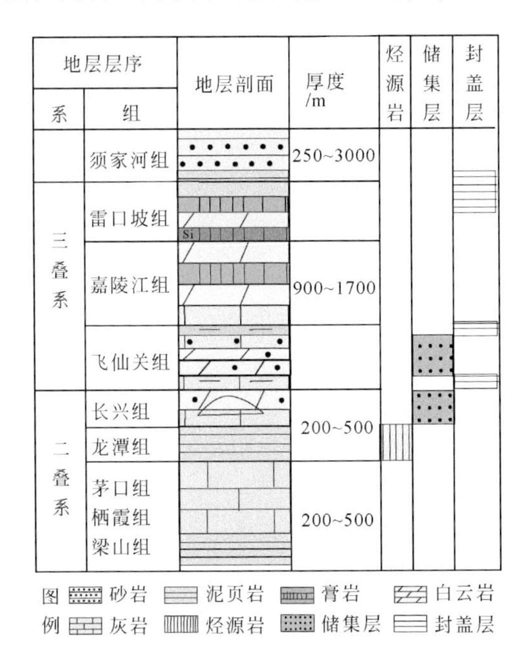

图4-50　川东北地区长兴组—飞仙关组生-储-盖组合图

（3）成藏模式：下源供烃、垂向输导、多点式充注、礁滩储层差异性富集。

结合典型气藏解剖分析，认为开江-梁平油气聚集带东西两侧气藏特征存在明显差异。

即东侧储层规模大，以构造、岩性-构造复合型气藏为主，断裂发育，长兴组—飞仙关组连通性好，物性好，侧向也具一定的连通性，属原油裂解气，气藏充满度高，储量大；而西侧以岩性型气藏为主，单礁滩体孤立成藏，储层薄，规模小，物性偏差，裂缝少（以隐性微裂隙垂向输导为主），偏封闭水型，流体压力偏高，偏煤型气，气藏充满度低，储量相对小（图4-51）。

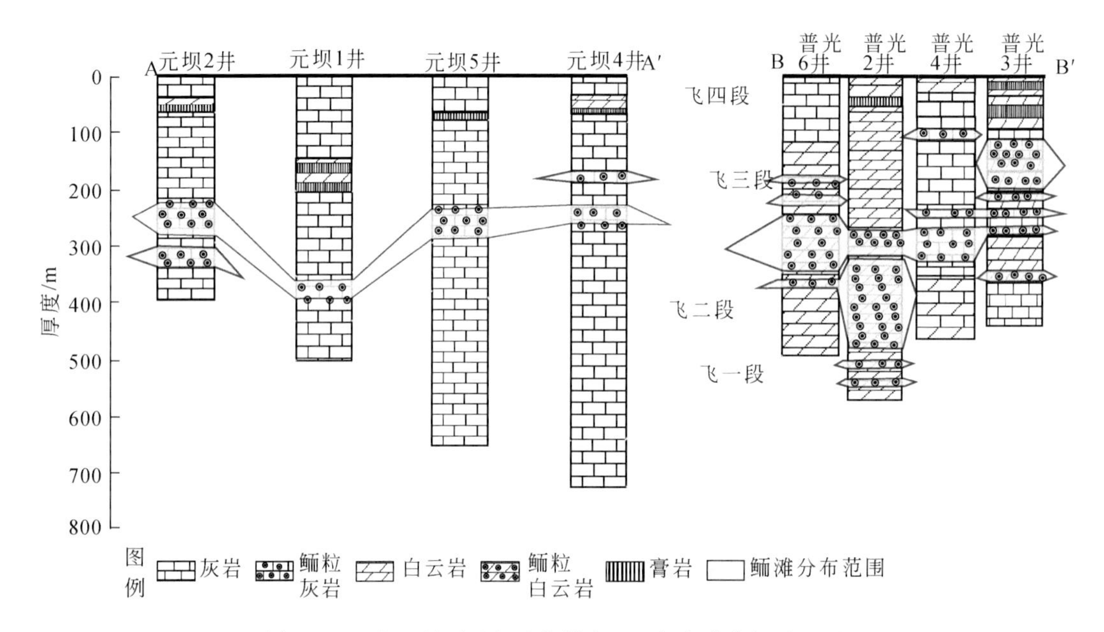

图4-51　开江-梁平油气聚集带东西两侧气藏特征对比图

综合研究结果表明川东北地区长兴组—飞仙关组存在的三期油气充注过程对应的时间分别为：第一期（正常油阶段），燕山运动早幕中侏罗世（170～150Ma）；第二期（凝析气-湿气阶段），燕山运动中幕晚侏罗世—早中白垩世（150～120Ma）；第三期（高/过成熟裂解轻烃气阶段），燕山运动晚幕中-晚白垩世（120～70Ma?）。由于研究区晚白垩世地层抬升剥蚀强烈，因此第三期干气充注时间的下限具有一定的不确定性（图4-52）。

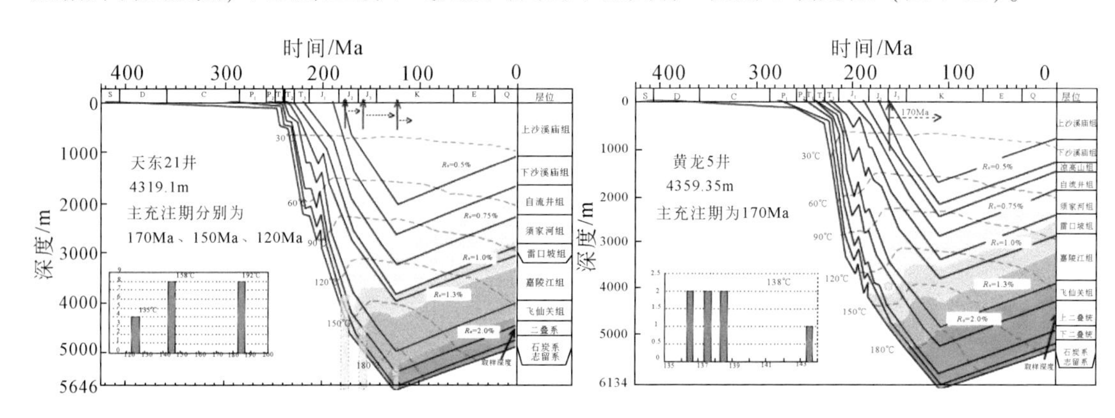

图4-52　川东北地区长兴组—飞仙关组油气充注历史综合图

综合油气源对比与油气充注历史及油气充注过程研究，结合前人研究成果，认为川东北长兴组—飞仙关组气藏整体呈现“下源供烃、垂向输导、多点式充注、礁滩储层差异性富集”成藏模式（图4-53）。其中，礁滩相白云岩储层及关键期源储匹配关系是控制天然气成藏的主要因素。

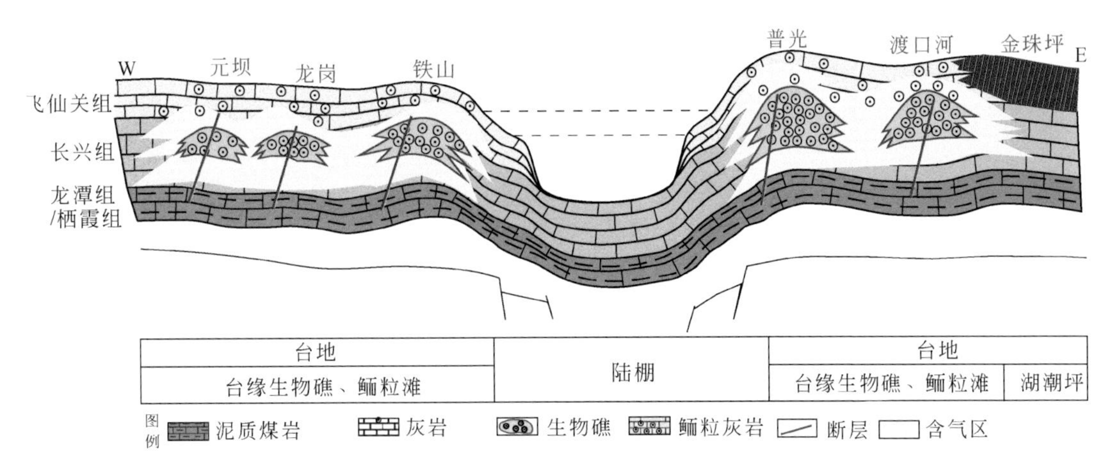

图4-53　川东北地区长兴组—飞仙关组天然气成藏模式图

4.2.2　鄂尔多斯盆地下古生界中部气藏

4.2.2.1　双源供烃，以上古生界煤系烃源为主，碳酸盐岩源岩为辅

前人已对靖边气田奥陶系气源做了大量研究，尽管存在争议，有的认为以奥陶系来源气为主（陈安定，1994；黄第藩等，1996），也有的认为以石炭系来源气为主（张文正和关德师，1997；夏新宇和张文正，1998），但较为一致的看法认为是“二元混合气”，以上古气源为主（表4-8）。

表4-8　长庆气田上下古生界气层天然气地化特征表（据杨华，2004）

层位	天然气主要组成/%				天然气碳同位素/‰，PDB		
	C_1H_4	C_2H_6	CO_2	H_2S	C_1	C_2	C_3
C-P	90.96	1.07	1.48	0.0001	-31.02 ~ -35.4	-25.22	-25.61
O_1m^{51}	95.27	0.82	2.41	0.04	-30.62 ~ -38.27	-28.06	-26.23
O_1m^{54}	94.01	0.52	2.87	0.37	-31.62 ~ -36.03	-30.65	-27.01

米敬奎等（2012）通过研究上古生界煤系地层和下古生界盐下包裹体（龙探1井、榆9井）的碳同位素认为：上古生界气藏中气体与包裹体中气体地球化学性质相似，气藏中气体的地球化学性质能代表成藏初期气体的原始特征；而下古生界气藏中气体与包裹体中气体的地球化学性质差别很大，下古生界气藏中的气体不能代表来自下古生界源岩产生的

天然气。乙烷碳同位素不适合作为判断靖边气田天然气来源的标准。以 $\delta^{13}C_1<-38‰$ 作为下古生界来源天然气甲烷碳同位素的界限值，通过简单计算认为靖边气田大约85%的天然气来源于上古生界煤系。靖边气田范围内上古生界煤层厚度为2～16m。

刘文汇等于2020年利用甲烷氢同位素对古生界气源进行研究，认为下古生界天然气和上古生界天然气存在一定的差别，上古生界天然气主要分布在180‰～200‰，而下古天然气主要分布在160‰～180‰，证实鄂尔多斯盆地奥陶系盐下天然气属于自生自储油型气，奥陶系膏盐下海相碳酸盐岩是其主要气源岩，同时天然气藏后期经受TSR反应等次生变化（图4-54）。表明在盐下地区，天然气有部分来自马三段碳酸盐烃源岩（包括干酪根、分散的可溶有机质等）。

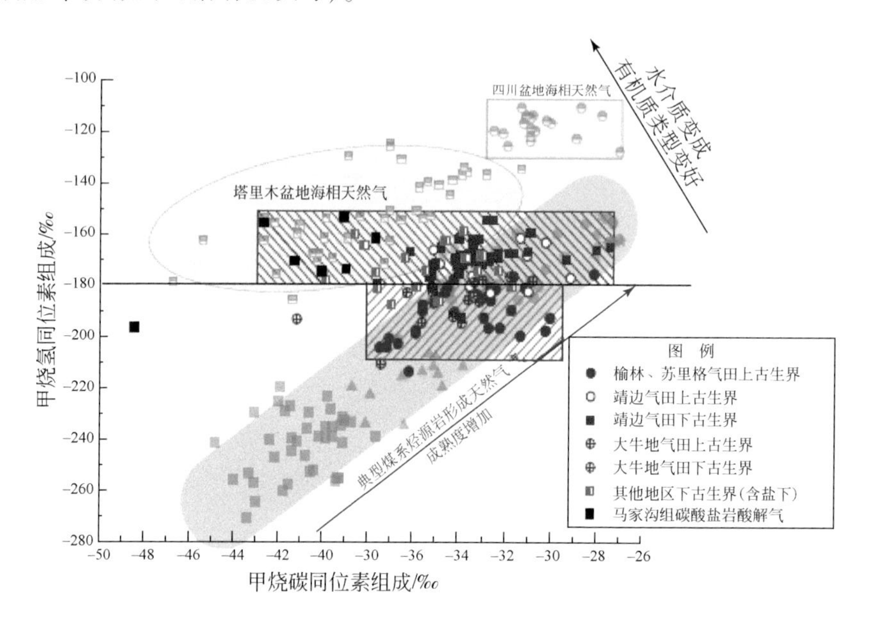

图4-54　鄂尔多斯盆地古生界天然气甲烷碳氢同位素关系图

4.2.2.2　有利的沉积相带和古岩溶斜坡的叠合易于形成溶蚀孔洞型储层

1. 含膏云坪沉积相带是形成风化壳储层的基础

岩溶风化壳型储层最主要的岩石类型为含膏白云岩和膏质白云岩，主要见于潮上带和潮间带，岩石中富含浅水暴露成因标志，如干裂、鸟眼和石膏假晶等结构和构造。该类岩石含膏盐等易溶矿物，由于石膏易溶或易被淡水方解石交代，增大了淡水中 SO_4^{2-} 浓度，由此加快了白云岩的溶解速度，促进了岩石的进一步溶蚀，从而导致了溶孔、溶洞及铸模孔的广泛发育（图4-55）。此类岩石在表生成岩环境中易于遭受溶蚀和风化，形成岩溶角砾岩，含膏白云岩和膏质白云岩可成为缝洞和孔隙发育的天然气储层。

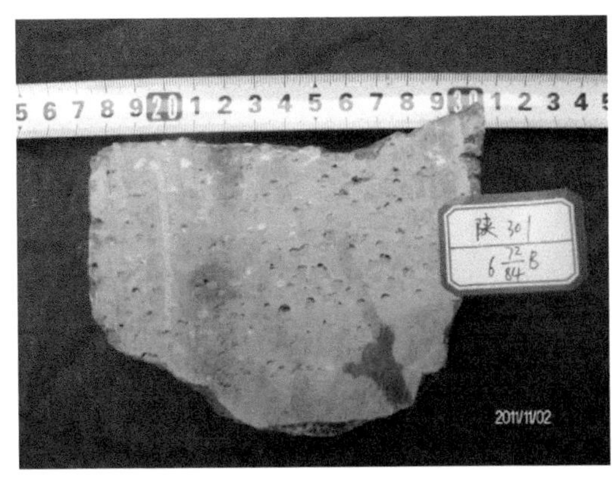

a.浅褐色含膏溶孔白云岩,马五段1~3亚段

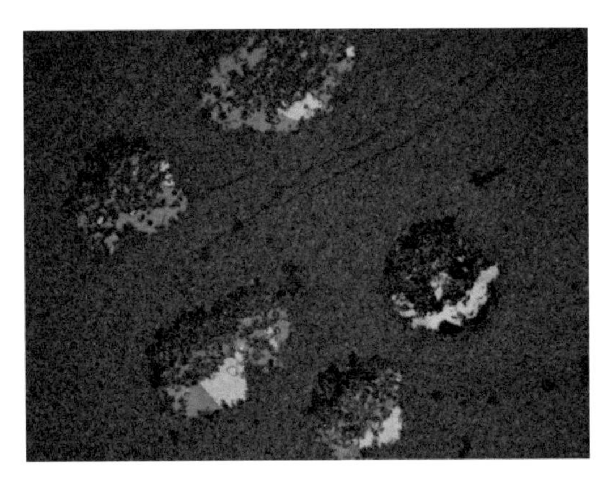
b.含膏溶孔微晶白云岩,马五段1~2亚段

图4-55　含膏溶孔白云岩照片

靖边气田奥陶纪马家沟组马五晚期为含膏云坪相沉积，易溶膏盐矿物含量高，为风化壳溶孔型储层的发育奠定了物质基础。

2. 古岩溶斜坡部位有利于风化壳储层发育

盆地自西向东，岩溶高地-岩溶斜坡-岩溶盆地风化淋滤作用强度依次减弱，风化淋滤深度也依次变浅。在岩溶斜坡，岩溶水排泄畅通，溶蚀作用强烈，易于形成良好的溶蚀孔洞型储层。

靖边气田正好处于岩溶斜坡位置，溶蚀作用最强。含硬石膏白云岩坪相带分布范围基本与加里东风化壳期岩溶斜坡位置一致，经历风化壳期淋滤溶蚀，易于形成溶蚀孔洞型储层。

4.2.2.3　古沟槽之间的溶丘带是气藏的主要富集区

在靖边岩溶台地内，古沟槽呈东西方向展布，南北分支与溶洼、溶坑和古构造低洼带相互关联，共同组成分割台地的复杂网络，使得在平缓东倾的古地貌背景上形成了大小不一、形态各异的溶丘块体。

这些溶丘块体具备了捕集天然气的优越条件，成为主要的富集区（图4-56）。古沟槽网络决定了气藏的分布特征。古沟槽的切割和其他负向地貌单元的影响，使各个溶丘块体在风化壳岩溶发育过程中，随着水文环境的变化，逐渐发育成相互独立的岩溶系统，进而演化成不同的含气单元，使压力系统、气水分布及边界特征表现出多样性，古沟槽网络对气藏的分布具有重要的控制作用。对一个独立的储气单元而言，往往在溶丘块体的上倾方向储集性能优越，容易获得高产；在溶丘块体的下倾方向，岩溶充填相对增高，储集性能变差，但随后的构造反转，可以使其成为气藏的上倾遮挡（何自新等，2001）。

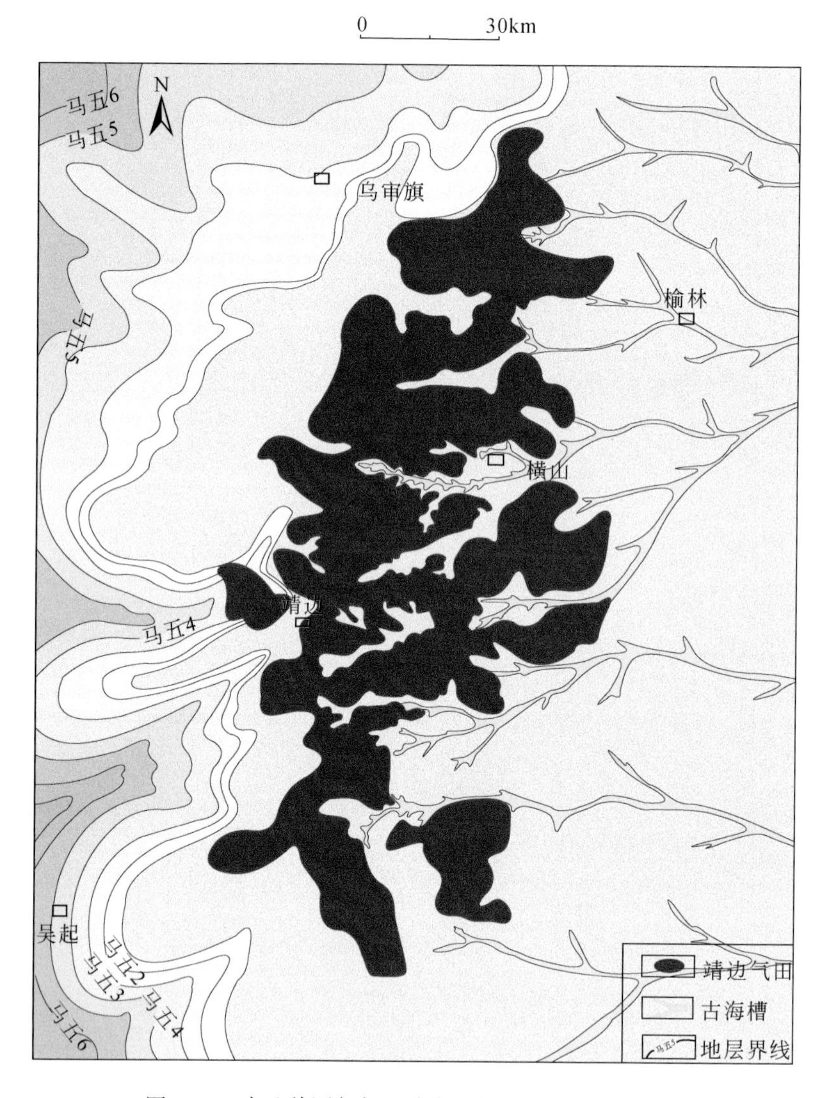

图4-56　古地貌图与气田分布（据长庆油田，2010）

4.2.2.4　晚三叠世末开始生烃、早白垩世为成藏关键期，古近纪调整

盐水包裹体均一温度分布在70～180℃，集中分布在100～150℃；在这个范围内包裹体盐水均一温度呈双峰型分布，第一主峰为110～120℃，第二主峰为130～140℃，反映出研究区至少有两期油气运移。结合鄂尔多斯盆地生烃史、埋藏史研究表明，靖边气田存在两期充注，分别为晚三叠世末和早白垩世末，早白垩世末进入生排烃高峰期，此时岩性圈闭已经形成，成藏各个条件匹配良好，成藏关键期为早白垩世末。古近纪构造反转，停止生烃并进入调整期。

4.2.2.5　成藏模式：双源供烃（上古为主），垂向输导（不整合面及侵蚀沟槽），古岩溶控藏

不整合面的地质结构控制了天然气的运聚，也决定了气水分布的形式（图 4-57）。

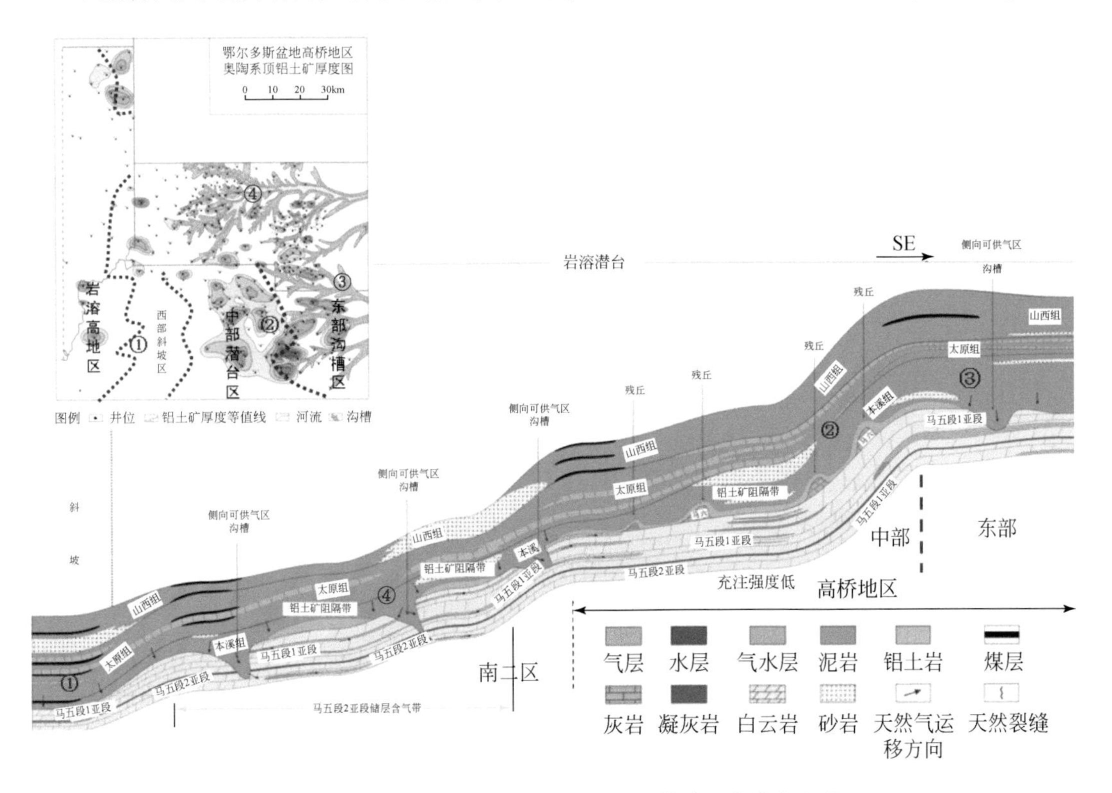

图 4-57　鄂尔多斯盆地中部气田天然气的运聚模式（据苏复义等，2012）

（1）中部潜台区因上覆地层存在铝土矿层，对烃源层向下运移有阻碍作用，缺乏沟槽处侧向运聚，使得充注强度降低，马五段 1 ~ 2 亚段储层“富水区”相对发育。

（2）东部沟槽区，因沟槽切割深度浅，天然气侧向运移主要对马五段 1 亚段具有供气作用，不能作为马五段 2 亚段的供气源，因此，马五段 2 亚段的充注强度也低，“富水区”也相对发育。

概括中部气田的成藏模式为双源供烃（上古生界煤系烃源岩为主），垂向输导（不整合面及侵蚀沟槽），古岩溶控藏（图 4-58）。

4.2.3　塔里木盆地塔中及塔北奥陶系油气聚集带

4.2.3.1　油气成藏主控因素

通过对奥陶系碳酸盐岩油气藏及成藏特征的综合分析，总结了其主要油气地质条件和成藏主控因素（表 4-9）。

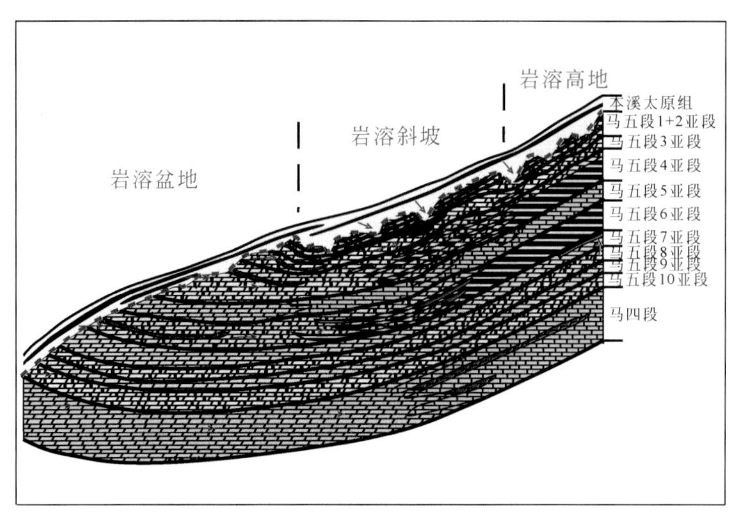

a. 早白垩世油气关键成藏时期

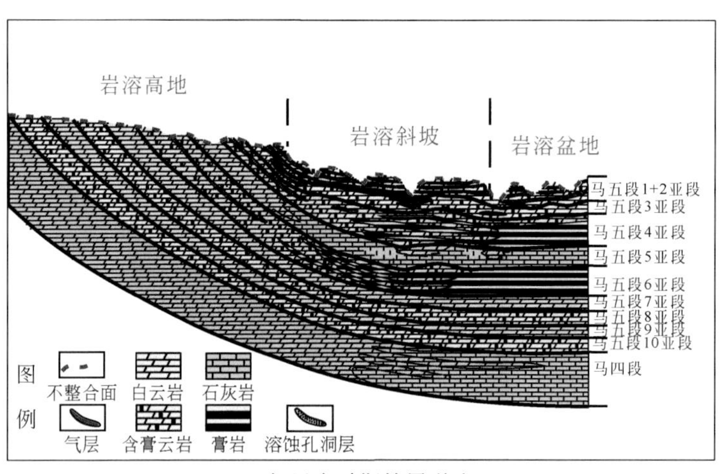

b. 加里东时期储层形成

图 4-58　靖边气田奥陶系岩溶风化壳圈闭成藏模式图

表 4-9　塔中奥陶系油气聚集成藏主控因素

类型	供烃条件	储集空间	盖层与保存	油气成藏特征	主控因素
岩溶型	斜坡、台缘中下寒武统和上奥陶统；东南侧近源	岩溶缝洞（穴），网络状分布	区域巴楚组泥岩，局部桑塔木组泥岩和中上奥陶统致密灰岩	多类型（潜山、斜坡）多次成藏与调整，油水（面及态）关系复杂	古构造－古地貌、区域盖层
礁滩型	上奥陶统灰泥丘、寒武系蒸发台地；近源	溶蚀孔洞，片状、似层状、条带状分布	区域桑塔木组泥岩和上奥陶统致密微晶灰岩	塔中 82、塔中 62 油气田，面上呈条带与分片分布、无统一油水边界	沉积微相（台缘高能相带）、成岩改造
深埋白云岩型	寒武系蒸发台地，多期生烃，有两个主生油期；近源	溶蚀孔洞，似层状分布	寒武系蒸发岩屏蔽作用	塘古斯拗陷，内幕，溶孔和裂缝储层	层序界面－（膏盐泥组合）与断裂－流体改造

（1）古隆起和古斜坡是油气运聚的区域背景，储层的发育程度是控制油气富集的关键，而盖层的时效性则决定了油气藏能否得以保存。

不同类型油气藏解剖与对比表明，储层与盖层是油气藏形成与保存的关键。沉积型储层或改造型储层的发育是礁滩型油气藏、岩溶型油气藏形成的主控条件，断裂/裂缝的发育对岩溶发育至关重要。

（2）不同类型斜坡带是控制油气富集的重要场所。

台缘相控制下的储层与斜坡-陆棚相的烃源岩空间配置最好，有利于成藏。沉积期古斜坡包括台缘坡折带、地层超覆带等，控制了礁滩油气藏。卡塔克隆起及周缘在寒武纪—奥陶纪经历了4种不同的碳酸盐岩台地结构型式的演变，这4种台地结构型式包括：①早、中寒武世缓坡型碳酸盐岩台地；②晚寒武世—早中奥陶世弱镶边斜坡型碳酸盐岩台地；③晚奥陶世早期孤立型碳酸盐岩台地；④晚奥陶世中晚期淹没型碳酸盐岩台地。不同类型的碳酸盐岩台地在结构、台地边缘特征、沉积相等方面有着显著的差异，特别是台地边缘坡折带的结构上有着明显区别。台缘相带迁移明显，如早奥陶世分布于古城墟地区，中晚奥陶世早期分布于Ⅰ号断裂带及南缘带，晚奥陶世中晚期分别沿南、北方向延伸。

（3）不整合、古地貌具有极其重要的控相、控储与控藏作用。

古地貌对一个盆地沉积相类型与分布、储层发育与改造以及油藏的形成具有重要的控制作用，是构造变形、沉积充填、差异压实、风化剥蚀等综合作用的结果。发生在早奥陶世末期的中加里东运动第二幕，形成了下奥陶统鹰山组顶部和上奥陶统良里塔格组底部之间的不整合接触（T_{74}），导致塔中主体缺失中奥陶统。这个时期的古地貌特征对其后的沉积及储层有着明显的控制作用。

不同领域油气富集条件分析与对比表明，层控与相控是形成油气富集带的主要条件。“层”代表了不整合面及控制其发育的古隆起、古斜坡背景，“相”则决定了沉积物的岩性及其后期改造的物质基础。岩溶型储层的发育程度与古气候条件、古斜坡发育位置和岩石性质等要素都具有密切关系。潜山是长期处于古地貌高部位，一般处于不整合面覆盖之下，岩溶和裂缝也较为发育，同时在长期的构造演化过程中处于油气的有利指向区，因此，制约潜山油气富集的关键在于油气保存条件。

4.2.3.2　塔中-塔北油气聚集带成藏模式

塔中奥陶系碳酸盐岩成藏组合表现为：两套烃源岩晚期分别供气、正常油，造成“上油下气”油气藏相态分布，如上奥陶统良里塔格组礁滩相储层与桑塔木组泥岩储盖组合，下奥陶统碳酸盐岩潜山风化壳储层与上覆泥岩储盖组合，上寒武统—下奥陶统碳酸盐岩内幕自储自盖组合的多类型储盖组合（图4-59）；断裂-不整合构成近源输导系统，油气分布受NE向断裂及构造控制；成藏时间早，后期保存较好，以原生油气藏为主。

塔北奥陶系碳酸盐岩成藏系统（图4-59）表现为：烃源岩为中下寒武统主力烃源岩；储层为中下奥陶统的台地相古岩溶灰岩；盖层主要为中上奥陶统的致密灰岩、泥灰岩或志留系、石炭系泥岩；位于加里东古隆起带上，岩溶缝洞发育，缝洞圈闭条件存在，成藏条件较好，发现多个油藏。

在此基础上，针对加里东晚期—海西早期、海西晚期、喜马拉雅期三大成藏关键时期，分别讨论塔中-塔北油气成藏过程及空间配置关系，总结油气聚集带成藏模式（图4-60）。

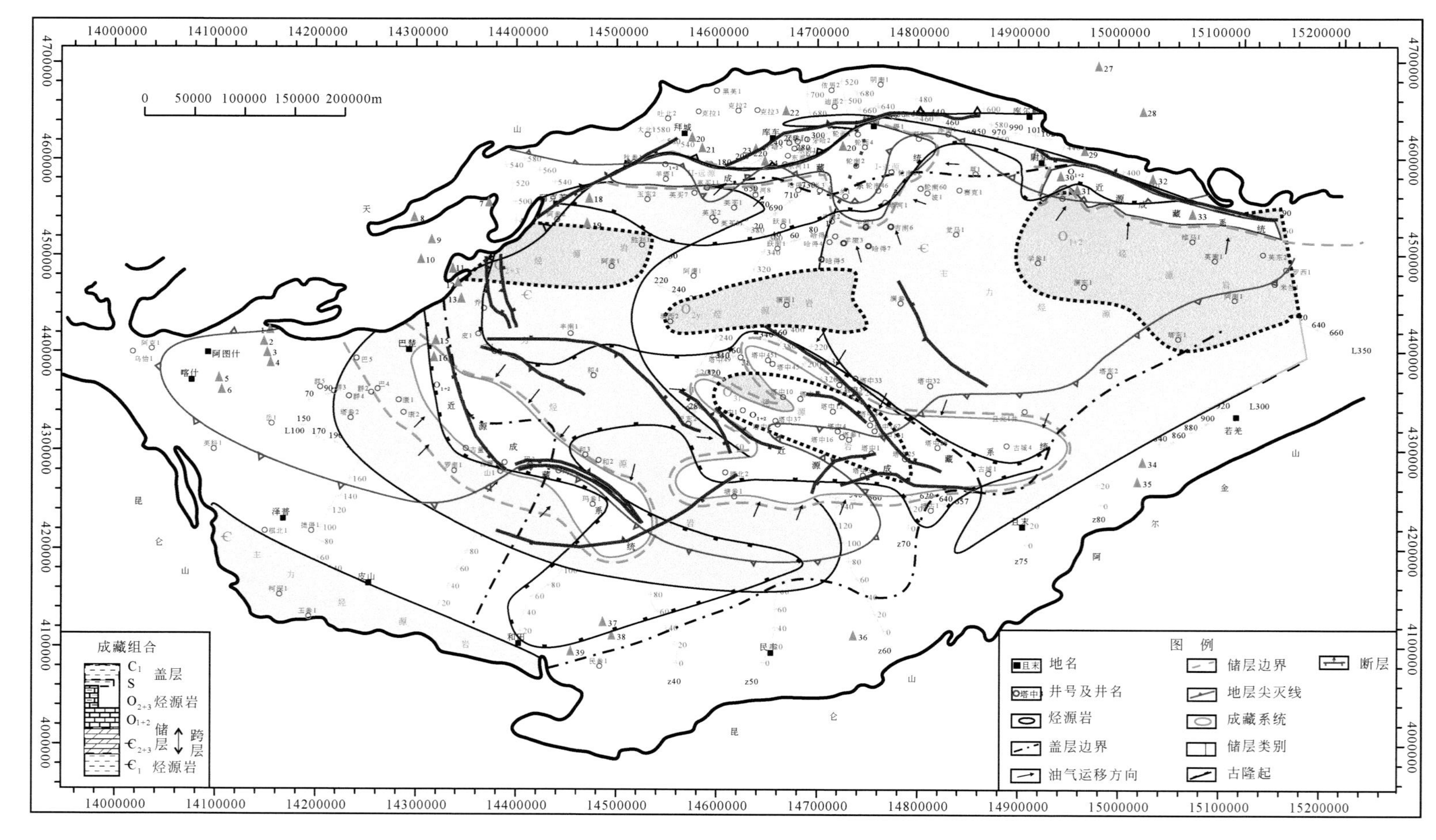

图4-59 塔里木盆地奥陶系碳酸盐岩成藏系统评价图

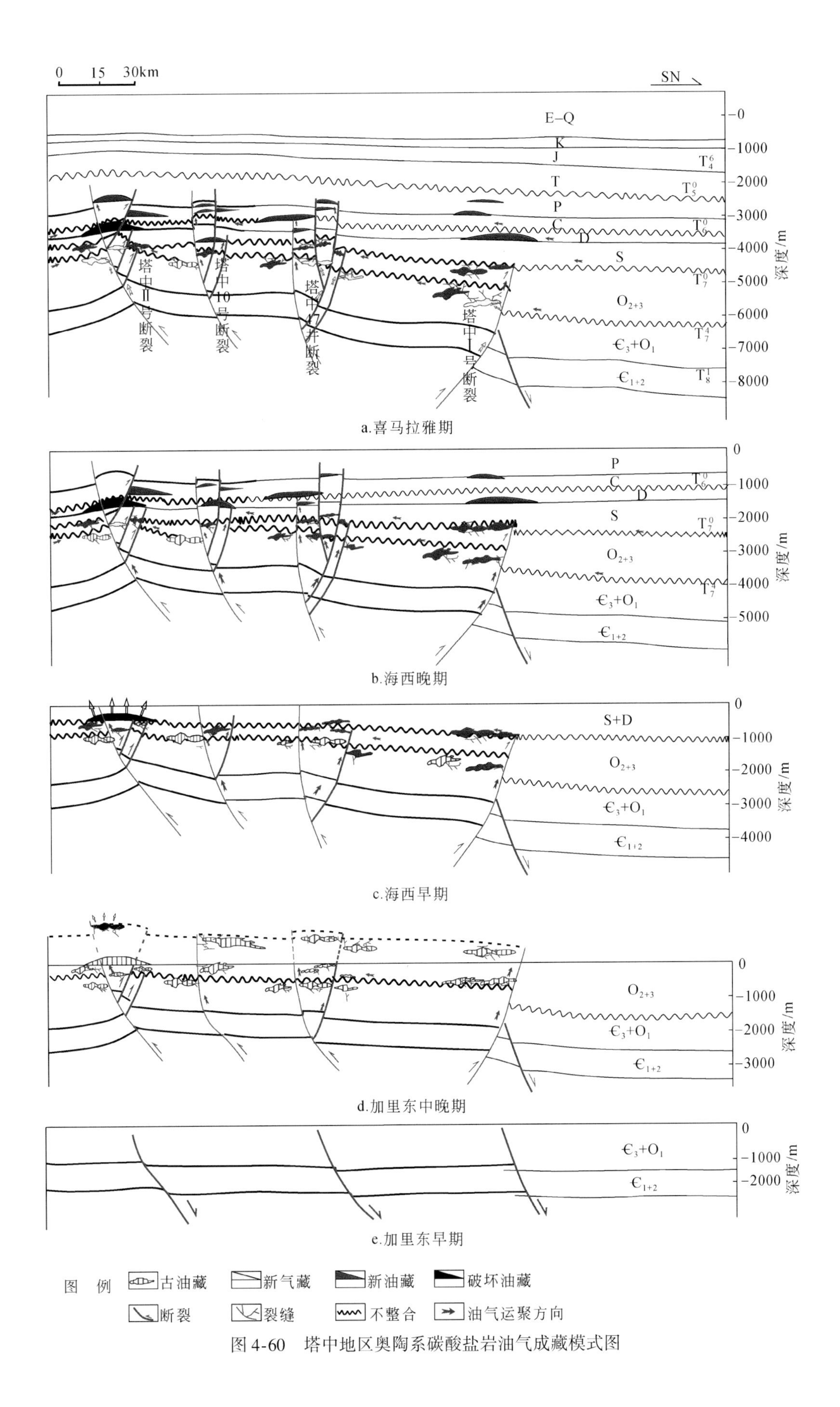

图4-60 塔中地区奥陶系碳酸盐岩油气成藏模式图

1. 加里东中期成藏特征

加里东中期构造运动Ⅰ幕，塔里木盆地构造背景开始由拉张向挤压过渡，在SN向挤压作用下，卡塔克隆起表现为大型穹窿背斜雏形，广大地区呈现广泛碳酸盐岩台地剥蚀状态，形成T_7^4不整合面，其下300m深度范围内鹰山组蜂窝状溶蚀孔极其发育。此时断裂并没有大规模反转逆冲，只是小范围的断裂活动控制此期隆升剥蚀程度，同时塔中Ⅰ号深部断裂的存在造成了奥陶纪沉积基底的局部陡变、挠曲以及平缓斜坡发育，为中晚奥陶世碳酸盐岩台缘建隆、礁滩等有利的沉积相带的发育提供基础（塔中82井）。并且T_7^4不整合面之上的良里塔格组含泥灰岩对下伏油气藏起着有效的封盖作用，为其下鹰山组白云岩中段风化壳型岩溶油藏的发育提供了有利条件。

加里东中期构造运动Ⅱ幕，盆地周缘反转挤压应力传递到中央隆起区，卡塔克地区褶皱隆升强烈。在压扭应力作用下，塔中Ⅱ号、塔中22井断裂重新活动，大规模反转逆冲，并发育多条分支断裂，开始出现断垒式或单断式背斜；同时形成倾向SW的塔中Ⅰ号边界主断裂，大规模逆冲隆升，在地层错段抬升的过程中塔中Ⅰ号断裂北侧形成了落差达上千米的断崖。虽然此时期塔中Ⅰ号断裂带对沉积已无明显的控制作用，但是多期坡折带生物礁滩叠合，储盖组合良好，并且受逆冲断裂垂向沟通油源，在垂向通道的大规模充注下，形成一批碳酸盐岩油气藏。

随着库满拗拉槽的消亡，受控于断裂展布，中央断隆带、塔中10号断裂带、塔中1号断裂带中上奥陶统剥蚀殆尽，形成了卡塔克地区第二次的广泛岩溶，隆起顶部中–下奥陶统及上奥陶统碳酸盐发育第二期溶蚀孔缝，早期古油藏被严重水洗和生物降解而破坏（塔中12井），但中下寒武统和上寒武统—下奥陶统古油藏保存较好。

2. 加里东晚期—海西早期成藏特征

加里东晚期塔北古隆起已具雏形，强烈的挤压抬升形成了T_7^4、T_7^0、T_6^0不整合面，同时T_7^4面以下地表淡水沿NE向纵张断裂和近SN向共轭压扭性断裂下渗、溶蚀，形成加里东期古岩溶缝洞，为早期的地层、岩性圈闭提供了条件。满加尔拗陷烃源岩在加里东晚期开始进入生烃高峰，南部早期的正断层成为油气垂向运移的良好通道（如可果断裂）；向南倾向的T_7^4、T_7^0早期不整合面与断裂复合，将油气由西南部向北部古隆起高部位大规模运移，并在此时奥陶系和志留系已形成的圈闭中聚集成藏。同时中央隆起及其南部地区强烈逆冲褶皱，隆起明显得到加强，地层抬升并遭受强烈的剥蚀，形成以塔塔埃尔塔格组沥青砂岩为储层、上覆志留系依木干他乌组红色泥岩为盖层的削蚀不整合圈闭。但是中央断隆带强烈隆升，一些主干断裂直接延伸至地表，此时不整合面与断裂结合会使油气沿着T_7^0不整合面运移到地表逸散，也使盖层遭受破坏，使原油遭受不同程度的氧化、水洗，使轻质组分逸散，残留重质组分，甚至为沥青，表明这些部位曾经是古油藏的位置。第二次成藏使中上奥陶统油气沿不整合面、断裂向上运移，进入志留系的沥青砂岩；沥青砂岩本身也可作为良好的输导层，使油气侧向运移至削蚀楔形带，被上覆红色泥岩封盖，形成良好的油气圈闭。

海西早期运动加剧并定型了早期古隆起格架，下古生界保持南倾形态，油气沿T_7^4、T_7^0不整合面，由西南和东部大规模向北部古隆起鼻凸方向运移，同时形成的NE向逆断层向下断至寒武系（如塔河南深部断裂），成为纵向运移的“沟源通道”。并且由海西早期奥陶系古构造图可知，古地貌高差大，地表水及地下水活动强，为奥陶系碳酸盐岩岩溶发育最主要的时期，岩溶形成独特的孔、缝、洞输导体系，配合断裂、不整合面将油气运移至早期圈闭中聚集。但由于长期暴露，风化剥蚀强烈（最大地层剥蚀厚度达1250m），古鼻凸上的志留系—泥盆系及上奥陶统大部分地层被剥蚀殆尽，大量油气逸散，导致早期形成的油气藏被破坏（S9、S17井钻遇的下奥陶统含干沥青的碳酸盐岩）。而塔中隆起早期断裂复活，并发生左行走滑活动，表现为雁列式褶皱、断裂和花状构造，卡塔克隆起调整为东抬西降的北西倾的鼻状隆起。伴随着晚泥盆世东河砂岩平缓地超覆于下伏地层之上，形成多个削蚀、上超不整合带，构成区内志留系、泥盆系地层圈闭的重要部位。石炭系油气藏主要是中下寒武统和上寒武统—下奥陶统古油藏的油气向上覆地层运移，沿着T_6^0不整合面上的东河砂岩由低处向高处发生侧向运移，遇上断裂时则沿着断裂向上进行垂向运移。这种侧向与垂向运移的结合构成了多种形式的高效运聚输导体系，使油气到达有利的地区后发生聚集。

3. 海西晚期成藏特征

海西早期运动后，研究区自西向东发生大规模的海侵，石炭系依次超覆于泥盆系、志留系、奥陶系之上，潜丘圈闭、岩溶缝洞型圈闭发育。海西晚期塔北地区再次抬升剥蚀，形成的T_5^0区域不整合面进一步南倾，同时受强烈的SN向挤压，鼻凸上倾部位断裂活动强烈，发育多组EW向展布的“Y”字形背冲断块构造（如阿克库木、阿克库勒断裂），同时部分早期沟源断裂进一步发育，向上断至石炭系、二叠系，且南部盐体发生塑性变形，盐边正断裂发育，沟通了油源以及各期不整合面。此时满加尔拗陷及斜坡带烃源岩进入生油高峰，沿深大断裂垂向运移的油气，在不同层位沿T_7^4、T_7^0、T_6^0不整合面及下石炭统底砂岩由东南部和西南部洼陷区往北部构造脊运移，部分与断裂相通的岩溶网络也参与运移，并在其中聚集形成不整合面-岩溶缝洞型油气藏。但随后的强烈剥蚀（250～850m）致使大部分地区仅保留石炭下统，中北部地区（S9-LN2井以北）奥陶系碳酸盐岩暴露，油气藏因受到大气水渗滤作用而被严重破坏。同时塔中地区继承性断裂沟通油源以及各期不整合面，奥陶系岩溶型储层为主的重质油藏形成，油气藏遭受火成岩、NE向断裂破坏，原油降解稠化。

4. 喜马拉雅期成藏特征

喜马拉雅晚期是塔北奥陶系构造调整的重大变革期，也是油气运移、聚集和第二次调整的重要时期。T_6^0以上地层形态反转，由原先宏观南倾转变为整体北倾，北部油气藏溢出点发生变化，油气沿印支期断裂、T_5^0不整合面以及石炭系、三叠系连通砂体由西北和东北向南部构造高部位调整运移，按新的构造格局在T、J、K圈闭中聚集成藏；石炭系底部南倾、上部北倾，形成一个大的楔形体，主要捕集由垂向断裂运移的油气成藏；奥陶系顶面（T_7^0）古鼻凸成为主轴向NE、SW向倾没的大型凸起，下奥陶统地层不整合面-岩溶缝洞型圈闭最终定型，成为重要的油气聚集区，油气沿着沟源断裂、T_7^4不整合面以及岩溶网络，由西南部、西部以及东部向中北部早期形成的圈闭中运移，并最终成藏。同时塔中地区整体抬升，表现为向西北倾的单斜构造，深部残留的寒武系—下奥陶统古油藏裂解形成的天然气沿断裂向上调整，对原有的油藏进行再充注，在不整合面的输导作用下，继承性圈闭为晚期油气充注提供优势方向和场所。

4.3　海相碳酸盐岩油气聚集带特征及资源潜力评价

4.3.1　碳酸盐岩油气聚集带及类型划分

4.3.1.1　油气聚集带的基本概念

古勃金（1937）提出油气聚集带的概念，标志着人们开始认识到油气资源在空间上的不均匀分布规律并从理论上加以总结。苏联巴基洛夫（1988）将属于有成因联系的同一组圈闭的、地质构造相似且相毗邻的油气田组定义为油气聚集带。油气聚集带是同一个二级构造带中，互有成因联系、油气聚集条件相似的一系列油气田的总和（张厚福，1999）。油气聚集带理论在我国的勘探实践中具有广泛的影响和十分重要的指导作用。油气田的分布受油气聚集带的控制，这种有规律的分布特点，从寻找石油和天然气资源的角度来看，具有重大的意义。

从已有“油气聚集带”定义看，主要强调的是成因联系的油气藏分布受控于盆地二级构造单元。我们认为，“油气聚集带”的分布可以受控于盆地二级构造，但分布不一定限于二级构造范围，甚至可以不与盆地二级构造带相关，而是其他地质条件，如沉积条件等。

本次的“油气聚集带”定义是：具有成因联系，相近成藏地质背景的多个油气藏组成的油气藏分布带，可以受盆地同一个二级构造带、相近沉积相带、同一油气源岩区等控制。

4.3.1.2　油气聚集带基本类型划分

根据上述定义，结合西部三个主要盆地已知的油气聚集带解剖和预测评价的油气聚集带特征分析总结，划分出中国西部盆地的海相碳酸盐岩油气领域的两大类四个亚类的油气聚集带类型（图4-61，表4-10）。

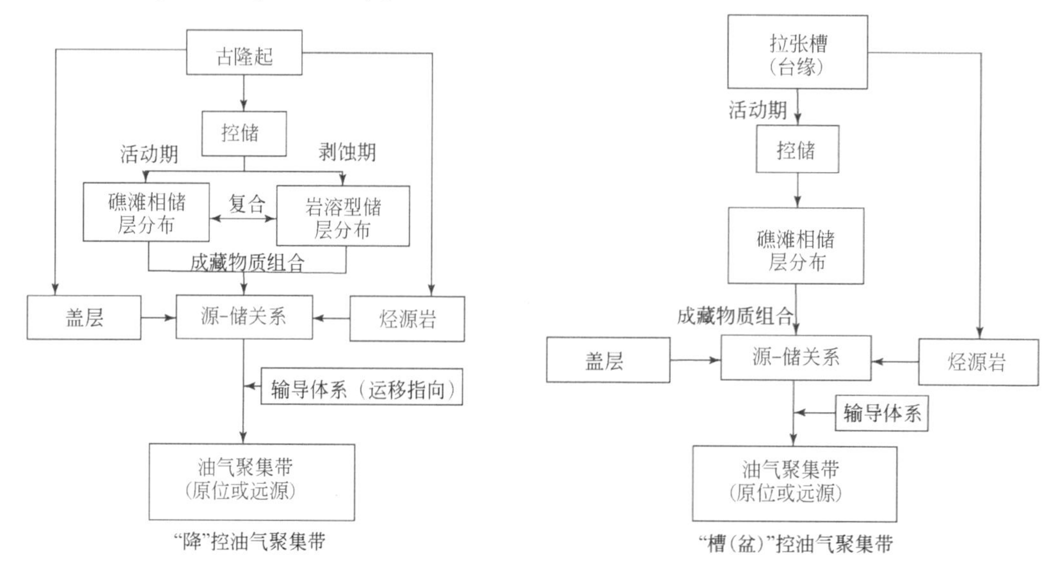

图4-61　“隆”-“槽（盆）”控制的两类油气集聚带

表 4-10　西部三大盆地碳酸盐岩领域油气聚集带类型划分

类型	亚类	实例		
		鄂尔多斯盆地	四川盆地	塔里木盆地
古隆起带控制油气聚集带	古隆起带控制的古岩溶储层发育带形成的油气聚集带	马家沟组上组合“半环形”天然气聚集带	—	塔北奥陶系古岩溶缝洞储层控制的油气聚集带
	古隆起带控制的礁滩相（叠加古岩溶）储层发育带形成的油气聚集带	马家沟组中组合“半环形”天然气聚集带	(1) 川中寒武系龙王庙组天然气聚集带； (2) 泸州古隆起北斜坡带雷口坡组天然气聚集带；绵竹-中坝-天井山-米仓山隆起带前缘雷口坡组天然气聚集带	塔中奥陶系礁滩相（叠加岩溶）油气聚集带
“槽（盆）”的礁滩相储层发育带控制的油气聚集带	“槽（盆）”边缘带台缘礁滩相储层发育带形成的油气聚集带	—	(1) 川中震旦系灯影组天然气聚集带； (2) 环开江-梁平二叠系—三叠系台缘礁滩相天然气聚集带	—
	台缘控制的礁滩相储层发育带形成的油气聚集带	—	—	(1) 塔北热瓦普地区奥陶系油气聚集带； (2) 塔东寒武系油气系聚集带

1. 盆地古隆起带控制油气聚集带

该聚集带是指含油气盆地中的古隆起（或二级构造带）控制了油气储层形成及分布(也可以控制烃源岩分布)、控制油气圈闭的形成及分布（构造圈闭、地层圈闭、岩性圈闭)、控制了油气运移指向，进而控制油气成藏，形成了盆地大（巨）型油气聚集带。

该类油气聚集带可以划分为两个亚类。

1）古隆起带控制的古岩溶储层发育带形成的油气聚集带

古隆起带时期，产生了大规模岩溶作用，形成大范围分布的岩溶型储层分布区，配合烃源岩等成藏要素，形成了古岩溶储层发育带控制的大规模油气聚集带。如塔北阿克库勒古隆起控制的奥陶系碳酸盐岩岩溶缝洞型油气聚集带；鄂尔多斯盆地中央古隆起控制的东侧奥陶系马家沟组上组合岩溶型白云岩储层分布区的“半环形”大规模天然气聚集带。

2）古隆起带控制的礁滩相（叠加古岩溶）储层发育带形成的油气聚集带

盆地的古隆起形成过程中控制碳酸盐岩礁滩相储层分布（也可以叠加因古隆起造成的古岩溶作用)，配合其他成藏要素，形成大规模油气聚集带。如鄂尔多斯盆地中央古隆起控制的东侧马家沟组中组合“半环形”天然气聚集带（与上组合天然气聚集带重叠)；四川盆地乐山-龙女寺古隆起带控制的川中寒武系龙王庙组大规模天然气聚集带、泸州古隆起北斜坡带雷口坡组天然气聚集带、绵竹-中坝-天井山-米仓山隆起带前缘雷口坡组天然气聚集带等。

2. “槽（盆)”的礁滩相储层发育带控制的油气聚集带

该聚集带是指含油气盆地拉张活动阶段盆地内或边缘形成的“拉张槽”“裂陷槽”

“拗拉槽”，形成台隆、台盆（拗）格局，槽缘或台缘控制了油气储层沉积及分布、进而控制油气岩性圈闭（为主）的形成及分布，台盆、陆棚控制烃源岩分布，控制了油气成藏，形成了大（巨）型油气聚集带。

目前西部盆地见到的主要有如下两亚类油气聚集带。

1）“槽（盆）”边缘带台缘礁滩相储层发育带形成的油气聚集带

克拉通盆地拉张活动时期，形成盆内的“拉张槽”，构成台隆、台盆沉积格局控制了储层、烃源岩层分布。台缘发育大规模礁滩相储层，形成“岩性圈闭”，控制油气成藏，形成大规模油气聚集带。如四川盆地环开江-梁平二叠系—三叠系台缘礁滩相天然气聚集带、川中震旦系灯影组天然气聚集带、塔里木盆地塔东寒武系油气聚集带等。从中国小块拼合的陆块特征和构造发展历史看，在各个盆地内及边缘应该发育该类油气聚集带。

2）台缘控制的礁滩相储层发育带形成的油气聚集带

目前看，该亚类油气聚集带可能存在两类。第一类克拉通盆地拉张活动时期，形成拉张正断裂，断裂带控制了台地边缘，形成镶边台地，发育礁滩相储层，同时控制烃源岩分布，控制了油气成藏，形成了油气聚集带。如塔中奥陶系礁滩相（叠加岩溶）油气聚集带，在寒武纪时期因拉张形成正断层，对奥陶系台缘礁滩储层的形成具有控制作用。塔里木盆地早期构造相对活动，早期断裂相对发育，该类聚集带也相对较多。第二类是陡坡型碳酸盐岩台地边缘，也是礁滩相储层发育带，也可以形成油气聚集带，如塔北热瓦普地区奥陶系油气聚集带。

4. 3. 1. 3 “隆”-“槽（盆）”控制油气聚集带评价

西部主要盆地属于叠合盆地，在早期克拉通盆地演化阶段，均处于过拉张阶段，演化过程中，构成拉张-挤压的旋回变化，不同盆地构造活动强度不同、构造旋回不同，控制的盆地沉积充填过程、沉积物质分布不同，油气成藏及分布规律也存在区别（图 4-62）。

1. 震旦纪—寒武纪时期

塔里木盆地、大华北盆地（西侧为鄂尔多斯盆地）和四川盆地均是在震旦系顶不整合面基础上早期沉积了一套拉张背景下的陆源碎屑岩，相对深水的台盆、“拉张槽”“裂陷槽”或拗陷区沉积了一套优质泥岩烃源岩；向上很快过渡沉积了一套台地相碳酸盐岩地层。塔里木盆地满加尔拗陷区则继续沉积泥页岩地层（烃源岩），与震旦系碳酸盐岩（经历风化岩溶作用）储层一起构成了盆地深层的第一套成藏组合。

塔里木盆地，在塔中地区中-上寒武统白云岩储层中已发现油气藏，在满加尔拗陷西缘，发育台缘礁滩相储层发育带（可能存在拉张活动形成的古正断层的控制），有望构成大规模油气集聚带。

四川盆地震旦纪晚期—早寒武世时期的拉张活动形成“绵阳-长宁拉张槽”，可能控制了震旦系灯影组第四段的藻屑滩相白云岩沉积（叠加桐湾期的岩溶作用形成储层），同时也控制了下寒武统筇竹寺组优质烃源岩分布，并且改变了寒武系烃源岩向震旦系储层供烃方式由向下转变为侧向。由此形成了“拉张槽”两侧的大规模天然气聚集带，勘探证实有威远、资阳（槽西侧）及安岳（槽东侧）等气藏，基本探明天然气储量近 $1500\times10^8m^3$。

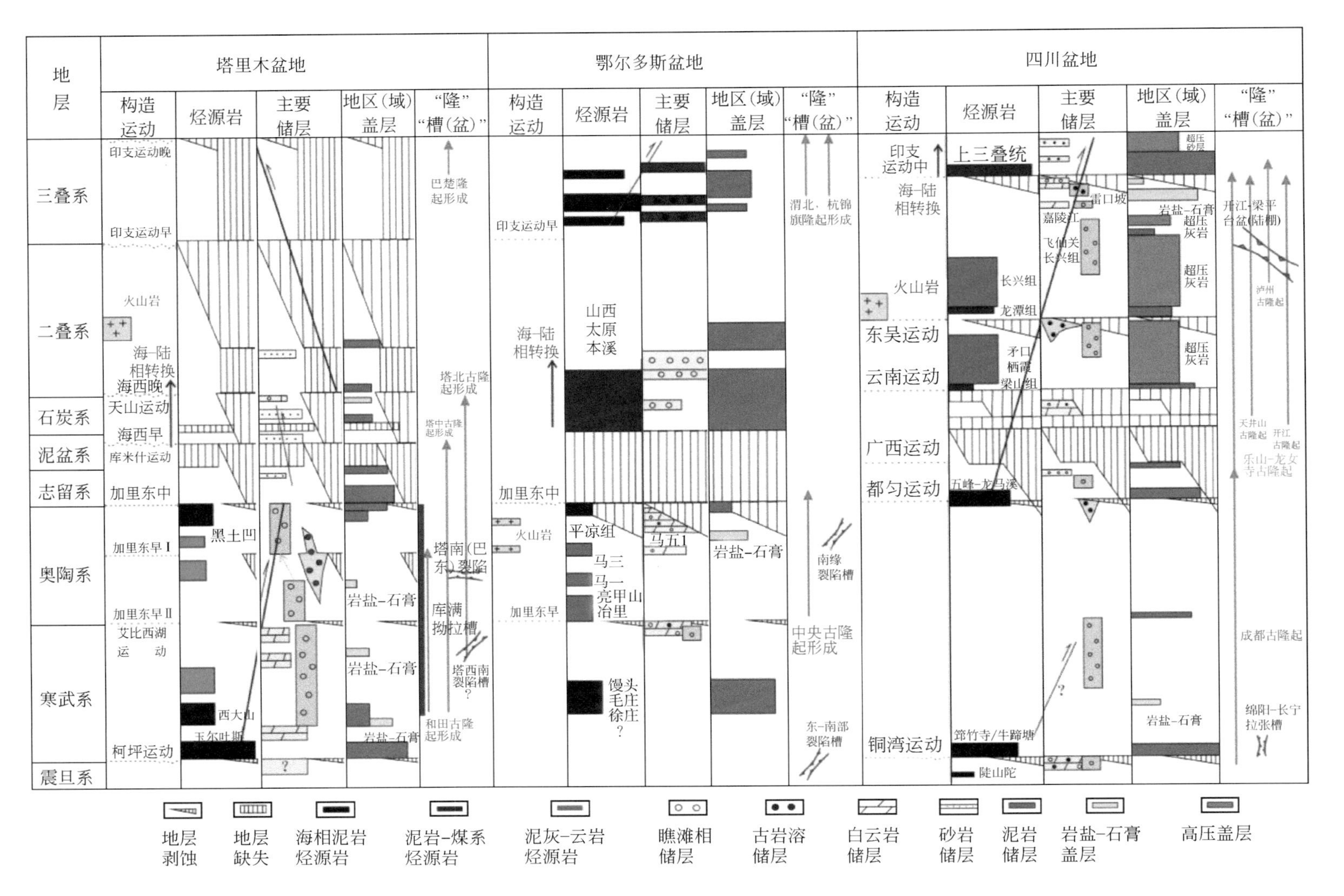

图4-62　西部三大盆地海相碳酸盐岩成藏要素及对比

中晚寒武世时期，西部三个主要盆地转为挤压背景，塔里木盆地的塔中古隆起、塔北古隆起、四川盆地的成都古隆起（后期演化成乐山-龙女寺古隆起）等开始产生和逐渐发育。古隆起初始演化控制中晚寒武世的沉积，控制了台缘礁滩相储层（塔里木盆地）和台缘滩相储层（四川盆地龙王庙组及洗象池组）的形成及分布，因侧向“源-储”对接或断裂沟通的“源-储”关系成藏，形成油气集聚带。发现的安岳（龙王庙组）、威远（洗象池组）气藏，基本探明天然气储量近 $2000\times10^8m^3$。

2. 奥陶纪—志留纪时期

塔里木盆地早中奥陶世基本延续了中晚寒武世的沉积格局，早中奥陶世时期，鹰山组、一间房组在顺南古城以东部分存在台缘相沉积，从南到北延伸到塔北地区塔深 1 井等位置。向上演化到良里塔格组，台缘礁滩相向西“迁移”到塔中 2 号断裂带发育。因塔北初始隆起的活动，在塔北地区沿阿克库勒构造东西向也发育良里塔格组礁滩相储层，塔河构造主体南缘及以东部分，因沉积坡度缓，滩相储层发育较差，以西部分（到热瓦普地区）沉积坡度增加，礁滩相储层发育。到志留纪末期，盆地构造活动达到高峰，造成大规模抬升、褶皱、断裂，形成塔北、塔中古隆起的同时形成两个古隆起带奥陶系的古岩溶型储层。该盆地构造活动最为强烈，志留系虽然也有碎屑岩，但是未发现优质的泥岩烃源岩。目前在塔北阿克库勒古隆起带探明油气当量储量近 16 亿 t；塔中古隆起带礁滩及古岩溶复合储层分布带探明油气当量储量近 6 亿 t。

鄂尔多斯盆地，中奥陶世中央古隆起带开始形成，控制了奥陶系马家沟组潮缘滩相沉积，奥陶纪末期产生的加里东中期构造运动是盆地古生代历史中最强的一期构造运动，形成中央古隆起带和奥陶系顶不整合面，缺失了泥盆系—志留系地层，经历了近 1.3 亿年的风化岩溶期，形成了中央古隆起带东西两侧奥陶系马家沟组顶界广泛分布的岩溶型储层。到石炭系—二叠系，本溪组—太原组泥岩及煤系优质烃源岩的沉积，构成盆地奥陶系顶面附近大规模天然气聚集带形成的物质基础。隆起带东部的“半环型”带的马五段 1 亚段、马四段等岩溶型白云岩储层分布带，配合上覆层烃源岩，形成巨型天然气聚集带，目前该带已基本探明储量近 $10000\times10^8m^3$。

研究认为中央隆起带西缘北段不具构成大规模天然气成藏的基础，主要理由如下：西缘沉积坡度大，在晚奥陶世发育有礁滩相沉积，但由于奥陶纪末期中央古隆起带的隆升剥蚀，残留的礁滩体范围小；由于隆起带隆升，地层斜角大，西缘奥陶系克里摩里组碳酸盐岩可岩溶剥蚀出露的范围小，岩溶期溶蚀产生的露头范围小，向西马家沟组（克里摩里组）顶部覆盖有平凉组（乌拉力克组）泥页岩，是不透水层，表层的岩溶作用不可能产生，深部的岩溶作用因缺乏断裂也不可能大规模产生，平凉组地层覆盖区碳酸盐岩岩溶作用不发育；源-储配置关系不佳，表现在两个方面：其一，克里摩里组因地层倾角大，剥蚀出露的范围小，储层分布范围小，上覆石炭系—二叠系烃源岩层直接覆盖范围小，向下“倒灌”的范围小；其二，层内礁滩储层因受周围致密岩石分隔，与上覆供烃“窗口”不连通，石炭系—二叠系烃源岩不能对其有效供烃，同样上部覆盖的平凉组烃源岩层，因阻隔作用，也不能有效向下供烃。

中晚奥陶世—志留纪时期，三个盆地均发育一套泥页岩烃源岩。塔里木盆地为满加尔拗陷发育的黑土坳组黑色泥页岩；鄂尔多斯盆地发育的是平凉组（乌拉力克组）泥页岩；四川盆地发育的是五峰组—龙马溪组黑色泥页岩。

3. *石炭纪—三叠纪早期时期*

塔里木盆地和鄂尔多斯盆地基本完成海相到陆相的转换，仅四川盆地还处于海相阶段。四川盆地，在原成都古隆起及开江古隆起控制的基础上，沉积了中石炭统黄龙组白云岩，经过沉积末期云南运动的抬升、剥蚀、岩溶，形成了一套潮坪相岩溶型白云岩优质储层，构成了围绕开江古隆起及成都古隆起东缘的石炭系巨型天然气聚集带。中二叠统栖霞组—茅口组，在川西及川东南地区存在台缘滩相沉积，可能是一个潜在的大型天然气聚集带。茅口组沉积末期的东吴运动，形成茅顶的不整合面，岩溶作用产生，构成了川东、川南、川西南茅口组中-上部的岩溶型缝洞储层；但由于构造运动以拉张抬升为主，构造形变小，溶蚀时间相对较短，形成的缝洞规模小而分散，虽然四川盆地找到近300余个缝洞体，但是总体规模较小，未发现缝洞型大规模天然气聚集带。晚二叠世，峨眉地裂运动达到“高潮”，以峨眉山玄武岩喷溢为标志（罗志立，1986），开江-梁平在拉张背景下，“拉张槽”形成，并持续演化到下三叠统飞仙关组沉积末期。该“拉张槽”边缘控制了长兴组生物礁的形成与分布，也控制了飞仙关组滩相储层的形成与分布，在边缘发育二叠系—三叠系礁滩相优质储层，“槽”内属于台盆和陆棚相沉积（泥灰岩类烃源岩），与下伏二叠系烃源岩构成了大规模天然气聚集带的物质基础。目前围绕“槽缘”基本探明普光、铁山坡、五百梯、卧龙河、铁山南、黑池梁、龙岗、元坝、剑阁等二叠系—三叠系气藏，地质储量近$10000\times10^8m^3$，成为国内已探明的著名天然气聚集带。

下三叠统嘉陵江组也是四川盆地的天然气产层段。在盖层中也发现了30余个天然气藏，其主要受控于泸州古隆起，围绕泸州古隆起分布有滩相沉积，成为优质储层，配合晚期断裂与二叠系烃源岩供烃构成气藏基础，形成环泸州古隆起的大规模油气聚集带，探明的天然气储量近$2000\times10^8m^3$。

4. *中三叠世—晚三叠世早期*

由于泸州古隆起、开江古隆起、天井山古隆起的控制作用，围绕古隆起沉积了雷口坡组大量藻屑滩沉积；再叠加雷口坡组沉积末期印支运动，造成风化岩溶，形成广泛分布的滩相+岩溶的优质储层分布。储层上覆盖上三叠统优质烃源岩（也有沿断裂带的下部二叠系供烃），组成了大规模天然气聚集带的成藏基础。目前可以初步判断的是：存在沿天井山南缘分布的川西北-米仓山前缘雷口坡组天然气聚集带，目前发现中坝雷三段气藏（储量近$100\times10^8m^3$）、元坝雷四段气藏、龙岗雷四段气藏。在新场-绵竹地区发现多口高产天然气井，预测天然气储量在$3000\times10^8m^3$以上；沿泸州古隆起带西北缘雷口坡组大规模天然气聚集带，目前已发现卧龙河雷一段气藏、磨溪雷一段气藏、罗渡溪雷一段气藏、潼南雷一段气藏、黄家场雷一段气藏、观音场雷口坡组气藏等，探明天然气储量近$500\times10^8m^3$。

4.3.2　四川盆地海相碳酸盐岩油气聚集带成藏特征及潜力评价

4.3.2.1　环绵阳-长宁拉张槽震旦系灯影组天然气聚集带

1. 环绵阳-长宁拉张槽震旦系灯影组天然气聚集带评价

拉张槽位于绵阳-乐至-隆昌-长宁一带，故命名为环绵阳-长宁拉张槽。拉张槽整体展布格局为向南开口，其东侧陡、西侧缓。

资料可靠区域内最窄处位于资中，宽约50km；南部区域最宽处可超过100km，并且向南逐渐变宽；北部区域宽度也可超过100km，并且向北变宽。按照目前油气勘探情况，该拉张槽两侧均已获得油气勘探突破（图4-63），在威远地区和高石梯-磨溪地区发现震旦系灯影组气藏。

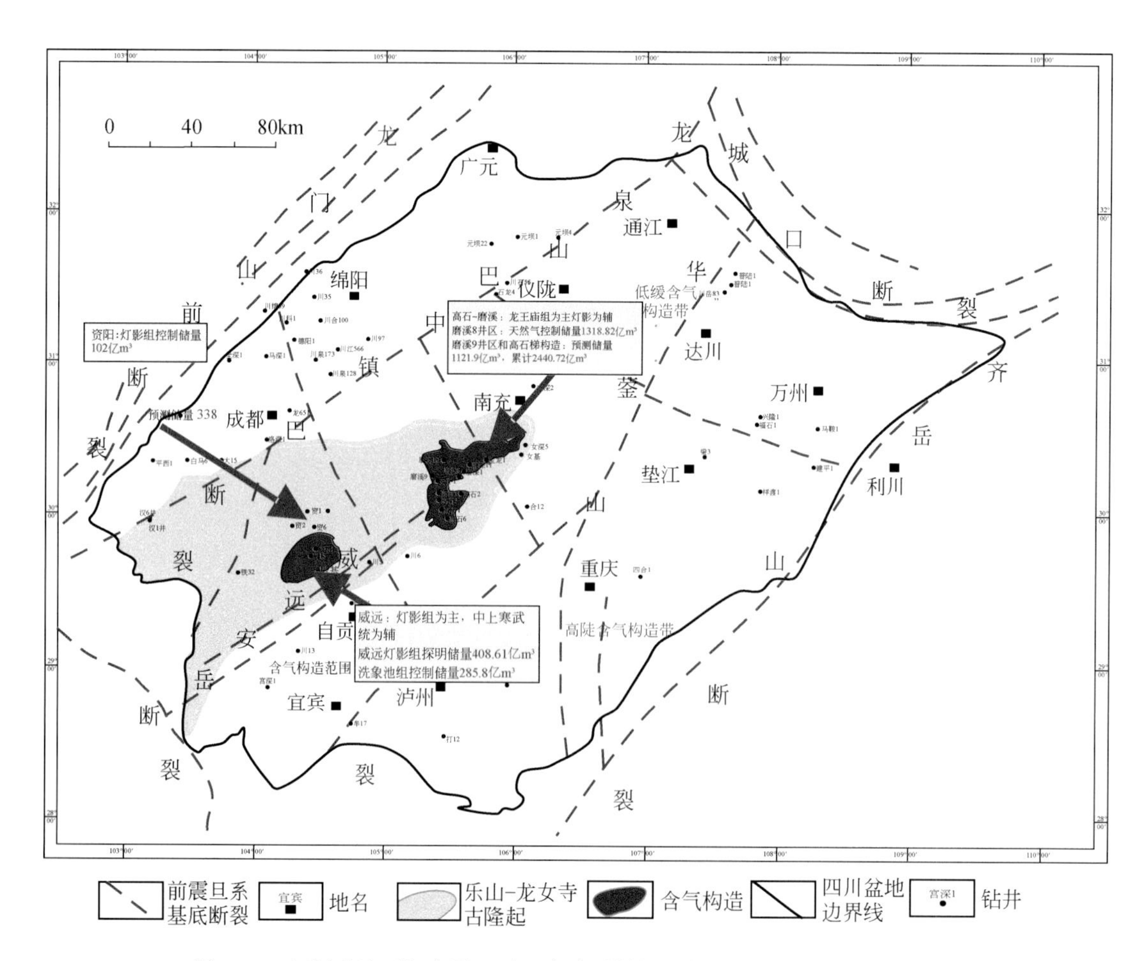

图4-63　四川盆地下组合震旦系—寒武系勘探现状图（据刘树根等，2015）

震旦系灯影组气藏发育两套储层，分别为灯四段和灯二段，均为藻白云岩为主的台内滩相储层，储集性能较好。该气藏的主力烃源岩为下寒武统筇竹寺组下段的深水陆棚相页岩，有机质含量丰富；次要烃源岩为下震旦统陡山沱组泥岩和灯影组第三段泥岩。该气藏从而形成上生下储为主、下生上储为辅的含油气系统（图4-64）。该区下寒武统泥岩厚度为100～450m，为灯影组直接盖层。

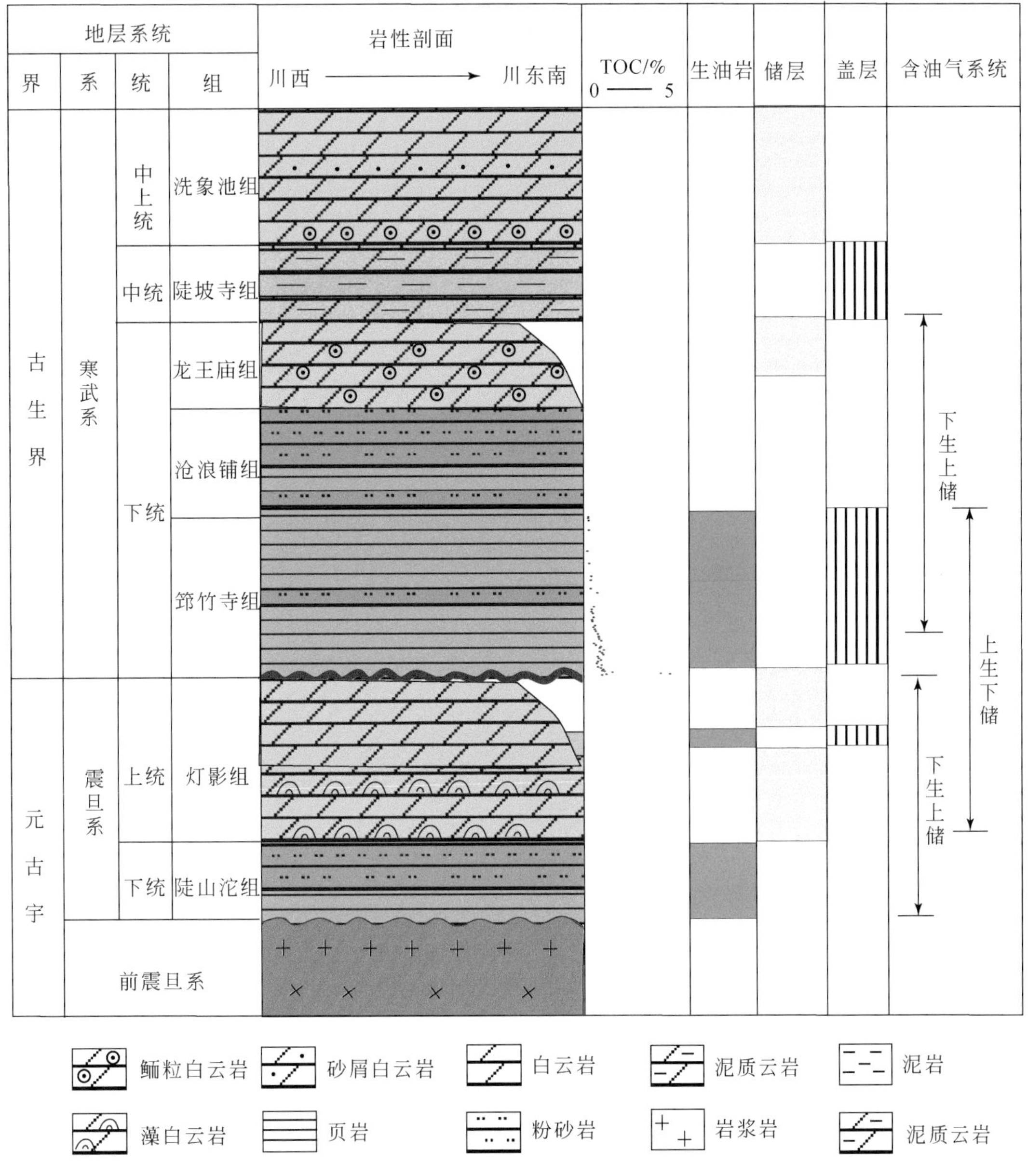

图4-64　四川盆地下组合油气藏综合剖面图

震旦系发育的两套储层沉积环境相近，均发育在局限台地的台内滩环境，滩体为藻滩/

丘，发育藻白云岩。按照前人研究（李英强等，2013；张健等，2014），灯影组沉积的滩体分布在川中地区。滩的发育是灯二段、灯四段储层形成的基础。震旦系的台内滩分布在局限台地，藻白云岩与云坪相泥晶云岩、潟湖相的泥质云岩纵向上互层。

然而，震旦系发育的两套储层厚度分布却与沉积格局不太一致。灯二段沉积的厚度最大值分布在川中地区，而灯四段厚度沿拉张槽分布，川中地区也最厚。受桐湾运动影响，灯四段遭受长时间剥蚀，拉张槽即当时的岩溶汇水区，剥蚀殆尽。拉张槽东部的高石梯-磨溪地区为当时岩溶高地（图 4-65）。

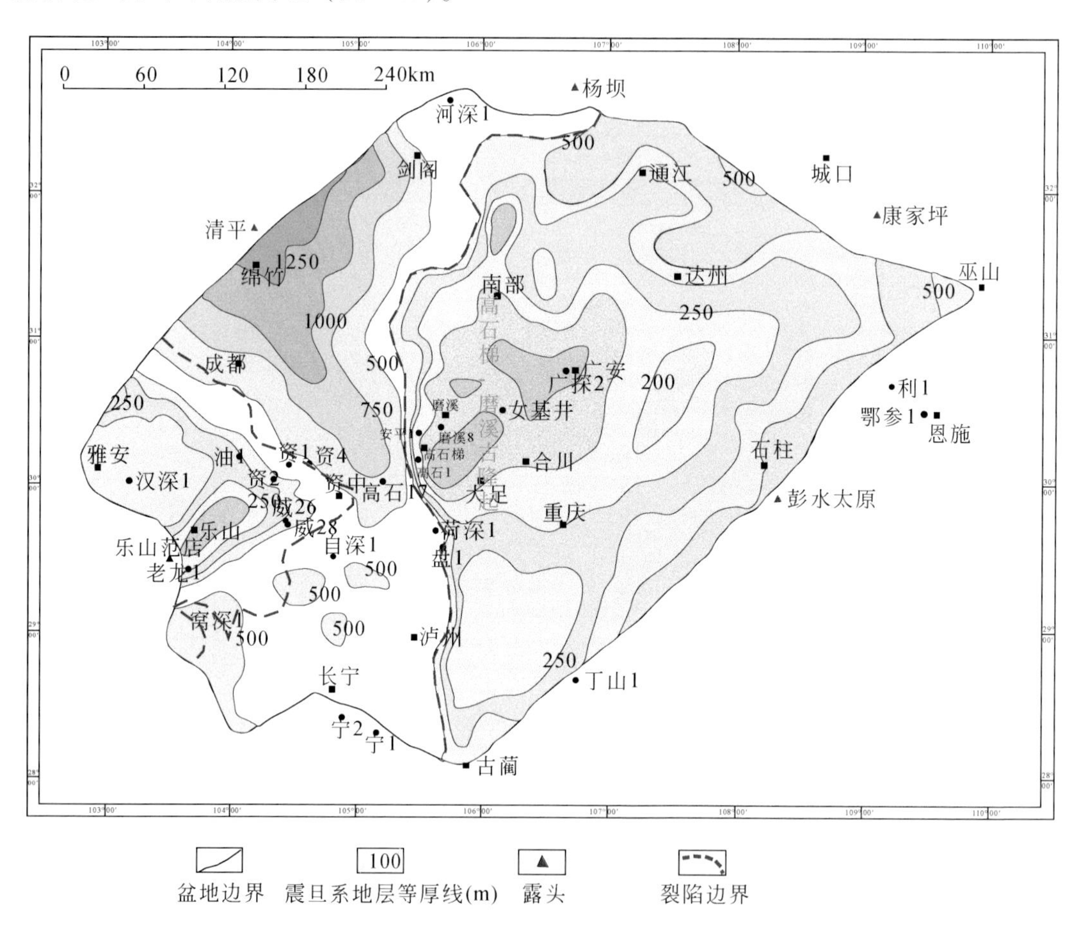

图 4-65　四川盆地桐湾运动时期岩溶古地貌图

桐湾运动原是指形成湘西洪江市下寒武统五里牌组和南华系南沱组冰碛层间的不整合的构造运动，后期其含义发生了诸多变化，但多数学者倾向于将“桐湾运动”界定为扬子地区震旦系与寒武系之间的构造运动，表现为两者之间的假整合面，即前寒武系的侵蚀面，代表震旦纪末的大规模抬升运动。侯方浩等（1999）针对资阳地区灯影组储集层，提出桐湾运动存在两幕：第 1 幕发生在灯影组灯三段沉积期和灯四段沉积期之间，沉积间断时间较短；第 2 幕发生在灯影组沉积期和下寒武统麦地坪组沉积期之间，遭受剥蚀时间 10Ma 左右。汪泽成等（2014）认为还存在桐湾运动Ⅲ幕，发生在早寒武世麦地坪组沉积期末，表现为下寒武统麦地坪组与筇竹寺组假整合接触。桐湾运动逆冲–褶皱隆升、剥蚀作用以及早寒武世早期快速海侵背景下的拉张作用是形成侵蚀的关键。目前，虽然针对桐湾运动期次有多种看法，但本书研究认为从拉张槽和古隆起的形成演化顺序来看，桐湾运动主要影响灯四段沉积后，也即对灯四段沉积并无影响，灯二段更加不受影响。

根据前人研究（宋金民等，2013），震旦系灯二段和灯四段为藻丘白云岩储层，埋藏溶蚀叠加表生溶蚀。虽然晚期埋藏成岩作用有一定影响，但主要储集空间形成于桐湾运动的表生岩溶期，受岩溶古地貌影响大。因此，灯影组储层形成时期四川盆地的构造格局为拉张槽以东发育高石梯–磨溪古隆起，以西为岩溶斜坡，在拉张槽内发育岩溶洼地。在岩溶斜坡区与滩相叠合地区是最有利的储层发育区（图 4-66）。

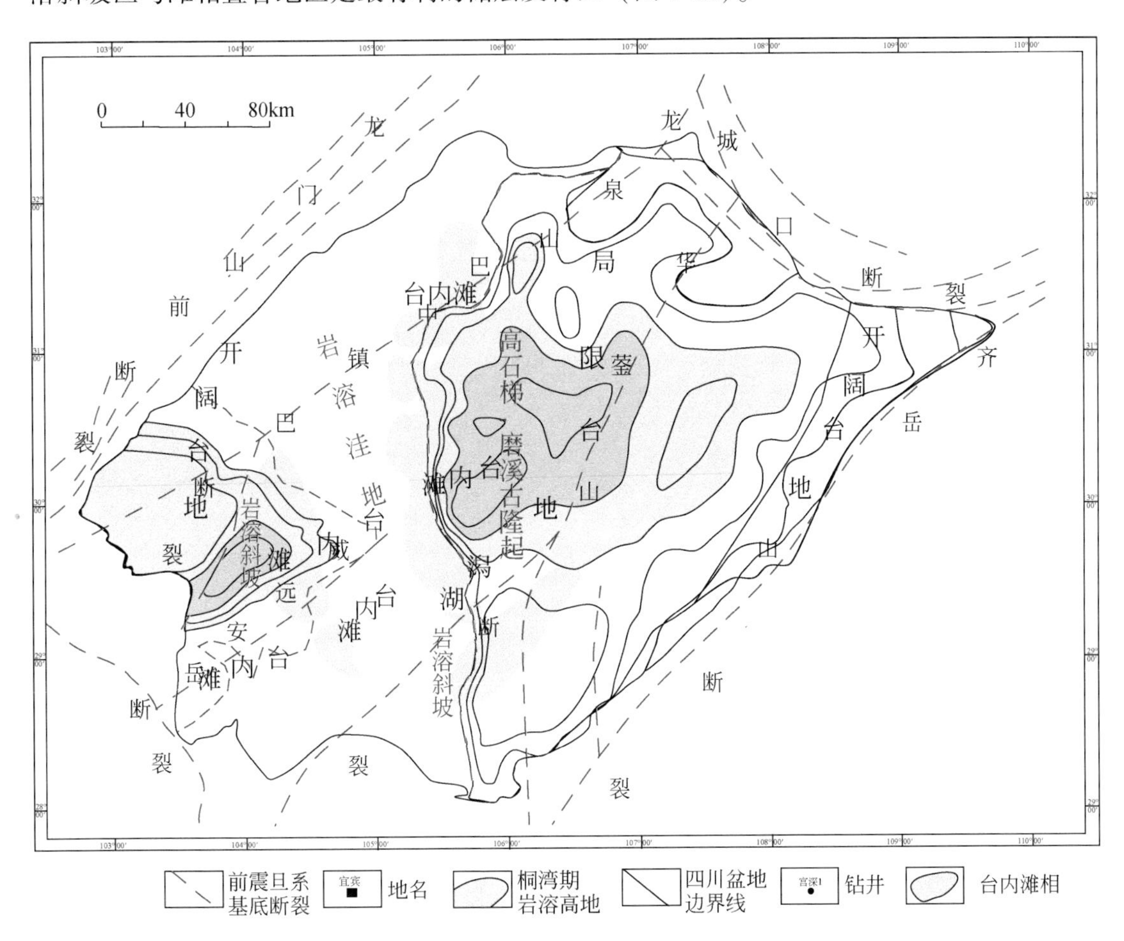

图 4-66　四川盆地灯影组控储期构造图（据刘树根等，2013b）

按照灯影组的气源对比，主力烃源岩为筇竹寺组泥页岩。按照该套烃源岩的生烃史分析，主要的生油时间为志留纪—三叠纪，主生气期为白垩纪。加里东运动使川中古隆起抬升剥蚀，延缓了烃源岩的成熟。震旦系气藏中发育的大量沥青表明存在大型古油藏阶段，且通过天然气分析认为主要是原油裂解气。研究认为（李伟等，2015），古油藏主要发育在侏罗纪之前，与印支末期的古构造有关。当时两个大型古油藏分别为高石梯–磨溪油藏和资阳-威远油藏，在广安、荷包场还可能存在较小古油藏。因此，主要控制气藏分布的因素与古油藏范围密切相关，控藏期为印支末期的古构造。桐湾运动时期古隆起和岩溶斜坡区与印支末期古构造叠合区控制成藏范围。印支期形成油藏；燕山期构造调整，形成气藏；喜马拉雅期调整定位最终形成大中型气藏。

震旦系灯影组气藏的成藏输导体系为桐湾运动末期的古岩溶作用形成的侵蚀谷，该侵蚀谷直接沟通了烃源与储层，是成藏的最有利条件。侵蚀谷内部麦地坪组沉积厚度较大，往两翼逐渐减薄至尖灭。而侵蚀谷内部的油气运移通道则为正断层，构成构造-岩性气藏，上生下储。

灯影组气藏的储层发育受拉张槽影响的岩溶古地貌和沉积相控制，早期原油聚集区受控于印支末期古隆起和生烃中心。气藏晚期过熟油充注，以及沥青裂解生气，在喜马拉雅期挤压应力下运移充注在邻近构造，形成以印支末期古隆起与桐湾期古隆起叠合区附近环拉张槽的油气聚集带。图 4-67 为环绵阳-长宁拉张槽震旦系灯影组天然气聚集带的有利区预测图，拉张槽两侧两期古隆起和岩溶斜坡叠合区可作为下一步勘探目标。

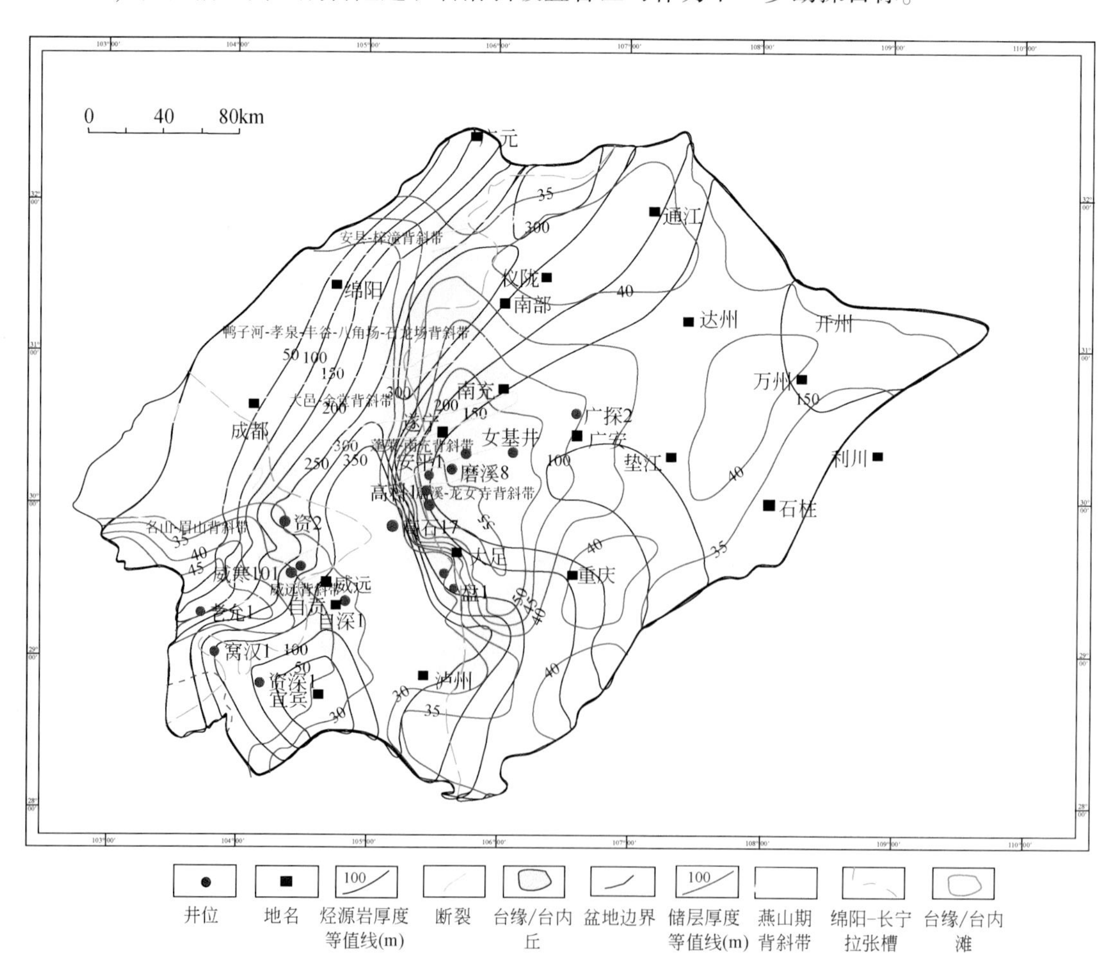

图 4-67　四川盆地环绵阳-长宁拉张槽震旦系灯影组天然气聚集带评价图

2. 环绵阳-长宁拉张槽震旦系灯影组天然气聚集带资源量评价

四川盆地环绵阳-长宁拉张槽震旦系灯影组天然气聚集带长度约 450km，宽度一般为 40 ~ 60km，向川西拗陷方向埋藏深度增加（超过 7000 ~ 8000m），聚集带变宽，在东侧最宽可达 80 ~ 100km（图 4-68）。

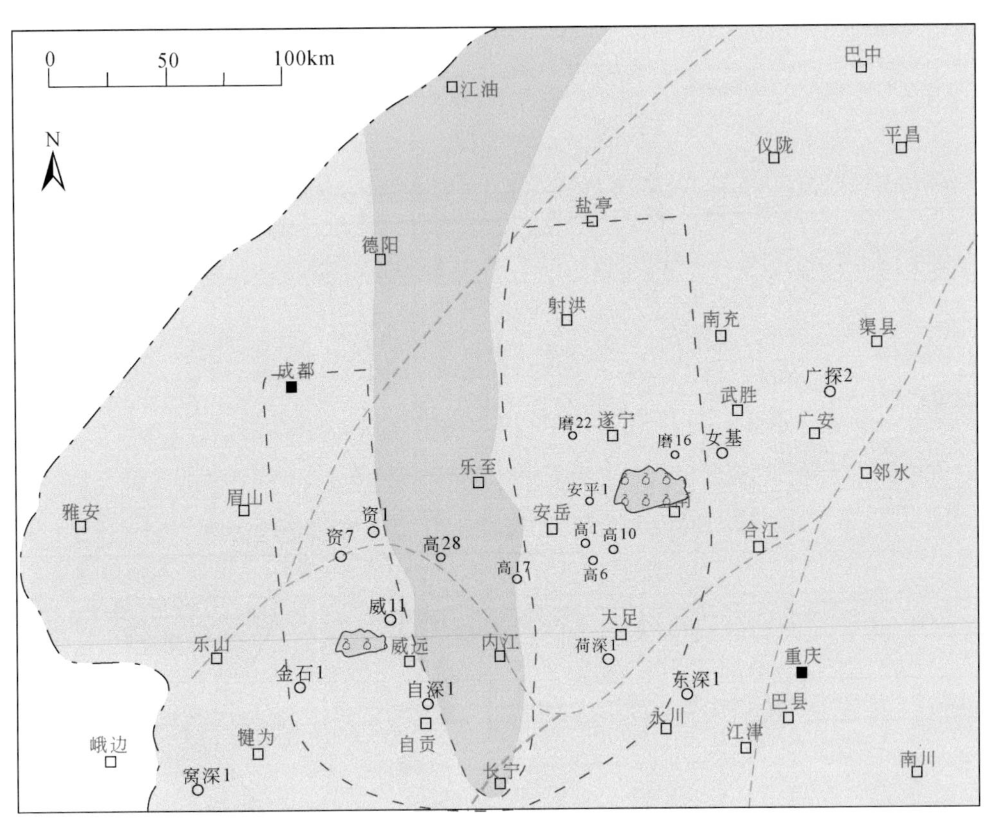

图 4-68 四川盆地环拉张槽灯影组油气聚集带分布图

环绵阳-长宁拉张槽震旦系灯影组发育滩相藻白云岩储层，储层分布较稳定，厚度一般为 30 ~ 50m，储层孔隙度一般为 2%~3%。聚集带的天然气主要来自于上覆下寒武统筇竹寺组深水陆棚相页岩，其次为下震旦统陡山沱组泥岩和灯三段泥岩。聚集带内筇竹寺组页岩厚度为 150 ~ 350m，页岩有机碳含量一般为 1.5%~2.5%，生气强度为 80×10^8 ~ $150\times10^8 m^3/km^2$。该聚集带不仅气源条件优越，而且下寒武统筇竹寺组又是震旦系灯影组的直接盖层，具有良好的物性与天然气浓度封闭条件。

环绵阳-长宁拉张槽震旦系聚集带内已经探明威远震旦系气田。综合聚集带成藏条件与控制因素分析，聚集带内总体成藏控制因素与威远震旦系气田基本相似。通过与威远震旦系气田刻度区的地质对比分析，估算出环绵阳-长宁拉张槽震旦系聚集带的天然气地质

资源量为 $4500\times10^8\sim10800\times10^8\text{m}^3$，资源量期望值为 $7400\times10^8\text{m}^3$（表 4-11、表 4-12）。

表 4-11　四川盆地环拉张槽灯影组油气聚集带资源评价结果

评价指标		威远刻度区		聚集带	
		范围值	期望值	范围值	期望值
区块面积/km^2		895		20800	
筇竹寺组烃源岩	厚度/m	250 ~ 350	175	150 ~ 350	200
	生气强度/（$10^8\text{m}^3/\text{km}^2$）	100 ~ 130	95	80 ~ 150	115
灯影组储层	厚度/m	30 ~ 90	45	10 ~ 70	35
	孔隙度/%	1.5 ~ 4.5	2.5	1.5 ~ 4.5	3.0
地层压力系数	0.98 ~ 1.02	1	1.0 ~ 1.3	1.15	
直接盖层	下寒武统页岩	下寒武统页岩			
含气面积/km^2	216	5500 ~ 12500	8500		
类比相似系数	1	0.35 ~ 0.65	0.55		
资源量/10^8m^3	408	4500 ~ 10800	7400		

表 4-12　四川盆地震旦系灯影组有利区天然气资源评价结果

评价指标		威远刻度区		眉山-自贡地区		射洪-大足地区	
		指标范围	期望值	指标范围	期望值	指标范围	期望值
区块面积/km^2		895	7200	10800			
筇竹寺组烃源岩	厚度/m	250 ~ 350	175	300 ~ 400	230	150 ~ 300	200
	生气强度/（$10^8\text{m}^3/\text{km}^2$）	100 ~ 130	95	120 ~ 150	135	80 ~ 120	95
灯影组储层	厚度/m	30 ~ 90	45	50 ~ 90	30	60 ~ 100	30
	孔隙度/%	1.5 ~ 4.5	2.5	1.5 ~ 4.5	2.5	1.5 ~ 4.5	2.5
地层压力系数		0.98 ~ 1.02	1	1.0 ~ 1.1	1.05	1.0 ~ 1.1	1.05
直接盖层		下寒武统页岩					
含气面积/km^2		216		1500 ~ 4500	2500	3200 ~ 6500	4500
类比相似系数		1		0.45 ~ 0.75	0.65	0.35 ~ 0.65	0.55
资源量/10^8m^3		408		1500 ~ 4300	2700	2100 ~ 5900	3100

四川盆地震旦系灯影组有利区分布于眉山-自贡地区和射洪-大足地区，前者位于环绵阳-长宁拉张槽西侧，分布面积为 7200km^2，后者位于环绵阳-长宁拉张槽东侧，分布面积为 10800km^2（图 4-69）。眉山-自贡地区和射洪-大足地区临近寒武系生烃中心，同时在桐湾期古隆起与印支末期处于古隆起叠合区，是古油藏形成的指向区。

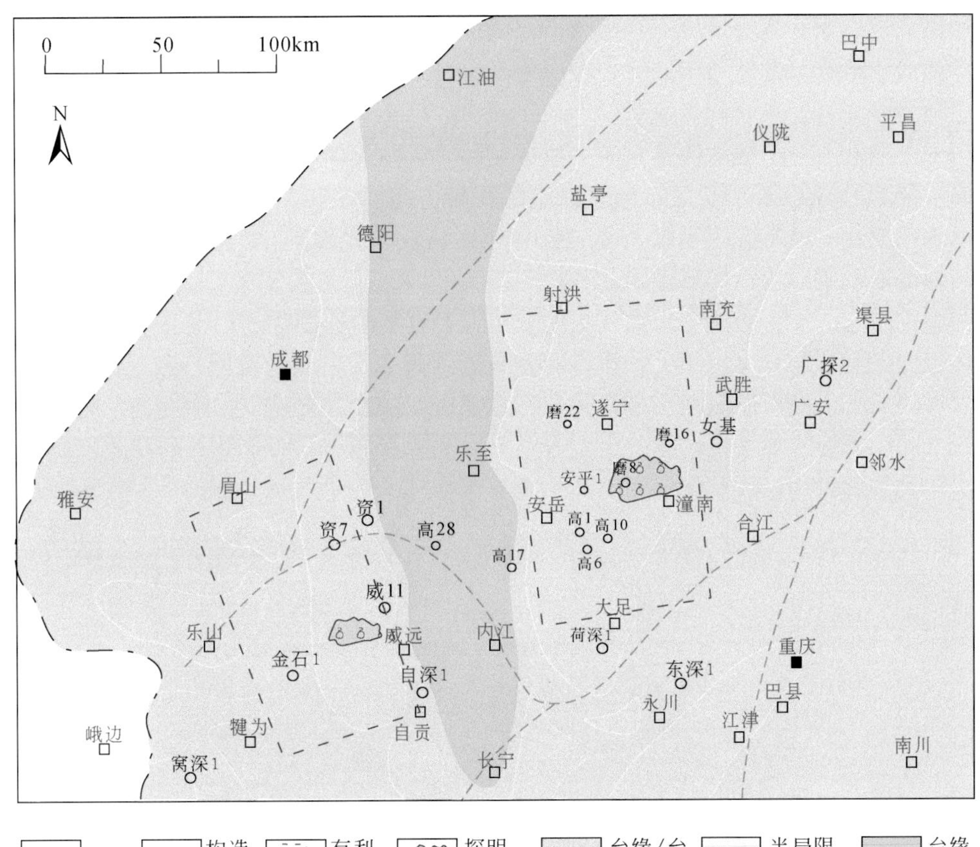

图 4-69　四川盆地环拉张槽灯影组油气有利区分布图

眉山-自贡地区震旦系灯影组有效储层厚度为 50 ~ 90m，储层孔隙度一般为 1.5% ~ 4.5%。射洪-大足地区震旦系灯影组有效储层厚度为 60 ~ 100m，储层孔隙度一般为 1.5% ~ 4.5%。按照有利区面积、储层厚度、烃源岩厚度和储层孔隙度，类比威远气田计算了眉山-自贡地区灯影组的天然气地质资源量为 $1500\times10^8 \sim 4300\times10^8 m^3$，资源量期望值为 $2700\times10^8 m^3$；射洪-大足地区震旦系灯影组的天然气地质资源量为 $2100\times10^8 \sim 5900\times10^8 m^3$，资源量期望值为 $3100\times10^8 m^3$。

4.3.2.2　乐山-龙女寺古隆起带寒武系龙王庙组天然气聚集带

川中古隆起区探明的寒武系气藏显示了巨大的勘探潜力，是近两年四川盆地油气勘探的重要突破。高石梯-磨溪构造龙王庙组为主灯影组为辅的“低缓含气构造带”磨溪 8 井区天然气控制储量 1318.82 亿 m^3，磨溪 9 井区和高石梯构造预测储量 1121.9 亿 m^3，累计 2440.72 亿 m^3；寒武系龙王庙组已证实为多产层、平面上集群式分布的特大型油气聚集带，其成藏要素主要包括广覆式烃源岩、古隆起构造演化与生排烃的耦合，网状输导体系，纵向上 3 套储层，区域性封盖条件好。气藏组合主要为下生上储的龙王庙组气藏。龙王庙组气藏的来源较明确和单一，主力烃源岩为筇竹寺组（或牛蹄塘组）泥页岩，为深水陆棚相泥页岩。龙王庙组地层不直接与下寒武统烃源岩接触，依靠断层沟通烃源，形成下生上储的成藏组合。龙王庙组的直接盖层为高台组致密灰岩夹膏盐，区域性盖层为洗象池组—三叠系砂泥岩、灰岩和膏盐层。

川中古隆起为一个继承性发育的大型古隆起，又称为加里东古隆起。震旦纪灯影组沉积期该古隆起已具雏形，发育于沧浪铺组沉积期，定型于加里东晚期。海西期—燕山早期，继承性演化，该古隆起不断深埋。燕山晚期—喜马拉雅期，威远构造快速隆起，西段强烈构造变形，东段构造变形微弱。

川中古隆起的发育对龙王庙组气藏的分布有着直接的控制作用。龙王庙组沉积期，沿着古隆起周缘发育颗粒滩沉积。颗粒滩的分布范围基本与古隆起范围一致（图 4-70）。颗粒滩外缘的局限台地膏质潟湖、云坪相沉积厚度较大，古隆起上沉积厚度相对较小。颗粒滩经历准同生岩溶及加里东运动的表生岩溶叠加改造，形成大面积分布的孔隙型优质储集层，为特大型气田的形成奠定了基础。

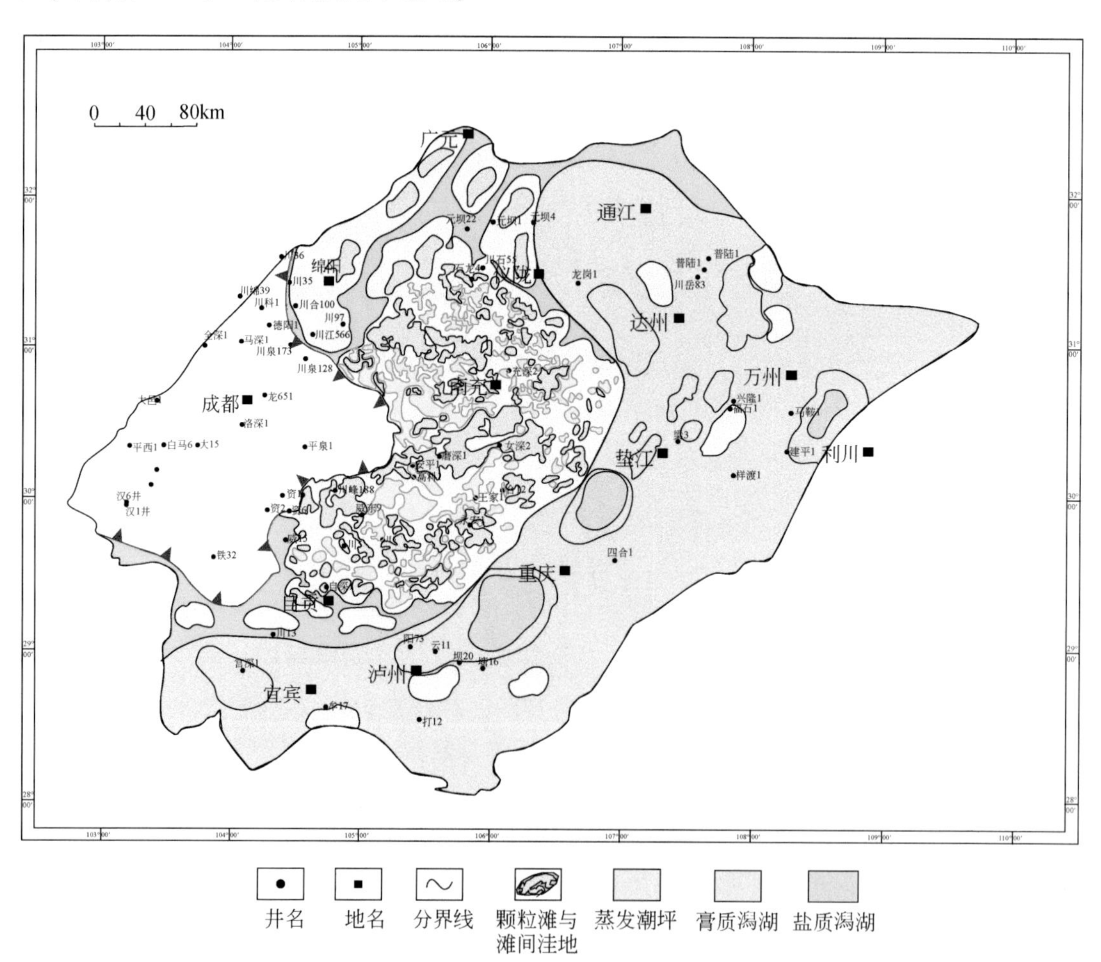

图 4-70　四川盆地龙王庙组岩相古地理图（据杜金虎等，2014）

龙王庙组储层分布在古隆起控制下的颗粒滩发育区，发育准同生期白云石化和表生岩溶叠加改造的储层。龙王庙组储层成因可分为强云化颗粒滩储层、中等-弱云化颗粒滩储层、潮坪结晶白云岩储层、潮坪灰云坪储层。其中，强云化颗粒滩储层粒间孔和粒间溶孔发育，形成孔隙型储层。准同生期白云石化是储层发育的主要控制因素。临近古隆起区的龙王庙组储层还受到加里东末期表生岩溶作用改造，形成较多的溶蚀孔洞。有利储层发育区主要分布在环古隆起区的颗粒滩叠加岩溶区域（图4-71）。

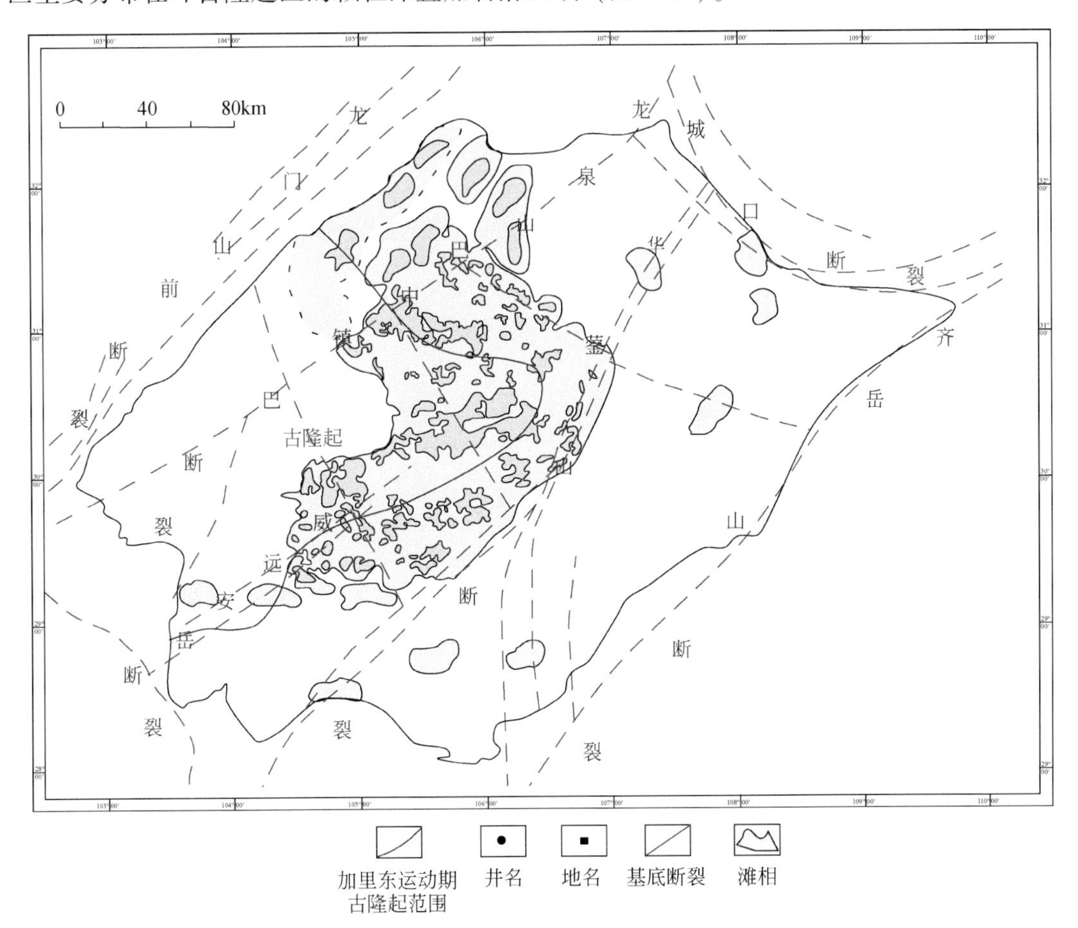

图4-71　四川盆地龙王庙组控储期构造图

根据高石梯-磨溪和威远地区的天然气甲烷和乙烷碳同位素分布，高石梯-磨溪龙王庙组天然气的轻烃组成（异构烷烃和环烷烃含量较高）分析，以及灯四段溶孔充填的沥青的热解实验表明，龙王庙组天然气以原油裂解气为主，属于次生气藏。川中古隆起的发育还极大地延缓了下寒武统烃源岩的生烃时机，有利于天然气的晚期成藏与保存。

由于加里东运动时期该古隆起长时间遭受剥蚀，未形成早期油的聚集，直至三叠纪—白垩纪下伏烃源岩主生气期，川中古隆起龙王庙组气藏才开始充注，受燕山期古隆起范围、下寒武统泥页岩生烃中心控制。喜马拉雅期气藏受原油裂解和过熟油充注，形成沿尖灭线、古隆起、滩相发育区的“环形”油气聚集带（图4-72）。

寒武系龙王庙组天然气聚集带位于乐山-龙女寺古隆起，聚集带长度约180km，宽度一般为70～110km，沿三台-南充-自贡一带呈“反L形”展布，分布面积为12700km^2。

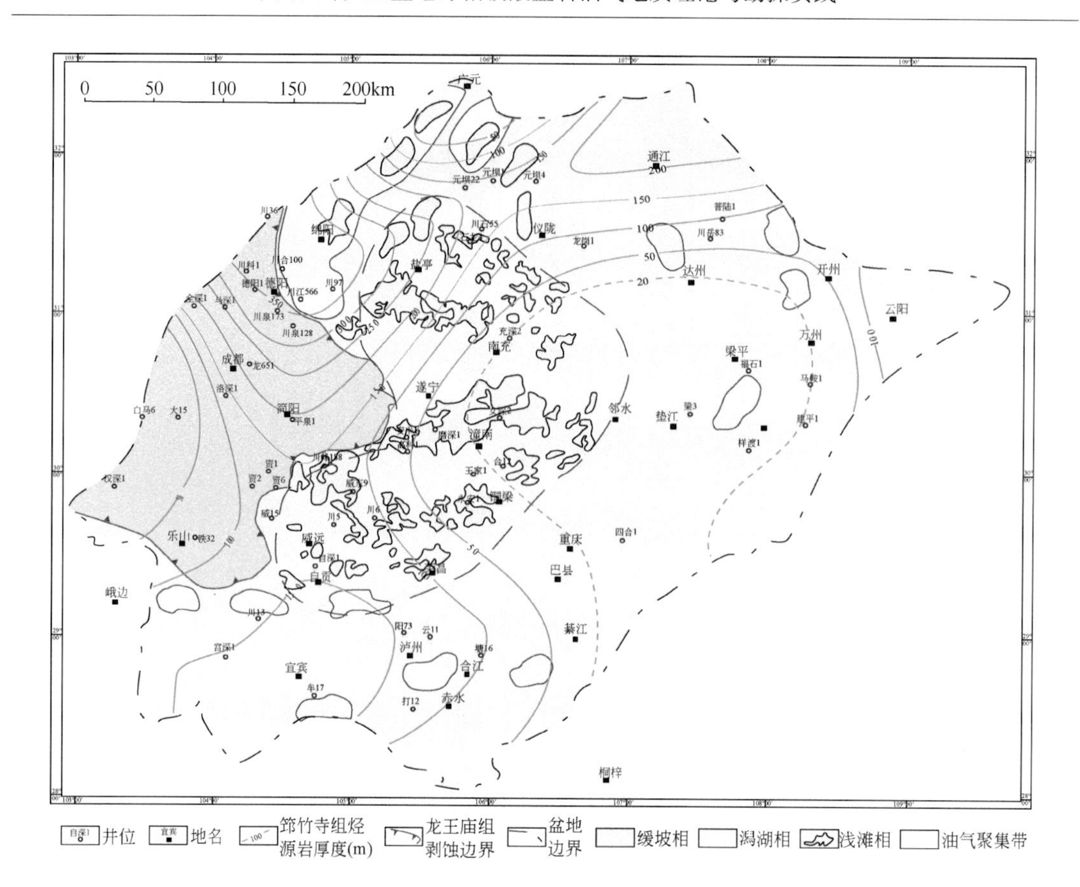

图 4-72 四川盆地乐山–龙女寺古隆起带龙王庙组油气聚集带分布图

龙王庙组聚集带天然气主要来自下寒武统筇竹寺组页岩、沧浪铺组泥岩。龙王庙组发育砂屑白云岩、鲕粒白云岩等台缘颗粒滩相储层以及晶粒白云岩储层，并且经历了准同生岩溶及加里东运动的表生岩溶叠加改造，形成大面积分布的孔隙型优质储集层。储层厚度一般为 15 ~ 40m，孔隙度一般为 4%~5%，储层流体压力系数较高，一般为 1.5 ~ 1.7。

龙王庙组聚集带内已经探明了高石梯–磨溪龙王庙组气田。综合聚集带成藏条件与控制因素分析，聚集带内总体成藏控制因素与高石梯–磨溪龙王庙组气田基本相似。通过与高石梯–磨溪刻度区的地质对比分析，估算出聚集带龙王庙组的天然气地质资源量为 11300×10^8 ~ $27100\times10^8 m^3$，资源量期望值为 $18400\times10^8 m^3$（表 4-13）。

表 4-13 四川盆地乐山–龙女寺龙王庙组油气聚集带天然气资源评价结果

评价指标		高石梯–磨溪刻度区		聚集带	
		指标范围	期望值	指标范围	期望值
区块面积/km^2		1150		12700	
筇竹寺组烃源岩	厚度/m	120 ~ 200	175	100 ~ 400	230
	生气强度/（$10^8 m^3/km^2$）	40 ~ 120	95	20 ~ 150	105

续表

评价指标		高石梯-磨溪刻度区		聚集带	
		指标范围	期望值	指标范围	期望值
储层	厚度/m	3 ~ 65	35	0 ~ 70	25
	孔隙度/%	2 ~ 15	4. 8	2 ~ 12	4. 8
地层压力系数	1. 53 ~ 1. 72	1. 55	1. 55 ~ 1. 75	1. 65	
直接盖层		中上寒武统泥岩、致密碳酸盐岩		二叠系—中上寒武统泥岩、致密碳酸盐岩	
含气面积/km^2		779. 86		4300 ~ 7500	5400
类比相似系数		1		0. 45 ~ 0. 65	0. 55
资源量/$10^8 m^3$		4404		11300 ~ 27100	18400

寒武系龙王庙组在四川盆地乐山-龙女寺古隆起带共优选出盐亭-射洪区块、安岳-武胜区块、资阳-威远区块、大足区块 4 个有利目标区（图 4-73）。

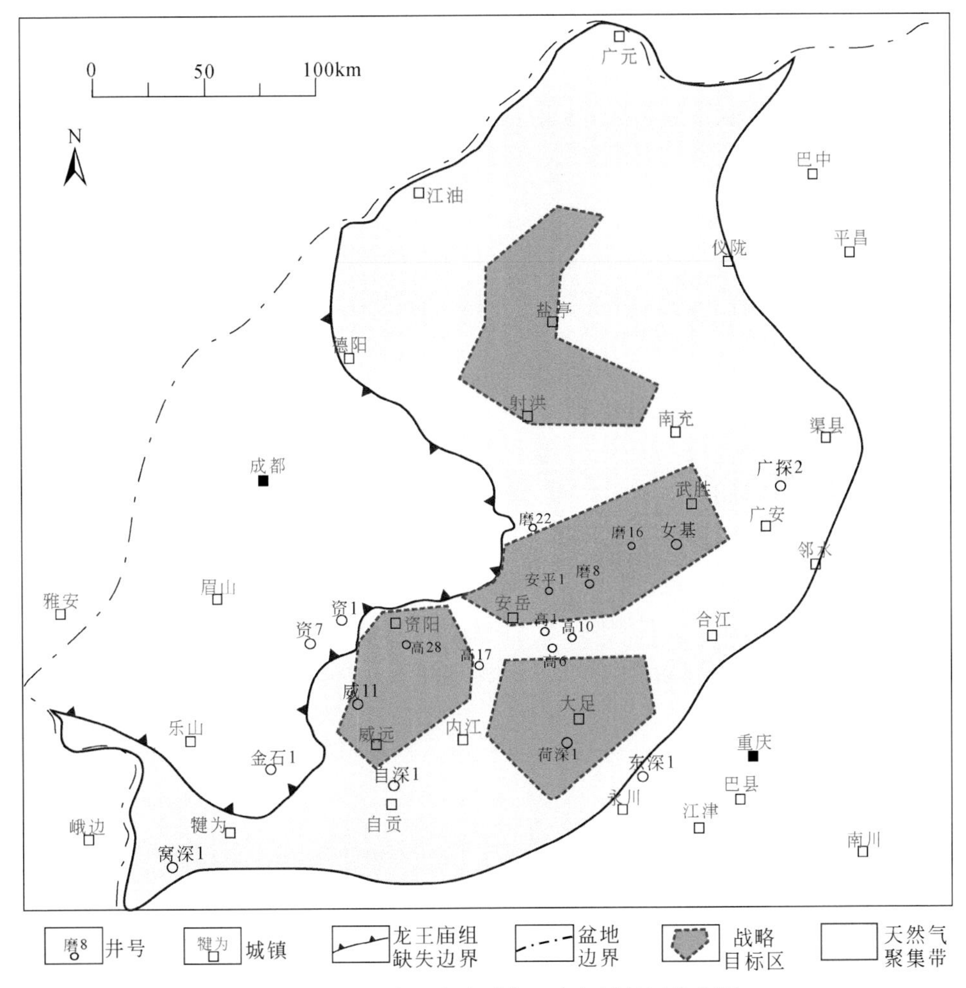

图 4-73　四川盆地寒武系龙王庙组目标区分布图

盐亭-射洪目标区的分布面积为 $8500\mathrm{km}^2$，区内龙王庙组发育Ⅱ类储层，储层有效厚度一般为 20 ~40m，储层孔隙度为 2.0%~4.5%，下寒武统烃源岩厚度为 200 ~320m。通过与高石梯-磨溪龙王庙组气田类比计算，盐亭-射洪目标区的天然气地质资源量为 $5200\times10^8\mathrm{m}^3$。

安岳-武胜目标区的分布面积为 $2600\mathrm{km}^2$，龙王庙组发育Ⅰ类储层，储层有效厚度一般为 25 ~65m，储层孔隙度为 2.5%~6.5%，下寒武统烃源岩厚度为 150 ~220m。通过与高石梯-磨溪龙王庙组气田类比计算，安岳-武胜目标区的天然气地质资源量为 $13600\times10^8\mathrm{m}^3$。

资阳-威远目标区的分布面积为 $2800\mathrm{km}^2$，区内龙王庙组发育Ⅲ类储层，储层有效厚度一般为 15 ~35m，储层孔隙度为 2.0%~4.5%，下寒武统烃源岩厚度为 250 ~320m。通过与高石梯-磨溪龙王庙组气田类比计算，资阳-威远目标区的天然气地质资源量为 $2700\times10^8\mathrm{m}^3$。

大足目标区内龙王庙组发育Ⅱ类储层，储层有效厚度一般为 25 ~45m，储层孔隙度为 2.5%~5.5%，下寒武统烃源岩厚度为 150 ~250m。通过与高石梯-磨溪龙王庙组气田类比计算，大足目标区的天然气地质资源量为 $3300\times10^8\mathrm{m}^3$。

四川盆地寒武系龙王庙组 4 个有利目标区的天然气总地质资源量为 8680×10^8 ~$23700\times10^8\mathrm{m}^3$，资源量期望值为 $14800\times10^8\mathrm{m}^3$，其中已经探明天然气地质资源量为 $4400\times10^8\mathrm{m}^3$，潜在天然气地质资源量为 $10400\times10^8\mathrm{m}^3$，潜在天然气资源主要分布在安岳-武胜区块以及盐亭-射洪区块（表 4-14）。

表 4-14　四川盆地寒武系龙王庙组有利区天然气资源评价结果

评价指标		高石梯-磨溪刻度区		有利目标区			
		指标范围	期望值	盐亭-射洪	安岳-武胜	资阳-威远	大足
区块面积/km^2		1150	4700	8500	2600	2800	
筇竹寺组烃源岩	厚度/m	120 ~200	175	200 ~320	150 ~220	250 ~320	150 ~250
	生气强度/（$10^8\mathrm{m}^3/\mathrm{km}^2$）	40 ~120	95	60 ~150	50 ~85	70 ~150	30 ~80
储层	厚度/m	3 ~65	35	20 ~40	25 ~65	15 ~35	25 ~45
	孔隙度/%	2 ~15	4.8	2.0 ~4.5	2.5 ~6.5	2.0 ~4.5	2.5 ~5.5
地层压力系数		1.53 ~1.72	1.55	1.55 ~1.75	1.55 ~1.65	1.45 ~1.55	1.45 ~1.55
直接盖层		中上寒武统泥岩、致密碳酸盐岩		二叠系—中上寒武统泥岩、致密碳酸盐岩			
含气面积/km^2		779.86		2200 ~2600	3500 ~4200	900 ~1400	950 ~1500
类比相似系数		1		0.55 ~0.75	0.75 ~0.95	0.55 ~0.65	0.45 ~0.55
资源量/$10^8\mathrm{m}^3$	范围值	4404		1500 ~6600	5200 ~11900	900 ~3600	1080 ~4600
	期望值			3240	7460	1920	2180

4.3.2.3　泸州古隆起北斜坡带雷口坡组天然气聚集带

近年来中三叠统雷口坡组成为四川盆地的重要勘探层系，已相继在川中龙岗、蓬莱等地的雷口坡组发现天然气藏，促使对雷口坡组的勘探研究不断深入。李廷钧等（2012）认为自贡西部地区雷口坡组雷三段气藏主要源自于须家河组。如观音场构造雷三段都表现为须家河组来源，而雷一段的天然气则主要受下伏深层烃源岩主导。雷二段天然气来源较复杂，部分表现为深层混入特点，部分表现为须家河组气源层特点。大多数学者研究分析结果表明，四川盆地中三叠统雷口坡组从雷一段至雷五段均有产层，其气源较复杂，既有雷口坡组自身内部碳酸盐岩油型气，又有上三叠统须家河组煤型气，还可能有来自下二叠统的油型气。

依据调查研究的开发现状图，研究重点区的泸州古隆起北斜坡带雷口坡组天然气聚集带目前仍处于开发初期，其北部潼南地区有探明的雷一段气藏，西部观音场构造有探明的雷一段、雷二段、雷三段层位的气藏（图 4-74）。

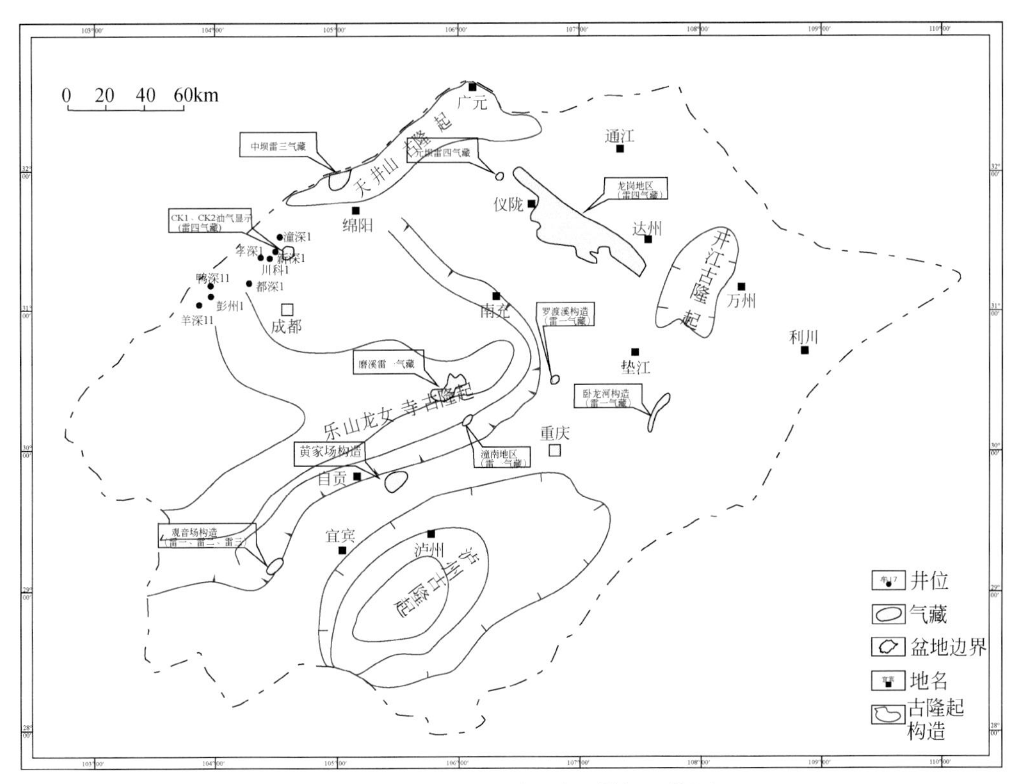

图 4-74　四川盆地雷口坡组勘探现状图

雷口坡组沉积范围很广，超出了现今四川盆地的界限，但因后期构造抬升风化剥蚀，隆起带有剥蚀殆尽外，其余地区均有分布。雷二段沿泸州–开江古隆起区的剥蚀范围增大；雷三段在川东地区几乎全被剥蚀，主要残存于华蓥山断裂以西地区；雷四段仅残存于华蓥山断裂以西地区。总体看，以泸州–开江古隆起为轴线，雷口坡组由西向东或由东向西依次遭受剥蚀，形成剥蚀尖灭带，这些剥蚀尖灭带有可能发育成大型的岩性地层圈闭。

川中南部地区雷口坡组沉积相，主要为碳酸盐岩台地相，即雷一段、雷二段、雷四段多为局限台地相，雷三段多为开阔台地相。在这些台地内相对凸起的高地上，常可形成台内鲕粒滩、生物滩、砂屑滩等沉积微相。该区在雷口坡组沉积后，受印支Ⅰ幕运动的影响抬升，并遭受剥蚀：雷五段（又称天井山组）已全部被剥蚀掉；雷四段也有大部分被剥蚀，有的甚至剥蚀至雷三段、雷二段；而雷五段仅在该工区范围以外的江油、马角坝、马鞍塘和绵竹汉旺有小范围的保存。

通过对雷口坡组储层的地层剖面岩性研究，发现重点区雷口坡组各层段发育不同程度的膏盐岩盖层。其中雷二段膏盐岩盖层厚度为 10 ~ 50m，最厚层位于重点区北部，可达 50m 左右，逐渐向西南方向变薄。雷三段中亚段隔层厚度较厚，为 10 ~ 160m，北部隔层最厚可达 160m，向西逐渐变薄，大多位于重点区域的北部。雷三段上亚段发育 1 套 10 ~ 120m 的膏盐岩隔层，平面上看隔层范围比较小，位于简阳–眉山以西北部，并沿西北方向逐渐变厚，最厚可达 130m。雷四段下中亚段仅西北部发育一套 10 ~ 160m 的膏盐岩隔层，在成都一带隔层厚度最大，约 160m。

通过雷口坡组的烃源岩评价、膏盐岩评价，结合重点区的沉积相，可对区域内雷口坡组每一个亚相进行成藏控制因素、规律的分析。

雷四段主要岩性为白云质灰岩，伴随有藻砂屑藻团块灰岩。雷四段在古隆起北斜坡处发生比较严重的剥蚀现象，储层厚度薄，烃源岩主要为上覆的须家河组厚层泥岩，并在雷四段下中亚段发育有膏盐岩隔层。因此雷四段含气系统可以划分为上生下储顶盖含气类型，其中亚段膏盐岩对从烃源岩到储层油气运移产生阻隔作用，故综合重点区的储层厚度、烃源岩厚度、膏盐岩剥蚀线以及沉积相等因素绘制四川盆地中三叠统雷口坡组雷四段有利区平面分布图（图 4-75）。有利区位于西南方向岩溶高地的构造高点，靠近膏盐岩剥蚀线，沉积相为白云岩潟湖。该层由于受到剥蚀作用储集层厚度分布不均，层厚为 30 ~ 330m，烃源岩厚度较大，为 200 ~ 350m，由于靠近膏盐岩剥蚀线，油气运移通道完整，故其开发价值比较可观。

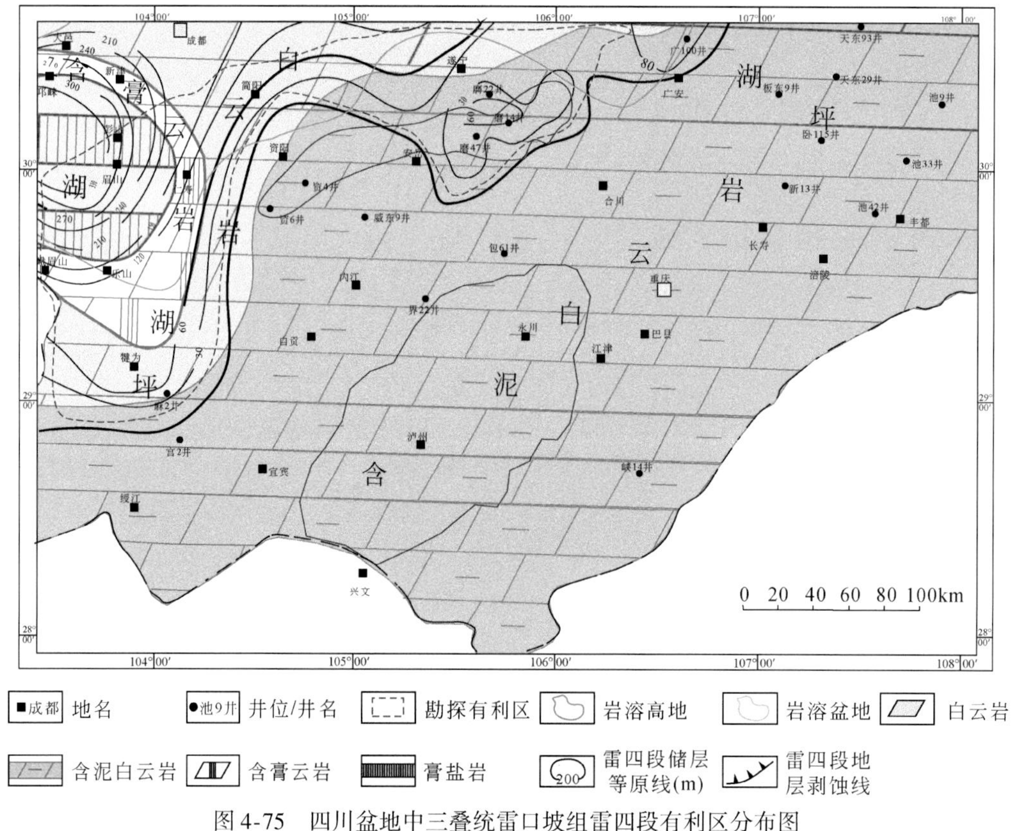

图 4-75　四川盆地中三叠统雷口坡组雷四段有利区分布图

雷三段主要岩性为灰岩以及白云岩，有膏盐岩隔夹层。由于距离须家河组上覆烃源岩较远，并有雷四段膏盐岩阻隔，其气源来自于下部雷二段含泥灰岩，为下生上储顶盖含气类型。综合考虑本组沉积相、烃源岩厚度、储层厚度及隔层厚度划分雷三段有利区（图4-76），古隆起北斜坡处为白云岩潟湖相，其主力烃源岩厚度为5～20m，由古隆起岩溶高地向西北方向变厚。储层厚度为40～120m，由区域西南向古隆起核部逐渐变厚，膏盐岩厚度范围为10～130m，向西南方向加厚，有较好的封堵条件，有利于油气的储集。

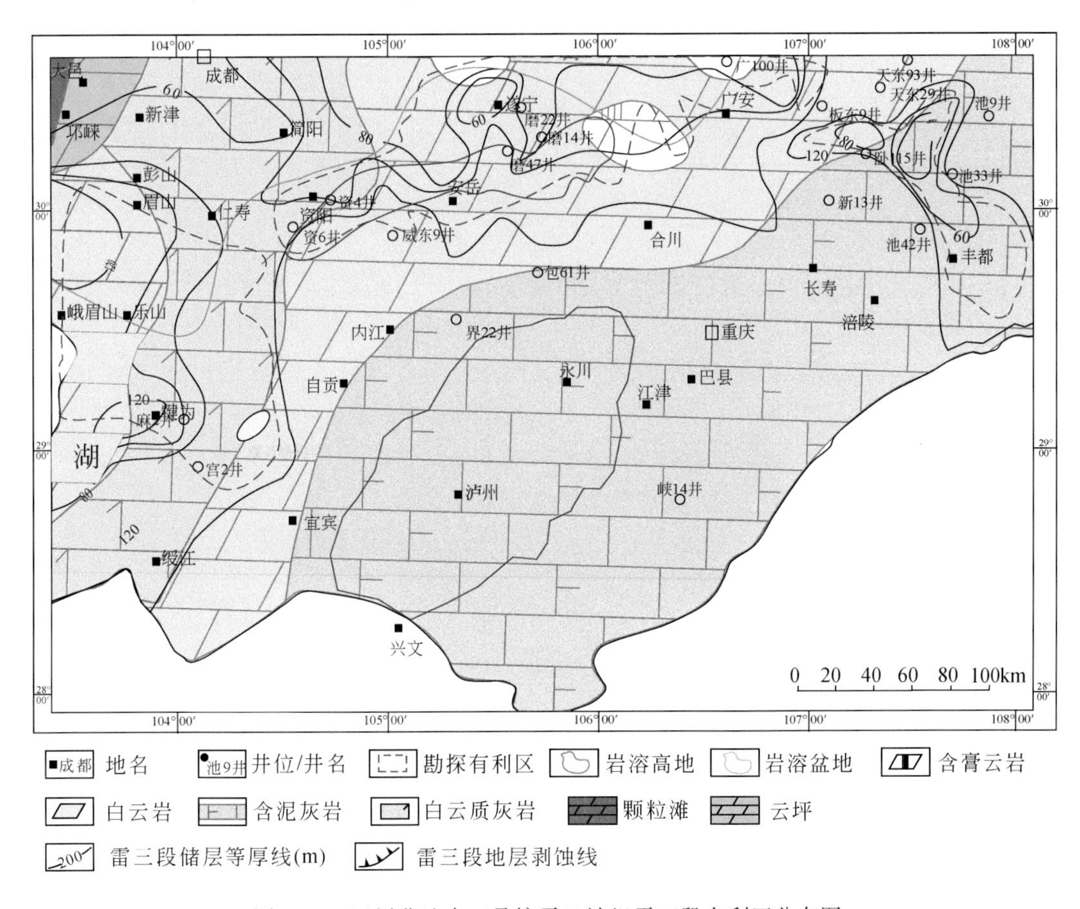

图4-76　四川盆地中三叠统雷口坡组雷三段有利区分布图

雷二段主要沉积相为白云岩潟湖与灰质云岩坪，其岩性以灰岩为主并伴有灰质云岩和生物碎屑灰岩以及膏盐岩隔层，雷口坡组的主要烃源岩就位于该层段内，是典型的生烃层段。结合盖层、沉积相等因素，可划分为台内滩相储层。其有利区（图4-77）位于区块北部，属于含膏云岩潟湖相，有利区烃源岩厚度为5～20m，储层厚80～100m，有较厚的膏盐岩层封闭，为60～80m，形成良好的自生自储条件。

雷一段是一套以底部含泥灰岩为烃源岩，以雷二段下亚段膏盐岩为盖层的典型下生上储顶盖含气油气藏。储层为单一岩性的灰岩储层，位于古隆起核边的台内礁滩储层。有利区位于北部，特点为有膏盐岩盖层，位于含膏云岩潟湖相内；烃源岩厚度大于5m；储层较厚，一般为60～100m；生-储-盖条件均良好并处于北部的岩溶高地内部（图4-78）。

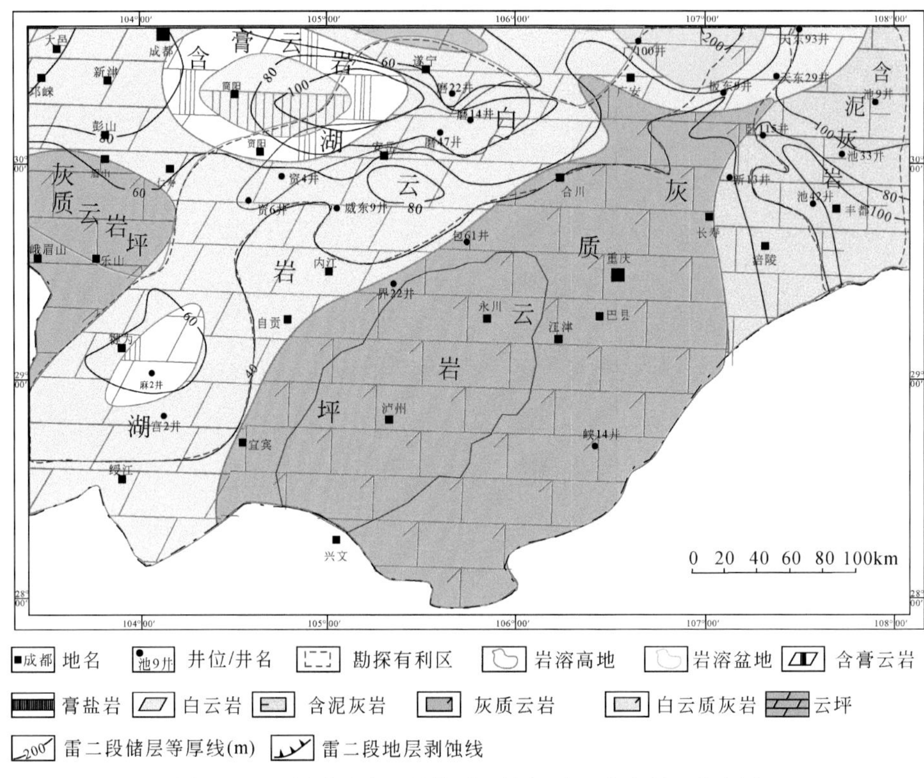

图 4-77　四川盆地中三叠统雷口坡组雷二段有利区分布图

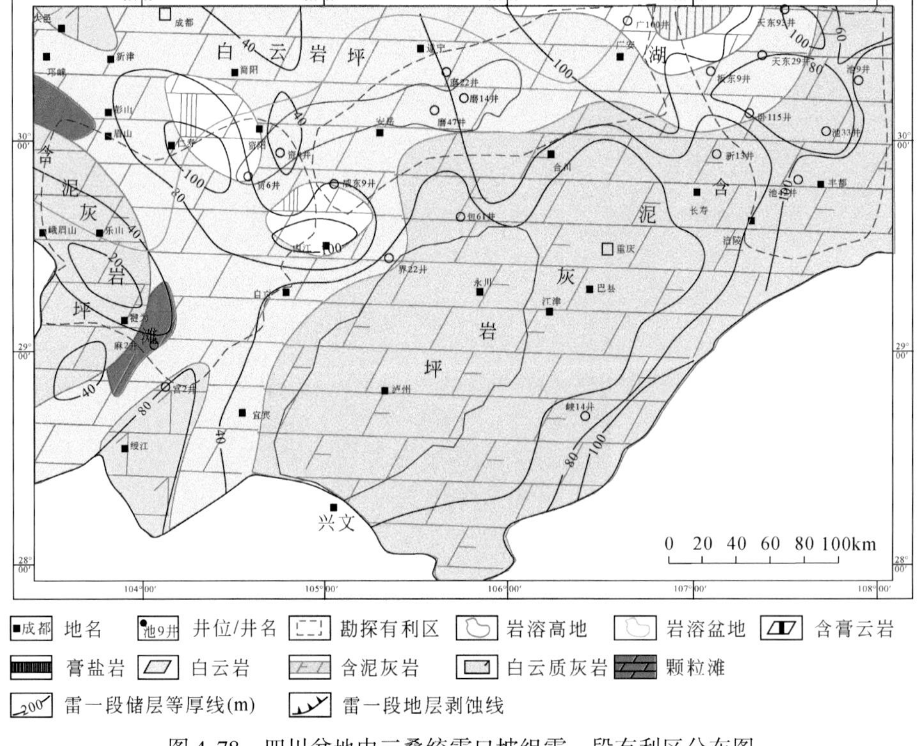

图 4-78　四川盆地中三叠统雷口坡组雷一段有利区分布图

四川盆地雷口坡组天然气聚集带分布于泸州古隆起北斜坡和彭州-天井山隆起带前缘（图4-79）。泸州古隆起北斜坡聚集带长度约320km，宽度一般为50～85km，分布面积为19200km^2。

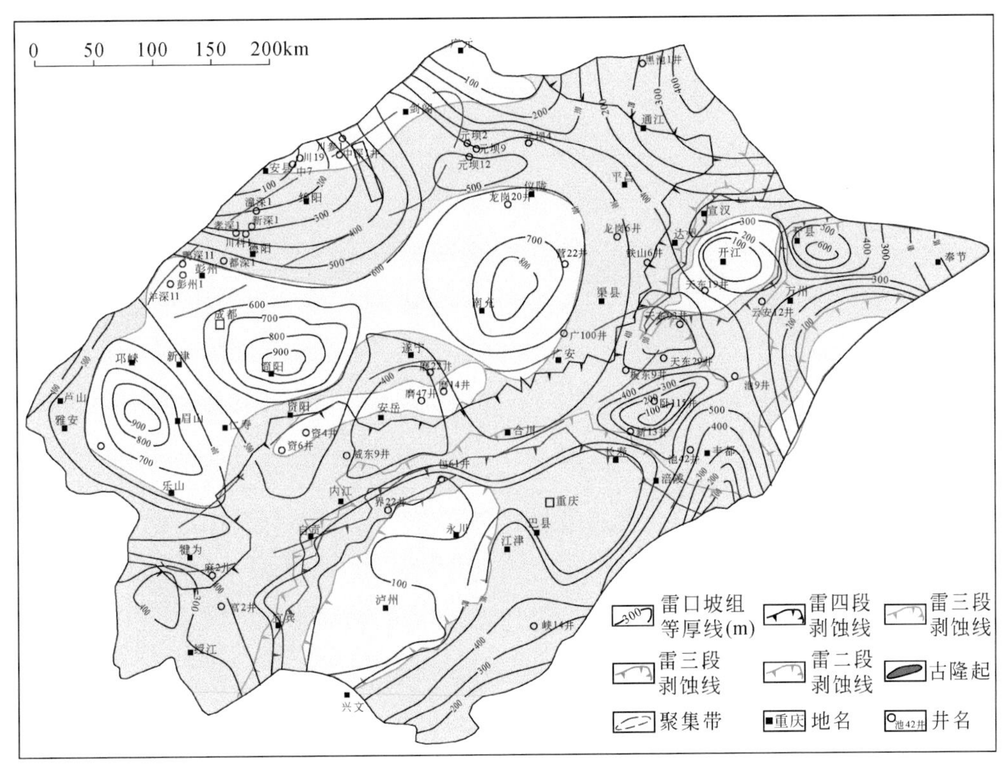

图4-79 四川盆地雷口坡组天然气集聚带分布图

四川雷口坡组聚集带的天然气主要来自于上三叠统须家河组煤系烃源岩，其次为雷口坡组和二叠系烃源岩。上三叠统煤岩厚度一般为5～25m，煤系泥岩厚度变化较大，在川西地区一般为450～500m，往川中和川南地区煤系泥岩厚度不断减薄，一般为150～250m。

泸州古隆起北斜坡雷口坡组天然气聚集带发育风化壳型岩溶储层，其中颗粒滩和白云岩坪岩溶储层发育的有利相区，储层厚度一般为20～50m，储层孔隙度主要分布在2.5%～5.5%。该聚集带雷口坡组天然气成藏控制因素与磨溪雷口坡组气田大致相似。

通过与中坝气田、磨溪气田的地质对比分析，估算出泸州古隆起北斜坡前缘聚集带雷口坡组天然气地质资源量为6500×10^8～$18300\times10^8m^3$，资源量期望值为$10500\times10^8m^3$（表4-15）。

表4-15 四川盆地雷口坡组天然气聚集带资源评价结果

评价指标		彭州-天井山隆起前缘		泸州古隆起北斜坡	
		中坝气田刻度区	聚集带	磨溪气田刻度区	聚集带
面积/km^2		35	13200	12	19200
烃源岩厚度/m	三叠系煤岩	10～20	10～25	5～15	5～10
	三叠系泥岩	350～450	350～550	100～200	50～250

续表

评价指标		彭州-天井山隆起前缘		泸州古隆起北斜坡	
		中坝气田刻度区	聚集带	磨溪气田刻度区	聚集带
烃源岩厚度/m	三叠系灰岩	20～45	25～55	20～40	20～40
	二叠系灰岩	150～250	110～150	100～200	100～200
	二叠系煤岩	0～0.5	0～2	1～5	1～5
储层	厚度/m	60～85	70～110	30～60	20～50
	孔隙度/%	3～8	3.5～6.5	3.5～5.5	3.0～4.5
盖层		上三叠统煤系泥岩+煤层			
含气面积/km^2		14	4500～6500	4.5	4000～5500
类比相似系数		1	0.45～0.65	1	0.40～0.60
概率 95% 地质资源量/$10^8 m^3$		86	7800	35	6500
概率 50% 地质资源量/$10^8 m^3$			13700		10500
概率 5% 地质资源量/$10^8 m^3$			25100		18300

四川盆地三叠系雷口坡组在泸州古隆起北斜坡和川西彭州-天井山隆起带前缘聚集带共优选出彭州区块、剑阁区块、内江区块、广安区块 4 个有利目标区（图 4-80）。

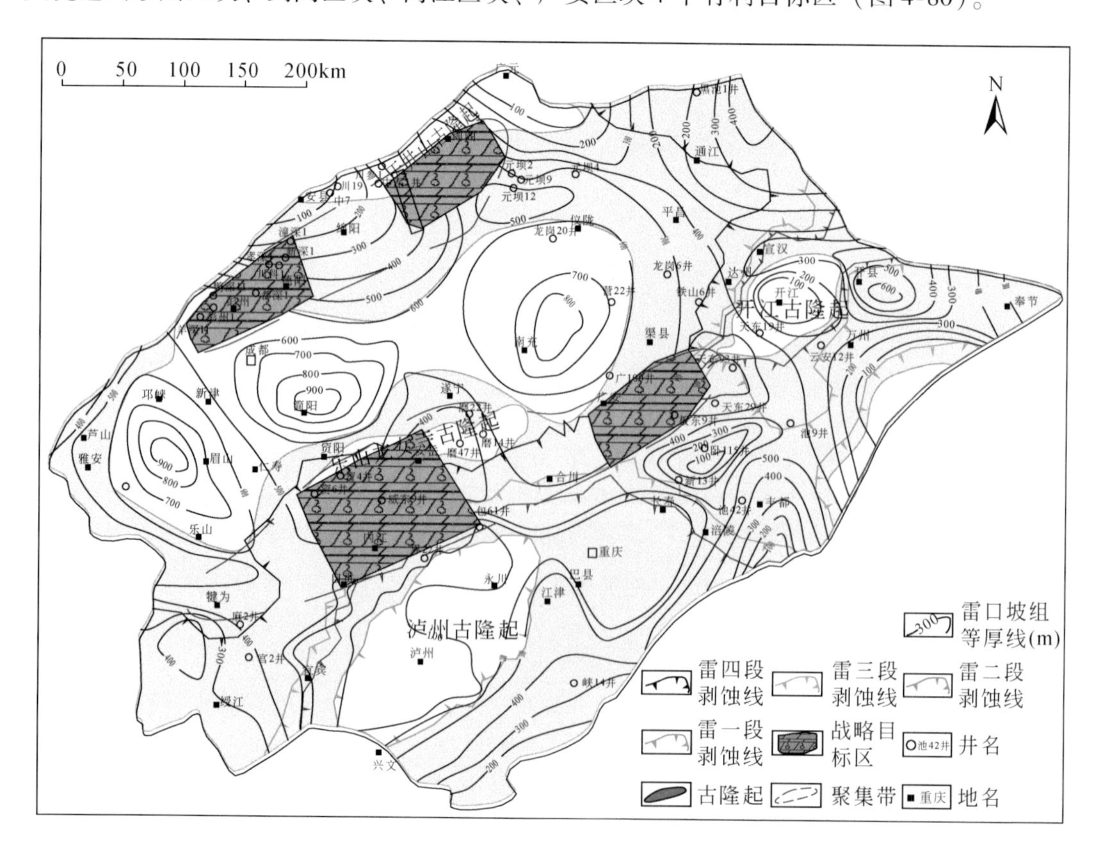

图 4-80　四川盆地三叠系雷口坡组目标区分布图

彭州目标区位于川西彭州–天井山隆起聚集带西南部，分布面积为 4800km^2。区内雷口坡组发育Ⅱ类储层，储层有效厚度一般为 60 ~ 85m，储层孔隙度为 3% ~ 6%，上三叠统烃源岩厚度为 400 ~ 550m。通过与中坝气田雷口坡组气藏类比计算，彭州目标区的天然气地质资源量为 7500×10^{8}m^3。

剑阁目标区位于泸州古隆起北斜坡聚集带，分布面积为 4600km^2。区内雷口坡组发育Ⅱ类储层，储层有效厚度一般为 45 ~ 70m，储层孔隙度为 3% ~ 5%，上三叠统烃源岩厚度为 200 ~ 350m。通过与中坝气田雷口坡组气藏类比计算，剑阁目标区的天然气地质资源量为 3700×10^{8}m^3。

广安目标区位于泸州古隆起北斜坡聚集带的东北部，分布面积为 4600km^2。区内雷口坡组发育Ⅱ类储层，储层有效厚度一般为 30 ~ 40m，储层孔隙度为 3% ~ 5%，上三叠统烃源岩厚度为 100 ~ 150m。通过与磨溪气田雷口坡组气藏类比计算，天然气地质资源量为 3800×10^{8}m^3。

内江目标区位于泸州古隆起北斜坡聚集带的西南部，分布面积为 7600km^2。区内雷口坡组储层有效厚度一般为 35 ~ 50m，储层孔隙度为 3% ~ 5%，上三叠统烃源岩厚度为 100 ~ 150m。通过与磨溪气田雷口坡组气藏类比计算，天然气地质资源量为 5200×10^{8}m^3。

四川盆地三叠系雷口坡组 4 个有利目标区的天然气总地质资源量为 10600×10^8 ~ 39100×10^{8}m^3，资源量期望值为 20200×10^{8}m^3，天然气资源量主要分布在彭州区块以及内江区块（表 4-16）。

表 4-16 四川盆地三叠系雷口坡组有利区天然气资源评价结果

评价指标		彭州–天井山隆起聚集带		泸州古隆起北斜坡聚集带			
		中坝气田刻度区	彭州目标区	剑阁目标区	磨溪气田刻度区	内江目标区	广安目标区
面积/km^2		35	4800	4600	12	7600	4600
烃源岩厚度/m	三叠系煤岩	10 ~ 20	15 ~ 25	5 ~ 15	5 ~ 15	5 ~ 10	1 ~ 10
	三叠系泥岩	350 ~ 450	400 ~ 550	200 ~ 350	100 ~ 200	100 ~ 150	100 ~ 150
	三叠系灰岩	20 ~ 45	25 ~ 40	35 ~ 45	20 ~ 40	30 ~ 60	40 ~ 60
	二叠系灰岩	150 ~ 250	100 ~ 150	150 ~ 200	100 ~ 200	150 ~ 250	150 ~ 200
	二叠系煤岩	0 ~ 0.5	0 ~ 2.5	0 ~ 0.5	1 ~ 5	1 ~ 5	0.5 ~ 2
储层	厚度/m	60 ~ 85	60 ~ 85	45 ~ 70	30 ~ 60	35 ~ 50	30 ~ 40
	孔隙度/%	3 ~ 8	3 ~ 6	3 ~ 5	3.5 ~ 5.5	3 ~ 5	3 ~ 5
盖层		上三叠统煤系泥岩+煤层					
含气面积/km^2		14	2600	2100	4.5	3800	2200
类比相似系数		1	0.5 ~ 0.7	0.4 ~ 0.6	1	0.5 ~ 0.7	0.4 ~ 0.6
天然气地质资源量/10^{8}m^3	概率 95%	86	3500	2200	35	2800	2100
	概率 50%		7500	3700		5200	3800
	概率 5%		13500	8600		9400	7600

4.3.2.4 绵竹-中坝-天井山-米仓山隆起带前缘雷口坡组天然气聚集带

该区对雷口坡组勘探始于20世纪50年代，目前为止，已发现并投入工业生产3个气田，若干工业气流显示，3个含气构造。气田分别为川西地区中坝雷三段气藏、川中磨溪雷一段大中型气田、川东卧龙河地区雷一段气藏。油气显示为川西拗陷CK1、XCS1井雷四段顶风化壳部位井获得工业气流，川东北元坝地区元坝4、元坝12井雷四段获得高产工业气流，龙岗地区在雷四段获工业气流井已达10口。3个含气构造：观音场构造、罗渡溪构造和潼南构造。雷口坡组主要油气田及重点井位见图4-81。

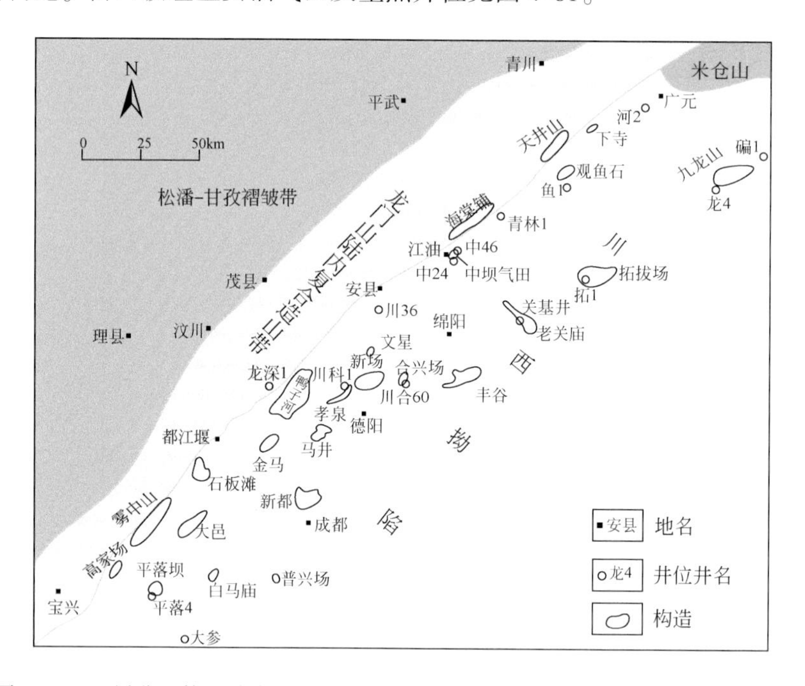

图4-81 四川盆地构造分布和重点研究井位（剖面）分布图（据秦川等，2012）

1. 气源分析

各地区雷口坡组天然气的甲烷碳同位素值相近（图4-82），这可能是四川盆地雷口坡组天然气的共同特点。但元坝地区多数样品的乙烷碳同位素明显轻于这些气田。从$\delta^{13}C_1$值及相关烃源岩热演化的区域分布看，成熟度不是导致这种差别的原因，可能是源岩性质变化或成因不同所致。

从天然气组分、烷烃碳同位素特征及生物标志物方面进行了归纳和对比。四川盆地雷口坡组天然气主要为成熟度高的熟混源气，其次为成熟煤系气，这几种成因类型的天然气构成了雷口坡组产能的主体部分。雷口坡组天然气来源具有多源特征，主要的供烃层系分别为上三叠统须家河组煤系地层、上二叠统烃源层及雷口坡组自身碳酸盐岩烃源岩。

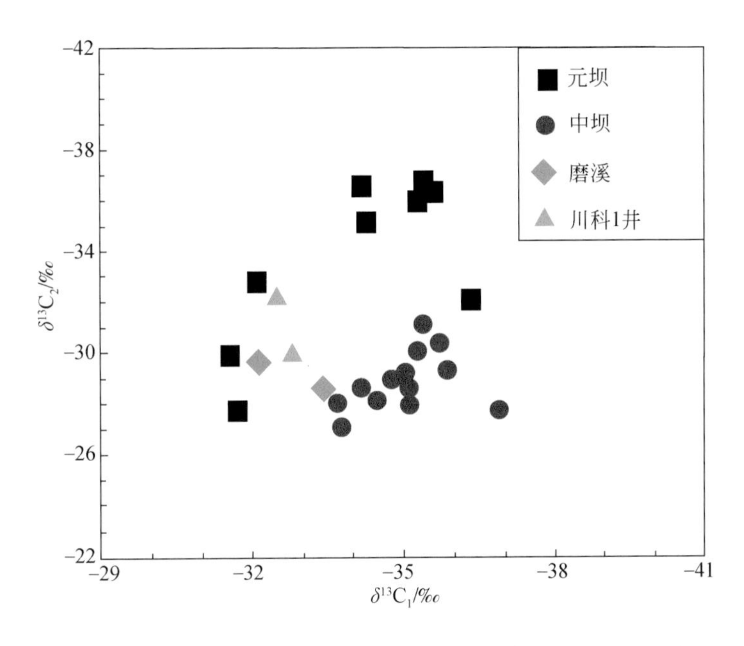

图4-82　不同地区雷口坡组天然气 $\delta^{13}C_1$、$\delta^{13}C_2$ 值分布对比图

2. 储层分布

发育风化壳岩溶型白云岩和颗粒白云岩两类储层，前者见于盆地中部地区，以龙岗雷四段为代表；后者发育于雷一段和雷三段，以中坝气田最为典型。

1）风化壳岩溶型储层

风化壳岩溶型储层受微相和岩溶作用的控制，纵向上分布在风化壳下数十米范围内，平面上分布于有利岩相和有利岩溶古地貌单元叠合部位。初步预测龙岗-营山-西充-遂宁是勘探有利区，勘探面积约 $2\times10^4km^2$。该套储层分布在风化壳下50m范围内，孔隙度主要分布在1%~5%，最大孔隙度为9.9%，平均孔隙度为3.22%，孔隙度大于3%的样品占50.2%，渗透率大于 $0.1\times10^{-3}\mu m^2$ 的样品占41%，总体属低孔、中渗储层。颗粒滩和白云岩坪是基础，岩溶改造是关键，然而，岩溶作用一方面可将储层改造得更好，另一方面又可将储层改造得非均质性更强。

2）颗粒白云岩型储层

该类储层主要岩性是砂屑白云岩、鲕粒白云岩、藻砂屑、藻团块白云岩，储集空间主要是粒间孔、粒间溶孔。

四川盆地西北部中三叠统雷口坡组厚200~1000m，主要由1套白云岩组成，中下部夹一定数量的膏盐岩，顶部见少量的灰岩；底部以1层厚数米的“绿豆岩”与下伏嘉陵江组白云岩过渡，顶部为一不整合面与上覆须家河组碎屑岩呈突变接触。

雷口坡组以富含各种蓝绿藻和颗粒的白云岩为主，其次是膏盐岩，灰岩较少，物性以砂屑白云岩和藻黏结白云岩最好，其次是晶粒白云岩和藻叠层石白云岩，鲕粒白云岩、膏质白云岩和灰岩较差。孔隙度分布范围为0.08%~11.95%，平均为2.12%；渗透率分布

范围为 $0.0002\times10^{-3}\sim32.9\times10^{-3}\mu m^2$，平均为 $1.67\times10^{-3}\mu m^2$。储层类型一般为中孔中低渗的孔隙型，如果有裂缝存在，则演化成中孔高渗的裂缝-孔隙型储层。

盆地中东部、东部、东北部较厚，而西部则相对较薄，总体上表现出西薄东厚的变化趋势。滩相颗粒岩最发育的地区包括川东地区的池 42 井-天东 29 井-天东 19 井-卧 115 井-新 13 井一带、云安 12 井区、寨沟 1 井区、营 22 井区、黑池 1 井区、威远构造东部以及峡 14 井区，累计厚度均超过 30m。

雷三段储层发育受沉积相控制，储层主要发育在颗粒白云岩台缘（内）滩及（含膏）云坪有利相带；储层测井曲线特征明显，盆地中西部地区储层井间可对比，连续性较好。在盆地中西部地区广泛分布：盆地西部、西北部台缘带由于一直处于古地貌高处，长期接受萨布哈白云岩化和大气淡水溶蚀作用，孔隙发育，储层较厚（最厚可超过 50m）；盆地中部蓬莱、磨溪等台内浅滩、云坪带位于微高地貌处，接受萨布哈白云岩化和大气淡水溶蚀作用时间较长，储层较发育（最厚可超过 30m）；盆地中部宽广的潮坪带储层较发育，厚度为 10～15m；盆地中部西充、成都等台内洼地带储层不发育（一般小于 10m）；盆地东部（华蓥山断裂以东）雷三段 3 亚段 A 层被完全剥蚀。

3. 盖层分布

雷口坡组自身的膏盐岩层是雷口坡组气藏最好的直接盖层。而上三叠统马鞍塘组和须家河组底部的泥质岩是雷口坡组最好的区域性盖层。因此，雷口坡组盖层条件非常好。

四川盆地雷口坡组膏盐岩普遍发育，并以硬石膏岩为主，石盐岩仅在局部地区、局部层段发育，这些都可以作为优质盖层。

四川盆地雷口坡组膏盐岩发育层位众多，在纵向上存在明显的差异性。雷一段下亚段-雷三段下亚段沉积期，膏盐岩以纹层状膏盐岩和块状膏盐岩为主，厚度总体偏小，单层厚度一般小于 5m，累计厚度多小于 50m；但横向分布稳定，没有显著的膏盐岩沉降中心，沉积时盆内地形平坦、隆凹差异不大，这一时期为构造宁静期，以稳定沉降为主。雷三段中亚段至雷四段下-中亚段沉积期，膏盐岩的发育、分布特征与早期（雷一段下亚段至雷三段下亚段沉积期）相比主要存在 4 个方面的明显差异：①岩性以深灰色-灰黑色块状膏盐和灰白色块状石盐岩为主，纹层状膏盐岩居于次要地位；②膏盐岩厚度规模增大；③巨厚的膏盐岩横向分布不稳定，可由巨厚向侧向逐渐减薄甚至尖灭；④膏盐岩的厚度差异大，各时期的地层厚度出现明显差异，与早期相比，出现新的沉降中心，高密度卤水向沉降中心回流，使其具有比其他区域更大的沉积速率，因而沉积、沉降中心在膏盐岩发育期是统一的。

4. 成藏模式

1）川西地区

川西中坝雷三段气藏成藏主要经历了四个阶段：①中三叠世末表生成岩期-近地表孔隙建造期；②晚三叠世中晚期古背斜圈闭形成；③燕山期构造继承性发展-油气聚集；④喜马拉雅期气藏最终定型。其成藏模式为：位于彰明断层上盘的二叠系油型裂解气向上运移至雷三段储层，位于彰明断层下盘的上三叠统煤成气，在往高处运移时，穿过彰明断层，侧向“倒灌”到上盘雷三段储层中，造成天然气的混源，形成中坝雷口坡组气藏。

2）川中地区

磨溪气藏成藏主要经历了三个阶段：①中–晚三叠世烃源岩持续生烃和幕式排烃；②晚三叠世末构造圈闭形成和印支期—燕山期天然气聚集；③喜马拉雅期圈闭最终形成，天然气爆发式成藏。其成藏模式为：上二叠统龙潭组所生成的煤成气以及二叠系泥岩、碳酸盐岩所生成的油型气在龙女寺构造，通过异常高压产生的裂缝，从烃源层垂向运移到雷一段储层，再侧向运移至磨溪构造，形成磨溪雷口坡组气藏（图 4-83）。

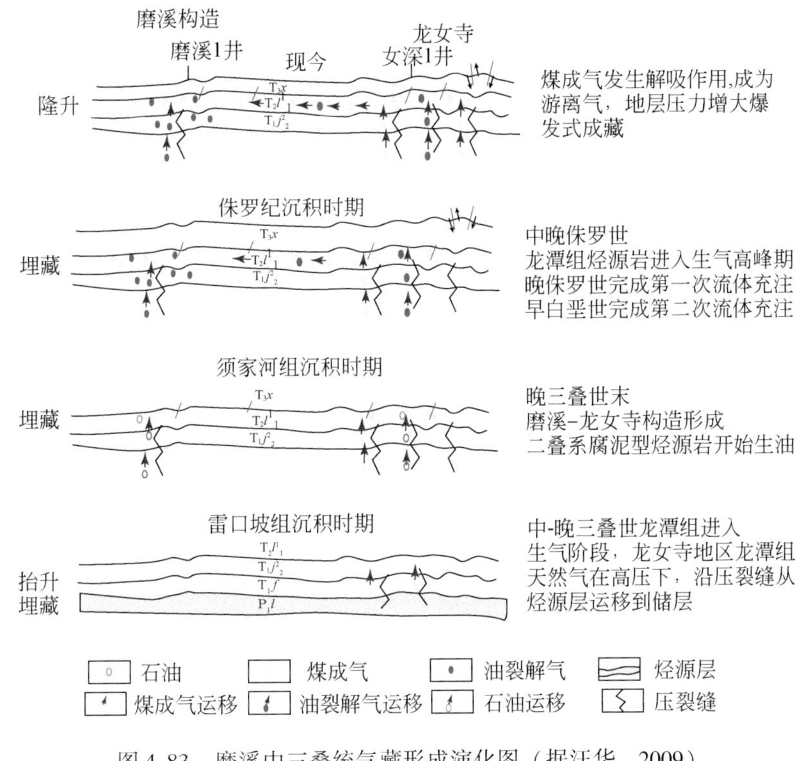

图 4-83　磨溪中三叠统气藏形成演化图（据汪华，2009）

3）川东北地区

川东北雷口坡组烃源岩在中–晚侏罗世时开始生烃，至晚侏罗世早期达到生烃高峰，同时，上部须家河组生成的天然气倒灌入雷口坡组储层，最终形成雷口坡组气藏。

4.3.2.5　绵竹–中坝–天井山–米仓山隆起带前缘雷口坡组天然气聚集带资源评价

彭州–天井山隆起带前缘聚集带长度约 220km，宽度一般为 40 ~ 70km，分布面积为 13200km^2。

四川雷口坡组聚集带的天然气主要来自上三叠统须家河组煤系烃源岩，其次为雷口坡组和二叠系烃源岩。上三叠统煤岩厚度一般为 5 ~ 25m，煤系泥岩厚度变化较大，在川西地区一般为 450 ~ 500m，往川中和川南地区煤系泥岩厚度不断减薄，一般为 150 ~ 250m。

绵竹-中坝-天井山-米仓山隆起前缘雷口坡组天然气聚集带发育颗粒滩相白云岩型储层，岩性主要是砂屑白云岩、鲕粒白云岩、藻砂屑、藻团块白云岩，储层厚度较大，多数为30～70m，储集空间主要是粒间孔、粒间溶孔，储层孔隙度为3.5%～11.9%。该聚集带中已经发现了中坝雷口坡组气藏，其天然气成藏控制因素具有较好的代表性。

通过与中坝气田、磨溪气田的地质对比分析，估算出彭州-天井山隆起带前缘聚集带雷口坡组天然气地质资源量为7800×10^8～$25100\times10^8m^3$，资源量期望值为$13700\times10^8m^3$。

4.3.3 鄂尔多斯盆地东部马家沟组“半环形”天然气聚集带及潜力评价

4.3.3.1 马家沟组“半环形”天然气聚集带特征

鄂尔多斯盆地东部马家沟组“半环形”天然气聚集带位于盆地中央古隆起东侧，府谷-乌审旗-吴起-华池-黄陵一带，由北向南近朝东方向呈半环带状分布，东西向宽度为30～50km，南北向长度为475km，分布面积约$33200km^2$。在加里东构造期，华北克拉通盆地经历了长达一亿多年的风化剥蚀。鄂尔多斯盆地内部由于中央古隆起的影响，古隆起东侧从东往西马家沟组受到的风化剥蚀作用逐渐减弱，在石炭纪古地貌上依次出露了马家沟组的下组合、中组合和上组合地层。聚集带的西侧保留了下组合的马四段地层，聚集带东侧缺失马六段，马五段上组合地层保存较完整。

鄂尔多斯盆地下古生界勘探突破在奥陶系，长庆油田按层位把奥陶系分为三套含气组合，分别为上组合：马五段1～4亚段；中组合：马五段5～10亚段；下组合：马四段及以下层位。近年来奥陶系的有利勘探范围和层系不断扩大，勘探范围从岩溶斜坡到岩溶高地，勘探层系从上组合到中、下组合。下古生界最早取得突破的是上组合，从靖边气田发现开始，通过近年来不断扩边，探明储量持续增长，截至2011年底，靖边气田下古生界风化壳气藏探明储量4337.01亿m^3。近年在鄂尔多斯盆地中央古隆起东侧的中组合（马五段5～10亚段）勘探取得了重大突破，探明储量约1600亿m^3。

1. 烃源岩特征

前人已对下古生界奥陶系气源（上组合、中组合）做了大量研究，尽管存在争议，有的认为以奥陶系来源气为主（陈安定，1994；黄第藩等，1996），也有的认为以石炭系来源气为主（张文正和关德师，1997；夏新宇和张文正，1998），但较为一致的看法都认为是“二元混合气”，以上古气源为主（图4-84）。

鄂尔多斯盆地东部马家沟组“半环形”天然气聚集带位于上古生界烃源岩，生气强度为20×10^8～$30\times10^8m^3/km^2$，通过不整合面及剥蚀沟槽、裂缝等沟通上古生界的气源，气源条件好。

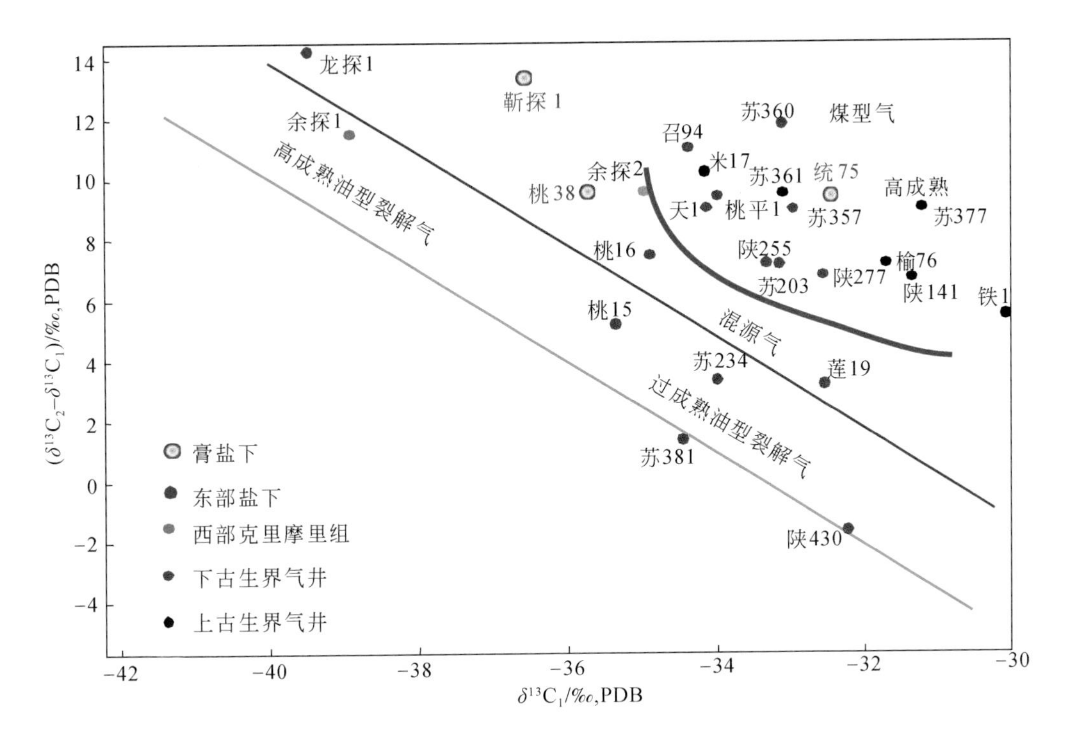

图4-84　鄂尔多斯盆地上、下古生界天然气碳同位素分析对比图

根据研究，我们认为马家沟组碳酸盐岩中暗色含泥灰岩、泥质白云岩，残余有机碳含量大于0.25%的层（主要发育于马三段）可以作为成藏的次要源岩。特别是在东部盐下地区，这些层及邻层的孔隙性岩层中分散可溶有机质（沥青为主）是可以作为有效的气源岩。分析认为龙探1井马五段7亚段盐下储层产出的天然气应属马家沟组碳酸盐岩烃源岩自生的天然气。

2. 储层特征

1）上组合储层特征

鄂尔多斯盆地下古生界勘探的最大突破是靖边气田，通过近几年靖边气田的不断扩边，探明储量不断扩大，靖边气田主力层为马五段1+2亚段。靖边气田主要产气层段马五段1亚段岩性以泥–细粉晶白云岩为主，约占马五段1亚段总厚度的85%，岩石成分中白云石含量占90%以上。气层中以细粉晶白云岩面孔率和孔隙度最高，泥晶白云岩和粒屑白云岩次之。其中马五段1-3亚段、马五段1-4亚段分布最广。上组合其次突破的层位为马五段4-1亚段，马五段4-1亚段与马五段1+2亚段一样储层孔隙类型主要为溶孔，溶孔为含膏白云岩溶蚀形成的孔隙。因此，有利的沉积岩相是形成含膏溶蚀孔隙的物质基础，上组合马五段1-3亚段有利的沉积岩相最发育，其次的层位为马五段4-1亚段（图4-85、图4-86）。

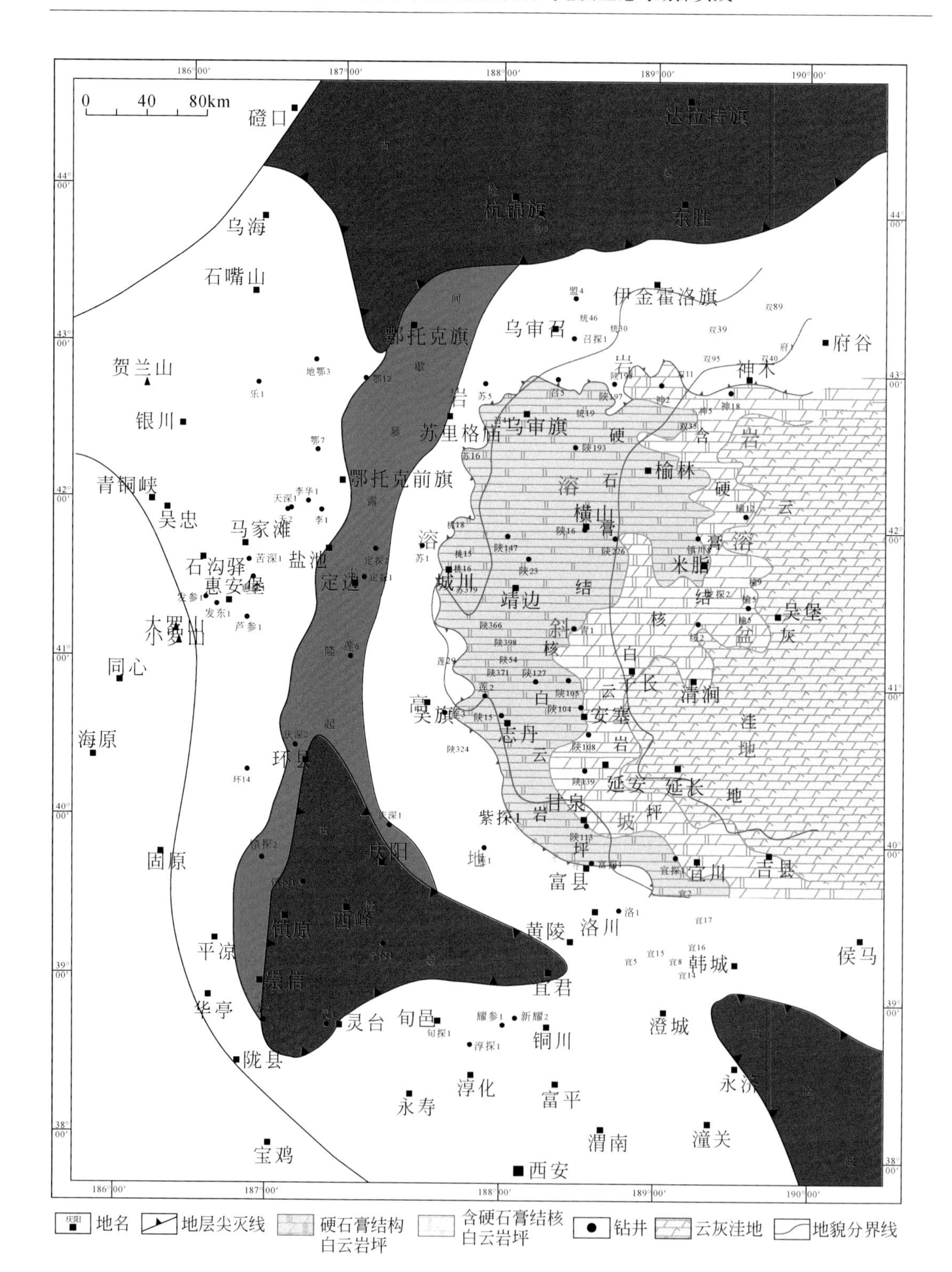

图 4-85 鄂尔多斯盆地奥陶系马家沟组马五段 1-3 亚段岩相古地理图

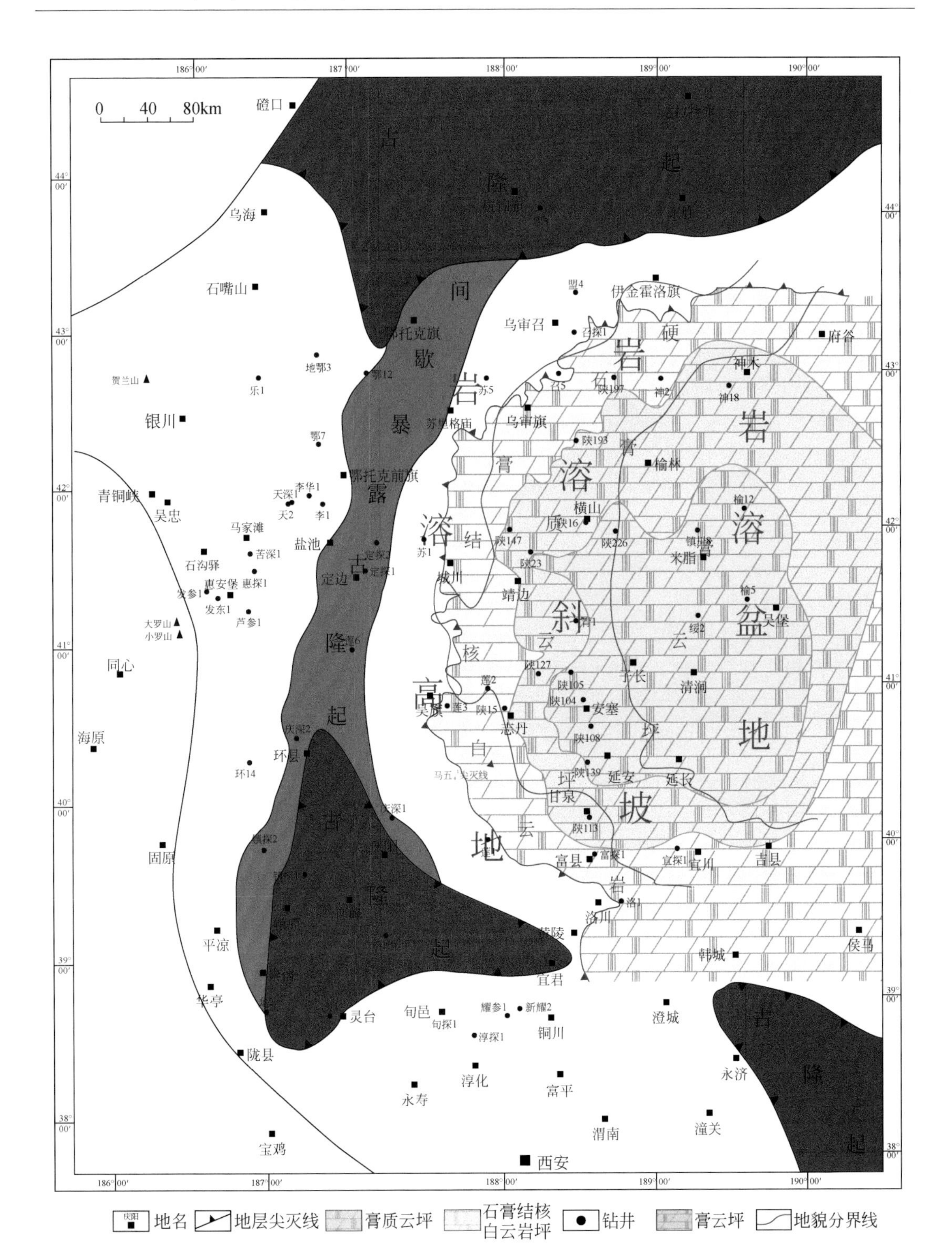

图 4-86　鄂尔多斯盆地奥陶系马家沟组马五段 4-1 亚段岩相古地理图

因此，处于有利的沉积相带和岩溶斜坡有利的古地貌单元——含硬石膏白云岩坪相带分布范围基本与加里东风化壳期岩溶斜坡位置一致，经历风化壳期淋滤溶蚀，易于形成溶蚀孔洞型储层。此外，岩溶盆地中岩溶古残丘排水较为通畅区，也发育溶蚀孔洞层，如神12井、米22井。

在盆地东部盐下地区，由于存在马三段碳酸盐岩烃原层，在马四段、马二段滩相储层分布区，可以形成局部天然气聚集成藏，如米探1井马四段测试产气 $20.0\times10^4 m/d$。下部马二段测井解释气水同层（3036.6～3039.4m）2.8m，含气水层3层，共6.2m。

2）中组合储层特征

中组合储层主要发育在马五段5亚段、马五段7亚段、马五段9亚段的潮坪藻屑滩白云岩中，主要孔隙类型与上组合不同，中组合以晶间孔和溶缝为主，其次为溶孔及膏溶孔。

马五段5亚段沉积微相展布规律明显，马五段5亚段时期，经历了华北地台最后发生的时间短暂的海侵，自西向东依次发育剥蚀区、近陆潮坪相带，主要发育潮坪相带。沉积厚度至西向东逐渐增厚，为5～40m，主要为泥微晶灰岩、生屑灰岩、粒屑灰岩以及灰云岩。剥蚀区主要分布于鄂托克旗、鄂托克前旗、定边至庆城一带部分地区；潮上带主要分布在乌审旗、吴起至宜川一带，主要沉积灰云岩与生屑灰岩，主要发育潮上灰云坪相带，在此相带内滩相相对发育，在相带北部以统46井、召22井处广泛发育滩相，相带中部城川1井、吴起一带及相带南部紫探1井–莲1井一带也发育有滩相；马五段5亚段所沉积的滩相颗粒相对更为粗大，主要为粗粉晶–细晶白云岩，表明在这一时期海侵的程度相对较小，水体深度相对较浅，从而使得水动力较强，滩相环境才更加发育（图4-87）。

马五段7亚段沉积微相展布规律明显，马五段7亚段时期也是在马五段大的海退背景下的又一个次级海侵期，自西向东依次发育剥蚀区、潮坪和潟湖三个相带，其中潮坪环境包括潮上云坪和潮间灰云坪，沉积厚度为5～30m，主要岩性为白云岩、灰云岩以及膏云岩。剥蚀区主要分布于鄂托克旗、鄂托克前旗、定边至庆城一带部分地区；召51井–苏2井、桃3井、城川1井、莲28井、苏127井等发育有滩相（图4-88）。

马五段9亚段沉积微相展布规律明显，马五段9亚段时期也是在马五段大的海退背景下的又一个次级海侵期，与马五段7亚段类似，自西向东依次发育剥蚀区、潮上云坪、潮间灰云坪和潟湖四个相带。剥蚀区主要分布于鄂托克旗、鄂托克前旗、定边至庆城一带部分地区，古隆起位于海平面之上，没有接受沉积；潮上云坪沉积区主要分布在霍3井、乌审旗、靖边、吴起、延安至宜川一带，主要沉积白云岩，在统29井–苏16井、定探1井–定探2井、苏272井、苏205井到合探2井等地区发育有滩相（图4-89）。

3. 成藏主控因素

上组合、中组合气源均以上古生界煤系烃源岩为主，位于古构造控制的“半环形成藏区带”内，因此下古生界储层与上古生界烃源之间的源储输导是成藏的主要控制因素之一。上组合古沟槽之间的溶丘带储层溶蚀孔发育，是上组合气藏的主要富集区；中组合靠近中央古隆起带发育的潮上云坪滩相，水动力强，是中组合有利储层发育区。

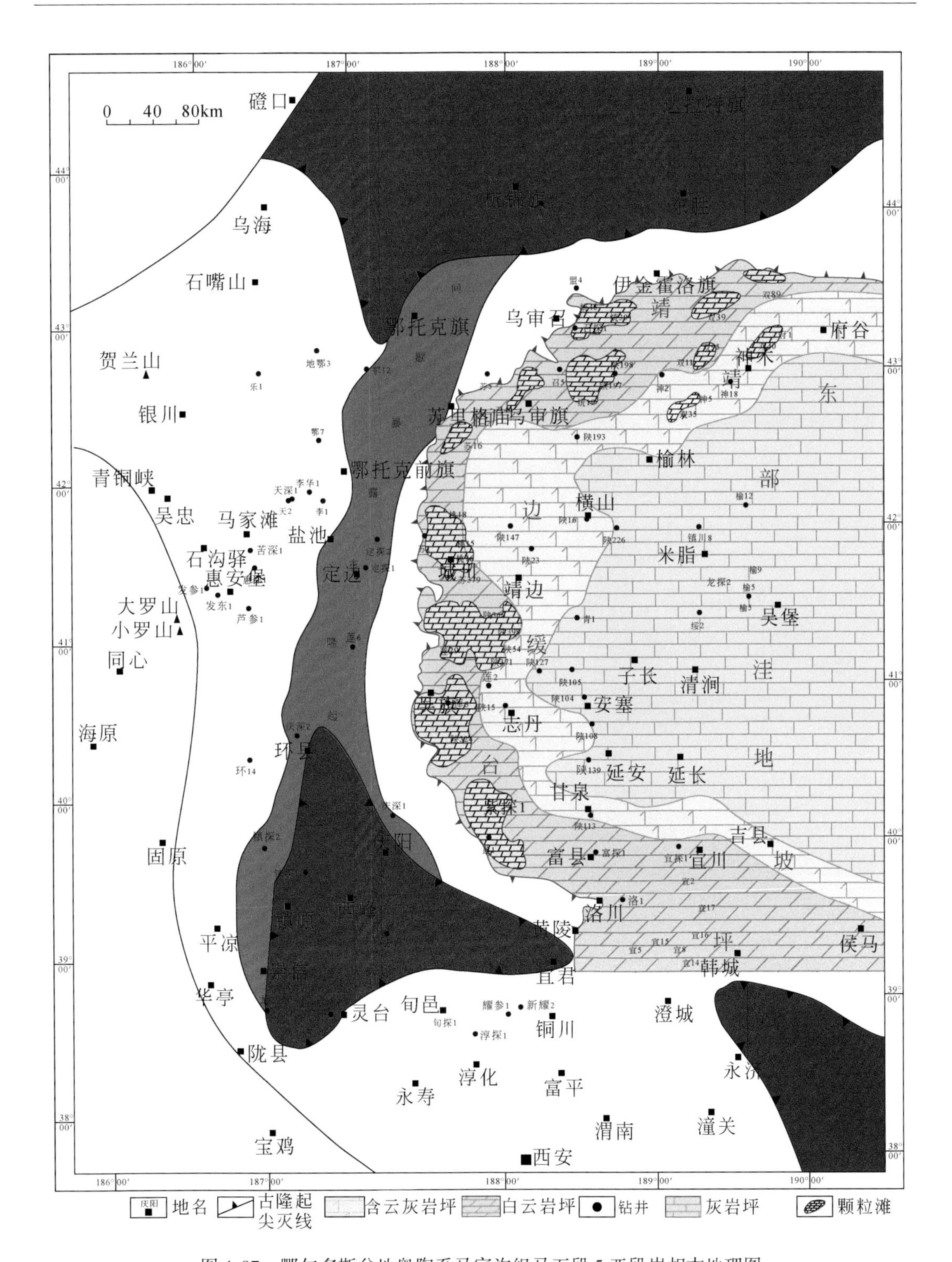

图4-87　鄂尔多斯盆地奥陶系马家沟组马五段5亚段岩相古地理图

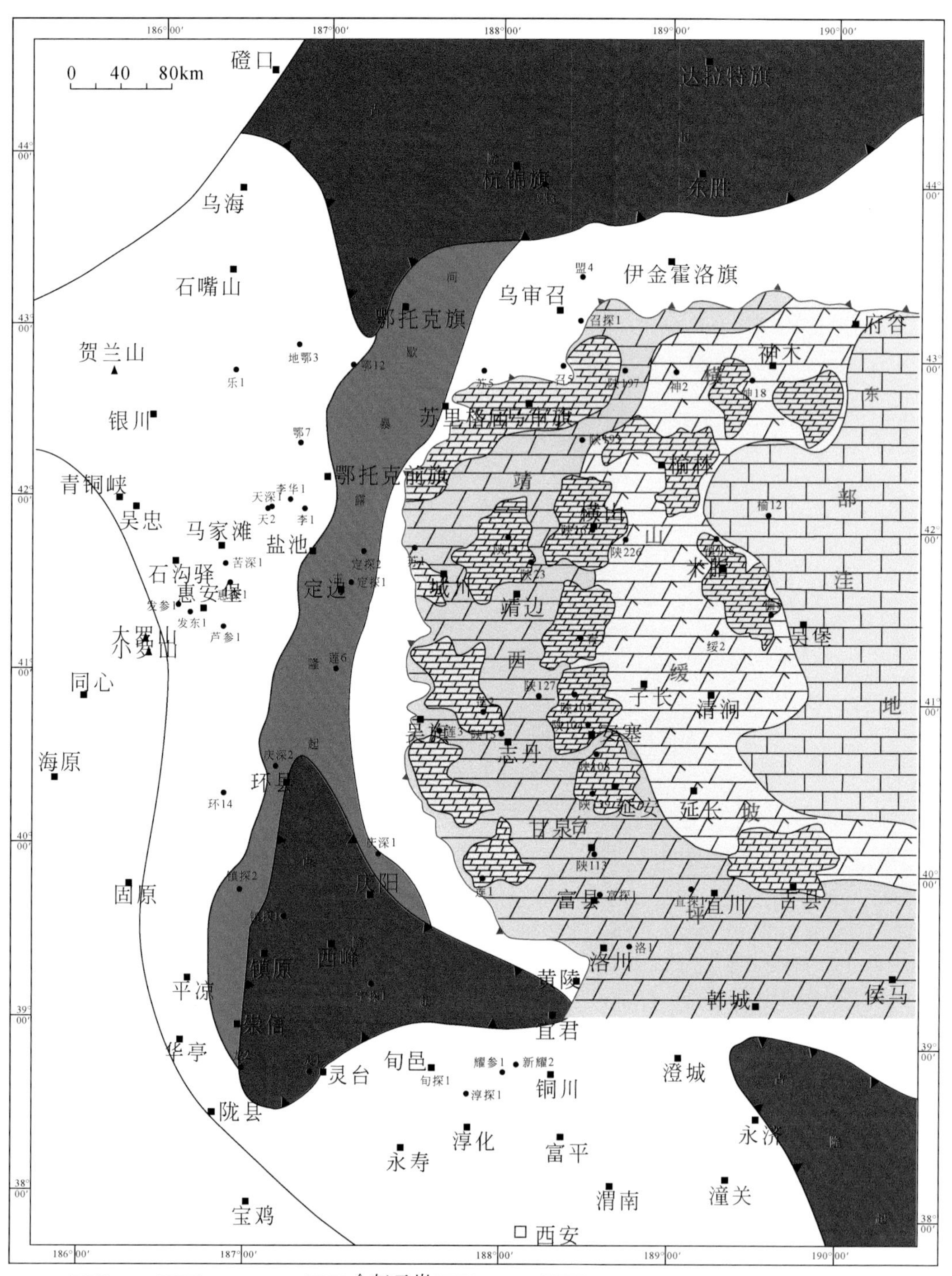

图4-88　鄂尔多斯盆地奥陶系马家沟组马五段7亚段岩相古地理图

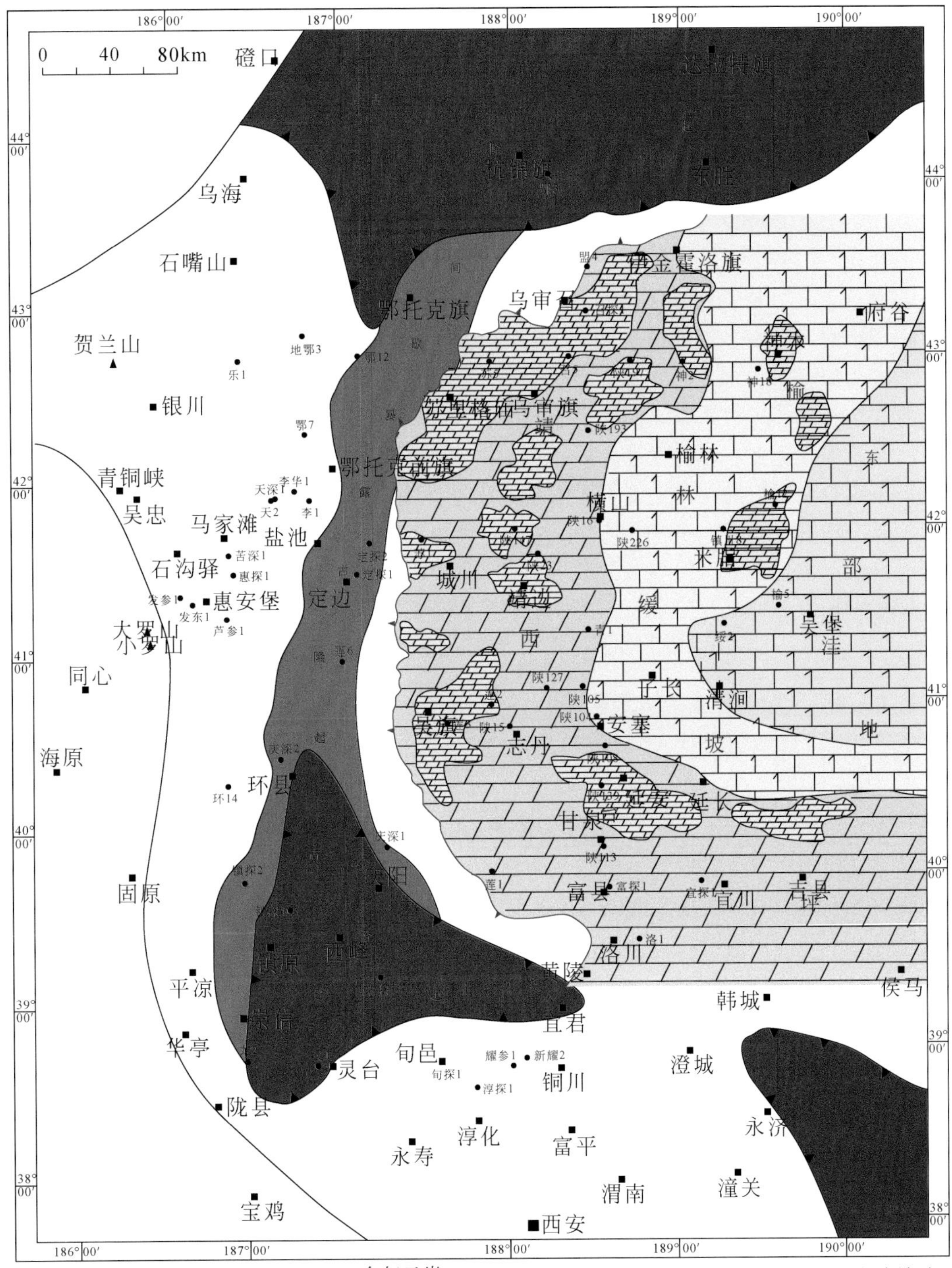

图4-89　鄂尔多斯盆地奥陶系马家沟组马五段9亚段岩相古地理图

经勘探证明，上组合古沟槽之间的溶丘带是气藏的主要富集区，靖边岩溶台地内，古沟槽东西向展布，南北分支与溶洼、溶坑和古构造低洼带相互关联，共同组成分割台地的复杂网络，使得在平缓东倾的古地貌背景上，形成大小不一、形态各异的溶丘块体。这些溶丘块体具备了捕集天然气的优越条件，成为主要的富集区。古沟槽网络决定了气藏的分布特征。古沟槽的切割和其他负向地貌单元的影响，使各个溶丘块体在风化壳岩溶发育过程中，随着水文环境的变化，逐渐发育成相互独立的岩溶系统，进而演化成不同的含气单元，使压力系统、气水分布及边界特征表现出多样性，古沟槽网络对气藏的分布具有重要的控制作用。因此上组合奥陶系顶部不整合面、侵蚀沟槽、断裂（裂缝）是重要的“源-储”输导体系，不整合面的地质结构控制了天然气的运聚。

中央古隆起控制了马五段潮缘藻屑滩的发育。古隆起东侧地区近南北向分布台坪相带，水动力较强，有利于发育浅水颗粒滩相沉积；经历浅埋藏期的混合水云化作用及风化壳期的岩溶作用，可以形成晶间孔、晶间溶孔发育的白云岩储层。

加里东风化壳期，奥陶系自东向西依次剥露，中央古隆起及其东侧邻近地区暴露，使得中、下组合白云岩储层与上古生界煤系烃源岩直接接触，形成南北向带状展布的供烃窗口（图4-90）。燕山期，构造反转，形成东高西低的构造格局，有利于中组合供烃窗口沟通煤系气源，通过顺层运移至膏盐层下聚集成藏。

鄂尔多斯盆地东部马家沟组“半环形”天然气聚集带成藏主控因素为源-储输导和储层。

4.3.3.2　天然气聚集带资源量评价

鄂尔多斯盆地海相碳酸盐岩天然气富集于奥陶系马家沟组，天然气聚集带位于盆地中央古隆起东侧的府谷-乌审旗-吴起-华池-黄陵一带，由北向南朝近东方向呈“半环带状”分布，东西向宽度为30～50km，南北向长度为475km，分布面积约33200km^2（图4-91）。在加里东构造期，华北克拉通盆地经历了长达一亿多年的风化剥蚀。鄂尔多斯盆地内部由于中央古隆起的影响，古隆起东侧从东往西马家沟组受到的风化剥蚀作用逐渐减弱，在石炭纪古地貌上依次出露了马家沟组的下组合、中组合和上组合地层。聚集带的西侧保留了下组合的马四段地层，聚集带东侧缺失马六段，马五段上组合地层保存较完整。

盆地东部天然气“半环形”聚集带的有利储层为上组合和中组合。上组合储层的气源主要来自上古生界煤系烃源岩。上古生界煤系烃源岩天然气在中组合的聚集以煤层厚度一般为5～15m，煤系泥岩厚度为60～100m；马家沟组本身烃源岩厚度较薄并且有机质丰度较低，天然气贡献较少。

综合以上分析，盆地东部“半环形”聚集带的上组合成藏控制因素与中部气田刻度区比较相似，通过与中部气田刻度区的地质对比分析，估算聚集带上组合的天然气地质资源量为7600×10^8～$16800\times10^8m^3$，资源量期望值为$13100\times10^8m^3$（表4-17）。

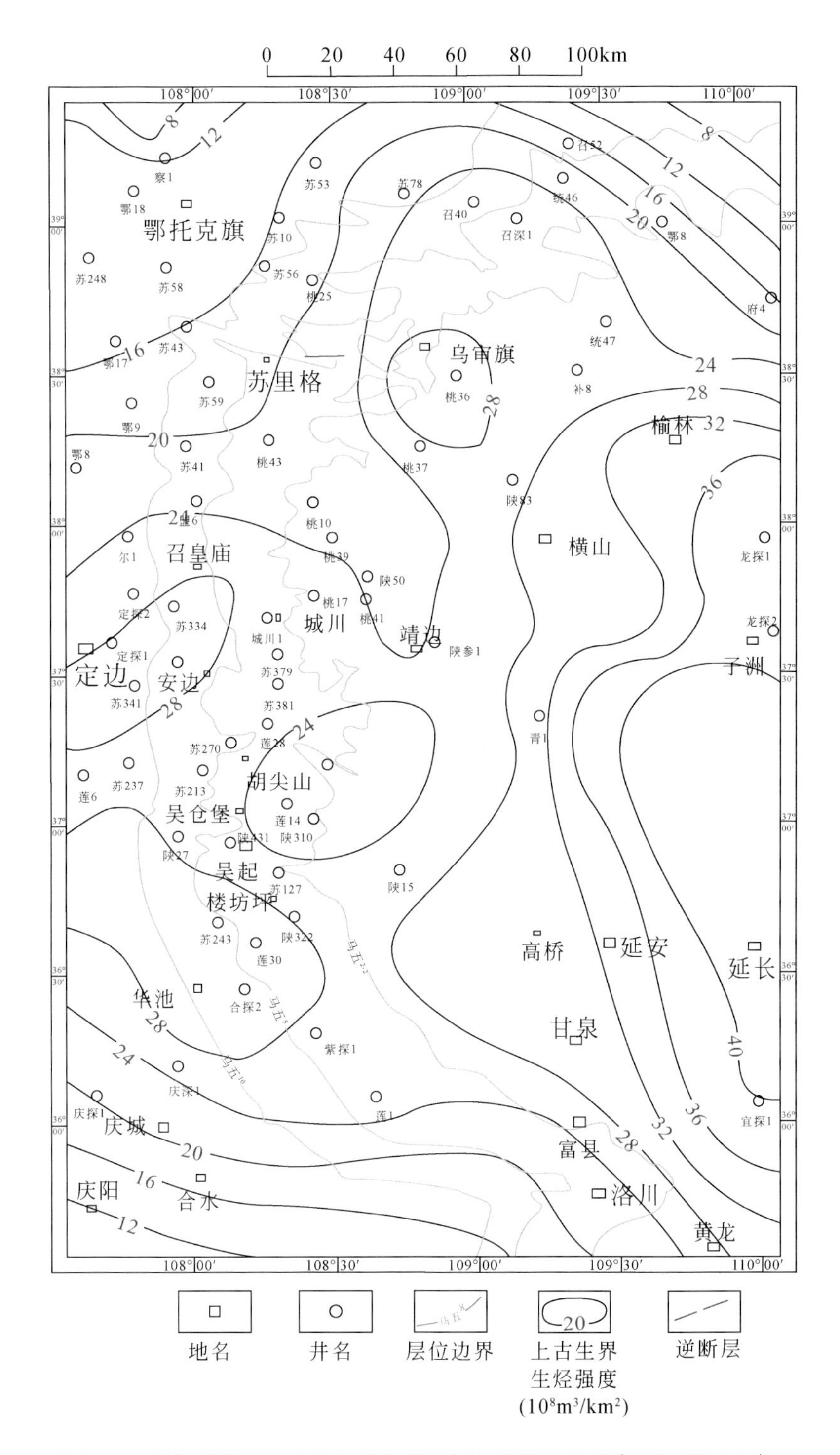

图 4-90 鄂尔多斯盆地上古生界生烃强度与奥陶系中组合剥蚀窗口叠合图

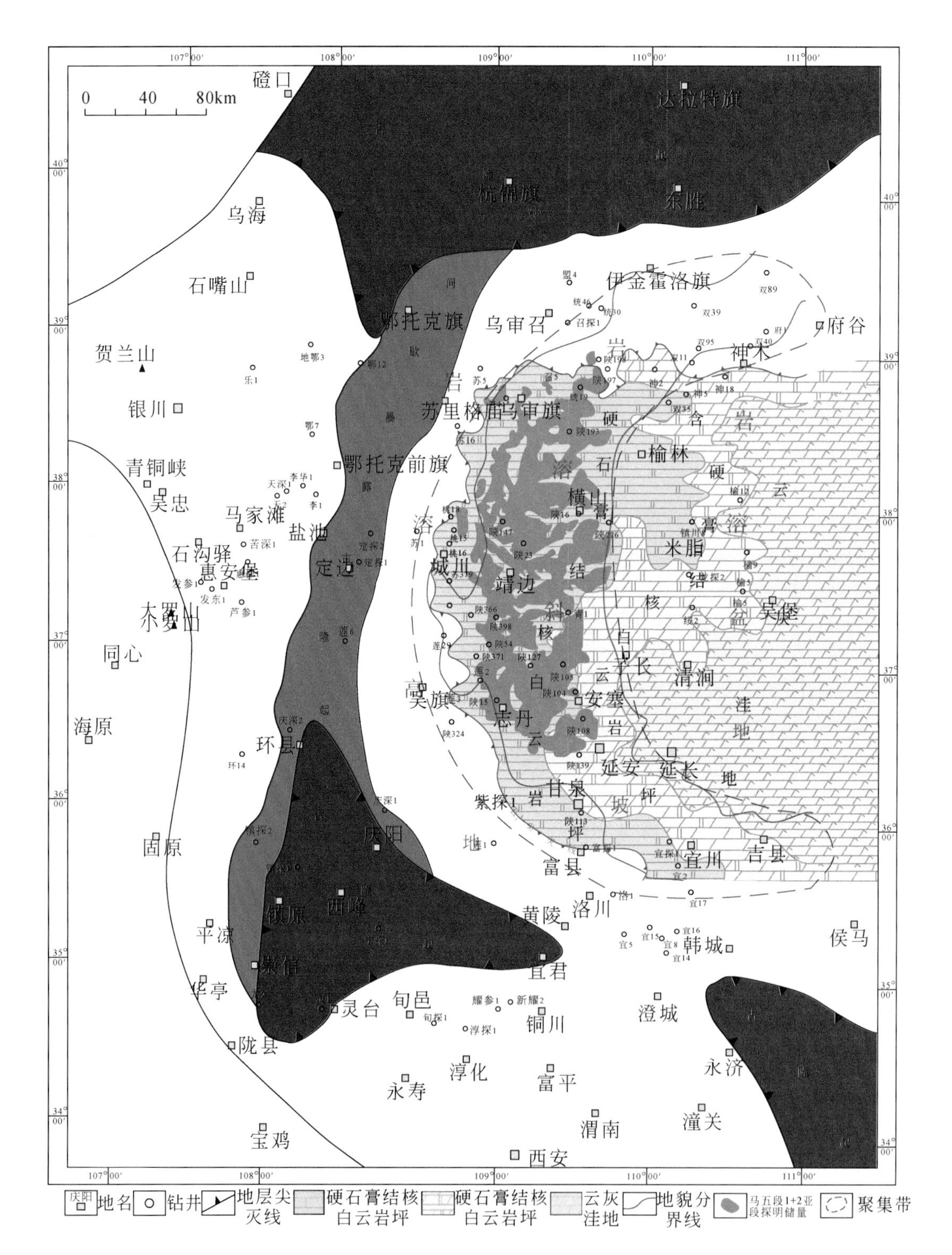

图 4-91　鄂尔多斯盆地中东部南北向马家沟组天然气环状聚集带分布图

表4-17　鄂尔多斯盆地东部“半环形”聚集带马家沟组天然气资源评价结果

评价指标		上组合		中组合	
		中部气田刻度区	“半环形”聚集带	苏203井区马五段5亚段刻度区	“半环形”聚集带
面积/km^2		15200	33200	600	33200
烃源岩厚度/m	上古生界煤岩	10～15	6～10	5～10	0～5
	上古生界煤系泥岩	60～100	80～120	80～100	0～10
	马五段烃源岩	20～40	10～40	5～25	5～15
	马三段烃源岩	0～10	10～45	5～25	10～50
储层厚度/m		15～40	0～40	4～11	10～45
盖层		上古生界煤系泥岩+煤层			
含气面积/km^2		4129	12500～18000	285	6500～9500
类比相似系数		1	0.75～0.85	1	0.60～0.75
概率95%地质资源量/10^8m^3		2909	7600	185	6400
概率50%地质资源量/10^8m^3			13100	210	12400
概率5%地质资源量/10^8m^3			16800	245	18700

盆地东部“半环形”聚集带中组合的气源除了主要来自上古生界煤系烃源岩外，马家沟组本身烃源岩的天然气也有一定贡献。马家沟组本身马家沟组侵蚀窗口为主要路径，垂向充注为辅。因此，与该区上组合的天然气充注方式相比，上古生界气源的充注在“半环形”带的东侧虽然受到一定限制，但是马家沟组本身的烃源条件相对变好。

综合以上分析，盆地东部“半环形”聚集带中组合成藏控制因素与苏203井区的马五段5亚段基本相似。通过与苏203井区马五段5亚段的地质对比分析，估算出聚集带中组合天然气地质资源量为$6400×10^8$～$18700×10^8m^3$，地质资源量期望值为$12400×10^8m^3$（表4-17）。

鄂尔多斯盆地战略目标选区在东部马家沟组“半环形”天然气聚集带南部、中部及北部，下面就分别论述这三个区域。

1. 马家沟组“半环形”天然气聚集带南部目标优选

目标优选区在鄂尔多斯盆地东部马家沟组“半环形”天然气聚集带南部，重点层位为宜川马五段1-3亚段。按照成藏主控因素，上组合处于有利的沉积相带和岩溶斜坡有利的古地貌单元——含硬石膏白云岩坪相带分布范围基本与加里东风化壳期岩溶斜坡位置一致区，经历了风化壳期淋滤溶蚀，易于形成溶蚀孔洞型储层。此外，也有有利的不整合面、剥蚀沟槽、裂缝等有利源-储输导，且目前这个区域上组合勘探油气显示丰富（图4-92）。

马家沟组“半环形”天然气聚集带南部宜川目标区的重点层位为马五段1-3亚段，其岩溶有效储层厚度为5～20m，有利区分布面积约3100km^2，区内发育上古生界煤系烃源岩和下古生界碳酸盐岩烃源岩。宜川地区上古生界煤系泥岩厚度为70～100m，煤岩厚度为5～10m，煤系烃源岩生气强度达$30×10^8$～$35×10^8m^3/km^2$；下古生界马五段源岩厚度为30～45m，马三段源岩厚度为0～20m，生气强度为$2×10^8$～$5×10^8m^3/km^2$。地质类比模拟计算宜川地区上组合天然气地质资源量为 $1140\times10^8m^3$。

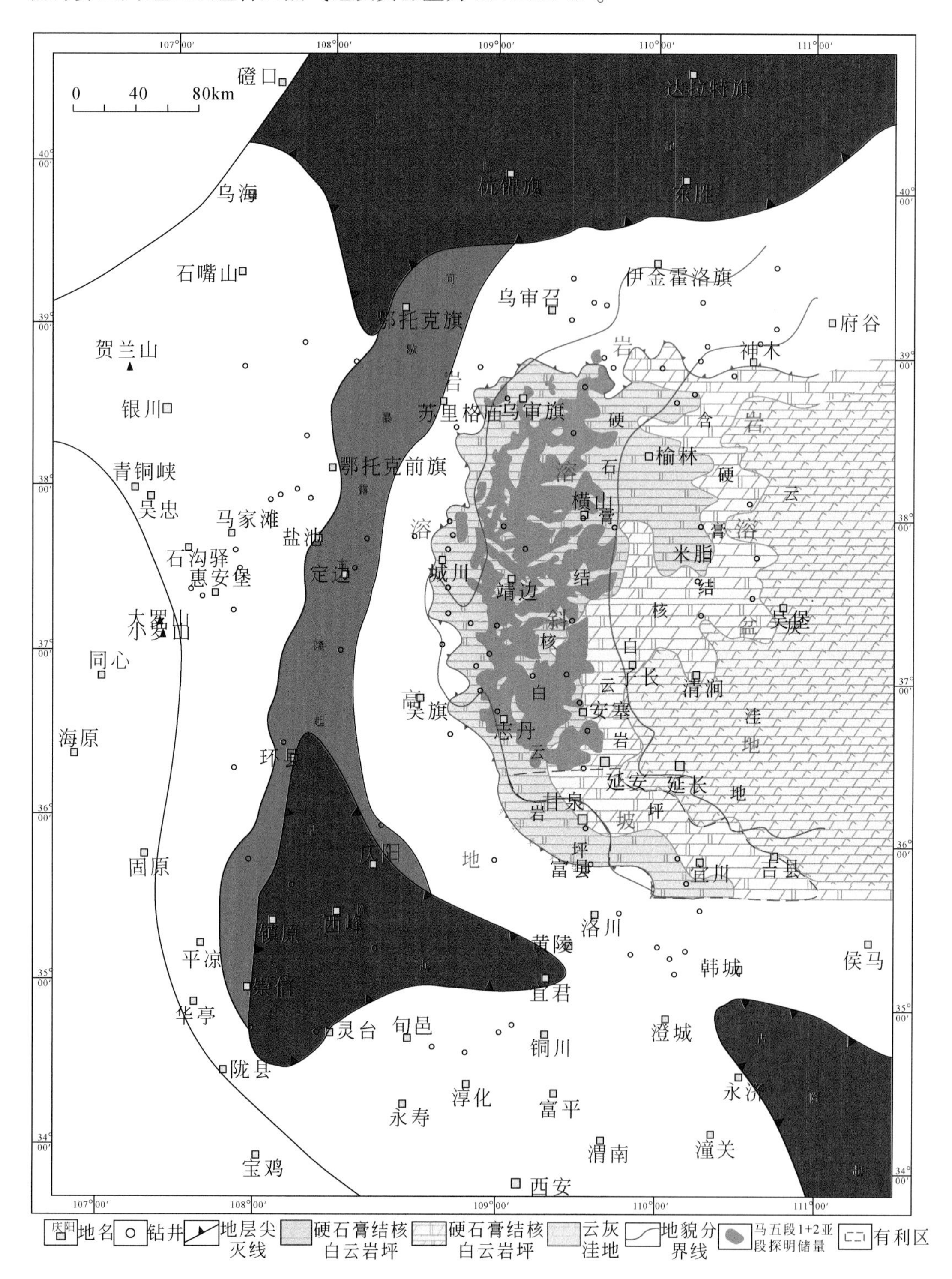

图 4-92　鄂尔多斯盆地奥陶系马家沟组马五段 1-3 亚段有利区分布图

2. 马家沟组“半环形”天然气聚集带中部目标优选

目标优选区在鄂尔多斯盆地东部马家沟组“半环形”天然气聚集带中部，重点层位为横山-安塞马五段7亚段区块和靖边马五段9亚段区块（图4-93、图4-94）。按照成藏主控因素，中央古隆起及其东侧邻近地区暴露剥蚀窗口，使得中组合白云岩储层与上古生界煤系烃源岩直接接触，形成南北向带状展布的供烃窗口，有利于中组合供烃窗口沟通煤系气源通过顺层运移至膏盐层下马五段7亚段、马五段9亚段潮缘藻屑滩白云岩储层聚集成藏，盖层为马五段6亚段膏盐岩。

横山-安塞有利区马五段7亚段有效储层厚度为10～40m，分布面积约11000km^2，发育上古生界煤系烃源岩和下古生界碳酸盐岩烃源岩，其中上古生界煤系泥岩厚度为60～100m，煤岩厚度为4～10m，煤系烃源岩生气强度达20×10^8～$30\times10^8m^3/km^2$；下古生界马五段和马三段源岩厚度分别为30～45m和0～20m，生气强度为2×10^8～$5\times10^8m^3/km^2$。地质类比模拟计算横山-安塞地区上组合天然气地质资源量为$2350\times10^8m^3$。

靖边有利区马五段9亚段有效储层厚度为15～35m，分布面积约5600km^2，发育上古生界煤系烃源岩和下古生界碳酸盐岩烃源岩。其中上古生界煤系泥岩厚度为80～100m，煤岩厚度为5～10m，煤系烃源岩生气强度达20×10^8～$30\times10^8m^3/km^2$；下古生界马五段与马三段源岩厚度分别为30～45m与0～20m，生气强度为2×10^8～$5\times10^8m^3/km^2$。地质类比模拟计算靖边地区上组合天然气地质资源量为$1580\times10^8m^3$。

3. 马家沟组“半环形”天然气聚集带北部目标优选

鄂尔多斯盆地东部马家沟组“半环形”天然气聚集带北部目标区优选在神木西马五段4-1亚段区块和乌审旗东马五段5亚段区块。按照成藏主控因素，神木西马五段4-1亚段区块处于有利的沉积相带和岩溶斜坡有利的古地貌单元——含硬石膏白云岩坪相带分布范围基本与加里东风化壳期岩溶斜坡位置一致区（图4-95）。乌审旗东有利区为中组合白云岩储层剥蚀暴露与上古生界煤系烃源岩直接接触的地区，储层为潮缘藻屑滩白云岩储层（图4-96）。

神木西有利区马五段4-1亚段有效储层厚度为0～15m，分布面积约4300km^2，发育上古生界泥质岩和下古生界碳酸盐岩烃源岩。其中上古生界煤系泥岩厚度为40～70m，煤岩厚度为10～15m，煤系烃源岩生气强度达18×10^8～$26\times10^8m^3/km^2$；下古生界马五段与马三段烃源岩厚度分别为5～30m与15～30m，烃源岩生气强度为2×10^8～$5\times10^8m^3/km^2$。地质类比模拟计算神木西地区上组合的天然气地质资源量为$850\times10^8m^3$。

乌审旗东有利区马五段5亚段有效储层厚度为5～20m，分布面积约6200km^2，区内发育上古生界泥质岩和下古生界碳酸盐岩烃源岩。上古生界煤系泥岩厚度为50～80m，煤岩厚度为10～15m，煤系烃源岩生气强度达18×10^8～$28\times10^8m^3/km^2$；下古生界马五段与马三段烃源岩厚度分别为5～25m与10～30m，烃源岩生气强度为2×10^8～$5\times10^8m^3/km^2$。地质类比模拟计算乌审旗东地区上组合的天然气地质资源量为$1360\times10^8m^3$。

鄂尔多斯盆地东部“半环形”天然气聚集带5个战略目标的资源量一共为$7280\times10^8m^3$。其中南部宜川马五段1-3亚段资源量为$1140\times10^8m^3$，中部横山-安塞马五段7亚段区块和靖边马五段9亚段区块资源量为$3930\times10^8m^3$，北部神木西马五段4-1亚段区块和乌审旗东马五段5亚段区块资源量为$2210\times10^8m^3$（表4-18）。

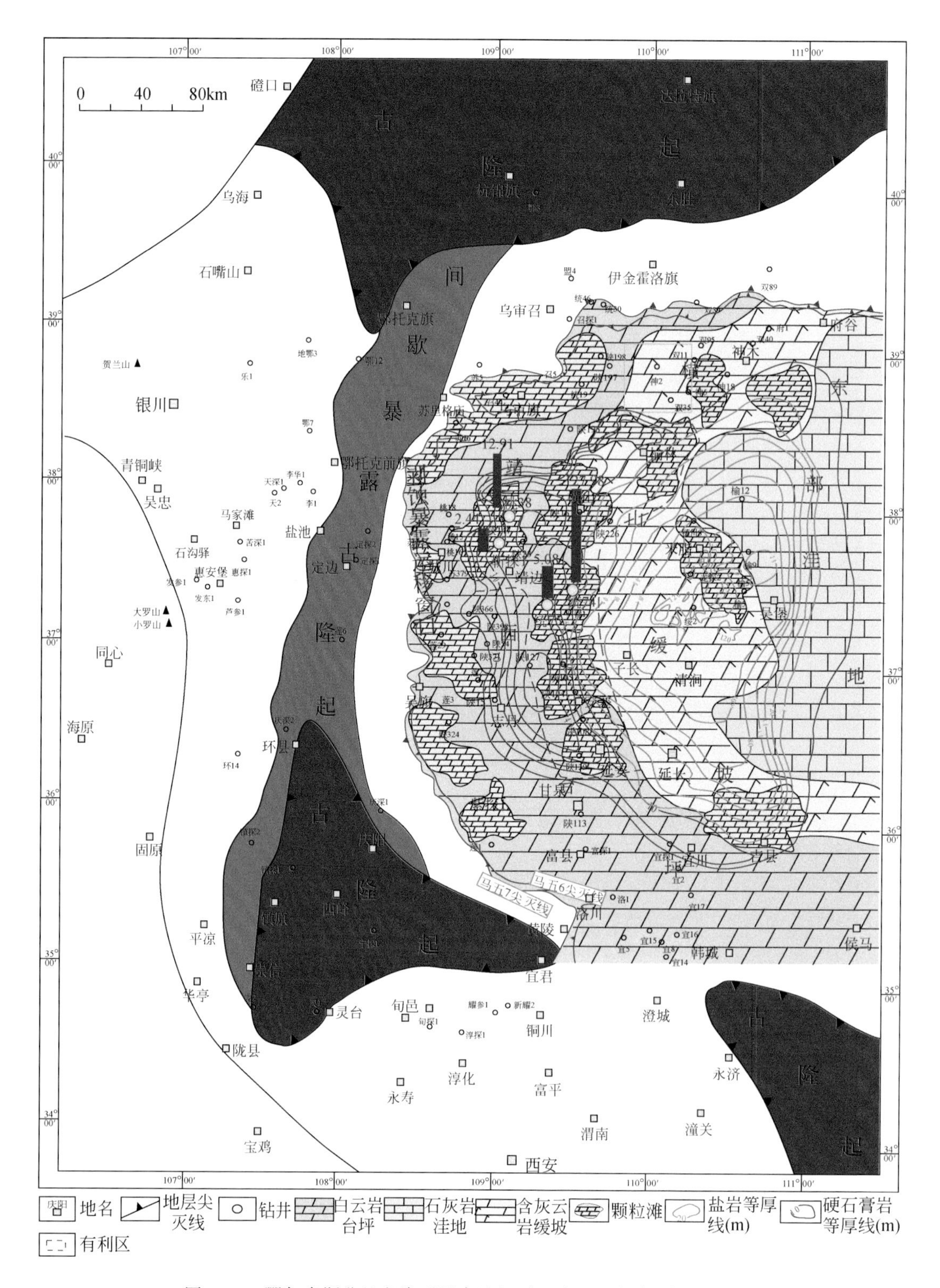

图 4-93　鄂尔多斯盆地奥陶系马家沟组马五段 7 亚段有利区分布图

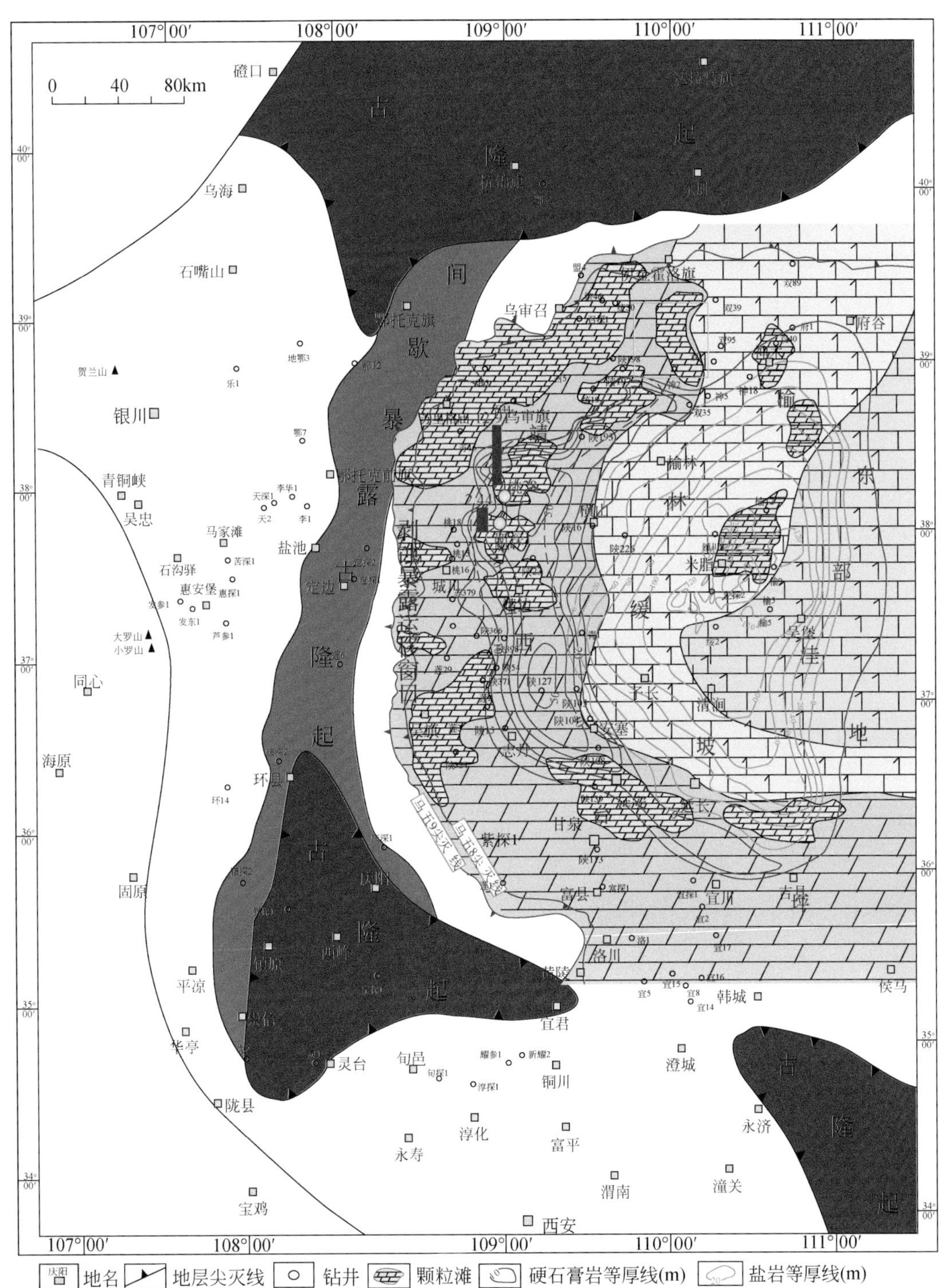

图4-94　鄂尔多斯盆地奥陶系马家沟组马五段9亚段有利区分布图

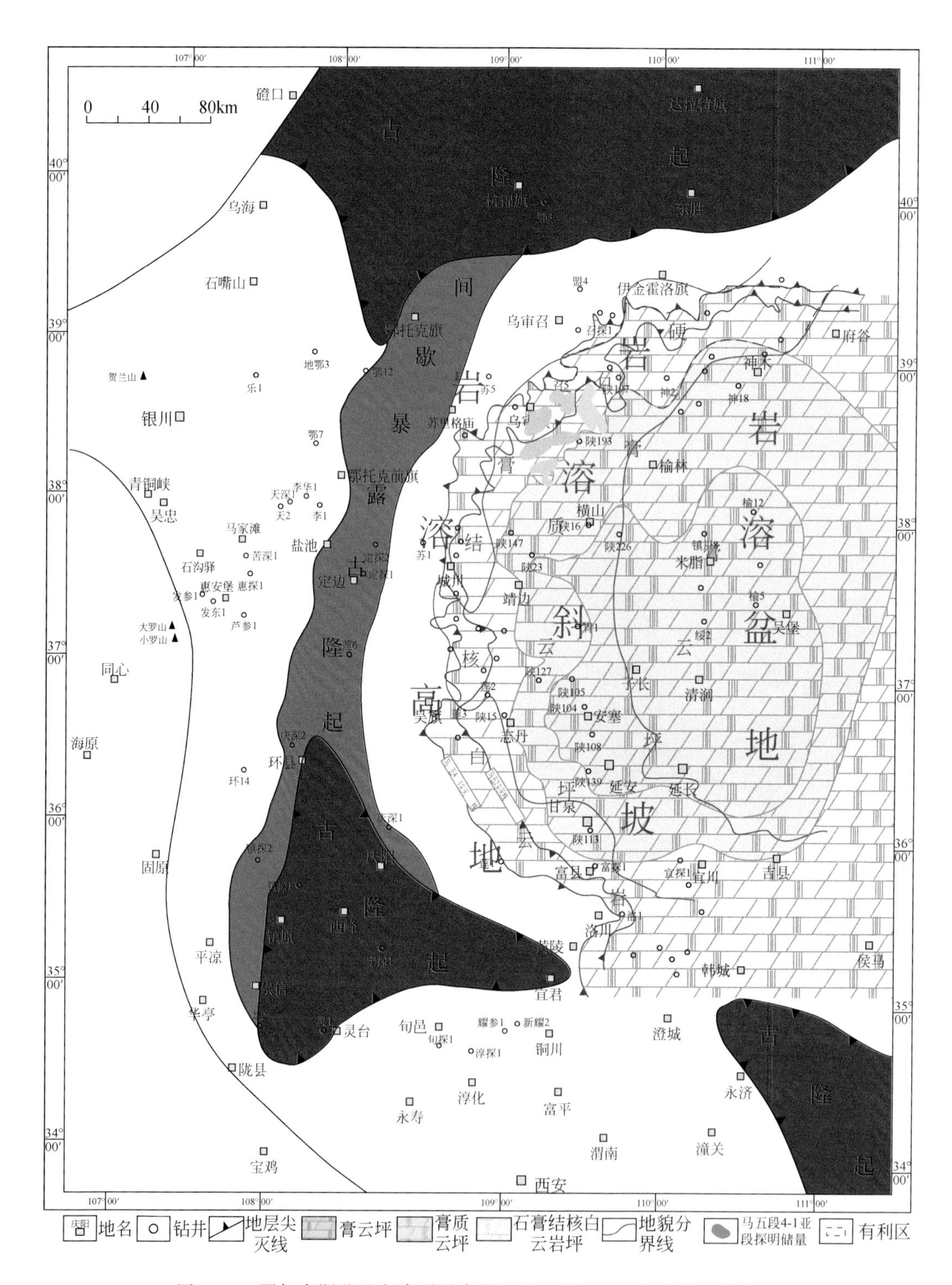

图 4-95　鄂尔多斯盆地奥陶系马家沟组马五段 4-1 亚段有利区分布图

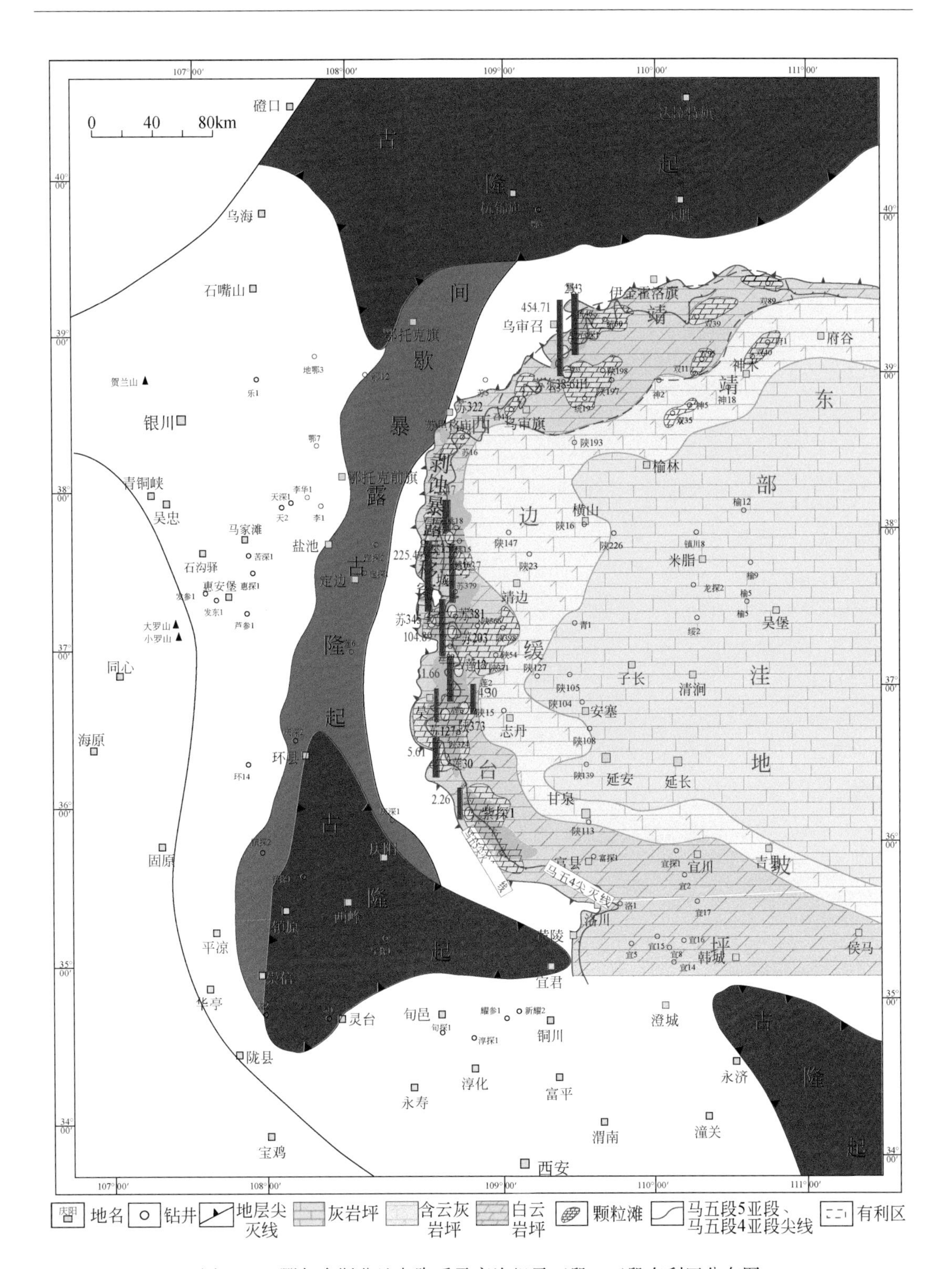

图 4-96　鄂尔多斯盆地奥陶系马家沟组马五段 5 亚段有利区分布图

表 4-18　鄂尔多斯盆地战略目标选区资源评价结果

评价指标		刻度区		南部	中部		北部	
		靖边气田	大牛地气田	宜川	横山-安塞	靖边	神木西	乌审旗东
		上组合	中组合	上组合马五段 1-3 亚段	中组合马五段 7 亚段	中组合马五段 9 亚段	上组合马五段 4-1 亚段	中组合马五段 5 亚段
面积/km^2		15200	2600	3100	11000	5600	4300	6200
烃源岩厚度/m	煤岩	10 ~ 15	10 ~ 15	5 ~ 10	4 ~ 10	5 ~ 10	10 ~ 15	10 ~ 15
	煤系泥岩	60 ~ 100	40 ~ 60	70 ~ 100	60 ~ 100	80 ~ 100	40 ~ 70	50 ~ 80
	马五段盐	20 ~ 40	40 ~ 50	30 ~ 45	30 ~ 45	30 ~ 45	5 ~ 30	5 ~ 25
	马三段	0 ~ 10	5 ~ 15	0 ~ 20	0 ~ 20	0 ~ 20	15 ~ 30	10 ~ 30
储层厚度/m				5 ~ 20	10 ~ 40	15 ~ 35	0 ~ 15	5 ~ 20
直接盖层		上古生界泥质岩			膏盐岩+碳酸盐岩		上古生界泥质岩	
含气面积/km^2		4129	1043	650 ~ 1650	3400 ~ 4500	1750 ~ 2300	1250 ~ 2350	1800 ~ 2750
类比相似系数		1		0.65 ~ 0.85	0.35 ~ 0.55	0.35 ~ 0.55	0.55 ~ 0.75	0.65 ~ 0.85
概率 95% 地质资源量/$10^8 m^3$		2909	400	590	950	430	480	570
概率 50% 地质资源量/$10^8 m^3$				1140	2350	1580	850	1360
概率 5% 地质资源量/$10^8 m^3$				1980	3610	1910	1450	2170

4.3.4　塔里木盆地海相碳酸盐岩油气聚集带成藏特征及潜力评价

4.3.4.1　塔中古隆起寒武系白云岩油气聚集带

1. 中深 1 井寒武系盐下获得战略性突破

中深 1 井是 2011 年部署在塔中隆起塔中东部潜山区的一口风险预探井（图 4-97），属于重点风险探井。经历两次侧钻，终于在 2013 年 7 月 22 日获得重大突破：5mm 油嘴放喷，油压 40.85MPa，日产气 158545m^3。中深 1C 井于 2013 年 8 月 24 日投产，目前日产气约 3 万 m^3，累计产气 610 万 m^3。

继中深 1 井之后，中深 5 井于 2013 年 5 月 11 日开钻，该井设计井深 6800m，目的层也为塔中东部潜山寒武系盐下白云岩。目前该井已钻至 6705m 深度，井底层位为下寒武统肖尔布拉克组。中深 5 井自进入中寒武统后油气显示十分活跃，在阿瓦塔格组、沙依里克组、吾松格尔组和肖尔布拉克组共见气测异常 70.1m/23 层，全烃含量最高可达 99.95%，地面集气点火可见高达 3 ~ 5m 的火焰。如此良好的油气显示预示该井也将取得突破。

分析结果显示，中深 1 井下寒武统天然气相对密度为 0.807g/cm^3，甲烷含量达 71.53%，乙烷含量为 0.485%，CO_2 含量为 23.6%，N_2 含量为 3.9%，干燥系数为 0.987；中深 1C 井相同层位的天然气相对密度为 0.865g/cm^3，甲烷含量为 62.7%，乙烷含量为

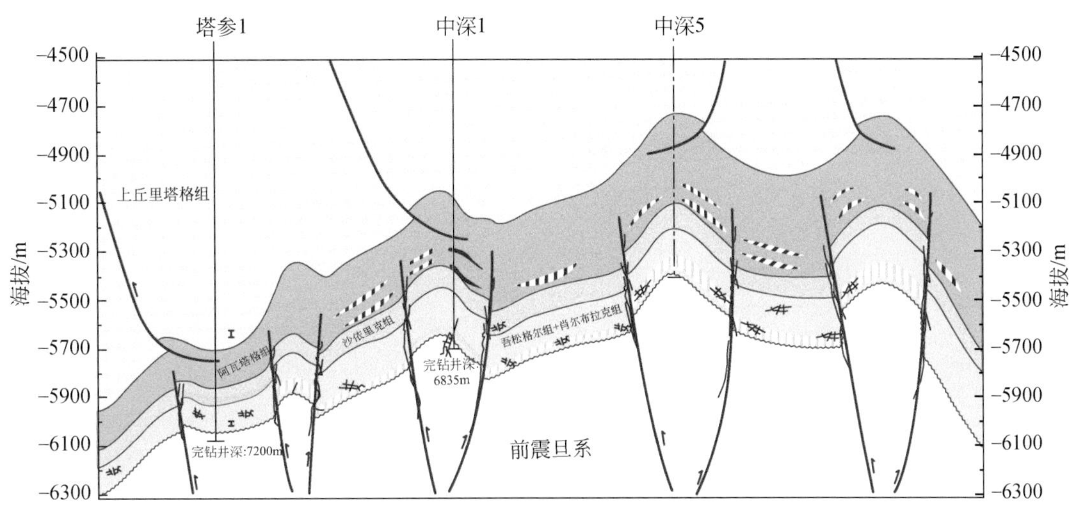

图4-97 塔中寒武系过中深1井油气藏剖面图

0.509%，CO_2含量为24.1%，N_2含量为4.0%，干燥系数为0.985，两者天然气组分基本相似。

此外，中深1井的PVT实验也表现出典型的干气特征，测试H_2S含量为118000g/cm^3，综合表征了下寒武统为高H_2S、高CO_2干气气藏。

2. 中深1井的油气来源于下寒武统烃源岩

中深1井原油具有较高的Pr/Ph（1.53），且与典型$\text{Є}-O_1$和O_{2+3}来源油生标对比，中深1井具有较低的伽马蜡烷含量，C_{27}2OR到C_{28}2OR的含量有逐渐减小的趋势。同时中深1井钻探寒武系盐下油气藏，综合指示中深1井油源来自寒武系烃源岩。

塔里木盆地烃源岩生烃量对比显示，寒武系烃源岩的生烃量最大，生油量与生气量的油当量高达7.5×10^{11}t，生油量占台盆区海相烃源岩总生油量的72%，生气量占台盆区海相总生气量的76%。即便有破坏散失，对目前油气藏的贡献也应该是最大的，应该是台盆区海相油气的主力油气源。

中深1井中寒武统测试获得的原油样品分析结果证实寒武系是塔里木盆地台盆区主力烃源岩层，同时也带动塔里木寒武系、奥陶系发育的烃源岩的生烃指标及同位素特征的重新认识。

塔里木盆地下寒武统玉尔吐斯组烃源岩的最新研究成果表明，下寒武统烃源岩主要分布于满加尔拗陷、塔北和塔西南山前，分布面积近25万km^2，厚度为30～50m，TOC平均接近5.5%。

3. 中下寒武统存在稳定发育的优质储盖组合

通过中深1井和侧钻井的钻探储层对比，可知中深1在下寒武统肖尔布拉克组下段见好的显示和优质白云岩储层，其Ⅰ类储层1m/1层，孔隙度为12.6%；Ⅱ类储层19m/3层，平均孔隙度为8.36%；尽管中深1C井在相同层位未见显示，但是测井解释仍发育Ⅱ

类储层 27m/2 层，孔隙度为 4.1%～6.5%；中深 1C2 井在该层段测试日产气 158545m³。据此认为储层发育在肖尔布拉克组下段顶部，且在该区具有层位性特点。

区域钻井资料对比表明，塔里木盆地西部地区中下寒武统普遍发育两套储层，一套发育在下寒武统肖尔布拉克组，另一套分布在中寒武统沙依里克组，具有较好的井间对比性，横向分布稳定，与上覆广泛发育的中寒武统蒸发岩和泥质云岩构成优质的储盖组合（图 4-98）。

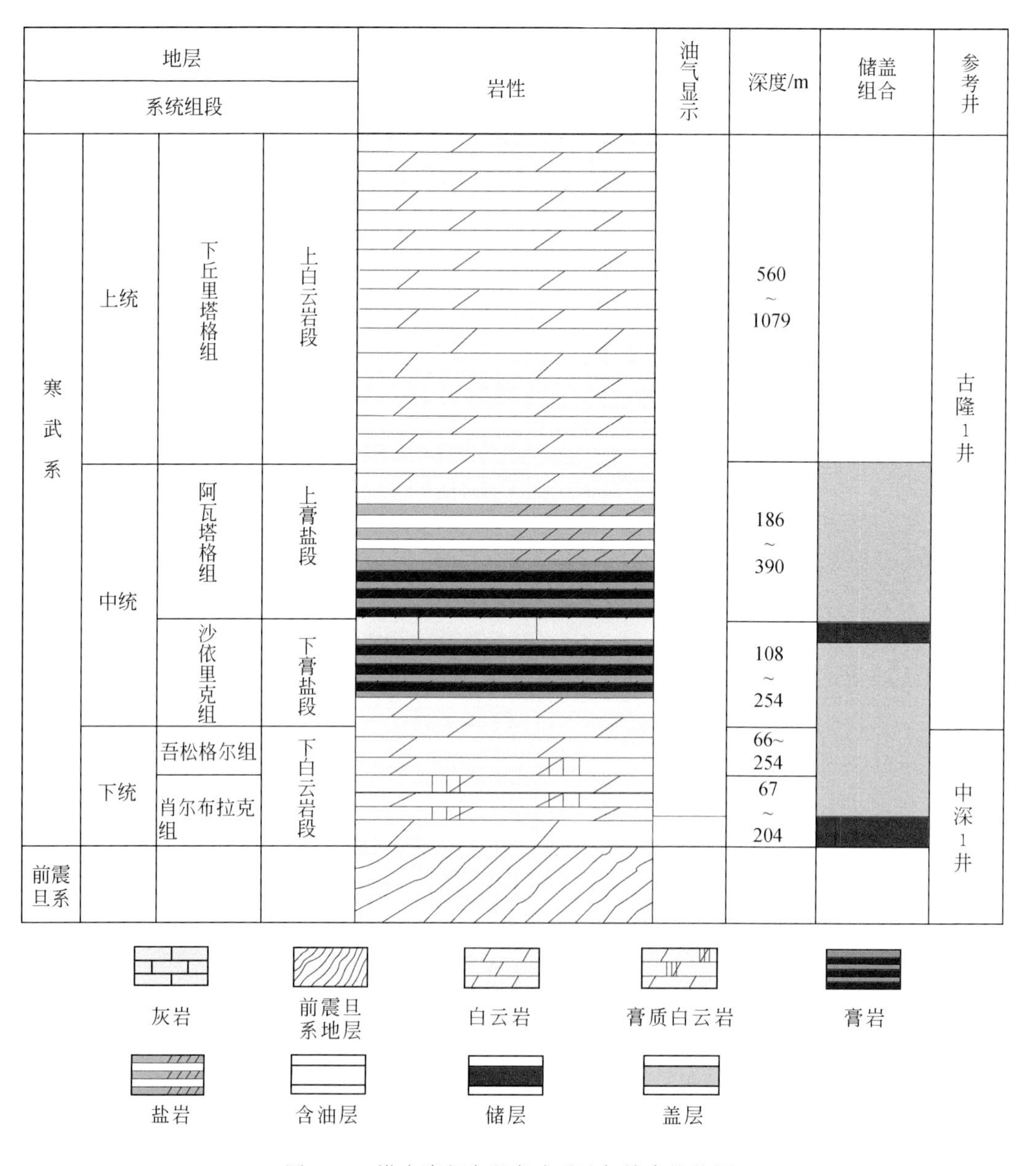

图 4-98　塔中隆起东段寒武系油气综合柱状图

现有资料统计分析结果表明，下寒武统肖尔布拉克组主要发育藻格架孔、白云石晶间孔与晶间溶孔、礁丘溶蚀孔洞等储集空间。以牙哈5井、方1井为代表的藻架孔在台地内部大量发育，此外，在肖尔布拉克剖面、星火1井等也见到泡沫状藻云岩，该岩类是半局限台地-蒸发台地潮坪亚相内的沉积物。苏盖特布拉克剖面中肖尔布拉克组发育具前积沉积构造的透镜状礁滩体，该礁滩体由细晶白云岩构成，小型溶蚀孔洞发育，常规物性分析结果显示，其孔隙度高达9.39%，储集条件非常优越。

研究认为，在肖尔布拉克组储层储集空间类型中，藻架孔、礁丘晶间溶孔与溶蚀孔洞都是准同生期岩溶作用形成的，其发育规律主要受控于沉积相；藻架孔形成于台内半局限台地-蒸发台地潮坪亚相；而礁丘晶间孔主要形成于暴露于海平面之上的台地边缘相带。因此，只要查明肖尔布拉克组沉积相的平面分布，就能基本刻画出其有利储层的分布范围。

最新的沉积相研究成果表明，塔里木盆地西部台地在早寒武世发育台缘相、混积潮坪相、半蒸发台内滩相、台内滩相与台内洼地等沉积相带。根据实钻结果与储层控制因素研究确定了沉积相带与储层分级分类的匹配关系。一类储层主要为台缘礁滩型白云岩储层与台内高部位准同生溶蚀储层，对应相带为台缘相带与半蒸发台内滩相带，主要分布在轮南-古城台缘带与巴楚-塔中-古城缓坡带，有利面积约$5\times10^4km^2$；二类储层主要为台内滩晶间溶孔与次生溶蚀孔洞型储层，主要分布在塔北隆起、阿瓦提拗陷与巴楚-塔中北斜坡部位，有利面积为$9\times10^4km^2$。

中寒武统盖层研究成果显示，可作为有效盖层的中寒武统蒸发岩和泥质云岩在西部台地区广泛发育。其中蒸发岩作为盖层最为有利，厚度为300～800m，分布面积约$14.3\times10^4km^2$；泥质云岩厚度为100～500m，分布面积约$13.7\times10^4km^2$。

中深1井中寒武统原油样品分析结果证实寒武系是塔里木盆地台盆区主力烃源岩层，为台盆区下古生界碳酸盐岩多层系、大面积成藏奠定了坚实的资源基础。中深1C井下寒武统取得勘探重大突破，既是寒武系盐下勘探新领域、新层系的突破，也是寒武系原生油气藏的重大发现，充分证实寒武系盐下具备形成大油气田的石油地质条件。

中深1C井的突破基本证实了继承性古隆起是寒武系盐下勘探的最有利领域，明确了该层系可作为塔中地区下一步勘探的接替层系。

4. 塔中寒武系白云岩天然气聚集带资源量评价

塔中寒武系白云岩聚集带位于塔中隆起东段，东西向的长度约180km，南北向宽度一般为50～100km，分布面积为$11500km^2$（图4-99）。塔中地区寒武系白云岩储层的油气来自寒武系烃源岩，其中满加尔拗陷下寒武统玉尔吐斯组有机质丰度高的烃源岩是其主力烃源岩。

塔中地区寒武系盐下白云岩储层分布于下寒武统肖尔布拉克组，储层分布面积约$14600km^2$，储层厚度一般为10～20m，储层孔隙度多数为3.5%～6.5%。白云岩储层之上的膏盐岩直接盖层的厚度为100～600m。根据中深1井、中深1C2井肖尔布拉克组白云岩产气层的资料类比，塔中寒武系白云岩聚集带的天然气资源量为8500×10^8～$19500\times10^8m^3$，资源量期望值为$12600\times10^8m^3$。

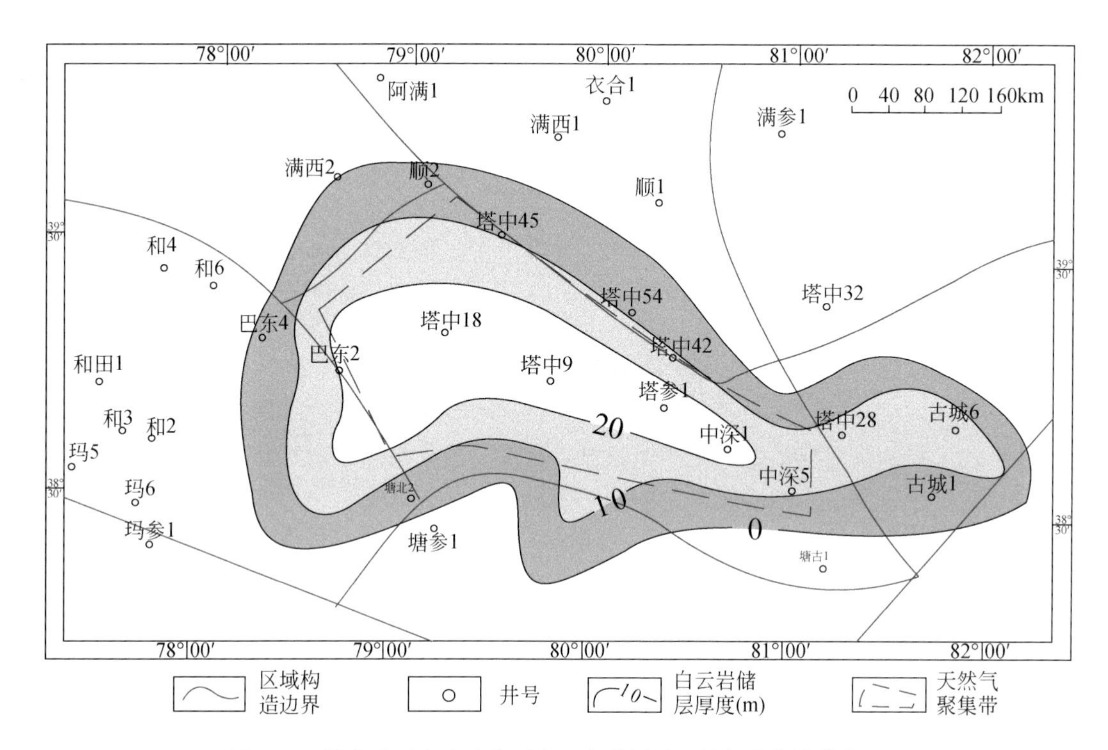

图 4-99　塔中地区寒武系盐下白云岩储层及天然气聚集带分布图

5. 塔中寒武系白云岩天然气聚集带白云岩有利区

塔中寒武系白云岩聚集带根据油气来源及储层埋藏深度划分出两个有利区：塔中 18 有利区和中深 1 有利区（图 4-100）。塔中 18 有利区位于塔中隆起西段，东西向的长度约 80km，南北向宽度一般为 40km，分布面积为 3200km²。中深 1 有利区位于塔中隆起东段，东西向的长度约 100km，南北向宽度一般为 35km，分布面积为 3500km²。

中深 1 有利区的构造部位较高，距离满加尔拗陷下寒武统玉尔吐斯组有机质丰度高的烃源岩较近，现今埋藏深度一般小于 7500m，成藏条件优越，油气勘探开发条件较好。根据地质类比估算，中深 1 有利区天然气地质资源量为 $4100\times10^8\sim11000\times10^8\mathrm{m}^3$，资源量期望值为 $7500\times10^8\mathrm{m}^3$。

塔中 18 有利区的构造部位较低，距离满加尔拗陷下寒武统玉尔吐斯组有机质丰度高的烃源岩较远，现今埋藏深度一般超过 7500m，成藏条件虽然较好，但是对于当前油气勘探开发技术而言，难度较大。根据地质类比估算，塔中 18 有利区天然气地质资源量为 $3200\times10^8\sim6500\times10^8\mathrm{m}^3$，资源量期望值为 $4300\times10^8\mathrm{m}^3$。

塔中寒武系白云岩聚集带两个有利区的天然气总资源量为 $7300\times10^8\sim17500\times10^8\mathrm{m}^3$，资源量期望值为 $11800\times10^8\mathrm{m}^3$。

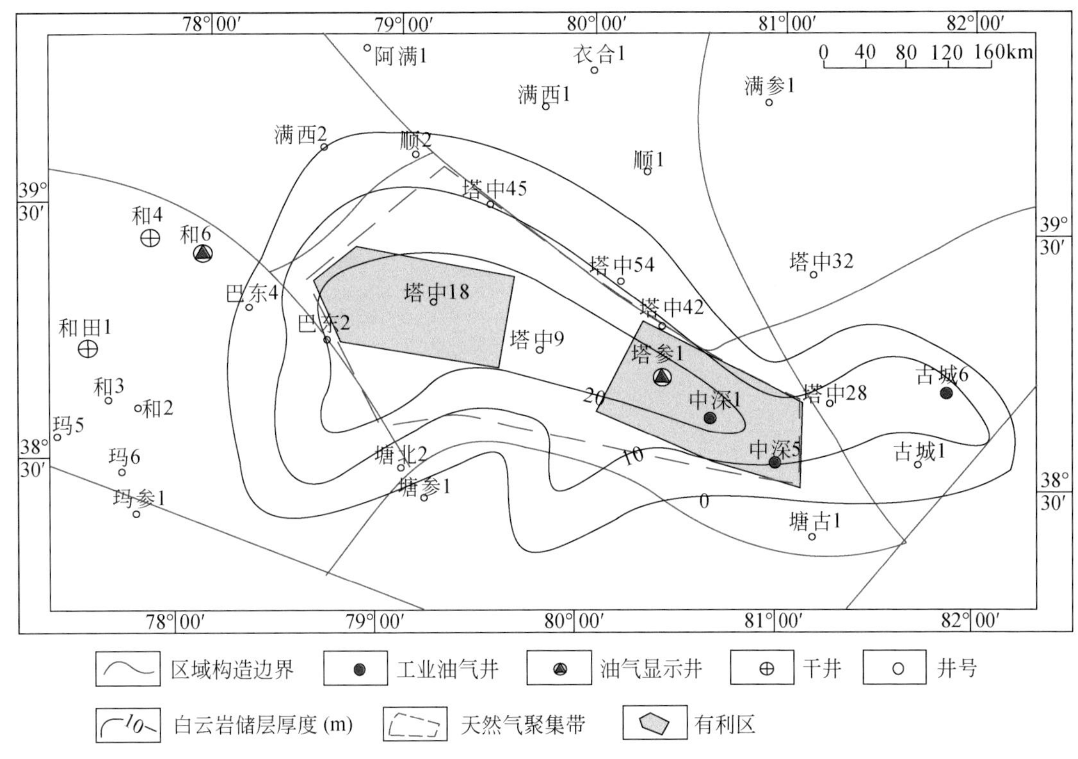

图4-100　塔中地区寒武系白云岩有利区分布图

4.3.4.2　轮南-古城寒武系、奥陶系台缘礁滩油气聚集带

1. 轮南寒武系台缘带

根据区域构造和烃源岩演化，加里东晚期—海西早期满加尔拗陷寒武系—奥陶系烃源岩进入成熟生油阶段，此时轮南鼻状古隆起也已形成，寒武系台缘带处于鼻状古隆起的高部位，构造-岩性圈闭也已形成，由于贴近烃源岩，构造位置优越，寒武系台缘带丘滩体储层具备捕获大量油气的条件。海西晚期—印支期，满加尔拗陷烃源岩进入生油高峰，油气大规模向古隆起运移聚集，寒武系构造-岩性圈闭同样处于优越的构造位置，此后由于构造隆升剥蚀破坏和断裂活动，使寒武系构造-岩性圈闭的保存条件变差，先期捕获的油气发生了部分破坏调整（图4-101）。燕山期—喜马拉雅期，满加尔拗陷烃源岩进入轻质油及凝析气为主的生烃阶段，此时轮南凸起进入稳定沉降阶段，切割寒武系构造-岩性圈闭的东西向断裂已停止活动，圈闭保存条件重新变好。喜马拉雅晚期，满加尔拗陷烃源岩进入高成熟生干气阶段。此时因库车拗陷的强烈沉降，轮南地区开始整体反向快速倾斜沉降，但寒武系、奥陶系北高南低的格局保持不变，所以轮南寒武系台缘带构造-岩性圈闭仍然处于捕获晚期天然气的有利构造位置。

轮南地区上部层位已发现了丰富的、来自拗陷的高成熟凝析油气。中石化塔深1井在寒武系也见到良好的油气显示，其中油迹-油斑显示54.1m/11层，气测异常8m/2层，并且在6800～7358m中测点，火焰高70～80cm，持续时间30min。

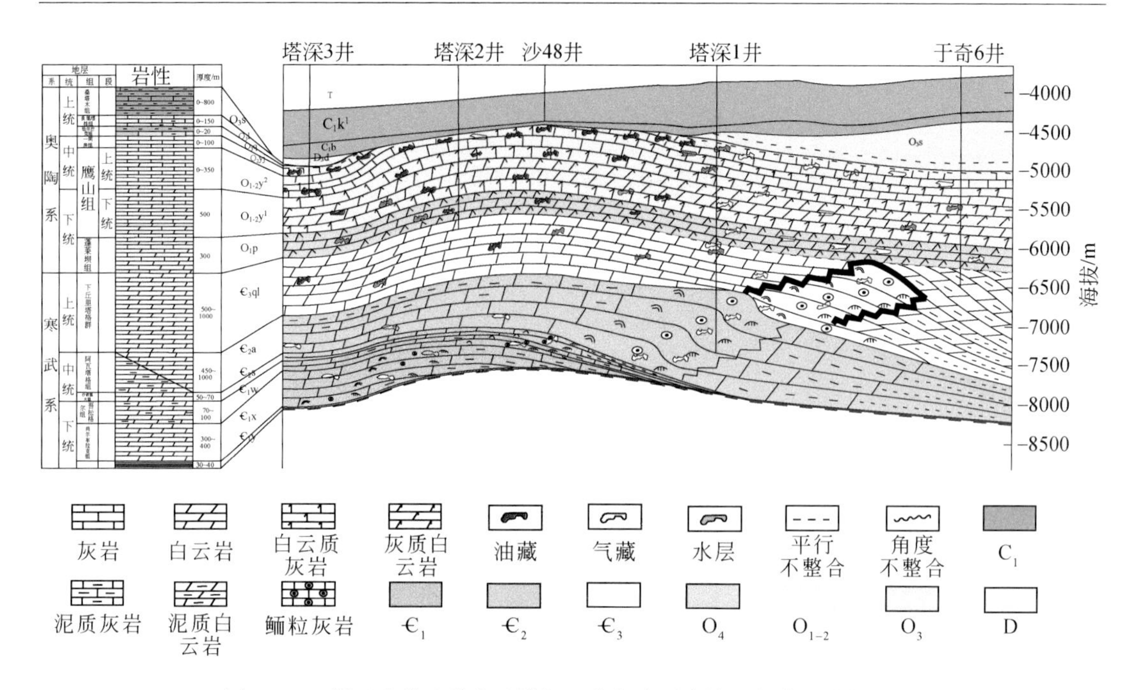

图 4-101　塔里木盆地塔北过塔深 1 井寒武系台缘油气藏联井剖面图

塔深 1 井在埋深 8400m、温度 160℃、压力 80MPa 的上寒武统白云岩溶洞储集层中发现了褐黄色液态烃，根据甲基菲指数换算的原油成熟度为 1.08%～1.2%，为高成熟轻质油或凝析油。对深度为 6800～7358m 的下奥陶统—上寒武统进行测试时，有少量天然气产出，天然气以烃类气体为主，占 97%；干燥系数为 0.97，甲烷碳同位素组成为-37.9‰，对应的气源岩 R_o为 1.65%～1.91%，气的成熟度高于原油，属于典型的高演化油型干气。

塔深 1 井液态烃样品的正构烷烃分布完整，碳数分布在 C_{13-38}之间，饱和烃色谱基线上存在微弱的"UCM"峰，反映经历过微弱的生物降解，但仍属于保存较好的正常原油。塔深 1 井液态烃甾烷的分布具有 $C_{27}>C_{28}\ll C_{29}$的特征，具有典型的 C_{29}甾烷优势，其饱和烃碳同位素值为-29.12‰；Pr/Ph 为 0.762～0.991，Ph/nC_{18}和 Pr/nC_{17}分别为 0.41 和 0.42，具植烷优势，为还原环境下腐泥型烃源岩生成的烃类，与目前来自中下寒武统的塔东 2 井原油具有一定的相似性。综合分析认为塔深 1 井液态烃来源于中下寒武统烃源岩。

塔深 1 井上寒武统下丘里塔格群岩心和荧光薄片中见到液态烃和沥青，具有多期成藏的特征。包裹体分析发现在中-细晶白云岩和充填裂缝、溶洞的中、粗、巨晶白云石和方解石中发育大量与烃类包裹体伴生的盐水包裹体。其中，盐水包裹体发育丰度高，烃类包裹体发育丰度低，并且以气态烃包裹体为主。气液烃包裹体呈黄绿色荧光，与气态包裹体共生的盐水包裹体的均一温度为 100.5～130.1℃，平均为 115.3℃，据沉积埋藏史和热演化史推断烃类充注、运移时期可能为喜马拉雅期。

塔深 1 井的油气证明轮南寒武系台缘带具备油气运移成藏条件。塔深 1 井之所以没有获得工业油气，失利原因通过综合研究认为主要是打在了构造-岩性圈闭的低部位。塔深 1 井台缘丘滩体储层顶面海拔比中石油矿权区的最高点低了 500 多米。

综合考虑储层、埋深等因素，在寒武系顶面构造图上以-6500m 等高线为界，>-6500m

的台缘带划分为Ⅰ类区，<-6500m的台缘带划分为Ⅱ类区，台内划分为Ⅲ类区（图4-102）。参考轮东地区资源系数对轮南深层寒武系进行了资源量预测，上寒武统资源量为6697.4亿m^3，中寒武统资源量为5831.2亿m^3，下寒武统资源量为1656.9亿m^3。

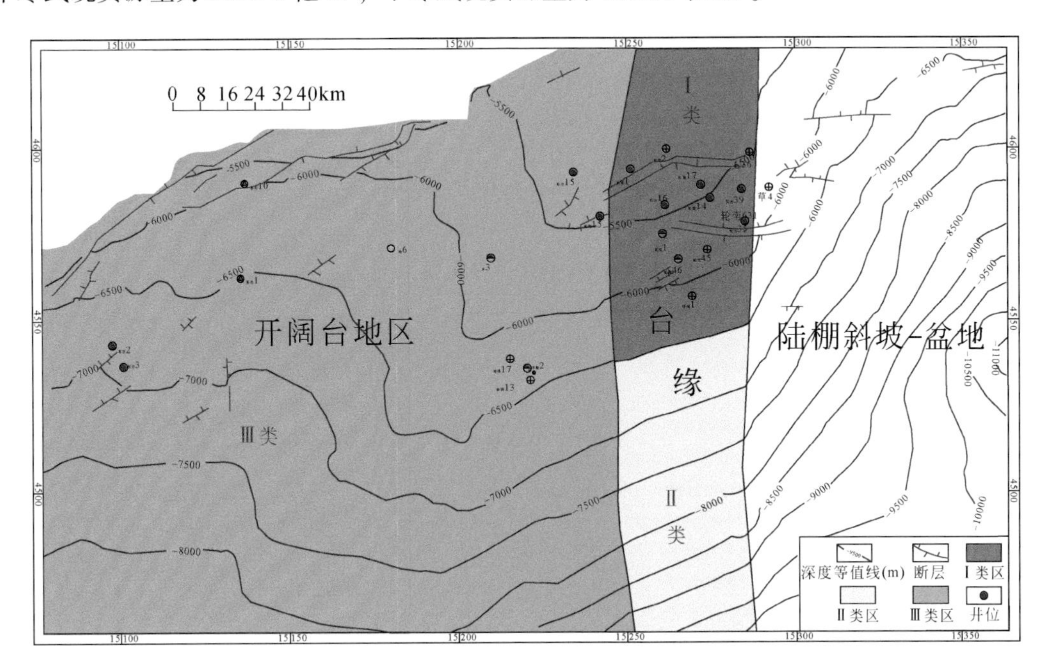

图4-102　轮南寒武系台缘带评价图

2. 古城鼻凸寒武系—中下奥陶统台缘带评价

从构造而言，它位于古城鼻隆上，断鼻向北延伸，南端被一南倾大断层分割。从储层发育分析，它是$Є-O_{1-2}$的台地边缘相与开阔台地相沉积，发育$Є-O_1$白云岩及中下奥陶统礁相灰岩。实钻资料证实该区储层发育，特别是由于热液作用形成溶蚀孔洞，极大改善了储集性能。气源条件，该区存在古油藏，从古城4井高沥青含量可以得到充分证实。该区属于持续裂解供烃区，古油藏的后期裂解为气藏提供了充足的气源。另外在北侧及东侧发育盆地相的烃源岩，也是提供后期气源的主要来源。临近的中石化古隆1井获得工业气流也证实该区具有有效的成藏过程。

3. 轮南-古城寒武系与奥陶系台缘滩油气聚集带资源量评价

轮南-古城寒武系与奥陶系台缘滩油气聚集带位于满加尔拗陷东侧紧邻顺托果勒凸起，呈近南北方向的带状展布，宽度一般为40～60km，长度约310km，分布面积为14500km^2（图4-103）。

轮南-古城寒武系与奥陶系台缘滩聚集带的油气主要来自满加尔拗陷中下寒武统烃源岩，烃源条件优越。寒武系与奥陶系礁滩相储层厚度为10～30m，储层孔隙度为2.5%～4.5%。

通过塔中地区上奥陶统良里塔格组礁滩相油气藏类比分析，该聚集带的天然气资源量为7300×10^8～$18700\times10^8m^3$，资源量期望值为$10500\times10^8m^3$。

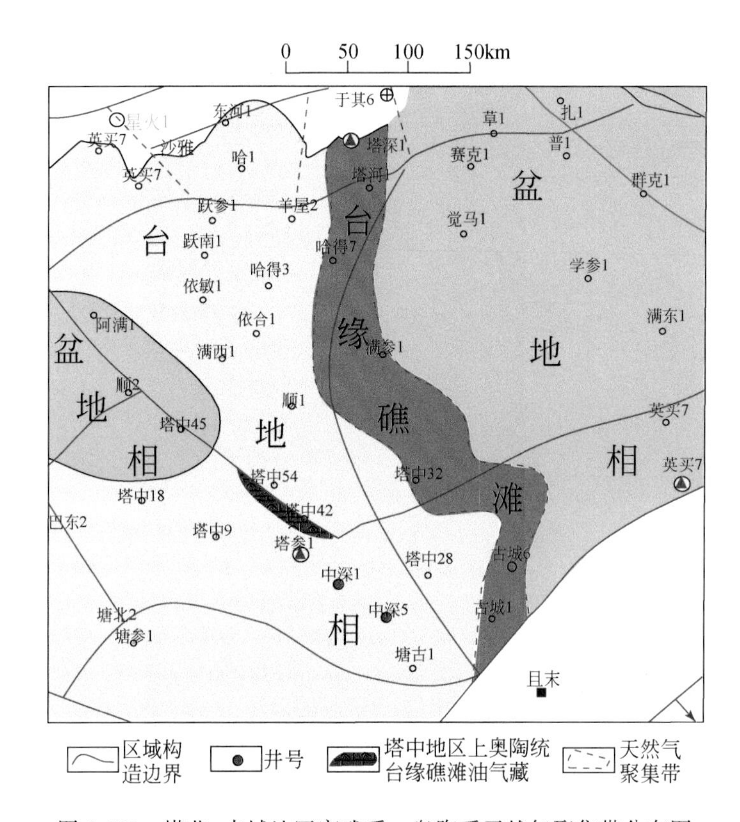

图 4-103　塔北-古城地区寒武系—奥陶系天然气聚集带分布图

4. 轮南-古城寒武系与奥陶系台缘滩油气聚集带有利区

塔里木盆地轮南-古城寒武系—奥陶系台缘滩聚集带勘探程度相对较低，目前初步划分为两个有利区，北部有利区（塔中 32 井以北）发育寒武系台缘礁滩储层，南部有利区（塔中 32 井以南）发育奥陶系台缘礁滩储层。根据塔中地区上奥陶统良里塔格组礁滩相油气藏类比分析，北部有利区的天然气资源量为 $3600\times10^8\sim9400\times10^8m^3$，资源量期望值为 $5500\times10^8m^3$；南部有利区的天然气资源量为 $3700\times10^8\sim9300\times10^8m^3$，资源量期望值为 $5000\times10^8m^3$。

4.3.4.3　塔北古隆起热瓦普地区奥陶系礁滩油气聚集带

塔北南缘因缺乏断裂，总体表现为向海缓倾的缓坡型（坡度通常小于 3°）台地，沙雅南热瓦普区块良里塔格组远端变陡缓坡型大型台缘礁滩体的厚度约 240m（图 4-104），目的层厚度较大。该区毗邻阿瓦提-满加尔拗陷，拗陷内欠补偿盆地上奥陶统的泥质沉积具有较高的有机质含量和成熟度，为良里塔格组提供了良好的烃源。勘探区良里塔格组主要为台缘岩溶、礁滩型储集体（图 4-105），岩溶储集体发育程度对其含油气性有较大影响，储集性能与含油气性主要受控于沙雅低隆这一大的构造背景及岩溶孔、洞、缝储集体的发育程度。

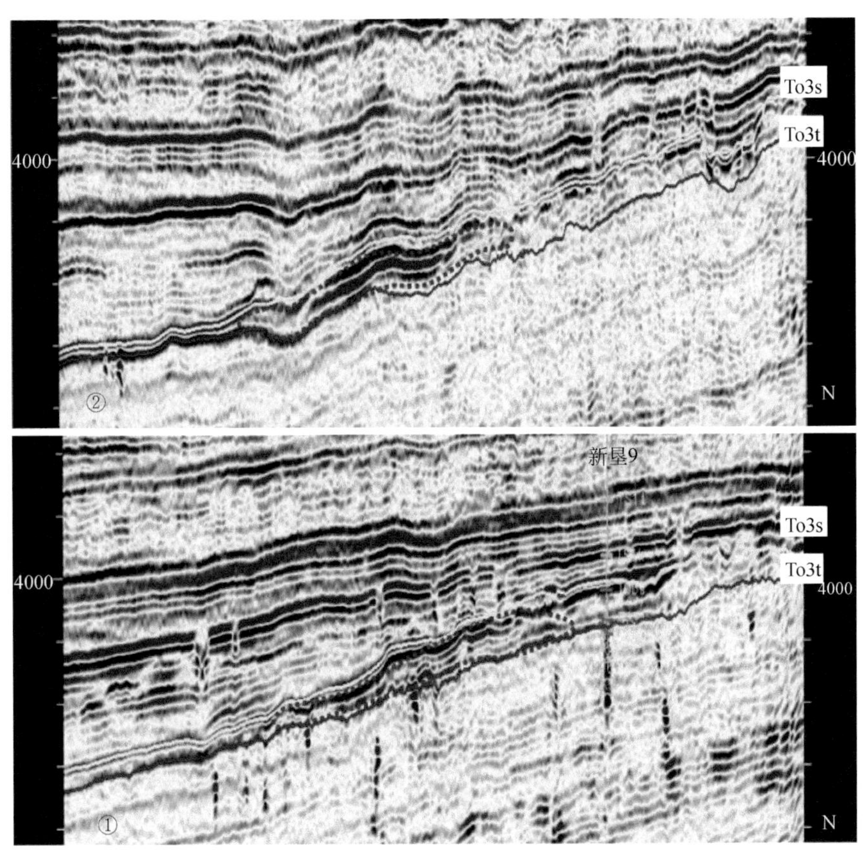

图4-104　塔北热瓦普区块良里塔格组台地边缘地震剖面图

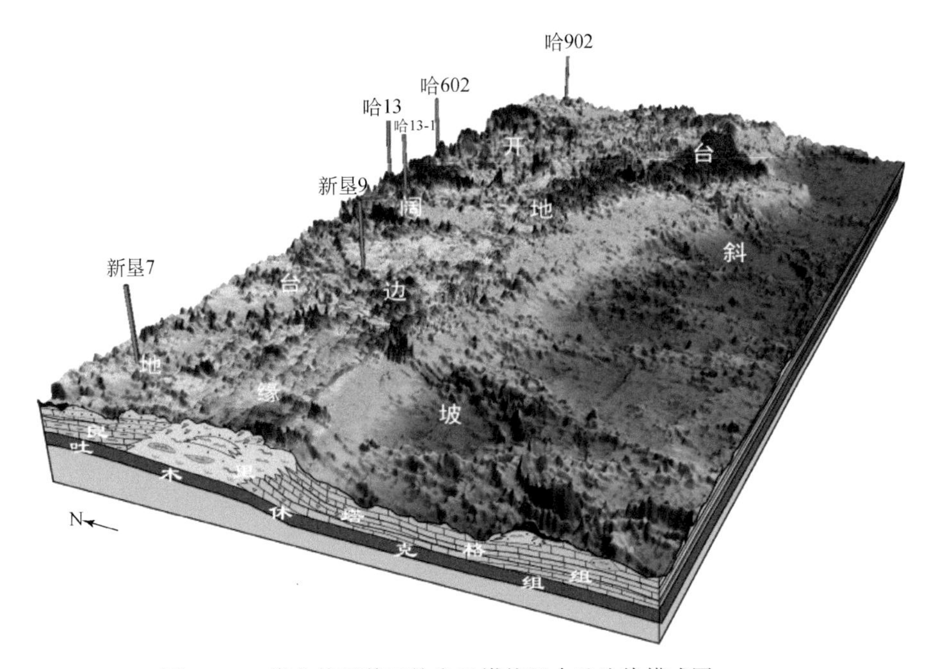

图4-105　塔北热瓦普区块良里塔格组台地边缘模式图

结合上述几点可以看出该区储集条件较好，其与上覆桑塔木组底部泥质灰岩-泥岩可以形成良好的储盖组合。本区南部阿瓦提-满加尔拗陷寒武系—奥陶系烃源岩具有长期生烃、多期供油的特点，且处于东南方烃源区油气向沙雅低隆-阿克库勒凸起构造高部位运移的路径上，而 T_{74} 不整合面和断裂为油气的垂向、侧向运移提供了良好的通道，并产生遮挡作用，因此该区可形成构造-岩性圈闭，有一定的圈闭成藏条件，而且该区良里塔格组缓坡礁滩型储集体埋深小于6500m，勘探条件较为有利；区带内探井较少，勘探潜力较大。

4.4　中国西部大型克拉通盆地碳酸盐岩油气富集规律

4.4.1　碳酸盐岩油气富集规律

4.4.1.1　鄂尔多斯盆地奥陶系油气集聚带

鄂尔多斯盆地从中晚寒武世开始发育的古中央隆起带，控制了奥陶系马家沟组储层的沉积古岩溶，控制了上覆本溪组、太原组烃源岩的沉积和分布，控制了源-储关系，形成古隆起带东侧的马家沟组岩溶型和白云岩型的大规模天然气聚集带。因此奥陶系碳酸盐岩属于的“一隆”控制东侧“半环形”天然气聚集带，简称“一隆”控制“一带”。

4.4.1.2　四川盆地碳酸盐岩油气聚集带

四川盆地碳酸盐岩领域油气聚集带分布规律，总结起来，属于“四隆”+“二槽（盆）”控制的多层、多区分布的天然气聚集带。

“四隆”：震旦纪—志留纪川中古隆起带（成都古隆起到乐山-龙女寺古隆起）控制了“隆起东部中上寒武统环形天然气聚集带”；开江古隆起带控制了石炭系气藏群（已基本探明）；泸州古隆起控制了三叠系嘉陵江组气藏群和“川中西北斜坡雷口坡组天然气聚集带”；川西北-川北古隆起带控制了“东南斜坡雷口坡组的天然气聚集带”。

“二槽（盆）”：桐湾运动末期形成的绵阳-长宁“拉张槽”，控制了震旦系灯影组第三段—第四段沉积，叠加古岩溶作用，在“槽（盆）”两侧形成储层发育带，控制了“槽（盆）”两侧的天然气聚集带形成。烃源岩为寒武系牛蹄塘组/筇竹寺组泥岩和震旦系陡山陀组泥质白云岩；二叠纪东吴运动开始形成的开江-梁平“槽（盆）”控制了上二叠统烃源岩及二叠系—三叠系礁滩相储层分布，同时控制了“源-储”关系，形成了该古构造格局制约下的“环开江-梁平陆棚的礁滩相天然气聚集带”。

4.4.1.3　塔里木盆地下古生界碳酸盐岩油气聚集带

塔里木盆地“二隆”控制下的3个油气聚集带。塔北古隆起带（加里东中期—海西晚期）控制了奥陶系风化壳型油气聚集带，可能存在陡坡型礁滩油气聚集带；塔中古隆起带（加里东中期—海西晚期）控制了古岩溶缝洞型储层发育的油气聚集带和礁滩相储层发育的油气聚集带。

根据三大盆地的 8 个油气聚集带成藏特征的差异性，在表 4-19 中进行了分析对比。

表 4-19　油气聚集带成藏特征对比

	鄂尔多斯盆地	四川盆地				塔里木盆地		
成藏特征	奥陶系“半环形”天然气聚集带	环绵阳－长宁拉张槽震旦系灯影组天然气聚集带	乐山－龙女寺古隆起带寒武系龙王庙组天然气聚集带	泸州古隆起北斜坡带雷口坡组天然气聚集带	绵竹－中坝－天井山－米仓山隆起带前缘雷口坡组天然气聚集带	塔中寒武系白云岩油气聚集带	轮南－古城上寒武统—奥陶系台缘滩油气聚集带	塔北南坡热瓦普奥陶系油气聚集带
主要产层	靖边气田主要产层是马五段 1 亚段	灯四段和灯二段	龙王庙组	雷一段至雷五段均有产层	中坝：雷三段；磨溪：雷一段；卧龙河：雷一段	高产层为肖尔布拉克组盐下白云岩	肖尔布拉克组盐下白云岩	
天然气组分	干气，重烃含量少，CO_2 含量低，含少量 H_2S	干气，N_2、CO_2 和 H_2S 相对于龙王庙组较高，干燥系数高	干气，CH_4 含量高，N_2、CO_2 和 H_2S 含量低	雷一段，干气，CH_4 含量高，重烃含量较低；雷三段的天然气较湿，重烃含量较高	干气，重烃含量低	高 H_2S、高 CO_2 干气气藏	塔深 1 井：天然气以烃类气体为主，占 97%；干燥系数为 0.97，典型的高演化油型干气	
油气源	来自奥陶系和石炭系的“二元混合气”以上古气源为主	主要是原油裂解气，烃源岩为下寒武统筇竹寺组下段的深水陆棚相页岩	以原油裂解气为主，属于次生气藏，烃源岩为筇竹寺组（或牛蹄塘组）深水陆棚相泥页岩	雷一段天然气可能来自于嘉陵江组下伏地层，雷三段天然气应主要来自须家河组的烃源岩	既有雷口坡组自身内部碳酸盐岩油型气，又有上三叠统须家河组煤型气，还可能来自下二叠统的油型气	烃源岩为下寒武统烃源岩	塔深 1 井液态烃来源于中下寒武统烃源岩	天然气来自满加尔寒武系烃源岩
储集层	岩溶风化壳型及内幕型白云岩储层	以藻白云岩为主，台内滩相储层	砂屑滩相孔隙型白云岩储层	风化壳岩溶型白云岩和颗粒白云岩	发育风化壳岩溶型白云岩和颗粒白云岩两类储层	盐下白云岩：一套发育在下寒武统肖尔布拉克组，另一套分布在中寒武统沙依里克组，以裂缝孔洞型为主	以台地边缘相沉积为主的白云岩孔洞型储层为主	一间房组—鹰山组上段、鹰山组下段、蓬莱坝组第三段储层，缝洞型储层

续表

鄂尔多斯盆地		四川盆地				塔里木盆地		
盖层	马家沟组膏盐层	下寒武统泥岩厚度为100～450m，为灯影组直接盖层	高台组致密灰岩夹膏盐岩，区域性盖层为洗象池组—三叠系砂泥岩、灰岩和膏盐层	雷口坡组膏盐岩层是直接盖层。而上三叠统马鞍塘组和须家河组底部的泥质岩是区域性盖层	雷口坡组膏盐岩层是直接盖层。而上三叠统马鞍塘组和须家河组底部的泥质岩是区域性盖层	上覆广泛发育的中寒武统蒸发岩和泥质云岩	鹰山组下部—蓬莱坝组—上寒武统致密碳酸盐岩盖层；寒武系阿瓦塔格组、吾松格尔组泥岩、泥质白云岩盖层；蓬莱坝组下部玄武岩、泥岩盖层	顶部致密灰岩及上覆巨厚上奥陶统泥岩直接封盖，侧向致密灰岩封挡

4.4.2　三大盆地油气聚集带成藏主控因素

通过近5年来的研究，对鄂尔多斯盆地、四川盆地、塔里木盆地海相碳酸盐岩的油气成藏特征进行了总结，对重点的三个大规模油气聚集带的成藏特征进行了解剖，对8个可能油气聚集带的特征评价的基础上，对三大盆地碳酸盐岩领域油气聚集规律主控因素总结如下（表4-20）。

表4-20　三大盆地海相油气聚集带成藏主控因素及差异对比表

主要成藏地质特征	鄂尔多斯盆地（相对稳定）	四川盆地（早-中期稳定，晚期活动强）	塔里木盆地（早期活动中-强，中期稳定，晚期活动强烈）
主力层位	层位少（奥陶系马家沟组）	层位多（震旦系灯影组、寒武系龙王庙组、石炭系黄龙组、二叠系—三叠系长兴组和飞仙关组、三叠系雷口坡组）	层位一般（寒武系白云岩、奥陶系礁滩相灰云岩、奥陶系灰岩）
构造演化特征	早期（加里东期—海西期）拉张、中-晚期挤压（印支期—燕山期—喜马拉雅期），构造稳定	早期拉张（加里东期—海西期）、中期（印支期）挤压，晚期（燕山期—喜马拉雅期）挤压，早中弱，晚期强	早期拉张（加里东期）-挤压（海西期），中期拉张，晚期挤压，早期较强，中期弱，晚期强
控藏古隆起形成及分布	演化稳定（中央古隆起，加里东早期—海西晚期），SN向分布	演化有迁移（川中古隆起，桐湾运动—海西中期，云南运动），盆地WS-EN分布；开江海西期古隆起；泸州印支期古隆起；川北印支期古隆起（川西北-川北地区）	层多，演化迁移（塔北古隆起，加里东中期—海西晚期，EW向；塔中隆起，加里东中期—海西晚期，NW向）
烃源岩	层位较少，成气为主（上覆石炭系—二叠系煤系烃源岩，马家沟组部分泥质、微晶灰岩）	层多，厚度大，生烃潜力大，演化程度高，成气为主（下寒武统泥岩、下志留统泥岩、二叠系，泥岩及灰岩、上三叠统煤系烃源岩）	层位较少，演化程度中高，成油、成气（寒武系泥岩、寒武系—奥陶系灰岩）

续表

主要成藏地质特征	鄂尔多斯盆地（相对稳定）	四川盆地（早–中期稳定，晚期活动强）	塔里木盆地（早期活动中–强，中期稳定，晚期活动强烈）
储集层	类型较多［滩相白云岩（古岩溶），古岩溶型白云岩］	类型多（古岩溶白云岩、滩相白云岩、礁滩相白云岩及灰岩）	类型较多（奥陶系礁滩相灰岩、奥陶系灰岩、中–下寒武统白云岩）
主要源储组合类型及输导类型	上生下储，垂向输导+不整合面风化壳侧向输导	上生下储、下生上储，晚期断裂等垂向输导为主，不整合风化壳侧向输导为辅	下生上储，早期+晚期断裂垂向输导+不整合面侧向输导

（1）优质烃源岩成为油气形成的基础，同时控制了油气区分布。

鄂尔多斯盆地奥陶系马五段气藏的主力烃源层为石炭系—二叠系（本溪组、太原组、山西组）泥岩、煤系烃源岩层。该套烃源岩层分布全盆，厚度有差异，但差异不大。盆内受该套烃源控制的油气区，主要取决于奥陶系马五段储层的分布及源–储输导系统。

四川盆地烃源岩层系多，控制的含油气组合多，主要有下寒武统泥页岩优质主力烃源岩，其分布控制了震旦系—寒武系天然气聚集带的形成。

塔里木盆地下古生界主力烃源岩为下寒武统玉尔吐斯组泥页岩烃源岩，其分布控制了寒武系—奥陶系的油气聚集带形成。

（2）"古隆起""槽（盆）"控制了碳酸盐岩的沉积、岩溶，进而控制了优质储层的形成和分布（可以控制烃源岩的发育与分布），也就控制油气圈闭（构造、岩性等）的形成及分布，成为油气聚集带形成的核心地质因素。"古隆起"及"槽（盆）"是成为西部盆地两类油气聚集带形成的基础。

塔里木盆地碳酸盐岩领域古隆起最为发育，有塔北、塔中、和田河等多个古隆起；四川盆地发育次之，有成都（乐山–龙女寺）古隆起、泸州古隆起、天井山古隆起、开江古隆起等；鄂尔多斯盆地发育较少，碳酸盐岩领域主要有中央古隆起等（北部伊蒙古隆起、南部的渭北古隆起）。

对于"槽（盆）"，三大盆地碳酸盐岩领域中均（可能）存在，其中四川盆地已有油气勘探发现的两个，即早寒武世早期的绵阳–长宁"拉张槽"，晚二叠世至三叠纪早期的"开江–梁平台盆"。

（3）在源–储匹配条件下，通过供油区或供气区（多元）的油气运移充注，在圈闭聚集油气形成油气藏。由于控制带内有多个圈闭，形成多个油气藏，构成一个油气聚集带。

4.4.3　西部盆地碳酸盐岩"区、带、藏"油气成藏模式

根据对三大盆地海相领域油气成藏地质条件的分析，结合油气聚集带的特征解剖和对油气勘探的总结，初步提出盆地三级三元控区、控带、控藏模式。由于不同盆地或同一盆地不同油气聚集带及不同的油气藏成藏地质条件不同，特征不同，用一个或几个地质模式难以"概括"出三个盆地的通用模式，因此，该模式用了"拓扑"结构图形式进行建立（图4-106）。

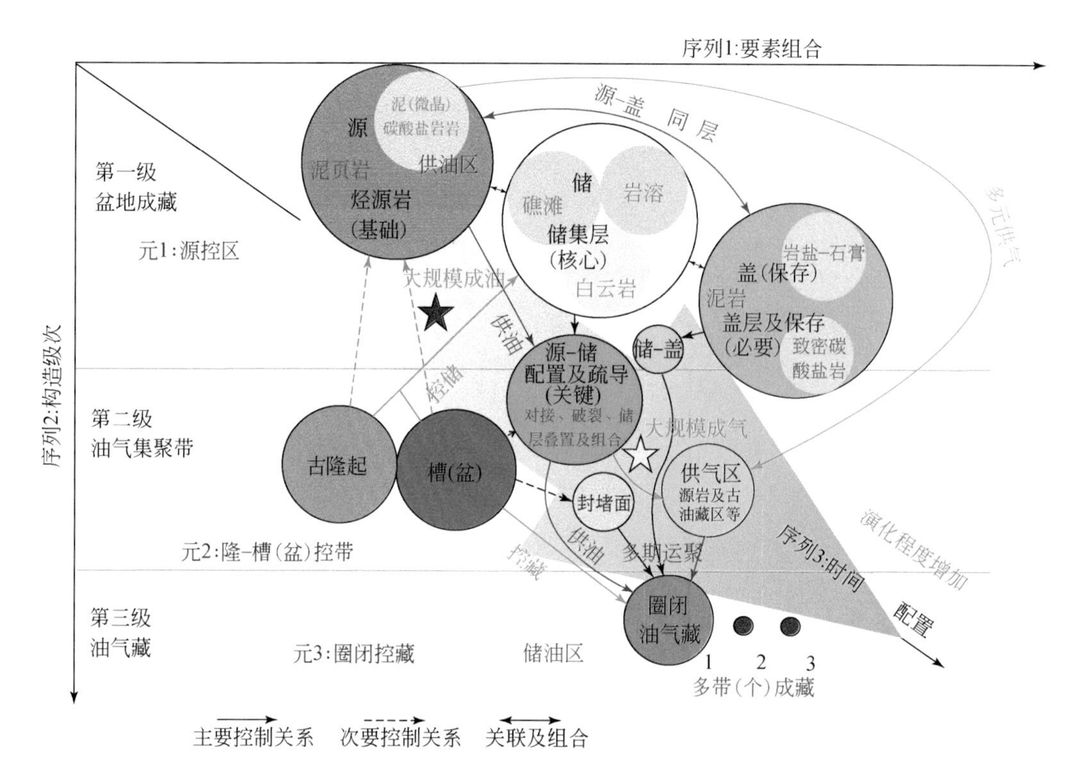

图4-106　西部三大盆地三级三元控区、控带、控藏模式

1. 第一级盆地成藏（源控理论）

形成盆地内含油气区，其主要控制因素（序列1：要素组合）如下：

（1）（元）烃源岩（有效的泥页岩、碳酸盐岩烃源岩）成为含油气盆地存在的基础。有效烃源区在成油、成气期成为油气“烃源灶”，对于Ⅰ、Ⅱ型干酪根为主的海相烃源岩内有机质，演化到成油期，必然成为“供油区”；演化到高–过成熟阶段，必然成为“供气区”。由于西部盆地优质储层跨二级构造带的大面积分布地质条件不存在，而且储层相对致密、非均质强，盆地不存在长（远）距离的油气运移输导层。虽然在三个盆地中存在少数区域性不整合输导面（如四川盆地震旦系顶不整合、塔里木盆地奥陶系顶不整合及鄂尔多斯盆地奥陶系顶面不整合面等），但盆地隆–拗格局的变化，盆地中不同区域不整面上下地质结构的变化，造成盆地尺度的长（远）距离运移的可能性也较小。因此，有效烃源岩对于盆地中的油气藏形成起到了决定性作用，其分布区及就近区域，也就是盆地油气藏形成和分布的可能区域。有效烃源岩分布区控制了盆地油气成藏区，即“烃源岩控区”。

（2）（元）盆地中储层是否存在，成为形成油气富集的核心问题。优质储层分布区，成为集聚油气的基础物质条件。由于西部盆地海相地层时代老，成岩强度高，储层相对致密，非均质性强。长期以来，寻找盆地中“优质储层”一直是油气勘探继有效烃源岩评价后的核心工作。因此，储层的分布成为油气成藏的核心。三大盆地中，要形成大规模油气成藏，从已知油气藏的储层条件评价结果看，主要有三类储层可以成为大规模油气聚集的基础，包括台缘的礁滩储层发育带、古隆起带控制的古岩溶储层发育带、同生（或准同生）期白云岩化形成的大规模白云岩储层发育区，三者可以互相复合，形成复合型油气储层。其他类型的储层可以形成油气集聚，但是规模较小。

（3）（元）盆地中的封盖条件，包括盖层存在与分布和保存条件。三个盆地内均存在岩性不同、分布范围不同、厚度不同、封堵类型（毛细管、压力和浓度封堵）和能力不同的多套区域性、地区性和局部盖层，按岩类划分，主要有泥质岩类盖层、石膏-盐岩类盖层、致密岩石盖层。总的来看，盆地内油气保存条件好，油气破坏主要表现在盆缘和造山带地区或在油气藏形成历史中古构造活动造成的破坏。对于盆地内的油气因保存条件不好而被破坏的问题，我们认为有以下三点：其一，对于盆地早期油气聚集后，因早期构造活动造成破坏，在活动性盆地，如塔里木盆地（加里东期—海西期的隆起暴露、断裂等）是存在的。这种破坏如果在成油期后，是对早期“古油藏”的破坏，如塔河奥陶系油藏的早期“古油藏”（西北部重油分布区，是早期古隆起造成原油“水洗氧化”的结果）。该类破坏对晚期供油或供气形成油气藏没有影响。其二，盆内晚期构造断裂作用造成的“破坏”。三大盆地中塔里木盆地、四川盆地晚期（印支期后）盆内构造活动相对较强（三个盆地盆缘的燕山期至喜马拉雅期构造活动均强），盆内产生不同级次的断裂，断裂的形成期其断裂破碎带必定是“开启”的（周文等，2000），必然成为油气输导面，造成前期形成的油气藏被破坏，油气发生再次运移。能否散失，关键在于断裂向上断达的层位及是否“通天”，如果是大型的“通天”断裂带，对油气具有破坏作用；如果断裂不“通天”，而且是在盆地最浅一层区域盖层以下“消失”，对于盆地深部海相地层中已有油气藏来讲，是“破坏”作用，但是，油气沿断裂带向上“分配”进入浅部地层中圈闭聚集，形成“次生”油气藏（如四川盆地侏罗系红层中的“次生气藏”），对于盆地来讲油气只是进行了再次运聚过程，不能认为是“破坏”。其三，四川盆地中威远隆起顶部，按照刘树根等（2012，2013b）的研究，可能存在天然气散失的“气窗”。这仅是盆内极少的局部地区的实例。三大盆地中其他地区未发现该类“破坏”作用。

2. 第二级油气聚集带［隆-槽（盆）控带理论］

形成盆地内海相领域的大规模油气聚集带，其主要的控制因素（序列1：要素组合）为：元1，盆地中的古隆起，控制储层形成及分布、油气运移方式及指向等。元2，盆地中形成的“拉张槽（盆地）”“裂陷槽（盆地）”等，控制储层形成及分布、油气运移方式及方向。元3，源-储关系。源-储关系是连接油气聚集带的“供油气区”与“集聚区”的纽带，源储可以同层，也可以“新生古储”“古生新储”，还可以“跨层运聚”。输导体类型多，有储层、储层的叠置、断裂及裂缝、不整合面等，不同类型的输导体可以组合。塔里木盆地（早期强，加里东期—海西期；晚期强，印支期—喜马拉雅期）及四川盆地（早期中等，加里东期—海西期；晚期强，燕山期—喜马拉雅期）构造活动强，断裂及破裂输导体系发育，油气向上运聚的特点相对突出，除形成原（生）位型（源内、近源）油气藏外，源外远源型、“次生型”油气藏也发育；鄂尔多斯盆地内构造活动弱、平稳，断裂不发育，与断裂及破裂相关的输导相对较弱，主要形成原（生）位、近源型油气藏类型。

3. 第三级油气藏（圈闭控藏理论）

到盆地具体的油气藏形成，其主要控制因素（序列1：要素组合）是：元1，核心是油气集聚带内的1个或多个圈闭（可以是构造圈闭、岩性圈闭、地层圈闭、成岩圈闭等）。构造圈闭有三个要素：储层、盖层及封堵面。储层、盖层是储盖组合问题，封堵面则可以由多种地质界面组成（周文等，2000）。元2，是指源-储输导体系，其是油气运移进入圈闭形成油气藏的必要条件。元3，是供烃区，它可以是源岩区，也可以是“古油藏”“古气藏”区，还可以是分散的油、气分布（运移泄流带）区。由于西部盆地海相油气领域具有地层时代老、有机质演化历史长、演化程度高，多经历“生油”“生气”阶段，经历多次构造活动，有多次生烃、排烃、运聚历史，因此，“多元供烃”特征明显，特别是塔里木盆地和四川盆地。

第5章　中国西部大型克拉通盆地碳酸盐岩油气勘探实践与勘探新领域

本团队近20年来立足中国西部大型盆地（四川、鄂尔多斯、塔里木盆地），以“深化认识、不断创新，突出重点、力求突破”为指导思想，以解决碳酸盐岩层系油气勘探面临的重大难题、服务国家油气重大战略需求为目标，依靠学校、研究院所和各油气田单位的“产-学-研”平台通力协作，围绕中国西部海相碳酸盐岩盆地的大地构造背景与原型盆地演化，西部大型克拉通盆地碳酸盐岩沉积、层序、岩相古地理演化特征、储层形成机理和预测技术、成藏地质条件与油气富集规律等关键科学问题持续开展攻关研究，取得的整体成果在中国西部三大盆地得到有效转化并取得了显著经济与社会效益，如先后指导了四川元坝地区1000亿m^3级大气田的勘探发现，成功指导了川西雷口坡组顶部2000亿m^3规模油气藏的勘探以及鄂尔多斯盆地碳酸盐岩勘探由西部台缘礁滩向东部陆表海内潮缘滩的战略转移，并取得马家沟组中组合油气勘探3000亿m^3储量规模的重大突破等。团队通过系统研究优选出多个具有潜力的大型油气聚集带有望成为未来5～10年深层-超深层海相碳酸盐岩油气勘探的战略方向。

5.1　碳酸盐岩油气勘探实践与重大突破

5.1.1　三大盆地碳酸盐岩油气勘探取得的重大进展与突破

我国海相碳酸盐岩勘探始于20世纪30年代，90多年的勘探，已在四川、塔里木、鄂尔多斯、渤海湾盆地，累计探明石油储量28.1亿t，占全国的7.4%，天然气4.82万亿m^3，占全国的31.7%（据原国土资源部2016年储量公报），其中四川、塔里木、鄂尔多斯三大盆地石油、天然气探明地质储量占全国已发现海相储量的70%、99%。

20世纪50～70年代，我国海相碳酸盐岩油气勘探以寻找构造圈闭为主，采用地面地质调查、重磁力、地面电法、光点地震等勘探技术手段，相继在四川、鄂尔多斯、渤海湾盆地发现了一批油气田。1964年在四川盆地发现当时国内最大的海相气田——威远震旦系气田。1977年底，在相国寺首次钻遇石炭系气藏，由此揭开石炭系勘探序幕。在鄂尔多斯盆地，先后在宁夏刘家庄构造与西缘横山堡冲断带发现一批小型气藏。1975年在渤海湾盆地任丘潜山构造带部署钻探任4井，对雾迷山组大型酸化后，获日产油1014t，发现任丘古潜山油田，带动了潜山油气勘探。

20世纪80年代至20世纪末，海相油气勘探由寻找构造圈闭转向寻找不整合、潜山等岩性-构造复合型圈闭，在塔里木、鄂尔多斯盆地海相油气勘探首次取得突破。在塔里木盆地通过二维区域地震大剖面的实施，在沙雅发现古生界潜山构造，部署实施沙参 2 井在古潜山面之下 5391.18m 深度获高产油气流，日产油 1000m^3，天然气 $200\times10^4m^3$，实现了塔里木盆地海相油气勘探首次重大突破，随后相继在轮南、英买力、塔中等地区发现奥陶系潜山背斜油气藏。90 年代中后期通过科技攻关和对前期勘探实践总结，按照"逼近主力烃源岩，以大型古隆起、古斜坡为勘探目标，靠近大型断裂、大型不整合面寻找大型原生海相油气田"的勘探思路，沙 46、沙 48 等井在下奥陶统分别获高产工业油流，发现了塔河油田。在鄂尔多斯盆地及盆地东部的麒参 1 井在奥陶系风化壳白云岩获得低产天然气流后，研究认为盆地中东部奥陶系风化壳紧邻上古生界石炭系煤系烃源岩，是古潜山油气藏发育有利区，1988 年针对奥陶系风化壳部署的榆 3 井和陕参 1 井分别测试获工业气流，发现靖边气田，由此拉开了奥陶系古风化壳气藏规模勘探的序幕。在四川盆地采用多学科地质综合分析，应用数字二维和三维地震勘探、高效钻井完井技术等技术方法，在石炭系先后发现卧龙河、福成寨、五百梯等一批气田，证实了石炭系是广泛分布的区域性产层，与此同时在二叠系、三叠系先后发现渡口河、罗家寨、铁山坡等一批气田。

2000 年以后，随着地质理论的深化、工程技术进步，海相油气勘探转向构造-岩性多类型复合圈闭，由中浅层勘探向深层、超深层领域不断拓展。尤其是 2000 年以来，我国海相新增石油探明储量 18.2 亿 t，占全国海相已发现石油探明储量的 65%；天然气新增探明储量 3.57 万亿 m^3，占全国海相已发现探明储量的 74%，主要集中在四川、塔里木、鄂尔多斯盆地，海相油气勘探进入了大发现时期。

在四川盆地以多元供烃、三元控储、叠合-复合控藏等海相勘探理论为指导，采用高精度复杂山地地震勘探及储层预测技术、超深井钻完井技术等勘探技术方法，2003 年在普光-东岳庙构造低于构造高点 1300m 的低部位部署实施的普光 1 井，完井测试获无阻流量日产 103 万 m^3的高产工业气流，发现了普光气田，探明地质储量 4122 亿 m^3，并由此掀起了四川盆地海相天然气大发现高潮。随后借鉴普光勘探思路，在开江-梁平陆棚西侧加强台缘礁滩储层预测技术，相继发现元坝、龙岗等大型气田，在川东北形成了二叠系—三叠系环开江-梁平陆棚区万亿立方米储量规模的台缘礁滩气田群。与此同时，2006 年在川西地区通过基础地质、成藏条件和区带评价研究，认为川西海相雷口坡组顶不整合面及二叠系发育的礁滩相带是最有望获得油气突破的两大勘探领域。2010 年优选新场构造带部署科学探索井（川科 1 井）在雷口坡组顶部测试获日产气 86.8 万 m^3，部署新深 1 井、彭州 1 井、鸭深 1 井等相继在雷口坡组第四段测试获工业气流，发现彭州海相气田。在川中地区，通过对震旦系—寒武系地层对比、构造演化分析、沉积储集层解剖、老井复查等基础研究工作，认为川中古隆起倾末端高石梯-磨溪地区存在低幅度构造，是灯影组风化壳岩溶储层、寒武系龙王庙组颗粒滩白云岩的有利区，具有良好的勘探潜力。针对高石梯、磨溪、螺观山勘探有利目标，部署实施高石 1 井、磨溪 8 井、螺观 1 井 3 口风险探井。2011 年 7 月，高石 1 井震旦系灯影组灯二段射孔酸化联作测试，获日产天然气 102.14 万 m^3；2012 年 9 月，磨溪地区磨溪 8 井寒武系龙王庙组获日产气 83.5 万 m^3。通过进一步研究发现晚震旦世至早寒武世发育"绵阳-长宁拉张槽"，对灯影组风化壳气藏、寒武系龙王庙组颗粒滩白云岩气藏有了进一步认识，推动了安岳气田整体探明。

在塔里木盆地勘探实践过程中逐步认识到下奥陶统油藏不受残丘幅度控制，主要受岩溶缝洞型储层发育控制，具有横向叠合连片不均匀含油、纵向油气柱高度与油气层厚度取决于岩溶缝洞储集体的纵向发育程度和油气充注强度、每个缝洞储集体具有独立的油气水系统的特点。在地震解释上持续加强岩溶缝洞储集体描述技术攻关，大幅度提高了勘探成功率，在塔北地区相继形成了塔河十亿吨级碳酸盐岩大油田以及轮古潜山亿吨级油田。同时针对塔中地区碳酸盐岩的复杂性，重新认识塔中碳酸盐岩油藏类型，重上三维地震，开展碳酸盐岩储集层预测和碳酸盐岩储集层深度改造技术攻关，塔中62井、塔中82井相继获得高产，发现亿吨级礁滩体凝析气田——塔中Ⅰ号气田。2008年以后，突出油气藏动静态认识与精细解剖，持续开展碳酸盐岩缝洞雕刻技术攻关，勘探层系由奥陶系一间房组、鹰山组上段向鹰山组下段、蓬莱坝组、寒武系拓展，储层类型由表生岩溶缝洞型储层向内幕缝洞型、断缝体类型储层拓展。2009年哈7井在奥陶系测试获日产油298m^3，发现了哈拉哈塘亿吨级油田。2011年在部署实施的跃进1X井、跃进2X井相继获得工业油气。通过跃参1区块勘探发现，在远离塔河地区的广大加里东期岩溶发育地区，断裂对油气具有明显的控制作用，油气藏具有晚期轻质油气充注成藏的特征。在此基础上，加强针对断裂带的三维地震精细描述，利用属性发现落实了一批圈闭，部署了实施的顺南4井、顺南5井、顺北1井等重要预探井，相继获得高产油气流，由此拉开了顺北大型油气田规模发现的序幕。区域分析表明，顺北、顺托、顺南地区，紧邻满加尔生烃拗陷，发育多成因、多类型碳酸盐岩缝洞型储集体，上覆上奥陶统巨厚盖层，成藏条件优越，不同构造单元烃源岩热演化程度差异较大，具有绕满加尔近环状分布、北油南气的特点；顺北至顺南的广大地区内存在18条北东向断裂带，对油气富集具有明显的控制作用，具有晚期油气充注聚集特征，初步展示出塔北-塔中之间整体含油气的格局。

在鄂尔多斯盆地，靖边气田在加强风化壳气藏勘探的同时，持续加强对新层系的研究探索，聚焦古隆起东侧地区的马五段中下部潮缘滩白云岩储层。苏203井、苏322井相继测试获高产气流，取得奥陶系中组合重大突破。靖边气田储量规模不断扩大，探明储量规模超过6000亿m^{3}以上，并形成了持续规模增储的潜力。2020年在奥陶系盐下层系（米探1井）勘探取得重大发现，进一步奠定了鄂尔多斯盆地碳酸盐岩勘探的新格局。

5.1.2　川东北台缘礁滩型储层大型油气聚集带的发现与勘探实践

5.1.2.1　川东北台缘礁滩型储层大型油气聚集带的发现

据《中国石油地质志（卷十）》（1989）以及四川盆地勘探阶段与研究成果综述（罗志立，2000；童崇光，2000；张健和张奇，2002；马永生等，2005a；杜金虎等，2010；郭彤楼，2011a），大规模的油气勘探始于1955年。迄今为止，川东北地区气田的发现大致经历了5个主要阶段。

第一阶段：20世纪50年代的油气地面地质调查和普查阶段。主要完成四川盆地1∶20万地质调查，1∶50万重力、磁力普查，1∶5万构造详查。1957年，在隆昌县圣灯山隆10井钻遇二叠系气藏，发现中国最早的圣灯山气田。

第二阶段：20世纪60～70年代区域构造概查及构造预探阶段。重点工作是以油气发现为主要目标，对局部浅层构造进行预探，零星实施模拟磁带地震勘探，为查清深部构造奠定基础，发现威远震旦系气藏，川东地区石炭系气藏勘探也实现突破并达到高峰。

第三阶段：20 世纪 80 年代构造带普查、局部构造详查、深层勘探阶段。随着川东地区石炭系高陡构造带天然气勘探取得重大突破，作为兼探层系的长兴组生物礁、飞仙关组鲕滩也发现气藏，勘探领域更加广阔。二叠系“自生自储”缝洞型气藏成为主力目标。达州、宣汉地区的油气勘探一度成为热点，开展了覆盖全区的二维数字地震普查，全区测网达 2km×4km。川东北地区成为四川盆地油气勘探的主攻战场。

第四阶段：20 世纪 90 年代早期以海相碳酸盐岩勘探领域为主，中后期向陆相碎屑岩勘探领域转移。1995 年，在川东北地区渡口河勘探石炭系时钻遇飞仙关组鲕滩气藏。根据渡口河鲕滩地震反射的“亮点”特征，又发现铁山坡、罗家寨等鲕滩气藏。鲕滩气藏取得的突破和进展使其成为继石炭系之后的重要接替领域。随后，从拓展勘探新领域和效益勘探考虑，油气勘探着眼于浅层的陆相碎屑岩领域，加上 90 年代初期在清溪场构造实施 11 条二维地震测线，测网达 1. 5km×1. 5km；以东岳寨构造、付家山构造圈闭为主要目标钻探的川岳 84、川付 85 等井均未取得突破，海相鲕滩领域油气勘探步伐相对减缓。

第五阶段：21 世纪进入海相碳酸盐岩礁滩勘探重大突破、跨越式发展阶段。2000 年以来，深入剖析宣汉-达州地区已钻 21 口探井资料，转变勘探思路，打破“3500m 孔隙度死亡线”的传统戒律，确定以“构造-岩性”圈闭为勘探对象，实施高分辨率二维地震测线 680. 112km/54 条。随后部署并实施毛坝 1 井、普光 1 等井，毛坝 1 井、普光 1 井测试分别获得 $32.58\times10^4m^3$、$42.37\times10^4m^3$ 高产天然气，川东北地区长兴组—飞仙关组礁滩储层勘探取得重大突破，发现普光大气田（图 5-1）。

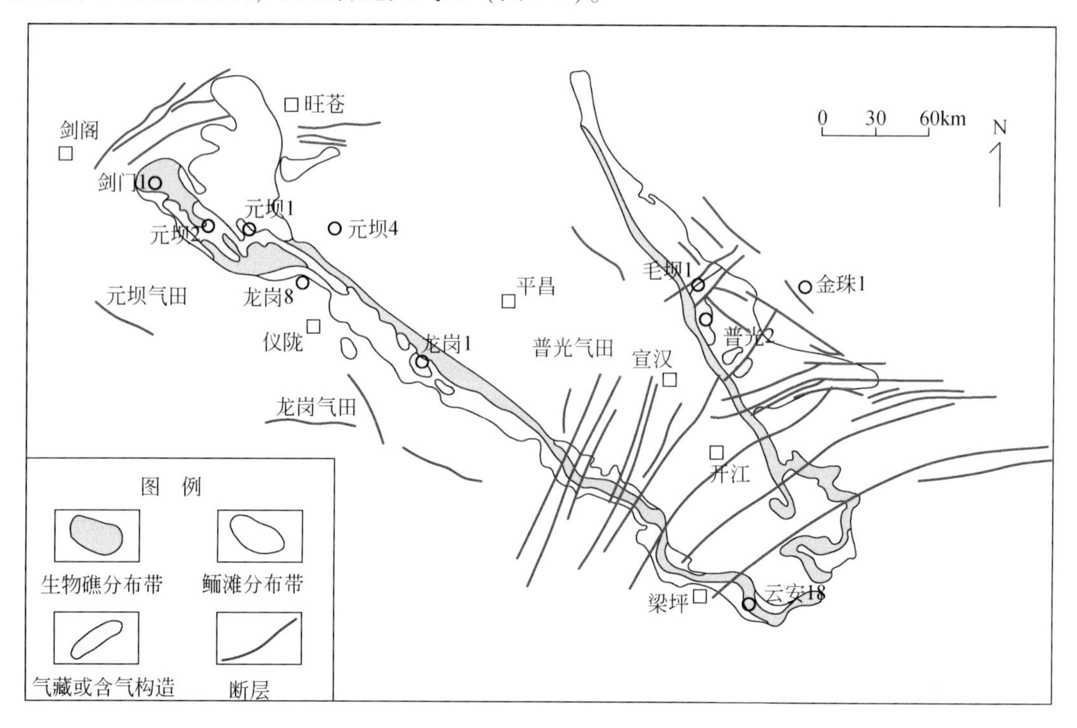

图 5-1　川东北地区长兴组—飞仙关组礁滩大气田分布图

在川东北地区天然气勘探实践中，“多元生烃”、“三元探储”和“复合控藏”多期构造活动背景下的海相碳酸盐岩层系油气聚散机理与富集规律新地质理论获得广泛认可，不断推进四川盆地海相碳酸盐岩礁滩层系油气勘探与开发（马永生等，2005a，2005b，2007a，2010；马永生和蔡勋育，2006）。

2005 年 12 月，普光气田第一口开发评价井（普光 302-1 井）开钻，标志着普光气田产能建设拉开序幕。

在普光大气田发现的基础上，进一步扩大勘探战果，开展川东北地区野外高精细层序-地层学以及室内地震沉积相研究，认为地处“开江-梁平”陆棚西岸的元坝、龙岗地区具备类似形成普光气田礁滩相储层的基本条件，属于岩性圈闭或构造-岩性复合圈闭发育地区。

2003 年开始，积极开展元坝地区新一轮地震勘探，查明元坝地区台缘相带展布，落实一批有利的礁滩圈闭目标。2006 年针对长兴组台缘礁滩圈闭钻探了一口超深钻井——元坝 1 井，翌年底在长兴组第二段测试获 50.3×10^4 m^3/d 的高产气流，发现元坝超深层气田（郭彤楼，2011a；郭旭升和郭彤楼，2012；郭旭升等，2014）。

与此同时，2006 年 5 月，龙岗 1 井也在川东北地区的仪陇县立山镇开钻，钻达长兴组—飞仙关组生物礁滩优质储层，分别试获 65.3×10^4 m^3/d 和 126.48×10^4 m^3/d 低含硫高产天然气，发现龙岗气田（杜金虎等，2010；赵文智等，2011；秦胜飞等，2016）。

普光、元坝和龙岗气田的发现历程说明，突破新的勘探领域，既要充分尊重前人成果，又要敢于打破前期认识的禁锢。在早期油气勘探形势不利的情况下，普光气田的发现者，积极总结前人勘探经验，不盲从，不放弃，活学活用油气地质勘探理论，不断创新认识，转变勘探思路，围绕环“开江-梁平”陆棚台地边缘有利相带寻找二叠系—三叠系礁滩孔隙型岩性或构造-岩性复合圈闭，具体并有针对性地解决复杂的油气勘探问题，善于寻找地质规律，指导勘探。举一反三，触类旁通，不断取得川东北地区元坝、龙岗气田台缘礁滩储层勘探新发现，为创新碳酸盐岩油气地质理论、发展礁滩储层预测新技术以及深层-超深层井筒技术做出积极贡献，开创了中国南方海相碳酸盐岩礁滩勘探新局面。

5.1.2.2　川东北台缘礁滩型储层大型油气聚集带油气地质理论

1. 沉积相带是礁滩型储层形成的基础

对于大多数碳酸盐岩非均质储层的形成与演化而言，沉积作用控制尤为明显，其不仅决定了储层的大致分布范围，还影响着储层后期所经历的成岩作用类型、强度及储层内部的孔隙结构等。表 5-1、表 5-2 表明了研究区长兴组—飞仙关组台地、海槽间的不同相带与储层发育质量的关系，其中最优质的储层多发育在台地边缘礁滩内。

表 5-1　川东北长兴组—飞仙关组主要沉积相及与储层的关系

<table>
<tr><th>相</th><th colspan="2">亚相</th><th colspan="2">微相</th><th>与储层的关系</th></tr>
<tr><td rowspan="4">局限-蒸发台地</td><td colspan="2">潮坪</td><td colspan="2"></td><td>差-非储层</td></tr>
<tr><td rowspan="2">潟湖</td><td>局限潟湖</td><td colspan="2">云质潟湖</td><td>中等储层</td></tr>
<tr><td>蒸发潟湖</td><td colspan="2">膏质潟湖</td><td>差-非储层</td></tr>
<tr><td colspan="2" rowspan="2">台内滩（礁）</td><td colspan="2" rowspan="2">鲕粒滩、内碎屑滩、生屑滩；
点礁（礁基、礁核、礁盖）</td><td rowspan="2">中等储层</td></tr>
<tr><td rowspan="2">开阔台地</td></tr>
<tr><td colspan="2">开阔海</td><td colspan="2"></td><td>非储层</td></tr>
<tr><td rowspan="11">台地边缘</td><td colspan="2" rowspan="4">台缘滩</td><td rowspan="2">鲕粒滩</td><td>滩核</td><td rowspan="2">优质储层</td></tr>
<tr><td>滩缘</td></tr>
<tr><td colspan="2">内碎屑滩</td><td rowspan="2">中等储层</td></tr>
<tr><td colspan="2">生物屑滩</td></tr>
<tr><td colspan="2" rowspan="4">台缘礁</td><td colspan="2">礁基</td><td>差储层</td></tr>
<tr><td colspan="2">礁核</td><td rowspan="2">中等-优质储层</td></tr>
<tr><td colspan="2">礁盖（坪）</td></tr>
<tr><td colspan="2">礁翼</td><td>差储层</td></tr>
<tr><td colspan="2" rowspan="2">蒸发坪</td><td colspan="2">云坪</td><td rowspan="2">中等储层</td></tr>
<tr><td colspan="2">膏云坪</td></tr>
<tr><td colspan="2">滩间海</td><td colspan="2"></td><td rowspan="3">非储层</td></tr>
<tr><td>斜坡</td><td colspan="2"></td><td colspan="2"></td></tr>
<tr><td>海槽</td><td colspan="2"></td><td colspan="2"></td></tr>
</table>

表 5-2　川东北长兴组—飞仙关组主要沉积相储层物性统计表

沉积相	孔隙度/%			渗透率/$10^{-3}\mu m^2$		
	最小值	最大值	平均值（样品数）	最小值	最大值	平均值（样品数）
斜坡	0.93	1.76	1.41（21）	0.0103	0.4320	0.5650（21）
局限台地	1.26	20.94	3.13（84）	0.0040	41.5414	1.4876（57）
开阔台地	1.32	1.95	1.62（17）	0.0143	1.0750	0.0846（17）
台地边缘浅滩	1.11	28.86	9.24（744）	0.0163	7973.7680	174.8110（664）
台地边缘生物礁	1.12	14.51	4.48（275）	0.0116	1391.2080	16.6226（274）
台地蒸发岩	0.45	17.24	4.54（591）	0.0001	9664.8870	81.9390（526）

1）台地边缘生物礁

川东北地区长兴期的台地边缘礁分布范围相对较广、数量也较多，单个礁体厚度较大。台缘生物礁在沉积后经历了截然不同的两种成岩演化过程，这导致生物礁具有完全不同的储集性能。

第一种类型的生物礁在沉积期间，由于海平面变化使之发生间歇性暴露。当生物礁的生长速度超过海平面的上升速度，或海平面下降时，礁体顶部暴露于海平面之上，在大气淡水和海水的影响下，礁体发生各种建设性的次生成岩作用，从而形成良好的储集性能。如普光 6 井 5345 ~ 5402m 井段（图 5-2），礁盖主要由粉-细晶白云岩构成，粒间孔、晶间孔和晶间溶孔十分发育，礁核为礁白云岩，蜂窝状溶蚀孔洞极为常见，面孔率可达 10%~15%。

组
深度/m
GR/API
10 21
SP/MV
88 100
岩性
PERM/$10^{-3}\mu m^2$
0.3 9.1
POR/(V/V)
2.4 11.5
相
亚相
微相
实测孔隙度/%
0 20
实测渗透率/$10^{-3}\mu m^2$
0.0001 100000
孔隙结构评价
孔隙类型
喉道类型
孔喉组合
储层综合评价
5350
5400
长兴组
台地边缘
生物礁
开阔台地
开阔海
礁盖
礁核
礁前
礁基
中孔大孔
细喉
中孔细喉 大孔细喉
Ⅲ
大孔
中喉粗喉
大孔中喉 大孔粗喉
Ⅰ
中孔小孔
细喉
中孔细喉 小孔细喉
Ⅲ-Ⅳ
小孔
细喉
小孔细喉
Ⅳ

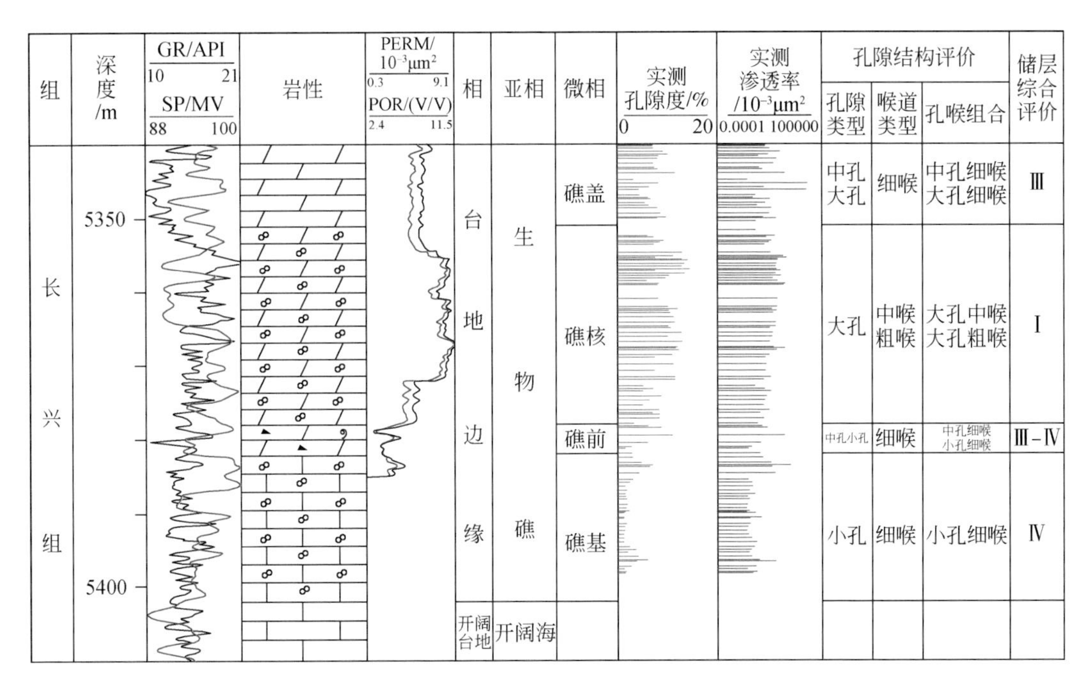

图 5-2　普光 6 井长兴组台地边缘云化生物礁剖面图

第二种生物礁在沉积阶段未发生暴露，当海平面的上升速度超过生物礁的生长速度时，礁体顶部所处水体越来越深，从而礁体被整体淹没。其沉积过程中虽含有大量格架孔和生物体腔孔，但埋藏过程中的压实和胶结作用使这些孔隙基本消失，因而储集性能欠佳。如毛坝 3 井 4400 ~ 4452m 井段，礁盖主要为生物屑泥晶灰岩，礁核为各种礁灰岩（图 5-3），总体岩性致密，为差储层或非储层。

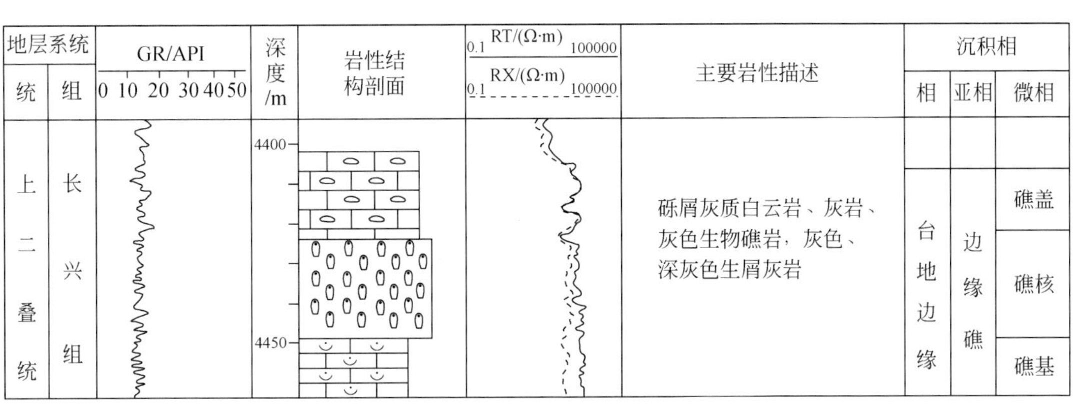

地层系统
统
组
GR/API
0 10 20 30 40 50
深度/m
岩性结构剖面
RT/(Ω·m)
0.1 100000
RX/(Ω·m)
0.1 100000
主要岩性描述
沉积相
相
亚相
微相
上二叠统
长兴组
4400
4450
砾屑灰质白云岩、灰岩、灰色生物礁岩，灰色、深灰色生屑灰岩
台地边缘
边缘礁
礁盖
礁核
礁基

图 5-3　毛坝 3 井长兴组台地边缘未云化生物礁剖面图

2）台地边缘鲕粒滩

研究区台地边缘鲕粒滩是飞仙关组优质储层的主要发育相带，开江-梁平海槽东侧，如普光地区等，比海槽西侧的龙岗、元坝等地区的台地边缘滩体厚度大、横向迁移距离较短、整体上表现为垂向叠置的特征，且白云石化程度高，储集性能较好。但不同井区的颗粒滩储层质量及储集物性差别较大。由滩体核部向两侧，单个滩体厚度明显变薄，常与内碎屑白云岩、泥-粉晶白云岩或灰岩互层，储集性能也变差。鲕粒滩是台地边缘高能环境下的产物，其储集性能相对较好，主要可能是沉积时水体的相对深度及后期所经历成岩作用的差异所导致。水体深度相对较浅的地区，频繁的海平面升降作用常使其滩体顶部（滩核）易于暴露于水体之上，从而后期准同生白云石化作用和溶蚀作用的进行，形成更多次生孔隙。研究表明，对于川东北地区台地边缘鲕粒滩来说，储层质量由好-差的顺序为滩核>滩缘>滩间（图5-4）。

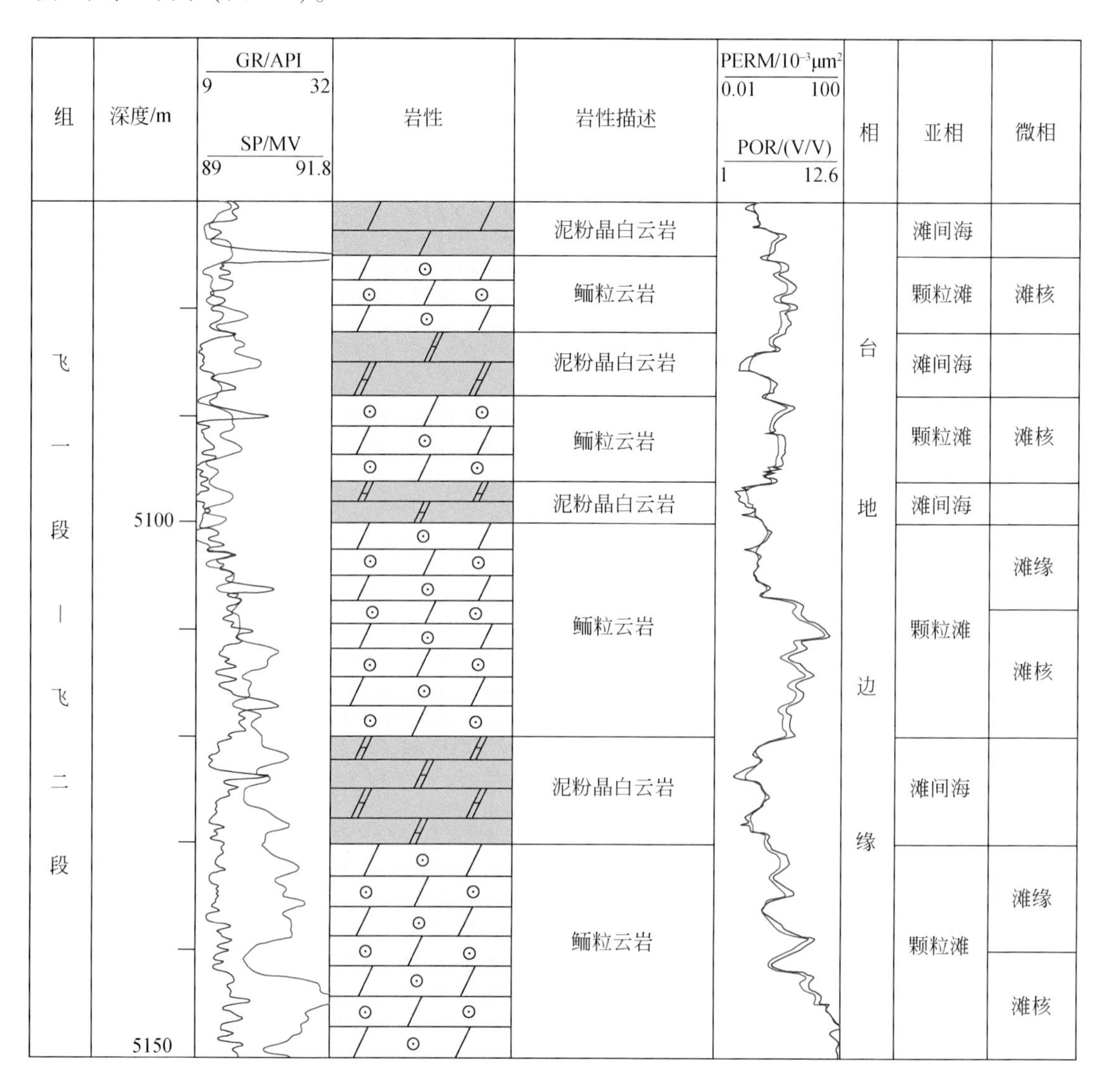

图5-4　普光6井飞一段—飞二段（5070～5150m）鲕粒滩沉积微相关系图

上述台地边缘相带中的生物礁和鲕粒滩沉积是最有利的储层形成与演化的沉积相带，其次是台内点滩（礁）沉积。至于这些高能沉积相带最终能否形成优质的储集层，往往还要取决于后期所经历的成岩作用。

2. 白云石化是礁滩型储层提高储集性能的重要过程

各类礁滩白云岩是研究区长兴组—飞仙关组的优质储层。大量研究已证实，白云石化过程有利于孔隙发育和保存。

（1）在水岩反应的封闭系统中，白云石化作用交代方解石和文石的过程中会引起矿物晶格或体积的收缩。白云石化过程后，方解石摩尔体积减小幅度可达 12.5%（Lucia，2007），同时白云石化过程中形成粗大的白云石晶粒。晶格的重新排列会相应增大晶体间孔隙，降低孔隙的粗糙程度，改善岩石的渗流能力，为后续埋藏溶蚀作用奠定良好的通道基础。

（2）白云石化作用往往会形成一些残留原始结构的大孔隙，这些大孔隙能有效改善局部储层的连通状况。

（3）早期白云石化反应可以提高碳酸盐沉积物的抗压实压溶能力，相对于方解石来说，白云石的机械性能更好，在埋藏压实过程中，方解石在上覆压力负荷下更倾向于压溶减孔，而白云石质脆更倾向于被压裂，从而有利于白云岩中粒间孔的保存和裂缝的发育。

3. 溶蚀作用是形成优质礁滩型储层的成岩关键

川东北地区飞仙关组浅滩沉积体除了受白云石化作用外，溶蚀作用是形成优质储层的关键因素。飞仙关组鲕粒白云岩储层中的储集空间以各种不规则溶蚀孔为主，深埋藏期溶蚀孔发育，溶孔内可见焦沥青。油气藏储集空间的孔隙几乎都是次生溶蚀孔，在烃类侵位前成岩期的各种胶结作用、充填作用、压实作用等导致原生孔隙基本消失。按照这些溶孔与储层沥青的关系，分为沥青侵位前形成的前期埋藏溶蚀孔和沥青侵位后形成的后期埋藏溶蚀孔，优质储层中的多数孔隙是在早期形成的孔隙系统基础之上二次溶蚀扩大而成。

通过镜下薄片观察和地球化学的综合分析，认为对现今飞仙关组储层储集空间形成起决定作用的是有机质生烃过程中产生的酸性流体的溶蚀改造，主要有液态烃和气态烃两期溶蚀。

液态烃期的溶蚀作用与有机质生油形成的有机酸或酸性地层水有关。该区的乐平统烃源岩于晚三叠世—中侏罗世时期，埋深为 2000～4500m，处于生油窗范围内，暗色泥晶灰岩、灰质泥页岩等在热演化生油过程中形成的有机酸对早先第一、第二期的粒间白云石（方解石）胶结物产生强烈溶蚀，形成大量的粒间、粒内溶孔和晶间溶蚀扩大孔。溶孔中普遍见有沥青充填，表明溶蚀作用发生在沥青侵位之前，形成的次生溶孔是液态烃的主要储渗空间。

气态烃期的溶蚀作用与液态烃裂解及热化学硫酸盐还原过程中产生的 H_2S 有关。研究区高含 H_2S 气藏主要分布在富含石膏沉积的碳酸盐蒸发台地相区，同时已发现的鲕粒滩白云岩气藏储层常见到残余的石膏、硬石膏晶体及结核。而普光地区东侧的蒸发潟湖相地层中富含膏盐（$CaSO_4$），地层水中含大量的 SO_4^{2-}，中侏罗世之后，烃源岩埋深超过 4500m，进入生气窗阶段，在高温深埋条件下，液态烃或干酪根裂解生成的 CH_4 与 SO_4^{2-} 反应，产生大量的 H_2S，在准同生期和液态烃期成岩作用的基础上形成溶蚀叠加。对于准同生期形成的示底构造的充填孔隙而言，酸性流体溶蚀上部的块状方解石，形成有效的储气空间；对于液态烃期沥青充填的孔隙来说，气态烃期的溶蚀作用发生在沥青圆环的边缘，形成两期叠加溶蚀的典型环状结构。与此同时，气态烃期 H_2S 可对储层进行溶蚀，形成大量的新孔隙，孔隙内无沥青充填，鲕粒白云岩中的原始晶间孔网络可为气态烃期溶蚀作用提供良好的流体运移和物质交换通道。

4. 构造裂缝有助于改善礁滩型储层局部渗流能力

长兴组—飞仙关组裂缝包括构造缝、缝合线和溶蚀缝三类。由于发育程度和充填程度差异，对储渗性贡献不一。对现今储渗性能贡献较大的主要为各种半充填-未充填裂缝，包括发育在台缘带礁滩、鲕粒滩白云岩中的高角度构造缝、构造缝、溶蚀缝和近水平构造缝（图 5-5），以及发育在台内灰岩中的网状溶扩缝合线。此外，被沥青半充填的构造缝和水平缝合线均具有一定的渗透能力，但其有效宽度小，发育和分布有限，对储集性能影响不大。

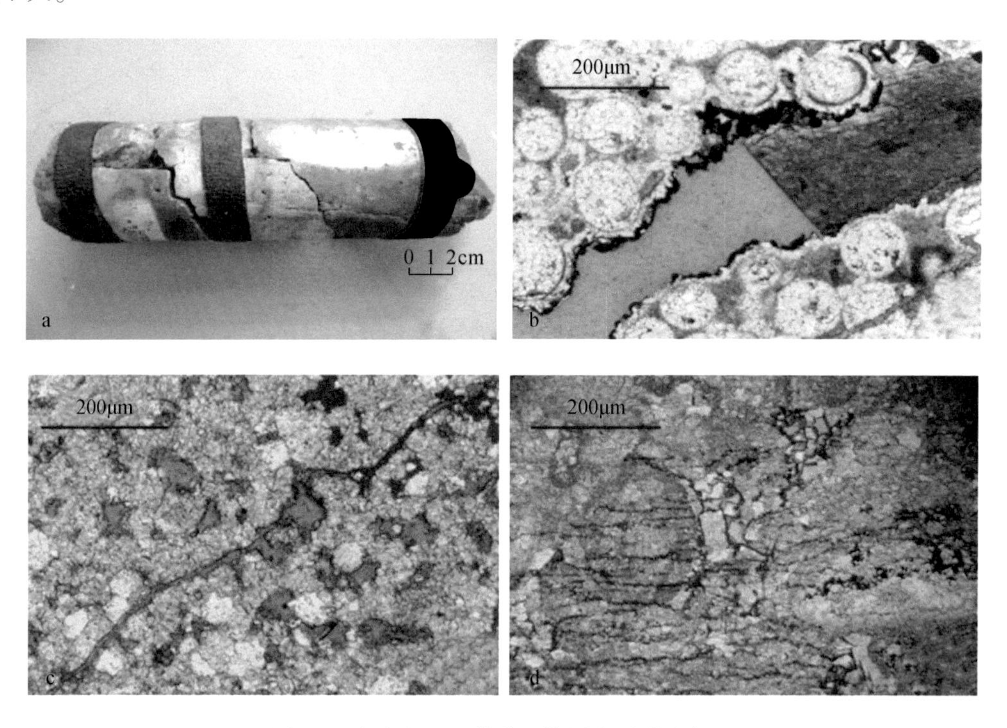

图 5-5　长兴组、飞仙关组储层主要裂缝类型

a. 生物礁云质灰岩，高角度及近水平构造缝，未充填，云安 012-2 井，长兴组，铸体；b. 鲕粒白云岩，构造溶蚀缝内由沥青、方解石半充填，罗家 2 井，飞仙关组，铸体；c. 残余中鲕粒白云岩，构造缝与溶孔（粉红色）连通，罗家 5 井，飞仙关组，铸体；d. 残余生屑白云岩，被沥青充填的构造微裂缝，龙岗 2 井，长兴组，铸体

台缘带以白云岩储层为主，发育构造缝，并以燕山早中期和喜马拉雅期裂缝为主，前者常由沥青、粗晶白云石和方解石半充填，后者通常无充填物。而台内裂缝发育程度总体

上不及台缘带，仅见到少量稀疏分布、未充填的高角度构造缝和半充填的高角度构造溶蚀缝及缝合线。

5.1.2.3　川东北台缘礁滩型储层大型油气聚集带勘探的启示意义

川东北地区整体构造抬升阶段大体相当，烃源供给均以二叠系龙潭组泥页岩生成的原油裂解气为主，气源充足。长兴组—飞仙关组礁、滩储集体岩性、物性及储集空间类型基本一致。但是普光、元坝与龙岗地区古地貌形态差异，构造、断裂发育程度不同，普光气田深大断裂发育，长兴组—飞仙关组“源-储-输”匹配较好，以致普光地区发育高丰度大型整装构造-岩性气藏；元坝、龙岗地区断层较少，以裂缝输导为主，储层非均质性更强，横向变化较大。元坝、龙岗气田受岩性控制更明显，丰度、规模都不如普光气田。元坝气田处于“广元-旺苍”陆棚与“开江-梁平”陆棚的接合部位，长兴组发育3个大型叠置连片礁滩体，龙岗气田长兴组—飞仙关组“一礁、一滩、一藏”特征明显，相对而言，元坝气田丰度、规模比龙岗气田更好。

普光与元坝、龙岗气田分别位于长兴组—飞仙关组“开江-梁平”陆棚东、西两侧，整体构造抬升阶段大体相当。“垂向近源、横向近灶”、良好输导汇聚的长兴组—飞仙关组礁滩相优质储层以及巨厚膏盐岩层覆盖是川东北地区大型礁滩气田富集的三大关键因素，但各个气田的富集高产规模差别很大。

1. 构造变形强度决定了气藏调整幅度

在川东北地区整体构造变形的背景下，普光、元坝和龙岗地区构造变形强弱不一。普光地区构造位置位于川东高陡构造带北部与大巴山断褶带交汇部位，构造叠加改造复杂。

晚印支期—早燕山期，由于雪峰山和大巴山盆缘造山挤压作用，川东北地区发育北东向主干断层和褶皱，而北东向断层和褶皱仅影响到华蓥山以东地区，导致普光地区发育北东向断层和褶皱，元坝、龙岗地区无明显褶皱和断层发育（郭旭升和郭彤楼，2012）。

中燕山期—晚燕山期，北东向断层和褶皱基本定型；受大巴山挤压影响，在靠近大巴山边缘伴有北西向构造的叠加；喜马拉雅期以来，由于大巴山强烈挤压影响，北西向断层和褶皱由盆缘向盆内方向扩展，叠加在早期北东向构造之上。

在雪峰山、大巴山多期构造逆冲和叠加改造下，普光地区发育近北东、北西两组断裂和褶皱，构造起伏大，深大断裂发育，构造变形强度要远大于元坝、龙岗地区。元坝、龙岗地区大型断裂不发育，变形弱，构造稳定。受中-晚白垩世抬升幅度差异所控制，元坝、龙岗地区气藏现今埋深相对较大。

2. 古地貌形态特征控制了白云岩化和礁滩型储层的发育及规模

普光、元坝、龙岗地区礁、滩储集体岩性、物性及储集空间类型基本一致，以Ⅱ、Ⅲ类为主。由于古地貌形态特征，“开江-梁平”陆棚东侧台地高于西侧台地，使得东、西两侧台地沉积模式、储层发育规模存在明显差异，影响三者礁滩型气藏天然气丰度的关键是礁滩型储层发育的程度，东侧优于西侧，西侧北部优于南部。

陆棚东侧的普光地区长兴组生物礁陡坡纵向加积型发育模式，飞仙关组鲕粒滩垂向加积型发育模式，厚度大、纵向连续、白云石化程度高、储层物性好。西侧的元坝、龙岗地区长兴组生物礁则为缓坡叠置迁移型发育模式，元坝地区生物礁发育优于龙岗地区；飞仙关组鲕粒滩叠置强迁移型发育模式，龙岗地区鲕粒滩进积型迁移，发育层位由飞一段—飞三段逐渐升高，储层发育优于元坝地区，但层多、滩薄、非均质性强。

普光、元坝地区长兴组储层物性具有一定的可比性。普光地区长兴组礁滩主体比元坝地区的厚，礁后相带厚度差别不大；元坝地区长兴组普遍发育生物礁，且均不同程度地发生白云岩化。龙岗地区长兴组储层物性差，优质储层不发育。

长兴组礁滩型储层在大气淡水溶蚀作用下形成的孔隙类型有别于飞仙关组鲕滩储层。普光地区飞仙关组厚度比元坝、龙岗地区明显偏厚。飞一段—飞二段储层物性存在较大差异，普光地区发育大套鲕粒白云岩，物性极好；而元坝地区鲕粒灰岩较致密，难以成为有效储层。飞三段储层物性两地区差别不大，普光地区略好；龙岗地区飞一段—飞三段发育大套鲕粒白云岩，物性较好，是龙岗地区的主力产层。

普光和元坝、龙岗地区飞仙关组储层的差异，很大程度上是受白云岩化作用控制。普光、龙岗地区台地边缘鲕滩白云岩化强烈，储集条件极好；元坝地区鲕滩基本未白云岩化，因此多为非储层或差储层。有利的成岩作用会进一步提高岩石孔隙度，晚期封闭性成岩环境和烃类充注决定了孔隙的保存（郭彤楼，2011b；郭旭升和郭彤楼，2012）。

3. 输导体系控制气水关系

断裂、裂缝，包括白云岩化及各种溶蚀成岩作用等改造，是良好输导体系的组成要素。

普光地区以断层和裂缝垂向优势输导为主，储层侧向输导并汇聚成藏；元坝、龙岗地区则以裂缝垂向非均衡输导为主，气藏充满度与规模差异较大。

与普光气田相比，元坝、龙岗气田断层不发育，构造变形强度小。在地震剖面上很难识别断层。岩心观察和成像测井资料显示，北西-南东向高角度裂缝较发育，与最大主应力方向基本一致，成为元坝、龙岗气田的垂向输导体。元坝、龙岗气田输导体系可表述为裂缝+白云岩储集层+鲕粒灰岩储集层。构造节理缝沟通烃源岩并垂向输导，由层间节理缝和连通性储集体侧向输导。孔隙型储集层厚度一般小于100m，孔隙度小于10%，物性也比普光气田差一些。元坝、龙岗气田台地边缘礁滩区的裂缝将其上、下气层在纵向上沟通，两者差异在于元坝气田礁后生屑滩气层与台地边缘礁滩主体的气层横向上连通，在长兴组内部形成统一气藏系统，而龙岗气田气层横向不连通，长兴组—飞仙关组内部形成多个气水系统（图5-6）。

4. 成藏后改造控制了气田规模

在川东北地区，区域性分布的龙潭组烃源层，是普光、元坝与龙岗气田长兴组—飞仙关组礁滩型气藏的主力烃源层，主要为高-过成熟的原油裂解气，三者均位于主生烃中心范围内，烃源岩主要地球化学特征如表5-3所示。

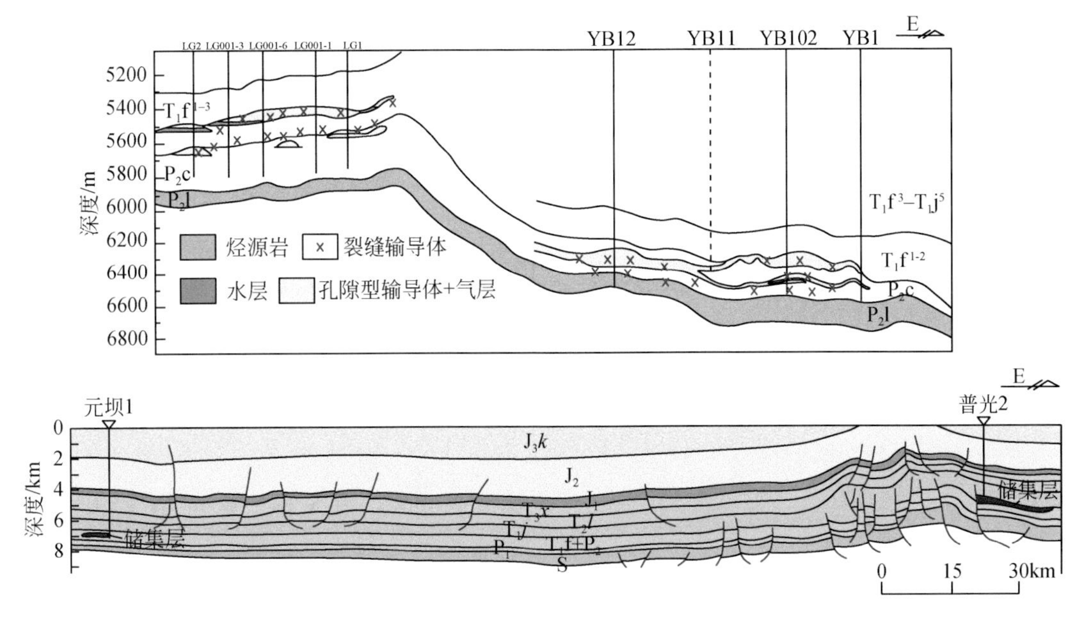

图5-6 普光气田输导体系组合与元坝、龙岗气田输导体系组合图

普光、元坝与龙岗气田均为早期古油藏、中期古油藏裂解气藏，晚期构造调整再富集。主要差异在于普光气田调整幅度大，“构造–岩性复合控藏”，丰度高；元坝、龙岗气田调整幅度小，“岩性控藏”，非均质性强。

普光、元坝、龙岗地区的烷烃气中均以甲烷为主，$C_1/(C_{1\sim5})$（干燥系数）均很高，都变化在0.98～1.00范围（表5-3），同属高演化干气。

表5-3 普光、元坝与龙岗地区烃源岩及天然气特征表

参数		普光地区	元坝地区	龙岗地区
		分布范围/平均	分布范围/平均	分布范围/平均
烃源岩	厚度/m	100～120	60～110	60～110
	TOC/%	0.52～9.16/4.44	0.54～7.20/2.90	2.0～3.0
	S_1+S_2/(kg/t)	0.05～3.05/0.78	0.10～2.76/0.60	
	干酪根$\delta^{13}C$/‰	−28.6～−26.5/−27.6	−27.8～−24.3/−26.3	−29.2～−26.9/−27.8
	R_o/%	1.93～3.19/2.66	1.97～2.87/2.50	2.0～2.8
	生烃强度/($10^8m^3/km^2$)	80～120	30～80	30～80
天然气	$C_1/(C_{1\sim5})$	0.98～1.00/1.00	0.98～1.00/1.00	0.98～1.00/1.00
	$C_1/(C_{2+3})$	64～16784/1555	68～2904/1469	
	H_2S/%	0.01～60.53/13.21	0.06～13.49/6.59	1.21～2.49/1.32
	$\delta^{13}C_1$/‰	−34.0～−26.3/−30.8	−34.1～−27.5/−29.9	−31.7～−28.2/−30.1
	$\delta^{13}C_2$/‰	−33.8～−20.9/−28.9	−31.6～−22.3/−26.4	−24.0～−22.3/−23.5

三者天然气明显不同之处在于 H_2S 及 CO_2 等非烃气含量的差别。普光地区天然气中 H_2S 普遍较高，平均值达 13.21%。元坝地区天然气中 H_2S 含量总体上相对较低，变化在 0.06%~13.49% 范围，平均值为 6.59%，明显低于普光地区，龙岗地区天然气中 H_2S 含量最低，变化在 1.21%~2.49% 范围，平均值为 1.32%。

原油裂解之后的 TSR 对储层孔隙形成改造意义重大。川东北地区的气藏大部分属于高含硫的酸性孔隙型气藏。这些 H_2S 的来源、TSR 作用，对储层和气藏的调整、改造问题，一直是四川盆地的研究热点（王一刚等，2002；朱光有等，2005；杨威等，2006）。目前，基本达成共识，都认为这些 H_2S 大部分是 TSR 的结果。高 H_2S 含量与膏盐、黄铁矿和单质硫的发育相关，同时 TSR 对烃类的选择性消耗使得天然气干燥系数变大、气藏充满度降低及气藏压力系数小、同位素变化等。

TSR 反应与储层的形成演化密切相关。TSR 反应过程中，$CaSO_4$ 溶解，产生的 CO_2 和 H_2S 引发溶蚀、硫化物的沉淀，会使总孔隙度增加，利于优质储层发育。

普光地区天然气中，$\delta^{13}C_1$ 值为 −34.0%~−26.3‰；$\delta^{13}C_2$ 值为 −33.8%~−20.9‰，变化很大，反映气藏中发生过 TSR 作用。经与 H_2S 含量比较可发现，$\delta^{13}C_2$ 值为 −26%~−21‰ 的天然气中 H_2S 含量均在 10% 以上，表明 TSR 作用导致乙烷碳同位素显著变重，而对甲烷碳同位素组成的影响相对较小，其作用机制前人已做了大量研究（Hao et al.，2008）。

元坝、龙岗地区天然气中 $\delta^{13}C_1$、$\delta^{13}C_2$ 值明显高于普光地区，尤其龙岗气田中乙烷碳同位素组成普遍偏重，分析认为三者天然气碳同位素组成上的差异可能与烃源岩热演化程度和烃源岩母质类型的变化有关。元坝、龙岗地区烃源岩的埋深大于普光地区，高的古地温可能导致烷烃气碳同位素加重；另外龙潭（吴家坪）组烃源岩的有机质类型有所差异，元坝、龙岗地区生烃母质中可能含有陆源有机质，因而所生成天然气的碳同位素相对较重。

普光地区天然气碳同位素变化与 H_2S 含量关系表明，TSR 作用对甲烷碳同位素的影响不是很明显。而乙烷碳同位素受 TSR 效应较明显，当 H_2S 含量高于 10% 时，$\delta^{13}C_2$ 才显著变重。元坝、龙岗地区 H_2S 含量相对较低，因而 TSR 作用对天然气碳同位素组成影响较小。

川东北地区天然气中 H_2S 的含量在不同构造带之间相差悬殊，含量高低与储层性质有关。在元坝、龙岗地区裂缝-孔隙型储层气藏中硫化氢较少（5%之下），普光地区孔洞型储层中非常丰富（5%之上）。孔洞型储层中利于地下水运动，促使储层中可溶物质溶解，连通范围较大，TSR 反应强度也大，生成的 H_2S 较多，优质储层发育更好；裂缝-孔隙型储集层，流体局限于有限的空间内，不能自由流动，形成的 H_2S 较少（徐国盛等，2005；马永生等，2007b；郭彤楼，2011b）。

印支期以来，元坝、龙岗地区构造变形总体较弱，同属高演化干气，但元坝、龙岗气藏中裂缝-孔隙型储层发生 TSR 反应强烈程度不如普光气藏，天然气中 H_2S 含量相对较低。这能很好地解释普光、元坝、龙岗地区长兴组—飞仙关组礁滩型优质储层发育程度和规模，普光地区发育最佳，元坝地区其次，龙岗地区最差。

5.1.3　超深缝洞型海相碳酸盐岩大型油气聚集带的发现与勘探实践

5.1.3.1　超深缝洞型海相碳酸盐岩储层大型油气聚集带的发现

1990年之后，中石化在阿克库勒凸起上部署了沙23井、沙29井等，相继在三叠系、石炭系获得高产油气流。1995年在沙23井附近部署三维地震，发现了奥陶系碳酸盐岩古潜山构造，部署的沙48井获得重大突破，日产油570m^3，天然气15×10^{4}m^3，三年累计产油50×10^{4}t，创造了全国单井稳产的最高纪录，拉开了塔河大油田发现的序幕。

通过高分辨率三维地震采集技术试验，首次发现了岩溶缝洞体在地震上表现为“羊肉串”反射形态，建立了碳酸盐岩潜山岩溶发育模式，实现了岩溶储层纵向分带、横向分区的精细刻画；通过剖析油气水分布规律，创建了超深缝洞型碳酸盐岩准层状油气藏模式，初步提出了大面积整体含油气的观点；建立了高分辨率三维地震“串珠状反射”识别溶洞技术、相干数据体及相关属性地震储层预测技术、古地貌恢复技术；同时开展超深水平井、大斜度井、大型酸化改造等技术，实现了轮古油气田的大规模勘探开发。

成功钻探的解放128水平井，水平段长259.47m，贯穿7个裂缝系统，在水平段5490.83～5750.3m裸眼测试，日产原油168t、天然气108×10^{4}m^3，油气当量1028t/d，成为该区奥陶系碳酸盐岩第一口千吨水平井，也指导了油气勘探的大规模展开。之后利用新三维地震进行相干数据体分析、预测和评价，优选并成功钻探了轮古1、轮古2两口大斜度井，进一步揭示了大型潜山背斜油气分布不受局部构造控制、大面积含油气的规律，地质认识和技术的进步，指导发现了轮古潜山亿吨级油田，发现了塔河十亿吨级碳酸盐岩大油田。

塔中Ⅰ号带长200km，宽6～16km，有利勘探面积为1800km^2，我国最早的奥陶纪珊瑚-层孔虫造礁群落即发育于此。通过研究建立了礁滩复合体纵向多旋回叠置、横向多期次加积的几何模型，阐明了礁滩复合体小礁大滩的结构特征和向上水体变浅的沉积特征，揭示了礁滩体沿台地边缘成群成带分布的规律，形成了“整体评价、择优探明，沿台缘、钻礁滩”的勘探思路。成功部署了礁滩体第一口千吨井——塔中82井，12.7mm油嘴测试求产，日产原油485m^3、天然气72.7×10^{4}m^3，油气当量1067t/d，2005年被AAPG评为“全球28项重大油气勘探新发现”。科技创新与科学部署推动了我国最古老的亿吨级礁滩体凝析气田的整装探明，油当量1.64×10^{8}t。塔中鹰山组凝析气田、塔河油田的顺南区块、哈拉哈塘大油田的发现，是层间岩溶油气藏勘探的标志性成果。通过勘探开发一体化的组织形式、增储上产的勘探开发思路，该阶段突出了油气藏动静态认识与精细解剖，突出了井位第一，突出了规模效益，推动了储量高峰期工程，引领了碳酸盐岩油气勘探与科技进步，获多项油气勘探重要发现，新增探明油气储量7.17×10^{8}t。

塔北-塔中台隆连片含油气大场面已经显现。中石化的顺北、顺托、顺南区块均获得勘探突破。区域分析表明，奥陶系层间岩溶缝洞型储层大规模分布，满西低梁带仍存在区域性储盖组合、继承性低梁带、逼近寒武系—奥陶系烃源岩，具备良好的勘探潜力。塔北-满西低梁-塔中埋深8000m范围内整体含油气，有利面积约10×10^{4}km^2，油气资源潜力

超 30×10^8t。

总结超深缝洞型海相碳酸盐岩储层大型油气聚集带的发现，大致可以归纳为以下三个阶段。

1. 潜山岩溶油气藏勘探阶段（1996～2002 年）

1990 年之后，中石化在阿克库勒凸起上部署了沙 23 井、沙 29 井等，相继在三叠系、石炭系获得高产油气流。1995 年在沙 23 井附近部署三维地震，发现了奥陶系碳酸盐岩古潜山构造，部署的沙 48 井获得重大突破，日产油 $570m^3$，天然气 $15\times10^4m^3$，三年累计产油 50×10^4t，创造了全国单井稳产的最高纪录，拉开了塔河大油田发现的序幕。

发现了轮古潜山亿吨级碳酸盐岩油田。中石油尽管在轮南、英买力、塔中三大潜山背斜构造群取得油气发现，但由于钻探工艺与油气藏认识的局限性，勘探工作量锐减，无规模储量、更无产量。依据对苏联尤罗勃钦油田的考察得到的启示，设立了轮南、塔中两个 $200km^2$ 工业试验区，成立专门科研小组，创新了核心技术和转变了地质认识。通过高分辨率三维地震采集技术试验，首次发现了岩溶缝洞体在地震上表现为“羊肉串”反射形态，建立了碳酸盐岩潜山岩溶发育模式，实现了岩溶储层纵向分带、横向分区的精细刻画；通过剖析油气水分布规律，创建了超深缝洞型碳酸盐岩准层状油气藏模式，初步提出了大面积整体含油气的观点；建立了高分辨率三维地震“串珠状反射”识别溶洞技术、相干数据体及相关属性地震储层预测技术、古地貌恢复技术；同时开展超深水平井、大斜度井、大型酸化改造等技术，实现了轮古油气田的大规模勘探开发。

成功钻探的解放 128 水平井，水平段长 259.47m，贯穿 7 个裂缝系统，在水平段 5490.83～5750.3m 裸眼测试，日产原油 168t、天然气 $108\times10^4m^3$，油气当量 1028t/d，成为该区奥陶系碳酸盐岩第一口千吨水平井，也指导了油气勘探的大规模展开。之后利用新三维地震进行相干数据体分析、预测和评价，优选并成功钻探了轮古 1、轮古 2 两口大斜度井，进一步揭示了大型潜山背斜油气分布不受局部构造控制、大面积含油气的规律，地质认识和技术的进步，指导发现了轮古潜山亿吨级油田，发现了塔河十亿吨级碳酸盐岩大油田。

2. 礁滩体勘探阶段（2003～2008 年）

发现了我国第一个亿吨级礁滩体凝析气田——塔中Ⅰ号气田。塔中Ⅰ号带长 200km，宽 6～16km，有利勘探面积 $1800km^2$，我国最早的奥陶纪珊瑚-层孔虫造礁群落即发育于此，通过研究建立了礁滩复合体纵向多旋回叠置、横向多期次加积的几何模型，阐明了礁滩复合体小礁大滩的结构特征和向上水体变浅的沉积特征，揭示了礁滩体沿台地边缘成群成带分布的规律，形成了“整体评价、择优探明，沿台缘、钻礁滩”的勘探思路。成功部署了礁滩体第一口千吨井——塔中 82 井，12.7mm 油嘴测试求产，日产原油 $485m^3$、天然气 $72.7\times10^4m^3$，油气当量 1067t/d，2005 年被 AAPG 评为“全球 28 项重大油气勘探新发现”。科技创新与科学部署推动了我国最古老的亿吨级礁滩体凝析气田的整装探明，油当量为 1.64×10^8t。

3. 层间岩溶油气藏勘探阶段（2008 年至今）

发现了哈拉哈塘碳酸盐岩大油田，探明石油地质储量 2.49×10^8t，快速建成年产百万吨规模。通过深化区域地质认识，提出了哈拉哈塘为轮古-英买力巨型潜山背斜的一部分，改变了原来认为哈拉哈塘下古生界是生烃凹陷的认识，锁定奥陶系为主力目的层。于 2009 年勘探获得新发现，发现井为哈 7 井，在 6622.41 ~ 6645.24m 井段 8mm 油嘴掺稀求产，折日产油 $298m^3$。之后按照层间岩溶勘探思路“锁定不整合、钻探规模缝洞体，整体部署、分步实施”，先后部署三维地震总面积达 $6077km^2$，实现了连续 7 年 9 个区块油气勘探的持续突破，含油气范围超过 $4000km^2$，还在不断向南、向西、向东南扩大，探明石油地质储量 2.49×10^8t。同时大力实施勘探开发一体化，加速了储量向产量转化，原油产量每年以 20×10^4 ~ 30×10^4t 的规模递增，是塔里木油田公司原油产量增长最快的油田，2014 年原油产量突破百万吨大关，2015 年达到 127×10^4t，实现了复杂缝洞型碳酸盐岩油田的规模开发。该阶段还创新形成了超深海相碳酸盐岩勘探开发关键技术：宽方位、较高密度三维地震采集技术，大连片缝洞型碳酸盐岩叠前深度偏移处理技术，解决了缝洞体偏移归位问题和工业化的应用；形成了缝洞雕刻量化技术、大型缝洞集合体描述技术，钻井成功率和高效井比例大幅提升。

塔中鹰山组获得勘探发现，探明我国第一个层间岩溶碳酸盐岩凝析气田。2007 年，经过基础地质研究，首次在塔里木盆地井下发现了奥陶系巨厚碳酸盐岩内幕存在不整合面，提出了层间岩溶储层大规模分布的模式；形成了“锁定层间岩溶储层，钻探规模缝洞体”的勘探思路。2007 年部署的塔中 83 井鹰山组获得发现，日产油 520t。2008 年，优选塔中 83 层间岩溶区整体部署探井 7 口，钻井成功率 100%，首次探明塔中 83 井鹰山组中型油气田，区域甩开的中古 8 井也获得勘探发现。2009 年，整装探明了中古 8 井区，新增油气储量 1.58×10^8t，被中国地质学会评为 2009 年度十大找矿成果奖。2010 年，优选中古 43 井区集中部署 12 口探评井，当年获得勘探发现、当年实现了探明新增油气储量 1.52×10^8t。层间岩溶的提出与缝洞型准层状凝析气藏模型的建立，指导探明了超深古老碳酸盐岩凝析气 3.45×10^8t，建成了 200×10^4t 油气产能。

塔北-塔中台隆连片含油气大场面已经显现。中石化的顺北、顺托、顺南区块均获得勘探突破。区域分析表明，奥陶系层间岩溶缝洞型储层大规模分布，满西低梁带仍存在区域性储盖组合、继承性低梁带、逼近寒武系—奥陶系烃源岩，具备良好的勘探潜力。塔北-满西低梁-塔中埋深 8000m 范围内整体含油气，有利面积约 $10\times10^4km^2$，油气资源潜力超 30×10^8t。

5.1.3.2　超深缝洞型海相碳酸盐岩油气地质理论认识

近年来，塔里木盆地勘探进展最大的是海相碳酸盐岩，主要分布在克拉通区中新元古代—早古生代的海相地层中，埋深为 4900 ~ 12000m，有利勘探区基本上在超过 6000m 的超深层范围，寒武系—奥陶系碳酸盐岩厚度为 2000 ~ 3200m，面积超过 $41\times10^4km^2$。由于超深古老海相碳酸盐岩成岩作用强，基质孔隙消失殆尽，沉积相控制储层的作用大为减弱；但塔里木盆地基底隆拗相间，经过加里东期、海西期、印支期—燕山期和喜马拉雅期多期构造运动，发育多期不整合，形成了与暴露、风化剥蚀密切相关的强非均质性岩溶缝洞型储层。因此，超深缝洞型海相碳酸盐岩有其特殊性：时代老、埋深大、基质孔隙度低、发育多期不整合、储层非均质性强、缝洞为主要有效储集空间。塔里木盆地的勘探经历了实践—认识—再实践—再认识的反复过程，持续深化了地质认识，创新发展了关键技术，形成了超深古老海相碳酸盐岩的油气地质理论与技术。

1. 大台地礁滩体是储层发育的重要基础

塔里木盆地奥陶系礁滩体主要分布在塔中、轮南、巴楚、玛扎塔格等陡坡型台缘、缓坡型台缘和台内地形由平坦向较陡处转折的地带，发育的层位主要集中在中奥陶统一间房组和良里塔格组。塔中地区晚奥陶世早期，仍为东深西浅的沉积格局，表现为向西北、东南倾斜的区域性斜坡，该期海水变浅，能量增高，紧邻塔中Ⅰ号坡折带西侧形成了带状的台地边缘沉积，构造定型早、台缘地貌隆起依然存在，以发育厚层多期礁滩复合体为特征，厚度为21.5～931.5m，平均厚度为278.3m，岩性主要为生物灰岩和颗粒灰岩，储集空间以溶蚀孔洞为主，与上覆桑塔木组厚层泥岩形成优质储盖组合。下面以塔中Ⅰ号坡折带为例阐述礁滩体特征、分布规律及控制因素。

1）礁滩体沉积特征

礁滩复合体是由生物礁、粒屑滩构成的沉积复合体，向上沉积水体变浅，其中生物礁由骨架礁、灰泥丘构成，单个生物礁厚达33m。通过单井岩心、测井及地震资料的综合研究，发现奥陶系礁滩复合体具有纵向多旋回叠置、横向多期次加积的特征，整体上具有“小礁大滩”的结构。

（1）沉积相纵向发育特征。

塔中Ⅰ号坡折带上奥陶统良里塔格组为陡坡型台地边缘体系，良里塔格组中上部表现为粒屑滩、灰泥丘、礁丘的纵向多旋回组合特征。单个礁丘滩复合体表现为下部粒屑滩亚相，上部为灰泥丘亚相和（或）礁丘亚相，其上被下一个旋回的粒屑滩亚相覆盖，但在不同井区沉积相纵向组合有所差异。塔中44井位于塔中Ⅰ号坡折带台地边缘礁滩体的主体部位，良二段是礁的主体，发育两期礁，上部海绵格架礁体厚43.5m，下部隐藻黏结礁体厚72m，两期礁体总厚度为115.5m，岩性主要为亮晶砂屑灰岩、生物砂砾屑灰岩、生物骨架岩、黏结岩。塔中44井由于顶部泥质条带灰岩遭受剥蚀，只残留了薄层的滩间海沉积，从良一段—良三段总体发育4套礁滩体的旋回（图5-7）。塔中82井区沉积相纵向上以灰泥丘为主，形成粒屑滩、灰泥丘、礁丘亚相的3套礁滩体旋回，其中良二段灰泥丘厚度为50m，为礁体的核心沉积段。总体上良里塔格组表现了由海进—海退的沉积过程：早期为海侵体系域，表现为退积和加积准层序的发育，能量低，泥质含量高，滩体较薄；中晚期为高位体系域，发育3～4期礁滩体，底部的两期礁滩体表现为垂向加积准层序，上部的1～2期礁滩体表现为进积层序，表明高位晚期礁滩体向斜坡、盆地方向的推移进积作用；高位期4期礁滩体的发育受到了次级构造沉降和海平面变化的控制。海平面上升期发育生物骨架礁丘、灰泥丘和礁（丘）间沉积，随着礁丘向上的营建作用、海平面相对下降，水体逐渐变浅，波浪作用能量增强，礁（丘）停止发育，进而为中高能的粒屑滩所取代，之后伴随下一次的海平面升降次级旋回，新一轮的礁滩体又发育生长。

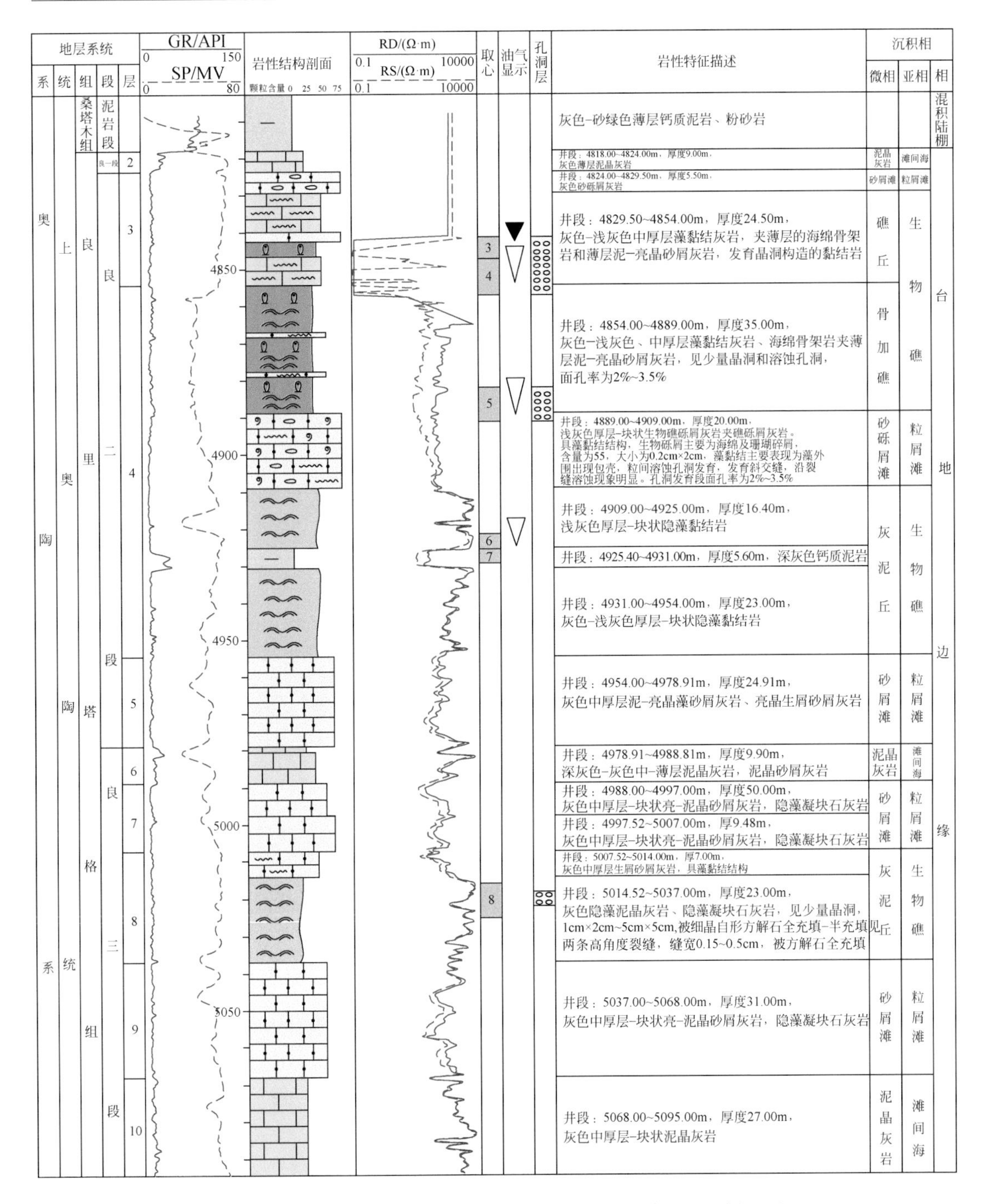

图5-7　塔中44井上奥陶统良里塔格组沉积微相精细描述剖面图

（2）沉积相横向发育特征。

平行于塔中Ⅰ号坡折带方向，外带发育多套旋回的礁滩复合体，滩以中–高能的生屑、砂屑滩为主，层位对比性好；内带主要为丘滩复合体、滩间海的多旋回沉积，滩以中低能的砂屑滩为主（图5-8）。沉积相特征具有分区性，不同井区的沉积微相特征及组合类型

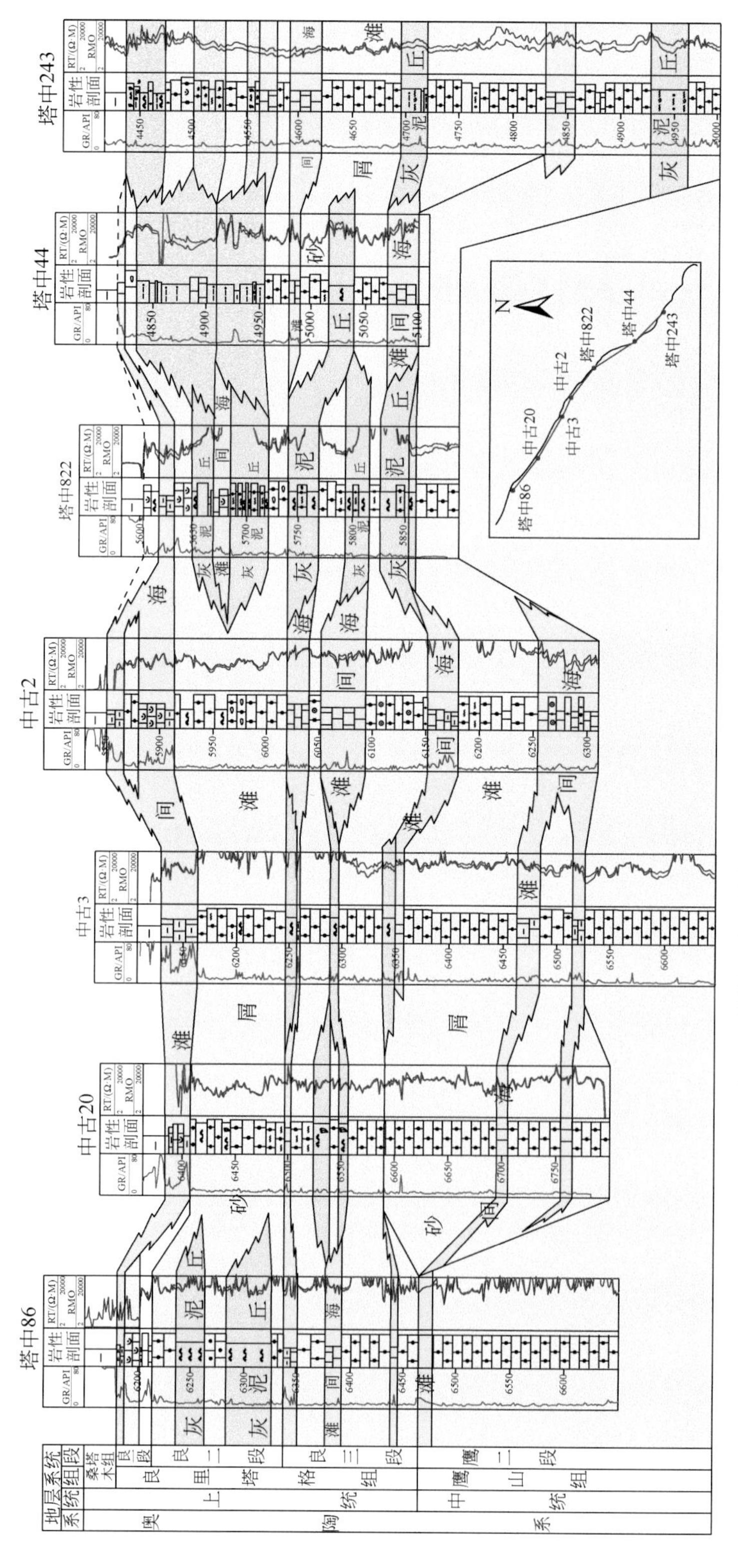

图5-8　沿塔中Ⅰ号坡折带外带奥陶系礁滩体沉积相对比较图

都有一定的差别。塔中62–塔中44井区位于礁发育的主体部位，以发育礁丘为特征，沿礁的外围主要发育生物砂砾屑滩以及藻黏结生物砂砾屑滩。塔中82井区–中古2井区良里塔格组沉积时地貌相对较为平缓宽广，由一些线状的灰泥丘、小的点状礁丘和平缓宽阔的粒屑滩组成，礁滩体相对矮而宽，斜坡坡度缓，以丘滩复合体沉积为主，局部发育礁滩复合体和粒屑滩沉积，礁丘之间以及内侧主要发育粒屑滩。塔中86井区台缘外带，以发育高能粒屑滩和灰泥丘组合为特征，其背后的台缘内带，主要表现出中低能粒屑滩、灰泥丘组合。

（3）礁滩体沉积模式建立。

塔中Ⅰ号坡折带礁滩体的发育主要受构造作用、海平面变化、水动力条件等因素控制。良里塔格组沉积时期，塔中Ⅰ号断裂南段水体变浅，紧邻断裂西侧形成了带状的台地边缘高能沉积，以礁滩复合体、丘滩复合体为特征，沿台地边缘礁滩复合体厚度增大，明显形成了台地边缘转折区，即塔中Ⅰ号坡折带。在台地边缘内侧为台内洼地和开阔台地沉积，台地边缘向外为斜坡、盆地相区。台缘外侧的斜坡类型直接影响台地边缘高能相带的分布和岩性、岩相的展布，塔中Ⅰ号坡折带礁滩体的发育特征属于陡坡型台缘沉积模式（图5-9），台缘带窄、礁滩复合体厚度大，平行台缘储层连续性好，侧向相变快，岩性及岩相分异性强，高能相带位于外侧，礁丘滩组合呈镶边特征以垂向加积作用为主。

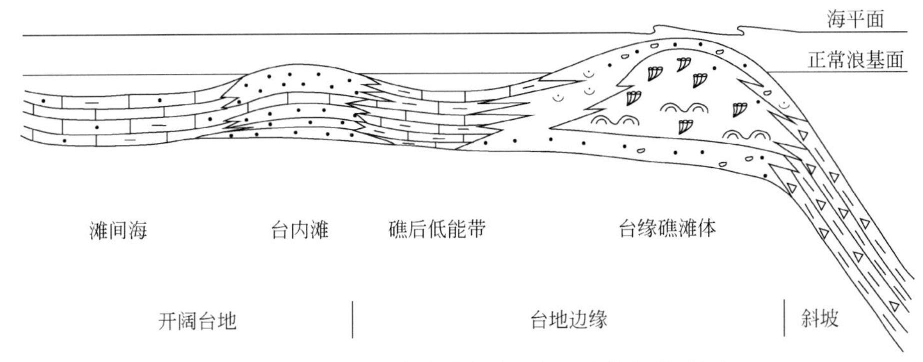

图5-9　塔中晚奥陶世陡斜坡型台地边缘相模式图

（4）礁滩体平面分布特征。

塔里木盆地奥陶系礁滩体储层发育好，分布广，主要分布于塔中低凸起和巴楚断隆、塔北隆起、满加尔凹陷北坡等。塔中礁滩复合体表现为横向连片、纵向叠置，沿陡坡型台缘成群成带分布的特征，礁滩体发育带东西长220km，南北宽5～18km，厚度为120～180m（图5-10）。沿塔中54–塔中26井一线，宽3～5km范围内为礁主体区，礁体沿台地边缘发育，在礁主体的内侧是滩相的分布区，在滩相的内带是范围宽广的礁后低能带分布区。在礁主体相的外带是斜坡相，斜坡相的外侧是盆地相。不同的沉积时期礁滩体发育的范围也不相同，从良里塔格组第三段沉积时期到第一段沉积时期，礁滩体的发育范围逐渐减小，逐步向塔中Ⅰ号坡折带缩减。不同井区的礁、丘、滩组合形态不同，塔中62井区以礁滩复合体为主，礁是生物骨架礁，礁的主体高而窄，侧翼坡度陡；塔中82井区以滩丘复合体为主，灰泥丘比较发育，丘的主体矮而宽，坡度缓；塔中24井区也以丘滩复合体为主，在礁（丘）滩复合体后面为礁（间）后低能带沉积区域，以滩间海沉积为主，零星分布有滩丘复合体以及孤立的礁滩体。

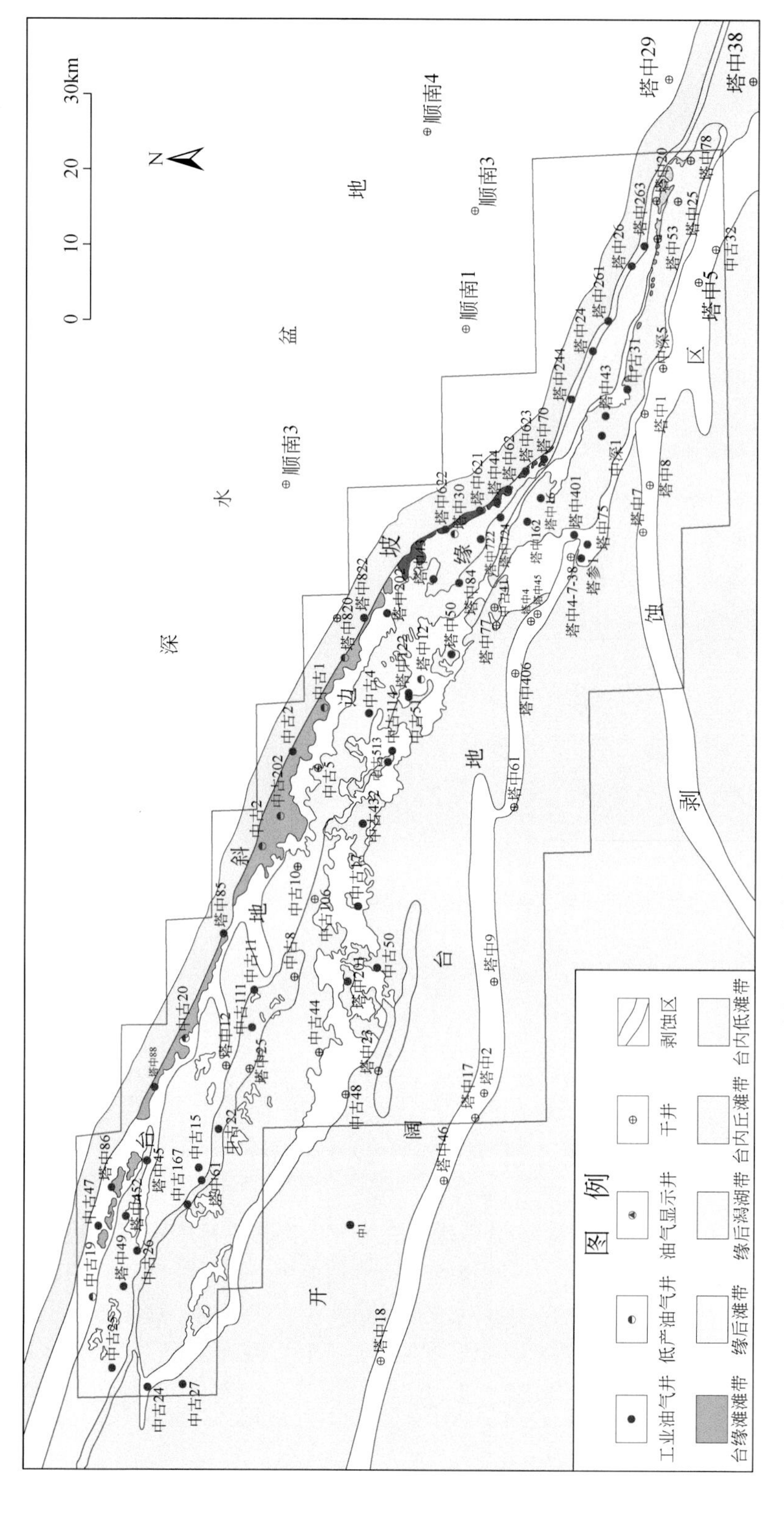

图5-10 塔中地区良里塔格组礁滩体沉积相分布图

2）礁滩体储层特征

塔中良里塔格组礁滩体储层形成于中高能的台缘沉积环境，以礁灰岩和颗粒灰岩为主，受准同生期及后期溶蚀改造叠加作用，具有相对均匀溶蚀的优质孔洞层。

（1）储层岩石学特征。

塔中礁滩体储层主要岩石类型为生物灰岩类和颗粒灰岩类，其次还发育泥晶灰岩。其中生物屑黏结岩、生屑灰岩、生物砂粒屑灰岩是孔洞型储层的主要岩石类型，而砂屑灰岩、砂砾屑灰岩、鲕粒灰岩是孔隙型储层的主要岩石类型。

生物灰岩类：主要由生物及生物作用所形成的灰岩。岩石中的生物以原地生长的生物为主，多保持原地生长状态，其含量一般大于 15%。根据生物类型、含量、特征及其作用，可将生物灰岩分为骨架岩、障积岩、黏结灰岩、隐藻灰岩等类型。骨架岩主要是珊瑚、层孔虫、海绵、苔藓虫、管孔藻格架岩或 2 ~ 3 种造架生物形成的复合格架岩等（图 5-11）。骨架岩多形成于中高能的浅水环境中，是组成礁核微相的重要岩石类型。

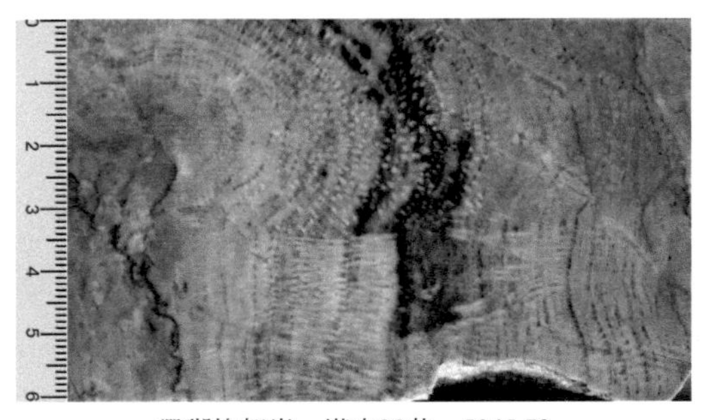

a.珊瑚格架岩，塔中30井，5045.72m

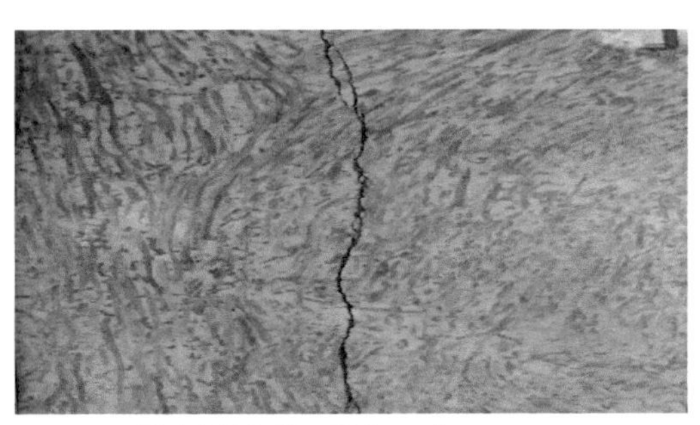

b.层孔虫格架岩，塔中822井，5700.01m

图 5-11　生物灰岩图片

塔中地区的障积生物有丛状四射珊瑚和枝状苔藓虫等，以珊瑚障积岩较常见，也可见保存较为完整的介形虫及少量的晶洞构造。障积岩一般形成于中–低能的弱动荡环境中，也常出现于礁丘的底部或礁翼等微相中。黏结岩主要由蓝细菌、葛万藻、球松藻和其他起黏结作用的微生物、藻类黏结生物屑、砂屑、粉屑、球粒和灰泥组成，具明显的藻黏结结构。岩石中藻黏结结构分布面积大于 50%，或黏结藻类含量大于 15% 即为黏结岩。隐藻灰岩的生物以隐藻类为主，也可归入黏结岩类，根据其生态和特征，主要有隐藻凝块灰岩、藻纹灰岩、藻核形灰岩和隐藻泥晶灰岩等类型。黏结岩中生物类型丰富，多形成于浅水环境中，是礁灰岩中的重要岩石类型之一。

颗粒灰岩类：以中高能沉积的亮晶颗粒岩为主，具体包括亮晶藻砂砾屑灰岩、亮晶生物砾屑灰岩、亮晶藻砂屑灰岩、亮晶鲕粒灰岩。在局部相对低能带发育泥晶颗粒岩，主要包括泥晶藻砂屑灰岩、泥晶生屑灰岩、泥晶球粒灰岩、泥晶粉屑灰岩。

泥晶灰岩类：以低能沉积为主，颗粒含量小于 10%，灰泥含量大于 90%，含少量的粉屑、球粒和生物屑。生物屑以介形虫、腕足动物、隐藻类和骨针为主，泥质含量增高时，可过渡为含泥质泥晶灰岩、泥质灰岩。

（2）储集空间特征。

礁滩体储层的有效储集空间主要由具组构选择性的粒间溶孔、粒内溶孔及均匀溶蚀的孔洞构成，孔洞层厚度一般为0.8～20mm，充填率为2%～60%，孔洞保存较好，其次为溶洞和裂缝。

溶洞：直径大于500mm的空隙为洞穴，大溶洞多被充填，中小洞则保存较好，成为有效的储集空间。钻井过程中表现为泥浆漏失、放空，取心中可见洞内充填物，且取心收获率较低、岩心破碎。塔中44井4920.85～4923.84m井段发育近3m的大型溶洞，内充填含黄铁矿的钙质泥岩；塔中82井5359.6～5360.6m井段发育1m左右的溶洞，溶洞被碎屑、泥和层纹状方解石充填，井径显著扩大呈箱状、电阻率降低、声波时差增大、密度减小，表现出典型溶洞测井响应特征，FMI成像图呈暗色条带夹局部亮色团块（图5-12）。

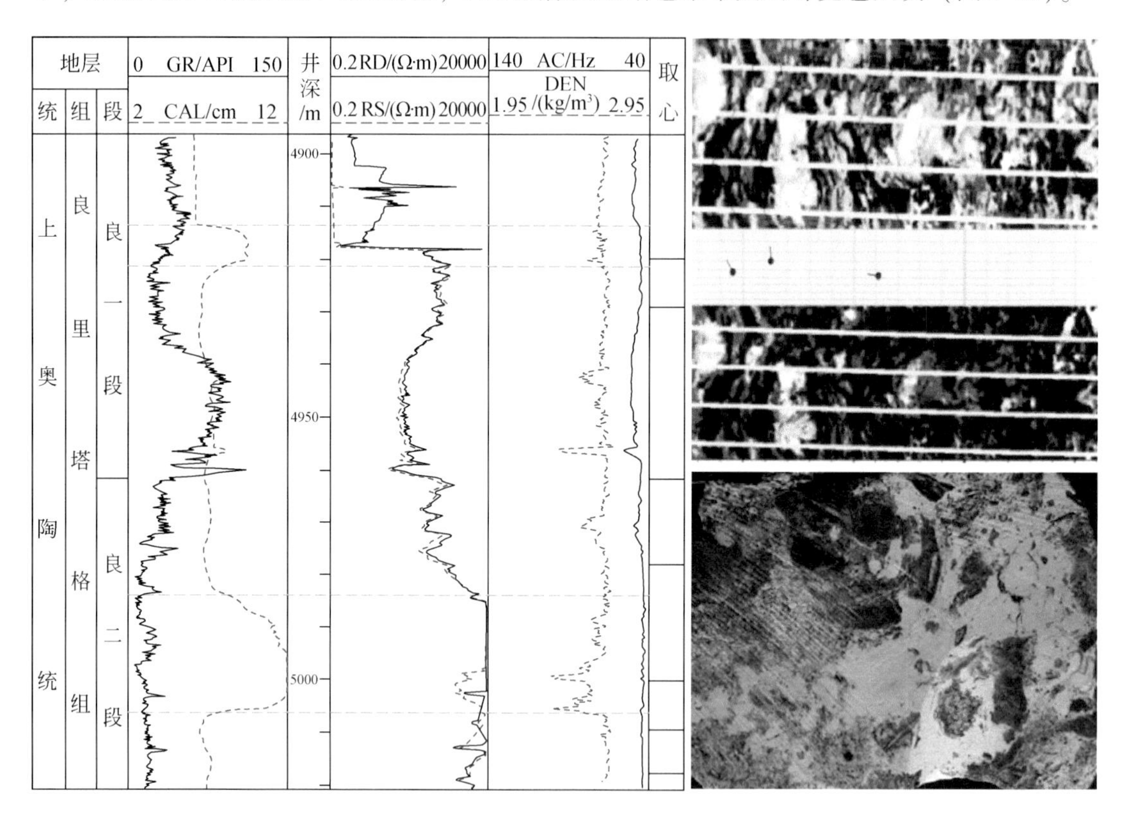

图5-12 塔中82井良里塔格组大型溶洞底部充填特征

孔洞：指肉眼可见的小洞、大孔，一般是原生孔隙经过次生溶蚀改造形成。礁滩体岩心观察显示，溶蚀孔洞呈蜂窝状发育，孔洞呈圆形、椭圆形及不规则状，孔洞直径几毫米至几十毫米不等，面孔率一般为1%～2%，最高可达10%，在FMI成像上溶蚀孔洞一般呈不规则暗色斑点状分布（图5-13），是礁滩体的主要储集空间类型。

微观储集空间主要有粒内溶孔、粒间溶孔、生物体腔孔、格架孔和裂缝。生物体腔孔、生物格架孔为礁灰岩的孔隙类型，它是造礁生物骨架间或黏结岩晶洞中未被方解石充填满的原生孔隙，孔径变化范围大，小的小于1mm，大的可达5cm以上（图5-14）。粒间溶孔主要是溶蚀粒间中细晶粒状方解石，溶蚀强烈时可溶蚀纤维状方解石甚至颗粒边缘，使颗粒边缘呈港湾状或锯齿状（图5-15）。孔隙直径变化较大，一般为0.1～0.5mm，最大可达1mm以上。粒内溶孔主要见于砂屑、生屑灰岩内，是同生期大气淡水选择性溶蚀所致，粒内溶孔直径较小，一般为0.01~0.04mm，较大孔可达0.5~0.8mm。

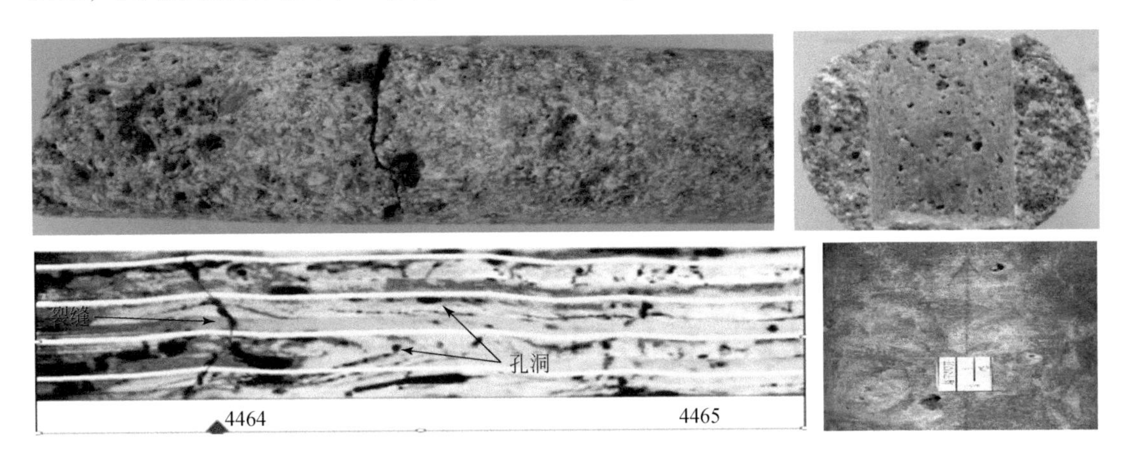

图5-13　塔中Ⅰ号坡折带上奥陶统礁滩体孔洞发育特征

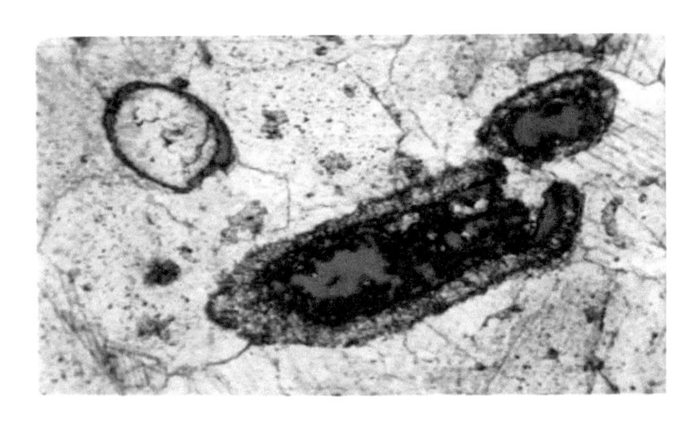

图5-14　粒内溶孔，介壳体腔孔
亮晶棘屑石灰岩，塔中621井，4872.40m，良里塔格组，铸体

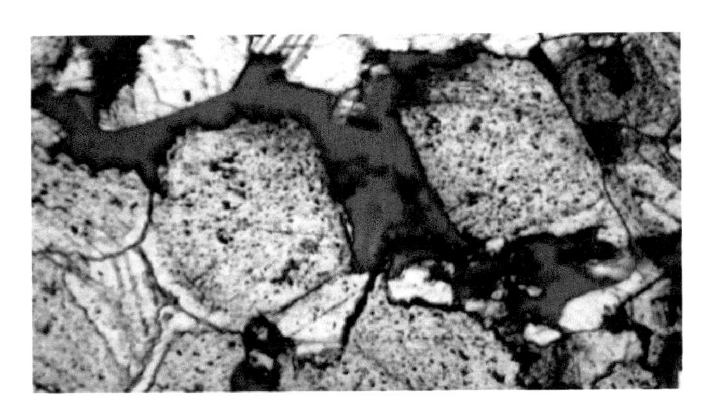

图5-15　粒间溶孔，少量粒内溶孔和微缝
亮晶棘屑石灰岩，塔中621井，4872.08m，良里塔格组，铸体

裂缝是碳酸盐岩重要储集空间，也是主要渗流通道之一，礁滩体储层的裂缝主要见高角度构造缝和微裂缝。未充填裂缝在钻揭后被高导泥浆占据，电成像测井上呈黑色线状特征；充填缝在电成像测井图上则呈由深到浅的所有颜色，取决于裂缝充填程度及充填物成分，一般泥质充填裂缝和黄铁矿充填裂缝表现为暗色高导特征，与未充填裂缝相似，而方解石充填裂缝（方解石脉）则呈白色高阻特征。岩心裂缝的宽度主要为 0.1 ~ 1mm，占 63.9%，宽度大于 1mm 的缝占 25.8%，全充填裂缝占 35.4%，半充填-未充填的缝占 64.6%。

（3）储层物性特征。

礁滩体储层基质物性分布范围也较大，表现为非均质性的特点，分布形态呈绝壁型，说明礁滩体储层既有蜂窝状均匀溶蚀的好储层，也有溶蚀不发育的差储层；加上缝洞发育位置往往取不到岩心，因此对礁滩体储层的评价不能仅局限于物性分析，要通过地震、钻录井、测井、试井等综合手段进行描述，才能真正反映其对油气的储集性能。塔中良里塔格组礁滩体储层物性分析，最大孔隙度达 12.74%，最小仅 0.05%，平均为 1.66%；最大渗透率达 $840\times10^{-3}\mu m^2$，最小为 $0.013\times10^{-3}\mu m^2$，平均为 $5.5\times10^{-3}\mu m^2$。总体而言孔隙度和渗透率相对较低。根据 20 口井压力恢复试井资料解释以径向复合模型为主，地层系数为 1.07 ~ 4230mD · m，平均 426mD · m；渗透率为 0.0267×10^{-3} ~ $73\times10^{-3}\mu m^2$，平均为 $15.5\times10^{-3}\mu m^2$。

（4）礁滩体储层地震响应特征。

多期礁滩复合体其地震剖面响应特征明显，呈丘状、空白、杂乱的弱反射。靠近台内发育颗粒灰岩夹泥晶灰岩的细粒沉积物，是礁和粒屑滩夹滩间海发育区，地震反射特征主要为中-强振幅，连续-较连续的平行反射、丘状反射；在礁丘滩复合体主体部位，岩性主要为礁灰岩和颗粒灰岩不等厚互层，地震响应为中-弱振幅、丘状反射、杂乱反射，在厚度增大区以空白反射为特征；台缘外带斜坡相以发育泥岩和泥晶灰岩为主，地震剖面中可见中-强振幅、斜交反射特征。

（5）礁滩体储层分布特征。

礁滩体储层表现为纵向上多期叠置、横向上连片、平面上沿坡折带和台地边缘大规模分布的特征。由于沉积时水动力条件强，为后期溶蚀改造提供了有利的物质基础，沉积期后的早成岩近地表岩溶、埋藏期破裂作用、构造抬升溶蚀作用等对孔隙再叠加改造，形成了优质的缝洞储集体，因此礁滩体储层一般发育厚度大。目前在塔里木盆地奥陶系共发育 5 个坡折带，分别是塔中Ⅰ号坡折带、轮南-英买力坡折带、轮古东-古城坡折带、塘南坡折带、罗西坡折带，礁滩体储层主要沿坡折带呈群呈带分布（图 5-16）。良里塔格组沉积时期塔里木板块分化出三个台地，且正处于赤道附近，具有适于礁滩体发育的气候条件，台地构造隆升的幅度基本与海平面上升速度保持一致，促进了台地边缘礁滩体的快速生长，围绕台地边缘形成了厚达 200 ~ 500m 的狭长礁滩体沉积带。其中塔中Ⅰ号坡折带由于其本身具有良好的储盖组合，加上逼近盆地生油岩，形成了目前全球发现的埋深最大、时代最老的大型礁滩体凝析气田。

2. 古岩溶缝洞体是油气主要赋存空间

岩溶作用是形成超深缝洞型海相碳酸盐岩储层的关键因素之一，近年来塔里木盆地碳酸盐岩岩溶及岩溶型储层研究取得了较多成果，在岩溶分类、岩溶期次划分等方面形成了较为可行的方案，明确了岩溶储层发育的主控因素，指导了碳酸盐岩的勘探持续发现，为塔里木盆地及其他地区海相碳酸盐岩的勘探开发提供了理论依据。塔里木盆地岩溶作用类型多样，包括礁滩体岩溶、层间岩溶与潜山岩溶等不同类型岩溶作用形成的储集体，成因与控制因素也不尽相同。

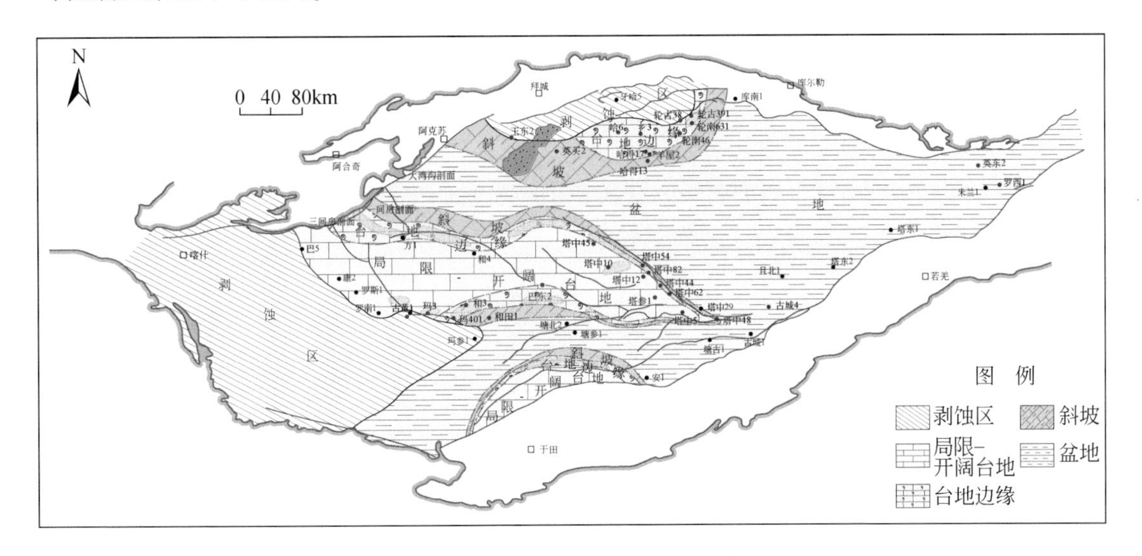

图 5-16　塔里木盆地奥陶系良里塔格组礁滩体分布平面图

1）岩溶分类

礁滩体岩溶：发生于同生（准同生）期或成岩早期，台缘粒屑滩、骨架礁等浅水沉积体因海平面暂时性相对下降，时而出露海面受大气淡水渗入淋滤所形成的溶蚀现象，主要特点是短暂暴露，溶蚀对象具有组构选择性，优先针对欠稳定的文石、高镁方解石进行选择性溶蚀，溶蚀形成较均匀的孔洞或小缝洞，横向上多呈透镜状特征，这类储层呈现明显的沉积相控特征，主要分布在塔中Ⅰ号坡折带、塔北南缘。塔中地区礁滩体岩溶以台缘带最发育、台内带次之，是准同生期大气淡水溶蚀作用的有利部位。

层间岩溶：是构造抬升造成地层短期缺失形成的一种风化岩溶，地层缺失少，表现为奥陶系内部各层组之间的抬升间断与暴露淋溶，上、下地层之间呈平行或低角度不整合接触关系，溶蚀规模相对小、溶蚀不均匀，岩溶垂向分带不明显，储集空间以大洞、缝洞为主，储层沿不整合面之下大面积分布，这类岩溶主要分布在塔北中部及南部、塔中北部斜坡区。塔北哈拉哈塘地区储层沿一间房组顶面发育，储层类型为洞穴型和裂缝-孔洞型，其中洞穴型储层纵向发育，裂缝-孔洞型储层一般位于洞穴型储层顶部；平面上层间岩溶储层受大型走滑断裂叠加控制，呈斑团状、条带状或局部片状分布。塔中地区鹰山组层间岩溶发育受古地貌及晚加里东期断裂叠加控制，有利发育区主要在岩溶斜坡区及岩溶次高地、断裂叠合区。

潜山岩溶：是构造抬升造成地层长期缺失形成的一种风化岩溶，石炭系、志留系或更新的地层覆盖在奥陶系灰岩之上，因此与上覆不同时代的地层呈现非常清楚的高角度不整合接触关系，风化面凹凸不平，溶蚀极不均匀，岩溶垂向分带清楚，储层具大洞、大缝特征，但洞穴充填较严重，并且储层沿潜山面之下大面积分布，主要分布在轮南、塔中、英买力、和田河周缘。

2）岩溶储层发育的主控因素

塔里木盆地寒武系—奥陶系碳酸盐岩发育多种类型储层，结合不同地区、不同层段储层的特征综合分析，碳酸盐岩储层发育主要受以下几个方面因素控制。

不整合面的控制作用。不整合面代表着下伏地层长时间暴露于大气水，是岩溶作用发生的天然场所，塔里木叠合盆地的多旋回构造演化特点，形成了不同时期和不同级次的不整合面，对碳酸盐岩产生了强烈的古岩溶改造。第一，不整合面发育时间控制了岩溶储层的发育规模，不整合面发育时间长短直接决定碳酸盐岩的溶蚀时间。短期不整合面（高频层序相关）控制的岩溶储层发育主要受控于岩相；中期不整合面（层间岩溶）控制的岩溶储层沿不整合面准层状分布；长期不整合面（潜山岩溶）控制的岩溶储层具有垂向分带。第二，不整合面地形差异控制岩溶储层的分布特征，岩溶作用的发生与水体流动方式密切相关。潜山岩溶平面上可划分为岩溶高地、岩溶斜坡和岩溶盆地，以塔北轮古油田、塔河油田为例，岩溶缝洞储层主要发育于岩溶斜坡部位，倾斜地形为地下水侧向向下流动提供了水势，为地下水径流区，有利于形成大规模的管道洞穴体系；岩溶高地为大气水重要的补给区，以落水洞最为发育。

断裂体系的控制作用。塔里木盆地碳酸盐岩以次生溶蚀孔、洞、裂缝为主，断裂作用对储层的发育分布具有重要建设性作用和叠加改造作用。第一，风化岩溶作用主要沿不整合面附近的薄弱带发育，断裂、裂缝是溶蚀流体的主要通道。风化岩溶过程中，断裂活动控制了古水系的分布；或改变了古地貌的特征，沿地形坡度方向有利于流体的输导，形成有利岩溶储层发育区；同时断裂也是应力释放区，有利于裂缝带的发育，是大气淡水溶蚀的有利部位。第二，埋藏期溶蚀缝洞主要沿断裂发育。下古生界碳酸盐岩经历漫长的埋藏成岩作用，多期的胶结作用与压实作用造成原生孔隙大多被充填，期间发生的多期埋藏岩溶作用主要受来自盆地压实流、烃类充注携带的有机酸、TSR 作用与热液作用形成的酸性溶蚀流体控制。断裂带及其伴生裂缝带既是流体输导的有利通道，也是有机酸性水溶蚀发生的有利部位，在早期孔隙层与裂隙的基础上，埋藏期溶蚀作用沿断裂带附近的缝洞体、孔洞层、裂缝带发育，有效改善了储集空间。

大型碳酸盐岩台地的控制作用。塔里木盆地寒武系—奥陶系大型碳酸盐岩台地是逐渐演化形成的，由早期的南北分异过渡为东西分异，不同的台地类型形成不同岩石组合，储层发育程度也迥异。奥陶系台地边缘高能礁滩体沉积是储层形成的物质基础，良里塔格组沉积期，塔中处于台地边缘相带的镶边台地沉积体系中，发育多个礁（丘）体和滩体的沉积组合序列，单个礁（丘）滩体均为有利储集体，沉积微相控制岩石的结构和岩性，从而控制岩石原生孔隙的发育程度，并在很大程度上控制次生溶蚀孔隙的发育。通过研究得出，颗粒灰岩类物性明显优于泥晶灰岩类，其中与礁（丘）形成环境相伴生的生屑滩和生物砂砾屑滩沉积微相为最有利储集岩相，礁（丘）和砂屑滩沉积微相次之，而在低能沉积环境下形成的泥晶灰岩、隐藻泥晶灰岩和泥晶颗粒灰岩的储集性能相对较差。因此，大型碳酸盐岩台地的台内礁滩体、台缘高能礁滩体控制了有利相带的分布和有利储集区带的发育，多期礁滩体营建的礁型微地貌隆起为后期溶蚀提供了有利场所。

寒武系台内滩与台缘礁滩是规模性白云岩储集层发育的有利相带，肖尔布拉克组沉积前，受“断坡式”古地貌和玉尔吐斯组沉积补偿的双重控制，古地貌呈现出南高北低、西高东低格局，台内洼地周边形成了大面积分布的台内丘滩沉积，平面上呈现出“小礁大滩”展布特征。区域钻探证实肖尔布拉克组储集岩为结晶白云岩、藻白云岩与残余颗粒白云岩，储集空间类型为溶蚀孔洞；储层发育程度高，平均储地比约42.2%，最大可达80%，Ⅰ、Ⅱ类储层平均厚度约23.2m，最大可达53m，寒武系的台地相沉积为肖尔布拉克组发育规模性储层奠定了物质基础。

3. 缝洞型碳酸盐岩有利于形成准层状油气藏

准层状油气藏是指在巨厚古老海相碳酸盐岩中，含油气缝洞系统沿区域性盖层、不整合面或致密灰岩层之下一定厚度范围（通常为100～200m）内分布，宏观上油层顶、底面凹凸不平、无统一边底水，剖面上呈准层状特征的油气藏，这类油气藏平面上分布面积巨大（达上万平方千米），油柱高度巨大（近3000m），这是一种区别于碎屑岩层状边水、块状底水之间的特殊油气藏，广泛分布于塔里木盆地奥陶系碳酸盐岩的潜山、礁滩体、层间岩溶储层发育区。

塔里木盆地准层状油气藏的油气主要赋存于缝洞体中，油气分布不受局部构造控制，缝洞集合体内可能存在统一的油气水界面，但整个油气藏无统一的油气水界面，油水分布复杂，宏观上表现为大规模分布、局部富集的准层状油气藏特征。塔中Ⅰ号坡折带礁滩复合体凝析气藏气层厚度为150～300m，整体含气、斑块含油、局部封存水，没有明显边底水；气层高差大于2400m；地层压力为60～70MPa，压力系数为1.15～1.26（图5-17）。轮古潜山油气藏的油气分布在不整合面以下200m范围内，大面积连片分布，无统一油水、气水界面，其中岩溶地貌和缝洞体规模共同控制了油气的富集；哈拉哈塘层间岩溶油气藏也表现为整体连片含油、局部富集的非均质准层状大油气田特征，油气主要分布在一间房组储层顶以下150m深度范围内，已证实油藏高差大于2700m，目前油藏向南还没有找到边界，规模巨大。

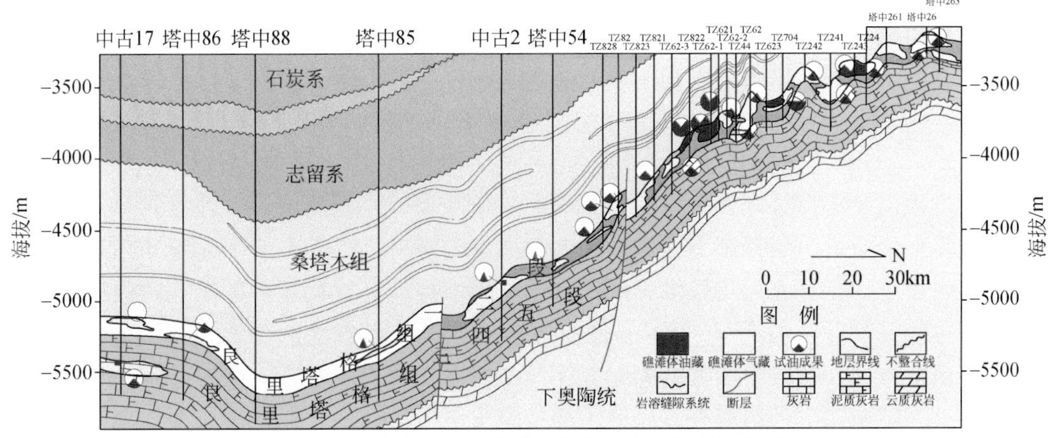

图5-17　塔中上奥陶统礁滩体东西向油气藏剖面图

4. 稳定古隆起-古斜坡聚集油气

碳酸盐岩准层状油气藏的形成以原地生烃、网状立体垂向运移为主，在致密灰岩、不整合面或区域性盖层之下聚集形成叠置连片的油气藏。成藏主控因素受五个方面控制：第一，遵循“源控论”，规模优质烃源岩区控制了原地生烃与油气聚集。寒武系—奥陶系主力烃源岩平面上大面积分布，多期次成藏，保障了油气的充分充注，烃源岩以斜坡相、盆地相、潟湖相为主，目前发现的塔中、塔北以及和田河大油气田均分布在寒武系玉尔吐斯组规模优质烃源岩发育区内。第二，稳定古隆起及其大型斜坡是油气运移的主要指向区。古隆起及其斜坡是烃源岩和有利储集相带的有效配置区，也是多类型圈闭发育区，具备更好的油气保存条件。第三，多期不整合控制下的岩溶缝洞型储层规模发育。塔里木盆地下古生界碳酸盐岩经历多期的构造抬升与暴露，发育多个不整合面及多期岩溶作用，如塔中良里塔格组礁滩体油气藏、鹰山组层间岩溶油气藏、哈拉哈塘一间房组层间岩溶油气藏。第四，走滑断裂体系控制了油气立体网状运移。寒武系—下奥陶统为台盆区的主力烃源岩，台盆区在下古生界还发育多套储盖组合，多期活动的走滑断裂体系沟通烃源岩，与多套储层一起构成了油气运移的立体网状输导体系，对油气的运移聚集起到控制作用。第五，“一黑一白”区域性盖层控制了主力油气层位。上奥陶统巨厚“黑被子”泥岩和寒武系“白被子”膏盐岩为区域性优质盖层，与岩溶储层形成了多套有利储盖组合。因此，古斜坡是油气聚集的重要地区，叠置于连片烃源层之上，多期断裂发育，特别是X形走滑断裂是重要的油气输导体系，赋存油气的岩溶缝洞带规模分布。

5.1.3.3 超深缝洞型海相碳酸盐岩油气聚集带勘探的启示意义

1. 创新思路是油气突破的关键

盆地基础研究的不断深化，推动了下古生界碳酸盐岩勘探地质认识和思路的转变，勘探层系由一间房组、鹰山组上段为主力层向深层、超深层鹰山组下段、蓬莱坝组、寒武系拓展，勘探目标由表生岩溶缝洞型油气藏向多成因类型缝洞型油气藏转变，同时圈闭类型由注重潜山、岩溶缝洞型等类型向多种类型并重，特别是内幕缝洞型。随着勘探程度加大和认识深入，由寻找早期原生油气藏以及调整改造油藏向更加注重晚期充注原生油气藏等勘探思路转变，进一步丰富了碳酸盐岩油气勘探理论。

2. 关键技术的进步是实现勘探突破的保障

超深层地震采集、处理方法技术攻关推动了地球物理技术的进步，地震资料品质不断提高。采集上，通过不断开展方法试验和精细地表建模研究，进一步优化观测系统和波长激发、接收技术，在地震采集技术方法推进的基础上提高了地震基础数据获取的质量。处理上，通过做好针对性的流程、参数试验，加强新技术、新方法的探索研究和试验推广应用，提高奥陶系碳酸盐岩小尺度缝洞储集体及断裂系统的成像精度。品质得到明显提高的地震资料，为碳酸盐岩构造解释、储层预测、圈闭落实描述、目标优选、油气突破奠定了基础。在塔里木盆地沙漠覆盖区勘探实践中，“串珠”类储层的预测及钻探成效显著，但随着勘探研究的深入，规模缝洞储集体特征不明确、预测存在多解性、储层描述难度大等问题依旧不同程度地存在。因此，在高品质地震资料的基础上，开展了持续不断的储层预测、圈闭描述、目标优选技术攻关研究。通过全面的岩石物理参数测试分析，建立了更加符合实际情况的地质模型，储层地震识别模式以及规模储集体地震响应特征更加明确。在储层预测及描述上，不断进行方法技术参数优选和探索试验，加强多方法的联合应用和综合描述，多角度探索储层分布与各种地震现象和地质因素的联系，形成了一系列碳酸盐岩储层预测技术序列和方法组合，为小断层、裂缝识别、储层定量化解释、圈闭精细描述奠定基础。这些方法技术的深入推进和不断进步，有力支撑了深层碳酸盐岩的勘探。

5.1.4　鄂尔多斯盆地潮缘滩-白云岩型储层大型油气聚集带的发现与勘探实践

5.1.4.1　潮缘滩-白云岩型储层大型油气聚集带的发现

20 世纪 80 年代末，在鄂尔多斯盆地中部发现了靖边气田，展示出下古生界碳酸盐岩沉积层系有着较大的天然气勘探潜力。靖边气田是发育在盆地中部奥陶系马家沟组风化壳顶部的古地貌圈闭（地层圈闭的一种特殊形式），其主力储层是（马五段 1+2 亚段）风化壳溶孔型储层，储层孔隙发育受含膏云坪沉积相带及岩溶古地貌的控制极为明显，圈闭类型主要为岩溶古地貌圈闭（杨俊杰等，1992；郑聪斌和谢庆邦，1993；郑聪斌等，1995；杨俊杰和裴锡古，1996；杨华和郑聪斌，2000）。气田发现后，在经历了 20 世纪 90 年代的快速探明和高效开发后，很快跻身为我国陆上最大的整装碳酸盐岩气田。

进入 21 世纪以来，在对靖边气田周边古风化壳气藏进行扩边勘探的同时，也加强了对风化壳以外的碳酸盐岩新领域的研究和勘探力度。将盆地奥陶系划分为中东部风化壳、东部盐下、古隆起周边白云岩体（潮缘滩-白云岩型储层）、盆地西部及南缘台缘相带等四大成藏区带（图 5-18），分析了各区带的储集体发育、成藏组合及圈闭特征等，并在此基础上结合地震勘探成果预测了一批有利的勘探目标（杨华和包洪平，2011）。

2009 年在苏里格地区上古生界砂岩气藏的勘探中，继续坚持兼探下古生界，围绕古隆起东侧的潮缘滩-白云岩储集体实施钻探，终于在苏 203 井和苏 322 井的钻探中获得了新的发现，苏 203 井在马五段 5 亚段钻遇较好的白云岩晶间孔储层，含气显示良好，测井解释气层 7.4m，试气获得 104.0882×10^4m^3/d（AOF）的高产；苏 322 井马五段 6 亚段钻遇白云岩储层，测井解释气层 3.8m，试气获得 41.5904×10^4m^3/d（AOF）高产气流。

2009 年 8 月苏 203 井正式上钻。在进入奥陶系后于中组合马五段 5 亚段钻遇粉晶白云岩储层，含气性好，完钻测试获得 104.09 万 m^3/d 的高产气流，由此拉开了中组合勘探的序幕（赵政璋和杜金虎，2012）。

2010 年为了寻找与苏 203 井类似的高产富集区，地震与地质结合，优选乌审召、乌审旗西、安边、吴起南 4 个目标区，甩开部署探井 6 口。这一轮的钻探表明，古隆起东侧中组合具大区带成藏特征，含气较普遍。但储层物性变化较大，除苏 381 井获 50 万 m^3/d 高产，苏 127 井获得 3 万 m^3/d，其余井均为低产或主力气层缺失，显示出中组合气藏分布的复杂性。

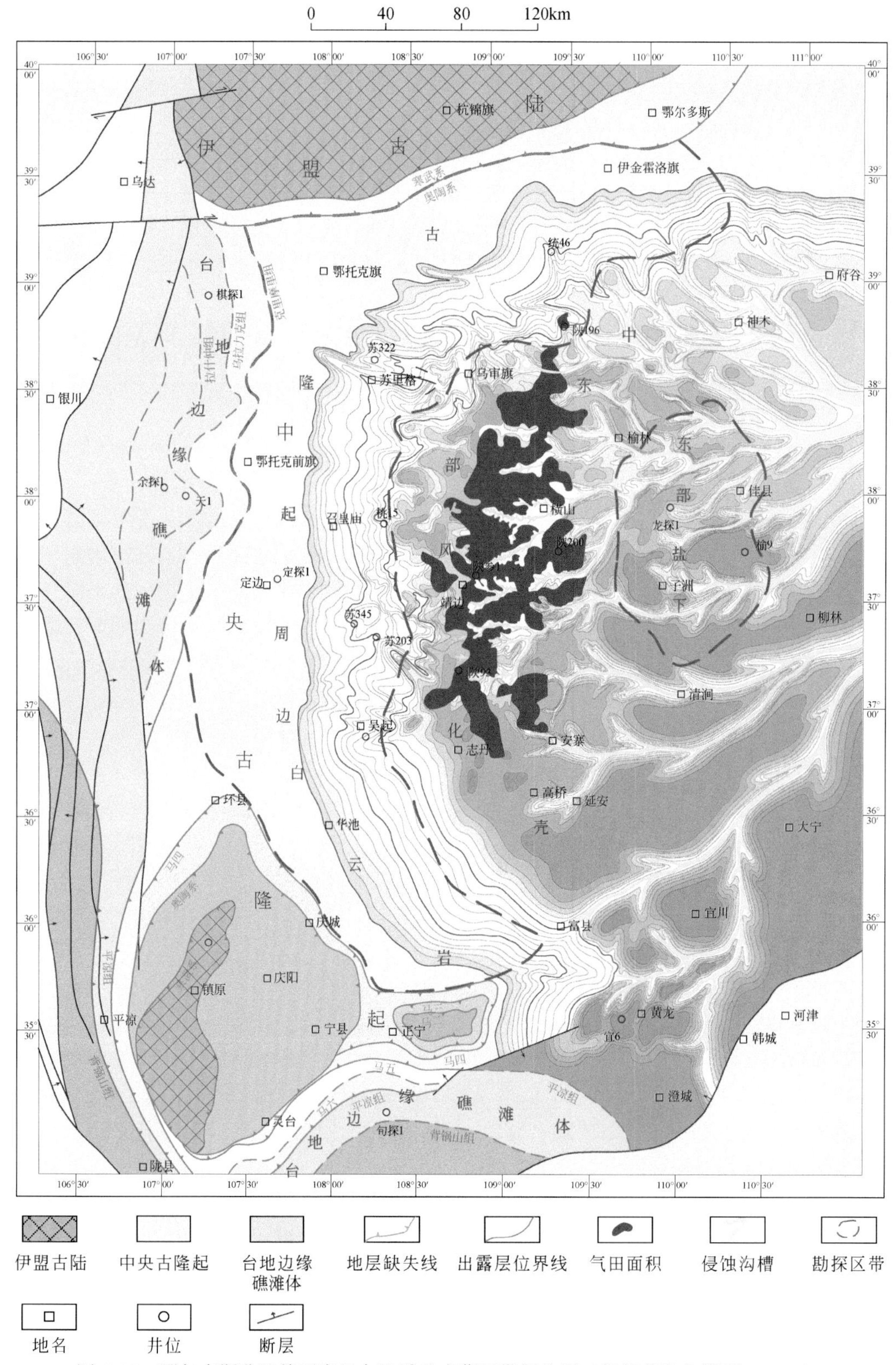

图 5-18　鄂尔多斯盆地前石炭纪古地质及成藏区带划分图（据杨华和包洪平，2011）

在随后的地质研究中，证实马五段 5 亚段含气层段的储集分类及储集空间类型基本相近，均为白云岩晶间孔型储层，明显不同于靖边地区马五段 1+2 亚段的风化壳溶孔型储层，圈闭成藏特征也与靖边地区的风化壳气藏存在较大差异，具有在古隆起东侧呈环带状大区带聚集成藏的潜力，从而展开了古隆起东侧地区中组合（马五段 5 ~ 10 亚段）沉积及成藏规律的综合研究，形成了古隆起东侧地区中组合存在区域性岩性圈闭成藏有利区带的新认识，奠定了潮缘滩白云岩（中组合）规模勘探发现的基础。

总体分析认为，古隆起东侧地区的马五段下段及马四段地层剥露区仍具有一定的天然气成藏地质条件，其后追踪合探 2 井部署的合 3 井在马五段 7 亚段白云岩晶间孔储层段也钻遇含气显示，从而进一步坚定了在古隆起东侧奥陶系继续寻找白云岩岩性圈闭气藏的信心。

5.1.4.2　潮缘滩-白云岩型储层大型聚集带油气地质理论认识

1. 迷离追踪——逐步形成由点到面的地质认识

靖边气田发现后，勘探地质工作者就在不断思考：除了靖边风化壳气藏外，周边地区及风化壳之下还能否发现新的勘探目标、找到新的含气层系？鄂尔多斯盆地碳酸盐岩沉积发育广泛，天然气藏必然不会只局限于风化壳中。于是在风化壳气藏勘探的同时，也坚持对碳酸盐岩新领域的探索。其中最早引起人们关注和探索的领域就是古隆起及其周边地区的白云岩体。

20 世纪 90 年代初，在立足盆地中部的奥陶系古风化壳气藏勘探的同时，就积极向西于定边地区部署钻探了定探 1 井，在马四段发现良好的白云岩储层。储层岩性为细晶白云岩，晶间孔、溶孔发育，测井解释含气层、气水层 4.4m，但试气产大水（日产水 1793m^3）。表明该区白云岩储层虽好，但圈闭成藏条件却较差。

90 年代中期在乌审旗地区甩开钻探的陕 196 井又在马五段 5 亚段发现了白云岩储层，试气获工业气流。但在陕 196 井之后，追踪部署的陕 197 井、陕 199 井均未能发现白云岩储层，当时研究认为马五段 5 亚段在区域上以灰岩沉积为主，白云岩储集体多呈透镜状分布（陈志远等，1998），规模小、分布局限，勘探难度大，因而暂时放弃了对马五段 5 亚段白云岩体的钻探。

2008 年在古隆起东侧奥陶系白云岩储集体钻探的风险探井合探 1 井、合探 2 井分别在马五段 9 亚段和马四段晶间孔储层中钻遇含气显示，但由于储层相对较致密，合探 2 井在马五段 9 亚段试气仅获 396m^3/d 的低产气流，合探 1 井试气为干层。通过成藏条件的综合分析认为，古隆起东侧的白云岩储层剥露区，发育较好的上古生界煤系烃源岩，与白云岩储层直接接触，可作为白云岩储集体成藏的有效气源；同时，白云岩横向存在较强的差异云化非均质性，具有形成白云岩岩性气藏的圈闭遮挡条件。

2. 聚焦问题深化研究，明确勘探主攻方向

面对白云岩勘探亟待解决的地质问题，系统开展了白云岩储层的分布、有效圈闭形成机理、天然气气源条件等方面的研究，取得了突破性的地质认识，有效指导了白云岩体勘

探部署（赵政璋和杜金虎，2012）。

（1）重新划分了奥陶系成藏组合。随着勘探的不断深入，在马家沟组中部和下部相继发现新的储集类型和含气层系。通过储层发育及成藏特征研究，将奥陶系划分为三套含气组合：马五段1～4亚段风化壳为上组合，马五段5～10亚段白云岩为中组合，马四段及以下白云岩为下组合。其中上组合是靖边气田的主力气层，以风化壳溶孔储层为主；中组合与下组合均以白云岩储层为主，但下组合主体位于盆地西部今构造低部位，成藏条件复杂；以马五段5～10亚段为主力含气层系的中组合是勘探值得重视的新领域。

（2）明确了中组合白云岩储层分布规律。首先是相带对白云岩储层发育的控制：马五段5亚段时期是盆地内一次较大的海侵期，沉积相带围绕盆地东部洼地呈环状分布（图5-19），自东向西依次发育东部洼地、靖边缓坡、靖西台坪及环陆云坪，其中靖西台坪中藻屑滩微相有利于白云岩储层发育；其次是白云岩化对储层发育的控制：马五段5亚段沉积期后古隆起间歇暴露，在其东侧形成大气淡水与富镁卤水混合的浅埋藏成岩作用环境，使藻屑滩相沉积白云岩化形成晶间孔储层。

（3）建立了白云岩岩性圈闭成藏模式。中组合存在区域岩性相变，为岩性圈闭形成提供了有利条件。以马五段5亚段为例，白云岩向东相变为泥晶灰岩，在燕山期构造反转后即构成东侧上倾方向的岩性遮挡，形成有效的岩性圈闭（图5-20）。加里东风化壳期，马家沟组自东向西逐层剥露，中组合滩相白云岩储层在中部与上古生界煤系烃源岩直接接触，构成良好的源储配置，且供烃窗口呈南北向带状展布，供烃面积大、范围广，对于中组合的大规模成藏极为有利。

通过以上从储层-圈闭-成藏的综合地质研究，最终把中组合勘探领域锁定在古隆起东北侧。

3. 锁定目标精心部署，白云岩勘探获重大突破

首先是在综合地质研究成果的基础上，经过地质论证优选有利勘探靶区。通过对马五段5亚段地层分布、前石炭纪古地貌及地层剥露特征、沉积相带展布与有效储层分布的综合分析，优选安边、苏里格等白云岩发育区作为中组合勘探的首选目标；然后通过精细的地震预测分析确定了具体部署井位：通过模型正演分析，建立了中组合剥露区古地貌解释模式，采用层拉平、动力学属性（瞬时相位余弦）等分析技术精细刻画古地貌高地的分布。

其次是在岩石物理分析的基础上，采用90°相移、波阻抗反演技术预测了白云岩的分布，探索了振幅频率比、吸收衰减等含气性检测等方法，综合部署了苏203、苏322等井。

2009年8月苏203井正式上钻。在进入奥陶系后于中组合马五段5亚段钻遇粉晶白云岩储层，含气性好，完钻测试获得104.09万m^3/d的高产气流，由此拉开了中组合勘探的序幕（赵政璋和杜金虎，2012）。

苏203井获得百万米^3/天的高产工业气流，极大地鼓舞了长庆勘探人在中组合寻找大气田的决心和信心。2010年为了寻找与苏203井类似的高产富集区，地震与地质结合，优选乌审召、乌审旗西、安边、吴起南4个目标区，甩开部署探井6口。这一轮的钻探表明，

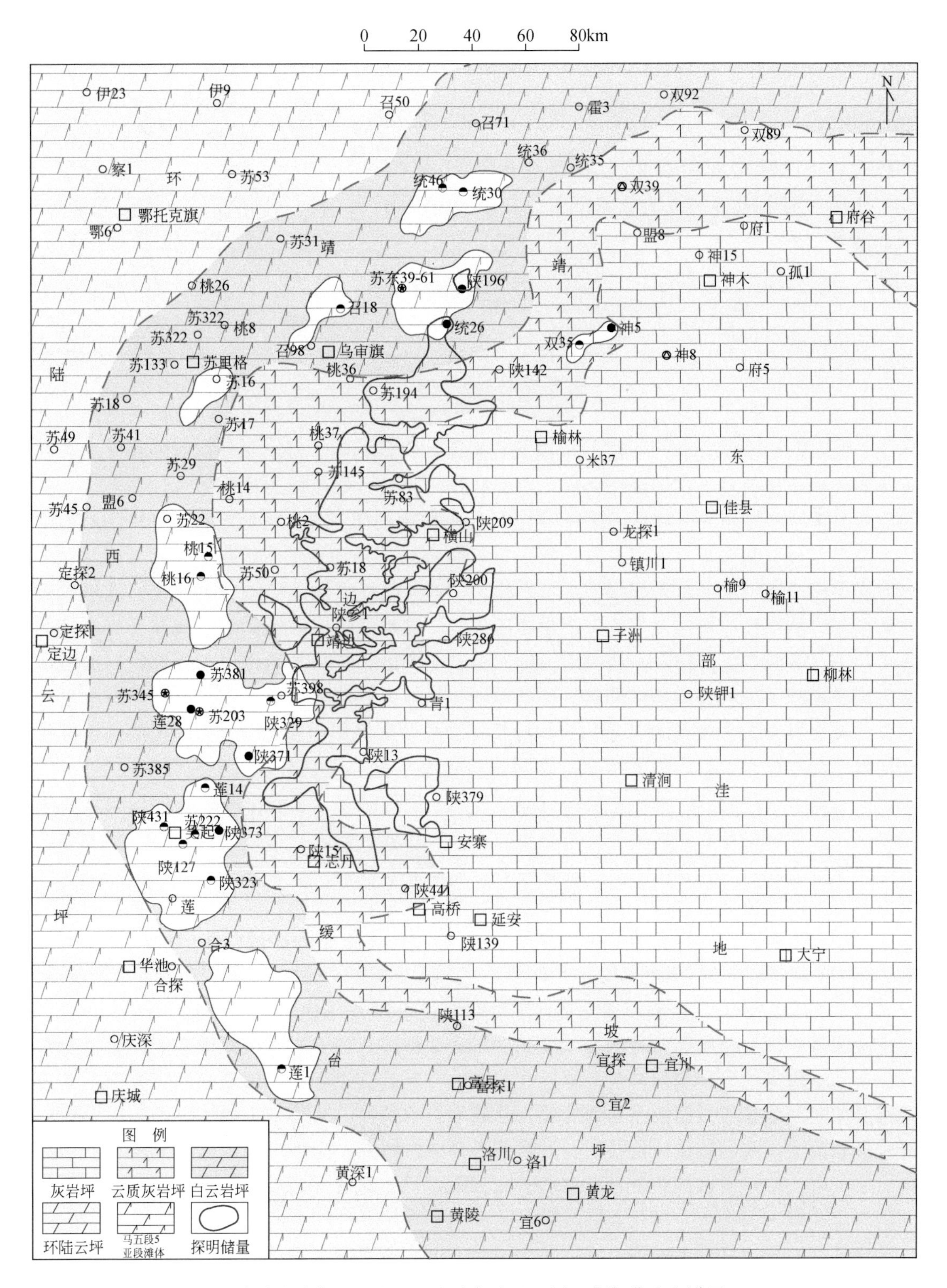

图 5-19　古隆起东侧马五段 5 亚段岩相古地理图（据杨华和包洪平，2011）

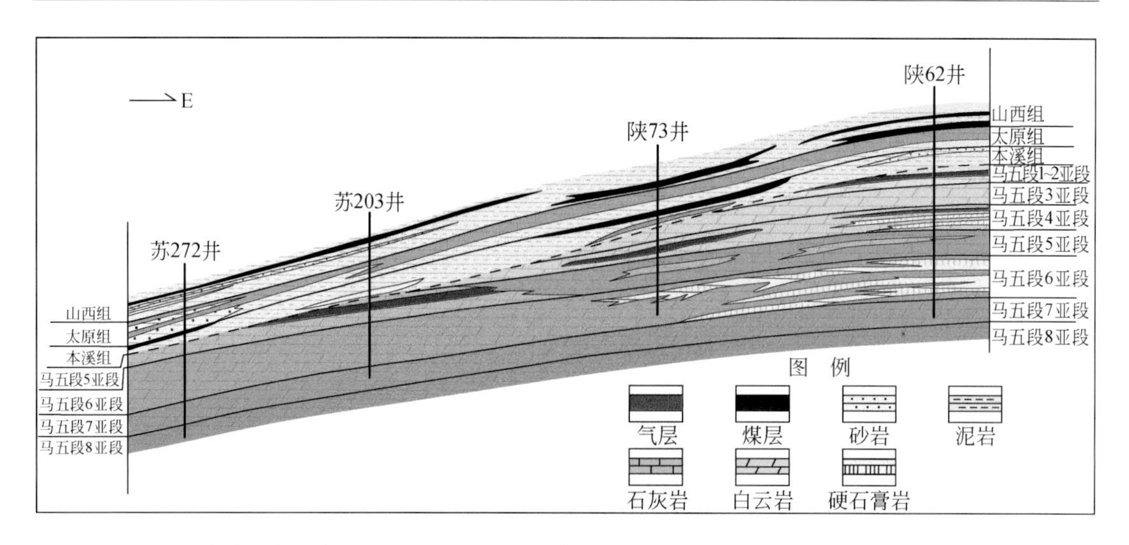

图 5-20　古隆起东北侧马五段 5 亚段圈闭成藏模式图（东西向）（据杨华和包洪平，2011）

古隆起东侧中组合具大区带成藏特征，含气较普遍。但储层物性变化较大，除苏 381 井获 50 万 m^3/d 高产，苏 127 井获得 3 万 m^3/d，其余井均为低产或主力气层缺失，显示出中组合气藏分布的复杂性。

面对困境，长庆人没有气馁，进一步加大了地质综合研究和关键技术攻关，在中组合有效白云岩储层形成机理及天然气富集规律研究、二维地震白云岩储层预测及含气性检测技术攻关、测井综合评价及有效气层识别、深度酸化压裂改造工艺技术攻关等方面取得重要进展，推动了中组合的规模勘探。

（1）深化储层控制因素及富集规律分析。一是开展沉积微相研究，进一步明确了有效储层发育的相控因素：沉积微相分析表明，马五段 5 亚段自下而上依次发育藻黏结岩丘、藻屑滩、潮上云坪微相，其中中部藻屑滩微相沉积层段最易于云化形成有效的白云岩晶间孔型储层；详细的地层对比剖面分析也表明，气层主要分布在马五段 5 亚段中部，上部及下部气层分布相对较为有限。二是深化白云岩储层分布规律分析，进一步落实了有利含气富集区：通过区域性马五段 5 亚段沉积相序分析，揭示自东向西相序结构分布具有明显差异，其中邻近古隆起地区呈现出整体云化的趋势，具有相对较好的储集性能，在此基础上，落实了莲 1-莲 14、苏 203、苏 379-苏 29 、召 98-陕 196 四个有利含气富集区。

（2）加强白云岩储层地震预测及含气性检测技术攻关。对古隆起东侧 5300km 测线进行连片成像处理及叠前储层预测技术攻关，形成了中组合白云岩储层地震预测的新技术系列，实现了由古地貌预测到岩性及含气性预测的转变。其核心主要体现在两个方面：一是通过叠前时间偏移成像及叠前一致性保真处理等技术研究，获得的分偏移距叠加成果资料分辨率和信噪比高，能量一致性好，奥陶系内幕成像清晰，为中组合白云岩储层叠前预测奠定了基础；二是通过测井及岩石物理研究，建立了地球物理参数和储层岩性、含气性之间的对应关系，为中组合白云岩储层和含气性预测奠定了理论基础。在靖西地区推广应用白云岩储层地震预测技术系列，优选出中组合有利勘探目标 127 个，面积 $4300km^2$，从而为中组合白云岩体的勘探提供了更为可靠的依据。

（3）测井综合评价及有效气层识别。针对奥陶系中组合白云岩储层，建立了基于成像测井的孔洞图像识别及孔隙谱评价方法，实现了白云岩储层有效性的准确识别。

（4）采用深度酸化工艺提高中组合白云岩储层改造效果。中组合白云岩储层非均质性强、溶孔不发育，孔隙类型以晶间孔为主。针对该类储层，在室内实验的基础上，优选改造工艺、优化酸液体系，并结合储层特征，开展了深度改造工艺研究与试验。

（5）主攻有利目标，发现多个规模含气区。2011年在新的部署思路指导下，充分应用地震新技术攻关成果，区域甩开部署探井20口，大区带勘探见到较好效果。目前中组合勘探已有12口井获工业气流，其中苏345等4口井获日产百万立方米以上高产气流，发现了多个规模含气富集区，勘探成效十分显著。初步形成了潮缘滩相白云岩聚集带岩性圈闭大规模富集的格局。

5.1.4.3　潮缘滩–白云岩型聚集带勘探的启示意义

1. 地质认识创新是勘探取得突破的关键

靖边气田发现后，对其储层发育及圈闭成因机理的研究，形成了“含膏云坪相带控制储层发育、风化壳岩溶古地貌控制圈闭成藏”等基础性的认识，对20世纪末靖边气田的快速探明，以及21世纪以来围绕靖边古潜台的东延、西扩等精细勘探都起到了重要的指导作用。

但由于受早期传统认识的影响，对下古生界的勘探主要局限于寻找马五段1～4亚段（上组合）膏溶孔隙发育的风化壳储层。在靖边西侧（古隆起东侧）的勘探中，由于邻近古隆起区上组合地层的剥缺，以及部分井的出水而没有大的发现。在天环地区（主体位于古隆起之上的下组合）虽也发现了大段厚层的白云岩晶间孔型储层，但由于试气普遍产水，而认为该区白云岩储集体整体圈闭条件不太有利，放缓了对其进一步的探索。

2008年，在对古隆起东侧地区下古生界成因潜力分析的基础上，就指出该区有可能形成白云岩岩性圈闭气藏，并在庆阳东目标部署了合探1、合探2两口风险探井，虽未获得大的突破，但却分别在马四段和马五段9亚段钻遇白云岩晶间孔储层，其中合探2井马五段9亚段试气还获得了低产气流，证实了白云岩岩性圈闭体确有一定的成藏潜力，随后就有了苏203等井中组合的勘探突破。由此可见，关于古隆起东侧白云岩岩性圈闭成藏的这一理论上的创新，对中组合的勘探突破起到了关键作用。

2. 细分小层的区域岩相古地理编图研究是勘探成功的基础

中组合所代表的马五段5～10亚段地层厚度一般为90～150m，向盆地东部盐洼区较厚，最厚可达200m以上，向西靠近古隆起方向逐渐减薄。在古隆起核部附近，由于加里东期风化剥蚀逐渐减薄以至缺失。

在确定中组合勘探目标时，通过对区域岩相古地理研究，特别是细分小层的沉积相成图，逐渐认识到各小层的区域岩性相变规律和沉积微相对储层发育的控制作用，以及颗粒滩相沉积对白云岩化及储层发育的控制作用，进而形成了对中组合岩性圈闭成藏的新认识。

首先是对主力目的层马五段5亚段小层的成图，认识到马五段5亚段从盆地东部到古隆起区由石灰岩到白云岩的区域岩性相变规律；然后又对其邻近的马五段4亚段、马五段6亚段小层分别成图，搞清了沉积演化对马五段5亚段白云岩化的控制作用；随后又对马五段7亚段、马五段8亚段、马五段9亚段、马五段10亚段等中组合所有小层进行系统编图，逐步认识到中组合云化滩相储层多旋回叠置、围绕古隆起环带状分布的特征。同时，针对主力含气层段马五段5亚段，又开展了更为精细的小层分析工作，将其进一步细分为马五段5亚段1小层、2小层、3小层共三个小层，明确了不同小层的沉积微相特征，并利用沉积相序原理分析预测了有利储层发育的藻屑滩微相在平面上的分布。最后，再结合圈闭成藏规律的综合分析，最终形成古隆起东侧中组合是岩性圈闭有利区带的整体性认识，为该区下古生界的勘探部署确定了主攻方向。

5.2　碳酸盐岩油气勘探新领域

5.2.1　鄂尔多斯盆地海相碳酸盐岩油气勘探新领域

在油气地质调查的基础上，综合分析鄂尔多斯盆地成藏地质条件，参考鄂尔多斯盆地中石油资源评价指标体系标准（表5-4）、区带（战略新领域）油气资源定量评价指标体系标准（表5-5），进行了油气勘探有利区综合评价，结合油田公司勘探实践，提出了五个有利区（图5-21）。

（1）中央古隆起东侧奥陶系中组合滩相白云岩及岩溶风化壳油气有利区；

（2）盆地中东部奥陶系膏盐岩下白云岩油气有利区；

（3）富县-宜川寒武系、奥陶系白云岩及岩溶风化壳油气有利区；

（4）天环拗陷北段奥陶系礁滩、岩溶缝洞油气有利区；

（5）西南缘寒武系、奥陶系白云岩及礁滩油气有利区。

表5-4　长庆气田刻度区（下古生界）资源评价参数取值

（一）源岩条件							
源岩岩性	煤岩、暗色泥地、碳酸盐岩	层位	石炭系—二叠系、奥陶系	有效源岩的厚度/m	100（上古） 550（下古）	有效烃源岩面积/km^2	20992
有效源岩体积/km^3	13645	有机碳含量/%	2.5（上古） 0.3（下古）	有机质类型	Ⅲ（上古） Ⅰ（下古）	成熟度（R_o）	8（上古） 2.8（下古）
生气强度/($10^8m^3/km^2$)	28（上古） 8.3（下古）	排气强度/($10^8m^3/km^2$)	23（上古） 5.2（下古）	距今关键时刻/Ma	97.5	源岩层系的砂岩百分比	30（上古） 0（下古）
输导体系类型	不整合面、砂体	供烃流线型式	汇聚流	—	—	—	—
（二）储层条件							
储层岩性	细粉晶白云岩	层位	马家沟组	储层年龄/Ma	490	储层单层平均厚度/m	2~5
储层平均累计厚度/m	19.8	储集层体积/km^3	416	储层砂岩百分比/%	0	孔隙度/%	3~5

续表

(二) 储层条件							
渗透率 $/10^{-3}\mu m^2$	1 ~ 10	沉积相	潮坪	成岩阶段	成岩晚期	埋深/m	3348
(三) 盖层条件							
盖层岩性	泥岩、铝土岩、致密碳酸盐岩	盖层厚度/m	40 ~ 80	已知含气圈闭面积/km^2	3867 (储量面积)	已知圈闭含气面积/km^2	3867 (储量面积)
盖层面积/km^2	20992	埋深/m	3100 ~ 3300	预测圈闭面积/km^2	8609	圈闭形成时间	石炭纪—三叠纪
(四) 圈闭条件							
主要圈闭类型	地层-岩性	已知圈闭个数	1 (复合圈闭体)	预测圈闭个数	1 (复合圈闭体)	已知圈闭面积/km^2	12475
储层年龄/Ma	490	储层单层平均厚度/m	2 ~ 5	储层砂岩百分比/%	0	孔隙度/%	3 ~ 5
成岩阶段	成岩晚期	埋深/m	3348	—	—	—	—
(五) 保存条件							
区域不整合的个数	4	盖层被断层破坏的程度	无	单元内地层的剥蚀总厚度/m	30 ~ 600	地层水总矿化度/(g/L)	150 ~ 220
盖层被剥蚀的面积/km^2	0	主要勘探目的层剥蚀面积/km^2	8517 (马五^1)	生-储-盖组合	3	—	—

表 5-5　鄂尔多斯盆地区带 (战略新领域) 油气资源定量评价指标体系

项目	评价指标 (子项)	分值 (评价系数)			
		一级	二级	三级	四级
		(0.75 ~ 1)	(0.5 ~ 0.75)	(0.25 ~ 0.5)	(0.0 ~ 0.25)
烃源岩	1. 烃源岩厚度/m	>500	200 ~ 500	100 ~ 200	<100
	2. 烃源岩类型	Ⅰ型	$Ⅱ_1$型	$Ⅱ_2$型	Ⅲ型
	3. 生烃强度/($10^4t/km^2$)	400 ~ 300	300 ~ 200	200 ~ 100	<100
	4. 输导体系类型	储层+断层	储层	断层	不整合
	5. 供烃方式	汇聚流	平行流	发散流	线形流
	6. 运移距离/km	<10	10 ~ 30	30 ~ 50	>50
储集岩	7. 孔隙度/%	>12	6 ~ 12	3 ~ 6	
	8. 渗透率/$10^{-3}\mu m^2$	>10	1.5 ~ 10	0.5 ~ 1.5	<0.5
	9. 储层厚度/m	>150	70 ~ 150	70 ~ 150	<20
	10. 储集空间类型	孔隙洞型	裂缝-孔隙洞型	孔隙洞-裂缝型	裂缝型
圈闭	11. 主要圈闭类型	背斜为主	断背斜、断块	地层	裂缝
	12. 圈闭面积系数/%	>50	30 ~ 50	10 ~ 30	<10
	13 圈闭闭合度/m	>200	100 ~ 200	20 ~ 100	<20

续表

项目	评价指标（子项）	分值（评价系数）			
		一级	二级	三级	四级
		(0.75~1)	(0.5~0.75)	(0.25~0.5)	(0.0~0.25)
保存条件	14. 盖层岩性	膏盐岩、泥膏盐	厚层泥岩	泥岩、砂质泥岩	脆泥岩、砂质泥岩、砂岩
	15. 区域性盖层厚度/m	>300	200~300	100~200	<100
	16. 直接盖层厚度/m	>20	10~20	0.5	<5
	17. 盖层突破压力/MPa			5~10	<0.5
	18. 盖层受破坏的程度	无破坏	破坏轻微	破坏中等	破坏较强
	19. 盖层以上区域不整合数/个	0	1~2	2~3	>3
	20. 水化学条件	$CaCl_2$	$MgCl_2$	$NaHCO_3$	Na_2SO_4
配套	21. 生-储-盖配置关系	自生自储	下生上储	上生下储	异地生储
	22. 圈闭形成期与关系排烃期配置	同沉积	早	同时	晚

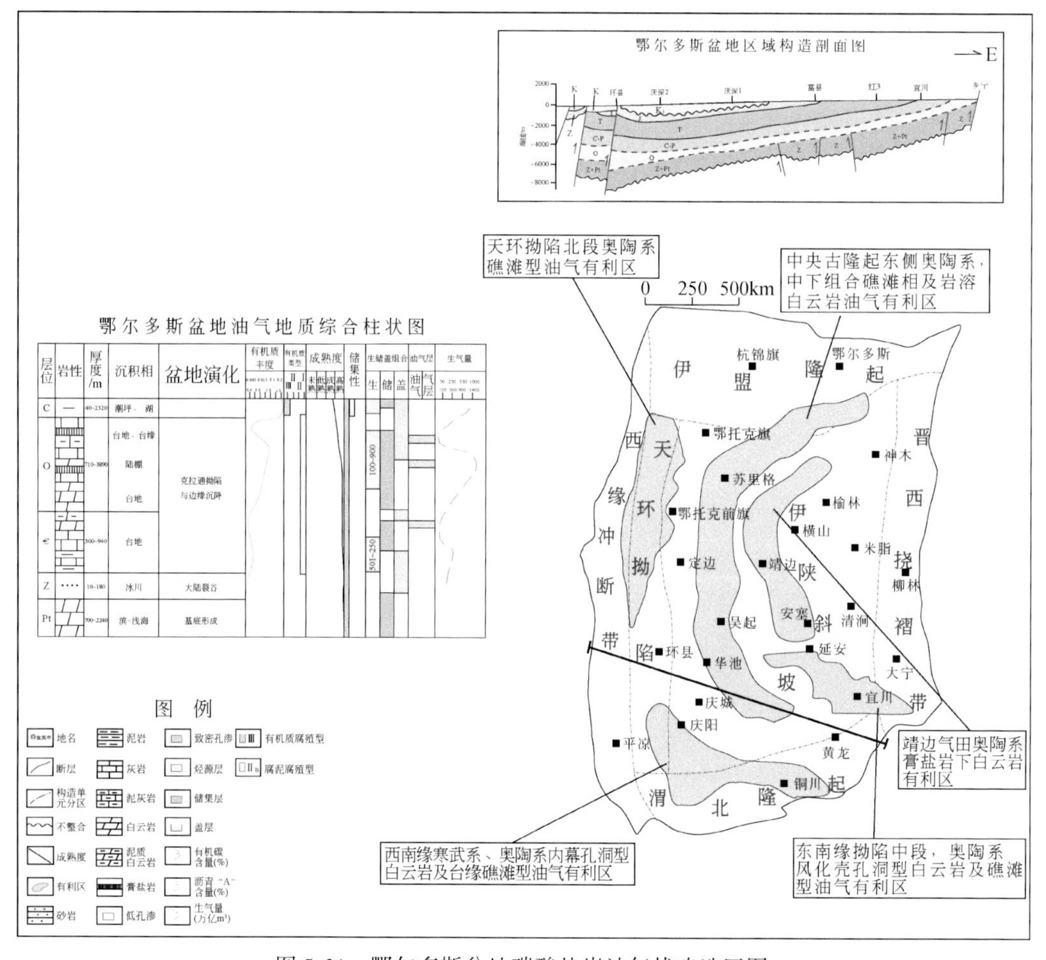

图 5-21　鄂尔多斯盆地碳酸盐岩油气战略选区图

通过成藏系统和成藏区带研究认为奥陶系是最为现实的勘探领域。鄂尔多斯盆地从晚寒武世开始发育的古中央隆起带，控制了奥陶系储层的沉积与分布，也控制了上覆本溪组、太原组烃源岩的沉积与分布，进而控制了源-储关系，形成古隆起带东侧的马家沟组岩溶型和白云岩型的大规模天然气聚集带。因此盆地奥陶系碳酸盐岩属于“一隆”控制东侧“半环形”天然气聚集带，简称“一隆”控制“一带”。鄂尔多斯盆地下古生界划分为下古生界顶部与下古生界内幕两大成藏系统。顶部成藏系统：主要是处于碳酸盐岩顶部的风化壳储集体（马家沟组马五段1～4亚段）和白云岩储集体（中下组合：马五段5～10亚段和马四段—马一段），其主要由上古生界煤系烃源岩供烃，为上生下储的圈闭成藏类型；内幕成藏系统：主要是盆地碳酸盐岩的岩溶缝洞储集体、台缘礁滩储集体和盐下白云岩储集体，其主要由上下古双气源供烃，烃源岩主要为上古生界煤系烃源岩和中上奥陶统在盆地西缘、南缘发育的盆地-斜坡相暗色泥灰岩、页岩及泥质碳酸盐岩。根据各领域成藏要素时空配置、含气显示情况与空间分布，将盆地奥陶系海相碳酸盐岩划分为四大成藏区带，为盆地碳酸盐岩勘探指明了方向：中东部风化壳成藏区带、古隆起周边白云岩体（潮缘滩-白云岩型储层）成藏区带、盆地西部及南缘台缘相带成藏区带和东部奥陶系盐下成藏区带。

1. 中央古隆起东侧奥陶系中组合滩相白云岩及古岩溶风化壳为最有利勘探领域

该有利区位于中央古隆起东侧、靖边气田西侧及南侧。该地区以马五段最为发育，几乎全由白云岩组成，特别是白云岩化的潮缘滩储层岩性条件有利，大面积潮坪潮滩分布，沉积相带有利；同时该地区位于中央古隆起东斜坡上，发育缓坡型古岩溶地貌，利于长期顺层岩溶作用对储层改造。风化壳表面出露层位以马五段为主，分布稳定，连片分布，岩性、地层条件极利于溶蚀孔洞的形成。由于处于岩溶台地与岩溶盆地的中间地带，地下水以径流状态为主，加上强烈的膏溶作用，形成了良好的溶蚀孔洞型储集体，为气藏的形成提供了有利储集空间。按照成藏主控因素，中央古隆起及其东侧邻近地区暴露剥蚀窗口，使得中组合白云岩储层与上古生界煤系烃源岩直接接触，形成南北向带状展布的供烃窗口，有利于中组合供烃窗口沟通煤系气源通过顺层运移至膏盐层下马五段7亚段、马五段9亚段潮缘藻屑滩白云岩储层聚集成藏，盖层为马五段6亚段膏盐岩。

近几年勘探实践证明，中组合勘探已有22口井获工业气流，其中苏345等8口井获日产百万立方米以上高产气流，发现多个规模含气富集区，展示出古隆起东侧中组合白云岩岩性圈闭大区带成藏的潜力，有望成为长庆油田潜在主力产气区。靖西台坪区局部发育的颗粒滩向东侧相变为灰质或云灰质洼地沉积，在燕山期盆地东部抬升后可形成有效的岩性遮挡条件。燕山期东部抬升，东侧构造高部位岩性相变带形成侧向封堵，是规模聚集成藏的有利区带。上古生界烃源岩生成的天然气侧向长距离运移易于在相变带聚集成藏。该地区可以说是靖边气田外扩、下探的潜在勘探区，为下古生界最有利勘探潜力分布区，主要勘探层位为马家沟组中组合。

2. 盆地中东部奥陶系膏盐岩下白云岩有利勘探领域

鄂尔多斯盆地奥陶系马家沟组发育有巨厚的膏盐岩沉积层，其中以马五段6亚段膏盐岩分布最广，面积约$5\times10^4 km^2$。因膏盐层具有特殊的封盖作用，鄂尔多斯盆地的奥陶系盐下长期以来也一直是不断探索的重要后备领域。早期在对奥陶系顶部古风化壳气藏的勘探中，认为风化壳气藏主要来自上古生界煤系烃源岩，受风化壳影响深度及马五段6亚段以下膏盐层的阻隔，上古生界煤系生气很难穿过膏盐层向下运移。

按照成藏主控因素，上组合因此处于有利的沉积相带和岩溶斜坡有利古地貌单元——含硬石膏白云岩坪相带分布范围基本与加里东期风化壳岩溶斜坡位置一致区，经历风化壳期淋滤溶蚀，易于形成溶蚀孔洞型储层；此外，也有有利的不整合面、剥蚀沟槽、裂缝等有利源-储输导，且目前这个区域上组合勘探油气显示丰富。近些年在中组合勘探研究的启示下，提出膏盐岩下上古生界煤系烃源侧向供烃成藏新认识，即西侧存在供烃窗口，利于规模运聚。加里东期风化壳，奥陶系自东向西依次剥露，中央古隆起及其东侧邻近地区，膏盐下白云岩储层与上古生界煤系烃源岩直接接触，形成南北向带状展布的供烃窗口，供烃面积大、范围广，形成利于规模运聚的源储配置关系。奥陶系膏盐下侧向供烃成藏模式的提出，为勘探向奥陶系深层探索提供了依据，为实现“靖边下面找靖边”的夙愿指明了方向。

3. 富县-宜川寒武系、奥陶系白云岩及古岩溶风化壳油气有利勘探领域

按照成藏主控因素，奥陶系马家沟组上组合因处于有利的沉积相带和岩溶斜坡有利古地貌单元——含硬石膏白云岩坪相带分布范围基本与加里东期风化壳岩溶斜坡位置一致区，经历风化壳期淋滤溶蚀，易于形成膏模孔型白云岩储层；寒武系张夏组颗粒滩白云岩和晶粒白云岩发育在岩溶高地及岩溶斜坡的浅沟中，累计储层厚度可达15m以上，平均孔隙度超过3%，有足够的天然气储集空间；宜川地区上古生界煤系泥岩厚度为70～100m，煤岩厚度为5～10m，煤系烃源岩生气强度达$30\times10^8\sim35\times10^8m^3/km^2$，此外，也有有利的不整合面、剥蚀沟槽、裂缝等有利源-储输导；下古生界马五段源岩厚度为30～45m，马三段源岩厚度为0～20m，生气强度为$2\times10^8\sim5\times10^8m^3/km^2$，寒武系辛集组、张夏组深灰色、灰色、黄绿色的泥岩、鲕粒灰岩和鲕粒云岩，以及馒头组上段和三山子组还原环境下沉积的泥晶云岩、泥质白云岩可作为烃源岩，厚度超过100m，具有一定的生烃能力。目前，这个区域奥陶系马家沟组上组合勘探油气显示丰富，已建成黄龙气田。

4. 天环拗陷北段奥陶系礁滩、岩溶缝洞油气有利勘探领域

天环北段目标区位于盆地西北部，位于天环拗陷构造单元北段。目前已在余探1井在克里摩里组洞穴型储层见含气显示，克里摩里组测井解释气层6.0m，气测峰值26.6%，钻井过程中漏失泥浆$99.5m^3$，其中3934.7～3935.8m放空1.1m。棋探1井及其周围识别出岩溶改造后滩体共4个，可靠程度较高的滩体面积为$295km^2$，经酸化改造后日产水$315m^3$，表明礁滩相储层具有较好的储集性能。总体来看，该地区存在浅水沉积及礁滩相带，储层发育条件有利；克里摩里组地层距离古风化壳近，有利于岩溶作用发生；同时该地段距离西侧生烃拗陷近，有利于气藏运移；上覆乌拉力克组地层以泥岩为主，盖层条件良好，同时该地区受构造影响相对有限，有利于形成圈闭。因此，该地区是下古生界勘探有利区之一，主要勘探层位为克里摩里组。

5. 西南缘寒武系、奥陶系白云岩及礁滩油气有利区

盆地西南缘寒武系、奥陶系白云岩及礁滩型储层发育，且南缘发育盆地-斜坡相的暗

色泥灰岩、页岩及泥质碳酸盐岩可近源供烃，成藏要素时空配置关系良好，属潜在有利区，但目前勘探风险较大。

5.2.2 四川盆地海相碳酸盐岩油气勘探新领域

在油气地质调查的基础上，综合分析四川盆地成藏地质条件，参考四川盆地中石油资源评价指标体系标准（表5-6）、区带（战略新领域）油气资源定量评价指标体系标准（表5-5），进行了油气勘探有利区综合评价，结合油田公司勘探实践，提出了五个有利区（图5-22）。

表5-6 四川盆地资源评价参数分级和取值标准

参数类型	参数名称		评价系数			
			0.75～1.0	0.5～0.75	0.25～0.5	0.0～0.25
气源条件	供气面积系数/%		>1.5	1.0～1.5	0.5～1.0	<0.5
	烃源岩厚度/m	泥质岩	>800	300～800	100～300	<100
		碳酸盐岩	>600	200～600	75～200	<75
		煤型气源岩	>30	15～30	5～15	<5
	有机碳含量/%	泥质岩	>1.0	0.6～1.0	0.35～0.6	<0.35
		碳酸盐岩	>0.6	0.4～0.6	0.2～0.4	<0.2
		煤型气源岩	>40	20～40	2～20	<2
	有机质类型		Ⅰ	Ⅱ$_1$	Ⅱ$_2$	Ⅲ
	成熟度/%		>2.0	1.3～2.0	0.6～1.3	<0.6
	生气强度/（$10^8m^3/km^2$）		>60	25～60	10～25	<10
	生气速率/（$10^8m^3/Ma$）		>60000	10000～60000	2000～10000	<2000
	受热方式		高温递进	低温递进	高温退火	低温退火
	输导体系类型		储层+断层	储层	断层	不整合
	供气方式		汇聚流	平行流	发散流	线性流
	运移距离/km		<10	10～30	30～50	>50
储集条件	沉积相		三角洲、沿岸滩坝、生物礁滩	扇三角洲、滨湖、滨岸	浅海陆棚、河道	洪积、冲积
	孔隙度/%	碎屑岩	>30	20～30	10～20	<10
		碳酸盐岩	>12	6～12	3～6	<3
	渗透率/$10^3μm^2$	碎屑岩	>800	100～800	10～100	<10
		碳酸盐岩	>10	1.5～10	0.5～1.5	<0.5
	储层厚度/m		>175	75～175	25～75	<25
	储层百分比/%		>55	40～55	25～40	<25
	储集空间类型		孔隙型	裂缝-孔隙型	孔隙-裂缝型	裂缝型
	储层埋深/m		<1200	1200～2200	2200～3200	>3200

续表

参数类型	参数名称	评价系数			
		0.75～1.0	0.5～0.75	0.25～0.5	0.0～0.25
圈闭条件	主要圈闭类型	背斜为主	断背斜、断块	地层	岩性
	圈闭面积系数/%	>20	10～20	5～10	<5
	圈闭闭合度/m	>500	200～500	100～200	<100
保存条件	盖层岩性	膏盐岩、泥膏岩	厚层泥岩	泥岩、砂质泥岩	脆泥岩、砂质泥岩
	盖层面积系数/%	>1.2	1～1.2	0.8～1	<0.8
	盖层厚度/m	>600	250～600	100～250	<100
	突破压力/MPa	>2	1～2	0.5～1	<0.5
	扩散系数/（cm^2/s）	$>10^{-9}$	10^{-8}～10^{-7}	10^{-7}～10^{-6}	$<10^{-6}$
	水化学类型	$CaCl_2$	$MgCl_2$	$NaHCO_3$	Na_2CO_3
	水动力条件	承压型	承压型	交替型	泄压型
	盖层受断裂破坏的程度	无破坏	破坏轻微	破坏中等	破坏严重
	盖层以上区域不整合数/个	0	1～2	3～4	>4
配套条件	生-储-盖配置关系	自生自储	下生上储	上生下储	异地生储
	圈闭形成时期与生气高峰的配套关系	同沉积	早	同时	晚
	成藏期	古近纪和新近纪	白垩纪	二叠纪、侏罗纪	古生代

通过成藏系统和成藏区带研究认为，四川盆地碳酸盐岩领域油气集聚带属于“四隆”+“二槽（盆）”控制的多层、多区分布的天然气聚集带。

“四隆”：震旦纪—志留纪川中古隆起带（成都古隆起到乐山-龙女寺古隆起）控制了“隆起东部中上寒武统环形天然气聚集带”；开江古隆起带控制了石炭系气藏群（已基本探明）；泸州古隆起控制的三叠系嘉陵江组气藏群和“川中西北斜坡雷口坡组天然气聚集带”；川西北-川北古隆起带控制的“东南斜坡雷口坡组的天然气集聚带”。

“二槽（盆）”：桐湾运动末期形成的绵阳-长宁“拉张槽”，控制了震旦系灯影组第三段—第四段沉积，叠加古岩溶作用，在“槽（盆）”两侧形成储层发育带，控制了“槽（盆）”两侧的天然气集聚带形成。烃源岩为寒武系牛蹄塘组/筇竹寺组泥岩和震旦系陡山陀组泥质白云岩；二叠纪东吴运动开始形成的开江-梁平“槽（盆）”控制了上二叠统烃源岩及二叠系—三叠系礁滩相储层分布，同时控制了“源-储”关系，形成了该古构造格局制约下的“环开江-梁平陆棚的礁滩相天然气聚集带”。

根据各领域成藏要素时空配置、含气显示情况与空间分布，将四川盆地海相碳酸盐岩划分为五大成藏区带，为盆地碳酸盐岩勘探指明了方向：

（1）川中-川西南 Z、Є、O 岩性-古隆起复合油气有利区；

（2）川东南 Z、Є、P 岩溶-热液白云岩油气有利区；

（3）川东北 P_3-T_2推覆体之下油气有利区；

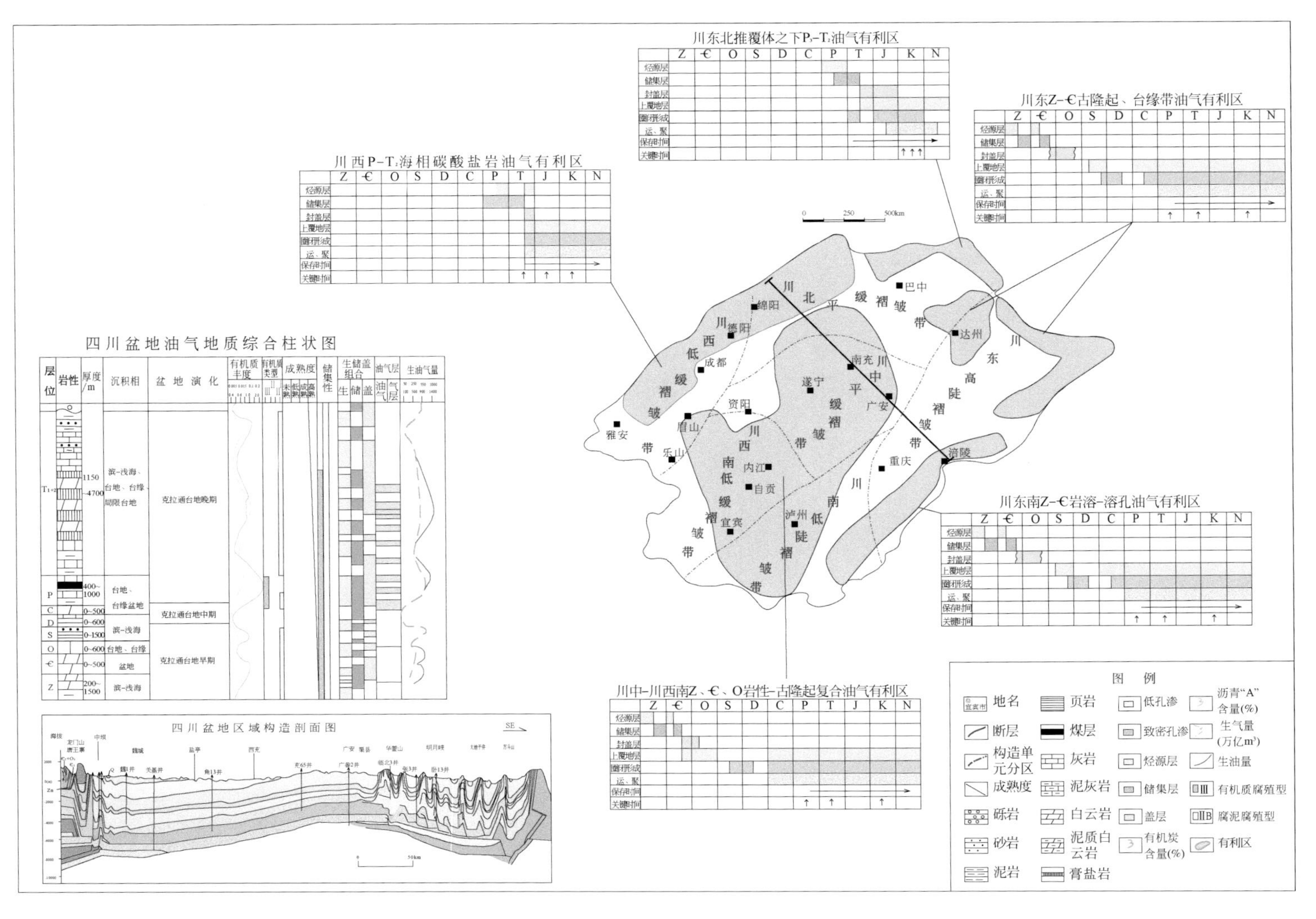

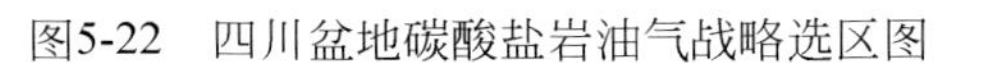
图5-22　四川盆地碳酸盐岩油气战略选区图

（4）川西 P_2-T_2 岩溶-热液白云岩-顶部风化壳油气有利区；

（5）川东 Z-Є古隆起、台缘带油气有利区。

1. 川中-川西南 Z、Є、O 岩性-古隆起复合油气最有利勘探领域

川中-川西南地区环绵阳-长宁拉张槽两侧按照目前油气勘探情况，在威远地区和高石梯-磨溪地区发现震旦系灯影组气藏，具有巨大的勘探潜力。震旦系灯影组气藏发育两套储层，分别为灯四段和灯二段，均为藻白云岩为主的台内滩相储层，储集性能较好。该气藏的主力烃源岩为下寒武统筇竹寺组下段的深水陆棚相页岩，有机质含量丰富；次要烃源岩为下震旦统陡山沱组泥岩和灯影组第三段泥岩。该气藏从而形成上生下储为主、下生上储为辅的含油气系统。震旦系灯影组气藏的成藏输导体系为桐湾运动末期的古岩溶作用形成的侵蚀谷，该侵蚀谷直接沟通了烃源与储层，是成藏的最有利条件。侵蚀谷内部麦地坪组沉积厚度较大，往两翼逐渐减薄至尖灭。而侵蚀谷内部的油气运移通道则为正断层，构成构造-岩性气藏，上生下储。震旦系灯影组气藏的储层发育受拉张槽影响的岩溶古地貌和沉积相控制，早期原油聚集区受控于印支末期古隆起和生烃中心附近。气藏晚期过熟油充注，以及沥青裂解生气，在喜马拉雅期挤压应力下运移充注在邻近构造，形成以印支末期古隆起与桐湾期古隆起叠合区附近环拉张槽的油气聚集带，在拉张槽两侧两期古隆起和岩溶斜坡叠合区可作为下一步重要勘探领域。

川中-川西南地区川中古隆起区探明的寒武系气藏显示了巨大的勘探潜力，是近两年四川盆地油气勘探的重要突破。龙王庙组储层分布在古隆起控制下的颗粒滩发育区，发育准同生期白云石化和表生岩溶叠加改造的储层；龙王庙组气藏的来源较明确和单一，主力烃源岩为筇竹寺组（或牛蹄塘组）泥页岩，为深水陆棚相泥页岩；龙王庙组的直接盖层为高台组致密灰岩夹膏盐，区域性盖层为洗象池组—三叠系砂泥岩、灰岩和膏盐层。寒武系龙王庙组已证实为多产层、平面上集群式分布的特大型油气聚集带，其成藏要素主要包括广覆式烃源岩、古隆起构造演化与生排烃的耦合，网状疏导体系，纵向上 3 套储层，区域性封盖条件好；气藏组合主要分为下生上储的龙王庙组气藏；由于加里东运动时期川中古隆起长时间剥蚀，未形成早期油的聚集，直至三叠纪—白垩纪下伏烃源岩主生气期川中古隆起龙王庙组气藏才开始充注，受燕山期古隆起范围、下寒武统泥页岩生烃中心控制。喜马拉雅期气藏受原油裂解和过熟油充注，形成沿尖灭线、古隆起、滩相发育区的“环形”油气聚集带。

2. 川东北 P_3-T_2 推覆体之下油气有利区最有利勘探领域

川东北 P_3-T_2 推覆体之下油气有利区研究中，详细开展了米仓山-大巴山前缘上二叠统—下三叠统油气成藏地质条件研究，落实了长兴组—飞仙关组台缘礁滩相带展布，建立了礁滩沉积模式，明确了储层发育主控因素，并预测了有利油气储集相带，九龙 1 井揭示了飞仙关组第一段和第二段优质储层的存在，并部署实施了金溪 2 井。

3. 川东南 Z、Є、P 岩溶-热液白云岩油气有利勘探领域

川东南地区震旦系—寒武系除发现威远地区洗象池组及安岳气田南部灯影组气藏外，

其他区域均未形成规模气藏，勘探程度十分低，未获大的突破。该区寒武系—震旦系主要发育灯影组、龙王庙组、洗象池组 3 套储层。其中灯影组储层普遍发育，储集岩以藻砂屑云岩、藻凝块云岩为主，储集空间以溶洞、残余粒间溶孔及残余窗格孔为主，具纵向上多套储层叠置、单层厚度薄、累计厚度大的特征；龙王庙组、洗象池组储层以颗粒滩白云岩为主，储集空间以溶孔、溶洞为主。筇竹寺组烃源岩发育，厚 150～400m，TOC 为 1.6%～2.0%，生气强度达 20×10^8～$120\times10^8 m^3/km^2$。川东南地区寒武系—震旦系发育多种圈闭类型，纵向上可形成龙王庙组、洗象池组下生上储，筇竹寺组自生自储及震旦系灯影组上生下储 4 套成藏组合，具备良好的成藏条件。根据筇竹寺组烃源岩最新评价成果，蜀南地区裂隙槽及周缘地区震旦系、寒武系资源量达 5 万亿 m^3，目前已发现灯影组裂陷内残丘、筇竹寺组深水陆棚页岩气、龙王庙组潮缘滩、洗象池组坡折带台内滩四大潜力领域，勘探潜力巨大。

下二叠统为生物发育的局限浅海沉积，有机质丰富，中二叠统栖霞组—茅口组碳酸盐岩烃源岩在四川盆地内厚度一般为 150～275m，重庆、巫山及垫江、忠县两个区块略厚，达 600m，生气强度为 10×10^8～$53\times10^8 m^3/km^2$，平均生气强度为 $30\times10^8 m^3/km^2$；川东南地区因东吴运动抬升，其探区南部受泸州古隆起、北部受开江古隆起控制，发育南北两个岩溶储层发育区。南部发育区钻探的隆盛 1 井、隆盛 3 井茅口组分别试获日产气 20.13 万 m^3、1.06 万 m^3 工业气流。北部岩溶发育区钻探的福石 1 井、泰来 6 井茅口组分别试获日产气 6.7 万 m^3、2.7 万 m^3 工业气流；永兴 1 井钻遇两套白云岩储层，分别位于茅三段中部和下部，测井孔隙度为 2.8%，测试获 $1110m^3/d$ 天然气流，勘探证实二叠系栖霞组和茅口组储集岩石类型主要为“砂糖状”和“斑块状”两类白云岩，储层类型主要为岩溶储层和白云岩储层，储集空间类型具有多样性，最重要的是溶蚀孔洞和裂缝，白云岩储层主要受控于高能沉积相带和白云石化叠置影响，而岩溶储层则主要受古地貌、岩性岩相及后期流体活动影响。川东南地区在多旋回沉积过程中，垂向形成了多套生-储-盖组合，其中上组合主要发育两套区域性盖层：上三叠统至侏罗系泥质岩，下三叠统嘉陵江组膏盐层及泥灰岩。构造位置上涪陵地区主体位于高陡背斜间的向斜区，断层不发育，封闭条件优越。背斜翼部及宽缓向斜区构造作用弱或断裂不发育，封闭条件好，有利于气藏的保存。綦江地区构造活动强度稍强，除靠近高陡构造断裂带局部地区断裂发育，保存条件遭到破坏，其余向斜区及斜坡区保存条件相对较好，有利于油气保存。

综上分析认为，川东南震旦系灯影组裂陷内残丘、寒武系筇竹寺组深水陆棚页岩气、寒武系龙王庙组潮缘滩、寒武系洗象池组坡折带台内滩、二叠系栖霞组—茅口组岩溶-热液白云岩可作为潜在战略准备区带。

4. 川西 P_2-T_2 岩溶-热液白云岩-顶部风化壳油气有利区

川西地区栖霞组—茅口组储层以白云岩为主，灰岩其次。白云岩储层受滩相沉积大气淡水白云石化、构造热液白云石化等控制，发育晶间孔、溶蚀孔洞，储层物性好，储层厚度较大，分布范围广。川西地区中二叠统的油气主要来自中二叠统碳酸盐岩烃源岩，在川西北部地区混有下伏志留系龙马溪组的油气，川西南部混入下寒武统筇竹寺组的油气。川西地区栖霞组—茅口组储层的上覆泥质岩盖层分布稳定，厚度较大；二叠系烃源岩在早期（印支期—燕山期）成熟阶段的液态烃已经发生充注，随着上覆中晚侏罗世地层不断沉积，埋藏深度逐渐增加，在高成熟阶段天然气进一步充注的同时，圈闭中早期充注的液态烃裂解为气态烃，而且地层温度升高也导致硫酸盐热化学还原作用（TSR），形成溶蚀孔洞；在燕山末期和喜马拉雅期，强烈构造活动的挤压变形作用，构造带圈闭的天然气大量散失和调整，岩性-构造圈闭保存条件可能受到局部影响，但栖霞组—茅口组的部分天然气通过扩散或沿断层向上运移到上覆圈闭中聚集，有望成为栖霞组—茅口组天然气有利聚集带。

川西雷口坡组天然气来源具有多源特征，主要的供烃层系分别为上三叠统须家河组煤系地层、上二叠统烃源层及雷口坡组自身碳酸盐岩烃源岩；发育风化壳岩溶型白云岩和藻纹层藻团块藻颗粒白云岩两类储层，蒸发潮坪准同生期渗透回流作用形成规模展布白云岩，埋藏过程中的古斜坡、古隆起、古断裂裂缝发育带、不整合面早期溶蚀孔缝发育带控制着地层内流体的古流势及方向，有利于埋藏过程中溶蚀性流体的渗流溶蚀，形成埋藏期次生溶蚀孔缝型储集层；雷口坡组自身的膏盐岩层是雷口坡组气藏最好的直接盖层，而上三叠统马鞍塘组和须家河组底部的泥质岩是雷口坡组最好的区域性盖层；断裂的垂向运移和不整合的侧向运移，共同组成了雷口坡组网状和面状输导体系；气藏成藏主要经历了中三叠世末表生成岩期—近地表孔隙建造期，晚三叠世中晚期古背斜圈闭形成，燕山期构造继承性发展—油气聚集和喜马拉雅期气藏最终定型。2014 年 1 月 4 日彭州 1 井在金马构造雷四段上亚段“雷顶不整合面”下储层段获 121.05 万 m^3/d 高产工业气流，取得龙门山前隐伏构造带海相勘探新突破。结合成藏条件综合分析认为，该地区构造条件有利、沉积相带有利、烃源条件好、通源断裂发育、盖保条件好，可有望实现新层系新区带天然气勘探取得突破。

5. 川东 Z-€古隆起、台缘带油气有利区

川东地区震旦系—寒武系油气有利区包括达州-开江古隆起区和奉节-利川台缘带。达州-开江古隆起形成于前震旦纪，呈近似穹窿状，隆起面积约 1.8 万 km^2，呈近南北向展布，控制区内震旦系—寒武系颗粒滩沉积，发育灯影组、沧浪铺组、龙王庙组、高台组和洗象池组等多套储层。古隆起两侧陡山沱组、筇竹寺组发育，烃源条件较好，筇竹寺组烃源岩厚 20～150m，生气强度为 20×10^8～$60\times10^8m^3/km^2$；陡山沱组烃源岩厚 5～20m，生气强度为 5×10^8～$30\times10^8m^3/km^2$。烃源条件较好。2016 年部署的五探 1 井进一步证实了达州-开江古隆起的存在，古隆起核部灯影组、龙王庙组储层较差，认为古隆起周缘烃储匹配更好，成藏条件更为有利。

奉节-利川台缘带为灯影组、龙王庙组滩相有利发育区，区内利 1 井、猫 1 井钻探结果证实了台缘带上灯影组、龙王庙组储层发育。紧邻筇竹寺组、陡山沱组盆地相优质烃源，筇竹寺组烃源厚达 200m，生气强度达 $80\times10^8m^3/km^2$；陡山沱组烃源岩厚达 150m，生气强度达 $40\times10^8m^3/km^2$。该区成藏组合优越，深层潜伏构造圈闭发育，面积较大，具有规模资源潜力。

5.2.3 塔里木盆地海相碳酸盐岩油气勘探新领域

在油气地质调查的基础上，综合分析塔里木盆地成藏地质条件，参考塔里木盆地中石油资源评价指标体系标准（表 5-7）、中石化资源评价指标体系标准、国土资源部的资源

评价指标体系标准，进行了油气勘探有利区综合评价，并结合油田公司勘探实践，提出了三大勘探有利区（图5-23）：

（1）富源-顺托-古城奥陶系油气有利区；

（2）塔中-巴东构造带寒武系盐下白云岩型油气有利区；

（3）塔北-古城地区寒武系台缘礁滩型油气有利区。

表5-7　塔里木盆地资源评价参数分级和取值标准

参数类型	参数名称		一级	二级	三级	四级
气源条件	分值		0.75～1	0.5～0.75	0.25～0.5	0.00～0.25
	源岩厚度/m	湖相泥岩	>1000	500～1000	250～500	<250
		碳酸盐岩	>500	200～500	100～200	<100
		煤系源岩	>450	250～450	150～250	<150
	沉积环境		深湖-半深湖	半深湖-浅湖	浅湖-滨浅湖	湖沼
	生烃强度/（$10^4 t/km^2$）	泥质岩	>1000	500～1000	200～500	<200
		碳酸盐岩	300～400	200～300	100～200	<100
		煤系源岩	>500	200～500	100～200	<100
	源岩演化阶段		成熟	高成熟	过成熟	未成熟
	干酪根类型		Ⅰ	Ⅱ$_1$	Ⅱ$_2$	Ⅲ
储集条件	碳酸盐岩储层岩性		裂缝、古岩溶、次生孔隙发育且未被充填的细晶灰岩、生物碎屑灰岩、藻灰岩、白云岩	裂缝、古岩溶、次生孔隙较发育的微晶灰岩、生物碎屑灰岩、藻灰岩、白云岩	裂缝、古岩溶、次生孔隙发育弱、微裂缝被充填的微晶、泥晶灰岩	少量粒内、骨架内孔隙发育的泥晶灰岩
	砂岩百分含量/%		40～50	30～40	20～30	<20
	孔隙度/%		>30	20～30	10～20	<10
	渗透率/$10^{-3}\mu m^2$		>500	100～500	10～100	<10
圈闭条件	圈闭类型		背斜、潜山及潜山披覆	断鼻、断背斜、断垒	地层圈闭	岩性圈闭
	圈闭空间位置		在源岩区	距源岩<20km	距源岩20～40km	距源岩>40km
	圈闭幅度/m		>500	200～500	100～200	<100
保存条件	盖层岩性		膏盐岩，膏泥岩	厚层泥岩	泥岩	含砂泥岩，石灰岩
	盖层厚度/m		>500	250～500	100～250	<100
	盖层空间展布		区域盖层		局部盖层	
	构造强度		弱	较弱	较强	强
匹配关系	区域盖层与源岩排烃		形成于源岩排烃高峰前或同时		形成于源岩排烃高峰后	
	圈闭形成与源岩排烃		形成于源岩排烃高峰前或同时		形成于源岩排烃高峰后	
	生-储-盖配置		自生自储	下生上储	上生下储	异地生储

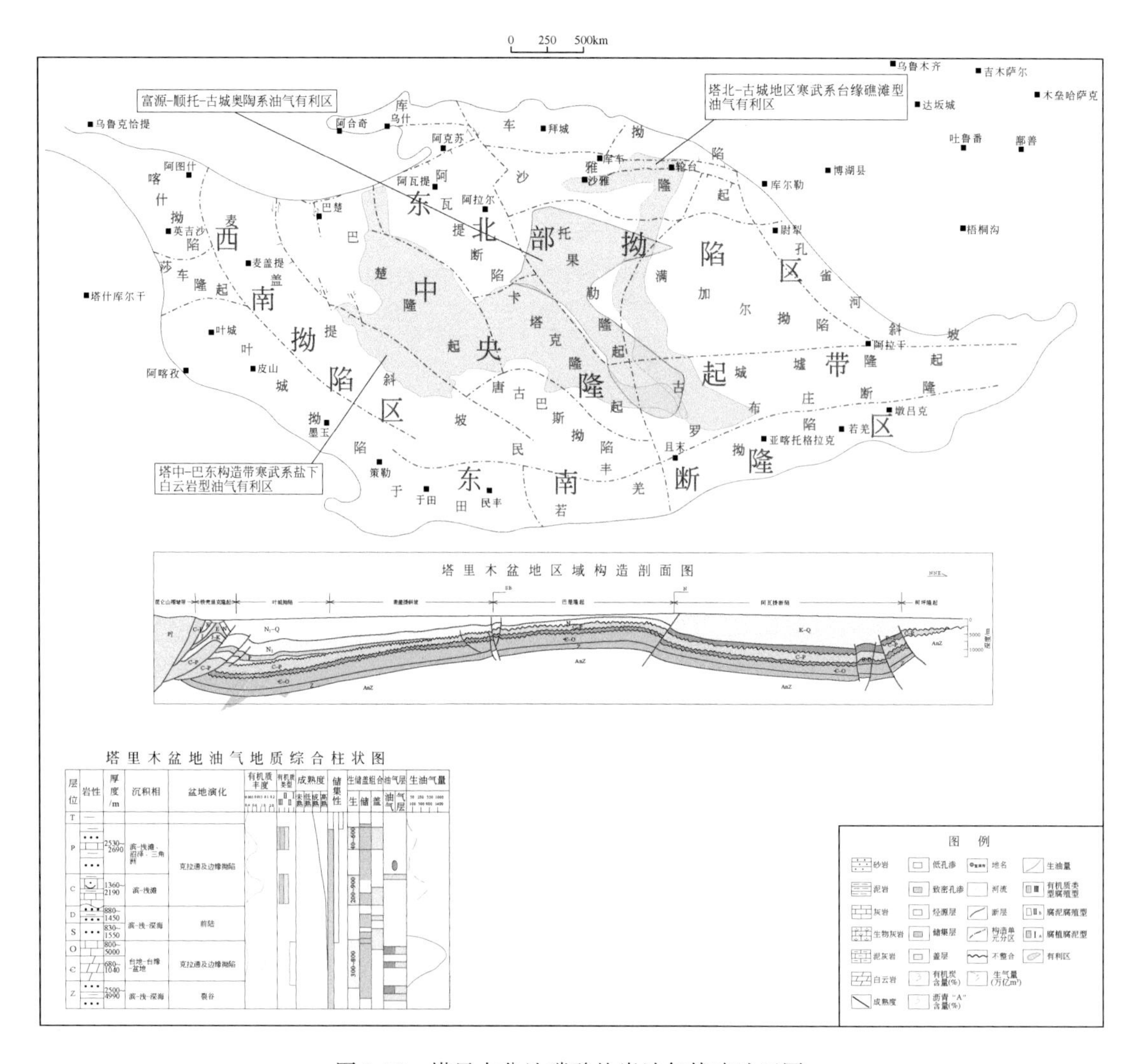

图 5-23　塔里木盆地碳酸盐岩油气战略选区图

上述 3 个油气聚集带受塔里木盆地“二隆”控制，即塔北古隆起带（加里东中期—海西晚期）控制了奥陶系风化壳型油气聚集带，可能存在陡坡型礁滩油气聚集带；塔中古隆起带（加里东中期—海西晚期）控制了古岩溶缝洞型储层发育的油气聚集带和礁滩相储层发育的油气聚集带。

1. 富源-顺托-古城奥陶系油气有利区

发育在上奥陶统巨厚砂泥岩区域性盖层(“黑被子”）之下的古城-顺托-富源地区，通过古城、顺南、富源等区块的勘探突破，已经证实其具有优越的生-储-盖配置条件，勘探潜力巨大，是塔里木盆地碳酸盐岩勘探的重大战略接替区带。

富源-顺托-古城构造带北起塔北隆起南斜坡，南至塔中隆起北斜坡，横跨满西低凸起，发育上奥陶统巨厚“黑被子”区域性盖层和中上奥陶统致密灰岩直接盖层，下奥陶统高能滩相碳酸盐岩沉积层间岩溶发育，深达基底的走滑断裂体系，既改造了储层，又可作为深部油气源的运移通道，石油地质条件优越。古城6井、顺南4井、顺南5井、富源1井的油气发现已经展现了其巨大的勘探潜力。目前，古城-顺托-富源构造带已经成为塔里木盆地碳酸盐岩勘探开发的重大战略接替区带，埋深小于8000m的有利勘探面积为$3.4\times10^4km^2$，潜在资源量约为25亿t油当量。

2. 塔中-巴东构造带寒武系盐下白云岩型油气有利区

该区带是下寒武统玉尔吐斯组优质烃源岩之上、中寒武统区域性含膏盐岩盖层（“白被子”）之下，且位于塔中-巴东继承性古隆起的肖尔布拉克组台内丘滩相储层发育区，是盆地碳酸盐岩勘探的重点战略接替层系。

塔中-巴东地区位于南华系—震旦系与玉尔吐斯组生烃拗陷叠合区，处于油气系统成藏的“黄金海岸”；该带自加里东期以来就一直是一个继承性发育的古隆起，是油气运聚成藏的长期有利指向区；其储盖组合下寒武统肖尔布拉克组台内滩相白云岩地层与中寒武统蒸发台地相含膏盐地层构成了优质烃源岩之上的第一套优质储盖组合。中深1井、中深5井的勘探突破已经显示了该区带的勘探前景。目前，塔中-巴东构造带肖尔布拉克组已经被明确为塔里木盆地碳酸盐岩油气勘探的重点战略接替层系，埋深小于8500m的有利勘探面积约$2500km^2$，潜在资源量约10亿t油当量。

3. 塔北-古城地区寒武系台缘礁滩型油气有利区

塔里木盆地寒武系台缘带具备规模成藏的四大有利条件：①下伏玉尔吐斯组优质烃源岩及南华系—震旦系潜在烃源岩；②台缘及台内礁滩相白云岩储层物性好、展布广；③上覆中寒武统蒸发台地膏云坪相、泥云坪相盖层；④部分地区位于继承性古隆起或其斜坡部位。因此，寒武系台缘带是塔里木盆地碳酸盐岩勘探潜在的战略准备区。综合分析认为塔北下寒武统台缘礁滩带石油地质条件相对有利，可分为玉东、新和、轮南三个区带，埋深小于8500m的有利勘探面积约$1500km^2$，潜在资源量约5亿t油当量。

参 考 文 献

巴基洛夫 . 1988. 油气聚集带形成地质条件与分布 . 北京：石油工业出版社 .

白云来，王新民，刘化清，等 . 2010. 鄂尔多斯盆地西缘构造演化及与相邻盆地关系 . 北京：地质出版社 .

陈安定 . 1994. 陕甘宁盆地中部气田奥陶系天然气的成因及运移 . 石油学报，15（2）：1-10.

陈洪德，胡思涵，陈安清等 . 2013. 鄂尔多斯盆地中央古隆起东侧非岩溶白云岩储层成因 . 天然气工业，33（10）：18-24.

陈建平，赵文智，王招明，等 . 2007. 海相干酪根天然气生成成熟度上限与生气潜力极限探讨——以塔里木盆地研究为例 . 科学通报，52（A01）：95-100.

陈丕济 . 1985. 碳酸盐岩生油地化中几个问题的评述 . 石油实验地质，（1）：3-12.

陈旭，徐均涛，成汉钧，等 . 1990. 论汉南古陆及大巴山隆起 . 地层学杂志，14（2）：81-116.

陈志远，马振芳，张锦泉 . 1998. 鄂尔多斯盆地中部奥陶系马五 5 亚段白云岩成因 . 石油勘探与开发，25（6）：37-39+5+11.

陈智梁，陈世瑜 . 1987. 西昌–滇中地区地质矿产科研丛书 . 重庆：重庆出版社 .

陈宗清 . 2009. 论四川盆地中二叠统栖霞组天然气勘探 . 天然气地球科学，20（3）：325-334.

戴金星，夏新宇，洪峰，等 . 1999. 中国煤成大中型气田形成的主要控制因素 . 科学通报，44（22）：2455-2464.

杜金虎，徐春春，汪泽成 . 2010. 四川盆地二叠—三叠系礁滩天然气勘探 . 北京：石油工业出版社 .

杜金虎，邹才能，徐春春，等 . 2014. 川中古隆起龙王庙组特大型气田战略发现与理论技术创新 . 石油勘探与开发，41（3）：268-277.

杜金虎，汪泽成，邹才能，等 . 2016. 上扬子克拉通内裂陷的发现及对安岳特大型气田形成的控制作用 . 石油学报，37（1）：1-16.

范嘉松 . 2005. 世界碳酸盐岩油气田的储层特征及其成藏的主要控制因素 . 地学前缘，12（3）：23-30.

方大钧，金国海 . 1996. 塔里木盆地古生代古地磁结果及其构造地质意义 . 地球物理学报，39（4）：522-532.

冯增昭 . 1989. 碳酸盐岩岩相古地理学 . 北京：石油工业出版社 .

冯增昭，陈继新 . 1989. 华北地台早古生代岩相古地理 . 沉积学报，7（4）：14.

冯增昭，鲍志东，吴茂炳，等 . 2006. 塔里木地区寒武纪岩相古地理 . 古地理学报，（4）：427-439.

付金华，白海峰，孙六一，等 . 2012. 鄂尔多斯盆地奥陶系碳酸盐岩储集体类型及特征 . 石油学报，33（S2）：110-117.

傅家谟，贾蓉芬，等 . 1989. 碳酸盐岩有机地球化学 . 北京：科学出版社 .

高华华，何登发，童晓光，等 . 2016. 塔里木盆地中奥陶世一间房组沉积时期构造-沉积环境与原型盆地特征 . 古地理学报，18（6）：986-1001.

高俊，张立飞 . 2000. 西天山蓝片岩榴辉岩形成和抬升的 $^{40}Ar/^{39}Ar$ 年龄记录 . 科学通报，45（1）：89-94.

辜学达，刘啸虎 . 1997. 四川省岩石地层 . 武汉：中国地质大学出版社 .

古勃金 И M. 1937. 论石油 . 第二版 . 科技协会出版局 .

谷志东，汪泽成，胡素云，等 . 2012. 全球海相碳酸盐岩巨型油气田发育的构造环境及勘探启示 . 天然气地球科学，23（1）：106-118.

谷志东，翟秀芬，江兴福，等.2013. 四川盆地威远构造基底花岗岩地球化学特征及其构造环境. 地球科学——中国地质大学学报，38（S1）：31-42.
顾其昌.1996. 宁夏回族自治区岩石地层. 武汉：中国地质大学出版社.
桂辉，许进鹏. 2010. 山西王家岭矿区奥陶系碳酸盐岩溶蚀规律研究. 中国煤炭地质，22（1）：46-49.
郭彤楼.2011a. 川东北地区碳酸盐岩层系孔隙型与裂缝型气藏成藏差异性. 石油与天然气地质，32（3）：311-317.
郭彤楼.2011b. 元坝深层礁滩气田基本特征与成藏主控因素. 天然气工业，31（10）：12-16.
郭旭升，郭彤楼.2012. 普光、元坝碳酸盐岩台地边缘大气田勘探理论与实践. 北京：科学出版社.
郭旭升，郭彤楼，黄仁春，等. 2010. 普光-元坝大型气田储层发育特征与预测技术. 中国工程科学，12（10）：82-90+96.
郭旭升，郭彤楼，黄仁春，等.2014. 中国海相油气田勘探实例之十六：四川盆地元坝大气田的发现与勘探. 海相油气地质，19（4）：57-64.
郭旭升，李宇平，腾格尔，等.2020. 四川盆地五峰组—龙马溪组深水陆棚相页岩生储机理探讨. 石油勘探与开发，47（1）：197-205.
韩宝平.1993. 喀斯特微观溶蚀机理研究. 中国岩溶，12（2）：97-102.
韩晓涛，鲍征宇，谢淑云.2016. 四川盆地西南中二叠统白云岩的地球化学特征及其成因. 地球科学，41（1）：167-176.
郝天珧，胡卫剑，邢健，等.2014. 中国海陆 1：500 万莫霍面深度图及其所反映的地质内涵. 地球物理学报，57（12）：3869-3883.
何登发. 1994. 塔里木盆地新生代构造演化与油气聚集. 石油勘探与开发，（3）：1-8+127.
何登发. 1995. 塔里木盆地的地层不整合面与油气聚集. 石油学报，16（3）：14-20.
何登发，李德生.1996. 塔里木盆地构造演化与油气聚集. 北京：地质出版社.
何登发，谢晓安.1997. 中国克拉通盆地中央古隆起与油气勘探. 中国石油勘探，（2）：11-19.
何登发，董大忠，吕修祥，等.1996. 克拉通盆地分析. 北京：石油工业出版社.
何登发，白武明，孟庆任.1998. 塔里木盆地地球动力学演化与含油气系统旋回. 地球物理学报，（S1）：77-87.
何登发，John S，贾承造.2005a. 断层相关褶皱理论与应用研究新进展. 地学前缘，12（4）：353-364.
何登发，贾承造，李德生，等.2005b. 塔里木多旋回叠合盆地的形成与演化. 石油与天然气地质，26（1）：64-77.
何登发，周新源，张朝军，等.2007. 塔里木地区奥陶纪原型盆地类型及其演化. 科学通报，52（z1）：126-135.
何登发，李德生，童晓光，等.2008a. 多期叠加盆地古隆起控油规律. 石油学报，29（4）：475-488.
何登发，周新源，杨海军，等.2008b. 塔里木盆地克拉通内古隆起的成因机制与构造类型. 地学前缘，15（2）：209-223.
何登发，周新源，杨海军，等.2009. 库车坳陷的地质结构及其对大油气田的控制作用. 大地构造与成矿学，33（1）：19-32.
何登发，李德生，童晓光.2010. 中国多旋回叠合盆地立体勘探论. 石油学报，31（5）：695-709.
何登发，李德生，张国伟，等.2011. 四川多旋回叠合盆地的形成与演化. 地质科学，46（3）：589-606.
何登发，赵路子，樊春，等.2012. 中国四川盆地的构造演化与油气聚集. 第五届构造地质与地球动力学学术研讨会论文集：592.
何登发，李德生，何金有，等.2013. 塔里木盆地库车坳陷和西南坳陷油气地质特征类比及勘探启示. 石油学报，34（2）：201-218.

何登发，管树巍，张水昌，等 . 2016. 上扬子克拉通北部晚古生代—中三叠世大陆边缘盆地的形成与演化. 地质科学，(51)：329-353.
何登发，李英强，黄涵宇，等 . 2020. 四川多旋回叠合盆地的形成演化与油气聚集 . 北京：科学出版社 .
何金先，段毅，张晓丽，等 . 2011. 贵州地区下寒武统牛蹄塘组黑色页岩地质特征及其油气资源意义 . 西安石油大学学报（自然科学版），(3)：8+49-54.
何银武 . 1992. 论成都盆地的成生时代及其早期沉积物的一般特征 . 地质论评，38（2）：149-156.
何治亮，马永生，张军涛，等 . 2020. 中国的白云岩与白云岩储层：分布、成因与控制因素 . 石油与天然气地质，41（1）：1-14.
何自新，杨奕华 . 2004. 鄂尔多斯盆地奥陶系储层图册 . 北京：石油工业出版社 .
何自新，郑聪斌，陈安宁，等 . 2001. 长庆气田奥陶系古沟槽展布及其对气藏的控制 . 石油学报，(4)：35-38.
侯方浩，方少仙，王兴志，等 . 1999. 四川震旦系灯影组天然气藏储渗体的再认识 . 石油学报，20（6）：16-22.
侯贵廷，李江海，刘玉琳，等 . 2005. 华北克拉通古元古代末的伸展事件：拗拉谷与岩墙群 . 自然科学進展，15（11）：1366-1373.
侯鸿飞，曹宣铎，王士涛，等 . 2000. 中国地层典 泥盆系 . 北京：地质出版社 .
侯明才，邢风存，徐胜林，等 . 2017. 上扬子E-C转换期古地理格局及其地球动力学机制探讨 . 沉积学报，35（5）：902-917.
胡东风，王良军，黄仁春，等 . 2019. 四川盆地东部地区中二叠统茅口组白云岩储层特征及其主控因素 . 天然气工业，39（6）：13-21.
黄大瑞，蔡忠贤，朱扬明 . 2007. 川东北龙潭（吴家坪）组沉积相与烃源岩发育 . 海洋石油，27（3）：57-63.
黄第藩，熊传武，杨俊杰，等 . 1996. 鄂尔多斯盆地中部大气田的气源判识 . 科学通报，41（17）：1588-1592.
黄思静，秦海若，胡作维，等 . 2007. 封闭系统中的白云岩化作用及其石油地质学和矿床学意义——以四川盆地东北部三叠系飞仙关组碳酸盐岩为例 . 岩石学报，23（11）：2955-2962.
黄思静，张雪花，刘丽红，等 . 2009. 碳酸盐成岩作用研究现状与前瞻 . 地学前缘，16（5）：219-231.
惠宽洋，贾会冲 . 2001. 鄂尔多斯盆地北部塔巴庙地区下古生界奥陶系天然气的气源追踪研究 . 矿物岩石，21（3）：23-27
霍志鹏，庞雄奇，姜涛，等 . 2014. 塔里木盆地碳酸盐岩层系烃源岩生烃底限探讨 . 天然气地球科学，25（9）：1403-1415.
贾承造 . 1997. 中国塔里木盆地构造特征与油气 . 北京：石油工业出版社 .
贾承造，何登发，石昕，等 . 2006. 中国油气晚期成藏特征 . 中国科学（D辑：地球科学），36（5）：412-420.
贾存善，王延斌，顾忆，等 . 2009. 塔河油田奥陶系原油芳烃地球化学特征 . 石油实验地质，(4)：384-388.
贾进华，张宝民，朱世海，等 . 2006. 塔里木盆地志留纪地层、沉积特征与岩相古地理 . 古地理学报，8（3）：339-352.
姜春发 . 1992. 中华人民共和国地质矿产部地质专报5，构造地质 地质力学 . 第12号，昆仑开合构造 . 北京：地质出版社 .
蒋裕强，谷一凡，李开鸿，等 . 2018. 四川盆地中部中二叠统热液白云岩储渗空间类型及成因 . 天然气工业，38（2）：16-24.

金强，黄志，李维振，等 . 2013. 鄂尔多斯盆地奥陶系烃源岩发育模式和天然气生成潜力 . 地质学报，87（3）：393-402.

孔庆芬，张文正，李剑锋 . 2007. 鄂尔多斯盆地西缘奥陶系烃源岩生烃能力评价 . 天然气工业，27（12）：62-64.

赖绍聪，李三忠，张国伟 . 2003. 陕西西乡群火山-沉积岩系形成构造环境：火山岩地球化学约束 . 岩石学报，19（1）：141-152.

黎兵，李勇，张开均，等 . 2007. 青藏高原东缘晚新生代大邑砾岩的物源分析与水系变迁 . 第四纪研究，27（1）：64-73.

李本亮，管树巍，李传新，等 . 2009. 塔里木盆地塔中低凸起古构造演化与变形特征 . 地质论评，55（4）：521-530.

李德生 . 2007. 中国石油地质学的创新之路 . 石油与天然气地质，28（1）：1-11.

李浮萍，卢涛，唐铁柱，等 . 2012. 苏里格气田东区下古生界马五-4～1 储层综合评价 . 石油天然气学报，34（7）：32-38+5.

李江海，侯贵廷，黄雄南，等 . 2001a. 华北克拉通对前寒武纪超大陆旋回的基本制约 . 岩石学报，17（2）：177-186.

李江海，黄雄南，钱祥麟，等 . 2001b. 太古宙—元古宙界线研究现状 . 高校地质学报，7（1）：44-50.

李锦轶 . 2007. 中国北方及邻区地壳构造分区及其形成过程的初步探讨 . 武汉：2007 年全国岩石学与地球动力学暨化学地球动力学研讨会 .

李秋生，彭苏萍，高锐，等 . 2004. 东昆仑大地震的深部构造背景 . 地球学报，(1)：11-16.

李伟，刘静江，邓胜徽，等 . 2015. 四川盆地及邻区震旦纪末—寒武纪早期构造运动性质与作用 . 石油学报，36（5）：546-556.

李晓清，汪泽成，张兴为，等 . 2001. 四川盆地古隆起特征及对天然气的控制作用 . 石油与天然气地质，22（4）：347-351.

李延钧，曹利春，罗迪，等 . 2012. 自贡西部地区雷口坡组天然气成因类型与来源 . 四川地质学报，32（4）：5.

李英康，高锐，米胜信，等 . 2014. 青藏高原东北缘六盘山—鄂尔多斯盆地的地壳速度结构特征 . 地质论评，60（5）：1147-1157.

李英强，何登发，文竹 . 2013. 四川盆地及邻区晚震旦世古地理与构造—沉积环境演化 . 古地理学报，15（2）：231-246.

梁狄刚，张水昌，张宝民，等 . 2000. 从塔里木盆地看中国海相生油问题 . 地学前缘，7（4）：534-547.

林畅松，杨海军，刘景彦，等 . 2008. 塔里木早古生代原盆地古隆起地貌和古地理格局与地层圈闭发育分布 . 石油与天然气地质，29（2）：189-197.

林畅松，于炳松，刘景彦 . 2011. 叠合盆地层序地层与构造古地理：以塔里木盆地为例 . 北京：科学出版社 .

林畅松，杨海军，蔡振中，等 . 2013. 塔里木盆地奥陶纪碳酸盐岩台地的层序结构演化及其对盆地过程的响应 . 沉积学报，31（5）：907-919.

刘宝珺 . 1980. 沉积岩石学 . 北京：地质出版社 .

刘宝泉 . 1985. 华北地区中上元古界、下古生界碳酸盐岩有机质成熟度与找油远景 . 地球化学，（2）：150-162.

刘辰生，郭建华 . 2011. 塔里木盆地侏罗系层序地层特征 . 地质科技情报，30（5）：5-11.

刘池洋，赵重远，杨兴科 . 2000. 活动性强、深部作用活跃--中国沉积盆地的两个重要特点 . 石油与天然气地质，(1)：1-6+23.

刘鸿允 . 1955. 中国古地理图 . 北京：科学出版社 .
刘家洪，杨平，谢渊，等 . 2012. 雪峰山西侧地区下寒武统牛蹄塘组烃源岩特征与油气地质意义 . 地质通报，31（11）：1886-1893.
刘建强，郑浩夫，刘波，等 . 2017. 川中地区中二叠统茅口组白云岩特征及成因机理 . 石油学报，38（4）：386-398.
刘良，陈丹玲，王超，等 . 2009. 阿尔金、柴北缘与北秦岭高压—超高压岩石年代学研究进展及其构造地质意义 . 西北大学学报（自然科学版），39（3）：472-479.
刘良，曹玉亭，陈丹玲，等 . 2013. 南阿尔金与北秦岭高压-超高压变质作用研究新进展 . 科学通报，58（22）：2113-2123.
刘树根，邓宾，李智武，等 . 2011. 盆山结构与油气分布——以四川盆地为例 . 岩石学报，27（3）：621-635.
刘树根，秦川，孙玮，等 . 2012. 四川盆地震旦系灯影组油气四中心耦合成藏过程 . 岩石学报，28（3）：879.
刘树根，孙玮，罗志立，等 . 2013a. 兴凯地裂运动与四川盆地下组合油气勘探 . 成都理工大学学报（自然科学版），40（5）：511-520.
刘树根，孙玮，王国芝，等 . 2013b. 四川叠合盆地油气富集原因剖析 . 成都理工大学学报（自然科学版），40（5）：481-487.
刘树根，孙玮，宋金民，等 . 2015. 四川盆地海相油气分布的构造控制理论 . 地学前缘，22（3）：146-160.
刘树根，吴娟，王一刚，等 . 2016. 拉张槽对四川盆地海相油气分布的控制作用 . 成都理工大学学报（自然科学版），43（1）：1-23.
刘训，游国庆 . 2015. 中国的板块构造区划 . 中国地质，42（1）：1-17.
刘因，付建民，姜枚，等 . 2011. 接收函数方法获得的和田—拜城剖面壳幔图像 . 中国地质，38（4）：1066-1070.
陆松年，于海峰，李怀坤，等 . 2006. "中央造山带"早古生代缝合带及构造分区概述 . 地质通报，25（12）：1368.
罗志立 . 1983. 试从地裂运动探讨四川盆地天然气勘探的新领域 . 成都地质学院学报，(2)：4-16.
罗志立 . 1985. 上杨子地台晚古生代地质结构研究报告 . 成都地质学院石油系 .
罗志立 . 1986. 川中是一个古陆核吗 . 成都地质学院学报，(3)：69-77.
罗志立 . 1998. 四川盆地基底结构的新认识 . 成都理工学院学报，(2)：85-92+94.
罗志立 . 2000. 四川盆地油气勘探过程中"三次大争论"的反思 . 新疆石油地质，21（5）：432-433.
罗志立，孙玮，韩建辉，等 . 2012. 峨眉地幔柱对中上扬子区二叠纪成藏条件影响的探讨 . 地学前缘，19（6）：144-154.
马明侠，陈新军，张学恒 . 2006. 塔里木盆地塔中地区寒武—奥陶系沉积特征及构造控制 . 石油实验地质，28（6）：549-553.
马杏垣 . 1985. 构造学研究现状与展望——参加 27 届国际地质大会侧记 . 地质科技情报，(1)：6-8.
马永生，蔡勋育 . 2006. 四川盆地川东北区二叠系—三叠系天然气勘探成果与前景展望 . 石油与天然气地质，(6)：31-40.
马永生，蔡勋育，李国雄 . 2005a. 四川盆地普光大型气藏基本特征及成藏富集规律 . 地质学报，79（6）：858-865.
马永生，郭旭升，郭彤楼，等 . 2005b. 四川盆地普光大型气田的发现与勘探启示 . 地质论评，51（4）：477-480.

马永生，郭彤楼，赵雪凤，等. 2007a. 普光气田深部优质白云岩储层形成机制. 中国科学（D辑：地球科学，37（z2）：43-52.
马永生，郭彤楼，朱光有，等. 2007b. 硫化氢对碳酸盐储层溶蚀改造作用的模拟实验证据——以川东飞仙关组为例. 科学通报，52（A01）：136-141.
马永生，陈洪德，王国力，等. 2009. 中国南方层序地层与古地理. 北京：科学出版社.
马永生，蔡勋育，赵培荣，等. 2010. 深层超深层碳酸盐岩优质储层发育机理和“三元控储”模式——以四川普光气田为例. 地质学报，84（8）：1087-1094.
米敬奎，王晓梅，朱光有，等. 2012. 利用包裹体中气体地球化学特征与源岩生气模拟实验探讨鄂尔多斯盆地靖边气田天然气来源. 岩石学报，28（3）：859-869.
倪春华，周小进，王果寿，等. 2011. 鄂尔多斯盆地南缘平凉组烃源岩沉积环境与地球化学特征. 石油与天然气地质，32（1）：38-46.
强子同. 1998. 碳酸盐岩储层地质学. 青岛：中国石油大学出版社.
秦川，刘树根，张长俊，等. 2009. 四川盆地中南部雷口坡组碳酸盐岩成岩作用与孔隙演化. 成都理工大学学报（自然科学版），36（3）：276-281.
秦川，刘树根，汪华，等. 2012. 四川盆地西部中三叠统储层特征与类型. 地质科技情报，31（1）：56-62.
秦胜飞，杨雨，吕芳等. 2016. 四川盆地龙岗气田长兴组和飞仙关组气藏天然气来源. 天然气地球科学，27（1）：41-49.
任纪舜. 1990. 论中国南部的大地构造. 地质学报，（4）：275-288.
任纪舜，王作勋，陈炳蔚. 1999. 从全球看中国大地构造：中国及邻区大地构造图简要说明. 北京：地质出版社.
尚庆华，金玉. 1997. 二叠纪腕足动物地理区系演化特征. 古生物学报，（1）：95-98+100-103+105-110.
沈安江，潘文庆，郑兴平，等. 2010. 塔里木盆地下古生界岩溶型储层类型及特征. 海相油气地质，15（2）：20-29.
宋焕荣，黄尚瑜. 1988. 碳酸盐岩与岩溶. 矿物岩石，（1）：11-20.
宋金民，刘树根，孙玮，等. 2013. 兴凯地裂运动对四川盆地灯影组优质储层的控制作用. 成都理工大学学报（自然科学版），40（6）：658-670.
宋文海. 1985. 四川盆地二叠系白云岩的分布及天然气勘探. 天然气工业，（4）：6+26+32-33.
宋文海. 1989. 论龙门山北段推覆构造及其油气前景. 天然气工业，9（3）：2-9.
宋文海. 1996. 乐山-龙女寺古隆起大中型气田成藏条件研究. 天然气工业，（S1）：13-26+105-106.
苏复义，周文，金文辉，等. 2012. 鄂尔多斯盆地中生界成藏组合划分与分布评价. 石油与天然气地质，33（4）：582-590.
孙龙德，邹才能，朱如凯，等. 2013. 中国深层油气形成、分布与潜力分析. 石油勘探与开发，40（6）：641-649.
孙玮，吴熙纯，刘树根，等. 2011. 川西前陆盆地上三叠统马鞍塘组生物礁的研究和预测. 桂林理工大学学报，31（2）：185-191.
孙衍鹏，何登发. 2013. 四川盆地北部剑阁古隆起的厘定及其基本特征. 地质学报，87（5）：609-620.
孙肇才，谢秋元. 1980. 叠合盆地的发展特征及其含油气性——以鄂尔多斯盆地为例. 石油实验地质，（1）：13-21.
谭秀成，罗冰，李卓沛，等. 2011. 川中地区磨溪气田嘉二段砂屑云岩储集层成因. 石油勘探与开发，38（3）：3-4.
腾格尔. 2004. 海相地层元素、碳氧同位素分布与沉积环境和烃源岩发育关系——以鄂尔多斯盆地为分例. 北京：中国科学院研究生院.

童崇光 . 2000. 新构造运动与四川盆地构造演化及气藏形成 . 成都理工大学学报，27（2）：16-23.

童金南 . 2005. 安徽巢湖地区早三叠世生物地层序列//中国古生物学会第九届全国会员代表大会暨中国古生物学会第二十三次学术年会论文摘要集：101-103.

童晓光，梁狄刚 . 1992. 塔里木盆地油气勘探论文集 . 乌鲁木齐：新疆科技卫生出版社 .

汪华 . 2009. 四川盆地中西部中三叠统天然气藏特征及成藏机理研究 . 成都：成都理工大学 .

汪泽成，姜华，王铜山，等 . 2014. 四川盆地桐湾期古地貌特征及成藏意义 . 石油勘探与开发，41（3）：305-312.

王飞宇，杜治利，张宝民，等 . 2008. 柯坪剖面中上奥陶统萨尔干组黑色页岩地球化学特征 . 新疆石油地质，29（6）：687-689.

王凤林，李勇，李永昭，等 . 2003. 成都盆地新生代大邑砾岩的沉积特征 . 成都理工大学学报（自然科学版），30（2）：139-146.

王金琪 . 1990. 安县构造运动 . 石油与天然气地质，11（3）：223-234.

王金琪 . 2004. 四川盆地油气地质特征——纪念黄汲清先生百岁诞辰 . 石油实验地质，（2）：5-10.

王世谦，王书彦，满玲，等 . 2013. 页岩气选区评价方法与关键参数 . 成都理工大学学报（自然科学版），40（6）：609-620

王旭，陈凌，凌媛 . 2016. 基于接收函数偏移成像研究四川盆地及邻区地壳结构 . 北京：2016 中国地球科学联合学术年会 .

王一刚，张静，杨雨，等 . 2000. 四川盆地东部上二叠统长兴组生物礁气藏形成机 . 海相油气地质，（Z1）：145-152.

王一刚，窦立荣，文应初，等 . 2002. 四川盆地东北部三叠系飞仙关组高含硫气藏 H2S 成因研究 . 地球化学，31（6）：517-524.

王一刚，刘划一，文应初，等 . 2002a. 川东北飞仙关组鲕滩储层分布规律、勘探方法与远景预测 . 天然气工业，（S1）：14-19+12.

王一刚，窦立荣，文应初，等 . 2002b. 四川盆地东北部三叠系飞仙关组高含硫气藏 H2S 成因研究 . 地球化学，31（6）：517-524.

王一刚，文应初，洪海涛，等 . 2006. 四川盆地及邻区上二叠统—下三叠统海槽的深水沉积特征 . 石油与天然气地质，27（5）：702-714.

王一刚，文应初，洪海涛，等 . 2009. 四川盆地北部晚二叠世—早三叠世碳酸盐岩斜坡相带沉积特征 . 古地理学报，11（2）：143-156.

王毅 . 1999. 塔里木盆地震旦系—中泥盆统层序地层分析 . 沉积学报，17（3）：414-421.

王玉新 . 1994. 鄂尔多斯地块早古生代构造格局及演化 . 地球科学：中国地质大学学报，（6）：778-786.

王云鹏，卢家烂，赵长毅，等 . 2005. 利用生烃动力学方法确定海相有机质的主生气期及其初步应用 . 石油勘探与开发，32（4）：153-158.

王招明，田军，申银民，等 . 2004. 塔里木盆地晚泥盆世—早石炭世东河砂岩沉积相 . 古地理学报，6（3）：289-296.

王招明，谢会文，陈永权 . 2014. 塔里木盆地中深 1 井寒武系盐下白云岩原生油气藏的发现与勘探意义 . 中国石油勘探，19（2）：1-13.

魏国齐，陈更生，杨威，等 . 2006. 四川盆地北部开江-梁平海槽边界及特征初探 . 石油与天然气地质，27（1）：99-105.

魏国齐，谢增业，宋家荣，等 . 2015. 四川盆地川中古隆起震旦系—寒武系天然气特征及成因 . 石油勘探与开发，42（6）：702-711.

邬光辉，李启明，肖中尧，等 . 2009. 塔里木盆地古隆起演化特征及油气勘探 . 大地构造与成矿学，33

（1）：124-130.
吴胜和，张吉森．1994. 鄂尔多斯地区西缘及南缘中奥陶统平凉组重力流沉积．石油与天然气地质，15（3）：226-234.
席胜利，郑聪斌，夏日元．2005. 鄂尔多斯盆地奥陶系压释水岩溶地球化学模拟．沉积学报，23（2）：7.
夏新宇，张文正．1998. 鄂尔多斯盆地中部气田奥陶系风化壳气藏天然气来源及混源比计算．沉积学报，16（3）：75-79.
肖朝晖，王招明，姜仁旗，等．2011. 塔里木盆地寒武系碳酸盐岩层序地层特征．石油与天然气地质，32（1）：1-10.
肖序常，汤耀庆．1991. 古中亚复合巨型缝合带南缘构造演化．北京：北京科学技术出版社．
徐春春，沈平，杨跃明，等．2014. 乐山-龙女寺古隆起震旦系—下寒武统龙王庙组天然气成藏条件与富集规律．天然气工业，34（3）：1-7.
徐国盛，刘树根，李仲东，等．2005. 四川盆地天然气成藏动力学．北京：地质出版社．
徐美娥，张荣强，彭勇民，等．2013. 四川盆地东南部中、下寒武统膏岩盖层分布特征及封盖有效性．石油与天然气地质，34（3）：301-306.
许效松，汪正江，万方，等．2005. 塔里木盆地早古生代构造古地理演化与烃源岩．地学前缘，12（3）：49-57.
许志琴，李思田，张建新，等．2011. 塔里木地块与古亚洲/特提斯构造体系的对接．岩石学报，27（1）：1-22.
阎国翰，蔡剑辉，任康绪，等．2007. 华北克拉通板内拉张性岩浆作用与三个超大陆裂解及深部地球动力学．高校地质学报，13（2）：161-174.
杨海军，朱光有，韩剑发．2011. 塔里木盆地塔中礁滩体大油气田成藏条件与成藏机制研究．岩石学报，27（6）：1865-1883.
杨海军，陈永权，田军，等．2020. 塔里木盆地轮探1井超深层油气勘探重大发现与意义．中国石油勘探，25（2）：62-72.
杨华．2004. 鄂尔多斯盆地三叠系延长组沉积体系及含油性研究．成都：成都理工大学．
杨华，包洪平．2011. 鄂尔多斯盆地奥陶系中组合成藏特征及勘探启示．天然气工业，31（12）：11-20+124.
杨华，郑聪斌．2000. 鄂尔多斯盆地下古生界奥陶系天然气成藏地质特征．低渗透油气田，5（3）：6-19.
杨华，张文正，昝川莉，等．2009. 鄂尔多斯盆地东部奥陶系盐下天然气地球化学特征及其对靖边气田气源再认识．天然气地球科学，20（1）：8-14.
杨华，付金华，魏新善，等．2011a. 鄂尔多斯盆地奥陶系海相碳酸盐岩天然气勘探领域．石油学报，32（5）：733-740.
杨华，陶家庆，欧阳征健，等．2011b. 鄂尔多斯盆地西缘构造特征及其成因机制．西北大学学报（自然科学版），（5）：863-868.
杨华，付金华，刘新社，等．2012. 鄂尔多斯盆地上古生界致密气成藏条件与勘探开发．石油勘探与开发，39（3）：2-10.
杨华，刘新社，闫小雄．2015. 鄂尔多斯盆地晚古生代以来构造-沉积演化与致密砂岩气成藏．地学前缘，22（3）：174-183.
杨俊杰，裴锡古．1996. 中国天然气地质学（卷四），鄂尔多斯盆地．北京：石油工业出版社．
杨俊杰，谢庆邦，宋国初．1992. 鄂尔多斯盆地奥陶系风化壳古地貌成藏模式及气藏序列．天然气工业，12（4）：10+8-13.
杨克明．1992. 西北地区主要盆地的形成与演化．西北地质，（1）：1-6.
杨荣军，刘树根，吴熙纯．2009. 川西马鞍塘组礁滩特征和含油气性初探．地质找矿论丛，24（1）：

73-76.

杨瑞东，张传林，罗新荣，等. 2006. 新疆库鲁克塔格地区早寒武世硅质岩地球化学特征及其意义. 地质学报，80（4）：598-605.

杨树锋，陈汉林，董传万，等. 1996. 塔里木盆地二叠纪正长岩的发现及其地球动力学意义. 地球化学，（2）：121-128.

杨树锋，陈汉林，冀登武，等. 2005. 塔里木盆地早-中二叠世岩浆作用过程及地球动力学意义. 高校地质学报，11（4）：504-511.

杨威，魏国齐，金惠，等. 2006. 川东北飞仙关组鲕滩储层硫酸溶蚀的证据和模式探讨. 地球学报，27（3）：247-251.

杨鑫，徐旭辉，陈强路，等. 2014. 塔里木盆地前寒武纪古构造格局及其对下寒武统烃源岩发育的控制作用. 天然气地球科学，25（8）：1164-1171.

杨遵仪. 2000. 华南二叠—三叠纪过渡期地质事件. 武汉：中国地质大学.

尹崇玉，高林志，邢裕盛，等. 2004. 新元古界南华系及其候选层型剖面研究进展. 地层古生物论文集，（00）：1-10.

尹崇玉，刘鹏举，高林志，等. 2009. 湖北保康白竹陡山沱组磷酸盐化微化石新资料及其地层意义. 地球学报，30（4）：447-456.

于炳松，陈建强，李兴武，等. 2004. 塔里木盆地肖尔布拉克剖面下寒武统底部硅质岩微量元素和稀土元素地球化学及其沉积背景. 沉积学报，22（1）：59-66.

于炳松，林畅松，樊太亮，等. 2011. 塔里木盆地寒武纪—奥陶纪区域地球动力学转换的沉积作用响应及其储层地质意义. 地学前缘，18（3）：221-232.

袁学诚，李善芳，华九如. 2008. 秦岭陆内造山带岩石圈结构. 中国地质，（1）：1-17.

曾允孚，张锦泉，刘文均，等. 1993. 中国南方泥盆纪岩相古地理与成矿作用. 北京：地质出版社.

张宝民，张水昌，边立曾，等. 2004. 塔里木盆地早寒武世灰泥丘孔洞中钙化红藻生殖器官化石的发现. 古生物学报，43（4）：530-536.

张兵，郑荣才，王绪本，等. 2011. 四川盆地东部黄龙组古岩溶特征与储集层分布. 石油勘探与开发，38（3）：257-267.

张博全，关振良，潘琳. 1995. 鄂尔多斯盆地碳酸盐岩的压实作用. 地球科学，（3）：299-305.

张成立，周鼎武，王润三. 2007. 南天山库米什南黄尖石山岩体的年代学、地球化学和Sr、Nd同位素组成及其成因意义. 岩石学报，（8）：1821-1829.

张光亚，赵文智，王红军，等. 2007. 塔里木盆地多旋回构造演化与复合含油气系统. 石油与天然气地质，28（5）：653-663.

张光亚，马锋，梁英波，等. 2015. 全球深层油气勘探领域及理论技术进展. 石油学报，36（9）：1156-1166.

张国伟. 2001. 秦岭造山带与大陆动力学. 北京：科学出版社.

张国伟，董云鹏，赖绍聪，等. 2003. 秦岭-大别造山带南缘勉略构造带与勉略缝合带. 中国科学（D辑：地球科学），33（12）：1121-1135.

张国伟，郭安林，王岳军，等. 2013. 中国华南大陆构造与问题. 中国科学（D辑：地球科学），43（10）：1553-1582.

张厚福. 1999. 油气系统的新定义及历史-成因分类方案. 成都理工大学学报（自然科学版），（1）：14-16.

张家茹，邵学钟，范会吉. 1998. 塔里木盆地中部地震转换波测深及其解释. 地震地质，（1）：35-37+39+41-43.

张健，张奇 . 2002. 四川盆地油气勘探—历史回顾及展望 . 天然气工业，22（z1）：3-7.
张健，沈平，杨威，等 . 2012. 四川盆地前震旦纪沉积岩新认识与油气勘探的意义 . 天然气工业，32（7）：1-5+99.
张健，谢武仁，谢增业，等 . 2014. 四川盆地震旦系岩相古地理及有利储集相带特征 . 天然气工业，(3).
张旗，钱青，王二七，等 . 2001. 燕山中晚期的中国东部高原：埃达克岩的启示 . 地质科学，36（2）：248-255.
张水昌，梁狄刚，张大江 . 2002. 关于古生界烃源岩有机质丰度的评价标准 . 石油勘探与开发，29（2）：8-12.
张水昌，高志勇，李建军，等 . 2012. 塔里木盆地寒武系–奥陶系海相烃源岩识别与分布预测 . 石油勘探与开发，39（3）：285-294.
张水昌，胡国艺，米敬奎，等 . 2013. 三种成因天然气生成时限与生成量及其对深部油气资源预测的影响 . 石油学报，34（z1）：41-50.
张舜新，郭小强 . 1991. 早三叠世牙形石与沉积环境及其它门类化石关系的数理统计分析 . 微体古生物学报，(3)：301-307.
张涛，林娟华，韩月卿，等 . 2020. 四川盆地东部中二叠统茅口组热液白云岩发育模式及对储层的改造 . 石油与天然气地质，41（1）：13.
张文正，关德师 . 1997. 液态烃分子系列碳同位素地球化学 . 北京：石油工业出版社 .
赵澄林，朱筱敏 . 2001. 沉积岩石学（第三版）. 北京：石油工业出版社 .
赵凤清，赵文平，左义成，等 . 2006. 陕南汉中地区新元古代岩浆岩 U-Pb 年代学 . 地质通报，25（3）：383-388.
赵文智，胡素云，汪泽成，等 . 2003. 鄂尔多斯盆地基底断裂在上三叠统延长组石油聚集中的控制作用 . 石油勘探与开发，30（5）：1-5.
赵文智，徐春春，王铜山，等 . 2011. 四川盆地龙岗和罗家寨-普光地区二、三叠系长兴-飞仙关组礁滩体天然气成藏对比研究与意义 . 科学通报，56（Z2）：2404-2412.
赵政璋，杜金虎 . 2012. 致密油气 . 北京：石油工业出版社 .
赵重远，周立发 . 2000. 成盆期后改造与中国含油气盆地地质特征 . 石油与天然气地质，21（1）：7-10.
赵宗举，吴兴宁，潘文庆，等 . 2009. 塔里木盆地奥陶纪层序岩相古地理 . 沉积学报，27（5）：939-955.
赵宗举，罗家洪，张运波，等 . 2011. 塔里木盆地寒武纪层序岩相古地理 . 石油学报，32（6）：937-948.
郑聪斌，谢庆邦 . 1993. 陕甘宁盆地中部奥陶系风化壳储层特征 . 天然气工业，13（5）：26-30.
郑聪斌，冀小林，贾疏源 . 1995. 陕甘宁盆地中部奥陶系风化壳古岩溶发育特征 . 中国岩溶，14（3）：280-288.
郑浩夫，袁璐璐，刘波，等 . 2020. 川西南中二叠统中粗晶白云石流体来源分析 . 沉积学报，38（3）：589-597.
郑孟林，王毅，金之钧，等 . 2014. 塔里木盆地叠合演化与油气聚集 . 石油与天然气地质，35（6）：925-934.
郑荣才，耿威，郑超，等 . 2008. 川东北地区飞仙关组优质白云岩储层的成因 . 石油学报，29（6）：815-821.
郑勇，孔屏 . 2013. 四川盆地西缘晚新生代大邑砾岩的物源及其成因：来自重矿物和孢粉的证据 . 岩石学报，29（8）：2949-2958.
钟勇，李亚林，张晓斌，等 . 2014. 川中古隆起构造演化特征及其与早寒武世绵阳-长宁拉张槽的关系 . 成都理工大学学报（自然科学版），41（6）：703-712.
周文，黄辉，王世泽，等 . 2000. 盖层和断裂带的封堵作用评价 . 成都：四川科学技术出版社 .

周肖贝，李江海，王洪浩，等. 2015. 塔里木盆地南华纪—震旦纪盆地类型及早期成盆构造背景. 地学前缘，22（3）：290-298.

朱光有，张水昌，梁英波，等. 2005. 川东北地区飞仙关组高含 H_2S 天然气 TSR 成因的同位素证据. 中国科学（D 辑：地球科学），（11）：1037-1046.

朱光有，张水昌，梁英波，等. 2006. 川东北飞仙关组高含 H_2S 气藏特征与 TSR 对烃类的消耗作用. 沉积学报，24（2）：300-308.

朱夏，陈焕疆，孙肇才，等. 1983. 中国中、新生代构造与含油气盆地. 地质学报，（3）：25-32.

Allan J R, Wiggins W D. 1993. Dolomite reservoirs. Geochemical techniques for evaluating origin and distribution: AAPG Continuing Education Course Notes Series, 36: 129.

Atwater G I, Miller E E. 1965. The effect of decrease in porosity with depth on future development of oil and gas reserves in South Louisiana. AAPG Bulletin, 49 (3): 334.

Bian Q T, Gao S L, Li D H, et al. 2001. A study of the Kunlun-Qilian-Qinling suture system. Acta Geologica Sinica-English Edition, 75 (4): 364-374.

Bissell H J, Chilingar G V. 1967. Chapter 4 Classification of Sedimentary Carbonate Rocks. Developments in Sedimentology, 9: 87-168.

Burruss R C. 1993. Stability and flux of methane in the deep crust- a review. US Geological Survey Profesional Paper, 1570: 21-29.

Deng B, Liu S, Li Z, et al. 2013. Differential exhumation at eastern margin of the Tibetan Plateau, from apatite fission-track thermochronology. Tectonophysics, 591: 98-115.

Deng X S, Yang J, Cawood P A, et al. 2020. Detrital record of late-stage silicic volcanism in the Emeishan large igneous province. Gondwana Research, 79: 197-208.

Dong Y P, Liu X M, Zhang G W, et al. 2012. Triassic diorites and granitoids in the Foping area: constraints on the conversion from subduction to collision in the Qinling orogen, China. Journal of Asian Earth Sciences, 47: 123-142.

Dong Y P, Liu X M, Neubauer F, et al. 2013. Timing of Paleozoic amalgamation between the North China and South China Blocks: evidence from detrital zircon U-Pb ages. Tectonophysics, 586: 173-191.

Dong Y X, Chen H D, Wang J Y, et al. 2020. Thermal convection dolomitization induced by the Emeishan Large Igneous Province. Marine and Petroleum Geology, 116: 104308.

Ehrenberg S N, Nadeau P H. 2005. Sandstone vs. carbonate petroleum reservoirs: a global perspective on porosity-depth and porosity-permeability relationships. AAPG Bulletin, 89 (4): 435-445.

Ehrenberg S N, Eberli G P, Keramati M, et al. 2006. Porosity- permeability relationships in interlayered limestone-dolostone reservoirs. AAPG Bulletin, 90 (1): 91-114.

Gao R, Hou H, Cai X, et al. 2013. Fine crustal structure beneath the junction of the southwest Tian Shan and Tarim Basin, NW China. Lithosphere, 5 (4): 382-392.

Guo T L. 2013. Evaluation of highly thermally mature shale-gas reservoirs in complex structural parts of the Sichuan Basin. Journal of Earth Science, 24 (6): 863-873.

Guo T L, Zeng P. 2015. The Structural and Preservation Conditions for Shale Gas Enrichment and High Productivity in the Wufeng- Longmaxi Formation, Southeastern Sichuan Basin. Energy Exploration and Exploitation, 33 (3): 259-276.

Halley R B, Schmoker J W. 1983. High-porosity Cenozoic carbonate rocks of south Florida: progressive loss of porosity with depth. AAPG Bulletin, 67: 2 (2): 191-200.

Hao F, Guo T L, Zhu Y M, et al. 2008. Evidence for multiple stages of oil cracking and thermochemical sulfate reduction in the Puguang gas field, Sichuan Basin, China. AAPG Bulletin, 92 (5): 611-637.

He D F, Li D S, Wu X Z, et al. 2009. Basic Types and Structural Characteristics of Uplifts: an Overview of Sedimentary Basins in China. Acta Geologica Sinica English Edition, 83 (2): 321-346.

He D F, Li D, Li C X, et al. 2017. Neoproterozoic rifting in the Upper Yangtze Continental Block: constraints from granites in the Well W117 borehole, South China. Scientific Reports, 7 (1): 12542.

Jing Q, Tian F. 2013. Investigation of fracture-cave constructions of karsted carbonate reservoirs of Ordovician in Tahe Oilfield, Tarim Basin. Journal of China University of Petroleum (Edition of Natural Science), 37 (5): 15-21.

Kao H, Gao R, Rau R J, et al. 2001. Seismic image of the Tarim basin and its collision with Tibet. Geology, 29 (7): 575-578.

Kingston D R, Dishroon C P, Williams P A. 1983. Globe basin classification system. AAPG Bulletin, 67 (12): 2175-2193.

Li H L, Jin Z J, He Z L, et al. 2007. Thermal simulation experiment on the hydrocarbon regeneration of marine carbonate source rock. Chinese Science Bulletin, 52 (14): 1992-1999.

Li Y J, Zhang Q, Zhang G Y, et al. 2016. Cenozoic faults and faulting phases in the western Tarim Basin (NW China): effects of the collisions on the southern margin of the Eurasian Plate. Journal of Asian Earth Sciences, 132: 40-57.

Liu S, Qian T, Li W, et al. 2015. Oblique closure of the northeastern Paleo-Tethys in central China. Tectonics, 34 (3): 413-434.

Lu R Q, He D F, John S, et al. 2014. Structural model of the central Longmen Shan thrusts using seismic reflection profiles: Implications for the sediments and deformations since the Mesozoic. Tectonophysics, 630: 43-53.

Lu R Q, He D F, Xu X W, et al. 2019. Geometry and kinematics of buried structures in the piedmont of the central Longmen Shan: implication for the growth of the Eastern Tibetan Plateau. Journal of the Geological Society, 176 (2): 323-333.

Lucia F J. 2007. Reservoir Models for Input into Flow Simulators. Berlin: Springer.

Mussman W J, Montanez I P, Read J F. 1988. Ordovician Knox Paleokarst Unconformity, Appalachians. Berlin: Springer.

Naylor M, Sinclair H D. 2008. Pro - vs. retro - foreland basins. Basin Research, 20 (3): 285-303.

Paganoni M, Harthi A A, Morad D, et al. 2016. Impact of stylolitization on diagenesis of a Lower Cretaceous carbonate reservoir from a giant oilfield, Abu Dhabi, United Arab Emirates. Sedimentary Geology, 335 (15): 70-92.

Palacas J G, Schmoker J W, Dawes T A, et al. 1990. Petroleum source-rock assessment of Middle Proterozoic (Keweenawan) sedimentary rocks, Eischeid# 1 well, Carroll County, Iowa. The Amoco MG Eischeid, 1: 119-134.

Price L C. 1993. Thermal-Stability of hydrocarbons in nature-limits, evidence, characteristicsa, and possible controls. Geochimica et Cosmochimica Acta, 57 (14): 3261-3280.

Read J E. 1982. Carbonate platforms of passive (extensional) continental gargin-types, characteristics and evolution. Tectonophysics, 81 (3-4): 195-212.

Schmoker J W. 1984. Empirical relation between carbonate porosity and thermal maturity: an approach to regional porosity prediction. AAPG Bulletin, 68 (11): 1697-1703.

Schmoker J W, Halley R B. 1982. Carbonate porosity versus depth; a predictable relation for South Florida.

AAPG Bulletin, 66 (12): 2561-2570.

Scholle P A. 1977. Chalk diagenesis and its relation to petroleum exploration: oil from chalks, a modern miracle? AAPG Bulletin, 61 (7): 982-1009.

Wang E, Kirby E, Furlong K P, et al. 2012. Two-phase growth of high topography in eastern Tibet during the Cenozoic. Nature Geoscience, 5 (9): 640-645.

Wang Q S, Teng J Y, Zhang Y Q, et al. 2015. Gravity anomalies and deep crustal structure of the Ordos basin-middle Qinling orogen-eastern Sichuan basin. Chinese Journal of Geophysics (in Chinese), 58 (2): 532-541.

Wang Y M, Dong D Z, Li X J, et al. 2015. Stratigraphic sequence and sedimentary characteristics of Lower Silurian Longmaxi Formation in Sichuan Basin and its peripheral areas. Natural Gas Industry B, 2 (2-3): 222-232.

Warren J. 2000. Dolomite: occurrence, evolution and economically important associations. Earth Science Reviews, 52 (1): 1-81.

Wei G Q, Chen G S, Du S M, et al. 2008. Petroleum systems of the oldest gas field in China: Neoproterozoic gas pools in the Weiyuan gas field, Sichuan Basin. Marine and Petroleum Geology, 25 (4): 371-386.

Yu B S, Chen J Q, LI X W, et al. 2003. Geochemistry of black shale at the bottom of the Lower Cambrian in Tarim Basin and its significance for lithosphere evolution. Science in China. Series D, Earth sciences, 46 (5): 498-507.

Yu B S, Dong H L, Widom E, et al. 2004. Re-Os and Nd isotopes of black shales at the bottom of the Lower Cambrian from the northern Tarim Platform and their comparison with those from the Yangtze Platform. Science in China, 47 (z2): 97-103.

Zhao J, Liu G, Lu Z, et al. 2003. Lithospheric structure and dynamic processes of the Tianshan orogenic belt and the Junggar basin. Tectonophysics, 376 (3-4): 199-239.

Zou C N, Du J H, Xu C C, et al. 2014. Formation, distribution, resource potential, and discovery of Sinian-Cambrian giant gas field, Sichuan Basin, SW China—Science Direct. Petroleum Exploration and Development, 41 (3): 306-325.